电镀配合物总论

Electroplating Coordination Compounds Pandect

方景礼　著

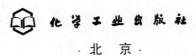

化学工业出版社

·北京·

内容简介

　　配位剂是电镀溶液中的基本成分，对电镀过程和电镀层质量有很大影响。本书对配合物的基本原理、配位平衡、配合物的平衡电位及电化学、各种配合物以及电镀溶液的配方设计等进行了系统阐述，对配合物在镀前预处理、各镀种工艺、镀层退除、镀层防变色处理中的应用及强螯合剂废水的处理进行了全面介绍，对各类配合物近年的发展作了概述。附录中提供了电镀配合物的各种数据。

　　本书可供电镀开发和科研工作者参考，可供电镀工艺设计和操作的技术人员参考；也可作为配位化学和电镀工艺基础课程参考书。

图书在版编目（CIP）数据

电镀配合物总论 / 方景礼著. -- 北京 ： 化学工业出版社，2025.2. -- ISBN 978-7-122-46893-2

Ⅰ. TQ153

中国国家版本馆 CIP 数据核字第 2025FQ2257 号

责任编辑：段志兵　陈　雨

责任校对：边　涛　　　　　　　　装帧设计：尹琳琳

出版发行：化学工业出版社
　　　　　（北京市东城区青年湖南街 13 号　邮政编码 100011）
印　　装：中煤（北京）印务有限公司
710mm×1000mm　1/16　印张 54¾　字数 1203 千字
2025 年 3 月北京第 1 版第 1 次印刷

购书咨询：010-64518888　　　　　售后服务：010-64518899
网　　址：http://www.cip.com.cn
凡购买本书，如有缺损质量问题，本社销售中心负责调换。

定　　价：248.00 元　　　　　　　　　　版权所有　违者必究

自 序

　　1971 年南京大学开始招收三年制的工农兵学员。当时强调教育必须与工农业生产相结合，大学生毕业前要到工矿企业进行结合生产问题的毕业实践。我作为年轻教师，正好投入这一工作。

　　1970 年初，中国工业界掀起了轰轰烈烈的"无氰电镀"热潮，各路人马都陆续参加。我们是专学配合物化学（原称络合物化学）的，无氰电镀说到底就是要找到一个无毒的配位剂（原称络合剂）来取代剧毒的氰化物，搞无氰电镀我们有义不容辞的责任。我第一个下去的工厂是南京汽车制造厂，他们希望我校协助发展无氰电镀的研究。当时从配合物化学介入无氰电镀的人极少，而我校化学系在国内最出名的就是配合物化学。电镀界的朋友非常希望我来讲一讲无氰电镀中应如何来选择配位剂，于是我走南闯北查遍了国内各大图书馆所能找到的资料，经过一年多的总结与归纳，终于写成了我在电镀方面的第一本小册子，定名为《电镀中的络合物原理》，大约有 3 万多字。这本小册子一问世，立刻受到全国同行的热烈欢迎。我首先在南京市举办专题讲座，受到很高的评价，各地的刊物和会议也陆续来约稿。1975 年我在《材料保护》杂志上以《电镀络合物》为题发表了两篇文章。1975 年后，我重点探讨了两种配位剂在电镀过程中的协同作用。因为实际电镀体系采用单一配位剂往往达不到全面的技术要求，于是我写出了《络合物中配体的协同极化效应及其在电镀中的应用》并刊登在南京大学学报上，同时在《化学通报》上刊出了《混合配体络合物及其在电镀中的应用》。

　　1979 年我带着对络合物电镀的新理解参加了中国电子学会第一届电子电镀年会。我在会上正式提出了"多元络合物电镀理论"，指出电镀溶液中金属离子和各种组分形成的是多元配合物，电镀配位剂和添加剂的作用就是调节金属离子的电沉积速度，沉积速度过快，镀层粗糙疏松；沉积速度过慢，镀层太薄，电流效率太低。电镀溶液的配方设计就是选择合适的配位剂和添加剂，以调节金属离子的沉积速度到最佳的范围。"多元络合物电镀理论"自提出至今，得到我国电镀界的广泛认同，并作为中国的发明创造载入史册。在吴双成高工编写的《悉数百种表面处理技术首创时间》一文中写道："多元络合物电镀理论：1979 年 12 月，方景礼在中国电子学会第一届电子电镀年会上提出，镀液的配位方式为多元配合物，配方设计的中心是调整金属离子电沉积速度的多元络合物电镀理论。"

　　从 1979 年开始，我就着手撰写我的第一本专著《多元络合物电镀》，用多元配合物的观点来阐明电镀溶液中各成分的作用机理及其对电镀溶液和镀层性能的影响。书中介绍了以调节金属离子电沉积速度为核心的电镀溶液配方设计的要点。全书共 354 页，1983 年 6 月由国防工业出版社出版。这是现在世界上第一本从配合物角度阐述电镀原理的理论与应用的专著，可以说是《电镀配合物总论》的第一版。

2006 年应化学工业出版社的邀请，我开始全面修改和增补《多元络合物电镀》一书，用多元配合物的观点来总结配合物在电镀前处理、电镀工艺、化学镀工艺、金属退除工艺和镀层防变色处理工艺上的应用。我利用可在国内、国外工作的有利条件，全面收集国内外的相关资料，然后有选择地融入书中。2007 年 9 月化学工业出版社正式出版了《电镀配合物——理论与应用》，全书 725 页，成为电镀界珍藏的参考书，可以说是本书的第二版。

一转眼我们已进入 21 世纪 20 多年，这是我国大放异彩的 20 多年，我国已进入以创新推动发展的新时代。为配合时代发展的需要，化学工业出版社希望我再次修改和增补《电镀配合物——理论与应用》一书，补充 21 世纪以来电镀配位剂和配合物的新进展，尤其是高分子配位剂方面的进展，这就是即将出版的《电镀配合物总论》，从《多元络合物电镀》算起，本书可以说是第三版了。

我从 1957 年进入南京大学化学系到 1965 年在导师戴安邦院士指导下研究生毕业，历时八年攻读配合物化学，之后的五十多年里都在将配合物化学应用到电镀和材料的表面处理上，让配合物化学在电镀领域打开一片新天地。

从 1968 年开始，我在表面精饰领域辛勤耕耘了五十多年。五十多年来我共发表了论文约 300 篇，其中有数十篇被 SCI 引用。我在《化学通报》上发表的《缓蚀剂的作用机理》如今是吉林大学物理化学专业学生指定的参考读物，我在《中国科学》上发表的《银层的变色机理与防护》成了国内外经常被引用的经典之作。五十多年来我为中国电镀工作者撰写了十余部著作，它们是：《电镀配合物——理论与应用》、《电镀添加剂——理论与应用》、《金属材料抛光技术》、《实用电镀添加剂》、《多元络合物电镀》、《电镀添加剂总论》（中国台湾地区出版）、《配位化学》、《刷镀技术》、《塑料电镀》、《表面处理工艺手册》、《电镀黄金的技术》（中国台湾地区出版）等。大家知道，电镀溶液的关键成分是配位剂和添加剂，它们属于最保密的组分，我花了十多年的时间终于完成了新版的《电镀添加剂总论》和《电镀配合物总论》这两部巨作。这是我国独有的专著，在国内外有很大的影响，成为许多电镀工作者随身必备的参考资料，也是年轻一辈成长的良师益友，更是研发人员不可缺少的灵感源泉，受到广大读者的热烈欢迎。

五十多年来，我走遍了世界各地，先在南京大学工作了 30 年，后在国外表面处理公司担任最高技术首长达 12 年，也取得了一些成绩。祖国和人民也给了我不少的荣誉，如国务院颁发的政府特殊津贴、中国人民解放军军内科技成果一等奖、江苏省重大科技成果奖、江苏省和国家教委的科技进步奖、中国电子电镀学会的特殊贡献奖、福建表面工程协会的"首席专家"、"突出贡献奖"、"突出贡献老专家"等。在 2016 年 9 月北京举行的第 19 届世界表面精饰大会上我获得了"终身成就奖"，2019 年在电子电镀会议上再次获得了"终身成就奖"。获得化工出版社的优秀图书一等奖等。2022 年我正式被厦门大学化学化工学院和厦门大学高端电子化学品国家工程研究中心聘为顾问。这些都是对我过去工作的肯定和鼓励。我现已八十多岁，但身体还不错，希望能再为国家奉献几年，为本行业的发展做出更多的贡献。

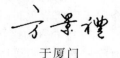

于厦门

《电镀配合物——理论与应用》前言

电镀溶液是一个很复杂的体系，它含有多种配位剂、表面活性剂和各种添加剂。一种优良的电镀工艺，不仅要有优良的镀液性能，如分散能力、覆盖能力、沉积速度、整平能力、导电能力和电流效率等，而且要有优良的镀层性能，如硬度、脆性、应力、晶粒大小、光泽度、磁性、可焊性、导电性等。要完全满足这些条件是相当困难的，需很好掌握溶液中所用各种药剂的性能、数量与配比。若不协调就会顾此失彼，相互制约，得不到好的效果。因此，一个好的适于大规模生产应用的电镀配方实在是来之不易。

目前调整镀液与镀层性能的主要手段是改变镀液所用的配位剂（旧称络合剂）与添加剂。配位剂通过配位作用来改变镀液中配离子的形态与结构，从而改变金属离子放电或还原的速度与所得镀层的性能。自然界中存在许许多多的配位剂，其中最常用而又不被人注意的是水分子，而过去最被看重的电镀配位剂却是剧毒的氰化物。除了天然的配位剂外，人们还合成出各种各样的人造配位剂，它们的结构各异，效果也各不相同；再加上放电配离子的结构与形态又随金属离子的种类、浓度、溶液 pH 值、溶液温度以及其他竞争配位剂的种类与数量而变化，因此，需要依据放电金属离子的本性来选择合适的配位剂及操作条件（如浓度、pH 值、温度、电流密度等），这就涉及一门专门的学科——配合物电化学。

本书用多元配合物的观点来总结配合物在电镀前处理、后处理和电镀工艺中的应用。书中提出了决定电镀溶液和镀层性能的关键因素是金属配离子的电极反应速率，论述了多元配合物的形态、结构对电极反应速率、电镀溶液性能和镀层性能的影响，提出了以调节金属离子电极反应速率为核心的电镀溶液配方设计的要点，为电镀新工艺的研制和原有电镀溶液的改进提供了理论依据。本书还阐述了配合物在电镀前处理工艺、电镀工艺、化学镀工艺、金属退除工艺和镀层防变色处理工艺上的应用。

全书由两大部分组成，第一部分着重阐述配合物的基本原理、配位平衡、配合物的平衡电位、配合物的电化学反应动力学、混合配体配合物、多元配位缔合物、表面活性剂所形成的表面活性配合物以及电镀溶液的配方设计等；第二部分为配合物的应用，主要包括化学脱脂、电抛光和化学抛光涉及的配合物，电镀铜、镍、锌、镉、铬、锡、金、银、铂、钯、铑以及锡铜、锡锌所涉及的配合物，化学镀铜和化学镀镍用配合物，镀层退除配合物，铜、银、锡、镍的防变色配合物膜和铁的防腐蚀配合物膜，强螯合剂废水的处理。

在撰写本书的过程中，我利用可在国内、国外工作的有利条件，全面收集国内外的相关资料及研究成果，然后有选择地融入书中，希望此书能成为电镀工作者学习、查询和探索电镀配合物及电镀溶液配方的良师益友，成为他们身边不可缺少的参考书。本书也可作为各大学化学、化工专业师生有关配合物化学的教学参考书，因为它是继我在 1983 年出版的《多元络合物电镀》已作为某些学校配位化学教材以来更加完整、更加全面阐述配合物的理论与应用的新书。

方景礼

于香港

目　　录

附录

第一章

表面处理概述

第一节 表面处理方法的类型

在人类的生产、生活、旅行、研究、探险等各项活动中，要用到各种各样的产品。如在天上飞的飞机、航天器，水中游的轮船、潜艇，陆上跑的汽车、火车，地下用的钻井设备、隧道挖掘机、采矿设备，家庭用的彩色电视、电冰箱、洗衣机、微波炉、家庭影院、电脑、灯具、钟表、收音机，工厂用的精密机械、测量仪表、维修工具等。这些上至天文、下至地理用的产品，样样都需要拥有特殊的功能、美丽的外表和经久耐用等性能。表面处理技术就是对各类产品进行特种加工和美化的方法，它不仅可赋予产品优良的耐蚀性、耐磨性、耐化学药品性、润滑性、导电性、导热性、波导性、锡焊性、磁性、反光性、选择吸收性、粘接性、杀菌性、低接触电阻，易于粘接、耐高温老化、耐高温潮湿等特性，而且还可以赋予表面美丽的色彩和诱人的外观。因此，表面处理技术是一种适于多种行业产品使用的加工和美容的实用技术，是航空、航天、造船、农机、仪表、电子、轻工、机械、军工、电器和日用五金等工业的基础工艺之一。许多工业产品通过表面处理后变得更加新颖、美观、耐用，可以更好地满足人民生活和工业生产的需要，同时又提高了产品在国内外市场上的竞争能力。

表面处理在国外也称为表面精饰（surface finishing），早期以金属材料的电镀为主，以后逐渐由金属扩大到非金属，如塑料、陶瓷、木材、石头、玻璃、印刷电路板、半导体芯片、永磁材料（如 Nd-Fe-B）、半导体材料（如砷化镓 GaAs、氮化钛 TiN）、超导材料及核燃料等。

表面处理工艺涉及的范围很广（见表 1-1），包括电镀、电铸、电化学及化学抛光、电解及化学钝化、阳极氧化金属着色、金属的防氧化处理（如有机保焊剂）、化学镀、复合镀、刷镀、印刷电路板的填孔电镀、物理气相沉积（PVD）、化学气相沉积（CVD）、溅射镀、离子镀、机械镀、金属热喷涂、电泳涂装、粉末喷涂、激光电镀、脉冲电镀、化学-机械抛光（CMP）等。本书以阐述与电镀及其相关的前后处理所涉及的配合物、配位体为主要内容。

当前，表面处理技术已经发展成为利用现代物理化学、配合物化学、金属学、表面化学、机械学、物理学等方面新技术的边缘性综合技术，正在形成一个重要的现代化科学体系。

表面处理与配合物化学的关系极为密切，因为所有涉及金属离子的湿法体系都与配合物息息相关。

表 1-1　表面处理方法的分类和内容

方法	处理方式	名　称	具 体 实 例
电化学处理法	阴极处理	电镀	电镀单金属：镀铜、镀镍、镀铬、镀锌、镀镉、镀铁、镀金、镀银、镀钯、镀铂、镀铑、镀钌、镀铟、镀铼、镀锇、镀铱、镀锰、镀锑、镀铋、镀砷、镀硒 电镀合金：(1)二元合金　Cu-Zn、Cu-Sn、Cu-Ni、Cu-Cd、Sn-Zn、Sn-Ni、Sn-Co、Sn-Pb、Sn-Bi、Zn-Ni、Zn-Co、Zn-Fe、Zn-Cu、Ni-Fe、Ni-Co、Ni-P、Ni-B、Zn-P、Ag-Sb、Ag-Zn、Ag-Sn、Ag-Pd、Ag-Co、Au-Cu、Au-Ni、Au-Co、Au-Ag、Au-Pd、Cr-Ni、Cr-Mo、Cr-Fe、Cr-Ni、Pb-Sb、Pb-Cd、Co-Cd、Pd-Ni、Pd-Pt、W-Ni、W-Co (2)三元合金　Zn-Fe-Ni、Cu-Sn-Zn、Au-Pd-Cu、Au-Ag-Zn、Au-Ag-Cu、Au-Sn-Co、Ni-Co-Cu、Ni-Fe-Co、Ni-Fe-Cd、Ni-P-B、Ni-Fe-P、Ni-Co-P、W-Co-Ti
		电铸	电铸单金属：电铸镍、电铸铁 电铸合金：电铸镍钴合金、电铸镍锰合金
		电化学脱脂	阴极脱脂：适于有色金属铝、锌、锡、铅、铜及其合金的脱脂
		刷镀	刷镀单金属：刷镀铜(酸性铜、碱性铜、高堆积碱铜)、刷镀镍(快速镍、特殊镍、酸性镍、低应力镍、中性镍、黑镍、半光亮镍、高堆积酸性镍)、刷镀镉(酸性镉、碱性镉、低氢脆镉)、刷镀锡(酸性锡、碱性锡)、刷镀钴(酸性钴) 刷镀其他单金属：铬、锌、铅、金、银、铟、镓、铂、钌、钯、铼、铑、铁、锑、铋 刷镀合金：镍钨合金、钴钨合金、镍钴合金、锡铟合金、巴氏合金、锡铅镍合金
	阳极处理	电化学脱脂	阳极脱脂：适于硬质高碳钢、弹簧、弹性薄片等弹性零件的脱脂
		电解钝化	适于银和锡的铬酸盐电解钝化
		阳极氧化	铝及其合金的阳极氧化：硫酸阳极氧化、草酸阳极氧化、铬酸阳极氧化、硬质阳极氧化、瓷质阳极氧化 镁及其合金的阳极氧化：铬酸盐阳极氧化、氟化物阳极氧化、碱性乙二醇阳极氧化 钛的阳极氧化 ⎫ 钽的阳极氧化 ⎬ 有机酸盐阳极氧化法 锌的阳极氧化 ⎭ 铅的阳极氧化
		电抛光	铜及铜合金的电抛光 铝及铝合金的电抛光 镍及镍合金的电抛光 钢铁件的电抛光 不锈钢的电抛光 金、银、锡、铅、锌、钛、铬、钨、钼、镁、钴等金属的电抛光
化学处理法	浸渍	化学抛光	铝及铝合金的化学抛光 镁及镁合金的化学抛光 锌及锌合金的化学抛光 铜及铜合金的化学抛光 镍及镍合金的化学抛光 不锈钢和可伐合金的化学抛光 钢铁的化学抛光 钛、银、镉、硅、铅、钽、锆、铍、锗等金属的化学抛光
		碱性化学除油	适于钢铁、铜及铜合金、铝及铝合金、锌及锌合金、镁及镁合金、锡及锡合金
		酸洗去氧化膜	硫酸型酸洗液：适于钢铁、铜和黄铜件去氧化膜 硫酸-铬酸液：适于铝、镁及其合金件去氧化膜 氢氟酸-硝酸-硫酸液：适于不锈钢镍基和铁基合金件去氧化膜 硫酸-硝酸液：适于锌、镉件的去氧化膜
		金属的化学退除	Cu、Ni、Au、Sn、Cr、Ag、Zn、Cd、Pd、Rb、Ru 等单金属 Cu-Zn、Cu-Sn、Sn-Ni、Sn-Zn、Sn-Co、Sn-Pb、Ni-Fe、Ni-P、Cu-Ni、Ag-Sn、Au-Cu 等合金

续表

方法	处理方式	名　称	具　体　实　例
化学处理法	浸渍	金属的化学着色	铜与铜合金的着色 镍与镍合金的着色 锌与锌合金的着色 不锈钢的化学着色 银层的着色 锡层的着色 镉层的着色
		金属的防氧化	印刷电路板的防氧化:有机焊接保护剂(OSP)、铜线路的防变色剂 钢铁的防锈:气相防锈、防锈液
		金属的防腐蚀	缓蚀处理:金属在酸性介质中的缓蚀 　　　　　金属在中性介质中的缓蚀 　　　　　金属在碱性介质中的缓蚀 　　　　　金属在大气中的缓蚀
		金属的化成处理	钢铁的化成:锌盐磷化、锰盐磷化 锌、镉的化成:铬酸盐钝化、钼酸盐钝化、钛盐钝化 铝和铝合金的化成:铬酸盐处理、磷酸-铬酸处理、稀土盐溶液处理 铜及铜合金的化成:铬酸盐处理、苯并三氮唑处理 镁及其合金的化成:铬酸盐处理、亚硒酸处理、锡酸盐处理 不锈钢的化成:铬酸盐处理、硝酸处理、有机酸处理
附着法或去除法	浸渍、喷涂等	熔融(热浸)镀	热镀锌(钢管、钢件与钢板) 热浸锡、锡铅(铜丝、铁皮及电子元器件) 热浸铝 热浸铅
		喷涂金属粉(粉末喷涂)	低熔点金属
		合成板	包覆板、印刷电路板
		喷涂树脂	各种树脂的喷涂
		粉末喷涂	喷涂各种树脂的粉末,受热后变为涂层
		喷涂陶瓷	Al_2O_3、Cr_2O_3、TiO_2、ZrO_2 等
		珐琅	耐酸、玻璃珐琅等
	扩散渗透法	附着渗入	Zn、Al、Cr、Si
		硬化	渗碳、氮化、渗硅、硼化、硫化
	真空法	物理气相沉积(PVD)	真空镀、阴极溅射、离子镀
		化学气相沉积(CVD)	TiC、TiN
	磨料加工	表面抛光	磨光、布带抛光、滚光、旋转抛光、离心、动滚光、超精加工
		喷射	喷砂、珩磨
	激光照射	激光钻孔	印刷电路板的激光钻通孔及盲孔、微孔
	其他	淬火(硬化)	火焰法、放电法、高频法

第二节 镀覆层的主要特性和功能

电镀是利用镀层的某些特殊性能来达到我们所要求的目的。早期的电镀着眼于镀层的耐腐蚀性和装饰性，所以常把电镀分为装饰性电镀和防腐蚀电镀。

随着科学技术的发展，特别是电子技术和尖端技术的发展，人们可以用化学的、物理的各种方法（如电镀、化学镀、真空镀、离子镀等）来获得具有各种独特性能的镀层，它们在国民经济中的地位越来越高，也就是说镀层功能性的领域已远远超出了防腐蚀和装饰的范围，向着更加广阔的领域发展，这就迫使人们重新认识电镀的含义，并用功能电镀或镀层的功能性的概念来取代早期的防腐和装饰的概念，并用更大的精力去开发许多尚未被人们重视的新型功能镀层。

金属本身的特性很多，经合金化或复合电镀后可以获得更多的新特性。目前在生产实际中应用的特性有 30 项左右，它们是：①装饰；②防腐蚀；③耐磨损；④表面硬化；⑤润滑；⑥脱模；⑦堆焊；⑧模具制作；⑨精密加工；⑩回路导通；⑪低接触电阻；⑫磁性；⑬电阻；⑭可焊性；⑮键合；⑯波导管制作；⑰防眩；⑱光反射；⑲选择性光吸收；⑳耐热；㉑吸热；㉒热传导；㉓热反射；㉔粘接；㉕表面金属化；㉖摹写；㉗金属薄膜及金属粉制造；㉘防渗碳及防氮化；㉙耐药品性；㉚卫生。

表 1-2 列出了各种镀覆层的主要特性、用途及常用处理方法。

表 1-2 镀覆层的主要特性、用途及常用处理方法

特　性		概　要	用　途　举　例	常用的处理方法
防护装饰特性	装饰性　光亮度	分为镜面光亮、全光亮、光亮缎状，无光亮缎状，通过与不同色泽和花纹的组合，可实现表面的多样化、高档化	旋钮、开关(音响)、车轮、侧面反射镜(汽车)、照相机、眼镜架、各类饰品、室内外装饰用品等	电镀、热烫印等
	色泽彩色	除铬色、镍色、白色、黑色、青铜色系之外，还有各种彩色		
	花纹	有缎状、回旋状、细线、微粒、菱形、双色、浮雕花样等，为高级产品设计所不可缺少		
	防护性	能耐潮湿气氛，含硫含氧气体介质，盐分等的腐蚀	几乎所有的金属制品、螺栓、建筑小五金等	几乎所有表面处理方法
机械特性	硬度和耐磨损性	电镀金属的硬度一般高于冶金手段所获得的硬度。硬度高的金属不仅耐磨性好，且具有耐擦伤、耐碰伤的特性	各种汽缸、油缸、轧辊、轴、量规、金属模具衬垫、高级装饰品	电镀、化学镀、喷镀、真空镀、阳极氧化等
	润滑性	指滑动方便程度，与摩擦系数低和保油性能好有关	各种汽缸、油缸、活塞环、轴等	
	脱模性	金属模具所要求的特性，与抗黏合性有关	各种金属模具	
	其他	有易加工性、耐冲击性、耐疲劳性等	冲压成形件、机械零件	

续表

特　性		概　要	用　途　举　例	常用的处理方法
电磁特性	导电性	电传导容易,银最佳,铜次之	电子器件、半导体零件	电镀、化学镀、真空镀等
	高频特性	也称波导性,高频电流(毫米波、微波等)容易传送,损耗少	波导管	
	磁性	磁性记录介质所要求静态特性(矫顽力、矩形比)和动磁盘、磁带、磁性存储器动态特性(存储特性)	磁盘、磁带、磁性存储器	
	低接触电阻特性	电气接触部电阻小,与高硬度、耐磨性等构成开关特性	各种开关、端子等	
	电阻特性	电阻元件所需特性,特殊的化学镀镍可根据膜厚设定电阻值	金属薄膜电阻	
	其他	有电磁波屏蔽效果	电磁屏蔽材料	
光学特性	防反射性	也称防眩性,大多采用黑色和缎状表面	汽车、摩托车零件,照相机,光学仪器	电镀、化学转化处理、真空镀、涂装等
	光选择吸收性	指吸收 0.3～0.5μm 波长范围太阳光的特性	太阳能选择吸收面板	
	光反射性	有效反射光的特性,白色金属光亮度平滑度越高,反射率越大	反射镜、反射板	
	耐候性	防止紫外线对塑料、橡胶和涂膜的破坏的特性	各种塑料电镀	
热学特性	耐热性	保持膜层物性(硬度、耐磨性、耐蚀性)在高温下不降低的特性	发动机零件	电镀、化学镀、真空镀等
	热吸收性	有效吸收热量的特性,使用黑色膜层	集热板、散热板(屏蔽罩)	
	热导性	导热容易的特性,银最佳,铜、金次之	厨房器具	
	热反射性	与光反射相似,平滑度越高,反射性越好	火锅反射板	
物理特性	软钎焊性	容易进行软钎焊的特性,是电子、电器、机械制件中经常要求的重要特性	各种电器、电子零件、机械零件	电镀、化学镀、真空镀、阳极氧化、涂装、喷镀等
	压焊性	指金丝、铝丝热压焊和超声波压接的特性	半导体元件	
	多孔性	指表面具有较多微孔的特性	各种轧辊、汽缸、油缸、活塞环	
	抗黏合性	与脱模性类同,与滑动性和低摩擦系数有关	各种金属模	
	黏附性	提高金属与高分子材料的黏结力	轮胎及金属上涂覆高分子材料的产品	
化学特性	耐蚀性	指对化学药品和有机碳的耐蚀性	化工机械、热交换器、阀门等	大部分表面处理方法
	防沾污性	在化学设备中防止积垢,在日用品、家电中防沾污的特性	医疗器械、冷藏库手柄、餐具	
	杀菌性	指抑制细菌繁殖以至消灭细菌的特性,铜、银最佳	家用小五金、手柄、餐具	
其他	耐燃性	对塑料进行金属镀覆后,提高耐热程度	各种塑料电镀	电镀
	耐海水腐蚀性	指在海水中的耐蚀特性,一般镀镉,海底中继器用加厚的镀金、镀铂的电极棒	船舶、建筑、土木机械、海底中继器	
	复制特性	指复制各种型面的特性,是制作唱片、工艺品时所不可缺少的特性	精密电铸金属模、波导管	

表 1-3 则列出了常用镀覆层的功能特性。

表 1-3　常用镀覆层的功能特性

注：列首三列为「装饰」「防护」「耐磨损性」；其后按类别分组——机械特性（硬度、润滑性、尺寸精度、增厚度、脱模性、低摩擦系数、二次加工性）、电气特性（导电性、高频特性、磁性、低接触电阻）、光特性（电阻特性、防反射性、光选择吸收性、光反射性）、热特性（耐候性、耐热性、热吸收性、热导性、热反射性）、物理特性（软钎焊性、黏结性、多孔性、抗黏附性）、化学特性（黏结附性、耐蚀性、防污染、杀菌性）、其他（耐刷性、防止海水腐蚀、仿型性）。

电镀的种类（最终电镀表示）	装饰	防护	耐磨损性	硬度	润滑性	尺寸精度	增厚度	脱模性	低摩擦系数	二次加工性	导电性	高频特性	磁性	低接触电阻	电阻特性	防反射性	光选择吸收性	光反射性	耐候性	耐热性	热吸收性	热导性	热反射性	软钎焊性	黏结性	多孔性	抗黏附性	黏结附性	耐蚀性	防污染	杀菌性	耐刷性	防止海水腐蚀	仿型性
铜	√										√	△		△						△	√	√	√	√	√				√	*	√			
镍	√	△	△														*						△											
铬	√	√	√															△	√										△	△				
黑铬、黑镍（装饰镀层）	√	√													√	√	△	△																
锡合金	√	△				△								△					△				△						△	*				
铜合金	√	△																					△		√									
镍合金	√	△																					△											
金、金合金	√	△							△							△			√		√													△
银	√			△							√										△			√	√				√					
铑	√	△	△															△	√										△					
钯	√	△	△															△																
铂	√	△	△															△																
黑铑	√														√		△	√																
电铸	√					√	√																											√
化学转化处理	√	△								√					√	*				△	△				△				√	*	△			
锌（防护镀层）	△	√				*		△							*		*	*	*					*					△					
锌-镍合金		√																																
镉		√																															√	
锡-锌合金		√								√																	△							
镉-钛合金		√																															√	
化学转化处理		√																									△							
铜						√					△	√	√	*								√		√	√				△		√			
化学铜						*					√													△	△				△					
镍	△	△	△			△							△	*		*	△	△	△			√		△					√				△	
镍-镉扩散		△																				√												
化学镍	△	√	√	√	*	√	△	△		△	△			*	*	√				√				△				√	√				△	
工业用（硬质）铬	√	△	√	√	△	*	√	△	△	*										△					√	△						√	*	
黑铬	√	√																																
金、金合金	√	△	*								√		√		√		√	√		√		√		√	√				△					
银（防护镀层）	△		*	√							√			√								√		√	√				△					
铑	√	△	√	√										√															△					
铂		△	△											√															△					
钯														√															△					
钌			△	△										√																				
锡	△	△								*	△	△														√			△					
锡-铅合金	△	△								△														√		√								
铅	△	△								△														√					√	√				
铟					√									△																				
铁							√			√																								
磁性													√																					
分散（复合）			√	√			√		√	√																			√	△				
电铸				√	√	√					√																							

注：√ 表示最有效；△ 表示有效果；* 表示在一定条件下有效。

第三节　表面处理技术的应用

用电镀或化学镀获得的镀（涂）层具有多种多样的功能（见表 1-2 和表 1-3），这些功能与各个工业部门息息相关，它使许许多多的工业产品获得了新的生命力，因为它作为产品的一种最终的加工技术，不仅可以美化产品的外观，而且可以赋予原来基本不具备的多种特殊功能，因此它是从尖端技术产品到民用产品都必须采用的基本加工方法之一。

在表面处理方法中，除了早期最为人们重视的电镀技术最近又获得了重大发展（如印刷电路板的一阶和二阶微盲孔的填孔电镀已实现工业化）外，化学镀或无电解镀近年来取得了惊人的发展。它的主要特点是用化学还原剂代替电，因此没有电流分布不均的问题，没有线路电镀前需导通电流的问题，也不需要电源设备。非导体只要简单地浸渍在特定的溶液中，就可获得厚度非常均匀的金、银、钯、镍、锡、铜、铅等镀层，因此在电子工业中得到了非常广泛的应用，其产值已达到甚至超过了电镀。

这些镀层不仅使非导体（如塑料、陶瓷、硅片、半导体 TiN、GaAs）导电化，而且还获得了宝贵的焊锡性、耐蚀性、键合性（bonding）、电磁波的屏蔽性、抗氧化性、抗高温老化等诸多功能，所以应用的领域十分宽广，表 1-4 列出了化学镀镍在各工业部门中的用途与功能。

表 1-4　化学镀镍在各工业部门中的用途与功能

产业部门	适用的产品	所用的功能
汽车工业	控制盘、活塞、汽缸、轴承、精密齿轮、旋转轴、各种阀、发动机内表面	硬度、耐磨损性、防止烧蚀、耐蚀性、精度
电子工业	触点、旋钮、外壳、弹簧、螺杆、螺母、磁体、电阻、晶体管管座、印刷电路板、半导体芯片、计算机产品、电子产品	硬度、精度、耐蚀性、可钎焊性、熔接性等
精密机械	复印机、光学仪器、钟表等各种产品	精度、硬度和耐蚀性等
航空、船舶	水压系机器、电器产品、螺旋桨、发动机、阀和管道等	耐蚀性、硬度、耐磨损性、精度
化学工业	各种阀、泵、输送管、摇动阀、管内部、反应器、热交换器等	耐蚀性、防污染、防氧化、耐磨损、精度等
其他	各种模具、工作机械产品、真空机器产品、纤维机械产品等	硬度、耐磨损性、脱模性精度等

化学镀铜、化学镀镍和化学镀金在电子工业上的应用最多，增长也非常快，因此可以说，没有化学镀就没有印刷电路和半导体芯片，也就没有今天的电子工业和尖端技术。化学镀以其优异的在非导体上的可镀性、可焊性、耐磨性和突出的电磁屏蔽特性，使得它在工业中成了佼佼者。

在电镀溶液中加入不溶性固体微粒，用适当的搅拌方式，使微粒均匀地混悬在镀液中，再用一般的电镀方法，使金属和微粒共沉积在阴极上而形成复合镀层，这种电镀方法就叫做复合（电）镀。凡是能够在电解液中沉积出来的金属都可采用，如 Ni、Cr、Fe、Ag、Au、Ni-Fe 化学镀 Ni-P 等。作为分散剂的化合物，有无机化合物（如金属氧化物硼化物、碳化物等），也有高分子聚合物（如聚氯乙烯、聚四氟乙烯、尼龙粉等）或难溶于镀液的金属粉末。最近大力发展的纳米电镀就是指用纳米大小的微粒进行的复合电镀。

用高硬度的氧化物、碳化物、硼化物、氮化物所获得的复合镀层具有很好的耐磨性，适于作内燃机的汽缸内壁、口腔科用的钻头以及航空发动机部件的镀覆，用润滑性很好的石墨、二硫化钼、聚四氟乙烯作分散剂的复合镀层具有很好的减磨作用。例如 Fe-MoS$_2$ 可作为活塞环镀层。Cu-石墨可作为干润滑镀层，Pb-聚合树脂复合镀层可用于轴承表面等。

物理气相沉积和化学气相沉积是近年来发展较快的干法沉积金属及其合金的方法。在金属、塑料、胶带、玻璃上进行真空镀铝，已在国民经济中获得广泛应用，许多商店的招牌、宾馆的装饰件、包装用软性铝袋、金线、银线和玻璃镜都是经真空镀铝后再进行适当加工而获得的。化学气相沉积是发展更加迅速的一种加工方法，用一种设备可以获得许多不同的镀层。例如在真空炉中先把钛气化，然后通入不同的气体，如氮气、乙炔气等就可在基体上沉积出氮化钛和碳化钛，氮化钛具有美丽的金黄色彩，又具有很高的硬度和很好的耐磨性，在国内外都已大规模用作表壳、表带等的装饰镀层。

由以上的简单介绍中可以看出，表面处理的方法是很多的。有些方法属于物理或机械的，这些不是本书阐述的内容。本书要阐述的是与电镀、化学镀及其相关前后处理所涉及的配合物、配位体为主要内容，如金属表面的除油与去污、化学与电化学抛光、电镀与化学镀工艺、金属表面的保护或钝化、金属镀层的退除等工艺中所涉及的配位体与配合物的内容。

第二章

配合物的基本概念

第一节 电镀与配合物

配合物是由配位体和金属离子通过形成配位键而组成的一类新型的化合物。所谓配位体，是指可提供孤对电子给金属离子的化合物，如水中的氧原子、氨中的氮原子、硫代硫酸根中的硫原子以及各种有机酸中的氧原子和氨基酸中的氮、氧原子等均可提供孤对电子，因此，氨、硫代硫酸盐、氨基酸和有机羧酸就是通常所说的配位体。由于配位体和金属离子几乎无所不在，因此，不论在人体内，在自然界以及在许许多多的湿法工业制造过程中，都会用到配位体或配合物，也就必然涉及到配合物的理论与应用。以金属制品的电镀加工为例，从制品的除油去污、酸洗或腐蚀、化学或电化学抛光、电镀、镀后的钝化与保护，无一不与配合物有关。

从电镀溶液（以下简称镀液）的配制，到金属镀层在阴极上形成，其过程是非常复杂的。这个过程通常包括一连串的反应。例如，要配制对设备腐蚀性小、镀层质量高的碱性镀液，单用该金属的盐类就不行了，因为一般金属离子在中性或碱性时会生成氢氧化物沉淀。要满足上述要求，就必须选择合适的配位体加入镀液，并在一定条件下使它生成对碱稳定的配离子。这一过程就是形成配离子的过程，这时的反应称为配位反应。配制好的镀液还可能有无机的或有机的杂质存在，使用前，必须进行适当的处理。如用活性炭、锌粉或通电处理等。也可加入适量的配位体使杂质被掩蔽，而不在阴极上析出，这叫做电化学掩蔽反应。

若在配制好的电镀溶液中插入金属电极，在电极与镀液的界面上就会产生电位差，平衡时的这种电位差就是该金属的平衡电位。有配位体与无配位体时，镀液的平衡电位是不一样的。配位体的加入，一般使金属离子的平衡电位向负的方向移动，即配离子的平衡电位一般比简单金属离子的平衡电位更负些。这说明配位反应对金属的平衡电位有明显的影响。

当阴、阳电极都插入镀液，并通以电流，在金属阳极上将有金属离子溶解下来。在没有其他配位体时，溶解下来的金属离子是以简单水合配离子的形式存在的；在有其他配位体时，溶解下来的金属离子则以其他形式的配离子存在。这说明配位体对阳极过程有重大作用。在带电的阴极附近，各种类型的配离子都竞相在阴极上放电。到底哪种离子放电，将由它自身的活化能及其在镀液中所占的相对含量的大小决定。也就是说，配制溶液的条件，特别是配位体的加入量和镀液的酸度，将直接决定镀液中配离子的存在形式和相对含量，而配离子的相对含量又决定着一定条件下放电离子的种类。选用不同类型的配位体，可以使金属离子形成不同构型（指电子构型或几何构型）的配离子，它们在电极上放电的活化能有很大的差别。配位体的种类不同，它们对金属离子电沉积速度的影响也不同，因此，镀层晶粒的粗细、晶格排列的规整程度和镀层的光亮度也各不相同。这样，对于特定的金属离子，可以通过选用合适的配位体以获得所需要的镀层。

若用 M^0 表示金属原子，X、Y 表示不同的配位体，E 表示电极，M 表示金属离子，则从镀液配制到镀层形成的整个电镀过程如下：

$$M+X+Y \underset{K}{\rightleftharpoons} \begin{bmatrix} [MX] \\ [MXY] \\ [MY] \end{bmatrix} \overset{E}{\rightleftharpoons} ([MXY]\cdot E) \overset{k_1}{\rightleftharpoons} ([MX]^*\cdot E^-) \overset{k_2}{\rightleftharpoons} ([MX]^-\cdot E) \overset{k_3}{\rightleftharpoons} (M+X+Y)\cdot E \overset{k_4}{\rightleftharpoons} M\cdot E(晶格)$$

	溶液中的配合物		电荷转移前的活性中间体	电荷转移后的活性中间体	还原后的金属原子和配体	配体离开电极金属进入晶格
镀液配制	插入电极未通电	活性中间体的形成	配离子获得电子	配离子的还原和解体	金属原子的表面扩散
镀液中配位平衡	配离子的平衡电位	前置化学反应	电荷转移反应	低价或零价配合物的生成	电结晶反应

第二节　什么是配合物

要回答这个问题还是让我们先来做一个简单的实验。

在 0.1mol/L 硫酸铜（$CuSO_4\cdot 5H_2O$）的水溶液中，逐步滴加 0.1mol/L 氨水，开始会看到有沉淀出现，并且越来越多，再继续加入氨水，反而发现沉淀越来越少，最后沉淀完全溶解而变成清澈的深蓝色溶液。在这一过程中，溶液中发生了两个反应，一个是水溶液中的水合铜离子被氨水沉淀为氢氧化铜：

$$Cu(H_2O)_6^{2+}+2OH^- \longrightarrow Cu(OH)_2\downarrow+6H_2O$$

继续加入氨水，氢氧化铜沉淀与氨水反应而转化为可溶性的深蓝色的铜氨配离子：

$$Cu(OH)_2+4NH_4OH \longrightarrow Cu(NH_3)_4^{2+}+4H_2O+2OH^-$$

铜氨配离子的存在可以从两个方面来说明，一方面加入氨水以后，硫酸铜水溶液的蓝颜色大大加深，说明溶液中存在的已不是原来的简单水合铜离子，另一方面若把上面所得到的深蓝色溶液蒸发，最后可以得到蓝色的结晶，用 X 射线研究其晶体结构，证明它已不是 $CuSO_4\cdot 5H_2O$，而是 $[Cu(NH_3)_4]SO_4$。

这种晶体在水溶液中，仅离解为 SO_4^{2-} 和配离子 $[Cu(NH_3)_4]^{2+}$，而不是 Cu^{2+}、SO_4^{2-} 和 NH_3。在这样的溶液中再加入氨水，Cu^{2+} 不再呈氢氧化物沉淀出来，也就是说溶液中 Cu^{2+} 离子浓度降低到如此之低，以至于 Cu^{2+} 离子的特征反应也消失了，这就是通常所说的配位体的加入可以降低溶液中金属离子浓度从而阻止金属离子沉淀。相反，溶液中铜氨配离子 $Cu(NH_3)_4^{2+}$ 的特征却突显出来了，例如颜色、平衡电位以及阴极极化等都与单独的 $CuSO_4$ 溶液不同。

在 $[Cu(NH_3)_4]SO_4$ 中，铜以复杂的 $[Cu(NH_3)_4]^{2+}$ 离子形式存在，这种离子

在溶液中"基本"不离解而具有一定的稳定性。在这个复杂的离子中，含有金属离子和能够提供电子对的 NH_3 分子（称为配位体，简称配体），这种由配体提供电子对而与金属结合成的复杂化合物称为配合物或配盐（英文用 complex 表示，它含有"复杂"的意思，而日语则用"错合物"或"错盐"表示）。如果形成的配合物带有电荷，则称之为配离子，带正电荷的称为配阳离子，带负电荷的称为配阴离子。配离子的电荷数可由外界离子的电荷总数来推算。例如，在 $K_4Fe(CN)_6$ 中，处于外界的 K^+ 离子共有 4 个，可推知此配离子带 4 个负电荷，即 $[Fe(CN)_6]^{4-}$。由配离子的电荷数可以进一步推算出中心原子的氧化数。例如，

$[Fe(CN)_6]^{4-}$（已知 CN 的电荷为 -1）　　　$[Cu(NH_3)_4]^{2+}$（已知 NH_3 的电荷为 0）

Fe：$-4-(-1\times6)=+2$　　　　　　　　Cu：$+2-(0\times4)=+2$

即 Fe 的氧化数为 $+2$，Cu 的氧化数也为 $+2$。

　　总之，配合物的特征就是组成中含有金属离子和配体，并且两者必须是通过共用配体的电子对而结合起来的，这种由配体单方面提供一对未共用的电子而形成的化学键称为配位键。大家所熟悉的简单无机盐则是通过离子键或共价键形成的。离子键是金属原子的电子被强烈需要电子的原子夺去而形成正离子，再与失去电子的负离子通过静电引力而结合起来的；共价键则是金属原子与亲电子的原子或原子团共同使用彼此提供的一个电子而形成的。举例如下：

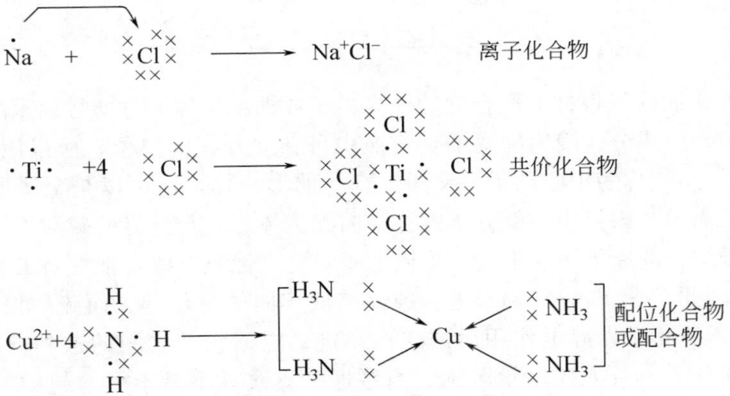

在电镀生产中还用过两种盐类，最常用的是一些简单的金属盐，如 $ZnCl_2$、$ZnSO_4$、$CuSO_4$、$NiSO_4$、$AgNO_3$ 等，这些都属于离子化合物，它们在溶液中都离解为水合金属离子和酸根。另一类称为复盐，是两种以上独立存在的单盐按一定比例组合而成的。例如，明矾 $K_2SO_4\cdot Al_2(SO_4)_3\cdot24H_2O$，光卤石 $KCl\cdot MgCl_2\cdot6H_2O$ 等。

　　现代晶体结构的研究表明，在多数情况下复盐都是含有配离子的配盐。如在明矾晶体中含有 $[Al(H_2O)_6]^{3+}$，光卤石晶体中含有 $[Mg(H_2O)_6]^{2+}$ 等配离子。但是在水溶液中，不少复盐很容易离解为水合金属离子，跟单盐混合物的溶液一样。而配盐，如黄血盐 $4KCN\cdot Fe(CN)_2\cdot3H_2O$，不仅在晶体中含有 $[Fe(CN)_6]^{4-}$ 配离子，就是溶于水后仍然保持这种形式的配离子。所以说方括号并不是随意加的，它表示可以独立存在的一个配位单位。

第三节　配合物的组成与命名

一、配合物的组成

前面大家见到的第一个配合物叫硫酸（化）四氨合铜，它是由哪些部分组成的呢？这可从下面的图解看出：

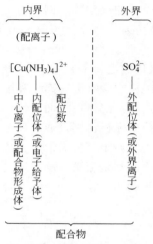

方括号外面的硫酸根称为配合物的外界离子或外配位体，方括号表示配合物的内界或配离子所包含的成分。因为配离子是溶液中可独立存在的单位，所以用括号括起来。其中的铜离子 Cu^{2+} 称为中心离子，又叫配合物的形成体，它可以是金属原子也可以是带正电的金属离子。内界中的氨分子则称为内配位体，它与外界的硫酸根一样，都是能够与中心离子结合的原子团，不过它提供电子对更"慷慨"些，把一对未共用的电子都给了 Cu^{2+}，因此 Cu^{2+} 与它特别亲近、彼此结成牢固的配位键。而硫酸根与 Cu^{2+} 就不那么"亲密"，彼此只靠静电作用而结成离子键，根据它们之间的这种性质上的差异，所以人为地划分了一条界线以示区别。当然这一界线并不是不可逾越的鸿沟，在一定条件下，内、外配位体是可以调换的。例如在浓盐酸中制得的氯化铬是绿色的配合物 $[Cr(H_2O)_4Cl_2]Cl \cdot 2H_2O$，稀释溶液，水分子就逐步进入内界取代氯离子，先生成蓝绿色的 $[Cr(H_2O)_5Cl]Cl_2 \cdot H_2O$，最后得到紫色的 $[Cr(H_2O)_6]Cl_3$。

配位体通常也叫电子给予体，因为成键的电子对是由它提供的。具有未共用电子对的可以是中性分子（如 NH_3、H_2O、CO）、带负电的离子（Cl^-、CN^-、$S_2O_3^{2-}$），偶尔也有带正电的离子（$N_2H_5^+$）。

二、配合物的命名

配合物的正式命名是在 1970 年由国际纯化学与应用化学联合会（IUPAC）首次提出的。中文命名法根据 IUPAC 的规定，配合物定名为配位化合物（coordination compound），简称配合物，在中国台湾地区和日本称为错合物。配位体或配合剂的英文名为 complexing agent，配位体或配体的英文名为 ligand。如果配位体中含有两个或两个以上的配位原子，它们同时与金属离子配位而形成环（见后），这种配合物叫做螯合物（chelate），含两个以上配位原子的配位体叫做螯合剂（chelating agent）。

配合物的组成比较复杂，应该怎样来称呼它们呢？

配合物的名字和一般无机物的命名一样，也是按照分子式的书写顺序，由后面叫到前面（见表 2-1），它比一般无机化合物命名复杂的地方在于配合物的内界。处于配合物内界的配离子的命名，一般是把配体放在前面并指明数目，有不同的配体时，按照国际上的习惯，先叫酸性配体，再叫中性配体。对中心离子要注明价态。配体和中心离子间加一"合"字作为媒介，对于配阳离子，外界与内界之间加一"化"字连接起来，对于硫酸等酸根、有时"化"字可省略，但卤化物则不能省略。对于配阴离子，则用"酸"字连接。

表 2-1　配合物的命名与表示法

配阳离子	$[Cu(NH_3)_4]SO_4$	硫酸（化）四氨合铜（Ⅱ）或四氨合铜（Ⅱ）硫酸盐
	$[Zn(NH_3)_4]Cl_2$	氯化四氨合锌
	$[Cu(En)_2]SO_4$	硫酸（化）二乙二胺合铜（Ⅱ）
	$[Co(NH_3)_4(NO_2)Cl]NO_3$	硝酸（化）一氯一亚硝酸四氨合钴（Ⅲ）
配阴离子	$K[Ag(CN)_2]$	二氰合银酸钾
	$K_6[Cu(P_2O_7)_2]$	二焦磷酸合铜（Ⅱ）酸钾
	$Na_3[Au(SO_3)_2]$	二亚硫酸合金（Ⅰ）酸钠
	$Na_6[Sn(OH)_2(P_2O_7)_2]$	二焦磷酸二羟基合锡酸钠
中性配合物	$[Pt(NH_3)_2Cl_2]$	二氯二氨合铂（Ⅱ）
	$[Co(NH_3)_3(NO_3)_3]$	三硝酸三氨合钴（Ⅲ）

对配合物命名时，先对内界的离子命名，然后对外界的离子命名。如为配阴离子，则它与外界离子名称之间要用"酸"字连接。若外界为氢离子，配阴离子名称之后用"酸"字结尾；如为配阳离子，则在配阳离子命名之后，用"某化物"或"某酸盐"对外界离子命名。例如：

$$[Cu(NH_3)_4]SO_4 \qquad Na_2[Zn(OH)_4]$$

连接词：　　　　合　　　化　　　　酸　　合

命名顺序：　　←——————　　　←————

正名：　　硫酸（化）四氨合铜（Ⅱ）　四羟基合锌酸钠

有些常见的配合物，常不用正规叫法而采用习惯叫法，例如 $[Cu(NH_3)_4]^{2+}$ 称为铜氨配离子，$[Ag(NH_3)_2]^+$ 称为银氨配离子，而 $Na_2[Zn(OH)_4]$ 和 $K_3[Fe(CN)_6]$ 则称为锌酸钠和铁氰化钾等。

第四节　中心离子的配位数与配合物的空间构型

配合物实际上是缺电子的中心离子跟一定数目的有多余电子对的配体相互作用的

产物。从静电概念来理解，可以认为中心离子依靠它周围的空间电场，尽量将配体吸向自己，但中心离子有一定的大小，同时它的电子云还有一定的取向，故它周围可以容纳的配体的数目是有限的，而且在空间有一定的排列方式。同时，配体间还存在着同性电荷的排斥作用。当中心离子对配体的吸引力和排斥力达到平衡时，中心离子便取得了一定的配位数。

例如，Zn(Ⅱ)、Cd(Ⅱ) 离子在过量氨水中一般只形成配位数为 4 的配离子。体积较小的 Ag(Ⅰ) 离子通常形成配位数为 2 的配离子。

金属离子的配位数取决于金属离子的种类、氧化数以及配体的种类与浓度，同时也受外界条件（如温度、溶剂、pH）的影响，因此，它是个可变的数值。在不同配方的镀液中，配离子的配位数也常因配位体浓度不同而异。如果配位体大大过量，有些金属离子还可形成最高配位数的配合物。大量事实表明，对于很多确定价态的中心原子来说，它特征配位数往往具有确定的数值。中心原子的常见配位数是 2、4 和 6，而配位数为 3、5、7 和 9 的情况均属罕见。表 2-2 列出了某些金属离子的常见配位数，括号中的阿拉伯数字代表罕见的或最高的配位数。

表 2-2　某些金属离子的常见配位数

氧化数为Ⅰ的金属	氧化数为Ⅱ的金属	氧化数为Ⅲ的金属	氧化数为Ⅳ的金属
$Li(Ⅰ)_4$	$Ca(Ⅱ)_6$	$B(Ⅲ)_4$	$Si(Ⅳ)_{4,6}$
$Na(Ⅰ)_4$	$V(Ⅱ)_6$	$Al(Ⅲ)_{4,6}$	$Sn(Ⅳ)_{4,6}$
$Ag(Ⅰ)_{2,4}$	$Fe(Ⅱ)_6$	$Ga(Ⅲ)_4$	$Ti(Ⅳ)_6$
$Au(Ⅰ)_{2,4}$	$Pb(Ⅱ)_6$	$In(Ⅲ)_4$	$Pb(Ⅳ)_{4,6}$
$Cu(Ⅰ)_{2,4}$	$Sn(Ⅱ)_6$	$Cr(Ⅲ)_6$	$Pt(Ⅳ)_6$
$Hg(Ⅰ)_2$	$Co(Ⅱ)_{4,6}$	$Fe(Ⅲ)_6$	$Pd(Ⅳ)_6$
$Tl(Ⅰ)_2$	$Ni(Ⅱ)_{4,6}$	$Co(Ⅲ)_6$	$Ge(Ⅳ)_6$
	$Zn(Ⅱ)_{4,(6)}$	$Ir(Ⅲ)_6$	$W(Ⅳ)_8$
	$Cd(Ⅱ)_{4,(6)}$	$Au(Ⅲ)_4$	$Mo(Ⅳ)_8$
	$Hg(Ⅱ)_4$	$La(Ⅲ)_6$	$Th(Ⅳ)_8$
	$Pt(Ⅱ)_4$	$Mn(Ⅲ)_6$	
	$Ag(Ⅱ)_4$	$Ru(Ⅲ)_6$	
	$Mn(Ⅱ)_6$	$Rh(Ⅲ)_6$	
		$Os(Ⅲ)_6$	

对于同一金属原子，当它的氧化数不同时，配位数也常不相同。因此，不能笼统地说某一元素的配位数是多少，而应该指明它的氧化数，如铂(Ⅱ) 的配位数为 4，铂(Ⅳ) 的配位数为 6 等。

一定配位数的配合物都具有一定的空间构型，配体只有按这种空间排布时相互间斥力才最小，配合物才处于最稳定的状态。配合物的配位数和空间结构，可以通过 X 射线和偶极矩等测定方法予以证明。配位数为 6 的配合物具有八面体结构。配位数为 4 的配合物有两种结构，一种是四面体，另一种是平面正方形。表 2-3 列出了一些常见配位数配合物的空间结构。

表 2-3 常见配位数配合物的空间结构

配位数	空间构型	结构图形	中 心 原 子	实 例
2	直线	(a)	$Cu(I)$、$Ag(I)$、$Au(I)$、$Hg(I)$、$Hg(II)$	$[Ag(NH_3)_2]^+$、$[Ag(CN)_2]^-$、$[Au(CN)_2]^-$
3	平面三角形		$Cu(I)$、$Ag(I)$、$Ni(II)$	$[Cu(CN)_3]^{2-}$、$[Ag(CN)_3]^{2-}$、$[Ni(CN)_3]^-$
4	四面体	(b)	$Cu(I)$、$Ag(I)$、$Be(II)$、$Zn(II)$、$Cd(II)$、$Hg(II)$、$B(III)$、$Al(III)$、$Ga(III)$、$In(III)$、$Sn(IV)$、$Pb(IV)$、$Cr(VI)$	$[AgI_4]^{3-}$、$[Zn(NH_3)_4]^{2+}$、$[Zn(OH)_4]^{2-}$、$[Cd(CN)_4]^{2-}$
4	平面正方形	(c)	$Cu(II)$、$Ag(II)$、$Au(III)$、$Ni(II)$、$Pd(II)$、$Pt(II)$	$[Cu(En)_2]^{2+}$、$[Cu(NH_3)_4]^{2+}$、$[Pt(NH_3)_4]^{2+}$
6	八面体	(d)	$Al(III)$、$Co(II)$、$Co(III)$、$Fe(III)$、$Ir(III)$、$Fe(II)$、$Pb(II)$、$Pb(IV)$、$Pt(IV)$、$Pd(IV)$、$Rh(III)$、$Ru(III)$、$Cr(III)$、$La(III)$、$Lu(III)$、$Os(III)$、$Y(III)$、$Mn(III)$、$Mn(II)$、$Ni(II)$、$Ca(II)$、$Sr(II)$、$Ba(II)$、$Zn(II)$、$Cd(II)$、$Sn(II)$、$Sn(IV)$、$Ge(IV)$、$Ti(IV)$、$Si(IV)$	$[Co(NH_3)_6]^{3+}$、$[Fe(H_2O)_6]^{2+}$、$[Sn(OH)_6]^{2-}$、$[Zn(EDTA)]^{2-}$、$[Mn(CN)_6]^{3-}$、$[Cr(NH_3)_6]^{3+}$
8	十二面体或正方反棱柱	略	$Mo(IV)$、$W(IV)$、$Nb(V)$、$Ta(V)$、$Th(IV)$	

第五节 配位键与配位原子

前面我们已经知道，在配离子中，中心离子与配位体之间是通过配位键而结合的。例如 $[Zn(NH_3)_4]^{2+}$ 配离子中，就是中心离子 Zn^{2+} 接受配位体中的氮原子所给予的电子对而形成配位键。氨分子中的氮原子叫做配位原子或给予原子。

因此，要形成配合物必须具备两个条件：其一是作为电子"接受"体的中心离子必须有空轨道，周期表中各类副族元素和Ⅷ族元素的离子均具有空轨道，易于接受孤对电子，因而最容易生成配合物，而在周期表两端的元素生成配合物的能力最弱（见图 2-1）；其二是作为电子"给予"体的配位体必须具有孤对电子（指没有被共用的电子对，也称为未共用电子对）。哪些元素具有孤对电子呢？只有周期表中第Ⅳ、Ⅴ、Ⅵ、Ⅶ族的非金属元素才有，即

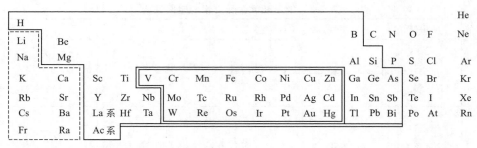

—————— 配位能力最强的形成体, 可以生成稳定的非整型配位化合物

—————— 稳定的螯合物形成体

- - - - - - 配合物能力较弱的形成体, 仅能形成少数螯合物

图 2-1　配合物形成体在周期表中的分布情况

$$
\begin{array}{cccc}
 & \mathrm{H}^- & & \\
\mathrm{C} & \mathrm{N} & \mathrm{O} & \mathrm{F} \\
 & \mathrm{P} & \mathrm{S} & \mathrm{Cl} \\
\mathrm{As} & \mathrm{Se} & \mathrm{Br} & \\
\mathrm{Sb} & \mathrm{Te} & \mathrm{I} &
\end{array}
$$

其中含有 C、N、O、S 和卤素作为配位原子的化合物是电镀上最常用的配位体 (见表 2-4)。例如, Cl^-、OH^-、H_2O、NH_3、CN^-、SCN^- 等有如下的电子分布:

○表示外来电子

表 2-4　常用的含 O、N、S 的配位体

配位原子种类	配　位　体
含 O	碱类(OH^-), 草酸盐($C_2O_4^{2-}$), 焦磷酸盐($P_2O_7^{4-}$), 酒石酸盐($C_4H_4O_6^{2-}$), 柠檬酸盐($C_6H_5O_7^{3-}$), 水杨酸盐($C_7H_6O_3^{2-}$)
含 N	NH_3, En(乙二胺), trien(三乙烯四胺), Py(吡啶)等
含 O,N	NTA(氨三乙酸), EDTA(乙二胺四乙酸), TEA(三乙醇胺)等
含 S	硫代硫酸盐($S_2O_3^{2-}$), 硫氰酸盐(SCN^-), 硫脲(Thio)等

　　在氨分子中氮原子还有一对孤对电子可参与配位, 在氰根中通常参与配位的是 C 原子, 而在硫氰酸根中参与配位的可以是 S 也可以是 N, 主要看金属离子对哪个的亲和力强。在 Cl^-、OH^- 等离子中, 配位原子的孤对电子不止一对, 因此一个配位原子可与两个或两个以上的金属离子配位, 它们的作用相当于一座桥把两地连接起来, 因此这种配体常称为桥形配体或桥基, 这将在后面的特种配合物中谈到。

　　不同的金属离子, 由于其化学性质各异, 它们和上列各类配位原子结合的牢固程度也不相同。根据实验结果，大体可将金属元素分为以下三种情况：

① 亲氧元素：$O > N$。有 Fe^{3+}，Co^{2+}，Ga，In，Tl，Sn，Pb，Ti，Bi，Mo，W，Mn 等。

② 亲氮元素：$N > O$。有 Cu^{2+}，Cd^{2+}，Ni^{2+}，Cu^+，Ag^+，Au^+ 等（对 Cu^+、Ag^+、Au^+ 而言，$S > N > O$）。

③ 氧氮相当元素：$O \approx N$。有 Zn^{2+}，Fe^{2+}，Cr^{3+}，铂系元素等。

这种分类只说明一种大致的趋向，并不是绝对的，只能作为参考。

以 Cu^{2+} 为例，它是亲 N 的中心离子，所以在氨溶液中它很容易形成 $[Cu(NH_3)_4]^{2+}$ 配离子：

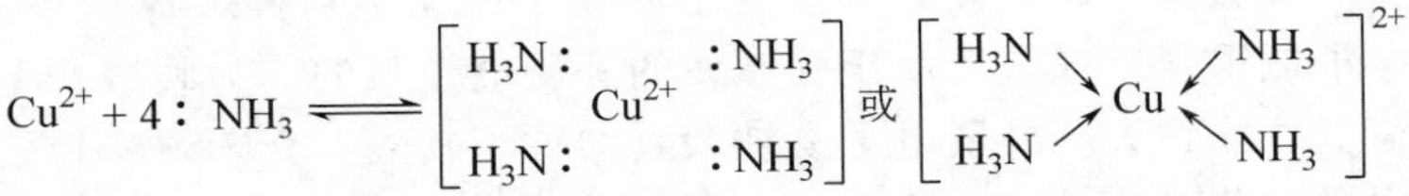

$$Cu^{2+} + 4:NH_3 \rightleftharpoons \begin{bmatrix} H_3N: & & :NH_3 \\ & Cu^{2+} & \\ H_3N: & & :NH_3 \end{bmatrix}^{2+} 或 \begin{bmatrix} H_3N & & NH_3 \\ & Cu & \\ H_3N & & NH_3 \end{bmatrix}^{2+}$$

这种由配位体提供孤对电子到中心离子空轨道所形成的键叫做配位键，用一小箭号表示，箭号的方向代表配位过程中电子对的给出和接受关系。如果在内界中配位体是带负电荷的离子，那么配位键就用短线表示。整个配离子的电荷在数值上等于中心离子与配位体所带电荷的代数和。例如，硫代硫酸盐镀银液中，配位体为负二价的硫代硫酸根离子 $S_2O_3^{2-}$ 它有下列结构：

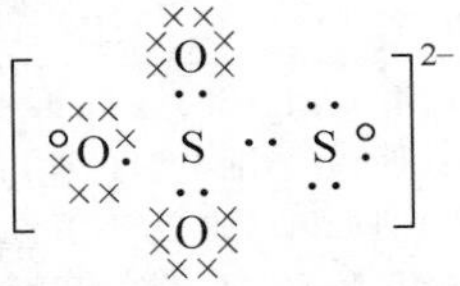

（结构式）

已知 Ag^+ 的常见配位数为 2，配合物的立体结构为线型，那么如何来写二硫代硫酸合银离子的结构式呢？

从硫代硫酸银的结构式中可以看出，它有两种配位原子，一个为 $-O^-$，另一个为 $-S^-$，对于 Ag^+ 来说，它与 S 的结合比 O 牢，所以它有下面的结构：

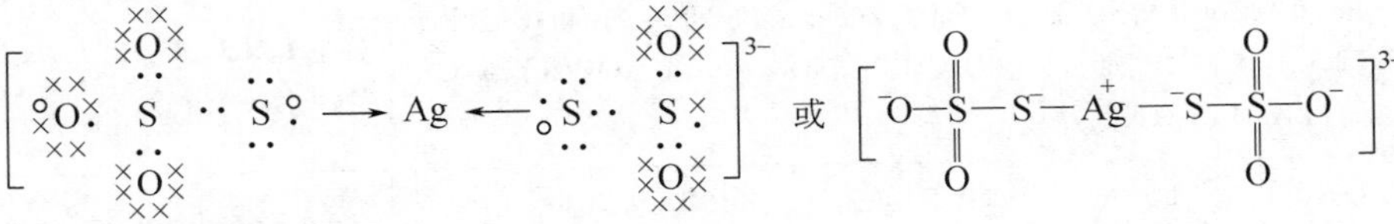

（结构式）

整个配离子的电荷为 $(-2 \times 2) + (+1) = -3$

由此可见，配合物是由金属离子与配体这两个方面构成的，一厢情愿是不行的，因此要形成稳定的配合物，只有这两个方面互相配合适当才行。

第六节　配位键的强弱与软硬酸碱原理

一、广义酸碱的定义和分类

配合物是由易于接受电子对的金属原子和含有孤对电子的配体通过配位键形成的

化合物。配合物形成的难易主要由配位键的强弱决定，而配位键的强弱又由金属离子和配体的性质决定。根据广义酸碱的定义，碱（如 OH^-）能给出电子对，酸（如 H^+）能接受电子对。按此定义，所有配体都是广义的碱，而所有金属离子都是广义的酸。配位形成反应也可看作广义酸碱反应。例如：

$$H^+ + :OH^- \longrightarrow H_2O$$

$$Cu^{2+} + 4:NH_3 \longrightarrow [Cu(NH_3)_4]^{2+}$$

中心原子　　配体　　　　　配合物
广义酸　　广义碱　　　　酸碱配合物

广义酸和广义碱都有软、硬之分。若中心原子的正电荷高，体积小，极化性低，也就是外层电子抓得紧（或缺乏易于受激发的外层电子）的称为硬酸。相反，若中心原子的正电荷低，体积大，外层电子易被激发的称为软酸。介于硬酸和软酸之间的称为交界酸。同样，若配体的体积小，电负性高，极化性低，难以氧化，即难失去外层电子的称为硬碱。相反，体积大，极化性高，易氧化，即容易失去外层电子的称为软碱，介于硬碱和软碱之间的称为交界碱。表 2-5 把普通酸碱按软硬程度进行了分类。

表 2-5　中心原子和配体的软硬酸碱分类

分类	中心原子[①]（酸类）	配体[①]（碱类）
硬	H（Ⅰ）、Li（Ⅰ）、Na（Ⅰ）、K（Ⅰ）、Be（Ⅱ）、Mg（Ⅱ）、Ca（Ⅱ）、Sr（Ⅱ）、Mn（Ⅱ）、Al（Ⅲ）、Sc（Ⅲ）、Ga（Ⅲ）、In（Ⅲ）、La（Ⅲ）、Nd（Ⅲ）、Ce（Ⅲ）、Gd（Ⅲ）、Lu（Ⅲ）、Cr（Ⅲ）、Co（Ⅲ）、Fe（Ⅲ）、As（Ⅲ）、Si（Ⅳ）、Ti（Ⅳ）、Zr（Ⅳ）、Th（Ⅳ）、U（Ⅳ）、Pu（Ⅳ）、Ce（Ⅳ）、Hf（Ⅳ）、WO^{4+}、Sn（Ⅳ）、UO_2^{2+}、VO^{2+}、MoO^{3+}、$(CH_3)_2Sn^{2+}$、CH_3Sn^{3+}、$Be(CH_3)_2$、BF_3、$B(OR)_3$、$Al(CH_3)_3$、$AlCl_3$、AlH_3、RPO_2^+、$ROPO_2^+$、RSO_2^+、$ROSO_2^+$、SO_3、RCO^+、CO_2、NC^+、I（Ⅶ）、I（Ⅴ）、Cl（Ⅶ）、Cr（Ⅵ）、HX（成氢键分子）	H_2O、　OH^-、　O^{2-}、　F^-、$CH_3CO_2^-$、　PO_4^{3-}、　SO_4^{2-}、　Cl^-、CO_3^{2-}、　ClO_4^-、　NO_3^-、　ROH、RO^-、R_2O、NH_3、RNH_2、N_2H_4
交界	Fe（Ⅱ）、Co（Ⅱ）、Ni（Ⅱ）、Cu（Ⅱ）、Zn（Ⅱ）、Pb（Ⅱ）、Sn（Ⅱ）、Sb（Ⅲ）、Bi（Ⅲ）、Rh（Ⅲ）、Ir（Ⅲ）、SO_2、$B(CH_3)_3$、NO^+、Ru（Ⅱ）、Os（Ⅱ）、R_3C^+、$C_6H_5^+$、GaH_3、Cr（Ⅱ）	$C_6H_5NH_2$、C_5H_5N、N_3^-、Br^-、NO_2^-、SO_3^{2-}、N_2
软	Cu（Ⅰ）、Ag（Ⅰ）、Au（Ⅰ）、Tl（Ⅰ）、Hg（Ⅰ）、Pd（Ⅱ）、Cd（Ⅱ）、Pt（Ⅱ）、Hg（Ⅱ）、Tl（Ⅲ）、$Tl(CH_3)_3$、CH_3Hg^+、$[Co(CN)_5]^{2-}$、Pt（Ⅳ）、Te（Ⅳ）、BH_3、$Ga(CH_3)_3$、$GaCl_3$、RS^+、RSe^+、RTe^+、I（Ⅰ）、Br（Ⅰ）、HO^+、RO^+、$InCl_3$、GaI_3、I_2、Br_2、ICN；三硝基苯、氰乙烯、醌类；O、Cl、Br、I、N、RO、RO_2；CH_2；M^0（金属离子）；金属	R_2S、RSH、RS^-、I^-、SCN^-、$S_2O_3^{2-}$、　S^{2-}、　R_3P、　R_3As、$(RO)_3P$、CN^-、RCN、CO、H^-、C_2H_4、C_6H_6、R^-

① R 表示烷基。

根据大量配合物的稳定常数、形成热和反应速率常数的分析，发现有"硬亲硬，软亲软"的规律，即硬酸与硬碱，软酸与软碱皆生成较强的配位键，这样生成的配合物往往比由硬酸和软碱或软酸和硬碱生成的类似配合物要稳定得多，这一规则就称为软硬酸碱（SHAB）原理。表 2-6 列出了卤离子配合物的稳定常数。

表 2-6 卤离子配合物的稳定常数（lgK_1）

配体,碱 中心原子,酸		硬 F^-	交 Cl^-	界 Br^-	软 I
硬	Fe^{3+}	6.04	1.41	0.49	—
	H^+	3.6	-7	-9	-9.5
交界	Zn^{2+}	0.77	-0.19	-0.6	-1.3
	Pb^{2+}	<0.8	1.75	1.77	1.92
软	Ag^+	0.36	3.31	4.38	8.13
	Cd^{2+}	0.57	2.00	2.19	2.28

目前酸碱的软度或硬度还没有像氧化-还原电位那样的统一的定量标度。根据建生（Jensen）的结果，配体硬度下降（或软度增大）的顺序是：

$$H_2O > OH^-, OCH_3^-, F^- > Cl^- > NH_3 > C_5H_5N > NO_3^- > N_3^- > NH_2OH >$$
$$H_2N—NH_2 > C_6H_5SH > Br^- > I^- > SCN^- > SO_3^{2-} > SeCN^- > C_6H_5S^- >$$
$$(H_2N)_2C=S > S_2O_3^{2-}$$

对于金属元素的软硬程度，可用周期表进行分类（见表 2-7）。

表 2-7 周期表内金属元素的软硬分类

H

I A	II A
Li	Be
Na	Mg

III B	IV B	V B	VI B	VII B	VIII B			I B	II B
Sc	Ti	V	Cr	Mn	Fe	Co	Ni	Cu*	Zn
Y	Zr	Nb	Mo	Tc	Ru	Rh	Pd*	Ag*	Cd*
La	Hf	Ta	W	Re	Os	Ir	Pt*	Au*	Hg*

K Ca ... Ga Ge As Se Br
Rb Sr ... In Sn Sb Te I
Cs Ba ... Tl Pb Bi Po At

III A	IV A	V A	VI A	VII A
B	C	N	O	F
Al	Si	P	S	Cl

注：* 为软；□ 为交界；其余为硬。

由上表可知，软类金属皆在过渡元素后期，占周期表内一个三角位置。交界酸在它们的两边，正好处在周期表内硬类与软类的交界处。零价金属多为软酸。

二、软硬酸碱原理的一般规则

目前，酸碱软硬标度尚未统一，为了便于理解，以下的一些规则是有用的：

① 对于变价离子，低价态时软度高，有利于与 N 或 S 成键；高价态时硬度高，有利于通过 O 成键。如 Fe^{3+} 对柠檬酸的配位比 Fe^{2+} 强，而含 N 的配体菲咯啉则相反。

② 高变形性阳离子，如 Cu（I）、Ag（I）和 Au（I）对 CN^-、I^- 生成的配合

物比对 OH^-、F^- 和 H_2O 生成的配合物要稳定得多。Zn^{2+}、Cd^{2+} 在形成配合物的性质方面比 Ca^{2+}、Sr^{2+} 和 Ba^{2+} 更类似于 $Cu(I)$ 和 $Ag(I)$。

③ 硬的金属离子和硬碱生成的配合物的稳定性随金属离子的电荷的升高而增加，如 $Al(III) > Mg(II) > Na(I)$。而软金属离子和软碱配合物的稳定性则相反，如 $Ag(I) > Cd(II) > Au(III) > Sn(IV)$。

④ 具有惰性气体结构的阳离子的硬度比过渡金属离子硬，它最容易和"硬"的配体（如 O^{2-}、F^-）成键。

⑤ 中心原子的电荷增高，它的硬度增大；电荷减小，软度增加。例如，$Fe(II)$ 和 $Sn(II)$ 为交界酸，而 $Fe(III)$ 和 $Sn(IV)$ 为硬酸。$Cu(II)$ 是交界酸，$Cu(I)$ 则为软酸。SO_4^{2-} 为硬碱，而 SO_3^{2-} 则为交界碱。

⑥ 配体的取代基会影响它的软硬度。给电子基增加它的软度，吸电子基增加它的硬度。例如，NH_3 为硬碱，而有给电子基的苯胺则为交界碱。

⑦ 小配体与小阳离子，大配体与大阳离子形成较稳定的配合物。例如，$Cr(III)$ 与 NH_3 容易形成配离子 $[Cr(NH_3)_6]^{3+}$，而它又可与体积大的 $[CuCl_5]^{3-}$ 离子形成稳定的电中性配合物 $[Cr(NH_3)_6][CuCl_5]$。许多大的负离子容易与季铵盐类表面活性剂反应也是这个道理。

⑧ 含多个配位原子的配体的软硬度，主要决定于配位原子的性质。如以氧作为配位原子的草酸盐、焦磷酸盐、柠檬酸盐和酒石酸盐等均属于硬性配体；以氮或硫作为配位原子的硫氰酸盐、硫代硫酸盐以及含巯基（—SH）和聚硫基（—S—S—）的有机杂环化合物属于软性配体；而兼具氧、氮作配位原子的氨基三乙酸、甘氨酸和 EDTA 等属于交界配体。

第七节 螯 合 物

前面讲的主要是只有一个配位原子可与金属成键的配体，这种配体叫单啮配体。如果配体中含有两个或两个以上的配位原子，它们能同时与金属离子配位而成环，就像螃蟹的一对钳形脚（叫做螯）抓住了金属离子，这种具有螯形配位基的配位体叫做螯合剂，由它形成的配合物就叫螯合物或内配合物，如图 2-2 所示。大家知道，螃蟹要抓住东西，它必须有两条腿，缺一不可。此外不同的蟹类动物，它们的腿有长有短。要形成稳定的螯合物，这就要求金属离子的大小要与其相适应。金属离子太小，就像螃蟹抓黄豆，抓也抓不牢；相反，金属离子太大或螯合剂的腿太短，就像螃蟹抓

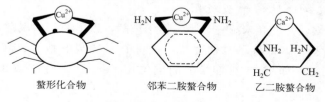

螯形化合物　　　邻苯二胺螯合物　　　乙二胺螯合物

图 2-2　螯合物的结构

大苹果，张力太大，自然也抓不牢。因此，要形成稳定的螯合物必须具备以下几个条件：

① 配位体必须含有两个或两个以上的配位原子；

② 配位体的配位原子尽可能选择与中心离子亲和力大的；

③ 配位原子之间要有合适的结构，一般在它们之间相隔两个或三个其他原子，即形成的螯合环，以五原子环和六原子环最稳定，而三原子环的螯合物张力太大很不稳定，四原子环亦不常见，六个原子以上的环也比较少，在水溶液中也不是很稳定，除非有特殊的结构才行。

螯合物由于能成环，一般都比相应的单啮配体配合物更稳定，如 $[Cu(En)_2]^{2+}$ 的稳定性就大大超过了 $[Cu(NH_3)_4]^{2+}$。在乙二胺分子中，含有两个配位原子，所以一个乙二胺分子可以占据 Cu^{2+} 的两个配位位置，两个 En 则可占据四个配位位置，通常把含有两个配位原子的配体称为二价（或二啮）配位体，含三个、四个配位原子的配位体就称为三价、四价配位体。因此对于螯合物来说，配位数的确切含义是代表一个中心离子在内界中直接连接的配位原子（或配位离子）的总数，而不是配位体的总数。

螯合剂中能给出电子对的原子如间隔着两个或三个其他原子，则可以形成稳定的五原子环或六原子环。例如氨基乙酸离子 $H_2N—CH_2—COO^-$，给出电子对的羧氧和氨氮就间隔着两个碳原子；乙酰丙酮基 $H_3C—\underset{\underset{O}{\|}}{C}—CH=\underset{\underset{O}{\|}}{C}—CH_3$，给出电子对的两个氧

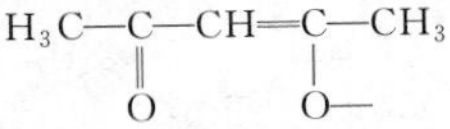

就间隔着三个碳原子，因此它们可以形成稳定的五原子环或六原子环：

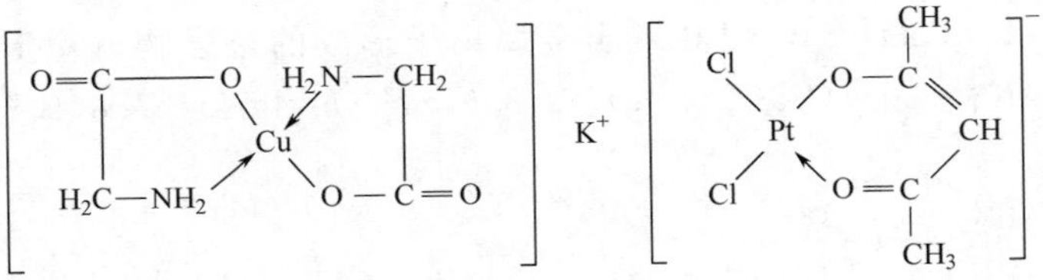

氨三乙酸离子 $[N(CH_2COO)_3]^{3-}$ 有 4 个电子对"基地"（ * ）：

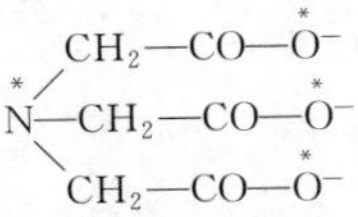

，用 X^{3-} 表示

但是它可以形成如下式所示的两种不同的螯合物：

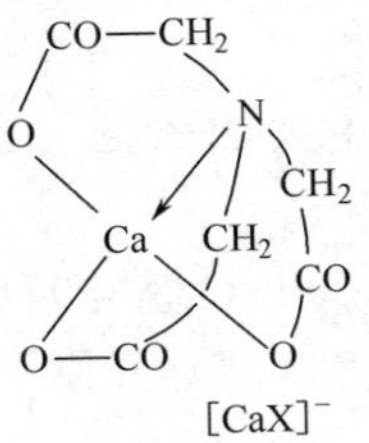

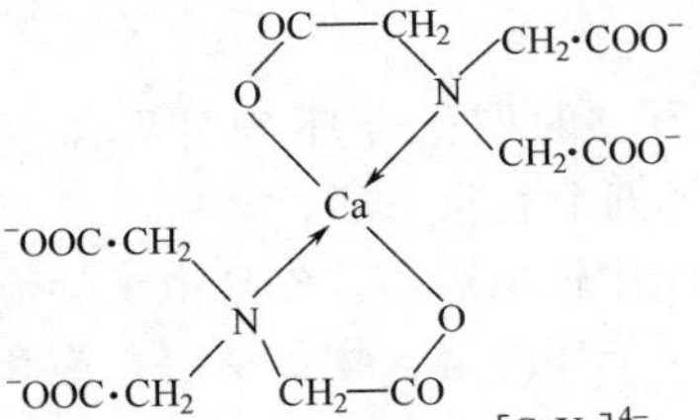

氨三乙酸（H_3X）或它的酸根离子（X^{3-}）在［CaX］$^-$ 中是四价配位体，但在 ［CaX$_2$］$^{4-}$ 中就是二价配位体了。氨基乙酸离子 NH_2—CH_2—COO^- 在一般情况下是二价配位体，但亦有时为一价配位体，例如：

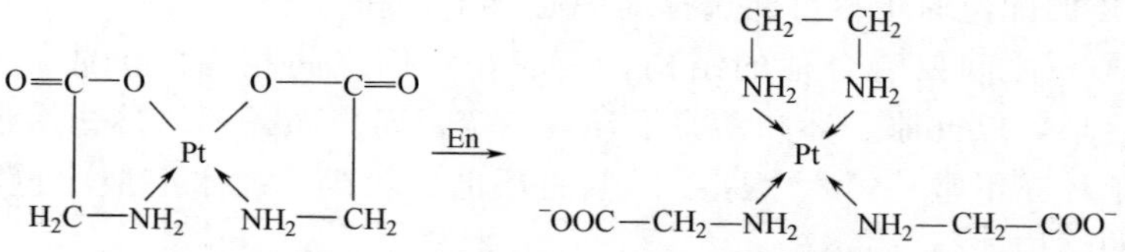

顺二氨基乙酸基合铂（Ⅱ）　　　　　顺二氨基乙酸基乙二胺合铂（Ⅱ）

因此我们要注意配位体在某一具体情况下的有效配位价数，而不是简单地从它可以提供电子对的"基地"数来决定它的配位价数。丁二酸（琥珀酸）和乙二胺都是二价配位体，乙二胺螯合时形成了五原子环，丁二酸螯合时却形成了七原子环，它们和钴螯合而成如下式所示的丁二酸二乙二胺合钴（Ⅲ）离子：

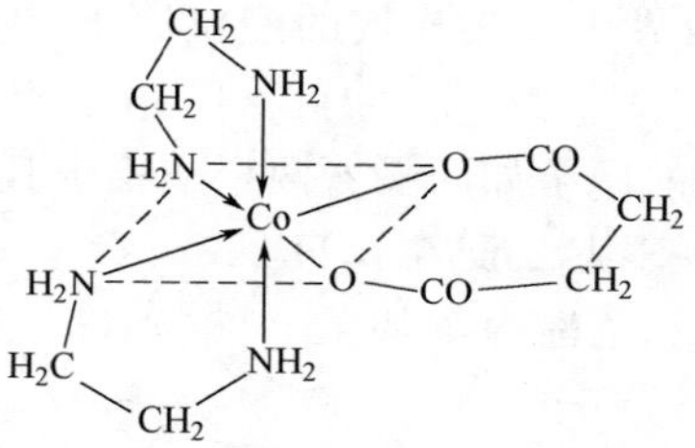

乙二胺四乙酸（EDTA）和 Li^+、Na^+ 仅能形成不太稳定的螯合物 ［$\lg K_f = 2.8$ （Li^+）；$\lg K_f = 1.7$（Na^+）］，但和碱土金属离子形成的螯合物就稳定得多 ［$\lg K_f = 8.7$（Mg^{2+}）；$\lg K_f = 10.7$（Ca^{2+}）；$\lg K_f = 8.6$（Sr^{2+}）；$\lg K_f = 7.8$（Ba^{2+}）］。

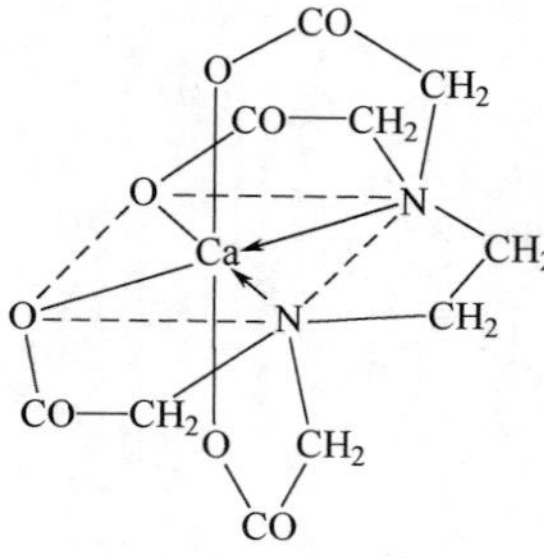

$$Ca^{2+} + Y^{4-} \Longleftrightarrow [CaY]^{2-}$$

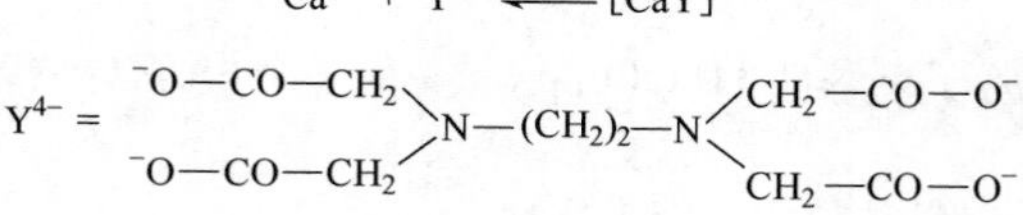

$$Y^{4-} = \begin{array}{l} ^-O-CO-CH_2 \\ \\ ^-O-CO-CH_2 \end{array} N-(CH_2)_2-N \begin{array}{l} CH_2-CO-O^- \\ \\ CH_2-CO-O^- \end{array}$$

$$K_f = \frac{[CaY^{2-}]}{[Ca^{2+}][Y^{4-}]} = 10^{10.7}$$

钙离子周围形成的稠螯合环是使螯合物稳定的主要因素之一。Ca^{2+} 离子等和 Y^{4-} 螯合时形成了五个五原子环。

螯合物之所以比较稳定，首先是由于环形结构的形成（"螯合效应"），其中以形成五原子环或六原子环的螯合物最稳定，饱和的（没有双键）五原子环比六原子环更稳定。例如：

[Ni(En)$_3$]$^{2+}$ —— 五原子环
lgK_1=7.7；lgK_2=6.5；lgK_3=5.1
三乙二胺合镍

[Ni(Pn)$_3$]$^{2+}$ —— 六原子环
lgK_1'=6.4；lgK_2'=4.3；lgK_3'=1.2
三丙二胺合镍

结构式所示的 lgK_1、lgK_2 和 lgK_3 分别为两种螯合剂形成第一个螯合环、第二个螯合环和第三个螯合环时螯合物的稳定常数的对数值。

由此可见，单乙二胺合镍的稳定常数 lgK_1＝7.7 大于单丙二胺合镍的 lgK_1'＝6.4；结合第二个乙二胺的稳定常数 lgK_2＝6.5 大于结合第二个丙二胺的稳定常数 lgK_2'＝4.3；结合第三个乙二胺的稳定常数 lgK_3＝5.1 大于结合第三个丙二胺的稳定常数 lgK_3'＝1.2。这些结果都表明每形成一个五元螯合环的稳定性均大于形成一个六元螯合环的稳定性。

在形成配合物时，金属离子的配位数将为配位体或溶剂所饱和，这样生成的配合物（或螯合物）才最稳定。例如在焦磷酸盐镀铜锡合金的槽液中，由于焦磷酸盐用量的限制不可能生成全焦磷酸的配合物，而可能形成的是 $[Sn(OH)_2(P_2O_7)_2]^{6-}$ 形式的配离子，这样 Sn^{4+} 的配位数 6 才得到饱和。

像这种由两种或两种以上不同的配位体所形成的配合物叫做混合配体配合物。混合配体配合物的形成也是个很普遍的现象。在电镀溶液中，经常用到两种或两种以上的配位体，因此必须考虑到混合配体配合物的形成问题。例如在氰化镀锌时，如果单独用 $Na_2Zn(CN)_4$ 来电镀，那么镀液的极化值太高，阴极电流效率很低，以至于 Zn 很难析出，单独用 $Na_2Zn(OH)_4$（通常写成 Na_2ZnO_2）则极化值太低，镀层粗糙呈海绵状，因此实际镀液是由 Na_2ZnO_2 和 $Na_2Zn(CN)_4$ 按一定比例混合而成的以达到中等程度的极化值。根据小西三郎等的估计，对于含锌量为 0.5mol/L 的标准氰化镀液，NaOH 一般为 75g/L，故推算有 63％ 的锌转变成锌酸盐，为什么极化值可以得到调整呢？很可能是在溶液中发生了下面的反应。

$$Zn(OH)_4^{2-} + Zn(CN)_4^{2-} \rightleftharpoons [Zn(OH)_n(CN)_{4-n}]^{2-}$$ 对于标准氰化镀液 $n \doteq 2$

从而生成混合配体配合物 $[Zn(OH)_n(CN)_{4-n}]^{2-}$。在氰化镀锌液中不断加入 NaOH，镀液的极化值不断下降，而电流效率不断升高，这是由于 n 值的增大以及含 OH^- 的配离子的浓度升高的结果。焦磷酸铜-锡合金采用焦磷酸铜和锡酸钠混合使用也是这个道理。

最近有人用分光光度法和极谱法研究了 Ag^+-$K_4P_2O_7$-NH_3 体系中生成混合配体配合物的可能性，结果表明：当向含有 $Ag(P_2O_7)_2^{7-}$ 配离子的溶液中（需要足够浓的焦磷酸盐）加入氨水时，会形成 $[Ag(NH_3)_2P_2O_7]^{3-}$ 形式的混合配体配合物，由于这种配合物扩散速度慢，或在电极上放电困难，因而具有较高的阴极极化，从而保证获得结晶细密的银镀层。氨三乙酸-氯化氨镀锌液中氯化氨能大大提高极化作用的原因，估计也与形成 $[Zn(NH_3)_2NTA]^-$ 式配离子有关。因为形成的混合配体配合物的稳定常数比 $[ZnNTA]^-$ 高约 4 个对数单位。

表 2-8 为螯合物的空间结构。

表 2-8　螯合物的空间结构

配　　体	空　间　结　构	
	配位数为 4	配位数为 6
一价配体 X＝NH₃	$[Cu(NH_3)_4]^{2+}$	$[Fe(NH_3)_6]^{3+}$
二价配体 X＝En（乙二胺）	$[Cu(En)_2]^{2+}$	$[Fe(En)_3]^{3+}$
三价配体 X＝Bien（二乙烯三胺）	$[Cu(Bien)(OH^-)]^+$	$[Fe(Bien)_2]^{3+}$
四价配体 X＝Trien（三乙烯四胺）	$[Cu(Trien)]^{2+}$	$[Fe(Trien)(OH)_2]^+$

注：M 表示中心离子；X 表示配位原子；A 表示溶剂分子或其他配位体。

第八节　特殊配合物

一、多核配合物

配合物中含有两个或两个以上的中心原子，这样的配合物叫做多核配合物。所谓核，指的是中心原子。联络两个中心原子的基团叫做桥连基团。命名时，要在它的前面冠以希腊字母 μ，有几个不同的桥连基团时每个都要冠以 μ。例如：

$$\begin{bmatrix} H_3N & & H & & NH_3 \\ & \diagdown Co \diagup & N & \diagup Co \diagdown & \\ H_3N & & O & & NH_3 \\ & & H & & \end{bmatrix} Cl_4$$

四氯化 -μ- 亚氨基 -μ- 羟基四氨合二钴(Ⅲ)

$$\begin{bmatrix} CH_2 - H_2N & & O & & NH_2 - CH_2 \\ | & \diagdown Cu & H & Cu \diagup & | \\ CH_2 - H_2N & & O & & NH_2 - CH_2 \\ & & H & & \end{bmatrix} Cl_2$$

二氯化 -μ- 二羟基双乙二胺合铜(Ⅱ)

$$\begin{bmatrix} (NH_3)_3Co & \diagup \begin{matrix} O \\ H \\ O \\ H \\ O \\ H \end{matrix} \diagdown Co(NH_3)_3 \end{bmatrix}^{3+}$$

μ-三羟联六氨合二钴(Ⅲ)离子

多核配合物在大家的实际工作中还是会经常遇到的，只是不用这种称呼罢了。例如四铬酸镀液中的四铬酸 $H_2Cr_4O_{13}$，它可以看作是一定数目的酸酐与原铬酸结合的产物，称之为多酸。其中原酸可看作多酸的形成体，酸酐作为配位体。所以四铬酸实际上是一个原酸 H_2CrO_4 与三个酸酐 CrO_3 结合的产物。

在标准镀铬液中（CrO_3 250g/L，H_2SO_4 2.5g/L），铬酸的还原途径可用图 2-3 表示：

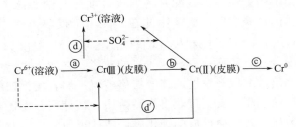

图 2-3　铬酸还原反应的途径

ⓐ Cr^{3+}、CrO_4^{2-} 皮膜中 Cr(Ⅲ) 的生成；ⓑ 在皮膜中的 Cr(Ⅱ)；ⓒ Cr^0 的析出；

ⓓ 皮膜的溶解；ⓓ′皮膜中 Cr(Ⅱ) 同 Cr^{6+} 的反应

少量的 CrO_3 在水溶液中以 H_2CrO_4 的形式存在，随着 CrO_3 或 H^+ 浓度的升高，它将聚合成三铬酸、四铬酸 $H_2Cr_4O_{13}$ 或多铬酸，它们在电极上还原而生成同时含 Cr(Ⅲ) 和 Cr(Ⅱ) 的薄膜（反应ⓐ），这种皮膜是由 CrO_4^{2-} 或 SO_4^{2-} 配位到水合氧化铬中再聚合而成的羟基水合 Cr(Ⅲ) 配合物（见图 2-4），其厚度随着电位的变化从 3nm 增至 30nm，SO_4^{2-} 具有溶解皮膜的作用，使其保持在薄的水平。从配合物的角度来看，所谓膜的厚与薄，实际上只是聚合度与空间结构不同的多核配合物。

由于硫酸的溶解作用，皮膜不断更新且保持在薄而均匀的状况，在这种情况下由皮膜中的 Cr(Ⅱ) 还原为 Cr^0 的过程就非常混乱，妨碍了析出的 Cr^0 原子在表面扩散移动，这样就可得到光泽镀层，皮膜薄光泽度增加。所以控制硫酸根的用量，实际上

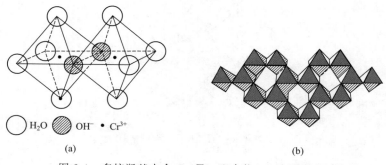

图 2-4 多核羟基水合 Cr(Ⅲ) 配合物 (n 为聚合度)

(a) 双核配合物 ($n=2$)；(b) 多核配合物 ($n=16$)

控制了多核配合物的聚合度，即调整了放电离子的形态，从而使极化作用也相应地发生变化。因此硫酸的用量就成了镀铬的关键，$[SO_4^{2-}]$ 浓度和温度提高，将大大促进溶解反应 ⓓ 的进行，使膜变薄，镀层的光泽度增加。同时 SO_4^{2-} 的配位能力比 CrO_4^{2-} 强，它可以把配位在皮膜上的 CrO_4^{2-} 赶走，从而抑制了 Cr(Ⅱ) 的氧化（反应ⓓ），有利于 Cr(Ⅱ) 变成 Cr^0（反应ⓒ）。此外由于 SO_4^{2-} 的配位作用，减少了膜中的质子数，也就抑制了 H_2 的产生，所以将提高析出 Cr^0 的电流效率。这样看来在给定 CrO_3 含量的条件下，可以通过改变 $[SO_4^{2-}]$ 的含量来控制多核配合物的聚合度，使镀液的极化值适当。但是多核配合物的聚合度还与中心离子的浓度密切相关，一般金属离子浓度越高，聚合度越大，因此在实践中不仅要控制 $[SO_4^{2-}]$ 的量，同时也要控制 CrO_3 的用量，即要控制好 $[CrO_3]/[SO_4^{2-}]$ 的比值，只有这样才能获得一定形态的多酸配合物，从而获得细致光亮的镀层，在实际生产中可以根据不同的需要，来变化这一比值，最近开发的四铬酸镀铬液就是聚合度为四的聚铬酸，其特点是沉积速度快，电流效率高，要直接获得光亮镀层，估计聚合度还要更大些。

金属镀层在铬酸盐中处理而形成的钝化膜，估计也与生成铬的多核配合物有关。

此外，许多金属离子或配离子的水解产物，即金属的氢氧化物沉淀，如氢氧化锌、氢氧化铜、氢氧化锡等，通常人们都把它当作一种碱，用简单的化学式 $Zn(OH)_2$、$Cu(OH)_2$、$Sn(OH)_2$ 来表示，但现代 X 射线晶体结构的研究表明，其实它们均为一种特殊的长链状的多核聚合型配合物，通常我们写的化学式，仅仅是它的一个链段。

例如氢氧化锌沉淀，实际上是一种以 OH 为桥基的多核配合物随着溶液 pH 的变化，沉淀的形态以及链的长短也不同。

氯化亚铜沉淀的结构也与上述氢氧化物沉淀的结构相似。金属铜在盐酸液中的腐蚀比在硝酸中的腐蚀速度低，就是因为在铜表面会形成一层氯化亚铜沉淀膜的缘故。

$$\cdots -Cu^+ -Cl^- \overline{[}Cu^+ -Cl^- \overline{]}_n Cu^+ -Cl^- -Cu^+ -\cdots$$

苯并三氮唑是一种优良的防铜变色剂，其之所以具有优良的防变色功能，也是由于它可以在铜表面上形成一层致密的苯并三氮唑-Cu^+多核聚合物膜，它可有效隔绝腐蚀性气体与铜表面的反应。

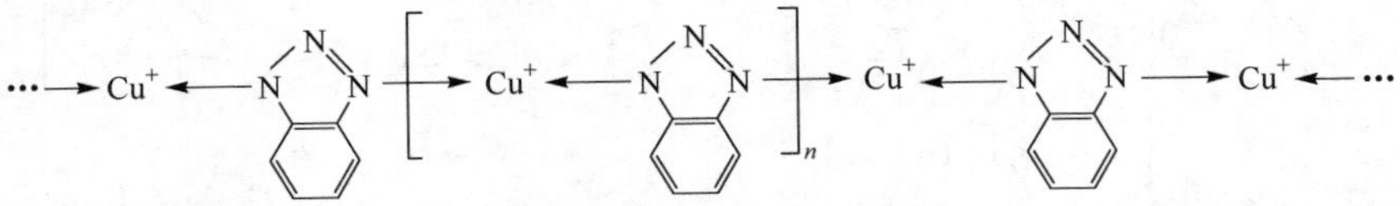

国内使用的防银变色剂磺胺噻唑硫代乙醇酸（简称 STG）和苯并三氮唑（简称 BTA）具有如下的结构：

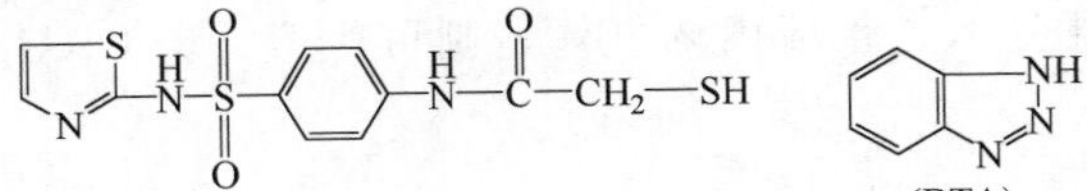

它们均含有可吸收紫外线的分子结构，前者为磺胺噻唑，后者为苯并三氮唑环本身。因它可以防止银层的光氧化还原反应，同时 STG 分子中还含有多个配位原子 N、S、O 等，可以与多个 Ag^+ 离子形成面型的多核配合物膜，但膜还有缝隙，若再添加些碘化物或 BTA 作为桥连剂，形成的膜就更加严密，使空气中的硫化物难以进入，因而银层不容易变色。目前，STG 与 Ag^+ 形成的表面膜的结构还不很清楚，图 2-5 是经 X 射线证明的碘桥连的双核 Ag（Ⅰ）配合物的结构（图中 Ph 表示苯基），可以作为 BTA 搭桥的 STG 配合物结构的参考。

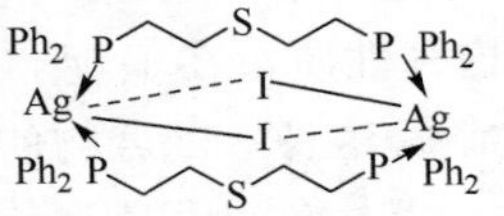

图 2-5　碘桥连的双核 Ag（Ⅰ）配合物 $[AgI(Ph_2PC_2H_4)_2S]_2$

铝的阳极氧化处理，可以获得各种色彩，又具优良耐蚀性和其他功能的氧化膜。通过表面配合物的研究，证明这种膜是由六水合铝离子在阳极区形成五水羟基合铝 $[Al(OH)(H_2O)_5]^{2+}$ 聚合而成的多核聚合配合物膜，其组成为 $[Al_{10}(OH)_{30}(H_2O)_8]^0$（见图 2-6）。

二、π 配合物

π 配合物是指一些不饱和的有机分子，如烯烃、炔烃、环戊二烯、苯等含 π 键的配体与金属原子生成的配合物。这类配体不是用配位原子的孤对电子参与配位，而是以不饱和分子中易移动的 π 电子云与金属配位而形成特种类型的配合物。

例如，在 $PtCl_2$ 的盐酸溶液中通入乙烯气体，然后加入 KCl 可得 $K[Pt(C_2H_4)Cl_3]$；

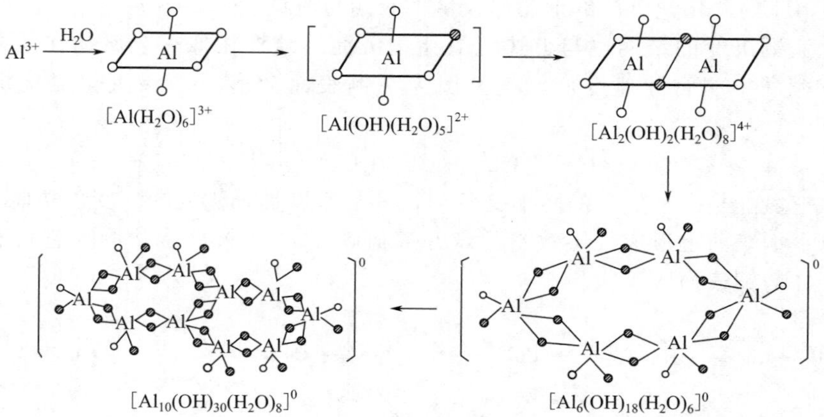

图 2-6　铝阳极氧化膜的形成机理

○ H_2O；● OH^-

在 Cu_2Cl_2 盐酸溶液中通入乙烯或丙烯气体，则可生成 $[CuCl(C_2H_4)]$，它们的结构如下：

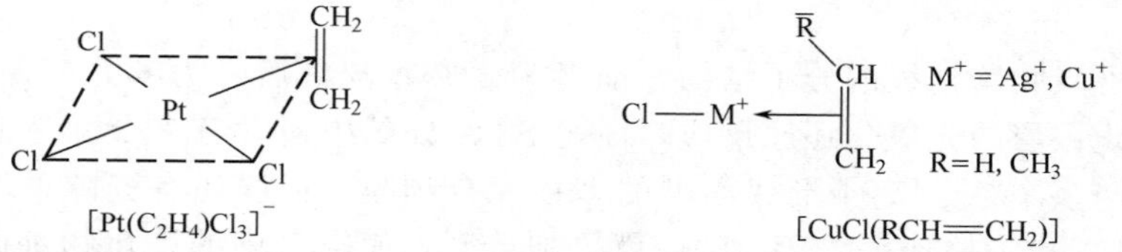

这类配合物很不稳定，容易分解。据日本专利介绍，这类配合物可用于不用电的化学镀上。其特点是不用昂贵的还原剂，因为该配合物在基体表面上会发生氧化还原反应而分解出金属（如铜、银），因此，只要把基体金属浸入含 π 配合物的有机溶剂中，就会在基体金属的表面上均匀地形成一层被镀的金属。

Ag（Ⅰ）盐和 Cu（Ⅰ）盐的这种性质，在工业上曾被用来从石油废气中分离出乙烯、丙烯。因此，利用石油废气制备这种 π 配合物的溶液是完全可能的。这种以 π 配合物为基础的化学镀的成本很低，将是个很有前途的方法。

第三章

配位平衡

第一节　配位平衡的表示法

一、稳定常数与不稳定常数

电镀液的 pH 值是电镀规范必须控制的一项重要指标，也是每项电镀新工艺必须系统研究的一个重要参数。在实践过程中，不少人会提出一些疑问。例如：镀液的 pH 是由哪些因素决定的，对于某种特定镀液 pH 值是高些好还是低些好，最佳 pH 应在什么范围等。

这些问题实际上都是很复杂的问题，但是也是可以掌握的问题。

大家知道，pH 计测量的 pH 值，实际上测的是溶液中有关 H^+ 离子的平衡电位，它是与 H^+ 离子有关的各种平衡反应的总结果。因此要了解镀液最佳 pH 与哪些因素有关，就要深入了解镀液中存在的各种平衡反应以及这些反应对 pH 的影响。

镀液中存在的平衡反应很多，下面将逐一加以介绍。显然大家最关心的是金属离子与配位体之间的配位平衡。我们应用的配合物稳定常数就是这种平衡的定量描述。目前发表的稳定常数数据，都是前人在特定条件下测得的，实际镀液的情况与该条件相差甚远。如若我们只用已发表的稳定常数进行判断和推理，而不视应用的具体条件，往往很容易得出错误的结论。因此，如何在实际中应用稳定常数是每个电镀工作者必须了解的一项重要内容。

当配位体溶液和金属盐溶液混合时，在适当的条件下，溶液中就有配合物生成。例如，把适量氨水加入硫酸铜溶液中，就会形成深蓝色的铜氨配离子；把氯化锌溶液加入碱性氨三乙酸溶液中，就有无色的氨三乙酸根合锌配离子形成。这些反应通常用下列化学方程式表示：

$$Cu^{2+} + 4NH_3 \Longrightarrow [Cu(NH_3)_4]^{2+} \tag{3-1}$$

$$Zn^{2+} + NTA^{3-} \Longrightarrow [Zn(NTA)]^- \tag{3-2}$$

若在上述溶液中加碱，直至通常锌、铜离子形成沉淀的 pH 时，溶液中并无氢氧化铜或氢氧化锌沉淀出现。但是在加入硫化钠时，则有硫化铜或硫化锌沉淀析出。这些现象说明了什么呢？

第一，说明在大量配位体（如 NH_3 或 NTA^{3-}）存在的溶液中，游离金属离子的浓度已大大降低，以至于它们和 $[OH^-]$ 浓度平方的乘积（称为离子积）仍然小于相应氢氧化物的溶度积，所以加碱并无氢氧化物沉淀出现。

第二，说明溶液中游离金属离子的浓度虽然极低，但并非等于零，它还可以被溶度积很小的硫化物沉淀出来。

为什么形成很稳定的配合物的溶液中仍有游离的金属离子存在呢？原来，形成配合物的反应是个可逆平衡。一方面金属离子 M 和配体 L 形成配合物 ML，另一方面形成的配合物又按相反的方向离解为金属离子和配体，即

$$M+L \rightleftharpoons ML \tag{3-3}$$

经过一定时间之后，两个方向上的反应速率达到某一定值，即溶液中反应物和产物的活度商 $\dfrac{[ML]}{[M][L]}$ 为一常数，此时溶液达到了平衡状态。反应物和产物的活度商称为反应的平衡常数，它有两种表达方式：

$$K = \frac{[ML]}{[M][L]} \tag{3-4}$$

$$K_d = \frac{[M][L]}{[ML]} \tag{3-5}$$

式(3-4)表示反应由左向右进行时的平衡常数，强调配合物的形成，故平衡常数 K 称为配合物的稳定常数或形成常数；式(3-5)强调配合物的解离，表示由右向左进行，故 K_d 称为配合物的不稳定常数。显然，K 与 K_d 之间正好是倒数的关系：

$$K = \frac{1}{K_d}$$

或

$$\lg K = -\lg K_d = pK_d \tag{3-6}$$

二、热力学常数与浓度常数

金属配合物的形成，可以用以下的一般式表示：

$$mM+nL \rightleftharpoons M_m L_n \tag{3-7}$$

反应的热力学平衡常数 β_t 为

$$\beta_t = \frac{a_{M_m L_n}}{a_M^m a_L^n} (P、T \text{ 恒定}) \tag{3-8}$$

式中，a 表示各物种的活度，它们也可用浓度和活度系数的乘积来表示，因此，式(3-8)可写成

$$\beta_t = -\frac{[M_m L_n]}{[M]^m [L]^n} \times \frac{f_{M_m L_n}}{f_M^m f_L^n} = \beta \times \frac{f_{M_m L_n}}{f_M^m f_L^n} \tag{3-9}$$

式中，方括号表示浓度，单位是 mol/L；f 为活度系数。为简化起见，离子的电荷均省略。β_t 称为配合物的积累（或总）热力学稳定常数，β 称为积累（或总）浓度稳定常数。

根据德拜-修克尔（Debye-Hückel）电解质理论，在稀溶液中的活度系数，可以近似地认为只与溶液的离子强度有关。达理士（Daries）推导出了各种离子活度系数的表达式：

$$-\lg f_{z_\pm} = Az^2 \left(\frac{\sqrt{I}}{1+\sqrt{I}} - 0.2I \right) \tag{3-10}$$

式中，z 为离子的电荷数；A 为常数，在室温时水溶液的 $A = 0.509$；I 为离子强度，它的定义是

$$I = \frac{1}{2}(c_1 z_1^2 + c_2 z_2^2 + \cdots) = \frac{1}{2}\sum_{i=1}^n c_i z_i^2 \tag{3-11}$$

式中，c_i 为溶液中各种离子的浓度（单位为 mol/L）。

不带电荷的中性化合物的活度系数可近似地用下式表示：

$$\lg f_0 = bI \tag{3-12}$$

b 是由物质性质决定的经验常数，其值一般在 $0.01 \sim 0.1$ 之间。因此，若 $I < 1$ 时，电中性物质的活度系数可以不予考虑。

当离子强度 I 等于零时，各离子的活度系数均为1，此时浓度常数 β 就等于热力学常数 β_t。因此，热力学稳定常数就是离子强度为零时的浓度常数。若离子强度恒定，式(3-9)的浓度常数和 $I = 0$ 时的热力学常数只相差一常数。

在一定离子强度下的浓度常数 β，通常简称为配合物的总稳定常数

$$\beta = \frac{[M_m L_n]}{[M]^m [L]^n}(P、T、I \text{ 恒定}) \tag{3-13}$$

上式的优点是可以把测得平衡时各物种的浓度直接进行计算，而不必测定各物种的活度系数。它的另一优点是当离子强度 I 在 $0.1 \sim 0.5$ 范围（一般研究用溶液的 I 在此范围）内变化时，离子的平均活度系数的变化很小，可以认为实际上是恒定的。文献报道的平衡常数大都是在 $I = 0.1$ 时测定的。直接用这些常数进行计算时误差一般不大。

图 3-1 是按达理士（Daries）方程计算的不同电荷离子的平均活度系数的对数随离子强度变化的关系。当 I 为 $0 \sim 0.1$ 时，$\lg f$ 的变化远大于 I 为 $0.1 \sim 0.5$ 时 $\lg f$ 的变化。另外由图还可看出，离子活度系数随离子强度的不同、离子电荷多少而异，一价离子的变化最小。实际测定配合物稳定常数时，常用加入大量（$0.1 \sim 3$ mol/L）惰性电解质（KCl、KNO_3 或 $NaClO_4$）的办法来恒定离子强度，由此测定的稳定常数为浓度常数，它随离子强度的不同而异。若测定了不同离子强度下的浓度常数，并外推至离子强度为零，此时所得的浓度常数即为热力学稳定常数。

若平均活度系数已知，就可由式(3-9)直接计算热力学稳定常数。把式(3-9)取对数，得

$$\lg \beta_t = \lg \beta + \lg f_{M_m L_n} - m \lg f_M - n \lg f_L \tag{3-14}$$

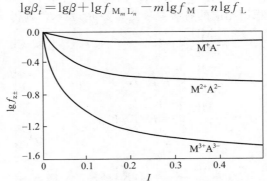

图 3-1　不同电荷离子的平均活度系数与离子强度的关系

或
$$\lg\beta=\lg\beta_t-\lg f_{M_mL_n}+m\lg f_M+n\lg f_L \qquad (3-15)$$

若离子强度恒定，各种电荷的离子的活度系数很容易由下式计算：
$$-\lg f_z=-z^2\lg f_1\,(I\text{ 恒定}) \qquad (3-16)$$

其中，f_1 为一价离子的活度系数。

第二节　单核配合物的平衡

一、逐级配位平衡

含有多个配体的金属配合物的形成并非是一步实现的，而是逐级形成的。如果不算金属离子的内配位水分子，则单核配合物的形成反应可用下式表示：

$$\left.\begin{array}{ccccc} M & + & L & \rightleftharpoons & ML & K_1 \\ ML & + & L & \rightleftharpoons & ML_2 & K_2 \\ & & & \vdots & & \\ ML_{n-1} & + & L & \rightleftharpoons & ML_n & K_n \end{array}\right\} \qquad (3-17)$$

每一级反应的正向平衡常数（K_1，K_2，$\cdots$，K_n），称为配合物的逐级稳定常数，它的表达式为

$$\left.\begin{array}{c} K_1=\dfrac{[ML]}{[M][L]} \\[2mm] K_2=\dfrac{[ML_2]}{[ML][L]} \\[2mm] \vdots \\[2mm] K_n=\dfrac{[ML_n]}{[ML_{n-1}][L]} \end{array}\right\} \qquad (3-18)$$

利用连续代入的方法可以得到：

$$\left.\begin{array}{c} [ML]=K_1[M][L] \\[2mm] [ML_2]=K_1K_2[M][L]^2 \\[2mm] \vdots \\[2mm] [ML_n]=K_1K_2\cdots K_n[M][L]^n \end{array}\right\} \qquad (3-19)$$

把逐级稳定常数的乘积用相应的各级总稳定常数 β_i 表示，则得

$$\left.\begin{array}{c} \beta_1=\dfrac{[ML]}{[M][L]}=K_1 \\[2mm] \beta_2=\dfrac{[ML_2]}{[M][L]^2}=K_1K_2 \\[2mm] \beta_3=\dfrac{[ML_3]}{[M][L]^3}=K_1K_2K_3 \\[2mm] \vdots \\[2mm] \beta_n=\dfrac{[ML_n]}{[M][L]^n}=K_1K_2\cdots K_n=\prod_{i=1}^{n}K_i \end{array}\right\} \qquad (3-20)$$

β_n 称为配合物的 n 级总稳定常数。

$$\lg\beta_n = \lg K_1 + \lg K_2 + \cdots + \lg K_n = \sum_{i=1}^{n}\lg K_i \tag{3-21}$$

通常，第一级稳定常数值均为最大，然后逐级减小，即

$$K_1 > K_2 > K_3 > \cdots > K_n$$

但是也有例外，如银的氨配合物的 K_1 反而小于 K_2。有时某一级的稳定常数小到无法测定，也就可以认为在实际上某一级配合物并不存在。

含有多个配体的金属配合物的离解也不是一步实现的，而是逐级进行的：

$$\mathrm{ML}_n \rightleftharpoons \mathrm{ML}_{n-1} + \mathrm{L} \quad K_{d_n}$$

$$\vdots$$

$$\mathrm{ML}_2 \rightleftharpoons \mathrm{ML} + \mathrm{L} \quad K_{d_2}$$

$$\mathrm{ML} \rightleftharpoons \mathrm{M} + \mathrm{L} \quad K_{d_1}$$

每一级反应的离解常数（K_{d_1}，K_{d_2}，$\cdots$，K_{d_n}）称为配合物的逐级不稳定常数，它的表达式为

$$K_{d_1} = \frac{[\mathrm{M}][\mathrm{L}]}{[\mathrm{ML}]}$$

$$K_{d_2} = \frac{[\mathrm{ML}][\mathrm{L}]}{[\mathrm{ML}_2]}$$

$$\vdots$$

$$K_{d_n} = \frac{[\mathrm{ML}_{n-1}][\mathrm{L}]}{[\mathrm{ML}_n]}$$

若定义 K_d 为配合物的总不稳定常数或总离解常数，则 i 级的总不稳定常数为

$$K_d = K_{d_1} \cdot K_{d_2} \cdot K_{d_3} \cdot K_{d_4} \cdots K_{d_i}$$

在进行许多计算时，用稳定常数的数字表达式比用不稳定常数简单，所以国际上多用稳定常数来表示配合物的稳定性。目前世界上配合物稳定常数数据收集最全的要算是希楞（Sillen）和马特尔（Martell）合编的"Stability Constants of Metal-Ion Complexes"（金属离子配合物的稳定常数）一书了，该书收集的数据系 1961 年以前测定的数据，只有部分是 1961～1963 年发表的数据。1971 年又有续集出版。本书所采用的表示法与该书相同（见表 3-1），此外，早期还有一本汇集不稳定常数的书，叫《配合物的不稳定常数》，已由科学出版社于 1960 年翻译出版，该书用 K 表示总不稳定常数，k 表示逐级不稳定常数，显然所列出的 pK 或 pk 就表示稳定常数的对数值。为了说明上述两书的编排方式以及各符号的含义，特举例列于表 3-1 和表 3-2。

稳定常数的大小会随测定时溶液的离子强度、温度以及测定方法的不同而变化。在不同浓度的 NH_4Cl 溶液中测得锌氨配离子的各级稳定常数，见表 3-3。

温度升高，通常稳定常数下降，不稳定常数升高，有利于配合物的离解。

表 3-4 是在离子强度接近于 0 时用极谱法测定不同温度时 $[Zn(NH_3)_4]^{2+}$ 配离子的总稳定常数（$\lg\beta_4$）。

表 3-1　氨配合物的稳定常数

物质	方法[①]	温度/℃	介质	稳定常数的对数 lgK
H^+	H　Ag 电极	25	→0	$K_b-4.75$
	Con(电导)	25	0 校正	$K_b-4.74$
Cu^{2+}	pL(测定分压)	18	$2NH_4NO_3$	$K_1\ 4.31, K_2\ 3.67, K_3\ 3.04, K_4\ 2.30(K_5-0.46)$
	gl(sp)(玻璃电极与分光光度)	30	0 校正	$K_1\ 3.99, K_2\ 3.34, K_3\ 2.73, K_4\ 1.97, \beta\ 12.03$
Zn^{2+}	Zn 电极	21	Var(变化)	$\beta_4\ 9.58$
	pL(测定分压)	25	Var(变化)	$\beta_2\ 4.85, \beta_4\ 9.01$
	gl(玻璃电极)	30	$2NH_4NO_3$	$K_1\ 2.37, K_2\ 2.44, K_3\ 2.50, K_4\ 2.15, \beta_4\ 9.46$
		30	→0	$K_1\ 2.18, K_2\ 2.25, K_3\ 2.31, K_4\ 1.96, \beta_4\ 8.70$
	gl(玻璃电极)	25	$10\%NH_4Cl$	$K_1\ 2.59, K_2\ 2.32, K_3\ 2.01, K_4\ 1.70$
		25	$25\%NH_4Cl$	$K_1\ 2.31, K_2\ 2.04, K_3\ 1.76, K_4\ 1.39$
	Pol(极谱)	20~25	→0	$\beta_4\ 10.49(20℃), \beta_5\ 12.75(25℃)$
	Pol(极谱)	15~40	→9	$\beta_4\ 9.83(15℃), 9.60(20℃), 9.40(25℃), 9.19(30℃),$ $8.83(40℃)$

① 该书测定方法全用英文缩写表示。

$$CH_2COO^-$$
表 3-2　氨三乙酸　$N—CH_2COO^-$（NTA^{3-}）配合物的不稳定常数
$$CH_2COO^-$$

配离子	温度/℃	离子强度	方法	逐级不稳定常数 k	pk	总不稳定常数 K	总不稳定常数的负对数 pK
$[CdNTA]^-$	20	0.1	pH 电位	2.9×10^{-10}	9.54	2.9×10^{-10}	9.54
$[Cd(NTA)_2]^{4-}$	—	0.001	pH 电位	2.0×10^{-6}	5.7	5.8×10^{-16}	15.24
$[CoNTA]^-$	20	0.1	pH 电位	2.46×10^{-11}	10.61	2.46×10^{-11}	10.61
$[CoNTA_2]^{4-}$	—	0.001	pH 电位	1.26×10^{-4}	3.9	3.1×10^{-15}	14.51
$[CuNTA]^-$	20	0.1	pH 电位	2.1×10^{-13}	12.68	2.1×10^{-13}	12.68
$[FeNTA]^-$	20	0.1	pH 电位	1.45×10^{-9}	8.84	1.45×10^{-9}	8.84
$[Fe(NTA)_2]^{3-}$	20	0.1	pH 电位	6.3×10^{-9}	8.2	9.15×10^{-18}	17.04
$[ZnNTA]^-$	20	0.1	pH 电位	3.55×10^{-11}	10.45	3.55×10^{-11}	10.45
$[Zn(NTA)_2]^{4-}$	—	0.001	pH 电位	1×10^{-3}	3.0	3.55×10^{-14}	13.45

表 3-3　锌氨配离子的各级稳定常数

分解物质	lgK_1	lgK_2	lgK_3	lgK_4
$10\%\ NH_4Cl$	2.59	2.32	2.01	1.70
$25\%\ NH_4Cl$	2.31	2.04	1.76	1.39

表 3-4　总稳定常数

温度/℃	15	20	25	30	40
$lg\beta_4$	9.83	9.60	9.40	9.19	8.83

　　在溶液中，同时存在的各级配合物的相对数量取决于它们 K 值的大小。如果已知各级配合物的稳定常数、总金属离子和总配体的浓度以及氢离子的浓度，则可计算配合物的含量。相反，如果溶液的游离金属离子、游离配体或配合物的浓度可以测

定，则可计算配合物的稳定常数。

溶液中金属离子（包括已配位的与未配位的）的总浓度可用下式表示：

$$c_M = [M] + [ML] + [ML_2] + \cdots = \sum_{i=0}^{N} [ML_i] \tag{3-22}$$

利用式(3-9) 和式(3-20)，上式变成

$$c_M = [M] + \beta_1[M][L] + \beta_2[M][L]^2 + \cdots \tag{3-23}$$

引入　　　　　　　　　　　　$\beta_0 = 1 \quad [L]^0 = 1$

则　　　　　　　　　　　　$[M] = \beta_0[M][L]^0$

式(3-23) 可以简化为

$$c_M = [M] \sum_{i=0}^{N} \beta_i[L]^i \tag{3-24}$$

配体的总浓度可表示为

$$c_L = [L] + [ML] + 2[ML_2] + \cdots = [L] + \sum_{i=1}^{N} i[ML_i]$$

若用各级总稳定常数表示，则为

$$c_L = [L] + \beta_1[M][L] + 2\beta_2[M][L]^2 + \cdots = [L] + [M] \sum_{i=1}^{N} i\beta_i[L]^i \tag{3-25}$$

式中，N 表示最高配位数。

伯也仑（Bjerrum）用平均配位数 $\bar{n}$ 来表示配合物形成的程度，也叫形成函数。它表示在溶液中生成物的各级配离子或配合物的各物种中，键合到一个金属离子上的平均配位数，即

$$\bar{n} = \frac{c_L - [L]}{c_M} \tag{3-26}$$

对于单啮配体，$\bar{n}$ 为平均配位数。

把式(3-23) 和式(3-25) 代入式(3-26)，得

$$\bar{n} = \frac{\beta_1[M][L] + 2\beta_2[M][L]^2 + \cdots}{[M] + \beta_1[M][L] + \beta_2[M][L]^2 + \cdots}$$

约去 [M]，即得

$$\bar{n} = \frac{\beta_1[L] + 2\beta_2[L]^2 + \cdots}{1 + \beta_1[L] + \beta_2[L]^2 + \cdots} = \frac{\sum_{i=1}^{n} i\beta_i[L]^i}{1 + \sum_{i=1}^{n} \beta_i[L]^i} \tag{3-27}$$

式(3-27) 即所谓的配位形成函数。若总稳定常数已知，平均配位数 $\bar{n}$ 仅由游离配体浓度决定，而与金属离子的浓度无关。式(3-27) 仅适用于单核配合物。

如果已知配体浓度和稳定常数，可用式(3-27) 计算配位形成函数 $\bar{n}$。

图 3-2 所示为镉氰配合物的平均配位数随游离配体浓度对数的变化。当游离配体浓度为 1×10^{-4} mol/L 时，溶液中主要以 $[Cd(CN)_3]^-$ 形式存在 $(\bar{n} = 3)$，当游离配体浓度大于 1×10^{-2} mol/L 时，溶液中主要以 $[Cd(CN)_4]^{2-}$ 形式存在。

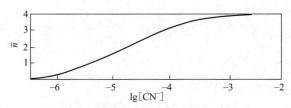

图 3-2 镉氰配合物的平均配位数随游离配体浓度对数的变化

当配体的总浓度远大于金属离子浓度（即 $c_L \gg c_M$），且配体不发生配位以外的反应时，则可以认为 $[L] \approx c_L$，即可用总配体浓度代替游离配体的浓度。

当配体的总浓度与金属离子总浓度相当时，如 $c_L < 10 c_M$，在计算游离配体浓度时已配位的配体的浓度不可忽略。从式（3-26）和式（3-27）可导出游离配体浓度的等式：

$$\frac{c_L - [L]}{c_M} = \frac{\sum_{i=1}^{n} i \beta_i [L]^i}{1 + \sum_{i=1}^{n} \beta_i [L]^i} \tag{3-28}$$

即

$$c_M (\beta_1 [L] + 2 \beta_2 [L]^2 + \cdots) = (c_L - [L])(1 + \beta_1 [L] + \beta_2 [L]^2 + \cdots)$$

已知 c_M、c_L 和 β_i 值，就可求出游离配体浓度 $[L]$。

二、溶液中配合物各物种的分布

溶液中第 i 级配合物的摩尔分数 ϕ_i 或者 i 级配合物的含量，可以用配合物 ML_i 占总金属离子浓度 c_M 的分数来表示：

$$\phi_i = \frac{[ML_i]}{c_M} = \frac{\beta_i [M][L]^i}{[M] + \beta_1 [M][L] + \beta_2 [M][L]^2 + \cdots} = \frac{\beta_i [L]^i}{1 + \sum_{i=1}^{n} \beta_i [L]^i} \tag{3-29}$$

游离金属离子的摩尔分数 ϕ_0 应为

$$\phi_0 = \frac{[M]}{c_M} = \frac{1}{1 + \beta_1 [L] + \beta_2 [L]^2 + \cdots} \tag{3-30}$$

根据摩尔分数的定义，它们的总和应为 1，即

$$\phi_0 + \phi_1 + \phi_2 + \cdots = \sum_{i=1}^{n} \phi_i = 1 \tag{3-31}$$

把式（3-29）代入式（3-27）得

$$\bar{n} = \sum_{i=0}^{n} i \phi_i \tag{3-32}$$

从式（3-29）、式（3-30）可知，若各级总稳定常数已知，则游离金属离子和配合物各物种的摩尔分数只和游离配体的浓度有关。因而可以算出不同游离配体浓度时游离金属离子和配合物各物种的摩尔分数。

下面以氰化物镀镉液中配合物各物种的分布来说明上述方程的应用。

氰化钠（或钾）在 pH > 10 的碱性介质中主要以 CN⁻ 离子形式存在，它与 Cd²⁺

离子可以形成配位数为 $1\sim4$ 的配离子 $[CdCN]^+$、$[Cd(CN)_2]$、$[Cd(CN)_3]^-$、$[Cd(CN)_4]^{2-}$。从图 3-2 知道，游离氰离子浓度不同时，生成的配合物的配位数也不同。下面通过作图法来说明每一物种游离金属离子或配离子是如何随游离配体浓度变化的；以及在某一特定游离配体浓度下，各物种所占的百分数。

根据式(3-30) 和式(3-29)，平衡时各物种所占的百分数为

$$[Cd^{2+}]\% = \frac{[Cd^{2+}]}{c_M} = \frac{1}{1+\beta_1[CN^-]+\beta_2[CN^-]^2+\beta_3[CN^-]^3+\beta_4[CN^-]^4}$$

$$[CdCN^+]\% = \frac{[CdCN^+]}{c_M} = \frac{\beta_1[CN^-]}{1+\beta_1[CN^-]+\beta_2[CN^-]^2+\beta_3[CN^-]^3+\beta_4[CN^-]^4}$$

$$[Cd(CN)_2]\% = \frac{[Cd(CN)_2]}{c_M} = \frac{\beta_2[CN^-]^2}{1+\beta_1[CN^-]+\beta_2[CN^-]^2+\beta_3[CN^-]^3+\beta_4[CN^-]^4}$$

$$[Cd(CN)_3^-]\% = \frac{[Cd(CN)_3^-]}{c_M} = \frac{\beta_3[CN^-]^3}{1+\beta_1[CN^-]+\beta_2[CN^-]^2+\beta_3[CN^-]^3+\beta_4[CN^-]^4}$$

$$[Cd(CN)_4^{2-}]\% = \frac{[Cd(CN)_4^{2-}]}{c_M} = \frac{\beta_4[CN^-]^4}{1+\beta_1[CN^-]+\beta_2[CN^-]^2+\beta_3[CN^-]^3+\beta_4[CN^-]^4}$$

把游离 $[CN^-]$ 浓度的负对数 $p[CN^-]=-\lg[CN^-]$ 分别取 $2\sim8$ 之间的数值（即游离 $[CN^-]$ 的浓度在 $10^{-2}\sim10^{-8}$ mol/L）代入以上各式，就可以求出各个游离 $[CN^-]$ 浓度时各种配离子所占的百分数（见图 3-3）。图中每一条曲线表示一种离子的百分含量随游离配体浓度变化的情况。曲线的最高点（峰值）表示某物种的含量此时最高。比较图 3-3 和图 3-2，可以看出，最高点对应的 $\bar{n}$ 值等于配体的数目。在相邻两条曲线交点处，两物种的含量相等，此交点所对应的横轴值即为相应物种的稳定常数的对数值。因为当 $[ML_{n-1}]=[ML_n]$ 时，按式(3-18) 得

或

$$\left.\begin{array}{l}K_n = \dfrac{1}{[L]}\\[2mm]\lg K_n = -\lg[L]\end{array}\right\} \tag{3-33}$$

由图 3-3 曲线的交点求得

$$\lg K_1 = 5.5 \quad \lg K_2 = 5.1 \quad \lg K_3 = 4.7 \quad \lg K_4 = 3.6$$

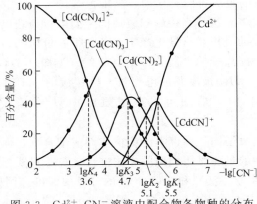

图 3-3　Cd^{2+}-CN^- 溶液中配合物各物种的分布

它们与镉氰配合物的逐级稳定常数相符。

若把某个游离［CN^-］浓度所对应的各种配离子所占的百分数叠加而成一条曲线，图 3-3 将变成图 3-4 那样的四条曲线，两曲线之间的区域表示某一种配离子存在的范围，曲线彼此分开较远的，表示两种配离子的稳定常数相差较大。如果从横坐标上 p［CN^-］＝4 处画一垂线，全长为 100％，它分别与三条曲线相交于 b、c、d 三点，每两个交点对应的百分数之差即为各种配离子存在的百分数。

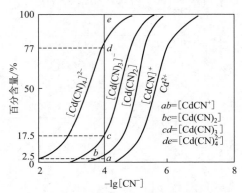

图 3-4　Cd^{2+}-CN^- 体系中配合物的分布

从图 3-4 可知，在游离氰离子浓度为 $10^{-4}\,mol/L$ 的镀液中，同时存在着四种配离子，它们的含量分别为

$$［CdCN］^+\% = b - a = (2.5 - 0)\% = 2.5\%$$

$$［Cd(CN)_2］\% = c - b = (17.5 - 2.5)\% = 15\%$$

$$［Cd(CN)_3］^-\% = d - c = (77 - 17.5)\% = 59.5\%$$

$$［Cd(CN)_4］^{2-}\% = e - d = (100 - 77)\% = 23\%$$

在实际镀镉电解液中，游离［CN^-］的浓度已远远超过 $10^{-2}\,mol/L$，即 $-lg［CN^-］<2$，所以落在图的左边。在实际氰化镀镉液中，Cd^{2+} 几乎全部以 ［$Cd(CN)_4$］$^{2-}$ 的形式存在，其他种类的配离子极少。如果镀液中 NaCN 加入太少或 NaCN 损失过多，镀液的组成将向右移动，高配位数的 ［$Cd(CN)_4$］$^{2-}$ 将减少，低配位数的镉氰配离子将增多。这将直接影响镀液的平衡电位与超电压（见第七、八章）。此图对于了解电镀过程的机理和指导生产实践都是很有价值的。

焦磷酸镀铜中各种配离子的平衡分布更复杂些（见图 3-5），从图中也可以看出，如果以 ［$Cu(P_2O_7)_2$］$^{6-}$ 为阴极主要放电离子，则镀液的 pH 值应在 8.5 以上。铜氨配合物的分布图见图 3-6，由图可见在浓氨水中只形成 ［$Cu(NH_3)_5$］$^{2+}$ 而无 ［$Cu(NH_3)_6$］$^{2+}$ 形成。

如果溶液中某金属离子同一种以上的配位体形成配合物，而且它们的稳定常数均已知，则溶液中各物种的量也可用类似的方法进行计算。只要把第二或第三配体等所形成的配合物的项加到式(3-29) 和式(3-30) 的分母中即可。例如，用 L 和 Y 表示两种配体，β 和 γ 表示相应的积累稳定常数，则式(3-29) 将变成

$$\phi_i = \frac{\beta_i[L]^i}{1 + \beta_1[L] + \beta_2[L]^2 + \cdots + \gamma_1[Y] + \gamma_2[Y]^2 + \cdots} \tag{3-34}$$

这种情况的具体计算详见下节。

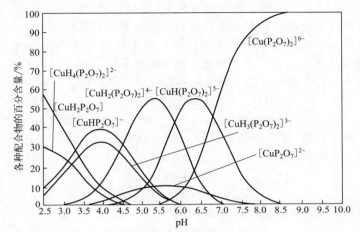

图 3-5　焦磷酸铜配合物各物种的百分含量与 pH 的关系

$c_{Cu} = 1.00 \text{mmol/L}$；$c_{P_2O_7^{4-}} = 0.05 \text{mol/L}$

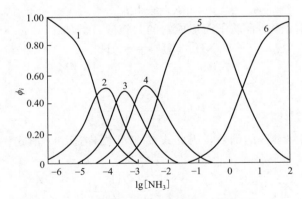

图 3-6　铜氨配合物各物种的分布图

1—Cu^{2+}；2—$[Cu(NH_3)]^{2+}$；3—$[Cu(NH_3)_2]^{2+}$；4—$[Cu(NH_3)_3]^{2+}$；
5—$[Cu(NH_3)_4]^{2+}$；6—$[Cu(NH_3)_5]^{2+}$

第三节　配位体的酸-碱平衡

一、质子合常数与酸碱的离解常数

根据布朗斯梯德（Bronsted）对酸碱的定义，认为酸是能够放出质子的物质；碱是能够接受质子的物质。在下列反应中

$$L^- + H^+ \Longrightarrow HL$$

式中，L^- 表示碱；HL 表示其对应的酸（与它是否带电无关）。酸碱反应实际上是质子从酸转移到碱，同时形成了新酸和新碱。在水溶液中并无游离的 H^+ 存在，虽然通常都简写为 H^+，它实际上是以水合离子的形式 $[H(H_2O)_x]^+$ 存在的。

各类配体都有未共用的孤对电子，它们不仅能和金属离子配位，也可以与 H^+ 结合，因此，带负电的配体可以同 H^+ 形成稳定的中性的或带负电的配合物（酸或酸根）❶；中性的配体可以与 H^+ 形成带正电的 H^+ 配合物。

配体形成 H^+ 配合物的过程正好是酸离解反应的逆过程。例如：

$$CH_3COO^- + H^+ \Longrightarrow CH_3COOH \tag{3-35}$$

碱（配体）　　　　　　酸（H^+ 配合物或质子合配合物）

正向反应的平衡常数 K 称为醋酸根离子的质子合常数（protonation constant）或醋酸根离子的 H^+ 配合物的稳定常数。

$$K = \frac{[CH_3COOH]}{[CH_3COO^-][H^+]} \tag{3-36}$$

K 值正好是醋酸的酸离解常数 K_a 的倒数，即

$$K = \frac{1}{K_a}$$

取对数，则为

$$\lg K = -\lg K_a \tag{3-37}$$

未带电的中性单啮配体结合质子而形成它的共轭酸，例如：

$$NH_3 + H^+ \Longrightarrow NH_4^+$$

碱　　　　　酸（H^+ 配合物）

相应的质子合常数为

$$K = \frac{[NH_4^+]}{[NH_3][H^+]} \tag{3-38}$$

K 为 NH_4^+ 的酸离解常数的倒数，因此式（3-37）同样适用。把式（3-38）的分子和分母同时乘以 $[OH^-]$，得

$$K = \frac{[NH_4^+][OH^-]}{[NH_3][H^+][OH^-]}$$

因为

$$[H^+][OH^-] = K_w$$

K_w 是水的离子积，在一定温度下为常数，而且

$$\frac{[NH_4^+][OH^-]}{[NH_3]} = K_b \tag{3-39}$$

K_b 是 NH_3 的碱离解常数，因此

$$K = \frac{K_b}{K_w} \tag{3-40}$$

---

❶ 这里配合物指广义的配合物。

在室温时 $\lg K_w = -14$，式(3-40) 可转化为对数形式：

$$\lg K = 14 + \lg K_b \tag{3-41}$$

因此，碱的质子合常数可用式(3-37) 从其共轭酸的酸离解常数来计算，也可以用式(3-41) 从其碱的离解常数求算。如果溶液中碱和它的共轭酸的离解常数的对数之和满足下式：

$$\lg K_b + \lg K_a = -14 \tag{3-42}$$

那么计算将更加简化。

二、溶液中各种形式质子合配合物的分布

许多碱可以逐个地接受质子，这和金属配合物的逐级稳定常数的变化相似。碱接受第一个 H^+ 的能力最强（K_1 最大），随后就逐渐减弱（$K_1 > K_2 > K_3 \cdots$），未结合 H^+ 的游离碱是最强的碱，它对 H^+ 的亲和势最大。

对于磷酸根离子的质子合反应和相应的质子合常数如下：

$$PO_4^{3-} + H^+ \rightleftharpoons HPO_4^{2-}$$
$$HPO_4^{2-} + H^+ \rightleftharpoons H_2PO_4^-$$
$$H_2PO_4^- + H^+ \rightleftharpoons H_3PO_4$$

$$\left.\begin{array}{l} K_1 = \dfrac{[HPO_4^{2-}]}{[PO_4^{3-}][H^+]} = \dfrac{1}{K_{a_3}} = 10^{11.7} \\[3mm] K_2 = \dfrac{[H_2PO_4^-]}{[HPO_4^{2-}][H^+]} = \dfrac{1}{K_{a_2}} = 10^{6.9} \\[3mm] K_3 = \dfrac{[H_3PO_4]}{[H_2PO_4^-][H^+]} = \dfrac{1}{K_{a_1}} = 10^2 \end{array}\right\} \tag{3-43}$$

磷酸的最后一级离解常数正好等于磷酸根的第一级质子合常数。质子合常数的乘积也可按类似于积累稳定常数的方式处理：

$$\left.\begin{array}{l} K_1 = \dfrac{1}{K_{a_3}} = \dfrac{[HPO_4^{2-}]}{[PO_4^{3-}][H^+]} = 10^{11.7} \\[3mm] K_1 K_2 = \dfrac{1}{K_{a_3} K_{a_2}} = \dfrac{[H_2PO_4^-]}{[PO_4^{3-}][H^+]^2} = 10^{18.6} \\[3mm] K_1 K_2 K_3 = \dfrac{1}{K_{a_3} K_{a_2} K_{a_1}} = \dfrac{[H_3PO_4]}{[PO_4^{3-}][H^+]^3} = 10^{20.6} \end{array}\right\} \tag{3-44}$$

在处理多价碱和含有酸、碱基团的配位体的平衡时，采用逐级质子合常数是方便而合理的，因为它不需要各种定义的酸、碱的离解常数值。当质子只结合到一种配体上时，从单核配合物中推导出来的关系式也同样适用于配体的质子合常数的计算。

式(3-27) 定义的配位形成函数也可用来描述配体的质子合反应，因为只要把式中的配体浓度用氢离子浓度代替，各级积累稳定常数用质子合常数的乘积代替，则 $\bar{n}$ 就表示配体质子合的程度。

$$\bar{n} = \frac{[H^+]K_1 + 2[H^+]^2 K_1 K_2 + \cdots + n[H^+]^n K_1 K_2 \cdots K_n}{1 + [H^+]K_1 + [H^+]^2 K_1 K_2 + \cdots + [H^+]^n K_1 K_2 \cdots K_n} \tag{3-45}$$

同样，式(3-29) 和式(3-30) 经过适当的变换之后，也可用来计算溶液中各种酸、碱

离解形式的百分含量。对于未质子合的酸根的摩尔分数可用下式表示：

$$\phi_0 = \frac{1}{1+[H^+]K_1+[H^+]^2K_1K_2+\cdots+[H^+]^nK_1K_2\cdots K_n} \tag{3-46}$$

质子合形式的摩尔分数可表示为

$$\phi_i = \frac{[H^+]^iK_1K_2\cdots K_i}{1+[H^+]K_1+[H^+]^2K_1K_2+\cdots} \tag{3-47}$$

由式(3-47)可见，在离子强度恒定的条件下，酸-碱体系溶液中，各种形式的质子合配合物的百分分布只取决于氢离子的浓度和质子合常数的大小，而和溶液中酸-碱的总量无关。

同单核配合物的分布曲线一样，若已知质子合常数，通过计算，就可以绘制出各个 pH 时酸的各种离解产物含量变化的分布曲线。图 3-7 为各 pH 时磷酸的各种离解产物含量变化的分布图。

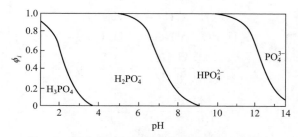

图 3-7　磷酸离解产物的摩尔分数随 pH 的分布

图 3-8～图 3-11 分别为氨三乙酸、乙二胺、氨基乙酸和 EDTA 的各种离解产物的含量随 pH 分布的曲线。

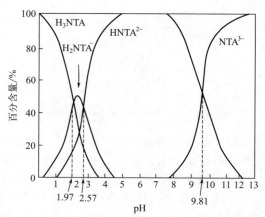

图 3-8　氨三乙酸的各离解产物的百分含量随 pH 的分布

从图 3-11 可以得出以下结论：

① 在 pH<2 时，EDTA 以 H_4L 为主要存在形式。它不带电荷，极性小，溶解度小，容易从水中析出。这是提纯 EDTA 和从废水中回收 EDTA 的常用方法。

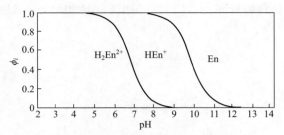

图 3-9　各种形式乙二胺含量随 pH 的分布

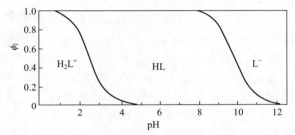

图 3-10　氨基乙酸的各离解产物含量随 pH 的分布

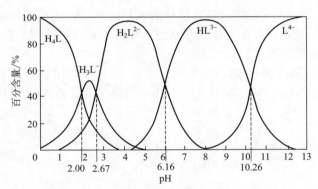

图 3-11　EDTA 的各离解产物的含量随 pH 的分布

在 pH＝2～2.67 的溶液中，它主要以 H_3L^- 形式存在，在水中有一定的溶解度。

在 pH＝2.67～6.16 的溶液中，它主要以 H_2L^{2-} 形式存在，在水中的溶解度中等。

在 pH＝6.16～10.26 的溶液中，它主要以 HL^{3-} 形式存在，在水中的溶解度较大。

在 pH＞10.26 的溶液中，它主要以 L^{4-} 形式存在，在水中的溶解度很大。

② 将 EDTA 的二钠盐溶于水，水溶液的 pH 值应在 4～5 之间，这与分布图中 H_2L^{2-} 曲线的峰值相对应。

③ 要使 EDTA（H_4L）全部转化为 L^{4-}，必须消耗四倍（物质的量）的碱。溶液的 pH 值应大于 13。

④ 从图中相邻物种的分布曲线的交点对应的 pH 值，即为 H^+ 配合物的酸离解常数的负对数（pK_a）值。例如：

$$K_{a_1} = \frac{[H^+][H_3L^-]}{[H_4L]}$$

当 $[H_3L^-] = [H_4L]$ 时

$$K_{a_1} = [H^+]$$

或

$$-lg[H^+] = -lgK_{a_1}$$

即

$$pK_{a_1} = pH \qquad\qquad (3-48)$$

三、溶液 pH 对配合物的组成和形态的影响

除了少数强酸（HCl、H_2SO_4、HNO_3）的酸根在溶液中的形态不受 pH 的影响外，大多数的配位体均为弱酸，尤其是多元酸酸根的形态，是随溶液 pH 的变化而变化的（见图 3-11）。它们的配位能力，配位原子的数目，有无螯合作用，螯合环的多少，是否形成质子合金属配合物（MH_nL）或羟合金属配合物 $[M(OH)_nL]$，是否形成多核金属配合物或金属氢氧化物沉淀等一系列的变化，都是由溶液的 pH 决定的。也就是说，pH 的变化不仅影响溶液中配体本身的存在形式，而且也影响溶液中配合物的组成和形态。

在酸性溶液中，H^+ 与 M 之间将发生争夺配体酸根的反应，竞争反应的强弱，除了由酸根的 H^+ 和 M 配合物的稳定常数的大小决定外，还由溶液中 H^+ 和 M 的数量决定。配位能力弱者，若在数量上占压倒性优势，它也可夺得酸根配体。反之，若配位能力较强，数量又多，那自然就占了上风。

以 EDTA 配合物为例，在强酸性（pH<1）溶液中，$[H^+]$ 浓度极高，M 无法与之竞争，它可以形成 H_5L^+ 和 H_6L^{2+}，相应的质子合常数为 $lgK_5 = 1.67$ 和 $lgK_6 = 1.16$。

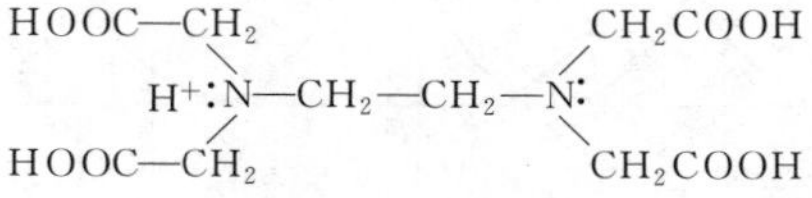

$$H_5L^+$$

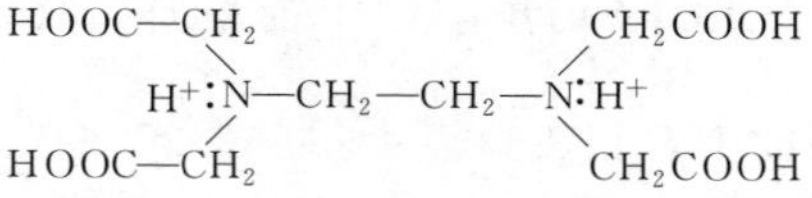

$$H_6L^{2+}$$

EDTA 本身具有内酯的结构，它的两个羧基和两个氨基会形成环状氢键，使这些基团的配位原子难以发挥配位作用。

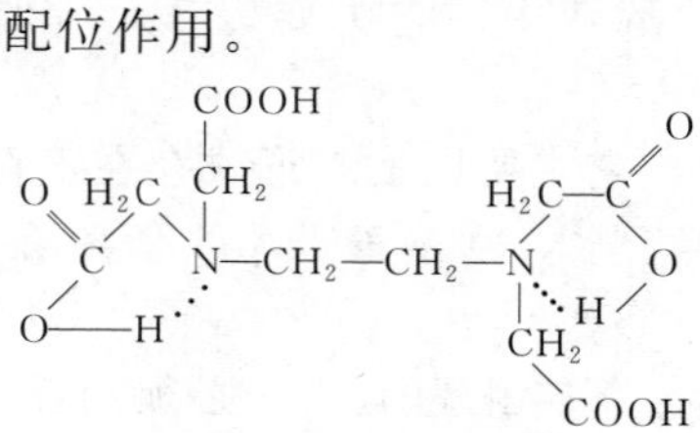

EDTA（H_4L）的内酯结构

因此，只有 H_4L 再离解掉一个 H^+ 之后，EDTA 才开始显示出配位能力，随着 pH 值的升高，H^+ 逐渐离解，它的配位原子数目逐渐增加，与金属离子形成的螯合环数 也逐渐增多，因此，配合物的形态会不断变化，其稳定常数也逐渐增大，这可以从表 3-5 所列出的稳定常数值看出。图 3-12 表示不同 pH 时各种形态的 EDTA 镉配合物 $[CdH_nL]$ 的 pH 分布图，它表明，仅当 pH＞6.4 以后，$[CdL]^{2-}$ 才是溶液中 Cd^{2+} 配合物的主要存在形式。

表 3-5　不同 pH 时溶液中 Cd^{2+} 的 EDTA 配合物的形态和稳定常数

pH	溶液中配离子的形态	lg$K$
1.9～2.8	$[Cd(H_3L)]^+$	3.72
3.3～4.4	$[Cd(H_2L)]$	4.72
4.6～5.8	$[Cd(HL)]^-$	8.78
6.4～10.0	$[CdL]^{2-}$	14.25

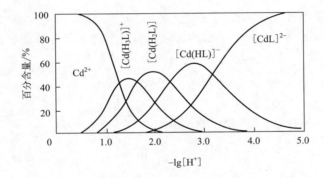

图 3-12　各种 Cd^{2+}-EDTA（H_4L）配合物的分布

Cd^{2+} 的总浓度为 $2×10^{-4}mol/L$

对于某些金属离子，若 pH＞11，溶液中的 OH^- 浓度逐渐升高，OH^- 也可以同 L^{4-} 争夺金属离子而形成 $[M(OH)_nL]$ 型碱式配合物或混合羟基配合物。例如，$[Zn(OH)_2L]^{4-}$、$[Hg(OH)L]^{3-}$、$[Fe(OH)L]^{3-}$、$[Fe(OH)_2L]^{4-}$ 等。pH 再升高，OH^- 进一步把 L 取代出来，最后就形成了氢氧化物沉淀，如 $Fe(OH)_3$、$ThO_2 \cdot nH_2O$ 等。有些两性金属离子则形成可溶性的配合物，如 $[Zn(OH)_4]^{2-}$ 或 $[Zn(OH)_2L]^{4-}$。

对于某些仅有少数配位原子能同一个金属离子配位的多元酸配体，如酒石酸、柠檬酸、葡萄糖酸、1-羟基-(1,1)-亚乙基-1,1-二膦酸（HEDP）等，随着 pH 的变化，它除了可以同金属离子形成 1 比 1 的配合物外，还可以形成 1 比 2 或 2 比 1 的单核或双核配合物，也可同其他配体（如 OH^-、CO_3^{2-} 等）形成在内界同时配位的混合单核配合物，以及由 OH^- 或酒石酸桥连的双核混合配体配合物。其结构式见图 3-13。

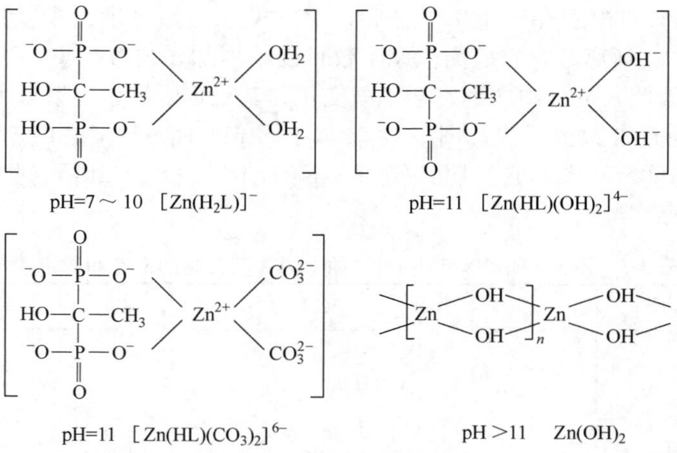

图 3-13 所示的结构图。

图 3-13 不同条件下 HEDP(H_5L)：Zn^{2+} =1：1 溶液中配合物的形态

葡萄糖酸通常为五元酸，以 H_5G 表示。它同 Fe(Ⅲ) 形成的配合物的结构，随溶液 pH 的升高而逐步发生如下形态的变化，最后形成了混合羟基配合物。

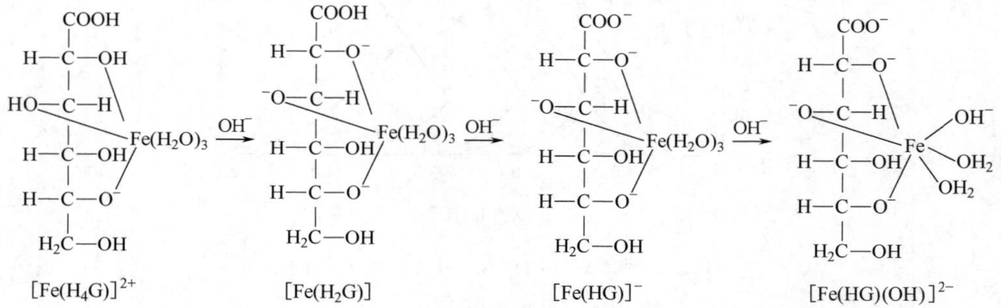

$[Fe(H_4G)]^{2+}$ $\xrightarrow{OH^-}$ $[Fe(H_2G)]$ $\xrightarrow{OH^-}$ $[Fe(HG)]^-$ $\xrightarrow{OH^-}$ $[Fe(HG)(OH)]^{2-}$

第四节　配位平衡计算实例

【例1】 计算 $0.1mol/L$ $Cu(NO_3)_2$ 和 $0.001mol/L$ KCl 溶液的离子强度。

解： 按式(3-11)

$$I = \frac{1}{2}(c_1 z_1^2 + c_2 z_2^2 + \cdots)$$

$$= \frac{1}{2}([Cu^{2+}] \times 2^2 + [NO_3^-] \times 1^2 + [K^+] \times 1^2 + [Cl^-] \times 1^2)$$

$$= \frac{1}{2}(0.1 \times 4 + 0.2 \times 1 + 0.001 \times 1 + 0.001 \times 1) = 0.301$$

【例2】 计算 Cu^{2+} 在 $I=0.3$ 的溶液中的活度系数。

解： 按式(3-10)，在室温时

$$\lg f_{z_{\pm}} = -0.509z^2\left(\frac{\sqrt{I}}{1+\sqrt{I}} - 0.2I\right)$$

$$\lg f_2 = -0.509 \times 4\left(\frac{\sqrt{0.3}}{1+\sqrt{0.3}} - 0.2 \times 0.3\right) = -0.598$$

故 $$f_2 = 0.252$$

【例3】 计算 $[Cu(NH_3)_4]^{2+}$ 和 $[Fe(acac)_3]$ 在 $I=0$ 时的总稳定常数,已知下列数据

$$[Cu(NH_3)_4]^{2+} \qquad \lg\beta_4 = 12.59 \qquad (I=0.1)$$

$$[Fe(acac)_3] \qquad \lg\beta_3 = 24.9 \qquad (I=0.1)$$

解: 根据式(3-14) 得

$$\lg\beta_t = \lg\beta + \lg f_{M_mL_n} - m\lg f_M - n\lg f_L$$

对于 $[Cu(NH_3)_4]^{2+}$ 有

$$\lg\beta_{4,t} = \lg\beta + \lg f_{[Cu(NH_3)_4]^{2+}} - \lg f_{Cu^{2+}} - 4\lg f_{NH_3}$$

当 $I<1$ 时,由式(3-12) 知 f_{NH_3} 可忽略不计。由式(3-16) 知,I 值恒定时相同电荷数的离子的活度系数相等,即

$$\lg f_{[Cu(NH_3)_4]^{2+}} = \lg f_{Cu^{2+}} = \lg f_2$$

故 $$\lg\beta_{4,t} = \lg\beta + \lg f_2 - \lg f_2 = \lg\beta = 12.59(I=0)$$

同理,$[Fe(acac)_3]$ 不带电荷,$f_{[Fe(acac)_3]}$ 可忽略不计,故

$$f_{Fe^{3+}} = f_3, f_{acac^-} = f_1$$

从图3-1可知,在 $I=0.1$ 时, $\qquad \lg f_1 = 0.11$

根据式(3-16): $\qquad \lg f_3 = 9\lg f_1$

故 $I=0$ 时,有

$$\lg\beta_{3,t} = \lg\beta_3 - \lg f_3 - 3\lg f_1$$
$$= \lg\beta_3 - 9\lg f_1 - 3\lg f_1$$
$$= \lg\beta_3 - 12\lg f_1$$
$$= 24.9 + 12 \times 0.11 = 26.22$$

【例4】 已知 $I=0$ 时乳酸$\left(\begin{matrix} & & O \\ & & \| \\ CH_3 & -C & -COOH \end{matrix}\right)$的酸离解常数为 $\lg K_a = -3.86$,试计算乳酸在 $I=0.1$ 和 0.5,$25^\circ C$ 时质子合常数。

解: 由式(3-37),在 $I=0$ 时有

$$\lg K = -\lg K_a = 3.86(I=0)$$

根据式(3-15)

$$\lg\beta = \lg\beta_t - \lg f_{M_mL_n} + m\lg f_M + n\lg f_L$$

式中,$\beta = K$,$M_mL_n = HL$(乳酸),在 $I<1$ 时,f_{HL} 可忽略不计。在计算氢离子时用它的活度,故活度系数可不予考虑。因此,只要考虑乳酸负离子的活度系数即可。从图3-1可求出 I 为 0.1 和 0.5 时的 f_1 分别为 -0.11 和 -0.16。

故

$I=0.1$ 时 $\qquad$ $\lg K=3.86+\lg f_1=3.86-0.11=3.75$

$I=0.5$ 时 $\qquad$ $\lg K=3.86+\lg f_1=3.86-0.16=3.70$

【例5】 计算 $In(III)$ 以 In^{3+}、$[InBr]^{2+}$、$[InBr_2]^+$ 和 $[InBr_3]$ 在溶液中各自的摩尔分数。已知 $[Br^-]$ 为 $0.1mol/L$，且 $c_{Br}\gg c_{In}$（溶液为微酸性，故可不考虑形成羟合配合物），各级总稳定常数为 $\lg\beta_1=1.2$；$\lg\beta_2=1.8$；$\lg\beta_3=2.5$。

解： 利用式（3-30）和式（3-29）进行计算

$$\phi_0=\frac{1}{1+\beta_1[Br^-]+\beta_2[Br^-]^2+\beta_3[Br^-]^3}$$

$$=\frac{1}{1+10^{1.2}\times10^{-1}+10^{1.8}\times10^{-2}+10^{2.5}\times10^{-3}}=\frac{1}{3.54}=0.28$$

$$\phi_1=\frac{\beta_1[Br^-]}{1+\beta_1[Br^-]+\beta_2[Br^-]^2+\beta_3[Br^-]^3}=\frac{10^{1.2}\times10^{-1}}{3.54}=\frac{1.59}{3.54}=0.45$$

$$\phi_2=\frac{\beta_2[Br^-]^2}{1+\beta_1[Br^-]+\beta_2[Br^-]^2+\beta_3[Br^-]^3}=\frac{10^{1.8}\times10^{-2}}{3.54}=\frac{0.63}{3.54}=0.18$$

$$\phi_3=\frac{\beta_3[Br^-]^3}{1+\beta_1[Br^-]+\beta_2[Br^-]^2+\beta_3[Br^-]^3}=\frac{10^{2.5}\times10^{-3}}{3.54}=\frac{0.32}{3.54}=0.09$$

在溶液中 In^{3+}、$[InBr]^{2+}$、$[InBr_2]^+$ 和 $[InBr_3]$ 的摩尔分数分别为 0.28、0.45、0.18 和 0.09。

【例6】 已知柠檬酸的四级酸离解常数分别为 $10^{-3.08}$、$10^{-4.39}$、$10^{-5.49}$ 和 $10^{-11.6}$，计算 $pH=0\sim14$ 时柠檬酸的各种离解形式的摩尔分数，并绘制出其 pH 分布图。

解： 柠檬酸为四元酸，用 H_4L 表示，其结构式为

柠檬酸（H_4L）

由式（3-37）得它的各级质子合常数为

$$H^++L^{4-}\Longrightarrow HL^{3-}$$

$$\lg K_1=-\lg K_{a_4}=11.6;\lg\beta_1=\lg K_1=11.6$$

$$H^++HL^{3-}\Longrightarrow H_2L^{2-}$$

$$\lg K_2=-\lg K_{a_3}=5.49;\lg\beta_2=\lg(K_1\cdot K_2)=17.1$$

$$H^++H_2L^{2-}\Longrightarrow H_3L^-$$

$$\lg K_3=-\lg K_{a_2}=4.39;\lg\beta_3=\lg(K_1\cdot K_2\cdot K_3)=21.5$$

$$H^++H_3L^-\Longrightarrow H_4L$$

$$\lg K_4=-\lg K_{a_1}=3.08;\lg\beta_4=\lg(K_1\cdot K_2\cdot K_3\cdot K_4)=24.6$$

$$\phi_{L^{4-}}=\frac{[L^{4-}]}{c_L}=\frac{1}{1+\beta_1[H^+]+\beta_2[H^+]^2+\beta_3[H^+]^3+\beta_4[H^+]^4}=\frac{1}{\alpha_L}$$

$$\phi_{HL^{3-}}=\frac{[HL^{3-}]}{c_L}=\frac{\beta_1[H^+]}{\alpha_L}$$

$$\phi_{H_2L^{2-}}=\frac{[H_2L^{2-}]}{c_L}=\frac{\beta_2[H^+]^2}{\alpha_L}$$

$$\phi_{H_3L^-}=\frac{[H_3L^-]}{c_L}=\frac{\beta_3[H^+]^3}{\alpha_L}$$

$$\phi_{H_4L}=\frac{[H_4L]}{c_L}=\frac{\beta_4[H^+]^4}{\alpha_L}$$

按上式计算不同 pH 时 ϕ_i 的结果列于表 3-6。

表 3-6 不同 pH 时各种柠檬酸离解形式的摩尔分数 ϕ_i

pH	$[H^+]$	α_L	$\phi_{L^{4-}}$	$\phi_{HL^{3-}}$	$\phi_{H_2L^{2-}}$	$\phi_{H_3L^-}$	ϕ_{H_4L}
0	1	$10^{24.6}$	0	0	0	$10^{-3.1}$	1
1	10^{-1}	$10^{20.6}$	0	0	0	$10^{-2.1}$	1
2	10^{-2}	$10^{16.6}$	0	0	0	0.07	0.93
3	10^{-3}	$10^{12.86}$	0	0	0.017	0.437	0.550
3.08	$10^{-3.08}$	—	0	0		0.500	0.500
4	10^{-4}	$10^{9.68}$	0	0	0.263	0.661	0.083
4.39	$10^{-4.39}$	—	0	—	0.500	0.500	0
5	10^{-5}	$10^{7.29}$	0	0.204	0.645	0.162	0
5.49	$10^{-5.49}$	—	0	0.500	0.500	—	0
6	10^{-6}	$10^{5.72}$	0	0.758	0.246	0	0
7	10^{-7}	$10^{4.61}$	0	0.968	0.031	0	0
8	10^{-8}	$10^{3.6}$	0	1	0	0	0
9	10^{-9}	$10^{2.6}$	0	1	0	0	0
10	10^{-10}	$10^{1.61}$	0.025	0.975	0	0	0
11	10^{-11}	$10^{0.697}$	0.201	0.800	0	0	0
11.16	$10^{-11.16}$	—	0.500	0.500	0	0	0
12	10^{-12}	$10^{0.146}$	0.715	0.284	0	0	0
13	10^{-13}	$10^{0.017}$	0.962	0.038	0	0	0
14	10^{-14}	1	1	0	0	0	0

由表 3-6 的数据制作的不同 pH 时各种形式柠檬酸的分布图，如图 3-14 所示。

【例 7】 试计算 HCl 浓度为 1.00mol/L，$Fe(NO_3)_3$ 浓度为 0.010mol/L 的溶液中，Fe^{3+}、$FeCl^{2+}$、$FeCl_2^+$、$FeCl_3$、$FeCl_4^-$ 的浓度。

解： 从 Fe(Ⅲ)-Cl^- 体系在 25℃，$I=1.0$ 时配合物的逐级稳定常数 $K_1=4.2$，$K_2=1.3$，$K_3=0.040$，$K_4=0.012$，可得

$$[FeCl^{2+}]=4.2[Fe^{3+}][Cl^-] \tag{1}$$

$$[FeCl_2^+]=1.3[FeCl^{2+}][Cl^-] \tag{2}$$

$$[FeCl_3]=0.040[FeCl_2^+][Cl^-] \tag{3}$$

$$[FeCl_4^-]=0.012[FeCl_3][Cl^-] \tag{4}$$

Cl 和 Fe 的物料平衡分别为

$$[Cl^-]+[FeCl^{2+}]+2[FeCl_2^+]+3[FeCl_3]+4[FeCl_4^-]=1.00 \tag{5}$$

$$[Fe^{3+}]+[FeCl^{2+}]+[FeCl_2^+]+[FeCl_3]+[FeCl_4^-]=0.010 \tag{6}$$

由于 Cl^- 过量很多，可近似地认为游离氯离子的浓度 $[Cl^-]=1.00mol/L$。因此，由

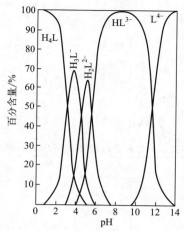

图 3-14　不同 pH 时各种形式柠檬酸的分布图

$\lg K_1 = 11.6$；$\lg K_2 = 5.49$；$\lg K_3 = 4.39$；$\lg K_4 = 3.08$

式(1)～式(4) 可得以下一些近似值：

$$[FeCl^{2+}] = 4.2[Fe^{3+}] \tag{7}$$

$$[FeCl_2^+] = 1.3 \times 4.2[Fe^{3+}] = 5.5[Fe^{3+}] \tag{8}$$

$$[FeCl_3] = 0.040 \times 1.3 \times 4.2[Fe^{3+}] = 0.22[Fe^{3+}] \tag{9}$$

$$[FeCl_4^-] = 0.012 \times 0.040 \times 1.3 \times 4.2[Fe^{3+}] = 0.0026[Fe^{3+}] \tag{10}$$

将式(7)～式(10) 代入式(6)，得

$$[Fe^{3+}] = 9.2 \times 10^{-4} \, mol/L$$

将这些数值代回式(7)～式(10)，得

$$[FeCl^{2+}] = 3.9 \times 10^{-3} \, mol/L$$

$$[FeCl_2^+] = 5.0 \times 10^{-3} \, mol/L$$

$$[FeCl_3] = 2.0 \times 10^{-4} \, mol/L$$

$$[FeCl_4^-] = 2.4 \times 10^{-6} \, mol/L$$

将这些结果代回式(5)，得 $[Cl^-] = 0.985 mol/L \approx 0.99 mol/L$。因此，与所作 $[Cl^-] \approx 1.00 mol/L$ 的假定仅相差约 1%。若要得到更精确之值，可将所求得之 $[Cl^-] = 0.985$ 再代入，重复进行计算，就可得到各物种更准确的浓度。

由计算可知，在上述体系中，由于配离子的形成，剩余的游离 Fe^{3+} 仅为原来的 $9.2 \times 10^{-4}/0.0100 = 0.092 = 9.2\%$，其余部分已形成配离子，而其中主要的是 $[FeCl_2]^+$ 和 $[FeCl]^{2+}$。

如果配体不是过量很多，则本题的计算也要复杂得多。

【例8】 已知镍的乙二胺配合物的积累稳定常数和质子合乙二胺的酸离解常数 ($I = 0.1$，25℃) 分别为 $\lg\beta_1 = 7.5$，$\lg\beta_2 = 13.8$，$\lg\beta_3 = 18.3$，$\lg K_{H_2En^{2+}} = -7.4$，$\lg K_{HEn^+} = -10.1$。试近似计算把 $10^{-4} mol/L$ 的 $[Ni(En)_3]Cl_2$ 溶液的 pH 值调到 7.2 时溶液中各平衡物种的浓度。

解： 根据稳定常数和酸离解常数的定义，可以建立以下方程。为简化起见，电荷均略去。

$$[NiEn] = 10^{7.5}[Ni][En] \tag{1}$$

$$[Ni(En)_2] = 10^{13.8}[Ni][En]^2 \tag{2}$$

$$[Ni(En)_3] = 10^{18.3}[Ni][En]^3 \tag{3}$$

$$[HEn] = 10^{10.1}[En][H] \tag{4}$$

$$[H_2En] = 10^{7.4}[HEn][H] = 10^{17.5}[En][H] \tag{5}$$

溶液中除上述五个方程外，还可根据质量平衡建立三个方程：

总 Ni 浓度

$$c_{Ni} = [Ni] + [Ni(En)] + [Ni(En)_2] + [Ni(En)_3] \tag{6}$$

总 En 浓度

$$c_{En} = [En] + [HEn] + [H_2En] + [Ni(En)] + 2[Ni(En)_2] + 3[Ni(En)_3] \tag{7}$$

在纯 $[Ni(En)_3]Cl_2$ 盐溶液中，存在下列关系：

$$3c_{Ni} = c_{En} \tag{8}$$

因为 $[Ni(En)_3]$ 配合物的稳定常数很高，因此，可以近似假定溶液中游离 Ni^{2+} 浓度极低，可以略去。从式(6)～式(8) 得

$$[En] + [HEn] + [H_2En] = c_{En} - c_{Ni} = 3c_{Ni} - c_{Ni} = 2c_{Ni} = 2 \times 10^{-4}\,mol/L$$

把质子合常数代入，得

$$[En](1 + K_1[H^+] + K_1K_2[H^+]^2) = 2 \times 10^{-4}\,mol/L$$

故

$$[En] = \frac{2 \times 10^{-4}}{1 + K_1[H^+] + K_1K_2[H^+]^2}$$

在 pH=7.2 时

$$[En] = \frac{2 \times 10^{-4}}{1 + 10^{7.4} \times 10^{-7.2} + 10^{17.5} \times 10^{-14.4}} = \frac{2 \times 10^{-4}}{10^{3.1}}$$

$$= 1 \times 10^{-7}\,(mol/L)$$

由式(6) 得

$$c_{Ni} = [Ni](1 + \beta_1[En] + \beta_2[En]^2 + \beta_3[En]^3)$$

故

$$[Ni] = \frac{c_{Ni}}{1 + \beta_1[En] + \beta_2[En]^2 + \beta_3[En]^3}$$

$$= \frac{1 \times 10^{-4}}{1 + 10^{7.5} \times 10^{-7} + 10^{13.8} \times 10^{-14} + 10^{18.3} \times 10^{-21}}$$

$$= 10^{-4.68}$$

$$= 2.1 \times 10^{-5}\,(mol/L)$$

由式(1)～式(5) 得

$$[NiEn] = 10^{7.5}[Ni][En] = 10^{7.5} \times 2.1 \times 10^{-5} \times 10^{-7} = 6.7 \times 10^{-5}\,(mol/L)$$

$$[Ni(En)_2] = 10^{13.8}[Ni][En]^2 = 10^{13.8} \times 2.1 \times 10^{-5} \times 10^{-14} = 1.32 \times 10^{-5}\,(mol/L)$$

$$[Ni(En)_3] = 10^{18.3}[Ni][En]^3 = 10^{18.3} \times 2.1 \times 10^{-5} \times 10^{-21}$$

$$= 4.2 \times 10^{-8} = 0.004 \times 10^{-5}\,(mol/L)$$

$$[HEn]=10^{10.1}[En][H^+]=10^{10.1}\times10^{-7}\times10^{-7.2}=7.9\times10^{-5}(mol/L)$$

$$[H_2En]=10^{17.5}[En][H^+]^2=10^{17.5}\times10^{-7}\times10^{-14.4}=13\times10^{-5}(mol/L)$$

溶液中总 Ni 的浓度

$$c_{Ni}=[Ni]+[NiEn]+[Ni(En)_2]+[Ni(En)_3]$$

$$=(2.1+6.7+1.32+0.004)\times10^{-5}=1.012\times10^{-4}(mol/L)$$

故各种 Ni 配合物所占的百分数为

$$[Ni]\%=20.8\%；[NiEn]\%=66.2\%；[Ni(En)_2]\%=13\%；[Ni(En)_3]\%=0\%$$

这说明少量 $[Ni(En)_3]Cl_2$ 溶于水后，水溶液中 $[Ni(En)_3]$ 已不是主要配离子，而 $[NiEn]$ 为主要配离子。要使 $[Ni(En)_3]$ 为主要配离子，溶液中还要加入过量的乙二胺。

【例 9】 在 KSCN 的浓度为 0.1mol/L，当溶液中 Ni(Ⅱ) 的总浓度 c_{Ni} 很低时，试计算 pH 值分别为 7 和 9（可用 KOH 调至所需 pH）时，溶液中 Ni^{2+} 和 $[Ni(OH)]^+$ 的百分含量以及 $Ni(Ⅱ)$-SCN^- 的各级配离子的百分含量。已知 Ni(Ⅱ)-SCN^- 各级配离子的积累稳定常数分别为 $lg\beta_1=1.2$，$lg\beta_2=1.6$，$lg\beta_3=1.8$；$[Ni(OH)]^+$ 的稳定常数为 $lgK_1=4.6$。

解： 假定溶液中 Ni(Ⅱ) 只形成 $[Ni(OH)]^+$ 和各级 Ni(Ⅱ)-SCN^- 配离子（忽略其他 Ni(Ⅱ)-OH^- 配离子）。按式(3-33)，游离金属离子的摩尔分数为

$$\phi_0=\frac{1}{1+\beta_1[SCN^-]+\beta_2[SCN^-]^2+\beta_3[SCN^-]^3+K_1[OH^-]}$$

在 c_{Ni} 很低时，可近似地认为游离配体的浓度近似等于配体的总浓度 c_{SCN^-}。将相应的稳定常数和浓度值代入上式，在 pH=7 时的 ϕ_0 为

$$\phi_0=\frac{1}{1+10^{1.2}\times10^{-1}+10^{1.6}\times10^{-2}+10^{1.8}\times10^{-3}+10^{4.6}\times10^{-7}}$$

$$=\frac{1}{1+1.58+0.40+0.06+0.004}=\frac{1}{3.04}=0.328$$

即有 32.8% 的 Ni(Ⅱ) 以游离 Ni^{2+} 的形式存在。$[Ni(SCN)]^+$、$[Ni(SCN)_2]$、$[Ni(SCN)_3]^-$ 和 $[Ni(OH)]^+$ 的摩尔分数分别为

$$\phi_{[Ni(SCN)]^+}=\frac{1.58}{3.04}=0.520$$

$$\phi_{[Ni(SCN)_2]}=\frac{0.40}{3.04}=0.131$$

$$\phi_{[Ni(SCN)_3]^-}=\frac{0.06}{3.04}=0.020$$

$$\phi_{[Ni(OH)]^+}=\frac{0.004}{3.04}=0.001$$

三种 Ni(Ⅱ)-SCN^- 配合物所占的总摩尔分数为

$$\phi_{[Ni(SCN)_{1\sim3}]}=\frac{1.58+0.40+0.06}{3.04}=0.671$$

计算结果表明，pH=7 时 Ni(Ⅱ)-SCN^- 配合物各占的百分数为 $[Ni(SCN)]^+\%=$

52.0%，$[Ni(SCN)_2]\% = 13.1\%$，$[Ni(SCN)_3]^-\% = 2.0\%$，合计有 67.1% 的 Ni(Ⅱ) 存在于三种硫氰酸根合镍(Ⅱ) 配离子中，而只有约 0.1% 的 Ni(Ⅱ) 形成了羟合配离子 $[Ni(OH)]^+$。

类似的计算可得 pH 值为 9 时，有 59% 的 Ni(Ⅱ) 存在于三种硫氰酸根合镍(Ⅱ) 配离子中，而有 12% 的 Ni(Ⅱ) 形成了 $[Ni(OH)]^+$，游离的 Ni^{2+} 则占 29%。由此可见，pH 值从 7 增大到 9 时，$[Ni(OH)]^+$ 的增加是很显著的。

以上的计算无需考虑 SCN^- 的加合质子，因为 KSCN 是相当强的酸，在 pH = 7 时 H^+ 已全部离解。

第四章

复杂体系的配位平衡

　　复杂体系的配位平衡，一般是指体系中除了配合物的形成-解离平衡外，还有多种其他平衡反应同时存在的平衡体系。它包括酸碱平衡、酸式配合物的平衡、碱式配合物的平衡、混合配体配合物的平衡、多核配合物的平衡和沉淀-溶解平衡等。若体系中只存在两种平衡，如配位平衡和酸碱平衡，只要从酸碱平衡中求出游离配体的浓度表达式，再代入配位平衡的表达式，问题一般就可获得解决；若体系中同时存在三种或三种以上的平衡，情况就比较复杂。对于这类复杂体系的平衡问题，一般有三种处理方式。

　　其一是试探法，按题意估算某一物种的浓度，然后代入方程求出较准确的数值，再代入，如此反复进行，直至获得准确值（误差小于一定范围）为止。此法适于计算机运算，也称为逐步迫近法。

　　其二是同时考虑各种平衡，再利用各平衡物种间的关系确立新的平衡关系式，使平衡方程式的数目等于或多于未知数的数目。这样，通过一定的数学处理，就可以解出所要求的各个未知数。这种方法称为解方程法。通常可利用于各物种间的质量平衡、电荷平衡以及 H^+ 和 OH^- 的平衡等平衡关系式。

　　其三是把配位平衡中某一平衡作为主（配位）平衡，然后分别考虑其余的各个副平衡对主平衡的影响。扣除了各种副平衡反应影响之后的主配位平衡，即为实际研究体系存在的真实平衡状态。这种处理方法是由芬兰的林格博姆（Ringbom）系统地提出来的，在配位滴定的理论处理上获得了成功，它在处理电镀问题时也是很有价值的。下面将通过具体体系的分析来介绍上述处理方法的应用，重点是介绍第三种处理方法。

第一节　　条件平衡常数

一、定义

　　在第三章第一节中，介绍了离子强度对配合物稳定常数的影响。在这里，还要介绍溶液中参与平衡反应的各物种对配合物稳定常数的影响。

　　在一个复杂的平衡体系中，影响主配位平衡的因素是多方面的。若把主配位平衡反应比作树干，那么许多分支的副平衡反应就是树枝，一个复杂的平衡体系就是一棵枝叶茂盛的大树。今以 EDTA 滴定复杂溶液时的平衡为例，可以把各种平衡关系用

下列图式来描述❶:

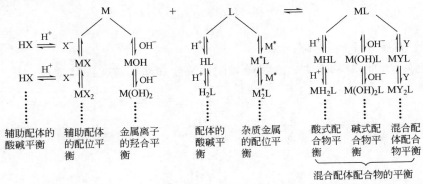

式中，L 表示主配体；X、Y 表示溶液中存在的辅助配体；M^* 表示杂质金属离子。

为了区别起见，通常将金属离子 M 与主配体 L 反应的平衡常数 K_{ML}，叫做配离子的绝对稳定常数。对于逐级配位平衡的绝对积累稳定常数则用 β 表示

$$K_{ML}=\frac{[ML]}{[M][L]} \qquad \beta=\frac{[ML_n]}{[M][L]^n} \tag{4-1}$$

施瓦曾巴赫（Schwarzenbach）首先把"表观平衡常数"（apparent equilibrum constant）的概念引入配位滴定的理论中，随后林格博姆在理论上作了进一步发展，在此概念推广到分析化学的其他领域，成功地用它来计算和预测配位平衡反应和分析操作的最佳条件。目前，这一处理方法已在许多领域的平衡运算中获得广泛的应用。

对于形成单核配合物的平衡，它的积累条件稳定常数可用下面的一般式来表示：

$$\beta_n{'}=\frac{[ML_n{'}]}{[M'][L']^n} \tag{4-2}$$

式中，[M'] 表示未和主配体配位的金属离子的总浓度，或称为表观游离金属离子浓度，它包括未配位的游离金属离子的浓度和与其他配体配位的金属离子的浓度。即

$$[M']=[M]+[MX]+[MX_2]+\cdots+[M(OH)]+[M(OH)_2]+\cdots \tag{4-3}$$

同样，[L'] 表示未和主金属离子 M 配位的配体的总浓度，或称为表观游离配体浓度，它包括未质子合的、质子合的以及同其他金属离子配位的配体 L 的浓度，即

$$[L']=[L]+[HL]+[H_2L]+\cdots+[M^*L]+2[M^*L_2]+\cdots \tag{4-4}$$

式中，$[ML_n{'}]$ 表示溶液中存在的主要形式的配合物和溶液中各种形式混合配体配合物的总浓度，或称为表观配合物浓度。它包括在某些条件下，由 ML_n 进一步生成的酸式配合物、碱式配合物和各种混合配体配合物的浓度❷，即

---

❶ 为简明起见，所有物种的电荷均略去。

❷ ML_n 在进一步形成各种混合配合物时，n 的数值有时也会随之改变，式（4-5）是假定 n 不变时的情况。

$$[ML_n'] = [ML_n] + [M(HL)_n] + [M(H_2L)_n] + \cdots$$
$$+ [M(OH)L_n] + [M(OH)_2L_n]$$
$$+ [MYL_n] + [MY_2L_n] + \cdots \tag{4-5}$$

二、条件稳定常数的计算

根据施瓦曾巴赫的定义，表观游离配体浓度和实际游离配体浓度之比，称为 α 系数：

$$\alpha_L = \frac{[L']}{[L]} \tag{4-6}$$

$$\alpha_M = \frac{[M']}{[M]} \tag{4-7}$$

$$\alpha_{ML_n} = \frac{[ML_n']}{[ML_n]} \tag{4-8}$$

α 系数是副平衡反应程度的量度，可以近似地认为是"副反应系数"。若 M 只同 L 进行反应，而无其他副反应，则 $\alpha_M = 1$；若 M 发生副反应，则 $\alpha_M > 1$。同样，若 $\alpha_L > 1$，那就表明配体 L 除进行主反应外，还有副反应发生。

把式(4-6)、式(4-7) 和式(4-8) 中的 $[L']$、$[M']$ 和 $[ML_n']$ 代入式(4-2)，即得条件稳定常数的表达式：

$$\beta_n' = \frac{[ML_n] \cdot \alpha_{ML_n}}{[M][L]^n \cdot \alpha_M \cdot \alpha_L^n} \tag{4-9}$$

把式(4-1) 代入上式，得

$$\beta_n' = \frac{\beta_n \alpha_{ML_n}}{\alpha_M \cdot \alpha_L^n} \tag{4-10}$$

取对数得

$$\lg\beta_n' = \lg\beta_n + \lg\alpha_{ML_n} - \lg\alpha_M - n\lg\alpha_L \tag{4-11}$$

若体系不存在杂质金属离子 M^*，或杂质金属离子无法同主金属离子竞争，而且，配体不再发生副反应，则

$$\left. \begin{aligned} \alpha_L &= \frac{[L']}{[L]} = \frac{[L] + [HL] + [H_2L] + \cdots}{[L]} \\ \alpha_{L(H)} &= 1 + [H]K_1 + [H]K_1K_2 + \cdots \end{aligned} \right\} \tag{4-12}$$

$\alpha_{L(H)}$ 称为配体的酸效应系数，K_i 为配体的各级质子合常数，$\alpha_{L(H)}$ 随溶液的 pH 变化而变化，它表示配体的质子合副反应的程度。表 4-1 是按式(4-12) 计算的不同 pH 时某些常见配位体的酸效应系数 $\lg\alpha_{L(H)}$ 之值。若体系中还有较多的杂质金属离子存在，则 α_L 不仅是 $[H]$ 浓度的函数，也是杂质金属离子浓度 $[M^*]$ 的函数。不过大多数情况下杂质金属离子的浓度都很低，可以不予考虑。

若金属离子 M 只与配体 L 发生副反应，而无其他副反应，则

$$\alpha_M = \frac{[M']}{[M]} = \frac{[M] + [MX] + [MX_2] + \cdots}{[M]}$$

用 $[MX_i]$ 的积累稳定常数 β_i 表示，则为

$$\alpha_{M(X)} = 1 + \beta_1[X] + \beta_2[X]^2 + \cdots \tag{4-13}$$

表 4-1　常见配位体的酸效应系数 $\lg\alpha_{L(H)}$

$$\alpha_{L(H)} = 1 + K_{HL}[H] + K_{HL}K_{H_2L}[H]^2 + K_{HL}K_{H_2L}K_{H_3L}[H]^3 + \cdots$$

pH	NH₃	En	1,2-DAP	TAP	TEA	dien	tren	trien	tetren	penten	Ac	acac	CO₃²⁻	cit³⁻	CN⁻	F⁻	C₂O₄²⁻
0	9.4	17.4	16.9	21.5	7.8	23.7	28.7	29.4	34.1	37.9	4.65	8.8	16.3	13.5	9.2	3.05	5.1
1	8.4	15.4	14.9	18.5	6.8	20.7	25.7	25.4	29.1	33.9	3.65	7.8	14.3	10.5	8.2	2.05	3.35
2	7.4	13.4	12.9	15.5	5.8	17.7	22.7	21.5	24.1	29.9	2.65	6.8	12.3	7.5	7.6	1.1	2.05
3	6.4	9.4	10.9	12.6	4.8	14.7	19.7	17.8	19.6	25.9	1.66	5.8	10.3	4.8	6.2	0.3	1.05
4	5.4	6.2	8.9	9.9	3.8	11.8	16.7	14.1	15.5	21.9	0.74	4.8	8.3	2.7	5.2	0.05	0.3
5	4.4	5.1	6.9	7.7	2.8	9.3	13.7	11.0	11.9	17.9	0.16	3.8	6.3	1.2	4.2		0.05
6	3.4	4.1	4.9	5.7	1.8	7.2	10.7	8.1	8.7	13.9	0.02	2.8	4.5	0.25	3.2		
7	2.4	3.1	3.2	3.7	0.9	5.2	7.7	5.5	5.7	9.9		1.8	3.1	0.05	2.2		
8	1.4	2.1	2.0	2.0	0.2	3.3	4.8	3.3	3.0	6.0		0.9	2.0		1.2		
9	0.5	1.1	1.0	0.8		1.5	2.3	1.5	1.0	2.6		0.2	1.0		0.4		
10	0.1	0.4	0.3	0.2		0.4	0.7	0.3	0.5				0.3		0.1		
11		0.1					0.1										
12																	

所用配位体的 H^+ 配合物的逐级稳定常数（$\lg K = pK_a$）

	NH₃	En	1,2-DAP	TAP	TEA	dien	tren	trien	tetren	penten	Ac	acac	CO₃²⁻	cit³⁻	CN⁻	F⁻	C₂O₄²⁻
$\lg K_1$	9.37	10.11	9.95	9.67	7.8	10.02	10.37	10.00	9.54	10.28	4.65	8.8	10.0		9.2	3.05	4.00
$\lg K_2$		17.30	6.93	8.03		9.21	9.67	9.28	9.05	9.78		6.3		6.1			1.13
$\lg K_3$			3.80			4.42	8.64	6.75	8.10	9.22				4.4			
$\lg K_4$							3.40	4.70	8.64				3.0				
$\lg K_5$								2.66									

pH	PO₄³⁻	P₂O₇⁴⁻	C₆H₄—(COO)₂²⁻	C₆H₄—OCO₂²⁻	C₇H₃O₆S³⁻	S²⁻	tart	gly	NDA	DCTA	DTPA	EDTA	EGTA	HEDTA	NTA
0	20.7	18.1	7.9	16.0	14.2	19.5	7.0	12.1	12.2	24.1	28.4	21.4	23.3	17.9	14.4
1	17.7	14.4	5.9	14.0	12.2	17.5	5.0	10.1	10.2	20.1	23.5	17.4	19.3	15.0	11.4
2	15.0	11.3	4.0	12.1	10.3	15.5	3.05	8.3	8.3	16.2	18.8	13.7	15.6	12.0	8.7
3	12.65	8.7	2.3	10.3	8.7	13.5	1.4	6.8	6.7	12.8	14.9	10.8	12.7	9.4	7.0
4	10.6	6.6	1.2	9.1	7.6	11.5	0.4	5.7	5.5	10.1	11.8	8.6	10.5	7.2	5.8
5	8.6	4.6	0.4	8.1	6.6	9.5	0.05	4.7	4.5	8.0	9.3	6.6	8.5	5.3	4.8
6	6.65	2.9	0.05	7.1	5.6	7.55		3.7	3.5	6.2	7.3	4.8	6.5	3.9	3.8
7	5.0	1.6		6.1	4.6	5.85		2.7	2.5	4.9	5.3	3.4	4.5	2.8	2.8
8	3.7	0.6		5.1	3.6	4.6		1.7	1.5	3.7	3.3	2.3	2.5	1.8	1.8
9	2.7	0.1		4.1	2.6	3.6		0.7	0.6	2.8	1.7	1.4	0.9	1.0	0.9
10	1.7			3.1	1.6	2.6		0.2		1.8	0.9	0.1	0.1		0.2
11	0.8			2.1	0.7	1.6				0.9	0.1				
12	0.2			1.1	0.1	0.7									

所用配位体的 H^+ 配合物的逐级稳定常数（$\lg K = pK_a$）

	PO₄³⁻	P₂O₇⁴⁻	C₆H₄—(COO)₂²⁻	C₆H₄—OCO₂²⁻	C₇H₃O₆S³⁻	S²⁻	tart	gly	NDA	DCTA	DTPA	EDTA	EGTA	HEDTA	NTA
$\lg K_1$	11.7	8.5	5.1	13.1	11.6	12.6	4.09	9.66	9.46	11.78	10.56	10.34	9.54	9.81	9.81
$\lg K_2$	6.9	6.1	2.8	2.9	2.6	6.9	2.92	2.47	2.73	6.20	8.69	6.24	8.93	5.41	2.57
$\lg K_3$	2.1	2.5							3.60	4.37	2.75	2.73	2.72		1.9
$\lg K_4$		1.0							2.51	2.87	2.07	2.08			
$\lg K_5$										1.94					

注：En 为乙二胺；1,2-DAP 为 1,2-二氨基丙烷；TAP 为 1,2,3-三氨基丙烷；TEA 为三乙醇胺；dien 为二乙三胺；tren 为三氨基三乙胺；trien 为三乙四胺；tetren 为四乙五胺；penten 为五乙六胺；Ac 为醋酸；acac 为乙酰丙酮；$C_6H_4(COO)_2^{2-}$ 为邻苯二甲酸根；$C_6H_4OCO_2^{2-}$ 为水杨酸根；$C_7H_3O_6S^{3-}$ 为磺基水杨酸根。除用分子式表示的以外，其他配位体未注明电荷。

$\alpha_{M(X)}$叫做配体 X 的辅助配位效应系数，它仅仅是［X］的函数。若 X 为 OH^-，则

$$\alpha_{M(OH)} = 1 + \beta_1[OH] + \beta_2[OH]^2 + \cdots \tag{4-14}$$

$\alpha_{M(OH)}$称为金属离子羟合效应系数。表 4-2 列出了某些金属离子的羟合配合物的逐级稳定常数。

表 4-2　常见金属离子的羟合配合物的逐级稳定常数（对数值）

金属离子	$\lg K_{MOH}$	$\lg K_{M(OH)_2}$	$\lg K_{M(OH)_3}$	$\lg K_{M(OH)_4}$
Ag（Ⅰ）	2.3	1.3	1.2	
Al（Ⅲ）				33.3
Cd（Ⅱ）	4.3	3.4	2.6	1.7
Co（Ⅱ）	5.1		5.1	
Pb（Ⅱ）	6.2	4.1	3.0	
Zn（Ⅱ）	4.4		10.0	1.1
Bi（Ⅲ）	12.4			
Ca（Ⅱ）	1.3			
Cr（Ⅲ）	10.2	6.1		
Cu（Ⅱ）	6.0			
Fe（Ⅱ）	4.5			
Fe（Ⅲ）	11.0	10.7		
Hg（Ⅱ）	10.3	11.4		
In（Ⅲ）	7.0			
Mn（Ⅱ）	3.4			
Ni（Ⅱ）	4.6			
Sn（Ⅱ）	10.1			
Mg（Ⅱ）	2.6			

若 M 或 L 参与一种以上的副反应，那么总的 α 值为相应各副反应的 α 值之和减去一校正项（$p-1$），即

$$\alpha_M = \alpha_{M(X)} + \alpha_{M(Y)} + \cdots - (p-1) \tag{4-15}$$

$$\alpha_L = \alpha_{L(H)} + \alpha_{L(B)} + \cdots - (p-1) \tag{4-16}$$

式中，p 为副反应的数目。之所以要增加最后一项，是因为每一副反应的 α 值中都包含有［M］或［L］，而总 α 系数中只允许存在一个［M］或［L］项，所以必须扣除（$p-1$）项［M］或［L］。若一项或几项 α 之值占有绝对优势，其他项的 α 值比它小几个数量级，则最后一项就可以略去。

式(4-12)、式(4-13) 同式(3-45)、式(3-29) 相比较就会发现，α 系数正好是游离配体和游离金属离子浓度的摩尔分数 ϕ_0 的倒数，即

$$\alpha_M = \frac{1}{\phi'_{0(M)}}; \quad \alpha_L = \frac{1}{\phi'_{0(L)}} \tag{4-17}$$

在无其他副反应时，α 函数之值为 1，此时 ［M］=［M'］，［L］=［L'］，$\phi'_{0(M)} = \phi_{0(M)}$，$\phi'_{0(L)} = \phi_{0(L)}$。有副反应时，$\alpha$ 值可达 10^{20} 或更高。

图 4-1～图 4-3 所示为某些常见配体在不同 pH 时的 $\lg \alpha_{L(H)}$ 值。它随 pH 的升高而迅速下降。图 4-4 所示为某些金属离子的 $\lg \alpha_{M(NH_3)}$ 随 $\lg[NH_3]$ 的变化曲线。图 4-5所示为形成单核羟基配合物时某些金属离子的 $\lg \alpha_{M(OH)}$ 随 $\lg[OH]$ 变化的曲线。$\alpha_{M(OH)}$ 是按式(4-14) 计算的。

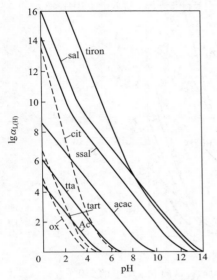

图 4-1 某些配体 $\lg\alpha_{L(H)}$ 随 pH 值的变化（一）

tta—三氨基三乙胺；ox—草酸

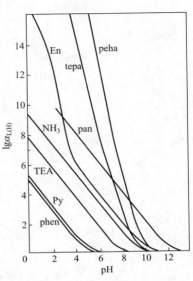

图 4-2 某些配体 $\lg\alpha_{L(H)}$ 随 pH 值的变化（二）

peha—五乙烯六胺；tepa—四乙烯五胺；pan—丙二胺

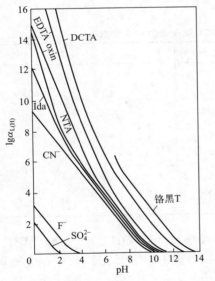

图 4-3 某些重要配体 $\lg\alpha_{L(H)}$ 随 pH 的变化

oxin—8-羟基喹啉

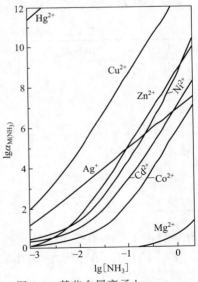

图 4-4 某些金属离子 $\lg\alpha_{M(NH_3)}$

随 $\lg[NH_3]$ 的变化

多啮配体和高价金属离子容易形成酸式、碱式和其他混合配体配合物。例如 EDTA 在强酸性溶液中（一般 pH<3）可同 Al(Ⅲ)、Cd(Ⅱ)、Co(Ⅱ)、Cu(Ⅱ)、Fe(Ⅱ)、Fe(Ⅲ)、Hg(Ⅱ)、Ni(Ⅱ)、Pb(Ⅱ)、Zn(Ⅱ) 等离子形成 MHL 型酸式配合物：

$$ML + H \Longleftrightarrow MHL$$

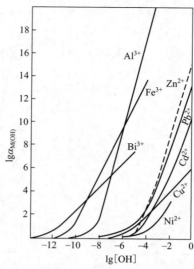

图 4-5 单核配合物中某些金属离子 $\lg\alpha_{M(OH)}$ 随 $\lg[OH]$ 的变化

$$K_{MHL} = \frac{[MHL]}{[H][ML]} \tag{4-18}$$

K_{MHL} 称为金属酸式配合物的稳定常数（见表 4-3）。

表 4-3　金属离子的混合型 EDTA 配合物的稳定常数

金属离子	$\lg K_{MHL}$	$\lg K_{M(OH)L}$	$\lg K_{M(OH)_2 L}$	金属离子	$\lg K_{MHL}$	$\lg K_{M(OH)L}$	$\lg K_{M(OH)_2 L}$
Ag(Ⅰ)	6.0			Ga(Ⅲ)	1.7		
Al(Ⅲ)	2.5	8.1		Hg(Ⅱ)	3.06		
Ba(Ⅱ)	4.6			Mg(Ⅱ)	3.9		
Ca(Ⅱ)	3.1			Mn(Ⅱ)	3.1		
Cd(Ⅱ)	2.9			Ni(Ⅱ)	3.2		
Co(Ⅱ)	3.1			Pb(Ⅱ)	2.8		
Co(Ⅲ)	1.3			Sc(Ⅲ)		3.5	
Cr(Ⅲ)	2.3			Sr(Ⅱ)	3.9		
Cu(Ⅱ)	3.0	2.5		Th(Ⅳ)		7.0	
Fe(Ⅱ)	2.8		4.5	VO₂(Ⅱ)	3.6		
Fe(Ⅲ)	1.4	6.5		Zn(Ⅱ)	3.0		

在碱性溶液中，有些金属离子可以和 EDTA 形成 $[M(OH)_n L]$ 型碱式配合物，如 Al(Ⅲ)、Fe(Ⅲ) 在 pH>6 时生成碱式配合物，而 Hg(Ⅱ) 在 pH>9 时生成碱式配合物的反应式如下：

$$ML + OH \Longrightarrow M(OH)L$$

$$K_{M(OH)L} = \frac{[M(OH)L]}{[ML][OH]} \tag{4-19}$$

$$M(OH)L + OH \Longrightarrow M(OH)_2 L$$

$$K_{M(OH)_2 L} = \frac{[M(OH)_2 L]}{[M(OH)L][OH]} \tag{4-20}$$

由式(4-5) 知，若只形成酸式或碱式混合配体配合物，则

$$[ML'] = [ML] + [MHL] + [M(OH)L] + [M(OH)_2L] \qquad (4-21)$$

利用式(4-18)～式(4-20)，把 $[MHL]$、$[M(OH)L]$ 和 $[M(OH)_2L]$ 的表达式代入式(4-21)，得

$$[ML'] = [ML](1 + K_{MHL}[H] + K_{M(OH)L}[OH] + K_{M(OH)L}K_{M(OH)_2L}[OH]^2)$$

令

$$\alpha_{ML} = 1 + K_{MHL}[H] + K_{M(OH)L}[OH] + K_{M(OH)L}K_{M(OH)_2L}[OH]^2 \qquad (4-22)$$

则

$$[ML'] = \alpha_{ML}[ML]$$

即

$$\alpha_{ML} = \frac{[ML']}{[ML]} \qquad (4-23)$$

式(4-23) 是式(4-8) 在特定条件下的特殊形式。由式(4-22) 可以看出，当 pH 一定时，$[H]$、$[OH]$ 均一定，故在一定 pH 下，对某一配合物来说，α_{ML} 为一常数，称为混合（型）配合物形成效应系数，简称混合配位效应系数。图 4-6 所示是各种 pH 下金属 EDTA 配合物的混合配位系数 α_{ML} 值。如果只形成混合氨配合物 $Hg(NH_3)L$，则按式(4-22) 的处理方式可得

$$\alpha_{Hg(NH_3)L} = 1 + K_{Hg(NH_3)L}^{NH_3}[NH_3] \qquad (4-24)$$

式中，$K_{Hg(NH_3)L}^{NH_3}$ 表示下列平衡的稳定常数：

$$HgL + NH_3 \Longrightarrow Hg(NH_3)L$$

$$K_{Hg(NH_3)L}^{NH_3} = \frac{[Hg(NH_3)L]}{[HgL][NH_3]} \qquad (4-25)$$

值得指出的是，当溶液中有大量 NH_3 存在时，溶液在高 pH 时并不出现羟合配合物沉淀，因此可以略去 $\alpha_{M(OH)}$ 或 $\alpha_{M(OH)L}$，只考虑 $\alpha_{M(NH_3)}$ 或 $\alpha_{M(NH_3)L}$ 即可。

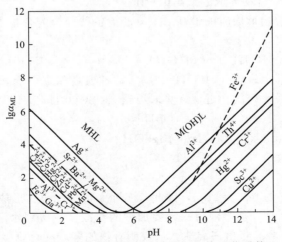

图 4-6　各种 pH 下金属 EDTA 配合物的混合配位系数 α_{ML} 值

三、副反应系数 α 在配位平衡计算上的应用

如前所述，氢离子浓度对配合物的形成有重大影响，因为大多数配体通常都是广

义的碱，容易结合质子。因此游离配体的浓度受 pH 控制。在没有可配位的金属离子时，游离配体浓度由下式计算：

$$[L] = \frac{c_L}{\alpha_{L(H)}} \tag{4-26}$$

或

$$\lg[L] = \lg c_L - \lg \alpha_{L(H)} \tag{4-27}$$

大多数配位体在不同 pH 时的 α 值（包括 $\alpha_{L(H)}$、$\alpha_{M(X)}$ 和 α_{ML} 已计算出），列于表 4-1 及附录Ⅲ。利用式(4-10) 或式(4-11) 可迅速算出在特定条件下的条件稳定常数。

1. 实际无质子合反应的最低pH 值（质子合程度小于 1% 的 pH 值）

实际无质子合反应的最低 pH 值，指质子合配合物的总浓度小于 1% 时的 pH 值。由式(4-12)

$$\alpha_{L(H)} = \frac{[L']}{[L]} = 1 + [HL] + [H_2L] + \cdots = 1 + K_1[H] + K_1K_2[H]^2 + \cdots$$

知，要满足上述条件，即上式中 [HL] 以后的各项之和应小于 0.01。由于一级质子合常数最大，故在近似计算时可略去 [H_2L] 以后各项，即

$$K_1[H] \leqslant 0.01$$

取对数得

$$\lg K_1 + \lg[H] \leqslant -2$$

故

$$pH \geqslant 2 + \lg K_1 \tag{4-28}$$

例如，草酸的 $\lg K_1 = 4.00$，因此要使质子合程度小于 1%，溶液的 pH 值应大于或等于 6。从表 4-1 可见，当 pH ≥ 6 时，$\alpha_{L(H)}$ 已可略去不计。记住这一规则就可不必直接去计算 $\alpha_{L(H)}$ 值，只需从 $\lg K_1$ 值就可很快确定配体基本上完全离解掉氢离子的 pH 值。

2. 实际无羟合配合物形成的最高pH 值

实际无羟合配合物形成时的最高 pH 值，指各种羟合配合物的总浓度小于 1% 时的最高 pH 值。按式(4-14)

$$\alpha_{M(OH)} = 1 + [M(OH)] + [M(OH)_2] + \cdots = 1 + \beta_1[OH] + \beta_2[OH]^2 + \cdots$$

要满足上述条件，即上式中 [M(OH)] 以后的各项之和应小于 0.01。由于一级羟合配合物的稳定常数最大，故在近似计算时可略去 [$M(OH)_2$] 以后各项，即

$$\beta_1[OH] \leqslant 0.01$$

取对数得

$$\lg \beta_1 + \lg[OH] \leqslant -2$$

故

$$pH \leqslant 14 - 2 - \lg \beta_1$$

即

$$pH \leqslant 12 - \lg \beta_1 \tag{4-29}$$

以 Fe(Ⅲ) 为例，它的 $\lg \beta_1 = 11.0$，因此，实际无羟合配合物形成的最高 pH 值为 1，这就是为何配制 Fe(Ⅲ) 盐溶液时一定要加酸的缘故。直接用水溶解 Fe(Ⅲ) 盐时溶液的 pH 值超过 1，溶液将出现混浊，这表明有铁的羟合配合物生成。

3. 条件平均配体数

在配体无质子合时，键合到一个金属离子上的平均配体数 $\bar{n}$ 由式(3-26) 给出。当配体发生质子合时，假定只形成单核配合物，那么总配体浓度为

$$c_L = [L] + \beta_1[M][L] + 2\beta_2[M][L]^2 + \cdots + K_1[L][H] + K_1K_2[L][H]^2 + \cdots$$

即

$$c_L = [M]\sum_{i=1}^{n} i\beta_i[L]^i + [L]\alpha_{L(H)}$$

若 $c_L \gg c_M$（实际上只要 $c_L > 20c_M$），则在配合物中的配体浓度可以忽略，上式右边的第一项可以略去，此时上式即可转化为式（4-26），即与不存在金属离子时的情况一样。

从上式还可以得出配体发生质子合时，键合到一个金属离子上的条件平均配体数，只要把上式两边除以 c_M，即得

$$\overline{n} = \frac{c_L - [L]\alpha_{L(H)}}{c_M} \tag{4-30}$$

它实际上是式（3-26）的另一种形式。

第二节　配位平衡与沉淀平衡

电镀时，镀件的镀前处理、镀液的维护与管理以及电镀废水处理过程中，常会遇到固-液相间的平衡问题。如镀件的酸洗去除氧化皮、配位体除锈、用沉淀法从镀液中选择性地除去杂质金属离子、废水中重金属离子的沉淀等，它们或者是由固态转为离子态，或者是由离子态转为固态，所有这些都涉及到同一溶液中的配位平衡、沉淀平衡及其相互关系。

一、难溶盐的溶解度和溶度积

氯化银是一种 1-1 价型的难溶盐，呈离子型晶格，在水中仍会离解出少许 Ag^+ 和 Cl^-，在其溶液中存在着以下的平衡：

$$AgCl（固体） \Longleftrightarrow Ag^+ + Cl^-$$

因为固态 AgCl 的活度是一个常数，同时它在水中的溶解度很小，离子的活度系数可以不予考虑，所以上述反应的平衡常数 K_{so} 为：

$$K_{so} = [Ag^+][Cl^-]$$

在温度、压力和离子强度恒定时，K_{so} 为一常数，称为难溶盐的溶度积常数，简称溶度积。各种难溶盐的 K_{so} 之值列于附录Ⅳ。它只适用于饱和溶液，即当 $[Ag^+][Cl^-] = K_{so}$ 时，溶液已饱和，但无沉淀析出，当 $[Ag^+][Cl^-] > K_{so}$，则有 AgCl 沉淀析出，沉淀析出后，溶液中 $[Ag^+][Cl^-]$ 之积仍等于 K_{so}。对 1-1 价难溶盐来说，它的一般式为

$$K_{so} = [M][X] \qquad (P、T、I 恒定) \tag{4-31}$$

对于 M 为 $+n$ 价，X 为 $-m$ 价的难溶盐，其一般式为

$$K_{so} = [M^{n+}]^m[X^{m-}]^n \qquad (P、T、I 恒定) \tag{4-32}$$

若有 S mol 的固体 AgCl 溶于纯水而形成 1L 的饱和溶液（S 称为难溶盐的溶解度），根据阳、阴离子的质量平衡关系，可得

$$[Ag^+] = S \qquad\qquad [Cl^-] = S$$

代入式(4-31)，得

$$[Ag^+][Cl^-] = S^2 = K_{so}$$

故

$$S = \sqrt{K_{so}} \tag{4-33}$$

即离子性盐在纯水中的溶解度仅取决于溶液中仅有的两种离子的溶度积常数。对于 $M_m X_n$ 型的难溶盐，由阳、阴离子的质量平衡关系得

$$[M] = mS \qquad [X] = nS$$

代入式(4-32)，得

$$[mS]^m[nS]^n = K_{so} \tag{4-34}$$

若已知 m、n 和 K_{so}，就可以求出难溶盐 $M_m X_n$ 在纯水中的溶解度。不过，这种求法只适于不发生副反应的体系。

例如，已知 $Zn(OH)_2$ 的溶度积为 1×10^{-15}，就可算出 $Zn(OH)_2$ 在纯水中的溶解度：

$$Zn(OH)_2 \Longleftrightarrow Zn^{2+} + 2OH^-$$

$$[Zn^{2+}][OH^-]^2 = 1 \times 10^{-15}$$

利用质量平衡关系，得

$$[Zn^{2+}] = S \qquad [OH^-] = 2S$$

代入式(4-34)

$$S(2S)^2 = 1 \times 10^{-15}$$

故

$$S = 6.3 \times 10^{-6} \, \text{mol}$$

二、条件平衡常数和条件溶度积

难溶盐的形成-离解平衡可用以下一般式表示：

$$m M^{n+} + n X^{m-} \Longleftrightarrow M_m X_n \tag{4-35}$$

若是由一种物质构成的均相沉淀，其含量为1，故沉淀反应的平衡常数 K_s 为（略去电荷）

$$K_s = \frac{1}{[M]^m[X]^n} \quad (P、T、I \text{ 恒定}) \tag{4-36}$$

即

$$-\lg K_s = m \lg[M] + n \lg[X]$$

由式(4-32)知，沉淀反应的平衡常数正好是溶度积 K_{so} 的倒数。若沉淀是一种难溶强电解质，且已知 K_s 或 K_{so}，就可以算出在沉淀条件下，在沉淀和溶液中各组分的含量。

如果溶液中的金属离子或阴离子同其他组分形成可溶性化合物，则沉淀后溶液中留下的离子的浓度将不等于按沉淀反应平衡常数计算的离子的浓度，而是超过了这一浓度。即

$$[M'] \geqslant [M] \qquad [X'] \geqslant [X]$$

按照前面的定义，条件平衡常数 K_s' 为

$$K_s' = \frac{1}{[M']^m[X']^n} \tag{4-37}$$

把式(4-7)、式(4-6)、式(4-36)代入上式，得

$$K_s' = \frac{K_s}{\alpha_M^m \cdot \alpha_X^n} = \frac{1}{[M]^m[X]^n \alpha_M^m \alpha_X^n} \tag{4-38}$$

取对数，得

$$\lg K_s' = \lg K_s - m\lg\alpha_M - n\lg\alpha_X \tag{4-39}$$

依此类推，可得条件溶度积 K_{so}' 为

$$K_{so}' = K_{so}\alpha_M^m \alpha_X^n \tag{4-40}$$

$$\lg K_{so}' = \lg K_{so} + m\lg\alpha_M + n\lg\alpha_X \tag{4-41}$$

式中，$\alpha_M = [M']/[M]$；$\alpha_X = [X']/[X]$。

若副反应的平衡常数和干扰组分的浓度已知，就可按式(4-13) 计算 α 值。从式(4-37) 可以计算出饱和溶液中金属离子的浓度，即

$$[M'] = \sqrt[m]{\frac{1}{K_s'[X']^n}} \tag{4-42}$$

$$[M'] > \sqrt[m]{\frac{1}{K_s'[X']^n}} \tag{4-43}$$

若式(4-43) 成立，则溶液呈过饱和状态或生成沉淀。

当

$$[M'] < \sqrt[m]{\frac{1}{K_s'[X']^n}} \tag{4-44}$$

即式(4-44) 成立，则溶液不产生沉淀或沉淀溶解。

若用 c_M^0 表示原溶液中金属离子的浓度，$[M']$ 表示沉淀后留在溶液中的金属离子浓度，并假定溶液体积不变，那么按式(4-42) 计算的误差 Δ 为

$$\Delta = -\frac{100[M']}{c_M^0}\% \tag{4-45}$$

金属离子的副反应可以是在特定的 pH 范围内形成羟合配合物，但更重要的是与溶液中存在的另一种配位体形成配合物，此时沉淀的溶解度大为增加。配位体有时也用来阻止溶液中某一组分发生沉淀，配位体的这种作用叫做掩蔽作用。如已知平衡常数，利用式(4-38) 和式(4-42) 就可以计算出掩蔽某一反应所需配位体的浓度和溶液的pH 值。

若被沉淀的组分的浓度为 $10^{-2}\,\text{mol/L}$，沉淀后的浓度等于或低于 $10^{-5}\,\text{mol/L}$（即等于或小于未沉淀时的 0.1%），过量沉淀剂的浓度为 $10^{-2}\,\text{mol/L}$，形成的是 $1:1$ 型的沉淀，那么定量沉淀的条件为

$$K_s' > \frac{1}{10^{-5} \times 10^{-2}}$$

即

$$\lg K_s' > 7 \tag{4-46}$$

通常，不出现沉淀的条件为

$$\lg K_s' < 3 \quad 或 \quad \lg K_{so}' < -3 \tag{4-47}$$

若沉淀剂为弱酸盐，则在计算条件平衡常数时必须考虑阴离子质子合的副反应。此时沉淀的溶解度由溶液的 pH 决定。如果已知质子合常数，利用 $\alpha_{X(H)}$ 就可以算出条件

常数和组分的条件溶解度。

三、配位体同沉淀剂的竞争反应

配盐镀液中要降低主盐金属离子的浓度或者要除去某些金属杂质，常常采用外加沉淀剂的方法，加沉淀剂是否能有效地达到目的，这就要看沉淀剂同配位体的竞争反应向哪个方向进行。若沉淀剂的竞争能力很强，它可以与金属离子生成十分稳定的沉淀（K_{so} 很小），配合物就要分解，金属离子被沉淀剂夺去。沉淀剂可以是 OH^-，也可以是其他酸根。弱碱性的沉淀剂（如草酸、F^- 等）在很宽的 pH 范围内已完全离解，pH 的影响很小。而强碱性的沉淀剂（如 PO_4^{3-}、CO_3^{2-} 等），只有在高 pH 时才完全离解，因此，在一般 pH 下其浓度随 pH 而改变，此时溶液中存在着配位平衡、沉淀平衡和沉淀剂的酸离解平衡，必须同时予以考虑。

对于二价金属离子 M^{2+} 和二价碱性沉淀剂离子 B^{2-}，有如下平衡：

$$M^{2+} + B^{2-} \Longrightarrow MB \downarrow \tag{4-48}$$

$$K_{so} = [M^{2+}][B^{2-}]$$

$$p[M^{2+}] = \lg[B^{2-}] - \lg K_{so} \tag{4-49}$$

镀液中同时存在着以下的配位平衡：

$$M^{2+} + A^{m-} \Longrightarrow [MA^{(m-2)-}]$$

$$K_{MA} = \frac{[MA^{(m-2)-}]}{[M^{2+}][A^{m-}]} = \frac{1}{[M^{2+}]} \cdot \frac{[MA^{(m-2)-}]}{[A^{m-}]} \tag{4-50}$$

故

$$p[M^{2+}] = \lg K_{MA} + \lg \frac{[A^{m-}]}{[MA^{(m-2)-}]} \tag{4-51}$$

由式(4-49) 和式(4-51)，得

$$\lg \frac{[A^{m-}]}{[MA^{(m-2)-}]} = \lg \frac{1}{K_{so}K_{MA}} + \lg[B^{2-}] \tag{4-52}$$

若沉淀剂为 OH^-，则 $K_{so} = [M^{2+}][OH^-]$，因为水的离子积 K_w 为

$$K_w = [H^+][OH^-]$$

故

$$K_{so} = [M^{2+}]\left(\frac{K_w}{[H^+]}\right)^2$$

或

$$p[M^{2+}] = \lg \frac{K_w^2}{K_{so}} + 2pH$$

因此，式(4-52) 可写成

$$\lg \frac{[A^{m-}]}{[MA^{(m-2)-}]} = \lg \frac{K_w^2}{K_{so}K_{MA}} + 2pH \tag{4-53}$$

若沉淀剂是弱碱性的，还必须考虑沉淀剂的酸离解平衡。例如，当沉淀剂为二元酸

$$H_2B \Longrightarrow H^+ + HB^- \qquad K_{H_2B} = \frac{[HB^-][H^+]}{[H_2B]} \tag{4-54}$$

$$HB^- \rightleftharpoons H^+ + B^{2-} \qquad K_{HB} = \frac{[B^{2-}][H^+]}{[HB^-]} \tag{4-55}$$

把这些关系式同式(4-49)组合，再转化为式(4-52)的形式，得

$$\lg \frac{[A^{m-}]}{[MA^{(m-2)-}]} = \lg \frac{K_{HB}}{K_{MA}K_{so}} + \lg[HB^-] + pH \tag{4-56}$$

$$\lg \frac{[A^{m-}]}{[MA^{(m-2)-}]} = \lg \frac{K_{HB}K_{H_2B}}{K_{MA}K_{so}} + \lg[H_2B] + 2pH \tag{4-57}$$

同氢氧化物沉淀时一样，在存在 MB 沉淀时再加入配位体，由于配位体捕捉溶液中的金属离子，$p[M^{2+}]$ 将降低，从式(4-53)、式(4-56)或式(4-57)可知，pH 一定时，$\dfrac{[A^{m-}]}{[MA^{(m-2)-}]}$ 也保持一定，加入配位体时要保持 $\dfrac{[A^{m-}]}{[MA^{(m-2)-}]}$ 一定，沉淀就要溶解，$p[M^{2+}]$ 才能保持一定。

图 4-7 是同氢氧化物处于平衡态时澄清液的 pM-pH 关系图，若把它与金属螯合物的 pM-pH 曲线（见图 4-8）重叠起来，就可以很好地理解上面的情况。

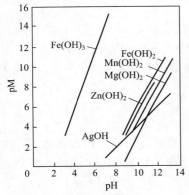

图 4-7　同氢氧化物处于平衡态时澄清液的 pM-pH 关系

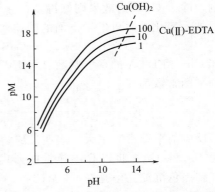

图 4-8　Cu(Ⅱ)-EDTA 和 Cu(OH)$_2$ 体系的 pM-pH 曲线（EDTA 过量 1%、10% 和 100%，摩尔分数）

从图 4-8 的虚线和曲线交点可以看出，在高于两线交点的 pH 值时，Cu-EDTA 水解而变成 Cu(OH)$_2$ 沉淀，这时的 p[M] 接近 K_{so}，如果溶液的 pH 值低于两线的交点，氢氧化物就不沉淀。

pM-pH 曲线的形状是由配位体的碱性大小决定的。曲线的斜率大时，它并不与氢氧化物的 pM-pH 曲线相交。例如在 Fe^{3+}-EDTA 及 Fe^{3+}-HEDTA 体系中（见图 4-9），只有 EDTA 体系与 Fe(OH)$_3$ 直线相交，而 HEDTA 体系则不相交，这说明从 Fe^{3+}-EDTA 体系中可以沉淀出 Fe(OH)$_3$，而在 Fe^{3+}-HEDTA 体系中无法沉淀出 Fe(OH)$_3$，即 HEDTA 与 Fe^{3+} 的配位能力比 EDTA 强，故它可在很广的 pH 范围内无沉淀产生。

因为 Cu^{2+}-EDTA 配合物的稳定常数与 Cu(OH)$_2$ 的接近，因此在 pH>12 时，从 Cu^{2+}-EDTA 溶液中沉淀 Cu(OH)$_2$ 较困难，如果改用溶度积更小的硫化钠作为沉

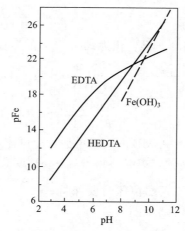

图 4-9 Fe^{3+}-EDTA，Fe^{3+}-HEDTA 体系的 pM-pH 图

（螯合剂过量 1.0%，摩尔分数）

淀剂，除去 Cu^{2+} 的效果则好得多。

加入硫化钠时可发生下面的配体取代反应：

$$[CuY]^{2-} + S^{2-} \Longrightarrow CuS \downarrow + Y^{4-} （Y^{4-} 为 EDTA 负离子） \qquad (4\text{-}58)$$

已知 Cu^{2+}-EDTA 的稳定常数 $\beta_1 = 10^{18.8}$，CuS 的溶度积 $K_{so} = 10^{-37.4}$，因此上面反应的平衡常数为

$$K = \frac{[Y^{4-}]}{[CuY^{2-}][S^{2-}]} = \frac{1}{\beta_1 K_{so}} = \frac{1}{10^{18.8} \times 10^{-37.4}} = 10^{18.6}$$

由于反应的平衡常数很大，表明反应将向右进行。所以在 Cu^{2+}-EDTA 溶液中加入足量的 Na_2S，Cu^{2+} 将以 CuS 沉淀的形式除去。该反应为快速反应，加 Na_2S 后可直接观察到黑色沉淀。但是在 $[Cu(CN)_4]^{3-}$ 溶液中加 Na_2S，由于 $[Cu(CN)_4]^{3-}$ 比 CuS 还稳定，所以并无 CuS 沉淀生成。

第三节　多配体溶液中的配位平衡

过去，在一种金属和多种配体（两种或两种以上）的竞争平衡的研究中，都按"非此即彼"的方式处理，而忽视了以形成混合配体配合物为中心的配体竞争与协同的研究。例如，在 M-A-B 体系的竞争平衡研究中，只看到 A 与 B 的竞争，结果只形成 M 与 A 或 B 的单一型配合物，而忽视了 A 与 B 之间的协同作用，从而形成 [MAB] 这样的混合配体配合物。实践证明，在许多含多配体的溶液中，除了形成单一型配合物外，还要考虑形成混合配体配合物。在许多电镀溶液中，情况也是如此。例如，在铜氨配离子的溶液中加入焦磷酸盐，或者在焦磷酸盐镀铜液中加入氨水，都将得到内界中同时含有 NH_3 和 $P_2O_7^{4-}$ 的混合配体配合物（mixed-ligand complex，简称混合配合物）：

$$[Cu(NH_3)_4]^{2+} + P_2O_7^{4-} \Longrightarrow [Cu(NH_3)_3P_2O_7]^{2-} + NH_3$$

$$[Cu(P_2O_7)_2]^{6-} + 2NH_3 \Longrightarrow [Cu(NH_3)_2P_2O_7]^{2-} + P_2O_7^{4-}$$

如果溶液中同时存在三种或三种以上可竞争的配体，则还可以形成更加复杂的混合配合物（也称为四元或多元配合物），例如：

$$Zn^{2+} + Ida^{2-} + NH_3 + 2SCN^- \Longrightarrow [Zn(Ida)(SCN)_2(NH_3)]^{2-}$$

$$Ni^{2+} + NTA^{3-} + NH_3 + Py \Longrightarrow [Ni(NTA)(NH_3)(Py)]^-$$

$$Pt^{2+} + Cl^- + Br^- + Py + NH_3 \Longrightarrow [Pt(Cl)(Br)(NH_3)(Py)]$$

像最后一个反应的 Pt^{2+} 的混合配体配合物已从溶液中分离了出来，并且利用配合物化学中的"反位效应"原理制得了它的三种组成相同、空间排列不同的异形结构体。

一、混合配体配合物的稳定性

在多配体溶液中，往往既有单一型配合物生成，也有混合型配合物生成，在研究这类溶液的平衡时，必须同时考虑这两种类型的配位平衡。

假定溶液中只有金属离子 M 和两种配体 A 和 B，则存在下列的平衡反应：

$$M + A \Longrightarrow MA \qquad K_{MA}^M = \frac{[MA]}{[M][A]} \tag{4-59}$$

$$MA + A \Longrightarrow MA_2 \qquad K_{MA_2}^{MA} = \frac{[MA_2]}{[MA][A]} \tag{4-60}$$

$$\beta_{MA_2}^M = \frac{[MA_2]}{[M][A]^2} \tag{4-61}$$

$$M + B \Longrightarrow MB \qquad K_{MB}^M = \frac{[MB]}{[M][B]} \tag{4-62}$$

$$MB + B \Longrightarrow MB_2 \qquad K_{MB_2}^{MB} = \frac{[MB_2]}{[MB][B]} \tag{4-63}$$

$$\beta_{MB_2}^M = \frac{[MB_2]}{[M][B]^2} \tag{4-64}$$

如前所述，在这些二元体系中，一级稳定常数通常都比二级稳定常数大，即 $K_{MA}^M > K_{MA_2}^{MA}$，$K_{MB}^M > K_{MB_2}^{MB}$。

混合配合物可以通过以下几种反应形成。

形成反应（Ⅰ）：

$$M + A + B \Longrightarrow MAB \qquad \beta_{MAB}^M = \frac{[MAB]}{[M][A][B]} \tag{4-65}$$

对于更复杂的体系，如

$$mM + hH + aA + bB \Longrightarrow M_mH_hA_aB_b$$

$$\beta_{mhab} \text{ 或 } \beta_{M_mH_hA_aB_b}^{M_m} = \frac{[M_mH_hA_aB_b]}{[M]^m[H]^h[A]^a[B]^b} \tag{4-66}$$

取代反应（Ⅱ）：

$$MA_2 + B \Longrightarrow MAB + A \qquad K_{MAB}^{KA_2} = \frac{[MAB][A]}{[MA_2][B]} \tag{4-67}$$

加合反应（Ⅲ）：

$$MA + B \Longrightarrow MAB \qquad K_{MAB}^{MA} = \frac{[MAB]}{[MA][B]} \qquad (4\text{-}68)$$

$$MB + A \Longrightarrow MAB \qquad K_{MAB}^{MB} = \frac{[MAB]}{[MB][A]} \qquad (4\text{-}69)$$

$$\lg K_{MAB}^{MB} = \lg \beta_{MAB}^{M} - \lg K_{MB}^{M} \qquad (4\text{-}70)$$

重配反应（Ⅳ）：

$$MA_2 + MB_2 \Longrightarrow 2MAB \qquad K_r = \frac{[MAB]^2}{[MA_2][MB_2]} = \frac{(\beta_{MAB}^{M})^2}{\beta_{MA_2}^{M} \beta_{MB_2}^{M}} \qquad (4\text{-}71)$$

排代反应（Ⅴ）：

$$MA + MB \Longrightarrow MAB + M \qquad K = \frac{[MAB][M]}{[MA][MB]} = \frac{\beta_{MAB}^{M}}{K_{MA}^{M} K_{MB}^{M}} \qquad (4\text{-}72)$$

反应（Ⅰ）的正向平衡常数 β_{MAB}^{M} 或 β_{mhab}，称为混合配体配合物的稳定常数或形成常数。其值一般用实验方法直接测定，也可由其他平衡常数求得

$$\beta_{MAB}^{M} = K_{MA}^{M} K_{MAB}^{MA} = K_{MB}^{M} K_{MAB}^{MB} \qquad (4\text{-}73)$$

实用上为了比较单一型与混合型配合物哪种更稳定，通常用的是另外两种数据。一种是重配反应（reproportionation）的平衡常数 K_r，称为重配常数（其反向平衡常数则称为歧化常数）。$K_r > 1$（$\lg K_r > 0$），表示混合型配合物比单一型配合物稳定；$K_r < 1$（$\lg K_r < 0$），表示单一型配合物比混合型的稳定。$\lg K_r$ 值可用其他几种反应的平衡常数来表示：

$$\lg K_r = 2\lg \beta_{MAB}^{M} - (\lg \beta_{MA_2}^{M} + \lg \beta_{MB_2}^{M}) \qquad (4\text{-}74)$$

或

$$\lg K_r = (\lg K_{MBA}^{MA} - \lg K_{MA_2}^{MA}) + (\lg K_{MAB}^{MA} - \lg K_{MB_2}^{MB})$$

式中，$\beta_{MA_2}^{M}$ 和 $\beta_{MB_2}^{M}$ 为原始单一型配合物的积累稳定常数。

通常使用的另一种数据是排代反应的正向平衡常数，用 $\Delta\lg K$ 表示，它表示单一型配合物 MA 和 MB 生成混合配合物的难易，其表达式为

$$\Delta\lg K = \lg \beta_{MAB}^{M} - (\lg K_{MA}^{M} + \lg K_{MB}^{M}) \qquad (4\text{-}75)$$

或

$$\Delta\lg K = \lg K_{MAB}^{MA} - \lg K_{MB}^{M} = \lg K_{MBA}^{MB} - \lg K_{MA}^{M}$$

对 $MA_a B_b$ 型配合物的通式为

$$\Delta\lg K_{ab} = \lg \beta_{MA_a B_b}^{M} - (\lg \beta_{MA_a}^{M} + \lg \beta_{MB_b}^{M}) \qquad (4\text{-}76)$$

由于多啮配体（如 EDTA 等）一般难以形成 MA_2 型配合物，这就难以用重配常数来比较混合型与单一型配合物的稳定常数，而常用 $\Delta\lg K$ 进行比较。由于常出现 $\lg \beta_{MA}^{M} + \lg \beta_{MB}^{M} > \lg \beta_{MAB}^{M}$，故 $\Delta\lg K$ 容易出现负值，所以，用 $\Delta\lg K$ 来判断时，$\Delta\lg K$ 值越正，形成的混合配合物就越稳定。例如，[Cu(Ida)(En)]、[Cu(En)(pn)]（pn 为 1,3-丙二胺）和 [Cu(gly)(En)] 的 $\Delta\lg K$ 值分别为 -2.3、-1.53 和 -0.8，因此，上述三种混合配体配合物的稳定性是依次增加的。表 4-4 和表 4-5 列出了 Cu(Ⅱ)、Zn(Ⅱ)、Co(Ⅱ)、Ni(Ⅱ) 的某些单一型和混合型配合物的稳定常数、$\Delta\lg K$ 及 $\lg K_r$ 值。

表 4-4　钴、镍、铜、锌单一型配合物的稳定常数

配体	Co(Ⅱ)		Ni(Ⅱ)		Cu(Ⅱ)		Zn(Ⅱ)	
	$\lg K_1$	$\lg K_2$	$\lg K_1$	$\lg K_2$	$\lg K_1$	$\lg K_2$	$\lg K_1$	$\lg K_2$
dpy	5.8	5.5	7.04	6.81	6.33	—	5.13	4.73
En	5.6	4.9	7.35	6.19	10.54	9.06	5.7	4.9
gly	4.64	3.82	5.78	4.80	8.15	6.78	4.96	4.23
his	5.03	3.74	6.78	5.00	9.56	6.57	5.4	4.6
sr	4.36	3.64	5.45	4.51	7.89	6.59	4.55	4.03
ala	4.31	3.5	5.40	4.47	8.13	6.79	4.58	4.0
val	—	—	5.42	4.30	8.11	6.79	4.45	3.79
pyr	8.61	6.72	8.89	6.15	13.96	11.77	9.90	7.67
ox	4.7	—	5.3	—	6.3	—	4.9	—
mal	3.72	—	3.2	—	5.0	—	2.7	—

表 4-5　Co(Ⅱ)、Ni(Ⅱ)、Cu(Ⅱ)、Zn(Ⅱ)混合型配合物的稳定常数[①]

金属离子	配体[②]		$\lg \beta_{MAB}^{M}$	$\lg K_{MAB}^{MA}$	$\lg K_{MBA}^{MB}$	$\Delta \lg K$	$\lg K_r$	$I(℃)$
	A	B						
Cu²⁺	dpy	En	17.15	9.15	6.71	−1.29	1.10	0.1(25)
	dpy	gly	15.92	7.92	7.65	−0.35	3.05	0.1(25)
	dpy	mal	13.37	5.37	8.27	0.27	5.49	0.1(25)
	dpy	pyr	22.39	14.39	8.43	0.43	6.15	0.1(25)
	En	ox	14.49	4.05	9.65	−0.79	0.94	0.1(25)
	En	pyr	23.64	13.20	9.68	−0.76	2.65	0.1(25)
	En	his	18.04	7.86	8.15	−1.42	1.55	0.15(37)
	his	sr	16.22	6.94	8.71	−0.63	2.84	0.15(37)
Co²⁺	dpy	En	11.17	5.11	5.79	−0.27	0.68	0.1(25)
	dpy	gly	10.52	4.46	5.89	−0.17	1.12	0.1(25)
	dpy	pyr	15.43	9.37	6.82	0.76	4.11	0.1(25)
	En	his	9.31	4.01	4.42	−0.88	0.61	0.15(37)
	his	sr	8.61	3.72	4.41	−0.48	2.63	0.15(37)
Ni²⁺	dpy	En	13.92	6.79	6.95	−0.18	0.68	0.1(25)
	dpy	gly	12.75	5.62	6.92	−0.21	0.75	0.1(25)
	dpy	pyr	16.38	9.25	7.49	0.36	3.71	0.1(25)
	gly	val	10.57	4.88	5.18	−0.38	1.06	1.0(25)
	ala	val	10.24	4.85	4.98	−0.41	0.99	1.0(25)
Zn²⁺	dpy	En	10.40	5.10	4.81	−0.49	0.36	0.1(25)
	dpy	gly	9.87	4.57	4.91	−0.39	0.72	0.1(25)
	dpy	pyr	15.19	9.89	5.29	−0.01	2.98	0.1(25)
	En	his	9.31	4.01	4.42	−0.88	0.61	0.15(37)
	his	sr	9.67	4.64	5.20	0.17	1.22	0.15(37)

① 表中数据取自：山内修，化学，31(7)49(化学增刊第 68 号)(1976)。

② 配体缩略语见附录Ⅱ。

二、百分分布图和优势区域图

如前所述，混合配体配合物的形成是有条件的。那么在什么具体条件下形成的配合物才是混合配体配合物呢？当溶液中单一型和混合型配合物共存时，能否用图形直

观地画出各种配合物存在的区域呢?

1. 百分分布图

目前有两种作图法常用来表示配合物的存在形式与实验条件的关系。第一种方法就是前述的溶液中各物种的百分含量（或摩尔分数）随溶液 pH 或游离配体浓度变化的分布图，从这种图中可以找出形成某种配合物的最佳 pH 或 $[L]$。图 4-10 所示是 Zn^{2+}-CN^-（A）-his（B）（组氨酸）体系在 $0.1mol/L$ KNO_3，$25℃$，$c_{Zn} = c_{CN} = \frac{1}{3}c_{his} = 10^{-3} mol/L$ 时各种单一型和混合型 Zn(Ⅱ) 配合物的百分分布图。该体系中存在三种混合配合物 MAB、MA_2B 和 MA_3B，它们分别在 pH 值为 6.6、7.8 和高于 8.5 时的含量最高。

图 4-10 说明 pH 或配体浓度变化时体系各物种含量的变化，目前已能用计算机直接制图。例如，计算机已能处理同时含 10 种金属和 10 种配体，共涉及 195 个平衡常数（但忽略混合配体配合物），以及含两种金属和三种配体涉及 28 种配合物（包括混合配体配合物）的平衡体系组成的计算。

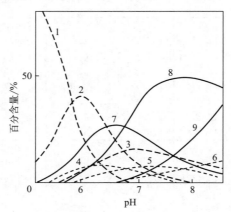

图 4-10 Zn^{2+}-CN^--his 体系 Zn(Ⅱ) 配合物的分布图

1—M；2—MB；3—MB_2；4—MA_2；5—MA_3；6—MA_4；

7—MAB；8—MA_2B；9—MA_3B

培林（Perrin）等研究了 Cu^{2+} 和 Zn^{2+} 的甘氨酸-甘氨肽间各种配合物的分布（见图 4-11 和图 4-12）。

图 4-12 是 Cu^{2+}-胱氨酸（H_2A）-组氨酸（HL）体系中各种铜配合物的 pH 分布图。在人的血浆中 Cu^{2+}-胱氨酸-组氨酸混合配体配合物是主要的配合物形式。

2. 优势区域图

另一种图能直观地反映溶液中单一型和混合型配合物共存时，它们随配体 A 和 B 浓度的变化而出现的区域。这种图称为优势区域图（见图 4-13）。在图 4-13(a) 中，当 $[NH_3]$ 和 $[Br^-]$ 的浓度近似相等时，混合配合物 $[AgNH_3Br]$ 是占优势的。

例如，卤化银可溶于氨中而形成 $[AgNH_3]^+$、$[Ag(NH_3)_2]^+$，也可溶于浓的卤化物溶液中而形成 $[AgX_n]^{(n-1)-}$ 型配合物。当高浓度的 NH_3、Br^- 和 AgBr 共存

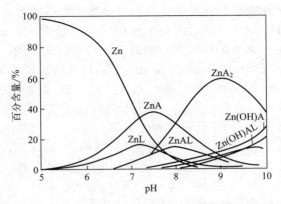

图 4-11 Zn^{2+}-gly(HA)-trigly(HL) 体系各种配合物的 pH 分布图

$c_{Zn}=5.0\mu mol/L$; $c_{gly}=2mmol/L$; $c_{trigly}=2mmol/L$

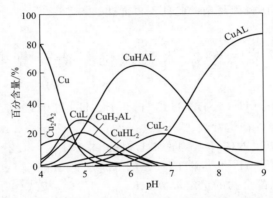

图 4-12 Cu^{2+}-胱氨酸 (H_2A)-组氨酸 (HL) 体系中各配合物的 pH 分布图

$c_{Cu}=1.1\mu mol/L$; $c_{胱}=74\mu mol/L$; $c_{组}=42\mu mol/L$

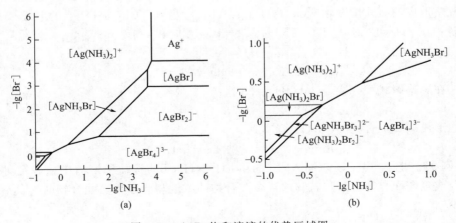

图 4-13 AgBr 饱和溶液的优势区域图

时，就可形成同时含有两种不同配体的混合配合物。在不同条件下哪些配合物占优势？这可从 Ag^+-NH_3-Br^- 体系的优势区域图中直观地看出。由图可见，在 Ag^+-NH_3-Br^- 体系中，只有部分配合物在一定的区域内是占优势的，而另一些只有少量存在，因此，极少量的配合物在图上找不到它们占优势的区域。例如，$[Ag(NH_3)]^+$ 正好处在 Ag^+ 和 $[Ag(NH_3)_2]^+$ 的交界线上，$[AgBr_3]^{2-}$ 在 $[AgBr_2]^-$ 和 $[AgBr_4]^{3-}$ 的交界线上，而 $[Ag(NH_3)Br_2]^-$ 则在 $[Ag(NH_3)_2]^+$ 和 $[AgBr_4]^{3-}$ 的交界线上。从图中还可清楚地看出，$[Br^-]$ 的增大，有利于高配位数的 $[AgX_n]^{(n-1)-}$ 的生成，当 $[Br^-]$ 很高时，Ag^+ 可形成四配位的 $[AgBr_4]^{3-}$，在 $[Br^-]$ 低时，它的配位数一般为 2。但是，即使在很高的 $[NH_3]$ 下，Ag^+ 也不能配位两个以上的 NH_3，然而在 $[Ag(NH_3)_2]^+$ 中的 NH_3 被 Br^- 取代之前，它还可加合两个 Br^- 而形成 $[Ag(NH_3)_2Br_2]^-$。在高 $[Br^-]$ 和高 $[NH_3]$ 区域（图 4-13 的左下角）是形成混合配合物的区域，因为此时 Br^- 和 NH_3 对 Ag^+ 都有竞争能力。

优势区域图的制作较为复杂，此处不再详述。

第四节　复杂体系配位平衡计算实例

【例1】　试计算出 pH＝9.4 含有 0.1mol/L NH_3 和 0.1mol/L NH_4Cl 缓冲液中镍-EDTA 配合物的条件稳定常数。

解：从图 4-4 查出 $[NH_3]$＝0.1mol/L 时的 $\lg\alpha_{Ni(NH_3)}$＝4.2

从图 4-3 查出 pH＝9.4 时 EDTA 的 $\lg\alpha_{L(H)}$＝1.0

已知 EDTA 的镍配合物的稳定常数 $\lg K_{NiL}$＝18.6，按式（4-11），略去 NiL 形成混合配合物的副反应（即 α_{NiL}＝1），则

$$\lg K_{Ni'L'}＝\lg K_{NiL}-\lg\alpha_{Ni(NH_3)}-\lg\alpha_{L(H)}＝18.6-4.2-1.0＝13.4$$

【例2】　计算没有掩蔽剂和缓冲剂时 EDTA-Cu 配合物在 pH＝13 时的条件常数：(a) 忽略形成的碱式配合物 $[Cu(OH)L]$；(b) 考虑到 $[Cu(OH)L]$ 的形成。

解：在 pH＝13 时查图 4-3 得 $\lg\alpha_{L(H)}$＝0，从图 4-5 查得 $\lg\alpha_{Cu(OH)}$＝4.7。

按式（4-22）　$\alpha_{Cu(OH)L}＝1+K_{Cu(OH)L}[OH]$

$$\lg\alpha_{Cu(OH)L}＝\lg K_{Cu(OH)L}+\lg[OH]＝2.5-1＝1.5$$

因此，在忽略碱式配合物 $[Cu(OH)L]$ 时，

$$\lg K_{Cu'L'}＝18.8-4.7＝14.1$$

在考虑形成碱式配合物 $[Cu(OH)L]$ 时，

$$\lg K_{Cu'L'(CuL)'}＝18.8-4.7+1.5＝15.6$$

【例3】　把 NaOH 逐渐加入含 0.1mol/L NH_4Cl 的锌盐稀溶液中，假定可以形成氨合或羟合配合物，试问若锌的羟合配合物的浓度相当于锌氨配合物时，其 pH 值为多少？

解：从图 4-4 求得 $[NH_3]$＝0.1mol/L 时的 $\lg\alpha_{Zn(NH_3)}$＝5.0。

从图 4-5 知 $\alpha_{Zn(OH)} = \alpha_{Zn(NH_3)} = 5.0$ 时的 pH 值为 10.8，当 pH>10.8 时，羟合配合物占优势，pH<10.8 时氨配合物占优势。

【例4】　计算氨浓度（$[NH_4^+] + [NH_3]$）为 0.1mol/L 或无氨时，EDTA 在 pH=10 时对 Hg^{2+} 的条件稳定常数。已知 $\lg K_{HgL} = 21.8$，α 数值可查表。

解：由查表和计算得出以下结果（见表 4-6）。

表 4-6　例 4 结果

副反应系数	数据来源	无氨时	有　　　氨　　　时
$\lg\alpha_{Hg(OH)}$	查附录Ⅲ	13.7	13.7
$\lg\alpha_{Hg(NH_3)}$	查附录Ⅲ	0	15.6
$\lg\alpha_{Hg(总)}$	按式(4-15)计算	13.7	15.6(因为 NH_3 的作用远大于 OH^- 的作用,故不考虑 OH^- 的作用)
$\lg\alpha_{L(H)}$	查表 4-1	0.5	0.5
$\lg\alpha_{Hg(OH)L}$	按式(4-22)计算	1.0	1.0
$\lg\alpha_{Hg(NH_3)L}$	按式(4-24)计算	0	5.4
$\lg\alpha_{HgL(总)}$	按式(4-15)计算	1.0	5.4[因为形成 $Hg(NH_3)L$,就可不考虑形成 $Hg(OH)L$]
$\lg\beta_n$	按式(4-11)计算	8.6	11.1

【例5】　已知氨三乙酸（H_3L）在碱性液中可与 10^{-2} mol/L 的 Cu^{2+} 形成 CuL、CuL_2、$Cu(OH)L$ 和 $Cu(OH)_2L$，它们的稳定常数分别为 $\lg K_{CuL} = 13.0$；$\lg K_{CuL_2} = 36$；$\lg K_{Cu(OH)L} = 4.7$；$\lg K_{Cu(OH)_2L} = 1.0$，试计算 pH=7 和 pH=11 时的 K_{CuL} 的条件稳定常数（α 系数值可查表）。

解：由 CuL 形成 CuL_2 可看作是消耗 L 的副反应，按 α_L 的定义 $\alpha_L = \dfrac{[L']}{[L]}$，此处除形成 1:1 的 CuL 的主反应外，溶液中所有含 L 项的总和 $[L']$ 为：

$$[L'] = [L] + 2[CuL_2]$$

故　　　　　　　　$\alpha_{L(ML)} = 1 + 2[CuL]K_{CuL_2}$　　　　　　　　　(4-77)

因为形成 CuL 是主反应，可以近似认为 $[CuL] \approx c_{Cu} = 10^{-2}$ mol/L。代入上式得 $\lg\alpha_{L(ML)} = 1.9$，现将所得数据汇总如下（见表 4-7）。

表 4-7　例 5 结果

副反应系数	数据来源	pH=7	pH=11
$\lg\alpha_{Cu(OH)}$	查附表Ⅲ	0	2.7
$\lg\alpha_{L(H)}$	查表 4-1	2.8	0
$\lg\alpha_{L(ML)}$	按式(4-77)计算	0(pH=7 时形成的 CuL_2 可忽略)	1.9
$\lg\alpha_{L(总)} = \alpha_{L(H)} + \lg\alpha_{L(ML)}$	按左式计算	2.8	1.9
$\lg\alpha_{Cu(OH)L}$	按式(4-22)计算	0	1.7
$\lg\beta_n' = \lg\beta_n + \lg\alpha_M - \lg\alpha_M - n\lg\alpha_L$	按式(4-11)计算	10.2	10.1

【例6】 计算氯化铵-氨三乙酸镀锌液（$[Zn^{2+}]_总 = 0.33mol/L$，$[NH_4Cl] = 5mol/L$，氨三乙酸$[L]_总 = 0.13mol/L$）在 pH 值分别为 4、5、6、7 和 8 时，氨三乙酸合锌配合物的条件稳定常数，游离 Zn^{2+} 浓度和被 NH_3 配位的 Zn^{2+} 所占的百分数。假定镀液中只形成 ZnL，而不形成 ZnL_2 和 $[Zn(NH_3)_{1\sim2}L]$。已知 $\lg K_{ZnL} = 10.45$，其余数据可查表。

解： 因为镀液中只形成 ZnL，故 $\alpha_{ML} = 1$。查表知在 $pH = 4\sim8$ 时，$\alpha_{Zn(OH)}$ 均为 1。

由式（3-37）知

$$NH_4^+ \rightleftharpoons NH_3 + H^+$$

$$K_a = \frac{[NH_3][H^+]}{[NH_4^+]} = 10^{-9.3} \tag{4-78}$$

已知 $[NH_4^+] = 5mol/L$，由上式可算得不同 pH 时游离 NH_3 的浓度，再由图 4-4 查得相应的 $\lg \alpha_{Zn(NH_3)}$ 值。再根据式（4-11）的具体形式 $\lg K_{M'L'(ML)'} = \lg K - \lg \alpha_{L(H)} - \lg \alpha_{M(NH_3)}$ 求得相应的条件稳定常数。

溶液中 Zn^{2+} 的总浓度 $[Zn^{2+}]_总$ 为

$$[Zn^{2+}]_总 = [Zn(NTA)] + [Zn^{2+}] + [ZnNH_3] + [Zn(NH_3)_2] + [Zn(NH_3)_3]$$
$$+ [Zn(NH_3)_4]$$

$$[Zn^{2+}]_总 - [Zn(NTA)] = [Zn^{2+}] + [ZnNH_3] + [Zn(NH_3)_2] + [Zn(NH_3)_3]$$
$$+ [Zn(NH_3)_4] = [Zn^{2+}](1 + \beta_1[NH_3] + \beta_2[NH_3]^2 + \beta_3[NH_3]^3 + \beta_4[NH_3]^4) = [Zn^{2+}]\alpha_{Zn(NH_3)}$$

假定溶液中氨三乙酸完全参与配位，则 $[Zn(NTA)] = [NTA]_总 = 0.13mol/L$，故

$$[Zn^{2+}] = \frac{[Zn^{2+}]_总 - [Zn(NTA)]}{\alpha_{Zn(NH_3)}} = \frac{0.20}{\alpha_{Zn(NH_3)}} \tag{4-79}$$

通过不同 pH 时 $\alpha_{Zn(NH_3)}$ 值就可从上式求得 $[Zn^{2+}]$。然后按

$$p = \frac{0.20 - [Zn^{2+}]}{0.33} \times 100\% \tag{4-80}$$

计算被氨配位的 Zn^{2+} 所占的百分数。

上述结果列于表 4-8。

表 4-8　例 6 结果

副反应系数	数据来源	不同 pH 值时的值				
		4	5	6	7	8
$\lg \alpha_{M(OH)}$	查附录Ⅲ	0	0	0	0	0
$\lg[NH_3]$	按式（4-78）计算	-4.6	-3.6	-2.6	-1.6	-0.6
$\lg \alpha_{M(NH_3)}$	由图 4-4 得	0	0.02	0.15	0.8	3.4
$\lg \alpha_{L(H)}$	查表 4-1	5.4	4.4	3.4	2.4	1.4
$\lg K_{M'L'(ML)'}$	按式（4-11）计算	4.65	6.03	6.90	7.25	5.65
$[Zn^{2+}]$	按式（4-79）计算	0.20	0.191	0.142	0.032	0.0091
$p/\%$	按式（4-80）计算	0	2.72	17.6	50.9	57.9

【例7】 已知二氨基环己烷四乙酸（DCTA）同 Ba^{2+} 形成配合物的稳定常数为 $lgK_{BaL}=8.0$，$lgK_{BaHL}=6.7$，试计算 pH=6 时在 Ba^{2+} 和 DCTA 的总浓度均为 10^{-2} mol/L 的溶液中，BaL 和 BaHL 所占的百分数。

解： 首先计算游离配体的浓度，当总金属离子浓度和总配体浓度相比不可忽略时，游离配体浓度 [L] 可由下式求得，见式（3-28）和式（4-30）

$$\frac{K[L]+\beta[L][H]}{1+K[L]+\beta[L][H]}=\frac{c_L-[L]\alpha_{L(H)}}{c_{Ba}}$$

其中，$K=K_{BaL}=10^{8.0}$，$\beta=K_{BaL}K_{BaHL}=10^{14.7}$，从图 4-3 求得 pH=6 时 $lg\alpha_{L(H)}=6.2$，代入上式得

$$\frac{10^{8.0}[L]+10^{14.7}\times10^{-6}[L]}{1+10^{8.0}[L]+10^{14.7}\times10^{-6}[L]}=\frac{10^{-2}-10^{6.2}[L]}{10^{-2}}$$

故
$$[L]=2.5\times10^{-9}\,mol/L$$

两种配合物的摩尔分数可按下式求得

$$\begin{aligned}\phi_{BaL}&=\frac{[L]K}{1+[L]K+[L][H]\beta}\\&=\frac{2.5\times10^{-9}\times10^8}{1+2.5\times10^{-9}\times10^8+2.5\times10^{-9}\times10^{-6}\times10^{14.7}}\\&=\frac{0.25}{1+0.25+1.25}=0.10=10\%\end{aligned}$$

$$\phi_{BaHL}=\frac{1.25}{1+0.25+1.25}=0.50=50\%$$

因此，在 pH=6 时，10％的 Ba^{2+} 配位成 BaL 形式，50％呈 BaHL 形式，还有 40％的 Ba^{2+} 未被配位。

【例8】 试计算二乙烯三胺的质子合程度小于 1％的最低 pH 值。已知它的质子合常数分别为 $lgK_1=9.94$；$lgK_2=9.13$；$lgK_3=4.33$。

解： 按式（4-28）得质子合程度小于 1％的最低 pH 值为

$$pH\geqslant lgK_1+2=9.94+2=11.94$$

【例9】 计算 0.02mol/L 硝酸镉溶液中至少 99％的镉以水合镉离子形式存在（即羟合配合物＜1％）的最高 pH 值。已知 $[CdOH]^+$ 配合物的 $lg\beta_1=4.3$。

解： 按式（4-29）得羟合配合物＜1％的最高 pH 值为

$$pH\leqslant14-2-lg\beta_1=14-2-4.3=7.7$$

即
$$pH\leqslant7.7$$

【例10】 试计算硫化银在 pH=9 总硫离子（包括 S^{2-} 和 HS^-）浓度为 0.01mol/L 溶液中的溶解度。已知 Ag_2S 溶度积的负对数 $pK_{so}=48.2$。

解： 由附录Ⅲ查得 S^{2-} 对 Ag^+ 的 $lg\alpha_{Ag(S')}=13.7$ [由于形成 AgHS 和 $Ag(HS)_2^-$ 配合物] 和 $lg\alpha_{S(H)}=3.6$。

按式（4-40）得

$$lgK'_{so}=lgK_{so}+mlg\alpha_M+nlg\alpha_X=-48.2+2\times13.7+3.6=-17.2$$

按式（4-42）得

$$S=[\text{Ag}]'=\left(\frac{1}{10^{-17.2}\times10^{-2}}\right)^{1/2}=4\times10^{9}\,(\text{mol/L})$$

【例 11】 计算 pH=2 同 Fe(OH)_3 沉淀处于平衡时溶液中总 Fe(Ⅲ) 的浓度和 Fe(Ⅲ) 的双核羟合配合物所占的百分数。假定溶液中 Fe(Ⅲ) 不发生其他配位反应。已知 Fe(OH)_3 的 $\lg K_s=38.6$，Fe(Ⅲ)-OH^- 配合物的稳定常数 $\lg\beta_1=11.0$；$\lg\beta_2=21.7$；$\lg\beta_{22}=25.1$。

解：按式(4-36)得

$$-\lg K_s=m\lg[\text{M}]+n\lg[\text{X}]$$

即

$$\lg[\text{Fe}^{3+}]+3\lg[\text{OH}^-]=-\lg K_{so}=-38.6$$

在 pH=2 时

$$\lg[\text{OH}^-]=-12$$

故

$$\lg[\text{Fe}^{3+}]=-38.6+3\times12=-2.6$$

溶液中 Fe(Ⅲ) 的总浓度为

$$\begin{aligned}c_{\text{Fe}}&=[\text{Fe}^{3+}]+[\text{FeOH}^{2+}]+[\text{Fe(OH)}_2^+]+[\text{Fe}_2(\text{OH})_2^{4+}]\\&=[\text{Fe}^{3+}]+[\text{Fe}^{3+}][\text{OH}^-]\beta_1+[\text{Fe}^{3+}][\text{OH}^-]^2\beta_2+2[\text{Fe}^{3+}]^2[\text{OH}^-]^2\beta_{22}\\&=[\text{Fe}^{3+}](1+[\text{OH}^-]\beta_1+[\text{OH}^-]^2\beta_2+2[\text{Fe}^{3+}][\text{OH}^-]^2\beta_{22})\\&=10^{-2.6}(1+10^{-12}\times10^{11}+10^{-24}\times10^{21.7}+2\times10^{-2.6}\times10^{-24}\times10^{25.1})\\&=0.0025(1+0.100+0.005+0.063)\approx2.9\times10^{-3}\,(\text{mol/L})\end{aligned}$$

双核配合物的摩尔分数为

$$\begin{aligned}\phi_{22}&=\frac{2[\text{Fe}_2(\text{OH})_2^{4+}]}{c_{\text{Fe}}}=\frac{2[\text{Fe}^{3+}][\text{OH}^-]^2\beta_{22}}{1+[\text{OH}^-]\beta_1+[\text{OH}^-]^2\beta_2+2[\text{Fe}^{3+}][\text{OH}^-]^2\beta_{22}}\\&=\frac{0.063}{1+0.100+0.005+0.063}=0.054=5.4\%\end{aligned}$$

所以，在 pH=2 时，溶液中有 5.4% 的 Fe(Ⅲ) 以双核配合物形式存在。

【例 12】 计算 pH=3 时草酸钙在 10^{-2} mol/L 草酸盐 (ox^{2-}) 溶液中的溶解度。已知沉淀的形成常数 $\lg K_s=8.64$ ($I=0$)。

解：按式(4-39)得 $\quad\lg K_s{'}=\lg K_s-m\lg\alpha_{\text{M}}-n\lg\alpha_{\text{X}}$

在无其他配位体时 $\quad\lg K_s{'}=\lg K_s-\lg\alpha_{\text{ox(H)}}$

由图 4-1 得 pH=3 时 $\lg\alpha_{\text{ox(H)}}=0.8$

故

$$\lg K_s{'}=8.64-0.8=7.84$$

$$K_s{'}=\frac{1}{[\text{Ca}^{2+}][\text{ox}']}$$

草酸钙的溶解度等于钙离子的浓度，即 $[\text{Ca}^{2+}]=x$

$$10^{-7.84}=10^{-2}x$$

故

$$x=1.45\times10^{-6}\,\text{mol/L}$$

【例 13】 用 0.01mol/L $(\text{NH}_4)_2\text{HPO}_4$ 从 pH=7，每升含 0.5595g Fe^{3+} 的氯化铵-氨三乙酸镀液中除去铁时，试问哪种沉淀先析出？已知溶度积常数 $K_{so,[\text{Fe(OH)}_3]}=3.8\times10^{-38}$；$K_{so,(\text{FePO}_4)}=1.3\times10^{-22}$；$K_{so,[\text{Zn}_3(\text{PO}_4)_2]}=9.1\times10^{-33}$；pH=7 时液中 $[\text{Fe}^{3+}]=1.67\times10^{-10}$ mol/L；$[\text{Zn}^{2+}]=6.95\times10^{-4}$ mol/L。

解：根据多相离子平衡理论，只有离子积大于溶度积时方能产生该物质沉淀。在除铁的过程中可能有三种沉淀物：$Fe(OH)_3$、$Fe(PO_4)$ 和 $Zn_3(PO_4)_2$。要计算离子积，必须知道镀液中游离 $[OH^-]$，$[Fe^{3+}]$，$[Zn^{2+}]$ 和 $[PO_4^{3-}]$ 的浓度。游离 $[PO_4^{3-}]$ 的浓度可查表得 pH＝7 时 $\lg\alpha_{L(H)}=5.0$。

由式(4-26) 得

$$[PO_4^{3-}]=\frac{c_L}{\alpha_{L(H)}}=\frac{0.01}{10^{5.0}}=10^{-7.0}$$

如果发生 $Fe(OH)_3$ 与 $FePO_4$ 共沉淀，则必有

$$\frac{K_{so,[Fe(OH)_3]}}{K_{so,(FePO_4)}}=\frac{[OH^-]^3}{[PO_4^{3-}]}=\frac{3.8\times10^{-38}}{1.3\times10^{-22}}=2.92\times10^{-16}$$

实际离子积之比为

$$\frac{[OH^-]^3}{[PO_4^{3-}]}=\frac{(10^{-7})^3}{1\times10^{-7}}=1\times10^{-14}>2.92\times10^{-16}$$

故 $Fe(OH)_3$ 先于 $FePO_4$ 沉淀。

再比较 $Fe(OH)_3$ 与 $Zn_3(PO_4)_2$。若二者能共沉淀，亦必有

$$\frac{K_{so,[Fe(OH)_3]}}{K_{so,[Zn_3(PO_4)_2]}}=\frac{[Fe^{3+}][OH^-]^3}{[Zn^{2+}]^3[PO_4^{3-}]^2}=\frac{3.8\times10^{-38}}{9.1\times10^{-33}}=4.17\times10^{-6}$$

实际离子积之比为

$$\frac{[Fe^{3+}][OH^-]^3}{[Zn^{2+}]^3[PO_4^{3-}]^2}=\frac{(1.67\times10^{-10})(10^{-7})^3}{(6.95\times10^{-4})^3(10^{-7})^2}=\frac{1.67\times10^{-17}}{3.36\times10^{-10}}$$
$$=4.97\times10^{-8}<4.17\times10^{-8}$$

故 $Zn_3(PO_4)_2$ 又先于 $Fe(OH)_3$ 沉淀。

又离子积

$$[Zn^{2+}]^3[PO_4^{3-}]^2=(6.95\times10^{-4})^3\times(1\times10^{-7})^2=3.36\times10^{-26}>K_{so,[Zn_3(PO_4)_2]}$$
$$[Fe^{3+}][OH^-]^3=(1.67\times10^{-10})\times(10^{-7})^3=1.67\times10^{-31}<K_{so,[Fe(OH)_3]}$$

这表明 pH＝7 时，加入 0.01mol/L 磷酸氢二铵时，$Zn_3(PO_4)_2$ 可以从溶液中优先沉淀出来，然后才轮到 $Fe(OH)_3$ 析出来。但在 $Zn_3(PO_4)_2$ 沉淀析出的同时，$Fe(OH)_3$ 并不能析出来。

第五章

配位反应动力学

第一节　化学反应的速率

一、反应的速率常数与平衡常数

前面介绍了配合物在溶液中的稳定性，这里再介绍与反应速率有关的动力学问题。大家知道，配合物的稳定性与反应速率的快慢并非一回事。配合物愈稳定，并不一定就说明它的解离速度很慢。例如，铜氨配离子 $[Cu(NH_3)_4]^{2+}$ 的不稳定常数与氨三乙酸合铜离子 $[Cu(NTA)]^-$ 的不稳定常数均为 2×10^{-13}，可是 $[Cu(NH_3)_4]^{2+}$ 解离的速度比 $[Cu(NTA)]^-$ 快得多，配离子中的 NH_3 很容易与 H^+ 形成 NH_4^+，且能立即被奈氏试剂检查出来。

这说明，配合物的稳定常数跟电极的平衡电位一样，都属于热力学平衡范畴。而用热力学方法来处理反应时，仅仅考虑反应初始状态变成终了状态的可能性，至于反应是经过哪些中间步骤或反应以什么样的速度进行它是无法说明的。以 $[Cu(NH_3)_4]^{2+}$ 配离子的解离平衡为例，其不稳定常数仅表示 $[Cu(NH_3)_4]^{2+}$ 完全解离为 Cu^{2+} 和 NH_3 能否发生，如果能发生的话，可能性有多大，它并不能回答解离速度的快慢。只有化学反应动力学才考虑反应的中间过程是分几步进行的，哪一步反应最慢，因而整个反应的速率实际上是受最慢一步控制的。反应速率的快慢通常用反应速率常数 k 来表示，下标 ＋、－ 号表示反应的正、反方向。

从动力学角度来看配合物形成反应：

$$M^{m+} + L^{n-} \underset{k_-}{\overset{k_+}{\rightleftharpoons}} ML^{m-n}$$

则是一个动态平衡。一方面它以 v_+ 的速度生成配合物，同时配合物又以 v_- 的速度解离，即

$$v_+ = k_+ [M^{m+}][L^{n-}] \tag{5-1}$$

$$v_- = k_- [ML^{m-n}] \tag{5-2}$$

k_+ 与 k_- 分别为正向与反向反应的速率常数。当比值 $\dfrac{k_+}{k_-}$ 达到一定值时，体系达到了平衡，因此，配合物 $[ML^{m-n}]$ 的稳定常数 K 与反应速率之间有如下关系：

$$K = \frac{[ML^{m-n}]}{[M^{m+}][L^{n-}]} = \frac{k_+}{k_-} \tag{5-3}$$

配体种类和浓度的不同，对于生成配合物的速度和配合物解离速度都有很大的影响。配离子在电极上的还原也有个速度问题。镀层粒子的粗细主要也是由电沉积的速度决定的，下面将逐步来说明这些问题。

二、化学动力学的若干术语

1. 反应速率与速率常数

化学反应的速率 v 通常是用单位体积中反应物消耗或产物生成的物质的量（mol）n 来表示，若体系的总体积 V 不变，则可用单位时间（dt）内反应物或产物的浓度 c 表示：

$$v = \frac{1}{V}\frac{dn}{dt} = \frac{dc}{dt} \tag{5-4}$$

对于反应式：
$$A + B \Longrightarrow P + \cdots$$
它的速率方程为

$$v = \frac{dc_p}{dt} = kc_A c_B \tag{5-5}$$

在一定的温度下，对于特定的反应，k 值为常数，称为反应的速率常数。当 $c_A = c_B = 1$，且 $k = v$ 时，称 k 为单位浓度时的反应速率，也称为比速常数。对于指定的反应，它与浓度无关，但随温度和催化剂而变化。k 值越大，反应越快。

2. 反应的级数和分子数

经验表明，不少反应的速率方程具有如下形式：

$$v = kc_A^f \cdot c_B^g \cdots \tag{5-6}$$

式中，浓度 c_A、c_B 等的指数 f、g 称为该反应对物质 A、B 的级数，各浓度的指数项之和 $f + g + \cdots$ 称为反应的总级数。反应级数是由实验数据确定的常数，不能由反应方程式直接看出，其值可以是零，正、负整数和分数。

反应的分子数是由参与速率控制步骤反应的分子或离子的数目决定的，它是指微观化学变化时起反应的分子的数目，它只在解释反应历程时才用到。

3. 活化能

从热力学角度考虑一个反应能否发生，只要看反应的终态的能量是否比初态为低。例如，由配体 Y 取代水合金属离子中的水 X 而形成配合物的反应：

$$MX + Y \longrightarrow MY + X \tag{5-7}$$

只要 MY 的能量比 MX 的低，反应就可以发生。图 5-1 表示出初、终态的能量差（也称为反应能），$E_r > 0$，反应即可发生。但是实际上反应要从初态变为终态时还要获得 E_a 的能量才能发生，能垒 E_a 就称为反应的活化能。在能垒顶端形成的过渡态配合物就称为活化配合物或活性中间体。活化能一般靠热能、光能、电能或放射能获得，所以，温度升高，

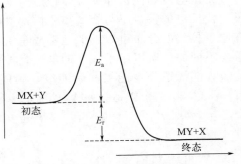

图 5-1　反应能 E_r 和活化能 E_a

分子越容易获得活化能，反应的速率也越快。同理，电场强度越大，电化学反应的速率也越快。

4. 可逆反应、平行反应和连串反应

可逆反应指正、反向反应速率相等时的总反应。通常只有在平衡态时正、反向反应速率才相等，所以平衡反应是可逆反应中的一种。

平行反应指几个反应按同一方向同时进行时的总反应。例如，几种配离子同时在电极上的还原反应。

当一个反应的产物是另一个反应的反应物，如此相互联系的反应系列称为连串反应或连续反应。配合物的逐级离解、某些配离子的电极还原和放射性元素的衰变都属于此类。

第二节　活性配合物与惰性配合物

一、内轨型配合物与外轨型配合物

配合物的形成，实际上是比水强的配位体 L 取代水合配离子中水分子的反应。对于一价配体，可用下式表示❶：

$$M(H_2O)_m + nL \Longrightarrow ML_n(H_2O)_{m-n} + nH_2O \tag{5-8}$$

相反，配合物在水溶液中的离解反应，则可看成是水分子取代配位体 L 的反应。

各种配离子，其取代反应的速率是不同的。通常把在室温 0.1mol/L 时，取代反应在一分钟内完成的配合物，称为活性配合物；反应要在几小时以上完成的配合物，称为惰性配合物。

在电镀时配离子在电极上的还原反应，可以近似地看成阴极带负电荷的原子作为配体的取代反应。实践证明，取代反应活性的配合物，电沉积速度快，电流效率高，活化过电位小；相反，惰性配合物的活化过电位很大，电流效率很低，电沉积进行得极慢，往往金属配离子比 H^+ 更难放电，阴极上析出的主要是 H_2 而不是金属镀层，所以惰性太大的配合物对于电镀来说其实际意义是不大的。因此可以说，形成配合物的类型，对于镀液的性能有决定性的影响。

无氰电镀如何选择配位体，这与配合物的活性有很大的关系。大家知道，配离子取代反应的快慢是与金属离子内部 d 电子层的构型密切相关的。大家知道，电子在原子核外的分布可以近似地看成是层状结构，从能量方面来说，每一层对应的能量是不同的。所以原子核外的电子是按照能量的次序，由低到高地依次占据一定的能级，能级还分主能级和副能级，副能级分别用符号 s、p、d、f 表示，它们依次有 1、3、5、7 个轨道，每个轨道可以容纳 2 个电子。例如，28 号元素 Ni 共有 28 个电子，则二价 Ni^{2+} 离子有 26 个电子，它们分别配置在三个电子层内，有如下的方式：

---

❶ 为了书写方便，省略了金属离子与配体的电荷。

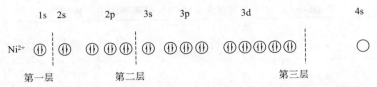

由于内层电子都是满的，而且参与化学反应的只是外层和次外层电子，所以一般只画出这两层的有关电子即可。在排列电子时要遵守两个规则，一是泡利原理，即每个轨道只能容纳两个电子；另一个叫洪特规则，即电子进到各副能级时应尽可能分占不同的轨道，或者说应尽量按电子不成对的方式排列。例如，Fe^{3+} 有 5 个 d 电子。它有以下的排列方式：

从原子结构来说，形成配合物的过程，实际上就是配体的未共用电子对，填充到金属离子的最低能量的空轨道上。以 Fe 为例，就是进入 4s、4p、4d 轨道。单啮配体只提供一对电子进入金属的一个外层空轨道，双啮配体可提供两对电子，占据两个空轨道，多啮配体则依此类推。

当配体包围着金属离子的时候，金属离子的电子排列会不会发生变化呢？这就要看配位体给电子能力的强弱了。给电子能力强的配体，如 CN^-、phen、dpy 等，有能力把单个占据轨道的 d 电子挤到一起，使每个轨道都尽可能填满，然后它自己的电子再占据空出来的轨道而形成配合物。

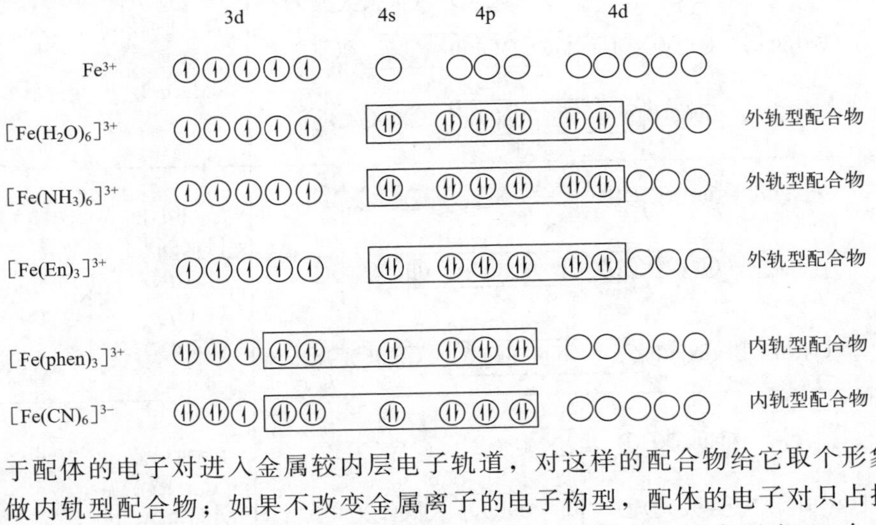

由于配体的电子对进入金属较内层电子轨道，对这样的配合物给它取个形象的名字，叫做内轨型配合物；如果不改变金属离子的电子构型，配体的电子对只占据较外层空轨道，这样生成的配合物就叫做外轨型配合物。一般 d 电子壳层有 10 个电子填满的主族元素（具 d^{10} 构型）只能形成外轨型配合物。d^4 到 d^9 构型的金属，随配体的性质不同，它既可使金属离子形成外轨型配合物，也可形成内轨型配合物（见表 5-1）。至于属于哪种构型可由磁性测定判断。

表 5-1　电镀时常见金属离子及配离子的电子构型

电子构型	电子轨道　实例　3d　4s　4p　4d					相同电子构型的离子	取代活性
d^1	Ti^{3+}	$[Ti(H_2O)_6]^{3+}$				V(Ⅳ)，Mo(Ⅴ)，W(Ⅴ)　内轨型	活性
d^2	V^{3+}	$[V(H_2O)_6]^{3+}$				Ti(Ⅱ)，Mo(Ⅳ)，Re(Ⅴ)，W(Ⅳ)　内轨型	活性
d^3	Cr^{3+}	$[Cr(NH_3)_6]^{3+}$				V(Ⅱ)，Mo(Ⅲ)，W(Ⅲ)　$[Cr(CN)_6]^{3-}$　内轨型	惰性
d^4	Mn^{3+}	$[Mn(H_2O)_6]^{3+}$	$[Mn(CN)_6]^{3-}$			Cr(Ⅱ)　$[Cr(H_2O)_6]^{2+}$ 外轨型　$[Cr(CN)_6]^{4-}$ 内轨型	活性 惰性
d^5	Fe^{3+}	$[Fe(H_2O)_6]^{3+}$	$[Fe(CN)_6]^{3-}$			Mn(Ⅱ)，Zr(Ⅳ)　$[FeF_6]^{3-}$ 外轨型　$[Mn(CN)_6]^{4-}$ 内轨型	活性 惰性
d^6	Co^{3+}	$[CoF_6]^{3-}$	$[Co(NH_3)_6]^{3+}$			Fe(Ⅱ)，Pt(Ⅳ)，Pd(Ⅳ)　$[Fe(En)_3]^{2+}$ 外轨型　$[Fe(CN)_6]^{4-}$　$[PtCl_6]^{2-}$　$[Co(CN)_6]^{3-}$ 内轨型	活性 惰性
d^7	Co^{2+}	$[Co(NH_3)_6]^{2+}$	$[Co(CN)_6]^{4-}$		5s	Rh(Ⅱ)，Zr(Ⅱ)　$[Co(H_2O)_6]^{2+}$　$[Co(dpy)_3]^{2+}$ 外轨型　$[Co(CN)_6]^{4-}$ 内轨型　[5s 电子易失去，Co(Ⅱ) 易氧化为 Co(Ⅲ)]	活性 惰性

续表

电子构型	电子轨道 实例	3d	4s	4p	4d	相同电子构型的离子	取代活性
d⁸	Ni^{2+}	⇅⇅⇅↑↑	○	○○○	○○○○○	Pd^{2+},Pt^{2+},Au^{3+},$[Ni(NH_3)_4]^{2+}$ 外轨型;$[Pt(NH_3)_4]^{2+}$,$[AuCl_4]^-$ 内轨型;$[Ni(H_2O)_6]^{2+}$ 外轨型	均为活性
	$[NiCl_4]^{2-}$	⇅⇅⇅↑↑	⇅	⇅⇅⇅	○○○○○		
	$[Ni(CN)_4]^{2-}$	⇅⇅⇅⇅⇅	⇅	⇅⇅⇅	○○○○○		
	$[Ni(NH_3)]^{2+}$	⇅⇅⇅↑↑	⇅	⇅⇅⇅	⇅⇅○○○		
d⁹	Cu^{2+}	⇅⇅⇅⇅↑	○	○○○	○○○○○	外轨型$[Cu(CN)_4]^{2-}$ 内轨型	活性惰性
	$[Cu(H_2O)_4]^{2+}$	⇅⇅⇅⇅↑	⇅	⇅⇅⇅	○○○○○		
	$[CuEn_2]^{2+}$	⇅⇅⇅⇅⇅	⇅	⇅⇅⇅	○○○○○		
d¹⁰	Zn^{2+}	⇅⇅⇅⇅⇅	○	○○○	○○○○○	Cd^{2+},Hg^{2+},Cu^+,Ag^+,Au^+ 均为外轨型;$[Zn(NH_3)_4]^{2+}$,$[ZnCl_4]^{2-}$,$[Cd(NH_3)_4]^{2+}$,$[Cd(CN)_4]^{2-}$,$[HgI_4]^{2-}$,$[Hg(CN)_4]^{2-}$,均为外轨型;$[Cu(NH_3)_2]^+$,$[Ag(CN)_2]^-$,$[Cu(thio)_2]^+$,$[Au(CN)_2]^-$,均为外轨型	均为活性
	$[Zn(CN)_4]^{2-}$	⇅⇅⇅⇅⇅	⇅	⇅⇅⇅	○○○○○		
	$[Ag(NH_3)_2]^+$	⇅⇅⇅⇅⇅	⇅	⇅⇅○○	○○○○○		

二、取代活性与取代惰性

取代反应包括配合物的一个配体被另一配体取代，或者一个金属离子被另一个金属离子取代。英哥德（Ingold）用亲核取代 S_N 和亲电取代 S_E 来描述取代反应：

$$Y+M—X \longrightarrow M—Y+X \qquad S_N \tag{5-9}$$

$$M'+M—X \longrightarrow M'—X+M \qquad S_E \tag{5-10}$$

式中，X、Y表示能给出电子（亲带正电的金属）的配体；M、M′表示带正电荷的金属离子。易把电子给正电核的称为亲核试剂，电镀时常用的配体多是亲核试剂，所遇到的反应则是亲核取代反应。

$S_N 1$ 表示单分子亲核取代反应，它分两步进行。首先是配离子离解成低配位数的中间体，这是反应中最慢的一步，也是速率的控制步骤，其反应式如下：

$$[L_5M—X] \underset{}{\overset{慢}{\rightleftharpoons}} [L_5M]+X \tag{5-11}$$

随后是另一种亲核试剂 Y 的快速进攻，进而形成新的配合物。

$$[L_5M] + Y \xrightarrow{\text{快}} [L_5M—Y] \tag{5-12}$$

S_N2 表示双分子的一步反应，系亲核试剂 Y 挤入配位界与金属离子配位，从而形成配位数更高的反应中间体，然后脱落 X，形成新的配合物，其反应式为

$$Y + [L_5M—X] \longrightarrow \left[L_5M \begin{smallmatrix} \cdots X \\ \cdots Y \end{smallmatrix} \right] \longrightarrow [L_5M—Y] + X \tag{5-13}$$

金属配离子容易形成哪种反应中间体，主要由配离子的电子构型决定，根据配体场论的分析，对于六配位数的八面体配合物有如下结论：

① d^0、d^1、d^2 构型的配合物，很容易通过 S_N1 和 S_N2 形成活性中间体，因此，不论它们形成的是内轨型还是外轨型配合物，它们都是取代活性的。

② 在强配体的作用下，d^8、d^6 和 d^3 构型的金属离子均形成内轨型配合物，要使插入金属内层 d 轨道的配体离解很困难，同时又无空的 d 轨道让它形成 S_N2 中间体，因此它们按 S_N1 和 S_N2 进行反应都十分困难，是取代惰性的，这些配合物就称为惰性配合物。惰性配合物的电沉积反应很慢，这说明 Fe^{2+}(d^6)、Co^{3+}(d^6)、Cr^{3+}(d^3) 和 Ni^{2+}、Pd^{2+}(d^8) 电镀时不可选用强的配体。

③ 在强场作用下，$d^3 \sim d^8$ 构型的配合物形成活性中间体困难的程度大致有以下的顺序：$d^5 > d^4 > d^3 > d^8 > d^6$，这一顺序和水合金属离子电沉积速度的顺序基本一致。

④ d^{10} 构型的金属离子容易形成 S_N1 活性中间体，所以是活性的，电镀时可以选用最强的配体，如 CN^- 等。

各种金属离子或配离子的电子构型和取代活性的关系见表 5-1。

第三节　溶液中金属配合物形成的机理

一、简单 S_N1 和 S_N2 机理的局限性

1. S_N1 机理

前面已经提到，单分子亲核取代反应 S_N1 是由两步反应组成的：

$$[L_mMX] \xrightarrow[k_1]{\text{慢}} [ML_m] + X \tag{5-14}$$

$$[ML_m] + Y \xrightarrow{\text{快}} [L_mMY] \tag{5-15}$$

根据这一机理，首先是 M—X 键断裂，而形成低配位数的中间过渡配合物（简称中间体）$[ML_m]$，然后进入基团 Y 迅速和它配位而形成最终产物。反应的第一步是配合物离解，故属于单分子反应。反应的速率方程❶为一级反应

---

❶ 为简化起见，略去了配离子的电荷，而用方括号直接表示配合物的浓度。例如，$[Zn(H_2O)_6^{2+}]$ 用 $[Zn(H_2O)_6]$ 表示。

$$v = k_1[L_m MX]$$

断裂 M—X 键所需的能量由两部分组成，一个是把 M—X 键拆开所需的能量；另一个是包围着配离子的溶剂分子和配离子之间的相互作用能。水是最常用的溶剂，同时又是一个很好的配体，因此，水的作用是必须考虑的，这就得对上述的机理进行修正。考虑了水的作用之后的取代反应可写成：

$$[L_m MX] + H_2O \xrightarrow[k_1]{\text{慢}} [L_m MH_2O] + X \tag{5-16}$$

$$[L_m MH_2O] + Y \xrightarrow{\text{快}} [L_m MY] + H_2O \tag{5-17}$$

按照前一种机理，可以推导出速率方程为

$$\frac{d[L_m MY]}{dt} = k_1[L_m MX] \tag{5-18}$$

考虑水的作用之后，速率方程为

$$\frac{d[L_m MY]}{dt} = k_1[L_m MX][H_2O] \tag{5-19}$$

由于所存在的水的浓度实际上是恒定的（均为 55.5mol/L），故式(5-19)可改写为

$$\frac{d[L_m MY]}{dt} = k_1'[L_m MX] \tag{5-20}$$

其中

$$k_1' = k_1[H_2O]$$

2. $S_N 2$ 机理

取代反应的另一种机理是双分子亲核取代反应 $S_N 2$，其过程分两步：

$$[L_m MX] + Y \xrightarrow[k_1]{\text{慢}} [L_m MXY]$$

$$[L_m MXY] \xrightarrow{\text{快}} [L_m MY] + X$$

第一步是速率控制步骤，为双分子反应，其速率方程式为

$$\frac{d[L_m MY]}{dt} = k_1[L_m MX][Y] \tag{5-21}$$

反应中形成了配位数增加的中间过渡配合物 $\left[L_m M \begin{smallmatrix} X \\ \\ Y \end{smallmatrix} \right]$，其中，X、Y 都处在配合物的内界。但是在不少的情况下，特别是在 $[L_m MY]$ 和 Y 的电荷符号相反时，往往可以通过缔合作用而形成 Y 在配位界外的中间过渡离子缔合物 $[L_m MX]Y$，即溶液中存在有前置平衡反应（preequilibrium reaction）：

$$[L_m MX] + Y \underset{k_{-1}}{\overset{k_1}{\rightleftharpoons}} [L_m MX]Y \tag{5-22}$$

然后它再按单分子反应转化为反应的最终产物：

$$[L_m MX]Y \xrightarrow[k_2]{\text{慢}} [L_m MY] + X \tag{5-23}$$

反应的速率取决于 $[L_m MX]Y$ 的浓度，即 $[L_m MX]$ 和 Y 的浓度。因此，虽然反应

控制步骤是单分子反应，但却是二级反应，其速率方程为

$$\frac{\mathrm{d}[L_m MX]}{\mathrm{d}t}=\frac{k_1 k_2 [L_m MX][Y]}{k_{-1}+k_2}=k[L_m MX][Y] \tag{5-24}$$

实验证明，离子缔合物（或离子对）的形成在动力学上是非常重要的，尤其是非水溶剂（如甲醇、丙酮、二甲基亚砜等）的介电常数比水小，相反电荷离子的溶剂化作用弱，彼此更容易缔合。

有许多反应可以用这种缔合机理来说明，而且从动力学数据测得的缔合常数（或形成离子对的平衡常数）为

$$K_0=\frac{k_{-1}}{k_1}$$

K_0 和用非动力学方法测定相同溶液所得的缔合常数相当一致，而且在非水溶剂中八面体配合物的取代反应不存在双分子反应。这表明存在缔合作用，且它对反应速率有重大影响。

二、各种配位反应机理间的关系

溶液中形成配合物的反应，可表示为

$$[L_m M(H_2O)_n]^{a+}+X^- \underset{k_-}{\overset{k_+}{\rightleftharpoons}} [L_m M(H_2O)_{n-1}(X)]^{(a-1)+}+H_2O \tag{5-25}$$

这个反应可分成以下几步进行（见图 5-2）。

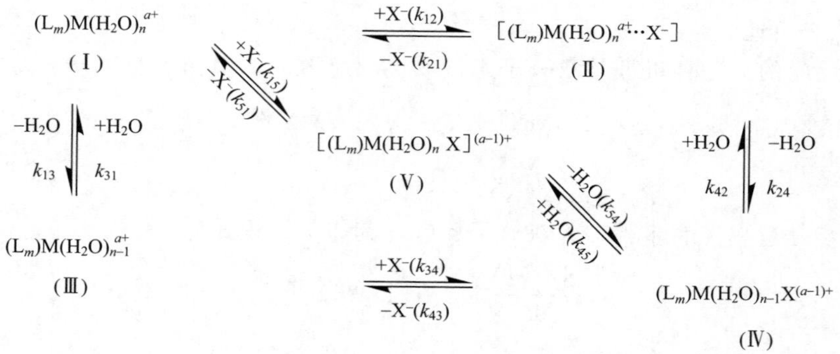

图 5-2 反应过程图

图 5-2 所示为反应物变为产物的三条途径，它分别表示改进了的 $S_N 1$、$S_N 2$ 和缔合机理（Ⅰ）。

1. 单分子亲核取代 $S_N 1$ 机理

途径（Ⅰ）→（Ⅱ）→（Ⅳ）表示 $S_N 1$ 机理（极端条件）。这相当于休富德（Langford）和格雷（Gray）提出的离解机理。已知 $[Co(CN)_5 H_2O]^{2-}$ 和 $[Co(NH_3)_5 H_2O]^{3+}$ 反应符合这一机理，反应的中间产物分别为 $[Co(CN)_5]^{2-}$ 和 $[Co(NH_3)_5]^{3+}$。下面的反应式

$$[Co(NH_3)_4 SO_3(X)]^{n+}+Y \longrightarrow [Co(NH_3)_4 SO_3(Y)]^{n+}+X \tag{5-26}$$

其中 X 为 NH_3、OH^-、NO_2^- 或 NCS^-；Y 为 OH^-、CN^-、NO_2^- 或 NCS^-。反应

是通过 $[Co(NH_3)_4SO_3]^+$ 这个中间体进行的。

2. 双分子亲核取代 S_N2 机理

途径（Ⅰ）→（Ⅴ）→（Ⅳ）表示极端条件的 S_N2 机理，在反应中进入和离去配体形成配位数增加的中间过渡配合物，而进入基团和离去基团的排列是对称的。在八面体配合物中还没有见到明显属于此类反应的实例，但在 Rh^+ 的平面型配合物 $[Rh(cod)(SbR_3)Cl]$ 同胺类的反应为

$$[Rh(cod)(SbR_3)Cl]+Py \longrightarrow [Rh(cod)(Py)Cl]+SbR_3$$

其中，cod 为环辛-1,5-二烯，R 为对甲苯基。在此反应中形成了五配位的中间体。反应

$$[Pt(dien)Cl]^+ +CN^- \longrightarrow [Pt(dien)CN]^+ +Cl^-$$

它的中间体中的 Pt—Cl 键也有一定的离解。

3. 外界离子缔合物 A 机理

反应按（Ⅰ）→（Ⅲ）→（Ⅳ）的途径进行，它包括形成外界离子对（也称离子缔合物）的过程。惰性的 Co(Ⅲ) 离子在形成内界配合物时，这种外界离子对中间体起了重要的作用，快速反应技术的测定证明了这一点，并指出外界配合物的形成是前置过程，它只和部分配体有关。

在非水溶剂中进行反应时，离子对的形成占有更加重要的地位。例如，反式 $[Co(en)_2(H_2O)(NO_2)]^{2+}$ 配离子在二甲基甲酰胺、丙酮等有机溶剂中被 Cl^-、Br^- 和 SCN^- 取代的反应，随着配体浓度的增高，取代水的速度达到了极限值，在这种条件下的配离子几乎全部是以离子对的形式存在，而反应可以看成是离子缔合物内部组分的重排，或者是内外界配体发生互换。反应是属于单分子还是双分子反应那就要看反应时键的断裂和形成是否同时进行。因此也有人又进一步将缔合机理进行了细分，称之为互换机理。

4. 互换 I 机理

它指配合物发生取代反应时，配位数并没有改变，而只是内、外界（或第一与第二配位层）发生配体的交换。反应速率对进入基团和离去基团都起作用，根据两类基团作用程度和中间过渡状态的区别，I 机理又可进一步分成 I_a 和 I_d 机理。在 I_d 机理中，过渡状态对于进入和离去基团的键都较弱，即比较偏向于键的离解，所以用脚标 d 注明；相反，若进入基团的作用比离去基团的作用更明显，即它对活化能的贡献较大，此时反应机理倾向于缔合作用，故用 I_a 表示。I_a 机理对进入基团和离去基团都较敏感，而 I_d 机理主要取决于离去基团。在水溶液中，许多配合物反应的控制步骤是从内配位界中离解去水，然后发生配体的取代，所以 S_N1 或 I_d 机理对溶液中的反应较为重要。

从图 5-2 可见，对于形成离子对的反应，若 k_{24} 的速率的控制步骤，则取代反应主要具有 S_N1（或 I_d）的特征。因为 K_0（$K_0=k_{12}/k_{21}$）是形成离子对的平衡常数（即缔合常数），且 $k_{21} \gg k_{24}$，故反应式(5-25)的正逆向速率常数分别为

$$k_+ =k_{24}K_0+\frac{k_{34}k_{13}}{k_{31}+k_{34}[X^-]} \tag{5-27}$$

$$k_- =k_{42}+\frac{k_{43}k_{31}}{k_{31}+k_{34}[X^-]} \tag{5-28}$$

若反应是通过（Ⅰ）→（Ⅲ）→（Ⅳ）时，则速率常数表达式的第二项更重要，k_+ 与 $[X^-]$ 有关。若反应是通过（Ⅰ）→（Ⅱ）→（Ⅳ）时，则第一项是主要的，反应显示 S_N1 特征，其一级速率常数为 $k_{24}=k_+/K_0$，K_0 可用下式计算：

$$K_0=\frac{4\pi N^3 a}{3000}\mathrm{e}^{\frac{-U(a)}{kT}} \tag{5-29}$$

式中，$U(a)$ 为库仑能；N 为阿佛加德罗常数；k 为波尔兹曼常数；a 为离子间最近的距离（约为 5Å）。

由于 k_+ 可以测定，于是可求出同一金属离子与不同配体反应时的 k_{24} 值。

阿特金森（Atkinson）等提出的溶液中形成配合物的三步机理如下：

① 反应离子在扩散控制的过程中形成溶剂分隔的离子对；

② 从配体的配位界中快速除去水分子，反应速率取决于配体和溶剂的交换速度；

③ 水分子从阳离子的内配位界中除去，随即为配体所取代。反应速率取决于金属离子的性质。

第四节　八面体配合物的取代反应

一、水合金属离子内配位水的取代反应

金属离子在水溶液中将形成水合离子，各种水合离子的内配位层有 n 个水分子配位，第二层、第三层有几个水分子存在，目前还不清楚。近年来由于采用溶液 X 射线衍射法和中子衍射法等研究手段，已经可以较有把握地确定内层配位的水分子数。表 5-2 列出了最近研究确定的离子的水合数和离子-水分子间键的距离。

表 5-2　离子的水合数（n）和离子-水分子的间距（r）

离 子	n	$r/\text{Å}$	离 子	n	$r/\text{Å}$
Li^+	4	1.99～2.04	Al^{3+}	6	1.90
Na^+	4 或 6	2.4 或 2.41	Cr^{3+}	6	2.00
K^+	4	2.9	Fe^{3+}	6	2.00
Cs^+	8	3.2	In^{3+}	6	2.15
Mg^{2+}	6	2.04	Tl^{3+}	6	2.23
Ca^{2+}	6	2.43	La^{3+}	9 或 8	2.58 或 2.48
Sr^{2+}	8	2.6	Pr^{3+}	9	2.54
Ba^{2+}	8	2.9	Nd^{3+}	9	2.51
Mn^{2+}	6	2.20	Gd^{3+}	8	2.37
Fe^{2+}	6	2.12	Tb^{3+}	8	2.41
Co^{2+}	6	2.08	Dy^{3+}	8	2.40
Ni^{2+}	6	2.04	Er^{3+}	8	2.37
Cu^{2+}	4 或 2	1.96 或 2.43	Tm^{3+}	8	2.37
Zn^{2+}	6	2.08	Lu^{3+}	8	2.34
Ag^+	2	2.41	Cl^-	6	3.14
Cd^{2+}	6	2.31	Br^-	6	3.33
Hg^{2+}	6	2.41	I^-	6	3.60

注：本表取自大瀧仁志，化学の领域，34，（1），21（1980）；1Å=10^{-10}m。

　　从表中可以看出，除少数半径特别小的和半径较大的且电荷又高的离子具有较低和较高的水合数外，大部分离子的水合数为 6。其几何构型为八面体，故把水合金属离子内配位水的取代反应归入八面体配合物的取代反应。

　　金属离子的反应特性表现在它们的配位水分子与溶液中水分子的交换速度，即外层水分子取代内配位水分子的速度。

　　图 5-3 所示为各种水合金属离子内配位水的取代速率常数。

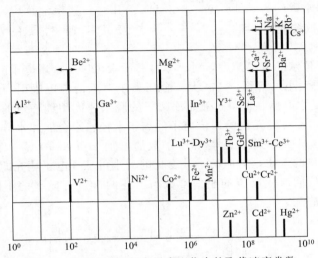

图 5-3　各种水合金属离子内配位水的取代速率常数

　　若不用 H_2O^*，而用氨三乙酸来取代水合金属离子的内配位水，反应按图 5-2 所示的（Ⅰ）→（Ⅱ）→（Ⅳ）进行，测得取代第一个水分子的速率常数 k_{24} 之值，除了少数金属离子的数值与交换法的有差别外，其余均一致。表明取代反应的速率控制步骤是脱去第一个内配位水的速度。

　　从图 5-3 可以得出以下几点结论：

　　① 电荷相同的离子，离子半径越大，取代速度越快。碱金属离子形成配合物的速度比任何其他离子都快，其反应速率有如下顺序：

$$Cs^+ > Rb^+ > K^+ > Na^+ > Li$$

对于碱土金属离子，其反应速率有如下顺序：

$$Ba^{2+} > Sr^{2+} > Ca^{2+} \gg Mg^{2+} > Be^{2+}$$

对于第二副族金属离子，其反应速率有如下顺序：

$$Hg^{2+} > Cd^{2+} > Zn^{2+}$$

　　② 若离子半径相近，电荷越高，反应的速率越慢。例如，Na^+、Ca^{2+} 和 Tb^{3+} 的离子-水分子间距相近（见表 5-2），其取代反应的速率按以下顺序变化：

$$Na^+ > Ca^{2+} > Tb^{3+}$$

　　③ 第一过渡系的二价过渡金属离子的反应速率有如下顺序：

$$Cu^{2+} \approx Cr^{2+} \gg Mn^{2+} > Fe^{2+} > Co^{2+} > Ni^{2+} > V^{2+}$$

④ 反应速率最慢的是 Rh^{3+} 和 Cr^{3+}，它们的半寿期以天计，Cr^{3+} 的速率常数为 1.8×10^{-6}。其余反应速率较慢的有：

Al^{3+}，速率常数约为 1

Co^{3+}，速率常数约为 10

Be^{2+}，速率常数约为 10^2

V^{2+}，速率常数约为 10^2

Fe^{3+}，速率常数约为 1.3×10^2

Ti，速率常数约为 4×10^3

Ga^{3+}，速率常数约为 10^3

Mn^{3+}，速率常数约为 10^4

Ni^{2+}，速率常数约为 2×10^4

Mg^{2+}，速率常数约为 10^5

Co^{2+}，速率常数约为 2×10^6

In^{3+}，速率常数约为 2×10^6

Fe^{2+}，速率常数约为 3×10^6

上述的内配位水的取代速度，对于非过渡元素可以用金属离子的电荷半径比 z/r（亦称离子势）的大小来解释，z/r 大，金属离子对水的静电吸引力强，因此取代或脱水速度慢❶，反之亦然。二价过渡金属离子的脱水速度用纯静电的观点是无法解释的，图 5-4 表示第一过渡元素的二价离子的离子半径、水合能和水分子取代反应的速率常数与 d 电子构型的关系。随着 d 电子数的增加（由 d^0 的 Ca^{2+} 到 d^{10} 的 Zn^{2+}），离子半径和水合热的变化是对应的，其变化的大小可从 d 电子填充的程度和晶体场稳定化能来说明。然而取代反应的速率常数与上述两个量有显著的不同，也无对应关系，其原因尚不清楚。

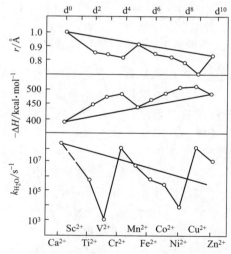

图 5-4　二价金属离子的离子半径（r）、水合能（$-\Delta H$）和配位
水分子取代反应的速率常数 k_{H_2O} 与 d 电子构型的关系

二、影响取代反应速率的因素

① 已配位配体一般都使内界水分子的交换速度加快，这是由于配体把电子给予

---

❶ 水合金属离子取代反应的速率控制步骤是金属离子内配位水的离解或脱去，故取代反应速率可近似用脱水速度表示。

金属离子后，降低了金属的正电荷而使 M—OH$_2$ 键减弱，水分子就容易脱离。但 π 配体的影响小。

② 离去基团与金属的键越牢，离解就越困难，故反应速率越慢。这种 M—X 键的稳定常数 lg$K$ 和反应速率常数 lg$k$ 间的线性关系称为线性自由能（LFER）关系。

③ 进入基团对按离解机理进行的反应的速率影响小，但对按缔合机理进行的反应的速率影响较大。

④ 温度对反应速率有很大的影响，由速率常数的温度关系可以求出反应的活化能 E^*：

$$\frac{\mathrm{d}\ln k}{\mathrm{d}T} = \frac{E^*}{RT^2}$$

⑤ 除上述因素外，金属和配体的电荷、溶剂的性质、螯合效应和立体效应、金属离子的催化作用和桥式配合物的形成等都对取代反应的速率有影响。

第五节 平面正方形配合物的取代反应

一、反应的速率方程和机理

平面正方形的 Ni(Ⅱ) 配合物同单啮配体 Y 和多啮配体 L—L 的取代反应可表示为

$$\text{MX}_4 + \text{Y} \longrightarrow \text{MX}_3\text{Y} + \text{X} \tag{5-30}$$

$$\text{MX}_4 + \text{L——L} \longrightarrow \text{MX}_3(\text{L——L}) + \text{X} \tag{5-31}$$

$$\text{MX}_3(\text{L——L}) \longrightarrow \text{X}_2\text{M} \bigg\langle \begin{array}{c} \text{L} \\ | \\ \text{L} \end{array} \bigg\rangle + \text{X} \tag{5-32}$$

反应的速率控制步骤通常是离去基团被取代的反应［式(5-31)］，而螯环的闭合［式(5-32)］一般是较快的。故反应的速率方程可用下列的二项式表示：

$$-\frac{\mathrm{d}[\text{MX}_4]}{\mathrm{d}t} = k_1[\text{MX}_4] + k_2[\text{MX}_4][\text{Y}] \tag{5-33}$$

式中，k_1 是 MX$_4$ 离解的一级速率常数（若考虑溶剂也参与反应，则为二级反应）；k_2 是 Y 取代 X 的二级速率常数，反应式如下：

$$\begin{array}{ccc} \text{X}_3\text{M——X}+\text{S} & \underset{k_{-1}}{\overset{k_1}{\rightleftharpoons}} & \text{X}_3\text{M——S}+\text{X} \\ & & \\ {\scriptstyle(+\text{Y}, -\text{X})}\Big\downarrow k_2 & & \Big\downarrow {\scriptstyle 快\ (+\text{Y}, -\text{S})} \\ & \text{X}_3\text{MY} & \end{array}$$

已知 Au(Ⅲ)、Ir(Ⅰ)、Rh(Ⅰ)、Ni(Ⅱ)、Pd(Ⅱ)、Pt(Ⅱ) 的配合物多属于平面正方形，它们的取代反应速率满足式(5-33)。

平面正方形配合物是一类配位未饱和的配合物。在平面的上、下两端还有空的配位位置，反应前多为溶剂分子所占据，而反应的机理实际上都涉及溶剂分子和离去基团被进入基团的取代。所以反应主要具有 S_N2 的特征，反应的中间体主要为五配位的三角双锥。反应的过程可用图 5-5 表示。其中，Y 为进入基团，X 为离去基团，S 为溶剂分子，基团 L_1 最初在 X 的反位。

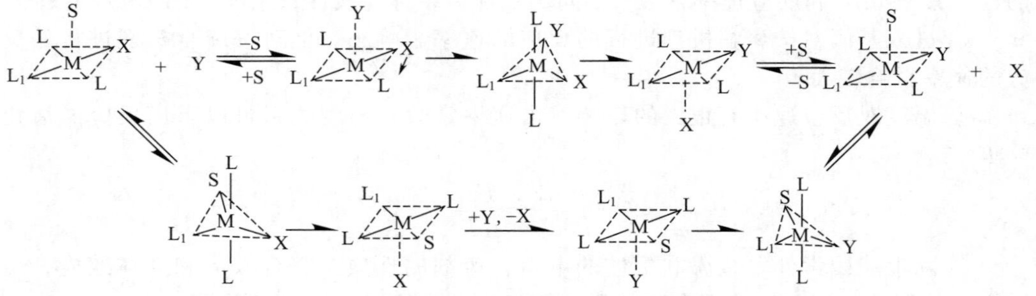

图 5-5 平面正方形的取代反应过程

实验已证明，Ni(Ⅱ)、Pd(Ⅱ) 和 Pt(Ⅱ) 均存在稳定的五配位配合物，这些都符合缔合机理（即 S_N2 机理）。但某些反应有时用离解机理反而比用缔合机理更能说明问题。

二、反位效应和顺位效应

大量实验表明，在平面正方形和八面体构型的金属配合物中，存在着反位（致活）效应和顺位（致活）效应。其概念是：

键合在离去基团反位或顺位的配体有加速取代反应速率的效应，分别称为反位效应（trans-labilising effect）和顺位效应（cis-labilising effect）。反位基团的效应通常比顺位的大得多。利用这种效应，在制备所需组成和结构的平面配合物方面具有重大意义。Pt(Ⅱ) 配合物中各种配体反位效应大小的顺序如下：

$$I^->NH_3>Br^->Cl^->OH^-\approx H_2O$$

表 5-3 列出了某些 Pt(Ⅱ) 配合物中反位效应对反应速率的影响。表中的数据表示反应速率常数之比值。从这些数据可以看出，反位配体的不同对取代反应速率有很大的影响，而影响的实质目前是用改变 σ 电子的分布（静电作用）和改变 π 电子的分布（π 键的生成）来解释。

顺位（致活）效应比反位（致活）效应小得多，一般情况下可以忽略。第一个被研究的顺位效应的反应是

$$顺[Pt(PEt_3)_2RCl]+Py\longrightarrow 顺[Pt(PEt_3)_2R(Py)]^++Cl^-$$

式中，R 为有机基团或 Cl^-，该反应对 R 的顺位效应的顺序是

R: $\quad$ $CH_3>$对甲苯基$>$苯基$>Cl^->$邻甲苯基$>$莱基

$\dfrac{k_{Pt-R}}{k_{Pt-Cl}}$: $\quad$ 3.6 $\quad$ 3.0 $\quad$ 2.3 $\quad$ 1 $\quad$ 5×10^{-3} $\quad$ 2.5×10^{-5}

同表 5-3 的数据相比，就可看出顺位效应比反位效应的作用小。

在配合物的书刊中同时使用了两种术语，一种是上述的"反位效应"，它属于动力学范畴；另一种术语叫做"反位影响"（trans-influence），它指的是平衡态时配体

使其反位的金属-配体键减弱的程度。因此，它属于热力学范畴。这种区分是 1966 年才正式提出来的，目前已为大家所接受。

表 5-3　反位效应对某些 Pt(Ⅱ) 配合物反应速率的影响

配　合　物	进入基团	反应基团	反位(致活)效应顺序(数值为速率常数之比)
顺[Pt(NH₃)LCl₂]	Py	L	$C_2H_4 \gg NO_2^- > Br^- > Cl^-$ 　　>100　　9　　3　　1
顺[Pt(PR₃)₂Cl₂]或 反[Pt(PEt₃)₂LCl]	Py	PR₃ 或 L	$PMe_3 > PEt_3 \approx H^- > P(n\text{-}Pr)_3 > CH_3 > Ph \approx p\text{-}Cl\text{-}Ph >$ 邻甲苯基 $> Cl^-$ >50000　　约 10000　　　　167　　40　　33　　4.2　　1 　　　约 10000　　约 4000
反[Pt(PEt₃)₂LCl]	CN⁻	L	Ph>邻甲苯基>萘基 425　　28　　1
反[Pt(PEt₃)LCl]	硫脲	L	Ph>邻甲苯基>萘基 127　　13.2　　1
反[Pt(H₂NEt)Cl₂]	H₂NEt (交换)	L	烯、炔 $\gg SbPh_3 > PMe_3 > P(n\text{-}Pr)_3 > PPh_3 > AsEt_3 > AsPh_3 \gg S(n\text{-}Pr)_2$
[Pt(H₂O)₄₋ₙXₙ]²⁻ⁿ和 [Pt(NH₃)₄₋ₙClₙ]²⁻ⁿ	H₂O 或 NH₃		$Br^- > Cl^- > NH_3 > H_2O$

第六章

配合物的平衡电位

电极电位和电极反应的速率是电化学理论的中心问题。电极电位和电极反应的自由能有直接的关系，因此，由电极电位可以判别氧化-还原反应能否进行和进行的难易，即电极电位决定着金属反应性的顺序。溶液中金属离子的浓度，特别是存在配位体时，将明显地影响金属的电极电位，因而也影响了电化学反应的顺序和难易。因此，弄清平衡电位的产生、大小和各种因素对它的影响，在电镀的理论和实践上都有重要的意义。

第一节　平　衡　电　位

一、金属与其离子间的平衡电位

1. 平衡电位的表达式

若把金属电极插入金属盐溶液中，在溶液中，除了离子间的各种平衡外，又产生了一种新的电极界面和溶液间的平衡反应。一方面金属以水合配离子形式溶入溶液，在金属上留下了电子，使金属带负电。金属越活泼，溶液越稀，金属的溶解度就越大；另一方面，盐溶液中的水合金属配离子又可以从金属表面获得电子而沉积到金属表面上。随着溶解下来的金属离子的增多，溶液中的正电荷增加，水合金属配离子受金属表面负电荷的吸引和溶液中正电荷的排斥越来越大，金属的进一步溶解就变得困难。也即金属离子的溶解速度逐渐变小，而溶液中金属离子的沉积速度却逐渐变大。当溶解速度与沉积速度相等时，在单位时间内溶解下来的离子数等于沉积到金属上的离子数，此时电极界面间就达到了动态平衡。

例如，把锌片浸入 1mol/L 硫酸锌溶液中时，金属锌就溶解下来而变成水合锌配离子 $[Zn(H_2O)_6]^{2+}$，同时溶液中的水合锌配离子也可以从电极上获得电子而又变回锌原子沉积到金属锌上去，经过一定时间，体系达到动态平衡后，金属锌电极带负电，它周围的溶液带正电（见图 6-1），它们之间就产生了一定的电位差，这种电位差就叫做金属的电极电位。如果金属与溶液间只存在一种阳离子的交换，而且氧化和还原反应是可逆的，因而可达到电荷与物质的同时平衡，这一类电极电位，称为可逆电极电位或平衡电位。

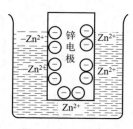

图 6-1　锌电极在锌盐
溶液中的平衡

平衡电位的大小取决于电极的本性，也和溶液的浓度、温度等因素有关。为了便于比较，把溶液温度定为 $25℃$，浓度为 $1g$ 离子/L 时，相对于标准氢电极所测得的平衡电位称为标准电极电位，通常为 $E^\ominus$ 表示。在一般条件下，金属的平衡电位 E 可用能斯特方程式表示：

$$E=E^\ominus+\frac{RT}{nF}\ln\frac{\left[氧化态\right]}{\left[还原态\right]}\ (V) \tag{6-1}$$

对 Zn 电极来说，在 $25℃$，1 大气压时反应 $Zn \Longleftrightarrow Zn^{2+}+2e^-$ 的平衡电位为

$$E=E^\ominus+\frac{0.059}{n}\lg[Zn^{2+}]=-0.76+\frac{0.059}{2}\lg[Zn^{2+}]\ (V) \tag{6-2}$$

式中，n 为电极反应中的物质得失电子的数目。在该反应中氧化态为 Zn^{2+}，还原态为金属锌，其有效浓度为 1。

应当指出，还原电位相应于还原作用，即得电子作用，在电极反应方程式中电子符号 e^- 应写在反应式的左边。电位符号有负有正，正负号表示所列电极与标准氢电极组成电池时，该电极的符号。例如在锌-氢电池中，Zn 为负极，H_2 为正极。Ag 的还原电位为 $+0.7996V$，表明银-氢电池中，Ag 是正极，H_2 是负极。正负号还另有意义，就是它也表示在与氢电极所组成的电池反应中，所列还原作用进行方向的顺反，正号表示顺向进行，负号表示反向进行。例如 Zn 极的电位号为负，因为在锌-氢电池中的反应是：

$$Zn+2H^+ \longrightarrow Zn^{2+}+H_2$$

式中，Zn 极的作用与还原作用的方向相反。如

$$Zn \longrightarrow Zn^{2+}+2e^-$$

在银-氢电池中的反应是：

$$2Ag^++H_2 \longrightarrow 2Ag+2H^+$$

式中，Ag 极的作用是：

$$Ag^++e^- \longrightarrow Ag$$

这正好与还原作用的方向一致。还原作用的反向是氧化作用，即失电子作用，反应式把 e^- 写在右边。这样还原反应就颠倒过来，还原电位的符号，负的就需改为正的，正的改为负的，还原电位就应改称为氧化电位。

氧化电位不得称为标准电极电位，因为电位符号已不代表电极的符号。通常讲电极电位是指还原电位。在化学书刊中，有的用还原电位，有的用氧化电位，很容易混淆，这点应注意。

2. 影响平衡电位的因素

(1) 金属离子浓度的影响

从式(6-2) 可以看出，随着金属离子浓度的降低，金属的平衡电位也随之下降。例如：

$$[Zn^{2+}]=1mol/L \quad E=E^\ominus=-0.76(V)$$
$$[Zn^{2+}]=2mol/L \quad E=-0.76+0.01=-0.75(V)$$
$$[Zn^{2+}]=0.5mol/L \quad E=-0.76-0.01=-0.77(V)$$
$$[Zn^{2+}]=0.1mol/L \quad E=-0.76-0.03=-0.79(V)$$

即浓度变化到两倍时，电位变化 10mV。浓度变化到十倍时，电位仅变化 30mV。图 6-2 是 Ag/Ag^+ 电极电位随 $[Ag^+]$ 变化的曲线，$[Ag^+]$ 变化到十倍时，电位的变化正好等于其斜率（60mV）。这表明离子浓度对平衡电位的影响不很显著。对于变价的 Fe^{2+}/Fe^{3+} 体系，当 $[Fe^{3+}]$ 减小和 $[Fe^{2+}]$ 增大同时发生时，$\lg\dfrac{[Fe^{3+}]}{[Fe^{2+}]}$ 变化的幅度就较大，E 的变化也大。

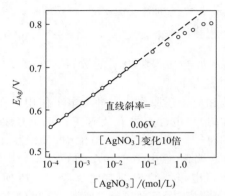

图 6-2　Ag/Ag^+ 电极电位随 $[Ag^+]$ 变化的曲线❶

（2）酸度的影响

在某些电极反应中常有 H^+ 或 OH^- 离子参与，因此，电极电位的表达式中就包含了 $[H^+]$。例如反应

$$MnO_4^- + 8H^+ + 5e^- \Longrightarrow Mn^{2+} + 4H_2O \tag{6-3}$$

则

$$E = E^\ominus + \frac{0.059}{5}\lg\frac{[MnO_4^-][H^+]^8}{[Mn^{2+}]} \quad (V)$$

若

$$[MnO_4^-] = [Mn^{2+}]$$

则

$$E = E^\ominus + \frac{0.059}{5}\lg[H^+]^8 = E^\ominus + 0.0947\lg[H^+] \quad (V)$$

当 $[H^+]=1.0$ mol/L 时，则 $E=E^\ominus=+1.51$ V；当 $[H^+]=10^{-3}$ mol/L（pH=3）时，则 $E=E^\ominus-0.28=+1.23$（V）。

由此可见，MnO_4^- 在强酸性溶液中的氧化能力比在弱酸性时更强，pH 值由 1 变至 3 时电极电位变化 0.28V，这说明 pH 的影响是很显著的。因此，在实际工作中总是用 $KMnO_4$ 的酸性溶液作氧化剂。

对于没有 H^+（或 OH^-）参加的电极反应，如 $I_2 + 2e^- \Longrightarrow 2I^-$，溶液的酸度变化不会影响其电极电位。

（3）沉淀生成对电极电位的影响

在金属离子溶液中加入沉淀剂，金属离子将转化为固体沉淀物，从而使游离金属离子的浓度明显下降，与此相应的金属的平衡电位也明显负移。例如：

---

❶　Ag/Ag^+ 间的斜线表示电极与 Ag^+ 溶液间的界面。

$$Ag^+ + e^- \Longrightarrow Ag \qquad E^{\ominus}_{Ag^+/Ag} = 0.7991V$$

如果加入 NaCl，则体系出现新的沉淀平衡：

$$Ag^+ + Cl^- \Longrightarrow AgCl(s) \downarrow$$

达到平衡后，如果 Cl^- 离子的浓度为 $1mol/L$，Ag^+ 离子浓度则为

$$[Ag^+] = \frac{K_{so}}{[Cl^-]} = K_{so} = 1.6 \times 10^{-10} mol/L$$

这时

$$\begin{aligned}
E &= E^{\ominus}_{Ag^+/Ag} + 0.059 \lg[Ag^+] \\
&= E^{\ominus}_{Ag^+/Ag} + 0.0591 \lg 1.6 \times 10^{-10} \\
&= 0.799 - 0.578 \\
&= +0.221 \ (V)
\end{aligned}$$

E 表示的是反应 $AgCl(s) + e^- \Longrightarrow Ag + Cl^-$ 的平衡电位。由于 AgCl 的生成，同 $E_{Ag^+/Ag}$ 相比，$E_{AgCl/Ag}$ 的平衡电位下降了 $0.578V$。沉淀的溶度积越小，Ag^+ 的平衡浓度越小，$E_{AgCl/Ag}$ 也越负。表 6-1 列出卤化银的溶度积和标准平衡电位的关系。

表 6-1　沉淀的溶度积和金属的标准平衡电位的关系

沉淀	pK_{so}[①]	$E^{\ominus}/V$	沉淀	pK_{so}[①]	$E^{\ominus}/V$
Ag^+	—	$+0.799$	AgBr	12.28	$+0.073$
AgCl	9.75	$+0.221$	AgI	16.08	-0.151

① K_{so} 值已外推至离子强度为 0。

二、配离子的平衡电位

同沉淀剂对金属平衡电位的影响相似，由于配位体的加入，生成了稳定的配合物，体系游离金属离子的浓度也将显著下降，相应的平衡电位也向负的方向移动。例如，在 25℃ 时锌电极反应的平衡电位为

$$Zn^{2+} + 2e^- \Longrightarrow Zn \tag{6-4}$$

$$E^{\ominus}_{Zn^{2+}/Zn} = -0.763 \ (V)$$

$$E = E^{\ominus} + \frac{0.059}{2} \lg[Zn^{2+}] \ (V)$$

在简单锌盐溶液中，若 Zn^{2+} 离子的浓度为 $1mol/L$，则 $E = E^{\ominus} = -0.763V$。若在 $1mol/L$ 的 $[Zn^{2+}]$ 溶液中加入足量的氨，由于形成稳定的配离子 $[Zn(NH_3)_4]^{2+}$，Zn^{2+} 的浓度显著降低。溶液中主要存在的是 $[Zn(NH_3)_4]^{2+}$，此时，电极反应已由式(6-4) 转化为

$$[Zn(NH_3)_4]^{2+} + 2e^- \Longrightarrow Zn + 4NH_3 \tag{6-5}$$

$$E^{\ominus}_{[Zn(NH_3)_4]^{2+}/Zn} = -1.03V$$

反应式(6-5) 实际上是溶液中下列两个平衡反应的总结果：

$$Zn^{2+} + 2e^- \Longrightarrow Zn$$

$$E^{\ominus}_{Zn^{2+}/Zn} = -0.763V$$

$$[Zn(NH_3)_4]^{2+} \Longrightarrow Zn^{2+} + 4NH_3 \tag{6-6}$$

$$K_d = \frac{[Zn^{2+}][NH_3]^4}{[Zn(NH_3)_4^{2+}]} = 3.98 \times 10^{-10}$$

总反应为
$$[Zn(NH_3)_4]^{2+} + 2e^- \Longrightarrow Zn + 4NH_3$$
$$E^{\ominus}_{[Zn(NH_3)_4]^{2+}/Zn}$$

根据标准自由能 $\Delta G^{\ominus}$ 和可逆电池的标准电动势 $E^{\ominus}$ 和平衡常数 K 之间的热力学关系，有

$$\Delta G^{\ominus} = -nE^{\ominus}F = \frac{-RT}{nK} \tag{6-7}$$

若以氢电极作参比电极，标准电动势 $E^{\ominus}$ 在数值上等于标准平衡电位 $E^{\ominus}$（25℃），因此

$$E^{\ominus} = \frac{RT}{nF}\ln K = \frac{0.059}{n}\lg K \text{（V）} \tag{6-8}$$

由此算出反应式(6-6)的标准平衡电位为[❶]

$$E^{\ominus} = \frac{0.059}{2}\lg(3.98 \times 10^{-10}) = -0.27 \text{（V）}$$

因此，反应式(6-5)所表示的总反应的标准平衡电位 $E^{\ominus}_{[Zn(NH_3)_4]^{2+}/Zn}$ 应为式(6-4)和式(6-6)标准电位之和

$$E^{\ominus}_{[Zn(NH_3)_4]^{2+}/Zn} = E^{\ominus}_{Zn^{2+}/Zn} + \frac{0.059}{n}\lg K_d = -0.76 - 0.27 = -1.03 \text{（V）}$$

此数值同实际测得的基本一致。这表明溶液中 Zn^{2+} 几乎全变为 $[Zn(NH_3)_4]^{2+}$ 时，$E^{\ominus}$ 向负方向移动了 0.27V。如果配位体加得较少，不足以全部生成 $[Zn(NH_3)_4]^{2+}$ 时，$E^{\ominus}$ 向负方向移动则小于 0.27V。因此，知道了金属离子配合物的稳定常数，就可以从简单金属离子的标准电极电位计算出相应的配离子的标准电极电位。一些常见金属离子及其配离子的标准电极电位和不稳定常数列于表 6-2。为了获得准确而可靠的标准电极电位数据，国际纯化学与应用化学联合会的分析化学分会中的电化学委员会，在 1971 年发表了经过选择的水溶液中无机物的氧化-还原电位数据，它可以作为计算其他配离子标准电极电位的基础。

从表 6-2 可见，金属离子配合物的标准电极电位一般都比水合金属离子的负，而且，形成的配离子越稳定，标准电极电位负移的程度越大。

三、配离子的氧化-还原电位

对于组成相同，仅仅价态不同的两种配离子 ML_n^{z+} 和 $ML_n^{(z+1)+}$ 组成的下列可逆电池

$$Pt/ML_n^{z+}, ML_n^{(z+1)+} /\!/ H^+(a_{H^+}=1)/H_2(1 \text{ 个大气压}),Pt$$

在恒温恒压和无任何液体接界电位的条件下，其电动势 E 为下列反应的电动势：

$$ML_n^{z+} + H^+ \Longrightarrow \frac{1}{2}H_2 + ML_n^{(z+1)+}$$

[❶] 注意式(6-8)中的 K 指配位反应的平衡常数，若用不稳定常数 K_d 表示时，$E^{\ominus}_{[Zn(NH_3)_4]^{2+}/Zn}$ 等于式(6-4)与式(6-6)的 $E^{\ominus}$ 之和，若用稳定常数 K 表示时，则为式(6-4)与式(6-6) $E^{\ominus}$ 值之差，这样最终的数值才相同。

表 6-2 一些配离子的标准电极电位 $E^{\ominus}$ 和不稳定常数 K_d

电 极 反 应	$E^{\ominus}/V$	K_d
$Ag^+ + e^- \rightleftharpoons Ag$	$+0.799$	—
$[Ag(NH_3)_4]^+ + e^- \rightleftharpoons Ag + 4NH_3$	$+0.371$	9.31×10^{-8}
$[Ag(SO_3)_2]^{3-} + e^- \rightleftharpoons Ag + 2SO_3^{2-}$	$+0.30$	4.5×10^{-8}
$[Ag(S_2O_3)_2]^{3-} + e^- \rightleftharpoons Ag + 2S_2O_3^{2-}$	$+0.01$	3.5×10^{-14}
$[Ag(CN)_2]^- + e^- \rightleftharpoons Ag + 2CN^-$	-0.31	8.0×10^{-22}
$Au^+ + e^- \rightleftharpoons Au$	—	—
$[AuCl_2]^- + e^- \rightleftharpoons Au + 2Cl^-$	$+1.15$	
$[AuBr_2]^- + e^- \rightleftharpoons Au + 2Br^-$	$+0.93$	
$[Au(SCN)_2]^- + e^- \rightleftharpoons Au + 2SCN^-$	$+0.7$	
$[Au(CN)_2]^- + e^- \rightleftharpoons Au + 2CN^-$	-0.60	5×10^{-39}
$Au^{3+} + 3e^- \rightleftharpoons Au$	$+1.50$	—
$[AuCl_4]^- + 3e^- \rightleftharpoons Au + 4Cl^-$	$+1.00$	5×10^{-22}
$[AuBr_4]^- + 3e^- \rightleftharpoons Au + 4Br^-$	$+0.85$	
$[Au(SCN)_4]^- + 3e^- \rightleftharpoons Au + 4SCN^-$	$+0.66$	约 10^{-42}
$Cd^{2+} + 2e^- \rightleftharpoons Cd$	-0.403	—
$[Cd(NH_3)_4]^{2+} + 2e^- \rightleftharpoons Cd + 4NH_3$	-0.597	7.56×10^{-8}
$[Cd(CN)_4]^{2-} + 2e^- \rightleftharpoons Cd + 4CN^-$	-1.03	1.41×10^{-19}
$Cu^+ + e^- \rightleftharpoons Cu$	$+0.521$	—
$[Cu(NH_3)_2]^+ + e^- \rightleftharpoons Cu + 2NH_3$	-0.12	3.5×10^{-11}
$[Cu(CN)_2]^- + e^- \rightleftharpoons Cu + 2CN^-$	-0.43	1×10^{-24}
$Cu^{2+} + 2e^- \rightleftharpoons Cu$	$+0.337$	—
$[Cu(NH_3)_4]^{2+} + 2e^- \rightleftharpoons Cu + 4NH_3$ (水)	-0.05	4.7×10^{-15}
$[Cu(P_2O_7)_2]^{6-} + 2e^- \rightleftharpoons Cu + 2P_2O_7^{4-}$	-0.044	1.0×10^{-9}
$Pd^{2+} + 2e^- \rightleftharpoons Pd$	$+0.92$	—
$[PdCl_4]^{2-} + 2e^- \rightleftharpoons Pd + 4Cl^-$	$+0.62$	5×10^{-13}
$[PdBr_4]^{2-} + 2e^- \rightleftharpoons Pd + 4Br^-$	$+0.6$	8×10^{-14}
$[Pd(NH_3)_4]^{2+} + 2e^- \rightleftharpoons Pd + 4NH_3$	-0.56	—
$[Pd(CN)_4]^{2-} + 2e^- \rightleftharpoons Pd + 4CN^-$	-1.53	—
$Zn^{2+} + 2e^- \rightleftharpoons Zn$	-0.763	—
$[Zn(NH_3)_4]^{2+} + 2e^- \rightleftharpoons Zn + 4NH_3$	-1.03	3.98×10^{-10}
$[Zn(NTA)]^- + 2e^- \rightleftharpoons Zn + NTA^{3-}$	-1.07	3.55×10^{-11}
$[Zn(OH)_4]^{2-} + 2e^- \rightleftharpoons Zn + 4OH^-$	-1.216	3.6×10^{-16}
$[Zn(CN)_4]^{2-} + 2e^- \rightleftharpoons Zn + 4CN^-$	-1.26	1.3×10^{-17}

$$E = E^{\ominus} + \frac{RT}{nF} \ln \frac{a_{ML^{z+}} \, a_{H^+}}{a_{ML_n^{(z+1)+}} \, a_{H_2}^{1/2}} \qquad (6-9)$$

式中，a 为离子的活度；$E^{\ominus}$ 为 25℃反应物的活度均为 1mol/L 时体系的电动势，称为标准电动势。

可逆电池的电动势 E，等于两个氧化-还原半反应电极电位之差，

$$ML_n^{z+1} + e^- \rightleftharpoons ML_n^{z+}$$

$$H^+ + e^- \rightleftharpoons \frac{1}{2} H_2$$

$$E = E_1^{\ominus} + \frac{RT}{nF} \ln \frac{a_{ML_n^{z+}}}{a_{ML_n^{(z+1)+}}} + E_2^{\ominus} + \frac{RT}{nF} \ln \frac{a_{H^+}}{a_{H_2}^{1/2}} \qquad (6-10)$$

在标准状态下用标准氢电极作参比电极时，体系的氧化-还原电位为

$$E = E^{\ominus}_{M^{(z+1)+}/M^{z+}} + \frac{RT}{nF}\ln\frac{a_{ML_n^{z+}}}{a_{ML_n^{(z+1)+}}} \quad (V) \tag{6-11}$$

若配离子 ML_n^{z+} 和 $ML_n^{(z+1)+}$ 的积累稳定常数分别为

$$\beta_z = \frac{[a_{ML_n^{z+}}]}{[a_M^{z+}][a_L]^n} \qquad \beta_{z+1} = \frac{[a_{ML_n^{(z+1)+}}]}{[a_M^{(z+1)+}][a_L]^n}$$

则

$$E = E^{\ominus} + \frac{RT}{nF}\ln\frac{\beta_z}{\beta_{z+1}} \tag{6-12}$$

此式说明 E 值的大小由 $M^{(z+1)+}$ 和 M^{z+} 同配体 L 形成的配合物的积累稳定常数之比决定。

当配体为阴离子时，通常 $M^{(z+1)+}$ 比 M^{z+} 形成更稳定的配合物，因此，配合物体系的标准电位向负的方向移动。但是，配体同低氧化态的离子形成更稳定的配合物时，配合物体系的标准电位向正的方向移动。某些 Fe(Ⅲ)/Fe(Ⅱ) 体系的标准电极电位的变化列于表 6-3。

表 6-3　Fe(Ⅲ)/Fe(Ⅱ) 体系的标准电位

氧化-还原电位	$E^{\ominus}/V$	氧化-还原电位	$E^{\ominus}/V$
$[Fe(phen)_3]^{3+}\text{-}[Fe(phen)_3]^{2+}$	$+1.15$	$[Fe(CN)_6]^{3-}\text{-}[Fe(CN)_6]^{4-}$	$+0.36$
$[Fe(dpy)_3]^{3+}\text{-}[Fe(dpy)_3]^{2+}$	$+1.12$	$[Fe(C_2O_4)_2]^-\text{-}[Fe(C_2O_4)_2]^{2-}$	$+0.02$
$[Fe(H_2O)_6]^{3+}\text{-}[Fe(H_2O)_6]^{2+}$	$+0.77$		

第二节　平衡电位的求算

一、从电池电动势测定平衡电位

大部分的氧化-还原反应都可以构成原电池，从原电池电动势的测定，就可以求得半反应的电位。

1. 无液体接界的电池

只有一种电解质构成的电池，其电位大都可以直接测定。假定反应式为

$$AgCl + \frac{1}{2}H_2 \Longleftrightarrow Ag + H^+ + Cl^- \tag{6-13}$$

它可以设计为两个半电池反应，即

$$AgCl + e^- \Longleftrightarrow Ag + Cl^- \tag{6-14}$$

$$\frac{1}{2}H_2 \Longleftrightarrow H^+ + e^- \tag{6-15}$$

以金属银插入氯化银作为一个电极，以同氢离子接触的铂表面上的氢气作为另一电极，它们同时插入活度为 a 的盐酸中，这就构成了一个无液体接界的电池[1]：

---

❶ 电池物相间用短斜线隔开。

$$Ag/AgCl(s)/HCl(a)/H_2, Pt$$

通常左半电池为氧化反应，右半电池为还原反应。

电极组成	氧化态	还原态	电极电位
$Ag, AgCl(s)$	$AgCl(s) + e^- \rightleftharpoons Ag + Cl^-$		$E_{AgCl/Ag} = E^{\ominus}_{AgCl/Ag} + \dfrac{RT}{nF}\ln\dfrac{1}{a_{Cl^-}}$
Pt, H_2	$-H^+ + e^- \rightleftharpoons \dfrac{1}{2}H_2$		$E_{H^+/\frac{1}{2}H_2} = E^{\ominus}_{H^+/\frac{1}{2}H_2} + \dfrac{RT}{nF}\ln\dfrac{a_{H^+}}{P_{H_2}^{1/2}}$

$$AgCl(s) + \frac{1}{2}H_2 \rightleftharpoons Ag + H^+ + Cl^-$$

$$E$$

若两个电极反应都是可逆的，反应的速率也足够快，则总电池反应的电动势 E 就等于两个半电池电极电位之差值，即

$$E = E_{左} - E_{右} = (E^{\ominus}_{AgCl/Ag} - E^{\ominus}_{H^+/H_2}) + \frac{RT}{nF}\ln\frac{P_{H_2}^{1/2}}{a_{Cl^-} a_{H^+}} \quad (V) \tag{6-16}$$

在 25℃，所有离子的浓度为 1mol/L，气体为 1 大气压的标准状态下的电动势为

$$E = E^{\ominus}_{AgCl/Ag} - E^{\ominus}_{H^+/H_2} \tag{6-17}$$

在标准状态下的电极电位叫做标准电位，而直接由标准电极电位算出的电动势称为标准电动势，用 $E^{\ominus}$ 表示。

现在国际上一律用标准氢电极（NHE）作为标准电极。若在标准状态下以标准氢电极作为参比电极，则总电极反应的电动势即等于标准银-氯化银电极的电位：

$$E^{\ominus} = E^{\ominus}_{AgCl/Ag} \tag{6-18}$$

在非标准状态下则为

$$E = E^{\ominus}_{AgCl/Ag} - \frac{RT}{nF}\ln\frac{a_{H^+} a_{Cl^-}}{P_{H_2}^{1/2}} \quad (V) \tag{6-19}$$

在实际工作中，由于氢电极的制备和纯化较为复杂，而且对外界因素十分敏感，以致使用时十分不便。为此，往往采用一些比较简单、稳定的电极来代替氢电极作为参考标准。然后再将测得的数值换算成以标准氢电极为参考电极的数值。各类参比电极的电极电位都已准确测定并获得公认。它们在 25℃时的电位值列于表 6-4。最常用的参比电极是甘汞电极，它不像氢电极那样敏感，在确定的温度下具有稳定的电位，并且容易制备，使用方便。

表 6-4 各类参比电极的电位值

名 称	组 成	电位(25℃)/V
氢电极	$Pt(H_2, 1 大气压)/HCl(1mol/L)$	0.000
甘汞电极	$Hg/Hg_2Cl_2/KCl(饱和)$	+0.2438
氯化银电极	$Ag/AgCl/HCl$	+0.2224
溴化银电极	$Ag/AgBr/HBr$	+0.0713
硫酸亚汞电极	$Hg/Hg_2SO_4/H_2SO_4$	+0.6151
氯化镉电极	$Cd/CdCl_2/KCl$	−0.609
氧化汞电极	$Hg/HgO/NaOH(或 KOH)$	+0.0976

在测定时体系不应与参比电极发生反应，如含 Ag^+ 的体系会与甘汞电极生成 AgCl 沉淀，测定铝电极电位时若用甘汞电极会引起 Cl^- 对铝的腐蚀，所以在研究不同的体系时，要选择合适的参比电极。如测定铝的电位时宜用硫酸亚汞电极，测定锌在锌酸盐溶液中的电位时宜用氧化汞电极。

2. 有液体接界的电池

许多电池是由阳极插入阳极液和阴极插入阴极液构成的，而阳极液和阴极液不是组成不同，就是浓度不等。例如大家熟悉的锌-铜电池的阳极液为硫酸锌，阴极液为硫酸铜。若阳极液和阴极液的组成相同，仅浓度不同，这种电池称为浓差电池。

大家知道，当两种溶液衔接时，在其界面处因离子扩散速度不同而产生液接电位差。因此，整个电池的电动势就是所有接界电位差的代数和。例如浓差电池：

$$Ag,AgCl/HCl(a_1)/HCl(a_2),AgCl,Ag$$

其电动势为

$$E=\frac{RT}{F}\ln\frac{(a_{Cl^-})_1}{(a_{Cl^-})_2}+E_{液} \quad （V） \tag{6-20}$$

式中，$E_{液}$ 表示液体接界电位差。上式右端第一项为无液体接界时的浓差电动势。

对于由两种不同液体组成的液体接界电池，其电动势等于阴、阳极的电位差加上液接电位差。例如：

$$Zn(s)/ZnCl_2(0.01mol/L)/HCl(0.02mol/L)/H_2(g),Pt(s)$$

其总反应为

$$Zn(s)+2HCl(l)\Longrightarrow ZnCl_2(l)+H_2(g)$$

其电动势为

$$E=E^{\ominus}_{ZnCl_2/Zn}-\frac{RT}{nF}\ln\frac{a_{ZnCl_2}P_{H_2}}{a^2_{HCl}}+E_{液} \quad （V） \tag{6-21}$$

式中，等号右端第一项是无液体接界时电池的电位差；第二项为因离子迁移速度不同而产生的液体接界电位差。它很难通过实验准确测量，而严格的数学处理也还有困难。所以，在实际测定电位差时，多采用盐桥来消除液体接界电位差。这样求得的电位差减去某一个已知半反应的电极电位，就是所求半反应的电极电位。

液接电位差一般均为 30～40mV。它是由正、负离子的迁移速度不同而产生的。因此，只有当正、负离子的迁移速度（通常用迁移数来表示，它指的是该种离子搬运电量的百分数）几乎相等时，$E_{液}$ 才会等于零。K^+ 离子和 Cl^- 离子的迁移数分别为0.49 和 0.51，很相近，且随浓度变化不明显，因此，用它作盐桥比较合适。固体的盐桥通常用 KCl 饱和的琼胶制成，液体盐桥用 KCl 溶液，就是这个道理。

二、从平衡常数通过自由能求算平衡电位

大家知道，化学反应的自由能是从反应的初态变成反应终态时所做的最大有效功。如果用电化学方法将反应安排成可逆电池，化学反应所做的最大有效功即为原电池所做的电功。反应的标准自由能 ΔG 和电池的标准电动势 $E^{\ominus}$ 之间有如下的关系：

$$\Delta G^{\ominus}=-nE^{\ominus}F$$

若以氢电极为标准电极，则 $E^{\ominus}$ 的数值等于另一半反应的标准电极电位 $E^{\ominus}$，因此，在此特定条件下上式可写成

$$\Delta G^{\ominus} = -nE^{\ominus}F = -96484nE^{\ominus} \text{ (J)}$$

在恒温恒压下，化学反应的标准自由能和平衡常数 K 之间有如下关系：

$$\Delta G^{\ominus} = -RT\ln K = -5.706\lg K \text{ (kJ/mol)}$$

由以上两式得

$$E^{\ominus} = \frac{RT}{nF}\ln K \tag{6-22}$$

在 25℃时

$$E^{\ominus} = \frac{0.0591}{n}\lg K \text{ (V)}$$

利用这些关系式，就很容易通过平衡常数算出标准自由能，再由标准自由能计算反应的标准电位。

【例1】 已知下列反应中的 $E_1^{\ominus} = 0.521\text{V}$，$E_3^{\ominus} = 0.345\text{V}$，试写出三个电极反应的 $E^{\ominus}$ 之间的关系，并算出 $E_2^{\ominus}$ 之值。

$$\text{Cu(s)} \Longrightarrow \text{Cu}^+ + \text{e}^- \qquad E_1^{\ominus} = 0.521\text{V}$$
$$\text{Cu}^+ \Longrightarrow \text{Cu}^{2+} + \text{e}^- \qquad E_2^{\ominus}$$
$$\text{Cu(s)} \Longrightarrow \text{Cu}^{2+} + 2\text{e}^- \qquad E_3^{\ominus} = 0.345\text{V}$$

解：根据自由能可以加合的原理，有如下关系

$$\begin{array}{lll} \text{Cu(s)} = \text{Cu}^+ + \text{e}^- & E_1^{\ominus} & \Delta G_1^{\ominus} = -zE_1^{\ominus}F = -E_1^{\ominus}F \\ + \quad \text{Cu}^+ = \text{Cu}^{2+} + \text{e}^- & + \quad E_2^{\ominus} & + \quad \Delta G_2^{\ominus} = -zE_2^{\ominus}F = -E_2^{\ominus}F \\ \hline \text{Cu(s)} = \text{Cu}^{2+} + 2\text{e}^- & E_3^{\ominus} & \Delta G_3^{\ominus} = \Delta G_1^{\ominus} + \Delta G_2^{\ominus} = -2E_3^{\ominus}F \end{array}$$

即

$$-2E_3^{\ominus}F = -E_1^{\ominus}F - E_2^{\ominus}F$$
$$2E_3^{\ominus} = E_1^{\ominus} + E_2^{\ominus}$$
$$E_2^{\ominus} = 2E_3^{\ominus} - E_1^{\ominus} = 2 \times 0.345 - 0.521 = 0.169 \text{ (V)}$$

【例2】 已知 25℃时，$E_{\text{Hg}_2^{2+}/\text{Hg}}^{\ominus} = 0.799\text{V}$，$[\text{Hg}_2^{2+}][\text{SO}_4^{2-}] = 8.2 \times 10^{-7}$，试计算 Hg(l)，$\text{Hg}_2\text{SO}_4\text{(s)}/\text{SO}_4^{2-}$ 电极的标准电位。

解：
$$\text{Hg}_2^{2+} + 2\text{e}^- \Longrightarrow 2\text{Hg(l)} \qquad\qquad \Delta G_1^{\ominus} = -2E_1^{\ominus}F$$
$$\text{Hg}_2\text{SO}_4 + 2\text{e}^- \Longrightarrow 2\text{Hg(l)} + \text{SO}_4^{2-} \qquad \Delta G_2^{\ominus} = -2E_2^{\ominus}F$$
$$\text{Hg}_2\text{SO}_4\text{(s)} \Longrightarrow \text{Hg}_2^{2+} + \text{SO}_4^{2-} \qquad \Delta G_3^{\ominus} = -RT\ln[\text{Hg}_2^{2+}][\text{SO}_4^{2-}]$$
$$\Delta G_2^{\ominus} = \Delta G_1^{\ominus} + \Delta G_3^{\ominus}$$
$$-2E_2^{\ominus}F = -2E_1^{\ominus}F - RT\ln[\text{Hg}_2^{2+}][\text{SO}_4^{2-}]$$
$$E_2^{\ominus} = E_1^{\ominus} - \frac{RT}{2F}\ln[\text{Hg}_2^{2+}][\text{SO}_4^{2-}]$$

$$E_2^{\ominus} = 0.799 - \frac{0.059}{2}\lg(8.2 \times 10^{-7}) = 0.619 \text{ (V)}$$

【例3】 已知配离子 $[\text{Zn(CN)}_4]^{2-}$ 的不稳定常数 K_d 为 1.3×10^{-17}，试计算反应 $[\text{Zn(CN)}_4]^{2-} + 2\text{e}^- \Longrightarrow \text{Zn} + 4\text{CN}^-$ 的标准电位。

解：因为

$$Zn^{2+}+2e^-\Longrightarrow Zn$$

$$+[Zn(CN)_4]^{2-}\Longrightarrow Zn^{2+}+4CN^-$$

$$\overline{[Zn(CN)_4]^{2-}+2e^-\Longrightarrow Zn+4CN^-}$$

$$E_1^{\ominus}=-0.76V, \; K_d=1.3\times10^{-17}$$

$$\Delta G_3^{\ominus}=\Delta G_1^{\ominus}+\Delta G_2^{\ominus}$$

$$-2E_3^{\ominus}F=-2E_1^{\ominus}F-RT\ln K_d$$

故 $E_3^{\ominus}=E_1^{\ominus}+\dfrac{RT}{2F}\ln K_d=-0.76+\dfrac{0.059}{2}\lg(1.3\times10^{-17})=-0.76-0.50=-1.26$ （V）

$E_3^{\ominus}$ 为配离子 $[Zn(CN)_4]^{2-}$ 的标准电位，它比无 CN^- 时 Zn^{2+} 的标准电位负 $0.5V$。

三、从热力学数据通过自由能求算平衡电位

化学反应的自由能除了从反应的平衡常数求算以外，还可以利用热化学数据通过下列的热力学关系式计算：

$$\Delta G=\Delta H-T\Delta S \tag{6-23}$$

$$\Delta G^{\ominus}=\Delta H^{\ominus}-T\Delta S^{\ominus} \tag{6-24}$$

而 $\Delta H^{\ominus}$ 和 $\Delta S^{\ominus}$ 值在一般情况下它们可以从有关的热力学数据表中查到。因此，由算得的 $\Delta G^{\ominus}$ 值，再利用标准自由能和标准电位 $E^{\ominus}$ 的关系式，即可算出某些反应的标准电位。

【例4】 已知下列反应：

$$\frac{1}{2}H_2+AgCl(s)\Longrightarrow H^++Cl^-+Ag(s)$$

求电位值。

解： $\Delta S^{\ominus}=S_{H^+}^{\ominus}+S_{Cl^-}^{\ominus}+S_{Ag}^{\ominus}-\dfrac{1}{2}S_{H_2}^{\ominus}-S_{AgCl}^{\ominus}$

$$=0+55.27+42.71-65.32-96.30=-63.64 \; (kJ/L)$$

$$\Delta G^{\ominus}=\Delta H^{\ominus}-T\Delta S^{\ominus}=-40.45-298.16\times(-63.64/1000)=-21.47 \; (kJ)$$

故反应电位差为 $E^{\ominus}=\dfrac{-21.44}{-96.48}=0.222$ （V）

因此半反应 $Ag(s)+Cl^-\Longrightarrow AgCl+e^-$ 的电位为 $E^{\ominus}=-0.222V$。

【例5】 由生成自由能计算下列反应的标准电位：

$$4OH^-+Zn\Longrightarrow ZnO_2^{2-}+2H_2O+2e^-$$

解： $\Delta G^{\ominus}=\Delta G_{ZnO_2^{2-}}^{\ominus}+2\Delta G_{H_2O}^{\ominus}-4\Delta G_{OH^-}^{\ominus}-\Delta G_{Zn}^{\ominus}$

根据查表所得数据代入得

$$\Delta G^{\ominus}=-389.50+2(-237.35)-4(-157.42)-0$$

$$=-234.52 \; (kJ)$$

故半反应的标准电位为

$$E^{\ominus}=\dfrac{-234.52}{-2\times96.48}=1.216 \; (V)$$

第三节　电位-pH 图

电位-pH 图是利用一般的热力学原理来描述一个热力学体系平衡问题的一种图解方法。如同在熟知的相图中那样，常常以一些状态函数作为变量作图用于描述一个热力学体系的平衡情况。我们用金属的平衡电位、介质的 pH 值和各组分的浓度 c 这些变量来作图，所得的图形就称为电位-pH 图，从图中可以看出各组分存在的稳定区域或金属处于稳定、腐蚀和钝化的区域。图 6-3 是从热力学原理导出的 $Fe-H_2O$ 体系的电位-pH 图，标明了各个组分的稳定区域。大于 10^{-6} mol/L 才有腐蚀，其表面覆盖物平衡时的可溶性离子浓度对应于 10^{-6} mol/L 浓度（即溶解度）的曲线把 $Fe-H_2O$ 体系的电位-pH 图分成三个区域（见图 6-4）：

① 腐蚀区　在该区域内稳定的是易溶性的 Fe^{2+}、Fe^{3+}、FeO_4^{2-} 和 $HFeO_2^-$ 等离子。

② 稳定区　在该区域内稳定的是金属铁本身。

③ 钝化区　在该区域内稳定的是能把金属和介质隔开的 Fe_3O_4、Fe_2O_3 保护膜。

图 6-4 这种只笼统地标出这三个区域的电位-pH 图称为金属腐蚀图。

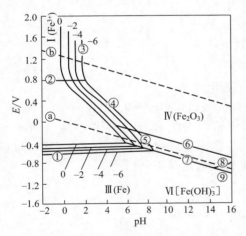

图 6-3　$Fe-H_2O$ 体系的电位-pH 图
（只考虑 Fe、Fe_3O_4 和 Fe_2O_3 三种固相）

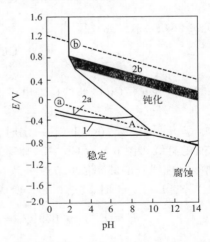

图 6-4　缺氧（线 1）和含氧（线 2a
和 2b）时铁的腐蚀图

电位-pH 图在有关电解、电池、电镀，特别是在金属腐蚀等电化学领域中得到广泛应用，因为从电位-pH 图上很容易看出某一物质在水溶液中究竟在哪个 pH 范围内是稳定的。此外，从电位-pH 图上还可知道铜阳极在什么条件下溶解时不会出现铜粉（Cu_2O）；钢铁零件在什么条件下的腐蚀严重，在什么条件下处于钝化态；在电沉积金属时，在哪种条件下阴极上只析出金属而不析出氢气等。

第四节 平衡电位的实际应用

一、平衡电位的一般应用

1. 由平衡电位确定配离子的配位数

由平衡电位测定配合物的配位数和稳定常数的方法很多。此处仅介绍在特殊条件下用平衡电位确定配离子配位数的简易方法。下面将以求算 25℃，存在过量 KI（2.0mol/L）的 CuI（0.02mol/L）溶液中配离子的配位数为例进行说明。

假定在 I^- 大大过量的条件下，Cu^+ 只生成稳定的 $[CuI_4]^{3-}$ 配离子：

$$Cu^+ + 4I^- \Longrightarrow [CuI_4]^{3-} \tag{6-25}$$

$$\beta_4 = \frac{[CuI_4^{3-}]}{[Cu^+][I^-]^4}$$

溶液中铜的总浓度 c_t 为

$$c_t = [Cu^+] + [CuI_4^{3-}] = [Cu^+](1 + \beta_4[I^-]^4) = [Cu^+]/\phi \tag{6-26}$$

故

$$\phi = \frac{[Cu^+]}{c_t} = \frac{1}{1 + \beta_4[I^-]^4} \tag{6-27}$$

若 a 和 r 分别表示 Cu^+ 的活度和活度系数，即

$$a = [Cu^+]r \tag{6-28}$$

由式(6-26)、式(6-28) 得

$$[Cu^+] = \phi c_t = \frac{a}{r}$$

故

$$a = \phi r c_t \tag{6-29}$$

在 25℃时，Cu^+/Cu 电偶的标准电极电位与平衡电位为

$$E = E^\ominus + 0.059\lg a = E^\ominus + 0.059\lg c_t + 0.059\lg r + 0.059\lg\phi \tag{6-30}$$

式中，r 几乎不变，在 $[I^-]$ 一定时 ϕ 也为定值，因此 E 对 $\lg c_t$ 作图应为斜率 = 0.059 的直线，图 6-5 为 Cu^+-I^- 体系的 E-$\lg c_t$ 图，直线的斜率为 0.058，基本与理论曲线（虚线）的斜率值 0.059 一致，说明题意的假定是正确的。

当 $\beta_4[I^-]^4 \gg 1$ 时，式(6-30) 变成

$$\begin{aligned} E &= E^\ominus + 0.059\lg c_t + 0.059\lg r + 0.059\lg\frac{1}{1 + \beta_4[I^-]^4} \\ &= E^\ominus + 0.059\lg c_t + 0.059\lg r - 0.059\lg\beta_4 - 0.236\lg[I^-] \end{aligned}$$

式中，r 几乎不变，当 c_t 恒定时，E 对 $\lg[I^-]$ 作图应为斜率 = -0.236 的直线，图 6-6 是 E-$\lg[I^-]$ 图，由直线求得其斜率为 -0.218。从图 6-5 和图 6-6 就可以确定 CuI_x 配合物中 Cu^+ 的配位数为 4。

混合配体配合物组成的测定，也可用类似的方法进行。先固定金属离子和某一配体的浓度不变，以另一配体浓度的对数对 E 作图，从直线的斜率可求出另一配体对金属的配位比值。然后用类似的方法固定另一配体和金属离子的浓度，作某配体的 E-$\lg c$ 图，这样，从两直线的斜率就可求出混合配体配合物的组成。

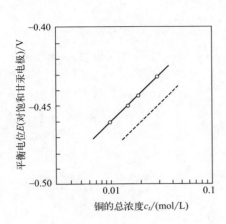

图 6-5　平衡电位 E 和总铜浓度 $\lg c_t$ 的关系

（KI＝2.0mol/L，pH＝1.0，25℃）

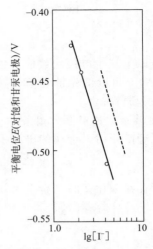

图 6-6　平衡电位 E 和碘离子

浓度 $\lg[I^-]$ 的关系

（CuI＝0.02mol/L，pH＝1.0，25℃）

2. 由平衡电位判别配离子的反应顺序

如前所述，一个氧化-还原反应可以分两个电极反应表示，将两个电极反应组成原电池，计算原电池的标准电动势 $E^{\ominus}$。

若 $E^{\ominus}>0$，电极反应可以按指定方向自发进行；

若 $E^{\ominus}<0$，电极反应不能按指定方向自发进行，而是按相反的方向进行。例如：

$$Cu^{2+}+Cu \Longrightarrow 2Cu^+ \tag{6-31}$$

此反应能否自发地自左向右进行？这可把上述反应分成两个电极反应：

$$
\begin{array}{ll}
Cu^{2+}+e^- \Longrightarrow Cu^+ & E^{\ominus}=+0.153V \\
-\quad Cu^++e^- \Longrightarrow Cu & -\quad E^{\ominus}=+0.521V \\
\hline
Cu^{2+}+Cu \Longrightarrow 2Cu^+ & E^{\ominus}=0.153-0.521=-0.368(V)
\end{array}
$$

电池反应的电位为 $-0.368V$，小于零，因此，反应不能自发进行。

若还原剂相同，可以根据氧化剂的标准电位来判断哪种氧化剂优先反应。

例如，已知 Fe^{2+} 和 Fe^{3+} 同氨三乙酸配合物的不稳定常数分别为 $10^{-8.84}$ 和 $10^{-15.87}$，如何用平衡电位来判断 $[Fe(NTA)]^-$ 和 $[Fe(NTA)]$ 哪个先被阴极还原呢？

根据式(6-10)，$[Fe(NTA)]^-$ 和 $[Fe(NTA)]$ 的标准电极电位分别为

$$E^{\ominus}_{[Fe(NTA)]^-}=E^{\ominus}_{Fe^{2+}/Fe}+\frac{0.059}{2}\lg K_d=-0.44+\frac{0.059}{2}\lg 10^{-8.84}=-0.70\ (V)$$

$$E^{\ominus}_{[Fe(NTA)]}=E^{\ominus}_{Fe^{3+}/Fe}+\frac{0.059}{3}\lg K_d=-0.036+\frac{0.059}{3}\lg 10^{-15.87}=-0.349\ (V)$$

根据式(6-12)，有

$$[Fe(NTA)]+e^- \Longrightarrow [Fe(NTA)]^- \tag{6-32}$$

上式中标准电极电位用 K_d 表示，则为

$$E^{\ominus}_{[Fe(NTA)]/[Fe(NTA)]^-} = E^{\ominus}_{Fe^{3+}/Fe^{2+}} + \frac{0.059}{1}\lg\frac{K_{d,[Fe(NTA)]^-}}{K_{d,[Fe(NTA)]}} = 0.771 + 0.059\lg\frac{10^{-15.87}}{10^{-8.84}}$$

$$= +0.356\,(V)$$

比较以上三个电位的数值可以看出，反应式(6-32)可以自发进行，即在阴极上 [Fe(NTA)] 可以优先被还原为 [Fe(NTA)]⁻，而且它也比 [Fe(NTA)]⁻ 更容易被还原为金属铁。

3. 金属杂质的电解分离条件

在无超电压时，金属的电沉积服从能斯特方程：

$$E = E^{\ominus} + \frac{0.059}{n}\lg[M]\,(V) \tag{6-33}$$

电解液不存在配位体时，游离金属离子浓度 [M] 就等于总金属离子的浓度 c_M。电解液中有配位体存在时，

$$[M] = \frac{c_M}{\alpha_{M(L)}}\,(mol/L)$$

式中，$\alpha_{M(L)}$ 称为配位效应系数（见第四章第一节）。且

$$\alpha_{M(L)} = 1 + \beta_1[L] + \beta_2[L]^2 + \cdots + \beta_n[L]^n$$

故

$$E = E^{\ominus} - \frac{0.059}{n}\lg\alpha_{M(L)} + \frac{0.059}{n}\lg c_M = E^{\ominus}_L + \frac{0.059}{n}\lg c_M\,(V) \tag{6-34}$$

$E^{\ominus}_L$ 为一定配位体浓度时的条件标准电位。因为 $\alpha_{M(L)} > 0$，故 $E^{\ominus}_L$ 比 $E^{\ominus}$ 值更负。

金属离子要定量地完全被电沉积出来，其浓度至少要下降三个数量级。根据式(6-34)，一价和二价金属离子电沉积完全时的电位降 ΔE 为

$$\Delta E_1 = \frac{0.059}{1}\lg10^{-3} = -0.177 \approx 0.2(V)(一价)$$

$$\Delta E_2 = \frac{0.059}{2}\lg10^{-3} = -0.0885 \approx 0.1(V)(二价)$$

因此，一般要定量地分离两种金属离子，其沉积电位差至少要达到 0.2V。若两种金属离子的沉积电位接近，适当地加入合适的配位体可以增大其电位差。所加配位体的浓度和新的电位值可由式(6-11)计算。

【例6】 已知 $E^{\ominus}_{Ag^+/Ag} = +0.80V$，$Ag^+$-$CN^-$配合物的各级积累稳定常数分别为 $\lg\beta_2 = 21.1$；$\lg\beta_3 = 21.8$；$\lg\beta_4 = 20.7$，试计算含有 0.1mol/L KCN 的 10^{-2} mol/L $AgNO_3$ 溶液中银电极的沉积电位。

解： 首先计算 $\alpha_{Ag(CN)}$。按式(3-13)，因为 $\beta_1 \ll \beta_2$，故 $\beta_1[CN^-]$ 项可以略去，则

$$\alpha_{Ag(CN)} = 1 + \beta_1[CN^-] + \beta_2[CN^-]^2 + \beta_3[CN^-]^3 + \beta_4[CN^-]^4$$

$$= 1 + 10^{21.1} \times 10^{-2} + 10^{21.8} \times 10^{-3} + 10^{20.7} \times 10^{-4} = 10^{19.27}$$

把结果代入式(6-34)，即可求得该条件下银的沉积电位为

$$E = 0.80 - \frac{0.059}{1}\lg10^{19.27} + \frac{0.059}{1}\lg10^{-2} = -0.46\,(V)$$

二、氨三乙酸镀锌液中锌粉除铁的可能性

用锌粉除铁是常用的清除镀液重金属杂质的方法。在酸性镀液中用金属锌粉除铁离子的道理很简单，从金属的电位顺序就可以说明。若铁离子浓度不是 1mol/L，则

用能斯特方程计算的电位来说明。

在含有配位体的溶液中，情况就较为复杂。在氨三乙酸镀锌液中加入锌粉，锌将转变为 $[Zn(NTA)]^-$，其标准电位为

$$[Zn(NTA)]^- \Longrightarrow Zn^{2+} + NTA^{3-}$$
$$+ \quad\quad Zn^{2+} + 2e^- \Longrightarrow Zn$$
$$\overline{[Zn(NTA)]^- + 2e^- \Longrightarrow Zn + NTA^{3-}}$$

$$E^{\ominus}_{[Zn(NTA)]^-/Zn^{2+}} = \frac{0.059}{2}\lg K_d = \frac{0.059}{2}\lg(3.55 \times 10^{-11}) = -0.31 \text{ (V)}$$

$$+ \quad E^{\ominus}_{Zn^{2+}/Zn} = -0.76 \text{ (V)}$$

$$\overline{E^{\ominus}_{[Zn(NTA)]^-/Zn} = -0.31 - 0.76 = -1.07 \text{ (V)}}$$

$$(6\text{-}35)$$

在镀液中 Fe^{3+} 以 $[Fe(NTA)_2]^{3-}$ 形式存在，其标准电位为

$$Fe^{3+} + 3e^- \Longrightarrow Fe$$
$$+ [Fe(NTA)_2]^{3-} \Longrightarrow Fe^{3+} + 2NTA^{3-}$$
$$\overline{[Fe(NTA)_2]^{3-} + 3e^- \Longrightarrow Fe + 2NTA^{3-}}$$

$$E^{\ominus}_{Fe^{3+}/Fe} = -0.036 \text{ (V)}$$

$$+ \quad E^{\ominus}_{[Fe(NTA)_2]^{3-}/Fe^{3+}} = \frac{0.059}{3}\lg(9 \times 10^{-18}) = -0.34 \text{ (V)}$$

$$\overline{E^{\ominus}_{[Fe(NTA)_2]^{3-}/Fe} = -0.34 - 0.036 \approx -0.38 \text{ (V)}}$$

$$(6\text{-}36)$$

由式(6-36)减去式(6-35)，得

$$Zn^{2+} + [Fe(NTA)_2]^{3-} \Longrightarrow [Zn(NTA)]^- + Fe^{3+} + NTA^{3-} \quad\quad (6\text{-}37)$$
$$E^{\ominus} = -0.38 + 1.07 = +0.69 \text{ (V)}$$

反应式(6-37)即为锌粉除铁反应，其标准电位为 $+0.69V$，这表明在标准状态下，在氨三乙酸镀锌液中用锌粉除铁还是有效的。当然，上述的计算是近似的，严格的计算还应当考虑各种副反应的影响。

三、置换镀层的产生与抑制

置换镀层，是指那些析出电位很正的金属，如 Ag、Cu 等，在酸性单盐镀液中很容易被电位比较负的金属（如铁）所置换，而在钢铁制品上形成一层疏松的、结合不良的银或铜镀层。

如果采用高浓度强配位体溶液代替单盐液，此时金属的析出电位将变负，就有可能接近或超过铁的析出电位，则置换反应将被抑制或消除。

例如，在硫酸铜溶液中，铜的标准电位为 $+0.337V$，铁的标准电位为 $-0.441V$，反应式 $Fe + Cu^{2+} \longrightarrow Fe^{2+} + Cu$ 的标准电位 $\boldsymbol{E}^{\ominus} = +0.778V \gg 0$，故铜很容易被化学置换出来。这就是疏松的置换铜层产生的原因。

在氰化物镀铜液中，铁上是否有化学置换铜层呢？这也可以用类似的电位计算得出结论。

在氰化铜镀液中，Cu^{2+} 是以 $[Cu(CN)_3]^{2-}$ 形式存在的，其稳定常数为

$$\beta_{[Cu(CN)_3]^{2-}} = \frac{[Cu(CN)_3^{2-}]}{[Cu^+][CN^-]^3} = 10^{28.6}$$

当溶液中 Cu^+ 的电化学反应式为 $Cu^+ + e^- \Longrightarrow Cu$ 时，在 25℃ 时可用下列能斯特方程式表示：

$$E = 0.521 + 0.059 \lg[Cu^+]$$

在同样溶液中，$[Cu(CN)_3]^{2-}$ 的电化学反应式是

$$[Cu(CN)_3]^{2-} + e^- \Longrightarrow Cu + 3CN^- \tag{6-38}$$

其标准电位为

$$E^\ominus = E^\ominus_{Cu^+/Cu} - 0.059 \lg\beta_{[Cu(CN)_3]^{2-}} = 0.521 - 0.059 \lg 10^{28.6} = -1.09 \text{ (V)}$$

Fe^{2+} 同 CN^- 反应形成 $[Fe(CN)_6]^{4-}$，其稳定常数为

$$\beta_{[Fe(CN)_6]^{4-}} = \frac{[Fe(CN)_6^{4-}]}{[Fe^{2+}][CN^-]^6} = 10^{24}$$

按上法进行类似的计算得

$$[Fe(CN)_6]^{4-} + 2e^- \Longrightarrow Fe + 6CN^- \qquad E^\ominus = -1.15V \tag{6-39}$$

由式(6-38) 减去式(6-39)，得

$$Fe + 2[Cu(CN)_3]^{2-} \longrightarrow 2Cu + [Fe(CN)_6]^{4-}$$
$$E^\ominus = -1.09 \times 2 + 1.15 = -1.03 \text{ (V)}$$

这表明在氰化铜镀液中，铁件表面上不可能发生置换铜的反应，因为该反应的电动势为负值。

图 6-7 所示为氰化物镀液和单盐镀液中铁和铜的极化曲线。从图中可以看出，在单盐镀液中，当 $i_1 = i_2$ 时，置换反应能进行；而在氰化物镀液中则不存在这种情况，不可能发生置换反应。

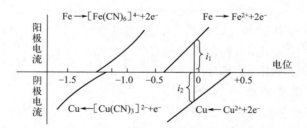

图 6-7 氰化物和单盐镀液中铁和铜的极化曲线示意图

目前在生产上应用高氰化物、低金属盐的氰化物镀液来预镀铜和银，也有用高浓度焦磷酸盐或有机多膦酸盐、低浓度铜来预镀铜的，都是利用这个道理。配合物的稳定常数越高，钢铁件直接镀时配位体对金属铜的摩尔比就越低。如焦磷酸盐直接镀（或预镀）铜时，摩尔比在 20~30；而用 HEDP 作配位体时摩尔比只要 4~10。

四、金属的化学镀

化学镀是指不用电，而用化学还原或置换的方法在镀件上沉积出一层金属的方法。由于置换镀层与基体的结合不是很牢，所以通常说的化学镀主要指用化学还原剂使金属离子在镀件上还原的方法。其反应可用下式表示：

$$R + H_2O \longrightarrow O + H^+ + e^- + \cdots$$

$$M^{z+} + ze^- \longrightarrow M \ \text{或} \ 2H^+ + 2e^- \longrightarrow H_2 \uparrow$$

即还原剂 R 被氧化而放出的电子使溶液中的金属离子或 H^+ 被还原为金属镀层或氢气。

从金属的电位-pH 图（图 6-8）以及还原剂的氧化-还原电位表（见表 6-5）很容易看出，电位越正的贵金属，如 Au、Pt、Ag 等越容易被还原为金属。因此，金、铂、银可为大多数还原剂还原。对于电位负的金属，如铁、钴、镍等，它们的实用还原剂为亚磷酸、次亚磷酸、硼氢化物和肼，而甲醛、葡萄糖、酒石酸等则不能析出金属。要使锌、铬还原则特别困难。

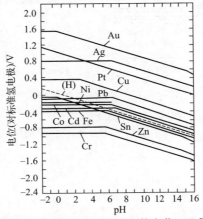

图 6-8 金属-水系（25℃）的电位-pH 图

表 6-5 还原剂的氧化-还原电位

酸 性 溶 液		
氧化-还原体系	$E_A^{\ominus}/V$[①]	E_A 随 pH 变化的关系式
$H_3PO_2 + H_2O \Longrightarrow H_3PO_3 + 2H^+ + 2e^-$	-0.50	$-0.50 - 0.06\text{pH}$
$H_3PO_3 + H_2O \Longrightarrow H_3PO_4 + 2H^+ + 2e^-$	-0.276	$-0.276 - 0.06\text{pH}$
$N_2H_5^+ \Longrightarrow N_2 + 5H^+ + 4e^-$	-0.23	$-0.23 - 0.075\text{pH}$
$S_2O_6^{2-} + 2H_2O \Longrightarrow 2SO_4^{2-} + 4H^+ + 2e^-$	-0.22	$-0.22 - 0.12\text{pH}$
$HCOOH(\text{水}) \Longrightarrow CO_2 + 2H^+ + 2e^-$	-0.196	$-0.196 - 0.06\text{pH}$
$HS_2O_4^- + 2H_2O \Longrightarrow 2H_2SO_3 + H^+ + 2e^-$	-0.08	$-0.08 - 0.03\text{pH}$
$HCHO + H_2O \Longrightarrow HCOOH + 2H^+ + 2e^-$	$+0.056$	$+0.056 - 0.06\text{pH}$
碱 性 溶 液		
氧化-还原体系	$E_B^{\ominus}/V$[②]	E_B 的 pH 关系
$H_2PO_2^- + 3OH^- \Longrightarrow HPO_3^{2-} + 2H_2O + 2e^-$	-1.57	$-1.57 + 0.09(14 - \text{pH})$
$BH_4^- + 8OH^- \Longrightarrow BO_2^- + 6H_2O + 8e^-$	-1.24	$-1.24 + 0.06(14 - \text{pH})$
$HPO_3^{2-} + 3OH^- \Longrightarrow PO_4^{3-} + 2H_2O + 2e^-$	-1.12	$-1.12 + 0.09(14 - \text{pH})$
$S_2O_4^{2-} + 4OH^- \Longrightarrow 2SO_3^{2-} + 2H_2O + 2e^-$	-1.12	$-1.12 + 0.12(14 - \text{pH})$
$CN^- + 2OH^- \Longrightarrow CNO^- + H_2O + 2e^-$	-0.97	$-0.97 + 0.06(14 - \text{pH})$
$SO_3^{2-} + 2OH^- \Longrightarrow SO_4^{2-} + H_2O + 2e^-$	-0.93	$-0.93 + 0.06(14 - \text{pH})$
$HSnO_2^- + H_2O + 3OH^- \Longrightarrow Sn(OH)_6^{2-} + e^-$	-0.90	—
$H_2 + 2OH^- \Longrightarrow 2H_2O + 2e^-$	-0.828	—
$S_2O_3^{2-} + 6OH^- \Longrightarrow 2SO_3^{2-} + 3H_2O + 4e^-$	-0.57	$-0.57 + 0.09(14 - \text{pH})$
$S^{2-} \Longrightarrow S + 2e^-$	-0.48	—

① $E_A^{\ominus}$ 为 H^+ 活度为 1 时的标准电位。

② $E_B^{\ominus}$ 为 OH^- 活度为 1 时的标准电位。

在含配位体的碱性溶液中，金属离子被配位，它的电位随配位体的种类、浓度以及镀液的 pH 而变化，图 6-9 是各种金属在不同配位体溶液中的电位-pH 图，它与单盐体系的电位-pH 图有明显区别。因此，在实际计算氧化-还原反应的电位时，必须考虑配位体和酸度影响之后的电位值。

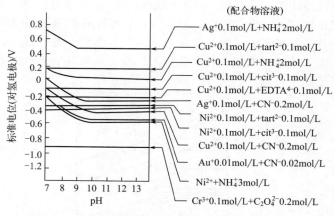

图 6-9　碱性配合物溶液中金属-水体系的电位-pH 图

第七章

配合物的动力学活性与电极过程

第一节　电极的极化作用

一、极化作用的产生

前一章介绍的是在不通电的情况下，任何金属和它的离子溶液之间所建立的平衡电位。在实际电解过程中，由两个电极组成的回路必然会有电流通过金属与电解质溶液间的界面，此时金属的平衡状态被打破，其平衡电位也发生变化，图 7-1 所示为通电与不通电时的情况。

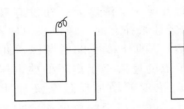

(a) 无电流，平衡电位　　　　(b) 有电流，析出电位与超电压

图 7-1　平衡电位、析出电位与超电压

要使金属在阴极开始析出，外加于阴极的电位必须比其平衡电位更负一些才能实现，这时的电极电位称为金属在该溶液中的析出电位，用 $E_析$ 表示。析出电位与平衡电位的差值称为超电压或过电压，一般用 η 表示。

$$\eta = E_析 - E_平 (V) \tag{7-1}$$

在标准态时

$$\eta = E - E^\ominus (V) \tag{7-2}$$

式中

$$E = E^\ominus + \frac{RT}{zF} \ln \frac{[氧化态]}{[还原态]} (V) \tag{7-3}$$

电流通过电极时电极体系偏离平衡值的现象称为极化。各种金属在阴极上析出时都表现出一定程度的极化作用，简单金属盐镀液的极化值（或超电压）一般很小，例如表 7-1 列出的简单铜盐镀液的极化值一般都很小，而氰化镀铜液的极化值则较大。

表 7-1　酸性镀铜液和氰化镀铜液的析出电位和超电压

镀液类型	$E_平/V$	$E_析/V$	超电压 η/V
硫酸铜镀液	$+0.285$	略小于 0.285	数值很小
氰化镀铜液	-0.763	-1.0	-0.237

　　极化作用通常包括电阻极化、浓差极化和电化学极化三种。电阻极化是电解过程中在电极表面生成一层氧化物的薄膜或其他物质，阻碍了电流的通过而引起的，或者是由溶液的电阻而引起的，其数值为 Ri，R 为电阻，i 表示通过的电流。电阻极化越大，产生的热能越多，镀液温度越容易升高。若在镀液中加入足量的导电盐，镀液内阻就大大下降，如果再使阳极处于正常的溶解状态，这样就可以消除或减小电阻极化。在测量极化曲线时，为了除去电阻极化，参比电极的毛细管（称为鲁金毛细管）必须靠近研究电极，不可离得太远。

　　浓差极化和电化学极化是每种镀液或多或少都存在的两种极化，它们对镀液和镀层性能的影响较大。

二、浓差极化的产生与消除

　　电解时，金属离子在阴极上放电，将造成电极附近金属离子浓度降低，在电极附近和离电极较远的镀液本体之间就出现一个浓度差。在没有对流及搅拌的情况下，电极附近的放电离子是靠扩散和迁移来补充的。当镀液中加入大量其他的非放电离子（称为支持电解质）时，放电离子的迁移可以不考虑，此时的电极反应速率主要由浓度差的大小决定。如果扩散的速度小于离子的放电速度，电极附近的离子浓度愈来愈低，使浓度差增加，浓度差增加反过来又加速了扩散速度，最后，当达到某个浓度差时，扩散速度正好与离子的放电速度相等，浓度差就不会再增加了，体系也就达到了稳定状态，此时，离子放电速度就取决于离子的扩散速度。

　　设电流密度为 i，离子的放电速度为 v，z 为反应电子数，根据法拉第定律有

$$i = zFv \tag{7-4}$$

　　根据费克（Fick）定律有

$$v = DS \frac{\mathrm{d}c}{\mathrm{d}x} \tag{7-5}$$

　　式中，D 为扩散系数（cm^2/s）；S 为扩散面积（cm^2）；z 为反应电子数；$\frac{\mathrm{d}c}{\mathrm{d}x}$ 为浓度梯度。

　　设扩散层中浓度是均匀下降的，则

$$\frac{\mathrm{d}c}{\mathrm{d}x} = \frac{c^0 - c^s}{\delta} \tag{7-6}$$

　　式中，c^0 为本体溶液中离子的浓度；c^s 为金属电极表面附近离子的浓度；δ 为扩散层的厚度。当 $S = 1cm^2$ 时，则式(7-4) 可写成

$$i = \frac{zFD(c^0 - c^s)}{\delta} \tag{7-7}$$

由此可见，i 越大，浓度差 $(c^0 - c^s)$ 也越大。当 $c^s = 0$ 时，i 达到最大值。在这种情况下，即使增加电压，也不能使电流密度增加，所以 $c^s = 0$ 时的电流密度称为极限（扩散）电流，用 i_d 表示之，其值为

$$i_d = \frac{zFDc^0}{\delta} \tag{7-8}$$

式(7-7) 和式(7-8) 相除，整理后得到发生浓差极化时反应离子的表面浓度

$$c^s = c^0 \left(1 - \frac{i}{i_d}\right) \tag{7-9}$$

假定在整个电极过程中，电化学反应步骤足够快，扩散步骤是整个电极过程的唯一控制步骤，也就是说，电化学反应步骤处于接近平衡状态，则可利用能斯特方程式计算电极电位，即

$$E = E^\ominus + \frac{RT}{zF} \ln c^s \text{ (V)} \tag{7-10}$$

把式(7-9) 代入式(7-10)，得

$$\begin{aligned} E &= E^\ominus + \frac{RT}{zF} \ln\left[c^0\left(1 - \frac{i}{i_d}\right)\right] \\ &= E^\ominus + \frac{RT}{zF} \ln c^0 + \frac{RT}{zF} \ln\left(1 - \frac{i}{i_d}\right) \\ &= E_平 + \frac{RT}{zF} \ln\left(1 - \frac{i}{i_d}\right) \text{ (V)} \end{aligned} \tag{7-11}$$

式中，$E_平$ 表示未发生浓差极化时的平衡电位。根据式(7-3)、式(7-11) 可以得到由于浓差极化所引起的浓差超电压为

$$\eta_浓 = E - E_平 = \frac{RT}{zF} \ln\left(1 - \frac{i}{i_d}\right) \text{ (V)} \tag{7-12}$$

写成指数形式，为

$$i = i_d\left[1 - \exp\left(-\frac{zF\eta_浓}{RT}\right)\right] \tag{7-13}$$

式(7-12)和式(7-13) 表示浓差极化和电流密度之间的关系，其相应的曲线如图 7-2 所示。

当 $i = 0$ 时，$E = E_平$，$\eta_浓 = 0$；

当 $i = i_d$ 时，$\eta_浓 \to \infty$，图中出现极限扩散电流的平价；

当 i 很小时，$\eta_浓 \approx -\frac{RT}{zF}\frac{i}{i_d}$，图中出现 $\eta_浓$ 和 i 的直线部分。

电极反应若受浓差极化控制，说明电子传递反应的速度比离子扩散到电极的速度快得多。因为放电速度快，往往还原后的金属原子没有足够的时间按晶格点阵排列，所得到的常是疏松、海绵状或粗糙的镀层。因此，对于大部分单金属镀液来说，浓差极化是电镀所不希望的，必须设法消除。但是，对于某些合金镀液，它的共沉积有

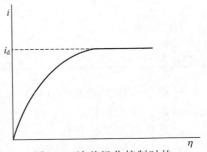

图 7-2　浓差极化控制时的
电流-超电压曲线

时是在某种金属的极限扩散电流的条件下才实现的，此时不但不能消除浓差极化，还要保持这种极化。此外，已广泛使用的极谱分析方法，采用的是很小的滴汞作阴极，而用面积很大的静汞电极作阳极，目的是创造条件使金属离子的放电速度大大加快，因而完全在扩散控制的条件下进行电化学反应，只有这样才能出现各种元素的极谱波。

要消除浓差极化，就要设法提高极限电流 i_d，这也就扩大了正常电镀作业的电流密度范围。从式(7-8)可见，镀液中金属离子的浓度 c^0 越高，扩散系数 D 越大，以及扩散层的厚度越小，i_d 才能变大。表7-2列出了某些无机离子的扩散系数。

表 7-2　无机离子的扩散系数

离　　子	$D/(\text{cm}^2/\text{s})$	离　　子	$D/(\text{cm}^2/\text{s})$
H^+	9.34×10^{-5}	OH^-	5.23×10^{-5}
Li^+	1.04×10^{-5}	Cl^-	2.03×10^{-5}
Na^+	1.35×10^{-5}	NO_3^-	1.92×10^{-5}
K^+	1.98×10^{-5}	CH_3COO^-	1.09×10^{-5}
Pb^{2+}	0.98×10^{-5}	BrO_3^-	1.44×10^{-5}
Cd^{2+}	0.72×10^{-5}	SO_4^{2-}	1.08×10^{-5}
Zn^{2+}	0.72×10^{-5}	CrO_4^{2-}	1.07×10^{-5}
Cu^{2+}	0.72×10^{-5}	$[Fe(CN)_6]^{3-}$	0.89×10^{-5}
Ni^{2+}	0.59×10^{-5}	$[Fe(CN)_6]^{4-}$	0.74×10^{-5}

反应离子的扩散系数 D 与溶液的温度成正比，与溶液的黏度系数和该离子的半径成反比。因此，工作温度提高，反应离子的扩散系数增大，i_d 也增大，即升高温度也是减小浓差极化的一项措施。要使反应离子的体积小，主要是选择体积小的配位体，这样形成的配离子的半径才会小，i_d 才能大。表7-3是由极谱法测定的各种金属离子在不同配位体溶液中的扩散电流常数 I，其数值为 $I=607nD^{1/2}$，n 为反应的电子数，对同一离子而言，I 正比于 $D^{1/2}$，所以 I 越小，D 也越小。

表 7-3　金属离子的扩散电流常数 I

电解质溶液	Cu^{2+}	Zn^{2+}	Cd^{2+}	Sn^{2+}
0.1mol/L KCl	3.23	3.43	3.80	不溶
1mol/L HCl	3.39	—	3.86	4.07
0.5mol/L H_2SO_4	—	—	不溶	3.54
1mol/L HNO_3	3.24	—	3.67	4.02
1mol/L NaOH	2.91	3.14	3.39	3.45
0.5mol/L 酒石酸钠	2.24	2.30	2.30	2.48
碱性酒石酸盐	—	2.65	2.39	2.86
1mol/L NH_4Cl+1mol/L NH_3	3.75	3.99	不溶	不溶

选用分子体积较大的有机配位体进行电镀时，如EDTA、柠檬酸盐、酒石酸盐、焦磷酸盐、有机多膦酸等，由于配离子的体积较大，迁移速度较慢，浓差极化也比体积小的无机负离子显著。

扩散层厚度 δ 是许多因素的函数，其有效值近似为

$$\delta=D^{1/3}v_k^{1/6}r_p^{1/2}u_0^{-1/2}$$

(7-14)

式中　D——反应离子的扩散系数；

　　　v_k——溶液的动力黏滞系数，$v_k = \dfrac{\text{黏滞系数}}{\text{溶液密度}}$；

　　　u_0——溶液沿电极平行方向的流速，即搅拌强度；

　　　r_p——距冲击点的距离。

将式(7-14)代入式(7-7)和式(7-8)，得

$$i = zFD\,\frac{(c^0 - c^s)}{D^{1/3} v_k^{1/6} u_0^{-1/2} r_p^{1/2}} = zFD^{2/3} u_0^{1/2} v_k^{-1/6} r_p^{-1/2}(c^0 - c^s) \tag{7-15}$$

$$i_d = zFD^{2/3} u_0^{1/2} v_k^{-1/6} r_p^{-1/2} c^0 \tag{7-16}$$

从式(7-15)和式(7-16)可以看出，溶液中金属离子的浓度 c^0 与扩散电流成正比，而扩散电流与搅拌强度的平方根成正比，所以加强搅拌是增加扩散电流的较为有效的方法，其效果比升温和提高金属离子的浓度更加显著。

　　除了搅拌和升高温度外，采用溶液流动、阴极移动、超声波等都可以加速离子的扩散速度，降低浓差极化。

三、电化学极化

　　金属配离子（包括水合金属离子）还原为金属原子时，金属离子的电子结构要发生变化，这种变化需要一定的能量，这种能量称为活化能。只有那些能量超过活化能的反应粒子才具有电化学反应的能力。活化能的大小决定反应速率的大小，活化能越大，反应速率越慢。

　　图 7-3 所示为金属氧化和还原的势能曲线，其离子转移到溶液中的反应式为

$$M^{z+} + ze^- \rightleftharpoons M$$

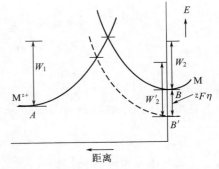

图 7-3　金属氧化和还原的势能曲线

图中水合金属离子 M^{z+} 处于电极界面附近的稳定位置 A 处，金属原子 M 则处于金属表面的稳定位置 B 处。溶液中的 M^{z+} 离子要获得电子沉积到金属上，必须脱去离子的水化层而需 W_1 的活化能；金属晶格中的 M^{z+} 离子要进入溶液中，必须克服金属上电子的吸引而做功，需要 W_2 的活化能。根据化学动力学，还原和氧化反应的速率分别为

$$v_+ = k_+ a \exp\left(-\frac{W_1}{RT}\right) \tag{7-17}$$

$$v_- = k_- \exp\left(-\frac{W_2}{RT}\right) \tag{7-18}$$

　　式中，k 为反应的速率常数；a 为 M^{z+} 离子的活度。注脚＋号表示正向反应，即还原反应；－号表示逆向反应，即氧化反应。按法拉第（Faraday）定律，用电流密度来表示反应速率，则上述速率表达式变为

$$i_+ = zFv_+ = zFk_+ a \exp\left(-\frac{W_1}{RT}\right) = zFk_+ a \exp\left(-\frac{\alpha zEF}{RT}\right) \tag{7-19}$$

$$i_- = zFv_- = zFk_- \exp\left(-\frac{W_2}{RT}\right) = zFk_- \exp\left(\frac{\beta zEF}{RT}\right) \tag{7-20}$$

式中，α、β 称为阴、阳极电极反应的传递系数。它表示电极电位改变时对还原反应和氧化反应活化能影响的程度。α 和 β 皆小于 1，并且 $\alpha + \beta = 1$。

当体系处于平衡态（$i = 0$）时，电极反应的还原过程和氧化过程的速度相等，即还原电流密度 i_+ 等于氧化电流密度 i_-：

$$|i_+| = |i_-| = i_0$$

i_0 称为交换电流密度，单位是 A/cm^2。

随着金属晶格中的金属离子不断进入溶液中，溶液中金属离子的浓度不断增加，氧化反应的活化能 W_2 越来越大，速度越来越慢；而还原反应的活化能越来越小，速度越来越快，此时还原和氧化反应的活化能变为

$$W_1' = W_1 + \alpha zF\eta \quad (\eta < 0) \tag{7-21}$$
$$W_2' = W_2 - \beta zF\eta \quad (\eta < 0) \tag{7-22}$$

式中，η 为超电压，在阴极极化时为负值，故还原反应活化能下降了 $\alpha zF\eta$，而氧化反应的活化能增加了 $\beta zF\eta$（见图 7-3），因此，还原和氧化反应的速率为

$$i_+ = zFk_+ a \exp\left(-\frac{W_1 + \alpha zF\eta}{RT}\right) \tag{7-23}$$

$$i_- = zFk_- \exp\left(-\frac{W_2 - \beta zF\eta}{RT}\right) \tag{7-24}$$

若 $i_+ > i_-$，则还原反应为主要反应，净反应速率为

$$i_c = i_+ - i_- = zF\left[k_+ a \exp\left(-\frac{W_1 + \alpha zF\eta}{RT}\right) - k_- \exp\left(-\frac{W_2 - \beta zF\eta}{RT}\right)\right] \tag{7-25}$$

$$= i_0\left[\exp\left(-\frac{\alpha zF\eta}{RT}\right) - \exp\frac{\beta zF\eta}{RT}\right] \ (A/cm^2) \tag{7-26}$$

当超电压很小时（$|\eta| < 10mV$），式（7-26）的指数部分的级数可展开为：

$$i_c = i_0 \frac{zF}{RT}\eta \tag{7-27}$$

当超电压较大时（$|\eta| > 50mV$），式（7-26）右边的第二项可忽略，因此得

$$i_c = i_0 \exp\left(-\frac{\alpha zF\eta_c}{RT}\right) \ (A/cm^2) \tag{7-28}$$

η_c 为阴极还原反应的超电压。上式两边取对数，得

$$\ln i_c = \ln i_0 - \frac{\alpha zF\eta_c}{RT} \tag{7-29}$$

故

$$-\eta_c = -\frac{2.3RT}{\alpha zF}\lg i_0 + \frac{2.3RT}{\alpha zF}\lg i_c \tag{7-30}$$

令

$$a = -\frac{2.3RT}{\alpha zF}\lg i_0, \quad b = \frac{2.3RT}{\alpha zF}$$

则

$$-\eta_c = a + b\lg i_c \ (V) \tag{7-31}$$

对于阳极反应，则有

$$\eta_a = a' + b'\lg i_a \ (V) \tag{7-32}$$

式中

$$a' = -\frac{2.3RT}{\beta zF}$$

$$b' = \frac{2.3RT}{\beta zF}$$

式(7-31) 和式(7-32) 就是著名的塔菲尔 (Tafel) 方程式。式中 a 为 $i_c = 1\text{A}/\text{cm}^2$ 时的超电压，b 为阴极的电流-电位曲线（称为阴极极化曲线）的斜率，对于一价正离子，$b \approx 116\text{mV}$。塔菲尔方程式反映了电化学反应步骤成为控制步骤时的特征，即当阴极过程受电化学步骤控制时，超电压与电流密度呈对数关系。图 7-4 是按式(7-32) 在不同 i_0 时的 η_c-i 曲线。其中 $z=1$，$T=298\text{K}$，$\alpha_c=0.5$。若用 η_c 对 $\lg i$ 作图则为一直线，这可以从图 7-5 中看出。

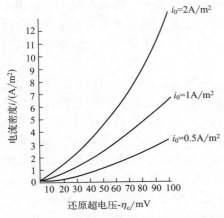

图 7-4　活化控制的 η_c-i 曲线

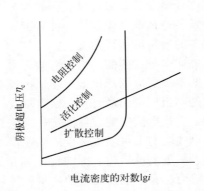

图 7-5　各种极化控制的极化曲线

实际镀液的极化作用常不是单纯的某一种，也可能三种极化都出现。但在多数情况下，必然有一种极化是占主导地位的。若浓差极化是主要的，电流-电位曲线会出现极限扩散电流，此时的电极反应称为扩散控制；电化学极化占主导地位时，活化过程最慢，称为活化控制，不同过程控制的极化曲线的形状见图 7-5。活化控制和扩散控制步骤的特点列于表 7-4。

表 7-4　活化控制和扩散控制步骤特点的比较

活化控制的电极过程	扩散控制的电极过程
在低电流密度下 η_c 与 i_c 成正比，在高电流密度下 η_c 与 $\lg i_c$ 成正比	反应产物溶解时 η_c 与 $\lg \dfrac{i_d - i}{i}$ 成正比，反应产物不溶解时 η 与 $\lg \dfrac{i_d - i}{i_d}$ 成正比
搅拌溶液时不会改变电流密度的大小	搅拌溶液可提高电流密度 i，它与 $\sqrt{\text{搅拌强度}}$ 成正比
电极材料及表面状态对反应速率影响很大，界面上的电位分布对它也有一定影响	电极表面性质及界面上的电位分布情况不影响反应速率
反应速率的温度系数一般比较高（活化能较高，约为几百千焦/摩尔）	反应速率的温度系数较低（活化能为几十千焦/摩尔）
反应速率与电极的真实表面积成比例	当扩散层厚度超过电极表面粗糙度时，反应速率与电极表观面积成比例

　　电化学反应控制时所得到的镀层一般比较平滑细致，镀液的分散能力高。镀液中存在较强的配位体时，由于形成比水合配离子更稳定的配离子，它还原所需的活化能更高，电化学极化值也较大，因此络盐镀液比单盐镀液的分散能力高，镀层也更加细致、光亮。

第二节　描述电极反应的动力学参数

　　电极反应速率的快慢与镀层和镀液的性能有密切的关系。金属配离子在电极上放电速度较慢时，一般可以获得较为亮细致的镀层，因此，研究金属离子本身的放电速度以及各种试剂（配位体、缔合剂、添加剂等）对金属离子放电速度的影响，具有十分重要的理论和实际意义。

　　描述电极反应的动力学参数，常用的有：①电极反应的速率常数；②交换电流密度；③电极反应的活化能；④电极反应的传递系数；⑤超电压。其中电极反应的速率常数是电极反应的最直接的定量描述，但精确测定较为困难，目前已测得的数据也很有限。交换电流密度较易测定，但它只表示在平衡态附近可逆反应时的速率，而不是实际电镀时的不可逆电极反应的速率。电极反应的超电压、活化能以及表示电极电位对阴、阳极反应活化能影响程度的传递系数 α 和 β 等，均为描述电极反应阻力的参数，阻力越大，电极反应的速率就越慢。因此，它们是电极反应速率的间接量度。由于具体测量异相电极反应的活化能数值有一定的困难，故目前测得的数据也不多。

一、电极反应的速率常数

　　电极反应是在电极/溶液接界面上进行的异相反应

$$a\mathrm{A} + z\mathrm{e}^- \Longrightarrow b\mathrm{B} \tag{7-33}$$

其反应速率 v 为

$$v = \frac{1}{a}\frac{|\mathrm{d}z(\mathrm{A})|}{\mathrm{d}t} = \frac{1}{b}\frac{|\mathrm{d}z(\mathrm{B})|}{\mathrm{d}t} = \frac{1}{z}\frac{\mathrm{d}z(\mathrm{e}^-)}{\mathrm{d}t} \tag{7-34}$$

$\mathrm{d}z(\mathrm{A})$ 和 $\mathrm{d}z(\mathrm{B})$ 为反应时消耗 A 的量和生成 B 的量，$\mathrm{d}z(\mathrm{e}^-)$ 表示随电极反应的进行，在时间 $\mathrm{d}t$ 时电极/溶液间传递的电量。若物质的量用摩尔为单位，1mol 电子的绝对值为 $1F$（法拉第）的电量，因此，上述反应通过的电量为 $F|\mathrm{d}z(\mathrm{e}^-)|$，即

$$F|\mathrm{d}z(\mathrm{e}^-)| = |\mathrm{d}q| \tag{7-35}$$

把式(7-34) 代入，得

$$zFv = \frac{|\mathrm{d}q|}{\mathrm{d}t} \tag{7-36}$$

等号右边为单位时间内电极/溶液接界面上通过的电量，即电流 $|I|$，故式(7-36) 可写成

$$|I| = zFv \tag{7-37}$$

此式表示电解电流和电极反应的速率成正比，这是电极反应速率论的基础。通常电极反应的速率是用单位面积上的反应来表示的，若用电流密度 i 表示，则

$$i = \frac{I}{A} = \frac{zFv}{A} = i_a + i_c \tag{7-38}$$

其中

$$i_c = \frac{I_c}{A}, \ i_a = \frac{I_a}{A} \ (A/cm^2) \tag{7-39}$$

式中，I_c 为在阴极上进行还原反应的电流；I_a 为在阳极上进行氧化反应的电流；A 为电极的面积。

此外，电极反应的速率还和反应物的组成、温度、压力有关，电极电位 E 对电极反应速率也有很大的影响。若反应物质在电极表面上的浓度用 c_i 表示，用电流表示的电极反应速率一般可写成

$$i_c = f_c(T.P.E.c_i) \tag{7-40}$$

$$i_a = f_a(T.P.E.c_i) \tag{7-41}$$

即反应式(7-33) 的正、逆向分电流密度 i_c、i_a 有

$$i_c \propto c_B^b, \ |i_a| \propto c_A^a \tag{7-42}$$

式中，c_B 为生成物的浓度；c_A 为反应物的浓度。若阴、阳极反应的速率常数用 k_c、k_a 表示，则按式(7-19)，用电流表示的电极反应速率可表示为

$$i_c = zFk_c c_B^b \exp\left(\frac{-\alpha zEF}{RT}\right) \ (A/cm^2) \tag{7-43}$$

$$i_a = zFk_a c_A^a \exp\left(\frac{\beta zEF}{RT}\right) \ (A/cm^2) \tag{7-44}$$

式中，α、β 为阴极和阳极反应的传递系数；E 为电极电位。由式(7-43) 和式(7-44) 可见，k_c 和 k_a 是温度、压力和电极电位的函数。若 $c_A = c_B = 1 mol/L$，体系的温度为25℃，在此状态下的平衡电位 $E = E^\ominus$，此时应有 $i_+ = i_-$，k_c 和 k_a 必然相等，因此可以用统一的常数 $k^\ominus$ 来代替 k_c 和 k_a，即

$$i_c = zFk^\ominus c_B^b, \ i_a = zFk^\ominus c_A^a \ (A/cm^2) \tag{7-45}$$

式中

$$k^\ominus = \frac{i_c}{zFc_B^b} = \frac{i_a}{zFc_A^a} \ (cm/s) \tag{7-46}$$

常数 $k^\ominus$ 称为电极反应的标准速率常数 (standard rate constant)，其物理意义是当电极电位为反应体系的标准平衡电位及反应物为单位摩尔浓度时，电极反应进行的速率。k 为量纲是 cm/s。因此，也可以将 $k^\ominus$ 看成是 $E = E^\ominus$ 时反应物越过活化能垒的速度。$k^\ominus$ 是比较各种电极反应速率的标准，是一种电极反应的重要动力学参数。

由式(7-43) 和式(7-44) 可知，在某一电位范围内，电极反应的传递系数和电极电位无关，而为定值时 (见表7-5)，则速率常数 k_c 或 k_a 的对数对电极电位作图应为一直线。图 7-6

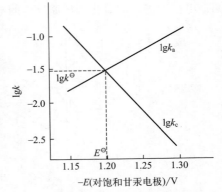

图 7-6　Hg 电极上 Cr(Ⅲ)-DCTA＋$e^- \underset{\overrightarrow{k_c}}{\rightleftharpoons}$Cr(Ⅱ)-DCTA 的电极反应速率常数和电极电位的关系

所示为环己二胺四乙酸（DCTA）的 $Cr(Ⅲ)$ 配合物在汞电极上还原时的电极反应速率常数和电极电位的关系。在两直线交点处所对应的纵坐标，即为标准速率常数 $k^{\ominus}$，交点处所对应的横坐标则为标准电极电位 $E^{\ominus}$ 值。

表 7-5　电极反应传递系数 α、β 的实测值

电　极	电　极　反　应	溶　液	$T/℃$	α	β	$\alpha+\beta$
Hg(DME)[①]	$Cd^{2+}+2e^-+Hg \rightleftharpoons Cd(Hg)$	0.5mol/L Na_2SO_4	25	0.62	0.29	0.91
Hg(DME)	$Cu^{2+}+2e^-+Hg \rightleftharpoons Cu(Hg)$	1mol/L KNO_3	25	0.53	0.43	0.96
Hg(DME)	$Zn^{2+}+2e^-+Hg \rightleftharpoons Zn(Hg)$	1mol/L KNO_3	25	0.56	0.35	0.91
Zn(Hg)	$Zn^{2+}+2e^-+Hg \rightleftharpoons Zn(Hg)$	0.5mol/L Na_2SO_4	25	0.69	0.30	0.99
Pt	$Fe^{3+}+e^- \rightleftharpoons Fe^{2+}$	1mol/L H_2SO_4	25	0.53	0.46	0.99
Hg(DME)	$Ti^{4+}+e^- \rightleftharpoons Ti^{3+}$	0.23mol/L HCl+0.005％明胶	16～17	0.56	0.43	0.99

① DME 表示滴汞电极。

二、交换电流密度

由式(7-28)～式(7-32) 知

$$\eta_a = \frac{-2.3RT}{\beta zF}\lg i_0 + \frac{2.3RT}{\beta zF}\lg i_a \quad (V)$$

$$-\eta_c = \frac{-2.3RT}{\alpha zF}\lg i_0 + \frac{2.3RT}{\alpha zF}\lg i_c \quad (V)$$

若改写成指数形式，则有

$$i_a = i_0 \exp\left(\frac{\beta zF}{RT}\eta_a\right) \quad (A/cm^2)$$

$$i_c = i_0 \exp\left(\frac{-\alpha zF}{RT}\eta_c\right) \quad (A/cm^2)$$

以 $\lg i_a$ 和 $\lg i_c$ 对超电压 η 作图将得到两条直线（见图 7-7），其斜率分别为 $\dfrac{2.3RT}{\beta zF}$ 和 $\dfrac{2.3RT}{\alpha zF}$，由两直线的交点所对应的 $\lg i$ 坐标值即为 $\lg i_0$ 值。必须指出，i_a 和 i_c 是指在同一电极上进行的氧化和还原反应的电流，它并不是电解池中阴极和阳极上的电流。

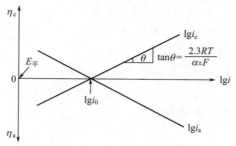

图 7-7　超电压对 i_a、i_c 的影响

根据电极电位公式有

$$E - E^{\ominus} = \frac{RT}{zF}\ln\frac{c_O}{c_R}$$

式中，c_O 表示氧化态的浓度；c_R 表示还原态的浓度。当电极反应式（7-33）处于标准平衡态时，由式（7-43）和式（7-44）表示的还原和氧化方向的分电流相等。即 $E = E^\ominus$ 时，$i_a = i_c = i_0$。因此，由式（7-43）和式（7-44）得

$$i_0 = zFkc_O\left(\frac{c_O}{c_R}\right)^{-\alpha} = zFk^\ominus c_O^\beta c_R^\alpha = zFk^\ominus (c_B^b)^\alpha (c_A^a)^{(1-\alpha)} \quad (\text{A/cm}^2) \qquad (7\text{-}47)$$

将 $k^\ominus$、c_A、c_B 及 α 的数值代入式（7-47），就可以算出任何浓度下的交换电流密度 i_0。

根据 i_0 值将各种电极体系分类列于表7-6。

表 7-6　各种电极体系的分类

i_0 值 电极体系的动力学性质	$i_0 \to 0$	i_0 小	i_0 大	$i_0 \to \infty$
极化性能	理想极化电极①	易极化电极②	难极化电极	理想不极化电极
电极反应的可逆程度	完全不可逆	可逆程度小	可逆程度大	完全可逆
I-η 关系	电极电位可任意改变	一般为半对数关系	一般为直线关系	电极电位不会改变

① 理想极化电极指不需要通过电解电流（即没有电极反应）也能改变电极电位的电极。
② 易极化电极指通过不大的净电流就能使电极电位发生较大变化的电极。

三、电极反应的活化能

金属配离子从溶液到达电极表面，由于电极的静电作用而使它的结构发生适当的变化，从而形成活性中间体（活化状态），然后再变为生成物。因此电极反应的活化能，等于活化状态时体系的标准自由能同初始态时的体系的标准自由能之差值。图7-3是金属氧化和还原的势能曲线，从图中可以看出，简单金属离子还原为金属原子时所需的活化能。

对于均相反应，可以根据温度对反应速率常数的影响来计算活化能，即

$$\left(\frac{\partial \ln k}{\partial T}\right)_P = \frac{E^{\neq}}{RT^2} \qquad (7\text{-}48)$$

式中，$E^{\neq}$ 称为阿累尼乌斯活化能，通常是温度和压力的函数。而电极反应的速率常数是温度、压力和电极电位的函数，因此在研究反应速率常数的温度变化时，压力和电位必须恒定，故式（7-48）可写成

$$\left[\frac{\partial(\ln k_a)}{\partial T}\right]_{P,E} = \frac{E_a^{\neq}}{RT^2} \quad \left[\frac{\partial(\ln k_c)}{\partial T}\right]_{P,E} = \frac{E_c^{\neq}}{RT^2} \qquad (7\text{-}49)$$

式中，k_a、k_c 分别为阳极氧化反应和阴极还原反应的速率常数；$E_a^{\neq}$ 和 $E_c^{\neq}$ 分别为阳极和阴极反应的活化能，它们也是温度 T、压力 P 和电极电位 E 的函数。

若电极反应的速率常数 k 用下式表示

$$k_c = k_c^\ominus \exp\left(\frac{-\alpha zF}{RT}E\right) \quad (\text{cm/s}) \qquad (7\text{-}50)$$

$$k_a = k_a^\ominus \exp\left(\frac{\beta zF}{RT}E\right) \quad (\text{cm/s}) \qquad (7\text{-}51)$$

式中，$k_c^\ominus$ 和 $k_a^\ominus$ 为电极电位 $E^\ominus = 0$ 时的电极反应速率常数，假定传递系数 α 和

β 不随温度而变化，则在电极电位 E 时，氧化和还原反应的活化能 $E_c^{\neq}$、$E_a^{\neq}$ 可推导得如下的形式：

$$E_c^{\neq}=E_c^{\neq,\ominus}-\alpha zFE, \quad E_c^{\neq,\ominus}=RT^2\left(\frac{\partial \ln k_c^{\ominus}}{\partial T}\right)_P \quad (kJ/mol) \tag{7-52}$$

$$E_a^{\neq}=E_a^{\neq,\ominus}+\beta zFE, \quad E_a^{\neq,\ominus}=RT^2\left(\frac{\partial \ln k_a^{\ominus}}{\partial T}\right)_P \quad (kJ/mol) \tag{7-53}$$

式中，$E_c^{\neq,\ominus}$ 和 $E_a^{\neq,\ominus}$ 为 $E=0$ 时，氧化和还原方向的活化能。

比较各种电极反应的活化能时，可用交换电流密度和标准速率常数的温度变化。若不考虑传递系数的温度变化，由式(7-47) 得

$$\left(\frac{\partial \ln i_0}{\partial T}\right)_P=\left(\frac{\partial \ln k^{\ominus}}{\partial T}\right)_P=\frac{E^{\neq,\ominus}}{RT^2} \tag{7-54}$$

式中，$E^{\neq,\ominus}$ 为电极电位 E 和超电压 η 均恒定（E 为定值或 $\eta=0$）时电极反应的活化能。表 7-7 列出了某些电极反应的活化能 $E^{\neq,\ominus}$ 的实测值和标准速率常数值。

表 7-7　电极反应的标准速率常数 $k^{\ominus}$ 和活化能 $E^{\neq,\ominus}$

电极	电极反应	溶液	温度/℃	标准速率常数 $k^{\ominus}$/(cm/s)	活化能 $E^{\neq,\ominus}$/(kJ/mol)
Bi(Hg)	$Bi^{3+}+3e^-+Hg\Longrightarrow Bi(Hg)$	1mol/L $HClO_4$	20	3.0×10^{-4}	41.87
Cu(Hg)	$Cu^{2+}+2e^-+Hg\Longrightarrow Cu(Hg)$	1mol/L KNO_3	20	4.5×10^{-2}	37.68
Cu(Hg)	$[Cu(En)_2]^{2+}+2e^-+Hg\Longrightarrow$ $Cu(Hg)+2En$	1mol/L En·HCl+ 1mol/L En	20	3.7×10^{-2}	0
Ni(Hg)	$Ni^{2+}+2e^-\Longrightarrow Ni$	0.1mol/L Kd	30	2.9×10^{-10}	—
Hg	$Hg_2^{2+}+2e^-\Longrightarrow 2Hg$	1mol/L $HClO_4$	25	1.9×10^{-2}	9.21
Zn(Hg)	$Zn^{2+}+2e^-+Hg\Longrightarrow Zn(Hg)$	2mol/L $NaClO_4$		2.48×10^{-3}	41.87
Fe	$Fe^{2+}+2e^-\Longrightarrow Fe$	1mol/L $FeSO_4$	25	5×10^{-11}	—
Hg	$Cr^{3+}+e^-\Longrightarrow Cr^{2+}$	0.5mol/L $NaClO_4$ (pH=3.4)	35	1.4×10^{-5}	46.05
Pt	$Fe^{3+}+e^-\Longrightarrow Fe^{2+}$	1mol/L $HClO_4$	20	5×10^{-3}	37.68
Pt	$[Fe(CN)_6]^{3-}+e^-\Longrightarrow[Fe(CN)_6]^{4-}$	1mol/L KCl	20	9×10^{-2}	16.75
Pt	$MnO_4^-+e^-\Longrightarrow MnO_4^{2-}$	1mol/L KOH	20	1.2×10^{-2}	19.68
Hg	$V^{3+}+e^-\Longrightarrow V^{2+}$	1mol/L $HClO_4$	14.2	2.2×10^{-3}	31.82

四、电极反应动力学参数间的关系

由上述可见，阴、阳极电极反应的传递系数 α 和 β，表示的是电极电位对阴极和阳极反应活化能或电极反应速率常数的影响程度，因此可表示为

$$\alpha=\frac{RT}{zF}\left(\frac{\partial \ln k_c}{\partial E}\right)_{T.P} \tag{7-55}$$

$$\beta=-\frac{RT}{zF}\left(\frac{\partial \ln k_a}{\partial E}\right)_{T.P} \tag{7-56}$$

α 和 β 一般是温度、压力和电极电位的函数，它们主要决定于反应的类型，而与反应物种的浓度关系不大。

传递系数 α、β 之值可以通过阴、阳极极化曲线的斜率求得（见图 7-7），它与 i_0

的关系由式(7-29)表示。由于传递系数只能反映电极电位对活化能或反应速率常数的影响，而活化能和速率常数还受其他条件的影响，因此，传递系数并不是理想的电极反应动力学参数。

电极反应的活化能直接表示电极反应所需超越的能垒的高度，能垒越高，电极反应速率就越慢。它与电极反应速率的关系由式(7-17)、式(7-18)表示。它与 i_0、$k^{\ominus}$ 的关系由式(7-54)表示。

电极反应均在异相间进行，由于很难保证在不同温度下反应表面具有完全相同的表面状态，同时也很难在不同的温度下保持相同的电极电位。因此，电极反应活化能的数据往往不甚可靠。从表 7-7 的数据也可看出，它与标准速率常数 $k^{\ominus}$ 之间并没有很好的平行关系。

交换电流密度表示在平衡态附近正、逆向电极反应速率相等时的电极反应速率。它的测定较为容易，不少情况可以直接从阴、阳极极化曲线求得（见图 7-7），因此应用较为普遍。它与电极反应速率常数 $k^{\ominus}$ 的关系由式(7-47)表示，由该式可见，i_0 还与反应体系中各组分的浓度有关。若体系中某一种反应物的浓度发生了改变，和平衡电位一样，i_0 的数值也会随之发生变化，因此，要用 i_0 来比较各电极体系的动力学性质时，必须选取相同组分浓度条件下的数据。否则就要指明反应体系中各物种的浓度。显然，这是十分不便的。

电极反应速率常数 $k^{\ominus}$ 表示反应体系的电极电位为标准平衡电位，且各反应物种的浓度均为 1mol/L 时电极反应进行的速率。$k^{\ominus}$ 是温度、压力和电极电位的函数，但与反应体系中各物种的浓度无关，因此，电极反应速率常数 $k^{\ominus}$，是表示电极反应动力学性质的最方便、最适用的参数。可惜的是目前测定的数据还很少。

第三节 电化学极化的来源

金属离子进入含各种配位体、缔合剂和表面活性剂的溶液中时，将形成内界含有各种类型配体，外界含有各类缔合剂的复杂的配合物。要它在电极表面还原为金属原子，包围在它周围的配位体、缔合剂以及吸附在电极表面上的界面活性剂将通过配位作用、缔合作用或吸附作用阻止金属离子的还原，使它的还原受到多种阻力，这些阻力是电化学反应过程中产生的，因此，就是电化学极化或超电压的来源。

为了便于讨论，可把电化学反应超电压的来源分为三类：一是金属离子内配位界中配体的配位作用而引起的超电压，这种超电压和配合物的形态、电子构型和空间构型都有密切的关系；二是配离子受外配位界离子的缔合作用而产生的超电压，这种超电压由

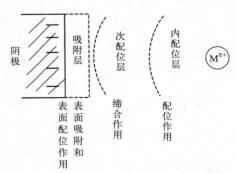

图 7-8 电化学反应超电压的来源示意图

缔合剂和配离子的体积大小，电荷高低，形成氢键的难易程度，是否有表面活性等因素决定；三是吸附在电极表面上的添加剂或表面活性剂通过吸附和表面配位作用，进一步阻止溶液中扩散到电极表面的配离子的放电而产生的超电压。这种超电压受电极的表面状态、双电层的结构以及添加剂的性质和结构所控制。这三类超电压的来源可以粗略地用图 7-8 表示。

除了这三种超电压外，还原后的金属原子排列成晶格镀层时也会遇到阻力，这种阻力产生的超电压称为电结晶超电压。这种超电压一般不大，而且主要属于结晶学的内容，本书不多介绍。本书主要讨论内配位层的结构和电极/溶液界面构造对电极反应动力学参数的影响。

一、配离子的形式对电极反应动力学参数的影响

一般来说，在电极表面无特性吸附的离子存在时，位于内配位层的配体对金属离子的放电超电压有较大的作用。这是因为配体的配位作用会使金属离子的能量大大降低，即配离子的位能比简单金属离子的位能低得多，它获得电子变为金属原子时，受到的阻力更大，所需要的能量也更多。图 7-9 表示水合配离子和更稳定的其他类型配离子（用 $M^{z+}_{配位}$ 表示）还原为金属时自由能的变化。$\Delta G_{稳定化}$ 表示配离子的能量与水合金属离子能量之差，配体的配位能力越强，配离子越稳定，$\Delta G_{配位}$ 的负值越大，$\Delta G_{稳定化}$ 的负值也越大，金属配离子还原变成金属也就越困难，相反，金属溶解而转化为配离子的趋势也越大，越有利于金属的溶解。

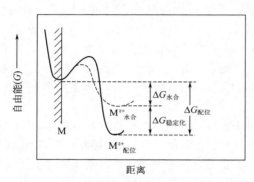

图 7-9　配位金属离子的化学自由能剖面图

氰合配合物的形成可以看作是氰根离子逐步取代水合配离子中配位水的过程。随着加入 CN^- 浓度的增加，被取代的水分子数也增加。每一个 CN^- 取代一个水分子时，反应的自由能都要减小，这相当于放出一份稳定化能（$\Delta G_{稳定化}$），当 CN^- 过量时，四个水分子可全部被取代：

$$[Cd(H_2O)_4]^{2+} \xrightarrow{CN^-} [Cd(CN)(H_2O)_3]^+ \qquad -33kJ$$
$$\downarrow +CN^-$$
$$[Cd(CN)_2(H_2O)_2] \qquad -29kJ$$
$$\downarrow +CN^-$$
$$[Cd(CN)_3(H_2O)]^- \qquad -27kJ$$
$$\downarrow +CN^-$$
$$[Cd(CN)_4]^{2-} \qquad \frac{+\quad -19kJ}{-108kJ}$$

表 7-8 列出了一些电镀时常见配离子的稳定化能。

表 7-8　电镀时常见配离子的稳定化能

金属离子	配　体	配　离　子	稳定化能 $\Delta G_{稳定化}$/(kJ/mol)
Ag^+	CN^-	$[Ag(CN)_2]^-$	122
Cu^+	CN^-	$[Cu(CN)_3]^{2-}$	147
Cd^{2+}	CN^-	$[Cd(CN)_4]^{2-}$	108
Zn^{2+}	CN^-	$[Zn(CN)_4]^{2-}$	116
Fe^{2+}	CN^-	$[Fe(CN)_6]^{4-}$	139
Fe^{3+}	CN^-	$[Fe(CN)_6]^{3-}$	87
Zn^{2+}	OH^-	$[Zn(OH)_4]^{2-}$	63
Cu^+	NH_3	$[Cu(NH_3)_2]^+$	79
Cu^{2+}	NH_3	$[Cu(NH_3)_4]^{2+}$	62
Cu^{2+}	$P_2O_7^{4-}$	$[Cu(P_2O_7)_2]^{6-}$	39
Zn^{2+}	$P_2O_7^{4-}$	$[Zn(P_2O_7)_2]^{6-}$	29

由表 7-8 可见，不同的配体和同一种金属离子形成不同形式的配离子时，它们的稳定化能是各不相同的。以 Zn^{2+} 为例，配体稳定化的顺序是：

$$CN^-（116kJ）＞OH^-（63kJ）＞P_2O_7^{4-}（29kJ）$$

但是，配体对电极反应动力学性质的影响，与配体对稳定化能的影响并不是平行的，还必须考虑配体其他性能的作用。如配体在电极上的吸附行为，配体传递电子的性质，以及配体形成氢键的能力等。表 7-9 列出了不同类型的配体对 Zn^{2+} 交换电流密度的影响。

表 7-9　各类配体对 Zn^{2+} 交换电流密度的影响

溶　液　组　成	i_0/(mA/cm^2)	电位/V
$ZnSO_4$(0.66mol/L)	48.0	-0.781
$ZnSO_4$(0.2mol/L)	27.6	-0.796
$ZnSO_4$(0.2mol/L)+NaOH(2.0mol/L)	10.0	-1.25
$ZnSO_4$(0.2mol/L)+NH_3(3mol/L)	5.5	-1.107
$ZnSO_4$(0.2mol/L)+Na_3cit(0.8mol/L)	0.07	-0.938
$ZnSO_4$(0.66mol/L)+KCN(1.6mol/L)	10^{-3}	-1.23

由表 7-9 可见，反映体系热力学性质的平衡电位之值和表示体系动力学性质的 i_0 之值并无平行的关系，$\Delta G_{稳定化}$ 很负，稳定性很高，E 值很负的 $[Zn(OH)_4]^{2-}$ 离子放电时的 i_0 却较大。

二、配合物的电子构型对电极反应动力学参数的影响

在第五章第二节中介绍了活性配合物和惰性配合物的形成，实际上是配体的孤对电子填充到金属离子最低能级的空轨道的结果。这种作用是配体势场（简称为配体场）作用的结果。不同类型的配体，它的场强是不同的，通常把它们分为两类：强场配体和弱场配体。弱场配体一般只能占据金属离子的外层空轨道，因此形成的是外轨型的配合物；而强场配体可以把金属离子的 d 电子从单个占据 d 轨道状态转变成双占据 d 轨道的状态，而使配体的孤对电子进入金属离子的内层 d 轨道，因而形成的是内轨型配合物。形成内轨型配合物时所放出的能量比外轨型的多，因此它所处的能态也低，要它还原成金属原子时，必须把配体的孤对电子从内层 d 轨道中赶出去。这样，

电极还原反应的活化能很高，超电压很大，往往金属配离子的放电比 H^+ 离子的放电还难，阴极上析出的主要是氢气而不是金属镀层。因此，这类配离子放电时的电流效率很低，电沉积速度很慢。

赖昂斯（Lyons）在他的著名论文中用内外轨配合物的概念来解释水溶液中各种配合物镀液的电极行为取得了成功（见表 7-10 和表 7-11），这样，配离子的电沉积行为和配离子的电子构型之间就建立了直接的关系，从而为从理论上探讨配离子的电沉积性质打下了基础。

表 7-10　某些配合物在水溶液中的电沉积行为

内轨型配合物	无沉积	各种配合物	Ti、Zr、Hf、V、Nb、Ta
		大多数配合物	Cr、Mo、W
		CN^- 配合物	Mn、Fe、Co、Ni、Pt 系金属
		phen 配合物	Fe、Co、Ni、Cu、Pt 系金属
		dpy 配合物	Fe、Co、Ni、Pt 系金属
	在高活化超电压下，以低电流效率沉积		许多 Pt 系金属配合物
外轨型配合物	无沉积		Al、Be、Mg 的所有配合物
	以汞齐形式沉积		碱金属、碱土金属、可能稀土金属
	在高活化超电压下以高电流效率沉积：H_2O、Cl^- 配合物		Mn、Fe(Ⅱ)、Co(Ⅱ)Ni、Cu(Ⅱ)、Zn、Cd、Hg、Ga、In、Tl、Pb、Sn
	$P_2O_7^{4-}$ 配合物		Cu、Zn、Cd、Sn
	NH_3 配合物		Ni、Cu、Ag、Zn、Cd
	phen 配合物		Zn、Cd
	$S_2O_3^{2-}$ 配合物		Cu、Ag
	I^- 配合物		Ag、Cd、Hg
	HS^- 配合物		Sn(Ⅳ)
	CN^- 配合物		Cu、Ag、Au、Zn、Cd、Hg、Tl、In
	OH^- 配合物		Zn、Sn(Ⅳ)、Pb(Ⅳ)

表 7-11　各种元素的电沉积行为

H																	
Li	Be											B	C	N	O	F
Na	Mg											Al	Si	P	S	Cl
K	Ca	Sc	Ti	V	Cr⑤	Mn⑥	Fe⑤	Co⑥	Ni⑥	Cu①	Zn①	Ga②	Ge⑤	As⑤	Se⑤	Br
Rb	Sr	Y	Zr	Nb	Mo	Tc	Ru③	Rh③	Pd③	Ag①	Cd①	In②	Sn④	Sb	Te⑤	I
Cs	Ba	La	Hf	Ta	W	Re⑥	Os③	Ir③	Pt③	Au①	Hg①	Tl②	Pb④	Bi④	Po	At
Fr	Ra	Ac	Th	Pa	U											

① 在氰化物溶液中电镀。
② 在氰化物溶液电镀，但比较难。
③ 氰配合物非常稳定，不能在氰化物溶液中电镀，可以用稳定性较低的胺、硝基、亚硝基配合物电镀。
④ 在低配位能力的阴离子（NO_3^-、ClO_4^-）溶液中电镀。
⑤ 在含有金属的羟基阴离子的溶液中电镀。
⑥ 在氰化物溶液中不能电镀。

在第二章中已经提到，配离子要在电极上还原，首先必须在结构上作适当的调整，形成所谓的活性中间体，然后再发生电子的传递反应。现在已有许多事实证明，大多数金属离子放电的超电压，主要来自形成活性中间体那一步。而形成活性中间体一般有两种途径：一种是配离子先离解出一个配体，形成低配位数的活性中间体（S_N1 机理），然后它再迅速发生电子的传递反应；另一种是配离子中的配体让出一个配位位置来与金属连接，从而形成高配位数的活性中间体。由于金属电极上的电子是可以自由流动的，带负电的电极可以看成是一种很软的配体（见第二章，软硬酸碱原理）。因此，配离子在金属电极上的还原反应，可以近似看作阴极带负电荷的金属作为配体的取代反应，简称为电极取代反应。这样，配离子取代的规律性（见第五章）就可以借用到配离子的电沉积上来。

实践证明，取代反应活性的配合物，容易形成活性中间体，因此电极反应的超电压小，电沉积速度快，电流效率高，镀层比较粗糙；相反，惰性配合物难以形成活性中间体，因此，电极反应的超电压大，电沉积速度慢，电流效率低，镀层比较细致光亮。但惰性太大的配离子，因电流效率太低，沉积速度太慢，也就失去了实用的价值。

内、外轨配合物或活性、惰性配合物的概念反映了电子构型对配合物电极反应速率的影响，它能粗略地把配离子的电沉积行为加以区分，但它无法说明同一类配合物为何电极反应速率又有很大差别的原因，而这种原因正是配合物的配位方式、配位数以及外界配位层和电极表面层中的缔合、吸附和表面配位作用的结果。

配合物的配位作用是各种各样的，除了配合物中含有多个金属和配体的多核配合物外，最常见的是只含一个金属的单核配合物，它包括配位界内只含一种配体的单一型配离子，配位界内同时含有不同配体的混合配体配离子，以及这些单一或混合型配离子在溶液或电极表面再与相反电荷的离子通过缔合作用而形成的多元配合物，因此，配位方式和缔合作用对电极反应动力学参数的影响将在多元配合物的动力学特性部分中详细介绍。

三、电极/溶液界面构造对电极反应动力学参数的影响

要研究电极反应的活化能，必须知道电极反应是在怎样的环境和处境中进行的。电极反应是在电极和溶液的界面上进行的，因此，电极/溶液界面的构造对电化学反应的动力学性质有很大的影响。在不同的电极表面上，同一电极反应的速率可以有很大的差别。例如，在同一电极电位下，氢在铂电极上析出速度要比在汞电极上的析出速度大 10^{10} 倍以上。又如，当电极表面吸附了表面活性物质或生成氧化物层时，许多电极反应的速率都降低了。再如，金属/溶液界面上的电场强度对电化学反应的动力学参数也有很大影响。在同一电极表面上，同一电极反应的速率可以随着电极电位的改变而有很大变化。对于许多电极反应，只要电极电位改变 $100\sim200mV$，就可使反应速率改变十倍。通常电极电位的变化范围约为 $1\sim2V$，因此，通过改变电极电位也能使电极反应速率约改变十个数量级。由此可见，研究金属/溶液界面的结构和性质及其对电化学动力学参数的影响是有重要意义的。

1. 双电层的构造

金属电极插入电解质溶液中时，由于静电作用，在金属/溶液的界面上将产生双

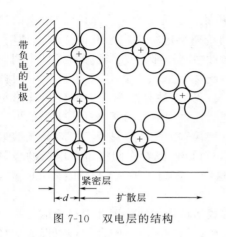

图 7-10 双电层的结构

电层。金属中的过剩电荷紧靠在电极界面上，溶液中的剩余电荷，由于静电作用也紧密排列在电极界面上，形成紧密层（见图 7-10），它的厚度，即离子层电荷中心与金属表面的距离，大约相当于一个水合离子半径的大小（约 2～3Å）。在紧密层外面的其余部分为分散层，这是由于粒子的热运动及电荷符号相同的离子间的排斥作用，使得溶液中的过剩电荷离开电极而分散在溶液中。扩散层中离子的浓度是连续变化的，其厚度是溶液的离子强度、介电常数和温度的函数。介电常数越高，离子强度越低，它越厚。在 25℃ 的水溶液中，扩散层的厚度在离子强度为 0.001 时约为 100Å，在离子强度为 0.1 时为 10Å。当溶液中存在大量的惰性电解质时，双电层的构造主要由惰性电解质决定，它们对电极反应的影响很小，可以忽略不计。但是，当溶液中有能在电极上特性吸附的离子时，就必须考虑这种吸附所起的作用。在水溶液中阴离子的水化程度比阳离子为低，水合阴离子的半径一般比阳离子为小，因此，特性吸附的阴离子可以进入紧密层的内侧。

双电层中各点的电位随离电极的距离而发生的变化，如图 7-11 所示，其中紧密层的电位差用 ψ 表示，扩散层的电位差用 ψ_1 表示，则双电层的总电位差 φ 为

$$\varphi = \psi + \psi_1$$

在紧密层中没有电荷存在，电位是线性变化的，电位梯度是常数。在分散层中，电位以近似指数的形式发生变化。图 7-12 所示为不同的卤化物溶液中 ψ_1 电位随电极电位变化的曲线，在电极上存在无特性吸附的 F^- 离子时，ψ_1 随 E 单调变化。但 I^-、Cl^- 等具有特性吸附的卤离子的曲线则出现了极大值，表明它们对 ψ_1 电位有较大的影响。

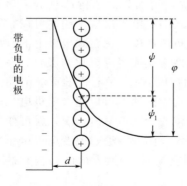

图 7-11 双电层中电位的分布

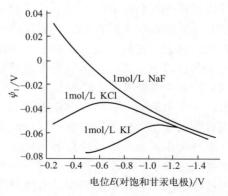

图 7-12 Hg/1mol/L（NaF，KCl，KI）水溶液体系（25℃）中扩散层电位与电极电位 E 的关系

2. 双电层结构对电极反应参数的影响

在一般的电极反应速率的表达式中，通常只考虑紧密双电层中电位的变化，而忽视了扩散双电层中 ψ_1 电位的变化，因此，那些表达式只适用于浓溶液和无特性吸附离子存在的情况。但是，在稀溶液中，特别是当电极电位接近零电荷电位（指金属表面不带电荷时的电位）时，ψ_1 的变化比较显著，尤其是有特性吸附离子存在时，ψ_1 电位的变化更大，此时就必须考虑它对电极反应参数的影响。

ψ_1 的影响主要表面在两方面。其一是改变金属/溶液界面上参加反应的带电离子的浓度，从而影响了电极反应的速率。由 ψ_1 引起的带电离子浓度的变化服从玻尔兹曼公式：

$$c_i = c_i^{\ominus} e^{-\frac{z_i F}{RT}\psi_1} \tag{7-57}$$

即随 ψ_1 的变化 c_i 呈指数衰减。

ψ_1 的另一个影响是改变电极反应的超电压。若把式（7-43）和式（7-44）中的电位 E 用 $(E-\psi_1)$ 代替，并把式（7-57）代入，则得

$$i_c = zFk_c' c_O^{\ominus} e^{-\frac{z_O F}{RT}\psi_1} \exp\left[-\frac{\alpha zF}{RT}(E-\psi_1)\right] \ (A/cm^2) \tag{7-58}$$

$$i_a = zFk_a' c_R^{\ominus} e^{-\frac{z_R F}{RT}\psi_1} \exp\left[\frac{\beta zF}{RT}(E-\psi_1)\right] \ (A/cm^2) \tag{7-59}$$

式中，z_O 和 z_R 分别表示氧化态和还原态的电荷；z 表示电极反应时传递的电子数；k_c' 和 k_a' 分别表示电位为 $E-\psi_1$ 时还原和氧化反应的速率常数。反应的总电流为

$$i = i_c - i_a = zFk_c' c_O^{\ominus} \exp\left[\frac{\alpha zF}{RT}\eta_c + \frac{\alpha zF - z_O F}{RT}\psi_1\right]$$

$$- zFk_a' c_R^{\ominus} \exp\left[-\frac{\beta zF}{RT}\eta_a - \frac{\beta zF - z_R F}{RT}\psi_1\right] \ (A/cm^2) \tag{7-60}$$

当 $i \gg i_0$ 时

$$i \approx i_c = zFk_c' c_O^{\ominus} \exp\left[\frac{\alpha zF}{RT}\eta_c + \frac{\alpha z - z_O}{RT}F\psi_1\right] \ (A/cm^2) \tag{7-61}$$

或

$$\eta_c = 常数 + \frac{RT}{\alpha zF}\ln i_c + \frac{z_O - \alpha z}{\alpha z}\psi_1 \tag{7-62}$$

当阳离子在电极上还原时，一般有 $z_O \geqslant z$，故上式中的最后一项的系数

$$\frac{z_O - \alpha z}{\alpha z} > 0$$

因此，使 ψ_1 向正方向变化的因素，例如阳离子吸附或当电极表面带有负电荷，以及溶液中离子强度增大时，都会使 η_c 增大，或是在 η_c 保持不变时使 i 减小；反之，那些引起 ψ_1 向负方向变化的因素（如阴离子吸附等），会加速阴极反应的进行。表 7-12 列出了某些电极反应中未考虑和考虑了双电层影响时的传递系数和标准速率常数之值。其中括号中之值表示考虑了双电层影响后的数值。

表 7-12　双电层对电极反应传递系数和标准速率常数的影响

电　极	电　极　反　应	溶　　液①	传递系数		标准速率常数 $k^{\ominus}$
			α	β	/(cm/s)
滴汞电极	$Co(\text{III})\text{-EDTA}+e^- \longrightarrow$ $Co(\text{II})\text{-EDTA}$	0.4mol/L $NaNO_3$+0.1mol/L Ac$^-$缓冲液	0.49 (0.49)	0.52 (0.52)	2.9×10^{-2} (5.8×10^{-2})
滴汞电极	$Cr(\text{III})\text{-EDTA}+e^- \longrightarrow$ $Cr(\text{II})\text{-EDTA}$	0.4mol/L $NaCl$+0.1mol/L Ac$^-$缓冲液	0.39 (0.43)	0.58 (0.54)	2.1×10^{-1} (1.7×10^{-1})
滴汞电极	$Cr(\text{III})\text{-DCTA}+e^- \longrightarrow$ $Cr(\text{II})\text{-DCTA}$	0.4mol/L $NaCl$+0.1mol/L Ac$^-$缓冲液+2×10^{-6}mol/L LEO	0.67 (0.57)	0.33 (0.40)	2.9×10^{-2} (9.3×10^{-1})
Zn(Hg)	$Zn^{2+}+2e^-+Hg \Longrightarrow$ $Zn(Hg)$	0.5mol/L $NaNO_3$+ 0.5mmol/L HNO_3	0.56 (0.56)	0.34 (0.34)	4.4×10^{-3} (2.4×10^{-4})

① Ac$^-$缓冲液为醋酸盐缓冲液，LEO 为聚氧乙烯十二烷基醚。

由表 7-12 可知，$NaNO_3$ 并不影响传递系数，而 Cl^- 对传递系数有明显影响，但它们对标准速率常数都有影响。这也说明，在研究电极反应速率时，必须考虑双电层结构的影响，只是这种影响和其他因素比较起来小得多，所以常常未予考虑。

第八章

配离子电极反应的速率

第一节　单一型配离子的电极反应速率

一、溶液中只有一种配离子时的电极反应

在一定条件下往金属离子溶液中加入比水更强的配体时，金属离子将形成各种形式的或配位数不同的配离子。假定镀液在某一条件下只形成一种稳定的配离子 ML_n，而且电极上只有 ML_n 放电，则有

$$ML_n + ze^- \Longrightarrow M + nL^{\frac{z}{n}-} \tag{8-1}$$

按类似简单金属离子放电速度的表达式 [式(7-19)]，在电极电位 E 时阴极还原电流密度 i_c 和阳极氧化电流密度 i_a 分别为

$$i_c = zFk_c[ML_n]\exp\left(-\frac{\alpha zF}{RT}E\right) \ (A/cm^2) \tag{8-2}$$

$$i_a = zFk_a[M][L]^n \exp\left(\frac{\beta zF}{RT}E\right) \ (A/cm^2) \tag{8-3}$$

在平衡态时：

$$i_c = i_a = i_0$$

故

$$i_0 = zFk[ML_n]^\alpha[M]^\beta[X]^{\beta n} \ (A/cm^2) \tag{8-4}$$

式中，α、β 分别为阴极和阳极反应的传递系数，即阴极和阳极极化曲线的斜率。在平衡电位 $E_\text{平}$ 时，若 $[M]$ 和 $[ML_n]$ 维持不变，则

$$\left(\frac{\partial \lg i_0}{\partial \lg[L]}\right)_{E_\text{平},[M],[ML_n]} = \beta n = n(1-\alpha) \tag{8-5}$$

利用这一关系，可以从实验数据求出 n 值，从而决定平衡态时在阴极上直接放电配离子的配位形式。

二、溶液中含多种配离子时的电极反应

配离子的电沉积机理在国际上还是个有争议的问题。特别是溶液中含多种配离子时，到底哪种配离子放电尚有不同看法。目前，国内外电化学界大都沿用德国学者格里雪（Gerisher）开创的交换电流密度测定法，由式(8-5)求得放电配离子的配位数，表 8-1 是用该法所得的一些结果。

表 8-1　配离子的主要存在形式和在电极上直接放电的配离子

电 极 体 系	配离子的主要存在形式	直接在电极上放电的配离子
$Zn(Hg)/Zn^{2+}$，$C_2O_4^{2-}$	$[C_2O_4^{2-}]$大时，$[Zn(C_2O_4)_3]^{4-}$ $[C_2O_4^{2-}]$小时，$[Zn(C_2O_4)_2]^{2-}$	ZnC_2O_4
$Zn(Hg)/Zn^{2+}$，CN^-，OH^-	$[Zn(CN)_4]^{2-}$	$Zn(OH)_2$
$Zn(Hg)/Zn^{2+}$，OH^-	$[Zn(OH)_4]^{2-}$	$Zn(OH)_2$
$Zn(Hg)/Zn^{2+}$，$P_2O_7^{4-}$	$[Zn(P_2O_7)_2]^{6-}$	$[Zn(P_2O_7)]^{2-}$
$Zn(Hg)/Zn^{2+}$，NH_3	$[Zn(OH)(NH_3)_3]^+$	$[Zn(NH_3)_2]^{2+}$
$Cd(Hg)/Cd^{2+}$，CN^-	$[Cd(CN)_4]^{2-}$	$[CN^-]<0.05mol/L$，$Cd(CN)_2$ $[CN^-]>0.05mol/L$，$[Cd(CN)_3]^-$
Ag/Ag^+，CN^-	$[Ag(CN)_3]^{2-}$	$[CN^-]<0.01mol/L$，$AgCN$ $[CN^-]>0.2mol/L$，$[Ag(CN)_2]^-$
Ag/Ag^+，NH_3	$[Ag(NH_3)_2]^+$	$[Ag(NH_3)_2]^+$
Au/Au^+，CN^-	$[Au(CN)_2]^-$	$AuCN$
$Pb(Hg)/Pb^{2+}$，$P_2O_7^{4-}$	$[Pb(P_2O_7)_2]^{6-}$	$[Pb(P_2O_7)]^{2-}$
Pd/Pd^{2+}，Cl^-	$[PdCl_4]^{2-}$	$PdCl_2$
Pd/Pd^{2+}，Br^-	$[PdBr_4]^{2-}$	$PdBr_2$

　　对于上述的结果，目前尚有几个问题：

　　① 在上述电极体系中，配离子的主要存在形式还有争议，如在 $Zn(Hg)/Zn^{2+}$，CN^-，OH^- 体系中，主要存在的并非 $[Zn(CN)_4]^{2-}$，而可能是 $[Zn(CN)_{4-n}(OH)_n]^{2-}$。在 $Cd(Hg)/Cd^{2+}$，CN^- 体系中，当 $[CN^-]<0.05mol/L$ 时，镀液中的配离子的主要形式可以是 $[Cd(CN)_4]^{2-}$、$[Cd(CN)_3]^-$ 和 $Cd(CN)_2$（见第二章）。在 $Zn(Hg)/Zn^{2+}$，NH_3 体系中除了有 $[Zn(NH_3)_4]^{2+}$ 外，还有 $[Zn(NH_3)_3]^{2+}$。当 $[CN^-]<0.1mol/L$ 时，在 Ag/Ag^+，CN^- 体系中主要存在的不是 $[Ag(CN)_3]^{2-}$，而是 $[Ag(CN)_2]^-$。

　　② 表 8-1 表明，大多数直接在电极上放电的配离子均为难溶的沉淀或中性盐。例如 $AgCN$、$AuCN$、$Zn(OH)_2$、ZnC_2O_4、$Cd(CN)_2$、$PdCl_2$ 和 $PdBr_2$ 等，但是，直接用这些沉淀在相同条件下进行电解，又无法得到该电极体系的效果，因此，这些结论还是可疑的。

　　③ 如果仔细分析式（8-5）的先决条件（即必须在平衡条件下，且 $[M]$ 和 $[ML_n]$ 的浓度要恒定），就会发现由交换电流密度所得到的结论，只适用于平衡电位附近或在极小的电流密度下放电的配离子。由于低配位数的配离子一般反应的活化能较低，可以在较小的电流密度下放电，因此，用交换电流密度的方法测得的放电配离子自然都是低配位数的。因为高配位数的配离子不可能在平衡电位附近放电，而必须在偏离平衡电位较远的电位下放电。在实际电镀时，使用的电流密度较大，此时不仅低配位数的配离子可以放电，而且高配位数的配离子也可以同时放电。因此，可以说决定镀液镀层质量的并非溶液中含量极少的低配位数的配离子，而是溶液中配位数较高的配离子。表 8-2 列出了近年来许多研究者在这方面研究的新结果，这些结果表明，镀液中配离子的主要存在形式为可以单独放电，也可以和它的低配位数的配离子

同时放电。例如，在 Cu/Cu^{2+}，$P_2O_7^{4-}$ 体系中，有两个极谱波，表明在一定电位范围内配体数为 1 的配离子和水合配离子可同时放电，当 $[P_2O_7^{4-}]$ 浓度提高时，$[Cu(P_2O_7)]^{2-}$ 的极谱波的波高逐渐下降以至消失，而 $[Cu(P_2O_7)_2]^{6-}$ 的极谱波的波高逐渐上升最后成为唯一的一个极谱波，这与镀液中只存在 $[Cu(P_2O_7)_2]^{6-}$ 是相对应的。

表 8-2 配离子的主要存在形式和放电形式

电 极 反 应	实 验 条 件	配离子的主要存在形式	直接在电极上放电的配离子
Cu/Cu^+，CN^-	$c_{CN^-}/c_{Cu^+} = 2.85 \sim 3.62$	$[Cu(CN)_3]^{2-}$	$[Cu(CN)_2]^-$ $[Cu(CN)_3]^{2-}$
Cu/Cu^{2+}，$P_2O_7^{4-}$（焦磷酸盐）	$[P_2O_7^{4-}]<0.09mol/L$	$[Cu(P_2O_7)]^{2-}$	$[Cu(P_2O_7)]^{2-}$
	$[P_2O_7^{4-}]>0.18mol/L$	$[Cu(P_2O_7)_2]^{6-}$	$\begin{cases}[Cu(P_2O_7)]^{2-}\\ [Cu(P_2O_7)_2]^{6-}\end{cases}$
Cu/Cu^{2+}，NH_3，$P_2O_7^{4-}$	$c_{Cu^{2+}}=0.5mol/L$，$c_{NH_3}=0.15mol/L$ $c_{P_2O_7^{4-}}=1.278$，$pH=8.5$	$\begin{cases}[Cu(P_2O_7)_2]^{6-}\\ [Cu(P_2O_7)(NH_3)]^{2-}\end{cases}$	$\begin{cases}[Cu(P_2O_7)_2]^{6-}\\ [Cu(P_2O_7)(NH_3)]^{2-}\end{cases}$
In/In^{3+}，H_2cit^-（柠檬酸盐）	$c_{H_2 cit^-}=0.01\sim0.1mol/L$ $pH=1.1$	$[In(H_2O)_6]^{3+}$	$[In(H_2O)_6]^{3+}$
	$c_{H_2 cit^-}=0.6mol/L$ $pH=1.1$	$\begin{cases}[In(H_2O)_6]^{3+}\\ [In(H_2cit)]^{2+}\end{cases}$	$\begin{cases}[In(H_2O)_6]^{3+}\\ [In(H_2cit)]^{2+}\end{cases}$
	$c_{H_2 cit^-}=0.6\sim0.7mol/L$ $pH=2.3$	$[In(H_2cit)]^{2+}$	$\begin{cases}[In(H_2O)_6]^{3+}\\ [In(H_2cit)]^{2+}\end{cases}$
	$c_{H_2 cit^-}>0.7mol/L$ $pH=2.3$	$[In(H_2cit)_4]^-$	$\begin{cases}[In(H_2cit)_3]\\ [In(H_2cit)_4]^-\end{cases}$
Cd/Cd^{2+}，HEDTA（羟乙基乙二胺三乙酸）	$c_{HEDTA}=0.01mol/L$ $pH<2$	$[Cd(H_2O)_6]^{2+}$	$[Cd(H_2O)_6]^{2+}$
	$pH=2\sim3.5$	$\begin{cases}[Cd(H_2O)_6]^{2+}\\ [CdH(HEDTA)]\end{cases}$	$\begin{cases}[Cd(H_2O)_6]^{2+}\\ [CdH(HEDTA)]\end{cases}$
	$pH=3.5\sim8$	$[Cd(HEDTA)]^-$	$[Cd(HEDTA)]^-$
Ni/Ni^{2+}，$acac^-$（乙酰丙酮）	$c_{acac^-}=2.5\times10^{-2}mol/L$ $pH=4\sim6$	$\begin{cases}[Ni(H_2O)_6]^{2+}\\ [Ni(acac)]^+\end{cases}$	$\begin{cases}[Ni(H_2O)_6]^{2+}\\ [Ni(acac)]^+\end{cases}$
	$pH=7\sim8.5$	$[Ni(acac)_2]$	$\begin{cases}[Ni(acac)]^+\\ [Ni(acac)_2]\end{cases}$
	$pH=8.4\sim9.5$	$[Ni(acac)_3]^-$	$[Ni(acac)_3]^-$

对于这种存在两种配离子的情况，根据极谱波的解析，可得出如下的结论：

① 当 $[P_2O_7^{4-}]<0.09mol/L$ 时，镀液中只存在 $[Cu(P_2O_7)]^{2-}$，它是主要放电者，它在电极上的放电速度为

$$[Cu(P_2O_7)_2]^{6-} \Longrightarrow [Cu(P_2O_7)]^{2-} + P_2O_7^{4-} \qquad K_{d_1} = \frac{[Cu(P_2O_7)^{2-}][P_2O_7^{4-}]}{[Cu(P_2O_7)_2^{6-}]}$$

$$[Cu(P_2O_7)]^{2-} + 2e^- \xrightarrow{k_1} Cu + P_2O_7^{4-}$$

$$\bar{i}_1 = zFk_1[\text{Cu}(\text{P}_2\text{O}_7)^{2-}]\exp\left(-\frac{\alpha zF}{RT}E\right)$$

$$= zFk_1K_{d_1}\frac{[\text{Cu}(\text{P}_2\text{O}_7)_2^{6-}]}{[\text{P}_2\text{O}_7^{4-}]}\exp\left(-\frac{\alpha zF}{RT}E\right) \tag{8-6}$$

② 当 $[\text{P}_2\text{O}_7^{4-}] > 0.18\text{mol/L}$ 时，主要是 $[\text{Cu}(\text{P}_2\text{O}_7)_2]^{6-}$ 在电极上放电，其反应速率表达式为

$$[\text{Cu}(\text{P}_2\text{O}_7)_2]^{6-} + 2e^- \xrightarrow{k_2} \text{Cu} + 2\text{P}_2\text{O}_7^{4-} \tag{8-7}$$

$$\bar{i}_2 = zFk_2[\text{Cu}(\text{P}_2\text{O}_7)_2^{6-}]\exp\left(-\frac{\alpha zF}{RT}E\right) \tag{8-8}$$

式中，$\bar{i}$ 是除去浓差极化和电阻极化后的电流-电位曲线的电流值；k_1、k_2 为速率常数。

③ 当 $0.09\text{mol/L} < [\text{P}_2\text{O}_7^{4-}] < 0.18\text{mol/L}$ 时，$[\text{Cu}(\text{P}_2\text{O}_7)]^{2-}$ 和 $[\text{Cu}(\text{P}_2\text{O}_7)_2]^{6-}$ 可同时在电极上放电，其速率的表达式较为复杂，将在下一节详述。

第二节 平行反应时配离子的电极反应速率

一、配离子放电时的连串反应与平行反应

现在，配离子在电极上直接放电的看法已为大量的实验事实所证明，但是不少书刊仍在沿用"配离子离解理论"，认为在电极上起还原的不是配离子，而是从配离子中离解出来的"简单金属离子"。例如，在二氰合银酸钾 $K[\text{Ag}(\text{CN})_2]$ 溶液里，在电极上还原的是 Ag^+：

$$K[\text{Ag}(\text{CN})_2] \rightleftharpoons K^+ + [\text{Ag}(\text{CN})_2]^- \tag{8-9}$$

$$[\text{Ag}(\text{CN})_2]^- \rightleftharpoons \text{Ag}^+ + 2\text{CN}^- \tag{8-10}$$

$$\text{Ag}^+ + e^- \longrightarrow \text{Ag} \tag{8-11}$$

溶液中 Ag^+ 被还原，促使反应式(8-10)向右方进行，这样，一方面 Ag^+ 在电极上沉积，另一方面 Ag^+ 又从 $[\text{Ag}(\text{CN})_2]^-$ 中源源不断地离解出来，这就是配离子离解理论对阴极过程的解释，也就是说在配离子还原反应时连串反应是其主要模式。

对于阴极极化作用，"离解理论"认为，因为电镀所用的配离子一般都是比较稳定的，即配离子的离解常数很小，离解出来的简单金属离子的浓度很低，在含配位体的镀液中镀出的镀层相当于低浓度 $(10^{-10} \sim 10^{-6}\text{mol/L})$ 简单金属盐中镀出的结果。因此，认为配体存在时所引起的阴极极化作用，是由于阴极附近金属离子浓度过低，溶液内的金属离子来不及扩散至阴极而引起的浓差极化所造成的。

离解理论在计算配位体存在时金属平衡电位的变化上是很成功的，但容易使人把配位体引起的平衡电位向负方向的移动与阴极极化作用混为一谈。

根据第三、四章中所介绍的平衡理论，在大量强配位体存在时，离解出的"简单金属离子"的浓度极低，以至于在阴极上放电而连续镀出金属来是不可能的，而且镀

液中所能通过的电流必然是微乎其微，这也是与事实不符合的。

例如，在 0.05mol/L $AgNO_3$ 及 1mol/L KCN 的溶液中，已知

$$[Ag(CN)_2]^- \rightleftharpoons Ag^+ + 2CN^- \qquad K_d = 1.6 \times 10^{-22}$$

假定溶液中的 Ag^+ 已全部转化为 $[Ag(CN)_2]^-$，溶液中的游离 CN^- 的浓度 $[CN^-]$ 近似等于 $1 - 2 \times 0.05\text{mol/L} = 0.90\text{mol/L}$，则

$$K_d = \frac{[Ag^+][CN^-]^2}{[Ag(CN)_2^-]} = \frac{[Ag^+][0.90]^2}{0.05}$$
$$= 1.6 \times 10^{-22}$$

故

$$[Ag^+] = \frac{1.6 \times 10^{-22} \times 0.05}{0.81}$$
$$= 1 \times 10^{-23} (\text{mol/L})$$

相当于 $1 \times 10^{-23} \times 6.023 \times 10^{23} = 6$ 个游离 Ag^+ 离子（6.023×10^{23} 为每摩尔的溶液中所含的离子数）。

假设自由 Ag^+ 的存在时间为 10^{-24} s，又假设它在阴极表面上放电必须经过至少等于其自身半径（约 10^{-8} cm）的路径，那么，这时 Ag^+ 的运动速度应超过光速，显然这是根本不可能的。反过来说，不论 Ag^+ 扩散得如何快，都不可能补充通电时消耗的 Ag^+。

总之，在实际电镀的电流密度下，由于电流密度较大，已远远离开平衡点，此时不仅低配位数的配离子可以放电，而且高配位数的配离子也同样可以放电，因此，在实际电镀中，平行反应比连串反应更为重要。

二、平行电极反应的某些规律

如前所述，不同配位数的配离子可同时参与电极反应。对于平行反应中的每一个反应，可用以下一般式表示：

$$M + qX^{z-} \rightleftharpoons MX_q^{(n-zq)+} + ne^- \tag{8-12}$$
$$MX_q^{(n-zq)+} + (p-q)X^{z-} \rightleftharpoons MX_p^{(n-zp)+} \tag{8-13}$$

p 和 q 为溶液中占优势浓度的配离子和直接参与电极反应的配离子中配体的数目，通常 $0 \leqslant q \leqslant p$。这样，阳极和阴极过程的总速度，以及考虑了溶液中所有物种在金属电极上均无特性吸附时的双电层的电位 ψ_1 的作用后，总交换电流可用以下的方程表示［假定式(8-13) 逆向进行］：

$$i_a = \sum_q i_{a(q)} = \sum_q K_{a(q)}[M][X^{z-}]^q e^{\frac{\beta(q)FE}{RT}} e^{\frac{-[\beta(q)-zq]\psi_1 F}{RT}} (\text{A/cm}^2) \tag{8-14}$$

$$i_c = \sum_q i_{c(q)} = \sum_q K_{c(q)}[MX_q^{(n-zq)+}] e^{\frac{-\alpha(q)FE}{RT}} e^{\frac{-[\beta(q)-zq]\psi_1 F}{RT}} (\text{A/cm}^2) \tag{8-15}$$

$$i_0 = \sum_q i_{0(q)} = \sum_q o_{i0(q)}[M]^{\alpha(q)/n}[MX^{(n-zq)+}]^{\beta(q)/n}[X^{z-}]^{\alpha(q)/n} e^{\frac{-[\beta(q)-zq]\psi_1 F}{RT}} (\text{A/cm}^2)$$
$$\tag{8-16}$$

其中 $\alpha_{(q)} + \beta_{(q)} = n$，$o_{i0(q)}$ 为 $\psi_1 = 0$ 和反应物活度为 1 时的标准交换电流密度，$[M]$ 为汞齐活度。

式(8-14)~式(8-16) 表明，配合物的反应应进行到 i_0-$[X^{z-}]$ 曲线的最低点，而最低点的深度取决于反应配合物的稳定性。

对于溶液中存在过量的支持电解质，且各物种在电极上无特性吸附的最简单的情况下，即 $n=1$，$z=1$，$\alpha_{(i)}=0.5$，$\psi_1=0$，这表示在配体浓度低时，溶液中占优势的是低配位数的配离子，在电极上主要也是这种配离子参与反应。这时只有简单金属离子（$q=0$）和低配位数的配离子进行平行反应。

在最简单的情况下，分别为 $q=0$ 和 $q=1$ 的两种离子发生平行反应：

$$M \xrightarrow[i_{c(0)}]{i_{a(0)}} M^+ + e^- \tag{8-17}$$

$$M + X^- \xrightarrow[i_{c(1)}]{i_{a(1)}} MX + e^- \tag{8-18}$$

由式(8-14)~式(8-16) 得

$$i_a = i_{a(0)} + i_{a(1)} = K_{a(0)}[M]\exp\left[\frac{\beta_{(0)}EF}{RT}\right] + K_{a(1)}[M][X^-]\exp\left(\frac{\beta_1 EF}{RT}\right) \tag{8-19}$$

$$i_c = i_{c(0)} + i_{c(1)} = K_{c(0)}[M^+]\exp\left[\frac{-\alpha_{(0)}EF}{RT}\right] + K_{c(1)}[MX]\exp\left(\frac{-\alpha_1 EF}{RT}\right) \tag{8-20}$$

$$i_0 = i_{0(0)} + i_{0(1)} = o_{i0(0)}[M]^{\alpha_{(0)}}[M^+]^{\beta_{(0)}} + o_{i0(1)}[M]^{\alpha_{(1)}}[MX]^{\beta_{(1)}}[X^-]^{\alpha_{(1)}} \tag{8-21}$$

应用关系式 $K = \dfrac{[MX]}{[M^+][X^-]}$ 和 $c_M = [M^+] + [MX]$，其中 K 为 MX 的稳定常数，c_M 为金属离子的总浓度，得

$$i_c = K_{c(0)}c_M(1+K[X^-])^{-1}\exp\left[\frac{-\alpha_{(0)}EF}{RT}\right]$$
$$+ K_{c(1)}Kc_M[X^-](1+K[X^-])^{-1}\exp\left[\frac{-\alpha_{(1)}\psi_1 F}{RT}\right] \text{(A/cm}^2) \tag{8-22}$$

$$i_0 = o_{i0(0)}[M]^{\alpha_{(0)}}c_M^{\beta_{(0)}}(1+K[X^-])^{-\beta_{(0)}}$$
$$+ o_{i0(1)}K^{\beta_{(1)}}[M]^{\alpha_{(1)}}c_M^{\beta_{(1)}}[X^-](1+K[X^-])^{-\beta_{(1)}} \text{(A/cm}^2) \tag{8-23}$$

若电位 E 恒定，由式(8-19)~式(8-23) 和图 8-1 可知，在初态 $i_{0(0)} \gg i_{0(1)}$（见图 8-1 中 A_1 点和 B_1 点）时，i_a 并不随 $[X^-]$ 增大而增大，即 A_1、A_2 点的 i_a 值相同。当 $i_{a(1)} > i_{a(0)}$ 时，i_a 开始增大，i_c 开始时下降，随后保持恒定，因为占优势的配合物 MX 开始放电。而 i_0（曲线 C_1C_6）开始将因为 $[M^+]$ 的降低引起 $i_{0(0)}$ 的降低而减小，经过最低点（在 $i_{0(0)} = i_{0(1)}$ 处）后再增大，因为在低的 $[X^-]$ 时，$i_0 \approx i_{0(0)}$，$i_0 \approx i_{0(1)}$（$E_平$）（此处 $E_平$ 为平衡电位）。利用这两个等式消去 $[X^-]$，得

$$i_0 \approx o_{i0(0)}^{1/\alpha_{(0)}} K_{c(0)}^{-\beta_{(1)}/\alpha_{(1)}}[M]\exp\left[\frac{\beta_{(0)}E_平 F}{RT}\right] \text{(A/cm}^2) \tag{8-24}$$

即曲线 $E_平$-$\lg i_0$ 的斜率同式(8-17) 的阳极塔菲尔斜率一样，因此，$[X^-]$ 升高，i_0 值将减小，实际上处于式(8-17) 的阳极塔菲尔曲线的延长线上。这和降低溶液中金属离子浓度（图 8-1 中点 $B_2 \sim B_3$）的情况一样。

在高 $[X^-]$ 时也可得到类似的关系式：

$$i_0 \approx o_{i0(1)}^{1/\beta_{(1)}} K_{a(1)}^{-\alpha_{(1)}/\beta_{(1)}}\exp\left[\frac{-\alpha_{(1)}E_平 F}{RT}\right] \text{(A/cm}^2) \tag{8-25}$$

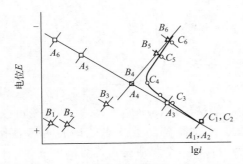

图 8-1　[X⁻] 对塔菲尔曲线、式(8-18) 和
式(8-27) 的交换电流以及总交换电流的影响

$A_1 \sim A_6$ 为式(8-18) 的交换电流；

$B_1 \sim B_6$ 为式(8-27) 的交换电流；

$C_1 \sim C_6$ 为总反应的交换电流

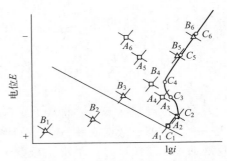

图 8-2　[X⁻] 对塔菲尔曲线、式(8-17) 和
式(8-18) 的交换电流以及总交换电流的影响

$A_1 \sim A_6$ 为式(8-17) 的交换电流；

$B_1 \sim B_6$ 为式(8-18) 的交换电流；

$C_1 \sim C_6$ 为总反应的交换电流

即随 [X⁻] 的增高，i_0 值实际上落在反应式(8-16) 的阴极塔菲尔曲线上（见图 8-2 中的 B_5 和 B_6）。从 i_0 对 $E_平$ 或 i_0 对 [X⁻] 的关系式，再参考式(8-21)，就可以估计式(8-15) 和式(8-16) 的传递系数，而从总交换电流的最低值，即当 $i_{0(0)} = i_{0(1)} = \frac{1}{2} i_0$ 时，可计算 $o_{i0(0)}$ 和 $o_{i0(1)}$。q 值可由 E 恒定时对游离配体浓度的关系直接确定。在特定的条件下，式(8-19) 的阳极反应对配体的表观极化度等于：

$$m = \left(\frac{\partial \lg i_a}{\partial \lg [X^-]}\right)_{E,[M]} = \left(\frac{\partial \lg (a_0 + a_1 [X^-])}{\partial \lg [X^-]}\right)_{E,[M]} = \frac{a_1 [X^-]}{a_1 [X^-] + a_0} = \frac{1}{1 + \frac{a_0}{a_1 [X^-]}} \quad (8\text{-}26)$$

其中，常数 $a_0 = i_{a(0)}$，$a_1 = K_{a(1)} [M] \exp\left[\frac{\beta_{(1)} EF}{RT}\right]$。从式(8-26) 可知，随 [X⁻] 的增大，$m$ 值由 0 变到 1（$0 \leqslant m < 1$）。显然，当 $q = m$ 时，m 为整数，在 m 为分数时，更加准确的 q 值可从 $\lg[i_a - i_{a(0)}]$-$\lg[X^-]$ 曲线求得。

对于存在两种配体，而只有一种配体的浓度发生变化时，同样也可观察到上述的类似结果。

假定在第二种情况下，与式(8-16) 平行进行着的是 $q = 2$ 的反应：

$$M + 2X^- \underset{i_{c(2)}}{\overset{-i_{a(2)}}{\rightleftharpoons}} [MX_2]^- + e^- \quad (8\text{-}27)$$

这种情况的特点是平行反应的阳极过程的速度始终和 [X⁻] 的浓度有关。类似地分析式(8-17)～式(8-21)，在初始状态下，[MX]≫[MX$_2^-$]，$i_{0(1)} \gg i_{0(2)}$（见图 8-2 中的 A_1 和 B_1）。增大 [X⁻]，开始时 i_0 按式(8-18) 的阴极极化曲线增大到 C_2 点，随 [MX] 浓度降低使 i_0 减小，达到 C_3 点。进一步提高 [X⁻] 的浓度，i_0 将通过最低点 C_4。超过最低点后，溶液中配离子 $[MX_2]^-$ 将占优势，若 $[MX_2^-]$ 随 [X⁻] 的变化较小时，i_0 按反应式(8-25) 的阴极极化曲线方向增长到点 C_5、C_6。从 i_0 的最低值可以计算反应的标准交换电流，而从线段 $C_5 C_6$ 可估计 $\alpha_{(2)}$ 值，因为

$$i_a = i_{a(1)} + i_{a(2)} = a_1 [X^-] + a_2 [X^-]^2 = [X^-] (a_1 + a_2 [X^-]) (\text{A/cm}^2)$$

其中，$a_2 = K_{a(2)}[\text{M}]\exp\left[\dfrac{\beta_{(2)}EF}{RT}\right]$，在 E 和 $[\text{M}]$ 恒定时，有

$$m = \left(\frac{\partial \lg i_a}{\partial \lg [\text{X}^-]}\right)_{E,[\text{M}]} = 1 + \frac{\partial \lg(a_1 + a_2[\text{M}])}{\partial \lg[\text{X}^-]} = 1 + \frac{1}{1 + \dfrac{a_1}{a_2[\text{X}^-]}} \tag{8-28}$$

因此，在第二种情况下，m 将从 1 变到 2。在一般情况下，i_0 随 $[\text{X}^-]$ 的改变可以出现一个以上的最低点或最小值。在特定的 $[\text{X}^-]$ 时，若 m 为分数，则表明两个平行反应的速率是接近的；而 m 为整数时，则表示其中一个反应是占优势的。

综上所述，平行电极反应的特点如下：

① 在交换电流-配体浓度曲线上有最低点。配体浓度变化时，阳极反应的表观极化度 $m\left(m = \dfrac{\partial \lg i_a}{\partial \lg[\text{X}^-]}\right)$ 可以为整数，也可以为分数，为分数时占优势配离子参与反应的阴极极化曲线与 $E_{\text{平}}\text{-}\lg i_0$ 曲线的高配体浓度部分重合。根据 i_0 随 $[\text{X}^-]$ 的变化曲线，m 值，$E_{\text{平}}\text{-}\lg i_0$ 曲线的位置及其斜率和在无配体时所得到的阳极极化曲线就可以决定是 $[\text{M}]$ 和 $[\text{MX}]$，还是 $[\text{MX}]$ 和 $[\text{MX}_2]^-$ 进行平行电极反应。

例如，在 Ag 和 Cd(Hg) 的氰化物镀液中，以及 Ag 和 NH_3 溶液中，已观察到 i_0-$[\text{X}^{2-}]$ 曲线的最低点，这说明存在平行反应。但是尚未把交换电流和极化曲线对应起来。这种对应工作在 $Zn(Hg)/Zn^{2+}$，NH_3 体系中已经做了，并证明了存在平行反应。

② 若平行反应的传递系数彼此不同，在平衡电位的线段之外的总阳极和阴极极化曲线上应当有转折点。在一定的配体浓度范围内，有更小斜率的第二塔菲尔线段。若 $\beta_{(0)} < \beta_{(1)}$，则只有在 $i_{0(0)} > i_{0(1)}$ 的 $[\text{X}^-]$ 的范围内，总阳极极化曲线才出现转折点，如图 8-1 中的 A_3 和 B_3 点。若 $\beta_{(0)} > \beta_{(1)}$ 时，则转折点在 $[\text{X}^-]$ 较高浓度时出现，此时 $i_{0(0)} < i_{0(1)}$，如图 8-1 中的 B_5 和 A_5 点。

有一类配体能促进电极和阳离子间的电子转移。这是因为配位作用使交换电流密度的降低远不及配体的促进作用而引起的增加快。所以，只要加入少量的这种配位（此时并不发生明显的配位作用或改变 $E_{\text{平}}$），i_0、i_a 和 i_c 就有剧烈的增长。例如，在 In(Hg) 溶液中加入 I^- 就有这种作用。

反应式(8-13)的进行方向（由 p 和 q 值决定）主要取决于这种配体的促进作用，配体的浓度以及配合物的稳定常数 K。若配体的促进作用很大，而 K 和 $[\text{X}^{z-}]$ 的浓度很小，且 $p < q$，反应式(8-13)由右向左进行；若 $p \geqslant q$，则反应式(8-13)将由左向右进行或不进行反应。

莫洛多夫（Молодов）和马尔科斯扬（Маркосьян）详细研究了 In(Hg)-柠檬酸（H_3cit）体系的放电机理，证实了上述方法的适用性，并获得了不同条件下溶液中主要存在的配离子和平行放电配离子的组成，及其电极反应动力学参数。据文献报道，在酸性柠檬酸溶液中，In^{3+} 可以形成不同组成的配合物，它们在汞上的还原是不可逆的，而且柠檬酸在极稀的汞齐中并不具有特性吸附。

实验结果表明，在 pH=1.1，柠檬酸的加入最 $c \approx 10^{-2}\,\text{mol/L}$ 时，它并不影响平衡电位 $E_{\text{平}}$、i_a、i_c 和 i_0，如图 8-3 所示，阳极塔菲尔曲线（半对数曲线）的斜率不

变。$b_A \approx 0.027$ 和 $\beta \approx 2.2$ 表明，$H_2\text{cit}^-$ 并无明显的配位作用，它并不促进或阻碍电极反应的进行，此时电极的基本反应是

$$\text{In} \Longrightarrow \text{In}^{3+} + 3e^- \tag{8-29}$$

随着柠檬酸浓度的增加，水合 In^{3+} 离子的浓度逐渐减小，而 $[\text{In}(H_2\text{cit})]^{2+}$ 的浓度逐渐增加，$E_平$ 逐渐向负的电位移动，i_a 增大，$i_0\text{-}\lg c$ 曲线出现最低点（$c=0.6\text{mol/L}$，$i_0 = 5.2 \times 10^{-6}\text{A/cm}^2$）然后再上升，阳极反应的 m 值从 0 变到 1，相当于 In^{3+} 与 $[\text{In}(H_2\text{cit})]^{2+}$ 同时进行平行反应。在 $i_0\text{-}\lg c$ 曲线的最低点，$[\text{In}^{3+}] \approx 1.9 \times 10^{-5}\text{mol/L}$，$[H_2\text{cit}^-] \approx 5.3 \times 10^{-2}\text{mol/L}$，$i_{0(0)} = i_{0(1)} = \dfrac{1}{2}i_a \approx 2.6 \times 10^{-6}\text{A/cm}^2$，$\beta_{(1)} = 2.2$，$\alpha_{(1)} = n - \beta = 0.8$，$q=1$，若 $\psi_1 = 0$，则 $o_{i0(1)} \approx 1.2 \times 10^{-2}\text{A/cm}^2$。

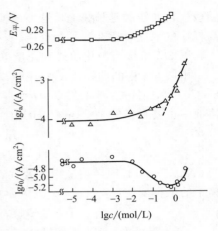

图 8-3　柠檬酸浓度对平衡电位 $E_平$、
阳极过程速度 i_a（$E = -0.25\text{V}$）
和交换电流密度 i_0 的影响

在 pH=2.3 时，参与配位的柠檬酸的数目将比 pH=1.1 时高。由图 8-4 可知，添加少量的柠檬酸将引起 $E_平$、i_a 和 i_0 的明显变化，i_0 随 $\lg c$ 的增加并不落在 $c=0$ 时

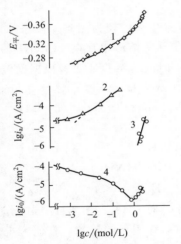

图 8-4　柠檬酸浓度对 $E_平$、
$\lg i_a$ 和 $\lg i_0$ 的影响

曲线 2 为 -0.28V；曲线 3 为 -0.375V；
曲线 4 为 pH=2.3

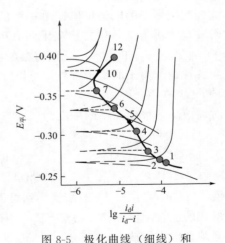

图 8-5　极化曲线（细线）和
交换电流曲线（粗线）❶

pH=2.3，柠檬酸浓度（mol/L）分别为：
1—0；2—5.2×10^{-4}；3—3.1×10^{-3}；4—1.5×10^{-2}；5—9.5×10^{-2}；6—0.24；7—0.71；8—1.3；9—1.7；10—1.98；11,12—2.6

---

❶ 图 8-5 的原文献中无 8、9、11 的指示——作者注。

阳极极化曲线的延长线上,这一事实以及 i_0 随 $\lg c$ 的变化出现最小值均证明在低和高柠檬酸浓度时存在着平行反应。

图 8-5 所示为极化曲线和交换电流曲线。

由图 8-4 中的曲线 1 的斜率 (h)(在 $c < 0.6 mol/L$ 时,$h = 26$;$c > 0.7 mol/L$,$h = 76$)和曲线 2、3 的斜率($h = 0.52$ 和 $h = 3.5$)可知,在 $c \leqslant 0.6 \sim 0.7 mol/L$ 时,溶液中主要存在的是 $[In(H_2cit)]^{2+}$,电极上进行下列平行反应:

$$In \Longrightarrow In^{3+} + 3e^-$$

$$In + H_2cit^- \Longrightarrow [In(H_2cit)]^{2+} + 3e^- \tag{8-30}$$

当 $c > 0.7 mol/L$ 时,溶液中主要存在的是 $[In(H_2cit)_4]^-$,电极上进行以下两种配离子的平行反应:

$$In + 3H_2cit^- \Longrightarrow [In(H_2cit)_3] + 3e^- \tag{8-31}$$

$$In + 4H_2cit^- \Longrightarrow [In(H_2cit)_4]^- + 3e^- \tag{8-32}$$

第三节　混合配体配合物的电极反应速率

利用形成混合配体配合物来调节单一型配合物放电的速度,以获得适合需要的反应速率或满意的镀层和电流效率,是近年来利用配合物化学的新成果来改造电解质溶液和电镀层性能的新方法。

混合型配离子的电极反应比单一型的复杂,研究起来也较为困难。以添加 NH_3 的焦磷酸盐镀铜为例,过去拉多维西(Radovici)等认为溶液中存在 $[Cu(NH_3)_4]^{2+}$ 配离子,它与 $[Cu(P_2O_7)_2]^{6-}$ 同时参与电极反应,但缺乏实验证明。根据配位平衡理论和各种铜配离子的稳定常数,可以计算出镀液组成为总铜浓度 $c_{Cu^{2-}} = 0.5 mol/L$,总焦磷酸盐浓度 $c_{P_2O_7^{4-}} = 1.278 mol/L$,总氨浓度 $c_{NH_3} = 0.15 mol/L$,pH = 8.5,30℃时镀液中各种配离子的浓度为

$[Cu(P_2O_7)_2^{6-}] = 0.4851 mol/L$　　　　$[Cu(P_2O_7)^{2-}] = 0.0001 mol/L$

$[Cu(P_2O_7)(NH_3)^{2-}] = 0.0055 mol/L$　　$[Cu(P_2O_7)(NH_3)_2^{2-}] = 0.0048 mol/L$

$[CuH(P_2O_7)_2^{5-}] = 0.0045 mol/L$　　　　$[Cu(NH_3)_x^{2+}] < 10^{-7} mol/L$

即镀液中 $[Cu(NH_3)_x]^{2+}$ 的浓度小到可以忽略不计,而 $P_2O_7^{4-}$ 和 NH_3 同时作为配体而形成的混合配体配离子 $[Cu(P_2O_7)(NH_3)]^{2-}$ 却有相当的数量,在研究电极反应时必须考虑它的放电。

金野英隆和永山政一研究了添加氨的焦磷酸镀铜液中铜的电沉积机理,指出镀液中存在两个平行的放电反应:

$$[Cu(P_2O_7)_2]^{6-} \Longrightarrow [Cu(P_2O_7)]^{2-} + P_2O_7^{4-} \left.\right\} \text{(主反应)} \tag{8-33}$$

$$[Cu(P_2O_7)]^{2-} + 2e^- \longrightarrow Cu + P_2O_7^{4-} \tag{8-34}$$

$$[Cu(P_2O_7)(NH_3)]^{2-} + 2e^- \longrightarrow Cu + P_2O_7^{4-} + NH_3 \left.\right\} \text{(次反应)} \tag{8-35}$$

$$[Cu(P_2O_7)(NH_3)_2]^{2-} + 2e^- \longrightarrow Cu + P_2O_7^{4-} + 2NH_3 \tag{8-36}$$

其中，式(8-34) 的反应为主反应，加氨时阴极电流的增加是由于同时进行平行的次反应的结果。两种混合配体配离子（分别用 [CuXY] 和 [CuXY$_2$] 表示，为简化 X、Y 所带电荷已略去）的电极反应可表示为：

$$[CuXY]+2e^- \longrightarrow Cu+X+Y \tag{8-37}$$

$$i_1=2Fk_1[CuXY]\exp\left(-\frac{\alpha_1 z_1 F}{RT}E\right) \tag{8-38}$$

$$[CuXY_2]+2e^- \longrightarrow Cu+X+2Y \tag{8-39}$$

$$i_2=2Fk_2[CuXY_2]\exp\left(-\frac{\alpha_2 z_2 F}{RT}E\right) \tag{8-40}$$

式中，k_1、k_2 为反应式(8-37) 和式(8-39) 的速率常数；α_1 和 α_2 分别为反应的传递系数；z 为速率决定步骤反应的电子数。

总反应电流 i 为

$$i=i_1+i_2=2F\left\{k_1[CuXY]\exp\left(-\frac{\alpha_1 z_1 F}{RT}E\right)+k_2[CuXY_2]\exp\left(-\frac{\alpha_2 z_2 F}{RT}E\right)\right\} \tag{8-41}$$

因为 [CuXY] 和 [CuXY$_2$] 为类似的配离子，可近似认为 $\alpha_1 z_2 \approx \alpha_2 z_2$，利用反应式

$$[CuXY]+Y \Longrightarrow [CuXY_2] \quad K'=\frac{[CuXY_2]}{[CuXY][Y]} \tag{8-42}$$

式(8-41) 可化简为

$$i=2F\left\{(k_1+k_2K'[Y])[CuXY]\exp\left(-\frac{\alpha'z'F}{RT}E\right)\right\} \tag{8-43}$$

当电位 E 和温度恒定时，有

$$\lg i=\lg[CuXY]+\lg(k_1+k_2K'[Y])+常数 \tag{8-44}$$

当 [Y] 的浓度恒定时，由 $\lg i$-$\lg[CuXY]$ 作图应得斜率为 1 的直线。

[CuXY] 变化时，[Y] 的浓度也随之变化，要恒定 [Y] 是困难的，实际求得的 $\lg i$-$\lg[CuXY]$ 的关系如图 8-6 所示，是与 [Y] 无关的斜率为 1 的直线，所以在这两种混合配体配合物中，参与反应的几乎都是 [CuXY]，[CuXY$_2$] 的电沉积反应可以忽略，即式(8-43)中的 $k_2K'[Y]$ 项可以略去，因此，

$$i=i_1=2Fk_1[CuXY]\exp\left(-\frac{\alpha'z'F}{RT}E\right) \tag{8-45}$$

既然只有 [Cu(P$_2$O$_7$)(NH$_3$)]$^{2-}$ 是电极放电的混合配离子，它又是如何放电的呢？这有三种可能：

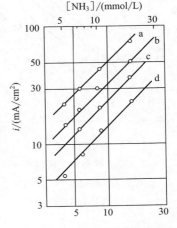

图 8-6　电流 i 随 [Cu(P$_2$O$_7$)(NH$_3$)$^{2-}$] 和 [NH$_3$] 变化的曲线（测定在恒定电位下进行）

a 为 $-0.95V$；b 为 $-0.90V$；

c 为 $-0.85V$；d 为 $-0.80V$

第一种

$$[CuXY]+2e^- \longrightarrow Cu+X+Y \tag{8-46}$$

$$i_1 = 2Fk_1[CuXY]\exp\left(-\frac{\alpha'z'F}{RT}E\right) \tag{8-47}$$

第二种

$$[CuXY] \Longleftrightarrow [CuY]+X \tag{8-48}$$

$$K_{(2)} = \frac{[CuY][X]}{[CuXY]} = 10^{-8.39}$$

$$[CuY]+2e^- \longrightarrow Cu+Y \tag{8-49}$$

$$i_2 = 2Fk_2[CuY]\exp\left(-\frac{\alpha'z'F}{RT}E\right) = 2Fk_2K_{(2)}\frac{[CuXY]}{[X]}\exp\left(-\frac{\alpha'z'F}{RT}E\right) \tag{8-50}$$

第三种

$$[CuXY] \Longleftrightarrow [CuX]+Y \tag{8-51}$$

$$K_{(3)} = \frac{[CuX][Y]}{[CuXY]} = 10^{-3.45}$$

$$[CuX]+2e^- \longrightarrow Cu+X \tag{8-52}$$

$$i_3 = 2Fk_3[CuX]\exp\left(-\frac{\alpha'z'F}{RT}E\right) = 2Fk_3K_{(3)}\frac{[CuXY]}{[Y]}\exp\left(-\frac{\alpha'z'F}{RT}E\right) \tag{8-53}$$

在这三个反应过程中，i_1 与 [Y] 无关，只与 [CuXY] 成比例关系，这与图 8-1 的结果一致。i_3 和 [Y] 成反比，这与图 8-1 的结果不一致，因此是不可能的。

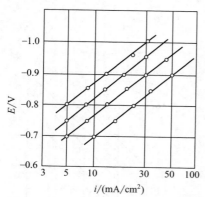

图 8-7　混合配合物电极反应的分电流-电位曲线（浓差和电阻极化已消除）

实际测定的混合配体配合物电极反应的分电流-电位曲线如图 8-7 所示。由图中的直线部分（符合塔菲尔对半数的方程）可以求得塔菲尔系数 $b = 2.3\dfrac{RT}{\alpha'z'F}$，再由这些数据求式（8-47）和式（8-50）的反应速率常数 $k_1 = 1.0 \times 10^{-4}$ cm/s，$k_2 = 1.1 \times 10^3$ cm/s，k_2 的数值超过了放电极快的 Cd^{2+} 的反应速率常数，这是不可能的，所以确认混合配离子 $[Cu(P_2O_7)(NH_3)]^{2-}$ 是通过式（8-46）直接在电极上放电的。

从以上的介绍可知，在添加氨的焦磷酸铜溶液中，铜的电沉积反应是经由 $[Cu(P_2O_7)_2]^{6-}$ 和 $[Cu(P_2O_7)(NH_3)]^{2-}$ 以下两个平行反应进行的：

$$\left.\begin{array}{l} [CuX_2] \Longleftrightarrow [CuX]+X \\ [CuX]+2e^- \xrightarrow{k_A} Cu+X \end{array}\right\}(\text{A 反应})$$

$$[CuXY]+2e^- \xrightarrow{k_B} Cu+X+Y \quad (\text{B 反应})$$

总电极反应的电流可表示为

$$\bar{i}=\bar{i}_A+\bar{i}_B=2Fk_A K_{d_1}\frac{[CuX_2]}{[X]}\exp\left(-\frac{\alpha'z'F}{RT}E\right)+2Fk_B[CuXY]\exp\left(-\frac{\alpha'z'F}{RT}E\right) \quad (8\text{-}54)$$

由实验求得的反应动力学参数如下：$k_A=2.7\times10^{-2}$ cm/s（30℃）；$k_B=1.0\times10^{-4}$ cm/s

$$\frac{RT}{\alpha zF}=0.204 \text{（塔菲尔常数）}; \quad \frac{RT}{\alpha'z'F}=0.130$$

第四节　配离子氧化-还原反应的速率

氧化反应用一个分子失去电子来表示。还原反应用一个分子吸收电子来表示。氧化和还原两者是同时发生的，在任何涉及双方的反应中，氧化和还原都是等物质的量的。在氧化还原反应中，一些元素的氧化态降低，而另一些元素的氧化态升高。含有这些元素的物质就称为氧化剂和还原剂。因此，氧化还原反应就是电子从还原剂转移到氧化剂的反应。这种看法会遇到一个问题，即电荷符号相同的离子间的转移会因为静电斥力而彼此难以接近，故首先要考虑的是溶液中是否存在能够自由移动的水合电子，以及它能否还原转移到氧化剂上。

用 X 射线、γ 射线或强的电子流照射完全除去氧的纯水时，水将电离而放出水合电子 e^-（aq）：

$$H_2O \rightsquigarrow H_2O^+ + e^-(aq) \quad (8\text{-}55)$$

用强放射线脉冲照射水后，测定其光谱，发现在 720nm 处有最大吸收的蓝色溶液，这种蓝色溶液和金属-氨溶液已知的溶剂合电子的光谱相似，因而证明水中的确存在水合电子。当所生成的水合电子与 H_3O^+ 和 H_2O 反应时，这种光谱就消失。在很纯的水中，水合电子可以发生如下的反应：

$$e^-(aq)+H_2O \longrightarrow H+OH^- \quad (8\text{-}56)$$

其双分子反应的速率常数为 $16 mol^{-1} \cdot s^{-1}$，而一级反应速率常数为 $9\times10^2 s^{-1}$。在比较纯的水中，水合电子按式(8-56) 反应的半衰期约为 $800\mu s$。在酸性溶液中，水合电子很容易与 H_3O^+ 发生如下的反应：

$$e^-(aq)+H_3O^+ \longrightarrow H+H_2O \quad (8\text{-}57)$$

二级反应速率常数为 $2.3\times10^{10} mol^{-1} \cdot s^{-1}$，因此在酸性溶液中，氢原子是辐射反应的主要还原产物，但在中性或碱性溶液中，水合电子是主要的。在辐射反应过程中，也会产生羟基：

$$H_2O \rightsquigarrow H^+ + OH + e^-(aq) \quad (8\text{-}58)$$

常常加入甲醇以使羟基转化为不反应的 $HOCH_2$ 基。水合电子与水反应也可生成羟基负离子：

$$2e^-(aq)+2H_2O \longrightarrow H_2+2OH^- \quad (8\text{-}59)$$

反应的速率常数为 $5\times10^9 mol^{-1} \cdot s^{-1}$。在酸性介质中，金属 Ru^{2+} 离子被 H_3O^+ 氧化，其反应如下：

$$2Ru^{2+} + 2H^+ \longrightarrow 2Ru^{3+} + H_2 \qquad (8\text{-}60)$$

其速率方程为

$$速率 = k[Ru^{2+}] \qquad (8\text{-}61)$$

实测 k 值为 $2.5 \times 10^{-5} s^{-1}$。并提出反应的中间产物是 $e^-(aq)$：

$$Ru^{2+} \xrightarrow{k} Ru^{3+} + e^-(aq) \qquad (8\text{-}62)$$

$$e^-(aq) + H^+ \longrightarrow H \qquad (8\text{-}63)$$

$$2H \longrightarrow H_2 \qquad (8\text{-}64)$$

用普通的脉冲照射（微秒级）时，水合电子的浓度约为 $10^{-9} mol/L$。表 8-3 列出了各种金属配合物同水合电子反应的速率常数。其反应式为

$$ML_n^q + e^-(aq) \longrightarrow ML_n^{q-1} \qquad (8\text{-}65)$$

从表 8-3 可知，以水合电子作还原剂时，各种配离子的还原反应速率都非常快，说明金属离子的结构和配合物形态对还原反应的影响均较小，因为水合电子的体积小、还原力强，它比 H 原子的还原能力更强。对标准氢电极来说，水合电子的标准电极电位为 2.7V。水合电子与 H^+ 的反应式为

$$e^-(aq) + H^+ = \frac{1}{2}H_2(g)；\Delta E^\ominus = 2.7V \qquad (8\text{-}66)$$

表 8-3　在 25℃ 时水合电子同某些金属配合物反应的速率常数

配　合　物	$k/mol^{-1} \cdot s^{-1}$	配　合　物	$k/mol^{-1} \cdot s^{-1}$
$[Mn(H_2O)_6]^{2+}$	7.7×10^7	$[Co(NH_3)_5Cl]^{2+}$	5.4×10^{10}
$[Fe(H_2O)_6]^{2+}$	3.5×10^8	反式$[Co(En)_2Cl]^+$	3.2×10^{10}
$[Co(H_2O)_6]^{2+}$	1.2×10^{10}	顺式$[Co(En)_2(NCS)_2]^+$	6.9×10^{10}
$[Ni(H_2O)_6]^{2+}$	2.2×10^{10}	$[Co(CN)_6]^{3-}$	2.7×10^9
$[Cu(H_2O)_6]^{2+}$	3.0×10^{10}	$[Co(ox)_3]^{3-}$	1.2×10^{10}
$[Zn(H_2O)_6]^{2+}$	1.5×10^9	$[Co(NO_2)_6]^{3-}$	5.8×10^{10}
$[Al(H_2O)_6]^{3+}$	2.0×10^9	$[Cr(En)_3]^{3+}$	5.3×10^{10}
$[Cr(H_2O)_6]^{3+}$	6.0×10^{10}	顺式$[Cr(En)_2Cl_2]^+$	7.1×10^{10}
$[Co(NH_3)_6]^{3+}$	9.0×10^{10}	顺式$[Cr(En)_2(NCS)_2]^+$	4.2×10^{10}
$[Rh(NH_3)_6]^{3+}$	7.9×10^{10}	顺式$[Cr(ox)_2(H_2O)_2]^-$	1.3×10^{10}
$[Ir(NH_3)_6]^{3+}$	1.3×10^{10}	$[Cr(EDTA)]^-$	2.6×10^{10}
$[Ru(NH_3)_6]^{3+}$	7.4×10^{10}	$[Cr(ox)_3]^{3-}$	1.8×10^{10}
$[Os(NH_3)_6]^{3+}$	7.2×10^{10}	$[Cr(CN)_6]^{3-}$	1.5×10^{10}
$[Co(dpy)_3]^{3+}$	8.3×10^{10}	$[Cr(H_2O)_2(OH)_4]^-$	2.0×10^8

对于从 Mn(Ⅱ) 到 Zn(Ⅱ) 的第一过渡系的二价金属离子，其电子还原反应的速率常数和这些元素在气态时的第二电离势

$$M^+(g) \longrightarrow M^{2+}(g) + e^-$$

有相同的顺序，即 Mn(Ⅱ) 还原为 Mn(Ⅰ) 的速度比该序列中的任何其他离子都慢。

安巴（Anbar）和哈特（Hart）研究了配体对许多配合物电子还原速率的影响，指出同 $e^-(aq)$ 反应的能力有以下顺序：

$$OH^- < CN^- < NH_3 < H_2O < F^- < Cl^- < Br^- < I^-$$

这个顺序同 $[Co(NH_3)_5X]^{3-n}$ 在滴汞电极上的还原顺序是一致的，表明所发生的还原反应均为外配位界的电子转移反应。

第九章

多元离子缔合物

第一节　溶液中离子的缔合

一、离子的缔合和离子对

在浓溶液中，特别是在介电常数小的有机溶剂中，相反电荷的离子由于静电引力的作用而结合在一起，并在溶液中作为一个整体运动，具有单独离子所没有的性质。

或

$$M^{z+} + B^{z-} \Longrightarrow M^{z+} \cdot B^{z-}$$
$$M^{z+} + B^{z-} \Longrightarrow (M^{z+}B^{z-})$$

(9-1)

这种由相反电荷离子靠静电引力而形成的产物称为离子对。一般用圆括号表示，有时不用括号而用中间的黑点表示。离子间的这种作用就称为缔合作用。

从配合物的观点分析，金属离子 M^{z+} 在水溶液中都是水合配离子，其配位界已为水分子所饱和，它与相反电荷的离子作用时，内界的水分子并不发生变化，即 B^{z+} 与 M^{z+} 的作用是在配离子的外界。所生成的离子对是由水合配离子生成的外界配合物，也称为缔合物。

$$[M(H_2O)_n^{z+}] + B^{z-} \Longrightarrow [M(H_2O)_n^{z+}](B^{z-})$$

(9-2)

但是，在形成离子对的过程中，有些离子的内配位界也会发生变化。为了区分这种情况，把内界中溶剂分子不发生变化，或者虽有变化，但 M^{z+} 与 B^{z-} 之间仍有溶剂隔开的离子对称为溶剂分隔离子对（solvent separated ion-pairs），而把 M^{z+} 与 B^{z-} 间没有溶剂隔开，而是直接接触的离子对称为接触离子对（contact ion-pairs）。图9-1是各种类型离子对的示意图。

在大多数情况下，中心离子的配位界均为溶剂分子 S 所饱和。若在溶液中加入配体 X 和 Y，随着配体浓度的增加，配位在金属离子内界的溶剂分子将逐渐被配体所取代，除了形成单一型的配合物 $[MS_{n-i}X_i] \cdots [MX_n]$ 和 $[MS_{n-j}Y_j] \cdots [MY_n]$（$n$ 表示最高配位数）之外，还可以形成混合配体配合物 $[MX_iY_j]$。

图 9-1　溶液中由离子的接近而形成的各种离子对示意图

（a）接触离子对；（b）内界离子对；（c）外界离子对；（d）三聚离子

$$MS_n^{z+} + iX \Longrightarrow [MS_{n-i}X_i]^{z+} + S_i \tag{9-3}$$

$$MS_n^{z+} + iX + jY \Longrightarrow [MX_iY_j]^{z+} + S_n \tag{9-4}$$

这些配合物也可与相反电荷的离子形成缔合物，它们与哪类离子缔合，缔合能力有多大，主要由这些配合物的电荷符号和数量决定。若配体为中性分子，形成的是配阳离子，其电荷数就等于金属离子的电荷 z，它将同各种阴离子形成三元离子缔合物，有时也可与极性分子形成缔合物，如

$$2[Co(NH_3)_6]^{3+} + 3SO_4^{2-} \Longrightarrow [Co(NH_3)_6]_2(SO_4)_3$$

若配体均为阴离子，形成的则是配阴离子，它将与各类阳离子形成三元离子缔合物：

$$[Zn(OH)_4]^{2-} + 2R_4N^+ \Longrightarrow (R_4N)_2[Zn(OH)_4]$$

若配体既有中性分子又有阴离子，根据形成混合配体配离子的电荷符号，它们也可与相反符号的离子（称为反号对离子）形成多元离子缔合物：

$$[Co(NH_3)_5SO_4]^+ + Cl^- \Longrightarrow [Co(NH_3)_5SO_4](Cl)$$

$$[Cu(NH_3)(P_2O_7)]^{2-} + 2(CH_3)_4N^+ \Longrightarrow \{(CH_3)_4N\}_2[Cu(NH_3)(P_2O_7)]$$

作为反号对离子的，可以是简单的离子，它包括简单无机离子、有机离子、染料离子、表面活性剂离子、药物离子等，也可以是配离子，因而形成的缔合物可以是很复杂的多元离子缔合物。这类缔合物在分离、分析、萃取、电镀、浮选、废水处理等各个领域都有重大的实用价值。例如：

① 用于分离的有

$$3K^+ + [Co(NO_2)_6]^{3-} \Longrightarrow K_3[Co(NO_2)_6]$$

$$2[Co(NH_3)_5NO_2]^{2+} + [Fe(CN)_6]^{4-} \Longrightarrow [Co(NH_3)_5NO_2]_2[Fe(CN)_6]$$

② 用于萃取的有

$$Hphen^+ + [NbO(OH)(SCN)_3(H_2O)(TBP)]^- \Longrightarrow$$
$$(Hphen)[NbO(OH)(SCN)_3(H_2O)(TBP)]$$

$$(C_6H_5)_4P^+ + [NbO(C_2O_4)(par)]^- \Longrightarrow (C_6H_5)_4P[NbO(C_2O_4)(par)]$$

TBP 为磷酸三丁酯。

③ 用于浮选的有

$$Zeph^+ + [Ag(CN)_2]^- \Longrightarrow (Zeph)[Ag(CN)_2]$$

$Zeph^+$ 为氯化十四烷基甲基苄基铵。

④ 用于电镀的有

$$2R_4N^+ + [Zn(OH)_4]^{2-} \Longrightarrow (R_4N)_2[Zn(OH)_4]$$

缔合物的形成，并不限于静电作用，也可以通过其他作用。如配体间的相互作用、氢键的形成、配体间的电荷传递等。因此，缔合作用与配位作用并无绝对的界限，特别是那些内界配体易于交换的取代活性配合物所形成的缔合物，有时很难确定某一配体是在内界还是在外界。例如，铌与邻苯二酚（PC）和 1,1-二安替比林丙基甲烷（DAPPM）形成的多元离子缔合物，有人认为其结构为 $(DAPPM)^+[Nb(OH)_2(PC)_2(DAPPM)]^-$，但也可能是两个 DAPPM 借分子间氢键形成带正电的配阳离子，再与铌-多元酚配阴离子缔合。

许多大阳离子和大阴离子间形成非常稳定的接触离子对型沉淀，它易溶于有机溶

剂中，在分析分离上有很大用途。

可是，这种现象用单纯的静电引力是无法解释的。在红外、紫外光谱及核磁共振方面的研究结果表明，许多缔合物的缔合行为并不符合基本的静电模型。例如，用紫外光谱研究 Co^{3+}、Cr^{3+} 的氨和多乙烯多胺的卤化物，在很稀时也强烈地缔合。这是因为 NH_3 配位到过金属离子上后，使 NH 基的酸性增大，H 上正电荷增加，因而容易与卤素负离子形成氢键的缘故。

$$\left|\overline{\underset{|}{Co}} - \underset{|}{\overset{|}{N}} \underset{\delta+}{\overset{H}{\curvearrowleft}} H \right. \longleftrightarrow X^- \longrightarrow \left|\overline{\underset{|}{Co}} - \underset{|}{\overset{H}{\underset{|}{N}}} - H^+ \cdots X^- \right. \tag{9-5}$$

基斯（Киш）等以金属的卤素配阴离子 $\left[MX_n\right]^{m-n}$ 与碱性染料（B^+）间形成的离子缔合物为对象进行了系统研究，认为形成过程大致如下：

$$qBX \Longrightarrow (BX)_q$$
$$BX \Longrightarrow B^+ + X^-$$
$$B^+ + H^+ \Longrightarrow BH^{2+}$$
$$B^+ + OH^- \Longrightarrow BOH$$
$$M^{m+} + nX^- \Longrightarrow MX_n^{m-n}$$
$$MX_n^{m-n} + (n-m)B^+ \Longrightarrow B_{n-m}\left[MX_n\right]$$

由此可知，缔合物的形成速度和有机碱的浓度，介质的酸度，卤离子的浓度，金属离子的状态以及金属的卤素配阴离子的稳定性有关。

二、接触离子对和溶剂分隔离子对

若离子和溶剂间的键非常强，在缔合时离子的溶剂层将完全或部分保留，因而形成了溶剂分隔离子对：

$$(M \cdot S_n)^+ + (B \cdot S_m)^- \Longrightarrow \{(M \cdot S_n)(B \cdot S_m)\}^0 \tag{9-6}$$

亲电性和亲核性都很强的两性溶剂，如水分子，它既可以稳定阳离子，又可以稳定阴离子，这将有利于形成溶剂分隔离子对。一般来说，溶剂的亲电性、亲核性对缔合的影响，比溶剂的介电常数和偶极矩的影响大。溶剂分隔离子对虽然中间有溶剂层隔开，但是两种离子的电荷已得到中和，它们对溶液的电导几乎没有贡献。

一般所讲的离子对，包括两种类型的离子对，在多数情况下是生成溶剂分隔离子对。在 pH=8.15 的海水中，各种离子的质量摩尔浓度和离子对的含量列于表 9-1。由表可见，在这样稀的溶液中，已有相当数量的离子形成了离子对。

表 9-1 海水中主要存在的离子的摩尔浓度和离子对的含量[①]

游离离子	质量摩尔浓度/(mol/kg)	离子对所占的摩尔分数
Na^+	0.48	$NaSO_4^-$ 1.0%
Mg^{2+}	0.054	$MgSO_4$ 9.2%，$MgHCO_3^+$ 0.6%
Ca^{2+}	0.010	$CaSO_4$ 7.6%，$CaHCO_3^+$ 0.7%
K^+	0.010	KSO_4^- 1.5%
Cl^-	0.56	实际上以游离离子形式存在
SO_4^{2-}	0.028	$MgSO_4$ 17.4%，$NaSO_4^-$ 16.4%，$CaSO_4$ 2.8%
HCO_3^-	0.0024	$MgHCO_3^+$ 14.4%，$NaHCO_3$ 8.3%，$CaHCO_3^+$ 3.2%
CO_3^{2-}	0.00027	$MgCO_3$ 63.2%，$NaCO_3^-$ 19.4%，$CaCO_3$ 7.1%

① 表中数据转引自：上野景平，キレート化学（3），平衡と反应篇，南江堂，东京，9（1977）。

接触离子对的生成是两种电荷相反的离子排挤出溶剂分子的反应：

$$(M \cdot S_n)^+ + (B \cdot S_m)^- \Longrightarrow (M^+ B^-) \cdot S_{n+m-x} + S_x \tag{9-7}$$

离子的体积越大，溶剂化层越薄，越容易形成接触离子对。由于正负离子彼此相接触，它们间或多或少都要发生电子的转移，即缔合离子间存在着配位作用。要形成接触离子对，就希望溶剂分子的溶剂化能力弱。对于金属离子 M^+ 来说，溶剂是亲核试剂，本身是一种配体，而对于 B^- 来说，溶剂是亲电试剂，本身是电子接受体，所以溶剂的亲核或亲电性越强，也就越难形成离子对。

例如，四丁铵（Bu_4N^+）和四苯基硼（$C_6H_5)_4B^-$ 在水中几乎都不水化，它们在水溶液中很容易形成接触离子对。相反，在配位能力强的吡啶和二甲基亚砜中，只能形成溶剂分隔离子对和溶剂合离子，而不能形成接触离子对。Li^+ 比 Na^+ 的水化强，故 Li^+ 化合物比 Na^+ 的更容易离解。

第二节 离子缔合平衡

一、离子的缔合与缔合常数

在溶液中，除了中性分子及其完全离解产物——离子以外，还有一种中间状态，称为离子对。因此，离子对可以由中性分子的不等价电荷分裂（称为异裂，heterolysis），或由两种符号相反的离子缔合而成。通常所讲的离子缔合平衡，指的就是相反电荷的离子形成离子对的平衡：

$$A^{zi} + B^{zj} \underset{K_d}{\overset{K_A}{\rightleftharpoons}} A^{zi} \cdot B^{zj} \tag{9-8}$$

反应的逆向平衡常数 K_d 称为离子对的离解常数，正向平衡常数 K_A 称为缔合常数。其表达式为

$$K_A = \frac{[A^{zi} \cdot B^{zj}]}{[A]^{zi} \cdot [B]^{zj}} \tag{9-9}$$

根据伯也仑的处理，两种反号的离子接近到一个极限距离时，其间的静电引力超过了热运动而引起的拆散力时，离子对就形成了。两种离子相互作用的势能（为 $2kT$）和它们间的最小距离 a 之间满足下列关系式：

$$\frac{|z_i z_j| e^2}{D_c a} = 2kT \tag{9-10}$$

$$a = \frac{|z_i z_j| e^2}{2D_c kT}$$

式中，z_i、z_j 为反号离子的电荷；D_c 为溶剂的介电常数；e 为电子的电荷；k 为波尔兹曼常数；T 为热力学温度。

离子对的缔合常数可表示为

$$K_A = \frac{4\pi N}{1000} \int_q^a \exp\left[\frac{U(r)}{kT}\right] r^2 dr \tag{9-11}$$

式中，r 为两离子中心间的距离，$U(r) = -\dfrac{z_i z_j e^2}{D_c r}$ 表示阴离子从无限远向阳离子

靠近到距离为 r 时所做的静电功，由此得伯也仑方程：

$$K_A = \frac{4\pi N}{1000} \int_q^a \exp\left[-\frac{z_i z_j e^2}{D_c r k T}\right] r^2 \mathrm{d}r \tag{9-12}$$

由于 q 值的选择带有任意性，因而算出的 K_A 值也就不很可靠。

后来福斯进一步完善了伯也仑的静电模型，推导出了离子缔合物的缔合常数表达式：

$$K_A = \frac{4\pi N r_1^3 e^6}{3000}$$

$$b = \frac{z_i z_j e^2}{r_1 D_c k T}$$

式中，N 为阿佛加德罗常数；r_1 为离子对中心间的距离（即离子对半径）；D_c 为介电常数；k 为波尔兹曼常数；T 为热力学温度；e 为电子电荷。

伯也仑或福斯的理论计算式只适用于配位饱和的反号离子间的缔合，或者是离子和溶剂间没有强的特殊反应时才适用。

缔合常数主要由实验测得。常用的方法有极谱、电导、电动势等电化学方法和利用紫外-可见吸收光谱和拉曼光谱的分光光度法。此外也有用溶解度法、冰点下降法、渗透压法、离子交换法、pH 滴定法以及核磁共振法等。最常用的是紫外-可见吸收光谱法和电导法。表 9-2 列出了用不同方法测得的钴配合物的缔合常数的按伯也仑法算出的缔合常数。

表 9-2　各种方法测得的 $[Co(NH_3)_6]^{3+} \cdot A^{z-}$ 缔合物的缔合常数

A^{z-}	$\lg K_A$		
	电导法	分光光度法	按伯也仑式计算值
ClO_4^-	1.40	—	1.78
NO_3^-	1.63	—	1.79
Cl^-	1.55	0.96	1.81
Br^-	1.65	0.96	1.82
I^-	1.38	0.47	1.82
SO_4^{2-}	3.56	3.26	3.15
$C_2O_4^{2-}$	3.25	—	3.10

由表可见，用不同方法测得的缔合常数有很大的差别。就算是用同一方法，不同的作者所测的数据也不一致。例如伊万斯（Evans）和南柯拉斯（Nancollas）测得的 Cl^-、Br^-、I^- 的缔合常数比表 9-2 之值大 2～3 倍。关于紫外光谱法和电导法的差异，目前认为是测定方法所测的对象不同造成的。紫外光谱法测定的是离子对在紫外区的电荷移动光谱，而电导法主要考虑的是在电场作用下离子的泳动现象，它主要测定的是离子对（它对电导无贡献）以外的离子与溶剂间的作用。要测定离子在短距离内是否形成接触离子对时，光谱法比电导法更可靠。直接测定离子与离子相互作用的最好方法是莱瑟-拉曼光谱法。

二、影响缔合常数的若干因素

近年来，由实验测得的离子间的缔合常数已不少，虽然有些数据的精确度还不够高，但它在理论研究和实际应用上都有重大意义。表 9-3 摘录了若干常见离子缔合物的缔合常数。

表 9-3　水溶液中若干离子缔合物的缔合常数（$\lg K_A$）

阳离子 阴离子	Li⁺	Na⁺	K⁺	Cs⁺	Ag⁺	Tl⁺	Ca²⁺	Cu²⁺	Zn²⁺	Al³⁺	Fe³⁺	[Co(En)₃]³⁺	[Co(NH₃)₆]³⁺
OH⁻	-0.08	-0.7		无	2.3	0.8	1.3				12.0	1.42	1.85
F⁻					0.4	0.1	1.0	1.23	1.26	7.0	6.04		
Cl⁻	无			-0.4	3.2			0.4			1.5	1.72	1.58
Br⁻					4.4	1.0		0.0			0.6		1.66
I⁻													1.95
NO₃⁻	无	-0.6	-0.2		-0.2	0.3	0.28				1.0		
CH₃COO⁻					0.73	-0.11	0.77	2.24					
CH₃—C(OH)—COO⁻	0.2						1.47	3.02	2.24		6.8		
H₂N—CH₂—COO⁻							1.38	8.62	5.52				
ClO₄⁻			-0.5			0.0					1.15		
SO₄²⁻	0.6	0.7	1.0		1.3	1.4	2.28	2.36			4.2	3.45	3.52
S₂O₃²⁻		0.6	0.9		8.8	1.9	1.95				3.25	2.00	3.62
C₂O₄²⁻							3.0			4.9	9.4		3.40
SO₃²⁻					5.6								
P₃O₉³⁻		1.16				1.9	3.46					4.40	4.43
[Fe(CN)₆]³⁻			1.3				2.83						
[Co(CN)₆]³⁻			1.5										
P₂O₇⁴⁻	3.1	2.4	2.3				6.8						
P₃O₁₀⁵⁻	3.9	2.7	2.7				8.1						

由式(9-12) 和表 9-3 的数据可以看出，影响缔合常数的若干主要因素是：

① 离子的电荷。离子的电荷越高，一般缔合常数也越大。当 $|z_+ \cdot z_-| = 1$ 时，在水溶液中要形成溶剂分隔离子对比较困难，除非离子浓度非常高或在非极性溶剂中才能形成。对于一价大阳离子和大阴离子，就是在水溶液中，也可以形成接触离子对。

当 $|z_+ \cdot z_-| = 2$ 时，用红外光谱法可以间接辨认出溶剂分隔离子对的存在。

当 $|z_+ \cdot z_-| > 2$ 时，离子缔合物很容易形成。

② 离子的体积。在离子的电荷相同时，离子半径越大，一般缔合常数越小。

例如，在 $[Co(NH_3)_6]^{3+} \cdot X^-$ 中，随着 X^- 半径的增大（由 $Cl^- \to Br^- \to I^-$），其缔合常数逐渐减小。与此相应的是反映离子间直接相互作

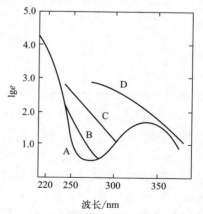

图 9-2　$[Co(NH_3)_6]^{3+}$ 形成离子对时紫外吸收光谱曲线的移动
A—$[Co(NH_3)_6]^{3+}$；B—$[Co(NH_3)_6]^{3+} \cdot Cl^-$；
C—$[Co(NH_3)_6]^{3+} \cdot Br^-$；
D—$[Co(NH_3)_6]^{3+} \cdot I^-$

用的紫外光谱的吸收峰也向长波方向移动。图 9-2 所示为卤素离子由 Cl^- 经 Br^- 至 I^- 时紫外吸收峰的变化曲线。

③ 溶剂的性质。一般溶剂的介电常数越小，缔合常数则越大。

表 9-4 列出了水-二噁烷混合溶剂中，随二噁烷含量的增高，介电常数的下降，Na^+Br^- 的缔合常数也逐渐升高。

表 9-4　溴化钠在水-二噁烷混合溶剂中的缔合常数

二噁烷含量/%	介电常数 D_c	缔合常数 K_A	二噁烷含量/%	介电常数 D_c	缔合常数 K_A
0	78.48	0.5	35	48.91	2.10
10	70.33	0.68	40	44.54	2.73
20	61.86	0.90	50	35.85	6.87
30	53.28	1.33	55	31.53	11.8

④ 其他因素。大阳离子和大阴离子间的缔合作用往往不服从静电模型，这可能是由于离子-偶极间的作用较强，氢键的形成或配体间的相互作用明显而引起的。例如，季铵盐的卤化物在醇中的缔合常数是按 $I^->Br^->Cl^-$ 的顺序，这和静电模型预言的正好相反。现在的看法是除了静电作用外，还存在着氢键的作用。再如用季铵盐阳离子萃取无机阴离子时，萃取效果的顺序是：$SO_4^{2-}\ll Cl^-<Br^-<I^-<ClO_4^-$，即大离子间形成离子对时彼此电荷的中和比体积小的反而好。因此，在讨论缔合作用的强弱时，最好把溶剂分隔离子对和接触离子对区别开来，前者可用静电模型概括，后者不能单纯从静电模型来考虑，而应考虑其他作用，其中特别要注意氢键的影响。在电镀中经常用到有机多元酸，它们都很容易形成氢键，在有些镀液中，它们不一定直接参加内层的配位，却可以通过氢键与配离子发生缔合作用。

三、离子缔合物的类型

离子缔合物的类型归纳起来主要是三大类：

1. 各种类型配阳离子和带负电配体形成的缔合物

这是中心离子的配位数全为中性配体饱和，但电荷未被中和。如 $[Pt(En)_2Br_2]^{2+}(Br^-)_2$，$[Zn(NH_3)_3Cl]^+(Cl^-)$ 和 $[Fe(phen)_3]^{2+}(HCrO_4^-)_2$。

2. 各种配阴离子和各种阳离子形成的缔合物

这是中心离子的配位数全部或部分被阴离子配体饱和而形成配阴离子，它再和阳离子形成缔合物。如

$$(R_4N^+)_2[Zn(OH)_4]^{2-}, (BiO^+)_2[Cu(Hcit)_2]^{2-}, \left(\begin{matrix} R \\ \diagdown \\ C{=}OH^+ \\ \diagup \\ R \end{matrix}\right)[Co(SCN)_4]^-$$

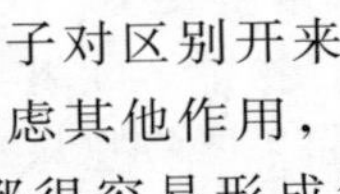

和 $\{(C_6H_5)_3CH_3As^+\}[AuCl_4]^-$。

3. 配阴离子和配阳离子形成的缔合物

当它们的电荷相等，大小相当时，可以形成特别稳定、难溶于水的缔合物。如 $[Co(En)_3]^{3+}$ $[Fe(CN)_6]^{3-}$ 和 $[Fe(phen)_3]^{2+}$ $[Sn(C_2O_4)_3]^{2-}$。

第三节 离子缔合物的性质

一、离子缔合物的一般性质

溶液中配合物呈离子状态存在时，它容易被水化而溶解于水。当其与某些带有相反电荷的质点相结合而形成缔合物时，离子的性质要发生一定的变化，而赋予反应产物许多新的性质。这些新性质的产生，是由于形成缔合物时离子的电荷被中和，形成了新的氢键，以及离子间发生了电荷的转移。归纳起来，主要有以下几方面：

① 离子缔合物的水溶性小。配离子在水溶液中的溶解度主要决定于配离子电荷的大小。电荷越大，水化能力越强，配离子的溶解度也越大。当溶液中的配离子和相反电荷的离子彼此靠近而达到某一临界距离时，彼此间的库仑力已超过离子的热运动能量而缔合成只有偶极矩的、不带电荷的缔合分子，同时放出溶剂分子。因此，缔合物的形成，不仅使单独离子的自由运动受到了限制，而且由于电性的中和，使缔合物本身的溶剂化能力大为降低，它在水溶液中的溶解度也大大下降。小阳离子和小阴离子结合，或大阳离子和大阴离子的结合往往都要产生沉淀，特别是大小适当、电荷相等的反号离子更容易形成不溶性的缔合物。例如，Li^+ 与 F^-（小-小搭配）形成的 LiF 比 LiI（小-大搭配）的溶解度小，而 CsI（大-大搭配）比 CsF（大-小搭配）难溶。

在多元配合物中，配离子的体积都比较大，特别是高价的第二、三过渡系元素形成的配合物，如果要将它从水溶液中分离出来，只要加入大体积的反号离子，就可以以不溶性缔合物的形式分离出来。如：

$$[Co(NH_3)_6]^{3+} + [Co(NO_2)_6]^{3-} \longrightarrow [Co(NH_3)_6][Co(NO_2)_6]\downarrow$$

$$[Sc(SCN)_6]^{3-} + 3(C_2H_5)_4N^+ \longrightarrow \{(C_2H_5)_4N\}_3[Sc(SCN)_6]\downarrow$$

表 9-5 列出了利用大的反号离子分离大配离子的例子。

表 9-5　用于稳定和分离金属配合物的某些大的反号离子

价数	阳　离　子	阴　离　子
1	Cs^+ R_4N^+ $(C_6H_5)_4As^+$ $(C_6H_5)_3CH_3As^+$ $(C_6H_5)_4P^+$ $(C_6H_5)_3CH_3P^+$ $[Co(NH_3)_4(NO_2)_2]^+$	ClO_4^-, I^- BF_4^- PF_6^- $AlCl_4^-$ $B(C_6H_5)_4^-$ $[Cr(NH_3)_2(NCS)_4]^-$ $[Co(NH_3)_2(NO_2)_4]^-$
2	$Ba^{2+}, [Pt(NH_3)_4]^{2+}$ $[Ni(phen)_3]^{2+}$ Ni^{2+} $[Co(NH_3)_5NO_2]^{2+}$	$[SiF_6]^{2-}$ $[MCl_4]^{2-}, M=Co^{2+}, Ni^{2+}, Zn^{2+}, Cd^{2+}, Hg^{2+}, Pt^{2+}$ $[PtCl_6]^{2-}$ $[Fe(CN)_6]^{4-}$
3	La^{3+} $[M(NH_3)_6]^{3+}, M=Co^{3+}, Cr^{3+}, Rh^{3+}$ $[M(En)_3]^{3+}, M=Co^{3+}, Cr^{3+}, Rh^{3+}$ $[M(pn)_3]^{3+} M=Co^{3+}, Cr^{3+}, Rh^{3+}$	$[M(CN)_6]^{3-}, M=Fe^{3+}, Co^{3+}, Cr^{3+}$ $[M(C_2O_4)_3]^{3-}, M=Co^{3+}, Cr^{3+}$ $[MF_6]^{3-}, M=Al^{3+}, Fe^{3+}, Co^{3+}$
4	Th^{4+} $[Pt(NH_3)_6]^{4+}$ $[Pt(En)_3]^{4+}$	$[M(CN)_8]^{4-}, M=Mo^{4+}, W^{4+}$

注：pn 为丙胺。

　　若配离子的大小和电荷数与反号离子的不很相配，则生成的缔合物不一定能沉淀出来，但它的水溶性已比反应物小得多。另外，若反号离子的浓度较低，或溶液中存在表面活性剂，此时缔合物也不易沉淀出来。

　　② 离子缔合物的亲脂性大。带电的离子容易接受极性分子水的配位而水化，因而容易溶于水。当相反电荷的离子由于电性中和而形成离子缔合物后，它的水溶性大大减弱，变得难溶于水而易溶于有机溶剂，可以被有机溶剂萃取。大阳离子和大阴离子形成的缔合物水溶性特别小，亲脂性特别好，在分析上可利用这一特性进行萃取分离和分析。

　　离子对的亲脂性同样品离子和对离子所包含的疏水基团也有关系，亲脂性越大，缔合物在非极性固定相（如有机溶剂、树脂、硅胶等）上的吸附也越强。利用缔合物在固定相上的吸附特性而建立的分离分析方法叫做离子对色谱。它适用于各种药物、生物碱、杀菌剂、表面活性剂、染料和各种无机物的分离和分析。

　　③ 离子缔合物容易被电极吸附。配离子形成缔合物后，离子转变为极性分子，亲水性减小，疏水性增大，容易被电极吸附。大家知道，配离子在电极还原时，首先要克服缔合的能量而使缔合物离解为配离子和反号离子，这一过程需要能量，使配离子放电的超电压升高，尤其是反号离子本身也容易吸附时，超电压更高。因此，可以利用缔合作用来提高超电压，以获得良好的镀层。离子缔合物的这种性质正是电镀时需要利用的最重要的性能。

　　大家知道，四丁基铵 $(C_4H_9)_4N^+$ 等有机大阳离子在电极上有一定的吸附作用。但是，如果溶液中加入 Br^-、I^- 等体积较大的阴离子时，由于形成了电性中和的离子缔合物，使 $(C_4H_9)_4N^+$ 在电极上的吸附大为增强。如：

$$(C_4H_9)_4N^+ + I^- \rightleftharpoons (C_4H_9)_4N^+I^-$$

　　CrO_4^{2-} 在汞电极上还原时，其析出电位随着季铵盐的加入而变负。这也是由于形成接触离子对的缘故。

$$2R_4N^+ + CrO_4^{2-} \rightleftharpoons (R_4N^+)_2(CrO_4^{2-})$$

　　季铵盐提高超电压的效果随着烷基体积的增大而增大，它们有以下顺序：

$$(C_2H_5)_4N^+ < (n\text{-}C_3H_7)_4N^+ < (n\text{-}C_4H_9)_4N^+ < (CH_3)_3(C_6H_5)N^+$$

　　随着 R_4N^+ 体积的增大，在电极上的吸附力也增强，在电极表面上形成接触离子对也更容易，因而 CrO_4^{2-} 的放电也越加困难。

　　$S_2O_8^{2-}$ 在汞电极上还原的极谱波会因 $(C_5H_{11})_4N^+$ 的加入而被抑制。马来酸阴离子的反应电流随着 $(C_2H_5)_4N^+$ 浓度的提高而显著下降。这些现象均可用电极表面上形成稳定的、吸附性极强的离子缔合物来解释。

　　④ 离子缔合物的形成会使极限扩散电流减小，并使半波电位发生变化。缔合物的形成将使离子的电荷被中和，缔合物的扩散很少受电场或双电层的影响，因此，扩散控制的情况被抑制，而电化学极化占主导地位。缔合物的形成也使金属的析出电位发生变化，与此相应的极谱半波电位也随之发生移动，由此可测出缔合物的缔合常数。

　　莱梯能（Laitinen）观察到 $[Co(NH_3)_6]^{3+}$ 还原时极谱的半波电位和扩散电流随

阴离子而发生的变化，并用缔合物的形成来解释这些现象。随后他们根据半波电位的变化测定了某些缔合常数。田中等则由扩散电流的减小来计算缔合常数。

在某些有机阴离子还原时，支持电解质中的阳离子对半波电位也有明显影响。例如，在二甲砜中醌类的第二步还原：

$$\bar{O}\!-\!\!\langle\ \rangle\!-\!\dot{O}+\bar{e}\longrightarrow \bar{O}\!-\!\!\langle\ \rangle\!-\!\bar{O}$$

其半波电位 $E_{1/2}$ 随支持电解质阳离子种类的变化而向负移的顺序是

$$(C_4H_9)_4N^+>(C_2H_5)_4N^+>K^+>Na^+>Li^+$$

图 9-3 是蒽醌（曲线 A）和苯醌（曲线 B）在二甲基甲酰胺中的第二步还原的 $E_{1/2}$ 和支持电解质阳离子半径的关系。

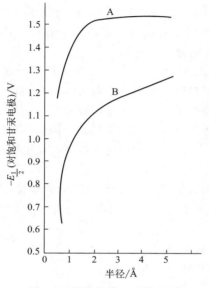

图 9-3　醌类的第二步单电子还原时支持电解质阳离子半径对半波电位的影响
A—蒽醌；B—苯醌

⑤ 缔合物的生成将使物质的各种光谱发生变化。通常，缔合物的生成使有色配体受激发，电子的起始能量有所升高，即配合物中可以移动的电子从低能态激发到高能态之间的能量差变小了，吸收光谱曲线的吸收峰将向波长较长的方向移动（见图 9-2）。因此，缔合物的生成常使原来无色的离子变为有色，原来颜色较浅的变得较深。

由于紫外光谱同时受内界配位和外界缔合的影响，但它更能反映外界缔合的影响，故到目前为止，它还是测定缔合常数最常用的方法。

阳离子碱性染料与配阴离子缔合形成沉淀的同时，伴随着染料颜色的加深，这种由于沉淀的生成而显色的反应，叫"因态"显色反应。因为染料分子中氨基氮原子上的电子云受配阴离子的强烈作用而变形，使染料分子颜色加深。这是利用这类配合物于萃取比色，或使用保护胶让其呈胶态，直接在水相比色测定可以成为配阴离子的那些元素的基础，而这些配阴离子是可以同碱性染料阳离子生成缔合物的。

能够与碱性染料阳离子生成缔合配合物的配阴离子主要有：B(Ⅲ)、Ta(Ⅴ)的氟配阴离子；Ga(Ⅲ)、Tl(Ⅲ)、Au(Ⅲ)、Sb(Ⅴ)、Sb(Ⅲ)、Fe(Ⅲ)、V(Ⅴ)、Mo(Ⅵ)的氯配阴离子；In(Ⅲ)、Tl(Ⅲ)、Au(Ⅲ)、Sb(Ⅴ)、Sb(Ⅲ)、Hg(Ⅱ)、Cu(Ⅰ)、Fe(Ⅲ)、Sn(Ⅳ)、Te(Ⅳ)的溴配阴离子；In(Ⅲ)、Tl(Ⅰ)、Au(Ⅲ)、Hg(Ⅱ)、Bi(Ⅲ)、Sb(Ⅲ)、Cu(Ⅰ)、Te(Ⅳ)、Sn(Ⅱ)、Ag(Ⅰ)、Cd(Ⅱ)、Pb(Ⅱ)的碘配阴离子；Mo(Ⅴ)、Pd(Ⅱ)、Pt(Ⅱ)、W(Ⅴ)、Nb(Ⅴ)、Re(Ⅴ)、Zn(Ⅱ)、Sn(Ⅳ)的硫氰配阴离子；Au(Ⅲ)、U(Ⅵ)、Zr(Ⅳ)的硝酸配阴离子；Ag(Ⅰ)的氰配阴离子；Re(Ⅶ)、Cr(Ⅵ)、Cl(Ⅶ)、Cl(Ⅴ)、I(Ⅴ)、N(Ⅴ)、W(Ⅵ)的含氧酸根；P(Ⅴ)、As(Ⅴ)、Si(Ⅳ)、

Ge(Ⅳ)、Ti(Ⅳ)、V(Ⅴ)、Nb(Ⅴ)、Ta(Ⅴ) 的钼杂多酸阴离子等。

金属离子的卤素及硫氰酸根的配阴离子与某些荧光试剂（如罗丹明类染料阳离子）生成缔合配合物时，它就成为能够发出荧光的三元配合物。测定配合物的荧光强度，就可以测得金属离子的含量。例如，Tl^{3+} 在 5mol/L HCl 中形成 $[TlCl_4]^-$，它与罗丹明 B 阳离子 R^+ 形成离子缔合物 $R^+[TlCl_4]^-$，用紫外光照射这种溶液时，它会发出橙红色荧光，故可用荧光分析法测定 Tl。某些配阴离子与荧光试剂阳离子生成三元配合物时，会使试剂的荧光减弱，测定荧光减弱的程度来求得金属离子含量的方法叫荧光熄灭法。例如，$[MoO(SCN)_5]^{2-}$ 与罗丹明 B（R^+）在强酸性时可形成稳定的缔合配合物 $(R^+)_2[MoO(SCN)_5]$，使 R 的荧光减弱。

二、离子缔合物的电化学动力学特性

在研究电极反应和实际电解、电镀时，常常要加入大量的惰性电解质（在极谱研究时称为支持电解质，在电解和电镀时称为导电盐）和一些表面活性剂（称为极大抑制剂或光亮剂）。这些物质是否同放电配离子发生反应？它们间有哪些反应？这些问题目前研究还不多。此处我们从缔合的角度来考察电解液中反号离子对配离子放电过程的影响。

金属离子不可逆还原时的半波电位，由于配体的配位作用而向正或负方向变化，这种变化的方向随配体的性质而异。例如，Ni^{2+} 在 0.1mol/L $NaClO_4$ 水溶液中的 $E_{1/2}=-1.01V$（以 SCE 为参比电极），在 EDTA 盐水溶液中 Ni^{2+} 的还原速度大大减慢，甚至还原波完全消失。这是因为生成非常稳定的配合物而阻止了电子的转移。相反，在硫氰酸盐或过量卤素离子存在时，由于它们可以形成电子传递的"桥"而加速了电子的传递，$E_{1/2}$ 向正方向变化。

和配体的作用类似，在金属离子外界的反号离子也有抑制和加速电极反应这两种情况。假定溶液中只形成一种配离子 $[MX_p]^-$，它和反号离子形成缔合物 $(R^+)[MX_p]^-$，此时溶液中存在下列平衡反应：

$$(R^+)[MX_2]^- \rightleftharpoons R^+ + MX_2^-$$

$$K_A = \frac{[RMX_2]}{[R^+][MX_2^-]} \tag{9-13}$$

$$MX_2^- \rightleftharpoons M^+ + 2X^- \qquad \beta_2 = \frac{[MX_2^-]}{[M^+][X^-]^2} \tag{9-14}$$

由式(9-13)、式(9-14) 得

$$[M^+] = \frac{[MX_2^-]}{\beta_2[X^-]^2} = \frac{[RMX_2]}{[R^+][X^-]^2\beta_2 K_A} \tag{9-15}$$

代入电极电位的表达式得

$$E = E^\ominus + \frac{0.059}{z}\lg\frac{[RMX_2]}{\beta_2 K_A[R^+][X^-]^2} \quad (V) \tag{9-16}$$

由此可见，（R^+）的浓度越高，形成的缔合物越稳定，K_A 越大，平衡电位也会因形成缔合物而向负移动，若是在汞电极上进行极谱还原，则半波电位也将负移。图9-4 所示为在无水乙二胺中 Cd^{2+} 的半波电位随 $NaNO_3$ 浓度变化的曲线。由图可知，$E_{1/2}$ 随硝酸钠浓度的增大而减小。

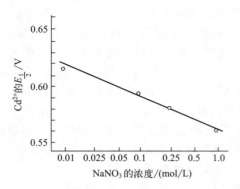

图 9-4 支持电解质 $NaNO_3$ 的浓度对无

水乙二胺中 Cd^{2+} 的半波电位的影响

[以 $Zn(Hg)/ZnCl_2$ 为参比电极]

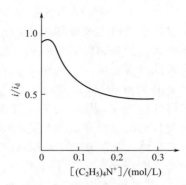

图 9-5 柠檬酸-磷酸盐缓冲液（pH＝5.0）

中 $(C_2H_5)_4N^+$ 的浓度对马来酸还原

反应电流/扩散电流之比的影响

在马来酸盐负离子还原时，若加入四乙铵盐的浓度很低，则对还原的电流影响很小，当 $(C_2H_5)_4N^+$ 浓度升高，四乙铵阳离子与马来酸根形成稳定的缔合物，因而反应的电流逐渐下降。图 9-5 是马来酸还原时添加 $(C_2H_5)_4N^+$ 对反应电流和扩散电流之比 i/i_d 影响的曲线。

若 ML_p 配合物中金属-配体键不很稳定，而且 L^- 容易与反号离子 R^+ 形成稳定的缔合物 R^+L^-，反号离子的加入将有利于配合物的离解，其离解度的大小取决于 R^+ 的性质。

$$ML_p^{n-} + R^+ \underset{K_1}{\rightleftharpoons} ML_{p-1}^{1-n} + RL$$

$$ML_{p-q+1}^{q-n-1} + R^+ \underset{K_q}{\rightleftharpoons} ML_{p-q}^{q-n} + RL$$

这类反应称为配位松弛反应（coordinative relaxation reaction）或配体转移反应。把配位松弛平衡的总平衡常数对 $[ML_p^{n-}]$ 和 K_q 求解，按形成离子对的一般方式进行处理，可以得到以下的一般式：

$$E = E^{\ominus} + \frac{0.059}{n} \lg \frac{[ML_p]\left(1 + \sum_{j=1}^{q} K_j [R^+]^j / [RL]^j\right)}{[ML_p^{n-}]_t} \tag{9-17}$$

式中，$[ML_p^{n-}]_t$ 表示已形成的配合物的浓度之和，当 $n=q=1$ 时，上式可简化为

$$E = E^{\ominus} + 0.059 \lg \frac{k_r k_{RL} K_1}{k_0} + 0.059 \lg[R^+] + 0.059 \lg \frac{i_d - i}{i} \tag{9-18}$$

式中，k_r、k_0、k_{RL} 分别为 ML_{p-1}、ML_p、RL 的电流-浓度比例常数。

当 $i = i_d/2$ 时，E 为 $E_{1/2}$

$$E_{1/2} = E^{\ominus} + 0.059 \lg \frac{k_r k_{RL} K_1}{k_0} + 0.059 \lg[R^+] \tag{9-19}$$

由此可知，随着 $[R^+]$ 浓度的增加，$E_{1/2}$ 将向正向移动。例如，在乙腈中三乙酰

丙酮合铁（Ⅲ）[Fe(acac)₃] 在（C₂H₅）₄NClO₄ 中显示可逆的单电子还原极谱波，加入少量的 Li⁺ 时，在正向则生成新的波，并使波分裂为两段，随着 Li⁺ 浓度增加到超过 Fe(acac)₃ 的浓度时，极谱波在正向变为有半波电位的一段波。这些结果如图 9-6 所示。

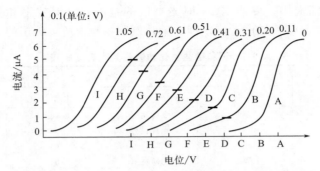

图 9-6　0.1mol/L（C₂H₅）₄NClO₄ 的乙腈液中添加各种浓度 LiClO₄ 时 0.99mmol/L Fe(acac)₃ 的极谱图

曲线上的数字表示添加 LiClO₄ 的浓度（mmol/L），各曲线电位均为 −0.7V（对 SCE），曲线上的短线表示对 LiClO₄ 的理论扩散电流。

半波电位随 Li⁺ 浓度的对数而向正移，这是电极反应时生成的 [Fe(acac)₃]⁻ 同 Li⁺ 反应而发生配位松弛反应，结果生成配位数低的 [Fe(acac)₂] 和缔合物 Li(acac)：

$$[Fe(acac)_3] + e^- \longrightarrow [Fe(acac)_3]^-$$

$$[Fe(acac)_3]^- + Li^+ \rightleftharpoons [Fe(acac)_2] + Li(acac)$$

$$[Fe(acac)_3]^- + 2Li^+ \rightleftharpoons [Fe(acac)_2] + Li_2(acac)^+$$

铜（Ⅱ）的乙酰丙酮配合物也有类似的情况。除此以外，在二甲基甲酰胺中，铜（Ⅱ）的 2-甲基-8-羟基喹啉（MQ）配合物 [Cu(MQ)₂] 在（C₂H₅）₄NClO₄ 介质中发生以下反应：

$$Cu(MQ)_2 + e^- \rightleftharpoons [Cu(MQ)_2]^-$$

出现可逆的单电子过程的极谱波，形成一价铜的配合物。当存在 Li⁺、Mg²⁺ 等阳离子时，由于电极反应时生成的一价铜配合物 [Cu(MQ)₂]⁻ 同这些阳离子形成缔合物而发生配位松弛反应，生成配位数更低的一价铜配合物 [Cu(MQ)]。这种配合物因为不稳定，故随即在电极上被还原为金属铜。

从硫酸溶液中电沉积锰时，SO_4^{2-} 浓度的升高，镀液的极化曲线有明显的变化。一方面平衡电位向负移动，同时极限扩散电流减小，极化值提高。图 9-7 所示为以 Ag/AgCl 为参比电极测得

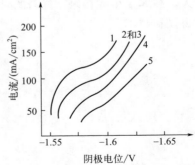

图 9-7　电沉积 Mn 的阴极极化曲线
[SO_4^{2-}] 的浓度（mol/L）：
1—1.68；2—1.775；
3—1.87；4—2.06；5—2.23

的 $MnSO_4$ 在不同 $[SO_4^{2-}]$ 时的阴极极化曲线。

考虑到 SO_4^{2-} 对 Mn^{2+} 的配位能力较弱，其一级稳定常数 $K_1 = 2.35$，而形成离子对的缔合常数 $\lg K_A = 2.29$。这些现象用形成离子对 $Mn^{2+} \cdot SO_4^{2-}$ 来说明更为恰当些。

在氰化物镀铜液中，使用 KCN 时光亮区的范围、电流效率和整平能力都比用 NaCN 好。表 9-6 是用粗糙度计测定钾、钠盐氰化物镀液所得镀层的光亮度。

表 9-6 钾和钠盐氰化物镀液的光亮度比较

电流密度 /(A/dm²)	钾盐电解液		钠盐电解液	
	光亮度[①]	外　观	光亮度[①]	外　观
5	57	光泽良好	71	光泽良好
6	67	光泽良好	75	光泽良好
7	67	光泽良好	64	光泽良好
8	70	光泽良好	51	光泽不良
9	68	光泽良好	49	光泽不良

① 用粗糙度计测定镀层表面 45° 镜面反射率来表示光亮度，以蒸发镀铝的标准试样所得的镜面反射率为 100%，与其比较所得的数值即为试样的镜面反射率。

这里唯一的差别就是 K^+ 与 Na^+ 的不同。K^+ 的半径比 Na^+ 大，水合层薄，不仅导电性好，而且容易和大配阴离子 $[Cu(CN)_3]^{2-}$ 形成更稳定的接触型缔合物 $K_2[Cu(CN)_3]$。这种情况类似于 K^+ 比 Na^+ 更易于与 $[Co(NO_2)_6]^{3-}$ 形成 $K_3[Co(NO_2)_6]$ 缔合物，后者可以从水溶液中沉淀出来，可以作为 K^+ 的定量分析方法。

根据涅杜夫 (Недув) 的研究，在 Ag^+-SCN-次氨基三亚甲基膦酸 [简称 ATMP，化学式为 $N(CH_2PO_3H_2)_3$] 体系中将形成 $[Ag(SCN)ATMP]^{6-}$ 的混合配体配离子，它的稳定常数 $\lg\beta = 12.01$。在实验中发现，若阳离子由 $Na^+ \rightarrow K^+ \rightarrow NH_4^+ \rightarrow (CH_3)_4N^+ \rightarrow (C_2H_5)_4N^+ \rightarrow (C_{16}H_{33})(CH_3)_3N^+$ 时，镀液的阴极极化曲线的斜率逐渐增大，镀层的外观逐渐变好。这说明，对于大配阴离子来说，阳离子的半径越大，越容易生成接触型缔合物，它们越容易在电极上吸附，放电时的超电压越高，所得晶粒越细。

第十章

混合配体配合物

形成混合配体配合物的热力学平衡，包括混合配体配合物的稳定常数，多配体溶液中单一型和混合型配合物的分布等，已分别在第三章作了介绍。本章主要介绍混合配体配合物的形成条件及其动力学性质。

第一节　多元混合配体配合物的形成条件

混合配体配合物的形成，可以通过形成反应、取代反应、排代反应、重配反应和加合反应五种途径。若是由二元单一型配合物形成三元混合配体配合物，则只能通过后四种反应，这四种反应中排代反应与重配反应实际上是另一种形式的取代反应，因此，由二元配合物形成三元配合物主要是通过加合反应和取代反应。加合反应主要取决于金属离子的配位数、加合配体和水的相对配位强度；取代反应则不仅取决于两种配体的相对配位能力，还取决于浓度、空间位阻和它们性质的相似性。

已经研究或测定了稳定常数和重配常数的混合配体配合物为数不多。要利用混合配体配合物的特性，首先就要弄清混合配体配合物究竟在哪些条件下易于形成。从目前已知的研究结果，以下几条原理可作判断的参考。

一、配位饱和原理

若金属离子能分别与两种配体单独发生配位反应，当单一型配合物中金属离子未达到最高的配位数时，在有其他配体存在的情况下，很容易与之加合而形成更稳定的配位饱和的混合配体配合物。例如，Cd^{2+} 与 Ni^{2+} 的配位数可以是 4，最高配位数为6，因此，它们的氨三乙酸配合物（NTA^{3-} 为四价配体）还可以进一步形成更稳定的六配位混合配体配合物，表 10-1 是 Cd^{2+} 和 Ni^{2+} 的单一型和混合型配合物稳定性的比较。

表 10-1　Cd^{2+}、Ni^{2+} 的单一型和混合型配合物的稳定常数

配　离　子	积累稳定常数　$lg\beta$	配　离　子	积累稳定常数　$lg\beta$
$[Cd(NTA)]^-$	9.54	$[Ni(NTA)]^-$	11.26
$[Cd(NTA)Cl]^{2-}$	9.99	$[Ni(NTA)Py]^-$	12.47
$[Cd(NTA)Br]^{2-}$	10.06	$[Ni(NTA)(NH_3)]^-$	13.76
$[Cd(NTA)I]^{2-}$	10.63	$[Ni(NTA)(Py)^2]^-$	13.21
$[Cd(NTA)Cl_2]^{3-}$	9.94	$[Ni(NTA)(NH_3)_2]^-$	14.76
$[Cd(NTA)Br_2]^{3-}$	10.26	$[Ni(NTA)(sal)]^{3-}$	14.29
$[Cd(NTA)I_2]^{3-}$	11.13	$[Ni(NTA)(Py)(NH_3)]^-$	14.15

从许多实验事实可以归纳出，高价的金属离子容易生成稳定的混合配体配合物。这首先是因为高价金属离子有比较高的配位数。如第三、四周期的元素的配位数大多数为 6，第五、六周期的元素则可达 8 甚至更高。铌、钽的配位数通常认为是 7 或 8，而稀土元素的配位数过去认为是 6，现在推论它是 7、8 或 9，甚至有的人认为是 10。其次，在自然和人工合成的配体中，很少有六价或六价以上的配体，通常见到的强螯合剂 EDTA，它虽然有六个配位基团，与一个金属离子形成六配位螯合物时，有两个配位螯环的张力大，当有其他配体存在时，很容易取而代之。比 EDTA 配位基团更多的二乙烯三胺五乙酸，它有八个配位基团，但很难同时和一个金属离子配位，而是容易形成双金属三元配合物。表 10-2 列出了某些 EDTA 的单一型和混合型配合物的稳定常数。

表 10-2　Zn²⁺ 和 Ni²⁺ 与 EDTA 形成单一型和混合型配合物的稳定常数

配　合　物	积累稳定常数 lgβ	配　合　物	积累稳定常数 lgβ
$[Zn(EDTA)(H_2O)]^{2-}$	16.50	$[Ni(EDTA)(H_2O)]^{2-}$	18.60
$[Zn(EDTA)(Py)]^{2-}$	16.72	$[Ni(EDTA)(Py)]^{2-}$	18.39
$[Zn(EDTA)(NH_3)]^{2-}$	17.38	$[Ni(EDTA)(NH_3)]^{2-}$	19.90
$[Zn(EDTA)(SCN)]^{3-}$	16.57	$[Ni(EDTA)(C_2O_4)]^{4-}$	20.01
$[Zn(EDTA)(thio)]^{2-}$	17.05	$[Ni(EDTA)(gly)]^{3-}$	21.64
$[Zn(EDTA)(S_2O_3)]^{4-}$	17.30		

由表 10-2 可知，Zn^{2+}、Ni^{2+} 与 EDTA 形成的混合型配合物一般都比单一型的更稳定。这就是说，只用一种配体来饱和金属离子的配位数常因空间位阻、静电斥力等作用而难以实现。但是，用大小搭配适当的两种或多种配体同时来饱和金属离子的配位数却很容易实现。

除碱金属外，大多数的元素都能找到混合配体配合物。当金属的配位数≥4 时，混合配体配合物的形成带有普遍性，而高价金属离子则更容易形成。

二、类聚效应

类聚效应或共生现象（symbiosis）就是"物以类聚"的意思，指两种软硬度相似的配体容易共存于金属离子的内界。相反，软硬度悬殊的两种配体则难以相容。例如，F^- 与 CN^- 的性质差异很大，它们难以共存于 Ag^+ 的内界，因此不形成混合配体配合物。当配体性质的差异减小，共存的可能性就增加。例如，Cl^- 与 I^-，Br^- 与 I^- 都可与 Ag^+ 形成稳定的混合配体配合物。在 $[AgBr_iI_{3-i}]^{2-}$ 和 $[AgCl_iI_{3-i}]^{2-}$ 中，配体的总数不变，均为 3，由于 I^- 为软碱，Ag^+ 为软酸，它形成的单一型配合物较 Cl^-、Br^- 形成的稳定得多。因此，混合配体配合物的稳定性主要决定于内界中 I^- 的数目，其稳定常数则介于两个单一型配合物之间，且随 I^- 的数目而连续上升。表 10-3 列出了 Ag^+ 的单一型卤素配离子和混合型卤素配离子的稳定常数。若配体的性质很相近时，就有可能形成比单一型配合物更稳定的混合配体配合物，其稳定常数将随某一配体数目的增加而出现极大值。如在 Cu^+-I^--SCN^- 体系中，$[CuI(SCN)_3]^{3-}$ 比 $[CuI_4]^{3-}$ 和 $[Cu(SCN)_4]^{3-}$ 都更稳定，是一系列配合物中最稳定的一个。

表 10-3　Ag⁺与卤素或类卤形成的单一型和混合型配合物的稳定常数（lgβ）

配离子	lgβ	配离子	lgβ	配离子	lgβ
$[AgBr_3]^{2-}$	8.9	$[AgClI_2]^{2-}$	9.6	$[AgBr_4]^{3-}$	9.2
$[AgBr_2I]^{2-}$	12.31	$[AgI_3]^{2-}$	13.85	$[CuI_4]^{3-}$	9.73
$[AgBrI_2]^{2-}$	13.47	$[AgCl_4]^{3-}$	5.92	$[CuI_3(SCN)]^{3-}$	10.45
$[AgI_3]^{2-}$	13.85	$[AgCl_3Br]^{3-}$	7.91	$[CuI_2(SCN)_2]^{3-}$	11.1
$[AgCl_3]^{2-}$	5.4	$[AgCl_2Br_2]^{3-}$	9.0	$[CuI(SCN)_3]^{3-}$	11.4
$[AgCl_2I_2]^{3-}$	7.57	$[AgClBr_3]^{3-}$	9.48	$[Cu(SCN)_4]^{3-}$	10.48

　　类聚效应还可以在 $[Co(NH_3)_5X]^{2+}$ 和 $[Ag(S_2O_2)X]^{2-}$ 中看到，前者的 NH_3 为硬性配体，它将与硬性大的卤素离子形成更稳定的混合配体配合物，实测其稳定性的顺序是

$$F^- > Cl^- > Br^- > I^-$$

在 $[Ag(S_2O_3)X]^{2-}$ 中，$S_2O_3^{2-}$ 为软性配体，易与碱性卤离子共存，故稳定性的顺序正好相反

$$I > Br^- > Cl^-$$

表 10-4 列出了某些 $[Ag(S_2O_3)X]^{2-}$ 和 $[Ag(S_2O_3)X_3]^{4-}$ 混合配体配合物的稳定常数。

表 10-4　配体的相似性和混合配体配合物的稳定常数

配　离　子	lgβ	配　离　子	lgβ
$[AgCl(S_2O_3)]^{2-}$	10.16	$[CuICl]^-$	9.54
$[AgBr(S_2O_3)]^{2-}$	12.39	$[CuIBr]^-$	9.90
$[AgI(S_2O_3)]^{2-}$	14.57	$[CuI(SCN)]^-$	11.45
$[AgBr_3(S_2O_3)]^{4-}$	9.99	$[CuI(S_2O_3)]^{2-}$	12.51
$[AgI_3(S_2O_3)]^{4-}$	13.52		

　　这些结果表明，硬性配体与金属离子成键时，配位键的电子对仍偏向配体，金属离子的正电荷仍然保持，因此容易再结合硬性配体。相反，软性配体容易极化，与金属成键时电子对偏向金属离子，使金属离子的软性增加，因而更倾向于结合软性配体。对于交界碱形成的混合配体配合物，类聚效应则不很明显。

　　此外，用 NCS^- 这样的异性双位配体代替卤离子时，在 $[Co(NH_3)_5(NCS)]^{2+}$ 中是用 N 原子配位，而在 $[CuI(SCN)]^-$ 中则用 S 原子配位。这是因为配位原子 N 属于硬性配体，它与其他硬性配体均亲硬的金属离子，而 S 属于软性配体，它与其他软性配体（如 I^-）均属于亲软性金属离子的缘故。

　　必须指出，在软酸与软碱反应中有时有一种相反的效应抵消类聚效应。即在混合配体配合物 $[MXY]$ 中，M 为软性金属离子，而 X、Y 均为强的反馈 π 键的软性配体（如 CN^-、dpy 等）时，相对的两个配体有相互去稳的作用（称为反位影响），结

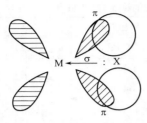

图 10-1　σ 键与反馈 π 键

果不是两个软性配体，而是一软一硬的配体容易共存。这是因为 π 配体一方面用自己的孤对电子配位到金属离子上形成 σ 键，同时金属的 d 电子又移向配体而形成反馈 π 键，图 10-1 是 π 配体形成 σ 键和 π 键的示意图。由图可知，由于两种键的形成，与未成键时相比，金属离子 M 的正电荷可以保持或更高，这就不利于另一个软性配体 Y 与 M 成键，而容易与硬性配体形成稳定的混合配体配合物。例如，在 $[Co(CN)_3(H_2O)_3]$ 中，两个 CN^- 基在反位就不稳定，只有顺位才稳定。而 $[Cu(dpy)]^{2+}$ 难以形成 $[Cu(dpy)_2]^{2+}$，却易与 Cl^-、RO^-（如草酸、邻苯二酚）等硬性配体形成较稳定的混合配体配合物，因为在 $[Cu(dpy)]^{2+}$ 中 Cu^{2+} 的正电荷已变高。

三、竞争能力相当原理

在含多种配体的金属盐溶液中，各种配体都竞相与金属离子配位。若某一配体的配位能力远比其他配体强，且数量上又占绝对优势，则其他配体只能望尘莫及，溶液中只能形成单一型的配合物。例如，在上述的 Ag^+-F^--CN^- 体系中，既不能形成混合配体配合物 $[AgF_i(CN)_i]^{(2i-1)-}$，也不能形成 $[AgF_i]^{(i-1)-}$ 型的配合物，只可以形成 $[Ag(CN)_i]^{(i-1)-}$ 型配合物。当两种配体对金属离子的配位能力相当，彼此谁也不能排斥谁，此时彼此就可共存于金属离子的内界，这就是出现类聚效应的原因。若某一配体 X 的配位能力比另一配体 Y 差，但它的浓度很高，此时 X 能否与 Y 竞争而形成 $[MXY]$ 呢？大量的实验事实表明，这种情况也是可以发生的。即在金属离子浓度一定时，几种配体对金属离子的竞争能力不仅与它所生成的单一型配合物的稳定常数大小有关，而且还决定于溶液中游离配体浓度的大小。因此，当满足

$$\beta_{MX_i}[X]^i \approx \beta_{MY_i}[Y]^i \approx \beta_{MZ_k}[Z]^k \approx \cdots \tag{10-1}$$

即相应各单核单一型配合物的积累稳定常数与游离配体浓度的配位数次幂的乘积近乎相等时，配体 X、Y 和 Z 对金属离子的竞争能力相当，此时最容易形成混合配体配合物。

从单一型配合物稳定常数的表达式可以看出，要满足式(10-1)的条件，则

$$\frac{[MX_i]}{[M]} \approx \frac{[MY_i]}{[M]} \approx \frac{[MZ_k]}{[M]} \tag{10-2}$$

在金属离子浓度一定时，要满足式(10-2)的条件，就是要使溶液中的

$$[MX_i] \approx [MY_i] \approx [MZ_k] \tag{10-3}$$

也就是说，仅当形成各种单一型配合物的能力相等时，即溶液中各单一型配合物的浓度大致相等，才有较稳定的混合配体配合物形成。

例如，在 pH＝2.0～3.0 范围内，邻苯三酚（或邻苯二酚）和 EDTA 对铌的配位能力相当，将三种组分混合时即生成了红色的混合配体配合物。无论怎样增加邻苯三酚（或 EDTA）的浓度，都不能将另外一种配体赶出内配位界。而在铌-没食子酸-EDTA 体系中，仅当没食子酸的浓度不超过 EDTA 的 40 倍时，才能生成铌的混合配

体配合物。当增加没食子酸浓度超过了这个限度，溶液中的混合配体配合物就变为铌-没食子酸的二元配合物。

第二节　促进混合配体配合物形成的因素

一、统计因素

几种配体和金属离子共存时，从纯统计的观点来看，各种粒子相互碰撞形成混合型配合物的概率和单一型配合物的概率各为多少呢？以最简单的 M-X-Y 体系为例，假定 X、Y 均为二啮配体，M 的配位数为 4，体系可以形成三种配合物 MXX、MYY 和 MXY，假定它们之间互不反应，将 MX_2 和 MY_2 放在一起就会发生歧化反应：

$$MX_2 + MY_2 \rightleftharpoons 2MXY$$

$$K_r = \frac{[MXY]^2}{[MX_2][MY_2]} \tag{10-4}$$

设 P_{XX}、P_{YY} 和 P_{XY} 分别表示金属离子 M 与 XX、YY 和 XY 质点碰撞所得到生成物的概率：

$$P_{XX} = P_{YY} = \frac{c_m^2}{c_{2m}^2} = \frac{m-1}{2(2m-1)} \tag{10-5}$$

$$P_{XY} = \frac{c'_m c'_m}{c_{2m}^2} = \frac{m}{2m-1} \tag{10-6}$$

当质点数 m 很大时，上式各生成物的概率可以简化

$$\lim_{m \to \infty} P_{XX} = \lim_{m \to \infty} \frac{m-1}{2(2m-1)} = \frac{1}{4} \tag{10-7}$$

$$\lim_{m \to \infty} P_{XX} = \lim_{m \to \infty} \frac{m}{2m-1} = \frac{1}{2} \tag{10-8}$$

这说明从统计因素来看，生成混合型配合物的概率就比单一型的高。若溶液体系中不存在其他因素的影响，只有统计规律起作用，则 K_r 就变成统计常数 K_s，把式 (10-7) 和式(10-8) 代入式(10-4) 得

$$K_s = \frac{[MXY]^2}{[MX_2][MY_2]} = 4$$

同理，当溶液中同时存在多个配体时，若把组分金属和配体都看成中性粒子，则可以从单一型配合物的稳定常数计算纯统计的混合配体配合物的稳定常数

$$M + iX + jY \rightleftharpoons MX_iY_j$$

$$\beta_{MX_iY_j}^M = \frac{[MX_iY_j]}{[M][X]^i[Y]^j}$$

$$\lg\beta_{MX_iY_j}^M(统计) = \frac{i}{n}\lg\beta_{MX_n}^M + \frac{j}{n}\lg\beta_{MY_n}^M + \lg S \tag{10-9}$$

式中，n 为 M 的最高配位数；i、j 为已配位的配体数；S 称为统计因子，其表达式为

$$S = \frac{n!}{i!j!} \qquad n = i + j$$

若混合配体配合物的生成完全由统计因素决定，则

$$\lg K_r = \lg S = \lg \frac{n!}{i!j!} \tag{10-10}$$

实际形成混合配体配合物时，除上述统计因素外还有其他的影响因素。这些因素通常用实测的 $\lg K_r$ 和计算的统计因子 $\lg S$ 之差值 $\lg K_s$ 来表示

$$\lg K_s = \lg K_r - \lg S \tag{10-11}$$

K_s 称为稳定化常数（stabilization constant），$\lg K_s$ 为正值时，混合配体配合物取得了超过统计因素的稳定化效果，因而很容易形成混合配体配合物。由表 10-5 可以看出，许多实测的稳定常数比统计值还高，这表明其他因素也在起作用。相反，若 $\lg K_s$ 为负值，则混合配体配合物就变得不稳定。

表 10-5　某些混合配体配合物的 $\lg K_r$ 和 $\lg K_s$ 值

混合配体配合物	$\lg K_r$	$\lg K_s$	条　件
$[AgCl_3Br]^{3-}$	1.22	0.62	7mol/L NaClO$_4$
$[AgClBr_3]^{3-}$	1.25	0.65	7mol/L NaClO$_4$
$[AgBrI_3]^{3-}$	0.85	0.25	7mol/L NaClO$_4$
$[AuCl_3Br]^{-}$	0.58	-0.02	I=0.1
$[AuCl_2Br_2]^{-}$	0.68	-0.10	I=0.1
$[AuClBr_3]^{-}$	0.43	-0.17	I=0.1
$[CdCl_2I_2]^{2-}$	0.59	-0.19	6mol/L NaClO$_4$
$[CdClI_3]^{2-}$	0.20	-0.40	6mol/L NaClO$_4$
$[CdBr_3I]^{2-}$	0.30	-0.30	6mol/L NaClO$_4$
$[CdBr_2I_2]^{2-}$	0.48	-0.30	6mol/L NaClO$_4$
$[CdBrI_3]^{2-}$	0.35	-0.25	6mol/L NaClO$_4$
$[Cu(NH_3)_3(Py)]^{2+}$	0.47	-0.13	1mol/L NH$_4$NO$_3$
$[Cu(NH_3)_2(Py)_2]^{2+}$	1.2	0.4	1mol/L NH$_4$NO$_3$
$[Cu(NH_3)(Py)_3]^{2+}$	1.0	0.4	1mol/L NH$_4$NO$_3$
$[Zn(NH_3)_3(Py)]^{2+}$	0.0	-0.6	1mol/L NH$_4$NO$_3$
$[Zn(NH_3)_2(Py)_2]^{2+}$	0.43	-0.35	1mol/L NH$_4$NO$_3$
$[Zn(NH_3)(Py)_3]^{2+}$	0.16	-0.44	1mol/L NH$_4$NO$_3$
$[Cd(NH_3)_3(Py)]^{2+}$	0.78	0.18	1mol/L NH$_4$NO$_3$
$[Cd(NH_3)_2(Py)_2]^{2+}$	1.23	0.45	1mol/L NH$_4$NO$_3$
$[Cd(NH_3)(Py)_2]^{2+}$	0.44	-0.16	1mol/L NH$_4$NO$_3$
$[Pt(NH_3)_3Cl]^{+}$	2.2	1.6	I=1
顺式$[Pt(NH_3)_2Cl_2]$	3.5	2.7	I=1
反式$[Pt(NH_3)_2Cl_2]$	2.4	1.6	I=1
$[Pt(NH_3)Cl_3]^{-}$	2.8	2.2	I=1
$[Zn(NH_3)_3Cl]^{+}$	0.45	-0.15	10% NH$_4$Cl
$[Zn(NH_3)_2Cl_2]$	0.60	-0.18	10% NH$_4$Cl
$[Zn(NH_3)Cl_3]^{-}$	0.43	-0.17	10% NH$_4$Cl
$[Zn(NH_3)_3(OH)]^{+}$	1.32	0.72	0.1mol/L NaClO$_4$
$[Zn(NH_3)_2(OH)_2]$	0.63	0.03	0.1mol/L NaClO$_4$
$[Zn(NH_3)(OH)_3]^{-}$	1.38	0.78	0.1mol/L NaClO$_4$

二、静电效应

静电效应把金属离子和配体看作点电荷，它们间形成纯粹的离子键，因此，可用计算离子晶格能的方法来计算混合配体配合物 MX_iY_j 对单一型配合物（MX_n 和 MY_n）的相对稳定化能 ΔE，其表达式为

$$\Delta E = \frac{K}{r}(z_X - z_Y)^2 \tag{10-12}$$

式中，r 为金属离子和配体间的距离；z_X、z_Y 为配体 X、Y 的电荷；K 则是由混合配体配合物 MX_iY_j 的几何构型所决定的常数。

由式(10-12)可以看出：

① 当配体 X 和 Y 的电荷，除 $z_X = z_Y$ 的情况之外，生成混合配体配合物的 ΔE 均为正值，即有利于混合配体配合物的形成。若 A 和 B 配体电荷的绝对值差别越大，则形成混合配体配合物的相对稳定度也就越大。所以，挑选配体 A 及 B 时，要考虑它们的离子状态和电荷值。

② 计算表明，当生成同样组分的混合配体配合物 MX_iY_j 时，反式构型总比相应的顺式构型的 ΔE 要大。对于 4 配位平面型混合配合物有下面的计算结果：

$$\Delta E_{(\text{顺式} MX_2Y_2)} = \frac{1.207(z_X - z_Y)^2}{r}$$

$$\Delta E_{(\text{反式} MX_2Y_2)} = \frac{1.414(z_X - z_Y)^2}{r}$$

反式的常数 K 大于顺式，说明反式构型的配合物要稳定些。实际测定 $PtCl_4$ 与 NH_3 反应形成顺式、反式 $[PtCl_4(NH_3)_2]$ 的平衡常数为 1.64 和 1.80 也证实了这点。

③ 配合物配体间有相互静电斥力，它总是减弱配合物的稳定性，而在混合配体配合物中，这种斥力要比母体配合物小，因而亦有利于混合配体配合物的形成。

静电效应还表现在形成混合配体配合物时二元配合物电荷的中和，和配合物内带电配体间的相互作用上。如果 MX_2 和 MY_2 具有相反的电荷，在形成混合配体配合物时电荷被中和，这也有利于形成 MXY。如乙二胺和 1,3-丙二胺（ph）与 Cu^{2+} 形成配阳离子，很容易和草酸根（ox^{2-}）、马来酸根（mal^{2-}）及邻苯二酚（pyr^{2-}）与 Cu^{2+} 形成的配阴离子发生重配反应，重配常数很高。

$$[Cu(En)_2]^{2+} + [Cu(ox)_2]^{2-} \Longrightarrow 2[Cu(En)(ox)] \quad \lg K_r = 0.94$$

$$[Cu(pn)_2]^{2+} + [Cu(mal)_2]^{2-} \Longrightarrow 2[Cu(pn)(mal)] \quad \lg K_r = 2.55$$

$$[Cu(En)_2]^{2+} + [Cu(pyr)_2]^{2-} \Longrightarrow 2[Cu(en)(pyr)] \quad \lg K_r = 2.65$$

除此以外，配体侧链基团电荷的中和也认为对混合配体配合物的形成有促进作用。例如乙二胺单乙酸（EDMA）作配体 X 和带正电侧链的 l-精氨酸（arg）、l-鸟氨酸、l-赖氨酸作配体 Y，就可以合成 $[Cu(EDMA)(Y)]ClO_4$ 型配合物。其模型和结构如图 10-2 所示。

三、立体效应

因为配体间有排斥力，所以体积大的多价配体难以形成 $[MX_2]$ 或 $[MX_3]$ 型配合物，例如，$EDTA^{4-}$ 或 NTA^{3-} 与 M^{2+} 并不形成 $[M(EDTA)_2]^{6-}$ 或 $[M(NTA)_2]^{4-}$

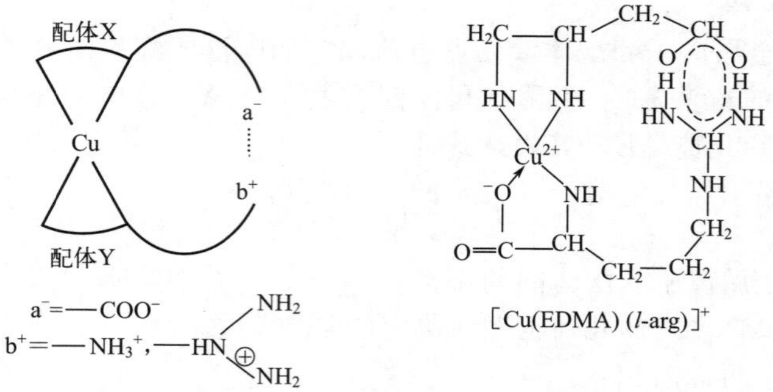

图 10-2　静电相互作用时可能形成的混合配体配合物

型配合物，但某些混合型配合物 $[M(EDTA)(NTA)]^{5-}$ 是已知的。显然这与形成的配合物的空间排列更加紧密，螯环的张力较小有关。如若立体障碍大的配体与障碍小的配体搭配，即作为第二配体应选取结构简单的小分子，在其螯合（配位）基团 α 位或 β 位不要有取代基，以便能够接近 M，占据 M 的空余配位位置，因而可形成更加稳定的混合配体配合物。

　　福田丰对 N,N,N',N'-四甲基乙二胺（tmen）和 Cu(Ⅱ)、Ni(Ⅱ) 的配合物进行了系统的研究，由于 tmen 是配位 N 原子上有两个甲基的大体积配体，它与 Cu^{2+}、Ni^{2+} 并不形成 $[M(tmen)_2]^{2+}$ 的配合物，而是以 OH^- 为桥连基，生成双核的 $[(tmen)Cu(OH)_2Cu(tmen)]^{2+}$ 型配合物。若选取立体障碍小的小分子配体 Y，如 En、gly、ox、acac 等作第二配体，则容易形成 $[M(tmen)(Y)]$ 型混合配体配合物。它们的稳定性顺序是 En＜gly＜ox，其中 $[Cu(tmen)(En)]^{2+}$ 的稳定性最差，这是因为在 En 中两个氨基都可以引来氢离子，而与 tmen 中的 N-甲基总有接触，可能引起排斥作用。可是在 ox 和 acac 配体时就没有这种情况。所以，稳定性的差别只能用配体的立体障碍加以说明。

　　近年来在分析化学中还发现，使用分子体积较大的染料，如 par、pan、邻苯二酚紫、二甲酚橙、甲基百里酚蓝、茜素氟蓝等作为第一配体时，加入立体障碍小的小分子，如 H_2O_2、SCN^-、NH_2OH、F^- 等，很容易形成稳定的混合配体配合物。如 Nb(Ta、Ti)-H_2O_2-4-(2-吡啶偶氮)-间苯二酚（par）体系，V-H_2O_2-par，Ti-H_2O_2-二甲酚橙（xo），Ti(Nb)-SCN-苯甲酰基苯胲（BPHA），Ce(Ⅲ)-F^--茜素氟蓝体系均属此类。

　　和上述的情况相反，已经和金属离子结合的立体障碍大的配体，往往妨碍第二配体的进入。因此，由 MX 形成 MXY 就较为困难，稳定常数 $\lg K_{MXY}^{MX}$ 之值就下降。例如联三吡啶（terpy）与 Cu(Ⅱ) 形成螯合物 $[Cu(terpy)]^{2+}$ 后，吡啶再要进入内配位界就有困难。

四、形成混合配体配合物的条件选择

　　为了得到所需的混合配体配合物 MX_iY_j，需要进行体系筛选实验和寻找形成它的最佳条件，根据上述的内容可作如下的考虑。

1. 金属离子的选择

　　在未指定金属离子时，要获得 MX_iY_j 或 MX_iZ_k，通常应选择配位数高的高价金属离子。它们容易形成多元混合配体配合物。但是，在大多数的研究中都是指特定的金属离子，此时主要考虑的是配体的选择和实验条件的选择。

2. 配体的选择

① 形成 $MX_iY_jZ_k$ 的首要条件是 X、Y、Z 必须都能和 M 配位。

② X、Y、Z 的性质不能相差过于悬殊。

③ X、Y、Z 与 M 形成的二元配合物的构型最好相同。

④ 若配体 X 为多啮配体，则配体 Y 或 Z 应选择体积小、结构简单的单啮或双啮配体。

⑤ 两种配体 X 和 Y 在溶液中离解后，它们所具有的电荷数以不相等为好。

⑥ 若所求之 MX_iY_j 是用于比色分析时，该体系应含有一个显色配体，它至少应有两个显色官能团，在水溶液不同的 pH 范围内能有两级离解，而呈现不同的颜色。

$$H_2X^{z+} \Longleftrightarrow HX^{(z-1)+} \Longleftrightarrow X^{(z-2)+}$$

酸度　　　　　　　　　　$pH_1 < pH_2 < pH_3$

颜色　　　　　　黄、红（橙）　　紫、蓝（红）

当配体显色剂具备了这样的性质，才有可能在特定酸度下，试剂自身是黄色，试剂与 M 生成红色或橙色配合物。倘若能生成混合配体配合物 MX_iY_j，它的颜色就是蓝或紫（红）色。利用这种"红移效应"的现象，以提高测定金属 M 的选择性和灵敏度。

⑦ 若所求之 MX_iY_j 用于电镀，为了提高 MX_iY_j 的放电超电压，X 或 Y 中应有一个是在电极上容易吸附的配体，这样所得的镀层才有一定的光泽。例如，在铵盐镀银时，可选择在电极上有一定吸附作用的烟酸、异烟酸、磺基水杨酸等作第二配体。

若二元配合物的电化学反应超电压过高，则可引入超电压小，体积小，特别是易形成"电子传递桥"的 OH^- 或卤素等配体作为第二配体，以获得电化学反应超电压适中的混合配体配合物 $[MX_iY_j]$。

3. 实验条件的选择

（1）溶液 pH 的选择

形成混合配体配合物的适宜 pH 必须满足以下三个条件：

① 金属离子 M 不水解沉淀；

② 两种配体不结合质子，或形成配合物时质子已全部或大部分离解；

③ 形成二元配合物的可能性应减至最小。

以下用 pM-pH 图来分析。pM-pH 图在第三章第二节已作了介绍。为了简便起见，只考虑以下特定条件下的体系：

① 金属离子只形成一种氢氧化物 MOH；

② 只形成两种二元配合物 MA 和 MB（MA 比 MB 稳定）和一种混合配体配合物 MAB；

③ 配位体 HA 和 HB 均为一元酸，且 $pK_{HA} > pK_{HB}$；

④ MAB 的稳定性比 MA 和 MB 都高。

图 10-3 为其典型的 pM-pH 图。

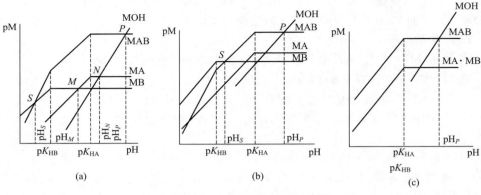

图 10-3　M-A-B 体系的 pM-pH 图

当 MOH 的溶度积不很小，MAB 的稳定性远大于 MA 及 MB 时，如图 10-3(a) 所示。在 MA 和 MB 的 pM-pH 曲线的转折处，对应着 HA 和 HB 的 pK_{HA} 和 pK_{HB}，因为 MA 比 MB 稳定，$pK_{HA} > pK_{HB}$，故 MA 曲线的后半部在 MB 的上方。同理，MAB 曲线又在 MA 和 MB 的上方。由图 10-3(a) 可知，在 S 点和 P 点之间的范围内，MAB 曲线的 pM 值比 MA、MB 和 MOH 都高，故在 pH_S 至 pH_P 的 pH 范围内均以形成混合配合物为主，而以 pH_M 至 pH_N 间较好。因为此间 MAB 的 pM 和 MA、MB 及 MOH 的 pM 的差距最大。

若 MOH 的溶度积较小，MAB 的稳定性超过 MA 和 MB 不多（相应的 pM 差值小）时，如图 10-3(b) 所示。图中虽然也有一段形成混合配合物的 pH 范围（$pH_S \sim pH_P$），但范围狭窄。当 MA 与 MB 的稳定性相差很小，而 pK_{HA} 与 pK_{HB} 也接近时，如 HA 与 HB 为两种 α-氨基酸或两种卤离子时，如图 10-3(c) 所示，在这种情况下可在低于 pH_P 的任一 pH 下形成混合配体配合物。

实际情况大体上与这种估计相符。凡配体中有一个 pK 值很高时，就必须用很高的 pH（如茶碱等）。但是，当配合物不十分稳定时，过高的 pH 就会使金属氢氧化物沉淀，故不应选 pK 过高的配体与另一 pK 低的搭配。

（2）溶液浓度比的选择

如前所述，混合配体配合物的形成，不仅与配体 X、Y 的配位能力有关，还与它的浓度有关，仅当 $\beta_{MX_i}[X]^i \approx \beta_{MY_j}[Y]^j$ 时才容易形成。这表明配位能力弱的配体，其浓度要适当升高。实践表明，用提高浓度的方法来形成混合配体配合物还是有条件的：

① 仅当两种配体的配位能力相差较大时，才可单独增加弱配体的浓度；

② 增加配体 X 的浓度，往往对形成 $MX_2 \cdots MX_n$ 型二元配合物比对形成 MXY 三元配合物的促进作用更大，因此，即使 MX_2 和 MY_2 都不稳定，也不能使两配体的浓度比金属的浓度大很多；

③ 配体过量的程度和 pH 的关系最好用物理化学分析法制作性质-组成图，然后从图中找出最合适的浓度比。

（3）配体加入顺序的选择

配体加入的顺序对混合配体配合物是否形成，以及形成产物的形式均有重大影响。

① 当两种配体的配位能力非常相近，则加入顺序无多大考究，因为此时既可通过加合反应，也可通过取代、排代或重配反应而形成混合配体配合物。例如由于 OH^- 与 CN^- 对 Zn^{2+} 的累积稳定常数 $\lg\beta_4$ 很接近，因此，要形成 $[Zn(CN)_n(OH)_{4-n}]^{2-}$ 可通过以下各种途径：

形成反应

$$Zn^{2+} + nCN^- + (4-n)OH^- \Longleftrightarrow [Zn(CN)_n(OH)_{4-n}]^{2-} \qquad (10\text{-}13)$$

加合反应

$$Zn(OH)_2 + nCN^- \Longleftrightarrow [Zn(CN)_n(OH)_2]^{n-} \quad n=1\sim2 \qquad (10\text{-}14)$$

取代反应

$$[Zn(OH)_4]^{2-} + nCN^- \Longleftrightarrow [Zn(CN)_n(OH)_{4-n}]^{2-} + nOH^- \qquad (10\text{-}15)$$

$$[Zn(CN)_4]^{2-} + nOH^- \Longleftrightarrow [Zn(OH)_n(CN)_{4-n}]^{2-} + nCN^- \qquad (10\text{-}16)$$

重配反应

$$[Zn(CN)_4]^{2-} + [Zn(OH)_4]^{2-} \Longleftrightarrow 2[Zn(CN)_n(OH)_{4-n}]^{2-}（设 n=2） \qquad (10\text{-}17)$$

在氰化物镀锌时，常采用前三种方式配制镀液，后两种方式也有采用。

② 当两种配体的配位能力相差悬殊时，先加入配位能力弱的配体比较有利于混合配体配合物的形成。例如，在 Ag^+-NH_3-$P_2O_7^{4-}$ 体系中，$P_2O_7^{4-}$ 对 Ag^+ 的配位能力远小于 NH_3，因此，要获得以 $[Ag(NH_3)_2(P_2O_7)]^{3-}$ 为主的镀液，应先加入 $P_2O_7^{4-}$，使它先与 Ag^+ 配位，然后再加入 NH_3。如：

$$Ag^+ + 2P_2O_7^{4-} \Longleftrightarrow [Ag(P_2O_7)_2]^{7-} \xrightarrow{2NH_3} [Ag(NH_3)_2(P_2O_7)]^{3-} + P_2O_7^{4-}$$

否则，较难配位。

③ 两种配体加入的顺序不同，生成混合配合物的途径不同，反应的平衡常数不同，因而混合配合物的形成速度也会有所不同。例如，由 $[Cu(En)]^{2+}$ 和组胺（hm）形成 $[Cu(En)(hm)]^{2+}$ 的速度与由 $[Cu(hm)]^{2+}$ 形成的速度相差约两个数量级。

$$[Cu(En)]^{2+} + hm \xrightarrow{k_f} [Cu(En)(hm)]^{2+} \quad k_f = 3.6\times10^8\,mol^{-1}\cdot s^{-1} \qquad (10\text{-}18)$$

$$[Cu(hm)]^{2+} + En \xrightarrow{k_f} [Cu(En)(hm)]^{2+} \quad k_f = 1.2\times10^{10}\,mol^{-1}\cdot s^{-1} \qquad (10\text{-}19)$$

（4）反应时间控制

形成混合配体配合物的速度和金属离子、被取代配体及取代配体的性质都有密切关系。例如，稀土元素形成混合配体配合物的速度较慢，故需要加温促进反应，而其他的金属离子一般不需加温。关于形成混合配体配合物的速度问题将在下节详细介绍。

第三节　混合配体配合物的形成动力学

一、形成混合配体配合物的动力学数据的分类

M-L 二元体系实际上是 M-H_2O-L 三元体系，故二元体系的结论也可定性用于

多配体体系，但后者更加复杂。

按照形成反应的类型，可以把形成混合配体配合物的动力学数据分为以下四类：

① 未质子合配体取代溶剂分子

$$[(L)M(H_2O)_i]+L' \rightleftharpoons [(L)M(H_2O)_{i-j}(L')]+jH_2O \qquad (10\text{-}20)$$

② 质子合配体取代溶剂分子

$$[(L)M(H_2O)_i]+HL' \rightleftharpoons [(L)M(H_2O)_{i-j}(L')]+jH_2O+H^+ \qquad (10\text{-}21)$$

③ 质子合配体取代溶剂以外的配体

$$[(L)_k M(H_2O)_i]+HL' \rightleftharpoons [(L)_{k-1}M(H_2O)_i(L')]+HL \qquad (10\text{-}22)$$

④ 未质子合配体取代溶剂以外的配体

$$[(L)_k M(H_2O)_i]+L' \rightleftharpoons [(L)_{k-1}M(H_2O)_i(L')]+L \qquad (10\text{-}23)$$

前面两种反应在二元体系的溶剂取代反应中有它们的对应物，而后面两种反应类似于二元体系的配体交换反应。反应式(10-20)～式(10-23)的差别，实际上只表现在离去配体的碱性和配位键的强弱上。但这些差别对速率常数有很大的影响。大多数配体对金属离子的配位能力比水强，因此可以预料，反应式(10-20)和式(10-21)应当比式(10-22)和式(10-23)快，实际测定结果表明，反应式(10-20)的确比反应式(10-23)快，但对反应式(10-21)和式(10-22)来说，有时会出现相反的情况。

二、影响混合配体配合物形成与离解速度的因素

1. 惰性配体的影响

马决路姆（Margerum）和罗森（Rosen）研究了已配位在金属离子上，本身并不参与配体取代反应的惰性配体 L 对第 1 类反应速率的影响。其反应式为

$$[(L)Ni(H_2O)_x]+NH_3 \underset{k_{21}}{\overset{k_{12}}{\rightleftharpoons}} [(L)Ni(H_2O)_{x-1}(NH_3)]+H_2O \qquad (10\text{-}24)$$

式中，L 为多啮配体；x 为 6 减去 L 所占据的配位位置。图 10-4 汇总了各种惰性配体的电荷、啮数以及 σ 和 π 给予性质对反应速率的影响。图中虚线表示对镍-多胺配合物的影响。

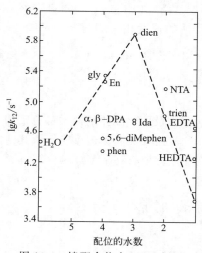

图 10-4 镍配合物在 25℃时的
一级取代水速率常数

由图 10-4 可知，k_{12} 值随着乙二胺（En）-氨基乙酸（gly）-二乙三胺（dien）的顺序增大，三啮的 dien 显出最大的影响。显然，这是由于 M—L 间 σ 键数的增加，降低了 Ni^{2+} 的电荷，减弱了 $Ni—OH_2$ 键的强度，因而促使金属离子失去配位水。二啮的乙二胺和氨基乙酸，虽然配位基有一个不同，但对反应速率的影响几乎相同。另一方面，三啮的亚氨基二乙酸（Ida），它有两个羧基和一个氨基，它对反应速率的影响比 dien 小得多。啮数进一步增加的三乙烯四胺（trien）和四乙烯五胺（tetren）却引起 k_{12} 的显著下降。这种变化主要决定于配合物在取代反应时

是否能够在结构上作适当的变化，即决定于形成活性中间体的难易。当成键的配体只占据两个（也可能是三个）配位位置时，它可以活化被取代的配体；而当配体形成两个或多个螯合环时，配合物的弯折比较困难，不适应取代反应时必须发生的结构变化，因而使取代反应的速率反而下降。配体的啮数超过越多，速度越慢，这种结构因素的影响在 NTA、EDTA 和 HEDTA 的各种金属离子，以及 Mn^{2+} 的三磷酸腺苷（ATP^{4-}）、聚三磷酸酯（TP^{5-}）系列中都很突出。例如 M_{naq}^{2+} 同 8-羟基喹啉（oxin）反应的速率常数为 $1\times10^8\,mol^{-1}\cdot s^{-1}$，而在存在 TP^{5-} 时为 7.9×10^5，下降了几个数量级。

不饱和的二胺，如菲咯啉（phen）和 5,6-二甲基菲咯啉（diMephen）Ni 配合物的取代反应速率比饱和的二啮配体 En 或 gly^- 都低，这是因为这些配体可与金属离子形成反馈 π 键，使电荷从配体移向金属，因而抵消了配体 σ 键的活化效果。在 Co(Ⅱ) 的配合物中，惰性配体对脱水速率常数的影响，也出现类似的情况。

$$[Co(H_2O)_6]^{2+}+gly^-\Longleftrightarrow[Co(gly)(H_2O)_4]^++2H_2O \quad k_f=8\times10^5$$
$$[Co(gly)(H_2O)_4]^++gly^-\Longleftrightarrow[Co(gly)_2(H_2O)_2]+2H_2O \quad k_f=5\times10^6$$
$$[Co(dpy)(H_2O)_4]^++gly^-\Longleftrightarrow[Co(gly)(dpy)(H_2O)]_2^++2H_2O \quad k_f=2\times10^6$$

2. 进攻配体的形态或溶液pH对反应速率的影响

溶液的 pH 直接决定着弱酸型进攻配体的形态。在低 pH 时，配体以质子合的形式进攻，由于它不能直接配位到金属离子上，必须经过质子离解或转移的前置反应，而这种前置反应通常都是比较慢的，往往决定了整个混合配体配合物的形成速度。因此，由质子合配体取代水分子的反应的速率通常都比无质子合的慢（见表 10-6）。例如 MnL^{z-} 同质子合的 8-羟基喹啉（Hoxin）反应的速率比同 $oxin^-$ 的反应速率慢一个数量级左右。哈格（Hague）提出，此时内配位界的脱水已不是速率的决定步骤，速率的决定步骤是质子的离解。从表 10-6 中还可看出，氢离子浓度高时，混合配体配合物的离解速度也加快，这与大量的实验事实是一致的，但这方面的数据还不多。

表 10-6　进攻配体的质子合对混合配体配合物的形成和离解速度的影响

反　　　应	$k_f/mol^{-1}\cdot s^{-1}$	$k_d/mol^{-1}\cdot s^{-1}$ 或 s^{-1}	离子强度	温度/℃
$Mg_{aq}^{2+}+oxin^-\Longleftrightarrow[Mg(oxin)]^+$	3.8×10^5	7	0.1	25
$Mg_{aq}^{2+}+Hoxin\Longleftrightarrow[Mg(oxin)]^++H^+$	1.1×10^4	—	0.1	25
$[Mg(ATP)]^{2-}+oxin^-\Longleftrightarrow[Mg(ATP)(oxin)]^{3-}$	9.6×10^4	54	0.1	25
$[Mg(ATP)]^{2-}+Hoxin\Longleftrightarrow[Mg(ATP)(oxin)]^{3-}+H^+$	1.9×10^4	—	0.1	25
$[Mn(NTA)]^-+oxin^-\Longleftrightarrow[Mn(NTA)(oxin)]^{2-}$	1.9×10^7	90	0.1	16
$[Mn(NTA)]^-+Hoxin\Longleftrightarrow[Mn(NTA)(oxin)]^{2-}+H^+$	1.4×10^6	—	0.1	16
$[Cu(dpy)]^{2+}+En\Longleftrightarrow[Cu(dpy)(En)]^{2+}$	2.0×10^9	1.4	0.1	25
$[Cu(dpy)]^{2+}+HEn^+\Longleftrightarrow[Cu(dpy)(En)]^{2+}+H^+$	2.2×10^4	1.2×10^5	0.1	25

3. 金属离子性质的影响

多元配合物的形成和离解速度在许多方面和二元配合物是相似的。在第三章已经提到，二元水合金属离子的取代反应速率的控制步骤是内配位水的离解。在三元配合物中，对于第 1 类的反应来说，金属离子内配位水的离解速度仍然是三元配合物形成反应速率的控制步骤。此外，质子合配体的取代反应速率在二元和三元配合物中也都是由配体离解的速率决定的。然而，形成混合配体配合物的反应速率除了与惰性配体、被取代配体和取代配体的性质有关外，还与金属离子的性质有关。

水合铜（Ⅱ）离子具有拉伸的八面体结构，在垂直轴上的两个水分子距中心离子较远，它和本体溶液水的交换反应速率非常快（$k_{-H_2O} > 10^8 s^{-1}$）。由于轴上和平面上的位置很容易通过 $Cu—H_2O$ 的振动模型而交换。因此，所有的水分子同本体水的交换速率常数几乎相等。这是描述热力学的杨-泰勒（John-Teller）效应在动力学上的奇妙作用。

目前已经知道，$Cu(Ⅱ)$ 的取代反应，至少对于加合第二配体来说都遵照 $S_N 2$ 的缔合机理。凡属于缔合机理的配体取代反应，其速率必然在一定程度上由进入基团决定，即决定于进入基团的亲核性。对 $Pt(Ⅱ)$ 来说，配体的亲核性的大小有以下顺序：

$$I^- > Br^- > Cl^- > F^-$$
$$膦 > 胂 > 睇 \gg 胺$$
$$S > O$$

皮尔逊（Pearson）等用核磁共振法研究了二元体系的配体交换反应：

$$[Cu(L)_2] + L^* \underset{}{\overset{k_{ex}}{\rightleftharpoons}} [Cu(L)(L^*)] + L \qquad (10-25)$$

发现配体不同时交换速度有很大变化。$[Cu(gly)_2]$、$[Cu(N,N\text{-}二甲基甘氨酸)_2]$ 和 $[Cu(En)_2]^{2+}$ 的 k_{ex} 分别为 $8 \times 10^6 mol^{-1} \cdot s^{-1}$、$1.3 \times 10^4 mol^{-1} \cdot s^{-1}$ 和 $2 \times 10^6 mol^{-1} \cdot s^{-1}$。表明 k_{ex} 主要取决于配体的性质。

柯柏（Cobb）等报告了 $[Cu(L)_2]$ 同吡啶-2-偶氮对二甲苯胺（pada）形成三元配合物时的直接配体取代反应

$$[Cu(L)_2] + pada \overset{k_f}{\rightleftharpoons} [Cu(L)(pada)] + L \qquad (10-26)$$

当 L 为 En 和 gly^- 时，反应的 k_f 值分别为 $1.3 \times 10^5 mol^{-1} \cdot s^{-1}$ 和 $5 \times 10^5 mol^{-1} \cdot s^{-1}$，这些结果和皮尔逊所得的结果一致，表明在二元和三元体系中的反应速率是很类似的。

对于 $Cu(Ⅱ)$ 以外的金属离子，其形成混合配体配合物的反应大都遵照 $S_N 1$ 离解机理。取代反应的速率主要决定于金属离子的内配位水的离解速度，此外是惰性配体的影响，而与进攻配体的关系不大。但是当进入配体是质子合的时，它脱质子的速度可能比金属离子内配位水离解的速度还慢，此时的反应速率就由脱质子的速度决定。

第四节 混合配体配合物的电化学动力学特性

一、混合配体配合物的光谱性质和电化学动力学特性的关系

混合配体配合物的形成不仅对镀液的稳定性、平衡电位有影响，更值得重视的

是它对电极反应的动力学参数（电极反应的速率常数、交换电流密度、活化能或超电压）的影响。混合配体配合物的形成有的可使镀液的超电压提高，如镀银液中的混合氨配合物；有的则使超电压下降，交换电流密度、电流效率和极限电流密度提高，如焦磷酸盐镀铜液中加入氨和氰化物镀锌液中加入 NaOH 时会形成放电速度更快的 $[Cu(NH_3)_2(P_2O_7)]^{2-}$ 和 $[Zn(OH)_n(CN)_{4-n}]^{2-}$。因此，通过混合配体配合物的状态、构型和电极行为的研究，将提供更多的控制电化学反应速率的新手段。

研究过渡金属配合物的电极行为可以获得形成配位键时金属离子最低空轨道的信息，而从体系的光谱性质则可获得最高占据轨道的信息，把这两方面的知识结合起来，不仅对探讨配位键的本质很有帮助，而且对深入了解电极反应的机理也很有帮助。

辛福和威马用极谱法研究了铜（Ⅱ）-联吡啶（dpy）-氨基酸形成的 $[Cu(dpy)(L)]$ 型混合配体配合物（L＝gly、ala、val、ser）在滴汞电极上的还原性质和配合物光谱性质的关系。确定在 KNO_3 水溶液中混合配体配合物 $[Cu(dpy)(gly)]Cl \cdot 1.5H_2O$，$[Cu(dpy)(ala)]Cl \cdot 1.5H_2O$，$[Cu(dpy)(val)]Cl \cdot 3H_2O$，$[Cu(dpy)(ser)]Cl \cdot H_2O$ 在滴汞电极上的还原是通过一步双电子不可逆还原实现的。从极谱波可以计算出各种配合物对饱和甘汞电极为 $-0.2142V$ 的参比电位下的速率常数（见表 10-7）。同时发现配合物的最大吸收波长（λ_{max}）随着配体配位能力的增强，混合配体配合物的稳定常数增大，λ_{max} 的波数增大，与此相应的是半波电位向负移，电子转移变得困难，电极反应的速率下降。表 10-7 列出了上述各种混合配体配合物的稳定常数、光谱性质和电化学反应各参数间的关系。

表 10-7　Cu(Ⅱ) 混合配体配合物的稳定常数、光谱性质和电化学反应参数的关系

配　合　物	稳定常数 $\lg\beta$	扩散活化能 /kJ	波数/cm^{-1}	$-E_{1/2}$（对饱和甘汞电极，40℃）/V	反应速率常数 $k(40℃)/$（$10^3\,cm/s$）
$[Cu(dpy)(gly)]Cl \cdot 1.5H_2O$	7.53	19.26	16950～15870(16410)	0.1666	7.711
$[Cu(dpy)(ala)]Cl \cdot 1.5H_2O$	7.75	12.31	16950～15870(16410)	0.1770	5.065
$[Cu(dpy)(ser)]Cl \cdot H_2O$	—	24.58	16500	0.1830	4.416
$[Cu(dpy)(val)]Cl \cdot 3H_2O$	7.81	15.41	16600	0.1890	4.918

实验表明，随着温度上升，扩散电流增大。从不同温度时的扩散系数证实电极还原是扩散控制的。扩散系数增大，溶液中配离子的能量也增加，所以温度升高，$E_{1/2}$ 向正向移动，电极还原的可逆性增大，传递系数变大，超电压则下降。这种情况和二元配合物很相似。

二、混合配体配合物的电化学动力学性质

对多配体电解液中混合配体配合物的放电动力学进行较深入研究的是奥列贺娃及其同事。他们对 Ag^+-NH_3-$P_2O_7^{4-}$ 体系的配位平衡和电化学反应的动力学特性都作了较为详细的研究。首先，他们用分光光度法和导数极谱法确定在 Ag^+-$P_2O_7^{4-}$ 体系中逐渐加入 NH_3 时，有混合配体配合物形成，在图 10-5 的消光-组成图上，最高消

光值有一环形区落在三元相图内部，相当于 Ag^+、NH_3、$P_2O_7^{4-}$ 组分之比为 $1:2:1$，证明溶液中形成了 $[Ag(NH_3)_2(P_2O_7)]^{3-}$ 型混合配体配离子。

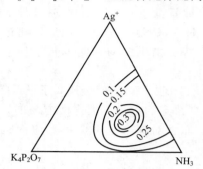

图 10-5　Ag^+-$K_4P_2O_7$-NH_3 体系的消光-组成图
（曲线上的数字代表溶液消光值）

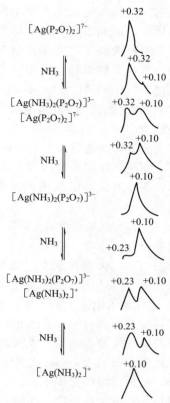

图 10-6　Ag^+-NH_3-$P_2O_7^{4-}$ 体系 NH_3 浓度对配离子组成和导数极谱图的影响

图 10-6 是在 $[Ag(P_2O_7)_2]^{7-}$ 体系中不断加入 NH_3 时体系配离子的形态和差示导数极谱图的变化。随着 NH_3 的不断加入，差示导数极谱图在 $+0.1V$ 附近出现新峰，这是 $[Ag(NH_3)_2(P_2O_7)]^{3-}$ 在汞电极上放电的表现，它不同于 $[Ag(P_2O_7)_2]^{7-}$ 的放电峰（$+0.32V$）和 $[Ag(NH_3)_2]^+$ 的放电峰（$+0.23V$）。当 NH_3 过量（pH >11.75）时，混合配体配合物又转化为 $[Ag(NH_3)_2]^+$。因此，镀液中 NH_3 的量要控制在一定范围内才是电镀的最佳条件。

根据奥列贺娃等的研究结果，可以把 Ag^+-$P_2O_7^{4-}$，Ag^+-NH_3-$P_2O_7^{4-}$ 和 Ag^+-NH_3 三个体系电化学性质的差异列于表 10-8。

表 10-8　Ag^+-NH_3-$P_2O_7^{4-}$ 体系中各种配离子的电化学性质

项　　目	$[Ag(P_2O_7)_2]^{7-}$	$[Ag(NH_3)_2(P_2O_7)]^{3-}$	$[Ag(NH_3)_2]^+$
积累稳定常数 $\lg\beta$	3.55	4.75	7.03
标准平衡电位[①] $E^\ominus$/V	0.589	0.519	0.384
交换电流密度 i_0/(A/cm²)	约 10^{-3}	约 10^{-5}	（约 10^{-3}）[②]
汞上析出电位 $E_{析}$/V	$+0.32$	$+0.10$	$+0.23$
超电压 $\Delta\eta$/V	（约 0）[②]	0.26	0.04
镀层质量	差	好	差

① $E^\ominus$ 是按稳定常数计算的对标准氢电极的电位。

② 括号内之值是作者的估计值。

由表 10-8 数据可知，混合配体配合物的形成对配合物的稳定常数及平衡电位的影响不是很大，而对交换电流密度、析出电位和超电压有很大影响。若溶液中配离子主要以 $[Ag(NH_3)_2(P_2O_7)]^{3-}$ 形式存在时，那么用它进行电镀时就可以获得较好的镀层。因此，形成 $[Ag(NH_3)_3(P_2O_7)]^{3-}$ 的最佳条件，就是 Ag^+-NH_3-$P_2O_7^{4-}$ 体系镀银的最佳工艺条件。

为了进一步弄清 $[Ag(NH_3)_2(P_2O_7)]^{3-}$ 超电压高的原因，奥列贺娃等根据反应级数的测定，发现 $[Ag(P_2O_7)_2]^{7-}$ 的放电与低浓度 $[Ag(H_2O)_4]^+$ 的放电相似，它与 $[Ag(NH_3)_2]^+$ 一样，放电时都是一步完成的，即

$$[Ag(NH_3)_2]^+ + e^- \longrightarrow Ag + 2NH_3$$

而混合配体配离子 $[Ag(NH_3)_2(P_2O_7)]^{3-}$ 的放电是分两步进行的，它有个前置化学反应，首先离解出一个 $P_2O_7^{4-}$，然后 $[Ag(NH_3)_2]^+$ 再直接放电：

$$[Ag(NH_3)_2(P_2O_7)]^{3-} \longrightarrow [Ag(NH_3)_2]^+ + P_2O_7^{4-} \quad 慢 \qquad (10\text{-}27)$$
$$[Ag(NH_3)_2]^+ + e^- \longrightarrow Ag + 2NH_3 \quad 快 \qquad (10\text{-}28)$$

离解反应最慢，是整个反应速率的控制步骤。

计时电位法测量表明，对 $[Ag(NH_3)_2]^+$ 来说，过渡时间 τ_p 与电流 i 之乘积 $i\tau_p^{1/2}$ 与 i 无关，为一平线，说明反应过程中不存在阻滞反应，即 $[Ag(NH_3)_2]^+$ 是直接在电极上放电的。而 $[Ag(NH_3)_2(P_2O_7)]^{3-}$ 的 $i\tau_p^{1/2}$-i 曲线为一斜线（见图10-7），随 i 的增大而下降，表明存在一个慢的阻滞反应。

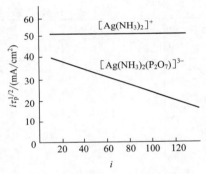

旋转圆盘电极法的研究也表明析出 Ag 时扩散超电压起了主要作用，这是由于混合配体配离子离解迟缓，使溶液中的 $[Ag(NH_3)_2]^+$ 离子相当缺乏，从而引起反应总超电压的增大。奥列贺娃等还进一步从总超电压（0.26V）中分离出 $P_2O_7^{4-}$，离解反应的超电压为 0.15V，占总超电压的 57.7%。因此，是它决定了整个电极反应的速率。

图 10-7 从 $[Ag(NH_3)_2]^+$ 和
$[Ag(NH_3)_2(P_2O_7)]^{3-}$
溶液中析出银时的 $i\tau_p^{1/2}$-i 关系

奥列贺娃和安德柳申科等还系统研究了 Cu^{2+}、Ni^{2+}、Ag^+、Zn^{2+} 的焦磷酸盐二元体系中引入第二配体 NH_3、磺基水杨酸（ssal）、CNS^- 时形成混合配体配合物的平衡和电极过程动力学，发现第二配体是 NH_3 和 ssal 时，在一定条件下都可形成混合配体配合物。相反，引入剧烈降低中心原子有效电荷的软性大的配体，如 CNS^-，则它会取代 $P_2O_7^{4-}$ 而形成单一型的 CNS^- 配合物。

他们用分光光度法和伯也仑法确定形成混合配体配合物的组成为

$$[M(NH_3)_n(P_2O_7)]^{z-4} \qquad n=2（对 Ag^+、Ni^{2+}）$$
$$n=3（对 Zn^{2+}）$$

$$[Cu(ssal)_2(P_2O_7)]^{6-}$$

这些配离子在电极上的总反应可用下式表示：

$$[M(NH_3)_n(P_2O_7)]^{(x-4)-} + ze^- \longrightarrow M + nNH_3 + P_2O_7^{4-} \qquad (10\text{-}29)$$

由交换电流密度对各组分浓度的关系式为：

$$\frac{\partial \ln i_0}{\partial \ln c_i} = p - (1-\alpha) v_i \frac{z}{n} \tag{10-30}$$

式中，p 为对某一组分的阴极反应级数；v_i 为总电极反应的化学计量系数；z 为电极反应的电子数；α 为传递系数。

阴极电化学反应时各组分的反应级数可由实验测出，由此可以确定混合配体配合物放电时，首先是进行前置化学离解反应：

$$[Ag(NH_3)_2(P_2O_7)]^{3-} \Longrightarrow [Ag(NH_3)_2]^+ + P_2O_7^{4-}$$
$$[Zn(NH_3)_3(P_2O_7)]^{2-} \Longrightarrow [Zn(NH_3)_2]^{2+} + NH_3 + P_2O_7^{4-}$$
$$[Ni(NH_3)_2(P_2O_7)]^{2-} \Longrightarrow [Ni(NH_3)_2]^{2+} + P_2O_7^{4-}$$

然后形成的氨配合物再直接在阴极上放电。

表 10-9 列出了多配体镀银、锌和镍电解液中各组分浓度的变化对总电极反应交换电流密度的影响。

表 10-9　组分浓度改变对多配体电解液交换电流密度的影响　　单位：A/cm²

组分浓度/(mol/L)	镀银电解液 i_0			镀锌电解液 i_0			镀镍电解液 i_0		
	（Ⅰ）	（Ⅱ）	（Ⅲ）	（Ⅰ）	（Ⅱ）	（Ⅲ）	（Ⅰ）	（Ⅱ）	（Ⅲ）
$1×10^{-3}$	$3.16×10^{-4}$	$1.41×10^{-4}$	—	$5.64×10^{-5}$	$3.16×10^{-5}$	—	$1.75×10^{-6}$	$1.26×10^{-6}$	—
$2×10^{-3}$	—	$3.16×10^{-4}$	—	—	—	—	—	$1.57×10^{-6}$	—
$3×10^{-3}$	—	—	—	—	$5.64×10^{-5}$	—	—	—	—
$5×10^{-3}$	$5.64×10^{-4}$	$7.95×10^{-4}$	—	$1.26×10^{-5}$	$7.08×10^{-5}$	—	$5.01×10^{-6}$	$2.51×10^{-6}$	—
$1×10^{-2}$	$1×10^{-3}$	$1.41×10^{-3}$	$2.24×10^{-3}$	$2×10^{-4}$	$1×10^{-4}$	$1×10^{-3}$	$7.95×10^{-6}$	$3.16×10^{-6}$	$6.3×10^{-5}$
$5×10^{-2}$	$1.26×10^{-3}$	$7.95×10^{-3}$	$1×10^{-3}$	$5.64×10^{-4}$	$2×10^{-4}$	$3.55×10^{-4}$	$3.16×10^{-5}$	$5.64×10^{-6}$	$1.78×10^{-5}$
$1×10^{-1}$	$1.78×10^{-3}$	$1.78×10^{-2}$	$7.95×10^{-4}$	$7.95×10^{-4}$	$2.82×10^{-4}$	$2.24×10^{-4}$	$5.01×10^{-5}$	$7.95×10^{-6}$	$1×10^{-5}$
$5×10^{-1}$	—	—	$4.46×10^{-4}$	—	—	$1×10^{-4}$	—	—	$2.51×10^{-6}$
1.0	—	—	$3.16×10^{-4}$	—	—	$5.64×10^{-5}$	—	—	$1.57×10^{-6}$

注：（Ⅰ）配体浓度恒定，改变配合物浓度；（Ⅱ）配合物和 $P_2O_7^{4-}$ 浓度恒定，改变 NH_3 浓度；（Ⅲ）配合物和 NH_3 浓度恒定，改变 $P_2O_7^{4-}$ 的浓度。

由表 10-9 可以看出：

① 在相同条件下，Ag^+ 的混合配体配合物放电的速度最快，Zn^{2+} 的次之，而 Ni^{2+} 的最慢，这是金属本性差别的表现。也说明同一类型的配体对不同金属离子的影响，在无反馈 π 键和立体障碍等条件下，其程度是相近的，故不改变金属离子本身交换电流密度的顺序。

② 随溶液中配合物总浓度的提高，交换电流密度增大，电极反应速率加快，这

与电镀实践是一致的。

③ 提高 NH_3 的浓度，交换电流密度增大，这可能是混合配体配合物 $[M(NH_3)_n(P_2O_7)]^{(z-4)-}$ 逐步转化为 i_0 大的 $[Ag(NH_3)_2]^+$ 的缘故。

④ 提高 $P_2O_7^{4-}$ 的浓度，有利于 $P_2O_7^{4-}$ 对 NH_3 的竞争能力，因为 $P_2O_7^{4-}$ 对金属的配位能力比 NH_3 弱，有利于 $[M(NH_3)_n(P_2O_7)]^{(z-4)-}$ 的形成，或抑制它的离解，因而可使交换电流密度下降。

第十一章

表面活性配合物

　　表面活性配合物是指由表面活性的配体或缔合剂与金属离子所形成的具有表面活性的配合物。这类配合物因为具备了表面活性剂的许多特性，因此在电镀、冶金、浮选和化学分析等领域获得了广泛的应用，是一类新型的、引人注目的多元配合物。

　　大多数配体的表面活性均较弱，但有一些配体，如硫脲、杂环巯基化合物、二硫代氨基甲酸盐、硫氰酸盐、吡啶甲酸、三乙醇胺、多乙烯多胺、有机多膦酸、六偏磷酸以及氰化物等，均显出一定的表面活性，因而对电镀具有其他配体所没有的提高镀层光亮度的作用。从这类配体所构成的镀液中可以直接获得半光亮或光亮的镀层，而不必加入其他的光亮剂。其中少数配体，如硫脲、杂环巯基化合物和二硫代氨基甲酸盐等既是配位体又是光亮剂，具有双重的性质。

　　缔合剂一般是指可以与配离子形成缔合物（或外界配合物）的试剂，它与配位体的区别就在于缔合剂在中心原子的外界，它是与整个（配）离子连接而不是与中心原子直接连接。表面活性的缔合剂则是指能作为配离子的反号对离子❶的表面活性剂，它能与配离子形成具有表面活性的缔合物。有些表面活性剂既可作缔合剂，也可作配位体，如安替比林类化合物；有些配位体，如多乙烯多胺，它可结合 H^+ 而变为缔合剂。因此，缔合剂与配位体并无绝对的分界线，通常只能按它的主要作用来划分。由表面活性剂作为缔合剂的配合物的表面活性，大都超过了由一定表面活性的配体所形成的表面活性，至于哪一种对金属离子还原的阻化作用较大，则要视具体情况而定。

第一节　表面活性剂的性质

　　表面活性剂是分子结构中同时含有亲水基团和疏水（也称亲油或憎水）基团的有机化合物。亲水基在水这种极性大的溶液中有很大的亲和性，故溶于水。疏水基则相反。若亲水基的亲水性超过了疏水基的疏水性，则表面活性剂溶于水，若亲水性小于疏水性，则难溶于水，这两种基团的含量有适当的比例时，有机分子才会显出表面活性，当分子中疏水基占绝对优势，或亲水基占绝对优势，分子则只显示疏水性或亲水

---

❶ 反号离子，表示所带电荷与配离子相反，可通过缔合作用与配离子形成缔合物的离子。

性，"表面活性"却很差。

对于非离子型表面活性剂，常用亲疏平衡值 HLB（hydrophile-lipophile balance）来表示表面活性剂的亲水性。聚乙二醇型表面活性剂，其

$$HLB 值 = \frac{亲水基部分的分子量}{表面活性剂的分子量}$$

HLB 的值越大，表面活性剂的亲水性越强。

在分子中同时含有亲水基和疏水基，而显示对不同溶剂的相反溶解性的物质称为两溶性物质（amphiphatic），表面活性剂就是其中的一类。表 11-1 列出了某些常见的各类表面活性剂的亲水基和疏水基。

表 11-1　表面活性剂的亲水基和疏水基

亲　水　基	疏　水　基
$-SO_3M$ ⎫ $-OSO_3M$ ⎬ 阴离子系 $-COOM$ ⎭	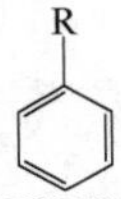 R⌬$(R=C_nH_{2n+1})$ ⎫ $RCON(CH_3)C_2H_4-$ ⎬ 碳氢系 ⎭
$-N \cdot HCl$ ⎫ ⎪ ⎪ $-N^+ - \cdot Cl$ ⎬ 阳离子系 ⎭	$C_nF_{2n+1}-$ ⎫ $H(CF_2)_nCH_2-$ ⎬ 氟化碳系 ⎭
$-NHCH_2CH_2COOH$ ⎫ ⎬ 两性系 $-N^+ - CH_2COO^-$ ⎭	$CH_3[Si(CH_3)_2O]_nC_3H_7-$ ⎫ $H[Sn(OOCR)(OR')O]_n$ ⎬ 有机金属系 ⎭
$-O(CH_2CH_2)_nH$ 　　　O $-OH$	R⌬OH—CH_2—$]_n$ ⎫ $+CH_2-CH+_n$ 　　　　X ⎬ 高分子系 ⎭ 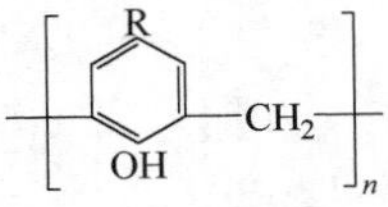

一、表面活性剂具有定向吸附、降低界面张力的界面活性

表面活性剂溶于水时，分子中的亲水基由于对水的亲和性而留在水中，疏水基则被水排斥而定向地向水和空气的界面移动，并伸出水面而向着空气。随着表面活性剂浓度的升高，表面上的表面活性剂就彼此靠拢，最后形成一种定向排列的、紧密的、由单分子组成的膜，如图 11-1 所示。这样，溶液表面（或界面）上表面活性剂的浓度就要超过溶液内部的浓度，换言之，表面活性剂被定向地吸附在表（界）面上，吸附分子的这种性质称为定向性（orientation），这种吸附称为正吸附。这种溶质正吸附于表（界）面的性质称为表（界）面活性。此外，由于表面活性剂定向地向界面靠拢，此时自由能小的疏水基代替了自由能大的水分子而排列在界面上（即吸附在界面上），溶液的表面张力就显著地降低。因此，也把降低表面张力的特性称为表（界）面活性。表面张力的存在，使液体不容易发挥润湿、渗透、洗净、乳化、扩散、匀染等作用，加入表面活性剂后，这些性能都得到大大改善，因此，有的书刊也把这些性

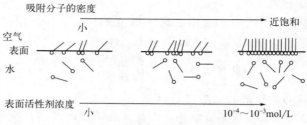

图 11-1 表面活性剂在表面上的吸附定向

质作为表面活性剂的性质。

表面活性剂在表面上的吸附量和它的浓度有关，由图 11-1 可见，随着浓度的增加，表面上的吸附量升高，当达到吸附饱和后，吸附量就不再增加。以十二烷基硫酸钠为例，当它的浓度达到 0.813mol/L 时，就达到了吸附饱和点，图 11-2 所示为十二烷基硫酸钠的浓度和吸附量的关系。

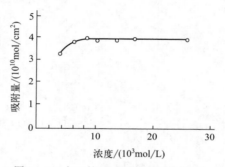

图 11-2 十二烷基硫酸钠的表面吸附

如果同时测定表面活性剂的浓度和表面张力的关系，所得曲线正好和吸附曲线相反。经研究，证明吸附量和表面张力及水中表面活性剂浓度间的关系也符合吉布斯（Gibbs）关系式：

$$\Gamma = -\frac{c}{RT}\frac{\partial \sigma}{\partial c} \tag{11-1}$$

式中，Γ 为吸附量；c 为表面活性剂的浓度；σ 为表面张力；R 为气体常数；T 为热力学温度。

脂肪酸和醇等的水溶液的表面张力和表面活性剂浓度的关系满足以下的经验式：

$$\sigma_0 - \sigma = \sigma_0 A \lg(1+k) \tag{11-2}$$

式中，σ_0 为溶剂的表面张力；σ 为溶液的表面张力；A 为常数（同族时为定值）；k 为常数（每增加一个碳原子时，增加的比例数）。

由以上两式可得出与兰格谬尔（Langmuir）吸附等温式一样的表达式：

$$\Gamma = \frac{\Gamma_s kc}{1+kc} \tag{11-3}$$

Γ_s 为 $c \rightarrow \infty$ 时的吸附量，即饱和吸附量，其值为

$$\Gamma_s = \frac{0.4343\sigma_0 A}{RT} \tag{11-4}$$

兰格谬尔公式表示的是气体分子在固体表面上的单分子吸附，而式（11-3）则表示液面上吸附的分子形成单分子膜的情况。

二、表面活性剂具有形成胶束的特性

表面活性剂是以离子或分子的形式分散在很稀的溶液中，随着浓度的增加而达到饱和，若进一步提高浓度，表面活性剂的分子就会急剧地缔合，形成由几个到上百个分子组成的胶束（micelle），这种胶束是由表面活性剂的疏水端彼此靠拢而成的，它在水溶液中很稳定，其形状有层状、球状、圆柱状等。但都很细小，在 100Å 以下，和光的波长相比还是很小的，用通常的光学方法无法辨认是真溶液还是胶体溶液，所以溶液呈透明状。形成胶束的浓度范围很小，通常把开始形成胶束的浓度叫做临界胶束浓度（critical micelle concentration），简称 CMC。CMC 值随表面活性剂的种类和外界条件不同而异，其值在 $10^{-5} \sim 10^{-2}\text{mol/L}(0.002\% \sim 0.3\%)$ 之间。一般所说的烷基键越长，CMC 值越低，即可以在比较低的浓度形成胶束。图 11-3 所示为在CMC 前后溶液表面和内部结构的变化。

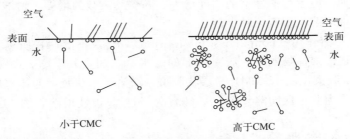

图 11-3　在 CMC 前后溶液表面和内部的模型图

在临界胶束浓度（CMC）前后，溶液的各种物理化学性质会发生明显的变化，如可溶性、比黏度、高频电导等明显升高，当量电导则明显下降，而表（界）面张力、洗净力、渗透压、冰点等则达到稳定值，图 11-4 所示为在 CMC 前后溶液诸物理化学性质变化的情况。

三、表面活性剂具有增溶的特性

在表面活性剂溶液内，表面活性剂分子（或离子）会缔合形成胶束。溶剂是水时，胶束的内部是疏水基的集合体，胶束的外面则是亲水基。若在此溶液中加入不溶于水的油溶性物质，这种物质因为和胶束内部的亲油性大的疏水基有较大的亲和性而溶入胶束的内部。相反，若溶剂是油，表面活性剂在油中形成的是亲水基聚焦在内部的反向胶束，此时加入溶于油的水溶性物质，它也可溶入胶束的内部。把溶液中的不溶物由于表面活性剂胶束的存在而增加了溶解度的现象称为增溶作用（solubilization），这种作用也是由于表面活性剂具有两溶性结构而引起的表面活性剂的特征之一。

增溶作用既然和胶束的生成有关，自然在低于胶束临界浓度时就不会有增溶现象

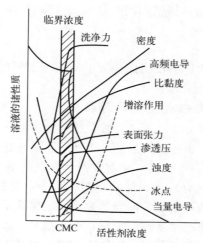

图 11-4 表面活性剂水溶液的性质和浓度的关系

出现。由于增溶作用，胶束内溶入了其他物质，胶束将变大，但和光的波长相比还是非常小的，溶液还是呈透明状。增溶作用除了和表面活性剂的种类有关外，也受其他条件的限制，如一般表面活性剂的浓度增大，随着胶束数的增多，增溶作用也增大。

在水溶液中增溶作用有三种类型：

① 非极性增溶作用（nonpolar solubilization）。它是不溶性物质进入胶束内部而引起的，如上述油溶性物质进入胶束内部的疏水基之间，其模型如图 11-5 所示，图 11-5(a) 为球状胶束，图 11-5(d) 为层状胶束，增溶乙苯后胶束的体积增大，球状胶束和层状胶束均为非极性增溶，图 11-5(b) 为极性-非极性增溶，图 11-5(c) 为吸附增溶。

② 极性-非极性增溶（polar-non-polar solubitization）。对两类溶液都可溶的两溶性物质，如醇类等，它们的分子可以插入胶束分子的中间，以其亲水基向着水，疏

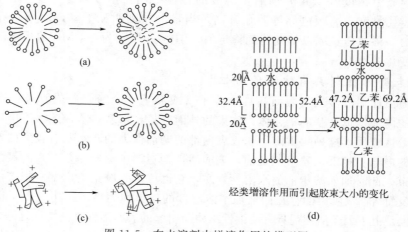

图 11-5 在水溶剂中增溶作用的模型图

水基向着胶束内的表面活性剂的疏水端而形成混合胶束，见图 11-5(b)，由此提高不溶物的溶解度。在这种胶束中，不溶物已经浸透到胶束的内部，但未进入胶束的中心。

③ 吸附增溶（adsorption solubilization）。它是在胶束的亲水基和水的界面上由于通常的吸附而引起的增溶，属于这种增溶的以高分子物质为多。在这类增溶中，不溶物并不浸透到胶束的内部，而只吸附在胶束的表面，见图 11-5(c)。

第二节　表面活性剂的分类和影响表面活性剂特性的因素

一、表面活性剂的分类

表面活性剂是由亲水基和疏水基组合而成的，亲水基和疏水基的种类很多，由此组合而成的表面活性剂的种类也很多。但从性能和价格方面考虑，通常使用的在 100 种左右。而且大都用于水作溶剂的情况。

表面活性剂可以按合成方法、化学结构、用途、性能和主要原料来分类。一般分类方法见表 11-2。

表 11-2　表面活性剂的分类方法

按溶解性的区别	按水溶液中是否存在离子	按水溶液中显示表面活性部分的离子种类
水溶性表面活性剂	离子型表面活性剂	阴离子表面活性剂
		阳离子表面活性剂
油溶性表面活性剂	非离子型表面活性剂	两性表面活性剂

阴离子表面活性剂的表面活性优良、价格低廉，在洗涤剂中获得广泛应用，是用量最大的一类表面活性剂。在电镀时主要利用它来降低表面张力，提高溶液的润湿作用，使阴极上氢气尽快逸去，从而起到防止镀层产生针孔的作用。最常用的是十二烷基硫酸钠。

阳离子表面活性剂常显示出洗净、渗透、润湿、乳化、分散、增溶等特征，常用作纤维的柔软剂、憎水剂、防静电剂、杀菌消毒剂、电镀光亮剂等，用量比阴离子表面活性剂少得多。在水溶液中阴、阳离子表面活性剂会相互缔合而形成不溶性的缔合物，故两者不可混用。

非离子型表面活性剂在水中不显离子性，但有表面活性。其亲水基由醚键—O—和未离解的羟基—OH 聚集而成。它多数用于降低表面张力，当与阳或阴离子表面活性剂合用时，使用的 pH 范围可扩大。最常用的是聚乙二醇，它在酸性溶液中可结合 H^+ 而显阳离子性。它有一个特定的温度，叫做浊点（cloud point），在此温度以下它溶于水，在此温度以上则难溶。

两性表面活性剂分子中含有亲水的阳离子和阴离子部分，它有一个等电点，在等电点以下的 pH 溶液中，显阳离子性，在等电点以上则显阴离子性。阳、阴离子基团的强度几乎相等的两性表面活性剂的等电点大约是 pH＝7，在中性溶液中显非离子性。此时的表面活性和溶解度都差。它常用作杀菌剂、防静电剂和纤维柔软剂。和其他类表面活性剂合用也可扩大使用的 pH 范围。

二、影响表面活性剂特性的因素

表面活性剂的性质随其结构和外界条件而发生显著的变化。表面活性剂的结构因素主要是链长，分支度，链的种类、官能团的种类、数目、位置以及反号对离子等。外界因素主要是温度、浓度、pH、电解质、溶剂、时间等，这些因素对表面活性剂的界面、活性、胶束化、胶束临界浓度、增溶作用和溶解度等性质的影响程度一并列于表 11-3 中。

表 11-3　各种因素对表面活性剂性能的影响

表面活性剂的结构		表面活性		胶束化		CMC		增溶作用		溶解度	
		水	油	水	油	水	油	水	油	水	油
结构因素	链长	⊖	◉	◉	◉	⊖	◎	⊖	⊖	⊖	
	分支度	◉		◎						◉	
	链的种类	◉	◉	◉	◉	⊖		◉		⊖	◉
	官能团种类	◉	◉	◉	◉	◎	◉	◉		⊖	◉
	官能团数目	◉	◉	◉	◉	◉	◉				
	官能团位置	◉									◉
	反号对离子	◎				◎					
	HLB 值	◉	◉					◉	◉	⊖	
外界因素	温度	◉	◉	◉	◉	◉	◉	◉	◉	⊖	●
	CMC 以下	⊖		⊖							
	CMC 以上	◎	◎	◉	◉	◉	◉	◉	◉	⊖	
	水分	●	●	●	⊖	●		●	●	●	
	pH	⊖		⊖	⊖	⊖		⊖		◉	
	电解质	◉		◉		◉		◉		◉	
	溶剂	◎		◉		◉		◉		◉	⊖
	其他表面活性剂	◉	◉	◉	◉	◉	◉	◉		◉	◉
	高分子物质							⊖			
	时间	◎	◎	◎		◉		◉	◉	◉	●

注：水指水溶液；油指油溶液；⊖为有相当的影响；◉为有影响；◎为略有影响；●为几乎无影响。

由表可知，表面活性剂链的长度和溶液的浓度、pH、电解质等对表面活性剂的性质有明显的影响。疏水基碳链长度增长，表面活性剂的水溶性下降，表面活性增加，临界胶束浓度减小，胶束的量增加。在低于 CMC 时，外加电解质有加速平衡的作用，在 CMC 以上则无加速作用。表面张力下降的速度受反号对离子和同号离子电荷的影响，电荷越大，表面张力下降越多。图 11-6 所示为反号对离子对烷基吡啶盐表面张力的影响曲线，随着对离子体积的增大（Cl⁻→Br⁻→I⁻），形成缔合物的表面活性越强，表面张力下降越迅速。

图 11-7 所示为一价、二价和三价阳离子电解质对十二烷基硫酸钠的临界胶束浓度 CMC 的影响。由图可知，外加电解质的电荷越高，CMC 值下降越快，即高电荷的反号离子有利于胶束的形成。

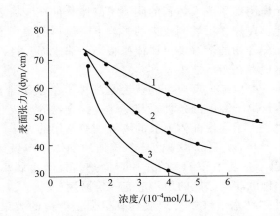

图 11-6　反号对离子对烷基吡啶盐表面张力的影响曲线

1—C$_{16}$H$_{33}$ N⟨⟩Cl ；2—C$_{16}$H$_{33}$ N⟨⟩Br ；

3—C$_{16}$H$_{33}$ N⟨⟩I

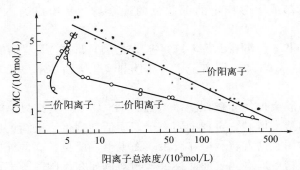

图 11-7　一价、二价和三价阳离子电解质对十二烷基硫酸钠 CMC 的影响

第三节　表面活性配合物的特征与分类

一、表面活性配合物的特征

表面活性剂作缔合剂与反号配离子所形成的表面活性配合物除了具有通常配合物的性质外，还因与表面活性剂形成了缔合物而具有新的性质，这些新的性质是表面活性剂与配离子相互作用的结果。

1. 胶束增溶作用与胶束增络作用

溶液中阳离子表面活性剂的浓度在临界胶束浓度 CMC 以下时，它往往和配阴离子或大体积的阴离子配体（如染料、药物）形成难溶的离子缔合物，使溶液混浊或出现沉淀。如果阳离子表面活性剂的浓度超过了胶束临界浓度，它在水溶液中形成带正电荷的胶束，使多元配阴离子或大体积的阴离子配体分散在胶束表面，沉淀溶解为透明的胶体溶液。因此，在表面活性剂胶束的影响下，配体阴离子或配阴离子的溶解度提高，所形成的多元配合物的溶解度也比体积相当的非表面活性剂阳离子为高，使它呈透明状态，并稳定地存在于溶液中。

对于弱酸性配体，配位形成反应可以认为是配体上的氢被金属离子置换的反应。因此，任何促使配体氢离子离解的条件，都将促进配合物的形成和稳定，并有利于形成高配位数的配合物。为了促使配体上氢的离解，最常用的方法是用碱中和 H^+，这种方法简便而迅速。但是，OH^- 本身也是个较强的配体，当碱用量过多或溶液 pH 过高时，OH^- 往往已不是起中和 H^+ 的作用，而是直接与金属离子配位而形成碱式配合物或金属氢氧化物沉淀，故碱的用量应有一定限度。

阳离子表面活性剂在水溶液中会形成具有很强正电荷的胶束，弱酸型或多元酸型配体的 H^+ 受胶束正电荷的排斥，很容易从配体中离解出来，因此，阳离子表面活性剂具有促进配合物的形成与稳定的作用。例如三苯甲烷系的染料铬天菁 S（简称 CAS）的羧基酸离解常数在没有季铵盐时 $pK_a=2.45$，而在有季铵盐时 $pK_a=0.6\sim0.7$。甲基百里酚蓝（MTB）的碱性溶液呈蓝色，加入长键的季铵盐氯化十四烷基二甲基苄基铵（Zeph）后蓝色就变成黄色，溶液的 pH 下降。若在变色后的溶液中加入镍盐，则又形成十分稳定的深蓝色的配合物，其组成为 Ni：MTB：Zeph=1：1：2。

再如锗（Ⅳ）和苯芴酮（2,3,7-三羟基荧光酮）形成 1：2 的有色配合物，显色反应通常需要 30min，若加入阳离子表面活性剂溴化十六烷基三甲基铵，则反应可立即完成。

带强正电荷的胶束促使弱酸型配体离解出 H^+ 离子，其结果是溶液中真正起配位作用的游离配体的浓度增高，再加上阳离子表面活性剂带正电荷的胶束对带负电荷的配体有吸附浓集作用，这就有利于在胶束表面上形成配位数高的配阴离子，同时它再与表面活性剂缔合物形成多元表面活性配合物。例如在无阳离子表面活性剂氯化十六烷基三甲基铵（CTAC）存在时，染料铬天菁 S（CAS）对 Co^{2+}、Ni^{2+}、Fe^{3+}、Al^{3+}、Ga^{3+} 的配位比为 1：1 至 2：1，而在 CTAC 存在时可形成配位比为 3：1 至 6：1 的配阴离子，然后与 CTAC 形成缔合物。羊毛铬花菁 R 在 pH=6.9 时与 Be 形成 1：1 的螯合物，其极大吸收峰在 522nm，当有浓度大于临界胶束浓度的氯化十四烷基二甲基苄基铵存在时，促使羊毛铬花菁 R 的羟基离解，因而形成 2：1 的螯合物，其极大吸收峰移至 595nm，吸收强度较原来增加 5 倍。再如邻苯二酚紫（pv）在 pH=3.5～4.0 时与 Sn（Ⅳ）形成 2：1 的配合物，此时因 pH 较高，Sn（Ⅳ）容易水解。若加入溴化十六烷基三甲基铵（CTAB）时，可以在 pH=1.5～2.5 的条件下形成 Sn（Ⅳ）：pv：CTAB=1：2：4 的三元配合物，避免了 Sn（Ⅳ）的水解，使测定的灵敏度提高 50%。

除了阳离子表面活性剂正电荷的影响外，还发现某些其他正电荷阳离子的存在，对原来不很稳定的配阴离子变得稳定了。

在过量 Cl^- 的 $CuCl_2$ 溶液中，一般只形成 $[CuCl_4]^{2-}$，要形成 $[CuCl_5]^{3-}$ 很困

难。但是，当溶液中存在强正电荷的 $[Cr(NH_3)_6]^{3+}$ 时，就可以从溶液中分离出稳定的 $[Cr(NH_3)_6][CuCl_5]$，其反应可用下列平衡表示：

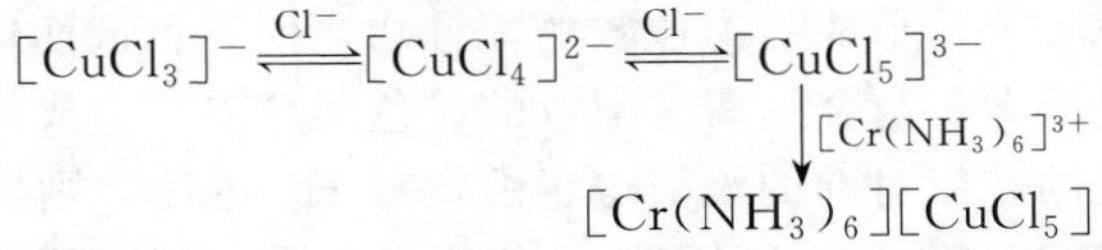

$$[CuCl_3]^- \underset{Cl^-}{\rightleftharpoons} [CuCl_4]^{2-} \underset{Cl^-}{\rightleftharpoons} [CuCl_5]^{3-}$$
$$\downarrow [Cr(NH_3)_6]^{3+}$$
$$[Cr(NH_3)_6][CuCl_5]$$

在淡黄色的 $[Ni(CN)_4]^{2-}$ 溶液中加入过量的 CN^- 时，生成了橙红色的 $[Ni(CN)_5]^{3-}$，但无法在室温下以钾盐形式分离，因为在蒸发浓缩过程中 $[Ni(CN)_5]^{3-}$ 会分解，只能得到 $K_2Ni(CN)_4 + KCN$，若在此溶液中加入强正电荷的 $[Cr(NH_3)_6]^{3+}$ 或 $[Cr(En)_3]^{3+}$，则可得到稳定的 $[Cr(En)_3][Ni(CN)_5]$。

这种正电荷离子稳定高配位数配阴离子的现象和表面活性剂的作用是十分类似的。

2. 胶束增色作用

物质的颜色可由它的吸收光谱曲线的极大吸收峰的波长决定，吸收峰落在可见光区（370～720nm）的为有色，落在此区以外的紫外区（小于370nm）或红外区（大于720nm）者均为无色。一种物质所显示的光的强弱则由摩尔消光系数 ε 表示，ε 越大，表示光的强度越强。

在分光光度法测定时，希望物质的吸收光谱峰落在可见光区，这样用普通的分光光度计或比色计就可以进行测定，同时物质的摩尔消光系数高时，测定的灵敏度也高。

金属离子与显色剂（一般是三苯甲烷类的酸性染料）反应时，当有某些长碳链季铵盐、动物胶或聚乙烯醇等表面活性剂存在时，便可形成三元胶束配合物。例如，在 pH＝5.6 时，Al^{3+} 与铬天菁 S（CAS）形成的配阴离子还可与氯化十六烷基三甲基铵（CTAC）形成 Al^{3+}：CAS：CTAC＝1：3：2 的多元表面活性缔合物，其结构如下：

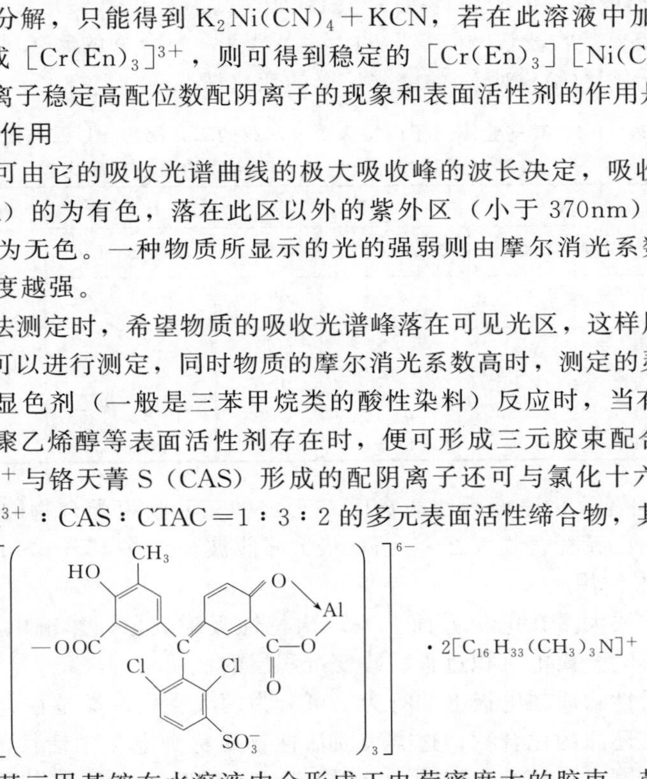

氯化十六烷基三甲基铵在水溶液中会形成正电荷密度大的胶束，带负电的染料分子被胶束吸附而浓集于胶束表面，由于正电荷间的排斥作用，染料上的酚羟基离解，羟基上的未共用电子对数增加，给电子能力增强，通过共轭体系，π 电子云向醌环上的羰基移动，使基态能级变化。由于 π 电子的移动变容易，$\pi \rightarrow \pi^*$ 跃迁所需的能量下降，最大吸收的波长向长波方向移动，这就是通常所说的"红移"。

有色物质的摩尔消光系数 ε 和显色分子的截面积成正比，它满足下式：

$$[\varepsilon] = 2.62 \times 10^{20}[Ar] \tag{11-5}$$

式中，$[\varepsilon]$ 为理论上可能达到的最大摩尔消光系数；$[Ar]$ 为显色分子的平均截面积。

由式(11-5)可见，显色分子的平均截面积越大，ε 也越大。由于比例系数很大，所以 $[Ar]$ 有微小的变化都可引起 ε 的明显变化。

在胶束表面形成的多元胶束配合物，一方面使染料的羟基电离，变为醌式的大共轭体系，分子的显色截面增大，另一方面，由于相反电荷的静电引力，使更多的染料分子配位到金属原子上，形成高配位数的配合物，使显色截面进一步扩大，摩尔消光系数 ε 自然也随之增大。与金属离子配位的显色剂越多，形成的配阴离子所带的负电荷也越多，强正电的胶束对它的吸引也越强，对 H^+ 的斥力则更大，因而可以形成更加稳定的多元胶束配合物，在这种配合物中，π 电子的激发更为容易，结果最大吸收波长向长波方向移动，摩尔消光系数也得到提高。表 11-4 列出了某些金属离子同铬天菁 S(CAS) 形成的二元配合物以及与氯化十六烷基三甲基铵形成的 M-CAS-CTAC 三元配合物时最大吸收波长"红移"的大小 $\Delta\lambda_{max}$，配合物的摩尔消光系数，适宜的 pH 和三元配合物中 CAS 对 M 的摩尔比等的变化情况。

表 11-4　某些金属离子同铬天菁 S 形成的二元配合物以及与氯化十六烷基三甲基铵形成的三元配合物的显色反应比较

金属离子	$\Delta\lambda_{max}/nm$	$\varepsilon \times 10^4$		适宜 pH		三元配合物中的 CAS/M 值（二元配合物中为 1~2）
		M-CAS	M-CAS-CTAC	M-CAS	M-CAS-CTAC	
Al^{3+}	70~100	5.9	13.1	5.8	5.6~5.8	4:1
Ga^{3+}	65~93	4.95	11.5	4.3	4.6	3:1
In^{3+}	75	0.71	12.3	5.8	5.8~6.0	—
Fe^{3+}	55~65	4.15	14.7	4.7~5.7	3.5	6:1
Co^{2+}	86	3.3	10.9	10	10.6~11.5	5:1
Ni^{2+}	72	3.93	17.5	9.7	10.5~11.3	—

由表 11-4 可见，由表面活性剂 CTAC 形成的三元胶束配合物的摩尔消光系数比无表面活性剂的二元配合物大 2~5 倍，最大吸收波长红移 45~100nm。

3. 电极吸附作用

表面活性物质大多在电极界面上表现出特性吸附现象，影响电极和双电层的性质，因而也会影响金属电沉积过程，改变沉积层的性质。

根据表面活性物质在电极上的行为，可分为两大类。一类是在金属离子放电的同时，它也被阴极还原的化合物，这类表面活性物质称为电化学活性的表面活性物质，属于此类的化合物有：醛类、酮类、硫酮、巯基化合物、酰胺、偶氮染料、烯烃、三苯甲烷类染料、芳磺酸等大部分含不饱和基团的有机化合物，以及某些易被还原的无机硫、硒、碲等化合物。这些化合物通常比金属配离子更容易还原，在还原前或还原后都具有较强的配位能力，它们在电极表面可以同金属离子形成与溶液中配离子不同的多元配合物，这种配合物吸附在电极表面上，并发生金属离子和配体的同时还原。由于这类配体容易被还原，它也可以优先在高电流密度处吸附并放电，消耗了该处的电能，或者说降低了该处的电流密度，使该处电极的还原能力降低，金属离子在该处放电时就不会过快而出现烧焦或晶粒粗大的现象。由于这类配体在阴极上的吸附和放电，使阴极各处的电流分布趋于均匀，这就是此类表面活性物质（常被称为第一类光亮剂）能起整平、光亮和扩大使用电流密度范围等作用的原因。表 11-5 列出了各类常见光亮剂在电极还原过程中的中间产物和最终产物。至于它们在什么条件下发生还原和反应进行到哪一步，这要由电极材料、电极电位、溶液的酸度、电流密度等因素决定，不可一概而论。

表 11-5 某些有机化合物的阴极还原

炔类	$HOCH_2-C{\equiv}C-CH_2OH \xrightarrow{+e^-} HOCH_2-CH_2-CH_2-CH_2OH$
醌类	$O{=}\langle \rangle{=}O \xrightarrow{+e^-} {}^-O-\langle \rangle-O^{\cdot} \xrightarrow{+e^-} {}^-O-\langle \rangle-O^-$
醛酮类	$\begin{array}{c} R\underset{R'}{C}{=}O \xrightarrow{+e^-} R\underset{R'}{\overset{\cdot}{C}}-O^- \xrightarrow{+H^+} R\underset{R'}{\overset{\cdot}{C}}-OH \rightarrow R-\underset{R}{\overset{OH}{C}}-\underset{R'}{\overset{OH}{C}}-R \end{array}$ 频那醇 (pinacol)
	$2e^- + H^+$ 环化反应
酰胺类	$CH_3-\overset{O}{C}-NH_2 \xrightarrow[2H^+]{2e^-} CH_3-\overset{OH}{CH}-NH_2$ 低温 $\rightarrow NH_3 + CH_3\overset{O}{CH} \xrightarrow[2H^+]{2e^-} CH_3CH_2OH$; $H_2O + CH_3\overset{NH}{CH} \xrightarrow[2H^+]{2e^-} CH_3CH_2NH_2$
	$X-\langle \rangle-SO_2NRR' \xrightarrow{e^-} [X-\langle \rangle-SO_2NRR']^{\cdot -} \xrightarrow{e^-}$ ($X{=}CH_3$、CN、H)
	$[X-\langle \rangle-SO_2NRR']^{2-} \rightarrow X-\langle \rangle-SO_2^- + RR'N^-$
偶氮染料类	$R-N{=}N-NRR' \xrightarrow[4H^+]{4e^-} R-NH-NH_2 + HNRR'$
	$2e^-/2H^+$ 还原为 $-NH-NH-$
硫酮杂环类	$2e^-/2H^+$ → $-SH$ → $\xrightarrow[慢]{H^+}$ $+H_2S$
磺酸类	$\xrightarrow[2H^+]{2e^-}$ $\xrightarrow[4H^+]{4e^-}$
	萘磺酸 $SO_3H \xrightarrow{e^-}$ SH

另一类表面活性物质是电化学惰性的，即在电极反应时它并不参加反应。在特定条件下，上述的某些电化学活性的表面活性物质也不参与反应，此时它也变为电化学惰性的了。

电化学惰性的表面活性物质对电极过程的影响主要表现在两个方面：

① 改变双电层的结构；

② 阻止离子通过吸附层放电。

这两个因素的影响可用弗鲁姆金（Фрумкин）提出的方程表示。利用式(7-58)，将反应的速率常数用活化能 $\Delta E_\theta^{\neq}$ 表示，则弗鲁姆金方程可写成

$$i = A\exp\left(-\frac{\Delta E_\theta^{\neq}}{RT}\right)\exp\left(-\frac{zF}{RT}\psi_1\right)\exp\left[-\frac{\alpha zF}{RT}(E-\psi_1)\right] \tag{11-6}$$

式中，A 为常数；$\exp\left(-\dfrac{\Delta E_\theta^{\neq}}{RT}\right)$ 表示非电因素对放电速度的影响，即电极表面上的吸附势垒对放电速度的影响，它与吸附量 Γ 的关系为

$$f(\Gamma) = \exp\left(-\frac{\Delta E_\theta^{\neq}}{RT}\right) \tag{11-7}$$

$\Delta E_\theta^{\neq}$ 是吸附而引起的活化能的增值，它取决于吸附物的性质、电极过程和吸附物在电极表面上的覆盖度 θ。

在 θ 值不大时，表面活性物质的作用可看成是简单地改变自由表面的大小和改变 ψ_1 电位的数值。当 θ 值在中等以上时，表面活性物质对电极反应的阻化作用是很大的，$\Delta E_\theta^{\neq}$ 值急剧上升，并对电极反应速率起了决定性的影响，反应的交换电流密度可以改变几个数量级，传递系数则大大减小。

表面活性物质阻化电极反应的主要原因，是在电极表面上形成放电困难的多元表面活性配合物的结果。在最简单的水合镉离子放电时，加入表面活性物质樟脑（cam）时，它在电极表面形成 $[Cd(H_2O)_5(cam)]^{2+}$ 吸附离子，然后放电。

微量的二乙醇基二硫代氨基甲酸钾（DDTC）在酸性硫酸铜溶液中铜电极上有明显的吸附，故电容值明显下降。图 11-8 所示为硫酸电解液中加入 DDTC 后微分电容的变化曲线。

实验发现，和在汞上的吸附不同，吸附在铜上的 DDTC 在析氢电位之前并不被还原，因此它是电化学惰性的表面活性物质。由阳极计时电位法测得在 0.0025mol/L 的 DDTC 溶液中电极表面上吸附配合物的浓度为 $9.5\times10^{-10}\,mol/cm^2$；而在 0.005mol/L 的 DDTC 溶液中则为 $12.5\times10^{-10}\,mol/cm^2$。这样高的吸附值通常只在多层吸附时才见到，因此认为在电极表面除了形成 $[Cu(DDTC)]^+$ 的表面配合物外，还可形成更复杂的或配位数更高的配合物。

类似的苯并三氮唑（BTA）在很宽的电位范围内能使铜的双电层电容大大下降，这表明 BTA 的吸附是明显的。BTA 对铜电结晶的阻化作用随着 pH 的升高而增强。在 pH>2 时，$1\times10^{-3}\,mol/L$ 的 BTA 可以完全抑制铜的析出。BTA 的阻化作用随 pH 升高而增强是因为 pH 升高时 BTA 的 H^+ 离子容易离解，形成更稳定的表面配合物的缘故。BTA 与铜之间的吸附能为 2.5kJ/mol，而解吸能为 41.9kJ/mol，这种不

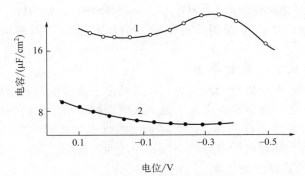

图 11-8　铜电极的微分电容变化曲线（选用频率为 8000 Hz）

1—0.2mol/L Na$_2$SO$_4$＋0.05mol/L H$_2$SO$_4$；2—0.00125mol/L CuSO$_4$＋

0.00125mol/L DDTC＋0.2mol/L Na$_2$SO$_4$＋0.05mol/L H$_2$SO$_4$

可逆的吸附过程表明铜与 BTA 形成表面配合物的过程。因此，利用微量的有机或无机配体形成表面吸附配合物是电镀时选择光亮剂的重要途径。

有些表面活性物质，如卤素、SCN$^-$ 等，在电极上也有明显的吸附作用，明显提高金属离子的还原速度，降低其他有机添加剂的阻化作用，降低镀液的阴极极化作用。其原因目前认为是这类吸附的阴离子可以作为电极和放电离子间的"电子桥"，形成的是较为复杂的多核配合物。

通过桥连配体的阴极放电速度可由罗斯卡列夫（Лошкарев）等提出的方程表示：

$$i_c = B\theta_c \exp\left(-\frac{U'}{RT}\right)\exp\left(-\frac{\alpha EnF}{RT}\right)\exp\left[\frac{(z-n\alpha)\psi_1 F}{RT}\right] \tag{11-8}$$

式中，θ_c 为催化电子传递过程中阴极表面被表面活性物质覆盖的程度；i_c 为阴极反应电流；U' 为通过配体桥放电的活化能，它小于无表面活性物时之值。

表面吸附作用除了形成配位型的配合物外，也可形成缔合型的配合物。例如季铵盐阳离子和各种类型的金属配阴离子在电极表面形成的缔合型配合物。聚丙烯酸钠是一种阴离子表面活性剂，它在碱性锌酸盐镀液中的吸附很弱，由图 11-9 可见，它存在时 Zn 电极的电容与无表面活性剂时相差很小，而加入长链的季铵盐型阳离子表面活性剂聚 N，N-二甲基二烷基铵氯化物（图中曲线 3）和聚氧化乙烯基亚甲基三甲铵氯化物（图中曲线 4）的电容值比无添加剂的和阴离子添加剂的低得多，说明它的吸附作用强得多，这可用表面活性的离子缔合物来说明。

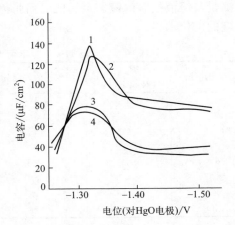

图 11-9　在 3mol/L KOH 溶液中高分子电解质对 Zn 电极电容的影响

（电解质均为 2g/L）

1—无添加剂；2—聚丙烯酸钠；3—聚 N，N-二甲基二烷基铵氯化物；4—聚氧化乙烯基亚甲基三甲铵氯化物

$$2[R_4N]^+ + [Zn(OH)_4]^{2-} \Longleftrightarrow (R_4N)_2[Zn(OH)_4]$$

上式缔合物的生成，增强了吸附，抑制了锌的沉积速度，因而可获得光亮细致的镀层。

二、表面活性配合物的分类

以上把表面活性配合物分为两大类：一类是由表面活性剂所形成的，称为表面活性剂配合物；另一类是由容易在电极表面上吸附的配体所形成的表面配合物，这类配合物可用软硬酸碱原理进行分类，因为在金属电极上的吸附作用就是一种软酸-软碱的相互作用，而表面活性剂配合物，则按表面活性剂的类型进行分类讨论。

1. 离子吸附的软硬酸碱分类

（1）在同一电极上阴离子的吸附顺序

根据软硬酸碱理论，一个处于零电荷点的电极（即电极表面的电荷是零），其表面上的电子可以自由活动，可把它看成是软性的，电极若带负电则更是如此。因此，软的阴离子或软的阳离子容易被金属吸附，即特性吸附是一种软酸与软碱的软-软反应。其中，金属表面作为软的电子接受体（软酸），软的阴离子或阳离子作为电子给予体（软碱）。反应时，阴离子的电子对提供给表面金属原子的空轨道共享。这样，阴离子在金属电极上的特性吸附可以看成类似于溶液中形成配合物的配位作用。吸附阴离子的软度越大，金属原子获得电子的能力越强，即电子亲和势 E_A 越大，特性吸附就越强。阴离子的软度顺序在第二章第六节已作了介绍，可以查表获得。有机阴离子的软度主要由配位原子的软度和它的结构决定。

负离子越软，其零电荷电位的负值越大，在电极上的吸附也越强。表 11-6 列出了 0.1mol/L 的许多阴离子盐溶液的零电荷电位（$E_{p,z,c}$）值。它是用毛细管静电计测量与溶液接触的液态金属的界面张力随电位变化的曲线，然后由曲线的极大点所对应的电位求得。

表 11-6　零电荷电位和阴离子软硬度的关系

阴离子	$-E_{p,z,c}$ （对 SCE）/V	皮尔逊的软硬分类	阴离子	$-E_{p,z,c}$ （对 SCE）/V	皮尔逊的软硬分类
S^{2-}	0.880	软	Cl^-	0.461	硬
I^-	0.693	软	CH_3COO^-	0.456	硬
CN^-	0.645	软	NO_2^-	0.450	硬（介中）
CNS^-	0.589	软	HCO_3^-	0.440	硬
Br^-	0.535	介中	CO_3^{2-}	0.440	硬
N_3^-	0.509	介中	SO_4^{2-}	0.438	硬
NO_3^-	0.478	硬	F^-	0.437	硬
ClO_4^-	0.470	硬			硬

由表可知，$E_{p,z,c}$ 值与皮尔逊给出的软硬顺序是一致的。S^{2-}、I^- 以及许多含硫的化合物具有光亮效果，因为它们都属于软性的阴离子，容易吸附在电极上而形成多元表面活性配合物，抑制了金属离子放电的速度，所以，镀液的极化值可提高，镀层晶粒细化并显出光泽。一些体积大的阳离子，如 R_4N^+、Cs^+、Tl^+ 等也属于软性的，它们也可在电极上显出特性吸附，所以也可作为光亮剂。同理，上述容易在电极

上被还原的多数有机物，它们也属于软碱类，不仅具有特性吸附，而且能同时发生化学反应。CN^-的软度比S^{2-}低得多，所以CN^-在电极上的吸附并不强，从无光亮剂的氰化物镀液中只能获得半光亮的镀层。

（2）阴离子在不同金属电极上的吸附行为

特性吸附除阴离子本身软度的影响外，电极本身的性质也必然要影响吸附的强弱。

电极的相对吸附性质，可以认为是由表面金属原子的电性质决定的。同阴离子成键时，金属表面原子接受电子的能力，可以粗略认为正比于金属原子的电子亲和势E_A，表面原子的E_A值可近似用独立金属原子结合电子的电子亲和势来表示。因此，吸附能力最强的电极，应具有最大的电子亲和势。表11-7列出了某些金属原子的电子亲和势。由表可见，软性离子在金、银、铜、铂上的吸附应比在镓、铟、锌、镉上的吸附强。

表11-7　某些金属原子的电子亲和势

金　　属	电子亲和势 E_A/eV	金　　属	电子亲和势 E_A/eV
Au	2.7(2.2)	Zn	0.7
Ag	2.2(1.0)	Cd	0.6
Cu	2.0(1.1)	In	(0.0)
Pt	1.6	Ga	(−0.1)
Hg	1.0		

除了考虑金属原子的电子亲和势外，因为吸附是在溶液中进行的，因此，还必须考虑金属与水的相互作用，而这种作用常使电极间的差异减小。此外，阴离子和金属原子轨道的对称性对吸附也会有影响。关于电极材料对吸附的影响，目前定量研究的数据还不多。由于电极的表面状态要保持相同很困难，因此，同一阴离子在不同电极上的吸附强弱，常因电极表面状态不同而失去可比性。

2. 表面活性剂配合物的分类

各类表面活性剂的性质和使用条件、应用的目的各不相同，分类方法可有很多种，现按表面活性剂本身的性质分类如下：

（1）阳离子表面活性剂配合物

阳离子表面活性剂主要是由季铵盐、季𬭸盐、叔𬭱盐以及安替比林类的含氮杂环阳离子作为亲水基团，再结合适当的长链烷烃或芳烃作为疏水基团构成的。碳链太短（如四甲铵盐、四乙铵盐），疏水性太弱，它的表面活性也弱。在四个烷基中一般要求有一个烷基的碳原子数在12或12以上，而且最好用不带侧链的正烷基。若用芳基则多用苯环的衍生物。

阳离子表面活性剂在电镀时用得很多，主要是利用它能在电极表面同溶液中的配阴离子形成表面活性的缔合物，以提高配阴离子放电的超电压。其主要类型在第九章第二节已作了介绍。若放电离子是配阳离子，它难以同表面活性剂阳离子形成缔合物，在这种情况下，为了提高表面活性剂对电极反应的抑制作用，常常同时加入阴离子或非离子型表面活性剂，使它们同阳离子表面活性剂形成更容易被电极吸附的缔合物，或者提高阳离子表面活性剂的分散性，在酸性光亮镀铜和酸性光亮镀锌的大部分专利中，都是按这种方式设计配方的。在碱性配阴离子镀液中，一般只用一种阳离子表面活性剂就可以达到较好的效果。表 11-8 列出了常用阳离子表面活性剂的名称和结构。

表 11-8　常用阳离子表面活性剂的名称和结构

名　称	代　号	结　构　式
氯化十六烷基三甲基铵	CTAC	$\left[CH_3-(CH_2)_{15}-\overset{\overset{CH_3}{\mid}}{\underset{\underset{CH_3}{\mid}}{N}}-CH_3\right]^+$ Cl^-
溴化十六烷基三甲基铵	CTAB （洗他白）	Br^-
氯化十四烷基二甲基苄基铵	Zeph	$\left[CH_3-(CH_2)_{13}-\overset{\overset{CH_3}{\mid}}{\underset{\underset{CH_3}{\mid}}{N}}-CH_2-\bigcirc\right]^+$ Cl^-
溴化十二烷基二甲基苄基铵	DDMB （新洁尔灭）	$\left[CH_3-(CH_2)_{11}-\overset{\overset{CH_3}{\mid}}{\underset{\underset{CH_3}{\mid}}{N}}-CH_2-\bigcirc\right]^+$ Br^-
溴化羟基十二烷基三甲基铵	DTMB	$\left[HO-(CH_2)_{12}-\overset{\overset{CH_3}{\mid}}{\underset{\underset{CH_3}{\mid}}{N}}-CH_3\right]^+$ Br^-
氯化十二烷基辛基苄基甲基铵	DOBM	$\left[CH_3-(CH_2)_{11}-\overset{\overset{CH_3}{\mid}}{\underset{\underset{C_8H_{17}}{\mid}}{N}}-CH_2-\bigcirc\right]^+$ Cl^-
氯化苄基吡啶	BPC	$\left[\bigcirc-CH_2-\overset{+}{N}\bigcirc\right]^+$ Cl^-
溴化十四烷基吡啶	TPB	$\left[CH_3-(CH_2)_{13}-\overset{+}{N}\bigcirc\right]^+$ Br^-
溴化十六烷基吡啶	CPB	$\left[CH_3-(CH_2)_{15}-\overset{+}{N}\bigcirc\right]^+$ Br^-
氯化四丁基鏻	TBPC	$\left[C_4H_9-\overset{\overset{C_4H_9}{\mid}}{\underset{\underset{C_4H_9}{\mid}}{P}}-C_4H_9\right]^+$ Cl^-
氯化三丁基苄基鏻	TBBPC	$\left[C_4H_9-\overset{\overset{C_4H_9}{\mid}}{\underset{\underset{C_4H_9}{\mid}}{P}}-CH_2-\bigcirc\right]^+$ Cl^-

另一类很重要的阳离子表面活性剂配合物就是安替比林配合物。安替比林（ant）或二安替比林（dant）衍生物既是表面活性剂，也是配位体，它的羰基氧（ C═O ）可以参与配位，而带取代基的芳环正离子是一种阳离子表面活性剂。在弱酸性或中性溶液中，它与金属离子形成如下结构的配合物：

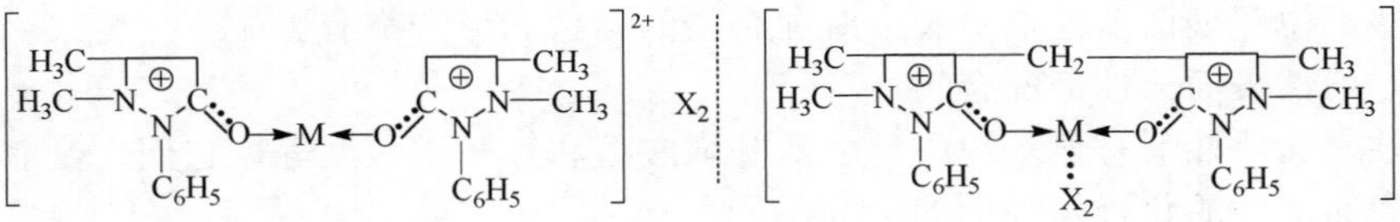

$$[M(ant)_2]X_2 或 [M(ant)_2X_2]$$

$$[M(dant)X_2]$$

$$M = Cu^{2+}、Zn^{2+}、Cd^{2+}、Co^{2+}、Fe^{3+}、\cdots$$

$$X = Cl^-、Br^-、I^-、SCN^-、NO_3^- （X^- 可在内界或外界）$$

例如，Fe^{3+}、Sn^{4+}同安替比林形成 $Fe(ant)_3(SCN)_3$、$Sn(ant)_4Cl_4$，这些化合物晶体在 $1658 \sim 1670 cm^{-1}$ 不出现 $c=0$ 的吸收谱线，表明它已与金属形成了配位键。

在强酸性溶液中，金属配阴离子与结合了 H^+ 的安替比林正离子形成如下的离子缔合物：

$$[MX_i Y_j]^{n-} + n(Hant)^+ \Longleftrightarrow (Hant)_n[MX_i Y_j] \tag{11-9}$$

安替比林除了单独与金属离子配位外，它还可以与其他配体共同与金属离子配位，形成更加复杂的配合物，如 [Ge-荧光酮-安替比林] Br^- 或 ClO_4^-，[Ca-(par)$(ant)_3]^{2+} \cdot 2ClO_4$ 等，这类配合物在分析化学中已获得广泛的应用。

山本勝已研究了 N, N'-双(邻羟基酚)-1,1-亚乙基二亚胺 （hpei） 同 UO_2^{2+} 的配位反应，发现在水溶液中 hpei 同 UO_2^{2+} 形成 1:1 的螯合物，在 565nm 处有最大的光吸收，螯合剂和螯合物的结构如下：

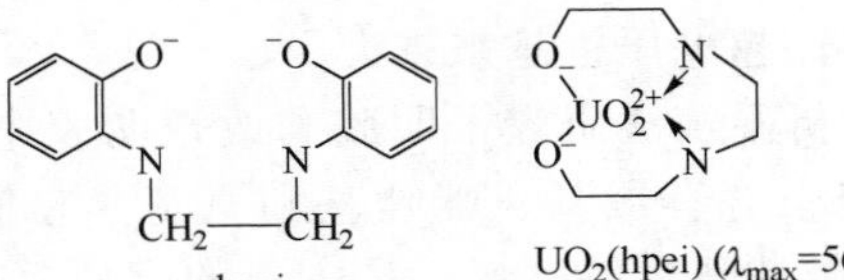

hpei

$UO_2(hpei) (\lambda_{max} = 565nm)$
（在水溶液中）

当往水溶液中加入超过临界胶束浓度的氯化十四烷基二甲基苄基铵 （Zeph） 时，形成 UO_2^{2+} : hpei : Zeph = 1:2:1 的多元表面活性配合物，其可能的结构如下：

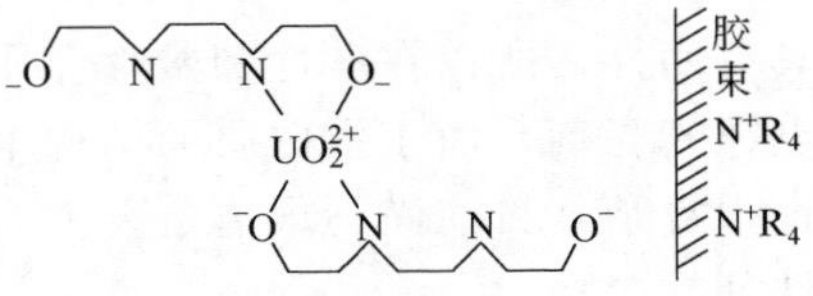

在有机溶剂四氯乙烷中，这种表面活性配合物可作为中性分子萃取入有机相，其最大光吸收的波长由 565nm 移至 645nm，其可能的结构如下：

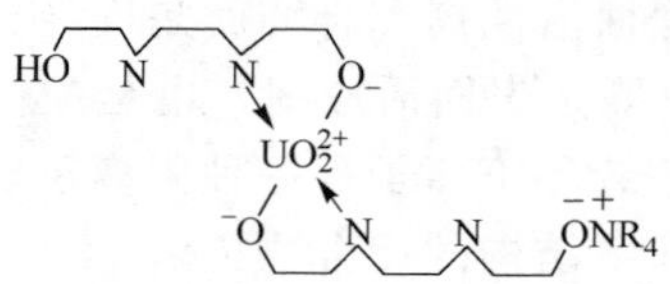

这些都说明表面活性剂的胶束对配合物的结构和形态都有影响。

（2）两性表面活性剂配合物

两性表面活性剂有氨基羧酸型、氨基磺酸型和巯基磺酸型等，它们也是兼备配位能力和表面活性的化合物。例如：

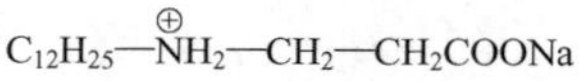

$$C_{12}H_{25}-\overset{+}{N}H_2-CH_2-CH_2COONa$$

十二烷基氨基丙酸钠

$$C_{18}H_{37}-\overset{\overset{\displaystyle CH_3}{|}}{\underset{\underset{\displaystyle CH_3}{|}}{\overset{+}{N}}}-CH_2COO^-$$

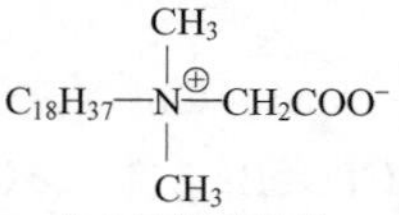

十八烷基甜菜碱

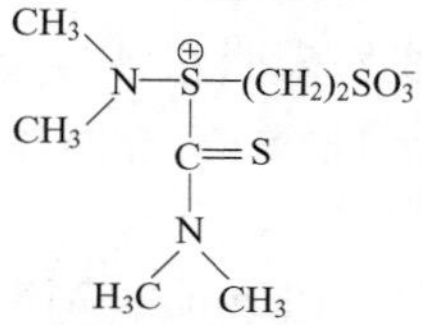

第三巯的磺酸盐

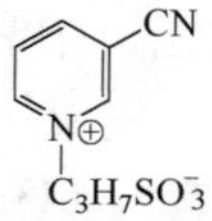

1-(3-丙磺酸)-3-氰基吡啶

各种氨基酸、多肽、蛋白质、蛋白胨、明胶、桃胶、骨胶、牛皮胶、糖蜜等均属于此类。江岛辰彦等研究了甘氨酸、甘氨酰甘氨酸（glygly，二肽）、蛋白胨、明胶等对镀锌的影响，结果表明，甘氨酸和甘氨酰甘氨酸对锌电沉积的阴极极化只起很小的影响。而明胶和蛋白胨在含微量钴（1mg/L）的电解液中将明显降低极限电流密度，并使锌镀层的晶粒变细。这些结果说明，分子量很小的氨基酸或肽类的表面活性很小，随着聚合链的增长（氨基酸→多肽→蛋白质），在电极上的吸附增强，形成表面活性配合物也越容易，因而超电压也越来越大。

田中启一用极谱法和渗析平衡法研究了明胶和改性明胶中的各种官能团同Zn^{2+}离子的配位作用，指出明胶中含有羧基、咪唑基和氨基，它们均可在一定条件下同Zn^{2+}配位，在pH$<$7时，羧基已全部离解，是主要的配位基团，而咪唑的H^+尚未离解；当pH$>$7时，明胶的三种配位基团均参与配位。实验也表明，分子量较小的改性明胶同Zn^{2+}的配位不及原始明胶强。这一点同电镀时改性明胶的光亮作用相比略比原始明胶弱，但所得镀层的脆性比原始明胶小是一致的。因此，在电镀生产中广泛采用电解改性明胶。

这类表面活性剂因为具有两性，所以在酸性和碱性介质中都适用，它是电镀中最古老且应用面很广的一类电镀光亮剂。由于蛋白质的结构十分复杂，在电极表面上形成的配合物的组成与结构也很复杂，目前尚不很清楚。

（3）非离子型表面活性剂配合物

聚乙二醇、聚乙烯醇、聚乙烯亚胺、环氧-胺系缩聚物以及某些低分子量的胺和醛、酮等均属于非离子型表面活性剂。这类表面活性剂的特点是在酸性时羰基和羟基可以结合 H$^+$ 或金属离子而形成镙离子，氨基则可形成铵离子，在溶液中变成了阳离子表面活性剂，可与配阴离子形成缔合物或配合物。在中性和碱性范围内，亲水的羟基、羰基和氨基可以作为附加的配体同配离子形成配位饱和的混合配体配合物，因此这类表面活性剂可在较宽的 pH 范围内起作用。

聚乙二醇类的聚氧乙烯链（EO）中的醚氧原子可以和金属离子配位。当聚氧乙烯单位在 10 以上时，它才具有配位能力，随着聚氧乙烯数目的增加，配位能力增强。当醚氧原子结合金属离子而变成类似镙离子的结构后，则非离子型表面活性剂就转变为阳离子型表面活性剂，它容易进一步同负离子结合。据外林等的报告，用聚乙二醇（PEG）、聚丙二醇（PPG）等可以从稀盐酸溶液中将 Hg^{2+}、Cd^{2+}、Pb^{2+}、Cu^{2+} 的碘化物萃取入有机相。现已查明 Co^{2+} 的萃取物的组成为 (NH$_4$)$_2$Co(SCN)$_4$·PEG。含七个聚氧乙烯单位的非离子型表面活性剂 EO7 与 Sr 形成的配合物为 Sr(SCN)$_2$·EO7，进一步的结构研究表明，一个 SCN$^-$ 和 EO7 的八个 O 原子包围着 Sr^{2+}。

聚乙二醇 HO(CH$_2$CH$_2$O)$_n$H、聚乙烯醇 $\left(\!\!\begin{array}{c} \text{CH}_2\!-\!\text{CH} \\ | \\ \text{OH} \end{array}\!\!\right)_n$、聚乙烯亚胺 $\left(\text{CH}_2\text{CH}_2\text{NH}\right)_n$

和环氧-胺系缩聚物等高分子表面活性剂在电镀中应用很广，近年来又得到较大的发展。以聚乙二醇和聚乙烯亚胺为例，它们在电极上的吸附靠的是短链烷基，近似点状吸附。因此，要具有较强的吸附作用，分子量就要足够大，如聚乙二醇的分子量在 1000以下时，吸附并不强，电镀中使用的分子量在 3000~6000。在低分子量时它的配位能力还不及水强，随着分子量的增大，它的配位能力明显增强，可以大大超过水的配位能力。当它吸附在电极表面时，醚氧原子的电子云受到阴极负电荷的排斥，其配位能力还可进一步增强。这样，在电极表面形成吸附配合物或表面配合物就更加容易了。

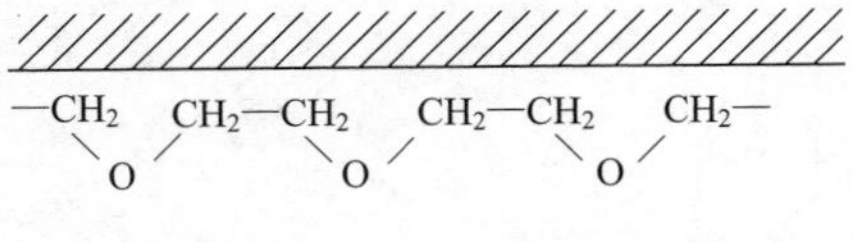

聚乙二醇分子在电极表面的吸附

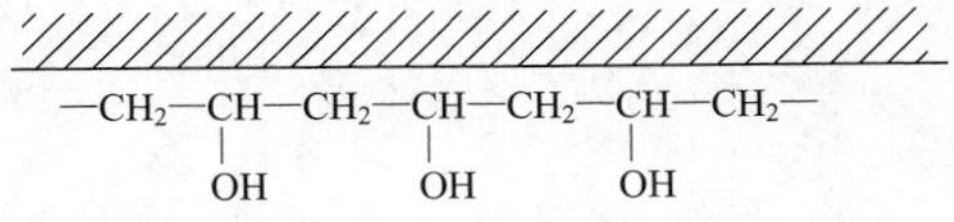

聚乙烯醇分子在电极表面的吸附

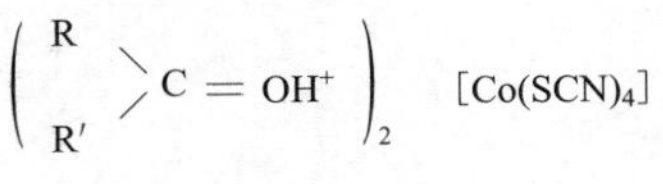

镙离子形成的多元缔合配合物

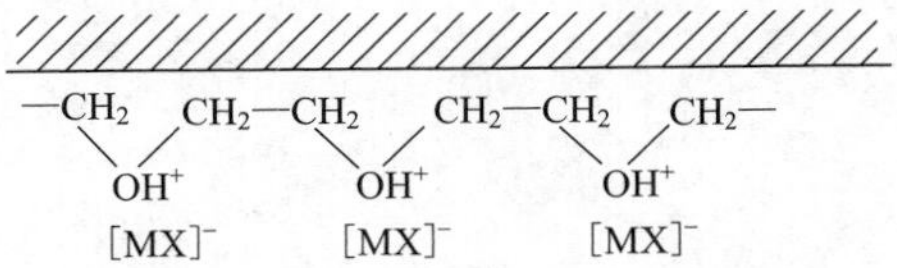

聚乙二醇在酸性时形成的多元缔合配合物

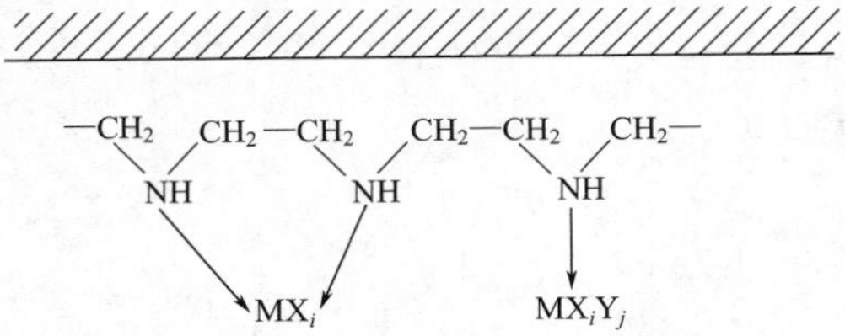

聚乙烯亚胺形成的多元表面混合配体配合物

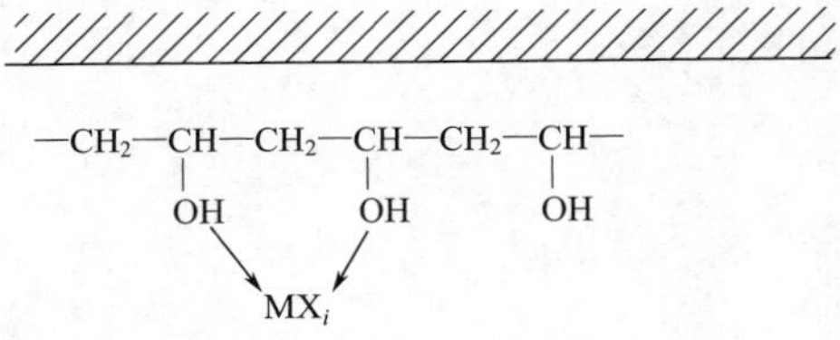

聚乙烯醇形成的多元表面混合配体配合物

　　高分子表面活性物质对电极过程的影响较为明显，在电镀中的应用也日趋增多，它的致命弱点是因为吸附太强而常被夹杂在镀层中，引起镀层的纯度下降，脆性和硬度增加，抗腐蚀性变差，所以大都限于在装饰性电镀中使用，而不适用于航空、宇航等工业中高强钢的电镀。为了降低镀层的脆性，可以在表面活性剂中接上更多的亲水基。给二甲胺与环氧氯丙烷的缩合物（称为 DE 添加剂）接上更多的亲水基团，结果镀锌层的脆性明显下降，可以达到 $30\mu m$ 基本无脆性，此外，该镀液的电流效率、沉积速度、深镀能力以及镀层的柔韧性、抗钝化膜变色等均超过 DE 镀锌工艺。

第十二章

多元配合物

第一节　多元配合物的类型

一、多元配合物的基本概念

配合物中的金属离子通常称为"核"，含单个金属离子的配合物称为单核配合物，含多个金属离子的配合物称为多核配合物。在金属离子内配位层的离子称为内界离子，在内配位层之外的离子称为外界离子。通常所说的溶液中的配离子，并不把外界离子包括在内。一种金属离子与一种配体形成的配合物通常称为二元配合物；一种金属离子同时与两种或两种以上的配体生成的配合物，或者一种配体同时与两种金属离子形成的配合物则称为三元或多元配合物。所谓多元配合物，泛指由多种组分（通常是三种或三种以上的组分）所组成的单核或多核配合物，而不论这些组分是在内配位界还是外配位界。

多元配合物的"元"，指的是组分数。例如，$[Ag(CN)_2]^-$ 或 $[Ag(NH_3)_2]^+$ 称为二元配合物，$(R_4N)[Ag(CN)_2]$、$[Ag(NH_3)_2Br_2]^-$ 和 $H_4[PMo_{11}VO_{40}] \cdot nH_2O$ 称为三元配合物。组分数为三或三以上的则可称为多元配合物，如 $[Ag(NH_3)_2P_2O_7]^{3-}$、$[Zn(NTA)(SCN)(NH_3)]^{2-}$、$\{(CH_3)_4N\}_2[Cu(NH_3)(P_2O_7)]$ 和 $[Fe(dpy)_3][HgI_4]$ 等。

广义地说，多元配合物是普遍存在的。因为大多数配位未饱和的二元配合物，就是配体水与其他配体所组成的三元配合物。例如，$[Co(H_2O)_3(NH_3)_3]^{2+}$ 为淡红色，$[Co(H_2O)_2(NH_3)_4]^{2+}$ 为暗红色，$[Co(H_2O)(NH_3)_5]^{3+}$ 为红色，$[Co(NH_3)_6]^{3+}$ 为黄色。由于内界配位情况的不同，因而显出不同的颜色。有些三元配合物与二元配合物的颜色并无区别，但是，当三元配合物是由一种或两种有机配体构成时，颜色就有显著的变化。因此，许多染料所形成的多元配合物在分光光度分析中起了重要的作用。

在镀液中常有多种配体共存，此外，为改善镀层性能而加入的添加剂或表面活性剂也可在镀液中或在电极表面形成多元配合物。镀液中金属离子的浓度一般较高，电镀时必须考虑外界离子的缔合作用，若把外界的金属阳离子或酸根也考虑进去，则多元配合物就有更加普遍的意义了。

由 A、B、C 三种成分组成的三元配合物，其性质常常既不同于二元配合物 AB，也不同于 AC，也不是 AB 和 AC 性质的简单加和，它有自身独特的性质，这主要是因为形成的三元配合物改变了中心原子的电子结构，同时也改变了配合物的电荷和对称性的缘故。例如，用焦磷酸铵镀银时所形成的 $[Ag(NH_3)_2(P_2O_7)]^{3-}$ 离子的电化学性质和 $[Ag(NH_3)_2]^+$ 及 $[Ag(P_2O_7)_2]^{7-}$ 的有很大的差别。这就为发展新镀液开拓了广阔的道路。

二、多元配合物的形式

由三种或三种以上组分组成的各种配合物，由于作用机理、配位方式等的不同，多元配合物的形式也是多样的，不过它们大都含有以下三种主要成分：①金属离子 M，M′；②氨或有机碱 A、B；③带负电的配体，X、Y、Z。根据它们的排列组合，可以排出许多类型来，但是据统计，至 1975 年为止，仅证实表 12-1 所列出的 20 种形式。

表 12-1　发现的多元配合物的类型[①]

1955 年	1965 年	1970 年	1975 年
$[MA_iB_j]$	$[MX_iY_j]$	$[MB_i][M'X_j]$	$[MX_i][M'Y_j]$
$(BH)[MX_j]$	$[MB_i](X_j)$	$(BH)_i[MX_iY_j]$	$[MHX]_i(Y_jZ_k)$
	$[MM'X_i]$	$[MB_iX_j](Y_k)$	$[MX_iY_jB_k](BH)$
	杂多酸[②]	$[MX_iY_j](Z_k)$	$[MX_iY_j](H_2Z)$
		$[MX_iY_jB_k]$	$[MM'X_iY_j]$
		$[MM'B_iX_j](Y_k)$	$[MB_iX_j][M'Y_k]$
		$[MX_iY_jZ_k](BH)$	$[MX_iY_jZ_k]$

① 方括号表示配离子，圆括号表示缔合剂。
② 杂多酸指由不同的酸酐组成的酸。如钼磷酸盐的组成为 $3M_2O \cdot P_2O_5 \cdot 24MoO_3$。

在多元配合物中，目前研究和应用得最多的是三元和四元配合物。它基本上概括了各类镀液中配位体和添加剂的作用方式及金属配离子在镀液和电极界面上出现的形态。因为电镀中所用的配位体和添加剂，不是带负电的配体就是中性的有机碱，在单金属镀液中形成的是单核多元配合物，在合金镀液中也可以形成由两种金属离子构成的多核多元配合物。而这些配合物基本上都已概括在表 12-1 中了。

第二节　多元配合物组成和稳定常数的测定

要弄清多组分镀液的放电机理，第一步的基础工作就是要准确地测出镀液中配合物的种类和数量。要做到这一点，首先就得测定配合物的组成和它们的稳定常数。大多数的镀液都是多组分的，所形成的大都为多元配合物。因此，掌握多元配合物组成和稳定常数的测定方法是很重要的。

一、多元配合物组成的测定

通常所用的连续变化法只适于二元配合物组成的测定。用它来研究三元配合物的组成，常常得到不满意的结果。因为三元配合物的平衡比较复杂，在不同浓度比例范围内有可能生成其他的配合物。这样极大点就不明显了。为此，许多作者设法在连续变化法的基础上加以改进，以便应用在三元配合物上。这里简要介绍几种常用且准确的方法。

1. 三元相图法

巴伯柯（Бабко）首先提出的三元相图法，不仅适用于混合配体配合物，也适用于由二元配合物所形成的三元缔合配合物，只要由二元配合物形成三元缔合配合物时体系的物理化学性质（如光密度、电导率等）有明显变化即可。

该法的原理是，当研究的系统包括四种组分时（如金属离子 M，配体 X、Y 和溶剂 S），可用一个四面体的几何图形表示。四面体的底由混合配体配合物的三种组分 M、X、Y 连成的三角形 MXY 所组成，而其顶点是溶剂 S。平行于四面体底面可以得到一系列的横截面。只取其中的一个三角形横截面 MXY 进行分析，如图 12-1 所示。在三角形 MXY 中的每一个点，都满足 $[M]+[X]+[Y]=c_0$，即每一点的三种组分浓度之和为固定的浓度 c_0［设 $c_0=10$，用 $c_0(10)$ 表示］。三个顶点分别为单纯一种组分，它的浓度为 c_0；而三角形的三边，如 MX 线是由 M 和 X 两种组分所组成，其上的点满足 $[M]+[X]=c_0(10)$。从第 1 至第 11 点，组分 X 按比例不断减少，M 不断增加。如第 6 点即 $M(5)+X(5)=c_0(10)$。第 10 点则由 9 份 M 和 1 份 X 所组成，即 $M(9)+X(1)=c_0(10)$。在 MX 线上第 1 至第 11 点中，组分 Y 的浓度为 0。XY 线和 MY 线的各组分值依此类推。在三角形 MXY 的内部，如第 35 点，则由三种组分 M、X、Y 所组成。其比例是 $M(4)+X(3)+Y(3)=c_0(10)$。三角形内部的每一点所对应的三种组分之比，可由该点对每种组分的顶点之对边作平行线进行推算。

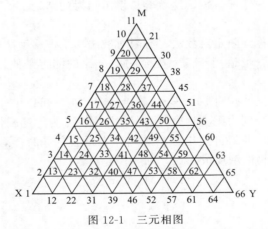

图 12-1　三元相图

当 $[M]+[X]+[Y]=c_0$，三种组分的总浓度固定后，在其他实验条件相同的情况下测定三角形 MXY 的 66 个点之物理化学数据（如测消光、电导率等）。假若配体 X 和 Y 不相容，没有形成三元混合配合物，作出的等摩尔性质-组分图，将等消光点连成的同心圆就不闭合。如图 12-2 所示。

若同心圆的圆心，即消光最大的点落在 MX 边上，说明所生成的二元配合物是由 M、X 两种组分所组成的。从圆心点（若是第 6 点），即可推断出二元配合物的组分比为 M：X=1：1。

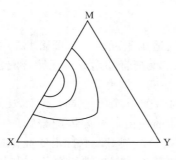

图 12-2　二元配合物 MX 在
三元相图中的位置

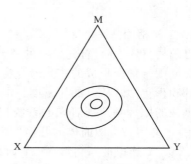

图 12-3　混合配体配合物
MXY 的三元相图

若配体 X 和 Y 相容，形成了混合配体配合物，则作出的等摩尔性质-组分图，等消光点的轨迹就是闭合的同心圆，且圆心在三元相图的内部，如图 12-3 所示。从同心圆的圆心，即最大消光点，就可以推断混合配体配合物的组分比。如圆心在图12-1的第 34、第 35、第 42 三点之间时，可以推测出混合配体配合物的组分比，M：X：Y＝1：1：1。

用三元相图法得出的结果，其物理意义非常明确，而且能测出配合物各组分的比例。这是它的优点。但是，当等值线的圆心点有所偏移，如 M：X：Y＝1：2：3时，确定组分就比较困难。另外，若配合物不稳定，在三组分总浓度的物质的量相等的条件下，不能生成混合配体配合物，这就容易得出错误的结论。

2. 对数作图法

对数作图法，也称为限定对数法、有限对数法和平衡移动法等。它除了广泛用于二元配合物的研究外，也适用于三元配合物组分比的测定。假设三元体系存在下列平衡：

$$mM+iX+jY \Longleftrightarrow M_m X_i Y_j + qH \tag{12-1}$$

式中，m、i、j 分别为配合物中各组分的数目；q 为上述配位反应所释放出的氢离子数。为简便起见，各组分之电荷均省略。在适宜的条件下，所测体系的消光 A 若只和混合配体配合物的浓度成正比，则

$$A=[M_m X_i Y_j]\varepsilon l \tag{12-2}$$

$$[M_m X_i Y_j]=\frac{A}{\varepsilon l} \tag{12-3}$$

式中，ε 为混合配体配合物的摩尔消光系数；l 为比色池的厚度。

式(12-1) 对应的平衡常数 K 为：

$$K=\frac{[M_m X_i Y_j][H]^q}{[M]^m[X]^i[Y]^j}=\frac{\dfrac{A}{\varepsilon l}\cdot[H]^q}{[M]^m[X]^i[Y]^j} \tag{12-4}$$

$$K'=\frac{K\varepsilon l}{[H]^q}=\frac{A}{[M]^m[X]^i[Y]^j} \tag{12-5}$$

取对数并移项，得

$$lgA = m lg[M] + i lg[X] + j lg[Y] + lgK' \tag{12-6}$$

固定过量的 X 和 Y，改变 M 浓度，以 lgA 对 lg[M] 作图，得一直线，其斜率为 m。同样固定过量的 M 和 Y（或 X），以 lgA 对 lg[X]（或 lgA 对 lg[Y]）作图，得到相应的直线斜率 i（或 j）。这样混合配体配合物的组分即可求得。其组分比为 M：X：Y = m：i：j。

用此法测定了 V-H_2O_2-PAR[1] 混合配体配合物的组成，应用式 (12-6) 得：

$$lgA = m lg[V] + i lg[H_2O_2] + j lg[PAR] + lgK'$$

作图结果如图 12-4 所示。从图中测得 m = 1.0；i = 1.0；j = 0.88。故推断这个配合物的组成比为 V：H_2O_2：PAR = 1：1：1。

此法的特点是：①可以测出仅当配体浓度过量很多倍时才能形成的三元配合物，而这些配合物用三元相图法则难以确定；②此法所测出的配合物组成比，就是各组分的真正比值，而有此方法确定的仅仅是组成比，可以是 1：1，也可以是 2：2 或 3：3。因此，此法的结果有利于推测配合物的结构。

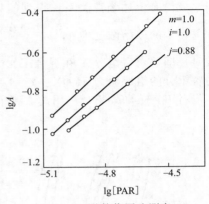

图 12-4　对数作图法测定
V-H_2O_2-PAR 配合物的组成

3. 直线法

直线法是阿斯姆斯（Asmus）在 1960 年提出的一种比较简单的方法，适于测定稳定性很小的单核配合物。该法把三元配合物 MX_iY_j 分解成 MX_i 和 MX_j 来处理。在 X 或 Y 过量时，分别求出 X 对 M 和 Y 对 M 的比值 i 与 j，即可确定三元配合物的组成。对于二元配合物存在下列的平衡：

$$M + iX \Longleftrightarrow MX_i \tag{12-7}$$

因为 $[MX_i]$ 的稳定性很小，需要试剂 X 的原始浓度 a 多倍过量时才能生成配合物，若 M 的原始浓度为 m，则 a ≫ m。根据比尔定律

$$[MX_i] = \frac{A}{\varepsilon l} = \frac{A}{\varepsilon} \tag{12-8}$$

式中，l 为单位长度的比色槽；ε 为配合物的摩尔消光系数；A 是以试剂为参比液所测得的消光，故

$$[M] = m - [MX_i] = m - \frac{A}{\varepsilon} \tag{12-9}$$

在 a 大大过量时，有

$$[X] = a - i[MX_i] \approx a \tag{12-10}$$

代入式 (12-7) 的平衡常数表达式

---

❶ PAR 为 4-(2-吡啶偶氮)-间苯二酚。

$$K = \frac{[MX_i]}{[M][X]^i} = \frac{\dfrac{A}{\varepsilon}}{\left(m - \dfrac{A}{\varepsilon}\right)a^i} \tag{12-11}$$

经变换后，得

$$A = m\varepsilon - \frac{A}{a^i K} \tag{12-12}$$

对于混合配体配合物，可在 Y 过量的条件下分别将 1、2、3、…代入 i，并以 A-$\dfrac{A}{a^i}$ 作图。假若 i 数值选择合适，则轨迹必定为一直线，其斜率为 $1/K$。假若 i 选择不当，就没有上述函数关系，得到的只能是曲线。由此可确定 i 值。若在 X 过量的条件下，Y 的原始浓度为 b，以 A-$\dfrac{A}{b^j}$ 作图，当选定合适的 j 值，使得到的轨迹为一直线时，即可求得组分 Y 在混合三元配合物中的组成之值 j。通过该法即可求出配合物的各组分的组成比为 M：X：Y＝1：i：j。

石田良荣和外崎巧一用此法测定了铍-铬天菁 S[1]-十六烷基三甲基铵[2]三元配合物的组成。图 12-5 所示为 i＝1、2、3 时所得到的 A-$\dfrac{A}{a^i}$ 曲线。由图可知，仅当 i＝2 时才是直线。由此确定 Be：CAS＝1：2。

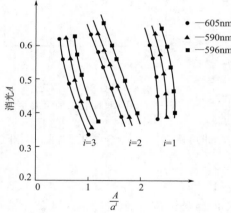

图 12-5　用直线法求 Be-CAS 配合物的组成

此法的优点是适于测定不稳定的配合物，此时用其他方法难以求出它的组成比。它的缺点是将数据连成线后，有时曲线与直线不甚分明。

此法也可用加入试剂标准溶液的体积 V 的 i 次方的倒数，即 $\dfrac{1}{V^i}$ 对消光的倒数 $\dfrac{1}{A}$ 作图，其中为直线的那一条的 i 值即为配合物的组成比。用此法测定 Al-铬天菁 S-十六烷基三甲基铵三元配合物的组成的方法如下：

① 求 Al 与 CAS 之比。在一系列 50ml 容量瓶中，加固定量的铝溶液，使其最后浓度为 $5×10^{-4}$ mol/L，加 1ml 0.2mol/L HCl，用水稀释至约 10ml，再加固定量的 CTMA 溶液，使其最后浓度为 $2×10^{-4}$ mol/L。然后加不同体积的 CAS，使 CAS 的浓度为 $1.25×10^{-5} \sim 2.5×10^{-5}$ mol/L，加 2ml pH＝6.0 的醋酸盐缓冲溶液，用水稀释至刻度（此时溶液 pH＝5.6）。摇匀，30min 后用 1cm 比色槽在 650nm 测消光 A，以 $\dfrac{1}{A}$ 为横坐标，CAS 溶液体积的 i 次方的倒数 $\dfrac{1}{V^i}$ 为纵坐标作图，得图 12-6 所示的曲

---

❶ 铬天菁 S 用 CAS 表示。

❷ 十六烷基三甲基铵用 CTMA 表示。

线。图中，$[Al^{3+}]=5\times10^{-4}\,mol/L$，$[CAS]=1.25\times10^{-5}\sim2.5\times10^{-5}\,mol/L$，pH$=5.6$，$\lambda=650nm$，$l=1cm$，$[CTMA]=2\times10^{-4}\,mol/L$。当 $n=3$ 时为一直线，故得 Al：CAS$=1$：3。

② 求 Al 与 CTMA 之比。在一系列 50ml 容量瓶中，加固定量的铝溶液和 CAS 溶液，使其最后浓度分别为 $5\times10^{-4}\,mol/L$ 和 $1.5\times10^{-5}\,mol/L$，加不同体积的 CTMA 溶液，使其最后浓度为 $5\times10^{-5}\sim5\times10^{-4}\,mol/L$，其余按上述方法进行，得图 12-7 所示的曲线。图中，$[Al^{3+}]=5\times10^{-4}\,mol/L$，$[CAS]=1.5\times10^{-5}\,mol/L$，$[CTMA]=5\times10^{-5}\sim5\times10^{-4}\,mol/L$。当 $n=2$ 时是一条直线，故 Al：CTMA$=1$：2。

图 12-6 与图 12-7 叠加在一起，得 Al：CAS：CTMA$=1$：3：2。

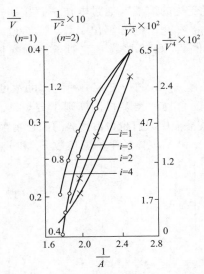

图 12-6　直线法测 Al 与 CAS 之比值　　　图 12-7　直线法测 Al 与 CTMA 之比值

二、混合配体配合物稳定常数的测定

1. 概述

多元配合物的组分较多，结构复杂，既有配位作用的组分，又有缔合作用的组分。对于缔合配合物来说，既要测配离子的稳定常数，又要测缔合常数。因此，多元配合物稳定常数的测定十分复杂而困难，有许多类型的多元配合物目前尚无测定方法。在此，只能介绍目前研究最多，测定方法已较为完善的混合配体配合物这一类的多元配合物稳定常数的测定方法，而且仅限于介绍 MX_iY_j 类型的三元混合配体配合物。

形成单核混合配体配合物的一般式如下：

$$M+iX+jY\Longleftrightarrow MX_iY_j \tag{12-13}$$

其积累稳定常数为

$$\beta_{ij}=\frac{[MX_iY_j]}{[M][X]^i[Y]^j} \tag{12-14}$$

配合物是逐级形成的，故 i 和 j 之值可从零到最高配位数 N 之间变化。

在含配体 X 和 Y 的溶液中，总金属浓度 c_M 可由下式表示：

$$c_M = [M] + [MX] + [MX_2] + \cdots + [MY] + [MY_2] + \cdots + [MXY]$$
$$+ [MX_2Y] + \cdots$$
$$= [M] \sum_{i=0}^{N_X} \sum_{j=0}^{N_Y} [X]^i [Y]^j \beta_{ij} \qquad (12\text{-}15)$$

用 [M] 除等式两边，得函数 $A_{M(X,Y)}$：

$$A_{M(X,Y)} = \frac{c_M}{[M]} = \sum_{i=0}^{N_X} \sum_{j=0}^{N_Y} [X]^i [Y]^j \beta_{ij} \qquad (12\text{-}16)$$

若配制一组 c_M 已知且恒定，仅 X 和 Y 浓度变化的溶液，通过电位法直接测定或通过半波电位 $E_{1/2}$ 的移动来测定游离金属离子的浓度，就可算出 $A_{M(X,Y)}$ 函数，由 $A_{M(X,Y)}$ 和 [X]、[Y] 值利用式(12-16) 就可计算总稳定常数（类似于一种配体的情况）。

若使金属离子的总浓度 c_M 和一种配体的总浓度 c_X 恒定，仅另一种配体的浓度 c_Y 变化，这种情况也容易处理。若变数多，形成的配合物种类多，计算则十分烦琐。因此，为了简化起见，必须选择适当的实验条件，使溶液中只有少数占优势的配合物存在。瓦特斯（Watters）提出的简化法，只适于溶液中 X 和 Y 配体的平均配体数 $\bar{n}_X$ 和 $\bar{n}_Y$

$$\left.\begin{array}{l} \bar{n}_X = \dfrac{c_X - [X]}{c_M} \\[3mm] \bar{n}_Y = \dfrac{c_Y - [Y]}{c_M} \end{array}\right\} \qquad (12\text{-}17)$$

其最高配位数的情况是

$$\bar{n}_X + \bar{n}_Y = N \qquad (12\text{-}18)$$

在配体浓度很高，仅配体间的浓度比变化的条件下，可以保证形成饱和的配合物，此时两种配位形成函数 $\bar{n}_X$ 和 $\bar{n}_Y$ 是独立的。利用这些函数，从 $\bar{n}_X$、$\bar{n}_Y$ 和 [X]、[Y] 计算总稳定常数较简单。

类似的，若混合配体配合物中的一种配体 X 同金属离子 M 形成非常稳定的螯合物 MX，另一种配体 Y 只能通过取代溶剂分子（也可能取代螯合配体 X 中的一个给予原子）而与金属配位，即

$$MX + jY \Longrightarrow MXY_j \qquad (12\text{-}19)$$

此时，其平衡常数为

$$K = \frac{[MXY_j]}{[MX][Y]^j} \qquad (12\text{-}20)$$

可以与测定单核配合物时一样，通过 pH 滴定法或分光光度法来测定。在实验时，始终保持 $c_M \approx c_{MX}$，仅 Y 的浓度 c_Y 变化。[Fe(Ⅲ)-OH-EDTA] 和 [Co(Ⅲ)-Cl⁻-丁二酮肟] 混合配合物稳定常数的测定就是采用这种方法的实例。

2. 极谱法及电位法

这两种方法都是由实验中得到平衡时游离金属离子的浓度 [M] 或者得到与其有函

数关系的变量。它们都可用式(12-16) 所示的函数 $A_{M(X,Y)}$ 的图解法逐级解出稳定常数。

用极谱法进行实验时，函数 A 的形式完全与单一型时一样，即

$$\lg A_{M(X,Y)} = \left(\frac{zF}{2.3RT}\Delta E_{1/2}\right) + \lg \frac{i_{d_M}}{i_{d_{M(X,Y)}}} \tag{12-21}$$

$$\Delta E_{1/2} = E_{1/2_M} - E_{1/2_{M(X,Y)}} \tag{12-22}$$

因此，从金属离子的半波电位 $E_{1/2_M}$ 与配离子半波电位 $E_{1/2_{M(X,Y)}}$ 之差 $\Delta E_{1/2}$，以及测出金属离子单独存在和与配体 X、Y 共存而形成配离子时的扩散电流 i_{d_M} 与 $i_{d_{M(X,Y)}}$，就可按式(12-21) 求得函数 $A_{M(X,Y)}$ 之值。

用电位法进行研究时，如果分别测定金属离子总浓度为 c_M，一个没有配体，一个有配体 X、Y 溶液的可逆 M^{z+}/M 电极的电位，函数 $A_{M(X,Y)}$ 值就可直接从两次测定的电位差值 ΔE 计算。ΔE 与 $A_{M(X,Y)}$ 间满足式(12-23) 的关系（25℃）：

$$\Delta E = \frac{0.059}{z}\lg A_{M(X,Y)} \tag{12-23}$$

上述两种方法求得函数 $A_{M(X,Y)}$ 值之后，就利用 $A_{M(X,Y)}$ 之值和它的展开式间的关系来计算各级混合配体配合物的稳定常数。下面以配体 X、Y 与金属 M 的体系为例来展开 $A_{M(X,Y)}$ 函数。合并同类项后即得

$$\left.\begin{aligned}
A_{M(X,Y)} &= \sum_{i=0}^{N_X}\sum_{j=0}^{N_Y}\beta_{ij}[X]^i[Y]^j \\
&= (\beta_{00}+\beta_{10}[X]+\beta_{20}[X]^2+\cdots)[Y]^0 \\
&\quad + (\beta_{01}+\beta_{11}[X]+\beta_{21}[X]^2+\cdots)[Y]^1 \\
&\quad + (\beta_{02}+\beta_{12}[X]+\beta_{22}[X]^2+\cdots)[Y]^2 \\
&\quad + (\beta_{03}+\beta_{13}[X]+\beta_{23}[X]^2+\cdots)[Y]^3 \\
&\quad + \cdots \\
&\quad \vdots \\
&\quad + \beta_{NN}[Y]^N \\
A_{M(X,Y)} &= P + Q[Y] + R[Y]^2 + S[Y]^3 + \cdots
\end{aligned}\right\} \tag{12-24}$$

或

式中

$$P = \beta_{00}+\beta_{10}[X]+\beta_{20}[X]^2+\cdots \tag{12-25}$$

$$Q = \beta_{01}+\beta_{11}[X]+\beta_{21}[X]^2+\cdots \tag{12-26}$$

$$R = \beta_{02}+\beta_{12}[X]+\beta_{22}[X]^2+\cdots \tag{12-27}$$

$$S = \beta_{03}+\beta_{13}[X]+\beta_{23}[X]^2+\cdots$$
$$\vdots$$

式中各 β 项的表达式分别为

$$\left.\begin{aligned}
\beta_{00} &= 1; & \beta_{10} &= \frac{[MX]}{[M][X]}; & \beta_{20} &= \frac{[MX_2]}{[M][X]^2};\cdots \\
\beta_{01} &= \frac{[MY]}{[M][Y]}; & \beta_{11} &= \frac{[MXY]}{[M][X][Y]}; & \beta_{21} &= \frac{[MX_2Y]}{[M][X]^2[Y]};\cdots \\
\beta_{02} &= \frac{[MY_2]}{[M][Y]^2}; & \beta_{12} &= \frac{[MXY_2]}{[M][X][Y]^2}; & \beta_{22} &= \frac{[MX_2Y_2]}{[M][X]^2[Y]^2};\cdots \\
\vdots & & \vdots & & \vdots
\end{aligned}\right\} \tag{12-28}$$

β_{ij} 为各级单核单一型或混合型配合物的积累稳定常数。P、Q、$R\cdots$在 [X] 固定时为常数。

如果固定一种配体 X 的浓度而改变另一种配体 Y 的浓度时，即可利用所得之极谱或电位的数据用图解法来解 $A_{M(X,Y)}$。

若 MX_i 的各级稳定常数为已知，则 P 值即可求得，或者可将函数 A_0 对 [Y] 作图，在 [Y] $\rightarrow 0$ 时，在 Y 轴上的截距即为 P。

令
$$A_1 = (A_0 - P)/[Y] = Q + R[Y] + S[Y]^2 + \cdots \tag{12-29}$$

由 A_1 对 [Y] 作图，在 [Y] $\rightarrow 0$ 时，在 Y 轴上的截距即为 Q。依此类推，逐步解出 R、$S\cdots$。而 Q 值由式(12-26)表示。当 MY 的稳定常数 β_{01} 为已知，则上式中有 $N-1$ 个混合型配合物的稳定常数。若 MY_j 的各级稳定常数已经知道，则在所求得之各 R、$S\cdots$常数中分别含有 $N-2$、$N-3$、$\cdots$、$N-n$ 个未知数，即各种混合配合物的稳定常数。

利用 $N-1$、$N-2$、$\cdots$个不同 [X] 时由实验求得各 Q、R、$\cdots$，解联立方程式，就可求出这些混合配合物的各级稳定常数。

当然，这种方法在原则上完全可以适应任何形式的混合型配合物，可是在具体处理上，对于比较简单的体系是比较切实可行的，其结果也比较可靠。

例如，用极谱法研究 Cu^{2+}-$C_2O_4^{2-}$-En，简称 MXY 体系时，Cu^{2+} 的配位数为 4，而 $C_2O_4^{2-}$ 及 En 皆为二价配体，它们的碱性差别也较显著，在 pH=5 以上时，$H_2C_2O_4$ 完全离解，$[C_2O_4^{2-}]$ 可认为不变，只要改变 pH 即可达到改变 [En] 的目的。En 的质子合常数已知，不同 pH 时，[En] 可由总 En 的浓度扣除酸效应系数 $\alpha_{(L)}$ 而求得。

即然 X、Y 皆为二价配体，因此可能生成的配合物为 MX，MX_2，MXY，MY，MY_2。这样式(12-24)通式可简化如下($N=2$)：

或
$$\left.\begin{array}{l} A_0 = (\beta_{00} + \beta_{10}[X] + \beta_{20}[X]^2)[Y]^0 + (\beta_{01} + \beta_{11}[X])[Y] + \beta_{02}[Y]^2 \\ \qquad\qquad A_0 = P + Q[Y] + R[Y]^2 \end{array}\right\} \tag{12-30}$$

若 MY 的稳定常数 β_{01} 已知，则由图解所得之 Q 值即可解出配合物 MXY 的稳定常数 β_{11}。

3. 分光光度法

混合配体配合物的生成，常常伴随着吸收光谱曲线的变化。根据二元和三元配合物吸收光谱曲线的变化，可以推测溶液中是否有混合配体配合物生成。用分光光度法来测定混合配体配合物的稳定常数却非常麻烦，本书只介绍几种在特定条件下采用的简便而准确的方法。

（1）改进的等色点法

等色点法是由瓦特斯（Wattars）等经过详细研究整理出来的。该法用起来比较麻烦，原理也难懂，后经基达（Kida）简化，加以改进，得到了下列方法。

当溶液中存在着 M、X 和 Y 三组分时，它们由 MX_2 和 MY_2 重配而生成 MXY，其平衡式为

$$\underset{c_1-x}{MX_2} + \underset{c_2-x}{MY_2} \Longrightarrow \underset{2x}{2MXY} \tag{12-31}$$

平衡常数 K_r 称为重配常数，其表达式为

$$K_r = \frac{4x^2}{(c_1-x)(c_2-x)} \tag{12-32}$$

平衡后溶液的总消光 A 为

$$A = \varepsilon_1(c_1-x) + \varepsilon_2(c_2-x) + 2x\varepsilon_3 \tag{12-33}$$

故

$$x = \frac{A - \varepsilon_1 c_1 - \varepsilon_2 c_2}{2\varepsilon_3 - \varepsilon_2 - \varepsilon_1} \tag{12-34}$$

式(12-31)~式(12-34)中，c_1 和 c_2 分别为 MX_2 和 MY_2 的初始浓度；ε_1、ε_2、ε_3 分别是 MX_2、MY_2 和 MXY 的摩尔消光系数；x 为生成混合配体配合物 MXY 的浓度，吸收池的厚度为 1cm。若在一定条件下，使 $\varepsilon_3 = m\varepsilon_1$，则下列关系式成立：

$$x = \frac{A - \varepsilon_1 c_1 - \varepsilon_2 c_2}{\varepsilon_1(2m-1) - \varepsilon_2} \tag{12-35}$$

m 的数值可以根据具体情况加以选择，如 $m=1,2,3,\cdots$。具体方法如下：

首先测定浓度为 c_0 的 MX_2 的吸收光谱曲线，如图 12-8 所示的曲线 1。然后测定 MX_2（浓度为 c_0-c）和 MY_2（浓度为 c'）混合溶液（总浓度恒定）的吸收光谱曲线，即曲线 2。c 和 c' 与 c_0 相比较都很小，则配位平衡向右方移动，体系中 MY_2 全转化为 MXY，此时组分间的浓度关系为

$$MX_2 + MY_2 \rightleftharpoons 2MXY$$
$$c_0 \qquad 0 \qquad 0$$
$$c_0-c-c' \quad 0 \qquad 2c'$$

吸收光谱曲线 1 和 2 交点为 E。在 E 点所对应波长为 $\varepsilon_3 = m\varepsilon_1$，此时下式成立：

$$\varepsilon_1 c_0 = \varepsilon_1(c_0-c-c') + m\varepsilon_1 \cdot 2c'$$

故

$$c' = \frac{c}{2m-1} \tag{12-36}$$

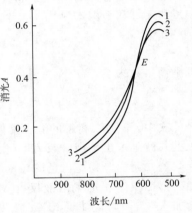

图 12-8　以改进的等色点法求平衡常数示意图

根据以上推导可知，假如 m 值已选定，则混合溶液中 MX_2 和 MY_2 的浓度应是 c_0-c 和 $\frac{c}{2m-1}$，c 宜选择比较小的数值，如 $5\times10^{-5}\sim5\times10^{-4}$。当配制出浓度为 c_0 的 MX_2 溶液和上述的混合溶液，分别测定它们的吸收光谱曲线，由两曲线交点所在之波长，即可得到 $\varepsilon_3 = m\varepsilon_1$。另外根据 E 点之消光 A 值，代入式(12-35)求得 x，再代入式(12-32)求得 K_r。求得重配常数之后，若 MX_2 和 MY_2 的稳定常数 $\beta_{MX_2}^M$ 和 $\beta_{MY_2}^M$ 已知，则可按下式算出 MXY 的稳定常数 β_{MXY}^M：

$$\beta_{MXY}^M = (K_r \beta_{MX_2}^M \beta_{MY_2}^M)^{1/2}$$

例如，求解 Cu-En-ox（草酸）体系的平衡常数 K。体系存在下列平衡：

$$[Cu(En)_2]^{2+} + [Cu(ox)_2]^{2-} \rightleftharpoons 2[Cu(En)(ox)]$$
$$c_1-x \qquad\qquad c_2-x \qquad\qquad 2x$$

用改进的等色点法求重配常数 K_r。设 $m=1$，故 $c'=c_0$ 做以下各种溶液的吸

收光谱曲线（见图 12-8），三种溶液中 $[Cu(En)_2]^{2+}$ 和 $[Cu(ox)_2]^{2-}$ 的浓度列于表 12-2。

表 12-2　溶液中 $[Cu(En)_2]^{2+}$ 和 $[Cu(ox)_2]^{2-}$ 的浓度

溶　　液	$[Cu(En)_2]^{2+}$ 原始浓度 $(c_0-c)\times10^2$	$[Cu(ox)_2]^{2-}$ $c'\times10^2$
1	$1(c_0=1;c=0)$	$0(c'=0)$
2	$0.95(c_0=1;c=0.05)$	$0.05(c'=0.05)$
3	$0.90(c_0=1;c=0.10)$	$0.10(c'=0.10)$

曲线 1 和 2、3 相交于 E 点，对应的波长为 600nm，此时 $\varepsilon_3=1\times\varepsilon_1$。将 E 点的消光 A_E 和 $m=1$ 代入式（12-35）和式（12-32），求得 $\lg K_r=1.10$，这个结果和瓦特斯的数据（$\lg K_r=1.00$）很接近。

（2）离解度法

若溶液中存在着 M、X 和 Y 三种组分，能生成 MXY 型配合物。假定它离解成 MX 和 Y，其平衡式为

$$MXY \rightleftharpoons MX+Y$$
$$c(1-\alpha) \qquad \alpha c \qquad \alpha c$$

其平衡常数为

$$K=\frac{[MXY]}{[MX][Y]}=\frac{c(1-\alpha)}{\alpha c \cdot \alpha c}=\frac{1-\alpha}{\alpha^2 c} \tag{12-37}$$

式中，c 为未离解的混合配体配合物的浓度；α 为离解度。当已知 α 和 c 后，代入上式就可求出平衡常数 K。

若二元配合物是无色的，求平衡常数 K 则可简化，如图 12-9 所示。当溶液尚未加入第二配体 Y 时，溶液仅有 MX 二元无色配合物，它相当于图中坐标的原点。逐渐加入 $[Y]$ 时，随着 MXY 浓度的增加，消光 A 值也不断加大，达到饱和时的消光为 A_h，曲线中两端切线的交点所对应的浓度为 c，此时曲线的实际消光为 A_s。此时离解度 α 可用下式计算：

$$\alpha=\frac{A_h-A_s}{A_h} \tag{12-38}$$

求出 α 和 c（c 即为等当点的浓度）即可计算出平衡常数 K。

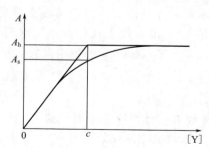

图 12-9　当二元配合物 MX 的消光 A 为 0 时求离解度 α 的示意图

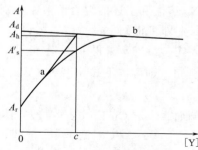

图 12-10　当二元配合物 MX 的消光为 A_r 时，求离解度 α 的示意图

当 MX 本身也有消光时，则比较复杂，需要用下面的方法求离解度，如图 12-10 所示。当溶液中存在着 MX 时，其消光为 A_r，逐渐加入 [Y]，由于生成混合配体配合物 MXY，消光也不断增加，这就是直线 a；同时所生成的配合物 MXY 又不断离解，这就是直线 b。a 线和 b 线的交点即为等当点，它所对应的浓度即为等当浓度 c。

设 MX 与 Y 全部生成 MXY 时的消光为 A_h，等当点的实际消光为 A'_s，由于 [Y] 的加入，减少的消光为 A_r，其数值 $A_t = A_d - A_h$。假定在等当点 MX 的消光为 A_R，因离解而减少的消光为 A_r，它们分别为

$$A_R = A_r \alpha \tag{12-39}$$

$$A_r = A_t \alpha' = \frac{A_t^2}{A_h - A_M} \tag{12-40}$$

若组分 Y 是无色配体，混合配体配合物未离解时的消光为 A_h，组分 x 的消光为 A_M，则离解度 α' 为

$$\alpha' = \frac{A_r}{A_h - A_M} \tag{12-41}$$

实际上由 MXY 所产生的消光仅仅是 A_s，且

$$A_s = A'_s - A_R + A_T$$

$$= A'_s - \alpha A_r + \frac{A_t^2}{A_h - A_M} \tag{12-42}$$

从离解度 α 定义可知

$$\alpha = \frac{A_h - A_s}{A_h} = \frac{A_h - A'_s + \alpha A_r - \dfrac{A_t^2}{A_h - A_M}}{A_h} \tag{12-43}$$

故

$$\alpha = \frac{A_h - A'_s - \dfrac{A_t^2}{A_h - A_M}}{A_h - A_r} \tag{12-44}$$

由于 α 和 c 都已知，即可按式(12-37) 计算出稳定常数 K。

若生成混合配体配合物不是 MXY 型，则不可套用上述公式，而必须推导出相应的公式后，再计算稳定常数 K。

例如，汞-甲基百里酚蓝 (MTB)-硫氰酸 (X) 体系有下列平衡。求混合配体配合物的表观不稳定常数 K_d。

$$[Hg(MTB)X]^{5-} \Longrightarrow Hg(MTB)^{4-} + X^- \tag{12-45}$$

$$K_d = \frac{[Hg(MTB)X^{5-}]}{[Hg(MTB)^{4-}][X]} = \frac{1-\alpha}{\alpha^2 c} \tag{12-46}$$

实验条件：溶液的酸度 $pH = 7.0$，在波长为 620nm 处测消光。

将 $A_h = 0.654$，$A'_s = 0.550$，$A_r = 0.020$，$A_M = 0.303$，$A_r = 0.155$，代入式 (12-44)，得

$$\alpha = \frac{0.654 - 0.550 - \dfrac{(0.020)^2}{0.654 - 0.303}}{0.654 - 0.155} = 0.206$$

在等当点的浓度 $c=4.06\times10^{-5}\,\text{mol/L}$ 时，代入式(12-46)，得 $K_d=4.6\times10^5$。

4. pH 电位法

pH 电位法适用于二配体为弱酸或弱碱，且两者之间的酸性或碱性差别比较显著的体系。可用标准酸或碱来滴定混合溶液。例如，Cu^{2+}-乙二胺-草酸根体系，用硝酸来滴定，就是将碱性强的配体乙二胺由配合物内界移出来而碱性较弱的草酸根进入内界的过程。可将 Cu^{2+} 盐及乙二胺物质的量固定〔乙二胺的用量要使所有铜离子全部形成 $[Cu(En)_2]^{2+}$ 配离子〕，改变草酸根的物质的量，可得几个不同比例的混合溶液，分别用硝酸作 pH 电位滴定。

令 $$M=Cu^{2+}, X=En, Y=C_2O_4^{2-}$$

溶液中存在下面平衡关系：

$$M+iX \Longrightarrow MX_i \qquad \beta_{i0}=\frac{[MX_i]}{[M][X]^i}$$

$$M+jY \Longrightarrow MY_j \qquad \beta_{0j}=\frac{[MY_j]}{[M][Y]^j}$$

$$M+iX+jY \Longrightarrow MX_iY_j \qquad \beta_{ij}=\frac{[MX_iY_j]}{[M][X]^i[Y]^j}$$

由式(12-17) 知，溶液中 X 和 Y 的生成函数，即平均配体数 $\bar{n}_X$ 和 $\bar{n}_Y$ 为

$$\bar{n}_X=\frac{c_X-[X]}{c_M}=\frac{\sum\limits_{i=0}^{N}\sum\limits_{j=0}^{N}i[MX_iY_j]}{\sum\limits_{i=0}^{N}\sum\limits_{j=0}^{N}[MX_iY_j]}=\frac{\sum\limits_{i=0}^{N}\sum\limits_{j=0}^{N}i\beta_{ij}[X]^i[Y]^j}{\sum\limits_{i=0}^{N}\sum\limits_{j=0}^{N}\beta_{ij}[X]^i[Y]^j} \tag{12-47}$$

$$\bar{n}_Y=\frac{c_Y-[Y]}{c_M}=\frac{\sum\limits_{i=0}^{N}\sum\limits_{j=0}^{N}j[MX_iY_j]}{\sum\limits_{i=0}^{N}\sum\limits_{j=0}^{N}[MX_iY_j]}=\frac{\sum\limits_{i=0}^{N}\sum\limits_{j=0}^{N}j\beta_{ij}[X]^i[Y]^j}{\sum\limits_{i=0}^{N}\sum\limits_{j=0}^{N}\beta_{ij}[X]^i[Y]^j} \tag{12-48}$$

N 为金属离子的最大配位数，若配合物中只存在一种配体，则 $i=0$ 或 $j=0$。

Cu^{2+} 的配位数为 4，$C_2O_4^{2-}$、En 均为二价配体。因此，最多可形成 MX、MX_2、MXY、MY、MY_2 五种配合物。若溶液中开始存在过量的 X 而无 Y，则不形成 MX，全部都形成 MX_2，而 $MX_2+Y \longrightarrow MY+2X$ 是不可能发生的。故这个体系中只能形成 MX_2、MXY 和 MY_2 三种配合物。因为在 Y 进入配合物内界时必须排出 X，此时存在着互补的关系，$\bar{n}_X+\bar{n}_Y=2$，即 $\bar{n}_X=2-\bar{n}_Y$。

用 pH 滴定法测定单一型配合物时，是用 pH 法求得 $\bar{n}$，然后由 $\bar{n}$ 对平衡时游离配体浓度 $[X]$ 作图，当 $\bar{n}=\frac{1}{2}$、$\frac{3}{2}$、$\frac{5}{2}$、… 时，相应 $[X]$ 值，即为 K_1、K_2、K_3…。

用类似的方法，找出 $\bar{n}_X$、$\bar{n}_Y$、与 β_{ij} 的关系。

当 $\bar{n}_X=\frac{3}{2}$，$\bar{n}_Y=2-\frac{3}{2}=\frac{1}{2}$ 时，

$$\bar{n}_X = \frac{3}{2} = \frac{2[MX_2]+[MXY]}{[MX_2]+[MXY]+[MY_2]}$$

$$= \frac{2\beta_{20}[X]^2_{3/2,1/2}+\beta_{11}[X]_{3/2,1/2}[Y]_{3/2,1/2}}{\beta_{20}[X]^2_{3/2,1/2}+\beta_{11}[X]_{3/2,1/2}[Y]_{3/2,1/2}+\beta_{02}[Y]^2_{3/2,1/2}} \tag{12-49}$$

$$\bar{n}_Y = \frac{1}{2} = \frac{2[MY_2]+[MXY]}{[MX_2]+[MXY]+[MY_2]}$$

$$= \frac{2\beta_{02}[Y]^2_{3/2,1/2}+\beta_{11}[X]_{3/2,1/2}[Y]_{3/2,1/2}}{\beta_{20}[X]^2_{3/2,1/2}+\beta_{11}[X]_{3/2,1/2}[Y]_{3/2,1/2}+\beta_{02}[Y]^2_{3/2,1/2}} \tag{12-50}$$

由以上两方程可解得 β_{11} 为

$$\beta_{11}=\beta_{20}\frac{[X]_{3/2,1/2}}{[Y]_{3/2,1/2}}-3\beta_{02}\frac{[Y]_{3/2,1/2}}{[X]_{3/2,1/2}} \tag{12-51}$$

若 β_{20} 和 β_{02} 已预先求得，则先求出 $\bar{n}_X$ 和 $\bar{n}_Y$，在 $\bar{n}_X$-$[X]$ 或 $\bar{n}_Y$-$[Y]$ 曲线上分别找出 $\bar{n}_X=\frac{3}{2}$，$\bar{n}_Y=\frac{1}{2}$ 对应之 $[X]_{3/2,1/2}$ 及 $[Y]_{3/2,1/2}$，代入式(12-51)即可求得混合配体配合物的稳定常数 β_{11}。

若只知 β_{02} 时，令 $\bar{n}_X=\frac{1}{2}$，$\bar{n}_Y=\frac{3}{2}$，按式(12-49)和式(12-50)那样展开，从四个方程中解出 β_{20} 与 β_{02} 的关系式为

$$\beta_{20}=\beta_{02}\frac{\dfrac{[Y]_{1,2,3/2}}{[X]_{1/2,3/2}}+\dfrac{3[Y]_{3/2,1/2}}{[X]_{3/2,1/2}}}{\dfrac{[X]_{3/2,1/2}}{[Y]_{3/2,1/2}}+\dfrac{3[X]_{1/2,3/2}}{[Y]_{1/2,3/2}}} \tag{12-52}$$

从 $\bar{n}_X$-$[X]$ 或 $\bar{n}_Y$-$[Y]$ 曲线上分别找出 $[X]_{3/2,1/2}$，$[X]_{1/2,3/2}$，$[Y]_{3/2,1/2}$，$[Y]_{1/2,3/2}$，代入式(12-52)，即可求出 β_{20}，再代入式(12-51)求得 β_{11}。

以 Ni^{2+}-亚氨基二乙酸（Ida）-N-邻羟基苄基氨乙酸（HBG）体系（M:X:Y= 1:1:1）用 pH 滴定法计算混合配体配合物的稳定常数为例，其平衡为

$$MX+Y^{2-} \Longrightarrow MXY^{2-}$$

$$K_{11}=\frac{[MXY^{2-}]}{[MX][Y^{2-}]} \tag{12-53}$$

溶液中存在下列平衡关系式：

总金属浓度 $\qquad c_M=c_X=[MX]+[MXY^{2-}]$

总配体 Y 浓度 $\qquad c_Y=[MXY^{2-}]+[H_2Y]+[HY^-]+[Y^{2-}]$

电荷平衡 $\qquad [K^+]+[H^+]=[OH^-]+[HY^-]+2[Y^{2-}]+2[MXY^{2-}]$

可得

$$[Y^{2-}]=\frac{(2-a)c_Y-[H^+]+[OH^-]}{\dfrac{2[H^+]^2}{K_{a_1}K_{a_2}}+\dfrac{[H^+]}{K_{a_2}}} \tag{12-54}$$

$$a=\frac{加入\ KOH\ 物质的量}{HBG\ 物质的量}$$

及

$$\bar{n}_Y=\frac{c_Y-b[Y^{2-}]}{c_M} \tag{12-55}$$

$$b = 1 + \frac{[H^+]}{K_{a_2}} + \frac{[H^+]^2}{K_{a_1}K_{a_2}}$$

式中，K_{a_1}、K_{a_2} 为 HBG 的酸离解常数。

图 12-11 所示为 Ni^{2+}-Ida-HBG 体系的 pH 滴定曲线。图 12-12 所示为 $\bar{n}_Y$-p$[Y^{2-}]$（1∶1）配合物的形成曲线。

在 $\bar{n}_Y$-p$[Y^{2-}]$ 形成曲线上 $\bar{n}_Y = \frac{1}{2}$ 处的 p$[Y^2]$ 值即为 $\lg K_{11}$，再按下式算出 β_{11} 之值：

$$\beta_{11} = K_{10}K_{11} \tag{12-56}$$

K_{10} 为 Ni-Ida 配合物的一级稳定常数。

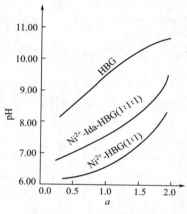

图 12-11　pH 滴定曲线

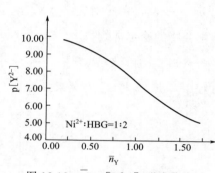

图 12-12　$\bar{n}_Y$-p$[Y^{2-}]$ 形成曲线

第十三章

电镀理论的发展

第一节 电镀理论概述

在镀液中加入不同的配体或添加剂，以及改变电镀时的工艺条件，都对镀液和镀层的性能有很大的影响。例如，以 H_2O、OH^-、NH_3 为配体时，只能得到疏松、粗糙和结合力不好的铜镀层；而用 CN^-、$P_2O_7^{4-}$ 和有机多膦酸作配体时，则可获得结合力好、结晶细致的半光亮的铜镀层。如果再加入少量的表面活性剂或某些容易被氧化-还原的光亮剂，如硫脲、丁炔二醇、各种胶类、聚乙二醇和聚乙烯亚胺等，可获得非常光亮的镀层。加入某些光亮剂所得到的镀层很光亮，但很脆；有的镀层的柔韧性很好，但光亮度又较差。除此以外，镀液中配位体、添加剂浓度的变化，pH 值的改变，温度的变化，溶液流动状态的变化，电源波形的变化等许多因素都会对镀液和镀层的性能产生较大的影响。因此到目前为止，大部分电镀工作者都把电镀作为一种理论上难以说明的配方工艺来看待。因为各类电镀试剂的性能、作用原理和剂量都不很清楚。1974 年，日本电镀专家尾形幹夫认为，目前完整的电镀理论尚未诞生，因此，他在解说电镀过程原理时，用的是"简易电镀理论"的标题。

电镀是一种涉及多学科的综合性技术，它与电化学、配合物化学、有机化学、表面化学、结晶学、金属学以及机电工程等学科均有密切的关系，可以说是一门综合性的交界学科。从镀液的配制到镀层的形成，中间要经过配合物的形成，配离子的电极还原和金属原子的电结晶等过程，根据 100 多年来积累的电镀经验，特别是无氰电镀研究工作的展开，不同学科的学者从不同的角度对电镀过程的机理提出了各自的看法，归纳起来，主要有四种理论。

一、配离子迟缓放电理论

在早期的电化学和电镀书刊中，大都沿用"简单金属离子"在电极上还原的理论。当然，许多现象得不到正确的说明。随着科学技术的飞速发展，对配离子的电极反应机理有了新的认识，确定金属离子从氰化物等各种配位体镀液中的电沉积是配离子直接在阴极上放电的结果。配合物镀液比简单金属盐镀液的超电压高，是因为所形成的配离子比水合配离子放电更加迟缓而引起的，而不是由于"简单金属离子"的浓差极化造成的。

为何配离子的放电比"简单金属离子"放电更慢呢？这也曾有两种解释。

第一种解释认为，配离子并不能直接在电极上放电，只有它离解出的"简单金属离子"才能放电

$$MX_n \Longleftrightarrow MX_{n-1} \Longleftrightarrow \cdots \Longleftrightarrow MX_2 \Longleftrightarrow MX \Longleftrightarrow M^{z+} \xrightarrow{ze^-} M \qquad (13\text{-}1)$$

这种离解反应是一种连串反应。随着电极反应的进行，在金属表面的"简单金属离子" M^{z+} 的浓度不断降低，这时 M^{z+} 就从本体溶液中扩散至金属电极表面，同时高配位数的配离子逐步离解，仅当这种离解反应的速率非常之快，以致和 M^{z+} 的扩散速率相当时，电极上的 M^{z+} 才能及时得到补充。但这种情况一般很少见，大多数的情况是离解反应的速率比扩散的速率慢，电极反应的速率因为 M^{z+} 的传质速度慢，或配合物的解离困难而减慢。因此，电极反应的超电压主要是由浓差而引起的超电压，这就是"离解理论"对配离子迟缓放电的解释。

这种解释只考虑了未通电时镀液的热力学平衡反应，和由此而引起的浓差极化，它忽视了通电时配离子在电极反应过程中的动力学因素，即配离子本身放电的电化学反应超电压。

另一种解释称为配离子直接还原理论，它认为不仅"简单金属离子"可以在电极上放电，配离子也可直接在电极上放电。例如，金属在含氰化物等配位体的镀液中的电沉积，是氰合配离子在阴极上直接放电的结果。从配合物镀液中能获得质量高的镀层，镀液的电化学极化大，是因为氰合配离子放电所需的活化能远超过水合配离子的缘故。

配离子在阴极还原为金属原子并非一步实现的，为了便于电子的传递，在电子转移之前，配合物的结构必须作适当的调整，以形成易于电子传递的活性中间体。对于六配位的八面体型配合物，可以通过离解成低配位数的配合物（S_N1 机理），或通过缔合作用而形成高配位数的配合物（S_N2 机理）而形成活性中间体。图 13-1 是 $[Ni(NH_3)_2(H_2O)_4]^{2+}$ 按 S_N1 机理形成活性中间体，再发生电子转移的电极反应过程。图 13-2 是配离子 $[M(NH_3)_6]^{2+}$ 按 S_N2 机理形成活性中间体，然后再发生电子转移的电极反应过程。

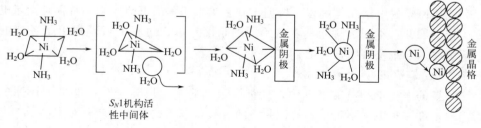

S_N1 机构活性中间体

图 13-1　配离子按 S_N1 机理进行的电子转移反应

现在已有许多事实证明，形成活性中间体配合物的能量是整个电极反应所需能量的主要部分，即配离子电极还原反应的超电压主要是形成活性中间体时的超电压，或者说电极反应的速率主要由形成活性中间体的难易决定。例如，第一过渡系二价水合

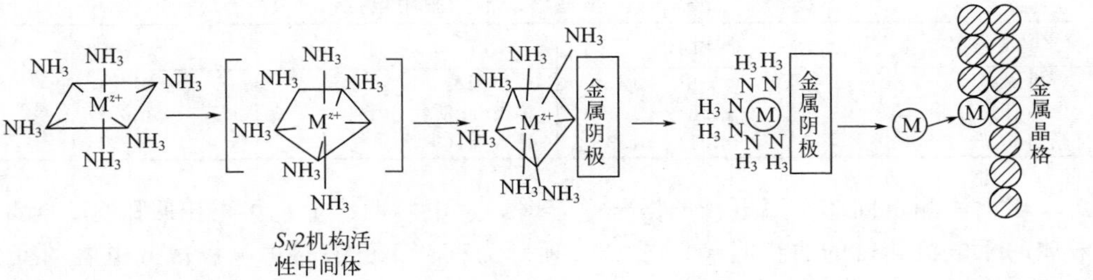

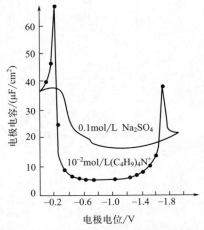

图 13-2　配离子按 S_N2 机理进行的电子转移反应

金属离子（由 Mn^{2+} 至 Zn^{2+}）放电的超电压主要是水合配离子 $[M(H_2O_6)]^{2+}$ 脱去第一个内配水而形成活性中间体时所产生的超电压。

二、添加剂的吸附理论

目前，在光亮电镀中最能为大家所接受的理论就是有机添加剂的吸附理论。这种理论认为，某些有机添加剂能吸附在电极的表面，形成一层极薄的吸附层，它阻碍了金属离子的放电，因而提高了阴极极化，改善了镀层的质量。

吸附作用可以是表面活性中心的动态吸附，也可以是生长着的微细晶粒在某些晶面上的选择性吸附。吸附在结晶成长点的添加剂，会阻碍晶格的生长。当添加剂过量，超电压又超过一定限度时，晶格生长可被完全抑制。因此，新的结晶便在其他位置产生了。如此反复进行，便可获得晶粒细小而光亮的镀层。

添加剂的吸附现象已为双电层电容、电毛细管曲线和放射性同位素的测定所证实。图 13-3 是四丁铵离子存在时的汞电极的微分电容曲线（也称为双电层电容曲线）。

由图可知，由于大的有机阳离子 $N(C_4H_9)_4^+$ 的存在，使微分电容曲线在某一电位区电容值比没有添加剂时显著降低。平板电容器的电容表达式如下：

$$C = \frac{D_c}{4\pi d} \ (\mu F/cm^2) \tag{13-2}$$

式中，C 为每平方厘米表面上的双电层电容；D_c 为双电层中物质的介电常数；d 为双电层的厚度。由上式可知，D_c 和 d 将因吸附物的性质不同而异，即双电层电容与吸附物种的性质和吸附量有密切的关系。例如，图 13-3 就是因为电极表面吸附一层四丁铵离子而使双电层厚度增加，介电常数减小，因而双电层电容将降低。当电位小于 0.4V 或超过 1.4V 时，可以观察到电容值的突跃（尖峰），后一个尖峰相当于从充满着吸附离子 $N(C_4H_9)_4^+$ 的金属表面过渡到没有这些离子的表面的电位，即添加剂的脱附电位。表 13-1 列出了某些添加剂的脱附电位。

图 13-3　四丁铵离子存在时的汞电极的微分电容曲线

表 13-1　某些添加剂的脱附电位

物　　质	脱附电位/V	物　　质	脱附电位/V
有机阴离子	$-0.8 \sim -1.1$	有机阳离子	$-1.4 \sim -1.6$
中性有机分子(苯酚)	$-0.8 \sim -1.1$	多极性、活性分子	$-1.6 \sim -1.8$
脂肪醇、胺	$-1.1 \sim -1.3$	平平加、OP 乳化剂	-1.8

　　用上法测定固体金属电极的微分电容时，从电容曲线上也可看出吸附区，但不如液体的汞电极测得的曲线明显。图 13-4 所示为存在正己醇时银电极微分电容的变化，表明在 $-0.2 \sim -1.4V$ 之间己醇已在电极上吸附。但是，在大多数非单晶金属电极上，由于多晶金属表面的非均匀性，测得的微分电容曲线的吸附区并不明显，而且跟汞电极上测得的结果有一定的差距。图 13-5 所示为酸性光亮镀铜添加剂 2-四氢噻唑硫酮（H_1），苯基聚二硫丙烷磺酸钠（S_1）和 Cl^- 在多晶铜电极上于 $0.75mol/L$ 硫酸溶液中的微分电容曲线，它没有出现两个明显的尖峰。

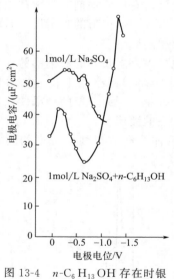

图 13-4　n-$C_6H_{13}OH$ 存在时银
电极的微分电容曲线

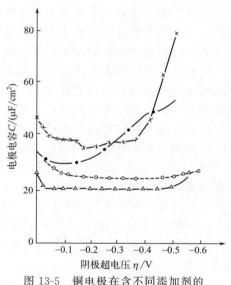

图 13-5　铜电极在含不同添加剂的
$0.75mol/L$ H_2SO_4 溶液中的微分电容
● 无添加剂；○ $9.75 \times 10^{-3} g/L$ S_1；
△ $1.17 \times 10^{-3} g/L$ H_1；
× $2.99 \times 10^{-2} g/L$ Cl^-

　　综上所述，吸附理论可以解释光亮剂为何能抑制金属离子放电的粗略原因。从双电层电容曲线的研究还可以确定各种添加剂吸附与脱附的电位范围。这对添加剂的选择有一定的指导作用。但是，吸附理论太笼统了，微分电容曲线也只表示电极表面宏观电容量的变化。因此，吸附理论只肯定了添加剂可在电极表面吸附这个普遍现象，却无法说明为什么会吸附，分子在电极表面是怎样吸附的，为何结构不同的添加剂对光亮镀层的形成有不同的影响，以及为何同一添加剂在不同的电镀条件下有不同的光亮效果等。此外，添加剂的光亮活性与电沉积过程的极化程度之间也不像通常所说的那样有平行的关系。例如，硫脲作为光亮剂，可使硫酸盐镀铜液的极化值提高，却使氰化镀银液的极化值降低。再如，苯胺、胺、苯二胺等对镀镍虽有极显著的极化作用，但它们完全没有增光作用。实际上，只有那些能在金属电极上吸附，并对金属电沉积过程的极化有影响的添加剂才表现光亮作用。所以，应当说吸附理论还是非常定性的理论，它并没有真正解决光亮作用的机理，也不能预测哪一类添加剂适用于哪一种镀液。

三、产生光亮镀层的电子自由流动理论

光亮镀层的获得是由许多因素决定的。如金属离子本身的性质，配位体和添加剂的性质和用量，电镀时的工艺条件，以及被还原金属晶粒的大小和定向等，即随镀液的成分与条件而异。有不少人认为光亮沉积物与晶粒的细化有联系，即要获得光亮的镀层，就必须使金属表面平整和晶粒尺寸减小到不超过可见光谱范围内反射光的波长（约 $0.5\mu m$），这样就不存在漫射，入射光如同在镜面上被反射回来一样，看上去才是光亮的。提出这一看法的根据是，大部分具有高度光泽的镀层，其结晶组织在大多数情况下是比较细的。然而，勒德海瑟（Leidheiser）和格瓦斯梅（Gwathmey）在单晶球上电沉积镍时，发现有一种是镜面光亮的单晶沉积物（在 100 面上），而另一种为无光泽的多晶沉积物（在 111 面上），因此认为光亮度和晶粒大小之间并不存在一定联系，但与表面的粗糙度是有关系的。同时，大量的实验表明，许多光亮剂并不表现出整平性。

另一种看法则认为，电镀层的光亮与否，决定于晶面在金属表面的定向。即当晶体的每一个面都是有规则地取一定的方向平行于基体的平面，这样才能形成镜面反射的光亮镀层。这种看法只能解释一小部分实验事实。许多研究工作都表明，光亮的镀层并不一定就是晶面在金属表面的定向性很好，相反，结晶的定向性很高的镀层却不一定是全光亮的。表 13-2 列出了 X 射线衍射和电子衍射法所得到的铜镀层的光亮度和结晶组织的关系，其镀液成分为：$CuSO_4 \cdot 5H_2O$ 为 200g/L，H_2SO_4 为 50g/L(20℃)。

表 13-2　铜镀层的光亮度和结晶组织

添加剂/(mg/L)	电流密度/(A/dm²)	光亮度	结晶的定向性
无	1	不光亮	无
无	5	不光亮	无
硫脲(10)	3	半光亮	—
硫脲(10)	5	半光亮	(220)定向性强
硫脲(10)	8	光亮	(311)定向性弱
L 酰硫脲(12)	2	半光亮	无
L 酰硫脲(12)	5	光亮	弥散圈
L 酰硫脲(12)+表面活性剂	5	光亮	无
烯丙基硫脲(12)	5	半光亮	无
烯丙基硫脲(12)	8	半光亮	(220)定向性弱
烯丙基硫脲(12)+表面活性剂	5	光亮	弥散圈
甲基异硫脲(9)	3	不光亮	无
甲基异硫脲(9)	5	不光亮	无
六次甲基二硫脲(12)	3	不光亮	无
六次甲基二硫脲(12)	5	半光亮	无
六次甲基二硫脲(12)+表面活性剂	6	光亮	弥散圈

由表可见，铜镀层的光亮度与结晶组织的定向性之间并无直接关系，只能说明镀层的光亮度随添加剂的种类、用量以及电镀工艺条件的不同而异。在光亮镀镍和镀锌中，也发现光亮镀层的结构是与电镀条件和增光剂性质有关的。

晶面定向和晶粒细度的看法，都只考虑光亮镀层的结构特点，而忽略了更为重要的产生光亮镀层的原因与条件。因此，这些看法还不能解释光泽形成的机理，对如何选择添加剂也是无能为力的。

1974年，日本学者马场宣良用原子观点来解释光亮电镀的发光机理。他提出镀层上电子的自由流动是镀层光亮的原因。因为在金属结晶中充满了自由流动的电子，一旦接受光能，自由电子迅速将能量传递到全部结晶中去，并立即把光放出，结果一点也不吸收光。这就是金属显示光亮的原因。因此，可以说光亮本是自由电子的特性。

当金属晶粒变小，自由电子可以自由流动的范围逐渐缩小，即电子被原子或分子间的力束缚住了，它的自由度减小，流动性下降，此时，一旦接受光能，电子就会把它吸收而不再反射。所以金属粉末并无光泽。金属表面生锈后，光泽度就下降。这是由于铁的氧化物是以微粒状存在的，它不具有或很少有自由流动电子的缘故。如果生成的是透明的玻璃状的氧化物（如 Al_2O_3），那并不影响电子的流动，也就不影响金属光泽。

金属表面越粗糙，电子的自由流动越困难，光亮性也越差。镜面光滑的表面，具有最好的金属光泽。

对于镀铜、镀镍和镀锌来说，最有效的光亮剂是含硫的化合物，如硫脲、萘二磺酸、糖精、胱氨酸，以及各种胶类，如蛋白胨、明胶、骨胶等。此外，作为无机光亮剂的，有含亚硫酸的纸浆废液、$Na_2S_2O_3$、NH_4SCN 等，它们都含有硫。在这些硫化物分子中的 C—S 和 O—S 键，在阴极析出金属时，也同时被还原，似乎形成硫化物而一起被夹杂到晶格中。这种硫化物一方面使镀层的脆性和耐蚀性增加，同时因为它具有半导体的电子传导性，可以沟通结晶与结晶之间的电子流，因而提高了金属镀层的光亮度。

含不饱和双键或叁键的另一类光亮剂，则是因为它们有易移动的 π 电子或未共用的电子对，才具有增光作用。

电子自由流动的观点可以说明镀层光亮的原因以及金属表面粗糙度和添加剂对光亮度的影响，但是它用硫化物、硒化物的半导体性能来解释光亮剂作用机理是比较牵强的。因为许多光亮剂并不含硫，而含硫的有机化合物也不一定都要被还原为硫化物才有光亮效果。此外，含不饱和双键和叁键的光亮剂的还原产物并无半导体性质。这是电子自由流动的观点难以说明的。再则，为何丁炔二醇可以作为酸性镀镍的光亮剂，却又不能作为酸性镀锌或镀铜的光亮剂呢？为何镀液组成和电镀条件的变化对光亮效果有那么大的影响呢？所有这些问题，单纯从镀层的结构组织或电子流动的容易程度方面解释都是无法说明的。因此说，光亮电镀的机理还很不成熟，有待于进一步的深入研究。

四、电结晶理论

金属的电沉积包含了金属与溶液界面层发生的各种过程。如溶液中配离子向电极的移动、表面活性物在电极上的吸附、界面层内金属配离子的离解、金属配离子与电极间电子转移和电极表面"吸附原子"的扩散和电极上晶核形成与生长的过程。归结起来，主要是电极过程和晶体生长过程。

电结晶过程动力学主要研究配离子如何在电极表面放电，在何处容易放电，晶体生长类型与超电压的关系，以及各种实验条件对晶体生长类型的影响等。经过几十年来的研究，目前在这一领域已取得了一定的进展。现简述如下。

1. 金属配离子在基体表面上放电的位置

金属表面一般都是不完整的，呈现各种缺陷，在基体表面上有各种不同的位置：晶面、阶梯、纽结点、缺口、孔洞、棱边等。

康威（Conway）和博克里斯（Bockris）对 Ag^+、Ni^{2+} 和 Cu^{2+} 等水合配离子在上述各种表面位置上放电的活化能进行了理论推算，表 13-3 列出了这些金属离子在零荷电位时直接转移到电极表面不同位置上所需的活化能。

表 13-3　金属离子在零荷电位时直接转移到电极表面不同位置上所需的活化能

离 子	活化能/(kJ/mol)			
	晶　面	棱　边	纽 结 点	孔　洞
Ni^{2+}	544.3	795.5	>795.5	795.5
Cu^{2+}	544.3	753.6	>753.6	753.6
Ag^+	41.87	87.92	146.5	146.5

从活化能的数据可以得到以下的结论：

① 金属配离子放电产生不带电品种（吸附原子）的活化能很高，因此，放电的最初产物可能是"吸附离子"。例如，水合 Ag^+ 放电产生的"吸附银离子"，按理论计算大约具有 30%～50% 的离子性质。

② 高价金属配离子放电，同时传递两个或多个电子的活化能极大，所以，大都是按单电子传递步骤进行的。实验表明，Cu^{2+}、Cd^{2+}、Zn^{2+} 和 Fe^{2+} 等二价金属离子放电都是这样。

③ 金属配离子在晶面上放电的活化能最低，而在孔洞上最高，显然，配离子配体脱离困难可能是妨碍配离子进入孔洞放电的主要原因。因为配离子要进入孔洞，如图 13-6（b）所示，必须使所有配体扭向一边，并自动断裂，而这样做需要大量的能量，所以活化能最高。

2. 晶体生长类型与超电压的关系

镀层的晶体结构，一般来说是由电镀金属的基本结晶学性质所决定的。但是，镀层的晶体形态和组织结构则主要决定于电结晶的条件。如基体金属的性质和表面状态，电镀液的组成和电镀的工艺条件等。电结晶的条件和热熔金属制品的条件不同，所以镀层的晶体形态与组织结构也有

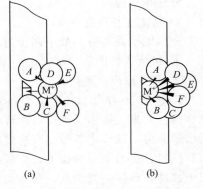

(a)　　　　　(b)

图 13-6　配离子直接进入孔洞放电

所不同。在不同条件下沉积出的镀层形状，最常见的有：棱锥状、层状、块状、脊状、螺旋状、树枝状、须状等。

金属电沉积时，晶体生长类型同超电压或电流密度有密切的关系，表 13-4 是从硫酸铜液中由铜（100）面所得的晶体生长类型。

表 13-4　铜(100)面上电沉积铜时晶体生长的类型和超电压的关系
（体系：0.25mol/L CuSO₄＋0.1mol/L H₂SO₄）

电流密度/(mA/cm²)	沉积层晶体生长类型	超电压(在 10C/cm² 时)/mV
5	层状	40～60
5	棱锥	60～80
7.5	层状＋棱锥	110
10	层状＋棱锥	130～140
15	层状＋棱锥＋截短的棱锥	140～160
20	（层状）＋截短的棱锥＋块状	165
30	截短的棱锥＋块状	225
40	多晶(?)＋截短的棱锥＋块状	230
50	多晶	240

电沉积锌的电子显微观察结果表明，不论是在酸性还是在碱性介质中，从浓的镀液电沉积锌时，随着超电压的提高，电沉积锌的形态由海绵状──→紧密层──→树枝状。

耳德-格鲁兹（Erdey-Gruz）和沃尔麦（Volmer）早年就已提出二维晶核形成和三维晶核形成的速度和超电压 η 的关系式分别为：

$$\ln i = A - B\eta^{-1} \quad \text{（二维成核）} \tag{13-3}$$

和
$$\ln i = A' - B'\eta^{-2} \quad \text{（三维成核）} \tag{13-4}$$

式中，A、B、A'、B' 均为常数。由此可见，随着超电压的增大，新晶核的形成速度将迅速增大。因此，要得到比较紧密细致的镀层，就要求快速生成大量的新晶粒。这就必须设法增大超电压。

耳德-格鲁兹的这一机理在当时未能得到验证。直至最近，布德夫斯基（Budevski）在毛细管中制备得到几乎无位错的银单晶面，应用恒电流法和短方波电压脉冲法证实了二维成核机理。

3. 晶体生长理论

金属电结晶可分为如下两个过程：

① 初始生长形成"单原子"薄层；

② 增厚形成宏观层。

20 世纪 50 年代以前，主要强调电结晶必须成核，晶核可以是二维的，也可以是三维的。后来又提出了螺旋沉积理论，认为晶体生长可以不经过初始的成核过程。最近已经弄清，晶体生长时是否通过成核过程，关键在于基体金属本身是否存在位错。在有位错存在的金属表面上，金属电结晶生长的初始过程只能发生在晶面上的台阶，或更好地在台阶的纽结点。在表面的其他位置可能以"吸附原子"存在，以后通过表面扩散到达纽结点。若在基体表面存在大量螺旋位错的情况下，晶体生长可以不经过成核而通过螺旋形生长的旋转运动直接形成。如果金属表面是无位错的，则晶体生长必须经过成核过程。

第二节　电镀理论的核心

一、电镀理论研究的某些重大成果

电镀层，是一定形式的配离子在一定条件下在阴极上还原析出的产物。因此，电解液的组成，如配位体、添加剂、其他辅助试剂和电镀条件（如温度、酸度、电流密度、电极电位、搅拌等），都将直接或间接影响配离子的放电和电结晶过程。这些因素对电极过程的影响，主要表现在改变放电配离子的形态和活化能，对电结晶过程的影响，则直接表现在所得到电沉积层的各种性质上。例如，镀层的密致程度、反光性质、分布的均匀程度、镀层和基体金属的结合强度以及力学性能等。这里将在电镀理论方面取得突出成果的研究简要介绍如下：

1952 年，陶伯（Taube）用内轨和外轨型电子构型来解释配合物配体取代反应的活性和惰性。

1954 年，赖昂斯（Lyons）根据水溶液中金属配离子的电子构型，利用内轨与外轨的概念，对周期表中各类元素及其配合物的电沉积行为进行了分类。指出外轨型配合物一般以高的电流效率和低的电化学反应超电压的方式沉积，而内轨型配合物则以低的电流效率和高的电化学反应超电压的方式沉积，或者得不到沉积层。

1953～1955 年，格里雪（Gerischer）从电极过程动力学角度，用交换电流密度法测定了 Zn^{2+}-$C_2O_4^{2-}$，Zn^{2+}-OH^--CN^-，Zn^{2+}-NH_3，Ag^+-NH_3 和 Ag^+-CN^- 等体系在溶液中配离子主要存在的形式和在电极上直接放电的形式，开创了研究放电配离子的电化学动力学方法。

1963 年，埃刚（Eigan）用动力学方法测定了一系列水合金属离子脱去第一个配位水的速率常数；同年，皮尔逊（Pearson）提出了软硬酸碱（SHAB）理论。

1963 年，伏尔谢克（Vlček）详细总结了金属配合物在滴汞电极上的反应，提出了电极反应的简图以及各种因素对电极反应的影响。这是配离子电极反应的第一篇详细综述。1965 年藤永太一郎对伏尔谢克的观点作了详尽的阐述和发展。

1964 年，田中和玉虫汇集了 1963 年 11 月以前测定的电极反应动力学参数，为电镀理论的发展提供了基础数据。

1965 年前后，达米雅诺维克（Damjanovic）指出金属电沉积时晶体生长类型和超电压或电流密度有密切关系。

1967 年，博克里斯等认为光亮剂的光亮作用是由于它能优先吸附在晶体生长点，如纽结点、锥顶、生长着的台阶上，而抑制了金相上的差别的缘故。

1968 年，巴克莱（Barclay）提出，离子的特性吸附可以用软硬酸碱理论来说明。

1965～1975 年，溶液中混合配体配合物形成条件和稳定常数方面的研究积累了丰富的资料，引起了化学界的高度重视。

1968 年，康威（Conway）等总结了各类不饱和有机化合物在电极上的还原反应及其产物。这对深入了解有机添加剂的作用机理很有帮助。

1958～1968 年，伏尔谢克（Vlček）探讨了电极反应的活化能和配合物光谱性质的关系。

1973 年，史特洛（Strehlow）和建（Jen）提出多价水合阳离子的脱水是水溶液中金属离子电还原超电压的主要来源，并提出了理论上计算脱水活化能的计算模型，发现计算值与实测值很一致。

1973 年，贝克（Бек）等确定氰化物镀铜液中配离子的主要存在形式为 $[Cu(CN)_2]^-$，$[Cu(CN)_3]^{2-}$，$[Cu(CN)_4]^{3-}$ 和 $CuCN$，它们各自的含量决定于总 CN^- 的浓度。他们还测定了前三种配离子的稳定常数。

1973 年，萨迫尼克（Шапник）等用旋转圆盘电极研究了 $Cu\text{-}En\text{-}P_2O_7^{4-}$ 电解液中铜的混合配体配离子的放电，指出放电过程中存在前置化学反应。

1972～1974 年，奥列贺娃（Орехова）和安得柳申科（Андрющенко）等详细研究了 $Ag^+\text{-}NH_3\text{-}P_2O_7^{4-}$ 体系混合配体配合物的组成、各种配离子的电化学参数，以及超电压产生的原因。这是第一组详细阐述混合配体配合物放电机理的研究报告，引起了国内的广泛兴趣。

1974 年，马场宣良提出产生光亮镀层的电子自由流动理论。布德夫斯基（Budevski）制得无位错银单晶，首次证实了电结晶的二维成核机理。

1975 年，维（Vijh）和伦丁（Randin）发现第一过渡系金属电沉积时的电极反应速率（以交换电流密度表示）和水合配离子脱去第一个配位水而形成活性中间体的速度有对应关系，进一步证明水合配离子的脱水反应是整个放电反应超电压的主要来源。

1975 年前后，罗斯卡列夫（Лошкарев）对表面活性物质对电极反应的影响作了系统的研究，指出表面活性物质阻化电极反应的主要原因，是在电极表面上形成放电困难的表面活性配合物。某些加速电极反应的配体是作为电极和放电离子间的"电子桥"的结果。

1976 年，在四机部召开的无氰电镀技术交流会上，笔者着重指出在多配体电解液中要注意混合配体配合物的作用，详细阐述了混合配体配合物的形成条件、稳定性和它的电极反应动力学特性，并剖析了各类无氰镀液中各种配体的作用。

1976 年，金野英隆和永山政一用混合配体配合物的观点解释了 $Cu^{2+}\text{-}NH_3\text{-}P_2O_7^{4-}$ 体系的镀铜机理，指出在存在少量 NH_3 时，镀液中为 $[Cu(P_2O_7)_2]^{6-}$ 和 $[Cu(NH_3)(P_2O_7)]^{2-}$ 同时放电。

1977 年，大山等用极谱法研究了不同 pH 时 Cd^{2+}、Pb^{2+} 同氨羧配位体（EDTA，HEDTA）的配位形态为各种酸式配合物 $[MH_iL]$，其稳定常数和放电的速率常数有线性关系，符合线性自由能规则。

1978 年，辛福（Singh）和威马（Verma）等发现某些铜（Ⅱ）的混合配体配合物的电极反应速率常数和由光谱数据测得的配体场强度的变化顺序是一致的。

1979 年，许家园、张瀛洲、周绍民等证明在碱性锌酸盐中存在 $[Zn(OH)_2EDTA]^{4-}$ 和 $[Zn(OH)_2TEA]^-$ 类型的混合配体配合物。笔者在研究 Zn^{2+}-HEDP-CO_3^{2-} 体系镀锌时，也证明存在 $[Zn(CO_3)_2HEDP]^{6-}$ 形式的混合配体配合物。

1979 年 12 月，在中国电子学会第一届电子电镀年会上，笔者提出了镀液的配位方式为多元配合物，配方设计的中心是调整金属离子电沉积速度的多元配合物电镀理论。

二、决定电镀质量的关键因素

1. 超电压在电镀过程中的作用

在电镀过程中能将各种影响因素贯穿起来的物理量是超电压。这一点可以从以下的事实得到证明。

① 不同金属的水合配离子放电时的电化学反应超电压也各不相同，Au^+、Ag^+、Cu^+、Cu^{2+}、Cd^{2+}、Pb^{2+}、Zn^{2+} 等离子的超电压较小，从它们的强酸性镀液中只能获得粗糙、疏松的镀层，而 Fe^{2+}、Co^{2+}、Ni^{2+}、Cr^{3+}、Cr^{6+}、Pd^{4+}、Pt^{4+} 等的超电压较大，从强酸性镀液中可以获得细致和具一定光泽的镀层。例如，从铬酸或铂族金属镀液中可以不加光亮剂而获得光亮的镀层。

② 同一金属离子和不同配体形成电子构型不同的配离子时，其超电压也各不相同。取代惰性的内轨型配离子一般超电压较高，而取代活性的外轨型配合物的超电压一般较低。

③ 由水合配离子同比水更强的配体形成更稳定的配离子时，一般超电压也增高。配体的浓度升高，镀液的超电压一般也增高。

④ 某些混合配体配合物的超电压比单一型配合物的高，所得镀层的光亮度和致密性也好。

⑤ 能与配离子形成稳定离了缔合物（亦称离子对）的缔合剂，如与配阴离子形成离子对的大阳离子，特别是具有表面性的大阳离子，均可提高配离子放电的超电压。

⑥ 具有光亮作用的添加剂，一般都可提高配离子放电的超电压。

⑦ 改变镀液的 pH，镀液中配离子的形态发生变化，超电压也随之变化。对于弱酸性配体，随着 pH 的升高，一般配位能力增强，超电压升高。

⑧ 电流密度变化时，超电压一般是随电流密度而增高。

⑨ 升高温度，离子扩散速度加快，浓差超电压降低，配离子容易离解，电化学反应超电压也下降。

⑩ 根据电结晶的二维和三维成核理论，超电压越高，新晶核的形成速度越快，所得镀层越细致。因此，影响超电压的各种因素也将影响镀层的厚度分布、反光性能、镀层的密致程度和与基体的结合强度。

由此可见，超电压的大小，不仅反映了电极过程的难易，而且决定了镀层的性质和结构，是将电极过程和电结晶过程连贯起来的一个主要的宏观物理量。

2. 电极反应的速率常数和交换电流密度与超电压的关系

超电压是随镀液中各种成分和条件变化而发生变化的一种宏观物理量。它是外电流流进电极体系而引起的。因此是电极反应的外因。它并不是反映金属离子本身的特征物理量，在电镀生产中，不同镀种的阴极过程，若要达到同一电极反应速率时所要求的超电压也各不一样。因此，很难说某一金属离子的超电压有多高，或加入某种配位体后超电压有多大的变化，因为它随体系的成分和条件而发生很大的变化。这样，要用超电压来说明电镀过程的本质是很困难的。

在平衡电位时，电极上没有外电流通过，但是电极上的氧化过程和还原过程仍在不断地进行，只是电极的氧化反应和还原反应的速率相等。此时的电极反应速率用电流来表示就称为交换电流密度 i_0，即

$$i_a = i_c = i_0$$

在平衡态时，当体系中氧化态和还原态物种的浓度相等时，氧化和还原反应的速率相等，此时的反应速率为常数，称为电极反应速率常数 k，在标准态时则称为电极反应的标准速率常数 $k^{\ominus}$。它可以看成是在 $E = E^{\ominus}$ 时反应物越过活化能垒的速度，是比较各种电极反应速率的标准。$k^{\ominus}$ 是温度、压力和电极电位的函数，但与反应体系中各物种的浓度无关。它与 i_0 的关系为

$$i_0 = zFk^{\ominus} c_O^{\beta} c_R^{\alpha}$$

式中，c_O 为反应时氧化态的总浓度；c_R 为还原态的总浓度；α、β 为传递系数。此式表明，交换电流密度正比于标准速率常数 $k^{\ominus}$。因此，用交换电流密度或标准速率常数均可以反映未通电时电极体系本身的性质。因为当电极材料、电极表面状态、溶液的浓度和组成以及温度不变的情况下，i_0 也是常数。

通电以后，或在体系中加入配位体、添加剂等，以及改变电镀条件时，$k^{\ominus}$ 和 i_0 也随之发生变化。根据通电前 $k^{\ominus}$ 或 i_0 值的大小和加入各种试剂后 $k^{\ominus}$ 或 i_0 的数值，就可以判断金属离子的电极反应速率的快慢，并且由此决定所加各种试剂对电极反应速率的影响程度。表 13-5 列出了某些电极反应的交换电流密度。

表 13-5　某些金属离子的交换电流密度

金属高氯酸盐溶液	交换电流密度[①] i_0 /(A/cm²)	金属硫酸盐溶液	交换电流密度[①] i_0 /(A/cm²)	金属氯化物溶液	交换电流密度[①] i_0 /(A/cm²)
Zn	3×10^{-8}	Ni	2×10^{-9}	Sb	2×10^{-5}
Pb	8×10^{-4}	Fe	1×10^{-8}	Zn	3×10^{-4}
Tl	10^{-3}	Zn	3×10^{-5}	Sn	2×10^{-3}
Ag	1.0	Cd(2×10^{-3} mol/L)	4×10^{-2}	Bi	3×10^{-2}
Bi(Hg)	10^{-5}	Cu	3×10^{-2}		
		Tl	2×10^{-3}		

① 在 25℃，酸度为 1mol/L 或 0.5mol/L 时测定的 i_0 值。

交换电流密度 i_0 的测定比较方便，测定的数据也比标准速率常数多。

根据已经测定的结果，大致有如下规律：

① 碱金属和碱土金属电极体系的交换电流或标准速率常数都很大，其中某些反应只能测得反应速率的数量级，有的快到无法测量。因此，它们在汞齐上通电时几乎

不产生超电压，且不能从水溶液中直接析出，是因为它们太活泼而易与水反应的缘故。

② 过渡元素组成的金属电极体系的交换电流密度和标准速率常数一般都很小，反应的超电压较高。如 Fe^{2+}、Ni^{2+} 的 i_0 在 $10^{-9} \sim 10^{-8} A/cm^2$，对这些金属就可以在其简单盐溶液中获得满意的镀层。

③ 铜、银、镉、锌等在其简单盐溶液中的 i_0 值较大，$k^{\ominus}$ 也较大，因而镀层粗糙，分散能力差。

④ 配离子的电化学还原速度比简单水合离子要小，加入配位体，i_0 将变小，且随配位体的浓度而下降（见表13-6）。

表 13-6 Cd^{2+} 的交换电流密度随 NaCN 浓度的变化

$(2.2 \times 10^{-3} mol/L Cd^{2+} + 0.5 mol/L Na_2SO_4)$

氯化钠的浓度/(mol/L)	交换电流密度 $i_0/(A/cm^2)$
0	4×10^{-2}
0.02mol/L+5mol/L NaCN	5×10^{-4}

⑤ 如果在镀液中加入氯离子，则几乎在所有情况下都能加快电化学反应的速率，降低反应超电压。例如，从氯化物溶液中沉积铁和镍时的超电压比从硫酸镀液中沉积时要小。

⑥ 镀液中加入有机表面活性物质，一般都使交换电流密度降低，超电压升高。

⑦ 电解液温度升高，交换电流增大，超电压降低，反应速率加快。表 13-7 列出了电解液温度对交换电流密度的影响。

表 13-7 电解液温度对交换电流密度的影响

温度/℃		30	45	55	65
$i_0/(A/cm^2)$	1号电解液①	4.0×10^{-5}	8.2×10^{-5}	14×10^{-5}	25×10^{-5}
	2号电解液②	18×10^{-5}	41×10^{-5}		110×10^{-5}

① 1号电解液 (g/L)：Cu 为 25，$P_2O_7^{4-}$ 为 175，pH 值为 8.6，静置。
② 2号电解液 (g/L)：Cu 为 25，$P_2O_7^{4-}$ 为 175，$(NH_4)_6C_6H_5O_7$ 为 25，pH 值为 8.6，静置。

以上事实表明，决定镀液镀层性能的是金属离子的电极反应的速率，反应速率越快，交换电流密度越大，超电压越小，镀层也就越粗糙。在镀液中加入配位体或添加剂，电极反应的速率减慢，交换电流密度减小，超电压升高，镀层细致光亮。因此说，决定电镀质量的关键因素是金属离子电极反应的速率，超电压则是电极反应的阻力，阻力越大，反应速率就越慢。

3. 电极反应速率和水合配离子离解出第一个内配位水的速度

溶液中不同的水合金属离子，在电极上的还原速率有很大差别。碱金属的交换电流都很大，相应的反应速率常数也很大。二价金属离子的反应速率较慢，高价金属离子的电极反应速率则更慢（见表 13-8）。

表 13-8　不同价态金属离子的电极反应速率常数

及其脱去第一个内配位水的速率常数

价　态	金属离子	电极反应速率常数	脱去第一个内配位水的速率常数
一价	$Cu^+(Hg)$ $Ag^+(Hg)$ 碱金属(Hg)	$\geqslant 10^{-1}$	约 10^9
二价	Zn^{2+} Cu^{2+}	3.5×10^{-3} 4.5×10^{-2}	3×10^7 3×10^8
三价	Bi^{3+} In^{3+} Cr^{3+}	3×10^{-4} 1×10^{-6} 很小	3×10^2 1.8×10^{-6}

对于二价水合金属来说，电极反应的速率也有很大的差别。为何有这种差别呢？1973 年史特洛和建提出水合金属离子的脱水步骤比电子转移更慢。它是超电压产生的主要原因。对于 Ni^{2+}、Co^{2+}、Zn^{2+} 和 Cu^{2+}，已有实验证据证明电沉积速度的控制步骤，或者至少在电沉积反应时动力学上重要的一步是脱水。1975 年，加拿大学者 A. K. 维和伦丁提出电极反应的速率和水合配离子内配位水取代反应速率间有线性关系，即二价水合金属离子内配位水取代反应（即脱去第一个内配位水）的速率常数 k，和一系列二价金属离子在金属电极上或在汞电极上电沉积反应的交换电流密度间有线性关系，它们所用的数据列于表 13-9。图 13-7、图 13-8 分别为金属电极上电沉积反应的 $-\lg i_0$ 和在汞电极上电沉积的异相速率常数 $-\lg k_f$ 同内配位水取代反应速率常数 k 间的线性关系。

表 13-9　二价水合金属离子内配位水取代反应的速率常数

和电极反应的交换电流密度

金属离子	取代第一个内配位水的速率常数 k/s^{-1}	$-\lg i_0/(A/cm^2)$	介　质
Ni^{2+}	1.5×10^4	8.7	1mol/L $NiSO_4$
Co^{2+}	3×10^5	6.85	0.85mol/L $CoSO_4$
Fe^{2+}	1.5×10^6	8	1mol/L $FeSO_4$
Zn^{2+}	3×10^7	4.7	1mol/L $ZnSO_4$
Cd^{2+}	2.5×10^8	1.85	0.72mol/L $CdSO_4$
Cu^{2+}	3×10^8	2.57~4.7	1mol/L $CuSO_4$ 1mol/L $CuSO_4$ + 0.5mol/L H_2SO_4
Pb^{2+}	$3 \times 10^9 (Hg^{2+})$ [①]	1.07	0.5mol/L $Pb(NO_3)_2$

① Pb^{2+} 的性质与 Hg^{2+} 类似，故用 Hg^{2+} 的数据代替。

图 13-7 和图 13-8 中的直线进一步证明水合离子的脱水是总电沉积反应动力学的控制步骤。偏离直线的偏差，表明除内配位水的取代反应外，还有其他影响因素。如电子转移、表面状态的影响等。图 13-7 上的试验点比图 13-8 的更靠近直线，说明在汞电极上测定的结果比金属电极更准确。

由于电极反应的速率常数和交换电流密度的准确测定较为困难，至今测得的数据也有限，而用动力学方法测定脱水反应的速率常数 k 已很成熟，而且大多数金属离子均已测定。因此，也可近似用 k 值来讨论金属的电极反应性质。

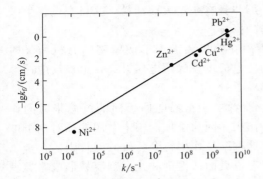

图 13-7　金属离子内配位水取代反应速率常数 k 与二价金属离子在汞上沉积的异相速率常数 k_f 的关系

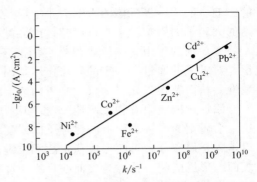

图 13-8　金属离子内配位水取代反应速率常数 k 与二价金属离子在金属上电沉积的 $-\lg i_0$ 间的关系

第三节　多元配合物电镀理论

一、多元配合物电镀理论的立论依据

电镀理论需要研究如何调节金属离子的放电速度，以获得所需镀层。每一种金属离子都有它固有的放电速度（通常用电极反应速率常数和交换电流密度表示）。例如，$[Fe(H_2O)_6]^{2+}$ 和 $[Ni(H_2O)_6]^{2+}$ 的电极反应的标准速率常数 $k^{\ominus}$ 约为 10^{-10}，其放电速度很慢。从其酸性水溶液中就可获得较好的镀层。相反，放电速度很快的金属离子，如 Cu^+、Ag^+、Au^+ 等的 $k^{\ominus} \geqslant 10^{-1}$，要设法降低其还原速度，才能获得满意的镀液和镀层性能。用什么方法，通过什么手段才可以达到调节反应速率的目的呢？这就是电镀理论必须回答的问题。

在镀液中加入配位体和添加剂是调节金属离子放电速度的两种最简便而又有效的方法，并已广泛应用。

在镀液中加入某种配位体，它所形成的配合物 ML_n 一般比水合配离子放电所需的活化能更大，因而放电速度变慢，镀液与镀层的性能也随之改善。但是，当加入两种或两种以上的配位体时，镀液中除形成单一型配合物 ML_n 外，还可形成混合配体配合物。以镀锌为例，在碱性锌酸盐镀锌液中加入氰化钠，目前不少人还认为镀液中形成的是 $[Zn(CN)_4]^{2-}$ 和 $[Zn(OH)_4]^{2-}$ 两种配离子，而忽视了镀液中混合配体配离子 $[Zn(OH)_n(CN)_{4-n}]^{2-}$ 的形成。除了形成单一型与混合型的单核金属配合物外，许多镀液中还形成更加复杂的多核混合配体配合物，它包含有多种配体和多个金属离子。

镀液一般要求较高的沉积速度和电流效率，镀液的浓度也较高。此时，除了考虑配合物内界配位方式的影响外，还必须考虑配离子外面第二层甚至第三层中外界离子的影响。这种影响主要是正、负离子间的缔合作用，即形成离子对的影响。外界离子的影响一般比内界配体的影响为小。但是，那些具有一定表面活性，又可在电极上吸附的大离子的影响，常常可以超过内界配体的影响。

添加剂的作用，一般认为是它们能够吸附在阴极表面上形成紧密的有机物吸附层，对电流的通过有一定的阻滞作用，因而使电极反应的超电压升高，电极反应速率减慢，从而获得光亮、细致、平滑的镀层。

添加剂的吸附有物理吸附和化学吸附。前者主要是静电偶极间的范德华力的作用，后者则为电极表面上的化学反应或配位作用。因为添加剂中未共用的孤对电子可以填入金属空 d 轨道而形成稳定的配位键。这种配位作用符合软硬酸碱规则。在金属表面上形成的配合物称为表面配合物。许多有机表面活性剂和光亮剂容易形成这类表面配合物。表面配合物的形态如何？在什么条件下容易形成表面配合物，以及哪些试剂容易形成表面配合物？这些问题目前尚无理论解释。

总之，在镀液中或在电极表面上，配位体和添加剂的作用是比较复杂的，所形成配合物的形态也是多种多样的。因此，要全面考虑镀液和电极表面上配合物的形态及其对电极反应速率的影响，就必须用同时考虑配合物内、外界离子在内的多元配合物的理论来说明。多元配合物电镀理论，就是用多元配合物的方式来调节金属离子的放电速度，以获得所需镀层的理论。

多元配合物，是指由多种组分（通常是三种或三种以上组分）所组成的单核或多核配合物，而不论这些配体是在内配位界还是在外配位界。在多元配合物中，目前研究和应用得最多的是三元和四元配合物。它基本上概括了各类镀液中配位体和添加剂的作用方式及金属配离子在溶液和电极界面上出现的形态。因此，总结分析各类多元配合物形成的条件和性能，特别是电极反应时的动力学特性，这对改进和设计电镀新工艺具有重大意义。

二、多元配合物电镀理论的要点

① 决定镀液镀层性能的关键因素是金属离子电极还原反应的速率。不同金属的水合配离子的还原速度各不相同，其速度的快慢可由电极还原反应的速率常数 $k^{\ominus}$ 或交换电流密度 i_0 表示，也可近似用水合离子取代第一个内配位水的速度 k 表示。一般金属离子的价数较高，或者其电子构型为 d^3、d^6 和 d^8 的，其还原速度很慢。

② 镀液的配方设计应根据水合金属离子本身的还原速度的快慢选用配位体与添加剂。对沉积速度慢的铁分族、铂分族和铬分族等金属离子，不可选用 CN^- 这样易于形成内轨型惰性配合物的配体；而对沉积速度很快的铜分族、锌分族等金属离子，则可选用 CN^- 这样强的配体，因为这些金属只形成活性的外轨型配合物，但所用氰化物或其他配位体的量应根据金属离子本身的还原速度来决定，反应速率快的用量应大。表 13-10 是用氰化物和 1-羟基-(1,1)-亚乙基-1,1-二膦酸（HEDP）作配位体时不同金属离子的内配位水取代反应速率常数和配位体的用量。由于氰化物与 HEDP 的性质不同，前者对某些过渡元素会形成内轨型惰性配合物，故不能用，但 HEDP 只形成外轨型配合物，它对各种金属离子均可用，它只影响电极反应的电流效率，对沉积速度极慢的 Cr^{3+} 不适用，而只能选择配位能力很弱的甲酸、乙酸和草酸等作配位体。

表 13-10 水合金属离子的还原速度和配位体的用量

水合金属离子的电极还原速率常数	$Au^+ \geqslant 10^{-1}$	$Ag^+ \geqslant 10^{-1}$	$Cu^+ \geqslant 10^{-1}$	$Cu^{2+} 4.5 \times 10^{-2}(Hg)$	Cd^{2+} 约 10^{-1}
脱去第一个内配位水的速率常数	约 10^9	约 10^9	约 10^9	3×10^8	2.5×10^8
获得满意镀层所需游离 NaCN 量/mol	$8 \sim 28$	$0.5 \sim 0.7$	$0.15 \sim 0.4$		$1.22 \sim 1.53$ $CN^-/Cd = 3 \sim 5$
获得满意镀层所需 HEDP 的量(摩尔比)				$HEDP/Cu \geqslant 4$	$HEDP/Cd \geqslant 4$
水合金属离子的电极还原速率常数	$Zn^{2+} 2.5 \times 10^{-3}(Hg)$	$Fe^{2+} 5 \times 10^{-11}$	$Ni^{2+} 2.9 \times 10^{-10}(Hg)$	Cr^{3+}	
脱去第一个内配位水的速率常数	3×10^7	1.5×10^6	1.5×10^4	1.8×10^{-6}	
获得满意镀层所需游离 NaCN 量/mol	0 $CN^-/Zn = 2 \sim 2.5$	不能用	不能用	不能用	
获得满意镀层所需 HEDP 的量(摩尔比)	$HEDP/Zn = 1 \sim 2$	酸性时可用,碱性效率低	同左	酸性时效率也极低	

③ 按软硬酸碱分类,金属电极,特别是带负电的金属电极是一种软度较高的酸。它和含低价的 S、Se、Te、P、I 以及含双键、叁键的软度高的添加剂容易形成稳定的配位键。因此,它们容易置换金属表面上吸附的硬性配体(如 OH^-,H_2O 等)。添加剂的软度越大,在电极表面上形成的表面配合物越稳定,还原所需的活化能也越高,还原反应的速率就越慢。添加剂的软度可以用戴安邦教授提出的软硬酸碱的势标度,也可近似用给予原子的电负性表示,电负性越小,电子的流动性越大,添加剂越软。因此,添加剂的光亮效果有以下顺序:

$$R_2Te > R_2Se > R_2S > R_2O$$

极性原子的电负性   2.1   2.4   2.6   3.5

取代基 R 的推电子能力越强,添加剂的光亮效果越好。这就是在无机光亮剂中多采用硫、硒、碲的化合物,而在镀金、银、铜、镍、钴、锌、镉和铅等所用的有机光亮剂中都含有硫的原因。

对同一种添加剂而言,金属离子还原速度越慢,其光亮效果越好,而适于还原速度很快的金属离子的光亮剂,对还原速度慢的金属离子也大都有效。但是,相反的情况则不一定都成立,这要看所用添加剂本身的性质。

④ 配离子的电极还原反应,是居于金属费米能级上的电子转移到金属离子空轨道的结果。即金属最高能级上的满轨道(最高已占轨道)上的电子进入金属离子能量最低空轨道的过程。因此,电极反应的速率,一方面决定于金属电极上电子能量的高低,电子能量越高,反应速率越快;另一方面也决定于被还原金属离子最低未占据轨道能级的高低,配体的给电子(即配位)能力越强,越容易占据金属离子的最低未占据轨道,金属离子周围的电子云密度增加,它从电极上获得电子的趋势越小。升高温度,电极上电子的能量增高,还原能力增强,另一方面,它也促进配离子配体的离解,使配离子获得电子的趋势增大,有利于电子的转移,从而提高电极反应的速率。添加剂分子在电极表面上接受电子而还原,将降低电极上电子的能量,从而降低金属

离子的还原速度，使晶粒变细，镀层变光亮。

⑤ 在镀液中或在电极表面上形成的配合物主要是多元配合物，它是由多种组分（金属离子、配位体和缔合剂）所组成的单核或多核配合物，而不论配体是在内配位界还是在外配位界。

多元配合物的基本类型有三大类，若用 M、M′ 表示不同的金属离子，X、Y、Z 为带负电的配体，A、B、C 为电中性配体，则其一般式为

a. 配阴离子和各类大阳离子形成的配合物

$$\left.\begin{array}{l} R[MX] \\ R[MXY] \\ R[MXYZ] \end{array}\right\}$$ X、Y、Z 为中性或带负电的配体；R 为一价碱金属离子、Tl^+、BiO^+、NH_4^+ 及铵、磷、铊、镓离子等。

b. 各类配阳离子和负电配体形成的配合物

$$\left.\begin{array}{l} [MB]X \\ [MBY]X \\ [MBCY]X \end{array}\right\}$$ X、Y 为负电配体；B、C 为中性配体。

c. 配阳离子和配阴离子形成的缔合物

$$[MB_i][M'X_j];\ [MB_iY_j][M'X_k]$$

⑥ 多元配合物中最重要的是离子缔合物、表面活性剂配合物和混合配体配合物。它们对镀液和镀层性能的影响方式是不同的。因此，改变多元配合物的组成和结构，其还原速度随之发生变化，故镀液和镀层的性能也必然发生变化。

容易在电极上吸附的配位体或添加剂均可形成表面多元配合物，它们对电极过程的影响相似，仅对镀液性能的影响差别较大，配位体对镀液性能的影响较大，而添加剂的影响则很小。因此，用多元配合物的概念可以将配位体的作用和添加剂的作用统一起来。

第十四章

电镀溶液的配方设计与配合物

第一节　配方设计时要考虑的因素

一、被镀金属离子的性质

各种金属离子有它本身固有的电化学性质，在无其他因素的影响时，它本身的电极电位和它在阴极上的还原速度都是固定的。金属这种固有的电极还原速度（通常用电极反应速率常数和交换电流密度表示），就决定了它析出电镀层晶粒的粗细、致密性的镀层的外观。因此，掌握各种金属离子本身的还原速度，是设计镀液配方的出发点，即根据对镀层和沉积速度的要求对金属离子的还原速度进行调整。如前所述，电极反应速率快者，超电压低，镀层粗糙，无光泽。要获得光亮细致的镀层，就要使它的还原速度降下来很多；相反，若金属离子本身的放电速度已较慢，超电压也较高，镀层已比较细致，并有一定的光泽，此时要获得光亮细致镀层所作的调整就可小些。所以，配方设计也要针对不同的对象，选用不同的配位体和添加剂，而且要酌情选择和控制用量。

金属离子本身电极反应速率的快慢可以用它的电极反应的速率常数或交换电流密度来表示，也可近似用水合金属离子内配位水取代反应的速率常数来表示（见第五章图 5-3）。根据这些数据，安特罗波夫（Антропов）把部分金属离子分成反应速率慢、中、快三类。表 14-1 列出了这三类中具代表性金属的超电压、交换电流密度和晶粒的平均大小，未列出的金属可以根据其他数据或从它的结构进行理论推算。

表 14-1　金属离子的分类

性　　质	第一类金属 Hg^{2+}，Ag^+，Tl^+，Pb^{2+}，Cd^{2+}，Sn^{2+}	第二类金属 Cu^{2+}，Zn^{2+}，Bi^{3+}	第三类金属 Fe^{2+}，Co^{2+}，Ni^{2+}
超电压/V	$0 \sim n \times 10^{-3}$	$n \times 10^{-2}$	$n \times 10^{-1}$
交换电流密度/（A/cm^2）	$n \times 10^{-1} \sim n \times 10^{-3}$	$n \times 10^{-4} \sim n \times 10^{-5}$	$n \times 10^{-8} \sim n \times 10^{-9}$
粒子的平均线长度/cm	$\geqslant 10^{-3}$	$10^{-3} \sim 10^{-4}$	$\leqslant 10^{-5}$

由上表可知，第一类金属是从其单盐水溶液中电沉积时的超电压为零（如汞）或在一般电流密度下超电压不超过数毫伏者（如 Ag^+、Te^+、Pb^{2+}、Cd^{2+}、Sn^{2+}）。在工业生产用的电流密度下只能得到粗糙的镀层，晶粒的直径可以达到几十微米。这些金属的交换电流密度很高，例如，在 $Hg/Hg(NO_3)_2$ 电极体系的交换电流密度达

$4 \times 10^{-1} A/cm^2$，而在 $Hg/AgNO_3$，$Cd/CdSO_4$ 电极体系的交换电流密度分别为 $1 \times 10^{-2} A/cm^2$ 和 $1 \times 10^{-3} A/cm^2$。

铜、锌、铋属于反应速率中等的一类，其超电压在几十毫伏的数量级，所得的镀层较薄，晶粒的平均大小不超过 $10 \mu m$，而交换电流密度比第一类小，例如 $Cu/CuSO_4$ 电极体系的交换电流密度为 $10^{-5} A/cm^2$。

铁族金属的超电压最高，可达几百毫伏，它在阴极上形成致密的、细致的镀层，其交换电流密度很小，铁和镍的交换电流密度在 $10^{-9} \sim 10^{-8} A/cm^2$。

金属在多晶基体上沉积的镀层也具有多晶的结构。因为镀层是在不同晶面指数的各种晶面上形成的。金属主要沉积在哪个晶面上，这由电镀条件决定。现在已经发现，不同的晶面，其反应的超电压也不同，表 14-2 列出了某些实验结果。

表 14-2　在不同晶面指数的单晶面上电沉积的超电压

($i=10mA/cm^2$, $T=25℃$)　　　　　　　　　　单位：mV

晶面指数	金属和溶液			
	Pb	Sn	Cu	Ni
	0.5mol/L Pb(ClO$_4$)$_2$ 0.5mol/L HClO$_4$	0.5mol/L SnCl$_2$ 0.5mol/L HCl	0.5mol/L Cu(ClO$_4$)$_2$ 0.5mol/L HClO$_4$	1.0mol/L NiCl$_2$ 0.39mol/L H$_3$BO$_3$　pH=3.1
(100)	3.0	2.5	35	768
(110)	3.0	4.0	30	783
(111)	4.4	—	43	800

由表 14-2 可见，低超电压的金属，从一种晶面变到另一种晶面时，要引起超电压很大的变化。例如，在 Pb 沉积时，晶面从 (111) 变到 (110) 面，其超电压由 4.4mV 变至 3.0mV，约变化了 32%。对 Cu 来说，这种影响约 30%。对超电压高的 Ni 来说，这种影响只有 3%～4%，可以忽略不计。由此可见，随着金属超电压的升高，晶面取向的影响越来越小，这也许是晶粒逐渐细化和致密的原因。

二、配位体的性质

作为电镀用的配位体，应满足以下几个条件：

① 它所形成的配合物应能溶于水，即要以离子形式存在于溶液中；

② 配位体不干扰阳极和阴极的氧化-还原反应，在溶液中不分解和水解；

③ 所形成的配离子要有一定的稳定性和超电压。

各种金属离子的常用配位体不一定都满足以上三个条件，因此要视具体的电镀对象和电镀条件来选择合适的配位体。

配位体的种类很多，主要分为无机和有机两大类。无机配体的数量比较少，结构也比较简单。它们对各种金属的配位能力和在电极上的吸附程度大致可按软硬酸碱的分类表（见表 2-5）进行判断。

有机配体的数量繁多，结构复杂。虽然其配位能力可以从配位原子的性质来推断，但是，它的结构因素往往也起重大作用，如共轭 π 键的作用、螯合作用、空间位阻以及取代基的影响等。第十六章将按有机螯合剂的特征配位结构，分门别类地进行说明，其结构特点作为选用的依据。

三、添加剂的性质

1. 添加剂的基本要求

作为电镀用的添加剂，必须满足以下几点基本要求：

① 添加剂在金属离子放电的电位区可被电极吸附。有机分子被电极吸附与电极表面电荷密度有关。因此只能在一定的电位范围内吸附。若电极电位太正或太负，由于表面电场太强，使介电常数较小的有机分子受排斥而从电极上脱附，也就不再影响电极过程了。

② 吸附层对金属离子的析出过程有适当的阻化作用。既要有足够大的阻化以降低金属离子的反应速率，又不要过分阻化而使金属无法以需要的速度析出。目前对各种添加剂的阻化效果尚无统一定量数据，因此添加剂的选择主要还靠经验。

③ 不过分降低氢过电位，否则氢气大量析出将导致电流效率降低，并可能引起氢脆。但若只在镀层局部突出处降低氢过电位与电流效率，可能出现有益的光泽效应（与碱性镀锌液中加入少量 W、Mo、V 盐的作用机理相似）。

④ 如果希望得到光泽镀层，则添加剂应能在局部突出处造成较大的超电压。例如，可能消耗性添加剂在扩散控制的条件（如低浓度、表面层黏度大）下缓慢达到电极表面，这时只在突出处出现较大的超电压。

⑤ 添加剂不过分夹杂在镀层中。过分夹杂会严重影响镀层的物理机械性能。添加剂的夹杂与它的脱附速度和空间结构有关。脱附较慢的可能夹杂较严重，大分子特别是聚合物的夹杂比小分子更显著。

2. 镀液常用的添加剂分类及其性质

以镀锌溶液为例（其他镀种所用的添加剂也包括在这些类目之内，只是结构有些不同而已），添加剂分类如下：

(1) 无机添加剂

无机添加剂有硫化钠，二氧化硒，二氧化碲，硫酸钴，硫酸镍，钼酸铵，钒酸铵，$[Co(En)_3]Cl_3$，$Al_2(SO_4)_3 \cdot 18H_2O$，$K_3[Fe(CN)_6]$，$Na_2S_2O_3$，氧化铟（铟酸盐）以及 $Ga(\text{III})$、$Tl(\text{I})$ 等的金属盐。

无机添加剂的作用机理目前还不清楚。根据它们的性质大致可分为两类。一类是在阴极上易还原的，如碲、铊等，它们可在高电流密度处优先吸附并还原。另一类是可与配离子形成多元配合物以抑制它的放电。如缔合剂 $[Co(En)_3]^{3+}$ 和 $[Fe(CN)_6]^{3-}$、$Al(\text{III})$、$Ca(\text{III})$、$In(\text{III})$ 等容易使配离子聚合多核化等。木通俊一等指出，在锌酸盐镀液中阻止 Zn 呈树枝状生长的最有效的添加剂是 Ga、In、Tl 和 V。As 能使镀层平滑。加入 Pb、Mo、Sb、Ag、Cu、Pd 和 Co 可使晶粒细化。Pb、Cr、Ga、Tl、V 可提高 Zn 放电的超电压，使晶粒变细，而 Ag、Cu 等则降低超电压，Se、Sn、Li、Al、Ti 仅在电沉积初期影响 Zn 层的形态。

(2) 有机不饱和化合物

此类有甲醛、苯甲醛、对羟基苯甲醛、对甲氧基苯甲醛（茴香醛）、洋茉莉醛

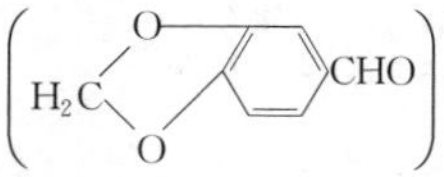

（结构式）、香草醛（CH_3O—苯环—CHO，OH）、对二甲氨基苯甲醛（$(CH_3)_2N$—苯环—CHO）、

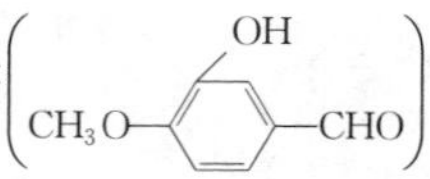

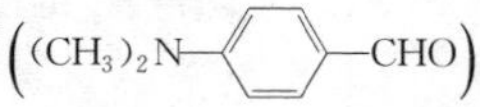

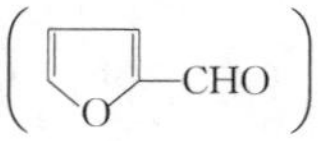

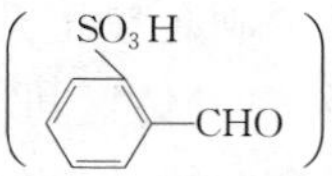

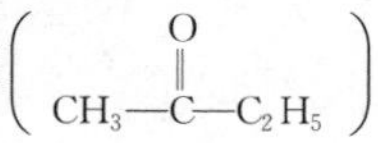

胡椒醛、糠醛（呋喃环—CHO）、α-苯甲醛磺酸（苯环—CHO，SO_3H）、甲乙酮（CH_3—C(=O)—C_2H_5）、甲

基乙烯基酮（CH_3—C(=O)—CH=CH_2）、丁酮、邻氯苯甲醛、乙酰丙酮、二羟基丙酮、尿素、甘

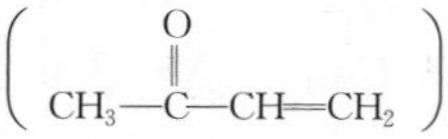

油、藜芦醛、对氨基苯甲醛、水杨醛、萘乙酮、苯亚甲基丙酮（苯环—CH=CH—C(=O)—CH_3）、

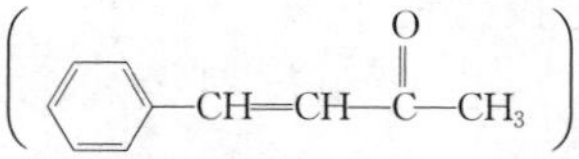

苯乙酮、丙酮、炔丙醇、丁炔二醇、丙烯醇、呋喃醇、糠醇、烟酰胺、植酸等。

　　这类添加剂很容易在阴极还原，对降低高电流密度处金属电极的能量起重大作用，因此光亮效果显著，能明显提高超电压并使晶粒细化。但它消耗快，容易被夹杂而增加镀层脆性，添加剂的量越多，镀层越亮，脆性也越大。当镀层的晶粒已较细小时，加入这类添加剂有明显光亮效果；当晶粒较粗时，单独用它并无光亮效果。这时需要加入初级光亮剂。

　　（3）蛋白质或胶类

　　此类有蛋白胨、糊精、琼胶、明胶、桃树胶、青桐胶、落叶松胶、骨胶、果胶、羟乙基皂夹胶、牛皮胶、阿拉伯树胶、海藻胶、动物胶、木工胶、干皂角、蜂蜜、糖蜜、黄蓍胶、可溶性淀粉、甘草精、多肽（缩氨酸）等。

　　这类添加剂的结构复杂，既是添加剂，又是表面活性剂，也是优良的高分子生物配合剂，它们容易吸附在电极表面，并与放电配合物形成多元表面活性配合物，能抑制配离子的放电，改善镀层的性能，使镀层结晶细致光亮。但蛋白质在碱性水中易水解，消耗较快，而且会使镀液混浊，增大电阻，并使镀层脆性增大。故目前倾向于不采用胶类物质。

　　（4）高分子化合物

　　此类有聚乙二醇，聚乙烯醇，聚乙烯亚胺，聚丙烯酰胺，对甲氧基苯甲醛与丁炔二醇的缩合物、醇胺类和环氧氯丙烷的缩合产物，烷基萘磺酸钠和甲醛缩合物（SO_3^-—萘环—CH_2—萘环—SO_3^-），萘磺酸和甲醛的缩合物，二甲胺和环氧氯丙烷的缩合物（DE），二甲氨基丙胺和环氧氯丙烷的缩合物（DPE），六次甲基四胺、乙二胺、四乙烯五胺、五乙烯六胺等胺类同环氧氯丙烷的缩合物，醇胺与芳醛的合成物，多胺与 CS_2 的反应物，苯甲醛-三乙醇胺缩合物，二氰胺和甲醛缩合物，二烃基二丙烯胺、马来酸和二氧化硫的聚合物。

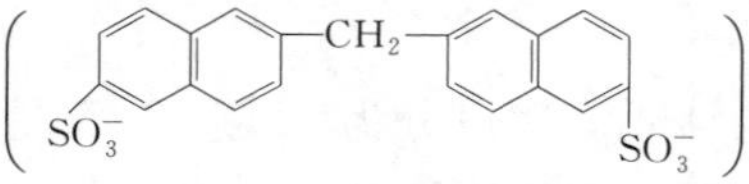

　　近年来高分子添加剂，特别是缩聚型添加剂有了很大的发展。它们的特点是吸附电位范围广，对电极反应的阻化作用较大，而且可以根据实际应用的需要调节它的结构和链长，适应性较广。例如，广泛采用的 DPE 型添加剂，近几年来由Ⅰ型逐步过渡到Ⅲ型就是一例。这类添加剂容易在金属表面形成多元配合物，所以对金属离子放电的抑制效果很好。

（5）含硫化合物

此类有硫脲、丙烯基硫脲、乙酰硫脲、糖精、二甲基二硫代氨基甲酸钠、4-巯基吡啶，巯基二氢噻唑、萘磺酸、巯基噻唑啉、5-羧基-2-巯基苯并噻唑、硫代乙酰胺、N-苯基-N-（r-羟乙基）乙基硫脲、甲基-3-羟乙基硫脲等。

这也是一类容易被还原的有机化合物。被还原的原子主要是硫，其作用机理和不饱和有机化合物相似，只是被还原的对象不同而已。因此，这类化合物的光亮效果也很好，但脆性也大。

（6）表面活性剂

此类有溴化十六烷基三甲基铵、氨化-5-甲酰氨基吡啶

$$\left(\begin{array}{c} \text{CONH}_2 \\ \\ \text{N}^+ \\ \text{Cl}^- \end{array} \right)$$

、N-苄基六氢吡啶-2-甲酸乙酯、烷基酚聚氧乙烯醚、氯化-N-苄基异喹啉、1-苄基吡啶-3-羧酸盐、氯化四（羟甲基）鏻、多乙烯多胺的季铵化合物、十八烷基苯基咪唑磺酸盐、辛基咪唑-N-丙烷磺酸、丙氧化乙氧化十二烷醇

$$\left[\text{CH}_3{-}(\text{CH}_2)_{10}{-}(\overset{\overset{\text{CH}_3}{|}}{\text{OCH}}{-}\text{CH}_2)_3{-}(\text{OCH}_2\text{CH}_2)_{15}{-}\text{OH} \right]$$

正癸基二苯醚二磺酸钠

$$\left[\text{CH}_3{-}(\text{CH}_2)_{11} \underset{\text{SO}_3\text{Na}}{\bigcirc}{-}\text{O}{-}\underset{\text{SO}_3\text{Na}}{\bigcirc} \right]$$

等。

表面活性剂容易在电极表面吸附，并与配离子形成多元离子缔合物或多元混合体配合物，抑制了金属的放电。厦门大学提出在锌酸盐镀锌中采用 INB 和 DPEB 两种季铵盐联合使用，可以得到很好的效果。INB 是镀层压应力的消碱剂，DPEB 是光亮剂，当两者浓度适宜时可以得到光亮细致、脆性小的镀层。在许多合成添加剂中，往往在最后还加了一步季铵化反应，以提高添加剂的效果。

四、其他因素

金属离子的性质、配体的性质和添加剂的性质是配方设计要考虑的主要因素。除此以外，镀液的废水处理、电镀设备、电源波形、材料来源以及镀液的使用对象、应用范围、经济指标等许多因素也必须加以综合考虑。由于这方面的内容已偏离本书的主题，故在此从略。

第二节　镀液的配方设计

一、高速电镀与电铸液的配方设计

电铸，是通过电解使金属沉积在铸模上制备或复制金属制品（能将铸模和金属沉积物分开）的方法。电铸层比电镀层厚得多，通常在 0.025～25mm，而一般的防腐与装饰性电镀层只有 0.001～0.05mm 的厚度。由于镀层很厚，而且希望它有较好的延展性，因此，电铸层的应力必须很小。

　　高速电镀是在极高的阴极电流密度下获得良好镀层的一种电镀方法。由于采用了种种措施，允许使用的阴极电流密度每平方分米达数十、数百安培。通常沉积 $20\sim 30\mu m$ 的镀层，普通电镀需 1h，而高速电镀只需几分钟甚至不到 1min。

　　电铸和高速电镀的共同特点是具有很高的沉积速度。要达到很高的沉积速度，除了外界的影响因素外，最主要的是要求配离子放电的超电压要低，即电阻极化、浓差极化和电化学极化都要小。根据这些要求，下面提出设计高速电镀和电铸液时选择配位体和添加剂的基本原则。

　　1. 配位体的选择

　　要获得很高的沉积速度，就要使配离子放电时的阻力小，即反应的超电压小。哪些类型的配离子放电时的超电压小呢？通常是由配位能力弱的配体所形成的动力学活性的配离子。为此，选择配体时应满足以下几个条件：

　　① 配体的配位能力要弱，且不在电极上吸附，这样，它所形成的配离子的放电活化能才低。

　　② 某些含多对未共用电子对的配体，如 OH^-、NH_3、卤素离子等在电极反应时有加速电子传递的作用，对高速电镀有利。

　　③ 在选择配位体时，除了考虑电化学极化外，还要考虑浓差极化。为了提高使用的极限电流密度，就必须把浓差极化降至最小。极限电流密度 i_d 可用下式表示：

$$i_d = \frac{zFDc_0}{\delta}$$

式中　D——离子的扩散系数；

　　　　c_0——本体溶液中金属离子的浓度；

　　　　δ——扩散层的厚度；

　　　　z——反应电子数；

　　　　F——法拉第常数。

　　为了获得最大的极限电流密度，必须满足以下条件：

　　① 选用扩散系数大的配离子。配体的体积小，配离子的电荷数小，特别是形成低价的配阴离子时，它的水合程度小，水合层薄，扩散系数才大。例如，Cu^{2+} 在硫酸铜溶液中的扩散系数为 $6\times10^{-6}\,cm^2/s$，而在氟硼酸铜溶液中为 $3.6\times10^{-5}\,cm^2/s$，是前者的 6 倍，超过了无限稀溶液中 Cu^{2+} 的扩散系数（$7.2\times10^{-6}\,cm^2/s$）。

　　② 金属盐的溶解度要大，本体溶液中金属离子的浓度 c_0 才会高，i_d 才大。

　　③ 为了降低扩散层的厚度，可采用升温、搅拌、对阴极表面进行磨削加工、溶液流动、超声波搅拌、阴极转动、脉冲电镀、缩小阴阳极间距离等措施。

　　根据上述原则，高速电镀和电铸液通常选用的配体是 H_2O、Cl^-、SO_4^{2-}、BF_4^-、SiF_6^{2-}、TiF_6^{2-}、RSO_3^-、$H_2NSO_3^-$ 等。由于 H^+ 的导电性特别好，为了提高镀液的导电性和分散能力，故多采用强酸性镀液，此时上述配体的配位能力均很弱。

　　2. 添加剂的选择

　　添加剂的加入，常会使镀层的应力增加，延展性下降，硬度升高。表 14-3 列出了从各类镀液获得的沉积铜层的物理性质。

表 14-3　从各类镀液中沉积铜层的物理性质

镀液种类	镀层应力/(kgf/cm²)	维氏硬度	延伸率/%	拉伸强度/(kgf/cm²)
硫酸铜镀液	30～140	40～85	15～40	2300～4800
硫酸铜＋添加剂	—	80～180	1～20	4800～6300
氟硼酸镀铜液	50～210	40～75	6～20	1200～2800
氰化物镀铜液	350～840	100～160	6～50	<3000
焦磷酸镀铜液	—	160～190	<10	<4200

注：1kgf=9.8N。

由表可知，氰化物镀铜和焦磷酸镀铜层的物理性质还不适于电铸的要求。在硫酸镀铜液中加入糊精、糖蜜等添加剂时镀铅层的硬度也增大。因此，在大部分电铸液和高速电镀液中不应加入添加剂。但是，这类镀液的分散能力差，镀层的晶粒粗大，容易得到树枝状镀层。为了获得比较细致、平滑的电铸层，有时也要适当加入一些添加剂，其主要要求如下：

① 添加剂对镀层的物理性能不应有很大的影响；

② 在较高电流密度下仍有增光作用；

③ 不显著降低镀液的电流效率。

根据这些要求，那些容易在电极上还原的添加剂，因为会大大降低电流效率，并使镀层应力大大增加而不适用。目前最常用的是不容易被还原的表面活性剂类添加剂。如糖蜜、酚磺酸、糊精、干酪素和各种胶类等，它们在高电流密度下有增光作用。为了减小镀层应力，宜用分子量较低、亲水基团较多的胶类添加剂。对酸性镀铜来说，糖蜜的效果最好。

目前，由于脉冲电镀、快速流动装置和珩磨装置的成功，在高速电镀中已较少采用添加剂了。

二、装饰性电镀液的配方设计

装饰性电镀，其着眼点是获得细致、光亮和美观的镀层，这只有在电极反应速率较慢的条件下才能实现。由于不同电子构型的金属离子的电极反应速率是不同的，要获得细致光亮的镀层，就要根据金属离子本身的性质加以调节，以获得电极反应速率适中的镀液。

1. 主配位体的选择

① 当电镀的是 d^{10} 型的金属离子时，如 Au^+、Ag^+、Cu^+、Hg^{2+}、Cd^{2+}、Zn^{2+}、Sn^{2+}、Bi^{3+} 等，它们的水合配离子的电化学反应超电压很小，为了提高反应超电压，可选用最强的配位体。因为即使用最强的配位体，它所形成的配合物仍然是取代活性的（见第五章第二节），具有较高的电流效率和超高压。当然最好是选择配位能力较强，又有一定表面活性的配位体，如 CN^-、有机多膦酸、多聚磷酸等，这样，不仅配离子的反应超电压高，而且镀层的光亮度也较好。这就是为什么这些金属常用氰化物电镀的原因。

② 当所用的金属离子是 $d^3 \sim d^8$ 构型的离子时，如 Cr^{3+}、Fe^{2+}、Co^{2+}、Ni^{2+}、Pt^{4+}、Pd^{4+} 等，它们的水合配离子放电的超电压已较高，在不加其他配位体的条件

下，所得到的镀层已较细致光亮，若使用很强的配体，如 CN^-，它们容易形成取代惰性的内轨型氰合配离子，而且有的惰性很大，即使所加氰离子浓度较低，此时形成的低氰水合配离子也有很高的热力学稳定性和电化学反应超电压，电极反应被过分抑制，不仅电流效率极低，而且沉积速度过慢，甚至无镀层析出。因此，这类金属离子的氰化物镀液就没有什么实用价值，而是选用由配位能力较低的配体形成的活性配离子构成电镀液，常用的配体有羟基酸类（如柠檬酸、酒石酸等）、氨基酸（如氨基乙酸）、卤素和 NH_3 等。

2. 第二配位体的选择

对某一金属离子来说，单用一种配位体时，镀液的超电压不是太低就是过高，即使通过改变配位体的浓度和镀液的 pH，也很难达到所需的最佳条件，为此，就要设法进行调整。最常用而有效的调整方法就是加入第二配位体（常称辅助配位体），以改变配离子的结构和电极的表面状态。通常大家讲的"辅助"配位体，在大多数的情况下并不是起"辅助"作用，它常常是混合配体配合物中的第二配体，其作用与主配位体同等重要，故称它为"辅助"配位体并不恰当。

高速电镀一般不需要第二配位体，有时要加一些添加剂。而装饰性电镀在多数情况下需加第二配位体，尤其是 d^{10} 电子构型的金属离子，有时在加入第二配位体后还要加添加剂才能满足需要。

关于第二配位体的选择，可以通过以下几种途径对镀液的超电压进行调整。

① 选择相容的两种配体构成超电压高的混合配体配离子，例如

$$Zn^{2+}\text{-}NH_3 \text{ 体系} + H_3NTA \longrightarrow [Zn(NTA)(NH_3)_2]^-$$

$$Cd^{2+}\text{-}NH_3 \text{ 体系} + H_3NTA \longrightarrow [Cd(NTA)(NH_3)_2]^-$$

$$Zn^{2+}\text{-}NH_3 \text{ 体系} + H_3cit \longrightarrow [Zn(Hcit)(NH_3)_2]^-$$

$$Zn^{2+}\text{-}OH^- \text{ 体系} + 2CN^- \longrightarrow [Zn(OH)_2(CN_2)]^{2-}$$

$$Ag^+\text{-}NH_3 \text{ 体系} + P_2O_7^{4-} \longrightarrow [Ag(NH_3)_2P_2O_7]^{3-}$$

$$Au^+\text{-}SO_3^{2-} \text{ 体系} + L(NH_3 \text{ 或脂肪胺}) \longrightarrow [Au(SO_3)_2L_2]^{3-}$$

从以上事例可知，若第一配体的体积较大，第二配体以分子体积小者为宜，反之亦然。

② 由某种配体构成的单一型配合物的电化学反应超电压过高，可利用第二配体的去极化效应形成放电超电压较小的混合配体配合物。例如

$$[Zn(CN)_4]^{2-} + 2OH^- \rightleftharpoons [Zn(OH)_2(CN)_2]^{2-} + 2CN^-$$

$$[Zn(EDTA)]^{2-} + 2OH^- \rightleftharpoons [Zn(OH)_2(EDTA)]^{4-}$$

如果 HEDP 镀锌，形成的配离子 $[Zn(HEDP)_2]^{6-}$ 的超电压过高，电流效率太低，沉积速度太慢，因此，可在 Zn^{2+} : HEDP≈1 : 1（摩尔比）的条件下加入 CO_3^{2-}，以形成放电超电压适中的 $[Zn(HL)(CO_3)_2]^{6-}$。丁二酰亚胺（SIM）镀银时，超电压过高，镀层应力大，可引入 SO_3^{2-}、CO_3^{2-} 作第二配体，其反应式为：

$$Zn^{2+} + HEDP(H_5L) \rightleftharpoons [Zn(HL)]^{2-} \xrightarrow{+2CO_3^{2-}} [Zn(HL)(CO_3)_2]^{6-}$$

$$Ag^+ + SIM \rightleftharpoons [Ag(SIM)] \xrightarrow{+SO_3^{2-}} [\overset{.}{Ag}(SIM)(SO_3)]^{2-}$$

由于第二配体的配位能力弱，要从 $[Zn(HL)_2]^{6-}$ 或 $[Ag(SIM)_2]^-$ 中通过取代反应取代 HL^{4-} 或 SIM 是困难的，但可在 HL^{4-} 和 SIM 不足的条件下通过加合反应而形成混合配体配合物。

3. 缔合剂与添加剂的选择

要改变配离子在电极上的还原速度，除了通过形成多元混合配体配合物的途径外，还可通过多元离子缔合物和多元表面活性配合物的途径实现。

（1）缔合剂的选择

当配阴离子或配阳离子的放电超电压太低时，可选择体积大、容易在电极表面吸附的反号对离子加入镀液中，它们在电极表面容易形成放电困难的多元离子缔合物。例如：

$$[Zn(OH)_4]^{2-} + 2CTAB^+ \rightleftharpoons (CTAB^+)_2[Zn(OH)_4]^{2-}$$
$$\text{（有机季铵盐阳离子）}$$

$$3[Zn(OH)_4]^{2-} + 2[Co(En)_3]^{3+} \rightleftharpoons [Co(En)_3]_2^{3+}[Zn(OH)_4]_3^{2-}$$
$$\text{（大配阳离子）}$$

$$[Cu(Hcit)_2]^- + BiO^+ \rightleftharpoons (BiO)^+[Cu(Hcit)_2]^-$$
$$\text{（无机大阳离子）}$$

（2）添加剂的选择

不同的添加剂，对不同金属配离子放电的阻化作用的大小也不同，有的阻化作用太强，有的太弱，有的对镀层的副作用太大，因而要对添加剂进行选择、配伍和改造，以适应各种情况。

① 配离子的放电超电压太低，可引入易在电极上还原的添加剂以提高放电超电压。例如：

Cu^{2+}-HEDP 体系，可选用 NO_3^-、H_2O_2、硫酮、硫醇等作添加剂；

Cu^{2+}-SnO_3^{2-}-HEDP 体系，可选用 NO_3^-、H_2O_2、杂环氮化合物作添加剂；

Zn^{2+}-Cl^-、BF_4^-、SO_4^{2-}、$P_2O_7^{4-}$ 体系，可选用芳香醛、硫脲、含硫杂环作添加剂；

Zn^{2+}-OH^--DE 体系，可选用芳香醛作添加剂。

② 若一种添加剂增大镀层的张应力，可选用增加镀层压应力的添加剂与其配合使用，以抵消镀层应力。例如，镀镍光亮剂常作如下组合：

$$\text{丁炔二醇（张应力）＋糖精（压应力）}\longrightarrow\text{应力抵消}$$

$$\text{2,7-萘二磺酸钠（张应力）＋香豆素（压应力）}\longrightarrow\text{应力抵消}$$

③ 添加剂效果好，但不稳定，易氧化，可以通过聚合使其稳定。例如，巯基化合物，特别是脂肪族的巯基化合物很不稳定，容易氧化，使用寿命短，目前国外的趋势是把它转化为较稳定的聚硫化合物，如：

$$\left.\begin{array}{l} R\!-\!SH \longrightarrow R\!-\!S\!-\!S\!-\!R \\ R\!-\!SH \longrightarrow R\!-\!S\!-\!R\!-\!S\!-\!R \end{array}\right\}\text{聚硫化合物（R＝烷基或芳基）}$$

④ 高分子添加剂的光亮作用太强，吸附太牢，脆性太大，可以通过如下办法改造：

a. 水解断链。高分子蛋白质可以通过水解而降解，使分子量下降，如：

$$明胶 \xrightarrow[\text{水解或电解}]{OH^-} 电解明胶（低分子量蛋白质）$$

b. 改造添加剂的结构。控制缩聚反应的配比，选择合适的原料，防止形成面型或体型聚合物，如：

$$二甲胺 + 环氧氯丙烷 \longrightarrow DE 添加剂 \quad 交链程度小，脆性较小$$
$$四乙烯五胺 + 环氧氯丙烷 \longrightarrow GT 添加剂 \quad 交链程度大，脆性较大$$

c. 改变亲水与疏水基团比。增加添加剂的亲水基团，减弱它在电极上的吸附，可降低光亮作用和减小脆性，如增加 DE 添加剂（其亲水基团少，镀层脆性较大）和 FO-39 添加剂（其亲水基团多，镀层脆性较小）。

⑤ 小分子的光亮剂消耗快，寿命短，可通过聚合或接枝延长使用期。例如，镀镍光亮剂丁炔二醇在电镀时消耗很快，国内用它和环氧氯丙烷缩合成为 BE 或 BP 添加剂，国外则用接枝的办法接上各种亲水和疏水基团，如：

$$HO-CH_2-C{\equiv}C-CH_2OH + \begin{matrix}环氧氯丙烷\\（或环氧丙烷）\end{matrix} \xrightarrow{缩聚} \begin{cases} BE 或 BP 添加剂 \\ 791 添加剂 \\ BN\text{-}816 添加剂 \end{cases}$$

$$HO-CH_2-C{\equiv}C-CH_2OH \xrightarrow{接枝}$$

总的来说，镀液的配方设计是个非常复杂的问题，要考虑的因素是多方面的，可以采取的手段也是多种多样的。由于镀液的主要成分是金属离子、配体和添加剂，对于高强度钢和对镀层的纯度有较高要求时，一般采用金属离子-较强配位体体系；对于低成本的装饰性电镀，一般可采用金属离子-弱配位体-较强添加剂体系。在具体选用配位体和添加剂时还要考虑金属离子本身的放电速度，再用适当的配位体和添加剂通过适当的方式调整它的沉积速度，以获得满意的镀层。

第三节 常见镀液的配合物特性

国内外报道的以及生产实践中应用的电镀溶液很多，根据配合物的基本原理，结合具体情况，可以把它们分为几类，每一类镀液均有其共性，这些共性是因为放电配离子具有相同的配位体所致，掌握各类配位体的特性对指导电镀实践是很有用处的。

一、强酸性单盐镀液

电镀上用的酸性单盐镀液，其主盐通常是金属的硫酸盐、氟硼酸盐、磺酸盐、胺磺酸盐、高氯酸盐、氯化物、硝酸盐等，从现代配合物的观点来看，这些金属盐的负离子 SO_4^{2-}、BF_4^-、RSO_3^-、ClO_4^-、Cl^-、NO_3^- 等，一般配位能力很弱，在这种负离子浓度不是很高的情况下，可以近似地认为在酸性水溶液中金属离子是以水合配离子的形式存在的。所以在酸性单盐镀液中金属的电沉积，实际上就是水合配离子的阴极还原。它们的共同特点是成分简单，电流效率高，沉积速度快。但镀液分散能力差，镀层结晶粗大，所以只适用于镀件形状简单，主要要求沉积速度快而外观要求不高的产品，例如快速电镀或电铸用的就是这类电解液。一些常见的酸性单盐镀液列于表 14-4。

表 14-4　各种金属的酸性单盐镀液

金属	镀液的主要成分	所用的配位体	阴极上放电离子的可能形式
Zn	$ZnSO_4$,$ZnCl_2$,$Zn(BF_4)_2$,$Zn(ClO_4)_2$, $Zn(NH_2 \cdot SO_3)_2$	H_2O,SO_4^{2-},Cl^-,BF_4^-,ClO_4^-, $NH_2 \cdot SO_3^-$	$[Zn(H_2O)_6]^{2+}$
Cd	$Cd(BF_4)_2$,$CdSO_4$,$CdCl_2$	H_2O,BF_4^-,SO_4^{2-},Cl^-	$[Cd(H_2O)_6]^{2+}$
Ni	$NiSO_4$,$NiCl_2$,$Ni(BF_4)_2$	H_2O,SO_4^{2-},Cl^-,BF_4^-	$[Ni(H_2O)_6]^{2+}$
Cu	$CuSO_4$,$Cu(BF_4)_2$	H_2O,BF_4^-,SO_4^{2-}	$[Cu(H_2O)_4]^{2+}$
Sn	$SnSO_4$,$Sn(BF_4)_2$	H_2O,SO_4^{2-},BF_4^-	$[Sn(H_2O)_6]^{2+}$
Pb	$Pb(BF_4)_2$,$Pb(ClO_4)_2$	H_2O,BF_4^-,ClO_4^-	$[Pb(H_2O)_6]^{2+}$
Rh	$Rh_2(SO_4)_3$	H_2O,SO_4^{2-}	$[Rh(H_2O)_6]^{3+}$
Fe	$FeSO_4$,$FeCl_2$,$Fe(BF_4)_2$	H_2O,SO_4^{2-},Cl,BF_4^-	$[Fe(H_2O)_6]^{2+}$
Co	$CoSO_4$	H_2O,SO_4^{2-}	$[Co(H_2O)_6]^{2+}$
In	$In_2(SO_4)_3$,$In(BF_4)_3$	H_2O,SO_4^{2-},BF_4^-	$[In(H_2O)_6]^{3+}$

注：在弱酸性溶液中，尤其在 pH＞5 时，溶液中可能存在，$M(H_2O)_{6-n}(OH)_n$ 或 $M(H_2O)_{4-n}(OH)_n$。

二、强碱性镀液

具有酸、碱两性的金属，在过量碱的作用下，可以由氢氧化物沉淀转化为可溶性的羟基配合物（表 14-5），这种羟基配合物与酸性单盐镀液中的水合金属离子的性质相近，很容易在电极上放电，所得的镀层也是粗糙的（锡的情况有些例外，可能有其他因素影响），所以这两类镀液通常还要加一些其他的强配位体或添加剂，才能得到良好的镀层。

表 14-5　各种金属的强碱性镀液

金 属	镀液的主要成分	所用的配位体	阴极上放电离子的可能形式
Zn	$ZnO+NaOH$	OH^-	$[Zn(OH)_4]^{2-}$
Sn	$Na_2SnO_3$①	OH^-	$[Sn(OH)_6]^{2-}$
Pb	$Na_2PbO_3$①	OH^-	$[Pb(OH)_6]^{2-}$

① Na_2SnO_3 和 Na_2PbO_3 加水即得 $[M(OH)_6]^{2-}$。

三、碱性氰化物镀液

碱性氰化物镀液是应用范围最广、历史最久的一种镀液，它的特点是分散能力好，结晶致密，很适于防护-装饰性电镀。但它并不是万能的，实际上能用氰化物作配位体进行电镀的金属也是很有限的（表 14-6），许多金属与氰化物生成特别稳定的"内轨型"配合物（见后述），电流效率很低，没什么实用价值。

表 14-6　各种金属的碱性氰化物镀液

金属	镀液的主要成分	所用的配位体	阴极上放电离子的可能形式
Zn	$ZnO+NaCN+NaON$	CN^- 与 OH^-	$[Zn(CN)_{4-n}(OH)_n]^{2-}$ $(n<4)$
Cd	$CdO+NaCN+NaOH$	CN^- 与 OH^-	$[Cd(CN)_4]^{2-}$
Cu	$CuCN+KCN+Na_2CO_3+NaOH$	CN^-	$[Cu(CN)_3]^{2-}$
Ag	$AgCN+KCN+Na_2CO_3$	CN^-	$[Ag(CN)_2]^-$
Au	$AuCN+KCN+Na_2CO_3$	CN^-	$[Au(CN)_2]^-$
In	$InCl_3+KCN+KOH$	CN^- 与 OH^-	$[In(CN)_{6-n}(OH)_n]^{3-}$ $(n<6)$
Cu-Zn	$CuCN+Zn(CN)_2+NaCN+Na_2CO_3$	CN^- 与 OH^-	$[Cu(CN)_3]^{2-}$,$[Zn(CN)_{4-n}(OH)_n]^{2-}$
Cu-Sn	$CuCN+Na_2SnO_3+NaCN+NaOH$	CH^- 与 OH^-	$[Cu(CN)_3]^{2-}$,$[Sn(OH)_6]^{2-}$

四、碱性多胺镀液

多胺类包括乙二胺（En）、二乙烯三胺（Bien）、三乙烯四胺（Trien）、四乙烯五胺等，它们都是强螯合剂，能与多种金属形成稳定的螯合物。同时这类螯合剂本身又都具有表面活性，往往由于在阴极上的吸附而增大阴极极化。因此，从含此类螯合剂的镀液中可以获得比较细致均匀的镀层。但这类化合物具有一定的挥发性与臭味，从而限制了它的应用。目前国内主要用乙二胺来镀铜，它还可以用于 Zn^{2+}、Cd^{2+}、Ag^+ 及其合金的电镀（表 14-7）。国外对此类镀液也作了许多研究，已有小规模试生产的报道，但没有推广使用。

表 14-7　碱性多胺镀液

金属	镀液的主要成分	所用的配位体	阴极上放电离子的可能形式
Zn	Zn^{2+}盐$+En$ Zn^{2+}盐$+Trien$	En Trien	$[ZnEn_2]^{2+}$ $[ZnTrien]^{2+}$
Cu	$CuSO_4+En+$少量其他配位体 $CuSO_4+Bien+(NH_4)_2SO_4$	En Bien,NH_3	$[CuEn_2]^{2+}$ $[Cu(Bien)(NH_3)]^{2+}$
Cd	$CdSO_4+En$ Cd^{2+}盐$+Trien$	En Trien	$[CdEn_2]^{2+}$ $[CdTrien]^{2+}$
Ni	$NiSO_4+En$	En	$[NiEn_2]^{2+}$
Ag	Ag^++En	En	$[AgEn]^+$
Co	$CoCl_2+En$	En	$[CoEn_3]^{2+}$

五、碱性焦磷酸盐镀液

焦磷酸盐也是一种螯合剂，它可以与许多金属离子生成中等稳定的螯合物，如 $[Cu(P_2O_7)_2]^{6-}$，它形成的螯合物有如下结构：

但焦磷酸盐液的极化作用比它的螯合物稳定常数（见后）所预测的还要大，这可能是由于它具有一定的表面活性的缘故。正是由于这一点，焦磷酸盐或多聚磷酸盐在电镀界受到很大的重视，用它来镀铜在国内外已正式工业化，而在研究新镀层（包括合金）时，不少人希望用它来一试。

对于焦磷酸或多聚磷酸盐我们也要一分为二地看待，除了看到它的优点外，还要了解一下它的缺点，它的缺点是什么呢？①其金属盐在水中溶解度不大，而配制电解液时用量却很大。②在温度高时它会分解成 PO_4^{3-}。③使用焦磷酸镀液时电流密度并不大，而且阳极易钝化，为了改善阳极溶解，往往还需要补充一些其他配位体如氨水、铵盐、草酸盐、酒石酸盐、柠檬酸盐、氨三乙酸等。

焦磷酸盐镀液适于 Cu，Zn，Sn，Pb，Ni，Ag 以及 Cu-Zn，Cu-Sn 等合金的电镀（见表 14-8）。

表 14-8　各种金属的碱性焦磷酸盐镀液

金属	镀液的主要成分	所用的配位体	阴极上放电离子的可能形式
Cu	$Cu_2P_2O_7 + K_4P_2O_7 +$ 少量其他配位体	$P_4O_7^{4-}$ 及其他少量配位体	$[Cu(P_2O_7)_2]^{6-}$
Zn	$Zn_2P_2O_7 + K_4P_2O_7$	$P_2O_7^{4-}$	$[Zn(P_2O_7)_2]^{6-}$
Sn	$Na_2SnO_3 + K_4P_2O_7$	$P_2O_7^{4-}$ 与 OH^-	$[Sn(OH)_2(P_2O_7)_2]^{6-}$
Ni	$Ni_2P_2O_7 + K_4P_2O_7$	$P_2O_7^{4-}$	$[Ni(P_2O_7)_2]^{6-}$
Ag	$AgNO_3 + Na_4P_2O_7 + (NH_4)_2SO_4$	$P_2O_7^{4-}$ 与 NH_3	$[Ag(NH_3)_2P_2O_7]^{3-}$

六、氨羧配合物镀液

氨羧配位体指分子中同时含氨基和羧基的化合物，常见的有：

氨二乙酸　$HN\begin{cases} CH_2COOH \\ CH_2COOH, \end{cases}$　用 IMDA 表示

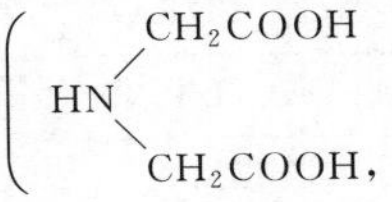

氨三乙酸　$N\begin{cases} CH_2COOH \\ CH_2COOH \\ CH_2COOH \end{cases}$，用 NTA 表示

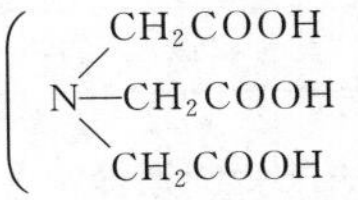

乙二胺四乙酸　用 EDTA 表示

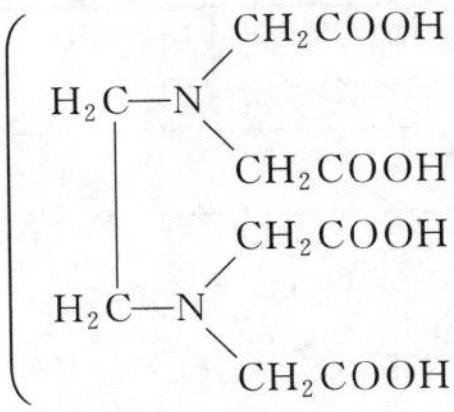

N-羟乙基乙二胺三乙酸　用 HEDTA 表示

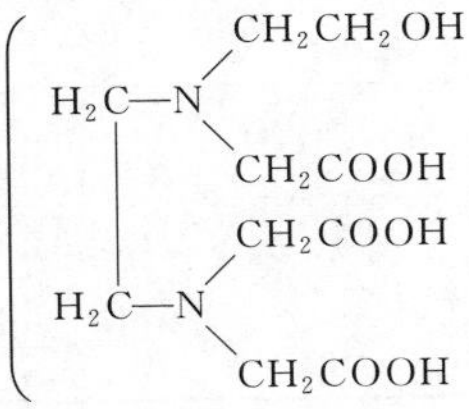

它们与金属离子生成相当稳定的配合物,适于沉积速度快的 Cu^{2+}、Zu^{2+}、Cd^{2+} 等离子的电沉积,镀液所用 pH 在微酸性至强碱性范围,对于沉积速度慢的金属离子如 Ni^{2+} 等,不宜选用此类配位体,常见氨羧配合物镀液列于表 14-9,其中有些已在工业上应用。

七、其他配合物镀液

除了上述几类常用的镀液外,还有相当数量的配位体也可以构成电镀液,其中有的已投入生产或试生产,所选用的配位体可以是无机的,也可以是有机的,这是正在研究与开发的新领域,过去由于电镀用的配位体为氰化物所统治,人们的眼界被大大限制住了,如今无氰电镀的研究已遍地开花,相信在不远的将来一定可以找到更加完美的无氰镀液,由于这类镀液所用的配位体种类繁多,在此仅收集部分前人已研究过并具有一定实用价值的体系(见表 14-10)供大家参考。

从上面的简要总结中我们可以看出,配合物化学原来是电镀的基本内容,因为任何一种金属的镀液都离不开配位体,只是选用的配位体不同罢了。同一种配位体用在不同金属的电沉积时,配位体的共性会表现出来。事情总是一分为二的。每一种配位体都会有其优点与缺点,因此掌握配合物化学的基本原理,将有利于取长补短,改革工艺,这对于指导生产实践以及开发镀液来说都是非常有现实意义的。

表 14-9　各种金属的氨羧配合物镀液

金属	镀液的主要成分	所用的配位体	阴极上放电离子的可能形式
Cu	Cu^{2+} 盐 + IMDA	IMDA	$[Cu(IMDA)_2]^{2-}$
	$CuCO_3 \cdot Cu(OH)_2 \cdot H_2O$ + HEDTA	HEDTA	$[Cu(HEDTA)]^-$
Zn	$ZnCl_2 + NH_4Cl + NTA$	NTA,NH_3	$[Zn(NTA)]^-$ 或 $[Zn(NTA)(NH_3)_2]^-$
	$ZnCl_2 + NH_4Cl + EDTA$	EDTA,NH_3	$[Zn(EDTA)]^{2-}$ 或 $[Zn(EDTA)(NH_3)]^{2-}$
Cd	$CdCl + NH_4Cl + NTA$	NTA,NH_3	$[CdNTA]^-$ 或 $[Cd(NTA)(NH_3)_2]^-$
	$CdCl + NH_4Cl + EDTA$	EDTA,NH_3	$[CdEDTA]^{2-}$ 或 $[Cd(EDTA)(NH_3)]^{2-}$
	$CdSO_4 + NH_4Cl + NTA + EDTA$	NTA,EDTA,NH_3	$[Cd(NTA)(NH_3)_2]^-$ 或 $[Cd(EDTA)(NH_3)]^{2-}$

表 14-10　各种金属离子的配合物镀液

金属离子	镀液的主要成分	主要配位体的结构式 (凡有 * 者为配位原子)	阴极上放电离子的主要形式
Zn^{2+}	$ZnCl_2 + NH_4Cl$	$^*NH_3$	$[Zn(NH_3)_4]^{2+}$
	Zn^{2+} 盐 + NH_4Cl + 柠檬酸 (H_4cit)	$^*NH_3$,$\underset{*OH}{\underset{\overset{\overset{*}{COOHCOOH}}{\|}}{CH_2-C-CH_2}}$ COOH (H_4cit)	$[ZnHcit]^-$
	Zn^{2+} 盐 + 葡萄糖酸钠 (NaGlu)	$\underset{*OH}{NaOOCCH}\underset{}{-CH}\overset{*OH}{-}CH\overset{*OH}{-}CH\overset{*OH}{-}CH_2$ (NaGlu)	$[ZnGlu]^+$ 或 $[Zn(OH)(Glu)]$

续表

金属离子	镀液的主要成分	主要配位体的结构式 （凡有 * 者为配位原子）	阴极上放电离子的主要形式
Ca^{2+}	Ca^{2+} 盐＋三乙醇胺（TEA）	$\overset{*}{N}\begin{cases} CH_2CH_2\overset{*}{O}H \\ CH_2CH_2\overset{*}{O}H \\ CH_2CH_2\overset{*}{O}H \end{cases}$（TEA）	$[CdTEA]^-$
	Ca^{2+} 盐＋磺基水杨酸 （H_3SSAL）	HO_3S—〔苯环〕—$\overset{*}{O}H$，$\overset{*}{C}OOH$（H_3SSAL）	$[Cd(SSAL)_2]^{4-}$
Ag^+	Ag^+ 盐＋$Na_2S_2O_3$＋$K_2S_2O_5$ （焦亚硫酸钾）	$^-\overset{*}{O}—\overset{O}{\underset{O}{S}}—\overset{*}{S}^-$（$S_2O_3^{2-}$）	$[Ag(S_2O_3)_2]^{3-}$
	Ag^+ 盐＋KSCN	$^-\overset{*}{S}—C\equiv N$（$CNS^-$）	$[Ag(CNS)_4]^{3-}$
	K_2AgI_3＋KI	I^-	$[AgI_4]^{3-}$
	$AgNO_3$＋Na_2SO_3	$^-\overset{*}{O}—\overset{*}{S}—O$ ^-O（SO_3^{2-}）	$[Ag(SO_3)_2]^{3-}$
	Ag^+ 盐＋$K_4Fe(CN)_6$	$^-\overset{*}{C}\equiv N$（CN^-）	$[Ag(CN)_2]^-$
Au^+	Au^+＋柠檬酸三铵 （$NH_4)_3Hcit$	$^-OOC—CH_2—\overset{HO}{\underset{}{C}}\overset{\overset{*}{C}OO^-}{\underset{}{}}—CH_2—\overset{*}{C}OO^-$ （$Hcit^{3-}$）	$[Au(Hcit)]^{2-}$
	$Na_3[Au(SO_3)_2]$＋Na_2SO_3	SO_3^{2-}（结构同上）	$[Au(SO_3)_2]^{3-}$
Sn^{2+}	$SnCl_2$＋HCl	Cl^-	$[SnCl_6]^{4-}$
Cr^{3+}	Cr^{3+} 盐＋NH_4^+ 盐	$\overset{*}{H_2O},\overset{*}{N}H_3$	$[Cr(H_2O)_6]^{3+}$ 或它的聚合物

第十五章

电镀工艺的综合指标及其内在规律

　　电镀是一种涉及多种学科的综合性的表面处理技术，用在金属或非金属表面上获得均匀、致密、光滑的耐腐蚀和装饰性镀层，或制备特种功能（如导电、耐磨、焊接、磁性、吸光、反光等）的镀层。因为镀件的几何形状一般比较复杂，经常有深孔和棱角，要使各部分均匀地镀上一定厚度的镀层，就要求镀液有好的深镀能力和分散能力。此外，电镀液还是长年累月、连续不断使用的溶液，因此对镀液的稳定性、腐蚀性、寿命等也有一定的要求。另一方面，不仅对镀层的外观有一定的要求，对镀层的内在质量，如纯度、导电性、抗硫性、硬度、脆性、结合力、内应力等也都有要求。一种适于生产使用的优良电镀工艺需要满足哪些综合指标，影响这些指标的是哪些因素，其中最主要的因素是哪些，这些都是电镀工作者极为关心的问题。本章就这些问题作简要的说明。

第一节　沉　积　速　度

　　沉积速度是单位时间内零件表面沉积出金属镀层的厚度。通常以微米/小时表示。从生产效率来说，都是希望沉积速度越快越好，对于工作量大、任务重和有特殊需要的单位来说更是如此。例如，电铸和防渗碳镀铜，都要求尽快获得较厚的镀层。当然，对某些特殊的用途来说，如提高钢铁件结合力的预镀铜、首饰上的装饰性镀金，它们需要的镀层厚度很薄，对沉积速度的要求也就不是很高。但总的来说，对特定的镀液，其沉积速度都有一定的要求，而且希望在可能的条件下获得尽可能高的沉积速度。

　　要提高镀液的沉积速度，从设计的观点来看，就是要减小电极反应的阻力，减小放电离子受电场作用而发生的电迁移和抑制阴极的副反应。因此，只有降低各种类型的超电压，消除阴极的副反应，以及加入导电盐以消除放电离子的电迁移才能提高沉积速度。这就涉及到配位体、添加剂、导电盐以及电镀工艺条件的选择。

　　对于已选定的体系来说，提高沉积速度的最常用方法是提高镀液中金属离子的浓度，提高电流密度和采用加速镀液中配离子传质速度的各种措施，如搅拌、阴极移动、镀液流动和升温等。提高镀液中金属离子浓度的方法最简便，其他方法常受设备条件的限制，提高电流密度虽然可以提高沉积速度，但常伴随着电流效率的降低和镀层外观的变差。

第二节　电　流　效　率

电流效率是电极上通过单位电量时，某一反应所形成之产物的实际重量与电化当量之比，即输入电解池的电量中实际用于沉积金属所占的百分数。若输入的电量全用于金属的沉积，则电流效率为 100％。但是，溶液中常因导电离子数量不足而出现溶液的内阻。内阻越大，电能用于克服内阻而产生的热量也越多，电流效率也随之降低。除了克服溶液的内阻以外，许多金属离子在阴极还原时 H^+ 也同时放电，所以析出 H_2 气体越多，用于金属电沉积的电能就越少，电流效率也越低。除此以外，在阴极上杂质离子的放电，某些高价金属离子还原为低价离子，某些有机添加剂或有机杂质在阴极上的还原，以及在阴极上发生的其他还原反应也常要消耗电能。因此，为了提高溶液的电流效率，所选用的配位体或添加剂应尽量不参与电极的电化学反应，同时还要创造条件，尽量使金属析出时不析出 H_2 或少析出 H_2。对大多数配合物镀液来说，通常采用的方法是在保证镀层质量的前提下降低金属离子的析出电位（即使电位向正移），增加金属离子浓度，降低使用的电流密度，减少配位体或添加剂的用量，通常都可达到提高电流效率的目的。

当然，对那些析出电位比 H^+ 正得多的金属，影响电流效率的主要副反应——H^+ 的放电并不发生，例如，酸性镀铜和某些镀银液，其电流效率接近 100％，且很少随电流密度而变化。有些特殊镀种，如镀铬，它的电流效率随电流密度的上升而增大，这是因为反应的中间产物是一种由 Cr(Ⅲ) 和 Cr(Ⅱ) 组成的膜，在低电流密度下反应难以进行，电流效率就低，在高电流密度时反应反而容易进行，故电流效率高。图 15-1 所示为电流效率随电流密度变化的三种情况。对大多数配合物镀液来说，电流效率随电流密度的变化呈图 15-1 中曲线 2 的形状。

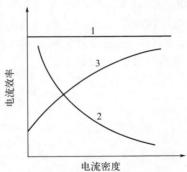

图 15-1　在较低电流密度下电流效率随电流密度变化的情况
1—酸性硫酸镀铜镀液（不含容易被还原的添加剂）；
2—氰化物和多数配盐镀液；3—镀铬

第三节　镀液的稳定性

电镀溶液是一种要长年累月和连续不断使用的电解液。因此，镀液的稳定性是镀液能用于生产的最基本的条件之一。镀液的稳定性一般指对碱、对光和对氧化-还原的稳定性。

为了减小镀液对设备的腐蚀，大都采用碱性镀液。为了提高镀液的沉积速度和电流效率，常常又希望镀液中含有较高的金属离子浓度。高浓度的金属离子在碱性溶液中必然要水解而形成氢氧化物沉淀，使镀液混浊。为了克服这一矛盾，就要在溶液中引入适当的配位体，使金属离子在碱性条件下形成稳定的配离子，配离子的稳定性越高，OH^- 离子的竞争能力越小，镀液越稳定，允许使用的 pH 值也越高。因此，镀液对碱的稳定与否，主要由配合物的稳定常数决定，外界条件，如温度、溶剂，特别是酸度对镀液的稳定性也有很大影响。对于一定的金属离子与配位体来说，稳定常数是个定值，要构成既不产生沉淀，又具有最高稳定性（即条件稳定常数最大）的镀液，就必须考虑各种副反应对稳定常数的影响。在从全盘考虑这些副反应的基础上就可以确定镀液的最佳 pH。

防止金属离子水解的另一种办法是干脆使金属离子与过量的 OH^- 反应而形成可溶性羟基配合物，各种两性金属都可这样处理。例如锌、铅、锡的强碱性镀液就属于此类。

有些金属离子对光很敏感，例如，$AgNO_3$ 要保存在棕色瓶中，卤化银是感光乳剂等，这说明 Ag^+ 及其某些化合物容易吸收光子而发生光还原反应。为了抑制或减缓光还原反应，常加入光稳定剂。如稳定 AgCl 纸的无色稳定剂有硫脲、浓 $Na_2S_2O_3$ 和浓硫氰酸盐液。用于照相乳剂的光稳定剂多为杂环类的三唑、四唑和咪唑类的化合物，因此，在选择镀银配位体时往往采用对光稳定的 CNS^-、I^-、$S_2O_3^{2-}$ 和含氮杂环的异烟酸、丁二酰亚胺等。

对硝基苯并咪唑   苯并三氮唑

5-甲基-7-羟基-1,3,4-三氮吲哚哩嗪   苯基巯基四氮唑

除此以外，有些配位体容易在电极上发生氧化-还原反应。例如，乙酰丙酮会在阳极发生氧化反应而形成红色的化合物，它就不适于作电镀用配位体。另外，有的配位体在碱性溶液中容易水解，如焦磷酸、三聚磷酸和六偏磷酸在碱性溶液中会水解成正磷酸，使配位能力大为下降，使镀液和镀层的性能也逐步下降，因而水解也是引起镀液不稳定的因素。

第四节　镀液的分散（均镀）能力

复杂零件各部分镀层的厚度能够均匀分布，这也是对电镀液的一项基本要求。表示这种金属（或电流）在阴极上分布均匀程度的术语为分散能力或均镀能力，它表示镀液使镀件表面不同部位上沉积出厚度均匀镀层的能力。

分散能力通常用远、近阴极上电流（或金属重量）的比值来表示：

$$\frac{I_1}{I_2} = 1 + \frac{\Delta l}{\dfrac{1}{\rho} \cdot \dfrac{\Delta E}{\Delta I} + l_1} \tag{15-1}$$

式中　I_1——近阴极电流强度；

$\quad\quad I_2$——远阴极电流强度；

$\quad\quad \Delta l$——远、近阴极与阳极距离之差；

$\quad\quad l_1$——近阴极到阳极的距离；

$\quad\quad \rho$——镀液的电阻率；

$\quad\quad \dfrac{\Delta E}{\Delta I}$——阴极极化度。

由式(15-1)可知，分散能力的最高值为1(100%)时，式右边的第二项为0。从第二项的各个参数，可以看出影响分散能力的主要因素。

（1）几何因素

如远、近阴极与阳极距离之差 Δl，近阴极到阳极的距离 l_1。增大 l_1，减小 Δl，即阴极各部至阳极的距离尽可能相等，此时分散能力提高；当 $\Delta l \to 0$ 时，分散能力最大。

（2）电化学因素

如阴极极化曲线的极化度 $\dfrac{\Delta E}{\Delta I}$，镀液的电导率 $(1/\rho)$。增加阴极的极化度，提高溶液的导电性或减小溶液的电阻率，分散能力提高。提高 $\dfrac{\Delta E}{\Delta I}$ 通常靠引入配位体或添加剂来解决，提高溶液的导电性主要靠加入导电盐或选用导电好的离子（如 H^+、OH^-、NH_4^+）和配体（如 CN^-）构成镀液。

（3）电学因素

主要指阴极电力线的分布是否均匀。这与阴、阳极的形状有关。电力线集积过多的阴极边缘和尖端，常常出现"边缘效应"和"尖端效应"，使该处的镀层易"烧焦"。因此，为了提高分散能力，改善电力线的分布，则要求阴、阳极的形状相似，阴、阳极的距离要大些。在实际生产中则常采用辅助阳极、象形阳极和辅助（保护）阴极等措施来改善电力线的分布。

（4）电流效率的影响

电流效率和电流分布之间有下列的关系

$$\frac{W_1}{W_2} = \frac{I_1}{I_2} \cdot \frac{f_1}{f_2} \tag{15-2}$$

式中　W_1、W_2——近和远阴极上沉积的金属重量（g/dm^2）；

$\quad\quad f_1$、f_2——近和远阴极在一定电流密度下的电流效率。

由式(15-2)可知：

① 在实际使用的电流密度范围内，电流效率近乎为常数时（见图 15-1 中的曲线1），电解液的分散能力不受电流效率的影响。

② 在实际使用的较宽电流密度范围内，电流效率随电流密度的升高而下降时（见图 15-1 中的曲线 2），在高电流密度处电流效率低，而在低电流密度下电流效率高，这样 $I_1f_1 = I_2f_2$，使金属在阴极不同部位的分布趋于均匀一致，电解液的分散能力得到改善。这就是加入配位体可以提高镀液分散能力的原因。

③ 在实际使用的较宽电流密度范围内，电流效率随电流密度的升高而上升时（见图 15-1 中的曲线 3），电流密度高的地方电流效率也高，二者的乘积就大，所得镀层就厚一些；相反，在电流密度低处所得的金属镀层就薄，电解液的分散能力反而变劣。

第五节　镀液的深镀（覆盖）能力

镀液的深镀能力也称为覆盖能力或遮盖能力，指镀液在特定条件下于凹槽或深孔中沉积金属镀层的能力。它表明在零件的全部表面是否都有镀层。通常用管状零件内孔镀上镀层的深度来表示。

镀件的深孔和凹处能否镀上金属，主要由放电配离子的析出电位和该处的电场强度或电流密度的大小决定。因此，深镀能力一方面和分散能力一样，取决于阴极上电流分布的均匀程度，即取决于电学、电化学及几何因素等的影响，只不过是影响的程度和对分散能力的有些不同而已。如果镀液的分散能力好，或阴、阳极布置适当，则镀液的深镀能力也得到改善，这是深镀能力和分散能力一致的地方。另一方面，如果配离子的析出电位较负，放电的超电压过大，则在相同电流密度下，配离子并不放电，也就无镀层覆盖。例如，有时镀液中配位体和添加剂加入太多，或者镀件表面为表面活性剂、油污、氧化膜覆盖时，配离子放电的超电压过高，金属也不能沉积出来，特别是不能在低电流密度处析出。为了促使金属在难于析出的部位沉积，往往在电镀开始时采用瞬间高的电流密度，即加一冲击电流，此时电场强度的提高足以克服金属析出的超电压，金属就沉积上去了。当然，通过加强清洗、除油，使金属表面处于活化状态，这样也可以提高深镀能力。

在不同的基体金属上沉积同一金属的超电压是不同的，所以在几何因素和电化学因素相同时，在某些金属上可以获得完整的镀层，而在另一些金属上面仅能镀上局部金属，例如，镀铬的深镀能力随基体金属有如下的变化顺序：

钢＞黄铜＞镍＞铜

根据一些实验数据，金属的超电压依基体金属材料的不同有下列关系：

析出氢的超电压增大

$$\xrightarrow{}$$

Pb, Pt, Ni, Co, Fe, Zn, Cu, Au, Hg

$$\xleftarrow{}$$

析出金属的超电压增大

即析出氢的超电压越小，则金属本身的析出超电压就越大，这说明容易在其上析出氢的基体金属，却难于在其上沉积金属。所以，在深镀能力较差的基体金属上先镀上一层析出超电压小的别种金属也可提高镀液的深镀能力。

第六节　镀液的腐蚀性

钢铁件在酸性条件下，特别是在电位较正时很容易被腐蚀，这可从第六章介绍的电位-pH 图中看出（见图 6-4），特别是当 Cl^- 存在时腐蚀更快。在 pH＝6～8 时，铁的腐蚀区仍然存在。当 pH＝9～13 时，这时若电位低则落在稳定区，电位高则落在钝化区，所以，在此 pH 范围内铁不至于被腐蚀。当 pH＞13 时，铁又开始腐蚀。实践表明，酸性镀锌，以及含大量 Cl^- 的微酸性氯化铵镀锌液对设备的腐蚀极为严重，使用半年多就要拆下检修。因此，从设备的防腐蚀角度考虑，最好采用碱性镀液。如碱性焦磷酸盐镀铜、碱性锌酸盐镀锌液等对设备的腐蚀性比铵盐镀锌液小得多。

有机多膦酸类配位体，如 1-羟基-(1,1)-亚乙基-1,1-二膦酸（HEDP），氨基三亚甲基膦酸（ATMP），乙二胺四亚甲基膦酸（EDTMP）等，它不仅是电镀的优良配位体，而且它本身还是缓蚀剂，对设备有保护作用，抛光的钢铁件在 HEDP 镀锌、铜、镉、铜-锡合金镀液中可以长期保存而不生锈。相反，在自来水或铵盐镀锌液中存放一天就生锈。表 15-1 列出了钢铁零件在自来水、铵盐镀锌液和 HEDP 镀锌液中存放四十余天的腐蚀情况。

表 15-1　各种溶液对钢铁腐蚀程度的比较

溶　液	浸泡 40h 后的表面状况	浸泡 40h 再大气暴露 24h	继续浸泡 43 天后		腐蚀速率/(mm/a)
			外观	失重/g	
250g/L NH$_4$Cl 溶液	大部分生锈	全片生锈	全片生锈	0.1940	0.069
自来水	小部分生锈	全片生锈	全片生锈	0.0653	0.0155
HEDP 镀锌液	保持原样	保持原样	保持原样	0.0035	0.00166

由表 15-1 可以看出，HEDP 镀液具有良好的缓蚀性。因此，它适于自动线生产，同时也可作为一种代替氰化物储藏金属零件的储藏液。

第七节　镀层的细致、光亮和脆性

根据光亮镀层的细晶理论（见第十三章第一节），光亮电沉积物和晶粒的细化有关系，即要获得光亮的镀层，必须使金属表面整平和晶粒尺寸减小到不超过可见光谱范围内反射光的波长（约 $0.5\mu m$），这样就不存在漫射现象，故镀层看上去是光亮的。

要获得晶粒细小的镀层，就要求放电的配离子具有较高的活化能，这样放电速度才较慢。因此，选择合适的配位体，以改变配离子放电的活化能；或者选择适当的可在电极表面吸附的添加剂，以抑制金属配离子在电极上的反应速率，都可以达到电沉积出细致和有一定光泽的镀层。

　　电镀有效的添加剂，在工作的电极电位下大都可以在电极上吸附。这样，一部分添加剂会夹杂在镀层中而引起镀层性能下降；另一方面镀液中添加剂的反应产物的积累又会使镀液的性能下降。因此，一般有实用价值的镀液添加剂都含有多种对镀层性能（如应力）有相反影响的成分，以便彼此抵消它的副作用。但是，各成分的用量极少，分析控制困难，还要经常从镀液中除去它的反应产物，这就给生产的管理、维护和稳定带来一定的困难。

　　用配位体的方法，一方面要选择形成的配合物稳定常数较高的配位体（配离子在强碱条件下不会水解）；另一方面，所选的配位体本身在电极上要有一定的吸附能力，即要选择具有一定表面活性的配位体。这类配位体，最好有一定的去油、除锈和溶解氧化膜的能力，才能保证镀层与基体金属之间的良好结合力。另外，配位体本身要稳定，不会因温度、pH 的变化以及氧化-还原反应的影响而受到破坏。这样，镀液才能稳定，而且不要经常补充配位体。

　　目前，用添加剂的方法已在酸性光亮镀铜和镀锌上取得突破，而用配合物的方法则在有机多膦酸电镀上获得突破，它可以代替氰化物在十多个镀种中应用。由于酸性光亮镀铜尚不能解决结合力不良的问题，需要有机多膦酸镀铜打底，因此，这两种方法是相互补充而不是相互排斥的。

第八节　阳极的溶解

　　电镀时，一方面配离子在阴极上放电而形成金属镀层，同时阳极则不断溶解出金属离子而补充到镀液中来，仅当阳极溶解下来的金属离子和在阴极上沉积上去的达到平衡时，镀液才能长期稳定生产，否则镀液成分很快就要发生变化。阳极不正常，通常指阳极溶解过快或过慢，后者也称为阳极钝化。

　　一般来说，阳极溶解的快慢决定于阳极的电位，也决定于溶液中配位体的种类和数量。在金属氧化时，能使平衡电位向正方向移动越大的配体，越有利于阳极金属的溶解。例如

$$Cd + 6H_2O \Longrightarrow [Cd(H_2O)_6]^{2+} + 2e^- \quad E^{\ominus} = +0.403V$$

$$Cd + 4NH_3 \Longrightarrow [Cd(NH_3)_4]^{2+} + 2e^- \quad E^{\ominus} = +0.61V$$

$$Cd + 4CN^- \Longrightarrow [Cd(CN)_4]^{2-} + 2e^- \quad E^{\ominus} = +1.09V$$

所以，从能量的观点来看时，配位体对阳极溶解的有效性有以下的顺序：

$$CN^- > NH_3 > H_2O$$

　　然而，除此以外，现在已有许多实验事实证明，阳极溶解速度与阳极材料、阳极表面状态和金属离子化活化能 $\Delta \widetilde{G}^*$ 有关，且与配位体浓度 c_L 的 n 次幂成正比：

$$M = fp\left(\frac{N_s}{N_0}\right) c_L^n \exp\left(-\frac{\Delta \widetilde{G}^*}{RT}\right) \tag{15-3}$$

　　式中，M 为单位时间内溶解金属的总物质的量（mol）；$p\left(\dfrac{N_s}{N_0}\right)$ 为金属表面能够

参与溶解反应的有效原子数，其中 N_s 为金属表面单位面积上的金属原子的总数，N_0 为阿佛加德罗常数，p 为金属表面上活性点所占的百分数；n 为金属离子的实际配位数。若用电流表示，式(15-3) 变为

$$i = zFfp\left(\frac{N_s}{N_0}\right) c_L^n \exp\left(-\frac{\Delta \widetilde{G}^*}{RT}\right) \tag{15-4}$$

式中，z 为反应电子数；F 为法拉第常数。

实测含 Cl^-、Br^-、I^-、OH^- 等配位体时镉阳极的溶解速度服从下式

$$i = k[X^-]^n \exp\left(\frac{\beta F}{RT}\eta_a\right) \tag{15-5}$$

式中，$X^- = Cl^-$、Br^-、I^-、OH^-；n 的数值为 $1\sim3$；β 为阳极反应的传递系数；η_a 为阳极超电压。

根据上述的实验事实可以这样来理解：在金属表面的活性部位，由于金属的自由电子不能在它四周流通，所以所谓的活性部位，实际上相当于半电离状态的原子，具有剩余的正电荷，在溶液中它可以与配体配位面形成表面配合物（相当于配位未饱和的配合物），由于表面配合物的生成降低了金属阳极过程的活化能，若生成的配合物是水溶性的，那么它将容易进一步与配体配位或水合，使金属离子的能量进一步降低并进入溶液。所以要加速阳极溶解，配位体要具备几个条件：

① 对金属离子的配位能力要强；

② 所生成的表面配合物易溶于水。

有些多配位基的配位体，除了参与配位的基团外还有剩余的亲水基团，例如，酒石酸根和柠檬酸根各有四个配位基，葡萄糖酸根有 6 个配位基，它们均能显著增加阳极溶解速度。相反，若在金属表面形成的表面配合物是不溶性的聚合物，如游离 NaCN 不足时氰化物镀铜和镀银的阳极会生成 $[CuCN]_n$ 和 $[AgCN]_n$ 型不溶性聚合物，使阳极钝化，此时就要补充 CN^-，使聚合物转变为可溶性的配阴离子。此外，磷酸盐、硅酸盐、铬酸盐在阳极区（酸度较大）有时会聚合而形成不溶性的多核配合物（俗称多酸），它会阻止金属的溶解，所以，它们也是一类常用的无机缓蚀剂。多聚磷酸盐与焦磷酸盐镀液中阳极较易钝化，可能是与金属离子生成难溶或微溶多核配合物的缘故。焦磷酸盐配合物的聚合链较短，缓蚀效果比多聚磷酸盐差。在焦磷酸盐、多聚磷酸盐以及有机多膦酸盐镀液中，常加入多羟基酸或氨羧配位体来促进阳极溶解，有时也用搅拌来加速阳极溶解，因为这些配位体的体积较大，扩散慢，难以达到阳极表面。

第九节　镀层的整平

基体金属的表面并非理想的"平面"，它存在各种各样的凸出部分（峰）和凹陷部分（谷），因此，要获得各种凹陷部分已被填平的平整镀层，也是对镀层的基本要求之一。

要获得平整的镀层，一般是在镀液中加入整平剂。例如，在镀镍液中加入的香豆素、丁炔二醇；酸性镀铜液中加入的硫脲、2-巯基噻唑啉等。由于整平作用常伴随着镀层光亮度的提高，所以整平作用与光亮作用难以绝对分开。

整平作用分几何整平（或自然整平）、负整平和正整平三种，如图 15-2 所示。表 15-2 列出了三种不同整平的特征。

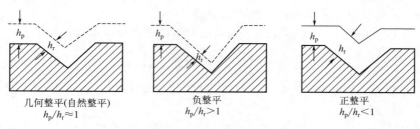

图 15-2　三种不同类型的整平作用

表 15-2　三种不同类型整平的特征

整平作用	微观分散能力	谷与峰上镀层厚度比 h_r/h_p	谷与峰上电流密度比 I_r/I_p	金属离子电沉积反应的控制步骤	整平剂阻化作用的控制步骤
几何整平	好	≈ 1	≈ 1	电化学步骤	无阻化或表面步骤
负整平	差	<1	<1	扩散步骤	无阻化或表面步骤
正整平	最好	>1	>1	电化学步骤	扩散步骤

只有正整平时，峰上的沉积速度才小于谷上的沉积速度，峰、谷上镀层的厚度比 h_p/h_r 小于 1 时，才能获得真正平整的镀层，故通常说的整平作用指的是正整平。

整平度的表示法有两种（见图 15-3）：

$$整平度 = \frac{h_1 - h_2}{h_3} \times 100\% \; ; \quad 整平度 = \frac{h' - h''}{h'} \times 100\%$$

式中，h_1、h_2、h_3 分别为深洼处、平整面上和深洼中部的沉积物厚度；h' 和 h'' 为镀覆前后凹洼的深度。

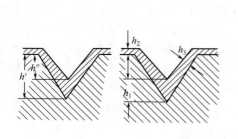

图 15-3　表面整平度的示意图

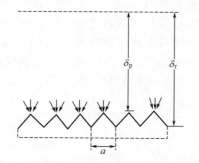

图 15-4　微观峰、谷上的扩散层厚度

整平作用表示电流在微观峰、谷（小于 0.5mm）上的分布，即微观分散能力。从宏观的电力线分布来看，该部位是完全均匀的，但从微观来看却是凹凸不平的，所以，宏观分散能力与微观分散能力是不同的概念，前者指镀层厚度的宏观分布，后者指镀层的平整性。

整平剂的作用机理目前有两种理论解释，一种是由卡多斯（Kardos）提出的扩散理论，他认为在微观凹凸的表面上，由于谷上的有效扩散层厚度 δ_r 大于峰上的 δ_p（见图 15-4），因此，整平剂扩散进入微观谷处的扩散速度小于进入峰处的速度，这样峰上整平剂的浓度将大于谷上的浓度，结果整平剂对峰上电极反应的阻化作用就大于对谷上的阻化作用，即谷上的沉积速度将大于峰上的沉积速度，这就达到了整平的效果。

当整平剂浓度太低时，在峰、谷上没有整平剂或浓度太低而不显阻化作用，也就不显示整平作用；当整平剂浓度过大时，峰、谷同时受到严重阻化，同样也不显示整平效果，只有浓度适当时才有整平效果。

第十节　镀层与基体的结合力

影响镀层与基体金属结合力的因素是多方面的，如镀件表面的锈蚀未洗净，镀件表面有油污，镀件进入镀液后产生的疏松置换镀层，以及镀件表面处于钝态等。前两种属于镀前处理问题，后两种则与配方工艺本身的设计有关。例如，钢铁零件在焦磷酸盐镀铜液中就会产生置换镀层，故不可直接镀，本书第六章第四节已详述了置换镀层的产生与抑制，此处不再重复。

金属表面形成一层结构不严密的氧化物或吸附物后，若在镀液中这种不严密的物质不能迅速溶解或消失，而被金属夹杂在其中时，镀层的结合力就大大下降。此时金属的状态称为"钝态"或"非活态"。因为它妨碍了金属镀层在基体金属晶格上的自然延伸，因而破坏了镀层与基体金属的结合力。金属处于"钝态"是相对于"活态"而言的，"活态"指金属的晶格已暴露在外，而"钝态"则指金属晶格被一层物质所隔离。因此，"钝态"与"钝化"是两种不同的概念。钝化是指金属阳极表面的正常溶解反应受到严重阻碍，如形成沉淀物或膜，并在比较宽的电极电位范围内，使金属溶解的反应速率降到很低的作用。

造成金属"钝态"的原因是多种的。例如，钢铁零件进镀槽前必须经过活化酸洗，若酸洗后在空气中暴露较长时间，镀件表面迅速形成一层氧化膜，活化酸洗液中酸的浓度越高，铁件在空气中越易氧化。镀件上的酸带入镀液中越多，镀件表面层镀液的 pH 值下降越厉害，也越容易发生置换反应，因此，浓酸酸洗活化，既容易使金属处于"钝态"，又容易产生置换镀层，因而常使结合力变劣。有些表面活性物质本身无溶解金属氧化膜的能力，但能在金属表面上形成很厚的吸附层，这种吸附层在溶液中不能很快消失时也会引起金属处于"钝态"。

消除金属"钝态"可以从两方面着手，一方面是镀件的前处理，要除尽金属镀件表面上吸附的各种有机物，这就要强化电解除油工序，国外目前已采用多级电解除油工序。同时清洁表面经活化酸洗后在空气中停留的时间不能太长，酸洗液不要太浓。另一方面，若镀液中的配位体具有溶解金属氧化膜的能力，或在电解过程中能溶解氧化物膜（如 CN^-、多羟基酸、氨羧配位体、有机多膦酸等），即使镀件在进入镀槽前已处于轻度"钝态"，但这种"钝态"在镀液中能迅速消失，所以这类镀液适于钢铁零件的直接电镀。"钝态"严重的镀件，要在镀液中迅速"活化"是困难的，因此，前处理的要求必须严格，这样才能完全保证结合力良好。

林福德（Linford）等研究了铜上氧化膜对镀镍层结合力的影响，发现氧化膜厚度在 1000Å（1Å=0.1nm）时，可以通过化学和电学作用而溶解，当氧化膜厚度增至 2500Å 时，结合力明显下降。当氧化膜厚度达 4000Å 时，干燥后试片上的镍层纷纷脱落下来。

总的来说，影响结合力的主要因素有以下六方面：

① 表面清洁度。完全清洁的表面有最好的结合力，表面油污能降低结合力。

② 表面氧化物膜。膜越厚，结合力越差。

③ 晶体结构的类似性。镀层与阴极金属的原子间距相差超过 15%，则阴极结构不同在镀层中延续，结合力差。

④ 镀液化学和电化学溶解氧化膜的能力。镀液中配位体溶解氧化物膜和去油能力越高，结合力越好。

⑤ 被镀金属的性质。电位正的金属，如 Au、Ag、Cu 容易发生置换反应，常出现结合力不良的现象；而电位负的金属不发生置换反应，结合力不良的现象较少。

⑥ 电镀条件的影响。电流密度太大，析出海绵状镀层，结合力不好，有机添加剂夹杂，镀层应力大，结合力变差。

第十一节　基体金属的氢脆性

金属材料电镀时，受氢与应力的联合作用而产生的脆性断裂现象叫做氢脆。

在阴极上还原产生的氢原子，由于其直径较小，很容易穿过镀层并渗入基体中，使基体金属的晶格发生歪扭而产生大的内应力。某些氢集中的地方会造成应力集中，结果给在变形时的晶格滑移带来困难，使镀层及基体发硬发脆。材料强度越高，氢脆敏感性越大；变形速度慢时，氢原子来得及在断裂前端汇聚，氢脆也特别明显；电镀时，酸洗时间太长，镀液中添加剂的使用都会加剧氢脆。因此，国外高强钢电镀时规定不用添加剂。例如美国波音公司和道格拉斯公司均作了此项规定，而且镀件电镀后还要进行长时间的加温除氢处理。

第十二节　镀层的其他特殊性能

导电性　镀层的导电性除与金属本身的性质有关外，主要决定于镀层的纯度。纯度越高，导电性越好。要镀取高纯度的金属镀层，应避免使用容易被夹杂在镀层中的添加剂，这就是镀取高导电性镀层时一般不采用添加剂配方工艺的原因。

钎焊性　镀层表面被熔融焊料润湿的能力称为钎焊性。不同的镀层被同一熔融焊料润湿的能力是不一样的。对于同一镀层，如果镀层中含有的杂质不同或度层的结晶组织有差异，镀层的钎焊性能也是不一样的。例如，铅锡镀层的钎焊性能就比纯锡镀层好，它具有熔点低、不长"锡须"、抗腐蚀性好的优点，所以铅锡镀层作为焊料广泛应用于弱电零件和电子零件的焊脚、印制板线路的电镀上。

镀层中夹杂的有机物，特别是有机聚合物往往会降低钎焊性，镀层受潮热，受大气腐蚀形成的氧化物、硫化物以及镀层表面的油污、固体粒子也会降低钎焊性。但镀层结晶颗粒愈小，一般钎焊性能愈好。

耐磨性　影响镀层耐磨性的主要因素如下：

① 应力的大小。当镀层的应力较大且恒定时，一般耐磨性良好。

② 镀层结晶颗粒的大小和镀层组织。

③ 镀层的合金成分。

④ 镀层的抗张强度。

⑤ 镀层的硬度。

在以上几个因素中，镀层硬度对耐磨性的影响最小，因为硬度和耐磨性是两码事，不能混为一谈。

除了上述几种性能外，许多镀层还有其他性能上的要求，如抗硫性、磁性、吸光性、反光性等，这些性能属于特殊要求，故此从略。

除此以外，温度、镀液的 pH、搅拌、阴极移动、超声波、电源波形等操作条件，以及阳极材料的组成与状态，杂质离子的引入和除去等的宽窄和难易，也都是衡量一种电镀工艺是否完美的指标，由于篇幅的限制，在此都予从略。

第十六章

金属离子配位体的选择与分类

第一节　选择配位体的依据

　　金属离子及其镀层的许多性能，如金属的导电、导热、导磁、反光、吸光、耐蚀、耐化学品、耐磨、耐热以及金属离子的氧化还原、水溶性、显色性、导电性、光吸收性、催化活性、生物活性等都已在国民经济的许多领域中获得了广泛的应用。而在自然界普遍存在的各种配位体常被用来改变金属离子的性能，以达到我们所要求的目的。因此，配位体也是自然界中非常重要的一类化学物质。

　　水是自然界中最普遍的一种配位体，各种金属离子在水中均以水合配离子的形式存在，它使气相金属离子的性质发生了巨大的变化，而且成了生物生存所必不可少的条件。没有水，生命也就消失了。但是，水是一种较弱的配位体或配体。当金属离子遇到比水更强的配位体时，水被取代而形成了具有新功能的另一种配合物。因此，人们可以选择不同的配位体来创造和获得各种新的功能和新的用途。人们也可以根据实际应用的要求来选择合适的配位体。

　　何谓"合适"的配位体？它需要满足哪些基本的条件？配位体可以影响金属的哪些性质呢？根据什么原理去寻找不同类型金属离子的"合适"配位体呢？

　　选择配位体有不同的目的和用途。对某一特定的用途，往往需要用到配位体的某一方面的性质，当然也需要兼顾其他方面的需求。以电镀用配位体为例，它除了要求配位体能改变金属离子的析出电位与超电压外，还要求所形成的配合物必须能溶于水，而且配位体本身不会对光、氧化还原、水解和沉淀等反应敏感而影响电镀功能。同样，在选择化学镀配位体时，除要求配位体可以调节金属离子的还原速度，使镀层性能（如晶粒大小、合金组成、镀层的耐蚀、焊接、硬度、磁性等）达到制程要求外，同样也要求配位体在水溶液中的溶解度、稳定性以及与还原剂的共溶性都相当好才行。

　　对于各种材料的表面处理而言，通常要用到配位体的性能大致有以下几种：

　　① 所选配位体在使用条件下可以与金属离子形成稳定的配合物或螯合物。

　　② 配位体和所形成的配合物都必须能溶于水。

　　③ 配位体可明显改变金属离子的析出电位和超电压，但本身并不干扰阳极的反应，这是电镀用配位体的基本要求。

　　④ 配位体可有效溶解金属氧化物、氧化膜和其他金属的沉淀物或污染物，这是除油去污用配位体的基本要求。

⑤ 配位体与金属离子不仅可以形成单金属（单核）配合物而且还可以形成黏液状的多金属（多核）的多核配合物，以抑制金属在阳极的快速溶解，这是金属电抛光和化学抛光用配位体的基本要求。

⑥ 配位体可以改变金属离子的析出电位和析出速度，同时不受还原剂以及光、碱等的影响，这是化学镀用配位体的基本要求。

第二节　由配合物的稳定性来选择配位体

虽然不同的应用会从不同的角度来选择配位体，但在特定条件下能形成稳定的配合物则是选择配位体的共同要求。因此了解什么样的配位体可与金属离子形成稳定的配合物是选择配位体的基础。

1. 金属离子的性质对配合物稳定性的影响

在第二章中我们已谈到什么叫配合物。简而言之，配合物就是金属离子与配位体通过形成稳定的配位键而形成的化合物。这里的关键是金属离子要与配位体形成稳定的配位键。那么要在什么条件下才能形成稳定的配位键呢？

大家知道，不同的金属离子其个性也各不相同。这是由它的离子半径、核电荷的数量、核外电子云的分布与结构、离子所带电荷的多寡或价数以及核外电子云变形的难易所决定的。有些金属离子难以形成普通的配合物，但它遇到可形成螯合环的配位体时，则可形成稳定的螯合物。

从元素周期表来看，周期表中部的元素是最容易形成稳定配合物的元素（见图16-1，图中黑线范围内的 22 个元素），它们能够形成比较稳定的非螯型配合物，也能形成更稳定的螯合物。在黑线以外，虚线以内的元素，虽然它们的非螯型配合物的稳定性一般比较低，但它们还能形成相当稳定的螯合物。碱金属（从 Li 到 Cs）和 Ca、Sr、Ba、Ra 等碱土金属（图中点线以内的元素）虽然没发现它们的非螯型配合物，但是实验证明它们是可以形成螯合物的，在有些例子中还是相当稳定的螯合物。

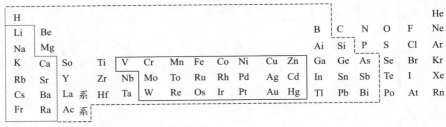

图 16-1　配合物形成体在周期表中的分布情况

水杨醛和 Li、Na、K、Rb、Cs 等碱金属可以形成 $[Me(C_6H_4CHO \cdot O)_2]$ 和 $[Me(C_6H_4CHO \cdot O)_3]$ 等螯合物。这些螯合物虽然不太稳定，但是它们的存在已被实验证明了：

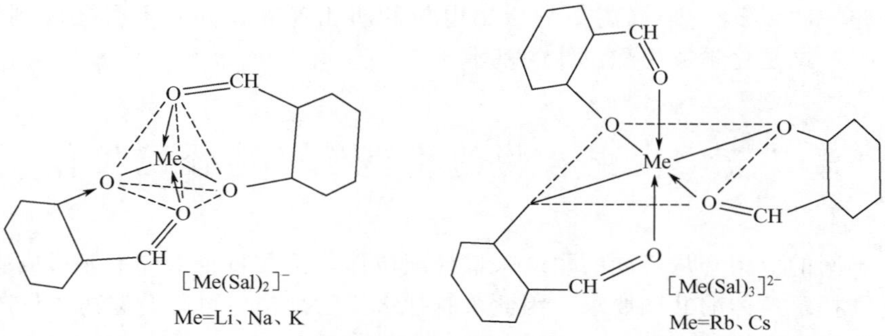

$$[Me(Sal)_2]^-$$
Me=Li、Na、K

$$[Me(Sal)_3]^{2-}$$
Me=Rb、Cs

梅勒（Meller）等依据各种配合物的稳定常数作出一项总结，就是二价金属离子形成配合物的稳定性，不论配体是什么，总是符合下列顺序：

$$Pd > Cu > Ni > Pb > Co > Zn > Cd > Fe > Mn > Mg$$

例如这些金属离子（二价）和水杨醛形成如下式所示的螯合物

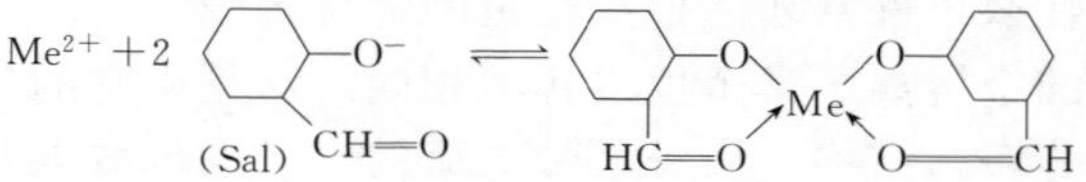

$$\frac{[MeSal]}{[Me][Sal]} = k_1, \qquad \frac{[Me(Sal)_2]}{[MeSal][Sal]} = k_2$$

$$k_1 k_2 = \beta_{Me(Sal)_2}$$

它们的稳定常数（见表 16-1）反映了这个顺序。螯合剂不仅限于水杨醛，其他二价螯合剂，如乙二胺（En）、氨基乙酸（Gly）、8-羟基喹啉（ox）等形成的螯合物也符合这个稳定性顺序。从这个顺序可以看出这是金属碱性强弱的区别。碱性较强的 Mg，形成的螯合物的稳定性较差，而碱性较弱或酸性较强的 Cu 和 Pd，却能形成比较稳定的螯合物。这说明螯合物中配位键的强度，决定于金属离子的本性。

表 16-1　二价金属离子同不同螯合剂形成的螯合物的稳定性

二价金属	水杨醛 $\lg\beta_{Me(Sal)_2}$	乙二胺 $\lg\beta_{Me(En)_2}$	甘氨酸 $\lg\beta_{Me(Gly)_2}$	8-羟基喹啉 $\lg\beta_{Me(ox)_2}$
Pd	14.78	26.9	—	—
Cu	13.30	20.1	15.09	23.40
Ni	9.18	14.1	10.70	18.70
Pb	9.10	—	8.90	—
Co	8.30	10.7	8.50	17.20
Zn	8.10	11.1	9.96	17.56
Cd	7.76	10.2	7.46	13.40
Fe	7.60	7.5	7.80	15.00
Mn	6.80	4.8	5.50	12.60
Mg	6.80	—	—	—

金属离子与配位体的配位原子形成配位键的强弱，与金属离子接受电子的能力（广义的酸碱性）的强弱息息相关。接受电子能力越强，形成的配合物越稳定。金属离子接受电子的能力通常可与该金属原子的电离势的大小相对应。对二价金属离子而言，失去第一个电子较容易，即第一电离势较小，而失去第二个电子较难，即第二电离势较大，而且它往往决定了金属接受电子的强弱。图 16-2 是二价过渡金属元素形成内配合物的稳定常数和它们第二电离势的关系图。由图 16-2 可见，由 Mn 到 Cu，其乙二胺、氨、水杨醛、5-磺基水杨酸和 β,β',β''-三氨基三乙胺（Tren）配合物的稳定常数和这些元素的第二电离势 E_2 有线性关系。

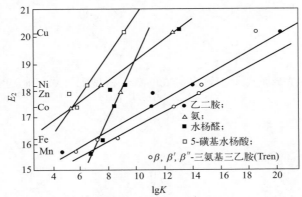

图 16-2　过渡金属元素形成的内配合物的稳定常数和
它们的第二电离势的关系

对于离子型的配合物，其配位键的强弱可以由它的离子势 [即离子的电荷数 z 的平方或 z 除以离子半径 r（z^2/r 或 z/r）] 的大小来确定（见表 16-2）。z^2/r 大者，通常可形成更稳定的配合物。

表 16-2　离子半径与电荷和稳定常数的关系

离　　子	$r/\text{Å}$	z/r	z^2/r	lg$K$						
				（1）	（2）	（3）	（4）	（5）	（6）	（7）
Mg^{2+}	0.82	2.44	4.9	8.7	7.0	2.7	8.84	3.4	5.8	1.2
Ca^{2+}	1.18	1.70	3.4	10.6	8.2	4.6	8.77	3.8	5.0	0.6
Sr^{2+}	1.32	1.51	3.0	8.6	6.7	3.5	7.6	2.8	3.9	—
Ba^{2+}	1.53	1.31	2.6	7.8	6.4	3.5	6.8	2.6	3.4	—
Li^+	0.59	1.69	1.7	2.8	3.3	2.3	5.4	—	—	—
Na^+	0.95	1.05	1.0	1.7	2.1	1.0	3.3	—	—	—

注：（1）乙二胺四乙酸（EDTA）；（2）氨三乙酸（NTA）；（3）2-磺酰苯胺-N,N-二乙酸；（4）氨基巴比酸-N,N-二乙酸；（5）甲胺二乙酸；（6）β-氨基丙酸-N,N-二乙酸；（7）苯胺二乙酸。

2. 螯合剂的结构与性能对螯合物稳定性的影响

跟不同的金属离子形成稳定性各异的配合物一样，不同的配位体其个性也各不相同。例如 F^- 离子在自然界就喜欢同 Ca^{2+}、Mg^{2+} 和 Al^{3+} 等离子在一起（如天然的萤石矿的主要成分是 CaF_2），并与这些离子形成十分稳定的配合物。相反，I^- 离子的

个性就与 F^- 大不相同，它不喜欢 Ca^{2+}、Mg^{2+} 和 Al^{3+}，却十分喜欢一价的 Au^+、Ag^+ 和 Cu^+，并与它们形成稳定的配合物。对于一般的非螯合型的配合物而言，可以通过一般的软硬酸碱原理或实测其稳定常数来判断形成配合物的稳定性。但是对于螯合剂来说，由于它可以形成螯合环而使稳定性明显增强。那么，螯合剂的哪些结构因素和性质会影响到螯合物的稳定性呢？

（1）螯合环的大小

四元（原子）螯合环很少见，而且大都不很稳定。硫酸根（Ⅰ）和碳酸根（Ⅱ）形成的配合物可以认为是四元环的结构：

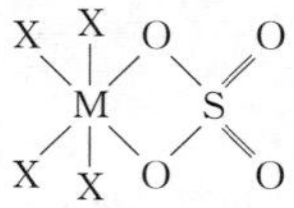

Ⅰ

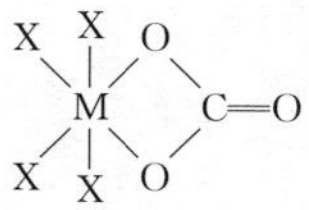

Ⅱ

而最普遍的四元环是金属离子水解而形成的双羟桥型配合物（Ⅲ）：

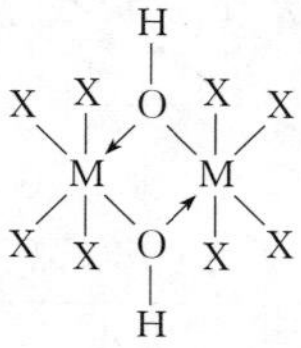

Ⅲ

对于有机螯合剂来说，四元螯合环很少见，但它确定存在。如二偶氮氨基苯衍生物可以同 Ni^{2+} 形成四元平面型螯合物（Ⅳ，Ⅴ）以及双（*N*，*N*-二正丙基）二硫代氨基甲酸盐的 Ni^{2+} 螯合物（Ⅵ）

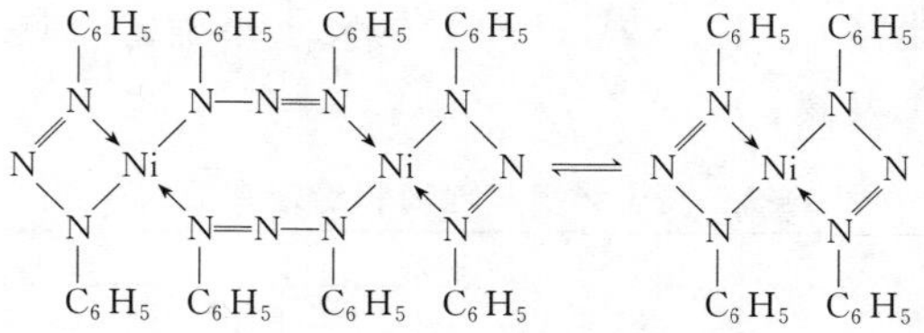

Ⅳ　　Ⅴ

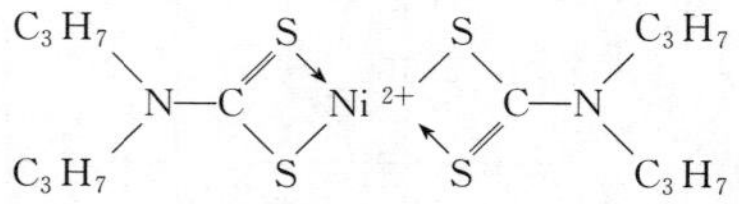

Ⅵ

五元和六元环螯合物是最常见且最稳定的，如 Cu^{2+} 的乙二胺（Ⅶ）和丙二胺螯合物（Ⅷ）

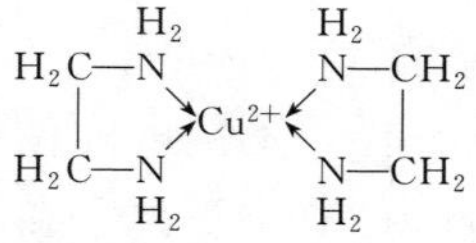

Ⅶ

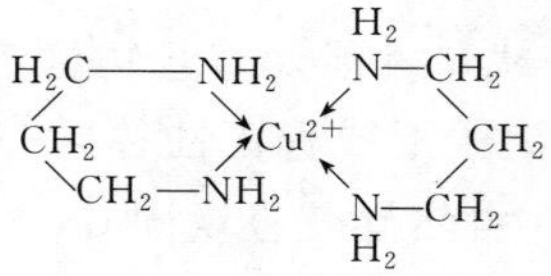

Ⅷ

二乙二胺合铜（Ⅱ），双五元螯合环二丙二胺合铜（Ⅱ），双六元螯合环除乙二胺外，二乙烯三胺、三乙烯四胺、四乙烯五胺、三氨基三乙胺以及各种邻位的羟基酸、水杨酸及基衍生物、β-二酮（如乙酰丙酮、苯甲酰丙酮、β-二肟）、2-羟基偶氮染料、8-羟基喹啉、1-羟基蒽醌等许多螯合剂也都是与金属离子形成五元或六元螯合环。

有一个有趣的例子是硼酸可以同邻二羟基（α、β-二羟基）化合物，如乙二醇、丙三醇（甘油）、蔗糖等反应而形成稳定的五元螯合环并放出 H^+，因此可以利用酸碱滴定法来测定它们的含量或确认有机物是否存在邻位二羟基。

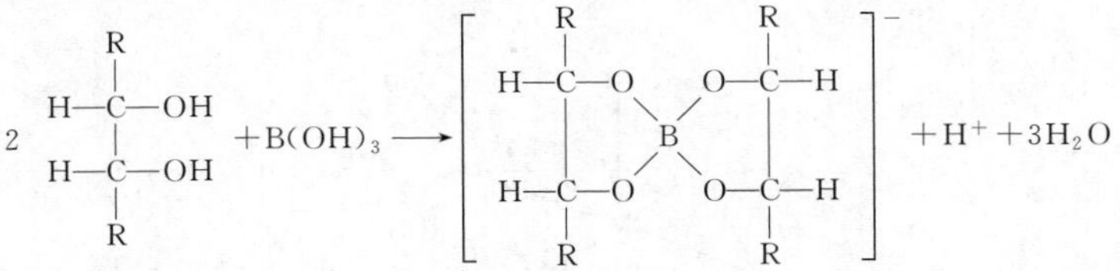

邻二羟基化合物　硼酸　　　　　　双五元环螯合物

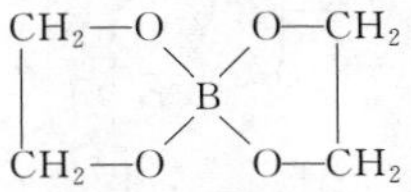

乙二醇与硼酸的反应产物

Mann 和 Pope 曾用 1,2,3-三氨基丙烷同六氯合铂反应，由于 1,2,3-三氨基丙烷可以通过邻位的氨基参与配位而形成五元螯合环（见Ⅸ），它也可以通过 1,3-位两个氨基形成六元螯合环（见Ⅹ），但Ⅹ是对称的结构，不可拆分为光学异构体，实践证明反应产物可以拆分为光学异构体，这就证明形成的是Ⅸ，因为五元环比六元环更稳定。

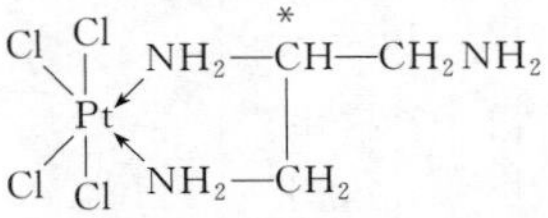

Ⅸ活性 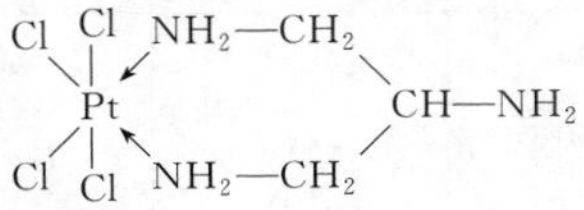　　　　　　　　　　　　Ⅹ无活性

六元以上的螯合环也不太稳定，所以也比较少见，合成也比较困难。典型的七元环螯合物是丁二酸、丁二胺和磺酰二乙酸所形成的螯合物。见Ⅺ～ⅩⅣ。

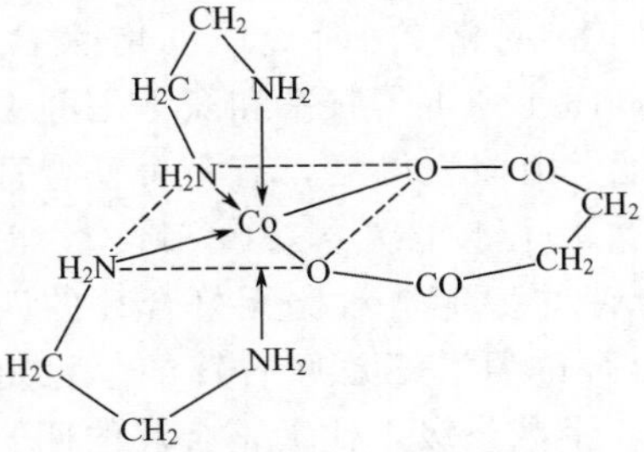

Ⅺ　丁二酸二乙二胺合钴 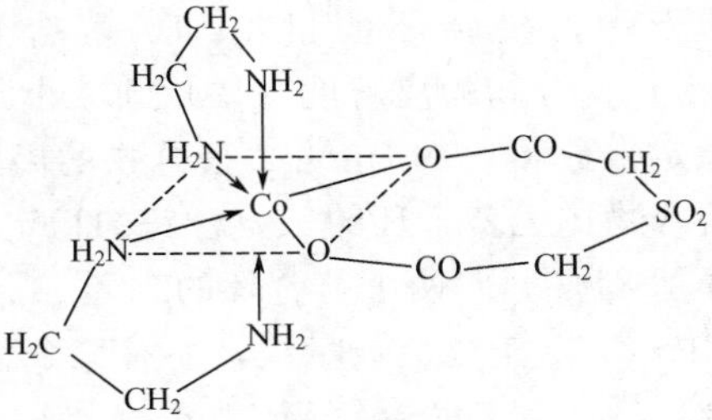　　　　　Ⅻ　磺酰二乙酸二乙二胺合钴

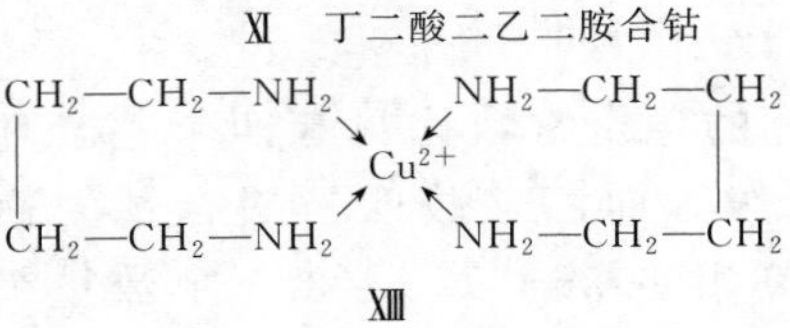

ⅩⅢ　　　　　　　　　　　　　　ⅩⅣ

二丁二胺合铜　　　　　　　　　二己二胺合铜

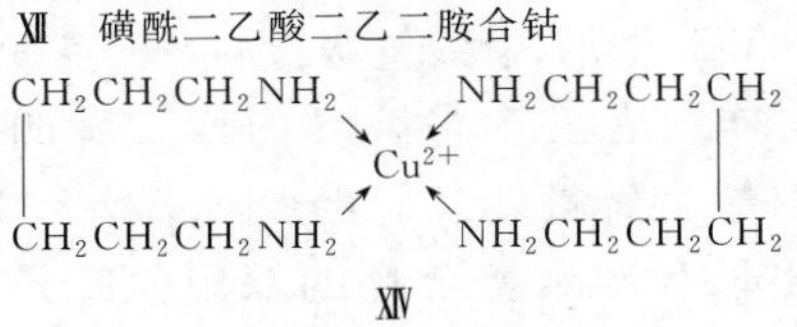

Schwarzenbach 和 Ackermann 研究了多亚甲基二胺四乙酸螯合物（见 Ⅺ）中多亚甲基二胺桥上碳原子数目或所形成螯合环的元数对碱土金属螯合物稳定常数的影响（见表 16-3），由表 16-3 可见，随着 N—(CH₂)ₙ—N 桥中碳原子数 n 值的增加，螯合环由最稳定的五元环逐渐变为六、七、八元环，所形成的 Ca^{2+} 的螯合物 CaA 的稳定常数逐渐下降，证明螯合环的稳定性依以下顺序下降：

五元环（$n=2$）＞六元环（$n=3$）＞七元环（$n=4$）＞八元环（$n=5$）

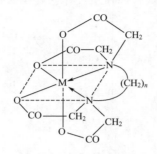

Ⅺ EDTA 同系列螯合物

（$n=2,3,4,5$）

表 16-3 EDTA 同系列钙螯合物的稳定常数

n	pK_1	pK_2	pK_3	pK_4	$\lg K_{Ca_x}A$	
					CaA	Ca₂A
2	2.00	2.67	6.16	10.26	10.5	—
3	2.00	2.67	7.91	10.27	7.1	<0.7
4	1.90	2.66	9.07	10.45	5.2	2.0
5	2.2	2.7	9.50	10.58	4.6	2.6

（2）螯合环的数目

一般来说，螯合环数目增加，螯合物的稳定常数（$\lg \beta$）也增大，而对应 0.001mol/L 螯合物的离解度（％）则减小。表 16-4 列出了胺系和氨基乙酸系锌螯合物的总稳定常数和 0.001mol/L 螯合物的离解度。由该表可见，有一个螯合环的乙二胺的锌螯合物比无螯合环的二氨合锌的稳定常数大了 1.1 次方（10 多倍），而其离解度则下降了 81.5％。两个螯合环的二乙二胺合锌的稳定常数比无螯合环的四氨合锌高出 11.1－9.5＝1.6 个数量级，而有三个螯合环的氨基三乙胺合锌的总稳定常数比两个螯合环的二乙二胺合锌高 14.6－11.1＝3.5 个数量级，比无螯合环的四氨合锌高 14.6－9.5＝5.1 个数量级。

同样，有五个螯合环的乙二胺四乙酸合锌的稳定常数比只有四个螯合环的双氨二乙酸合锌高出 16.6－13.5＝3.1 个数量级。而乙二胺四乙酸合钴的稳定常数则比只有四个螯合环的双甲氨二乙酸合钴高出 10.6－7.5＝3.1 个数量级（见表 16-4）。

表 16-4　螯合环的数目对螯合物稳定性的影响

序号	螯　合　物	总稳定常数 lgβ(＝∑lgK_n)	0.001mol/L螯合物的离解度/%	螯合环的数目
1a	$Zn(NH_3)_2(H_2O)_n^{2+}$	4.8	85	0
1b	$Zn(H_2O)_n^{2+}$（乙二胺螯合）	5.9	3.5	1
2a	$Zn(NH_3)_4^{2+}$	9.5	7.7	0
2b	Zn^{2+}（三乙四胺螯合）	11.1	1.2	2
2c	Zn^{2+}（四乙五胺螯合）	14.6	1.4×10^{-4}	3
3a	$Zn(NH_3)_3H_2O$	7.3	79	0
3b	Zn^{2+}（二乙三胺·H₂O螯合）	9.0	1×10^{-1}	2
4a	Zn^{2+}（EDTA类螯合）	13.5	2×10^{-1}	4
4b	Zn^{2+}（螯合）	16.6	1.6×10^{-5}	5
5a[48]	Co^{2+}（螯合）	7.5	3	4
5b[49]	Co^{2+}（螯合）	10.6	1.6×10^{-2}	5

（3）螯合剂的碱性或酸离解常数对螯合物稳定性的影响

氢离子和金属离子一样，也是一种孤对电子的接受体，因此，氢离子与酸根形成的酸也可以看成是广义的配合物：

$$H_2N{-}CH_2COO^- + H^+ \rightleftharpoons H_2N{-}CH_2COOH \qquad 质子合配合物$$

$$H_2N{-}CH_2COO^- + Cu^{2+} \rightleftharpoons \qquad 铜离子配合物$$

因此，在不考虑电子构型、螯合物的立体效应（如螯合环的大小与数量）等因素的条件下，螯合剂的碱性越强，结合 H^+ 的能力也越强，即螯合剂的酸离解常数 K_a 越小或酸离解常数的负对数 pK_a 越大，所形成的螯合物的稳定常数也越大。或者说螯合剂的酸离解常数的负对数 pK_a 值与螯合物的稳定常数的对数值 $\lg K$ 之间有线性关系。表 16-5 列出了各种取代苯胺二乙酸螯合剂的酸离解常数的负对数与其钙配合物的稳定常数的对数值。图 16-3 是这些螯合剂的 pK_a 值同 $\lg K$ 值所作的图。由该图可见，pK_a 同 $\lg K$ 之间有很好的线性关系。图 16-3 中各直线上圆点的号码即表 16-5 中螯合剂的序号。

银离子同各种吡啶衍生物类螯合剂的酸离解常数的负对数值同其银离子（Ag^+）螯合物稳定常数的对数值 $\lg K$ 之间也有类似的

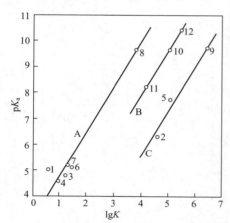

图 16-3　各种取代苯胺二乙酸螯合剂的酸离解常数的负对数 pK_a 与其钙配合物稳定常数的对数 $\lg K$ 之间的线性关系

直线关系。图 16-4、图 16-5 和表 16-6 分别表示杂环胺和脂肪胺类螯合剂的酸离解常数的负对数（pK_a）值与其 Ag^+ 配合物稳定常数的对数（$\lg K$）值之间的线性关系。

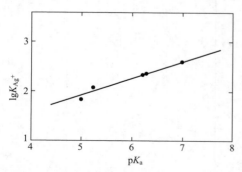

图 16-4　各种杂环胺（见表 16-6 上半部）的酸离解常数的负对数 pK_a 与其 Ag^+ 配合物稳定常数 $\lg K$ 间的线性关系

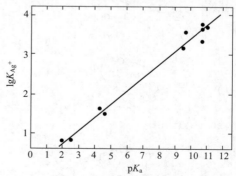

图 16-5　各种伯胺（见表 16-6 下半部）的酸离解常数的负对数 pK_a 与其 Ag^+ 配合物稳定常数 $\lg K$ 间的线性关系

表 16-5　各种取代苯胺二乙酸螯合剂的酸离解常数 pKₐ 和它的
钙配合物的稳定常数 lgK

序号(图 16-3)	螯 合 剂	pK_a	$\lg K$
1		5.0	0.6
2		6.3	4.6
3		4.78	1.26
4		4.54	0.95
5		7.75	5.06
6		5.10	1.46
7		5.20	1.3
8		9.65	3.75
9		9.73	6.41
10		9.66	5.04
11		8.2	4.15
12		10.46	5.44

表 16-6　各种杂环胺和伯胺的酸离解常数 pK_a 与其 Ag$^+$ 配合物的稳定常数 lg$K$

配 位 体		pK_a	lg$K$
喹啉	Quinoline	4.98	1.84
吡啶	Pyridine	5.21	2.08
α-甲基吡啶	α-Picoline	6.20	2.34
γ-甲基吡啶	γ-Picoline	6.26	2.35
2,4-二甲基吡啶	2,4-Lutidine	6.99	2.59
对硝基苯胺	p-Nitroaniline	2.0	0.8
间硝基苯胺	m-Nitroaniline	2.5	0.85
β-萘胺	β-Naphthylamine	4.28	1.62
苯胺	Aniline	4.54	1.59
β-甲乙胺	β-Methylethylamine	9.45	3.17
苄胺	Benzylamine	9.62	3.57
甲胺	Methylamine	10.72	3.34
乙胺	Ethylamine	10.81	3.65
正丁胺	n-Butylamine	10.71	3.74
异丁胺	Isobutylamine	10.72	3.62

（4）配位体中配位原子的性质对螯合物稳定性的影响

配位键是由配位体中可提供孤对电子的配位原子（也称给予原子，donor）同接受电子对的金属离子之间形成的键，这是两方面共同作用的结果。若给电子能力强的配位原子遇到了接受电子能力强的金属离子，彼此间就可形成很强的配位键。哪些元素具有孤对电子呢？只有周期表中第Ⅳ、Ⅴ、Ⅵ、Ⅶ族的非金属元素才有，即

Ⅳ	Ⅴ	Ⅵ	Ⅶ
C	N	O	F
	P	S	Cl
		Se	Br
		Te	I

在一般的配位体中，较常出现的配位原子是 C、N、O、S 和卤素，而最常见的是 N、O 和 S。在第二章第六节中，我们已经介绍了"软硬酸碱原理"，即可以把金属离子当作广义的酸（像 H$^+$），而将配体或配位体作为广义的碱（像 OH$^-$）。广义的酸和广义的碱都有软和硬之分，不软不硬的则称为交界的酸、碱。硬酸易与硬碱形成更稳定的配合物，软酸与软碱也容易形成更稳定的配合物。这就是通常所说的"软硬酸碱原理"。表 2-5 已将中心原子（金属离子）和配体（配位体）按软、硬进行了分类，表 2-6 是从已测定的配合物的稳定常数来验证这一原理的正确性。软硬酸碱原理对于非螯型配合物是非常有用的，因为它没有其他结构性因素的影响，因此显现出相当好的正确性。对于螯合物而言，螯合环的大小与数量、螯合剂的空间位阻以及螯合剂碱性的强弱都会对螯合物的稳定性有很大的影响，因此软硬酸碱原理的应用就受到了一定的限制。

对于螯合剂而言，最常见的配位基团是氨基（包括伯胺 R—NH$_2$、仲胺 $\begin{matrix} R \\ R' \end{matrix}$NH 和

叔胺 $\left(\begin{array}{c}R\\R'{-}N\\R''\end{array}\right)$、亚胺 $\left(\begin{array}{c}R\\C{=}NH,\ R{-}NH{-}R\\R'\end{array}\right)$、肟基 $\left(\begin{array}{c}R\\C{=}NOH\\R'\end{array}\right)$、硫醚 （R—S—R'）、硫酮 （R₂C=S）、羰基 （R₂C=O）、羟基 （R—O⁻）、硫醇 （R—S⁻）、羧基 （R—COO⁻）、膦酸基和磺酸基等 （见表 16-7）。

表 16-7　常见螯合剂的配位基团的名称与结构

名　称	结　构	名　称	结　构
伯胺	$R{-}NH_2$	取代亚胺	$\begin{array}{c}R\\C{=}NR''\\R'\end{array}$
仲胺	$\begin{array}{c}R\\NH\\R'\end{array}$	硫醚	$R{-}S{-}R'$
叔胺	$\begin{array}{c}R\\R'{-}N\\R''\end{array}$	羰基	$R_2C{=}O$
		硫酮	$R_2C{=}S$
肟基	$\begin{array}{c}R\\C{=}NOH\\R'\end{array}$	羟基	$R{-}O^-$
		硫醇	$R{-}S^-$
亚胺	$\begin{array}{c}R\\C{=}NH\\R'\end{array}$	羧基	$R{-}COO^-$
		膦酸基	$R{-}\overset{\displaystyle O}{\underset{\displaystyle OH}{P}}{-}O^-$
亚硝基	$R{-}N{=}O$		
偶氮基	$R{-}N{=}N{-}R$	磺酸基	$R{-}\overset{\displaystyle O}{\underset{\displaystyle O}{S}}{-}O^-$

大家知道，H_2O、H_2S 和 NH_3 是最常见的配位体。当它们的 H^+ 被其他有机基团 R 取代后，其配位能力将逐渐下降，即

配位能力　　　　　　　　$H_2O > ROH > ROR$

$$H_3N > RNH_2 > R_2NH > R_3N$$

但对硫化物则相反，即

$$R_2S > RSH > H_2S$$

不同的金属离子对 O、N 和 S 的亲和力也不同。可以按其亲和力的大小分为亲氧、亲氮、亲氧氮和亲硫四类：

亲氧元素　　$O^- > N$　　Mg、Ca、Sr、Ba、Ga、In、Tl、Ti、Zr、Th、Si、Ge、Sn、V(V)、V(Ⅳ)

　　　　　　　　　$O > S$　　Be、Cu(Ⅱ)、Au(Ⅲ)

亲氧氮元素　$O^- \approx N$　　Be、Cr^{3+}、Fe^{2+}、Pt 族元素

亲氮元素　　$N > O^-$　　Cu^+、Ag^+、Au^+、Cu^{2+}、Cd、Hg、V^{3+}、Co^{3+}、Ni^{2+}

亲硫元素　　$S > O$　　　Cu^+、Ag^+、Au^+、Hg^+

B 和 Si 都是亲氧元素，它们容易同 1,2-二羟基化合物，如乙二醇、丙三醇、酒石酸、乙酰丙酮等形成很稳定的螯合物而从水溶液中分离出来，但它们的乙二胺、二甲乙二肟螯合物就不能由水溶液中制备。同样，Fe^{3+} 同 α-羟基酸，如水杨酸可形成相当稳定的螯合物，而它们的 α-氨基酸螯合物则不大稳定。

Cu^{2+} 和 Co^{3+} 对 N 有很高的亲和力，它们同只含氧的螯合剂并不形成很稳定的螯合物，如羟基乙酸的 Cu^{2+} 螯合物就不如 Cu^{2+} 的氨基乙酸螯合物稳定，同样，Co^{3+} 的氨基乙酸螯合物的稳定常数也比羟基乙酸的高。

通常 NH_3 的配位能力也比 H_2O 强，因此 NH_3 可取代 H_2O 而形成金属氨配合物。OH^- 的配位能力通常比 H_2O 强，故在碱性时金属易水解而形成羟基配合物。RO^- 的配位能力也比 ROH 强，而 OH^- 的配位能力与 NH_3 的配位能力比较接近。表 16-8 列出了 NH_3、RNH_2、OH^-、RO^-、ROH 和 ⟨⟩—O^- 对 H^+ 亲和力（K 值）的比较。

表 16-8　NH_3、RNH_2、OH^-、RO^-、ROH 和 ⟨⟩—O^- 对 H^+ 的亲和力

反　　应	对 H^+ 亲和力（K 值）	反　　应	对 H^+ 亲和力（K 值）
$NH_3 + H^+ \rightleftharpoons NH_4^+$	约 10^9	$RO^- + H^+ \rightleftharpoons ROH$	约 10^{16}
$RNH_2 + H^+ \rightleftharpoons RNH_3^+$	约 10^{10}	⟨⟩—$O^- + H^+ \rightleftharpoons$ ⟨⟩—OH	约 10^9
$OH^- + H^+ \rightleftharpoons H_2O$	约 10^{14}	$ROH + H^+ \rightleftharpoons ROH_2^+$	$< 10^0$

（5）空间位阻对螯合物稳定性的影响

螯合剂在与金属离子形成螯合物时，由于螯合剂本身空间结构因素而影响到所形成的螯合物不能具有最佳的空间结构，从而降低了螯合物的稳定性，甚至无法形成螯合物的现象，称为空间（或立体）位阻效应。

配位体（尤其是螯合剂）的空间位阻主要表现在以下两个方面。

① 当金属离子与多个配位体形成配合物时，往往结合第一个配位体的稳定常数最大，以后的各级稳定常数逐级下降。这主要是已配位的配体（或配位体）会排斥第二个配体的进入，而第三个配体的进入又会受到第一、第二个配体在空间的排斥，因此稳定常数会逐级下降（见表 16-9）。

表 16-9　不同配体的 Ni^{2+} 配合物的逐级稳定常数 （$\lg K$ 值）

配　　体	$\lg K_1$	$\lg K_2$	$\lg K_3$	$\lg K_4$
Cd^{2+}-Cl^-	1.42	0.50	-0.16	-0.70
Cd^{2+}-I^-	2.40	1.00	1.60	1.15
Cd^{2+}-CN^-	6.01	5.11	4.53	2.27
Cd^{2+}-NH_3	2.60	2.05	1.39	0.84
Cd^{2+}-OH^-	4.30	3.40	2.60	1.70

② 对于分体积较大，空间排列更复杂的螯合剂来说，形成螯合物时的空间位阻效应会更加明显，它常会使螯合物的空间构型偏离最佳取向，使螯合物的张力变大，稳定性下降，甚至不能形成。表 16-10 列出了 N-烷基取代的乙二胺的一、二级酸离解常数的负对数 pK_1、pK_2 以及它们与 Cu^{2+}、Ni^{2+} 形成单螯合环螯合物 MA 和双、三螯合环螯合物 MA_2、MA_3 的稳定常数的对数值 $\lg K_{MA}$ 和 $\lg K_{MA_2}$，以及稳定常数的比值 $\lg(K_{MA}/K_{MA_2})$、$\lg(K_{MA_2}/K_{MA_3})$，比值越大，表示形成第二、第三螯合环螯合物的稳定常数越小，螯合物的空间位阻越大。由表 16-10 可见，由于 N-烷基和 N,N'-二烷基乙二胺的酸离解常数比未取代的乙二胺小，pK_1、pK_2 值则随取代基

团体积的增大而上升，表明螯合剂的碱性增强，按理其螯合物的稳定性应增强，稳定常数值应变大。而实际情况正好相反，稳定常数是随螯合剂分子体积的变大，或取代基碳链的增长而下降的。相应的 $\lg(K_{MA}/K_{MA_2})$ 或 $\lg(K_{MA_2}/K_{MA_3})$ 则变大，这表明形成螯合物的空间位阻是随着取代基碳链的加长而增大，才造成稳定常数下降的。若取代基由直链变为支链时，虽然它们的碳原子数相同，但支链取代基的空间位阻更大，所形成的螯合物也更加不稳定。

表 16-10　N-烷基取代乙二胺的酸离解常数及其 Cu²⁺、Ni²⁺ 螯合物的稳定常数

结　构	R	pK_1	pK_2	Cu(Ⅱ)			Ni(Ⅱ)				
				$\lg K_{MA}$	$\lg K_{MA_2}$	$\lg\left(\dfrac{K_{MA}}{K_{MA_2}}\right)$	$\lg K_{MA}$	$\lg K_{MA_2}$	$\lg K_{MA_3}$	$\lg\left(\dfrac{K_{MA}}{K_{MA_2}}\right)$	$\lg\left(\dfrac{K_{MA_2}}{K_{MA_3}}\right)$
$\underset{H}{R}{-}N{-}(CH_2)_2{-}NH_2$	H	7.47	10.18	10.76	9.37	1.39	7.60	6.48	5.03	1.12	1.45
	Me	7.56	10.40	10.55	8.56	1.99	7.36	5.74	2.01	1.62	3.73
	Et	7.63	11.11	10.19	8.38	1.81	6.78	5.30	2.00	1.48	3.30
	n-Pr	7.54	11.04	9.98	8.16	1.82	6.60	5.16	2.00	1.44	3.16
	n-Bu	7.53	10.93	9.94	8.27	1.67	6.73	5.56	2.20	1.17	3.36
	异丙基	7.70	11.15	9.07	7.45	1.62	5.17	3.47	—	1.70	3.47
$\underset{H}{R}{-}N{-}(CH_2)_2{-}N\underset{H}{-}R$	Me	7.47	10.29	10.47	7.63	2.84	7.11	4.73	1.5	2.38	
	Et	7.70	10.46	9.30	6.32	3.02	5.62	3.3	—	2.32	
	n-Pr	7.53	10.19	8.79	5.55	3.24	5.52	2.5	—	3.0	
	n-Bu	7.59	10.40	8.67	4.84	3.83	5.42	—	—		

N-取代氨基乙酸的 Cu²⁺ 和 Ni²⁺ 螯合物同 N-取代乙二胺的 Cu²⁺ 和 Ni²⁺ 螯合物相似，也同样存在明显的空间位阻效应。表 16-11 列出了单烷基取代的和双烷基取代的氨基乙酸的酸离解常数 pK_1 和 pK_2，它们的 Cu²⁺、Ni²⁺ 螯合物 MA 和 MA₂ 的稳定常数，以及它们的 $\lg(K_{MA}/K_{MA_2})$ 值。由表中数据可见，第二个螯合剂形成 MA₂ 时的空间位阻较大。但单边双取代的 N,N'-二烷基氨基乙酸引起的空间位阻比双边单取代的 N,N'-二烷基乙二胺的位阻小。

表 16-11　N-烷基取代氨基乙酸的酸离解常数及其 Cu²⁺、Ni²⁺ 螯合物的稳定常数

结　构	R	$pK_{\equiv N^+H}$	Cu(Ⅱ)			Ni(Ⅱ)		
			$\lg K_{MA}$	$\lg K_{MA_2}$	$\lg(K_{MA}/K_{MA_2})$	$\lg K_{MA}$	$\lg K_{MA_2}$	$\lg(K_{MA}/K_{MA_2})$
$\underset{H}{R{-}N}{-}CH_2COOH$	H	9.62	8.38	6.87	1.51	5.86	4.78	1.08
	Me	10.01	7.94	6.65	1.29	5.50	4.38	1.12
	Et	10.10	7.34	6.21	1.13	4.81	3.73	1.08
	n-Pr	10.03	7.25	6.06	1.19	4.79	3.67	1.12
	n-Bu	10.07	7.32	6.20	1.12	4.76	3.62	1.14
	异丙基	10.06	6.70	5.75	0.95	3.94	—	—
$\underset{R}{\overset{R}{N}}{-}CH_2COOH$	Me	9.80	7.30	6.35	0.95	4.82	3.78	1.04
	Et	10.47	6.88	5.98	0.95	4.21	—	—

第三节 常用螯合剂的分类、结构与性质

配位体的种类很多，主要分为无机和有机两大类。无机配位体的数量比较少，结构也比较简单。它们对各种金属离子的配位能力可按软硬酸碱的分类来进行判断（见表 2-5）。常见无机配位体同各种金属离子形成的各种形式配合物的稳定常数将在本书的附录中全部列出。

有机配体的数量繁多，结构复杂。虽然其配位能力可以从配位原子的性质来推断，但是，它的结构因素往往也起重大作用，如共轭 π 键的作用、螯合作用、空间位阻以及取代基的影响等。下面按配体的特征配位结构，将配体分门别类进行简要介绍。

1. 具有 $H_2N\text{+}CH_2—CH_2NH\text{+}_n H$ 结构的配体

它的最简单的同系物是乙二胺（$n=1$），此外有二乙烯三胺（dien），三乙烯四胺（trien）、四乙烯五胺（tetraen）、五乙烯六胺和多乙烯多胺等。随着链节（n 值）的增加，配位原子数增加，形成的螯合环数也增加，因此配体的配位能力和稳定常数增大。这类配体的烷基链可以任意弯折，故空间位阻很小，若在 N 原子上引入烷基，则空间位阻明显增大。例如，乙二胺与 Cu^{2+} 可形成 $[Cu(En)]^{2+}$、$[Cu(En)_2]^{2+}$ 和 $[Cu(En)_3]^{2+}$，而 N-甲基，N,N'-二乙基乙胺与 Cu^{2+} 只形成如下结构的多元双核混合配体配合物：

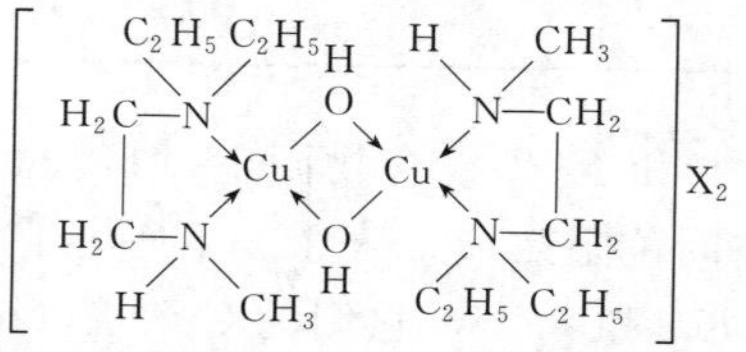

多乙烯多胺是一种新型无氰电镀螯合剂，它可以跟许多金属离子形成稳定的螯合物，表 16-12 列出了它们跟常见电镀用金属离子所形成的螯合物的稳定常数，其稳定常数值介于氨羧配位体和焦磷酸盐之间，因此可以配成稳定的碱性镀液，同时它也是碱性除油液中很有效的去除金属污垢的螯合剂。多乙烯多胺类螯合剂本身具有很好的表面活性，在电极上有一定的吸附作用，随着链节数 $\text{+}NHCH_2CH_2\text{+}_n$ 的增加，表面活性增强。由这类螯合剂形成的螯合物在阴极上放电时的超电压也特别高，如乙二胺镀铜液的超电压达 $500\sim600mV$，在不加任何光亮剂时镀出的铜层比氰化物镀铜层更加细致光亮，沉积速度也比氰化物和焦磷酸盐镀铜液的高，阴极电流效率可达 $98\%\sim99\%$，远高于氰化物镀铜液。

2. 具有 $\diagdown N—CH_2—CH_2—OH$ 结构的配位体

属于这类的有单乙醇胺（mea）、二乙醇胺（dea）、三乙醇胺（tea）和 1,2-二苯基乙醇胺（dpea）等。一般认为醇羟基在水溶液中并不离解，但加入金属钠时有氢气产生，说明醇羟基还是可以离解的。有金属离子（如 Cu^{2+} 或 Ni^{2+}）存在时，在高 pH 下醇羟基可离解而形成螯合环。例如，少于 4mol 的乙醇胺加入 Cu^{2+} 溶液中（它作为单啮配体），当再加入 OH^- 时则变为双啮配体。

表 16-12　多乙烯多胺金属螯合物的稳定常数

金属离子	乙二胺（En）			二乙烯三胺（dien）		三乙烯四胺（trien）
	$\lg K_1$	$\lg \beta_2$	$\lg \beta_3$	$\lg K_1$	$\lg \beta_2$	$\lg K_1$
Ag^+	4.70	7.73	9.75	6.1		7.7
Cd^{2+}	5.69	10.36	12.80	8.45	12.95	10.75
Co^{2+}	6.26	11.33	14.90	8.10	14.10	11.0
Cu^+		10.8				
Cu^{2+}	10.66	19.99		16.0	21.3	20.4
Ni^{2+}	7.55	13.75	18.52	10.7	18.9	14.0
Pt^{2+}		36.5				
Zn^{2+}	5.92	11.07	12.3	8.9	14.4	12.1
Fe^{2+}	4.34	7.65				7.8
Fe^{3+}						21.7

$$Cu^{2+} + n\,Hmea \Longleftrightarrow [Cu(OH_2)_{4-n}(Hmea)_n]^{2+}$$

$$\downarrow +2OH^-$$

$$\left[Cu\left\langle\begin{array}{l}NH_2-CH_2\\O-CH_2\end{array}\right\rangle_2\right]^0 + (n-2)Hmea$$

除上述情况外，在碱性溶液中可形成混合配体配合物，表 16-13 列出了醇胺形成的混合配体配合物的稳定常数。

表 16-13　混合型醇胺配合物的稳定常数 $\lg \beta_{ij}$

单乙醇胺（mea）	$\lg \beta_{ij}$	二乙醇胺（dea）	$\lg \beta_{ij}$	三乙醇胺（tea）	$\lg \beta_{ij}$
$[Cu(mea)(OH)_2]$	17.4	$[Cu(dea)(OH)]$	18	$[Cu(tea)(OH)]^+$	11.9(12.5)
$[Cu(mea)_2(OH)]$	14.6	$[Cu(dea)(OH)_2]$	18.2	$[Cu(tea)(OH)_3]^-$	18.3
$[Cu(mea)_2(OH)_2]$	19.6	$[Cu(dea)_2(OH)_2]$	19.8	$[Cu(tea)(OH)_3]^-$	20.7
$[Cu(mea)_3(OH)]$	17.1	$[Cu(dea)(OH)_3]$	20	$[Cu(tea)_2(OH)_2]$	18.6

费歇尔（Fischer）发现在 Cu^{2+}-醇胺（L）体系中，在 pH＝8～12 时主要形成的是 $[Cu(L)(OH)_2]$ 和 $[Cu(L)_2(OH)_2]$。随醇胺浓度的升高，$[Cu(L)(OH)_2]$ 的浓度逐渐减小，而 $[Cu(L)_2(OH)_2]$ 的浓度逐渐上升。图 16-6 是 Cu^{2+}-tea-OH^- 体系中四种混合配体配合物的 pH 分布图。图中曲线上的数字表示 tea 的浓度。

醇胺的 N 原子上的 H^+ 必须在 pH＞9 才能全部离解，而其羟基上的 H^+ 则要在更高的 pH 下才能离解，但此时高浓度的 OH^- 离子也可以争夺金属离子，因此，在碱性条件下，主要生成的是混合羟基配合物。它的稳定常数比单一型的高出几个数量级。

在强碱性溶液中，Fe^{3+} 与 tea 形成非常稳定的 $[Fe(tea)(OH)_4]^-$，$\lg \beta_{14}＝41.2$。在碱性介质中 tea 与 Al（Ⅲ）、Sn（Ⅳ）、Bi（Ⅲ）、Cr（Ⅲ）、Mn（Ⅲ）、Fe（Ⅲ）、Co（Ⅲ）的配合物比 EDTA 的更稳定。此外，当 pH＞11 时，dea 可形成 $Cu(dea)_{1.3}(OH)_{0.6}$ 的多核

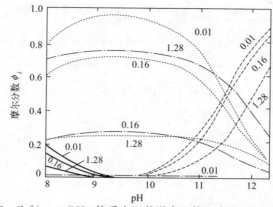

图 16-6 Cu^{2+}-tea-OH^- 体系中四种混合配体配合物的 pH 分布图

——表示 $[Cu(tea)(OH)]^+$；----表示 $[Cu(tea)(OH)_3]^-$；

……表示 $[Cu(tea)(OH)_2]$；——表示 $[Cu(tea)_2(OH)_2]$

浓度单位：mol/L

配合物。在锌酸盐镀锌液中已证明有 $[Zn(tea)(OH)_2]$ 存在。

醇胺类配体具有表面活性，特别是三乙醇胺，在电极上有明显的吸附。它可作为镀铜的主配位体，也用作锌酸盐镀锌的辅助配位体。

3. 具有 $\begin{matrix} | \\ -C-OH \\ | \\ -C-OH \\ | \end{matrix}$ 和 $\begin{matrix} | \\ -C-COOH \\ | \\ -C-OH \\ | \end{matrix}$ 结构的配位体

具有前者结构的有乙二醇、甘油、甘露醇等，具有后者结构的有酒石酸、柠檬酸、乳酸、苹果酸、羟基乙酸和葡萄糖酸等。这些配体容易同亲氧的金属，如 Fe^{3+}、In^{3+}、Cr^{3+}、Al^{3+}、$Sn(IV)$、$Ti(IV)$ 等配位。在酸性时为单啮配体，随着 pH 的升高而形成螯合环。

斯捷潘诺娃(Степанова)等指出 Cu^{2+}-酒石酸主要形成的配合物为$[Cu(OH)_2(C_4H_4O_6)]^{2-}$。

在化学镀铜溶液中酒石酸是主配位体。由吸收光谱和旋光的研究结果表明，当酒石酸：Cu^{2+} =1：(0.5~1) 时，铜配合物的结构如下：

逐步加入 NaOH 时，H_2O 分子就被 OH^- 取代。

由此可见，酒石酸根具有两只"螯形手"的结构，它可以作为桥连基同时与两个金属离子螯合，使它具有许多独特的性能。

多羟基酸是一类较弱的配位体，它与电镀上常用的金属离子生成的配合物的稳定常数并不高（见表 16-14），但在碱性时，除羧基外，羟基还可以参与配位，实际的稳定常数比表中所列的数值高，因为此时它起的不是普通的配位体的作用，而是起螯合剂的作用。所以多羟基酸可以在比较宽广的 pH 范围内用作金属离子的稳定剂，主要用于中性或碱性镀液中。

表 16-14　多羟基酸金属配合物的稳定常数

金属离子	柠檬酸	酒石酸		葡萄糖酸
	$\lg K_1$	$\lg K_1$	$\lg K_2$	$\lg K_1$
Ba^{2+}	2.0	2.54		0.95
Ca^{2+}	3.16	2.80		1.21
Cd^{2+}	3.98	3.71		2.09
Co^{2+}	4.83	3.08	3.15	
Cu^{2+}	5.2	3.1	4.9	
Mg^{2+}	3.29	1.36		0.70
Mn^{2+}	3.67	1.44		
Ni^{2+}	5.11		5.42	1.82
Sr^{2+}	2.76	1.65		1.00
Zn^{2+}	4.69	3.09	4.98	1.70
Fe^{2+}	4.8	2.24		
Pb^{2+}	4.34	2.92		
Fe^{3+}	11.2	6.49	11.86	

在考虑无氰电镀配位体时，配位体本身的毒性也愈来愈受到重视。多胺类配位体有一定的毒性，不可随意排放，而氨羧配位体有人怀疑有潜在的生物变异的可能性，因此在日常生活中可食用的无毒的多羟基酸就特别受到人们的重视。

这类配位体因为配位能力弱，又无表面活性，所以直接用单一配位体时所得的镀层并不很光亮、细致，往往还要引入第二种辅助配位体才能得到满意的镀层。在镀锌时最常用的第二配位体是氨，它可以与羟基酸形成更稳定的混合配体配合物，既提高了配合物的稳定性，镀液的超电压也有一定的提高。

多羟基酸溶解铁锈的能力较强，可以使钢铁表面活化，因而钢铁件直接电镀时，镀层的结合力很好。例如柠檬酸盐直接镀铜和柠檬酸-酒石酸盐直接镀铜已用于工业生产，此外它还具有较好的 pH 缓冲作用，是镀液较好的 pH 缓冲剂。由于它易形成可溶性配合物，它也常被用作阳极去极化剂和杂质的掩蔽剂等。

4. 具有
$$-\overset{OH}{\underset{O}{P}}-O-\overset{OH}{\underset{O}{P}}-$$
结构的配位体

缩聚磷酸盐和某些生物配体属于此类。用作螯合剂的缩聚磷酸必须是线型的，最简单的焦磷酸为二聚磷酸，此外还有三聚磷酸和六偏磷酸等。其结构式为

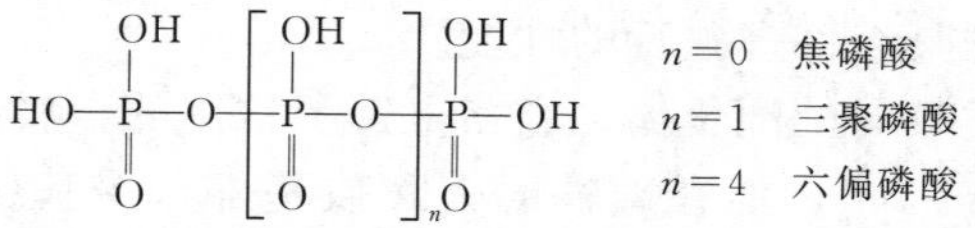

$$n=0 \quad \text{焦磷酸}$$
$$n=1 \quad \text{三聚磷酸}$$
$$n=4 \quad \text{六偏磷酸}$$

焦磷酸盐镀铜液中形成的配离子主要是 $[Cu(P_2O_7)_2]^{6-}$，其结构式为

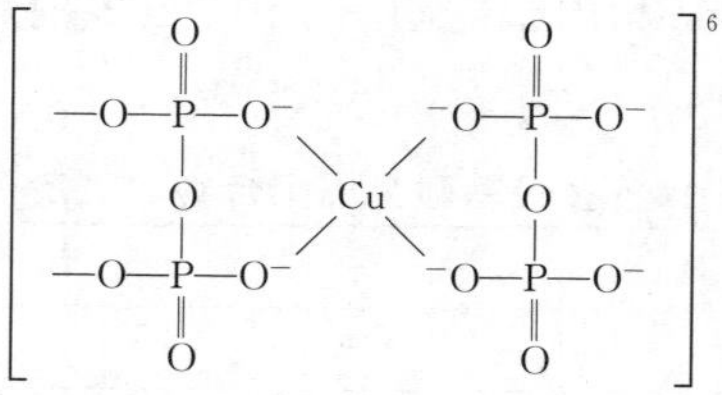

线型多聚磷酸盐，特别是焦磷酸盐，是最新开展研究的代氰通用配位体。它具有毒性小（在食品添加物中常用它作为填充剂），并能与多种金属离子形成稳定的配合物。表 16-15 列出了焦磷酸盐和三聚磷酸盐配合物的稳定常数。早在 20 世纪 40 年代，焦磷酸盐镀液已开始实际应用，50 年代，人们对焦磷酸盐体系进行了全面的研究，结果表明，焦磷酸盐适于铜、锌、锡、铅、镍、钴及其合金的电镀。焦磷酸盐或多聚磷酸盐镀液的特点是：①镀液稳定且是碱性，腐蚀性小，适于自动化生产；②镀层结晶细致，光泽性良好；③镀层纯度高、延展性好。

表 16-15　多聚磷酸盐配合物的稳定常数

金属离子	Mg^{2+}	Ca^{2+}	Co^{2+}	Ni^{2+}	Fe^{2+}	Cu^{2+}	Mn^{2+}	Zn^{2+}	Cd^{2+}	Pb^{2+}
$P_2O_7^{4-}$ ($\lg K_1$)	4.7	—	7.2	6.98	—	7.6	—	5.1	4.0	6.4
$P_2O_7^{4-}$ ($\lg \beta_2$)						12.45		7.19	6.3	9.40
$P_3O_{10}^{5-}$ ($\lg K_1$)	5.7	5.20	6.89	7.8	2.54	9.3	7.21	6.9	6.6	—

聚合磷酸盐可以作为通用电镀配位体，但效果尚不令人满意，主要原因是：

① 钢铁件在焦磷酸盐液中镀铜时，铜层与基体的结合力有时尚不够好。这是因为焦磷酸盐对铜的配位能力还太弱，不能使电解液中 Cu^{2+} 的析出电位负移到与铁电极电位相近的状态，即不可能抑制置换镀层的产生，只有在 Cu^{2+} 浓度很低，焦磷酸盐浓度很高（$[P_2O_7^{4-}]/[Cu^{2+}] \approx 20 \sim 30$）时，$Cu^{2+}$ 的析出电位才有可能与铁的电位接近，这时才不会产生置换镀层，但这种镀液的沉积速度太慢，电流效率太低，只能用作预镀液而不能作为正常镀液使用。

② 聚合磷酸盐在高温、高 pH 时很容易水解而转化为正磷酸盐。这是因为聚合磷酸盐是由正磷酸盐高温脱水而形成的，在干燥状态下它是很稳定的，但在高温高 pH 的水溶液中，—P—O—P—O— 键的水解断裂速度大大加快，当正磷酸盐浓度超过 100g/L 时，阴极电流效率下降，允许的电流密度下降，镀层光亮范围缩小，且用化学方法难以除去。为了防止正磷酸盐含量过高，往往要加水稀释后再补加焦磷酸盐，越稀释水解越快，不仅使镀液中焦磷酸盐的有效浓度难以确定，而且会造成正磷酸盐逐年积累，因此焦磷酸盐镀液的使用寿命只有 5～7 年。

③ 铜阳极在焦磷酸盐镀液中容易钝化，这可能是在阳极区缺乏焦磷酸盐，从而形成长链状高分子聚合配合物的缘故。

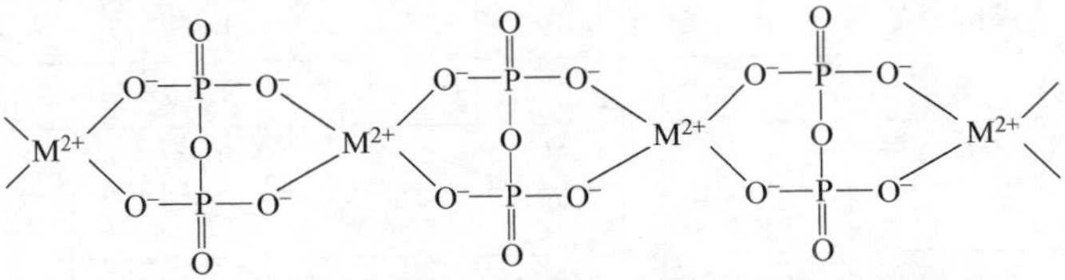

在这种长链状的高分子聚合配合物中，金属离子和焦磷酸盐的电荷都被隐蔽，因而形成难溶于镀液的阳极膜，妨碍电流的正常通过而造成钝化。为了克服阳极钝化，可在电解液中加入氨、铵盐、草酸盐、柠檬酸盐、酒石酸盐、氨三乙酸等配位体，使 Cu^{2+} 转化为易溶于水的配离子。

5. R—SH， 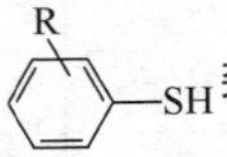 类含巯基的配位体

这类配体属于软碱，它容易与软酸类的 Pt、Pd、Hg、Sn、Cd 等形成稳定的配合物。M—S 间除 S 对 M 的 σ 配位键外，还有金属离子向 S 反馈的 π 键，所以 M—S 键特别稳定。表 16-16 列出了某些含硫配体与金属离子在碱性（部分可在酸性）溶液中形成无色或淡黄色的螯合物。这类配体的臭味较大，在空气中不很稳定，也有一定的毒性。

表 16-16 含硫配体及其配合物的金属

含 硫 配 体	被配位的金属离子	含 硫 配 体	被配位的金属离子
HS—CH₂—CH₂—COOH	Cu Co Hg Pb	HS—CH₂—CH₂—NH₂	Zn Cd Cu Ni Co Hg
HS—CH₂—COOH	Zn Cd Cu Pb Hg	HS—CH₂—CH₂—OH	Zn Cd Cu Pb Hg
HS—CH—COOH | HS—CH—COOH	Cd Mn Cu Ni Co Pb Hg		

注：□表示配位反应在酸性溶液中进行，其余为碱性。

巯基在电极上很容易被还原，因此，这类配体不仅是配位体，也是一种添加剂。它对镀层有一定的光亮作用。

6. 具有 $\diagdown$N—CH₂COOH 基团的配位体

这类配体也称为氨羧配位体。常见的有氨二乙酸（IDA）、氨三乙酸（NTA）、乙二胺二乙酸（EDDA）、乙二胺四乙酸（EDTA）、羟乙基乙二胺三乙酸（HEDTA）和二乙三胺五乙酸（DTPA）等。这类配位体含多个可配位的 O、N 原子，可以同多种金属离子形成非常稳定的螯合物。表 16-17 列出了这些螯合物的稳定常数。

20 世纪 40 年代问世的氨羧配位体，在分析化学上得到广泛的应用。到了 50 年代它已渗入到各个领域，在电镀上也获得了应用。例如在镀铜、锌、镉、锡及某些合金上的应用。

氨羧配位体作为电镀配位体，有以下的特点。

表 16-17 氨羧配位体配合物的稳定常数

金属离子	NTA		IDA		EDTA		HEDTA
	$\lg K_1$	$\lg \beta_2$	$\lg K_1$	$\lg \beta_2$	$\lg K_1$	$\lg \beta_2$	$\lg K_1$
Ag^+	5.16				7.72	11.72	6.71
Ca^{2+}	6.46		2.59		10.45		
Ba^{2+}	4.83		1.67		8		
Cd^{2+}	9.2	15.45	5.73	10.19	15.98		13.6
Co^{2+}	10.81	14.28	6.97	12.31	16.55		14.12
Cu^{2+}	13.05		10.63	16.68	18.80		18.8
Mn^{2+}	8.6	11.6			13.64		
Fe^{2+}			5.8	10.1	14.2		
Ni^{2+}	11.54		8.19	14.3	18.36		
Pb^{2+}	11.47		7.45		17.76		
Zn^{2+}	10.44		7.27	12.60	16.26		
Al^{3+}	11.37				16.7		12.43
Fe^{3+}	15.91	24.61			25.1		19.06
In^{3+}	15.88	24.4	9.54	8.87	23.06		17.16

① 镀层结晶细致、纯度高、脆性小、结合力好。由于氨羧配位体具有很强的配位能力，它很容易从金属氧化物中夺取金属离子，从而使氧化物溶解。氨羧配位体可以溶解铁锈，对铜的配位能力又很强，铁件在它的溶液中很容易形成置换铜层。因此从氨羧配合物镀液中可以获得结合力好的铜层。此外，这些很稳定的配合物在阴极上还原的超电压也很高，可以不用或少用易在电极上还原并易被夹杂的光亮剂，所以得到的镀层纯度较高、脆性小、晶粒细小。

② 氨羧配位体本身不具表面活性，难以在电极上吸附，所以所得镀层的光亮度较差。例如从 EDTA 镀液中获得的锌、镉镀层，虽晶粒很细，但镀层均呈暗灰色，无金属光泽。

7. 含有多个 $\overset{|}{-\underset{|}{C}}-PO_3H_2$ 结构的配位体

有机多膦酸则是分子中含有两个或两个以上 $\overset{|}{-\underset{|}{C}}-PO_3H_2$ 的有机化合物。通常是在一个碳原子上连接两个或两个以上的磷酸基，或在氮原子上连接两个或两个以上亚甲基膦酸基（$-CH_2-PO_3H_2$）的有机化合物。它们的结构通式可以表示如下：

$$\left[\begin{array}{c} \text{MO} \quad R \\ \text{P—C} \\ \text{MO} \quad R' \end{array}\right]_2 \text{—N—(CH}_2)_n\text{—N—} \left[\begin{array}{c} R \quad \text{OM} \\ \text{C—P} \\ R' \quad \text{OM} \end{array}\right]_2$$

式中，R 代表 H，R′代表 OH，M 代表 H$^+$ 或碱金属；$m=2\sim3$；$n=2\sim10$。

具有上述结构通式的典型有机多膦酸列于表 16-18。

表 16-18 典型有机多膦酸的结构与名称

名 称	结 构	代 号
1-羟基-(1,1)-亚乙基-1,1-二膦酸	$O=\overset{\text{OH}}{\underset{\text{OH}}{P}}-\overset{\text{OH}}{\underset{\text{CH}_3}{C}}-\overset{\text{OH}}{P}=O$	HEDP
1-羟基-(1,1)-亚丁基-1,1-二膦酸	$O=\overset{\text{OH}}{\underset{\text{OH}}{P}}-\overset{\text{OH}}{\underset{\text{C}_3\text{H}_7}{C}}-\overset{\text{OH}}{P}=O$	HBDP
氨三亚甲基膦酸	$N{\overset{\displaystyle-\text{CH}_2\text{PO(OH)}_2}{\underset{\displaystyle\text{CH}_2\text{PO(OH)}_2}{-\text{CH}_2\text{PO(OH)}_2}}}$	ATMP
甲氨二亚甲基膦酸	$\text{CH}_3-N{\overset{\displaystyle\text{CH}_2\text{PO(OH)}_2}{\underset{\displaystyle\text{CH}_2\text{PO(OH)}_2}{}}}$	MADMP
N,N-二亚甲基膦酸基甘氨酸（简称二膦甘酸）	$\text{HOOC—CH}_2\text{N}{\overset{\displaystyle\text{CH}_2\text{PO(OH)}_2}{\underset{\displaystyle\text{CH}_2\text{PO(OH)}_2}{}}}$	DMPG
乙二胺四亚甲基膦酸	$(\text{HO})_2\text{OPCH}_2{\atop(\text{HO})_2\text{OPCH}_2}\!\!>\!\!N\text{—CH}_2\text{CH}_2\text{—N}\!\!<\!\!{\text{CH}_2\text{PO(OH)}_2\atop\text{CH}_2\text{PO(OH)}_2}$	EDTMP
六亚甲基二胺四亚甲基膦酸	$(\text{HO})_2\text{OPCH}_2{\atop(\text{HO})_2\text{OPCH}_2}\!\!>\!\!N\text{—(CH}_2)_6\text{—N}\!\!<\!\!{\text{CH}_2\text{PO(OH)}_2\atop\text{CH}_2\text{PO(OH)}_2}$	HDTMP
二(1,2)-亚乙基三胺五亚甲基膦酸	$(\text{HO})_2\text{OPCH}_2{\atop(\text{HO})_2\text{OPCH}_2}\!\!>\!\!N\text{—(CH}_2)_2\text{—N}\!\!\!\!\overset{\displaystyle\text{CH}_2\text{PO(OH)}_2}{\text{—(CH}_2)_2\text{—N}}\!\!\!<\!\!{\text{CH}_2\text{PO(OH)}_2\atop\text{CH}_2\text{PO(OH)}_2}$	DETPMP

（1）有机多膦酸的结构特点

实用意义较大的膦酸，必须是在碳（或氮）原子上接上两个或两个以上磷酸基（或亚甲基膦酸基）的二膦酸或多膦酸。只有这样它才具备生物活性、表面活性，才能够同金属离子生成稳定的五元或六元螯合环：

六元螯合环　　　　双五元螯合环

有机单膦酸无法成环，因而不具备二膦酸的上述特性。

有机膦酸和有机羧酸的区别可以从磷酸基和羧基结构的差异看出。磷酸基具有四面体的结构，O—P—O 键的夹角为 109°。磷酸基中有两个易离解的羟基，P—O 间形成的是较弱的 d 与 P 间的 π 键，彼此间的影响较小，故两个羟基可以同时和两个金属离子配位而形成多核配合物，而羧基只有一个羟基可参与配位，故只形成单核配合物。另外，磷酸基的一个羟基的 H^+ 是否已离解，这对另一个已离解羟基的影响也很小。因此，有机多膦酸可在酸性条件下形成较稳定的 $M_i(H_jL)_k$ 型配合物。例如，乙二胺四亚甲基膦酸（EDTMP）金属配合物的稳定常数可以比结构类似的乙二胺四乙酸金属配合物的高出几个数量级。

表 16-19 列出了某些有机多膦酸和 EDTA 的正常的和酸式配合物的稳定常数 $\beta_{ijk}=\dfrac{[M_i(H_jL)_k]}{[M]^i[H_jL]^k}$。式中，$i$ 表示金属离子的数目；j 表示 H^+ 的数目；k 表示配位体的数目。

表 16-19　某些有机多膦酸配合物的稳定常数 $lg\beta_{ijk}$

金属离子	HEDP			MDPA	EDTMP		ATMP	DMPG	DETPMP		EDTA	
	$lg\beta_{111}$	$lg\beta_{211}$	$lg\beta_{201}$	$lg\beta_{111}$	$lg\beta_{121}$	$lg\beta_{101}$	$lg\beta_{101}$	$lg\beta_{101}$	$lg\beta_{131}$	$lg\beta_{101}$	$lg\beta_{111}$	$lg\beta_{101}$
Be^{2+}	13.40	18.01	25.74	8.82								
Mg^{2+}	6.55	10.50	14.95	2.76	5.0	8.63	6.49			8.11	3.9	8.69
Ca^{2+}	6.04	9.67	15.59	2.76	4.95	9.33	6.68	6.17		7.91	3.1	10.70
Sr^{2+}	5.52	9.11	14.37	1.77					3.44	6.89	3.9	8.63
Mn^{2+}	9.16	13.23	19.64	7.20		12.70		7.0	7.0	13.63	3.1	13.58
Fe^{2+}	9.05	13.89	19.59	6.6							2.8	14.33
Co^{2+}	9.36	12.77	19.65	6.11	8.51	15.49				16.03	3.1	16.21
Ni^{2+}	9.24	12.18	18.53	4.87	9.12	15.30			9.49	15.23	3.2	18.56
Cu^{2+}	12.48	16.86	25.03	6.78	11.14	18.95		12.53	9.4	18.5	3.0	18.79
Zn^{2+}	10.37	15.03	22.36	7.50	9.90	17.05				16.85	3.0	16.26
Cd^{2+}	9.0①				8.81	13.88						16.59
Al^{3+}	15.29	19.33	27.25	9.05								16.13
La^{3+}	15.16					20.15						15.40
Fe^{3+}	16.21	20.40	29.20			19.6		14.65	10.16	22.46	1.4	25.1
Th^{4+}			27.8 $(lg\beta_{101})$									23.2

① 测定者不同。

（2）有机多膦酸的性质

① 配位性能。含氮的有机多膦酸经电位滴定、极谱和红外光谱的研究，证明具有内酯结构。这与氨羧配位体相似。由于 P—O 间的 π 键比羧基中 C—O 间的键弱得多，而 P—O 键的极化度比 C—O 键大，因此，磷酸基有较大的诱导效应和较强的配位能力。

根据皮尔逊软硬酸碱理论，以 O、N 作为配位原子的有机多膦酸属于硬碱或交界碱。它们容易与硬酸类或交界酸类的金属离子（如碱土金属、铁、铝、镓、铟、铜、铀、锌、镉、铌、钽、钛以及稀土元素等）形成稳定的配合物，而与软酸类（如 Au^+、Ag^+、Cu^+、Pt^{2+}、Hg^{2+} 等）形成不很稳定的配合物。

有机多膦酸不仅可以形成稳定的单一型或酸式配合物，而且在金属离子过量时容易形成由多个金属离子组成的胶束状多核配合物，使溶液中游离金属离子的浓度保持低于沉淀物溶度积的水平。这样金属离子就不会再沉淀。因此有机多膦酸被广泛用作水质稳定剂和工业水软化。例如，在 pH＝11 时，当 Ca^{2+} 离子浓度超过 2×10^{-6} mol/L 时，可以形成 Ca^{2+}：HEDP＝1：1、3：2、4：3 或 7：4 的胶束状多核配合物。它们的总稳定常数 $\lg\beta$ 分别为 5.52、18.78、29.08 和 48.23。后三个数据远大于前者，说明 HEDP 很容易和 Ca^{2+} 形成多核配合物。如 $Ca_7(HEDP)_4$ 的凝聚常数 K_0 值很大。

$$Ca_7(HEDP)_4+[Ca_7(HEDP)_4]_n \Longleftrightarrow [Ca_7(HEDP)_4]_{n+1} \quad \lg K_0=4.6$$

因此，$Ca_7(HEDP)_4$ 还容易进一步聚合成胶状或类固相的配合物。并分散在溶液中，随溶液的流动而带出。只有当聚合度很大（n 值大）时，它才以软垢形式沉淀下来。若要抑制循环冷却水中金属离子结垢，一般只需 5～10g/L 即有效。

② 表面活性与缓蚀特性。有机多膦酸含多个亲水的磷酸基以及羟基和亚氨基等，它的水溶性很好。而分子中存在的有机基团又使它个有一定的疏水性。因此，它是具有一定表面活性的表面活性剂，是液体洗涤剂、化妆用皂和硬水肥皂的组分。它与表面活性剂联合使用，对提高洗涤剂的洗涤能力有协同作用。

有机多膦酸表面活性的大小，主要由它们的亲水基团和疏水基团所占的比重决定。HEDP 既易溶于水又能溶于甲醇和乙醇，这是它表面活性的体现。

有机多膦酸的表面活性，使它容易吸附在金属表面形成一层表面配合物覆盖在金属表面上，从而阻止金属的进一步氧化和腐蚀。故它是性能优越的缓蚀剂。

有机多膦酸与二价金属（如 Co、Ni、Pb 特别是 Zn）的配合物是铝、铁、铜和它们的合金的缓蚀剂。它们的锌盐可单独或与其他组分配伍作缓蚀剂。如与巯基苯并三氮唑或其他唑类合用可作铜的缓蚀剂，与亚硫酸盐或铬酸盐合用可作铁或铁合金的缓蚀剂。它与唑类合用时，缓蚀效果有"协同效应"。

③ 电镀性能。有机膦酸盐镀液有以下的优点：

a. 镀液成分简单，镀层纯度高。

镀液通常只有 3～4 种成分，不需加有机添加剂便可镀出外观较好的镀层，这是因为有机膦配合物具有很高的稳定性和明显的表面活性的缘故。由于不用加入添加剂，所得镀层的纯度很高，脆性极小，对钢铁、锌合金、镁合金的结合力很好，可以进行直接电镀。

b. 镀液十分稳定，可长期使用。

有机膦酸具有 C—P 键，它比多聚磷酸盐的 P—O—P 键稳定得多，几乎不会水解成正磷酸盐，因此没有正磷酸盐积累的问题。镀液 pH 的变化很小，因为多个膦酸基在碱性条件下有很好的 pH 缓冲性能。

c. 通用性好，适于多种金属的电镀。

有机膦酸是取代多聚磷酸的新一代产品。跟多聚磷酸盐一样，它也适于多种金属及其合金的电镀。例如 HEDP 就可用于锌、铜、镉、镍、锡、银、铜-锌、铜-锡、锡-钴、锡-镍以及化学镀铜和镍等，其主要性能指标可达到或超过氰化镀液的水平。

8. 高分子配位体

通过加成、聚合、缩合等多种反应而形成含有众多配位基团的高分子化合物，我们统称为高分子配位体。它们具有很好的水溶性，能与各种金属离子形成稳定的配合物，而且具有很多特殊的功能。它们的结构比较复杂，可以是线型的，也可以是面型的，甚至是立体的。

除了人工合成的高分子配位体外，在自然界也存在许多天然的高分子配位体。例如生物体内的蛋白质、聚核苷酸和多糖类物质，它不仅存在于动物体内，也存在于植物体内，只是我们过去对它知之甚少而已。

（1）生物高分子配位体或生物配体

在生物细胞中能和金属离子配位而形成配合物的高分子物质称为生物配体。最重要的生物配体有三类：蛋白质、聚核苷酸和多糖类，它们均为高分子化合物。

蛋白质是由各种氨基酸组合而成的（见表16-20）。蛋白质分子中的氨基、亚氨基、羧基、巯基、羟基等都是很好的水溶性配位基团，它们可以与生物体内的各种金属离子形成具有特殊生物活性的配合物，其中最重要的就是金属酶。

表 16-20　组成蛋白质的一些氨基酸

名　称	缩　写	结　构　式
甘氨酸(α-氨基乙酸)	Gly	NH_2CH_2COOH
缬氨酸(α-氨基异戊酸)	Val	$(CH_3)_2CHCHCOOH$ 下 NH_2
丝氨酸 (β-羟基 α-氨基丙酸)	Ser	$CH_2CHCOOH$ 下 $OH\ NH_2$
赖氨醚	Lys	$H_2NCH_2CH_2CH_2CH_2-CH-COOH$ 上 NH_2
苏氨酸 (β-羟基 α-氨基丁酸)	Thr	$CH_3CHCHCOOH$ 下 $HO\ NH_2$
苯丙氨酸 (α-氨基-β-苯丙酸)	Phe	苯环$-CH_2CHCOOH$ 下 NH_2
半胱氨酸 (β-巯基-α-氨基丙酸)	Cys	$CH_2CHCOOH$ 下 $SH\ NH_2$
蛋氨酸	Me$^+$	$CH_3SCH_2CH_2-CH-COOH$ 上 NH_2
谷氨酸(α-氨基戊二酸)	Glu	$HOOC-CH_2CH_2CHCOOH$ 下 NH_2
精氨酸(δ-胍基-α-氨基戊酸)	Arg	H_2N、$C-NHCH_2CH_2CH_2CHCOOH$，HN、下 NH_2
组氨酸 (β-异咪唑基-α-氨基丙酸)	His	咪唑环$CH_2CHCOOH$ NH_2
色氨酸	Try	吲哚环$-CH_2-CH-COOH$ NH_2
天冬氨酸 (α-氨基丁二酸)	Asp	$HOOC-CH_2CHCOOH$ 下 NH_2
脯氨酸	Pro	吡咯环$CH_2-CH-COOH$ $COOH\ NH_2$
酪氨酸(α-氨基-β-对羟基苯丙酸)	Tyr	$HO-$苯环$-CH_2CHCOOH$ 下 NH_2

酶是一类复杂的蛋白质，其分子量为 $10000 \sim 2000000$，是生物体的催化剂，有特异的催化性能。例如过氧化氢酶在 1min 能使 500 万个 H_2O_2 分解为 H_2O 和 O_2，比铁催化剂的效率大 10^9 倍。此外，普通催化剂的选择性不高，往往能催化多种反应，但酶只能催化一种或至多两种反应，有的酶是单纯的蛋白质分子，不含其他物质，另一类酶是一种复合体，它的分子除蛋白质部分外，还有小的有机分子或金属离子（或金属配合物）称为辅因子，如果没有辅因子，酶就会失去活性。辅因子中有的和酶蛋白结合得比较松散，用透析法即可除去，通常称为辅酶。还有一类和酶蛋白结合得比较紧密，用透析法不易除去，必须经过一定的化学方法才能和蛋白质分开，通常称之为辅基。如血红素是细胞色素和氧化酶的辅基，维生素 B_{12} 是一种变位酶的辅酶。酶的蛋白部分称为脱辅基酶，脱辅基酶和辅因子结合成有活性的复合体，称为全酶（或酶）。金属酶的催化性质和金属离子的配位性质、氧化还原性、模版作用等有密切关系。如果在金属酶中加入一定浓度的螯合剂，就得到完全无活性的脱辅基酶，有的加入金属离子又重新得到活性。如用菲咯啉可移去羧肽酶中的锌，得到没有活性的羧肽酶，若再加入与蛋白质比为 $1:1$ 的 Z_n^{2+} 时，又重新恢复活性。将 Co^{2+} 加入脱辅基碳酸酐酶中，Co^{2+} 占据 Zn^{2+} 的键合位置得到含钴的碳酸酐酶。表 16-21 列出了若干有代表性的金属酶。

表 16-21　若干有代表性的金属酶

金　属	酶	生　物　机　能
铁	琥珀酸脱氢酶	碳水化合物的需氧氧化
血红素铁	细胞色素 过氧化氢酶	电子传递 使生物免受过氧化物的侵害
铜	血浆蓝铜蛋白 酪氨酸酶 质体蓝素	铁的利用 皮肤色素 光合作用中的电子传递体
锌	碳酸酐酶 羧肽酶	产生 CO_2 调节酸度 消化蛋白质
锰	丙酮酸羧化酶	丙酮酸代谢
钴	核糖核苷酸还原酶 谷氨酸变位酶	脱氧核糖核酸的合成 氨基酸代谢
钼	黄嘌呤氧化酶	嘌呤代谢
钙	脂肪酶	脂肪消化
镁	ATP 酶	ATP 水解

核苷酸是体内另一类重要生物配体，由嘌呤、嘧啶等碱基同戊糖和磷酸根（正磷酸、焦磷酸、三磷酸根）三者以共价键结合而成。核苷酸包括单核苷酸及聚核苷酸两类，重要天然单核苷酸有以下几种：

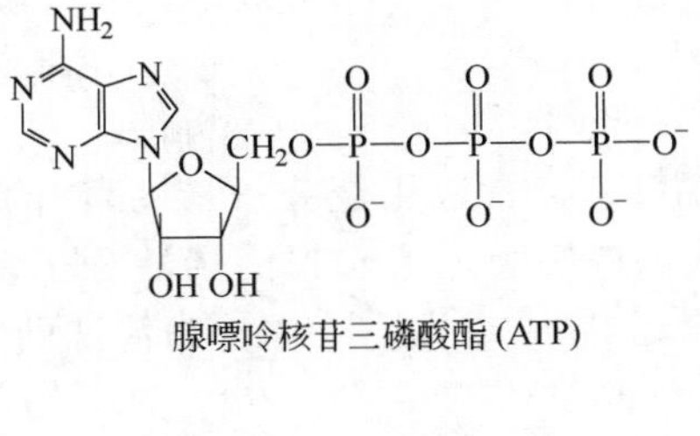

腺嘌呤核苷三磷酸酯(ATP)

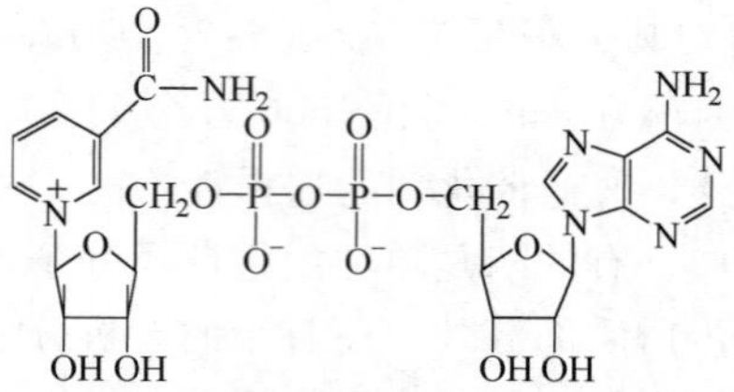

烟酰胺嘌呤二核苷酸 (NAD)

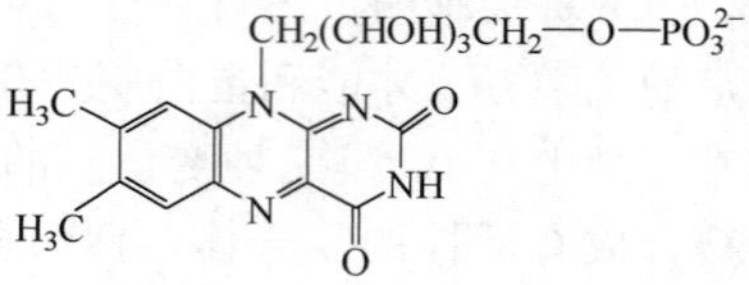

黄素单核苷酸 (FMN)

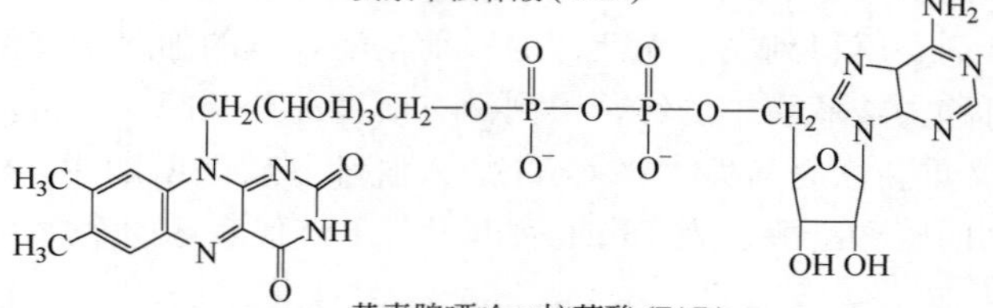

黄素腺嘌呤二核苷酸 (FAD)

蛋白质分子中的巯基（—SH）很容易接受电子而被还原，因此它与普通含巯基的化合物一样可作为电镀光亮剂。只是巯基的含量较少，光亮作用也较弱。在蛋白质分子中除含许多亲水基外，也含各种疏水的基团，因此蛋白质分子也有一定的表面活性，容易被吸附在阴极表面，从而减缓或抑制金属离子在阴极的还原，提高了金属离子还原反应的超电压，使镀层晶粒细化。因此它也常用来作为晶粒细化剂。水解明胶（低分子量蛋白质或多肽）、蛋白胨是早期电镀常用的晶粒细化剂，它对多种金属的电镀均有效。

（2）人造高分子配位体

除了高分子天然配位体外，许多人工合成的人造高分子配位体已在工业上崭露头角。例如高分子聚羧酸、聚酰胺、聚乙烯亚胺、聚膦羧酸、聚氧乙烯磷酸酯等都已在工业上获得广泛的应用。它们不仅具有优良的配位能力，还能将金属离子及其氧化物。酸盐等一起捕集而聚沉，从而成为一类很好的金属捕集剂或絮凝剂。

高分子聚羧酸盐是指含有多个羧基的高分子螯合剂，它可以是由同一种低分子量的有机羧酸单体通过聚合而形成均聚的聚羧酸或其盐，它也可以是由不同类型的有机羧酸单体共聚而成的混合结构的聚羧酸及其盐。例如丙烯酸在过硫酸铵的催化下可以聚合而形成聚丙烯酸

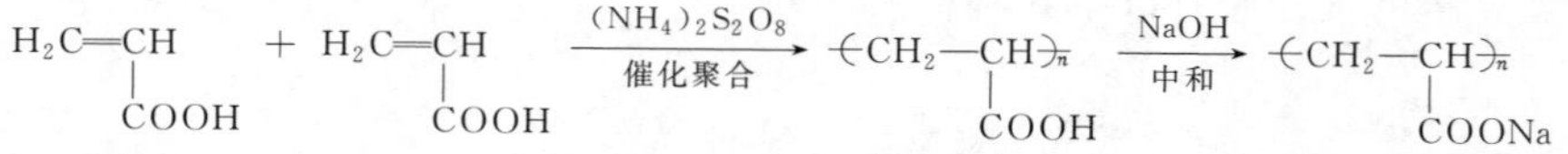

作为清洗、阻垢用的聚丙烯酸，通常选用低分子量的聚合物。如分子量小于 5000 的聚合物。表 16-22 列出了室温静态阻垢率和聚丙烯酸分子量大小的关系。由表 16-22 可见，阻垢率最佳的分子量是在 4000 左右，而作为清洗助剂用时分子量还可以更小。

表 16-22　室温静态阻垢率和聚丙烯酸分子量的关系

试验样品编号	黏度法分子量	端基法分子量	室温静态阻垢率/%
1	50400	2503	21.58
2	47750	2900	29.20
12	23920	2000	49.48
7	19510	2800	53.87
10	18280	1320	61.69
39	15230	2000	56.74
23	14160	1200	69.82
40	10000	2100	70.50
41	7443	1820	80.76
31	5749	1200	87.14
36	4087	1540	92.45
37	4106	1100	93.96
25	3195	640	91.54
24	2710	900	90.31
35	2262	800	87.26
法 G—79—S	3598	800	89.93

　　丙烯酰胺也可以在引发剂的作用下聚合成聚丙烯酰胺，它可经进一步水解而形成聚丙烯酸，或部分水解而成为丙烯酰胺-丙烯酸共聚物。丙烯酰胺-丙烯酸共聚合也可直接由丙烯酰胺和丙烯酸单体在引发剂的作用下共聚而成。

　　聚丙烯酰胺是一种白色或微黄色粉状固体，可吸附悬浮粒子，使悬浮粒子相互凝聚，形成大块絮团，故具有澄清、净化功能，是优良的絮凝剂、润滑剂和黏合剂，广泛用于冶金、化工、工业给水、工业废水和废液的处理。

　　丙烯酸还可以同其他羧酸共聚而形成各种类型的共聚物。以丙烯酸同马来酸（顺丁烯二酸）的共聚为例，结果可形成丙烯酸-马来酸共聚物，这种共聚物还可以与亚磷酸钠反应而形成膦羧酸型聚合物。它是一种黏稠的液体，具有优良的阻垢、缓蚀和螯合性能，而且无毒无污染，高温阻垢率可达 47.2%，为单独使用羟基 (1,1)-亚乙基二膦酸（HEDP）阻垢率（17.6%）的近 3 倍，是优良的水质稳定剂，用量只需 5ml/L，用作缓蚀剂时用量为 60～80ml/L。

$$n\,CH_2{=}CH \atop COOH \quad + \quad {HC{=}CH \atop O{=}C \quad C{=}O \atop \diagdown O \diagup} \longrightarrow \left(CH_2{-}CH\right)_{n_1} \left(CH{-}CH\right)_m \left(CH_2{-}CH\right)_{n_2} \atop \quad COOH \quad COOH\,COOH \quad COOH$$

丙烯酸　　　　马来酸酐　　　　　　丙烯酸-马来酸共聚物

$$\left(CH_2{-}CH\right)_{n_1}\left(CH{-}CH\right)_m\left(CH_2{-}CH\right)_{n_2}$$
$$O{=}C \qquad C{=}O \qquad COOH$$
$$NaO{-}P{-}O\ \ O{-}P{-}ONa$$
$$ONa \qquad ONa$$

丙烯酸-马来酸膦酸酯共聚物

常用的高分子聚羧酸盐有：

① 聚丙烯酸；
② 聚甲基丙烯酸；
③ 聚丙烯酰胺；
④ 丙烯酸-甲基丙烯酸共聚物；
⑤ 丙烯酸-丙烯酰胺共聚物；
⑥ 聚丙烯酰胺水解产物；
⑦ 聚甲基丙烯酸水解产物；
⑧ 聚丙烯腈水解产物；
⑨ 聚甲基丙烯腈水解产物；
⑩ 丙烯酸-马来酸共聚物；
⑪ 多肽-甲基丙烯酸接枝共聚物。

甘油和环氧乙烷反应会形成丙三醇聚氧乙烯醚，它既是一种界面活性剂，也是一种人造高分子配位体。若再进一步与亚磷酸反应，即可形成丙三醇聚氧乙烯磷酸酯，它对 Ca^{2+}、Mg^{2+} 有很好的螯合作用，对水中固体颗粒有吸附-解析作用，阻垢与抗静电效果优良，是一种优良的水质稳定剂和缓蚀剂，可用作洗净剂的助剂以及热交换器的阻垢缓蚀剂。使用 5～10ml/L 即可阻垢，浓度升高则具缓蚀剂作用。

$$\begin{array}{c} CH_2OH \\ CHOH \\ CH_2OH \end{array} + \begin{array}{c} CH_2{-}CH_2 \\ \diagdown O \diagup \end{array} \longrightarrow \begin{array}{c} CH_2O(CH_2CH_2O)_k H \\ CHO(CH_2CH_2O)_j H \\ CH_2O(CH_2CH_2O)_l H \end{array} \xrightarrow{H_3PO_3} \begin{array}{c} CH_2O(CH_2CH_2O)_k PO_3H_2 \\ CHO(CH_2CH_2O)_j PO_3H_2 \\ CH_2O(CH_2CH_2O)_l PO_3H_2 \end{array}$$

丙三醇（甘油）环氧乙烷　　丙三醇聚氧乙烯醚　　　丙三醇聚氧乙烯磷酸酯

9. 各种金属离子的常用配位体

各种金属的常用配位体列于表 16-23。表中所列的配位体只表示可与相关金属形成稳定的配合物。

表 16-23　**各种金属的常用配位体**

金属	可供选择的配位体
Ag	NH_3,Cl^-,Br^-,I^-,CN^-,SCN^-,SO_3^{2-},$S_2O_3^{2-}$,乙二胺,多乙烯多胺,甘氨酸,硫脲,丙氨酸,巯基乙酸,磺基水杨酸,氨基硫脲
Al	F^-,Ac^-,OH^-,草酸盐,酒石酸盐,葡萄糖酸盐,乳酸盐,水杨酸盐,甘油,三乙醇胺,EDTA,半胱氨酸,钛铁试剂
Au	CN^-,Br^-,$S_2O_3^{2-}$,SO_3^{2-},柠檬酸,硫脲
B	F^-,羟基酸,乙二醇(或其他多元醇)
Be	F^-,柠檬酸,酒石酸,磺基水杨酸,甘油(或多元醇),六偏磷酸钠,钛铁试剂,苹果酸
Bi	Cl^-,I^-,NTA,EDTA,酒石酸,柠檬酸,二羟乙基甘氨酸,硫脲,三乙醇胺,三聚磷酸钠,半胱氨酸,二巯基丁二酸钠,钛铁试剂,磺基水杨酸
Cd	I^-,CN^-,SCN^-,$S_2O_3^{2-}$,NTA,EDTA,酒石酸,柠檬酸,二羟乙基甘氨酸,磺基水杨酸,半胱氨酸,氨基乙硫醇,邻菲咯啉
Co	F^-,CNS^-,CN^-,$S_2O_3^{2-}$,NH_3,乙二胺,三乙烯四胺,五乙烯六胺,NTA,EDTA,酒石酸,柠檬酸,二羟乙基甘氨酸,三聚磷酸钠,丙二酸,钛铁试剂,六偏磷酸钠
Cr	焦磷酸盐,三聚磷酸盐,Ac^-,F^-,NTA,EDTA,三乙醇胺,甘油(或多元醇),酒石酸,柠檬酸,磺基水杨酸,钛铁试剂
Cu	NH_3,I^-,CN^-,CNS^-,$S_2O_3^{2-}$,乙二胺,三乙烯四胺,五乙烯六胺,NTA,EDTA,硫脲,氨基硫脲,三乙醇胺,二羟乙基甘氨酸,磺基水杨酸,半胱氨酸,邻菲咯啉
Fe	F^-,PO_4^{3-},焦磷酸盐,CNS^-,CN^-,$S_2O_3^{2-}$,草酸盐,六偏磷酸钠,聚磷酸钠,NTA,EDTA,二羟乙基甘氨酸,酒石酸,柠檬酸,葡萄糖酸,磺基水杨酸,硫脲,钛铁试剂,三乙醇胺,甘油,邻菲咯啉,多元醇,半胱氨酸,草酸,丙二醇,2,2′-联吡啶,硫代乙醇酸
Ge	F^-,EDTA,草酸盐
Ga	OH^-,EDTA,酒石酸,柠檬酸
Zr,Hf	F^-,SO_4^{2-},H_2O_2,$P_2O_7^{4-}$,草酸,NTA,EDTA,二羟乙基甘氨酸,酒石酸,柠檬酸,水杨酸,磺基水杨酸,三乙醇胺
In	草酸,甘油(或多元醇),酒石酸,柠檬酸,磺基水杨酸,巯基乙酸
Ir	CNS^-,硫脲,酒石酸,柠檬酸
Mn	F^-,CN^-,$P_2O_7^{4-}$,草酸,NTA,EDTA,二羟乙基甘氨酸,酒石酸,柠檬酸,磺基水杨酸,三聚磷酸钠,多聚磷酸钠,钛铁试剂
Mo	SCN^-,F^-,草酸,酒石酸,柠檬酸,NTA,EDTA,钛铁试剂,三聚磷酸盐,H_2O_2
Nb	F^-,OH^-,H_2O_2,草酸,酒石酸,柠檬酸,钛铁试剂
Ni	F^-,NH_3,CN^-,NTA,EDTA,乙二胺,三乙烯四胺,五乙烯六胺,氨基乙硫醇,半胱氨酸,酒石酸,磺基水杨酸,柠檬酸,丙二酸,草酸,三聚磷酸钠,对氨基苯磺酸
Pb	NO_2^-,CN^-,I^-,SCN^-,$S_2O_3^{2-}$,NH_3,NTA,EDTA,二羟乙基甘氨酸,酒石酸,柠檬酸,三乙醇胺
Pt	I^-,CN^-,SCN^-,NO_2^-,$S_2O_3^{2-}$,NH_3,NTA,EDTA,二羟乙基甘氨酸,酒石酸,柠檬酸
Rh	硫脲,柠檬酸,酒石酸,Cl^-
Ru	硫脲,NH_3,Cl^-
Sb	I^-,F^-,乳酸,草酸,酒石酸,柠檬酸,S^{2-},$S_2O_3^{2-}$,EDTA
Se	I^-,F^-,S^{2-},SO_3^{2-},$S_2O_3^{2-}$,酒石酸,柠檬酸
Sn	F^-,I^-,OH^-,PO_4^{3-},六偏磷酸钠,乳酸,草酸,三乙醇胺,柠檬酸,酒石酸,甘油(或多元醇)
Ta	F^-,OH^-,H_2O_2,草酸,酒石酸,柠檬酸
Te	I^-,F^-,S^{2-},SO_3^{2-},硫脲,酒石酸,柠檬酸
Ti	F^-,OH^-,SO_4^{2-},PO_4^{3-},H_2O_2,NTA,EDTA,草酸,乳酸,苹果酸,苦杏仁酸,丹宁酸,磺基水杨酸,葡萄糖酸钠,三聚磷酸钠,二羟乙基甘氨酸,钛铁试剂,三乙醇胺
V	CN^-,F^-,H_2O_2,EDTA,三乙醇胺,钛铁试制
W	F^-,CNS^-,PO_4^{3-},H_2O_2,酒石酸,柠檬酸,钛铁试剂,三聚磷酸钠,六偏磷酸钠
Zn	F^-,CN^-,CNS^-,OH^-,NH_3,NTA,EDTA,乙二胺,二羟乙基甘氨酸,酒石酸,柠檬酸,三乙烯四胺,五乙烯六胺,乙二醇,半胱氨酸,邻菲咯啉,磺基水杨酸,甘油,三聚磷酸钠,多乙烯多胺,硫代乙醇酸

第十七章

脱脂去污工艺与配合物

第一节 脱脂的方法与原理

一、金属表面脏物的种类

金属制品在电镀前往往要经过许多加工过程，如冲压、切削、防锈、热处理、研磨、打光、输送和库存等。在这些过程中它们不可避免地要受到各种污染，在表面上会残留各种类型的油脂、矿物油（烃类）、纤维、抛光膏、金属粉屑、沙土、肥皂、灰尘、粉垢以及操作者的手汗、指纹等。这些污物用肉眼往往难以辨别，其影响往往要在电镀以后才会发现。它们对电镀的影响主要有以下几方面：

① 使镀层附着力不良，常有脱皮、起泡、发花等现象；

② 影响镀层的外观，使镀层出现凹洞、粗糙、斑点和斑纹等，造成镀层不光亮或光亮不均；

③ 影响镀层的内在品质，如脆性、针孔、裂纹等增加，使镀层耐蚀性下降；

④ 使制品表面局部或全部无镀层。

因此，脱脂洗净步骤对电镀来说是十分重要的，电镀工作者应当根据被处理加工物受油弄脏的实际情况，采取相应的对策。为此，首先就要分清金属表面异物的种类再制定相应的消除方法。制品表面的异物大致可分为无机物和有机物两个大类。

1. 无机物

① 金属氧化物、氢氧化物及其盐类，这是金属在空气中进行各种表面加工，尤其是在热处理或热加工时以及储藏过程中发生的化学反应而形成的，通常用酸洗的方法除去。

② 金属粉屑、粉垢、沙土、灰尘等，可通过含配位体的化学洗净或电解洗净消除，也可用机械方法消除。

2. 有机物

① 可皂化油脂：动植物油和树脂属于此类，如牛油、鱼油脂、菜籽油、豆油、亚麻油、切削油、润滑油、树脂等。它们可以用有机溶剂溶解或在碱性液中煮沸或加温而水解皂化，生成水溶性的肥皂及甘油，并分散在水中而除去。

② 不皂化油脂：矿物性油脂及羟类脂膏属于此类。烃类油脂，如防锈油、机油、黄油、石蜡等，因不含羧基，不能与碱起皂化作用，难以用碱脱脂除去，但可用有机溶剂溶解和在加表面活性剂的碱液中通过乳化、水洗而除去。

③ 抛光膏：常以固体微粒附着在制品表面上，用有机溶剂溶解或碱性脱脂液使

其脱离比较困难，洗净周期长，通常要用强力的除蜡水才能将它除去。

④ 指纹：为人体分泌的油脂和汗液的混合物，有相当的腐蚀性，长时间放置时脂肪成分可用碱性脱脂液除去，但仍会留下指纹痕迹，故应尽量避免或迅速擦拭干净。

⑤ 油垢：机械油、润滑油等因摩擦热而烧焦附在上面所成。若为淬火油烧焦附在上面时，不论其原来为动植物性或矿物性，用普通的脱脂法都是无法消除的。只有用机械方法或用酸腐蚀掉部分金属才能除去。

⑥ 高聚物：涂料、胶黏剂、油性油墨、合成树脂等用一般脱脂方法难以除去，部分可用有机溶剂擦去，但消除也较困难。

二、脱脂方法的种类与特点

金属制品的脱脂随制品的形状、大小、数量、油污的种类等的不同而有各种方法，如按操作方式来分有浸渍法、蒸气（洗净）法、喷洗法、电解法、滚筒法和人工刷洗法等。如按使用目的来分有预脱脂、正式脱脂和最终脱脂等。各种脱脂方法的主要成分和工艺特点如表 17-1 所示。

表 17-1 脱脂洗净法的种类和特点

脱脂法种类		主 要 成 分	工 艺 特 点
手工脱脂	擦拭法	钠石灰	无毒、成本低，但手工操作效率低，不适于大批量生产
预脱脂｜溶剂脱脂	浸渍法	汽油、三氯乙烯、四氯乙烯、三氯乙烷、二氯甲烷	可以除去复杂零件（接头、盲孔）上的油污，不腐蚀材料，适于清洗重油污零件。但价格昂贵，蒸气对人畜有害
	喷洗法	汽油、三氯乙烯、四氯乙烯、三氯乙烯、二氯甲烷（喷嘴压力≈392kPa）	
	蒸气法	三氯乙烯	
乳化剂除油	浸渍法	燃点高的石油、煤油、石油醚等和乳化剂（主要是表面活性剂）及水的混合物	价格低、效果好，适于作业前的储存，但乳化液有一定毒性，需废水处理
	喷洗法（喷嘴压力≈392kPa）		
正式脱脂｜碱液脱脂	浸渍法	烧碱、纯碱、磷酸钠、硅酸钠和表面活性剂	操作简单、价格低、易管理，但对不同素材需采用不同配方，废水也必须预处理
	喷洗法（压力392kPa）		
最终脱脂｜电解洗净	阳极法	烧碱、纯碱、磷酸钠、螯合剂、表面活性剂	无氢脆产生，无杂质析出，可使阴极洗净时零件表面的沉积物及粉垢剥去，但气体量少，脱脂慢，有时会腐蚀材料
	阴极法		产生气体多，洗净速度快，能除有机和无机污物，但易产生氢脆，溶液中金属离子易沉积
	周期反向法（PR法）		并用阳极法和阴极法，适于任何材料，可按材质调整阴、阳极洗净时间，效果较佳

三、脱脂剂的作用

1. 皂化作用

动植物油脂的化学成分为羧酸甘油酯。动物油脂主要是饱和羧酸的甘油酯，在猪油中饱和羧酸占 40%～44%，牛油中饱和羧酸的含量大于 44%。植物油脂主要是不饱和羧酸的甘油酯，如菜籽油主要为含一个双键的十八碳不饱和羧酸的甘油酯，亚麻油则为含三个双键的十八碳不饱和羧酸的甘油酯。

羧酸甘油酯在碱液中会水解成为相应的羧酸和甘油，这些长键不溶性的羧酸与碱反应形成羧酸盐的过程称为皂化：

$$
\begin{array}{l}
\mathrm{H_2COOC_{17}H_{35}} \\
|\ \\
\mathrm{HCOOC_{17}H_{35}} + 3\mathrm{NaOH} \longrightarrow 3\mathrm{C_{17}H_{35}COONa} + \\
|\ \\
\mathrm{H_2COOC_{17}H_{35}}
\end{array}
\qquad
\begin{array}{l}
\mathrm{H_2C-OH} \\
|\ \\
\mathrm{HC-OH} \\
|\ \\
\mathrm{H_2C-OH}
\end{array}
$$

硬脂酸甘油酯　　　　　　　　　硬脂酸钠　　　　　　甘油

皂化后的长链羧酸盐（即肥皂）其本身也是一种阴离子表面活性剂，具有乳化、分散和降低表面张力的作用，因而还有进一步的脱脂功能。甘油是水溶性的物质，很易溶于水中对脱脂没有妨碍。氢氧化钠和其他强碱性化学品都具有强烈的皂化作用。皂化反应只能除去可皂化的动植物油脂，非皂化的油脂只能通过乳化分散作用除去。在可皂化油中饱和脂肪酸甘油酯（动物油）又比不饱和脂肪酸甘油酯（植物油）难消除，这是由于不饱和基的亲水性更强的缘故。在同类油脂中，相对分子质量越大，其亲水性越小，越难被皂化除去。

2. 乳化作用

这是把油脂变成细小的乳化微粒而失去与金属的附着力，最后分散悬浮于水溶液中，从而除去油脂的作用。在第十一章中已介绍了表面活性剂的乳化作用，当往油水混合液中加入表面活性剂时，由于表面活性剂的两亲作用会通过毛细管现象渗入污物粒子/金属界面的缝隙，对脏物产生分解压力使之破碎成细小液滴（0.1μm 至数十微米）。表面活性剂分子在破碎的油滴上形成牢固的吸附层，表面活性剂分子的亲水端朝向水溶液，使油滴发生亲水作用，也就不能再聚合而沉积在金属上，即产生液相的乳化和固相的分散作用，引起这种作用的表面活性剂称为乳化剂。乳化剂大多为阴离子型或非离子型表面活性剂。若在含乳化剂的碱液中再增加搅拌、喷雾及高温，则可使油污加速脱离金属表面。这种方法适于除去无法皂化的各种矿物油脂和机械油。

3. 渗透或润湿作用

皂化、乳化两种作用是从表面除去油脂，而渗透作用则能渗入油脂中使其松散和减少与金属的附着力，从而达到从金属上除去油污的目的。各种表面活性剂都有良好的渗透作用。

表面活性剂的渗透作用和其润湿作用是对应的。润湿就是水相取代金属上油相的作用。清洗液的作用在于沿着金属污物界面的渗透，并取代油相而使金属相被润湿。润湿能力通常用润湿角来衡量，润湿角由 0°渐增至 180°时，油滴逐渐被卷离成球状并与金属分离。当溶液中加入表面活性剂后，润湿角变大，因而增强了溶液对固体的润湿性，即增强了溶液的渗透作用，从而加速了油污离开金属。

4. 增溶作用

表面活性剂在水溶液中的浓度增大至形成胶团时，胶团能吸收不溶于水的固态或液态物质，这就是增溶现象。增溶的量取决于油污的种类和表面活性剂胶团的结构。在实际洗涤中油污的卷离是很少完成的，增溶的机理在于除去金属上卷离或乳化不完全的少量油污。具有较长聚氧乙烯链的非离子表面活性剂具有较强的增溶作用，而且容易与阴离子表面活性剂形成稳定的混合胶团，故能进一步提高增溶作用并能把油污牢固地束缚在胶团上。

5. 分散作用

固体粒子在溶液中常会发生凝聚现象，加入表面活性剂后，由于其润湿和渗透作用，粒子表面会定向吸附表面活性剂分子而形成表面的双电层，使粒子在溶液中保持稳定，并可有效抑制其凝聚，这种作用称为分散作用。对脱脂来说，就是把表面的油脂及除去后的油脂从金属表面分离并稳定分散在溶液中的作用。除表面活性剂外，许多无机电解质和高分子化合物，如各种磷酸钠、硫酸钠和硅酸钠等也有良好的分散作用（dispersion）。

6. 溶解作用

这是指有机溶剂如汽油、煤油、苯、酒精、三氯乙烯、四氯乙烯、三氯乙烷、二氯甲烷等对油脂的溶解力直接溶解油脂作用。溶解作用遵守"相似相溶"的规则。极性强的物质易溶于极性强的溶剂（如水）中，非极性或极性弱的物质易溶于非极性或极性弱的有机溶剂中。

由于溶剂与油污之间的界面张力为零，即不存在界面。溶质和溶剂分子间的相互作用足以克服污物分子对金属的吸引力，使污物分子较快地扩散和溶解到溶剂中，从而获得清洁的金属表面。

使用有机溶剂的优点是除油效果好，处理时间短，在低温也有效以及对金属无腐蚀等。其缺点是成本高，有毒，不易完全脱脂，对灰尘等固体污物不易清除，因此只适于作预脱脂剂。

7. 机械作用

这是一种最古老的方法。就是通过机械力使油脂脱离表面的作用。例如用毛刷刷洗或装在篮子里放在脱脂液中摇动就是利用这种作用。用空气或机械搅拌及加压喷洗脱脂也是利用这种机械作用。加压冲洗的清洗液对脏物的表面同时达到机械的、热的和物理化学的作用。受到液流冲击的表面，脏物发生变形，同时受到流液法向应力和切向应力的作用，脏物层被破坏和脱落。冲洗压力越大，脏物变形也越大，清洗也就越快，越彻底。

超声波振动是最佳的机械洗净法，超声波能有效除去内孔和表面上残留的油污，这与化学或电解洗净结合起来，可以获得最佳的除油效果。

电解洗净时阴、阳极析出的气体也有相当的机械作用。此外，刷洗、打光等纯机械的方法对厚的积垢、油漆和合成树脂等的剥离甚为有效，但设备与人工费较高，并且容易在表面上留下伤痕。

第二节　碱性脱脂剂的主要成分及作用

一、碱性脱脂的主要成分

碱性脱脂剂的主要成分是各种碱性盐，主要有以下几种：烧碱或苛性碱、碳酸钠或碳酸氢钠、正硅酸钠及偏硅酸钠、各种磷酸盐或羧酸盐、氰化钠、表面活性剂。

作为一种完善的脱脂剂，必须具备以下的条件：

① 具有良好的润湿性、渗透性和乳化性，脱脂力强，能防止油污的再吸附；

② 溶液稳定，pH 变化小，脱脂溶液的油污负载量大，能长期连续使用；

③ 泡沫少，水洗性能好；

④ 能软化水，能防止金属溶蚀和变色；

⑤ 具有安全性，毒性小、不燃、不爆，不对环境造成污染。

要满足这些要求，碱性脱脂剂往往要由多种成分组成（见表 17-2），如具有强皂化能力的苛性钠，具有 pH 缓冲性能和优良分散性、洗净性和防腐蚀性的碳酸盐、硅酸盐和磷酸盐，可软化水的各种聚磷酸盐或羧酸盐，可除去金属氧化物的氰化钠以及可使油污乳化、分散、渗透的表面活性剂。碳酸钠本身是一种良好的脱脂剂，具有良好的皂化作用。由于其碱性比苛性钠弱，常用于容易被碱侵蚀的素材，如铝和锌铝合金的脱脂。硅酸钠有正硅酸钠（$2Na_2O \cdot SiO_2$）和偏硅酸钠（$Na_2O \cdot SiO_2$）两种，它们都是有效的脱脂剂，不但具有皂化作用，还有乳化、分散、渗透和抑制腐蚀作用。使用硅酸钠时必须充分水洗，如水洗不彻底，会在后面的酸洗工序时与酸反应而形成凝胶状硅酸附着在表面，使镀层变朦、粗糙和附着不良。

表 17-2　常用脱脂剂主要成分的性能比较

脱脂剂成分	活性碱①/%	有效碱(1%)	pH值(1%)	洗净性	渗透性	分散性	乳化性	洗涤性	耐硬水性 Mg	耐硬水性 Ca	活性碱度	杀菌性	抑制腐蚀性
氢氧化钠(NaOH)	75.5	77.5	13.4	B	D	C	C	D	—	—	A	B	D
碳酸钠(Na_2CO_3)	38.7	60.9	11.7	C	D	C	C	D	—	—	B	B	D
碳酸氢钠($NaHCO_3$)	—	39.7	8.4	D	D	D	C	E	E	D	E	A	A
碳酸氢三钠($NaHCO_3 \cdot Na_2CO_3 \cdot 2H_2O$)	—	—	9.9	D	D	D	D	C	D	D	D	A	A
偏硅酸钠($Na_2SiO_3 \cdot 5H_2O$)	28.0	29.2	12.1	A	B	A	B	B	C	C	C	C	A
倍半偏硅酸钠($Na_2O \cdot NaHSiO_3 \cdot 5H_2O$)	23.8	24.7	12.5	C	C	A	C	B	C	C	C	C	C
正硅酸钠($2Na_2O \cdot SiO_2 \cdot 5H_2O$)	46.1	48.1	12.8	C	B	C	B	C	C	C	B	C	C
磷酸三钠($Na_3PO_4 \cdot 2H_2O$)	10.4	18.9	12.0	A	D	A	C	C	C	C	C	C	C
焦磷酸钠($Na_4P_2O_7$)	5.2	15.0	10.2	—	C	A	C	B	B	B	C	C	B
三聚磷酸钠($Na_5P_3O_{10}$)	—	—	9.7	C	C	C	C	B	B	B	D	C	B
四聚磷酸钠($Na_6P_4O_{13}$)	—	—	8.7	C	C	A	C	B	B	B	E	C	A
六偏磷酸钠($Na_8P_6O_{19}$)	—	—	6.8	C	—	A	C	B	A	A	E	C	A

① pH＝8.3 以上的碱叫做活性碱，以酚酞为指示剂由酸滴定来测定。

磷酸三钠呈弱碱性，对金属的反应弱，对脏物有分散、乳化等作用，具有优良的水洗性，特别适于非铁金属的脱脂。

聚合磷酸盐、有机多膦酸、氨基羧酸盐、各种羧酸盐和高分子多羧酸或多膦羧酸盐是脱脂剂的重要助剂，主要有软化水和分散污垢的作用。

各种非离子型表面活性剂和阴离子表面活性剂是使油污乳化、渗透和分散的主要物质，这是实现低温除油的关键成分。非离子型表面活性剂中烷基酚聚氧乙烯醚和脂肪醇聚氧乙烯醚比阴离子型表面活性剂，如羧酸皂、烷基硫酸脂、烷基苯磺酸盐、有机磷酸酯及有机磷酰胺等有更好的清洗性能。

氰化钠是剧毒品，但有溶解金属氧化物的功能，对金属不腐蚀，常用于钢铁物品脱脂后的暂存液，铜合金物的最终表面清洗剂以及除去钢铁制品污点的电解洗净剂等。

二、脱脂剂主要成分的性能比较

表 17-2 列出了常用脱脂剂主要成分的 pH 值、洗净性、渗透性、分散性、乳化性、洗涤性、耐硬水性、杀菌性、对非铁金属的抑制腐蚀性及其活性碱度。为便于比较，性能的优劣共分五级，用 A、B、C、D、E 表示。A—极好，B—良好，C—普通，D—不太好，E—不良。

表 17-3 列出了碱性脱脂剂主要成分的应用性能，读者可以根据各种金属的性能和油污的种类选择合适的成分构成各种碱性脱脂剂（alkali degreaser）。

表 17-3 碱性脱脂剂主要成分的特征与作用

化合物	皂化作用	乳化分散作用	价格	特 征	注意事项
氢氧化钠	大	小	便宜	皂化能力强，易除去动植物油，不能除去矿物油	析出浓厚的肥皂，注意 pH 值高会溶蚀素材，水洗性能差
碳酸钠	小	小	便宜	可当 Na_3PO_4 的代用品，对胶状油脂浸润力大，对硬水有一定软化作用，对素材腐蚀性小	本身皂化作用弱，适于易被碱侵蚀的素材，如铝、锌合金等
硅酸钠	大	中	贵	皂化能力强，有渗透、乳化作用和降低临界胶束浓度，但易形成胶状硅酸	水洗不充分时，酸洗后会形成硅酸胶膜，影响镀层附着力
磷酸钠	大	大	贵	效果好，能阻止生成金属皂，对污物有分散、乳化和解胶作用	适于两性金属脱脂
氰化钠	中	中	贵	可除去金属氧化物，加热会分解	剧毒，仅用于需除去钢铁制品污物的电解洗净
焦磷酸钠	大	大	贵	可封闭水中金属离子，使固体分散，防止金属在阴极电解时沉积	适于两性金属和阴极电解洗净
羟基-(1,1)-亚乙基二磷酸四钠	大	大	贵	可封闭水中金属离子，同时具有渗透分散、防腐蚀和降低临界胶絮浓度的作用	适于各种脱脂液
表面活性剂	小	大	贵	主要起乳化、渗透、分散作用，有利于除去矿物油	应选易生物降解的表面活性剂，水洗要充分，适于各种脱脂液，特别适于低温脱脂液

第三节 硬水软化用配位体

硬水转化用配位体，就是大家熟悉的螯合剂，也称为螯溶剂。

动植物油脂在碱液中水解后可以形成水溶性的长链脂肪酸钠（钠皂）。在含 Ca^{2+}、Mg^{2+} 的硬水中则会形成不溶于水的长链脂肪酸钙或镁盐（称钙皂或镁皂）。

此外，Ca^{2+}、Mg^{2+} 离子还会与碱性脱脂液中的 CO_3^{2-}、OH^-、PO_4^{3-} 和 SiO_3^{2-} 等形成不溶性的化合物，这些化合物在水中的溶解度如表 17-4 所示。

表 17-4　某些钙、镁盐在水中的溶解度　　　　　　　　　　　　单位：g/L

阴 离 子	Ca^{2+}	Mg^{2+}	阴 离 子	Ca^{2+}	Mg^{2+}
CO_3^{2-}	0.014	0.1	PO_4^{3-}	0.02	0.2
OH^-	1.85	0.009	SiO_3^{2-}	0.09	—

这些不溶性的物质很容易附着在制品的表面，使镀层出现毛刺、针孔、粗糙和结果不良。即使在含表面活性剂的洗涤液中，水的硬度对去污力也有很大影响。图17-1 是 C_{12} 直链烷基苯磺酸盐的浓度对去污力的影响曲线。由图 17-1 可见，在洗涤剂浓度低时去污力相差甚大，原因是洗涤槽中聚磷酸盐的浓度低，无法螯合水中 Ca^{2+}、Mg^{2+} 离子。因此在使用地下水、井水及其他硬度较高的水时，在碱性脱脂剂中必须加入可使水软化的添加剂，也称为软水剂。它们都是一些可与 Ca^{2+}、Mg^{2+} 离子形成可溶性螯合物的螯合剂，也称为螯溶剂。它们能抑制 Ca^{2+}、Mg^{2+} 和其他金属离子形成沉淀物，能消除水不溶物结块，使其变为悬浮体而分散到溶液中。

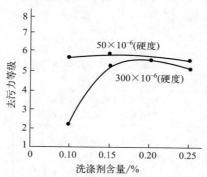

图 17-1　C_{12}直链烷基苯磺酸盐的浓度对去污力的影响

软化水用的螯溶剂主要有三类：聚合磷酸盐、有机多膦酸盐、有机羧酸盐。

一、聚合磷酸盐

聚合磷酸盐按其结构可分为两大类，其中一类是线型的，其通式为 $Na_{n+2}P_nO_{3n+1}$。常用的焦磷酸钠、三聚磷酸钠（STP）和六聚磷酸钠的结构如下：

焦磷酸钠　$Na_4P_2O_7$　　　　三聚磷酸钠　$Na_5P_3O_{10}$

六聚磷酸钠　$Na_8P_6O_{19}$

线型多聚磷酸盐是一类吸湿性强的固体。三聚磷酸钠有无水物和有水物两种，前者为白色颗粒粉末，后者为有六个结晶水的晶体。六聚磷酸钠为玻璃状无定形缩合物。

另一类聚合磷酸盐具有环状结构，其通式为 $Na_nP_nO_{3n}$，常见的有三偏磷酸钠、四偏磷酸钠和六偏磷酸钠。

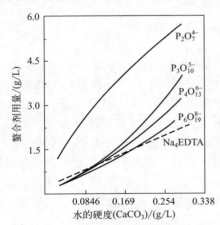

三偏磷酸钠　$Na_3P_3O_9$　　　　　四偏磷酸钠　$Na_4P_4O_{12}$

环状聚合磷酸盐的螯合能力很弱，而线型多磷酸盐是一种优良的螯合剂，具有较好的乳化分散作用，能有效抑制溶液中金属离子在制品表面形成不溶性固体。这是因为线型多聚磷酸分子中相邻两个磷原子上的两个羟基都容易电离，而端基上两个羟基彼此的影响又较小，因而与金属离子可形成 1∶1 或 2∶1 的可溶性环状螯合物。图 17-2 是不同硬度的水要达到相当去污力（去污力等级相当）时所需的洗涤剂的浓度，硬度高时所需洗涤剂的浓度也要提高。图 17-2 是水溶液的硬度与螯合剂用量的关系，随着螯合剂用量的升高，水中允许存在的硬度（$CaCO_3$ 的含量）值也可较高，反之亦然。图 17-3 是聚合度不同的线型聚合磷酸盐在不同 pH 时对硬水的软化能力。图中的软化能力是用完全软化每升含 17.9×10^{-6} 硬度单位的水所需螯合剂的克数来表示的。结果表示聚合度越大，软化水所用的螯合剂量越少，即软化能力越强。

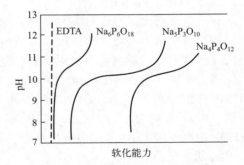

图 17-2　水溶液硬度与螯合剂用量的关系　　　图 17-3　聚合度不同的线型聚合磷酸
　　　　　　　　　　　　　　　　　　　　　　盐在不同 pH 时对硬水的软化能力

二、有机多膦酸盐

膦酸是指碳原子上直接连接膦酸基（$—PO_3H_2$）的化合物。最常见的多膦酸是在一个碳原子上连接两个或两个以上的膦酸基，或在氮原子上连接两个或两个以上亚甲基膦酸基（$—CH_2PO_3H_2$）的有机物。典型的有机多膦酸的名称与结构列于表 17-5。

表 17-5　典型有机多膦酸的名称与结构

名　　称	结　　构	代　号
亚甲基二膦酸	$O{=}\overset{\displaystyle OH}{\underset{\displaystyle OH}{P}}{-}\overset{\displaystyle H}{\underset{\displaystyle H}{C}}{-}\overset{\displaystyle OH}{\underset{\displaystyle OH}{P}}{=}O$	MDP
1-羧基-(1,1)-亚乙基-1,1-二膦酸	$O{=}\overset{\displaystyle OH}{\underset{\displaystyle OH}{P}}{-}\overset{\displaystyle OH}{\underset{\displaystyle CH_3}{C}}{-}\overset{\displaystyle OH}{\underset{\displaystyle OH}{P}}{=}O$	HEDP
氨三亚甲基膦酸	$N{-}CH_2PO_3H_2$ 上 $CH_2PO_3H_2$ 下 $CH_2PO_3H_2$	ATMP
乙二胺亚甲基膦酸	$H_2O_3PH_2C{\diagdown}NCH_2CH_2N{\diagup}CH_2PO_3H_2$ 及 $H_2O_3PH_2C{\diagup}\quad{\diagdown}CH_2PO_3H_2$	EDTMP

以 HEDP 为例，它对一个金属离子的最高配位价为 3（见式 Ⅰ），它除了形式为 1：1 的螯合物外，还可与多个金属离子形成双核或多核配合物（式 Ⅱ），这是有机多膦酸不同于氨基多羧酸之处，也是极少量有机多膦酸即可抑制 Ca^{2+}、Mg^{2+} 等离子结垢和把硬垢消解的主要原因。

Ⅰ HEDP 的金属螯合物　　　Ⅱ HEDP 的多核钙配合物（示意图）

在过量金属离子存在的条件下有机多膦酸可与金属离子形成胶絮状的多核配合物，使溶液中游离金属离子浓度保持低于沉淀物溶度积的水准，这样金属离子就不会再沉淀而结垢，污垢也不容易再附着在金属表面上，这是有机多膦酸具有优良分散性的原因。实验证明在 pH 值为 11 时当 Ca^{2+} 浓度超过 $2×10^{-6}$ mol/L 时可形成 Ca^{2+}/HEDP 比值分别为 1：1、3：2、4：3 和 7：4 的胶絮状多核配合物，它们的积累稳定常数（$\lg\beta$）分别为：5.52、18.78、29.08 和 48.23。后三个数据远大于前者，说明 HEDP 很容易和 Ca^{2+} 形成多核配合物。7：4 的配合物 $[Ca_7(HEDP)_4]$ 的凝聚常数 k_0 值很大。

$$[Ca_7(HEDP)_4]+[Ca_7(HEDP)_4]_n \underset{}{\overset{k_0}{\rightleftharpoons}} [Ca_7(HEDP)_4]_{n+1}$$

$\lg k_0 = 4.6$ 这说明 $[Ca_7(HEDP)_4]$ 还可进一步聚合而成胶状或类固相的配合物，它可以分散在溶液中。

有机多膦酸对 Ca^{2+}、Mg^{2+} 的配位能力比三聚磷酸盐强，所形成的配合物的稳定常数也大。有机多膦酸分子中含有疏水基与亲水基，其本身有相当的表面活性，可以吸附在金属表面而形成防腐蚀的膜，同时又可分散污垢和聚合配合物。实验证明当它与表面活性剂合用时对提高洗涤剂的洗涤能力有协同作用，这就是它常作为液体洗涤剂、化妆用皂和硬水清洗助剂的原因，在许多的国外清洗剂的配方中，也用有机多膦酸作助剂。

三、有机羧酸盐

作为洗涤剂助剂，一般应具有下列条件：对金属离子的螯合作用；分散作用；对碱的缓冲作用。其中对金属离子的螯合作用最为重要。目前使用最多的洗涤助剂是三聚磷酸钠（STP），它具有软化水、螯合杂质金属离子和助洗等作用，能提高污垢的悬浮能力，防止二次污染和使用经济等优点，但过量的磷会引起湖泊的富营养化问题，即这会促进藻类的迅速生长，使水中溶解氧剧降，从而危及鱼类的生存。

作为无磷清洗助剂，目前主要采用有机羧酸类，这可以分为三大类。

① 氨基羧酸类：氨三乙酸钠（NTA）、乙二胺四乙酸钠（EDTA）、羟乙基乙二胺三乙酸钠（HEDTA）、二乙三胺五乙酸钠（DTPA）等。

② 羟基羧酸类：乳酸钠、酒石酸钠、乙醇酸钠、柠檬酸三钠（Na_3cit）和葡萄糖酸钠等。

③ 二元羧酸类：草酸钠、马来酸钠、丙二酸钠、琥珀酸钠等。

图 17-4 示出 EDTA、NTA、STP 和柠檬酸钠对 Ca^{2+} 的螯合能力，由图 17-4 可见，这几种物质对 Ca^{2+} 的螯合能力都很强，属于稳定的螯合物。其中 EDTA 的螯合力最强，在 pH＝10 时每 100g 螯合剂能螯合 20.8g Ca^{2+}，而 STP 在 pH＝9 时螯合能力最强，最适于在弱碱性洗涤剂中应用。

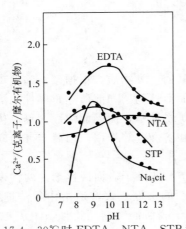

图 17-4 30℃时 EDTA、NTA、STP 和
柠檬酸钠（Na_3cit）对 Ca^{2+} 的
螯合力的影响

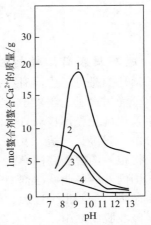

图 17-5 30℃时各种羧基酸对 Ca^{2+}
的螯合力的影响

1—柠檬酸钠；2—酒石酸钠；
3—葡萄糖酸钠；4—乳酸钠

各种羟基羧酸盐的螯合能力如图 17-5 所示。由图 17-5 可见，乳酸钠对 Ca^{2+} 的螯合能力不大，在 pH＝8～10 以下时只有很弱的螯合力，pH 值大于 10.5 时对 Ca^{2+} 几乎无螯合能力。酒石酸钠在 pH＝9 时的螯合力最强，柠檬酸钠也是在 pH＝8～9 时

的螯合力最强，它属于天然产物，对人体无害，属于安全的洗涤助剂。葡萄糖酸钠广泛用于洗瓶时的洗涤助剂，它有一个羧基和 5 个羟基，在碱性条件下能使金属离子或金属氧化物螯合，但对 Ca^{2+} 离子却无这种效果。

各种二羧酸盐的螯合作用弱，只有琥珀酸钠在 pH＝8 时显示最大的螯合能力，pH 值升高螯合力下降。表 17-6 列出了 1mol 有机酸所螯合的钙的克离子数。

表 17-6　各种有机酸对 Ca^{2+} 的螯合能力

有 机 酸	Ca^{2+} 克离子/摩尔有机物	有 机 酸	Ca^{2+} 克离子/摩尔有机物
EDTA	1.75	草酸钠	0.03
NTA	1.08	马来酸钠	0.13
STP	1.20		
乳酸钠	0.06	丙二酸钠	0.25
酒石酸钠	0.37		
柠檬酸钠	1.21	琥珀酸钠	0.80
葡萄糖酸钠	0.39		

从各方面考虑，柠檬酸钠作为洗涤助剂是适宜的，其螯合能力与三聚磷酸钠相当，但无磷的富营养化问题，而且 pH＝7 时其螯合力迅速下降，有利于重金属的分离，加上其本身无毒，成本也不高，是较理想的洗涤助剂。氨三乙酸钠也有良好的螯合作用，一度曾引人注目。

第四节　表面活性剂

一、脱脂用表面活性剂的类型

表面活性剂是分子中同时存在亲油基和亲水基的一类物质，根据亲水基的离子特性，可以分为阳离子、阴离子、非离子和两性表面活性剂。如前所述，碱性水溶液有皂化作用，但乳化作用极弱，无法除去非皂化性矿物油脂，而表面活性剂具有优良的乳化、分散、润湿、增溶、发泡、消泡、防腐蚀和防静电等作用，因此与碱液联合使用就能获得很好的脱脂、洗净效果。

目前国内外的脱脂洗净剂中主要是采用阴离子和非离子表面活性剂。两性表面活性剂价格昂贵，一般很少应用。阳离子表面活性剂的毒性较大，适于作酸洗抑制剂，很少用于碱性脱脂剂中。表 17-7 是阴离子、非离子表面活性剂的特性。由表 17-7 可知，两类表面活性剂各有优缺点，若把两类表面活性剂组合使用，不仅能弥补彼此的不足，还能对脱脂、洗涤能力产生"协同"效应，达到预想不到的效果。

二、阴离子表面活性剂

阴离子表面活性剂对金属的渗透力强，对油脂的洗净力高，对污垢的分散力强，乳化效果好。按亲水基的种类，可把阴离子表面活性分为三类，表 17-8 列出了这三类表面活性剂的亲水基及其结构。在洗涤剂中常用的三种表面活性剂（AS、LAS、AOS）的性能列于表 17-9 和表 17-10。

表 17-7 阴离子、非离子表面活性剂的特性

性 能	阴离子表面活性剂	非离子表面活性剂
发泡性 耐碱水性	易发泡,常有泡沫 耐水性差,需加软化剂	低泡,发泡程度可控制,对硬水稳定
水洗性	较难水洗	水洗良好
对金属润湿	润湿良好	润湿不良
耐碱性	容易盐析	对碱稳定
洗净能力	对油脂洗净力强	对矿物油洗净力强
与金属反应	对金属有反应	对金属无反应
物性	分散力强,再附着性小	对重垢需加其他分散剂

表 17-8 各类阴离子表面活性剂的亲水基及其主要性能

亲水基	化 合 物	结 构	代号	性 能
羧酸盐 (—COOM)	肥皂(高级脂肪酸盐)	R—COOM		洗净、乳化、分散
	棕榈酸钠	$C_{15}H_{31}COOM$		洗净、乳化、分散
硫酸酯盐 (—OSO$_3$M)	烷基磺酸	$RCH_2OSO_3M(R=C_9\sim C_{17})$	AS	洗净、乳化(多泡)洗净、乳化、分散
	硫酸化油			洗净、乳化、分散
	硫酸化脂肪酸酯			洗净、乳化、分散
	硫酸化烯烃			洗净、乳化、分散
	烷基聚氧乙烯硫酸酯	$RCH_2O(C_2H_4O)_nSO_3M$ $(R=C_9\sim C_{17})$	AES	洗净、乳化、分散(多泡)
磺酸盐 (R—SO$_3$M)	烷基苯磺酸盐	R—⬡—SO_3M $(R=C_{10}\sim C_{14})$	LAS	洗净、乳化、渗透、分散(多泡)
	烷基萘磺酸盐	R—⬡⬡—SO_3M		乳化、分散、渗透
	烷基磺酸盐	$R—SO_3M(R=C_9\sim C_{17})$		洗净、乳化、分散
	胰加漂 T	$C_{17}H_{33}CONCH_2CH_2SO_3M$ 　　　　$|$ 　　　CH_3		渗透、乳化、分散
	渗透剂 OT			渗透、乳化、分散
	α-烯基磺酸盐	CH_3 　　　　$|$ $RCH=CSO_3M$	AOS	洗净、乳化、分散
	烯基磺酸盐	$R—CH=CH(CH_2)SO_3M$	ANS	洗净、乳化、分散
	羟烷基磺酸盐	$R—CH—(CH_2)_nCH_2SO_3M$ 　　$|$ 　　OH 　　　$(n=0\sim5)$	HOS	洗净、乳化、分散

表 17-9 常用阴离子表面活性剂的性能比较

溶解度	AS>AOS>LAS	生物降解性	AS=AOS>LAS
渗透力	AOS=LAS=AS	经口急性毒性	AOS<LAS≤AS
发泡力	AOS>LAS>AS	对皮肤和黏膜的刺激性	AOS<LAS<AS
除污力	AOS>LAS>AS		

表 17-10 α-烯基磺酸钠（AOS）、烷基磺酸钠（AS）和烷基苯磺酸钠（LAS）的表面活性

表面活性剂	表面张力/(10^{-5}N/cm)	渗透力/s	起泡力/mm
$C_{15}H_{18}$AOS	36	30	160
$C_{14}H_{15}$AOS	—	25	—
C_{12}AS	28	20	10
C_{12}LAS	37	5	180
条件	0.1%,25℃, 蒸馏水	0.1%,25℃,蒸馏水 (Drave 法)	0.1%,25℃,蒸馏水,50×10^{-6}硬水 (Ross & Millo 法)

　　这三类阴离子表面活性剂的除污力、泡沫高度、渗透力以及临界胶束浓度与分子中碳链长度和关系如图 17-6～图 17-9 所示。

　　由上述结果可知，从除污、渗透和毒性角度考虑，以选用 α-烯基磺酸盐（AOS）

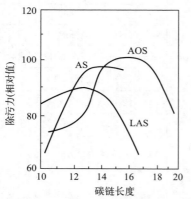

图 17-6 碳链长度和除污力的关系

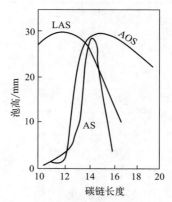

图 17-7 碳链长度和泡高的关系

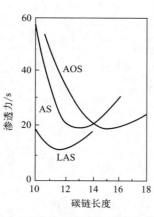

图 17-8 碳链长度和渗透力的关系

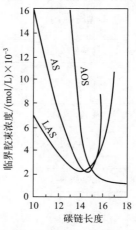

图 17-9 碳链长度和临界胶束浓度的关系

为佳，其次是烷基苯磺酸盐（LAS）。为了减少泡沫，用 AOS 时应选碳原子数小于 12 的烯基磺酸盐，而用 LAS 时，则应选碳原子数在 14 以上的直链烷基苯磺酸盐，但随着碳原子数的增多，LAS 的渗透力、除污力均下降。因此用改变碳数的方法来降低 LAS 的泡沫是不适宜的，此时可用外加消泡剂来解决。除了上述三种表面活性剂外，国内脱脂清洗剂中有的还采用三乙醇胺油酸皂和烷基醇酰胺磷酸酯等阴离子表面活性剂。

三、非离子表面活性剂

1. 非离子表面活性剂的类型

非离子表面活性剂是碱性脱脂液的最主要添加剂，在近年发展的常温低泡碱性脱脂剂中起了重要作用。非离子表面活性剂有以下特点：

① 对油污具有优异的乳化洗净力；

② 洗净力不受水硬度的影响；

③ 对油污的分散力好，能有效防止油污对金属的再污染；

④ 泡沫可调节，适于作常温低泡碱性脱脂剂。

非离子表面活性剂主要为环氧乙烷和某些疏水物的缩合产物。疏水物主要是相对分子质量较高的烷醇、烷基酚、脂肪酸、有机胺和有机酰胺等。除用环氧乙烷外，近年还开拓了很多环氧乙烷与环氧丙烷的共聚物，它们具有高乳化性和低泡的特点。表 17-11 列出了非离子表面活性剂的主要类型。

表 17-11　非离子表面活性剂的主要类型

疏　水　物	环氧化合物	产　　物	代　号
脂肪醇 R—OH	环氧乙烷、环氧丙烷	$R(OCH_2CH_2)_nOH$ $R(OC_2H_4)_n(OC_3H_6)_mOH$	脂肪醇聚氧乙烯醚：平平加，TMN，FAE，乳白灵 A。脂肪醇聚氧乙烯聚氧丙烯醚：PRE
烷基苯酚 R—〇—OH	环氧乙烷、环氧丙烷	R—〇—$(OC_2H_4)_nOH$ R—〇—$(OC_2H_4)_n(OC_3H_6)_mOH$	烷基酚聚氧乙烯醚：TX，OP，IgepalCA。烷基酚聚氧乙烯聚氧丙烯醚
脂肪酸 $R-\overset{O}{\underset{\parallel}{C}}-OH$	环氧乙烷	$R\overset{O}{\underset{\parallel}{C}}(OC_2H_4)_nOH$	脂肪酸聚氧乙烯醚：Energeteic
脂肪硫醇 R—SH	环氧乙烷	$RS(C_2H_4O)_nH$	脂肪硫醇聚氧乙烯醚
脂肪酰胺 $R-\overset{O}{\underset{\parallel}{C}}-NH_2$	环氧乙烷	$R\overset{O}{\underset{\parallel}{C}}-N\begin{cases}(C_2H_4O)_{\frac{n}{2}}H\\(C_2H_4O)_{\frac{n}{2}}H\end{cases}$ $R\overset{O}{\underset{\parallel}{C}}-NH(C_2H_4O)_nH$	脂肪酰胺聚氧乙烯醚
脂肪醇酰胺 $\overset{O}{\underset{\parallel}{R}}CNHCH_2CH_2OH$	环氧乙烷、环氧丙烷	$R\overset{O}{\underset{\parallel}{C}}-NH(C_2H_4O)_{n+1}$ $(C_3H_6O)_mH$	脂肪醇酰胺聚氧乙烯聚氧丙烯醚
—	环氧乙烷、环氧丙烷	$HO(C_2H_4O)_x(C_3H_6O)_m(C_2H_4O)_{n-x}H$	聚醚：Fluronic，Newpol

在这些非离子表面活性剂中，烷基酚聚氧乙烯醚和脂肪醇聚氧乙烯醚比阴离子表面活性剂，如羧酸皂、烷基硫酸酯、烷基苯磺酸、有机磷酸酯及有机酰胺类有更好的清洗效果。

2. 非离子表面活性剂的HLB值与性能的关系

表面活性剂的亲疏平衡值（HLB值）是表面活性剂中亲水基部分的相对分子质量所占比值。对于聚氧乙烯类非离子表面活性剂，HLB值可近似表示为

$$HLB = \frac{EO}{5}$$

式中，EO为氧乙烯的质量分数，%。

作为非皂化油类主要乳化剂的非离子表面活性剂，为使各种油污形成水包油型乳液或油包水型乳液所要求的乳化剂的HLB值列于表17-12。图17-10是最佳洗涤、润湿、增溶、乳化、消泡、水溶性和防锈时所要求的非离子表面活性剂的HLB值。

表 17-12　乳化各种油污所要求的 HLB 值

油　污	要求乳化剂具有的 HLB 值	
	水包油（O/W）型乳液	油包水（W/O）型乳液
硬脂酸	17	
十六醇	3	
四氯化碳	9	
苯二甲酸二乙酯	15	8
煤油	12.5	
无水羊毛脂	15	
石脑油	13	
棉子油	7.5	
重质矿物油	10.5	4
轻质矿物油	10	4
密封用矿物油	10.5	
硅油	10.5	
凡士林	10.5	4
蜂蜡	10～16	5
微结晶蜡	9.5	
石蜡	9	4

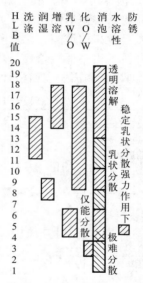

图 17-10　按使用目的选择表面活性剂的大致范围

这些结果表示作为碱性脱脂剂的非离子表面活性剂应选用 HLB 值在 9～15 的。对于烷基酚聚氧乙烯醚来说，氧乙烯基的数目应在 5～13。因为在此范围内可使大多数油脂乳化并形成稳定的水包油型乳液，因而具有优良的洗涤效果。HLB 值于 10 的非离子表面活性剂具有优良的润湿性，适于作油包水型的乳化剂。HLB 值在 9～15 的高级醇聚氧乙烯醚的化学结构与性能的关系如图 17-11 所示。

由图 17-11 可知，作为脱脂剂选十二醇（月桂醇）至十八醇的聚氧乙烯醚，氧乙烯基的数目应选择在 7～12。醇碳链应选直链，因为其除污效果比同样碳原子数的支链醇高得多。

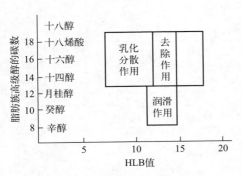

图 17-11　高级醇聚氧乙烯醚的
化学结构与性能的关系

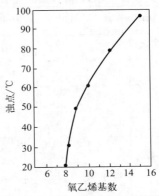

图 17-12　氧乙烯基数与壬基酚
聚氧乙烯醚浊点的关系

非离子表面活性剂的浊点随分子中氧乙烯基数的增加而升高，其 HLB 值也平行升高，即浊点随氧乙烯基的分子数和表面活性剂的 HLB 值的增高而上升。HLB 值在 9～15 时，烷基酚聚氧乙烯醚的浊点约在 20～90℃（见图 17-12）。

在选择表面活性剂时应当挑选浊点稍高一点的，否则当脱脂剂加热时非离子表面活性剂会析出而使溶液混浊。烷基酚聚氧乙烯醚的浊点比相同氧乙烯基数目的脂肪酸聚氧乙烯醚高，此外其不含酯键，化学性能很稳定，耐强酸、强碱、硬水和高浓度电解质，在高低温下均适用，而且其复配性能很好，因此常是碱性脱脂液选用的主要表面活性剂。

近年来脂肪醇酰胺的聚氧乙烯聚氧丙烯醚 $RCONHCH_2CH_2O(C_2H_4O)_n(C_3H_6O)_mH$ 在碱性脱脂剂中的应用受到重视，适于在低温下使用，且泡沫较少。实验证明各种有机醇、醇胺、醇酰胺形成的聚氧乙烯聚氧丙烯醚均适用于低温、低泡碱性脱脂剂。

直接由环氧乙烷或/和环氧丙烷聚合而成的聚醚 $HO(C_2H_4O)_a(C_3H_6O)_b(C_2H_4O)_cH$ 的亲水性较强，HLB 值较低，浊点（turbidity point）也低，脱脂效果较差。

四、阴离子、非离子表面活性剂的协同作用

通常的除污理论认为表面活性剂的除污机理是表面活性剂先在污物上吸附，降低界面自由能，再通过乳化、渗透和胶团增溶作用而使污物脱离与分散。最近人们又提出了另一种看法，认为除污力是由于脂肪族污物的碳氢键和表面活性剂碳氢键间的范德华力相互作用（吸引）的结果，其结果会使冰点下降。这种看法说明在表面活性剂/水/污物体系中，表面活性剂水溶液甚至在室温时也是通过由密集的污物和表面活性剂的碳氢键形成液晶相渗透到污物中，因此清洗效率或除污力取决于清洗水溶液中存在的含污物的各相异性的液晶相。各向异性是由于形成了密集的板状胶团的结果，即良好的除污力是由阴离子型和特定的非离子型表面活性剂的复合而形成的板状混合胶团的结果。其中非离子表面活性剂分子的碳氢键渗入到混合胶团外层的阴离子表面活性剂分子之间，而其亲水基团则嵌于胶团外层的离子部分中。最近的研究指出，除污力的改善和泡沫稳定性的提高是非离子表面活性剂极性基团亲水性增大的结果，故应避免使用含高亲水性极性基的非离子表面活性剂，即碳链不可太短，氧乙烯分子的数目不可太高。

表 17-13　非离子、阴离子表面活性剂及其混合物的 HLB 值、除污力和表面张力[①]

非离子表面活性剂		阴离子表面活性剂		混合阴离子、非离子表面活性剂		除污力		表面张力 /(10³N/cm)
重量	HLB	重量	HLB	总 HLB	非离子表面活性剂摩尔分数/%	矿物油	沥青(去除时间/min)	
5.2% OPE 9~10	13.40	14.8% SKBS	11.70	12.50	36.3	良好	12	30.1
5.2% D-30	17.08	14.8% SKBS	11.70	14.22	18.7	良好	9	40.1
5.2% NPTGE	17.20	14.8% SKBS	11.70	14.28	18.8	良好	16	36.5
5.2% NP 100E	19.05	14.8% SKBS	11.70	15.14	7.2	不很满意	21	40.3
5.2% OPE 9~10	13.40	5.9% 油酸钠	18.0	15.80	30.1	良好	21	32.0
5.2% NPPGE	15.00	5.9% 油酸钠	18.0	16.60	23.4	—	13~10	35.6
5.2% D-30	17.08	56% 油酸钠	18.0	17.57	14.8	—	10	41.1
5.2% NPTGE	17.20	5.9% 油酸钠	18.0	17.63	14.8	良好	9~7	38.6
5.2% NP 50E	18.18	5.9% 油酸钠	18.0	18.09	10.0	不很满意	10	39.5
5.2% NP 100E	19.05	5.9% 油酸钠	18.0	18.49	5	不很满意	18~15	40.1
5.2% OPE 9~10	13.40	5.9% SDS	40.0	27.54	28.9	—	8	31.5
5.2% D-10	13.21	5.9% SDS	40.0	27.54	27.6	良好	5~6	41.5
5.2% D-15	14.90	5.9% SDS	40.0	28.24	22.3	—	9~7	41.8
5.2% D-30	17.08	5.9% SDS	40.0	29.26	14.1	良好	7~6	42.2
5.2% NPTGE	17.20	5.9% SDS	40.0	29.32	14.2	良好	19	38.9
5.2% NP 100E	19.05	5.9% SDS	40.0	30.19	5.2	良好	21	41.4
5.2% NP 100E	19.05	无	—	19.05	100	良好	差	—
5.2% NP 50E	18.18	无	—	18.18	100	良好	差	—
5.2% D-30	17.08	无	—	17.08	100	良好	差	—
5.2% OPE 9~10	13.40	无	—	13.40	100	良好	差	—
5.2% D-10	13.21	无	—	13.21	100	水洗性差	差	—
无	—	14.8% SKBS	11.70	11.70	无	良好	差	—
无	—	5.9% 油酸钠	18.0	18.0	无	不很满意	差	—
无	—	5.9% SDS	40.0	40.0	无	良好	差	—

① SKBS 为直链烷基芳基磺酸钠, SDS 为十二烷基硫酸钠。
　壬基酚聚氧乙烯醚 $C_9H_{18}(OC_2H_4)_nOH$: $n=15$, NPPGE; $n=30$, NPTGE; $n=50$, NP 50E; $n=100$, NP 100E。
　特辛基酚聚氧乙烯醚, OPE 9~10 ($n=9$~10)。
　癸炔-4,7-二醇聚氧乙烯醚: $n=10$, D-10; $n=15$, D-15; $n=30$, D-30。

非离子表面活性剂的亲水性可用其亲疏平衡值（HLB）值来描述，HLB 值低，亲水性低。其值可由分子中氧乙烯分子的数目来计算，非阴离子表面活性剂的 HLB 值可由文献中查得。表 17-13 列出了单独非离子、阴离子表面活性剂及其混合物的 HLB 值及其对应的除污力和表面张力。

表 17-13 结果表示只含一种表面活性剂的清洗液无法除去沥青这样的污物，而 HLB 值为 13.2～17.1 的非离子表面活性剂与十二烷基硫酸钠（SDS）组合使用时具有极佳的沥青除去能力（5～9min 洗净），与烷基芳基磺酸钠（SKBS）组合使用时也具有良好的沥青去除能力（9～12min 除尽）。与油酸钠组合时，非离子表面活性剂的 HLB 值在 15.0～18.18 时达到最佳（7～10min 洗净），在 HLB 为 13.4 时仅达 "良好" 水准（21min 洗净）。在所有三种体系中，非离子表面活性剂的 HLB 值进一步增大到 19.05 时，沥青的去除力急剧下降。表中试验数据还指出，HLB 值最高的阴离子表面活性剂十二烷基硫酸钠（40.0HLB）和 HLB＝13.2～17.1 的非离子表面活性剂组合能得到协同效应最大的洗涤剂。与最大 HLB 值为 17.1 的非离子表面活性剂组合时，协同效应增加的顺序是：油酸钠＜SKBS＜SDS。对于 HLB 值更大（至 19.05）的非离子表面活性剂，则增大的顺序刚好相反。与此相应的是非离子表面活性剂改善沥青除污力的效率，直至其 HLB 达到 17.1 时都是随其溶液的表面张力增大而增大。进一步增大在非离子表面活性剂的 HLB 值，这种除污力反而下降。

由阴离子、非离子表面活性剂组成的清洗液，其表面活性的协同增大的顺序也就是纯阴离子活性剂临界胶团浓度（CMC）增加的顺序，即 CMC 越大，添加 HLB 值 13.4～17.1 的非离子活性剂后，清洗液的沥青去污力也越强。一般来说，阴离子、非离子表面活性剂混合物的 CMC 值介于单个表面活性剂各自的 CMC 值之间，而单一表面活性剂的 CMC 值可由表获得。

非离子表面活性剂改善沥青除污力的有效性还随着表面活性剂的表面张力值增大而增加（见表 17-14），直到非离子表面活性剂 HLB 达到 17.1 为止。非离子表面活性剂 HLB 值为 13.4～17.1 时，协同效应的增大顺序也是纯阴离子表面活性剂 CMC 值增大的顺序。因此协同洗涤效应是与阴离子表面活性剂的 CMC 和非离子表面活性剂表面张力的增大而增大的。

表 17-14　非离子表面活性剂的表面张力对协同除污力的影响

非离子表面活性剂	表面张力[①]（25℃）/(10^{-5}N/cm)	非离子表面活性剂和沥青除污力（去除时间/min）			
		OPE 9～10 (HLB＝13.4)	D-30 (HLB＝17.08)	NPTGE (HLB＝17.20)	NP 100E (HLB＝19.09)
油酸钠	27.0	21	10～10	9～7	18～15
直链烷基芳基磺酸钠	30.5	12	9～9	16	21
十二烷基硫酸钠	37.8	8	7～6	19	21

① 0.44g/100ml 纯非离子表面活性剂溶液的表面张力。

第十八章

电化学抛光与配合物

第一节 电化学抛光的特点

将金属当作阳极并放置在特殊的电解液中通电，电解后金属表面会因溶解而获得平滑化及光亮化的抛光面。这种方法就称为电解抛光（electrolytic polishing）或电化学抛光（electrochemical polishing），简称电抛光。

电抛光起源于 20 世纪初，第一个进行系统研究并导致实际应用的是在法国电话公司工作的 Jacpuet。他于 1930 年发明了电抛光技术并获得了专利。他发现某些金属在浓的酸溶液中进行阳极处理，可以获得光亮的表面，如铜在浓磷酸中，镍和铝在浓醋酸和高氯酸混合液中，以及钼在浓硫酸中均可被抛光。这是由于在阳极表面上形成了"黏液层"（viscous layer）的结果。

与机械抛光法相比，电化学抛光法可视为"后起之秀"。它具有更多的优点，应用范围也更广泛。许多机械抛光法无法进行的复杂零件，电抛光法却可以进行。大家知道，机械抛光是利用物理手段通过切削、变形和磨耗而使表面平滑或光亮，它会引起金属结晶破坏、变质而产生塑性变形层或贝尔比层（Beilby layer），以及因局部加热而产生组织变化层。因此，机械抛光不仅会在金属表面造成扭曲或组织性、构造性的不规范，而且会在金属表面留下研磨材料或油脂等异物，必须进行特种除蜡处理，才能获得光亮清洁的表面。表 18-1 是电化学抛光同机械抛光法的比较。

表 18-1 电化学抛光同机械抛光法的比较

电化学抛光法	机械抛光法
通过电化学溶解的方法使金属表面平滑或光亮	通过切削、变形和磨耗使金属表面平滑或光亮
部分材料表面有氧化膜形成	表面会形成冷作硬化的变形层（Beilby layer）
抛光面的耐蚀性好，光亮面持续的时间长	耐蚀性差，光亮持续时间短
基体材料的组成与结构对抛光效果影响较大	基体材料对抛光效果的影响很小
抛光后会残留大的凹凸处和条纹	不留凹凸处和条纹
改变材质和抛光条件易获得亚光或橘皮状表面	无法获得亚光与橘皮状表面
形状复杂、细小及极薄的零件易于抛光	难以抛光这些零件
速度快，产量大，生产率高，易自动化生产	速度慢，产量小，生产率低，难自动化
大件物品抛光难	大件物品易抛光
适于软质合金的抛光	软质合金抛光难
抛光材料的消耗少	抛光材料消耗多
抛光面无应力，不会夹杂磨料	抛光面有应力，会夹杂抛光磨料
可提高硅钢片的磁导率 10%～15%，降低滞后损失 10%～12%	无此效应

电化学抛光是用廉价的电能代替化学抛光的氧化剂，溶液可以长期使用，不会产生化学抛光时常出现的污染气体和机械抛光时产生的粉尘，是一种安全、价廉且效果好的处理方法。它可以获得比化学抛光更加光亮，耐蚀性比机械抛光更好的表面。表18-2是电化学抛光同化学抛光的比较。

表 18-2 电化学抛光同化学抛光的比较

电化学抛光法	化学抛光法
需要整流电源和导电夹具	不需要电源设备和导电夹具
形状太复杂及大件抛光难	各种形状均易抛光
较难获得光亮度均匀的产品	较易得到光亮度均匀的产品
抛光后的光亮度高	抛光后的光亮度较低
制品表面的锈蚀有影响	锈的种类与深度的影响小
操作较复杂	操作较简单
要依产量决定设备，投资较大	设备简单，扩产容易，生产效率高，投资小
溶液调整、再生容易，寿命较长	溶液调整、再生难，寿命较短
要得到光亮表面需要一定操作经验	容易获得光亮表面，无需特别经验

电化学抛光对电子制冷放射有抑制作用，这种性质在电子管制作上很有用处。此外，电化学抛光还可降低表面的接触电阻，增加透磁率等。因此，电化学抛光在仪器、仪表、日用品和工艺美术品等制造业中广泛采用，也用于提高反射率、清除金属表面氧化物，改善其焊接性能，提高其耐蚀力，以及用于金相或表面微观结构的研究等方面。它适于钢铁、不锈钢、铝、锡、镍、钨、钛及其合金的表面精饰加工。采用电化学抛光法还可以使电镀过程实现完全自动化，因此有利于提高劳动生产率和连续生产。

第二节 电化学抛光的装置与抛光过程中发生的反应

电化学抛光是一种阳极反应，它可被视为电镀过程的反过程。制件作为阳极置于特种电解液中（见图18-1），电流接通后，制件的表面将发生金属的电化学溶解，在金属晶格内的金属原子会脱离晶格而移动到晶格外，并进一步离子化而形成金属离子和放出电子。形成的金属离子可以进一步发生一系列反应（见图18-2）。

1. 形成水合离子

金属离子可以和电抛光液中的水分子发生水合反应而形成水合配离子 $[M(H_2O)_m]^{n+}$，并通过扩散和泳动而分散到本体电解液中。

2. 形成配离子

在本体溶液中的配体或配位体 X^{p-} 会通过

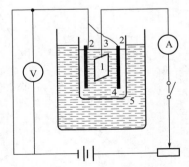

图 18-1 电化学抛光装置
1—被抛光的工件；2—不锈钢阴极；3—电抛光槽；4—电抛光液；5—恒温水浴

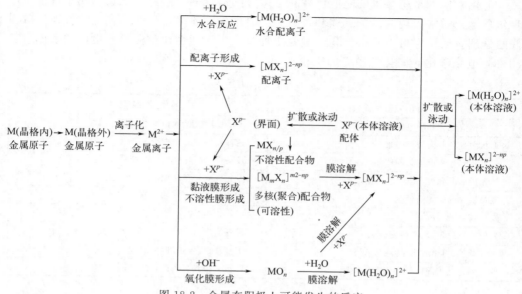

图 18-2　金属在阳极上可能发生的反应

扩散或泳动而到达阳极界面并与金属表面上的金属离子形成各种形式的配离子，如 $[MX_m]^{n-mp}$，它也会通过扩散和泳动而分散到本体电解液中。

3. 形成黏液膜或不溶性膜

当阳极上积聚了金属离子，且表面上的配体量少于形成单一金属离子的可溶性配离子 $[MX_n]^{z-np}$ 时，此时就可能形成含多个金属离子的多核配离子 $[M_mX_n]^{mz-np}$，它常以聚合物链的形式出现，具有较高的黏度，因此被人们称为黏液膜。若形成 $MX_{n/p}$ 形式的中性沉淀，则形成的膜称为不溶性膜。黏液膜和不溶性膜只在金属表面是稳定的，当它遇到由本体溶液扩散而至的配体 X^{p-} 时，它可进一步被 X^{p-} 配位而形成可溶性的单核配合物 $[MX_n]^{z-np}$，从而使膜层溶解。

当阳极电位较正时，阳极周围的羟基离子也可在阳极上放电而析出氧气。氧气可使金属氧化而形成氧化物膜。此外金属离子也可与羟基离子直接反应而形成金属氢氧化物或水合氧化物。

电化学抛光时阳极电流密度随阳极电位（或槽电压）的变化曲线如图 18-3 所示。图中曲线的 *AB* 段近似为一直线，表明阳极电流随阳极电位的上升而呈线性上升，它满足欧姆定律，这是阳极正常溶解或腐蚀反应的特征。当电位达到 *B* 点后，阳极电流随阳极电位的上升而迅速下降，表明阳极开始钝化，即阳极近傍溶液的电阻发生了变化，从而产生了极化作

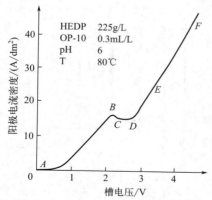

HEDP	225g/L
OP-10	0.3mL/L
pH	6
T	80℃

图 18-3　阳极电流密度-槽电压曲线

用。B 点对应的电位称为致钝电位。它表示阳极溶出的金属离子此时已在阳极近旁积聚，形成了电阻较大的黏液膜或不溶性固体膜。当阳极电位进一步升高时，阳极电流达到了恒定值（曲线 BCD 段），表示阳极已完全钝化，BCD 区称为钝化区，此时的电流称为钝化电流。当阳极电位从 D 点进一步升高时，阳极电流迅速上升，同时在阳极上观察到氧气的逸出（曲线 DEF 段），这一区域称为过钝化区。阳极电流的上升并非金属的溶解造成的，而是阳极上羟基离子放电形成氧气引起的。电化学抛光的最佳条件通常是控制在图中的 BCD 段所对应的电流和电压值，此时阳极表面上形成了电阻较大的黏液膜（viscous liquid layer），使阳极发生钝化反应，电流不再随阳极电位的上升而变化。在腐蚀区（AB 段）下电解，并无抛光效果，过钝化区（DEF 段）虽有抛光效果，但同时伴随着氧气的析出（曲线 E 点为开始析入 O_2 点），因此，E 点以上的电位区进行电抛光时就容易产生点状腐蚀或条纹。

第三节　电化学抛光工艺

一般材质的电化学抛光工艺流程如下：

预抛光或磨光→脱脂→水洗→（酸洗→水洗）→电化学抛光→水洗→酸洗→水洗→接后道工序

1. 预抛光或磨光

电化学抛光属于精抛光的范畴，它可使基体表面从原有的粗糙度再降几级，因此，基体的原始粗糙度愈低，电化学抛光后表面也愈光亮。为了获得高光亮度的表面，某些表面比较粗糙的工件最好进行磨光、滚光或预抛光处理，然后再进行电化学抛光。对于表面已经比较光亮的基体或并不要求获得高光亮度的工件，则不必进行预抛光或磨光。

2. 脱脂

基材在加工过程中所用的油脂大多为矿物油，它不像植物油那样可通过碱皂的方法除去，用普通的苛性碱、碳酸钠和氰化钠溶液也无法除去，尤其是事先用抛光膏预抛光的零件，常含有高黏度的油脂，用汽油洗后还会留下油膜，通常要用特别的除蜡水或去抛光膏清洗剂进行脱脂。对于一般的零件只要用含适当表面活性剂的除油液即可，表 18-3 列出了几种适用于不同用途的除油液配方。

表 18-3　几种适用于不同用途的除油液配方

项　　目	不含抛光膏工件	含抛光膏工件	项　　目	不含抛光膏工件	含抛光膏工件
氢氧化钠　NaOH	10～20g/L		平平加		5ml/L
硅酸钠　Na_2SiO_3	—	40g/L	JFC		4ml/L
碳酸钠　Na_2CO_3	40～60g/L		温度	50～80℃	50～70℃
磷酸钠　Na_3PO_4	40～60g/L	10g/L	pH 值	—	10.5
OP 乳化剂	4～6ml/L		时间	5～10min	5～10min
洗洁精	4～6ml/L				

3. 除锈

电化学抛光钢铁时，如表面的氧化物不除尽，会引起阳极溶解的不均匀，也就得不到光亮的抛光表面，所以钢铁件在电化学抛光前必须用酸将表面的氧化物除尽。除锈用的酸通常是硫酸或盐酸，但它们均易引起吸氢问题，尤其是用盐酸时这个问题更严重。所以常在盐酸中加入一些氧化砷或氧化锑以防止吸氢作用。

除用无机抑制剂抑制吸氢外，也可用有机抑制剂，如明胶、糖蜜、纤维素醇酸钠等。对于某些高碳钢零件，酸洗后常会留下积炭，此时要选用可除去积炭的酸洗液，这种酸洗液有时含有氢氟酸、硝酸或磷酸。

第四节　各种铜电解抛光液的组成和操作条件

早期铜电解抛光液所用的配位体主要是磷酸，它在阳极可与 Cu^{2+} 离子形成稳定的聚合多核铜配合物黏性液体膜，从而抑制铜表面的过腐蚀而达到抛光的效果。

1988 年笔者发明了一种用有机多膦酸作配位体的新型铜与铜合金的抛光液，并获得了发明专利，这是一种可获得高光亮度、镀液稳定性好、寿命长的新型电解抛光液。表 18-4 列出了有机多膦酸。HEDP［羟基-(1,1)-亚乙基二膦酸］、磷酸和两者混合液构成的电解抛光液的组成和操作条件。

表 18-4　各种电解抛光液的组成和操作条件

名　称 组成条件		(a) 有机多膦酸抛光液	(b) HEDP+H_3PO_4 抛光液	(c) H_3PO_4 抛光液
组成		有机多膦酸 200g/L	HEDP　200g/L； H_3PO_4　40g/L	H_3PO_4 800g/L
抛光条件	pH	6～8	6～8	
	温度/℃	60～80	60～80	40
	电压/V	2～4	2～4	2～5
	时间/min	2～4	2～4	8～12

有机多膦酸是一类优良的水质稳定剂和电镀螯合剂根据我们的研究，在众多的有机多膦酸中，1-羟基-(1,1)-亚乙基-1,1-二膦酸（HEDP）、1-乙膦基-(1,1)-亚乙基-1,1-二膦酸（EEDP）和 N,N'-二亚甲基膦酸甘氨酸（DMPG）是有效的铜电解抛光螯合剂，他们具有以下的结构：

$$O=\overset{\overset{\displaystyle OH}{|}}{\underset{\underset{\displaystyle OH}{|}}{P}}-\overset{\overset{\displaystyle CH_3}{|}}{\underset{\underset{\displaystyle OH}{|}}{C}}-\overset{\overset{\displaystyle OH}{|}}{\underset{\underset{\displaystyle OH}{|}}{P}}=O \qquad O=\overset{\overset{\displaystyle OH}{|}}{\underset{\underset{\displaystyle OH}{|}}{P}}-\overset{\overset{\displaystyle CH_3}{|}}{\underset{\underset{\displaystyle CH_2}{|}}{C}}-\overset{\overset{\displaystyle OH}{|}}{\underset{\underset{\displaystyle OH}{|}}{P}}=O$$

$$\underset{\displaystyle CH_2PO_3H_2}{|}$$

1-羟基-(1,1)-亚乙基-1,1-二膦酸（HEDP）　　1-乙膦基-(1,1)-亚乙基-1,1-二膦酸（EEDP）

HOOC—CH_2—N($CH_2PO_3H_2$)$_2$

N,N'-二亚甲基膦酸甘氨酸（DMPG）

按表 18-4 的条件对各种有机多膦酸的电解抛光结果证明：只有 HEDP、EEDP 和 DMPG 对铜有电解抛光效果，其中 HEDP 的效果最好，可在室温至 85℃下获得光亮的铜表面。而氨基三亚甲基膦酸（ATMP）和乙二胺四亚甲基膦酸（EDTMP）则无电解抛光效果，这可能与 ATMP、EDTMP 的耐氧化性差及 N—C 键在阳极上易氧化断裂有关。

第五节　影响电化学抛光效果的主要因素

电化学抛光是一个多因素的综合过程，因此，影响电解抛光效果的作业因素较多，而且这些影响因素是相互关联的，有时是某种因素起主要作用，有时则几种共同起重要作用。所以，要使电解抛光长期保持稳定和处于较佳状态，就必须从众多方面控制和掌握好各种影响抛光效果的主要因素。

一、电解抛光液

1. 电解抛光液的成分与作用

毋庸置疑，电解液选用的合理与否是直接影响电化学抛光效果的最基本因素之一。组成电解液的金属"接受体"（或配体）应当具有以下几种特性：

① 扩散系数小，黏度大；

② 易与溶解下来的金属离子形成扩散速度更小的多核聚合配合物；

③ 本身是一种黏稠的酸。

因为电化学抛光通常是由扩散控制的，在阳极极化曲线中有平台出现，黏度大，扩散系数小的配体可在较低电流密度下达到扩散控制区，即可在较低槽电压下进行抛光，这就是通常选用磷酸、有机膦酸和浓硫酸构成电化学抛光电解液的原因。当然，仅仅"接受体"的扩散速度小，若其不能接受溶解下来的金属离子，使其转变为扩散速度更小的配离子，这种接受体也是无抛光效果的。某些接受体本身的黏度不是很大，但可以与溶解下来的金属离子形成黏度更大、扩散系数更小的配离子，同样也可得到良好的抛光效果。磷酸、有机膦酸均易与铜离子形成黏度更大、扩散系数更小的聚合多核配合物，所以具有很好的抛光效果。黏稠的氧化性酸（如高氯酸）不仅可以形成黏度大、扩散系数小的黏液膜，还容易在阳极表面形成更加致密的固体膜，有利于进行微观平滑，也容易使表面光亮。

某些添加剂可以提高电化学抛光的效果，例如：甘油、动物胶以及具有表面活性的各种有机物（特别是表面活性剂）是常用的电化学抛光添加剂，有时可以获得很好的效果。当甘油与磷酸并用时，其可以与磷酸形成甘油磷酸酯 $C_3H_5(OH)_2H_2PO_4$，其具有更大的黏度和更小的扩散系数，而且更容易与金属离子形成扩散系数更小、更加致密的配合物，使黏液膜更加致密、厚实，因而抛光效果也更好。某些醇类、多元醇、蛋白质和表面活性剂具有抑制阳极过腐蚀的作用，从而防止了过腐蚀凹痕的形成，其作用机构是可与溶解的金属离子配位后形成具有特殊物理性质的阳极液或阳极膜，这种阳极液具有良好的抑制作用。

一种实用的电解抛光液除了要具备上述条件外，电解液对素材金属和挂具不得有过强的腐蚀作用。同时还要具备价格低廉、稳定性好、毒性低、研磨的工程范围宽等特点。

2. HEDP 浓度对铜电解抛光效果的影响

在 HEDP＋H_3PO_4 电解抛光液中，HEDP 和 H_3PO_4 都是电解抛光液中铜离子的"接受体"（即配体），HEDP 浓度对铜电解抛光效果的影响如表 18-5 所示。HEDP 浓度太低时，抛光液可接受的铜离子量或扩散到阳极铜表面的 HEDP 量少，液膜黏度少，抛光效果差。当 HEDP 的浓度达 175～225g/L 时，镀液的电解抛光效果最好，浓度超过 225g/L 时，铜表面会出现因氧气停留和氧泡移动而产生的斑点和条纹。这可能是溶液黏度太大，氧气不易离开铜表面而造成的。

表 18-5　HEDP 浓度对铜电解抛光效果的影响

HEDP 浓度/(g/L)	100	125	150	175	200	225	250	300
电解抛光铜的表面状态	不光亮，布满腐蚀坑	半光亮，有少量腐蚀坑	光亮，有少量腐蚀坑	光亮	光亮	光亮	光亮，有少量斑点	光亮，有斑点和条纹

有机膦酸浓度逐渐升高时，所测得的电解抛光电流-槽电压曲线的平台区逐渐向低电压区移动（见图 18-4），说明高浓度配体时阳极钝化区较早出现。这是由于高浓度时，本体溶液中配体向电极表面的扩散较快的缘故。

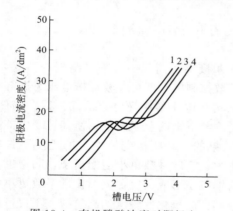

图 18-4　有机膦酸浓度对阳极电流密度-槽电压曲线的影响

1—300g/L；2—225g/L；3—175g/L；4—125g/L

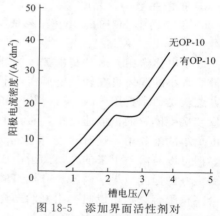

图 18-5　添加界面活性剂对阳极极化曲线的影响

二、电解抛光的电流密度和电压

电化学抛光的电流密度或电压通常应控制在极限扩散电流控制区，即图 18-3 中阳极之极化曲线的平坦区（CD 段），低于此区的电流密度时，表面会出现腐蚀。高于此电流密度区时，因有氧气析出，表面易出现气孔、凹洞或条纹。这个平坦区不是固定不变的，会随温度、配位体的浓度和添加剂的种类而变化。图 18-4 是羟基-(1,1)-亚乙基二膦酸（HEDP）电解抛光铜时，HEDP 浓度对阳极电流密度。电压曲线的影响情况。由图可见随着配位体 HEDP 浓度的升高，平坦区对应的阳极电流密度 D_A

下降，电压也降低，即高浓度配位体可在较低阳极电流或电压下形成高黏度的黏液膜。但配位体浓度太高时，电解液黏度过大，电阻大，电流密度很小，金属的溶解速度过慢，此时被抛光的铜表面易出现凹洞或生成蓝色沉淀物，表面反而不光泽。

图 18-5 是添加界面活性剂对 HEDP 电解抛光铜阳极极化曲线的影响。加入界面活性剂后，平坦区对应的电流密度明显下降，其作用类似于提高配位体浓度的效果。这时由于加入界面活性剂后，铜片表面生成了一层吸附膜，阳极表面容易钝化，使抛光效果提高。同时界面活性剂是一种表面活性剂，具有降低表面张力的作用，使阳极析出的氧气不会长时间停留在表面上，从而减小了试片表面的点状和线状腐蚀，并不易生成蓝色沉淀物膜。

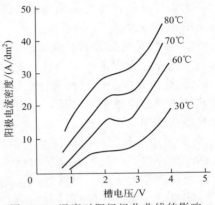

图 18-6　温度对阳极极化曲线的影响

三、温度

图 18-6 是温度对阳极极化曲线的影响图。随着电解液温度的升高，极限扩散电流逐渐增大，当温度高于 90℃时，表面抛光的起始电流密度大，阳极铜片的溶解速度过快，因而铜片表面易生成点状或条状腐蚀。当电解液温度低于 60℃时，传输过程慢，抛光的开始电流密度太低，阳极铜片溶解速度慢，溶解下来的离子不能很快扩散开来，容易在阳极表面形成 Cu^{2+} 和 HEDP 的多核配合物，使铜片表面出现蓝色沉淀物膜或凹洞。因此，对应任何一种电化学抛光液均有一个最佳的抛光温度范围。对于 HEDP 电解抛光铜而言，最佳的温度范围是 70～80℃。

四、抛光时间

电解抛光应持续的时间会受到下列因素的影响：①被抛光零件的材质及其表面的前处理程度；②阳、阴极间的距离；③电解液的研磨性能及温度；④电解抛光过程使用的阳极电流密度的大小及槽电压的高低；⑤工程上对抛光表面光泽度的要求等。

因此，电解抛光的持续时间是一个可变性较大的参数。对于一个确定的电解抛光体系，应有一个适当的时间范围，这是获得预期研磨效果的必要条件。应当指出：在适当的时间范围内，抛光效果与时间成正比。超过这个时间范围时，抛光效果就会降低，甚至适得其反，发生过腐蚀，这是由于电极表面电解液因电流长时间通过而使温度升高的结果。

国内大都喜欢采用大阳极电流、大极间距离来适当缩短电化学抛光的持续时间，以获得较好的抛光效果和效率。这与国外恰恰相反，国外不少人采用 5～10A/dm² 的小电流，10～12cm 的大极间距离进行电解抛光加工，这时所需的持续时间就要长些。

五、阳、阴极之极间距离

阳、阴极之极间距离的选择应兼顾以下几个因素：①便于调整电流密度到作业规范，并尽量使抛光物表面的电流密度分布得均匀一致；②尽量减少不必要的能源消耗，因电解液浓度高、电阻大，耗电量较大；③阴极产生的气体搅拌是否已破坏了黏液膜,降低了抛光效果。

具体极间距离的选用应视被抛光品的大小和工程要求灵活掌握。一般来说,大制品的极间距离可大些,反之则应小些。小型制品或中型制品的局部抛光之极间距离大半为 10～20mm 左右,大型制品抛光的极间距离应选择 80～100mm。用于消除毛刺作业的抛光,极间距离应在 50mm 左右为宜。

六、抛光前制品表面状态及其金相组织

由上述可知被抛光制品在研磨前的表面状态及其金相组织均会直接影响电解抛光加工的工艺效果。

① 被抛光制品表面的金相组织越均匀就越细密,例如结晶越细密的纯金属,越有利于抛光过程的进行,而且抛光效果也越好。

② 被抛光制品的材料为合金,特别是多成分合金时,抛光工程的控制比较麻烦。要获得满意的电解抛光效果,就应当选用更严格的作业规范,使成分合金的各个成分尽量能溶蚀均匀。

③ 当被抛光制品的金相组织不均匀,特别是含有非金属成分时,就会使电解抛光体系呈现出不一致的电化学敏感性,这对电解抛光工程就提出了更加苛刻的要求。若非金属含量太大时,电解抛光会无法进行。

④ 制品在抛光前表面处理得越干净、越细密,越有利于电解抛光过程的进行,也越容易获得预期的抛光效果,反之亦然。实践证明电解抛光前在被研磨制品表面进行前处理,使其光泽度达到 0.8～1.6,这是获得明显电解抛光效果的必要条件。若能达到 0.2～0.4,则可获得更加理想的电解抛光效果。

第六节　电化学抛光机理

一、阳极的整平

图 18-3 中 AB 段对应的电流密度为阳极的初期溶出,即通常所见到的金属与合金表面的均匀溶解或均匀腐蚀,所得的金属表面为腐蚀面。这是因为在这段电流密度范围内,由阳极溶解而产生的金属离子的生成速度与由阳极来的金属离子因扩散作用而离开阳极的逸散速度处于平衡状态,或金属离子的扩散速度大,使阳极表面易溶的部分可以自由溶解,所以在此电流密度范围内,随着阳极电位的升高,电流密度也依次增大。在此电流密度范围内,阳极溶解的结果就是显露出金属表面的结晶组织。大家知道电解抛光时,阳极的凸出部位较靠近阳极,其电流密度比凹入部位高,溶解速度也较快。随着阳极溶解的进行,表面会逐渐整平。当达到相当的溶解量后,表面会达到整平,然而并不能获得光亮的表面。

金属表面的宏观整平,也可从电解抛光时形成的黏稠层的厚薄得到说明。若把金属表面形成的黏稠层的外侧(指靠近本体溶液处)的液面看成平面(见图 18-7),那么反应物(配体或水)由溶液一侧到达阳极,并与阳极溶出的金属离子形成可溶性的产物(配离子)。由于其扩散速度较大,比较容易通过扩散和对流而从金属表面离散

出去。由于金属表面凸出部位的黏稠层薄，凹入部位的液膜较厚，故在凸出部位反应物（配体）的到达和反应产物（金属离子配合物）的离散均比凹入部位快，结果凸出部位的溶解就比凹入部位快，而达到整平。在此阶段，阳极过程的速度是由溶解速度控制的。

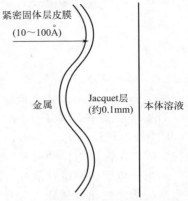

图 18-7 电解抛光的充分条件

二、微观整平或二级电流分布

当阳极溶解进入极限扩散电流控制阶段时，阳极溶解曲线进入图 18-3 中的 BCD 段，此进流入凸出部位和凹入部位的电流是不同的。凸出部位的电流密度大，反应速率快，凹入部位的电流密度小，反应速率慢。这时在金属表面上形成了新的黏稠层，也称为加奎得（Jacquet）层。这时金属的阳极溶解速度比阳极生成物的扩散对流速度快，作为阳极生成物的各种形式的金属配离子逐渐在阳极附近积聚，此时的溶解速度由生成物的扩散对流速度控制，这时就会出现电压少许升高时，电流并不增大的极限扩散电流现象，这样阳极表面近傍就会出现黏稠的液体（黏稠层）。由于黏稠层在凸出部位和凹入部位厚度不同，凹入部位的溶解量很小，凸出部位则发生选择性的溶解，从而使金属表面整平。所谓电解抛光就是阳极表面的急剧整平，而最终达到光亮。产生极限扩散电流并不是良好电解抛光的本质条件，其本质条件可认为是溶液中，加奎得层外侧完全被限制而呈平面状，要达此目的，溶液的黏性具很大作用。因此，可以认为电解液要具有良好的整平就必须同时满足两个条件：一个是形成的液膜黏度要大，另一个是溶解必须受扩散控制或达到极限电流。

在金属溶解受扩散控制时，对应的阳极电流密度为 D_A，多属扩散系数为 K_D，黏稠层的厚度为 δ，本体溶液中金属离子（假定均以水合离子形式存在）的浓度为 m_0，阳极近傍金属离子的浓度为 m 时，在单位面积上 1s 内因放电而从阳极溶解了 $\left(\dfrac{D_A}{nF}\right)$ mol 的金属，即溶解了 $\dfrac{D_A}{nF} \times 6.06 \times 10^{23}$ 个金属原子，其受扩散作用而全部离散时，下列方程成立：

$$\frac{D_A}{nF} = \frac{K_D(m - m_0)}{\delta} \tag{18-1}$$

$$D_A = \frac{FK_D n(m - m_0)}{\delta} \tag{18-2}$$

由式（18-2）可知阳极开始溶解时，阳极电流密度 D_A 是随 m 而线性上升的（相当于图 18-3 的 AB 段），当 D_A 大到相当程度后，在液体隔膜中金属离子的浓度 m 达到了饱和，即 m 达到恒定值 m_s，所以 D_A 也为定值，其并不随电压的上升而增大，此时即达到了极限扩散电流 D_A（limit）其对应于图 18-3 的 CD 段，阴极表面形成了稳定的黏稠层。D_A（limit）与 m_s 的关系可表示如下：

$$D_A(\text{limit}) = \frac{FK_D n(m_s - m_0)}{\delta} \tag{18-3}$$

此外，当金属离子浓度为 m 时，阳极电位的变化 ΔE_A 可以看作浓差超电压，其可表示为：

$$\Delta E_A = \frac{RT}{nF} \ln \frac{m}{m_0} \tag{18-4}$$

即 ΔE_A 与液体隔膜中金属离子的浓度 m 有关。当阳极电流增加时，液体隔膜中金属离子浓度 m 增大，ΔE 变大且随 $\ln m$ 的增大而直线上升。

当液体隔膜中金属离子浓度达到饱和时，阳极表面形成了稳定的黏稠层，此时的 D_A 即为极限扩散电流 $D_A(\text{limit})$，要使电流超过 $D_A(\text{limit})$ 必须施加很大的不可逆电位，因此，阳极电位稍微上升时，阳极电流并不上升。

当阳极电位达到电解液的分解电压以上时，阳极开始析出氧气，氧气的搅拌作用使原来的浓差极化效果或极限电流消失，电流开始上升，此时的状态相应于图 18-3 中的 DE 段，由于此状态下的液体隔膜是不稳定的，也就不显示抛光效果。

由于液体隔膜的高电阻使凸出部位和凹入部位的电流密度不同，再加上阳极之极化作用的重大影响，溶解的金属离子形成了高黏性的配离子而停留在凹入部位，凹入部位的浓差超电压 ΔE 会像上述的那样变大，这就抑制了凹入部位的电流。相反的，凸出部位则有较多的电流通过。总而言之，电解抛光时实际液体膜的电阻作用及浓差超电压的作用是产生电解抛光作用的两个主要因素，这就是良好的电解抛光要选择图 18-3 中 CD 段的原因。

当金属的扩散系数大时，达到饱和状态的电流密度也变大，凹入部位和凸出部位的浓度差几乎消失，黏稠层不存在，也就无法达到抛光的目的。因此，作为电解抛光液的必要条件是要选择扩散系数小的金属配离子，而要达到扩散系数小，配离子的分子体积要大，即那些可形成聚合多核配离子的体系才有抛光效果。从配位化学角度来看，当金属离子与大的配体，尤其是与某些可形成交链的多核聚合配合物时，其黏度就很大，扩散系数也很小，这是典型的黏稠层，有关黏稠层的组成与结构详见后述。

三、光面的光亮化

为了获得有光泽的电解抛光表面，必须使表面上微观粗糙度降低到低于光的波长。要达此目的，通常认为应当形成比中间黏液膜更厚、更致密、更易钝化的紧密膜，这可以是趋于饱和的高黏度液膜，也可以是固体膜。这样，金属的溶解是在紧密膜内进行的，紧密膜的形成速度应为超过该膜的溶解速度，这是存在紧密膜的前提。在几乎无对流的特殊条件下，加奎得（Jacquet）膜变得十分厚，也更加紧密，甚至可以出现光的干-涉色。在这样厚的黏液膜或固体膜内，阳极电流密度变得非常小，其可以使微观的凸出部溶解，而微观的凹入部不再溶解，这就达到了微观整平的目的。由于类似的状态在金属表面的多处均存在，使表面各个部分均发生微观整平，这种表面的无序微观整平的最终结果就使金属表面变得光亮。所以电解抛光实际上是阳极表面的宏观整平（一次电流分布）和微观整平（第二次电流分布）作用的结果。只有宏观整平其阳极表面才能变得整平，但不能产生光亮。有些电解液可以同时具有宏观整平与微观整平作用，在抛光的第一阶段，形成的黏液膜的黏度还不够高，此时只具有宏观整平作用。当宏观整平进行到相当程度后，形成的黏液膜更黏、更贴近金属表面，因此也可以具微观整平的作用，从而达到真正抛光的效果。

第七节　电化学抛光黏液膜的组成与结构

一、磷酸电化学抛光黄铜时黏液膜的组成与结构

目前国际上研究电解抛光黏液膜大半是用电化学方法，如界面电容和交流阻抗的测定，然后再推论出膜的厚度、电阻值等，这些方法均无法直接测得黏液膜的组成与结构。由于铜或黄铜形成的电解抛光黏液膜极易溶于水，许多研究者把抛光后的样品先经清洗，然后再用电子能谱或圆偏振法测定表面膜的厚度，结果测出的不是黏液膜的厚度，而是铜或黄铜清洗后在空气中形成的氧化物膜的厚度。

1. 黏液膜的组成元素

为了准确测定真正黏液膜的组成与结构，必须把黏液膜固化制成固态样品。我们经过多次试验后，选择了易于制成黏液膜固体膜的磷酸电解抛光液，在正常电解抛光电压下研磨相当时间后，在带电的情况下缓慢把其取出，其表面留下厚厚的一层黏液膜，再用热风使其干燥，结果在黄铜表面形成一层具有相当反光作用的透明玻璃状固体膜。然后用 X 射线光电子能谱（XPS）测定固化后的黏液膜在 Ar^+ 溅射前后的 XPS 全谱，结果如图 18-8 所示。由图 18-8 可以看出，在溅射膜中除了 Cu 和 Zn 外，还出现了 C、P、O 的信号峰，其中 C 峰为表面污染所致，故溅射后基本消失。而 P、O 峰在溅射后与溅射前相当，说明 Cu、Zn、P 和 O 的确是黏液膜的组成元素，即黏液膜可能是 Cu、Zn 的磷酸配合物。

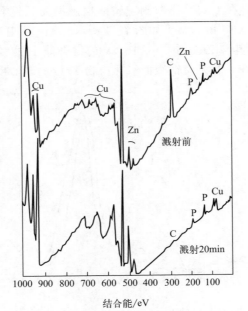

图 18-8　黄铜电解抛光黏液膜在 Ar^+ 溅射前后的 XPS 全谱

2. 黏液膜中铜的价态

用 Ar^+ 束溅射样品直至其 C 峰消失后，分别测定铜标样、烤红铜、Cu_2O、CuO 以及电解抛光后黄铜样品的 Cu(2P) 和 CuL_3VV 俄歇线的峰位值，所得结果列于表 18-6。由表 18-6 可知烤红铜、曝露在空气中的标准铜和在磷酸液中电解抛光的黄铜表面膜上 $Cu(2P_{3/2})$ 和（CuL_3VV）峰位值均与 Cu_2O 的相符，说明表面上都已形成了 Cu_2O，只有溅射后的标准铜试样表面才是纯铜，由此我们可以判断组成电解抛光黏液膜的配合物是在黄铜表面上的 Cu_2O 膜上形成的，即黏液膜中铜的价态为 +1 价。

表 18-6 **电解抛光黄铜膜和其他试样的 $Cu(2P_{3/2})$ 和 CuL_3VV 峰位值**

试　　样	CuL_3VV/eV	$Cu(2P_{3/2})/eV$	$Cu(2P_{1/2})/eV$	表面产物
电解抛光黄铜膜	917.2	932.5	—	Cu_2O
Cu_2O	917.2	932.4	—	Cu_2O
CuO	918.1	933.6	—	CuO
Cu（烤红）	917.6	932.3	952.3	Cu_2O
标准铜（未溅射）	917.4	932.4	952.5	Cu_2O
标准铜（Ar^+ 溅射后）	918.4	932.4	—	Cu

注：表中所列峰位值均由高分辨谱测得。

3. 黏液膜中锌的价态

黄铜为锌铜合金，除了铜可与磷酸反应外，锌也可与磷酸反应而成膜。为了确定黏液膜中锌的价态和存在形式，我们测定磷酸电解抛光黄铜黏液膜在 Ar^+ 溅射前后的 $Zn(2P_{3/2})$ 高分辨 XPS 谱，结果如图 18-9 所示。Ar^+ 溅射后，膜中 $Zn(2P_{3/2})$ 的结合能为 1022.3eV，其与 ZnO 中 $Zn(2P_{3/2})$ 的结合能 1022.2eV 相当，这证明膜中 Zn 是以 +2 价状态存在，其是黄铜表面氧化产物 ZnO 与磷酸反应的结果。

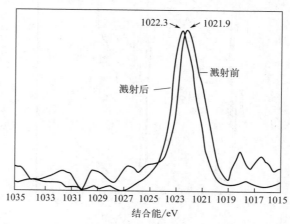

图 18-9 磷酸电解抛光黄铜黏液膜的 $Zn(2P_{3/2})$ 高分辨 XPS 谱

4. 黏液膜的组成随深度的变化

从磷酸电解抛光液中所得的黏液膜具有良好的成膜特性和导电性，这是一种玻璃状的透明固体膜，适于 AES 和 XPS 测定。

俄歇电子能谱（AES）结合 Ar⁺ 溅射技术可用于定量测定黏液膜的组成和深度分布。高桥（H. Takahashi）和中山（M. Nagayama）曾用电子能谱研究了铝上电解抛光黏液膜的厚度和组成，我们用俄歇电子能谱测定了黄铜在磷酸液中所形成的黏液膜元素组成原子分数及其随深度的分布，所得结果如图 18-10 所示。

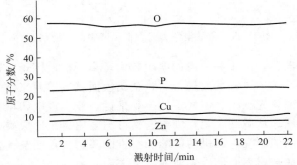

图 18-10　黄铜在磷酸液中电解抛光黏液膜的 AES 深度剥蚀曲线

（Ar⁺束压为 4kV，束流为 15mA，溅射面积为 5mm×5mm）

由图 18-10 可以看出，黏液膜固化后很容易清洗干净，所得元素的原子分数在 Ar⁺ 溅射 22min 以内原则上不随膜的厚度而发生变化，说明黏液膜是一种均相膜且有相当的厚度。从 AES 深度剥蚀曲线可以求得黏液膜的元素组成为：P 24.2%，Zn 7.9%，Cu 10.4%，O 57.7%。

5. 电解抛光黏液膜的可能结构

通过以上电子能谱对抛光黏液膜的研究，我们可以得出以下的结论：

① 黄铜电解抛光后经水洗、干燥后的表面仍然存在大量的氧而不含磷，这说明黏液膜是高水溶性的，抛光后的黄铜极易被空气氧化。

② 黏液膜的高分辨 XPS 研究，证明表面膜中的铜为一价的铜 [Cu(Ⅰ)]，锌为二价 [Zn(Ⅱ)]，其存在形式为 Cu_2O 和 ZnO。这也可以从皮膜为无色透明的玻璃状物中得到证明。如为 Cu(Ⅱ)，皮膜应为蓝色。

③ 黏液膜的 AES 深度剥蚀曲线确定黏液膜是一种均相膜，具有恒定的组织，其原子分数为：P 24.2%，Zn 7.9%，Cu 10.4%，O 57.5%。这一元素组成与 $[Zn_2Cu_3P_6O_{17}]_n$ 结构单元的元素组成：P 21.4%，Zn 7.2%，Cu 10.7%，O 60.7% 十分相近，因此我们推断黏液膜可能具有图 18-11 的聚合多核配合物的结构单元。

大家知道磷酸与氧化亚铜的混合液是铜铁件的优良无机黏结剂，其具有良好的交联作用，而电解抛光黏液膜具有较高的黏度和黏性，它们间的结构是非常相似的。

6. 电解抛光时黏液膜具光亮作用的原因

电解抛光时黄铜表面会形成相对密度大、黏度高的黏液，附着在黄铜表面，并以缓慢的速度从加工物上流下。在此过程中，金属表面的凹部会滞留较厚的黏液膜，而

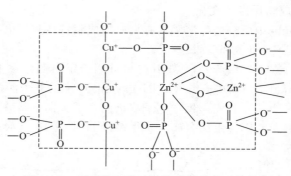

图 18-11　磷酸电解抛光黄铜黏液膜的可能结构

凸部黏液膜的厚度较薄，由于黏液膜的电阻较大，离子扩散困难，这样凹部金属溶解的速度就比凸部慢，这一过程反复进行后，金属表面就变得越来越平整，当表面平整到相当程度后，表面就光亮了。因此，从宏观来说，要实现电解抛光必须选择可在阳极形成黏液膜的物质。从微观来说，则要选择可与金属离子形成聚合的多核配合物液膜的配体。根据我们的研究，无机的磷酸和有机的多磷酸是铜及其合金电解抛光的有效配体，它们均可在金属表面形成黏液膜。

二、有机多膦酸电解抛光铜时黏液膜的组成与结构

从 H_3PO_4 ＋HEDP 电解抛光液中所得的黏液膜具有很好的成膜特性和导电性。固化黏液膜的外观与从 H_3PO_4 电解抛光液所得的膜一样，都是硬化而透明的玻璃状固体膜。

XPS 和 Ar^+ 溅射技术可用于定量测定表面膜的组成和深度分布。XPS 谱的测定是在停止 Ar^+ 溅射后进行的，不同溅射时间的 XPS 谱见图 18-12，Cu、O、P 和 C 四种元素的原子分数由电脑打印出来，结果如图 18-13 和表 18-7 所示。

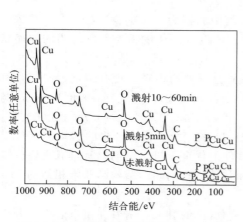

图 18-12　溅射前后黏液膜的 XPS 全谱

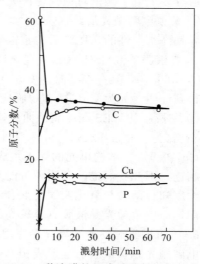

图 18-13　黏液膜的组成随溅射时间的变化

表 18-7 黏液膜组成随溅射时间的变化

原 子	不同溅射时间的原子分数/%						
	0min	5min	10min	15min	20min	35min	65min
Cu	1.5	15.3	15.4	15.4	15.3	15.6	16.1
O	26.3	37.8	37.2	36.8	36.0	36.5	34.4
P	9.6	14.9	13.6	13.6	13.8	13.0	14.4
C	62.6	32.0	33.8	34.2	34.9	34.9	35.1

由图 18-12 和图 18-13 可得出下列结论：

① 黏液膜表面膜铜含量很低，磷和氧的含量也低，而碳含量则特别高。这说明在铜片取出过程中，黏液可能已被电解抛光液稀释，以及样品表面受碳沾污，致使铜含量甚至低于 Cu∶HEDP＝1∶1 配合物中的量。实测 1∶1 配合物中各成分元素的原子分数为 Cu 4.0%，C 42.6%，O 35.4%，P 18.0%。碳量高主要是由于黏液膜固化样品表面已被碳污染所致。由图 18-12 可见溅射前后 C 结合能分别为 284.5eV 和 293.4eV，前者为沾污碳，后者则为 HEDP 中的碳。

② 经 5min 溅射后，碳含量迅速下降，并趋于稳定，这证明黏液膜表面确实存在碳沾污膜。

③ 经过 10～20min 溅射后，组成元素的含量与更内层黏液膜的组成原则一致，这证明黏液膜表面的污染膜（或稀释膜）已被清除，此时已达到真实的黏液皮膜。

④ 在溅射 10～60min 的厚度范围内，黏液膜的组成大致恒定，而在溅射 20～35min 的厚度范围内，黏液膜组成元素的原子分数已不受表面沾污及基材铜片的影响。因此用其平均值表示黏液膜的组成是恰当的，黏液膜的组成用原子分数表示为：

C 43.9%，P 13.4%，O 36.3%、Cu 15.5%

氧原子数与铜原子数比 O/Cu＝2.34

铜原子数与磷原子数比 Cu/P＝1.16

这些数值与多核聚合混合配体配合物 $[Cu_4(PO_4)(HEDP)]_n$ 的组成（O/Cu＝

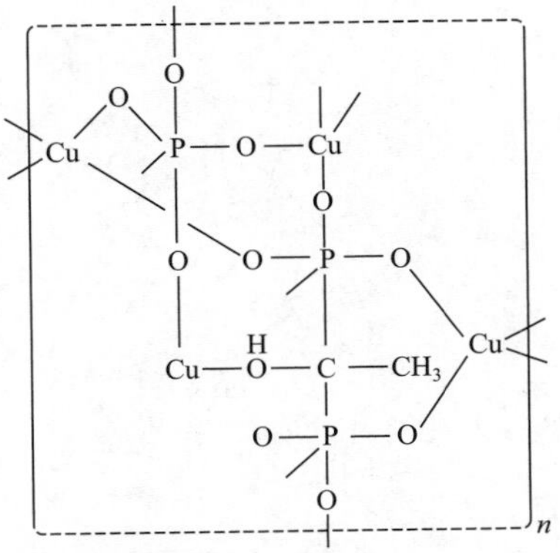

图 18-14 铜电解抛光黏液膜的可能结构 $[Cu_4(PO_4)(HEDP)]_n$

2.75，Cu/P＝1.33）接近，膜中 O/Cu 值偏低，可能是黏液膜固化时有脱水现象发生的缘故，因此黏液膜的结构可以用图 18-14 所示的多核聚合铜配合物来表示。

由于 H_3PO_4 和 HEDP 的黏度大，本身的扩散速度慢而铜的阳极溶解很快，到 Cu^{2+} 接近饱和时，就形成了多核聚合混合配体配合物，其使阳极的溶解主要集中在高电流密度的凸出处进行，因而达到整平的作用。当粗糙的表面被整平到相当程度后，表面就出现光亮。

第十九章

电镀铜配合物

第一节　铜离子的基本性质

一、水合 Cu⁺ 和 Cu²⁺ 的基本性质

铜原子的电子结构可以表示为 $3s^2 3p^6 3d^{10} 4s^1$。它可以失去一个电子而形成 Cu^+，它具有 $3s^2 3p^6 3d^{10}$ 的电子结构，失去第一个电子所需的能量称为第一电离势 I_1，Cu^+ 离子还可以再失去一个电子而形成 Cu^{2+}，它具有 $3s^2 3p^6 3d^9$ 的电子结构。铜失去第二个电子所需的能量称为铜的第二电离势 I_2。I_1、I_2 可表示为：

$$Cu \longrightarrow Cu^+ + e^- \qquad I_1 = 178.5 \text{kcal/mol} \tag{19-1}$$

$$Cu^+ \longrightarrow Cu^{2+} + e^- \qquad I_2 = 468 \text{kcal/mol} \tag{19-2}$$

气相的 Cu^+ 和 Cu^{2+} 离子溶于水时将发生水合作用，形成水合的 Cu^+_{aq} 和 Cu^{2+}_{aq} 离子。水合作用是一种放热反应，放出的热量越高，形成水合离子越稳定。

$$Cu^+ + aq \longrightarrow Cu^+_{aq} \qquad \Delta_1 (\Delta H_{aq}) = -108.3 \text{kcal/mol} \tag{19-3}$$

$$Cu^{2+} + aq \longrightarrow Cu^{2+}_{aq} \qquad \Delta_2 (\Delta H_{aq}) = -493 \text{kcal/mol} \tag{19-4}$$

若把电离势和水合热相加，我们就能得出由铜原子转化为水合铜离子所需的能量

$$Cu + aq \longrightarrow Cu^+_{aq} + e^- \quad \Delta H = I_1 + \Delta_1(\Delta H_{aq}) = 178.5 - 108.3 = 70.2 \ (\text{kcal/mol})$$

$$Cu + aq \longrightarrow Cu^{2+}_{aq} + 2e^- \quad \Delta H = I_1 + I_2 + \Delta_2(\Delta H_{aq}) = 646.5 - 493 = 153.5 \ (\text{kcal/mol})$$

形成 Cu^{2+}_{aq} 水合离子所需的能量是形成一价水合铜离子 Cu^+_{aq} 的两倍多，这说明要形成二价水合铜离子比一价水合铜离子困难。根据热力学数据和实际的测定，我们已经知道由铜原子形成 Cu^+_{aq} 和 Cu^{2+}_{aq}，以及 Cu^+_{aq} 变成 Cu^{2+}_{aq} 的标准氧化电位（注意它与通常查表所得的标准还原电位的符号相反）如下：

$$Cu \Longrightarrow Cu^+_{aq} + e^- \qquad E^\ominus = -0.521 \text{V} \tag{19-5}$$

$$Cu \Longrightarrow Cu^{2+}_{aq} + 2e^- \qquad E^\ominus = -0.337 \text{V} \tag{19-6}$$

$$Cu^+_{aq} \Longrightarrow Cu^{2+}_{aq} + e^- \qquad E^\ominus = -0.153 \text{V} \tag{19-7}$$

若用图形来表示这些数据会更加清晰，一目了然。

$$
\begin{array}{c}
\overset{\displaystyle -0.337\text{V}}{\overbrace{Cu \underset{-0.521\text{V}}{\longrightarrow} Cu^+ \underset{-0.153\text{V}}{\longrightarrow} Cu^{2+}}}
\end{array}
$$

从标准氧化电位我们可以清楚看出，Cu^+ 还原为 Cu（$E^\ominus = 0.521 \text{V}$）十分容易，它要氧化为 Cu^{2+}（$E^\ominus = -0.153 \text{V}$）也不难，通常在空气中即可进行，这表明 Cu^+ 容易发生歧化反应而形成 Cu 和 Cu^{2+}。实际测定歧化反应的平衡常数为

$$Cu^{2+} + Cu \rightleftharpoons 2Cu^+ \qquad K = 6.3 \times 10^{-7} \tag{19-8}$$

水合 Cu^+ 离子容易歧化而形成 Cu^{2+} 和 Cu，这也可以从氧化态-自由能图（图 19-1）清楚看出。

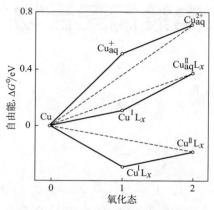

图 19-1　铜配合物的氧化态-自由能图

由图 19-1 可见，Cu^+ 的自由能 $\Delta G^{\ominus}$ 位于 Cu 和 Cu^{2+} 连线（见图中的虚线）的上方，较大的自由能差有利于歧化反应的发生。类似地，Cu^{2+} 还原时则容易直接形成金属 Cu。相反，若 Cu^+ 形成了某种配合物，使它的自由能位于 Cu-Cu^{2+} 连线的下方，则 Cu^{2+} 可被还原为 Cu^+。实际上，若 Cu^{2+} 配合物比 Cu^+ 配合物更稳定的话，歧化反应就会出现。相反，若 Cu^+ 配合物比 Cu^{2+} 配合物更稳定的话，歧化反应是可防止的。比较 Cu^+/Cu^{2+} 和 Ag^+/Ag^{2+} 的标准电位可以看出，Cu^{2+} 远比 Ag^{2+} 稳定。

$$Cu^{2+} + e^- \longrightarrow Cu^+ \qquad E^{\ominus} = 0.167V \tag{19-9}$$

$$Ag^{2+} + e^- \longrightarrow Ag^+ \qquad E^{\ominus} = 1.98V \tag{19-10}$$

再从它们的第二电离势（I_2）来看

$$Cu^+ \longrightarrow Cu^{2+} + e^- \quad I_2 = 468kcal/mol \tag{19-11}$$

$$Ag^+ \longrightarrow Ag^{2+} + e^- \quad I_2 = 495kcal/mol \tag{19-12}$$

Ag^+ 再失去一个电子所需的能量为 495kcal/mol，比 Cu^+ 失去一个电子所需的能量 468kcal/mol 高出 27kcal/mol，这也证明 Cu^{2+} 的确比 Ag^{2+} 稳定。
若再比较 Cu^{2+} 和 Ag^{2+} 的水合热

$$Cu^{2+} + aq \longrightarrow Cu_{aq}^{2+} \qquad \Delta(\Delta H_{aq}) = -368kcal/mol \tag{19-13}$$

$$Ag^{2+} + aq \longrightarrow Ag_{aq}^{2+} \qquad \Delta(\Delta H_{aq}) = -295kcal/mol \tag{19-14}$$

即 Cu^{2+} 离子水合时放出的热量比 Ag^{2+} 高出 $-73kcal/mol$，这也是 Cu_{aq}^{2+} 在水溶液中远比 Ag^{2+} 稳定的原因。总的来说，电离势和水合热的增多是造成 Ag^{2+} 的还原电位比 Cu^{2+} 更正（更不稳定）的主要原因。

二、水合二价铜离子 $[Cu(H_2O)_6]^{2+}$ 的立体结构

根据溶液 X 射线衍射法测定的水合金属离子内层配位水的数目 n 和离子-水分子间键的长度或水合离子的半径 r_d 的结果，发现水合 Cu^{2+} 离子 $[Cu(H_2O)_6]^{2+}$ 有四个配位

水比较靠近 Cu^{2+}，其 r_d 值为 1.96Å，另外两个水分子离 Cu^{2+} 较远，其 r_d 值为 2.43Å（见图19-2），它与水合 Ag^+ 的 r_d 值 2.41Å 相当。

三、水合铜离子的电极反应动力学参数

水合铜离子 $[Cu(H_2O)_6]^{2+}$ 的空间结构为拉伸的八面体构型，这是 $[Cu(H_2O)_6]^{2+}$ 具有许多独特电化学性质的原因。两个较远的配位水分子比较容易离开 Cu^{2+}，空出的位置很易靠近阴极而获得电子，所以 $[Cu(H_2O)_6]^{2+}$ 的电极反应速率常数 k 比正常八面体结构的 $[Cd(H_2O)_6]^{2+}$ 和 $[Zn(H_2O)_6]^{2+}$ 都大，表明它的电沉积速度较快，比其他金属更加接近 Ag^+ 的电沉积速度。

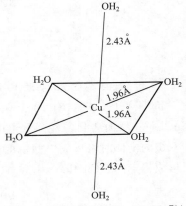

图19-2　水合铜离子 $[Cu(H_2O)_6]^{2+}$ 的拉伸八面体结构

大家知道，在许多强酸性镀液中，如硫酸镀铜液中，由于 SO_4^{2-} 对 Cu^{2+} 的配位能力很弱，因此镀液中的 Cu^{2+} 主要以 $[Cu(H_2O)_6]^{2+}$ 的形式存在，它有很快的电沉积速度，只能得到粗大、疏松、结合力很差的铜镀层。必须添加很强吸附力的高分子表面活性剂，如分子量大于 $6000\sim15000$ 的聚乙二醇或大分子量的烷基醇聚氧乙烯醚，以及很容易在阴极被还原的有机硫化物，如硫脲及其衍生物、聚二硫二丙烷磺酸盐以及可以稳定阴极膜中一价铜离子并抑制 Cu_2O 铜粉产生的卤化物（如 Cl^-）等添加剂后，才能使 $[Cu(H_2O)_6]^{2+}$ 的放电速度减慢至适当的程度，以便获得光亮细致的铜镀层。

为了了解 Cu^+ 和 Cu^{2+} 水合离子的电极反应速率，表19-1列出了数种水合金属离子的配位数、水合离子半径 r_d、交换电流密度 i_0、电极反应速率常数 k 和内配位水取代反应速率常数 k_0，由表19-1的数据可以看出，$[Cu(H_2O)_6]^{2+}$ 的电极反应速率远大于 $[Ni(H_2O)_6]^{2+}$，也大于 $[Zn(H_2O)_6]^{2+}$，而与 $[Cd(H_2O)_6]^{2+}$ 相当。而 Cu^+ 水合离子的电极反应速率则与 Ag^+ 相当。从表19-1可以看出，各种水合金属离子的电极反应速率有以下顺序：

$$Ag^+ \approx Cu^+ > Cu^{2+} \geqslant Cd^{2+} > Zn^{2+} > Ni^{2+} > Fe^{2+} \tag{19-15}$$

表 19-1　各种水合金属离子的配位数、水合离子半径、交换电流密度、电极反应速率常数和内配位水取代反应速率常数

金属离子	配位数 n	水合离子半径 $r_d/\text{Å}$	交换电流密度（硫酸盐液）$i_0/(\text{A/cm}^2)$	电极反应速率常数 $k/(\text{cm/s})$	内配位水取代反应速率常数 k_0/s^{-1}
Ag^+	2	2.41	1.0（高氯酸盐液）	$\geqslant 10^{-1}$	约 10^9
Cu^+ [①]	—	—		$\geqslant 10^{-1}$	约 10^9
Cu^{2+}	4+2	1.96，2.43	3×10^{-2}	4.5×10^{-2}	1×10^8
Cd^{2+}	6	2.31	4×10^{-2}	3×10^{-2}	2×10^8
Zn^{2+}	6	2.08	3×10^{-5}	3.5×10^{-3}	3×10^7
Fe^{2+}	6	2.12	1×10^{-8}	5×10^{-11}	1×10^6
Ni^{2+}	6	2.04	2×10^{-9}	2.9×10^{-10}	1×10^4

① 一价铜的水合离子在水溶液中并不稳定，它的许多物理参数和电化学动力学性质尚无人测定。

第二节 一价铜离子的配位体

一、一价铜离子配合物的结构与稳定性

一价铜离子 Cu^+ 含有 10 个 3d 电子，通常形成四配位四面体结构的配合物，例如 $CuCl_4^{3-}$。然而遇到碱性强（给电子能力强）、易变形、易极化的配体时，特别是有反馈双键的配体时可形成更稳定的二配位线型结构的配合物。例如 Cu^+ 同硫脲（thio）可以形成稳定的 $[Cu(thio)_2]^+$，它具有如下的结构

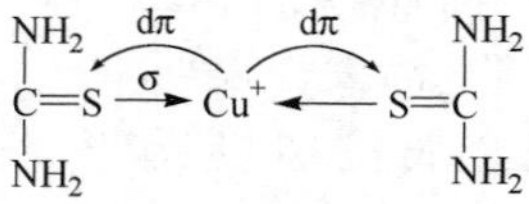

一方面硫脲的 S 原子上的一对孤对电子配位到 Cu^+ 的 ds 杂化轨道形成正常的配位键，同时 Cu^+ 上 d 轨道上的 π 电子可以反馈到 S 原子空的 3d 轨道上，从而形成反馈的 dπ 双键，这就大大增强了 Cu^+ 与 S 的键强，使配合物变得十分稳定。Cu^+ 同 2，$2'$-联吡啶和 1,10-菲咯啉也可形成有反馈 π 键的十分稳定的配合物。σ 键与反馈 π 键见图 10-1。

若用 CN^-、CNS^- 和 I^- 作配体时，它们的给电子能力很强，还可以形成反馈 π 键。Cu^+ 同它们不仅可以形成二配位的线型结构的配合物，当配体浓度很高时，还可以形成三配位和四配位的配合物

$$Cu^+ \xrightarrow{CN^-} CuCN \xrightarrow{CN^-} [Cu(CN)_2]^- \xrightarrow{CN^-} [Cu(CN)_3]^{2-} \xrightarrow{CN^-} [Cu(CN)_4]^{3-}$$

人们仔细研究了碱性氰化镀铜液中配离子的种类、发现溶液中主要存在的放电配离子不是 $[Cu(CN)_2]^-$ 而是三配位的 $[Cu(CN)_3]^{2-}$。

根据广义的软硬酸碱理论，Cu^+ 属于软酸，与 Ag^+、Au^+ 属于同一类，它们容易与软碱类配体（见表 2-5），如 Br^-、I^-、S^{2-}、CN^-、CNS^-、$S_2O_3^{2-}$ 以及各种含 S 或—SH 基的有机配体，如 R—SH、R—S^-、R_2S、R_3P、R_3As、$(RO)_3P$、RCN 等形成稳定的配合物。表 19-2 列出了各种一价铜配合物的稳定常数及标准电极电位。

二、CN^- 的结构和性能

CN^- 是 Cu^+ 离子的最强配位体，同时也是 Cu^{2+} 的还原剂，CN^- 可以使 Cu^{2+} 还原为 Cu^+，它再与过量的 CN^- 形成 $[Cu(CN)_3]^{2-}$

$$2Cu^{2+} + 8CN^- \longrightarrow 2[Cu(CN)_3]^{2-} + (CN)_2 \qquad (19\text{-}16)$$

CN^- 的电子构型用分子轨道符号来表示时为

$$(\sigma 1s)^2 (\sigma^* 1s)^2 (\sigma 2s)^2 (\sigma^* 2s)^2 (\sigma 2p_x)^2 (\pi 2p_y)^2 (\pi 2p_z)^2$$

其电子云的分布如图 19-3 所示。

表 19-2 各种一价铜配合物的稳定常数和标准电极电位

配 位 反 应	稳定常数 K	标准电极电位 $E^{\ominus}/V$
$Cu^+ + Cl^- \rightleftharpoons CuCl\downarrow$	3.1×10^6	0.137
$CuCl + Cl^- \rightleftharpoons CuCl_2^-$	1.5×10	
$Cu^+ + Br^- \rightleftharpoons CuBr\downarrow$	1.7×10^8	0.033
$CuBr + Br^- \rightleftharpoons CuBr_2^-$	2.2×10^2	
$Cu^+ + I^- \rightleftharpoons CuI\downarrow$	9.1×10^{11}	-0.185
$CuI + I^- \rightleftharpoons CuI_2^-$	1.6×10^3	
$Cu^+ + 2CN^- \rightleftharpoons Cu(CN)_2^-$	9×10^{23}	-0.43
$Cu^+ + 3CN^- \rightleftharpoons Cu(CN)_3^{2-}$	4×10^{29}	
$Cu^+ + 4CN^- \rightleftharpoons Cu(CN)_4^{3-}$	9×10^{30}	
$Cu^+ + CNS^- \rightleftharpoons CuCNS\downarrow$	2.5×10^{13}	-0.27
$Cu^+ + NH_3 \rightleftharpoons Cu(NH_3)^+$	1.5×10^6	
$Cu^+ + 2NH_3 \rightleftharpoons Cu(NH_3)_2^+$	7.4×10^{10}	-0.12
$2Cu^+ + S^{2-} \rightleftharpoons Cu_2S\downarrow$	8.3×10^{48}	-0.93
$Cu^+ + OH^- \rightleftharpoons \frac{1}{2}Cu_2O + \frac{1}{2}H_2O$	7.1×10^{14}	-0.358
$Cu^+ + e^- \rightleftharpoons Cu$		0.521
$Cu^+ + S_2O_3^{2-} \rightleftharpoons [Cu(S_2O_3)]^-$	5×10^{10}	
$Cu(S_2O_3)^- + S_2O_3^{2-} \rightleftharpoons [Cu(S_2O_3)_2]^{3-}$	1×10^2	
$Cu^+ + SO_3^{2-} \rightleftharpoons [Cu(SO_3)]^-$	9.3×10^7	
$Cu(SO_3)^- + SO_3^{2-} \rightleftharpoons [Cu(SO_3)_2]^{3-}$	8.5×10	
$Cu^+ + En(乙二胺) \rightleftharpoons [CuEn]^+$	9.2×10^{10}	
$[Cu(NH_3)_2]^+ + e^- \rightleftharpoons Cu + 2NH_3$		-0.11
$CuBr_2^- + e^- \rightleftharpoons Cu + 2Br^-$		0.05
$CuCl_2^- + e^- \rightleftharpoons Cu + 2Cl^-$		0.19
$Cu^+ + Cys(半胱氨酸) \rightleftharpoons [Cu(Cys)]$	4×10^{19}	
$Cu^{2+} + e^- \rightleftharpoons Cu^+$		0.153
$[Cu(En)_2]^{2+} + e^- \rightleftharpoons [Cu(En)_2]^+$		-0.38
$[Cu(二甲-phen)_2]^{2+} + e^- \rightleftharpoons [Cu(二甲-phen)_2]^+$①		0.624
$Cu^+ + 4thio(硫脲) \rightleftharpoons [Cu(thio)_4]^+$	5×10^{15}	
$Cu^+ + 2bipy(联吡啶) \rightleftharpoons [Cu(bipy)_2]^+$	4×10^{14}	

① 二甲-phen 为 2,9-二甲基-1,10-菲咯啉。

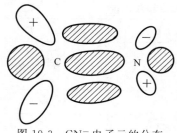

图 19-3　CN⁻电子云的分布

CN^- 的 $(\sigma^* 2s)$ 轨道可以同金属的 nd、$(n+1)s$ 和 $(n+1)p$ 轨道形成配体-金属间的正常 σ 键，而空的 $(\pi^* 2p)$ 轨道可以接金属原子的 d 电子而形成反馈 d→pπ 键。CN^- 的 σ 孤对电子取 sp 杂化轨道，其电子云分别位于 C—N 轴线两端的 C 和 N 原子上（见图 19-3 中的两个球形电子云）。它们都可以和金属轨道交盖而形成 σ 键。CN^- 是双啮配体，N 原子的电负性比 C 原子大，C 原子上的电子云密度比 N 高（图中 C 原子上的球形电子云较大）。C 原子的 2s 轨道容易成键，在大多数情况下 CN^- 作为单啮配体，由 C 原子参与成键。

在 CN^- 离子中，C、N 原子间有三个键，一个 σ 键和两个 π 键。在碱金属氰化物中，CN^- 的键长为 $1.10 \sim 1.13$Å，伸张频率是 $2080cm^{-1}$、$2143cm^{-1}$、$2331cm^{-1}$。有关氰的热力学性质列于表 19-3。

表 19-3　有关氰的热力学性质

热力学性质	kJ/mol	kcal/mol	热力学性质	kJ/mol	kcal/mol
(CN)的标准形成焓	+435(±40)	+104(±10)	形成 CN^-(g)的标准焓	+54(±25)	+13(±6)
(CN)的离解焓	+745(±40)	+178(±10)	(CN)的电子亲和势	+380(±70)	+91(±16)
C_2N_2 离解为 2(CN)的焓	+565(±80)	+135(±20)	CN^-(g)的水化焓	−305(±20)	−73(±5)

在高温型碱金属氰化物的立方晶格中，CN^- 的结晶半径为 1.92Å，介于 Cl^- 和 Br^- 之间。CN^- 的性质在很多方面和 Br^- 相似，它的水化焓和电子亲和势和 Br^- 的（分别为 331kJ/mol 或 79kcal/mol）很接近，但 C_2N_2 离解成两个 (CN) 的焓变比 Br_2 的更大（Br_2 的为 193kJ/mol 或 46kcal/mol）。因此，C_2N_2 是比 Br_2 更强的氧化剂。

从标准自由能值计算的 CN^- 转化为 OCN^- 或 CN 的近似标准还原电位为

$$OCN^- + 2H^+ + 2e^- \Longrightarrow CN^- + H_2O \qquad E^\ominus = -0.14V \qquad (19\text{-}17)$$

$$\frac{1}{2}C_2N_2 + H^+ + e^- \Longrightarrow HCN \qquad E^\ominus = +0.37V \qquad (19\text{-}18)$$

这表明 CN^- 比较容易被氧化。故在含氰电镀废水中，常采用 $NaClO$、H_2O_2、Cl_2、漂白粉等中强的氧化剂就可将它氧化为毒性小的氰酸盐（CON^-）。再进一步氧化则变为氮气和二氧化碳。另外，氰酸根也容易水解为 NH_4^+ 和 CO_3^{2-}，故氰化镀液中 CN^- 被消耗，CO_3^{2-} 会积累。其反应式如下：

$$CNO^- + 2H_2O \Longrightarrow NH_4^+ + CO_3^{2-} \qquad (19\text{-}19)$$

氢氰酸（HCN）在水溶液中是一种弱酸。它的 pK_a 值在 10℃、25℃、40℃时分别为 9.63、9.21 和 8.88。在水溶液中，HCN 同水分子间有很强的氢键，这也是它难离解的原因之一。要使 HCN 完全转化为 CN^-，溶液的 pH 值要达到 11 才行。当镀液中 CN^- 的浓度不高时，由于 OH^- 浓度很高，它多少也能与 CN^- 竞争金属离子，使氰配离子转化为 CN^-、OH^- 同时配位的混合配体配合物或羟基配合物。若形成的氰配合物是惰性的，在特殊条件下，也可形成配位酸，如 $H_3[Co(CN)_6]$。

三、CN^- 的配位性能

CN^- 可以作为单啮配体和双啮配体，作为双啮配体通常只出现在 $(AgCN)_n$、$(AuCN)_n$ 等聚合物，以及像 $K_2[Ni(CN)_4]\cdot 4BF_3$ 和 $K_4[Fe(CN)_6]\cdot 6BF_3$ 等 BF_3 的加合物中。现已发现，在 $CuCN\cdot NH_3$ 中 CN^- 是桥连基。在大多数情况下，CN^- 是作为单啮配体，而 M—C≡N 为直线型。在配体势场中，CN^- 的场强最高，即它的配位能力最强。配体的配位能力，主要是由它的给电子能力决定的。从光谱研究所得到的配体的配位能力的顺序（也称为分光化学序）如下：

$$I^-<Br^-<Cl^-<F^-<C_2O_4^{2-}<H_2O<NH_3<En<dpy<NO_2^-<CN^-$$

$$(19-20)$$

根据至今已测定的各类金属离子的稳定常数，发现各种金属离子同氰离子所形成的配合物的稳定常数均为最高，这是为什么呢？原来在 M—C≡N 之间，除了形成正常的 σ 配键之外，金属离子的 d 轨道电子还可以与 CN^- 中 C 原子的空 p 轨道形成反馈 π 键，也称 d→pπ 键。这说明在 M 和 C 之间有双键的特性。这就是氰配合物特别稳定的原因。表 19-4 列出了常见金属离子氰配合物的稳定常数。金属离子的价数越低，d 电子的数目越多，d→pπ 键也就越强，再加上 CN^- 是还原剂，很容易被高价离子氧化。也容易形成低价金属的配合物。例如，Au(Ⅲ) 和 Cu(Ⅲ) 与 CN^- 反应时，形成的是稳定的 Au(Ⅰ)、Cu(Ⅰ) 的配合物 $[Au(CN)_2]^-$ 和 $[Cu(CN)_3]^{2-}$。Cu(Ⅱ) 形成的 $[Cu(CN)_4]^{2-}$ 只有在溶液的温度非常低时才存在。

表 19-4　常见金属离子氰配合物的稳定常数

配　离　子	稳定常数($\lg\beta$)	配　离　子	稳定常数($\lg\beta$)
$[Au(CN)_2]^-$	37	$[Zn(CN)_2]$	11.03
$[Ag(CN)_2]^-$	21.1	$[Zn(CN)_3]^-$	16.68
$[Ag(CN)_3]^{2-}$	21.9	$[Zn(CN)_4]^{2-}$	21.57
$[Ag(CN)_4]^{3-}$	20.7	$[Cd(CN)]^+$	6.01
$[Cu(CN)_2]^-$	23.9	$[Cd(CN)_2]$	11.12
$[Cu(CN)_3]^{2-}$	29.2	$[Cd(CN)_3]^-$	15.65
$[Cu(CN)_4]^{3-}$	30.7	$[Cd(CN)_4]^{2-}$	17.92
$[Ni(CN)_4]^{2-}$	30.1	$[Fe(CN)_6]^{4-}$	35.6
$[Pd(CN)_4]^{2-}$	42	$[Fe(CN)_6]^{3-}$	43.2
$[Pt(CN)_4]^{2-}$	40	$[Ni(CN)_4]^{2-}$	22.0
$[Zn(CN)]^+$	5.34		

CN^- 与各种金属离子形成各类空间构型的配合物。现将已确定空间构型的配合物列于表 19-5。

氰配离子也可以形成多元混合配体配合物。例如把氢氧化银溶解于 $K[Ag(CN)_2]$ 溶液中会形成 $[Ag(CN)(OH)]^-$ 型混合配体配离子：

$$Ag^+ + 2OH^- + [Ag(CN)_2]^- \Longrightarrow 2[Ag(CN)(OH)]^- \qquad (19-21)$$

反应的平衡常数为 3×10^6，表明形成的混合配合物是很稳定的。

表 19-5 CN⁻配离子的空间构型

d电子数	配离子	空间构型	d电子数	配离子	空间构型
d^{10}	$[Au(CN)_2]^-$	线型	d^6	$[Co(CN)_6]^{3-}$	八面体
d^{10}	$[Ag(CN)_2]^-$	线型	d^6	$[Fe(CN)_6]^{4-}$	八面体
d^{10}	$[Cu(CN)_2]^-$	线型	d^6	$[Ru(CN)_6]^{4-}$	八面体
d^{10}	$[Cu(CN)_3]^{2-}$	等边三角形	d^6	$[Os(CN)_6]^{4-}$	八面体
d^{10}	$[Zn(CN)_4]^{2-}$	四面体	d^5	$[Fe(CN)_6]^{3-}$	八面体
d^8	$[Pd(CN)_4]^{2-}$	平面正方形	d^3	$[Cr(CN)_6]^{3-}$	八面体
d^8	$[Ni(CN)_4]^{2-}$	平面正方形	d^2	$[V(CN)_7]^{4-}$	五角双锥
d^8	$[Pt(CN)_4]^{2-}$	平面正方形	d^2	$[Mo(CN)_8]^{4-}$	十二面体
d^8	$[Ni(CN)_5]^{3-}$	四角锥或三角双锥			

氰化亚铜溶于硫氰酸钾溶液中,已分离出固体的混合配体配合物 $K_3[Cu(CN)_3(SCN)]$,由红外光谱确定配合物中存在 Cu—S 键,表明 CNS⁻ 是以 S 原子参与配位。类似地把 $Zn(CN)_2$ 溶于 KSCN 的水-甲醇溶液中也可形成 $K_2[Zn(CN)_2(SCN)_2] \cdot 2H_2O$,红外光谱研究表明 SCN⁻ 是用 N 配位。在 Cd^{2+}、Hg^{2+} 配合物中则用 S 原子配位。由 Cu(Ⅱ) 盐、菲咯啉(phen)和氰化物在水溶液中可以形成 $[Cu(phen)(CN)_2]^-$ 或 $[Cu(phen)_2(CN)]X$ 型混合配体配合物,其中 X=Cl⁻、Br⁻、I⁻、NO_3^-、ClO_4^-。

四、氰化物的毒性

氰化物是一种剧毒的化合物。氰化氢是一种带杏仁气味的气体。在氰化物电镀时,因为阴极上有氢生成,故可产生氰化氢气体逸出。表 19-6 列出了氰化氢对人体的毒性作用。

表 19-6 氰化氢对人体的毒性作用

氰化氢气体在空气中的浓度 /(mg/m³)	毒性作用
5~20	人处在这样的空气中 2~4h,部分接触者会发生头痛、恶心、眩晕、呕吐、心悸等症状
20~50	人处在这样的空气中 2~4h,接触者均发生头痛、眩晕、恶心、呕吐及心悸等症状
100	人处在这样的空气中数分钟可使接触者发生头痛、眩晕、恶心、呕吐、心悸等症状,1h 可致死
200	人处在这样的空气中 10min 即可死亡
7550	吸入后很快死亡

氰化物之毒性在于它进入体内后,可迅速离解出氰基 CN⁻,并迅速弥散至全身各种组织细胞,与存在于线粒体中的各种呼吸酶中的金属配离子结合,特别是与氧化型细胞色素氧化酶中的三价铁配离子结合。由于 Fe^{3+}—CN^- 间的配位键比 Fe^{3+}—O_2 的强得多,一旦形成 Fe^{3+}—CN^- 键,酶就不能再接受氧气。这就中断了电子传递过程,使酶失去活性,细胞的呼吸过程也就无法进行,有氧而不能利用,从而造成组织细胞的"窒息"。这种"细胞窒息"作用所造成的缺氧状态是遍布全身各组织细胞的,在临床上可以见到病人迅速昏迷,并有抽搐,甚至心跳、呼吸很

快停止而造成死亡。

氰化氢的主要毒性作用是由于它在体内迅速分解出来的 CN^- 所造成的,电镀用的 KCN、NaCN 的毒性与 HCN 差不多,因为它很容易离解出 CN^- 来。它主要是通过吸入、食入以及通过皮肤吸收,所以皮肤不要直接接触氰化物,特别是皮肤已破裂时。

五、CN^- 在电极上的行为

根据软硬酸碱理论,特性吸附可认为是软与软的反应,即软的阴离子或软的阳离子将易被软的电极所吸附。CN^- 离子属于软碱,在电极上应当有一定的吸附作用。从氰合配合物镀液中沉积出的锌镀层中含有大约 0.5% 的碳就是一个旁证。但是,考虑到 CN^- 的 C、N 原子上还存在着空的 p 轨道,即 C、N 原子上的电子云密度不算很高,因此它在电极上的吸附应当是较弱的。从酸碱软硬度表的数据来看,CN^- 的吸附强度应与 I^- 或 NCS^- 相似。罗斯卡列夫 (Лошкарев) 在研究氰化物光亮镀镉时测定了 1mol/L Na_2SO_4 和 1mol/L NaCN 在汞电极上的微分电容曲线,所得结果如图 19-4 所示。在阴极电位较负时,CN^- 在汞电极上的吸附作用较弱,但在阴极电位低时吸附较强。所以,从无光亮剂的氰化物镀液中只能获得半

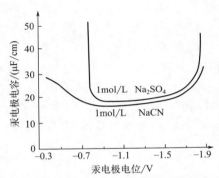

图 19-4　氰化钠在汞电极上的微分电容曲线

光亮的镀层,在微氰的锌酸盐镀液中,单靠 CN^- 的吸附并不能获得满意的镀层。因此,用 CN^- 的吸附作用来解释微氰镀锌液是不恰当的。

CN^- 的体积很小,其直径,即 C—N 键长只有 1.12Å。它在溶液中的导电性很好,又有极强的配位能力,可以溶解金属表面的锈蚀或氧化膜,也很容易进入镀件的深孔。因此,CN^- 是金属镀件极好的活化剂,常用作镀件前处理的活化液和镀件的防锈储存液。它可以使金属表面始终处于活化状态,所以从氰化物镀液中可以获得结合力很好的镀层。CN^- 的这种特性也被用作阳极的活化剂,以破坏阳极钝化膜,加速溶解。

CN^- 可以使金属离子的析出电位负移。对于析出电位较负的金属离子(如铁族金属和铂族金属),CN^- 可以使它们不析出,从而起到电化学掩蔽的作用,故 CN^- 也是很好的杂质掩蔽剂。从氰化物镀液获得的镀层的纯度很高,杂质含量少,抗腐蚀性能好,镀层的内应力小,脆性小,镀锌层的钝化膜不会变色。

由于 CN^- 的配位能力极强,生成的配离子极为稳定,金属离子的水解和光还原反应几乎全被抑制,所以镀液的稳定性很高。

CN^- 的这些特性,表明它有优良的综合性能,单独用氰化物就能配制出具有实际使用价值的镀液,但并不完善。所以实用的镀液往往还要引入其他配位体或添加剂。

第三节 一价铜离子电镀液——氰化物镀铜液

一、简单氰化物镀铜液中铜的电沉积机理

在氰化物镀铜液中铜为一价。它具有 d^{10} 的电子构型，即它的 d 电子轨道是全满的。它只能形成外轨型取代活性的配合物。水合 Cu（Ⅰ）的电极反应速率极快，在未加足够强的配位体时，只能得到疏松的铜层，它与基体金属的结合力很差，而且镀层的外观也很不好，故没有什么实用价值。

在 $Cu(Ⅰ)\text{-}CN^-$ 体系中，Cu（Ⅰ）的最高配位数为 4，故可形成 CuCN、$[Cu(CN)_2]^-$、$[Cu(CN)_3]^{2-}$ 和 $[Cu(CN)_4]^{3-}$ 四种配离子。随着镀液中 NaCN 浓度的增加，高配位数配离子的浓度亦增加。在实际氰化物镀铜液中（游离 NaCN 在 5～15g/L），茹科夫（Жуков）等用光谱分析和配位平衡计算等方法确定溶液中主要存在的是 $[Cu(CN)_3]^{2-}$。这种配离子在 $[CN^-]/[Cu(Ⅰ)]=3$ 时具有最高的浓度，当 NaCN 再升高时，$[Cu(CN)_3]^{2-}$ 会转化为 $[Cu(CN)_4]^{3-}$，当 NaCN 减少时，它则变成 $[Cu(CN)_2]^-$。这可从图 19-5 看出。

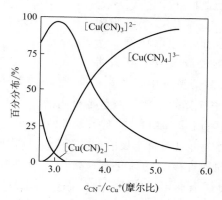

图 19-5 各种氰配离子的百分分布图

大熊贞雄、根本富弘和町田佳章研究氰化物镀铜液中铜配合物的配位数和光亮度的关系，结果表明，在中浓度的氰化物镀铜液中（CuCN 60g/L，NaCN 58～95g/L，游离 NaCN 1～33g/L，酒石酸钾钠 60g/L），当 NaCN/CuCN 的摩尔比为 1.82～1.85 时，游离 NaCN 5～9g/L，温度 60℃，在 0.5～3A/dm² 的电流密度下可以得到光亮度最好的镀层。图 19-6 和图 19-7 所示是镀层的光亮度随 [NaCN]/[CuCN] 值和游离氰化钠浓度变化的曲线。镀层的光亮度是用简易光电色泽计测定的，大于 80 为光亮镀层，10～80 为半光亮镀层，小于 10 为不光亮镀层。

镀液中 [NaCN]/[CuCN]=1.75～1.90 {或 [CN⁻]/[Cu(Ⅰ)]=2.75～2.90} 时可得到最佳的电镀效果。大熊贞雄等人确定在氰化物镀铜液中主要存在的是 $[Cu(CN)_3]^{2-}$ 型配离子。这与茹科夫从平衡计算和光谱分析所得的结论一致。

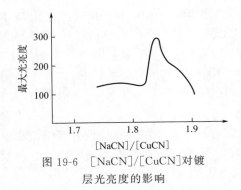

图 19-6 [NaCN]/[CuCN]对镀

层光亮度的影响

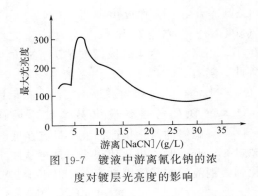

图 19-7 镀液中游离氰化钠的浓

度对镀层光亮度的影响

既然放电的配离子为 $[Cu(CN)_3]^{2-}$，那么在正常使用的条件下，游离 NaCN 应控制在 5～9g/L 左右。在高温电镀时，镀液中游离 NaCN 应当相应升高，以抑制 $[Cu(CN)_3]^{2-}$ 离解成 $[Cu(CN)_2]^-$。若镀液中游离 NaCN 过高，则镀液中 $[Cu(CN)_3]^{2-}$ 转化为 $[Cu(CN)_4]^{3-}$。它的析出电位更负，电化学极化更高，H^+ 更易放电。因此，镀液的电流效率、沉积速度均下降，此时就要加入铜盐调整到 $[CN^-]/[Cu(I)]=$ 2.75～2.90。

由于 HCN 为弱酸，在碱性液中随着 pH 的升高，游离 CN^- 增多，配位能力增强。所以，在 pH 值小于 12.5 时，随着 pH 的升高，[NaCN]/[CuCN] 之值可以适当下降。图 19-8 所示是不同 pH 值时所需的 NaCN/CuCN 之值和 KOH 的量。当 pH＞12.5 时，溶液中 OH^- 浓度剧增，它可以与 CN^- 竞争而形成易放电的混合配体配合物。为了保证溶液中放电配离子仍以 $[Cu(CN)_3]^{2-}$ 的形式存在，[NaCN]/[CuCN] 之值必须适当提高，以抑制 OH^- 的竞争反应。

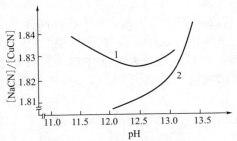

图 19-8 [NaCN]/[CuCN] 及 KOH 的

用量随 pH 的变化

1—摩尔比随 pH 的变化曲线；

2—KOH 用量和 pH 的关系曲线

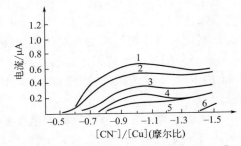

图 19-9 铜氰配离子的极谱波随 $[CN^-]/$

[Cu]（摩尔比）的变化

$[CN^-]/[Cu]$: 1—2.6; 2—2.8; 3—3.0;

4—3.2; 5—3.8; 6—4.0

桑義彦、老田昌弘等研究铜氰配盐的极谱行为发现在铜的浓度为 0.001mol/L，pH=8 时，铜氰配离子的极谱波随 $[CN^-]/[Cu]$ 的增加而逐渐变小，图 19-9 是 [Cu]=0.001mol/L，pH=8，$[CN^-]/[Cu]$ 比值从 2.6 变至 4.0 时铜氰配离子的极谱波。在 $[CN^-]/[Cu]=2.6$ 时，曲线似乎有两个波段，可能是 $[Cu(CN)_2]^-$ 和

$[Cu(CN)_3]^{2-}$ 同时放电。当 $[CN^-]/[Cu] \geqslant 2.8$ 时，只出现一个波，这相当于 $[Cu(CN)_3]^{2-}$ 放电。当 $[CN^-]/[Cu]$ 之摩尔比值进一步升高，极谱波的波高越来越小，当摩尔比达 4 时极谱波消失，这说明 $[Cu(CN)_4]^{3-}$ 在汞电极上已无法放电。因此，随着 $[CN^-]/[Cu]$ 之值从 3 增至 4，$[Cu(CN)_3]^{2-}$ 逐渐转化为不放电的 $[Cu(CN)_4]^{3-}$，故极谱波逐渐变小，最后因几乎全部形成 $[Cu(CN)_4]^{3-}$ 而消失。

二、氰化物镀铜液中第二配体的作用

单一配体的氰化物镀铜液，只有在低电流密度区才有较高的极化值。当电流密度超过 $2A/dm^2$ 时，极化值很小。这可从图 19-10 所示的极化曲线看出。因此，这种氰化物镀铜液的实际使用电流密度以小于 $2A/dm^2$ 为宜。

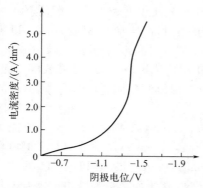

图 19-10　氰化物镀铜液的阴极极化曲线

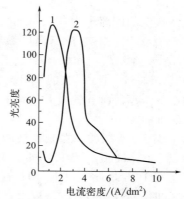

图 19-11　KSCN 对光亮区分布的影响
KSCN：1—0；2—16g/L

为了提高镀层的光亮度，在氰化物镀铜液中常加入 KSCN 作为光亮剂。加入的数量最高达 40g/L（0.4mol/L）。大熊贞雄等发现 KSCN 的加入，并不能提高镀层的最高光亮度，只是把镀层的光亮区移向高电流密度区。这样，高电流密度区（$2.0\sim6.0A/dm^2$）的光亮度提高了，可是 $1\sim2A/dm^2$ 区的光亮度却显著下降。这可从图 19-11 的 KSCN 对光亮区的分布曲线看出。所用镀液的组成为 CuCN 60g/L，NaCN 58g/L，60℃。

大熊贞雄等还发现当氰化镀铜液中加入 KSCN 后，要达到同样的电镀效果所需的 NaCN 对 CuCN 的摩尔比可以下降。这说明 CNS^- 具有类似于 CN^- 的作用。它可以代替部分 CN^- 的作用。实践证明，用 KSCN 代替 KCN 镀铜或镀银也是可行的。图 19-12 表示 KSCN 对不同 pH 时 $[NaCN]/[CuCN]$ 摩尔比值变化的影响。

根据氰化亚铜溶于 KSCN 溶液中可以形成混合配体配合物的实验事实，以及 KSCN 并不能提高镀层的最高光亮度和 KSCN 可以代替部分 KCN 的实验结果得知，在加入 KSCN 的氰化物镀铜液中，镀液中主要存在和放电的配离子已由 $[Cu(CN)_3]^{2-}$ 转化为 $[Cu(CN)_2(CNS)]^{2-}$ 或 $[Cu(CN)_3(CNS)]^{3-}$，而 CNS^- 的配位能力与 CN^- 很相近。由于 CNS^- 在电极上的吸附比 CN^- 更强，混合配体配离子放电的超电压更高，它只在更高的电流密度或更负的电位下才放电。因此，镀层的光亮区向高电流密度区移动。随着放电电位的负移，H_2 的析出也增多，故镀液的电流效率有所下降，沉积速度也比未加 KSCN 的为低。这可从图 19-13 所示的相同电镀时间的镀层厚度随电流密度分布的曲线看出，加入 KSCN 的曲线 2 在较高电流密度下都比未加 KSCN 的曲线 1 低。

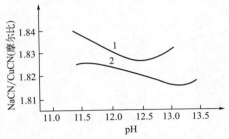

图 19-12　KSCN 对不同 pH 的 [NaCN]/
[CuCN] 摩尔比值变化的影响

1—未加 KSCN；2—加入 16g/L KSCN

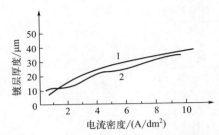

图 19-13　KSCN 对氰化镀铜液沉积速度的影响

电解液组成：CuCN 60g/L，NaCN 58g/L，60℃

1—未加 KSCN；2—加入 16g/L KSCN

电镀条件：梯形槽总电流 2A，电镀 15min

第四节　二价铜离子的配位体

Cu^{2+} 具有 d^9 电子构型，不仅它的水合配离子具有拉伸八面体的结构，它的其他配体的配合物也有类似的结构，即有四个配体离中心铜离子较近，它们分布在 xy 平面上，而另外两个配体则位于 z 轴上，它们离中心铜离子较远。例如 $[CuCl_4]^{2-}$ 具有平面正方形结构，而在 z 轴较远的地方还有两个水分子占据着，因为距离很远，它们对 Cu^{2+} 性质的影响可以忽略不计。

按照软硬酸碱理论的分类，Cu^{2+} 属于交界酸（见表 2-5）。它既可以同交界碱，也可以同硬碱或软碱形成稳定的配合物。特别是螯合物。Cu^{2+} 对含 N 配体的亲和力比含 O 配体强，因此二价铜离子可以与许多种胺、氨基酸和氨羧配位体形成十分稳定的配合物或螯合物（见表 19-7、表 19-8 和表 19-9）。由表 19-7 可见，乙二胺、丙二胺、二乙烯三胺、三乙烯四胺都是 Cu^{2+} 的优良螯合剂，四配位时的总稳定常数均在 10^{16} 以上，此时铜螯合物很难被铁置换而形成疏松的置换镀层，可用于钢铁件的直接镀铜。多胺类螯合剂也具有很好的表面活性，已广泛用作缓蚀剂。Cu^{2+} 的氨配、离子在阴极上放电的电化学超电压也很高，如乙二胺镀铜液的超电压达 $500\sim600mV$，在不加任何添加剂时镀出的铜镀层比自氰化物镀液中得到的铜层更细致光亮。

表 19-8 列出了各种 Cu^{2+}-氨基酸配合物的稳定常数。由于氨基酸是用一个氮和一个氧原子作配位原子，所以形成的螯合物不及全用氮原子作配位原子的多胺螯合物稳定，同样以四配位的螯合物来看，其稳定常数比多胺的低 $3\sim4$ 个数量级。因此它们不能直接用作钢铁件直接镀铜的螯合剂，但可用于其他领域 Cu^{2+} 的无毒螯合剂。

表 19-7 **Cu²⁺-氨配合物的稳定常数**

配 体	$\lg K_1$	$\lg K_2$	$\lg \beta_2$	$\lg K_3$	$\lg K_4$
NH_3（氨）	4.13	3.48	7.61	2.87	2.11
$H_2NCH_2CH_2NH_2$（乙二胺）	10.66	9.33	19.99		
$CH_3NHCH_2CH_2NH_2$（N-甲基乙二胺）	10.55	8.55	19.10		
$C_2H_5NHCH_2CH_2NH_2$（N-乙基乙二胺）	10.19	8.38	18.57		
$C_3H_7NHCH_2CH_2NH_2$（N-丙基乙二胺）	9.98	8.16	18.14		
$C_4H_9NHCH_2CH_2NH_2$（N-丁基乙二胺）	9.94	8.27	18.21		
$(CH_3)_2NCH_2CH_2NH_2$（N,N-二甲基乙二胺）	9.69	6.65	16.34		
$(C_2H_5)_2NCH_2CH_2NH_2$（N,N-二乙基乙二胺）	8.17	5.67	13.84		
$CH_3NHCH_2CH_2NHCH_3$（N,N'-二甲基乙二胺）	10.47	7.63	18.10		
$C_2H_5NHCH_2CH_2NHC_2H_5$（N,N'-二乙基乙二胺）	9.30	6.32	15.62		
$C_3H_7NHCH_2CH_2NHC_3H_7$（N,N'-二丙基乙二胺）	8.79	5.55	14.34		
$C_4H_9NHCH_2CH_2NHC_4H_9$（N,N'-二丁基乙二胺）	8.67	4.84	13.51		
$H_2NCH_2CH_2CH_2NH_2$（丙二胺）	9.62	7.00	16.62		
$H_2NCH(CH_3)CH_2NH_2$（异丙二胺）	10.78	9.28	20.06		
（1,2-二氨基环己烷）	10.87	9.67	20.54		
（8-羟基喹啉）	11.5	10.7	22.2		
（2-氨乙基吡啶）	7.3	5.6	12.9		
（2-氨甲基吡啶）	9.3				
（1,2,3-三氨基丙烷）	11.1				
$H_2N(CH_2)_2NH(CH_2)_2NH_2$（二乙烯三胺）	16.0	5.3	21.3		
$H_2N(CH_2)_2NH(CH_2)_2NH(CH_2)_2NH_2$（三乙烯四胺）	20.4				
$N(CH_2CH_2NH_2)_3$（氨基三乙胺）	14.65				
$HC{=\!=}C{-}CH_2CH_2N\overset{+}{H_3}$，$HN{-}NH$，$CH_2$	9.55	6.48	16.03		

表 19-8　**Cu^{2+}-氨基酸配合物的稳定常数**

配　　体	lgK_1	lgK_2	$lg\beta_2$
Glycine[甘氨酸(氨基乙酸),HA]	8.62	6.97	15.59
N-Methylglycine(N-甲基甘氨酸,H_2A)	7.94	6.65	14.59
N-Ethylglycine(N-乙基甘氨酸,H_2A)	7.34	6.21	13.55
N-Propylglycine(N-丙基甘氨酸,H_2A)	7.25	6.06	13.31
N-Butylglycine(N-丁基甘氨酸,H_2A)	7.32	6.20	13.52
N-Isopropylglycine(N-异丙基甘氨酸,H_2A)	6.70	5.75	12.45
N,N-Dimethylglycine(N,N-二甲基甘氨酸,H_2A)	7.30	6.35	13.65
N,N-Diethylglycine(N,N-二乙基甘氨酸,H_2A)	6.88	5.98	12.86
N,N-Dihydroxyethylglycine(N,N-二羟乙基甘氨酸,H_2A)	8.15	5.20	13.35
α-Alanine(α-丙氨酸,HA)	8.51	6.86	15.37
β-Alanine(β-丙氨酸,HA)			12.89
Valine[缬氨酸(α-异丙基甘氨酸),HA]	8.32	7.10	15.42
Norvaline(α-正丙基甘氨酸)	8.68	7.10	15.78
Leucine(白氨酸,HA)			14.32
Phenylalanine(苯丙氨酸,H_2A)			14.66
Tyrosine(酪氨酸,HAOH)			15.0
Serine(丝氨酸,H_2A)			14.6
l-Ornithine(l-鸟氨酸)	6.90	5.55	12.45
Asparagine(天冬酰胺,H_2A)			14.90
Lysine(赖氨酸,H_2A)			13.60
Proline(脯氨酸,H_2A)			16.63
Tryptophan(色氨酸,H_2A)			15.90
Cysteine[半胱氨酸(巯基丙氨酸),H_2A]	19.20		
Methionine(蛋氨酸,H_2A)			14.75
Histidine(组氨酸,H_2A)			18.33
Asparagic acid(天冬氨酸,H_2A)	8.57	6.78	15.35
Glutamine(谷氨酸,H_2A)	7.85	6.45	14.30
Glycylglycine(甘氨基甘氨酸,H_2A)	6.04	5.62	11.66

表 19-9　Cu^{2+}-氨羧配合物的稳定常数

氨 羧 配 位 体	lgK_1	lgK_2	lgβ_2
Iminodiacetic acid(氨二乙酸,H$_2$A)	10.55	5.65	16.20
N-Methyliminodiacetic acid(N-甲基氨二乙酸,H$_2$A)	11.09	6.83	17.92
Anilinediacetic acid(苯胺二乙酸,H$_2$A)	6.57		
N-Acetamidoiminodiacetic acid(N-乙酰胺基氨二乙酸,H$_2$A)	9.68	3.26	12.94
β-(N-Trimethylammonium)ethyliminodiacetic acid[β-(N-三甲铵乙基氨二乙酸),H$_2$A]	7.73	5.62	13.35
N-Cyanomethyliminodiacetic acid(N-氰甲基氨二乙酸,H$_2$A)	7.45	4.46	
N-Methoxyethyliminodiacetic acid(N-甲氧基乙基氨二乙酸,H$_2$A)	12.34	4.25	16.59
N-Hydroxyethyliminodiacetic acid(N-羟乙基氨二乙酸,H$_2$A)	11.86	4.01	15.87
N-3-Hydroxypropyliminodiacetic acid(N-3-羟丙基氨二乙酸,H$_2$A)	>10	5.7	
N-Methylthioethyliminodiacetic acid(N-甲硫基乙基氨二乙酸,H$_2$A)	12.63	4.08	16.71
Iminopropionicacetic acid(氨丙酸乙酸,H$_2$A)	10.45	4.45	14.90
Iminodipropionic acid(氨二丙酸,H$_2$A)	9.50	3.68	13.18
N-2-Hydroxyethyliminodiprepionic acid(N-2-羟乙基氨二丙酸,H$_2$A)	8.4		
Nitrilotriacetic acid(氨三乙酸,H$_2$A)	12.68		
Nitrilopropionicdiacetic acid(氨丙酸二乙酸,H$_3$A)	约11.9		
Nitrilodipropionicacetic acid(氨二丙酸乙酸,H$_3$A)	约11.9		
Nitriltripropionic acid(氨三丙酸,H$_3$A)	9.1		
Ethylenediamine-N,N-diacetic acid(乙二胺-N,N-二乙酸,H$_2$A)	15.90		
Ethylenediamine-N,N'-diacetic acid(乙二胺-N,N'-二乙酸,H$_2$A)	16.20		
Ethylenediamine-N,N'-dipropionic acid(乙二胺-N,N'-二丙酸,H$_2$A)	15.10		
N-Hydroxyethylethylenediaminetriacetic acid(N-羟乙基乙二胺三乙酸,H$_3$AOH)	17.4		
Ethylenediaminetetraacetic acid(EDTA)(乙二胺四乙酸,H$_4$A)	18.80		
1,2-Diaminocyclohexane-N,N'-tetraacetic acid(1,2-二氨基环己烷-N,N-四乙酸,H$_4$A)	21.30		
Ethylenediamine-N,N'-dipropionic-N,N'-diacetic acid(乙二胺-N,N'-二丙酸-N,N'-二乙酸,H$_4$A)	16.8		
Ethylenediamine-N,N'-tetrapropionic acid(乙二胺-N,N'-四丙酸,H$_4$A)	15.4		
2-Aminomethlpyridine-N-monoacetic acid(2-氨基甲基吡啶-N-单乙酸,H$_3$A)	11.8		
N-Hydroxyethyl-N,N',N'',N''-diethylenetriaminetetraacetic acid[N-羟乙基-N,N',N'',N''-二(1,2亚乙基)三胺四乙酸]	21.03		

　　氨羧螯合剂（见表 19-9）从结构上改进了天然氨基酸的不足，通过增加螯合环的数目来达到提高螯合物稳定性的目的。四配位时的总稳定常数也可达到 10^{16} 以上，而且本身的毒性比多胺类螯合剂低得多，也可以自然降解，因此也是很受欢迎的二价铜的螯合剂。

　　表 19-10 列出了 Cu^{2+} 的羟基羧酸、羟烷基胺、羟基磷酸以及羟基膦酸配合物的稳定常数。由表 19-10 可见，羟基羧酸或羟烷胺的羟基在微酸性至微碱性条件下并不离解，因而不具配位能力，所以其配合物的稳定常数皆很小，但在强碱性条件下，羟基可离解而成强的配位基团，同时过量的游离羟基 OH^- 也可参与配位，因此可形成十分稳定的碱式混合配体配合物。多聚磷酸盐在 pH 值为 10 以上时，它们的氢离子才完全离解，此时的配位能力较强，稳定常数也明显升高。但在高 pH 时，多聚磷酸易水解成磷酸盐。有机多膦酸不仅可与 Cu^{2+} 形成十分稳定的配合物，而且在高 pH 下不会水解成磷酸盐，因此是取代多聚磷酸盐的新型配位体。

表 19-10　Cu^{2+}-羟基酸配合物的稳定常数

配　体	稳定常数的对数值		
Glycolic acid(羟基乙酸,HA)	$K_{MA_1}=2.34$	$K_{MA_2}=1.36$	$K_{MA_3}=0.29$
Lactic acid(乳酸,HA)		$\beta_{MA_2}=2.70$	
Gluconic acid[葡萄糖酸,HA(OH)$_4$]	$K_{MA(OH)_{2.5}}=18.3$		
Tartaric acid[酒石酸,H$_2$A(OH)$_2$]	$K_{MA(OH)_2}=9.9$		
Citric acid(柠檬酸,H$_3$AOH)	$K_{MA}=14.2$	$K_{MA_2(OH)_2}=19.3$	$K_{M(HA)(H_2A)}=7.3$
Salicylic acid(水杨酸,HAOH)	$K_{MAO}=10.64$	$K_{M(AO)_2}=6.30$	
5-sulfosalicylic acid(5-磺基水杨酸,H$_2$AOH)	$K_{MHA}=2.7$	$K_{M(HA)_2}=6.3$	
Disodium 1,2-dihydroxybenzene-3,5-disulfonate [1,2-二羟苯-3,5-二磺酸钠,A(OH)$_2$]	$K_{MAO(OH)}=5.48$	$K_{MAO_2}=14.53$	
Pyrophosphoric acid(焦磷酸,H$_4$A)	$K_{MHA}=6.2$	$K_{M(HA)_2}=3.9$	$K_{MA}=9.07$ $K_{MA_2}=12.57$
Tripolyphosphoric acid(三聚磷酸,H$_5$A)	$K_{MA}=9.3$		
Pentapolyphosphoric acid(五聚磷酸,H$_7$A)	$K_{MA}=3.5$		
1-Hydroxyethylidene-1,1-diphosphonic acid[1-羟基-(1,1)-亚乙基-1,1-二膦酸,H$_5$A]	$K_{MHA}=12.48$	$K_{M_2HA}=16.86$	$K_{M_2A}=25.03$
Nitriltrimethylidenephosphonic acid(氨基三亚甲基膦酸,H$_6$A)	$K_{MA}=17.75$		
Ethylenediaminetetramethylidene-phosphonic acid(乙二胺四亚甲基膦酸,H$_8$A)	$K_{MH_2A}=11.14$	$K_{MA}=18.95$	
Triethanolamine(三乙醇胺)	$K_{MA}=4.23$	$K_{MA(OH)}=12.5$	$K_{MA(OH)_2}=18.3$ $K_{MA(OH)_3}=20.7$

第五节 焦磷酸盐镀铜液

一、线型缩聚磷酸盐的结构

最有实用价值的多聚磷酸盐，是具有螯合能力的线型结构的焦磷酸盐、三聚磷酸盐（STP）和多聚磷酸盐，其结构如下：

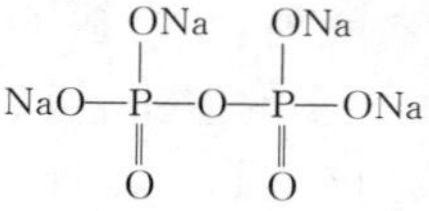

焦磷酸钠，$Na_4P_2O_7$ 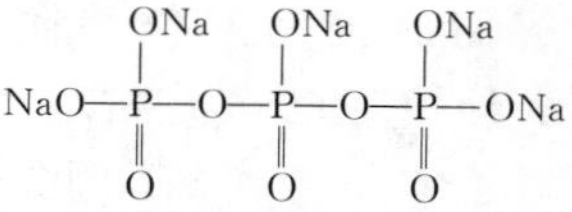　　　　　　　　三聚磷酸钠，$Na_5P_3O_{10}$（STP）

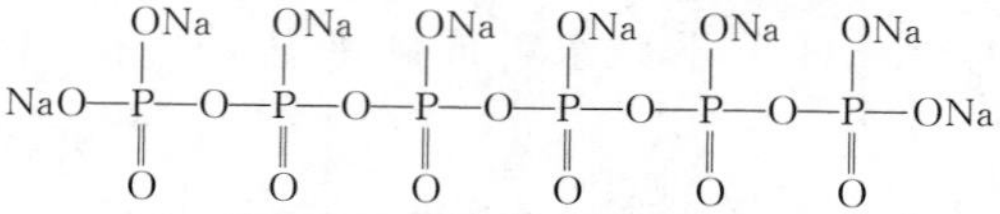

多聚磷酸钠（六聚）

多聚磷酸盐是一类吸湿性强的固体，六聚磷酸钠为玻璃状无定形缩合盐。聚合链是由 PO_4 四面体通过共用一个四面体的 O 原子而连接起来的。它们是由正磷酸用 Na_2CO_3 或 NaOH 中和成磷酸氢二钠和磷酸二氢钠，再按一定的比例加热脱水缩合而成，以三聚磷酸钠为例，其反应式为

$$NaH_2PO_4 + 2Na_2HPO_4 \xrightarrow[\triangle]{-2H_2O} Na_5P_3O_{10} \tag{19-22}$$

常见的三聚磷酸钠有无水物及有水物两种，前者是一种白色颗粒状的粉末，后者为带有六个结晶水的聚合磷酸盐。多聚磷酸盐在水溶液中容易水解而变回正磷酸盐，链越长，水解越容易。使用最多的是焦磷酸盐和三聚磷酸盐。水解反应在高温、高 pH 时更容易进行，若水溶液的温度在 70℃ 以上，pH＝7～10，则—P—O—P—键的水解速度很快。这可能是因为 P—O 键的极性大，带部分正电荷的 P 原子容易受 OH^- 进攻的缘故。表 19-11 列出了焦磷酸水解一半所需的时间。

表 19-11　焦磷酸的水解速度与温度和浓度的关系

浓度/(mol/L)	温度/℃	水解一半所需的时间/h
0.1	30.0	183
0.1	60.0	7.7
0.505	30.0	39.0
2.02	30.0	9.8
5.58	30.0	2.4

二、多聚磷酸盐的缓冲性能与表面活性

焦磷酸为四元酸，用 pH 滴定法测得离子强度为 0.1（在 25℃ 时）时的酸离解常数分别为：

$$H_4P_2O_7 \xrightleftharpoons{pK_{a1}=0.84} H_3P_2O_7^- \xrightleftharpoons{pK_{a2}=1.96} H_2P_2O_7^{2-} \xrightleftharpoons{pK_{a3}=6.12} HP_2O_7^{3-} \xrightleftharpoons{pK_{a4}=9.01} P_2O_7^{4-}$$

在不同 pH 时，焦磷酸的各种离解产物浓度的对数值 $\lg c$（见图 19-14）两曲线交点所对应的 pH 值即为相应的 pK_a 值。

三聚磷酸（$H_5P_3O_{10}$）为五元酸，其离解常数分别为：

$pK_{a_1} \approx 0.5$, $pK_{a_2} = 1.15$, $pK_{a_3} = 2.04$,
$pK_{a_4} = 5.69$, $pK_{a_5} = 8.56$

对于多聚磷酸 $H_{n+2}P_nO_{3n+1}$，端基上两个羟基的 $pK_a \approx 8$，而中间 P 上羟基的 $pK_a = 1 \sim 3$。

由此可见，多聚磷酸盐两端磷酸基的一个羟基是弱酸性的，一个为强酸性，而链中间磷酸基的羟基均为强酸性。因此，多聚磷酸盐在 pH>4 时具有较强的缓冲能力。

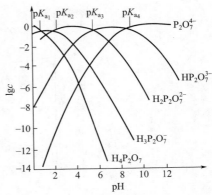

图 19-14　$H_4P_2O_7$ 及其各种离解产物随 pH 的对数分布图

多聚磷酸盐被称为无机表面活性剂，对固体粒子有很好的分散作用，当它与硅酸盐混合使用时，对分散作用有协同效应。它与洗涤剂合用时可明显增强洗净力。多聚磷酸盐单独使用时表面张力下降并不大，当它与硅酸盐合用时，表面张力则大幅度下降。

三、多聚磷酸盐的配位作用

多聚磷酸相邻两个 P 原子上的两个羟基都容易电离，而端基两个羟基彼此间的影响又较小，因而它与金属离子可形成可溶性的环状螯合物，对大多数金属离子来说，均形成 1∶1 和 2∶1 的螯合物，其结构式为：

1∶1螯合物　　　　2∶1螯合物

图 19-15 所示是用 0.2mol/L $ZnSO_4$ 溶液滴定 0.4mol/L $K_4P_2O_7$ 溶液的电位滴定曲线。

由图可知，在 pH=9.0～9.5 时，滴定曲线出现第一个转折，该处相应的 Zn^{2+}∶$P_2O_7^{4-}$ =1∶2，即发生了如下的反应：

$$ZnSO_4 + 2K_4P_2O_7 \rightleftharpoons K_6[Zn(P_2O_7)_2] + K_2SO_4 \qquad (19\text{-}23)$$

进一步提高锌的浓度，滴定曲线出现第二个转折，相当于形成摩尔比为 1∶1 的配合物 $K_2[Zn(P_2O_7)]$。

表 19-12 列出了各种金属离子的多聚磷酸盐金属配合物的稳定常数。

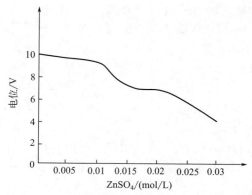

图 19-15　用 0.2mol/L $ZnSO_4$ 溶液滴定 0.4mol/L $K_4P_2O_7$ 溶液的电位滴定曲线

表 19-12　某些多聚磷酸盐配合物的稳定常数[①]

金属离子	Mg^{2+}	Ca^{2+}	Mn^{2+}	Fe^{2+}	Co^{2+}	Ni^{2+}	Cu^{2+}	Zn^{2+}	Cd^{2+}	Pb^{2+}	Sn^{2+}
$P_2O_7^{4-}$ (lgK_1)	4.7	—	—	—	7.2	6.98	9.07	5.1	4.0	6.4	(14)[②]
$P_2O_7^{4-}$ ($lg\beta_2$)							12.57	7.19	6.3	9.40 (11.18)	(16.42)
$P_3O_{10}^{5-}$ (lgK_1)	7.05	6.31	8.04	2.54	7.95	7.8	9.3	8.35	8.1	—	—
$P_5O_{16}^{7-}$ (lgK_1)	3.2		3.0		3.0	3.0	3.5	2.5		—	—
$P_5O_{16}^{7-}$ ($lg\beta_2$)	—		5.5		—	—	—	—		5.5	

① 本表数据摘自 Sillen，Martell，Stability Constants of Metal-Ion Complexes，1964。

② 括号数据摘自：В. А. Пурин，Электроосаждение Металлов из Пирофосфатных Элехтролитов. Изд. 《Зииатне》，Рита，1975。

　　由表可知，三聚磷酸盐的配位能力略比焦磷酸盐强，多聚磷酸盐的配位能力同溶液的 pH 关系密切，pH 值升高，H^+ 逐渐离解，带负电荷的羟基可以通过诱导效应和共轭效应而增强另一个已参与配位羟基的电荷密度，从而增强了它的配位能力。表 19-13 是用电位法测定的各种铜配离子再结合一个 $H_2P_2O_7^{2-}$、$HP_2O_7^{3-}$ 和 $P_2O_7^{4-}$ 时所形成的各种配合物的稳定常数。各种焦磷酸盐的铜配合物在不同 pH 时的分布曲线见图 3-5。

表 19-13　各种焦磷酸盐的铜配合物的逐级稳定常数

加合配体 原始配离子	$P_2O_7^{4-}$	$HP_2O_7^{3-}$	$H_2P_2O_7^{2-}$
Cu^{2+}	9.07	5.37	2.55
$CuP_2O_7^{2-}$	4.58	2.41	不能加合
$CuHP_2O_7^-$	6.11	2.96	1.29
$CuH_2P_2O_7$	不能加合	4.05	1.23

　　各种金属的焦磷酸盐配合物 $[M(P_2O_7)_2]^{6-}$ 在溶液中稳定的 pH 值和开始水解沉淀的近似 pH 值列于表 19-14。由表可知各种金属的焦磷酸盐镀液的适用 pH 值范围。

表 19-14　$[M(P_2O_7)_2]^{6-}$ 配合物稳定和水解沉淀的近似 pH 值[①]

$[M(P_2O_7)_2]^{6-}$	稳定的 pH 范围	水解沉淀的 pH 值	$[M(P_2O_7)_2]^{6-}$	稳定的 pH 范围	水解沉淀的 pH 值
$[Zn(P_2O_7)_2]^{6-}$	8～9.5	＞11.5	$[Sn(P_2O_7)_2]^{6-}$	8.5～9.2	＞9.3
$[Cu(P_2O_7)_2]^{6-}$	7.5～9.5	＞10.5	$[Ni(P_2O_7)_2]^{6-}$	7.5～9.0	＞10.5
$[Pb(P_2O_7)_2]^{6-}$	8.7～10.0	＞10.3	$[Co(P_2O_7)_2]^{6-}$		＞12

[①] 数据取自 Б. А. Пурин, Электроосаждение Метталов из Пирофосфатиых Электролитов, Изд. 《Зинатне》 Рига1975.

四、焦磷酸盐镀铜

线型多聚磷酸盐包括焦磷酸盐、三聚磷酸盐和六偏磷酸盐，是最早取代剧毒的氰化物的配位体。焦磷酸盐具有毒性小（常用作食品填充剂），原料来源丰富，并适于多种单金属和合金电镀的优点。研究结果表明，焦磷酸盐适于铜、锌、锡、铅、镍、钴、镉、银以及铜锡合金、铅锡合金、锡钴合金等许多镀种的电镀。

近三十年来，已研究成功十多种较适用的焦磷酸盐镀单金属和合金的新工艺（见表 19-15 和表 19-16），其中焦磷酸盐镀铜、锌和许多合金已在世界各国采用，生产中应用最多的是焦磷酸盐镀铜。20 世纪 70 年代初，许多国家也研究了三聚磷酸盐和六偏磷酸盐在电镀中的应用。由于它们的分子体积大、扩散速度慢、浓差极化更大、阳极钝化很严重、镀液和镀层性能又无突出的优点，故在生产中也就很少被采用。

表 19-15　焦磷酸盐镀铜液

成分和工艺条件	配方/(g/L)								
	1	2	3	4	5	6	7	8	9
$CuSO_4 \cdot 5H_2O$				40～50	22.5～30.0	18.5～30.0		24	
CuO							20		
铜									30～35
$Cu_2P_2O_7$	60～70	60～70	70～90						
$K_4P_2O_7 \cdot 3H_2O$	280～320	280～320	300～380	350～400	170～210	130～210		191	470～530
$(NH_4)_4P_2O_7$							100		
$(NH_4)_2HC_6H_5O_7$ （柠檬酸铵）	20～25		10～15		0.5～2.0				
$K_3C_6H_5O_7 \cdot H_2O$ （柠檬酸钾）			10～15						
$H_3C_6H_5O_7 \cdot H_2O$ （柠檬酸）									10～20
KNO_3		15～20							
$H_2C_2O_4$（草酸）							60		
$NH_4OH/(ml/L)$		2～3			7.5～15	1.5～3.0			
$N(CH_2COOH)_3$ （氨三乙酸）		15～20							
$KNaC_4H_4O_6 \cdot 4H_2O$ （酒石酸钾钠）		15～20							
磺基水杨酸钠				25～30					
乙醇胺									8～23
SeO_2			0.008～0.02						
2-巯基苯并咪唑			0.002～0.004						
明胶								0.8	
乙二醇								0.5	
醇母								0.2	
pH 值	8.2～8.8	8.2～8.8	8.0～8.8	8.2～8.8	8.0～8.5	8.2～8.8	—	8.3	
温度/℃	30～50	30～40	30～50	45～60	38～60	50～60	50	60	
电流密度/(A/dm²)	1.0～1.5	0.6～1.2	1.5～3						
阴极移动	需要	需要	需要						

表 19-16 不同用途的焦磷酸盐镀铜液

项 目	一般装饰用	防渗碳用	印制板孔金属化用	塑料电镀用
焦磷酸铜($Cu_2P_2O_7$)/(g/L)	75～105	65～105	60～105	60～70
金属铜(Cu)/(g/L)	26～36	22～36	22～36	20～24
焦磷酸钾($K_4P_2O_7 \cdot 3H_2O$)/(g/L)	280～370	230～370	240～450	200～250
氨水($d=0.88$)/(ml/L)	2～5	1～2	1～2	2～5
硝酸钾(KNO_3)/(g/L)	—	15～25	10～15	—
光亮剂	适量	—	适量	适量
$P_2O_7^{4-}$/Cu 摩尔比	6.4～7.0	6.4～7.0	7.0～8.0	6.4～6.6
D_K/(A/dm²)	3～6	2～6	1～8	2～6
pH	8.5～9.0	8.5～9.0	8.2～8.8	8.5～9.0
搅拌	空气搅拌	空气搅拌	空气及摇动	空气搅拌
温度/℃	50～60	50～60	50～60	45

焦磷酸盐镀铜液的铜盐可以是硫酸铜、氧化铜或焦磷酸铜，用得最普遍的是焦磷酸铜。该镀液使用的主配位体是焦磷酸钾，焦磷酸根对铜离子的摩尔比通常为 7～8，比值过高，高电流密度的电流效率降低，比值过低，镀层粗糙，分散力不好，而且阳极的溶解性差。为了改善阳极的溶解，同时也提高放电的超电压，在焦磷酸盐镀液中大都加入第二种配位体、如柠檬酸及其盐、酒石酸及其盐、氨三乙酸及其盐、草酸及其盐、磺基水杨酸及其盐以及铵盐等。为了获得光亮的镀层，往往还需加入二氧化硒、2-巯基苯并咪唑、明胶、乙二醇、酵母等作光亮剂（见表 19-15）。焦磷酸盐镀铜除了一般装饰或打底层用外，还可用于防渗碳、印制板的通孔电镀以及塑料电镀等，只是配方略有变化（见表 19-16）。

焦磷酸盐或多聚磷酸盐镀液的特点是：

① 镀液稳定且为碱性，对设备的腐蚀性小，适于自动化生产；

② 镀层结晶细致，光泽良好；

③ 镀层的韧性好，镀件不发生氢脆现象。

第一个特点是由于焦磷酸盐和多聚磷酸盐在碱性条件下能与多种金属离子形成稳定的配离子的缘故。而镀层的光泽性良好、结晶细致，则与配离子放电活化能较高有关。特别是多聚磷酸盐有一定的表面活性，可以被电极吸附，使得配离子在阴极还原过程中难以脱去配位体。这将大大减慢配离子放电的速度，从而得到细致光亮的镀层。

五、焦磷酸盐镀铜的机理

1. 焦磷酸铜配离子的电化学还原反应

在 $P_2O_7^{4-}$ 过量的实际电镀液中，主要存在的和在电极上放电的是 $[Cu(P_2O_7)_2]^{6-}$ 配离子。它放电时要经过两步，第一步是离解出一个 $P_2O_7^{4-}$ 的前置化学反应，然后是离解形成的活性中间体 $[CuP_2O_7]^{2-}$ 在阴极上放电。其整个反应过程可表示为：

$$[Cu(P_2O_7)_2]^{6-} \overset{\text{慢}}{\rightleftharpoons} [CuP_2O_7]^{2-} + P_2O_7^{4-} \tag{19-24}$$

$$[CuP_2O_7]^{2-} + 2e^- \overset{\text{快}}{\longrightarrow} Cu + P_2O_7^{4-} \tag{19-25}$$

总反应　　　　$[Cu(P_2O_7)_2]^{6-} + 2e^- \longrightarrow Cu + 2P_2O_7^{4-}$

研究结果表明，$[CuP_2O_7]^{2-}$ 在电极上的还原进行得很快，而 $P_2O_7^{4-}$ 由于可在电极上吸附，故离解出一个焦磷酸根的前置化学反应进行得很慢，使得整个电化学反应获得了很高的超电压。因此，从焦磷酸镀铜液中可获得结晶细致的半光亮镀层。

根据这一机理，镀液中 $P_2O_7^{4-}$ 的浓度越高，或 $P_2O_7^{4-}$ 与 Cu^{2+} 的比值越大，反应的超电压应当越大，电极反应的速率也应当更慢，此时反应式(19-24)要向右进行则更加困难。这一推论已为图 19-16 和图 19-17 的实验事实所证实。

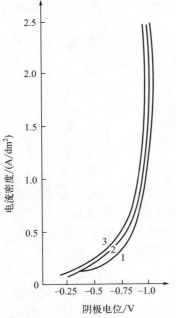

图 19-16　镀液中 $K_4P_2O_7$ 浓度
变化时铜的阴极极化曲线
1—0.3mol/L $CuSO_4$+1.0mol/L $K_4P_2O_7$
（pH=8.5，25℃）；2—0.3mol/L $CuSO_4$+
0.8mol/L $K_4P_2O_7$（pH=8.5，25℃）；
3—0.3mol/L $CuSO_4$+0.65mol/L
$K_4P_2O_7$（pH=8.5，25℃）

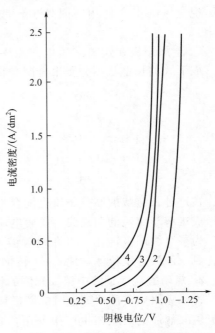

图 19-17　镀液中 $CuSO_4$ 浓度
变化时铜的阴极极化曲线
1—0.78mol/L $K_4P_2O_7$（pH=8.5，25℃）；
2—0.78mol/L $K_4P_2O_7$+0.08mol/L $CuSO_4$
（pH=8.5，25℃）；3—0.78mol/L $K_4P_2O_7$+
0.16mol/L $CuSO_4$（pH=8.5，25℃）；
4—0.78mol/L $K_4P_2O_7$+0.28mol/L
$CuSO_4$（pH=8.5，25℃）

焦磷酸盐镀铜液主要存在以下三个问题：

① 镀层与钢铁基体的结合力很差。这主要是由于焦磷酸盐对铜的配位能力太弱，不能使镀液中 Cu^{2+} 的析出电位负移到与铁电极电位相近的状态，即不可能抑制置换镀层的产生，只有在 Cu^{2+} 浓度很低，焦磷酸盐浓度很高（$[P_2O_7^{4-}]/[Cu^{2+}]=20\sim30$）时，$Cu^{2+}$ 的析出电位才有可能与铁的电位接近，这时才可能不产生置换镀层或以很慢的速度进行置换，而这种镀液的沉积速度又太慢，电流效率太低，只能用作预镀液而不能作为正常电镀液使用。

② 聚合磷酸盐在高温、高 pH 值时很容易水解而转化成正磷酸盐。线型聚合磷酸盐是由正磷酸盐高温脱水而形成的，在干燥时稳定，在水溶液中会慢慢水解。焦磷酸盐镀铜液的使用温度在 $30\sim50℃$，pH＝$8\sim9.5$，在此条件下容易水解。当正磷酸盐的浓度超过 100g/L 时，阴极电流效率下降，允许的电流密度下降，镀层光亮范围缩小，且用化学方法难以除去。为了防止正磷酸盐含量过高，往往要稀释后再补加焦磷酸盐，越稀释水解越快，不仅使镀液中焦磷酸盐的有效浓度难以保证稳定，而且会造成正磷酸盐逐年积累。焦磷酸盐镀液的使用寿命只有 $5\sim7$ 年。这就限制了它作为电镀配位体的正常使用。国外焦磷酸盐电镀的使用已越来越少，正处在逐渐淘汰之中。

③ 金属阳极在焦磷酸盐电解液中容易钝化。这可能是在阳极区缺乏焦磷酸盐，而形成下式的长链状高分子聚合配合物的缘故。

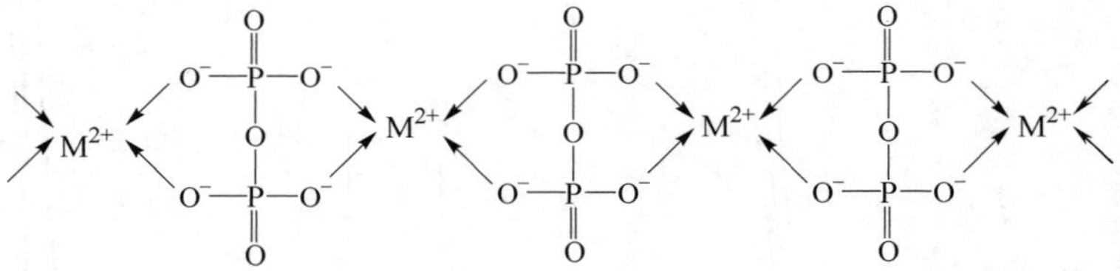

在这种长链状的高分子聚合配合物中，金属离子和焦磷酸盐的电荷都被隐蔽。因而形成难溶于镀液的阳极膜，妨碍电流的正常通过而造成阳极钝化。

为了克服阳极钝化，可在电解液中加入适量的氨、草酸盐、柠檬酸盐、酒石酸盐、氨三乙酸等配位体，使 Cu^{2+} 转化为易溶于水的配离子。

2. 焦磷酸盐镀铜液中第二配体的作用

为了克服焦磷酸盐镀铜时的阳极钝化现象和适当提高阴极工作电流密度的上限，使焦磷酸盐镀铜液能在生产中使用，必须在镀液中引入能与 Cu^{2+} 配位的第二配体。常用的第二配体有 NH_3、Na_2HPO_4、乙二胺（En）、乙醇胺、氨三乙酸、EDTA、柠檬酸、酒石酸、草酸、三羟基戊二酸等。

瓦特斯（Watters）等用分光光度法研究了 Cu^{2+}-NH_3-$P_2O_7^{4-}$ 体系的配位平衡，指出 $[Cu(P_2O_7)_2]^{6-}$ 同 NH_3 反应可形成 $[Cu(NH_3)_2(P_2O_7)]^{2-}$ 和 $[Cu(NH_3)(P_2O_7)]^{2-}$ 型配离子。例如

$$[Cu(P_2O_7)_2]^{6-}+2NH_3 \rightleftharpoons [Cu(NH_3)_2(P_2O_7)]^{2-}+P_2O_7^{4-} \qquad (19\text{-}26)$$

上式的平衡常数 $\lg K=1.21$，混合配体配离子 $[Cu(NH_3)_2(P_2O_7)]^{2-}$ 的稳定常数

$lg\beta_{21}=14.22$，在 650nm 处有最大吸收峰。当 NH_3 和 $P_2O_7^{4-}$ 的浓度逐渐降低时，该配合物逐渐离解为 $[Cu(NH_3)(P_2O_7)]^{2-}$，最后变为 $[Cu(P_2O_7)]^{2-}$。

瓦特斯还研究了 Cu^{2+}-En-$P_2O_7^{4-}$ 体系的配位平衡，指出 En 与 $P_2O_7^{4-}$ 可以形成 $[Cu(En)(P_2O_7)]^{2-}$，其稳定常数为 $lg\beta_{11}=17.65$，由 $[Cu(En)_2]^{2+}$ 和 $[Cu(P_2O_7)_2]^{6-}$ 形成 $[Cu(En)(P_2O_7)]^{2-}$ 的重配常数 $lgK_r=1.1$。

瓦奇（Waki）等用离子交换法研究了 $[Cu(NH_3)_4]^{2+}$ 同各种线型多聚磷酸盐的反应，其反应式如下：

$$[Cu(NH_3)_4]^{2+}+P_nO_{3n+1}^{(n+2)-} \xrightarrow{K} [Cu(NH_3)_3P_nO_{3n+1}]^{n-}+NH_3 \qquad (19-27)$$

测得反应的平衡常数 K 和相应配合物最大光吸收波长列于表 19-17。

表 19-17 $[Cu(NH_3)_4]^{2+}$ 形成混合配体配合物的平衡常数

配体的种类	PO_4^{3-}	$P_2O_7^{4-}$	$P_3O_{10}^{5-}$	$P_4O_{13}^{6-}$
平衡常数 K		700 ± 120	530 ± 60	300 ± 50
配合物的最大吸收波长/nm	628	662	641	613

结果表明，聚合度低的多聚磷酸盐比聚合度高的更容易形成混合配体配合物。

奥列贺娃等研究了 Cu^{2+}-$P_2O_7^{4-}$-磺基水杨酸（ssal）$^{2-}$ 体系的配位平衡，他们用等摩尔系列法和斜率比法确定形成了 $[Cu(ssal)_2(P_2O_7)]^{6-}$ 型混合配体配合物，其稳定常数 $lg\beta_{21}=13.96$。磺基水杨酸和 NH_3 不同，磺基水杨酸能明显降低阴极极限电流密度，NH_3 则可明显提高极限电流密度。但磺基水杨酸的加入，可以提高反应的超电压，降低电极反应的速率。这可从表 19-18 中 $[Cu(P_2O_7)_2]^{6-}$ 和 $[Cu(ssal)_2(P_2O_7)]^{6-}$ 的电极反应动力学参数中看出。

表 19-18 单一型和混合型配离子电极反应动力学参数

配 离 子	扩散系数 /(cm/s)	极限电流 i_d /(A/cm²)	传递系数 $(1-\alpha)$	lgi_0	反应速率常数 k_s /(cm/s)
$[Cu(P_2O_7)_2]^{6-}$	5.1×10^{-6}	0.357	0.21	-6.28	8.64×10^{-3}
$[Cu(ssal)_2(P_2O_7)]^{6-}$	4.56×10^{-6}	0.129	0.17	-6.88	3.57×10^{-3}

卜琳（Пурин）测定了 $CuSO_4$-$K_4P_2O_7$ 体系中加入 NH_3、乙二胺和 EDTA 时铜的阴极极化曲线（见图 19-18），发现在工作电流密度区（$0.5\sim1.0A/dm^2$）它们都有去极化作用，可以提高工作电流密度的上限。

在这三种第二配体中，氨的去极化效果最明显，而 EDTA 在低电流密度区（$<0.3A/dm^2$）有提高阴极极化的作用。氨的去极化效果的大小和氨的浓度有关，氨浓度越高，去极化效果越大，阳极溶解越快。为了获得良好的镀层，镀液中氨的加入量不可太高，否则镀液的超电压太低，故在半光亮焦磷酸盐镀铜液中，总的 NH_3 浓度一般控制在 $1\sim3g/L$。图 19-19 是氨浓度不同时，焦磷酸盐镀铜液的阴极极化曲线。

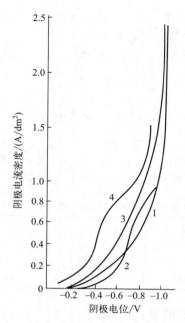

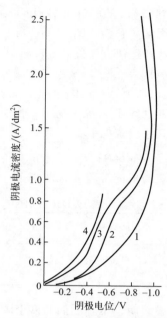

图 19-18　加入不同的第二配体对焦磷酸盐镀铜液的阴极极化曲线（25℃，pH=8.5）

1—0.28mol/L CuSO₄+0.78mol/L K₄P₂O₇；2—1 号电解液+0.28mol/L EDTA；3—1 号电解液+0.56mol/L 乙二胺；4—1 号电解液+1.12mol/L NH₄OH

图 19-19　氨浓度不同时焦磷酸盐镀铜液的阴极极化曲线（25℃，pH=8.5）

1—0.28mol/L CuSO₄+0.78mol/L K₄P₂O₇；2—1 号电解液+0.28mol/L NH₄OH；3—1 号电解液+1.12mol/L NH₄OH；4—1 号电解液+1.50mol/L NH₄OH

　　氨对阳极去极化效果很好，氨对阴极去极化作用太强了，过量的 NH₃ 对阴极镀层有不良影响。因此，在许多电镀配方中不用氨而用其他类型的第二配体作为阳极溶解的促进剂。镀液中添加 NH₃ 以后的电极反应速率和机理已在第八章第三节中作了介绍，此处不再赘述。

第六节　羟基亚乙基二膦酸（HEDP）镀铜液

一、HEDP 的结构与性质

　　纯的 HEDP 可由 20％醋酸溶液中重结晶制得。它是含一个结晶水的白色单斜晶体，经 X 射线晶体衍射法确定它的结构见图 19-20。

　　这种晶体加热到 76℃时脱去结晶水，熔点为 198～199℃，温度到达 225℃时失去 15.05％的重量，相当于失去 1mol 的磷化氢。当温度升至 300～310℃时，它分解成带有磷化氢气体的玻璃体。

　　常用的 HEDP 为 50％～70％的水溶液，它和磷酸很相似，是无色黏稠的液体，相对密度约为 1.5，显强酸性。它易溶于水，也溶于甲醇、乙醇。它的钾盐和铵盐在

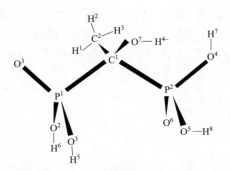

图 19-20　HEDP 的分子结构

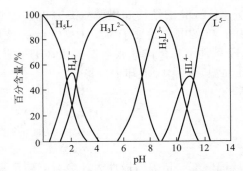

图 19-21　不同 pH 时 HEDP 各离解形式的分布

水中的溶解度很高，钠盐则较小，易从溶液中析出。因此，在高浓度的 HEDP 溶液中，最好不用 NaOH 调节 pH。

HEDP 是五元酸，通常用 H_5L 表示。在溶液中随着 pH 值的升高，它的 5 个 H^+ 逐渐离解，其离解常数和离解形式如下：

$$H_5L \xrightarrow{pK_1=1.70} H_4L^- \xrightarrow{pK_2=2.47} H_3L^{2-} \xrightarrow{pK_3=7.28} H_2L^{3-} \xrightarrow{pK_4=10.29} HL^{4-} \xrightarrow{pK_5=11.13} L^{5-}$$

上式的 HEDP 的相对含量随 pH 的变化如图 19-21 所示。由图 19-21 可知，在 pH=4～6 时，它主要以 H_3L^{2-} 形式存在，当用 NaOH 中和至此 pH 时，形成 HEDP 的二钠盐 Na_2H_3L，而 HEDP 的二价金属盐镀液用酸中和至 pH=4～6 时，形成 $[M(H_3L)]^0$ 沉淀。这就是沉淀法处理 HEDP 的二价金属盐镀液废水的理论基础。

随着 pH 值的升高，HEDP 的 H^+ 逐渐离解，它的配位能力增强，稳定常数增大。如 $CdH_4L^+ < CdH_3L < CdH_2L^- < CdHL^{2-} < CdL^{3-}$。HEDP 金属配合物的稳定常数列于表 19-19。

表 19-19　HEDP 金属配合物的稳定常数

金属	配合物的稳定常数 $\lg\beta_{ifk}$													
	β_{101}	β_{111}	β_{121}	β_{131}	β_{141}	β_{201}	β_{211}	β_{221}	β_{142}	β_{111}	β_{122}	β_{132}	β_{142}	β_{152}
Be^{2+}	16.55	13.40	7.00			25.74	18.01							
Mg^{2+}		6.55	3.33			14.95	10.50							
Ca^{2+}		6.04	3.58			15.59	9.67							
Sr^{2+}		5.52				14.37	9.11							
Mn^{2+}		9.16	5.26			19.64	13.23	8.06						
Fe^{2+}		9.05	5.31			19.59	13.89	7.99						
Co^{2+}		9.36	5.29			19.65	12.77	7.51						
Ni^{2+}		9.24	5.14	3.31		18.53	12.18	7.70	15.49					
Cu^{2+}		12.48	6.26 (8.46)	4.80		25.03	16.86	9.55	(15.50)				(12.62)	
Zn^{2+}		10.37	5.66			22.36	15.03	8.13						
Cd^{2+}	10.6	9.0	6.0	3.5	3.4				11.4	11.5	7.5	4.2	4.7	
Al^{3+}	21.37	15.29				27.25	19.33		25.87	22.26				
La^{3+}	18.20	15.16	5～6											
Mn^{3+}					3.55									15.52
Fe^{3+}	21.60	16.21				29.1				25.25				
Th^{4+}	27.8								39.9					
ZrO^{2+}		15.18				26.04	20.40		21.92	18.63				
Ga^{3+}		19.50	11.43	5.69										

HEDP 的结构和焦磷酸极为相似，主要的差别是两个磷酸基间连接的原子不同。由于 O 的电负性比 C 大，P—O 键的极性比 P—C 键的大得多，因此，在高温、高 pH 条件下，焦磷酸很容易遭受 OH⁻ 的进攻而水解成正磷酸盐。与此相反，HEDP 在高温、高 pH 下却十分稳定。

焦磷酸   HEDP

P—O—P 键的极性大还会影响磷酸基的酸性。带部分正电荷的 P 可以通过诱导效应使 P—OH 键上氧的电子云密度降低，有利于 H⁺ 的离解，所以焦磷酸的酸离解常数 K_{a_i} 比 HEDP 的酸离解常数 K_{a_i} 大，或者 HEDP 的 H⁺ 稳定常数 pK_{a_i} 比焦磷酸的大。一般来说，配体的碱性越强，酸离解常数值越小，所形成的金属配合物越稳定。所以 HEDP 金属配合物比焦磷酸的稳定。表 19-20 列出了它们的稳定常数和相应的酸离解常数。当 HEDP/Cu^{2+}＝2～4，pH＝9～11 时，镀液中主要形成 HEDP/Cu^{2+}＝2 的配合物 $[Cu(HL)_2]^{6-}$。

表 19-20　焦磷酸和 HEDP（HL⁴⁻）配合物的稳定常数 lgK 和酸离解常数 pK_{a_i}

配体	lgK							pK_{a_i}				
	Mg^{2+}	Ca^{2+}	Fe^{2+}	Co^{2+}	Ni^{2+}	Cu^{2+}	Zn^{2+}	pK_{a_1}	pK_{a_2}	pK_{a_3}	pK_{a_4}	pK_{a_5}
$P_2O_7^{4-}$	4.7	4.95	—	7.2	6.98	7.6	5.1					
HL^{4-}	6.55	6.04	9.05	9.36	9.21	12.48	10.73					
$H_4P_2O_7$								0.84	1.96	6.12	9.01	—
H_5L								1.7	2.47	7.28	10.29	11.13

卡理斯（Callis）等比较了 P—X—P 键中两个磷原子间连接的原子 X 不同时 Ca^{2+} 配合物稳定性的变化，发现配合物的稳定性是 P—O—P≤P—N—P＜P—C—P。

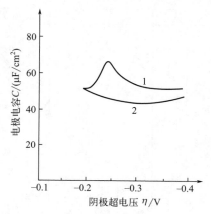

图 19-22　HEDP 在汞电极上的微分电容曲线
1—1.2mol/L Na₂CO₃ 底液；
2—1.2mol/L Na₂CO₃＋HEDP

这一顺序和连接原子的电负性下降的顺序是一致的。由于 P—C 键的极性很小，在溶液中非常稳定，不怕碱和高温，可在 pH＝2～14 的范围和接近沸腾的温度下工作，只有强氧化剂（如高氯酸、硝酸）才容易使 C—P 键断裂而形成 PO_4^{3-}。这是化学法分析 HEDP 的基础。

HEDP 具有一定的表面活性，它在电极上有一定的吸附作用。图 19-22 所示为用 DHZ-1 型电化学综合测试仪，采用小幅度三角波法测定 HEDP 在多晶锌电极上的微分电容曲线，曲线直接由 LZ3-204 型函数记录仪记录。

由图 19-22 可知，曲线 2 的电容值比曲线 1 有明显下降，证明 HEDP 在锌电极上有明显的吸附。

二、HEDP 镀铜工艺

1. HEDP 镀铜工艺配方与操作条件

表 19-21 列出了 HEDP 镀铜的工艺配方与操作条件。HEDP 镀铜适于钢铁件的直接镀铜，而一般的焦磷酸盐镀铜液则不适用，必须用高 $P_2O_7^{4-}/Cu$ 摩尔比的镀液预镀才行。这是因为焦磷酸盐对 Cu^{2+} 的配位能力比 HEDP 低的缘故。要获得高结合力的铜层，保持镀液中 HEDP/Cu^{2+} 的摩尔比在 3～4 以及镀液的 pH 值必须大于 9 是关键，否则钢铁件在未通电的镀液中易发生置换反应。表 19-22 列出了 pH 对铜和铁稳定电位及置换铜反应的影响数据。

表 19-21　HEDP 镀铜工艺

项　目	(1)	(2)
Cu(以碱式碳酸铜形式加入)/(g/L)	8～12	
硫酸铜 $CuSO_4 \cdot 5H_2O$/(g/L)		40～60
HEDP(100%)/(g/L)	80～130	180～250
HEDP/Cu 摩尔比	3～4	
碳酸钾 K_2CO_3/(g/L)	40～60	
硫酸钾 K_2SO_4/(g/L)		20～30
pH	9～10	8.5～9.5
温度/℃	40～50	20～40
$S_阴 : S_阳$	1:1	
阴极移动	15～25n/min	

表 19-22　pH 对铜和铁稳定电位及置换铜反应的影响[1]

镀液 pH 值	φ_{Cu}/V	φ_{Fe}/V	置换铜反应
8.5	-0.26	-0.27	有置换铜
9.5	-0.30	-0.31	无置换铜
10.5	-0.30	-0.31	无置换铜
11.5	-0.30	-0.30	无置换铜

① 镀液组成为：Cu^{2+} 0.15mol/L，HEDP 0.45mol/L，pH 值用 KOH 调节，温度为 50℃。

2. 镀液中各成分的作用及操作条件的影响

（1）铜盐

铜盐可用碱式碳酸铜或硫酸铜，效果以前者略好，但配制时有 CO_2 放出，要注意通风及防止溶液溅出。Cu^{2+} 的浓度影响允许的电流密度范围及分散能力。Cu^{2+} 浓度过低、光亮范围缩小，允许电流密度下降；Cu^{2+} 浓度过高，分散能力降低。为了使允许电流密度范围、分散能力、沉积速度等性能达到要求，铜含量应控制在 8～12g/L。

（2）配位体 HEDP

HEDP 是镀液的主配位体，与 Cu^{2+} 生成配阴离子。溶液中主要配离子的形态随镀液中 HEDP/Cu^{2+} 摩尔比和 pH 值而异。仅当 HEDP/Cu^{2+} ＝ 3～4 时所得镀层的结合力好，外观细致光亮。如 HEDP/Cu^{2+} 摩尔比太低，梯形槽试片光亮区范围缩小，分散能力降低，并影响镀层与基体金属的结合力，阳极易钝化。HEDP/Cu^{2+} 摩尔比太高，电流效率降低。另外，考虑到尽量降低镀液成本，故 HEDP/Cu^{2+} 摩尔比应控制在 3～4。

（3）过氧化氢 H_2O_2

过氧化氢（30% H_2O_2）主要用来氧化 HEDP 原料中存在少量还原性杂质（如亚磷酸等）。H_2O_2 用量过多会使 HEDP 破坏并转变成无机磷酸根，因此一般用量为 2～4ml/L，用时要用水稀释后加入 HEDP 中。

（4）辅助配位体酒石酸钾

酒石酸钾可提高铜层的光亮度，减少孔隙率，但降低了分散能力。通常可加入 8～16g/L，过高可能会缩小镀层光亮区范围，过低则效果不明显。因此是否再加酒石酸钾要视需要而定。

（5）镀液 pH 值

HEDP 是多元酸，在水溶液中 H^+ 的离解程度视 pH 值而定（见图 19-21），因此 HEDP 与 Cu^{2+} 形成的配离子的形态也随 pH 值而异，而配离子电沉积时的超电压或反应速率也是由配离子的形态决定的，它同时也决定了镀层晶粒的大小以及镀液的电流效率、分散能力、深镀（覆盖）能力以及配离子的稳定常数和置换反应等一系列的性能。实验结果表明，要获得光亮细致、高分散能力和高结合力的铜层，镀液的 pH 值必须控制在 9～10，pH 过低，配离子稳定性减低，易发生置换反应并降低分散能力，pH 过高，试片光亮区范围缩小，镀层质量变差。

（6）镀液温度范围

要获得合格的铜镀层，镀液温度必须控制在 30～50℃。温度偏低时，铜层外观光亮性稍差，高电流区易烧焦，分散能力也下降。温度过高，消耗能源较多，槽液挥发量也多，但分散能力迅速提高。如温度由 30℃ 升至 50℃ 时，分散能力由 30% 提高到 67%。

（7）阴极电流密度范围

根据梯形槽试片光亮区范围和实际试镀结果，上述基本镀液的允许电流密度范围在 1～1.5A/dm^2，实际使用的电流密度的大小决定于镀液的温度和阴极移动次数。在温度为 50℃，阴极移动达 15～20 次/min 时，允许电流密度的上限可达 1.5A/dm^2。值得注意的是起始电流密度不可太小，如在 0.2A/dm^2 时铜镀层的结合力不良，而在 1～1.5A/dm^2 时可以获得良好结合力的铜层。

（8）阳极材料及阳极电流密度

HEDP 镀铜的阳极不宜使用电解铜及磷铜，而必须用高纯冷轧铜板，电解铜易产生"铜粉"。为尽量避免阳极泥污染电镀液，阳极最好使用尼龙套。

阳极电流密度控制在 1.6A/dm^2 以下时，不发生阳极钝化现象。通常用 1A/dm^2，阴极和阳极面积之比应保持在 1:1 左右。

镀液中 HEDP/Cu^{2+} 摩尔比降低或无机磷酸根量增加，易使阳极钝化。磷酸根含量高时，阳极表面易生成棕红色膜，经 X 射线衍射法测定为 Cu_2O 物相。

3. HEDP 镀铜液的性能

（1）分散能力

用远近阴极称重法在 $1A/dm^2$ 下电镀 1h，测得 HEDP 镀铜液和氰化物镀铜液的分散能力如表 19-23 所示。结果表明，低温时氰化物镀液较好，高温时 HEDP 镀液较好。

表 19-23　HEDP 镀铜液和氰化物镀铜液的分散能力

镀液类型	HEDP 镀铜液		氰化物镀铜液	
分散能力/%	30℃	50℃	30℃	50℃
	31.5	68	37	65.6

（2）覆盖能力

用内径 8mm，长 100mm 的低碳钢管，通孔及盲孔各一根，分别在上述两种镀液中电镀 1h，温度 50℃，电流密度 $1A/dm^2$，阴极移动，镀后剖开检查，结果见表 19-24。结果表明，HEDP 镀铜液的覆盖能力优于氰化物镀铜液。

表 19-24　HEDP 镀铜液和氰化物镀铜液的覆盖能力

镀液种类	管内壁镀进的深度	
	通　孔	盲　孔
HEDP 镀铜液	全部镀上	全部镀上
氰化物镀铜液	全部镀上	镀进深度 66mm

（3）电流效率

用铜库仑计法测定了上述两种镀液的电流效率。测定在 $1A/dm^2$ 下电镀 1h。所得结果见表 19-25。

表 19-25　HEDP 镀铜液和氰化物镀铜液的电流效率

镀液种类	HEDP 镀铜液	氰化物镀铜液
电流效率/%	96.4,97.4 96.9(平均)	67.1,61.0 64.5(平均)

第七节　柠檬酸盐-酒石酸盐镀铜

一、柠檬酸盐-酒石酸盐镀铜液的配位反应

如前所述，在碱性条件下柠檬酸盐和酒石酸盐都是铜的优良配位体，当两者联合使用时，效果更为显著，且酒石酸盐比柠檬酸盐有更强的吸附作用，对电极表面也有活化作用。

柠檬酸含有三个羧基和一个羟基，可以用 H_4L 来表示，其结构式如下

柠檬酸（H₄L）

在 pH 值为 8 以上时，三个羧基上的 H^+ 全都离解，主要以 HL^{3-} 形式存在（见图 3-14）。在 pH 值为 9～10 时它与 Cu^{2+} 形成下列形式的配合物

在碱性溶液中形成的这种混合配体配合物 $[Cu(OH)_2(HL)_2]^{6-}$ 是非常稳定的，其稳定常数高达 5.8×10^{18}，较 Cu^{2+} 的焦磷酸盐配合物更稳定。

酒石酸盐在碱性时也可与 Cu^{2+} 形成非常稳定的配合物。在强碱性的溶液中，它可以用两个羟基形成 Cu^{2+} 的螯合物。其稳定性可超过一个羟基和一个羧基形成的螯合环

若镀液中同时存在柠檬酸和酒石酸盐时，它们可以形成比柠檬酸盐更稳定的螯合物

这有利于提高配离子还原的超电压、改善镀层的结合力、增加镀液的稳定性和抑制钢铁零件对铜的置换反应，因而也适于作为钢铁件直接镀铜的工艺之一。

二、柠檬酸盐-酒石酸盐镀铜工艺

1. 镀液组成及工艺条件

具体内容如下：

碱式碳酸铜 $[CuCO_3 \cdot Cu(OH)_2 \cdot nH_2O]$	55～60g/L
柠檬酸（$C_6H_8O_7$）	250～280g/L
酒石酸钾钠（$KNaC_4H_4O_6$）	30～35g/L
碳酸氢钠（$NaHCO_3$）	10～15g/L
二氧化硒（SeO_2）	0.008～0.02g/L
防霉剂	0.1～0.5g/L
pH	8.5～10

温度/℃　　　　　　　　　　　30～40

电流密度　　　　　　　　　　0.5～2.5A/dm²

阴极移动　　　　　　　　　　25 次/min

$S_阴$：$S_阳$　　　　　　　　　　1：(1～1.5)

2. 镀液中各成分的作用及操作条件的影响

(1) 碱式碳酸铜

由于体系中硫酸根的存在会影响镀层的结合力，因此铜盐要用碱式碳酸铜。其含铜量为52%～56%。铜盐含量的变化主要影响允许电流密度范围。适当提高铜盐含量可以提高允许电流密度和沉积速度。但含量过高，阴极极化降低，镀层结合力下降。

(2) 柠檬酸

柠檬酸的含量和镀液的 pH 值直接影响配离子的形式和稳定性。当铜的含量为30g/L 时，柠檬酸的最佳含量为250～280g/L，即柠檬酸/Cu^{2+}的摩尔比为 8～9。柠檬酸含量低于此值会降低阴极极化，镀层结合力下降。含量过高，镀液黏度增加，影响镀液的导电能力。

(3) 酒石酸钾钠

单独用柠檬酸盐作配位体时，所得镀层较为粗糙、光亮区范围狭窄，铜层的结合力也较差。加入酒石酸盐后，可明显增大光亮区和电流密度范围，这是因为酒石酸有较强的螯合作用而且在电极上有明显的吸附作用。酒石酸盐也是阳极溶解的促进剂。其含量通常控制在 30g/L 左右，含量过高时会使铜镀层的硬度增加，延展性下降。

(4) 碳酸氢钠

碳酸氢钠是镀液的缓冲剂，以提高镀液 pH 值的稳定性。碳酸盐也可取代 OH^-作为配体参与配位，提高镀液的稳定性。

(5) 二氧化硒

二氧化硒是镀液的光亮剂。微量的 SeO_2 就可使镀层光亮，最佳用量为 0.01g/L。

(6) pH 值

镀液的 pH 值直接影响柠檬酸盐-酒石酸盐对铜的配位形式及配位能力，通常 pH值升高，配位能力提高，阴极极化升高，镀层晶粒变细，镀层的结合力也相应提高。当 pH＞10 时，光亮区范围缩小、易烧焦，阳极区易生成 $Cu(OH)_2$ 沉淀，也易产生铜粉 Cu_2O，故最佳的 pH 范围是 8.8～9.2。

(7) 温度

随着镀液温度的升高，有利于大的螯合物阴离子的迁移与补充，镀液导电能力增加，浓差极化下降，光亮区范围扩大，允许电流密度提高，镀层不易烧焦。但温度过高时，配离子易离解，阴极极化下降，镀层的结合力也降低。最佳的温度范围是30～40℃。

3. 铜 (Ⅱ)-柠檬酸盐-酒石酸盐镀液的配合物形态

颜先积用分光光度法研究了 Cu^{2+}-cit^{4-}-$tart^{4-}$ 体系在 pH＝10 左右时镀液中存在

的各种配合物平衡。他用连续变化法，在 pH＝10 左右，KNO_3 维持离子强度 0.24mol/L，35℃±2℃ 的情况下测定了 $CuSO_4$ 0.02mol/L，cit^{4-} 0.04mol/L，$tart^{4-}$ 0.24mol/L，$[Cu^{2+}]:[cit^{4-}]:[tart^{4-}]$ 分别为

① 1:2:0　　　　　④ 1:1:8
② 1:1:5　　　　　⑤ 1:1:11
③ 1:1:6　　　　　⑥ 1:0:12

的一组溶液的光吸收曲线，结果如图 19-23 所示。结果表明，在 pH 为 10 左右，Cu^{2+} 与 cit^{4-} 形成 $[Cucit]^{2-}$ 型配合物，曲线①为 $[Cucit]^{2-}$ 的吸收曲线，其吸收峰的波长为 755nm。Cu^{2+} 与 $tart^{4-}$ 形成 $[Cutart]^{2-}$ 型配合物，曲线⑥为 $[Cutart]^{2-}$ 的吸收曲线，其吸收峰的波长为 680nm。曲线②、③、④、⑤为混合配体溶液的吸收曲线，它们的吸收峰的波长介于两个二元配合物吸收峰波长之间。随着 $tart^{4-}$ 浓度的增加，曲线②、③、④、⑤的吸收峰逐渐向曲线⑥的吸收峰靠近，与曲线①交于同一点，与曲线⑥交于另一个点，即有两个等吸收点，一个在 610nm 处，另一个在 655nm 处。等吸收点的出现，表明溶液中存在三元混合配体配合物，并与二元配合物处于平衡状态。

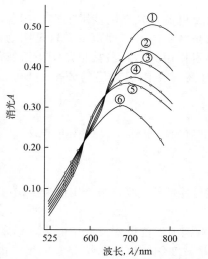

图 19-23　Cu^{2+}-cit^{4-}-$tart^{4-}$ 体系的光吸收曲线

$CuSO_4$ 0.02mol/L，cit^{4-} 0.04mol/L，$tart^{4-}$ 0.24mol/L

$[Cu^{2+}]:[cit^{4-}]:[tart^{4-}]$：①—1:2:0；②—1:1:5；③—1:1:6；④—1:1:8；⑤—1:1:11；⑥—1:0:12

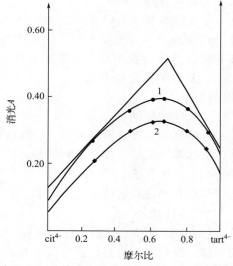

图 19-24　连接变化法求 cit^{4-} 与 $tart^{4-}$ 的摩尔比

Cu^{2+} 0.02mol/L，$[cit^{4-}]+[tart^{4-}]$＝0.28mol/L

1—655nm；2—630nm

　　为了进一步证实该体系中存在三元配合物，再用连接变化法求三元配合物中 cit^{4-} 与 $tart^{4-}$ 的摩尔比值，结果如图 19-24 所示。图中恒定两种配体总浓度为 1mol/L 然后分别改变它们之间的比值，再测定各种比值溶液在 655nm 和 630nm 处的消光，得两条消光曲线，将两曲线左右各作切线，切线交点对应的比值即为混合配体配合物中两种不同配体的比值。由图 19-24 可见，两切线交点对应的摩尔比值为 0.67，即

tart^{4-} : cit^{4-} =2 : 1。所形成的三元配合物为 Cu^{2+} : cit^{4-} : tart^{4-} =1 : 1 : 2。因此，他们认为在 pH 值为 10 左右的 Cu^{2+}-cit^{4-}-tart^{4-} 体系存在下列配位平衡：

$$Cu^{2+} + cit^{4-} \Longrightarrow [Cucit]^{2-}$$
$$Cu^{2+} + tart^{4-} \Longrightarrow [Cutart]^{2-}$$
$$[Cucit]^{2-} + H_2 tart^{2-} \Longrightarrow [Cu(cit)(H_2 tart)]^{4-}$$
$$[Cutart]^{2-} + H_2 cit^{2-} \Longrightarrow [Cu(tart)(H_2 cit)]^{4-}$$
$$[Cucit]^{2-} + H_3 tart^{-} \Longrightarrow [Cu(cit)(H_3 tart)]^{3-}$$
$$[Cu(cit)(H_3 tart)]^{3-} + H_3 tart^{-} \Longrightarrow [Cu(cit)(H_3 tart)_2]^{4-}$$

第八节　三乙醇胺碱性光亮镀铜

一、三乙醇胺同 Cu^{2+} 的配位作用

三乙醇胺分子中含有一个氨基和三个乙醇基，醇胺的 N 原子上的 H$^+$ 必须在 pH 大于 9 时才能完全离解，而它羟基上的 H$^+$ 要在更高的 pH 值下才能离解，但此时高浓度的 OH$^-$ 也可以争夺 Cu^{2+}，因此，在强碱性条件下，主要生成的是同时含有三乙醇胺和 OH$^-$ 的混合配体配合物

$$\underset{\overset{+}{}}{HN} \begin{matrix} CH_2CH_2OH \\ -CH_2CH_2OH \\ CH_2CH_2OH \end{matrix} \xrightarrow{pH>9} N \begin{matrix} CH_2CH_2OH \\ -CH_2CH_2OH \\ CH_2CH_2OH \end{matrix}$$

费歇尔（Fisher）发现在 Cu^{2+}-醇胺（L）体系中，在 pH 值为 8~12 时主要形成的是 [Cu(L)(OH)$_2$] 和 [Cu(L)$_2$(OH)$_2$]。随着醇胺浓度的升高，[Cu(L)(OH)$_2$] 的浓度逐渐减小，而 [Cu(L)$_2$(OH)$_2$] 的浓度逐渐上升，它们的结构可以表示为

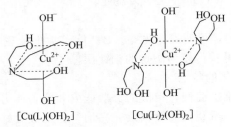

[Cu(L)(OH)$_2$]　　　　　[Cu(L)$_2$(OH)$_2$]

二、三乙醇胺碱性光亮镀铜工艺

1. 镀液组成及工艺条件

具体内容如下：

铜离子（以氧化铜形式加入）	11~16g/L
三乙醇胺	145~165g/L
氢氧化钠	60~75g/L
硝酸钾	4~8g/L
氨三乙酸	5~10g/L

A-1	0.004～0.006g/L
B-1	0.003～0.005g/L
温度	55～60℃
阴极电流密度	1.5～3.5A/dm²
阴极移动	25 次/min
$S_阳 : S_阴$	2：1
周期换向	9：1

2. 镀液中各成分的作用

（1）铜离子

可用氧化铜或氢氧化铜作为 Cu^{2+} 的来源，它们可溶于三乙醇胺的氢氧化钠水溶液中。

（2）三乙醇胺

三乙醇胺是铜的主配位体，当有氢氧化钠存在时可形成非常稳定的混合配体配合物，大大提高了配合物的稳定性和阴极极化作用。因而可获得细致的铜镀层。通常三乙醇胺/Cu^{2+} 的摩尔比以控制在 12 为宜，氢氧化钠/Cu^{2+} 的摩尔比应控制在 5 左右。镀液中过高的配位体浓度将导致镀液黏度增加。铜离子的迁移受到阻滞，浓差极化增大，镀层易烧焦。配位体浓度太低，镀层较为粗糙，光亮范围也变窄。

（3）硝酸钾

硝酸钾有两种作用，一是作导电盐，二是防止镀件电流密度小的部位出现"黑洞区"（即该区被热的碱性镀液作用而形成黑色的氧化铜薄膜）而影响结合力，以及促进阳极溶解的作用。但过多的 NO_3^- 还会在阴极放电，从而降低阴极电流效率。

（4）氨三乙酸

氨三乙酸是 Cu^{2+} 的辅助配位体，可使铜镀层具有韧性，它也可以改善阳极的溶解，通常用量在 5～10g/L 过量并无多大益处。

（5）光亮剂 A-1，B-2

A-1 是镀铜的增光剂，可使镀层光亮。B-2 能扩大电流密度范围，提高电流密度上限，两者联合使用，可获得较为满意的铜镀层。

3. 三乙醇胺镀铜工艺的特点

三乙醇胺镀铜工艺维护简便，镀液的分散能力和覆盖能力较好，阴极允许的电流密度较高，沉积速度快，所获得的镀铜层光亮均匀，韧性又好，特别适于管状零件的镀铜。

第九节　乙二胺镀铜

一、乙二胺镀铜工艺的特点

乙二胺是 Cu^{2+} 的极好螯合剂，单乙二胺合铜 $[Cu(En)]^{2+}$ 的稳定常数 lgK_1 达 10.66，而二乙二胺合铜的总稳定常数 $lg\beta_2=19.99$，比 EDTA 的铜螯合物的稳定常数还高。因此可以配成十分稳定的碱性镀液，且不会在钢铁件上发生置换反应，可以用于钢铁件的直接镀铜。乙二胺还具有良好的表面活性，容易在阴极上吸附，在阴极上放电的电化学极化值也很高，如乙二胺镀铜液在不加任何添加剂时的超电压可达 $500\sim600mV$。镀出的铜层比自氰化物溶液中得到的铜层更细致光亮，镀层的硬度较酸性硫酸溶液镀出的高，沉积速度比氰化物和焦磷酸盐溶液的沉积速度为快，分散能力比硫酸镀铜液好，但略差于氰化物镀液，阴极电流效率可达 $98\%\sim99\%$，远大于氰化物镀液。

乙二胺镀铜液的最大缺点是镀液有一定的毒性和有难闻的气味，不适于现代环保的要求。另外在含 Cl^- 的乙二胺溶液中，铁会钝化，因此对镀件的前处理要求较高，否则会影响镀铜层的结合力。Cl^- 的存在不仅使钢铁钝化，而且会妨碍乙二胺在电极上的吸附，使极化值大大下降（仅达 $80\sim100mV$），因此要严格控制 Cl^- 的带入，也可用加入 $0.2g/L$ PbO 的方法除去 Cl^-。

国外早在 1958 年已提出乙二胺镀铜，到 1962 年有了较为完善的方法并开始用于生产。我国在 20 世纪 70 年代的无氰电镀热潮中，也有一些工厂使用这一工艺。

二、碱性乙二胺镀铜工艺

具体内容如下：

	（1）	（2）
硫酸铜 $CuSO_4 \cdot 5H_2O$	$115\sim125g/L$	$80\sim100g/L$
乙二胺 $H_2NCH_2CH_2NH_2$	$55\sim60g/L$	$120\sim250g/L$
酒石酸钾钠（$KNaC_4H_4O_6 \cdot 4H_2O$）		$15\sim20g/L$
硫酸钠 $Na_2SO_4 \cdot 10H_2O$	$55\sim60g/L$	
硫酸铵（$NH_4)_2SO_4$	$55\sim60g/L$	
温度	$20\sim40℃$	室温
pH	$6\sim7.5$	$8\sim9.5$
阴极电流密度	$2A/dm^2$	$1\sim2A/dm^2$
$S_阳：S_阴$		$2：1$

乙二胺镀铜层结晶细致，呈半光亮，深镀能力与覆盖能力都很好。但镀镍后的结合力不好，而且乙二胺本身有毒，所以此工艺早年曾试投产过，但没有生命力。

第十节 21 世纪无氰镀铜配位剂的进展

1. 一价铜无氰镀铜配位剂的进展

铜在氰化物镀液中以一价铜和氰化物的配合物的形式存在，Cu^+ 可与一到四个 CN^- 配位，在正常氰化镀铜液中主要以 $[Cu(CN)_3]^{2-}$ 的形式存在，其稳定常数为 $10^{28.6}$。根据能斯特方程，该镀液中铜的实际标准电位为 $-1.09V$，比铁（Fe^{2+}/Fe）和锌（Zn^{2+}/Zn）的标准电极电位 $-0.44V$ 和 $-0.76V$ 都负，从而可大大抑制置换反应的发生，保证铜镀层与基体之间的结合力。氰化镀铜层结晶细致、结合力好，镀液的均镀性、整平性、稳定性也很好，因此该工艺一直被广泛用于钢铁、黄铜、锌合金及铝合金的预镀。

曾经有人提出各种含有一价铜的卤化物，尤其是含有氯化亚铜或碘化亚铜，并含有碱金属卤化物的镀液，但这些都没有获得工业上的应用。美国专利 US 1969553 中叙述了一种在含有硫代硫酸钠和氯化亚铜的镀液中进行一价铜电镀的方法。

据报道，镀液的稳定性经添加亚硫酸盐进一步得以改进。溶液 pH 值最佳为 8.5～9.5。在 pH 值为 6 或小于 6 的酸性溶液中不稳定。2000 年美国专利 US 5302278 中提出用硫代硫酸根离子配位铜，用有机亚磺酸盐作为稳定剂[1]。推荐的镀铜液的配方如下：

五水合硫代硫酸钠 180g/L，三乙醇胺 20g/L，氯化亚铜 35g/L，苯亚磺酸钠 10g/L，表面活性剂 2g/L，温度 21～24℃，电流密度 0.54～1.08A/dm²。用此配方以 0.54A/dm² 的电流密度在铁片上施镀 36min，可以获得 0.75μm 厚的铜层。镀层是平滑、光亮且结合力合乎要求的。电镀液在常温下放置两个月以后仍呈透明草黄色，与新配时变化不大。

另一种一价铜的碱性镀铜液是美国 Lea Ronal 公司申请的一价铜无氰电镀的专利[2]，认为一价铜电镀所需总电流是二价铜的一半，体系采用琥珀酰亚胺或乙内酰脲（俗称海因）为配位剂，亚硫酸盐或羟胺为还原剂，加入导电盐或有机胺等。推荐的镀铜液的配方如下：

5,5-二甲基海因 90g/L，氯化亚铜 15g/L，亚硫酸氢钠 30g/L，三乙烯四胺 0.05ml/L，pH 值（氢氧化钠调）8.5 左右，温度 43～52℃。经试用发现该溶液在新配时是无色的，说明铜确实以一价离子存在于镀液中，但在通电一段时间或在室温下放置一星期左右就逐步转化为浅蓝色，即其中一部分已氧化成 Cu^{2+}，可见这类镀液的稳定性较差。该镀液能在钢铁件、铜件和锌压铸件上直接电镀，镀层光亮，结合力好，有一定的发展前途。但是，一价铜在空气中容易氧化，致使该工艺镀液的维护成本高。

2009 年杨防祖等[3]采用黄铜和不锈钢为基体，以 $SO_3^{2-}/S_2O_3^{2-}$ 为还原剂和配位剂，胺化合物为配位剂，研究了一价铜无氰镀铜工艺，其镀液组成和操作条件为：$CuCl_2 \cdot 2H_2O$ 16.0～21.3g/L，$SO_3^{2-}/S_2O_3^{2-}$ 0.475mol/L，胺化合物 0.76mol/L，H_3BO_3 36g/L，葡萄糖 0.38mol/L，光亮剂（有机胺类化合物）0.04ml/L，温度 40℃，pH 8（以 KOH 调节），搅拌，电流密度 0.5～2.0A/dm²。讨论了温度、pH、铜离子质量浓度和光亮剂体积分数对镀层质量及电流效率的影响，分别采用扫描电镜和 X 射线衍射表征了镀层的表面形貌和结构。结果表明：

① 在本实验的镀液组成和沉积条件下，电流效率通常在 75％左右，控制合适的条件可使电流效率超过 90％。

② 铁丝浸入镀液中 1～2min 不发生置换反应；但随着镀液 pH 值的升高，铁丝上发生置换反应的时间变长，但镀液变色时间变短。因此，使用本工艺电镀时，应采用较高的镀液 pH 值，镀液放置时则宜控制在较低的 pH 值。

③ 添加剂能提高铜镀层的光亮度、致密度和镀液的整平性能。

④ 铜镀层呈面心立方结构。镀液中未加光亮剂时，铜镀层出现（111）、（200）、（220）和（311）衍射晶面；加入光亮剂后，仅出现（111）和（200）衍射晶面。

⑤ 本工艺实现工业化应用要解决的最大问题是：避免或延长溶液/空气界面溶液中的一价铜被空气中的氧气氧化为二价铜，提高一价铜配离子存在的稳定性。

2014 年田栋等[4]发明了一种含硫羰基配位剂的无氰亚铜电镀铜溶液及其稳定化方法，该发明涉及一种含硫羰基配位剂的无氰亚铜电镀铜溶液的配制方法及该无氰亚铜电镀铜溶液的稳定化方法。该发明是要解决电镀铜技术的无氰化问题以及目前无氰镀铜技术中采用二价铜导致的高耗能问题。一种含硫羰基配位剂的无氰亚铜电镀铜溶液含有一价铜化合物、硫羰基配位剂、稳定剂、缓冲剂、惰性电解质、辅助配位剂、光亮剂以及表面活性剂等组分，并通过补充稳定剂、选择特殊阳极以及采用机械搅拌实现镀液的稳定化操作。该发明的一种含硫羰基配位剂的无氰亚铜电镀铜溶液对于高耗能的电镀铜产业不仅降低了企业的负担，而且有利于社会发展的可持续化和生产过程的资源能源节约化。

2014 年田栋等[5]发明了一种无氰亚铜电镀铜锌合金溶液，该发明是要解决电镀铜锌合金过程中镀层成分的可控化问题以及目前无氰技术中采用二价铜导致的高电能消耗问题。一种无氰亚铜电镀铜锌合金溶液采用亚铜化合物、氯化锌、亚铜非氰配位剂、辅助配位剂、镀液稳定剂、光亮剂以及醋酸钠配制而成，在 $30\sim75℃$、$0.1\sim3.0A/dm^2$ 的条件下使用，并采用钌钛阳极或者铜锌合金阳极。该发明的一种无氰亚铜电镀铜锌合金溶液可以通过对于亚铜离子的选择性配位控制镀层中的铜锌比，而且镀液采用亚铜离子可以降低电能消耗，有利于能源的节约化。

2017 年《电镀与污染控制》[6]上介绍了一种无氰镀铜液专利，该专利公开了一种无氰镀铜液。该溶液含铜盐、还原剂、配位剂、光亮剂等成分，不含氰化物。其中铜离子以二价铜的形式存在，但能被还原成一价铜离子。还原剂为碱金属亚硫酸盐，配位剂为 3-乙基琥珀酰亚胺，光亮剂为有机胺。

2018 年蔡志华等[7]发明了无氰镀铜电镀液和电镀方法，公开了一种一价铜无氰镀铜电镀液，包括：含量为 $10\sim20g/L$ 的环保铜盐和含量为 $50\sim150g/L$ 的环保钠盐；其中，所述无氰镀铜电镀液的 pH 值为 $9\sim11$。发明公开的一种无氰镀铜电镀液以及相应的电镀方法，无氰镀铜电镀液通过采用环保铜盐和环保钠盐，使电镀液不含氰化物；电镀方法可以取代有氰电镀工艺，并且与有氰电镀工艺兼容，逐渐转化为无氰镀铜电镀工艺，另外，采用一价铜盐作为主盐，阳极用铜板或碳板，阴极的电流密度为 $0.2\sim2A/dm^2$，温度为 $40\sim60℃$。目前无氰电镀工艺通常使用二价铜盐作为主盐，相比之下，该发明实施例的电镀液电沉积铜的速度大大提高；而且电镀液和电镀铜层性能与有氰镀铜工艺接近，部分性能超越有氰镀铜工艺。该工艺曾在厦门某工厂试投产，后因成本太高（约为氰化物的十倍），而且镀液不稳定，有大量铜粉产生，造成镀层有毛刺等原因而停产。

2. 二价铜无氰镀铜配位剂的进展

我国在 20 世纪 70～80 年代曾展开轰轰烈烈的无氰电镀运动，曾对有可能取代氰化物的配位剂，如 HEDP、ATMP、EDTA、氨二乙酸、氨三乙酸、三乙醇胺、柠檬酸、酒石酸、葡萄糖酸、甘油、乙二胺、二乙三胺、焦磷酸盐等进行了大量的研究，最后以南京大学原化学系和原邮电部联合攻关确认的 HEDP 无氰镀铜和哈尔滨工业大学研发的柠檬酸盐-酒石酸盐无氰镀铜最受欢迎，并在全国各地推广应用。自 21 世纪以来，随着环保要求越来越严，新一轮无氰电镀热潮又不断兴起。

2000 年吴双成[8]研究了光亮焦磷酸盐滚镀铜，指出焦磷酸盐镀铜的镀层结晶细致，电流效率高，分散能力和深镀能力好，无毒，已广泛应用于管状和复杂工件镀铜加厚工艺中。但该工艺在钢铁件上直接电镀时结合强度差，而且长时间使用后由于磷酸盐的积累会使镀液性能恶化。

2000 年 Aravinda C L 等[9]研究了柠檬酸铜配合物的电化学行为，指出柠檬酸盐是铜离子的良好配位剂，可以有效降低铜的析出电位，防止钢铁基体上的铜铁置换反应发生。以柠檬酸盐为配位剂的镀液无毒无害，均镀能力与深镀能力强，并且镀液所允许的电流密度范围较宽，能在高电流密度下获得均匀、致密且厚度较大的镀层。研究表明，柠檬酸盐体系中 Cu^{2+} 的还原为两步还原过程，首先被还原为 Cu^+，在电极表面发生吸附反应后进一步被还原生成金属 Cu。

2001 年 Radisic A[10]研究了焦磷酸盐镀铜液中铜的成核和生长，指出其镀液无毒且对设备无腐蚀，阴极电流效率高，可以获得较厚的铜镀层。但该体系难以在钢铁基体上直接电镀，主要是由于镀层与基体结合力差。

2001 年 Jayakrishnan 等[11]研究了三乙醇胺作为配位剂的无氰镀铜液。

2002 年 Almeida[12]研究了钢在丙三醇无氰碱性镀铜液中的电化学行为。其配方是氢氧化钠 18g/L，丙三醇 10.8ml/L，硫酸钠 142g/L，五水硫酸铜 18.6g/L。上述溶液虽然可以获得优质外观的镀铜层，但镀液的稳定性极差，阴极电流密度较低且电流密度范围过窄，同时阳极易钝化。所以需要柠檬酸铵来改善其性能[13]。适量的柠檬酸铵使得镀层始终保持平整、光亮、细致的镀层，改善了体系的电流效率、拓宽了体系电流密度范围，而且镀层的孔隙率和优质镀层的厚度也得到明显改善。在镀液使用过程中的体系稳定性也得到增强。这说明柠檬酸铵成了主要配位剂。

2003 年王瑞祥[14,15]研究了钢铁基体和锌合金基体的无氰镀碱铜，采用硝酸铜为主盐，加入螯合剂和开缸剂，室温电镀，镀液稳定，深镀能力优于氰化镀铜，得到的镀层经烘烤和弯曲试验均无脱皮、起泡现象，镀层与基体结合良好。

2003 年陈春成[16]采用有机磷酸、有机胺、羧酸等为螯合剂，添加少量的光亮剂，配制无氰碱性镀铜液，获得的预镀铜层结合力良好，镀层结晶细致、呈半光亮，镀液稳定，分散能力和深镀能力好，电流效率高。

2004 年张梅生[17]介绍的 HEDP 无氰镀铜液能在钢铁件、黄铜件和锌压铸件上直接电镀，而且能够进行废水处理。

2004 年周卫铭等[18]采用柠檬酸铜为主盐，加入氢氧化钾和合适的光亮剂，配制出一种无氰碱性镀铜液。工艺条件：25～120g/L 柠檬酸铜，60～225g/L 柠檬酸，55～235g/L 氢氧化钾，40～150ml/L 光亮剂，pH 值为 8.0～9.5，温度为 25～45℃，电流密度为 0.5～2A/dm²，阳极为电解铜板，搅拌方式为空气或阴极移动。研究表明，镀液的稳定性较好。镀铜层在铜基体、铝合金及锌合金基体上的结合力较好。电流效率最高达 99.9%。

2005 年 Barbosa 等[19]研究了利用山梨糖醇作为配位剂的镀铜液。山梨糖醇是一种多羟基羧酸，对 Cu^{2+} 有很强的配位能力，特别在碱性条件下与 OH^- 一起同 Cu^{2+} 可以形成非常复杂的螯合物，大大降低了铜的析出电位。他们用 SEM 等微观方法对镀层表面的结晶状态以及颗粒大小进行了分析，由于山梨糖醇与 Cu^{2+} 形成的配合物稳定性很强，可以将铜的电位负移到接近锌的电位，这样就可能使铜和锌共同沉积出来。

2005 年陈高等[20]开发出一种新型柠檬酸盐镀铜工艺，该工艺以柠檬酸作为主配位剂再配以合适的辅助配位剂，能有效地降低铜的平衡电位，使各种被镀基体在浸入镀液时都不会产生置换铜层，因而保证了基体与镀层的结合力，解决了无氰镀铜中的最大难题。他们还使用了多种镀铜添加剂，从阴极极化曲线上可以看出，添加剂大大增加了极化，提高了过电压，从而获得的镀层结晶更加致密，降低了孔隙率。该工艺在各方面都性能优良，能够在钢铁、铜、黄铜、锌合金以及浸锌后的铝合金上直接电镀而获得结合力良好、细致均匀、韧性好的光亮铜镀层，而且适合挂镀和滚镀等各种方式的需要，能够取代氰化镀铜工艺。

2006 年储荣邦等[21]研究了焦磷酸盐镀铜生产工艺，该工艺的优点主要有：①镀液有较高的分散能力和良好的平整性；②镀层结晶细密、光亮、软而易抛光，镀液稳定、可变范围大、易于掌握、不需经常添加原料；③由于镀液无毒并有较高的电流效率，没有刺激性气体逸出，故不需通风设备。该体系曾经被国内外认为是最可能替代氰化镀铜的体系，并已广泛应用于管状和复杂工件镀铜加厚工艺中。

焦磷酸盐镀铜工艺的缺点是[22~24]：该体系在钢铁件上直接电镀时结合强度差，且长时间使用后由于磷酸盐的积累会使镀液性能恶化。该体系稳定性不好，后续处理较为困难，容纳杂质的性能也没有氰化镀铜体系强。一些工艺参数对该体系的影响也比较大。比如，以下因素都会引起镀层脆性变化：①pH 值过高或氨过剩；②焦碳酸盐对铜的摩尔比低；③不规则搅拌；④低温；⑤低电流密度；⑥添加剂过量；⑦有机杂质。

2007 年郑文芝等[25]通过阴极极化曲线发现与铜离子形成配合物后铜电还原由难到易的配位剂依次是：

氰化物＞葡萄糖酸钠＞柠檬酸钠＞羟基亚乙基二膦酸＞乙二胺四乙酸二钠＞乙二胺＞焦磷酸钠＞四羟丙基乙二胺

2007 年邵晨等[26]研究了 HEDP 镀铜工艺，将南京大学与原邮电部联合攻关的配方中的碱式碳酸铜与硝酸钾改为硝酸铜，结果表明该体系镀液覆盖能力和分散能力非常好，镀层脆性小、纯度高和结合力良好，电流效率可达到 85% 以上，这是该镀液的一大优点。他们所用的配方列于表 19-26。

表 19-26　HEDP 体系镀铜液配方以及操作工艺参数

Cu^{2+}（以硝酸铜计）/(g/L)	HEDP/(g/L)	pH	电流密度/(A/dm²)	温度/℃	阴阳极面积之比	阳极	搅拌方式
10~12	100~120	8~9	1~1.5	20~40	1/1	铜板	阴极移动

之后也陆续有对这方面研究的报道。总的来说，这些工艺有较多的优点，HEDP 的配位能力以及在碱性和高温条件下的稳定性都比一般的配位剂要好，电流效率和深镀能力都远高于氰化镀铜，镀层结合力较好。但也有一些需要改进之处：一是工艺允许的电流密度范围很窄，电流密度上限仅为 $0.8A/dm^2$，导致在实际工艺生产中难以操作，建议研发出可以扩大电流密度范围的添加剂。庄瑞舫[27]曾往镀液中加入 CuR-1 型添加剂，其电流密度上限达 $3A/dm^2$，克服了电流密度范围窄这一缺点。二是提高镀层结合力，有专家建议，可在基体金属入槽前使其表面先钝化，以阻止其在镀液中发生置换，再对钝化的基体金属进行电解活化，从而获得与基体结合牢固的镀层。

2007 年冯丽婷等[28]用电位活化理论提出了 HEDP 镀铜体系与焦磷酸盐镀铜体系一样，存在一个活化电位，随着恒定电流密度的增加，铜的析出电位逐渐负移，铜的析出电位达到 $-1.3V$ 时，铜在析出之前出现了电位活化过程中的电位平阶（$-1.2V$），这一平阶随着电流密度的增大而缩短，平阶所对应的电位就是基体的活化电位。

2007 年郑文芝等[29]用 EIS 电化学方法比较了乙二胺和氰化镀铜体系。氰化镀铜体系的电荷转移电阻小，铜离子放电速度快，存在浓差极化，这可能是氰化镀铜具有良好结合力的原因之一，乙二胺在低浓度时无此性质，而当浓度过高时，由于析氢或沉积速度不快影响镀层质量。因此乙二胺体系能否替代氰化镀铜体系还需进一步研究探讨。

乙二胺镀铜液最大的缺点是镀液有一定的毒性和难闻的气味，不适于现代环保的要求。另外在含 Cl^- 的乙二胺溶液中，铁会钝化，因此对镀件的前处理要求较高，否则会影响镀铜层的结合力。Cl^- 的存在不仅使钢铁钝化，而且会妨碍乙二胺在电极上的吸附，使极化值大大下降，因此要严格控制其带入。

2007 年 Hong 等[30]研究了各种配位剂对铜电沉积的影响，指出柠檬酸盐是含有-COH-C-COOH 结构的配位剂。柠檬酸盐用作电镀配位剂有以下几个优点：①柠檬酸盐可以和许多金属离子有很好的配位作用，形成稳定的配合物。当它在酸性时为单齿配体，随着 pH 值的升高而形成螯合环，这样就会使得电镀液更加稳定，同时也可以使得金属配离子在相对较大的含量内发生变化而不影响镀层成分和质量。并且该体系的电流效率比较高，而且随配位剂的量的变化不大。②它在电镀液中还有一定的缓冲作用，可以作为 pH 的缓冲剂，避免 pH 值前后变化过大而造成镀液不稳定以及镀层成分和质量变化。③柠檬酸盐来源广泛，制备简单，价钱低廉且无毒无臭，对人体不会造成伤害，对环境不污染，非常适合作为工业化电镀生产的配位剂。柠檬酸盐可以作为铜离子的螯合剂，其作用与 EDTA 一致，比较两种配位剂在硫酸铜溶液中对镀层结晶的影响，发现它们都能使镀层结晶取向发生改变，从（220）转变成（111），镀层更加柔软。该体系有一些有效的添加剂，这些添加剂在电极表面吸附，形成一层紧密的吸附层，Cu^{2+} 必须穿过这层吸附层才能在电极表面放电，因此其沉积速度受到抑制，这样的电沉积得到的结晶更加致密、细致，也能阻止氢气在阴极上的吸附，使镀层的孔隙率也大为改善。但该工艺存在一个致命的缺点就是镀液不稳定，很容易在温度比较高的环境下发臭长霉，使镀液变质。该工艺可以在钢铁基体以及锌合金基体上不产生置换层或只有轻微的置换现象产生，由此可以得到结合力良好的镀层，而且镀层均匀，色泽美观[31]。鉴于该体系本身的优缺点，在实际生产中，该配方的应用还不广泛。

2008 年王瑞祥[32]提出的用于钢铁基体的中性无氰镀铜液，使用的配位剂具有 $(NCCOOH)_x$ 结构，同时还含有磷酸二氢钠和醋酸铜。该工艺的深镀能力优于氰化镀铜工艺，镀层结合力满足工艺要求，但镀液的整平能力一般，镀层为半光亮铜色，当闪镀电流稍大、时间过长时，镀层为无光泽的棕红色，因此该工艺还需进一步改进。

2008 年邹忠利等[33]选择了 7 种镀铜工艺，包括乙二醇镀铜，乙二胺四乙酸（EDTA）镀铜，氨水镀铜，缩二脲镀铜，柠檬酸盐镀铜，羟基亚乙基二膦酸（HEDP）镀铜，以及复合膦酸盐镀铜。经过工艺综合性能比较，认为氨水和缩二脲镀铜工艺存在置换反应，乙二醇镀铜工艺、EDTA 镀铜工艺、柠檬酸盐镀铜工艺及膦酸盐镀铜工艺在适宜的操作条件下都可以获得外观和结合力较好的镀层。其中乙二醇镀铜溶液的黏度大，造成镀液电导率最小；膦酸盐镀铜工艺得到的镀层结合力最佳。

2008 年洪条民等[34]获得了焦磷酸盐镀铜作为无氰镀铜的打底电镀液的专利，该发明公开了焦磷酸盐镀铜作为无氰镀铜的打底电镀液，其包含开缸剂和补充盐。开缸剂包含如下原料：焦磷酸钾、焦磷酸铜、柠檬酸铵、山梨醇、2-乙烷基磺酸氮苯或萘二磺酸或戊二酸磺酸酯、3-甲醇基氮苯或 2,3-氮苯二羧酸或烟酸丁酯、糊精、烷基硫脲、8-羟基萘苯或苯并三氮杂茂。补充盐为开缸剂中各原料在电镀过程中的补充。该发明不含氰化物、重金属等有害物质，符合欧盟 RoHS 指令（2002/95/EC），镀液稳定，阴极电流密度范围宽，所得镀层细致、均匀、呈半光亮状态；原液开缸，单一补充盐补充，操作方便，管理简单；镀层与基体结合力良好，分散能力及覆盖能力佳；适合于铁素材、锌合金、铝合金、铜合金之预镀。

2008 年占稳等[35]研究了无氰酒石酸盐镀铜工艺，选用某些添加剂研究出一种新的酒石酸盐碱性镀铜工艺，对其镀层的结合力、镀液性能进行了检测，并重点考察了添加剂的电化学影响。实验结果表明：三乙醇胺主要改善低电流密度处镀层质量，硝酸铵能扩大电流密度范围，添加剂 A 能与铜离子配合获得晶粒细致的铜层，添加剂 B 能抑制铜离子的转化速度，有效改善了镀层的脆性。该配方大大改善了镀层的脆性问题，能直接镀上均匀半光亮、使用电流密度宽、中等厚度的铜层；根据极化曲线分析出 4 种添加剂对扩宽使用电流密度、提高阴极电位、改善铜沉积过程具有一定的作用。

2009 年江南机器（集团）有限公司[36]指出亚甲基二膦酸、1-羟基亚乙基-1,1-二膦酸（即 HEDP）、1-羟基亚丁基-1,1-二膦酸中的一种或两种复合物（120～160g/L），以及甲氨二亚甲基膦酸、六亚甲基二胺四亚甲基膦酸、乙二胺四亚甲基膦酸中的一种或两种复合物（6～12g/L）作为主配位剂的无氰镀铜液具有很好的镀铜效果。

2009 年袁诗璞[37]在无氰镀铜的实验研究与生产应用进展中指出 HEDP 无氰碱铜

镀液具有化学活化作用，以及预浸能提高镀层结合力。现在的精力应集中在 HEDP 之外的比其配位能力更强的有机多膦酸的生产技术研发上，以利于复合有机多膦酸盐体系无氰碱铜（国外已应用较多）在我国的推广应用。

2009 年方景礼[38~40]发表了三篇"钢铁件 HEDP 直接镀铜工艺开发 30 年回顾"的文章，第一部分回顾了南京大学原化学系与原邮电部联合对钢铁件 HEDP 直接镀铜工艺的开发历程以及国内外 HEDP 无氰镀铜的工业应用状况。分析了 HEDP、柠檬酸盐、焦磷酸盐和氰化物作为碱性镀铜配位剂的优缺点（见表 19-27）。

表 19-27　HEDP 镀铜和其他配位剂镀铜的性能对比

性能	氰化物	焦磷酸盐	HEDP	柠檬酸盐
毒性	剧毒	低毒	低毒	低毒
稳定性	易电解氧化分解	易水解	稳定	稳定
稳定常数(lgβ)	29.2($[Cu(CN)_3]^{2-}$)	12.57($[Cu(P_2O_7)_2]^{4-}$)	25.03($[Cu(HEDP)_2]^{6-}$)	19.30($[Cu(OH)_2(C_6H_5O_7)_2]^{6-}$)
抑制置换铜的能力	最强	弱	很强	强
表面活性	弱	中	强	弱
铁件在镀液中长期浸泡	表面清洁	有置换铜	表面清洁	表面有污斑
铜层的亮度	一般	一般	较亮	一般
废水处理	二级氧化可完全破坏	一次沉淀可除铜与磷	一次沉淀可除铜与磷	难氧化破坏

结合近 30 年来的生产实践，特别是南京通讯设备厂的 HEDP 镀铜液连续使用了 11 年及成都某厂连续使用了 25 年，笔者认为 HEDP 还是目前碱性无氰镀铜的最佳配位剂，目前国内外市场上销售的无氰镀铜液大部分都是以 HEDP 和同类不同结构有机膦酸作为主配位剂的产物，只是把主配位剂保密起来而已。据蒲海丽和蒋雄[41]介绍，国外 Plaschem 和 Cupral 无氰镀铜均采用有机膦酸作为配位剂。笔者在美国见到乐思公司的无氰镀铜液的颜色和使用条件同 HEDP 镀铜液的一模一样，笔者认为也是同一体系。

笔者文章的第二部分详细介绍了经长期生产考核确认的 HEDP 碱性镀铜的工艺配方、生产流程、镀液和镀层性能以及镀液的维护方法。南京大学化学系与邮电部联合对钢铁件 HEDP 直接镀铜工艺的攻关是完全公开和透明的，所有的资料都已全部公开，大家可以认真阅读并用于生产实践。

笔者文章的第三部分详细比较了几种碱性无氰镀铜螯合剂的环保特性与废水处理难度，分析了氧化破坏法、化学沉淀法和离子交换法处理螯合废水的优缺点（见表 19-28），特别介绍了用钙盐可以很简单地从 HEDP 镀铜液中将 HEDP 合铜的配离子一次就同时完全除去铜和磷的新技术，该技术已在新加坡 RISIS 公司应用了十多年，取得了很好的效果，所以 HEDP 镀铜液的废水是非常好处理的，它比柠檬酸盐镀铜液更容易处理。

表 19-28 五类强螯合剂主要化学性质及废水处理的难易

螯合剂	配位能力	溶液稳定性	毒性	化学分解性	化学沉淀难易
聚合磷酸盐	中强	易水解成 PO_4^{3-}	低	易	易
氨羧配位剂	很强	稳定	中	难	难
多亚乙基多胺	强	稳定	中	难	难
羟基羧酸	强	稳定	低	难	难
有机多膦酸	很强	稳定	低	易	易

2009 年占稳等[42]研究了一种无氰碱性镀铜工艺。镀液配方及工艺参数为：20g/L $CuSO_4 \cdot 5H_2O$，85g/L $C_4H_4O_6KNa \cdot 4H_2O$，20g/L $Na_2SO_4 \cdot 10H_2O$，1.5g/L NH_4NO_3，4ml/L $N(CH_2CH_2OH)_3$，1ml/L HG-01 添加剂（亚胺类化合物），0.5g/L HG-02 添加剂（吡啶类有机物），阳极为磷铜板，温度为 50℃，pH 值为 10～11（用 NaOH 调节），电流密度为 0.5～3.5A/dm²，$A_k : A_a$ 为 2:1，空气搅拌。该工艺具有良好的镀液及镀层性能，使用电流密度较宽，镀层呈半光亮、均匀细致、厚度中等，适合于铁基体上预镀铜。

2009 年杨其国等[43]发明了一种钢铁件无氰电镀铜的方法。步骤一，将钢铁件浸入温度为 50～80℃、浓度为 40～60ml/L 的化学除油液中，浸泡 5～15min，取出后作为阴极插入温度为 40～60℃、浓度为 40～60g/L 的电解除油液中，以不锈钢为阳极，在电流密度为 1.5～2.5A/dm² 的条件下进行阴极电解除油 2～4min，去离子水清洗后再在室温条件下浸入体积分数为 5%～10% 的盐酸中，浸泡 10～60s。步骤二，将上述处理后的钢铁件用去离子水清洗后，在温度为 15～35℃ 条件下浸入无氰电镀铜液中 100～1000s，调节 pH 值为 3.6。步骤三，将上述处理后的钢铁件用去离子水清洗后作为阴极插入酸性硫酸铜电镀液中，以磷铜作为阳极进行电镀铜 10～50min，即得电镀铜的钢铁件。步骤二中的无氰电镀铜液由铜离子、配位剂和水组成，配位剂的浓度为 10～200g/L，铜离子浓度为 0.5～30g/L，所用配位剂为乙二胺四乙酸、三乙四胺六乙酸、羟基亚乙基二膦酸、乙二胺四亚甲基膦酸、氨基三亚甲基膦酸、焦磷酸盐、酒石酸盐、柠檬酸盐、葡萄糖酸盐、硫脲中的两种或两种以上的混合物；步骤三中酸性硫酸铜电镀液由硫酸铜、硫酸、氯离子、添加剂和水配成，硫酸铜浓度为 210g/L，硫酸浓度为 50ml/L，氯离子浓度为 50mg/L，添加剂浓度为 2.0ml/L。

本实施方式制得的产物在烘箱或高温炉加热到 250℃，保温 1h，然后取出在室温的冷水中冷却，用肉眼或 4N 倍放大镜观察，镀层不剥落，不起泡，结合力好。

2009 年杨防祖等[44,45]报道了以柠檬酸盐为配位剂，结合胺化合物为辅助配位剂的钢铁基体上无氰镀铜工艺。通过工艺实验，得到理想的镀液组成和工艺条件为：16.1g/L $CuCl_2 \cdot 2H_2O$，76.6g/L 柠檬酸钾，0.19mol/L 胺化合物，30g/L H_3BO_3，0.38mol/L 导电盐，16.0g/L 氢氧化钾，4.0g/L 添加剂 1（无机化合物），0.01ml/L 添加剂 2（有机胺类化合物）；温度 θ 为 45℃，pH 值为 8.5（用 KOH 调节），搅拌，电流密度为 1.5A/dm²。结果表明，电流效率在 90% 左右，镀液深镀能力达 100%。工艺适用于钢铁、铜及铜合金件的预镀铜；镀液具有活化钢铁表面且不发生铜置换的特点；镀层具有优良的结合力。杨防祖等[18]将柠檬酸盐碱性无氰镀铜工艺中的配位剂柠檬酸替换为酒石酸盐，结果，二者工艺有相似的性能。

2010 年胡德意等[46]研制的无氰预镀铜溶液采用无氰多啮复配混合配位剂，该物质能与铜离子形成高稳定性的螯合配离子，从而大大减少了二价铜离子在基体表面的置换，得到致密、结合力好的镀层。

2010 年杨防祖等[47]研究了柠檬酸盐-酒石酸盐体系锌基合金碱性无氰镀铜工艺，他们以柠檬酸盐、酒石酸盐为主配位剂，研究了锌基合金上碱性无氰镀铜工艺。镀液组成和工艺条件为：二水合氯化铜 16g/L，柠檬酸钾 82g/L，酒石酸钾钠 20g/L，胺化合物 29g/L，硼酸 30g/L，氯化钾 28g/L，氢氧化钾 20g/L，光亮剂 0.01ml/L，温度 45℃，pH 值为 9（用 KOH 或盐酸调节），镀液搅拌，电流密度为 1.0A/dm²。研究了搅拌、镀液温度、pH、铜离子质量浓度和添加剂对镀层外观的影响。测试了镀液的电流效率、深镀能力、分散能力、抗杂质能力、与基体的结合力、表面形貌和结构。结果表明，添加剂体积分数在 0.01~1.50ml/L 范围内均可获得光亮的镀层；电流效率随电流密度、温度和 pH 值的提高而增大；镀液有较强的抗杂质能力，深镀能力达 100%，分散能力为 84.1%，电流效率在 90% 左右。镀层晶粒细小、致密、平整，颗粒分布均匀，与基体结合牢固。

2010 年陈阵等[48]研究了 EDTA 体系无氰碱性镀铜工艺，得出以下结论。①通过对镀液组分、工艺条件以及镀层性能的研究，并综合考虑生产成本等因素，确定了 EDTA 体系无氰镀铜最佳工艺及条件为：$Cu_2(OH)_2CO_3$ 10~20g/L，配合比 2.5，$C_6H_5O_7K_3 \cdot H_2O$ 25~40g/L，KNO_3 4g/L，pH 11~13，温度 50~70℃，电流密度 0.5~3.5A/dm²。②KNO_3 的加入有利于改善镀液性能，可在较大电流密度下降低镀层颗粒尺寸，使镀层结晶颗粒明显细化，得到光亮的镀层；但也存在镀液极化值和电流效率较低、影响后续工艺质量等问题。③本工艺镀液组分简单稳定，易于配制和维护，有较好的综合性能，有望取代传统含氰镀铜工艺。④本工艺所得镀层光亮致密，孔隙率低，结合力良好，可作为装饰防护性镀层或其他合金镀层的底层或中间层。

2010 年 Balleateros J C 等[49]采用甘氨酸配位体系的无氰镀液对镍基体进行无氰镀铜，研究了铜离子沉积初始阶段的电化学行为，发现镀液各组分含量的变化对循环伏安曲线的形状没有影响，并且在整个曲线过程中只发现一个阴极峰，该峰与配合物 CuL_2（L 为甘氨酸根离子）中铜的电沉积有关。

2010 年张强等[50]采用赫尔槽实验和直流电解法，研究了 HEDP 电解液在钢铁基体上直接预镀铜的工艺。结果表明，在镀液中不添加任何添加剂的前提下，镀液平均分散能力为 62.21%，深镀能力达 100%。经过反复弯曲试验，镀层与铁基体无脱离现象，结合力良好。

2010 年周杰[51]研究了羟基亚乙基二膦酸（HEDP）镀铜体系的电化学行为，采用线性电势扫描等电化学方法、电沉积铜层表面扫描电子显微镜（SEM）测试及表观活化能计算，对不锈钢电极上 HEDP 镀铜体系电沉积铜的电极过程进行了研究。结果表明：铜配位离子在不锈钢电极上的还原反应是不可逆的，还原过程受电化学步骤和扩散步骤联合控制，属于混合控制类型；电位扫描曲线在 0.72V 电位处出现的电流峰，可能是由溶液中存在的某一低配位数铜配位离子在电极上放电沉积出铜引起的；随着温度的升高，极化曲线往电位较正的方向移动，阴极极化逐渐减小，沉积层的铜晶粒变得粗大；在塔菲区电位范围内，低配位数铜配位离子放电的表观活化能要普遍低于高配位数铜配位离子放电的表观活化能。

采用循环伏安和计时安培法研究了 HEDP 镀铜液中铜在玻碳电极上电结晶的初期行为。结果表明：HEDP 镀铜体系中，当溶液中不含 CO_3^{2-} 时，其电结晶按连续三维成核方式进行，而 CO_3^{2-} 的加入，使得铜电结晶过程按瞬时三维成核方式进行：成核数密度随着电位的提高而增加。

通过线性电势扫描等电化学方法和电沉积铜层表面 SEM 测试来研究三乙醇胺（TEA）对 HEDP 电沉积铜电化学行为的影响。结果表明：在不锈钢电极及玻碳电极上，TEA 对铜的电沉积有一定的阻化作用；当 TEA 的加入达到一定量时，它能够扩大阴极允许电流密度范围；TEA 的加入并不改变原铜的成核方式，仍为连续三维成核；TEA 的加入能够改善镀液性能，以此获得质量良好的镀层。根据红外光谱、平衡常数计算并结合前面的测试结果提出 TEA 的影响机理。据推测，当 TEA 加入量较少时，体系中 TEA 主要以游离形式存在，随着 TEA 浓度的增加，体系中 $[Cu(TEA)(OH)_2]$ 逐渐增多，当达到某一浓度后，才引起铜还原电化学行为和红外光谱的变化。

2010 年王树森等[52]研究了一种柠檬酸-酒石酸盐无氰镀铜工艺，通过正交试验确定的最佳工艺条件为：55g/L 碱式碳酸铜，260g/L 柠檬酸，32g/L 酒石酸钾钠，1.5g/L 碳酸氢钠，0.02g/L 光亮剂（二氧化硒和三乙醇胺），pH 值为 9.0，温度为 35℃，电流密度为 1.5A/dm²，$A_k : A_a$ 为 1:2，时间为 8min。镀液和镀层的性能测试结果表明，镀液稳定，镀液分散能力为 84.52%，覆盖能力为 4.5，工艺得到的镀层光亮度达到二级以上，镀层结晶细致、均匀，镀层与基体的结合力良好、孔隙率低，可作为碳钢制品的装饰性镀层和续镀其他金属或合金的底层或中间镀层。

2011 年陈阵等[53]对氰化镀铜、柠檬酸-酒石酸镀铜和 EDTA 镀铜工艺进行了比较。结果表明，传统氰化镀铜的综合性能优势明显，EDTA 无氰碱性镀铜溶液的性能优于柠檬酸-酒石酸，其较优的工艺条件为：14g/L $Cu_2(OH)_2CO_3$，$120\sim170$g/L $EDTANa_2$，$25\sim40$g/L $C_6H_5O_7K_3 \cdot H_2O$，4g/L KNO_3，pH 值为 $12\sim13$，温度为 $50\sim70$℃，电流密度为 $0.5\sim3.5$A/dm²。

2011 年计国良等[54]获得了一种低浓度弱碱性无氰镀铜及槽液配制方法的专利，该专利涉及一种既能够保证镀层与基体的结合力，镀液稳定性能极佳，又具有良好的分散能力和深镀能力且工艺维护简单的低浓度弱碱性无氰镀铜及槽液配制方法，由主盐、导电盐、主配位剂、次级配位剂组成，其中：主盐为氯化铜，导电盐由氯化钠、氯化钾及氯化铵混合物构成，主配位剂为酒石酸盐、柠檬酸盐、氨基三亚甲基膦酸盐、羟基亚乙基二膦酸盐、乙二胺四亚甲基膦酸盐混合物，次级配位剂为邻羟基苯甲酸、丁二酰亚胺及其衍生物、二甲基乙内酰脲混合物。优点：既能够保证镀层与基体的结合力，镀液稳定性能极佳，又具有良好的分散能力和深镀能力且工艺维护简单。

2012 年钟洪胜等[55]报道了乙二胺在无氰镀铜工艺中的应用，研究了铁基体上以乙二胺为主配位剂的无氰碱性镀铜工艺。用正交试验讨论了主配位剂及 3 种辅助配位剂的用量对镀液的阴极极化曲线、电化学阻抗谱及铜镀层外观、结合力的影响。确定了最佳工艺条件为：乙二胺 55g/L，辅助配位剂 C 30g/L，辅助配位剂 T 30g/L，辅助配位剂 G 33g/L。最佳配方镀液的分散能力、覆盖能力均良好，电流效率达 80% 以上。中试 100 多件样品的镀层外观及热震试验结合力均合格。在铁基体上用以乙二胺为主配位剂的碱性镀铜工艺代替氰化镀铜预镀是可行的。但由于乙二胺有一定的毒性，并能随水蒸气挥发，一定程度上限制了其进一步应用。

2012 年蒋义锋等[56]在第一代钢铁柠檬酸盐和/或酒石酸盐无氰镀铜工艺的基础上，开发出新一代无氰碱性镀铜工艺，成功地解决了镀液的稳定性问题。镀液的基础配方和工艺条件为：25.0g/L $CuSO_4 \cdot 5H_2O$，0.2mol/L $C_6H_5O_7K_3 \cdot H_2O$，0.05mol/L 辅助配位剂，0.2mol/L 稳定剂，0.02mol/L 活化剂，30g/L H_3BO_3，20g/L KOH，10ml/L 添加剂，温度 θ 为 45℃，pH 值为 8.8～9.2，电流密度为 1.0～1.5A/dm²，阳极为电解铜板。镀液中引入一价铜稳定剂和活化离子，保证了其稳定应用。结果表明，在本工艺条件下，所得镀层性能良好，电流效率高于 90%，镀液的抗杂质性能优良。适用于钢铁、铜合金预镀铜。经一年多的持续生产，镀液保持稳定，产品结合力良好。

2013 年杨艳芹等[57]研究了羟基亚乙基二膦酸无氰镀铜工艺技术。羟基亚乙基二膦酸（HEDP）无氰镀铜工艺技术试验和生产应用表明，该工艺镀层结合力、分散能力、覆盖能力及镀液稳定性好，与氰化镀铜相当，可以替代氰化镀铜作为铁基体的预镀铜，镀液中不含氰化物，对操作人员及环境的危害小。

2014 年詹益腾等[58]发表了无氰高密度碱性镀铜的应用现状和前景，介绍了 SF-8639 无氰高密度铜和 SF-638 无氰碱铜工艺在汽车铝轮毂电镀领域代替预镀哑镍和在五金钢铁零件电镀中代替氰化预镀铜的应用状况，并对比了国外同类技术和常用的预镀工艺（如预镀哑镍、氰化预镀铜）的检测结果（见表 19-29）。与传统工艺相比，上述 2 种无氰碱铜工艺具有减排和降低制造成本的作用。通过 2 年多的生产中试，证明了该工艺在卫浴锌合金件电镀中代替氰化预镀铜和焦磷酸盐镀铜的可行性，其流程更短，减少了设备、水电等投资，可同时达到节水和含铜废水减排的目的。最后阐述了其在电子、可穿戴设备等行业的柔性印刷线路板（FPC）制作和具有导电功能薄膜组件电镀中的应用前景。

表 19-29　SF-8639 无氰高密度铜与美国某公司无氰碱铜、传统氰化预镀铜、预镀哑镍的抽检结果对比 （$J = 1A/dm^2$）

项目	SF-8639 无氰高密度铜	美国某公司无氰碱铜	传统氰化预镀铜	预镀哑镍
电流效率/%	94.6	91.8	59.0	97.2
沉积速率/(μm/min)	0.206	0.200	0.253	0.187
覆盖能力/%	100	100	100	40
分散能力/%	63.0	60.3	58.8	27.2

项目	SF-8639 无氰高密度铜	美国某公司无氰碱铜	传统氰化预镀铜	预镀哑镍
镀层孔隙率/(个/dm²)	1	4	0	>20
镀层附着力	反复弯曲致断，无脱落	反复弯曲致断，无脱落	反复弯曲致断，无脱落	反复弯曲致断，无脱落
镀层韧性	弯曲180°,不断裂	弯曲180°,不断裂	弯曲180°,不断裂	弯曲180°,不断裂

2014 年潘勇等[59]获得了一种碱性无氰高速镀铜镀液的专利，该专利公开了一种碱性无氰高速镀铜镀液，由硫酸铜、氢氧化钠、羧酸钾盐、配位剂、分散剂、光亮剂组成。所述的配位剂为酒石酸钾、缩二脲、丙三醇、羟基亚乙基二膦酸或 EDTA 中的一种或几种和柠檬酸钾的复配物，其中柠檬酸钾的质量分数为 25%～50%。所述的光亮剂为萘二磺酸、糖精、胱氨酸、乙酰硫脲或丙烯基硫脲中的一种或几种和硫代硫酸钠的复配物。所述的光亮剂中硫代硫酸钠的质量分数为 16%～50%。所述的镀液，其特征在于，分散剂为聚乙二醇、聚乙烯亚胺、聚二硫二乙烷磺酸钠中的一种或几种。所述的镀液 pH 值为 8.0～10.0。该镀液成本低、安全环保，能高速镀铜，用该镀液制得的金属镀铜层表面均匀光亮、致密，耐蚀性强，镀层导电率高，耐冲压性能优良，该镀液特别适用于不锈钢的表面镀铜。

2014 年孙松华等[60]发明了一种无氰预镀铜电镀液及其制备方法，所述电镀液由下列质量分数的组分组成：配位剂 1%～60%，铜盐 0.5%～30%，余量为水。所述配位剂的通式为 $M_xH_yP_nO_{3n+1}R_z$，其中 M 为碱金属离子和 NH_4^+ 中的任意一种或多种，R 为酰基；铜盐的通式为 $Cu_x/2H_yP_nO_{3n+1}R_z$，x、n 和 z 均为正整数，y 为 0 或正整数，$x+y+z=n+2$。制备方法如下：①配位剂的制备，将含 M 的碱、碳酸盐或碳酸氢盐与磷酸、含 R 基的一元有机酸或多元有机酸的酸式盐按摩尔比混合反应，然后反应液在 100～800℃条件下一步聚合 0.5～10h 获得配位剂成品；②铜盐的制备，将配位剂与二价铜化合物按摩尔比于水相体系中混合均匀，于 25～100℃反应 0.5～1h，反应结束后经过离心分离并干燥得铜盐；③电镀液的制备，将各组分按比例混合均匀，获得电镀液。

2015 年秦足足等[61]总结了国内外无氰镀铜工艺研究进展，指出无氰镀铜的研究可以多考虑以下几点影响因素：①对于不同的基体材料，工艺侧重点不一样，由于使用的基体金属存在金属活泼性差异，因此在工艺改进方面也会不同。比如常用的钢铁基体比较容易钝化，预镀时既要保证基体处于活化状态，又要保证其不产生置换铜层。使用锌合金、铜等为基体时，由于它们不易钝化，故对基体金属的活化要求不高，重点在于解决置换铜层的问题。当然这也会使无氰镀铜工艺仅能针对某些特殊基体材料，应用范围狭窄。但若无氰镀铜工艺能在某些特殊的基体材料上完全取代氰化镀铜，那么这些工艺的应用范围也会慢慢扩大。②提高配位剂对金属离子的配位能力。上述工艺中有使用辅助配位剂、混合配位剂的，其镀层质量都有明显改善，但当镀液中配位剂与 Cu 的配比高于某一数值时，必然会导致溶液中含铜比例降低，继而使无氰镀铜工艺允许的电流密度低、上镀慢，所以在提高配位剂配位能力的基础上，还要研发出可以扩大允许电流密度范围的添加剂。

2016 年毕晨等[62]研究了六种辅助配位剂对丁二酰亚胺体系无氰镀铜的影响，分别以柠檬酸、酒石酸钾钠、乙二胺四乙酸（EDTA）、三乙醇胺、5,5-二甲基乙内酰脲（DMH）、焦磷酸钾为辅助配位剂无氰电镀铜，镀液组成和工艺条件为：五水合硫酸铜 50g/L，丁二酰亚胺 120g/L，硝酸钾 30g/L，氢氧化钾 40g/L，pH 9，温度 30℃，电流密度 1A/dm²，时间 30min。对比研究了不同辅助配位剂对镀铜层光泽度、允许电流密度范围、槽电压及电流效率的影响。结果表明，6 种辅助配位剂都可提高电流密度上限和降低槽电压。柠檬酸和三乙醇胺对丁二酰亚胺体系镀铜的影响最明显，前者在提高镀层光泽度和降低槽电压方面的作用最大，后者则具有提高电流效率和拓宽允许电流密度范围的作用。

2016 年宋文超等[63]发表了一种无氰碱性光亮镀铜新工艺，提出以 $CuSO_4 \cdot 5H_2O$ 为铜盐、柠檬酸为主配位剂、丁二酰亚胺为辅助配位剂的碱性无氰镀铜工艺。为了更有效地防止铜在钢铁工件上的置换现象，使用了一种超分子表面活性物质脲葫芦（CB-n）作为置换抑制剂。研究出了一种光亮剂，在 45～50℃、电流密度 0.2～3.0A/dm² 范围内，可以在钢铁件上得到光亮、细致、均匀、与基体结合力好的铜镀层，可以取代常规的氰化镀铜工艺。推荐最佳的溶液组成及操作条件范围为 25～30g/L $CuSO_4 \cdot 5H_2O$，75～90g/L $C_6H_8O_7$，8～10g/L $C_4H_5O_2N$，2～5g/L $KNaC_4H_4O_6 \cdot 4H_2O$，25～30g/L H_3BO_3，90～120g/L KOH，0.01～0.05mg/L CB-n，8～20ml/L 光亮剂，pH 值 9.0～11.0；电流密度为 0.2～3.0A/dm²，温度 45～55℃，阳极为纯铜。

2016 年徐金来等[64]发明了一种无氰碱性光亮滚镀铜的溶液及方法，该溶液包含 BH-582 开缸剂 1 号、300ml/L 的 BH-582 开缸剂 2 号、10ml/L 的添加剂和 pH 值调节剂，BH-582 开缸剂 1 号的添加量按其与 BH-582 开缸剂 2 号搭配后最终体系中铜离子的含量为 5～7g/L 计算，pH 值调节剂的用量以最终体系维持在 pH 9～11 为准；添加剂由光亮剂、走位剂和润湿剂按体积比 1：（1～3）：1 组成。该发明提供的无氰碱性光亮滚镀铜的方法是使用前述溶液进行滚镀铜，包括如下步骤：铁基毛坯前处理、活化及水洗后进行无氰碱性光亮滚镀铜。在保证镀层与基体间的结合力的基础上，前述溶液和方法可替代氰化物体系预镀，实现环保清洁生产的目的。

2016 年田长春等[65]发明了一种无氰镀铜溶液及其制备方法，包括铜盐、主碱、铜盐配位剂及光亮剂，其特征在于：所述铜盐配位剂包括主配位剂及辅助配位剂，所述主配位剂为柠檬酸，所述辅助配位剂为丁二酰亚胺；所述光亮剂含有烟酸、吲哚醋酸、聚二氨基脲与乙氧基-2-炔醇醚。该镀液稳定、不易浑浊、抗杂质能力强；镀上的铜层与基体结合力好；镀液的性能和镀层的性能均能达到采用氰化物镀铜所获得的效果；在 $T = 45～55℃$、0.2～3.5A/dm² 范围内，均可得到结晶细致、光亮、柔和的铜镀层，基本无须抛光，即可在其上再套镍、铬或镍铬层；阴极电流效率可达到 70%～85%；使用 ϕ10mm×100mm 管内插片且用阳极平行电镀法测试，深镀能力可达 100%。

2016 年刘定富等[66]发明了一种无氰电镀铜溶液及其制备方法及使用方法，该发明以丁二酰亚胺为主配位剂在钢铁基体表面电镀铜，硫酸铜为主盐，加入硝酸钾为导电盐，有效提高了电流密度范围，同时在镀液中添加柠檬酸和三乙醇胺和硝酸钾，解决镀层与基体结合力不好和晶粒不细密、电流效率不高的问题，该发明应用于碳钢和黄铜表面光亮镀铜和打底镀铜中，能获得良好的表面处理效果。该发明制备方法简单、镀液性质稳定、使用方便、镀层结晶够细致，外观平整性好，镀铜层的纯度与氰化电镀相当，还具有对环境友好、成本低廉的特点。

2016 年林志敏等[67]研究了产业化锌合金无氰镀铜工艺特征，介绍了自主开发的锌合金柠檬酸盐无氰镀铜工艺，并与国内外典型同类产品、氰化镀铜和预镀镍工艺的部分性能进行对比。研究表明，该无氰镀铜工艺在层外观、结合力、耐蚀性、沉积速率、镀液稳定性、工艺可控性、废水处理等方面完全达到技术要求，并已实现了大规模连续稳定工业化生产应用。

2017 年凌国平等[68]发明了一种无氰离子液体镀铜溶液及镀铜工艺，该发明公开了一种无氰离子液体镀铜溶液及镀铜工艺。该镀铜溶液由氯化亚铜和氯化-1-乙基-3-甲基咪唑摩尔比为 1∶2 组成；常温下，将两种粉末按摩尔质量称重，混合后即获得镀液。在镀槽内，镀液温度为 25～80℃，在电流密度为 0.5～5A/dm² 下，以铜丝为阳极，导电待镀件为阴极，与直流电源正、负极相连接，施镀时间根据施镀时的电流密度及所需镀层厚度确定。通过该发明的环保型无氰镀铜液进行镀铜，镀铜的温度范围广、电流密度范围大。

2017 年郑精武等[69]发明了一种适用于宽 pH 值和宽电流密度范围的无氰镀铜电镀液及其制备方法，该发明提供了一种适用于宽 pH 值和宽电流密度范围的无氰镀铜电镀液，包括 20～90g/L 氨基亚甲基二膦酸（AMDP），10～70g/L 肌醇六磷酸（PA）或肌醇六磷酸钠，0.5～15g/L 焦磷酸盐，3～25g/L 铜盐。该发明所提供的无氰镀铜电镀液，适用 pH 值范围是 6～13.5，适用电流密度范围为 0.2～4A/dm²，镀液配方简单，无毒，没有氰化物污染，在铁基体、镁合金、锌或锌合金基体、浸锌后的铝上直接镀铜，获得铜镀层与基体的结合力优异。

2017 年赵雨[70]发明了一种新型无氰镀铜工艺，该发明公开了一种使用了新型配体的镀铜工艺，配体为羧乙基硫代丁二酸根，典型镀液配方为：硫酸铜 0.3mol/L，羧乙基硫代丁二酸氢二钾 1mol/L，镀液组成简单，性能稳定，对杂质不敏感，无毒，不含磷、氮元素，安全环保，在钢铁上打底结合力良好，镀层结晶细致。羧乙基硫代丁二酸根结构为：

2017 年邱媛等[71]发明了一种 HEDP 镀铜无孔隙薄层的制备方法，该发明属于无氰电镀铜工艺的技术领域，具体涉及一种 HEDP 镀铜无孔隙薄层的制备方法。先用砂纸打磨去除浮锈，再进行化学除油和活化，最后用去离子水清洗；配制电镀液；电镀：以电解铜板为阳极，去除铜板表面氧化膜，经 10%～20%稀盐酸溶液活化处理 5～10s，经处理的基板作为阴极，置于电镀液中，镀液组成为碱式碳酸铜 12～16g/L，60% HEDP 水溶液 100～135ml/L，酒石酸钾钠 5～16g/L，碳酸钾 30～50g/L，30%双氧水 2～3ml/L，聚乙二醇 0.2～0.8g/L，十二烷基磺酸钠 0.2～1.0g/L，50～65℃，pH 值 9～11，直流电镀，电流密度为 0.5～3.5A/dm²，在阴极移动条件下电镀，移动速度 3～5cm/s，得到 HEDP 镀铜无孔隙薄层。该发明 HEDP 碱性镀液低毒环保，对生产设备腐蚀很小，其整平能力、分散能力、深镀能力均达到甚至超过氰化镀铜，阴极电流效率高达 95%以上，镀液性能稳定。

2017 年胡国辉等[72]发明了一种无氰镀铜电镀液，该发明提供了一种无氰镀铜电镀液，所述电镀液按浓度包括如下组分：0.2～15g/L 细化剂、0.3～80g/L 速成剂、40～60g/L 硫酸铜、80～180g/L 海因和 20～40g/L 柠檬酸。其中，所述细化剂按质量份包括如下成分：0.1～10 份硫脲改性衍生物和 0.1～5 份硝酸铋；所述速成剂按质量份包括如下成分：0.1～10 份聚乙二醇、0.1～30 份苹果酸和 0.1～40 份丁二酸钠。该发明的电镀液非常稳定，镀液电流效率高，分散能力和覆盖能力好；镀液电流效率高于氰化镀液，能达到 50%～70%；晶粒细化尺寸达 20～80nm，是氰化镀铜的 1/3～1/2，镀层均匀，柔软性好。该电镀液可以在广阔的电流密度范围内，获得好的光亮镀层，镀层延展性能好，镀液为无氰配方，消除了氰化物潜在人身安全事故的危险，大大降低对环境的污染。

2018 年田志斌等[73]发明了无氰碱性镀铜电镀液，主要由以下浓度的组分混合而成：N,N,N'-三-(2-羟丙基)-N'-羟乙基乙二胺 1～60g/L；四羟丙基乙二胺 0～8g/L；1,3-二溴-5,5-二甲基海因 0～0.6g/L；柠檬酸盐和/或酒石酸盐 25～45g/L；铜盐 20～50g/L；无机碱 50～70g/L；导电盐 20～120g/L；水余量；至少从所述 1,3-二溴-5,5-二甲基海因和四羟丙基乙二胺中选择一种。上述无氰碱性镀铜电镀液具有较强的分散能力。

2018 年胡国辉等[74]获得了一种无氰镀铜光亮剂及其电镀液的专利，所述光亮剂包括 A 组分和 B 组分，其中 A 组分为 5,5-二甲基海因和/或 5,5-二甲基海因衍生物，B 组分为咪唑啉啶二酮和/或咪唑啉啶二酮衍生物。该无氰镀铜电镀液，可以在广阔的电流密度范围内，获得好的光亮镀层，镀层延展性能好；且无氰镀铜电镀液的无氰成分消除了氰化物潜在人身安全事故的危险，大大降低对环境的污染。

2018 年左正忠等[75]研究了复合型配位剂无氰碱性光亮镀铜工艺，通过采用复合型配位剂 OJ-c 进行无氰碱性光亮镀铜，研制了新的光亮剂及整平剂。通过电化学方法测试了阴极极化曲线，并利用旋转圆盘电极研究了镀液的整平性能。结果表明：复合型配位剂 OJ-c 对 Cu²⁺ 的配位能力强，镀液稳定，分散能力好，阴极电流效率达 80%；所得铜镀层光亮、细致、均匀、整平性好，可直接在其上镀 Ni、Cr。推荐的镀液组成及操作条件：$Cu_2(OH)_2 \cdot CO_3$ 35～45g/L，OJ-c（复合配位剂）80～110g/L，

K_2SO_4 40～50g/L，OJ-b（光亮剂）3～5g/L，OJ-l（整平剂）1.0～1.5ml/L；CB-n（铜置换抑制剂）0.01～0.05mg/L，温度 35～45℃，pH 值 8.0～9.5，电流密度 0.2～2.0A/dm²；阳极为 Cu 或 P-Cu 板（含 P 0.03%～0.05%）；空气搅拌。

本节参考文献

[1]　布拉斯奇 W R. 一价铜无氰电镀液：CN 1256722 [P]. 2000-06-14.

[2]　Brasch. Cyanide-free monovalent copper electroplating solutions：US 5750018 [P]. 1998-05-12.

[3]　杨防祖，余嫄嫄，黄令，姚光华，周绍民. 亚硫酸盐/硫代硫酸盐体系无氰镀铜 [J]. 电镀与涂饰，2009，28 (3)：1-3.

[4]　田栋，张颖，周长利，夏方诠，郑香丽，刘姗. 一种含硫羰基络合剂的无氰亚铜电镀铜溶液及其稳定化方法 [P]. CN 104131320 A，2014-11-05.

[5]　田栋，孙国新，崔玉，周长利，夏方诠，张颖. 一种无氰亚铜电镀铜锌合金溶液 [P]. CN 104120468 A，2014-10-29.

[6]　无氰镀铜液. 电镀与污染控制，2017，37 (3)：62.

[7]　蔡志华，陈蔡喜，牛艳丽，贾国梁，罗迎花，刘红霞. 无氰镀铜电镀液和电镀方法 [P]. CN 108149285 A，2018-06-12.

[8]　吴双成. 光亮焦磷酸盐滚镀铜 [J]. 材料保护，2000，33 (2)：11-12.

[9]　Aravinda C L, Mayanna S M, Muralidharan V S. Electrochemical behaviour of alkaline copper complexes [J]. Journal of Chemical Sciences，2000，112 (5)：543-550.

[10]　Radisic A, Long G J, Hoffmam M P, et al. Nucleation and Growth of Copper on TiN form Pyrophosphate Solution [J]. Electrochem. Soc.，2001，148 (1)：C41-C46.

[11]　Jayakrishnan Sobha, Vinothini A, Kala C, et al. Electroplating of copper from an amine based noncyanide bath [J]. T ransactions of the Institution of Metal Finishing，2001，79 (5)：171-174.

[12]　Almeida D M. Voltammetric and morphological characterization of copper electrodeposition from non-cyanide electrolyte [J]. Journal of Applied Electrochemistry，2002，32：763-770.

[13]　王钥，郭晓斐，林晓娟. 柠檬酸铵对丙三醇无氰镀铜工艺的影响 [J]. 表面技术，2006，35 (4)：40-45.

[14]　王瑞祥. 钢铁基体碱性无氰镀铜 [J]. 材料保护，2003，36 (4)：62-66.

[15]　王瑞祥. 锌基合金碱性无氰镀铜 [J]. 电镀与涂饰，2003，22 (6)：56-58.

[16]　陈春成. 碱性无氰镀铜新工艺 [J]. 电镀与环保，2003，23 (4)：10-11.

[17]　张梅生，张炳乾. 无氰碱性镀铜工艺 [J]. 材料保护，2004，37 (2)：37-38.

[18]　周卫铭，郭忠诚，龙晋明，等. 无氰碱性镀铜 [J]. 电镀与涂饰，2004，23 (6)：17-19.

[19]　Barbosa L L, Almeida M R H, Carlos R M, Yonashiro M, Oliveira G M. Study and development of an alkaline bath for copper deposition containing sorbitol as complexing agent and morphological characterization of the copper film [J]. Surface and Coatings Technology，2005，192 (3)：145-153.

[20]　陈高，杨志强，刘烈炜，等. 新型柠檬酸盐镀铜工艺 [J]. 材料保护，2005，38 (6)：24-26，29.

[21]　储荣邦，关春丽，储春娟. 焦磷酸盐镀铜生产工艺（Ⅱ）[J]. 材料保护，2006，36 (11)：53，58.

[22]　冯绍彬，商士波，包祥. 电位活化现象与金属电沉积初始过程的研究 [J]. 物理化学学报，2005，21 (5)：463，467.

[23]　冯绍彬，商士波，冯丽婷. 钢铁界面含氧层对镀层结合强度的影响 [J]. 材料保护，2005，38 (6)：4，6.

[24]　冯绍彬，刘清，冯丽婷. 电沉积与铁基体电位活化的增强拉曼光谱研究 [J]. 材料保护，2007，40 (1)：5-7.

[25]　郑文芝，于欣伟，陈姚. 六种无氰镀铜配位物溶液的极化曲线研究 [J]. 材料保护，2007，40 (8)：10-12.

[26]　邵晨，冯辉，卫应亮. 膦酸镀铜新工艺的研究 [J]. 内蒙古石油化工，2007，(2)：20-23.

[27]　庄瑞舫. 羟基乙叉二膦酸电解液镀铜的研究和生产应用（Ⅰ）（待续）——镀铜工艺和电沉积机理 [J]. 电镀与精饰，2012，34 (8)：10-13.

[28]　冯丽婷，刘清，冯绍彬. 提高羟基乙基二膦酸直接镀铜结合力强度研究 [J]. 材料保护，2007，40 (9)：1-4.

[29]　郑文芝，于欣伟，陈姚，等. 氰化镀铜及乙二胺无氰碱性镀铜体系的 EIS 研究 [J]. 广东化工，2007，34 (1)：35，37.

[30]　Hong Bo, Jiang Chuan—hal, Wang Xin-jian. Influence of complexing agents on texture formation of elec-

trodeposited copper [J]. Surface & Coatings Technology, 2007, 201: 7449-7452.

[31] 方景礼. 电镀配合物——理论与应用 [M]. 北京: 化学工业出版社, 2007.

[32] 王瑞祥. 钢铁基体上中性无氰镀铜 [J]. 电镀与涂饰, 2008, 27 (1): 11-12, 19.

[33] 邹忠利, 李宁, 黎德育. 钢铁基体上无氰碱性电镀铜用配位剂的研究 [J]. 电镀与涂饰, 2008, 27 (7): 4-6.

[34] 洪条民, 谢日生. 焦磷酸盐镀铜作为无氰镀铜的打底电镀液 [P]. CN101122037A, 2008-02-13.

[35] 占稳, 胡立新, 程骄, 寇志敏, 欧阳贵. 无氰酒石酸盐镀铜工艺的研究 [J]. 材料保护增刊, 2008, 1, (10): 195-197.

[36] 江南机器（集团）有限公司. 无氰预镀铜溶液 [P]. CN 101348927, 2009-01-21.

[37] 袁诗璞. 无氰镀铜的实验研究与生产应用进展（一）[J]. 电镀与涂饰, 2009, 28 (11): 17-20.

[38] 方景礼. 钢铁件 HEDP 直接镀铜工艺开发 30 年回顾 第一部分——开发历程与近 30 年来的改进 [J]. 电镀与涂饰, 2009, 28 (9): 7-9.

[39] 方景礼. 钢铁件 HEDP 直接镀铜工艺开发 30 年回顾 第二部分——HEDP 碱性镀铜的性能与维护要点 [J]. 电镀与涂饰, 2009, 28 (10): 1-3.

[40] 方景礼. 钢铁件 HEDP 直接镀铜工艺开发 30 年回顾 第三部分——HEDP 及其他碱性镀铜液的废水处理 [J]. 电镀与涂饰, 2009, 28 (11): 14-16.

[41] 蒲海丽, 蒋雄. 无氰碱性镀铜 [J]. 材料保护, 2004, 37 (6): 61-62.

[42] 占稳, 胡立新, 沈瑞敏, 等. 添加剂对酒石酸盐镀铜的影响 [J]. 电镀与涂饰, 2009, 28 (12): 5-8.

[43] 杨其国, 崔春兰, 赵旭红, 李敏, 戚道炼, 高祥娟, 吴子若. 钢铁件无氰电镀铜的方法 [P]. CN101545123A, 2009-09-30.

[44] 杨防祖, 吴伟刚, 林志萍, 等. 钢铁基体上柠檬酸盐碱性无氰镀铜 [J]. 电镀与涂饰, 2009, 28 (6): 1-4.

[45] 杨防祖, 宋维宝, 黄令, 等. 钢铁基体酒石酸盐碱性无氰镀铜 [J]. 电镀与精饰, 2009, 31 (6): 1-5.

[46] 胡德意, 谢欢, 袁艳伟, 等. 碱性无氰预镀铜技术的应用 [J]. 企业技术开发, 2010, 29 (23): 37-39.

[47] 杨防祖, 赵媛, 田中群, 周绍民. 柠檬酸盐-酒石酸盐体系锌基合金碱性无氰镀铜工艺 [J]. 电镀与涂饰, 2010, 29 (11): 4-7.

[48] 陈阵, 郭忠诚, 周卫铭, 武剑, 王永银. EDTA 体系无氰碱性镀铜工艺研究 [J]. 电镀与涂饰, 2010, 29 (8): 4-7.

[49] Balleateros J C, ChaineT E, Ozil P, et al. Initial stages of the electrocrystallization of copper from non-cyanide alkaline bath containing glycine [J]. Journal of Electroanalytical Chemistry, 2010, 645 (2): 94-102.

[50] 张强, 曾振欧, 徐金来, 等. HEDP 溶液钢铁基体镀铜工艺的研究 [J]. 电镀与涂饰, 2010, 29 (3): 5-8.

[51] 周杰. 羟基乙叉二膦酸镀铜体系的电化学研究 [D]. 杭州: 浙江工业大学 [硕士学位论文], 2010.

[52] 王树森, 梁成浩. 柠檬酸-酒石酸盐无氰镀铜工艺研究 [J]. 电镀与涂饰, 2010, 29 (3): 9-11.

[53] 陈阵, 郭忠诚, 周卫铭, 等. 三种铁基体上碱性镀铜工艺的比较 [J]. 电镀与涂饰, 2011, 30 (3): 7-11.

[54] 计国良, 徐曦. 一种低浓度弱碱性无氰镀铜及槽液配制方法 [P]. CN102080241A, 2011-06-01.

[55] 钟洪胜, 于欣伟, 赵国鹏, 等. 以乙二胺为主配位剂的无氰镀铜工艺 [J]. 电镀与涂饰, 2012, 31 (1): 13-16.

[56] 蒋义锋, 陈明辉, 杨防祖, 等. 新型钢铁无氰镀铜工艺及其应用 [J]. 电镀与涂饰, 2012, 31 (8): 7-10.

[57] 杨艳芹, 熊劲松, 王金湘, 羟基乙叉二膦酸无氰镀铜工艺技术研究. 表面工程信息, 2013, (5): 17-19.

[58] 詹益腾, 上官文龙, 田志斌, 陈维速, 王凯. 无氰高密度碱性镀铜的应用现状和前景 [J]. 电镀与涂饰, 2014, 33 (15): 668-670.

[59] 潘勇, 朱岭, 刘小铷, 尹业文. 一种碱性无氰高速镀铜镀液 [P]. CN103668357A, 2014-03-26.

[60] 孙松华, 孙婧. 一种无氰预镀铜电镀液及其制备方法 [P]. CN103789801A, 2014-05-14.

[61] 秦足足, 李建三, 徐金来. 国内外无氰镀铜工艺研究进展 [J]. 电镀与涂饰, 2015, 34 (3): 149-152.

[62] 毕晨, 刘定富, 曾庆雨, 荣恒. 六种辅助配位剂对丁二酰亚胺体系无氰镀铜的影响 [J]. 电镀与涂饰, 2016, 35 (16): 829-833.

[63] 宋文超, 李玉梁, 左正忠, 熊剑锋, 胡哲. 一种无氰碱性光亮镀铜新工艺 [J]. 材料保护, 2016, 49 (3): 57-61.

[64] 徐金来, 赵国鹏, 胡耀红. 一种无氰碱性光亮滚镀铜的溶液及方法 [P]. CN105543908, 2016-05-04.

[65] 田长春, 蔡定健. 一种无氰镀铜溶液及其制备方法 [P]. CN105734622A, 2016-07-06.

[66] 刘定富, 毕晨. 无氰电镀铜溶液及其制备方法及使用方法 [P]. CN106011954A, 2016-10-12.

[67] 林志敏，余泽峰，蒋义锋，黄先杰，谢英伟，杨玉祥，杨防祖．产业化锌合金无氰镀铜工艺特征 [J]．电镀与涂饰，2016，35（23）：1234-1239.

[68] 凌国平，庄晨．一种无氰离子液体镀铜溶液及镀铜工艺 [P].CN106591897A，2017-04-26.

[69] 郑精武，陈海波，乔梁，蔡伟，姜力强，车声雷，应耀，李旺昌，余靓．一种适用于宽 pH 和宽电流密度范围的无氰镀铜电镀液及其制备方法 [P].CN106521574A，2017-03-22.

[70] 赵雨．一种新型无氰镀铜工艺 [P].CN106498457A，2017-03-15.

[71] 邱媛，崔宇，彭华岭．一种 HEDP 镀铜无孔隙薄层的制备方法 [P].CN107190288A，2017-09-22.

[72] 胡国辉，刘军，肖春燕，李礼，吴星星．一种无氰镀铜电镀液 [P].CN107299366A，2017-10-27.

[73] 田志斌，谢丽虹，詹益腾，邓正平．无氰碱性镀铜电镀液 [P].CN107829116A，2018-03-23.

[74] 胡国辉，肖春艳，包海生，李礼，刘军．一种无氰镀铜光亮剂及其电镀液 [P].CN108677227 A，2018-10-19.

[75] 左正忠，付远波，付艳梅，潘琦，宋文超，喻超，叶昌松．复合型配位剂无氰碱性光亮镀铜的研究 [J]．材料保护，2018，51（5）：90-93.

第二十章

化学镀铜配合物

第一节　化学镀铜层的性能与应用

一、化学镀铜在印刷电路板制造上的应用

化学镀铜始于 1947 年，Narcus 首先报道了化学镀铜溶液的组成与操作条件，到 20 世纪 50 年代中期，化学镀铜才得到商业上的承认。第一个类似现代化学镀铜的工艺是 Cahill 于 1957 年发表的，它用酒石酸盐作配位体，用甲醛作还原剂。到 1959 年，化学镀铜才广泛用于双面印刷电路板的孔金属化（或通孔镀铜而导电化）来代替机械的空心铆钉连接。然而早期的化学镀铜溶液的使用寿命只有几小时，镀液稳定性差，不适于连续生产。到 20 世纪 60、70 年代，化学镀铜技术获得重大进展，找到各种高效的稳定剂，使化学镀铜液可以连续稳定地生产，并在双面和多层印刷电路板的孔金属化上获得了大规模的应用，形成了化学镀薄铜、化学镀厚铜等系列产品，能适应减成法、加成法、半加成法来制造各种类型的双面板、多层板和积层式多层板以及高密度高精度多层板制造的需要。

现代的化学镀铜液不仅可在宽广的操作条件下，镀液长时间保持稳定，而且过程状态可以在预设的条件下进行自动参数检测、分析与补充，可以达到长期在最佳条件下连续生产的目的，而且所得镀层的性能优良，孔内铜层的厚度分布均匀。现代的化学镀厚铜工艺已能提供光亮、高速和优良物理性能（如延展性、导电性和可焊性）的厚铜层。例如有的化学镀铜液可在孔径为 0.15mm，板厚与孔径之比为 10 时，平均镀层厚度为 $6.5\mu m$，镀层的拉伸强度为 400MPa，延展性大于 10%，甚至可达 15%。高延展性高速化学镀铜工艺的诞生，已能使孔内的铜不再产生微观断裂或其他缺陷（如孔隙），因而适于耐焊接冲击的全加成、高密度、小孔径的多层印刷电路板的制造。现在，一家大型印刷电路板厂每月要处理 80000m² 板材的化学镀，每年将达 100 万平方米，我国目前约有近 1000 家大中型印刷电路板厂，按每家每年 10 万平方米计算，全国每年有 1 亿平方米的板材要用化学镀铜，按每平方米板材需 0.2L 化学处理液计算，全国每年需要近 0.2 亿升或 2 万吨的化学镀铜处理液。

图 20-1 和图 20-2 是双面印刷电路板和多层印刷电路板的生产流程。

钻孔板──→去毛刺──→清洁调整处理──→水洗──→微蚀刻（化学粗化）──→水洗──→预浸处理──→活化处理──→

水洗──→加速处理──┬─化学镀薄铜──→水洗──→浸稀酸──→电镀铜加厚──→水洗──→图像转移工序

　　　　　　　　　└─化学镀厚铜──→水洗──→干燥或防氧化处理──→图像转移工序

图 20-1　双面印刷电路板的生产流程

钻孔板 —→ 去毛刺 —→ 膨松 $\overset{水洗}{\longrightarrow}$ 除胶 $\overset{水洗}{\longrightarrow}$ 中和 $\overset{水洗}{\longrightarrow}$ 清洁整孔 —→ 水洗 —→ 微蚀刻 —→ 水洗 —→ 预浸 —→ 活化 —→

水洗 —→ 加速 $\Bigg[\begin{array}{l} 化学镀薄铜 —→ 水洗 —→ 浸稀酸 —→ 电镀铜加厚 —→ 水洗 —→ 图形转移工序 \\ 化学镀厚铜 —→ 水洗 —→ 干燥或防氧化处理 —→ 图形转移工序 \end{array}$

图 20-2 多层印刷电路板的生产流程

二、化学镀铜在无线电机体外壳电磁波屏蔽上的应用

电子元器件工作时产生的电磁波会严重干扰电视、无线电通讯和各种电子设备的正常工作。1983 年 10 月 1 日，美国联邦通讯委员会就通过决议，所有电子仪器均要求对 $10 \sim 1000\text{MHz}$ 的电磁波实行屏蔽，目前世界各国也都照此处理。

电磁屏蔽的方法有多种，如采用金属壳体、导电的金属涂料、电弧喷锌、真空沉积金属、导电塑料（碳纤维）以及塑料壳体上化学镀铜和镍层的方法，其中最受欢迎的价廉物美的方法是化学镀的方法。从价格、重量和加工难易上考虑，塑料是制造机壳的首选材料，但它本身的电磁屏蔽效果很差，但在其上镀 $1\mu\text{m}$ 厚的化学镀铜层后就可达到明显的电磁屏蔽效果。$1.5\mu\text{m}$ 厚的化学镀铜层的电磁屏蔽效果超过 $38\mu\text{m}$ 的含镍涂料，$50\mu\text{m}$ 的含铜涂料和 $64\mu\text{m}$ 的热镀锌层，而且成本也最低。

为了使对电磁波的屏蔽达到优异的效果，目前国际上大都采用无甲醛的次磷酸钠为还原剂的化学镀铜，铜层厚度为 $1 \sim 2\mu\text{m}$，所形成的铜层具有针状结晶或多孔状，再在其上化学镀镍，最后进行丙烯氨基甲酸乙酯涂装，涂层与化学镀层间的结合强度可达 200MPa，耐久性也得到大幅提高，电磁屏蔽效果明显增强，真正实现了外观美、效果佳、耐久性好、强度高、能覆盖形状复杂的机壳、覆盖面可选择且接地方便、金属化后塑料不变形、涂层厚度可调、阻抗低、导电率高等目标。电磁屏蔽的市场也是巨大的，据资料介绍，目前，用化学镀的塑料做电子仪器罩壳的市场已达 $45\% \sim 50\%$，当时电子仪器罩壳的全世界需求量约为 5 亿平方米，其中有 1 亿平方米是通过塑料化学镀铜的方法解决的。它是继印刷电路板制造之后，化学镀铜的另一重大应用领域。

表 20-1 列出了某些塑料化学镀 Cu/Ni 的屏蔽效率。人们可以通过控制镀层的厚度，提高镀层的导电、导磁性能来提高其屏蔽效率，减小或消除电磁干扰。目前，为了消除手持蜂窝电话的高频辐射，采用了间同立构聚苯乙烯化学镀屏蔽外壳，不仅屏蔽性能好，且具有调换畸变温度，重量轻容易施镀等优点。这种结构的手持蜂窝电话内藏天线的零件可以减少，因而缩短了组装周期，减轻了手机的重量。

表 20-1 某些塑料化学镀 Cu/Ni 的屏蔽效率

涂 层 厚 度		屏 蔽 效 率			
塑料衬底	Cu/Ni/(10^{-6}in)	300MHz DR＝105dB	100MHz DR＝102dB	300MHz DR＝106dB	1000MHz DR＝112dB
聚碳酸酯	40/15	＞105	＞102	106	88
聚碳酸酯	65/15	＞105	＞102	106	95
泡沫 PPO	65/15	＞105	102	106	92
ABS	65/15	＞105	102	106	88
ABS	100/10[①]	＞105	102	105	72
ABS	80/10[①]	＞105	102	104	68

① 单面应用。

三、化学镀铜在微波和陶瓷电路衬底金属化上的应用

微波和陶瓷混合电路衬底的化学镀铜，是化学镀铜在微电子技术上的新应用。陶瓷电路以往采用薄膜、厚膜共烧及直接镀铜的方法。为了满足封装对功率和散热的要求。20世纪80年代初就开发了陶瓷基板化学镀铜金属化，然后光刻制作所需的电路图形。到1990年，这种技术更加成熟，得到了广泛的应用，它的优点是：

① 导电性好，电流负载大。$50\mu m$ 厚的铜层电阻为 0.5Ω。因此在高频应用时，信号延迟和传输损耗减少。增加导体厚度可提高散热和耗散功率。

② 导热好，在96%和99% Al_2O_3 瓷衬底上，相同厚度（$12.5\mu m$）的厚膜金属化导体，其热阻为 $0.62C/W$，而铜金属化为 $0.585C/W$。

③ 键合性能（Cu 导体上电镀金/镍）及软焊接性能好，可以制作厚膜电阻。

④ 可以制作小于 $100\mu m$ 间距的导体线，大大提高封装互连密度。

陶瓷电路衬底金属化的工艺流程如下：

陶瓷基板──→浸蚀──→活化──→化学镀铜──→涂覆抗致抗蚀剂──→电路图形曝光显影──→图形刻蚀──→除去光致抗蚀剂──→化学镀金。

采用此工艺制作的电路基板，附着强度高，工艺稳定，制作方便，成本低廉，对微波和混合集成电路衬底金属化不失为一种实用有效的工艺途径。该技术不仅适用于96%和99% Al_2O_3 瓷，而且也适用于氧化铍（BeO）和氮化铝（AlN）的金属化。由于 AlN 具有很高的热导率（可达 Al_2O_3 瓷的 $8\sim10$ 倍），热膨胀系数与 Si 相近，绝缘性能好，介电常数低，力学性能好而且无毒。因此作为 Al_2O_3 和 BeO 的首选替代物，是一种潜力很大的新型电子封装材料。近几年来在 AlN 上化学镀铜也进行了大量的研究。

化学镀铜在微电子制造技术中的另一应用是用于陶瓷 MCM 金属化和通孔的制作，代替镀镍。以化学镀铜覆盖芯片（Si）上的铝膜，厚度为 $0.1\sim0.2\mu m$，在互连密度增大，导体分辨率提高的情况下，可以提高导体的导电率。此外在叠层 MCM 制造中，可采用半加成或全加成法制作间距小于 $100\mu m$ 的精细导体电路图形，满足高密度互连的需要。

在大规模集成电路（VLSI）和超大规模集成电路（ULSI）生产过程中，需要在半导体晶片（硅片、砷化镓片等）基体上形成多层的极薄金属层，过去多采用金属铝，但铝连线较高的 RC 延迟严重制约了器件的性能。而铜的导电性远超过铝，铜的抗电迁移能力也比铝好，可以承受更大的电流密度，故近年已改用金属铜层，而最价廉物美的获得铜层的方法就是化学镀铜，然后再刻蚀成尺寸极小的金属线路。目前这一工艺已被广泛采用。

四、化学镀铜在其他各种非导体金属化上的应用

塑料、玻璃、陶瓷、纸张、木材、水泥、鲜花、动物等非导体的金属化是化学镀铜的最早应用。它主要用作非导体后续电镀的最初导电膜，厚度通常只需 $1\sim2\mu m$，故这种应用也称为化学镀薄铜。

化学镀薄铜作为装饰性塑料电镀的开始导电膜比化学镀镍更为有利，它能延长镀层承受室外腐蚀暴露的时间。在过去的几十年间，化学镀薄铜的应用在连续增长。据

估计，现在每年化学镀薄铜的表面积超过数千万平方米。特别是塑料工业的迅速发展，使化学镀铜大有用武之地。据报道，在1979年间，美国汽车的塑料装潢物有一半是采用化学镀铜，近年来全世界的汽车装潢件大部分已转到中国制造。2003年，浙江宁波有10条大型塑料电镀自动线投产，全国则有数百上千条自动线在生产。除了汽车装饰件外，其他的塑料装饰件、工艺美术品、石英钟外壳、气压瓶内盖、无线电机体的外壳、旋钮、装潢品等也大半采用化学镀铜层作为后续电镀的导电层，在国内外的用量都很大，特别是在镍价上涨剧烈的今日。

汽车装饰塑料件的生产流程如下：

第二节　非导体化学镀铜前的活化工艺
（活性配合物）

化学镀铜过程中金属的还原反应是自动催化反应，在被镀的基体表面上一旦发生金属沉积，化学镀就会连续进行。普通的绝缘基体表面不具有催化能力，必须进行适当的活化处理才有可能具有催化能力。

活化处理就是使基体表面形成一层非连续的贵金属微粒，使基体表面具有催化还原铜的能力，从而使化学镀铜反应在整个催化处理过的基体表面上顺利进行。使塑料基体表面活化的方法通常有四种，它们分别是分步活化法、酸基胶体钯活化法、盐基胶体钯活化法和离子钯活化法，这些处理剂大都是特种钯的配合物，下面将逐一介绍。

一、分步活化法

分步活化法是指先敏化、再活化的两步处理法。

1. 敏化液的配方与工艺条件（表20-2）

表20-2　敏化液的配方与工艺条件

溶液组成与操作条件	1(塑料用)	2(塑料用)	3(印制板用)
二氯化锡(SnCl₂·2H₂O)/(g/L)	10～20	30～40	40
盐酸(HCl)/(ml/L)	40	60	100
锡条(Sn)/根	1	1	
温度/℃	15～30	18～25	18～25
时间/min	1～5	5～12	5～12
pH 值	<1	1～2	<1

塑料或印制板经敏化处理后，其表面会形成一层凝胶状物质，它是水洗时因清洗水 pH 值高而使二价锡发生水解反应而形成 $[Sn(OH)Cl]$ 或 $Sn(OH)_2$：

$$SnCl_2 + H_2O \longrightarrow [Sn(OH)Cl] + HCl$$
$$SnCl_2 + 2H_2O \longrightarrow Sn(OH)_2 + 2HCl$$

制品表面上沉积二价锡越多,在活化时形成的催化中心越致密,化学镀的诱导期就越短,镀层的均匀性和结合力也越好。但二价锡太多,催化金属微粒就会堆积,引起化学镀层疏松多孔。

2. 活化液的配方与工艺条件 (表 20-3)

表 20-3 活化液的配方与工艺条件

溶液组成与操作条件	1(塑料用)	2(印制板用)	3(塑料用)
氯化钯(PdCl₂·2H₂O)/(g/L)	0.5~1.0	0.1~0.3	0.1~0.3
二氯化锡(SnCl₂·2H₂O)/(g/L)		10~20	
盐酸(HCl, $d=1.18$)/(ml/L)	5~10	150~250	1~3
温度/℃	15~25	30~40	20~50
时间/min	3~15	1~3	5~10

活化处理就是给非导体表面一层很薄而具有催化活性的金属层。非导体经敏化液处理后,不经水洗就直接浸入活化液中进行活化处理,其表面就会形成由钯微粒或银微粒组成的催化层,它可以引发随后的化学镀铜反应。

分步活化法有两大缺点。一个是孔金属化的合格率低,在化学镀铜后总会发现有个别孔镀不上铜,其主要原因是 Sn^{2+} 很易氧化,特别是敏化后水洗时间稍长,Sn^{2+} 被氧化为 Sn^{4+},从而失去敏化效果,使孔金属化后个别孔沉积不上铜。另一个缺点是活化剂用的是单盐化合物,它们易和铜箔产生置换反应,结果在铜的表面上会生成一层疏松的贵金属置换层,如果在上面直接化学镀铜会造成镀层结合不牢,特别是多层印刷电路板会造成金属化孔和内层线连接不可靠。

敏化时 Sn^{2+} 会吸附在非导体表面,此时将非导体再浸入活化液中,Sn^{2+} 就会和 Pd^{2+} 发生氧化还原反应,并形成金属微粒吸附在非导体表面

$$Sn^{2+} + Pd^{2+} \Longrightarrow Sn^{4+} + Pd$$

有 Sn^{2+} 存在时,钯的吸附量明显上升,据 T. N. Khoperia 的研究,敏化后钯的吸附量是未进行敏化时钯吸附量的 50 倍,而且锡离子的存在还增强了钯与表面的吸附强度。

二、酸基胶体钯活化法

1. 工艺配方与操作条件

胶体钯活化法是 1961 年美国 Shipley 公司首先发明的 (见 U.S.P 3011920)。它具有溶液稳定,使用寿命长,催化性能好,对于大面积和形状复杂的塑料件和印制板都有很好的活化效果,能得到很好的镀层结合力,因而被誉为第二代活化溶液,已在塑料电镀和印制板孔金属化生产上获得广泛的应用。采用胶体钯活化处理,在铜基体上不会形成钯置换层,从根本上解决了化学镀铜层与基体铜之间的结合力问题,并节约了大量的贵金属。由于胶体钯活化性能非常好,也就消除了印制板以往个别孔沉积不上铜的问题。

表 20-4 列出了胶体钯活化液的组成与工艺条件。

表 20-4 胶体钯活化液的组成与工艺条件

溶液组成与操作条件	1(塑料用)	2(塑料用)	3(印制板用)	
			3A	3B
氯化钯(PdCl$_2$·2H$_2$O)/(g/L)	1	1	1	
二氯化锡(SnCl$_2$·2H$_2$O)/(g/L)	37.5	50	2.54	70
盐酸(HCl,37%)/(ml/L)	300	300	200	100
锡酸钠(Na$_2$SnO$_3$·7H$_2$O)/(g/L)	1.5			7
水(H$_2$O)/(ml/L)	600	600	100	
pH 值	<1	<1		

2. 溶液的配制方法（以 3 号配方为例）

3A 液：称取 1g 氯化钯，加入 100ml 去离子水和 200ml 盐酸，搅拌溶解，然后在 30℃±1℃ 恒温水浴条件下加入 2.54g 固体二氯化锡，搅拌反应 12min。

3B 液：将 70g 二氯化锡和 100ml 盐酸混合，再加入 7g 锡酸钠，混合均匀后成 B 液，配制后的 B 液不要求全部溶解。

将 A 液与 B 液混合，搅拌至全部溶解，然后在 45℃ 恒温水浴中处理 3h，最后加去离子水稀释至 1L 即可使用。

胶体钯活化液的活性与稳定性取决于 A 液中 Sn^{2+}/Pd^{2+} 离子浓度比值以及溶液的配制方法。Sn^{2+} 离子和 Pd^{2+} 离子浓度比为 2∶1 时，此时所得到的活化液的活化性能最好，这是由于此时可以形成介稳的钯锡配合物

$$Pd^{2+} + 2Sn^{2+} \longrightarrow [PdSn_2]^{6+}（含 Cl^- 的介稳配合物）$$

$$[PdSn_2]^{6+} \longrightarrow Pd^0 + Sn^{4+} + Sn^{2+}$$

[PdSn$_2$]$^{6+}$ 实际上是一种非常复杂的由 Pd^{2+}-Sn^{2+}-Cl$^-$ 组成的多核簇状配合物，由于它内部电子的转移反应而生成了零价的金属钯微粒以及包裹在其外的 Sn^{2+} 和 Sn^{4+}。

在 30℃ 条件下 [PdSn$_2$]$^{6+}$ 配合物歧化反应 12min，大约有 90% 以上的 Pd^{2+} 离子被还原为金属钯，它们以极细的金属颗粒分散在溶液中。如果此时加入过量的 Sn^{2+} 和 Cl$^-$，这些细小的 Pd 核表面上很快吸附大量的 Sn^{2+} 和 Cl$^-$，形成带负电的胶体化合物，它们悬浮在水溶液中，因为负电荷而相互排斥，而不会聚沉。这就是胶体钯活化液在水中很稳定的原因。

吸附了大量胶体钯的非导体，在水洗时，由于 Sn^{2+} 离子在高 pH（pH>3）时易水解而形成碱式氯化亚锡沉淀

$$SnCl_2 + H_2O \longrightarrow [Sn(OH)Cl] \downarrow + HCl$$

在 SnCl$_2$ 水解沉淀的同时，连同 Pd^0 核一起沉积在被活化的基体表面上。

胶体钯的活性与稳定性除了与 A 液中 Sn^{2+}/Pd^{2+} 比值有很大关系外，也受配制流程很大影响。如果在 30℃ 条件下歧化反应时间太短，[PdSn$_2$]$^{6+}$ 配合物歧化反应不充分，此时就加入 B 液，由于 B 液中大量的 Cl$^-$ 和 Sn^{2+} 立即和没有完成歧化反应的 [PdSn$_2$]$^{6+}$ 配合物发生反应，它会形成另一种非常稳定的 [PdSn$_6$]$^{14+}$ 配合物，它为草绿色，本身不再能将 Pd^{2+} 还原为 Pd^0，所以过早加入 B 液所配制的活化液没有好的活化性能。同样在 A 液中 Sn^{2+} 和 Pd^{2+} 离子混合时间也不能过长，否则形成的 Pd 核聚集过大，这样的胶体钯虽然活化性能好，但溶液的稳定性太差，胶体颗粒太大，

易于沉淀。

酸基胶体钯活化液的主要缺点是盐酸含量高，配制与使用时酸雾大，影响环境。同时酸性太强会对多层印制板经黑化处理的内层连接盘有浸蚀现象，在焊盘处易产生内层粉红圈。此外活化液中含钯量较高，溶液成本也高。

为改善钯-氯活化剂的这些缺点，最近美国专利（U.S.P.5395652）中提出用钯-溴配合物取代钯-氯配合物作活化剂，它具有溶液更稳定，不会产生置换镀层，在高溴离子浓度下催化活性不会下降（钯-氯配合物则会下降），与基体结合力更好等优点。该配合物的基本结构可表示为：

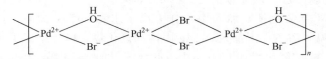

三、盐基胶体钯活化法

1. 工艺配方与操作条件

酸基胶体钯活化液虽然已在生产上获得广泛的应用，但它仍存在下述的三大缺点：

① 在配制活化液时需用大量的浓盐酸，有的高达 500ml/L，它将严重污染环境和损害工作人员的健康。

② 胶体钯的稳定性是靠大量 Cl^- 的配位作用，随着盐酸的挥发，溶液中 Cl^- 减少，且酸性介质中 Sn^{2+} 的氧化速度较快，使胶体钯溶液的稳定性和使用寿命明显下降。

③ 在印制板孔金属化时，较浓的盐酸对露出的孔壁树脂有一定的侵蚀作用，造成化学镀铜层结合力不良。

近年来人们发现，用氯化钠 NaCl 来取代盐酸，可使盐酸用量下降 90% 以上，不仅污染大大减少，活化液容易配制，用钯量可降至酸基胶体钯的 1/10，同时所得活化液的活性也不比酸基的差，这种新型的活化液被称为盐基胶体钯活化液，它用 NaCl 中的 Cl^- 来取代大部分盐酸中的 Cl^- 作钯的配位体，同样可以达到很好的稳定效果。表 20-5 列出了盐基胶体钯活化液的工艺配方。

表 20-5 盐基胶体钯溶液的组成

溶液的组成与操作条件	1(塑料用)	2(塑料用)	3(印制板用)	4(U. S. P 3874882)
氯化钯,$PdCl_2 \cdot 2H_2O$/(g/L)	0.3	0.5	0.25	0.25
盐酸,HCl(37%)/(ml/L)	10	50	10	10
二氯化锡,$SnCl_2 \cdot 2H_2O$/(g/L)	12	26.5	3.2	3.2
氯化钠,NaCl/(g/L)	160	75	250	150~220
锡酸钠,$Na_2SnO_3 \cdot 7H_2O$/(g/L)		3.5	0.5	0.5
尿素,$Co(NH_2)_2$/(g/L)			0.3~0.7	50

2. 活化液的配制方法（以配方 2 为例）

将 0.5g 氯化钯加入 50ml 浓盐酸和 50ml 水中，搅拌至完全溶解，在其中加入

1.5g 二氯化锡，搅拌至完全溶解。另称 75g 氯化钠溶于 350ml 水中，在其中加入 3.5g 锡酸钠和 25g 二氯化锡，搅拌均匀后与前溶液混合，在 45～60℃下保温 2～4h。活化液中加入尿素（见配方 3 和 4），它和溶液中 Sn^{2+} 和 Cl^- 反应，生成稳定的配合物 $[CO(NH_2)_2]SnCl_3^-$，它改变了 Sn^{2+} 的氧化还原电位，空气中的氧不易使配合物中的二价锡氧化为四价锡，同时防止了盐酸的挥发，使溶液的 pH 值稳定。为了使盐基胶体钯保持长久的活化性能（如一年），必须注意以下事项。

① 每周分析一次 Sn^{2+} 的含量，使 $SnCl_2 \cdot 2H_2O$ 含量维持在 3.2g/L，不足可补加固体 $SnCl_2 \cdot 2H_2O$，但不可加太多，过多则溶液活性会变差。

② 每周测量 pH 值一次，维持 pH＝0.3～0.7，pH 不足时，补加盐酸和尿素，每补 1ml 盐酸，同时补加 5g 尿素。

③ 定期分析钯的含量，不足时可补加浓缩胶体钯活化液，浓缩液的配方为：

$PdCl_2 \cdot 2H_2O$	1g/L	$Na_2SnO_3 \cdot 7H_2O$	2g/L
$SnCl_2 \cdot 2H_2O$	12.8g/L	尿素	50g/L
NaCl	250g/L		
HCl	40ml/L		

④ 胶体钯易水解，活化液中严禁添加水，加活化液前必须有预浸液作保护，钯活化液液位降低时不能直接加水，只宜补充预浸液。

四、离子钯活化法

胶体钯活化过程中基体表面会吸附一层亚锡离子和四价锡，它们会影响化学镀铜层的均匀性和附着力。离子钯活化液是一种钯离子配合物的水溶液，它不含亚锡离子，不存在胶体，是一种真溶液。因此，溶液极为稳定，可长期保存，与铜的附着力也很好，但在使用时，必须先在活化液中浸渍，然后在还原液中还原出钯微粒后才有催化效果。

二价钯离子在配位化学上属于偏软的"酸"，它容易与偏软的"碱"形成稳定的配合物（见第二章）。Pd^{2+} 也是亲氧/亲氮相当的离子。即它容易与含氧或氮的配位体形成稳定的配合物。例如 Pd^{2+} 与乙二胺（En）形成的二乙二胺合钯配合物的稳定常数高达 26.9。

$$Pd^{2+} + 2En \Longrightarrow [Pd(En)_2]^{2+} \qquad lg\beta_2 = 26.9$$
$$Pd^{2+} + 4Cl^- \Longrightarrow [PdCl_4]^{2-} \qquad lg\beta_4 = 12.3$$
$$Pd^{2+} + 4Br^- \Longrightarrow [PdBr_4]^{2-} \qquad lg\beta_4 = 13.2$$

Pd^{2+} 容易与各种胺、氨、氨基吡啶、吡啶羧酸、氨基羧酸、羟基羧酸以及多羧酸等形成稳定的配合物。所以碱性离子钯通常是将二氯化钯（$PdCl_2$）和螯合剂（如柠檬酸、对羟基苯甲酸、2-氨基吡啶等）在碱性（pH＞10）条件下反应，即得水溶性的碱性离子钯活化剂。例如，将 0.5g 氯化钯溶于 0.3g 氯化铵的水溶液中，再加入 1g 2-氨基吡啶的水溶液，充分搅拌均匀后加水至 1L，即得碱性离子钯活化液。

基体在活化液中浸渍后，钯配合物会吸附在板面和孔内壁上。由于钯离子与配位体间形成很强的配位键，配离子的还原电位明显负移，铜已无法将配离子中的钯置换出来，用亚锡离子也无法将它还原出来，此时只能用很强的还原剂，如次磷酸钠、水合肼和硼氢化物才能将它还原为具有催化活性的钯微粒。最常用的还原剂是硼氢化物，如甲基硼烷（CH_3BH_3）、硼氢化钾（KBH_4）、二甲氨基硼烷 $[(CH_3)_2NBH_3]$，使用含量为 1％～5％ 的水溶液、温度为室温至 45℃，pH 值在 10.5～10.7 之间，pH＜10.5 会产生沉淀，pH 太高会降低活化效果。为减少硼氢化物的自然分解，一般在溶液中还要加入一定量的硼酸。

第三节　化学镀铜工艺

一、化学镀铜液的成分

化学镀铜是使非导体，如塑料、陶瓷、树脂、玻璃纤维等表面形成一层导电层或功能用铜层。如果只要求给予导电性，可用化学镀薄铜，通常只要镀 0.3～0.5μm 厚即可；若为了节省一次电镀铜，则要用化学镀厚铜，其厚度要在 1.5～2.0μm；如果采用加成法制作印刷电路板，其厚度应为 25～30μm。

化学镀铜是在催化活性的表面上进行的氧化-还原反应，还原剂放出电子，使铜配离子获得电子而被还原成金属铜层，因此化学镀铜液通常由铜盐、配位体、还原剂、pH 调整剂、加速剂、稳定剂和其他添加剂组成。这些成分不仅对镀液的性能（如沉积速度、稳定性、使用温度等）有影响，而且对镀铜层（如外观、韧性、附着力、粒子大小、抗张强度、延展性等）也有明显影响。表 20-6 列出了常用化学镀铜液中各种成分的作用及其实例。

表 20-6　化学镀铜液的成分、作用及其实例

镀液成分	作　用	实　例
1. 铜盐	提供镀铜用铜离子	硫酸铜、硝酸铜、氯化铜、碳酸铜、酒石酸铜、氢氧化铜、醋酸铜等
2. 配位体	①防止 Cu^{2+} 水解 ②改善镀液的稳定性 ③改善沉积速度 ④改善镀层的性能	氨二乙酸、氨三乙酸、EDTA、N-羟乙基乙二胺三乙酸、酒石酸钾钠、柠檬酸钠、葡萄糖酸钠、三乙醇胺、甘油、四羟丙基乙二胺、羟基-(1,1)-亚乙基二膦酸（HEDP）、氨基三亚甲基膦酸（ATMP）
3. 还原剂	使铜配离子还原为金属铜	甲醛或聚甲醛、次磷酸钠、硼氢化钠（或钾）、二甲氨基硼烷
4. pH 调整剂	使镀液 pH 达规定值	氢氧化钠、氢氧化钾、硫酸、有机酸
5. 加速剂	提高镀液的沉积速度	2-羟基吡啶、4-氰基吡啶、2-巯基苯并噻唑、盐酸亚胺脲、腺嘌呤、2-氨基-6 羟嘌呤、苯并三氮唑
6. 稳定剂	抑制 Cu_2O 粉的产生防止镀液自然分解	氰化钠、铁氰化钾、亚铁氰化钾、镍氰化钾、硫氰酸钾、巯基苯并噻唑、若丹宁、联吡啶、1,10-菲啰啉、丙腈、硅酸钠、碘化钾、2-碘-3-羟基吡啶
7. 稳定、加速剂	①稳定镀液 ②加快沉积速度	聚氧乙烯十二烷基硫醚、8-羟基-7-碘-5-磺基喹啉
8. 增韧剂	提高铜层的韧性	聚氧乙烯烷基酚醚、聚氧乙烯烷基醚、全氟烷基碘酸钾、聚氧乙烯脂肪酸胺
9. 光亮剂	提高铜镀层的光亮度	α,α-联吡啶、1,10-菲啰啉

二、化学镀铜工艺

1. 化学镀薄铜工艺

（1）溶液的组成与操作条件

化学镀薄铜只提供一层薄的导电铜层，其厚度约为 $0.3\sim0.5\mu m$。表 20-7 列出了常用化学镀薄铜的工艺配方与操作条件。

表 20-7　化学镀薄铜的工艺配方与操作条件

溶液组成与操作条件	配方 1	配方 2	配方 3	配方 4	配方 5	配方 6
硫酸铜，$CuSO_4 \cdot 5H_2O/(g/L)$	10～15		15	10	6	13
硼酸，$H_3BO_3/(g/L)$					30	
氯化铜，$CuCl_2/(g/L)$		7～10				
柠檬酸钠，$Na_3C_6H_5O_7 \cdot 2H_2O/(g/L)$					15	
EDTA/(g/L)	40～60					
EDTA $Na_2/(g/L)$				25		40
酒石酸钾钠/(g/L)		30～40	45	15		
次磷酸钠，$NaH_2PO_2 \cdot H_2O/(g/L)$					28	
37%甲醛，HCHO/(ml/L)	15～20	15～20	10	15		7
稳定剂	若干	若干				
硫酸镍，$NiSO_4 \cdot 7H_2O/(g/L)$			0.3		0.5	
硫脲，$CS(NH_2)_2/(mg/L)$					<0.2	
铁氰化钾，$K_3Fe(CN)_6/(g/L)$			0.15			
$2,2'$-联吡啶/(mg/L)				20		100
聚乙二醇/(mg/L)			60			
NaOH/(g/L)				15		20
碳酸钠，$Na_2CO_3/(g/L)$	8～12	8～12				
亚铁氰化钾，$K_4Fe(CN)_6/(mg/L)$				10		
pH	12～13	12～13	12.5	12.3	9.2	13.5
$T/℃$	20～30	20～30	30	28～35	65	25～35
厚度/μm	0.35～0.5	0.35～0.5	0.4	1.0	约 0.5	2
时间/min	20～30	30	30～45	30	30	60

（2）溶液的维护与控制（以配方 4 为例）

① 硫酸铜浓度的影响。在其他组分和条件固定的情况下，硫酸铜含量较低时，沉积速度和稳定性随硫酸铜含量的增加变化很小。随着硫酸铜含量增高，沉积速度逐渐加快（见图 20-3），当达到某一定值后，镀速变化不再明显。而硫酸铜含量增加，副反应也加快，溶液中 Cu^+ 增加，镀液稳定性变差，因此最佳硫酸铜浓度应控制在 $10\sim20g/L$ 范围内。

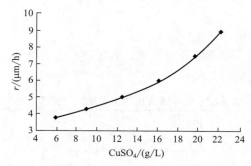

图 20-3　硫酸铜浓度对镀速的影响

  ② 配位体 EDTA 和酒石酸钾钠（tart·K·Na）浓度的影响。由图 20-4 和图 20-5 可见，随着酒石酸钾钠浓度的增加，沉积速度提高，溶液稳定性下降。相反，随着 EDTA 浓度的增加，沉积速度则下降，溶液稳定性提高，综合考虑镀速与稳定性，EDTA 以 25g/L，酒石酸钾钠以 15g/L 为宜。图中镀液的稳定性是指用超负载 4～5 倍的大片连续镀覆至镀液中能看到红色铜粉和氢气剧烈发生时所需的时间（h）。

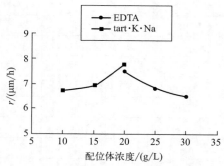

图 20-4　配位体浓度对镀速的影响

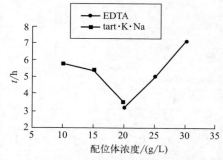

图 20-5　配位体浓度对溶液稳定性的影响

  ③ 甲醛浓度的影响。图 20-6 示出了甲醛浓度对镀速的影响。图 20-7 是甲醛浓度对溶液稳定性的影响。由图可见，随着甲醛含量的增加，沉铜速度迅速提高，而溶液

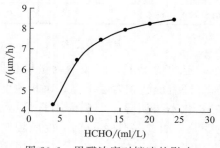

图 20-6　甲醛浓度对镀速的影响

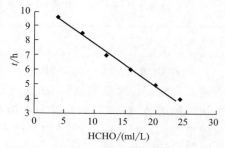

图 20-7　甲醛浓度对溶液稳定性的影响

的稳定性则直线下降。甲醛含量低于 8ml/L 时，沉积速度太慢，含量太高时溶液不稳定，15ml/L 是较佳的浓度。

④ 溶液 pH 的影响。溶液 pH 对镀速的影响如图 20-8 所示，图 20-9 是溶液 pH 对镀液稳定性的影响。由图可见，提高镀液的 pH 值，可迅速提高沉积速度，但溶液的稳定性也直线下降。当 pH＞13 时，副反应加剧，镀液稳定性显著下降。而 pH＜11.5 时，沉积速度很慢，几乎看不到反应。所以溶液的 pH 值应控制在 12～13 之间。

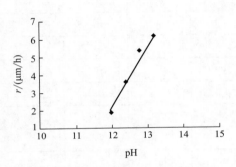

图 20-8　溶液 pH 对镀速的影响

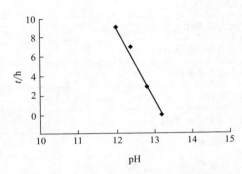

图 20-9　溶液 pH 对镀液稳定性的影响

⑤ 镀液温度的影响。镀液温度对镀速和镀液稳定性的影响如图 20-10 和图 20-11 所示。由图可见，镀速和镀液的稳定性急剧下降，镀液分解加剧，所得铜层粗糙疏松，因此温度以控制在 36～40℃为宜。

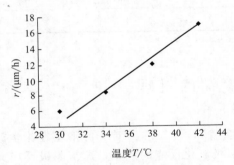

图 20-10　温度对镀速的影响

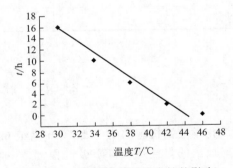

图 20-11　温度对镀液稳定性的影响

2. 化学镀厚铜工艺

化学镀厚铜液的组成和操作条件列于表 20-8。

从表 20-8 可见，化学镀厚铜大都采用 EDTA 作配位体，这主要是因为它既能与 Cu^{2+} 形成稳定的配合物，使镀液稳定，难以形成 Cu_2O 粉，同时形成的配离子又能以较快的速度被甲醛还原，这样就可以获得较厚的铜层。

化学镀厚铜工艺可以直接获得厚的镀层，也就节省了镀薄铜后的镀酸铜工序，它尤其适于增层法制造印刷电路板。

表 20-8　化学镀厚铜液的组成和操作条件

溶液组成与操作条件	配方 1	配方 2	配方 3	配方 4	配方 5
硫酸铜($CuSO_4 \cdot 5H_2O$)/(g/L)	10	10	15	15	10
EDTA Na_2/(g/L)	12.5	45		45	
甲醛(HCHO,37%)/(ml/L)	8	15	40	15	3
氢氧化钠(NaOH)/(g/L)	6	14		14	
EDTA/(g/L)			31		45
氰化镍钾($K_4[Ni(CN)_6]$)/(mg/L)			10		
五氧化二矾,V_2O_5/(mg/L)					5
亚铁氰化钾($K_4[Fe(CN)_6]$)/(mg/L)	20	100		100	
铁氰化钾($K_3[Fe(CN)_6]$)/(mg/L)					10
2,2'-联吡啶/(mg/L)	10		10	10	
聚乙二醇($M=1000$)/(g/L)			0.7		
2-巯基苯并噻唑/(mg/L)		4			
氰化钾(KCN)/(mg/L)				1	
pH	12.5	11.7	12.5	12.3	12.5
T/℃	70	60	70	60	70
沉积速度/(μm/h)	7	5	8	4	5～8
延伸率	5%～7%				12.3

第四节　化学镀铜的机理

　　化学镀铜机理的研究始于 20 世纪 60 年代。1964 年 Lukes 首先弄清楚在化学镀铜时放出的氢气是来自阳极过程，是甲醛的阳极氧化反应的产物，这与阴极反应无关。1966 年齐藤围用局部阳极和局部阴极反应的概念来说明化学镀铜反应。1968 年 Paunovic 首先用混合电位的概念来说明化学镀铜的反应机理，证明可以用阴、阳极极化曲线的方法来研究化学镀铜反应。1971 年 Schoenberg 弄清了镀液中铜配离子的结构，并由此说明化学镀铜的最佳 pH 值。1973 年 Shippey 和 Donahue 提出了一种酒石酸盐-甲醛体系化学镀铜沉积速度与各成分浓度关系的经验方程式，它与实测值很吻合，由此可知各成分的反应级数。进入 80 年代后，人们利用化学镀铜的电化学机理及极化曲线方法研究了各种体系化学镀铜的反应机理及各种添加剂的作用机理。1988 年洪爱娜发表了次磷酸钠-柠檬酸钠体系化学镀铜工艺及沉积速度与各成分浓度的经验方程式，为无甲醛污染的化学镀铜的应用奠定了基础。

一、局部阳极反应

按电化学反应机理，局部阳极反应为甲醛的氧化和氢气的产生：

$$2HCHO+4OH^- \longrightarrow 2HCOO^-+H_2+2H_2O+2e^- \tag{20-1}$$

这个反应实际上是下列三步反应的总和。

（1）亚甲基二醇阴离子的形成

甲醛与水反应形成亚甲基二醇，它在碱性溶液中离解为亚甲基二醇阴离子。

$$HCHO+H_2O \Longrightarrow CH_2(OH)_2 \tag{20-2}$$

$$CH_2(OH)_2+OH^- \longrightarrow H_2C\overset{OH}{\underset{O^-}{}} +H_2O \tag{20-3}$$

（2）接触脱氢反应

$$H_2C\overset{OH}{\underset{O^-}{}} \overset{M}{\longrightarrow} \left[M\cdot H_2C\overset{OH}{\underset{O^-}{}}\right]_{ad} \longrightarrow HCOOH+H_2O+M\cdot H_{ad}+e^- \tag{20-4}$$

（吸着态）

（3）氢气的形成

$$M\cdot H_{ad}+M\cdot H_{ad} \longrightarrow H_2\uparrow+M \tag{20-5}$$

式中，M 表示金属表面；ad 表示吸着态。

接触脱氢反应是一种表面催化反应，它受电极的种类和表面状态的影响很大。亚甲基二醇阴离子的形成要消耗碱，因此局部阳极反应速率（通常用阳极电流表示）受溶液 pH 的影响，图 20-12 为实测一定甲醛浓度下溶液 pH 对局部阳极的极化曲线的影响。由图可见，随着溶液 pH 值的升高，阳极电流不断增大，反应速率加快。在一定 pH 下改变甲醛的浓度，所得阳极的极化曲线如图 20-13 所示，每根曲线都有一极大值，它们与一定的电位值相对应，即当阳极电位比 $-0.5V$ 正时，阳极电流迅速下降，使电极表面催化功能消失，从而抑制了甲醛的氧化。

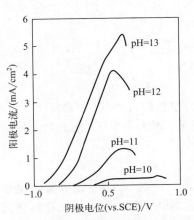

图 20-12　pH 对局部阳极极化曲线的
影响，HCHO 为 0.1mol/L，25℃

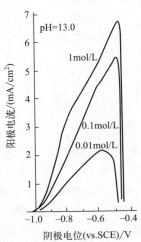

图 20-13　甲醛浓度对阳极极化
曲线的影响，pH＝13，25℃

根据齐藤围的研究，认为在此电位下铜表面开始形成 Cu_2O：

$$2Cu+H_2O \Longleftrightarrow Cu_2O+2H^++2e^- \tag{20-6}$$

$$E=E_0-0.0591pH=0.214-0.0591pH \quad (vs. SCE，25℃) \tag{20-7}$$

在 pH=13 时，$E=0.214-0.7683=-0.5543(V)$

此电位即 pH=13 时阳极电流极大值对应的电位。

二、局部阴极反应

Cu^{2+} 在碱性酒石酸盐（$tart^{2-}$）溶液中会形成 Cu^{2+} 的螯合物。根据 Tikhonor 等用分光光度法进行的研究，认为在 pH=2～5 时形成的是 $[Cu(tart)]$ 配合物，在 pH=5.3～9.0 时形成的是 $[Cu(OH)(tart)]^-$ 配离子，在 pH=9～13.5 时形成的是 $[Cu(OH)_2(tart)]^{2-}$ 配离子，其不稳定常数 $K=7.3\times10^{-20}$。

Meites 用极谱法研究了汞电极上碱性酒石酸铜配离子的阴极还原反应，认为反应可以用下式表示：

$$[Cu(OH)_2(tart)_2]^{4-}+2e^- \longrightarrow Cu+2tart^{2-}+2OH^- \tag{20-8}$$

齐藤围确定在 pH=10～13 时酒石酸铜配离子的形式为 $[Cu(OH)_2(tart)]^{2-}$，其阴极还原可以有两种方式：

（1）先离解出 Cu^{2+}，然后 Cu^{2+} 还原为金属铜

$$[Cu(OH)_2(tart)]^{2-} \Longleftrightarrow Cu^{2+}+2OH^-+tart^{2-} \tag{20-9}$$

$$Cu^{2+}+2e^- \longrightarrow Cu \tag{20-10}$$

（2）配离子直接放电

$$[Cu(OH)_2(tart)]^{2-}+2e^- \longrightarrow Cu+2OH^-+tart^{2-} \tag{20-11}$$

研究酒石酸盐对铜的摩尔比（R）不同的溶液的阴极极化曲线，结果如图 20-14 所示。由图可见，在摩尔比 $R<1.25$ 时，极化曲线出现三个峰，其中 O 峰为配离子离解出的 Cu^{2+} 的还原峰，它处在较正的电位。Q 峰仅在 $R=1$ 时明显，当 $R=1.25$ 时已很小，R 值再增大时则消失。齐藤围以为这是 $[Cu(OH)_2(tart)]^{2-}$ 以外的离子的放电峰，笔者认为这可能是在高 pH、低 $[tart^{2-}]$ 时形成的下列多核铜配合物的放电峰，其放电的电位较负。

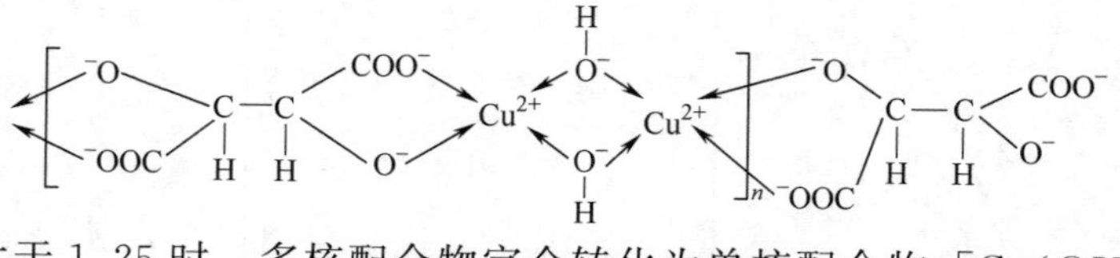

当 R 值大于 1.25 时，多核配合物完全转化为单核配合物 $[Cu(OH)_2(tart)]^{2-}$，其放电峰为 P 峰。在实际的化学镀铜液中，R 值通常都大于 1.5，因此局部阴极反应为酒石酸铜配离子的直接放电。

三、化学镀铜的经验速度定律

化学镀铜的电化学反应模式可由图 20-15 看出。曲线 M 是在铜电极上测定的外部极化曲线，曲线 c 为局部阴极的极化曲线。在实际化学镀铜时，被氧化的物质和被还原的物质共存于溶液中，它们有可能发生作用。同时，局部阴极电流还包含溶液氧或 H^+ 的还原电流，所以实际测定的只能是外部极化曲线。

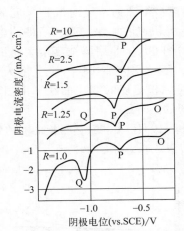

图 20-14　酒石酸盐浓度对局部阴极极化曲线的影响，Cu 为 0.02mol/L，pH＝12.0，25℃，R＝酒石酸钾钠/Cu（摩尔比）

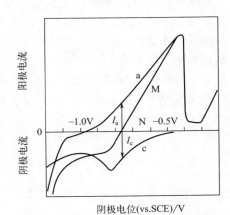

图 20-15　化学镀铜的电化学机理示意图

化学镀铜的反应是在无外加电流时的反应，即在电位 N 处进行，这个电位被称为混合电位（mixed potential），在此电位下外部电流为零，此时阳极电流（I_a）和阴极电流（I_c）均为零，即

$$I_a＋I_c＝0,\quad |I_a|＋|I_c|＝I_0 \tag{20-12}$$

I_0 称为在混合电位时的交换电流密度。化学镀铜的沉积速度 ν［单位为 g/(h·cm²)］，可由 Cu^{2+} 的电化当量 X［单位为 g/(A·h)］与 I_0 的乘积来表示。

$$\nu＝XI_0＝1.185I_0\ [g/(h·cm^2)] \tag{20-13}$$

从极化曲线求得 I_0 值，即可从式(20-13)算出化学镀铜的沉积速度。此法可以用来研究各种溶液成分和作业条件对沉积速度的影响。

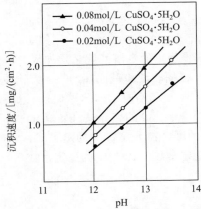

图 20-16　沉积速度随 pH 和 Cu 浓度的变化曲线，HCHO 为 0.3mol/L，酒石酸钾钠/硫酸铜＝2.5（摩尔比），25℃

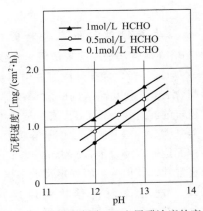

图 20-17　沉积速度随 pH 和甲醛浓度的变化曲线，$CuSO_4·5H_2O$ 为 0.04mol/L，酒石酸钾钠为 0.1mol/L，pH＝12，25℃

实际测定酒石酸钾钠-甲醛化学镀铜体系中镀液 pH 和铜浓度对沉积速度的影响如图 20-16 所示。随着镀液 pH 和铜浓度的升高，沉积速度加快，阳、阴极的电流上升。随着铜浓度的增大，混合电位向正方向移动。图 20-17 是甲醛浓度增大时沉积速度随 pH 的变化关系。随着甲醛浓度的升高，阴、阳极反应都加快（电流增大），沉积速度也加快。图 20-18 是酒石酸钾钠浓度升高时沉积速度的变化曲线。由图可见，随着酒石酸钾钠浓度的升高，沉积速度只有很微弱的上升。

Shippey 和 Donahue 也研究了 Cu^{2+}、OH^- 和 HCHO 浓度对沉积速度的影响，结果如图 20-19 所示，他利用通常反应速率定律的表达式。

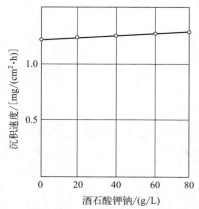

图 20-18　酒石酸盐浓度对沉积速度的影响
（$CuSO_4 \cdot 5H_2O$ 为 0.04mol/L，HCHO 为
0.3mol/L，pH＝12，25℃）

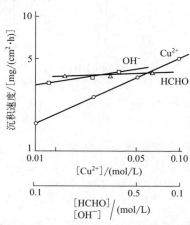

图 20-19　Cu^{2+}、OH^- 和 HCHO 的
反应级数的测定

第五节　化学镀铜的配位体

一、化学镀铜常用配合物的稳定常数

Cu^{2+} 在碱性溶液中会形成氢氧化铜沉淀，要获得稳定的真溶液就必须加入合适的配位体，使 Cu^{2+} 转化为在碱性溶液中稳定的配合物。根据软硬酸碱原理，Cu^+ 为软酸，它容易与含 S、N 和共轭结构的软碱配体（如 CN^-、1,10-菲咯啉、α,α'-联吡啶、硫脲等）形成稳定的配合物。而 Cu^{2+} 属于交界酸，它容易与含 N、O 的交界碱（如氨基酸、羟基酸、羟基膦酸、氨基膦酸、烷基醇胺等）形成稳定的配合物。表 20-9 列出了 Cu^+、Cu^{2+} 同各种配位体（螯合剂，chelate）形成的配合物的稳定常数。表中 K 为稳定常数，β 为积累稳定常数，其值为各级稳定常数之积（如 $\beta_2 = K_1 \cdot K_2$，$\beta_3 = K_1 \cdot K_2 \cdot K_3$）。

二、配位体对化学镀铜速度的影响

适于化学镀铜用的配位体很多，在选择配位体时，除了考虑在碱性液中防止产生氢氧化铜沉淀的能力外，还必须考虑其对沉积速度的影响，抑制 Cu_2O 粉产生的能力以及对铜镀层物理-力学性能的影响，只有这三方面都优良的配位体才是最佳的配位体。

表 20-9 Cu^+ 和 Cu^{2+} 配合物的稳定常数

配 体 名 称	结 构	稳 定 常 数
氯离子	Cl^-	Cu^{2+}: lgK_1 0.98, $lg\beta_2$ 0.69, $lg\beta_3$ 0.55
氟离子	F^-	Cu^{2+}: lgK_1 0.95
氰基	CN^-	Cu^+: $lg\beta_2$ 24, $lg\beta_3$ 29.2, $lg\beta_4$ 30.7
羟基	OH^-	Cu^{2+}: lgK_1 6.0
磷酸氢根	HPO_4^{2-}	Cu^{2+}: lgK_1 6.0
焦磷酸根	$P_2O_7^{4-}$	Cu^{2+}: lgK_1 6.7, $lg\beta_2$ 9.0
三聚磷酸根	$P_3O_{10}^{5-}$	Cu^{2+}: lgK_1 9.3, $Cu(HP_3O_{10}^{4-})$ lgK 14.9
硫氰酸根	SCN^-	Cu^+: $lg\beta_2$ 11.0 Cu^{2+}: lgK_1 1.7, $lg\beta_2$ 2.5, $lg\beta_3$ 2.7, $lg\beta_4$ 3.0
硫酸根	SO_4^{2-}	Cu^{2+}: lgK_1 1.0, $lg\beta_2$ 1.1, $lg\beta_3$ 2.3
硫代硫酸根	$S_2O_3^{2-}$	Cu^{2+}: lgK_1 10.3, $lg\beta_2$ 12.2, $lg\beta_3$ 13.8
氨	NH_3	Cu^+: lgK_1 5.90, $lg\beta_2$ 10.80 Cu^{2+}: lgK_1 4.13, $lg\beta_2$ 7.61, $lg\beta_3$ 10.48, $lg\beta_4$ 12.59
醋酸	CH_3COOH	Cu^{2+}: lgK_1 1.70, $lg\beta_2$ 2.65, $lg\beta_3$ 2.60, $lg\beta_4$ 2.54
氨基乙酸	H_2NCH_2COOH	Cu^{2+}: lgK_1 1.70, $lg\beta_2$ 2.65, $lg\beta_3$ 2.60, $lg\beta_4$ 2.54
羟基乙酸	$HOCH_2COOH$	Cu^{2+}: lgK_1 8.22, $lg\beta_2$ 15.11
α-氨基丙酸	$CH_3-\overset{\overset{\displaystyle NH_2}{\|}}{C}HCOOH$	Cu^{2+}: lgK_1 8.17, $lg\beta_2$ 15.01
2,3-二氨基丙酸	$\overset{\overset{\displaystyle NH_2\ \ NH_2}{\|\ \ \ \ \|}}{CH_2-CHCOOH}$	Cu^{2+}: lgK_1 11.46, $lg\beta_2$ 19.95
2,3-二羟基丙酸	$\overset{\overset{\displaystyle OH\ \ \ OH}{\|\ \ \ \ \|}}{CH_2-CHCOOH}$	Cu^{2+}: lgK_1 12.51
乙醇胺(EA)	$H_2NCH_2CH_2OH$	Cu^+: $lg\beta_2$ 9.41, $lg\beta(CuL_3OH^+)$ 17.70 Cu^{2+}: $lg\beta_2$ 16.48
二乙醇胺(DRA)	$NH\underset{\diagdown CH_2CH_2OH}{\overset{\diagup CH_2CH_2OH}{}}$	Cu^+: $lg\beta_2$ 7.98 Cu^{2+}: lgK_1 3.8, $lg\beta_2$ 16.0
三乙醇胺(TEA)	$N-CH_2CH_2OH$ (三个 CH_2CH_2OH)	Cu^+: $lg\beta$ 27.98 Cu^{2+}: lgK_1 3.9, $lg\beta_2$ 6.0
N,N-双(2′-羟乙基)甘氨酸	$N-CH_2CH_2OH$ (CH_2CH_2OH, CH_2COOH)	Cu^{2+}: lgK_1 10.3, $lg\beta_2$ 13.5, $lg\beta_3$ 15.1
2-氨基-3-巯基丙酸(半胱氨酸)	$HSCH_2\overset{\overset{\displaystyle NH_2}{\|}}{C}HCOOH$	Cu^{2+}: lgK_1 19.2

续表

配 体 名 称	结 构	稳 定 常 数
乙二胺（En）	$H_2NCH_2CH_2NH_2$	Cu^+：$\lg\beta_2$ 10.63 Cu^{2+}：$\lg K_1$ 10.44，$\lg\beta_2$ 19.60
二乙烯三胺（bien）	$H_2NCH_2CH_2NHCH_2CH_2NH_2$	Cu^{2+}：$\lg K_1$ 16.02，$\lg\beta_2$ 20.88
三乙烯四胺（trien）	$H_2NCH_2CH_2NHCH_2CH_2NHCH_2CH_2NH_2$	Cu^{2+}：$\lg K_1$ 19.31
氨二乙酸	$HN\Big\langle\begin{array}{l}CH_2COOH\\CH_2COOH\end{array}$	Cu^{2+}：$\lg\beta_2$ 16.20
氨三乙酸（NTA）	$N\Big\langle\begin{array}{l}CH_2COOH\\CH_2COOH\\CH_2COOH\end{array}$	Cu^{2+}：$\lg K_1$ 13.6
N-羟基乙基乙二胺	$H_2NCH_2CH_2NHCH_2CH_2OH$	Cu^{2+}：$\lg K_1$ 10.07，$\lg\beta_2$ 17.58
乙二胺单乙酸	$H_2NCH_2CH_2NHCH_2COOH$	Cu^{2+}：$\lg K_1$ 13.40，$\lg\beta_2$ 21.44
乙二胺-N,N'-二乙酸	$HOOCH_2NHCH_2CH_2NHCH_2COOH$	Cu^+：$\lg\beta_2$ 19.8
乙二胺-N,N'-二乙酸-N,N'-二丁酸	$\begin{array}{c}HOOCH_2\quad\quad CH_2COOH\\ \diagdown N CH_2 CH_2 N \diagup \\ HOOCH_2CH_2CH_2\quad CH_2CH_2CH_2COOH\end{array}$	Cu^{2+}：$\lg K_1$ 18.76
乙二胺四乙酸（EDTA）	$\begin{array}{c}HOOCH_2\quad\quad CH_2COOH\\ \diagdown N CH_2 CH_2 N \diagup \\ HOOCH_2\quad\quad CH_2COOH\end{array}$	Cu^+：$\lg K_1$ 8.5 Cu^{2+}：$\lg K_1$ 18.8，$\lg\beta(CuHL)$ 21.8，$\lg\beta[Cu(OH)L]$21.2
二乙三胺五乙酸（DTPA）	$\begin{array}{c}HOOCH_2\quad CH_2COOH\quad CH_2COOH\\ \diagdown N CH_2 CH_2 N CH_2 CH_2 N \diagup \\ HOOCH_2\quad\quad\quad CH_2COOH\end{array}$ （DTPA）	Cu^{2+}：$\lg K_1$ 20.50，$\lg\beta(CuHL)$ 24.5，$\lg\beta(Cu_2L)$26.0
羟乙基乙二胺三乙酸（HEDTA）	$\begin{array}{c}HOOCH_2\quad\quad CH_2CH_2OH\\ \diagdown N CH_2 CH_2 N \diagup \\ HOOCH_2\quad\quad CH_2COOH\end{array}$ （HEDTA）	Cu^{2+}：$\lg K_1$ 17.42
环己二胺四乙酸（DCTA）	$\begin{array}{c}N\Big\langle\begin{array}{l}CH_2COOH\\CH_2COOH\end{array}\\ N\Big\langle\begin{array}{l}CH_2COOH\\CH_2COOH\end{array}\end{array}$	Cu^{2+}：$\lg K_1$ 21.3，$\lg\beta(CuHL)$24.4
柠檬酸	$\begin{array}{c}OH\\HOOC-CH_2-\overset{|}{\underset{|}{C}}-CH_2COOH\quad H_4L\\COOH\end{array}$	Cu^{2+}：$\lg K_1$ 18，$\lg\beta$（CuHL）22.3，$\lg\beta(CuH_3L)$28.3
1-羟基-(1,1)-亚乙基-1,1-二膦酸（HEDP）	$\begin{array}{c}H_3C\quad PO_3H_2\\ \diagdown C \diagup \quad H_4L\\ HO\quad PO_3H_2\end{array}$	Cu^{2+}：$\lg K_1$ 12.48，$\lg\beta(CuHL)$6.26，$\lg\beta(Cu_2L)$16.86
亚甲基二膦酸（MDP）	$CH_2\Big\langle\begin{array}{l}PO_3H_2\\PO_3H_2\end{array}$	Cu^{2+}：$\lg K_1$ 6.78
乙二胺四亚甲基膦酸（EDTMP）	$\begin{array}{c}H_2O_3PCH_2\quad CH_2PO_3H_2\\ \diagdown N CH_2 CH_2 N \diagup \\ H_2O_3PCH_2\quad CH_2PO_3H_2\end{array}$	Cu^{2+}：$\lg K_1$ 18.95
α-吡啶甲酸（吡考啉酸）	⬡N—COOH	Cu^{2+}：$\lg K_1$ 7.9，$\lg\beta_2$ 14.75

续表

配　体　名　称	结　　构	稳　定　常　数
6-羟基脲环	HO—（环结构）N, N-H	$Cu^{2+}:\lg K_1\ 6.54$
2,6-二氨脲环	H_2N—（环结构）—NH_2, N-H	$Cu^{2+}:\lg K_1\ 9.0,\lg\beta_2\ 13.68$
6-氨基脲环（腺嘌呤）	H_2N—（环结构）, N-H	$Cu^{2+}:\lg K_1\ 6.99,\lg\beta_2\ 13.32$
2-氨基吡啶	（吡啶环）—NH_2	$Cu^+:\lg K_1\ 5.28,\lg\beta_2\ 8.00$
3-氨基吡啶	（吡啶环）—NH_2	$Cu^+:\lg K_1\ 2.91,\lg\beta_2\ 5.18,$ $\lg\beta_3\ 1.06$
4-氨基吡啶	NH_2—（吡啶环）	$Cu^+:\lg K_1\ 7.03,\lg\beta_2\ 10.51$
2,2'-联吡啶	（双吡啶环）N, N	$Cu^+:\lg K_1\ 10.68,\lg\beta_2\ 14.35$ $Cu^{2+}:\lg K_1\ 8.00,\lg\beta_2\ 13.60$
1,10-菲咯啉	（菲咯啉环）N, N	$Cu^{2+}:\lg K_1\ 9.14,\lg\beta_2\ 16.03,$ $\lg\beta_3\ 21.44$
硫脲	H_2N—C(=S)—NH_2	$Cu^+:\lg\beta_2\ 6.3$ $Cu^{2+}:\lg\beta_4\ 14.67$
乙腈	H_3C—CN	$Cu^+:\lg\beta_1\ 3.27$
胞嘧啶	NH_2—（环结构）=O, N-H	$Cu^{2+}:\lg K_1\ 1.40,\lg\beta_2\ 2.65$
8-羟基喹啉	（喹啉环）N, HO	$Cu^{2+}:\lg K_1\ 11.95$
8-羟基喹啉-5-磺酸	SO_3H—（喹啉环）N, HO	$Cu^{2+}:\lg K_1\ 12.16,\lg\beta_2\ 22.45$
8-羟基-5,7-二碘喹啉	I—（喹啉环）—I, N, OH	$Cu^{2+}:\lg K_1\ 10.25,\lg\beta_2\ 19.44$
8-羟基-7-碘喹啉	I—（喹啉环）N, HO	$Cu^{2+}:\lg K_1\ 18.39,\lg\beta_2\ 15.66$
酒石酸	HOOC—CH(OH)—CH(OH)—COOH　　H_2L	$Cu^{2+}:\lg K\ 3.2,\lg\beta_2\ 5.1,\lg\beta_3$ $5.8,\lg\beta\ 46.2,\lg\beta[Cu(OH)L^-]$ $12.44,\lg\beta[Cu(OH)_2L^{2-}]19.14$

化学镀铜的沉积速度除与镀液中铜盐的浓度、甲醛的浓度、镀液 pH、施镀温度等有关外，还与配合物的种类和形式有关，因此选用不同的配位体时，其沉积速度也各不相同。图 20-20 和表 20-10 是采用不同配位体时，沉积速度随镀液 pH 的变化情况。

表 20-10　采用各种配位体时析铜速度随镀液 pH 的变化

配位体	浓度/(mmol/L)	pH	沉积速度/[mg/(cm² · min)]
酒石酸盐	80	12.1	0.80
		12.5	0.98
		13.0	1.42
EDTA	100	12.1	1.1
		12.5	1.6
		13.0	1.3
三乙醇胺	56	13.0	3.1
甘油		12.5	3.3

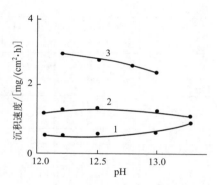

图 20-20　各种配位体溶液中沉铜的
速度和溶液 pH 的关系
1—酒石酸盐 0.8mol/L（搅拌）；2—EDTA
0.1mol/L（未搅拌）；3—甘油
0.1mol/L（未搅拌）

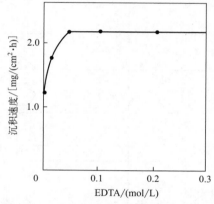

图 20-21　EDTA 浓度对沉积速度的影响
$CuSO_4 \cdot 5H_2O$ 为 0.04mol/L，酒石酸
钠为 0.1mol/L，pH=12.5，25℃

这些结果表示甘油镀液的沉积速度最快，三乙醇胺镀液次之，EDTA 镀液再次，酒石酸盐最慢。用柠檬酸盐作配位体时，析铜速度小于三乙醇胺，但大于酒石酸盐镀液。用 EDTA 作配位体时，镀液的沉积速度随 EDTA 含量的提高，开始迅速上升，达到 0.1mol/L 后趋于稳定（见图 20-21）。

三、铜配合物的还原速度（析铜速度）与其离解速度的关系

M. Paunovic 用电化学方法研究了酒石酸盐、EDTA、四（2-羟丙基）乙二胺四乙酸（quadrol）和环己二胺四乙酸（CDTA）作配位体化学镀铜时，阴极析铜电流 i_{dp}（峰值电流）和用电位扫描法测得的 $i_p/\Omega^{1/2}$ 对 Ω（Ω 为电位扫描速度，单位是 V/s）直线的斜率表示的配合物的离解速度之间的关系，结果如表 20-11 所示。

表 20-11 阴极析铜电流（i_{dp}）和配合物离解速度的关系

配体种类	配体/Cu²⁺=1.2		配体/Cu²⁺=3.0		
	$i_{dp}\times10^3$ /(A/cm²)	$\dfrac{\alpha(i_p/\Omega^{1/2})}{\alpha\Omega}$ /10⁻²	混合电位 E_{mp} (vs. SCE)/−mV	$i_{dp}\times10^3$ /(A/cm²)	$\dfrac{\alpha(i_p/\Omega^{1/2})}{\alpha\Omega}$ /10⁻²
酒石酸盐	0.15	0.36	610	0.75	0.54
四(2-羟丙基)乙二胺四乙酸(quadrol)	0.27	0.79	650	1.0	0.71
EDTA	0.38	1.02	680	3.6	1.02
CDTA	0.80	1.11	685	5.4	1.12

由表 20-11 数据可见，不同配体体系的混合电位 E_{mp}、阴极析铜电流（i_{dp}）和配合物的离解速度（用 $i_p/\Omega^{1/2}$-Ω 的斜率表示）均按下列顺序增大：

$$酒石酸盐<四（2-羟丙基）乙二胺四乙酸<EDTA<CDTA$$

这一顺序与配体的空间位阻的顺序相同。位阻越大，配合物离解速度越快，越有利于配合物的阴极还原，也就显示出较高的沉积速度。

上述实验结果可用 Eigenp 提出的含两个氮原子的双啮配体同水合金属离子间的反应模式来说明。他认为螯合物的形成与离解可分三步进行：

（1）配位反应

$$M(H_2O)_6^{a+} + \quad\begin{array}{c}N^{b-}\\|\\N\end{array} \quad \xrightleftharpoons{K_{as}} M(H_2O)_6^{a+}\cdots\begin{array}{c}N^{b-}\\|\\N\end{array} \tag{20-14}$$

（2）成键与离解

$$M(H_2O)_6^{a+}\cdots\begin{array}{c}N^{b-}\\|\\N\end{array} \quad \xrightleftharpoons[k_{-2}]{k_2} (H_2O)_5\ M\begin{array}{c}N^{a-b}\\|\\N\end{array} \tag{20-15}$$

（3）成环与开环

$$(H_2O)_5\ M\begin{array}{c}N^{a-b}\\|\\N\end{array} \quad \xrightleftharpoons[k_{-3}]{k_3} (H_2O)_4\ M\begin{array}{c}N^{a-b}\\|\\N\end{array} \tag{20-16}$$

式中，K_{as} 为形成配合物（或外界配合物）的配位平衡常数；k_2 和 k_{-2} 为金属-氮键（低配位数配合物）的形成与金属-水键断裂的速率常数；k_3 和 k_{-3} 为第二个金属-氮键（螯合环）的形成与断裂的速率常数，即成环与开环的速率常数。

根据 Rorabacher 提出的上述反应的总离解速率常数 k_d^{ML}（L 为配体）可用下式表示：

$$k_d^{ML}=\frac{k_{-2}\cdot k_{-3}}{k_{-2}+k_3} \tag{20-17}$$

若 $k_3\gg k_{-2}$，则

$$k_d^{ML}=\frac{k_{-2}\cdot k_{-3}}{k_3} \tag{20-18}$$

当配合物的离解是受立体因素决定时，其主要决定于螯环的形成常数 k_3。由式（20-18）可知，k_3 减小，总离解常数 k_d^{ML} 增大。k_{-2} 和 k_{-3} 分别表示螯合物中和单键配合物（M—N）中配体构型的重要性，即配体的构型必须有利于成键或构型转变。在上述配合物中构型的转变主要视配体环绕单键旋转的位阻和船-椅式构型

转变的难易（对 CDTA 而言）。由于取代基的旋转位阻随其体积增大而上升，即

$$-CH_2-\overset{\overset{\displaystyle OH}{|}}{CH}-CH_3 >-CH_2-COOH，$$而船-椅式变化的位阻又比旋转的位阻大，因此上述配位体的位阻增大的总顺序为：

酒石酸盐＜EDTA＜四（2-羟丙基）乙二胺四乙酸＜CDTA

这也是 k_3 下降的顺序。按式（20-18），k_3 下降的顺序即 k_d^{ML} 增大的顺序，也就是化学镀铜时沉积速度提高的顺序。

四、配位体抑制 Cu₂O 形成的效果

化学镀铜是利用二价铜的配离子被还原为金属铜的反应。对某些配位体（如 EDTA）形成的 Cu(Ⅱ) 配离子而言，它可以直接被还原为金属铜，不形成一价铜或 Cu₂O，而另一些配位体（如酒石酸盐）形成的配离子在还原过程中有一价铜形成，在碱性溶液中 Cu(Ⅰ) 通常以 Cu₂O 沉淀形式出现。因此，选用不同的配位体，镀液的稳定性也各不相同。表 20-12 是采用各种配位体配制化学镀铜液时镀液中 Cu(Ⅰ) 的检验结果。图 20-22 是把 Cu₂O 分别加入 ①0.1mol/L EDTA 溶液，②0.3mol/L HCHO 溶液，③0.1mol/L EDTA ＋0.3mol/L HCHO

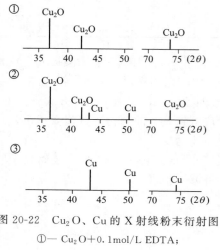

图 20-22　Cu₂O、Cu 的 X 射线粉末衍射图
①—— Cu₂O＋0.1mol/L EDTA；
②—— Cu₂O＋0.3mol/L HCHO；
③—— Cu₂O＋0.1mol/L EDTA＋0.3mol/L HCHO

溶液中，在 pH＝12.5，温度为 60℃下反应 1h 后，把所得反应产物进行 X 射线粉末衍射分析的结果。

表 20-12　配位体对镀液中 Cu(Ⅰ) 形成的影响

Cu(Ⅱ)配位体的种类	Cu(Ⅰ)的检验结果	Cu(Ⅱ)配位体的种类	Cu(Ⅰ)的检验结果
乙二胺(En)	有	酒石酸钾钠	有
三乙烯四胺(trien)	有	葡萄糖酸钠	有
四乙烯五胺(tetren)	有	甘油	有
乙二醚二胺-N,N,N',N'-四乙酸	有	EDTA	无
乙二胺＋右旋酒石酸	有	DTPA	无

由图 20-22 可见，在单独加 EDTA 溶液中，Cu₂O 并不被溶解。在甲醛溶液中 Cu₂O 部分被还原为 Cu，而在 EDTA＋HCHO 溶液中，Cu₂O 被完全还原为金属铜，这说明在 EDTA 化学镀铜液中，Cu-EDTA 配离子是被甲醛直接还原为金属铜的，并无反应的中间产物 Cu(Ⅰ) 生成。

使用单一配位体与组合配位体时，镀液中配合物的形式也各异，其还原过程也可

能不同，因此镀液的稳定性也有很大差别。表 20-13 是配位体种类和浓度对镀液稳定性影响的结果。由表可知，EDTA 二钠盐稳定镀液的能力比酒石酸盐强，EDTA 二钠盐与酒石酸钾钠合用时比单独使用其中一种时的稳定性好。稳定性最好的镀液是高 EDTA 二钠盐低酒石酸钾钠的镀液。

表 20-13　配位体种类和浓度对镀液稳定性的影响

硫酸铜 $CuSO_4 \cdot 5H_2O$ /(g/L)	12.5	12.5	12.5	1.24
酒石酸钾钠 $NaKC_4H_4O_6 \cdot 4H_2O$ /(g/L)	29.0	—	14.0	19.5
EDTA 二钠盐 $Na_2C_{10}H_{14}O_8N_2$ /(g/L)		37.5	19.5	14.0
氢氧化钠 $NaOH$ /(g/L)	14.0	14.5	14.5	14.5
甲醛 $HCHO(37\%)$ /(ml/L)	15	15	15	15
稳定时间 /h	3～5	10～13	30～35	8～13

第六节　化学镀铜的还原剂

化学镀铜的还原剂可用甲醛、次磷酸钠、联氨（肼）、硼氢化钾（或钠）以及氢基硼烷等。其中最常用的是甲醛或聚甲醛，其次是次磷酸盐，也有采用组合还原剂的，如甲醛和次磷酸盐。

Van Den Meerakker 详细研究了甲醛在不同电极上的氧化反应，指出反应可以用亚甲基二醇的脱氢反应来说明（见第四节），甲醛在碱性溶液中在 Cu、Pt、Pd 电极上的氧化具有相同的机理。他指出，甲醛的阳极氧化是化学镀铜的速率控制步骤，这一结论已被许多实验事实所证实。据计算，在 EDTA-甲醛体系化学镀铜液中，化学镀铜时阳极控制程序在 $80\%～86\%$，而阴极的控制程序在 $14\%～20\%$。

在强碱性（pH＞11）溶液中，甲醛的氧化反应可表示为

$$2HCHO + 4OH^- \Longleftrightarrow 2HCOO^- + H_2 + 2H_2O + 2e^- \tag{20-19}$$

其还原电位与 pH 的关系为

$$E_0 = +0.32 - 0.12pH$$

即随镀液 pH 的上升，还原电位 E_0 会线性增大，其还原能力增强，化学镀铜的沉积速度加快（见图 20-17）。在 pH＝$10～10.5$ 时，仅在镀品表面发生催化反应。在 pH＝$11～11.5$ 时，甲醛浓度达 2mol/L 时，活化过的非导体表面能发生触发反应。在 pH＝$12.0～12.5$ 时，甲醛浓度只要为 $0.1～0.5$mol/L 时在活化过的非导体表面上即可发生触发反应。

甲醛的还原能力可用其还原电位表示，还原电位越负，还原能力越强。甲醛的还原电位随其浓度的升高而上升，结果如图20-23所示。开始上升较快，当浓度升高到一定值时其值趋于稳定。甲醛的还原电位随温度的升高呈线性增加，因此提高镀液的

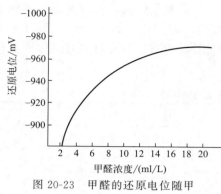

图 20-23 甲醛的还原电位随甲
醛浓度的变化

EDTANa$_2$ 为 40g/L，pH=12.5，25℃

温度有利于提高沉积速度。

用甲醛作还原剂时镀液会逸出有毒的刺激性甲醛气体，而且镀液的 pH 值要在 12 以上，需要消耗大量的碱。最后，用次磷酸盐为还原剂的化学镀铜工程已用于生产，其特点是：操作工程范围宽，镀液寿命长，不含有毒的甲醛气体，可在较低 pH 下使用，被认为是未来的化学镀铜液，但从次磷酸钠镀液中得不到厚的铜层，这是它的致命弱点。

用甲醛和次磷酸盐作还原剂时，反应的第一步是 C—H 和 P—H 键的断裂而形成原子态氢：

$$\text{C(H)(H)(O}^-\text{)(OH)} \xrightarrow{\text{催化表面}} \text{HCOOH} + \text{H}_2\text{O} + \text{H} + \text{e}^- \tag{20-20}$$

$$\text{H}_2\text{PO}_2^- + \text{OH}^- \xrightarrow{\text{催化表面}} \text{H}_2\text{PO}_3^- + \text{H} + \text{e}^-$$

产生原子态氢的难易由 C—H、P—H 键能、键长和活化能决定。表 20-14 列出了两种还原剂的相应键能、键长和活化能。

表 20-14　甲醛和次磷酸钠的 C—H、P—H 键能、键长和活化能

还　原　剂	键能/(kcal/mol)	键长/Å	活化能/(kcal/mol)
甲醛	C—H:98.3	1.09(C—H)	11.7
次磷酸钠	P—H:77	1.44(P—H)	10.16

注：1kcal=4.18kJ。

由表 20-14 可知，P—H 键的键长比 C—H 的长，键能和活化能都较低，因此用次磷酸钠作还原剂时沉积速度应比甲醛的高。

洪爱娜研究了由硫酸铜、硫酸镍、柠檬酸钠、硼酸和次磷酸钠组成的化学镀铜液的经验速率定律，该体系的化学镀镍速率 R 可用下列速率方程表示：

$$R = 2054.2[\text{Cu}^{2+}]^{1.36}[\text{OH}^-]^{0.0417}[\text{H}_2\text{PO}_2^-]^{0.6}[\text{C}_6\text{H}_5\text{O}_7^{3-}]^{-0.27}[\text{H}_3\text{PO}_3]^{0.311} \cdot$$
$$\exp\left(15.13\frac{T-338}{T}\right) \tag{20-21}$$

由式(20-21) 可知，对沉积速度影响最大的是 Cu^{2+} 浓度，其次是还原剂次磷酸钠的浓度。柠檬酸钠的反应级数为负值，表示其浓度升高，反应速率下降。

第七节　化学镀铜的稳定剂、促进剂和改进剂

一、稳定剂

化学镀铜过程中，由于组成与配比的失调，副反应的进行以及各种固体微粒与杂

质的引入，镀液内部开始析出氢气，溶液由蓝色透明逐渐变为混浊，有悬浮物或沉淀物析出，容器壁上也开始出现铜膜，这说明镀液已经自发分解。为了使金属只在待镀加工物上沉积，防止铜粒子或落到槽底的固体杂质被连续化学镀铜而引起镀液分解，在化学镀铜液中除了选用不产生 Cu_2O 的配位体及控制好作业条件外，加入合适的稳定剂对稳定生产是至关重要的。

化学镀铜的稳定剂很多，主要是抑制产生 $Cu(I)$ 的试剂。表 20-15 列出了常用各类化学镀铜稳定剂的名称、结构和用量。

由表 20-15 可知，抑制 Cu^+ 产生的试剂很多，它们主要是通过三种途径来达到稳定的目的：

(1) 降低或抑制还原过程中形成 Cu_2O 的反应速率

$$2Cu^{2+} + HCHO + 5OH^- \longrightarrow Cu_2O + HCOO^- + 3H_2O \tag{20-22}$$

此反应是溶液内部的分解反应，产物是生成 Cu_2O 沉淀。Cu_2O 在溶液中进一步发生歧化反应：

$$Cu_2O + H_2O \Longrightarrow Cu + Cu^{2+} + 2OH^- \tag{20-23}$$

结果生成活性铜核，随后镀液就在铜核上进行化学镀铜反应

$$Cu_2O + 2HCHO + 2OH^- \longrightarrow 2Cu + H_2 + 2HCOO^- + H_2O \tag{20-24}$$

大量析出的铜会加速溶液而不是镀品表面上的化学镀铜反应，促使溶液分解。搅拌溶液，特别是空气搅拌可增加溶液中的溶解氧，有利于 Cu_2O 的氧化，从而提高镀液的稳定性。

加入含 N 或含 S 的稳定剂，镀液的沉积速度通常有所下降（见图 20-24，图 20-25），式（20-22）的反应速率明显被抑制，因而使镀液稳定性显著提高。

(2) 使生成的铜粒子或其他固体粒子迅速钝化或去活性

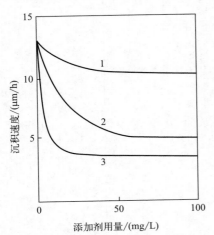

图 20-24　含 N 添加剂用量对化学
镀铜速度的影响

1—镍氰化钾；2—2,2′-联吡啶；
3—1,10-菲咯啉

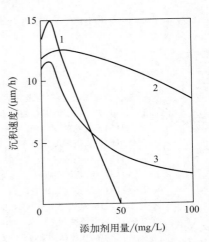

图 20-25　含 S 添加剂用量对
化学镀铜速度的影响

1—2-巯基苯并噻唑；2—硫化钾；
3—硫氰化钾

Cu_2O 歧化生成的铜粒或其他固体粒子（如灰尘、杂质等）在镀液中也会成为催化中心，导致镀液的自然分解。如能使其钝化而失去催化中心的作用，也可使镀液保持稳定。Saubestre 认为，聚合电解质和其他高分子化合物可以吸附在铜等粒子表面而使其失去催化活性。聚乙二醇、羟乙基纤维素、聚硫胺、动物胶、聚乙烯醇、聚乙烯吡咯烷酮、OP 乳化剂等均具有这种作用。在很多组合稳定剂中都要包含使固体粒子钝化的物质，而聚合型表面活性剂也是常用的配位品种之一。它们中较常用的是聚乙二醇，要求分子量为 $1000\sim6000$，用量在 $100mg/L$ 以内。

聚合电解质之所以有这种作用，目前认为是通过以下三方面的作用而实现的：①降低反应粒子的自由表面，增大低电流时的超电压；②改变在粒子上进行化学镀铜反应的动力学条件，即降低其反应速率；③减慢放电离子通过粒子表面吸附膜的速度。

（3）加入 $Cu(I)$ 的配位体，使 $Cu(I)$ 不形成 Cu_2O，抑制铜粒子的产生

在表 20-15 所列的稳定剂中，使用最普通的是配位型稳定剂，因为它可以根除 Cu_2O 的产生及 Cu_2O 的歧化反应。在有机稳定剂中，含 S 的化合物是最大的一类，且具有很好的稳定效果。这是由于 S 原子有空的 3d 轨道，它能接受铜的 3d 电子而形成配位键。这是有机硫化物能与 $Cu(I)$ 形成稳定的配合物和能吸附在铜粒子表面的原因。在含硫化合物中，应用最广的是 2-巯基苯并咪唑和二乙基二硫代氨基甲酸钠。

表 20-15 常用各类化学镀铜稳定剂的名称、结构和用量

分　类	稳定剂的名称与结构	使用浓度/(mg/L)
含硫化合物	(1)多羟乙基十二烷基硫化物 (2)下列结构的杂环化合物 $O=C-N-R^1$　$X=S,NH$ $R^2-CH\ \ C=S$　$R^1=H、NH_2、COOH、烷基、取代芳基$ 　　X　　　$R^2=H、烷基或硝基$ 如罗丹宁或 N-甲基罗丹宁或 $O=C-Y-R^3$ $R^1\ \ CH_2-CH_2$　$Y=\ -N\ \ 或-O-$ $C\ \ C\ \ \ \ CH_2$ $R^2\ S\ CH_2-CH_2$　$R^1、R^2、R^3=H、烷基或硝基$ (3)硫脲、乙基硫脲及其他硫脲的衍生物 (4)二乙(或甲)基二硫代氨基甲酸钠 (5)半胱氨酸、胱氨酸、甲硫基丁氨酸 (6)烷基硫醇 $CH_3(CH_2)_nSH,n=7\sim15$ (7)硫代乙酸、硫代苯甲酸、硫代丙酸 (8)2-巯基苯并噻唑、2-巯基苯并咪唑 (9)水溶性连二硫酸盐 (10)硫氰酸盐 $KSCN、NaSCN$ (11)亚硫酸盐 $Na_2SO_3、NaHSO_3$ (12)硫代硫酸盐，NaS_2O_3 (13)2,2'-硫代乙二醇 (14)$R(HCONHCR^2)_nR^1$ 结构的化合物 　$R、R^1=H、CH_2OH，n=1\sim400$ 　$R^2=H、OH、SO_3OH、SO_3Na、SO_3K、SO_3NH_4、COCH_3$	(1)$50\sim60$ (2)$1\sim50$ (3)$0.05\sim10$ (4)$0.01\sim0.5$ (5)$0.01\sim0.2$ (6)$1\sim100$ (7)1.0 (8)$20\sim40$ (9)$0.01\sim8$ (10)$0.01\sim2$ (11)$1\sim10$ (12)$0.01\sim14$ (13)10 (14)$1\sim100$

分　类	稳定剂的名称与结构		使用浓度/(mg/L)
含氮化合物	2,2′-联吡啶		10～20
	1,10-菲咯啉		10
	2,9-二甲基菲咯啉	H₃C—　—CH₃	
	三吡啶		10
	2,2′-二氮萘		10
	4-羟基吡啶	HO—　—N	40
	脂肪胺	RCH_2NH_2	10～100
含氰化合物	亚铁氰化钾	$K_4[Fe(CN)_6]$	10～100
	铁氰化钾	$K_3[Fe(CN)_6]$	10～100
	氰化物	KCN、NaCN	10～500
	氰化镍钾	$K_4[Ni(CN)_6]$	1～100
含硒化合物	苄基硒代乙酸	$C_6H_5CH_2SeCH_2COOH$	1～3
	硒氰酸钾	KSeCN	2
	硒磺酸钾	K_2SeSO_3	100
	十二烷基硒代磺酸钾		19
	$R^1—Se—R^2$ 或 $[R^2—Se—R^2]X$ 结构化合物		
	R^1＝H、金属、有机原子团		0.01～300
	R^2＝CN 或有机原子团		
二价汞化合物	结构式为 $R^1—Hg—R^2$ 的化合物		
	R^1＝烷基、芳基、环烷基或其他有机基团		
	R^2＝有机基团或极性基团,如 NO_2、SO_3OH、NH_2、COOH		1～5
	例如 $HgCl_2$、苯基乙酸汞		
可溶性金属盐	V、Mo、Nb、W、Re、As、Bi、Sb、La、Ce、Rh、Zn、Os 等		0.5～2000
	V_2O_5		10
	$NaAsO_3$		10
	酒石酸锑钾		30
醇类	甲醇、乙醇		50～300ml/L
	炔醇、烯醇、甲基丁醇、甲基茂醇		25～150
聚合物	羟乙基纤维素		300
	聚乙烯醇		0.1%(质量分数)
	聚乙二醇		50～100
	聚乙二醇硬脂酸胺		50～200
	聚氧乙烯烷基酚醚		50～500
	聚硅烷、各种硅树脂		50～200
碘化物	碘化钾、碘化钠、邻碘苯甲酸		10～100
			25～1500

ТОлОВНЯ 等研究了硫脲、二乙基二硫代氨基甲酸钠等含硫化合物的稳定效果，发现随分子中硫原子数的增加其稳定作用增强。在硫原子数相同时，若在硫原子旁有阻碍硫配位的大有机基团存在时，该化合物要形成稳定的配合物较困难，在铜表面上的吸附能力也差，稳定作用就弱。这一规则对含 N 的有机化合物也适用。这说明影响配合物稳定性的因素也就是影响稳定剂稳定作用的因素。

1,10-菲咯啉、2,2′-联吡啶、I^-、CN^-、CNS^- 和各种有机硫化合物等都是 Cu(I) 的优良配位体，也是化学镀铜的优良稳定剂。铁、钴、镍的氰配离子在镀液中能放出少量 CN^-，因此，也良好的稳定剂。硒化合物的作用与硫化物接近，但硒的配位能力比硫弱一些。其他电位较负的可溶性金属盐的作用可能是它们吸附在铜表面后，可使铜粒子表面钝化或电位负移，从而失去催化活性的缘故。

用 CN^-，特别是用 $[Fe(CN)_6]^{3-}$、$[Ni(CN)_6]^{3-}$、$[Co(CN)_6]^{3-}$ 作稳定剂时可以获得很致密的化学镀铜层，而且允许的浓度范围很宽，即使加过量对沉积速度的影响也很小。但用 Fe、Co、Ni 的氰配离子作稳定剂时，镀液长期存放后它们会分解而离解出部分金属离子，结果镀液稳定性下降，镀层粗糙，1987 年 A. Kinoshita 等人提出在镀液中加入三乙醇胺作为 Fe、Co、Ni 离子的配位体，结果发现不仅镀液稳定性得到改善，而且镀层的物理性能（如延伸率）也得到了改善。

二、促进剂

早期的具有良好稳定性和镀层品质的化学镀铜液的沉积速度为 $1\sim5\mu m/h$。最近，采用化学促进剂的高速化学镀铜液已达 $7\sim23\mu m/h$。

促进剂一般是含有非定域 π 键的化合物。如含氮、硫或同时含氮、硫的杂环化合物，尤其是含多个氮原子的杂环化合物。如苯并三氮唑、2-巯基苯并噻唑、胞嘧啶、2-氨基-6-羟嘌呤、腺嘌呤、4-氰基吡啶、亚胺脲、2-羟基吡啶、8-羟基-7-碘-5-磺基喹啉等。

盐酸亚胺脲　　4-氰基吡啶　　2-羟基吡啶　　2-巯基苯并噻唑

胞嘧啶　　　　腺嘌呤　　　2-氨基-6-羟嘌呤　　8-羟基-7-碘-5-磺基喹啉
(cytosine)　　(adenine)　　(guanine)　　　　(HIQSA)

表 20-16 是 EDTA-聚甲醛体系化学镀铜液中加入 1.5mg/L 2-氨基-6-羟嘌呤和腺嘌呤时阴极电位和沉积速度的变化值。

表 20-16 腺嘌呤和 2-氨基-6-羟嘌呤对阴极电位和沉积速度的影响

促 进 剂	浓度/(μmol/L)	阴极电位(vs. SCE)/$-$mV	沉积速度/[mg/(h·cm^2)]
空白	0	615	2.16
2-氨基-6-羟嘌呤	9.93	650	2.76
腺嘌呤	11.10	642	3.39

图 20-26、图 20-27 和图 20-28 是在四(2-羟丙基)乙二胺-甲醛化学镀铜体系中加入 4-氰基吡啶、胞嘧啶和盐酸亚胺脲后沉积速度的增长曲线。图 20-29 是在 EDTA-甲醛体系中加入 8-羟基-7-碘-5-磺基喹啉时沉积速度的变化曲线。

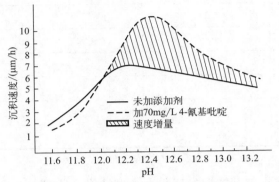

图 20-26 4-氰基吡啶对化学镀铜速度的影响

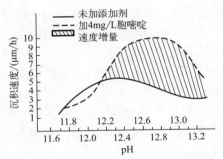

图 20-27 胞嘧啶对化学镀铜速度的影响

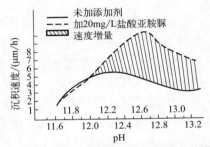

图 20-28 盐酸亚胺脲对化学镀铜速度的影响

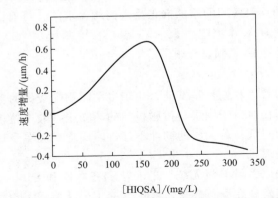

图 20-29 8-羟基-7-碘-5-磺基喹啉对化学镀铜速度的影响

根据 F. J. Nuzzi 的研究，发现这类化合物对化学镀铜的阳极和阴极过程都有去极化作用，但阳极去极化作用一般大于阴极去极化作用。表 20-17 列出了某些促进剂对阳极和阴极的去极化作用的大小。

表 20-17　一些化学镀铜促进剂的阳、阴极去极化作用

加速剂种类	含量/(mg/L)	去极化作用 $\left(\dfrac{D}{P} \times 100\%\right)$[①]	
		阳　极	阴　极
胞嘧啶	1	79	28
腺嘌呤	1	82	31
苯并三氮唑	1	72	27
2-巯基苯并噻唑	2	79	37
吡啶	50	70	20
亚胺脲	1	0	49

① P 为无促进剂时的极化值，D 为有促进剂时的去极化值。

促进剂的加速作用随其浓度的变化大半出峰值（见图 20-29）。对 2-巯基吡啶而言，最佳峰值为 $5 \times 10^{-5}\,mol/L$，2-巯基苯并噻唑为 $1.0 \times 10^{-4}\,mol/L$，对 HIQSA 为 $100 \sim 190\,mg/L$，超过最佳浓度时沉积速度都明显下降。因此，使用促进剂的镀液必须有一套促进剂的控制方法，这样才能获得最佳的效果。M. paunovic 等用循环伏安法对促进剂进行了研究，他们认为促进剂的去极化作用是由于促进剂分子一般存在 π 电子的共轭体系，电荷密度较大，它能以各种取向吸附在催化表面，有可能形成电极，吸附的促进剂分子和 Cu^{2+} 所形成的配合物有利于电子的传出。至于促进剂的阳极去极化作用，则认为是由于促进剂在催化表面的吸附在铜电极/溶液界面引入新的静电力，降低甲醛的氧化产物或氧化的中间产物的吸附，使电极的有效面积增大，真实电流密度减小，因此极化减小。

有些促进剂本身也是稳定剂，使用这类稳定剂时化学镀铜的沉积速度可以加快，至少不会降低，这种身兼两职的添加剂正是人们所追求的。目前已知道，具有这种性能的添加剂有：2-巯基苯并噻唑、聚氧乙烯十二烷基硫脲 $(C_{12}H_{25}S_9C_2HO)_nH$，$n = 10 \sim 500$、8-羟基-7-碘-5-磺基喹啉等。

三、改性剂

化学镀铜层的附着力和韧性是其能否用于多层印刷配线板的主要考核指标。若镀层的附着力差，在焊接时由于铜层与树脂板间的热膨胀系数相差较大，容易发生分离或脱皮，使导通能力降低。若铜层的韧性不好，印刷配线板在受热或振动时，铜层易断裂并与铜箔压板分离。

引起镀层脆性的原因目前尚无统一的看法。齐藤围和 Saubestre 等认为是 Cu_2O 混杂而造成的。他们发现在酒石酸盐镀液中含有 Cu(Ⅰ)，因此镀层的韧性差。弯曲 $1 \sim 2$ 次即产生裂缝。而在 EDTA 镀液中未检出 Cu(Ⅰ)。若稳定剂选择得当，镀层的韧性很好，弯曲次数可达 $10 \sim 15$ 次。Y. Okinaka 和 Nakahard 用透射电子显微镜（TEM）和扫描电子显微镜（SEM）研究了化学镀铜层，他们发现脆性的化学镀铜层内有许多直径从 20Å 到 300Å 的空穴，镀层的小棱角晶界上含有直径为 $50 \sim 700$Å 的

大空穴。按分析的氢含量为 $100\sim200\mu l/L$ 计算，氢压力高达 $(2\sim4)\times10^4$ 大气压，如此高的氢气压力必然使镀层产生脆性。

化学镀铜的改性剂是指能改善化学镀铜层物理、力学性能的添加剂。既然化学镀铜层的脆性可能是由于 Cu_2O 的混杂和氢脆所致，因此能抑制 Cu_2O 产生的稳定剂以及能促进氢气析出的表面活性剂也应当是优良的改性剂。表 20-18 是在 $CuSO_4\cdot5H_2O$ 为 $0.06mol/L$，EDTA 为 $0.12mol/L$，甲酸为 $0.5mol/L$，pH＝12.5，70℃的基本 EDTA 高速化学镀铜液中加入各种稳定剂时，镀层的沉积速度和镀铜层的可弯曲的次数。表 20-19 是在恒定 $2,2'$-联吡啶为 $10mg/L$ 时加入其他添加剂时镀液的沉积速度和镀铜层的弯曲次数。

表 20-18　各种添加剂 EDTA 镀铜韧性的影响

添 加 剂	浓度/(mg/L)	可弯曲的次数	沉积速度/($\mu m/h$)
2-巯基苯并噻唑	1～50	0	0～15
硫氰酸钾	1～100	0	7～12
2,2'-联吡啶	1～10	1～3	5～7
1,10-菲咯啉	0.1～10	1～2	4～5
硫化钠	1～100		4～16
铁氰化钾	1～100	1～2	10～12
镍氰化钾	1～100	1～2	10～12
亚硝基五氰铬铁酸钠	1～100	1～2	10～12

表 20-19　各种添加剂组合使用时的沉积速度和镀层可弯曲次数

（2,2'-联吡啶加入量恒定为 $10mg/L$，70℃）

第二添加剂	浓度/(mg/L)	可弯曲的次数	沉积速度/($\mu m/h$)
2-巯基苯并噻唑	0.1～10	0	6
硫氰酸钾	0.1～10	9～13	0～6
铁氰化钾	1～100	9～13	7～10
镍氰化钾	1～100	13～20	7～10
亚硝基五氰铬铁酸钠	1～100	13～20	7～10

由表 20-18 和表 20-19 可知，使用单一添加剂时，镀铜层的韧性没有多大改善，但是当 2,2'-联吡啶同其他添加剂组合使用时，镀层的可弯曲次数可提高许多倍。与此同时镀液的稳定性和光亮度也获得明显的改善。单独用一种添加剂时，用电子显微镜观察显示为粗大的晶粒，表面出现明显的凹凸不平，肉眼看去是暗红色的镀层，而两种添加剂组合使用时，电子显微镜观察呈平滑状，细晶状镀层，肉眼看去则是光亮的表面。表 20-20 列出了组合添加剂对化学镀铜层光亮度和可弯曲次数的影响。

表 20-20　单独和组合添加剂对化学镀铜层光亮度和可弯曲次数的影响

添　加　剂	浓度/(mg/L)	光　亮　度	可弯曲的次数
吡啶	10	较好	1～2
2,2′-联吡啶	10	较好	1～3
2,2′-联喹啉	10	差	1～2
$K_4[Fe(CN)_6]$	10	较好	1～2
吡啶＋$K_4[Fe(CN)_6]$	各10	优良	6～7
2,2′-联吡啶＋$K_4[Fe(CN)_6]$	各10	优良	5～10
2,2′-联喹啉＋$K_4[Fe(CN)_6]$	各10	优良	3～7
三氮苯＋$K_4[Fe(CN)_6]$	各10	优良	10～15

　　除了稳定剂可以增加镀层的韧性外，从氢脆假说考虑，加入表面活性剂到化学镀铜液中有利于氢气析出，减小镀层的氢脆，从而增加镀层的韧性。在现代化学镀铜液中常加入表面活性剂，常用的表面活性剂主要是非离子型表面活性剂，也有的采用阴离子型表面活性剂。前者为聚氧乙烯烷基醚、聚氧乙烯烷基酚醚、聚氧乙烯脂肪酸胺、聚氧乙烯烷基硫醚、聚乙二醇（分子量为 1000～6000）和全氟的非离子型表面活性剂［其通式可用 $R'(C_2H_4O)MR'COOR$ 和 $R'COO(CF_2)NCF_3$ 代表，式中 R' 为碳原子数为 3～12 的全氟烷基］。表 20-21 为各种表面活性剂对镀层光亮度和弯曲次数的影响。图 20-30 为聚氧乙烯烷基硫醚对沉积速度和镀层韧性（弯曲次数）的影响曲线。

表 20-21　表面活性剂对化学镀铜层光亮度和韧性的影响

浓度 /(mg/L)	阴离子表面活性剂		非离子表面活性剂					
			Rth. omeen C-25		Liponox-H		聚乙二醇 PEG-1000	
	光亮度	弯曲次数	光亮度	弯曲次数	光亮度	弯曲次数	光亮度	弯曲次数
0	C	4	C	4	C	4	C	4
0.1	C	4	C	5	C	4	C	5
1	C	4	B	7	B	5	B	6
10	C	4	B	5	B	4～5	B	6
100	C	5	A	6	B	6	B	6
500	B	5	A	7	A	8	B	7～8
1000	C	5	A	7	A	7～8	B	8～9

注：1. 阴离子表面活性剂指常用的磺酸型洗净剂。

　　2. A 为很光亮，B 为较光亮，C 为光亮。

　　由表可见，阴离子型表面活性剂加入量在 100～1000mg/L 时，铜层的韧性略有提高，而非离子型表面活性剂的加入量达 100mg/L 以上，特别是在 500mg/L 以上时，镀层的韧性有显著改善，其弯曲的次数可为无表面活性剂时的 1.5～2 倍，同时镀层的光亮度也显著提高。在实际使用时，使用不发泡的聚乙二醇（分子量为 1000）较为适宜。

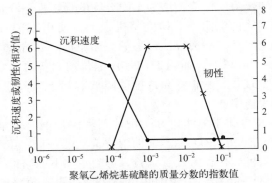

图 20-30　聚氧乙烯烷基硫醚（聚氧乙烯数为 340～450）
含量对沉积速度和镀层韧性的影响

第八节　21 世纪化学镀铜配位剂的进展

2001 年钟丽萍等[1]研究了影响化学镀铜溶液稳定性和沉铜速率的因素，确定了适宜的化学镀铜液的配方及工艺规范：硫酸铜 16g/L，酒石酸钾钠 15g/L，Na_2EDTA 25g/L，甲醛 15ml/L，添加剂 A 24mg/L，添加剂 B 20mg/L，pH 12.8，T 38℃。该镀液稳定性高，沉铜速率 2.5～3μm/20min。镀层延展性好，平整，外观良好，可用于印制线路板的孔金属化及其他塑料电镀。

2003 年谷新等[2]用电化学研究了配位剂和添加剂对化学镀铜的影响，结果表明：①阳极极化　Na_2EDTA、TEA 和联吡啶对甲醛的氧化峰电位的影响均不大，但随着 Na_2EDTA 浓度的增加，峰电流明显下降，说明 Na_2EDTA 对甲醛的氧化有阻滞作用；而三乙醇胺（TEA）也会因吸附在电极表面而阻碍甲醛的氧化，降低峰电流值；镀液中加入少量（如 5mg/L）联吡啶能促进甲醛的氧化，提高峰电流值，但如果联吡啶浓度偏高则反而阻碍甲醛氧化、降低峰电流值。②阴极极化　溶液中主要有两种 Cu^{2+} 的配合物还原：a. Cu^{2+}-TEA 配合物约在 $-0.5V$ 到 $-0.6V$ 还原，TEA 的加入能明显增加该还原峰的峰电流，在一定浓度范围内提高镀速，过量则镀速反而下降。b. Cu^{2+}-EDTA 配合物在 $-1.1V$ 到 $-1.2V$ 还原，Na_2EDTA 的加入能大大增加该还原峰的峰电流；联吡啶的加入能显著降低与 Na_2EDTA 配合物相对应还原峰电流，但对 Cu^{2+}-TEA 配合物还原峰的影响不明显；TEA 的加速作用主要因为 Cu^{2+}-TEA 配合物的还原电位比 Cu^{2+}-EDTA 配合物的正，即前者较后者易被还原这一性质有关。c. 由称重法测得的化学镀铜速率与采用电位扫描法测定化学镀铜液体系的阳、阴极极化行为，两者之间的实验结果有良好的关联性。

2003 年美国佐治亚理工学院的 Paul A. Kohl 等[3]采用羟乙基乙二胺三乙酸（HEDTA）作为配位剂，二硫化甲醚作为加速剂，研究了在不同的镍离子与铜离子比例条件下，化学铜的沉积速率、铜膜电阻率和结晶形态随化学镀时间的变化。利用

HEDTA 代替酒石酸钠作为配位剂，增加了配合物的稳定性，降低了化学镀铜膜中镍的含量，从而降低了铜膜的电阻率。研究结果表明，使用 HEDTA 配位剂可以较大幅度地降低化学铜的电阻率。一般以次磷酸钠为还原剂、酒石酸为配位剂的化学镀铜膜的电阻率在 $8.0\mu\Omega\cdot cm$ 以上，而用 HEDTA 配位剂制备的化学镀铜膜的电阻率为 $3.4\mu\Omega\cdot cm$。研究还发现，硫酸镍质量浓度的降低有利于降低化学铜膜中杂质含量，但降低了化学铜的沉积速率。

2004 年谷新等[2]用电化学方法研究了配位剂和添加剂对化学镀铜的影响，他们在镀铜液里添加主配位剂 Na_2EDTA、辅助配位剂三乙醇胺（TEA）及添加剂 2,2′-联吡啶，并对其阳、阴极极化行为做了试验，得到了如下的结论：①在阳极极化的条件下配位剂 Na_2EDTA、TEA 会因吸附在电极表面而阻碍甲醛的氧化；镀液中加入少量（如 5mg/L）的 2,2′-联吡啶就能促进甲醛的氧化，提高铜的沉积速率。②在阴极极化的条件下，一定浓度的 TEA 能提高镀速，过量则降低镀速；配位剂 EDTA 也能提高铜沉积速率。

2005 年吴丽琼等[4]开展了乙醛酸化学镀铜的电化学研究，他们以乙醛酸作为还原剂，$Na_2EDTA\cdot 2H_2O$ 为配位剂，亚铁氰化钾和 2,2′-联吡啶为添加剂组成化学镀铜液体系，应用线性扫描伏安法研究分析了配位剂、添加剂对该镀铜体系电化学性能的影响。结果表明，配位剂 Na_2EDTA 对乙醛酸的氧化和铜的还原有阻碍作用。亚铁氰化钾和过量（20mg/L）的 2,2′-联吡啶对乙醛酸的氧化起较明显的抑制作用。

2006 年郑雅杰等[5]研究了四羟丙基乙二胺（THPED）和 Na_2EDTA 盐化学镀铜，结果表明，镀速随 Na_2EDTA 盐、硫酸铜和甲醛浓度的增加先升高后降低；随 THPED 浓度的增加先降低后升高；随溶液 pH 值和镀液温度升高而升高；添加剂亚铁氰化钾、2,2′-联吡啶和 2-巯基苯并噻唑（2-MBT）虽均使镀速减慢，但能使镀层外观变好；聚乙二醇 1000（PEG 1000）对镀速影响较小，但能使镀层质量变好，其化学镀铜最佳条件为 THPED 10.0g/L，Na_2EDTA 8.7g/L，$CuSO_4\cdot 5H_2O$ 12.0g/L，甲醛（37%～40%）16.0ml/L，2,2′-联吡啶 10.0mg/L，亚铁氰化钾 40.0mg/L，聚乙二醇 1000（PEG 1000）1.0g/L，2-MBT 0.5mg/L，pH 值 13.2 及镀液温度 50℃。在最佳条件下获得的镀层外观红亮、表面平整，镀液稳定，镀速达到 $4.05\mu m/h$。由 SEM 分析可知，镀层表面平整、光滑，晶粒细致。

2006 年郑雅杰等[5]对四羟丙基乙二胺（THPED）和 Na_2EDTA 盐化学镀铜体系进行研究，所得结论为：①镀速随 Na_2EDTA 浓度的增加先升高后降低，当 THPED 为 10.0g/L 时，Na_2EDTA 从 5.1g/L 增加到 7.0g/L，其镀速从 $1.80\mu m/h$ 升到 $2.53\mu m/h$，Na_2EDTA 从 7.0g/L 增加到 14.0g/L，其镀速从 $2.53\mu m/h$ 降到 $1.81\mu m/h$；镀速随 THPED 浓度的增加先降低后升高，当 Na_2EDTA 为 8.7g/L 时，THPED 从 7.2g/L 增加到 10.0g/L，其镀速从 $2.33\mu m/h$ 降到 $1.99\mu m/h$，THPED 从 10.0g/L 增加到 14.2g/L，其镀速从 $1.99\mu m/h$ 升到 $2.12\mu m/h$；镀速随硫酸铜、甲醛浓度的增加先升高后降低，随溶液 pH 值和镀液温度的升高而增加。②亚铁氰化钾、2,2′-联吡啶和 2-巯基苯并噻唑（2-MBT）虽均使镀速减慢，但能使镀层外观变好；PEG 1000 对镀速影响较小，但能使镀层质量变好。③THPED 和 Na_2EDTA 化学镀铜体系的最佳条件为：10.0g/L THPED、8.7g/L Na_2EDTA、12.0g/L $CuSO_4 \cdot 5H_2O$、16.0ml/L 甲醛（37%～40%）、10.0mg/L 2,2′-联吡啶、40.0mg/L 亚铁氰化钾、1.0g/L PEG 1000、0.5mg/L 2-MBT、pH 值 13.20 及镀液温度50℃。④在最佳条件下获得的镀层外观红亮、表面平整，镀液稳定，镀速达到 $4.05\mu m/h$，附着力达到标准要求。由 SEM 分析可知，镀层表面光滑、晶粒细致。

2006 年郑雅杰等[6]还研究了三乙醇胺和 Na_2EDTA 盐双配位体系快速化学镀铜工艺，实验结果表明镀速随 Na_2EDTA 盐浓度增加而减慢，随 TEA 浓度、硫酸铜浓度、甲醛浓度、溶液 pH 值和镀液温度的增加而加快；添加剂亚铁氰化钾、2,2-联吡啶和 2-MBT 均能使镀速减慢且浓度较低时均能使镀层外观变好；PEG1000 对镀速影响较小，但能使镀层质量变好。化学镀铜的最佳条件是：$CuSO_4 \cdot 5H_2O$ 16g/L，Na_2EDTA 盐 6g/L，TEA 21.5g/L，pH 值 12.75，甲醛（37%～40%）16ml/L，亚铁氰化钾 100mg/L，2,2′-联吡啶 20mg/L，PEG1000 1g/L，2-MBT 0.5mg/L 及镀液温度50℃。在最佳条件下镀速达到 $10.57\mu m/h$，SEM 分析镀层表面光滑、结晶均匀。

2007 年王松泰等[7]研究了化学镀铜配位剂对镀液和镀层性能的影响，结果如表 20-22 所示。

表 20-22　不同配位剂对镀液稳定性及镀层性能的影响

项目	配方 1	配方 2	配方 3
配位剂种类	三乙醇胺	EDTA	酒石酸盐＋EDTA
镀液的稳定性	温度较高时不稳定,室温条件下较为稳定,镀液 72h 内一直保持澄清,无气泡或沉淀出现	镀液 4h 内保持稳定,4h 后有少量气泡出现,12h 后有少量絮状物出现	镀液在 45℃的较高温度下可长时间保持稳定,室温条件下 72h 内保持澄清,无气泡或沉淀出现
镀层状况	厚度适中,光亮均匀的浅铜红色	均匀的深铜红色	均匀的深铜红色

配方 1 采用三乙醇胺为配位剂，工作温度为 25℃，沉积速度较慢，可得到均匀光亮浅铜红色镀层；配方 2 采用 EDTA 为配位剂，在 45℃条件下可得到均匀的深铜红色，但是镀液稳定性不如配方一；配方 3 采用酒石酸盐、EDTA 混合配位剂，工作温度可在较高的 45℃条件下进行，沉积速度较快，可得到深铜红色的均匀镀层，镀层性能好，但成本较高。

2007 年日本早稻田大学的蓬坂研究小组[8]研究了以乙醛酸为还原剂，EDTA 为螯合剂的化学镀铜液，用分子量为 4000 的聚乙二醇（PEG4000）作为抑制剂，实现了使用单一添加剂即可获得稳定的微孔化学填充（见图 20-31）。

他所用化学镀铜液的组成为：0.04mol/L 硫酸铜，0.08mol/L 乙醛酸，0.08mol/L EDTA，1mg/L PEG。镀液的 pH 值用氢氧化四甲铵（TMAH）调节为 12.5。这是超级化学镀铜技术的一个重要进展。另外，该研究小组采用混合电位法研究了 PEG 的加入对化学镀铜溶液混合沉积电位的影响，证实了 PEG 对化学铜沉积的

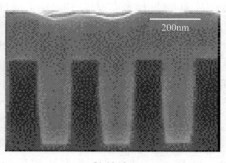

(a) 0.5min   (b) 10min

图 20-31 化学铜填充微道沟随时间变化的断面 SEM 图 （PEG 为 1mg/L）

抑制作用。PEG4000 在以甲醛为还原剂的化学镀铜体系里单独使用时，并没有实现超级化学填充，而在以乙醛酸为还原剂的体系实现了超级化学镀铜，这主要是由于 PEG4000 对以乙醛酸为还原剂的化学镀铜体系沉积速率的抑制作用要比对以甲醛为还原剂的化学镀铜体系的抑制作用大得多的缘故。随着铜互连线尺寸的不断减小，通过电镀铜来实现超级填充面临着挑战。超级化学镀铜填充已经能够填充高深径比的亚微米级微孔和道沟，然而盐超级化学镀铜的机理研究尚未完全清楚。甲醛严重危害人体健康，以无毒的乙醛酸为还原剂的超级化学镀铜已经实现，但由于乙醛酸价格昂贵，限制了其广泛使用的可能性。

2010 年周仲承等[9]通过设计七因素三水平正交实验的方法，综合研究了沉铜液中各组分对沉积速率、溶液稳定性、镀层外观的影响，确定了一种以酒石酸钠钾为配位剂，甲醛为还原剂，稳定性较好、沉积速率较高，镀层外观较好的常温化学镀铜配方。在该实验所选用的配方体系和实验条件下，各组分对化学镀铜沉积速率的影响能力大小为：五水硫酸铜＞氢氧化钠＞稳定剂 1＞加速剂＞甲醛＞酒石酸钠钾＞稳定剂 2。在实验所选配方体系下，化学镀铜液稳定性较好且沉积速率较快的配方体系为：五水硫酸铜 7.5g/L；酒石酸钠钾 28.22g/L；氢氧化钠 10g/L，稳定剂 110.0ml/L；稳定剂 2150mg/L；加速剂 0.5g/L；甲醛 10.0ml/L。

2010 年蔡洁等[10]研究了葡萄糖含量对钢铁酸性化学预镀铜层性能的影响，结果表明葡萄糖能显著提高镀铜层的光亮度、结合力和耐腐蚀性能，室温条件下实现了在 A3 钢化学预镀铜。该工艺配方为：20g/L 硫酸铜，14g/L 乙二胺四乙酸二钠，70ml/L 三乙醇胺，60g/L 葡萄糖，40g/L NaCl，0.2g/L 甲基蓝，2.0ml/L 吡啶，3g/L 乌洛托品，0.1g/L 2,2′-联吡啶，0.1g/L 亚铁氰化钾，室温，用 H_2SO_4 调 pH 值至 1.5，时间 30s。该配方工艺合理而且成本低廉，具有经济、易得、环保无污染等特点，是一种可以替代氰化预镀铜的新工艺。

2011 年，申晓妮等[11]研究了添加剂对四羟丙基乙二胺（THPED）和 Na_2 EDTA 化学镀铜的影响，在适宜条件下，沉积速率可达 $7.1\mu m/h$，且镀液稳定。该文献系统地研究了 THPED-Na_2EDTA 体系快速化学镀铜，以期进一步提高沉积速率及镀液稳定性。

2011 年白林翠[12]提出一种新的高性能树枝状高分子配位剂聚酰胺 PAMAM，其分子大小、形状和功能基团可以在分子水平进行设计，并且会有较多的氨基和亚氨基团，它可形成 PAMAM 的钯配合物，用它对织物进行化学镀铜的前处理，贵金属钯可被牢牢地固定在待镀织物上，成功引发织物表面上的化学镀铜反应，省去了传统制备中烦琐复杂的敏化过程。通过正交试验和单因素试验得出了 PAMAM-Pd 活化方法下化学镀铜的最佳工艺，研究分析了该过程中各镀液组分对导电织物表面电阻和表观形貌的影响，制备得到电磁屏蔽性能和服用性能良好的导电织物。

2011 年袁雪莉[13]进行了次亚磷酸钠-氨三乙酸体系化学镀铜工艺的研究，确定了最佳镀液组成和条件为：硫酸铜 10g/L，乙酸钠 30g/L，次亚磷酸钠 34g/L，氨三乙酸 15g/L，pH 6，温度 80℃，所得镀层外观质量好，电阻率为 $3.1\mu\Omega\cdot cm$，沉积速率 $2.4\mu m/h$。加入聚乙二醇 6000～0.3mg/L 时可以加快沉积速率，当为 0.3mg/L 时沉积速率达 $2.6\mu m/h$。铜层转为亮红色，有金属光泽。

2013 年韦家亮[14]发明了一种化学镀铜液及化学镀铜方法，该化学镀铜液包括铜盐、配位剂、稳定剂、还原剂、pH 调节剂及添加剂，所述添加剂为硅酸钠，所述铜盐为硫酸铜，含量为 5～20g/L，所述配位剂为乙二胺四乙酸钠、酒石酸钾钠、三乙醇胺和柠檬酸钠中的至少一种，含量为 15～50g/L，所述稳定剂为亚铁氰化钾、联吡啶、甲醇、2-巯基苯并噻唑和硫脲中的至少一种，含量为 0.001～0.1g/L，所述还原剂为甲醛、次亚磷酸钠、氨基硼烷和水合肼中的至少一种，含量为 2～5g/L，所述 pH 调节剂为氢氧化钠、氢氧化钾和无水碳酸钠中的至少一种，含量为 10～15g/L，所述硅酸钠的含量为 0.1～2g/L，所述催化剂为硫酸镍、氯化铵和盐酸亚胺脲中的至少一种，含量为 0.01～1g/L，所述表面活性剂为十二烷基硫酸钠、十二烷基苯磺酸钠和聚乙二醇中的至少一种，含量为 0.001～0.1g/L。该发明的化学镀铜液中，硅酸钠能够有效地吸附镀液中对镀铜有害的杂质，以及副反应形成的少量铜粉，并且可以通过凝聚作用，使铜粉聚在一起，通过过滤可以快速过滤掉，可以提高生产上的化学镀铜过程稳定性。

2013 年孔德龙[15]研究了提高化学镀铜溶液稳定性与沉积速率的方法，发现影响化学镀铜沉积速率的主要因素是配位剂的类型和反应温度。用电化学方法对 EDTA、四羟丙基乙二胺（Quadrol）和三乙醇胺对沉积速率的影响进行表征，结果表明沉积速率与配合物的解离速率有关，配合物解离速率的降低顺序为：三乙醇胺＞四羟丙基乙二胺＞EDTA。用氯化钯加速试验对影响镀液稳定性的因素进行研究，结果表明在甲醛浓度、配位剂的类型、配合物浓度和温度中，影响镀铜溶液稳定性的主要因素是甲醛浓度和反应温度。

对镀液进行优化后得到了具有较高稳定性与沉积速率的镀液 KHT-1，其组成为：硫酸铜 12g/L，甲醛 10ml/L，EDTA 8.928g/L，四羟丙基乙二胺 12.6ml/L，联吡啶 10mg/L，某含硫化合物 5mg/L，吐温-60 20mg/L，2-巯基苯并噻唑 0.5mg/L。KHT-1 化学镀铜液在溶液稳定性、沉积速率、镀层结合力上都有提高，但镀层光亮度、镀层颗粒大小和排列及镀层的铜含量比商品化镀液略差。

2014 年曹权根等[16]采用四羟丙基乙二胺（THPED）-乙二胺四乙酸二钠

（Na_2EDTA）配位体系在环氧树脂板表面进行快速化学镀铜。研究了配位剂、主盐、添加剂和工艺参数等对沉积速率和镀液稳定性的影响，得到快速化学镀铜的最佳镀液配方和工艺条件为：$CuSO_4 \cdot 5H_2O$ 12g/L，THPED 10g/L，Na_2EDTA 5.8g/L，37%甲醛 14ml/L，2,2'-联吡啶 15mg/L，$K_4Fe(CN)_6$ 10mg/L，2-巯基苯并噻唑（2-MBT）5mg/L，pH 12.5～13.0，装载量 3.0dm²/L，温度 40～45℃，时间 20min。在最佳工艺条件下，化学镀铜的沉积速率可达 12.7μm/h，镀层表面平整、致密、光亮，背光级数达 9 级。

2014 年孔德龙等[17]在 THPED-Na_2EDTA 盐体系中复合添加亚硫酸钠和吐温-60，化学镀铜的沉积速率可达 7.29μm/h。然而，THPED-Na_2EDTA 盐化学镀铜的镀速仍低于单独添加 THPED 时的镀速。

2014 年德国施泰因豪泽等[18]发明了一种不含甲醛的化学镀镀铜溶液，它包含铜离子源，作为还原剂的乙醛酸，作为配位剂的至少一种聚氨基二丁二酸、或至少一种聚氨基单丁二酸、或至少一种聚氨基二丁二酸与至少一种聚氨基单丁二酸的混合物，该配位剂与铜离子的摩尔比是在 1.1∶1 至 5∶1 的范围内。该发明还涉及一种利用该溶液进行化学镀铜的方法及该溶液用于镀基板的用途。

2015 年陈晓宇等[19]对钛酸钡陶瓷表面化学镀铜工艺及性能进行研究，其结论为：①镀液组成因素对镀层表面性能的影响大小顺序为：温度＞甲醛＞酒石酸钾钠＞五水硫酸铜＞Na_2EDTA。②钛酸钡陶瓷表面化学镀铜溶液的最佳配方为：五水硫酸铜 16g/L，甲醛 16g/L，Na_2EDTA 14g/L，酒石酸钾钠 18g/L，温度为 40℃，氢氧化钠 14g/L，pH 值为 12.5，添加剂亚铁氰化钾和 2,2'-联吡啶均微量。③在最优工艺条件下，镀层表面平整、呈淡粉红色、有金属光泽，铜晶粒大小均匀，排列紧致；镀层结合力很好，被粘落面积不足半格。

2015 年高嵩等[20]研究了添加剂苯亚磺酸钠和 HEDTA 对腈纶纤维表面化学镀铜的影响，结果表明：①在以次磷酸钠为还原剂的化学镀铜体系中，对阳极而言，苯亚磺酸钠和 HEDTA 在用量较低时可促进次磷酸钠的氧化，用量较高时却抑制次磷酸钠的氧化；对于阴极而言，苯亚磺酸钠和 HEDTA 的加入均抑制 Cu^{2+} 的还原。②复合添加剂与单一添加剂和无添加剂相比，其镀液中次磷酸钠的氧化峰电位略微负移，但氧化电流明显降低，表明其主要抑制了次磷酸钠的阳极氧化，使所得镀层表面均匀、细致、平整。与单一添加剂相比，混合添加剂的还原峰电势和峰电流无明显差别，表明其对 Cu^{2+} 还原影响不大。③以次磷酸钠为还原剂的化学镀铜最佳配方及工艺条件为：$CuSO_4 \cdot 5H_2O$（硫酸铜）8g/L，$NaH_2PO_2 \cdot H_2O$（次磷酸钠）30g/L，$NiSO_4 \cdot 6H_2O$（硫酸镍）1.0g/L，H_3BO_3（硼酸）30g/L，$Na_3C_6H_5O_7$（柠檬酸钠）15g/L，$C_6H_5NaO_2S$（苯亚磺酸钠）40mg/L，HEDTA（N-羟乙基乙二胺三乙酸）60mg/L，pH 9.0，温度 80℃，时间 30min。

2015 年范小玲等[21]发明了一种高活性化学镀铜溶液及化学镀铜方法，它主要是由铜盐、还原剂、配位剂、pH 调整剂和组合添加剂组成，其中配位剂为乙二胺四乙酸二钠、酒石酸钾钠、柠檬酸三钠、N-羟乙基乙二胺三乙酸、四羟丙基乙二胺、三乙醇胺和氨三乙酸中的一种或几种组合，组合添加剂为含 N 或含 S 添加剂的组合。

所述铜盐浓度为 8～20g/L，甲醛浓度为 5～20ml/L，配位剂浓度为 10～40g/L，组合添加剂为 10～20ml/L，pH 调整剂将溶液调整至 pH 值为 11～13，在温度为 40℃的环境下，向基体施镀时间为 25～35min。所述铜盐采用硫酸铜，还原剂采用甲醛，所述配位剂由乙二胺四乙酸二钠和四羟丙基乙二胺按 1∶1 至 1∶3 的比例组成。该发明的高活性化学镀铜溶液的优点在于镀液活性高、操作温度低、稳定性好，尤其适用于活化程度较弱的非金属基体表面的化学镀铜。

2015 年丁莉峰等[22]发明了一种环保型免活化无氰化学镀铜溶液及其镀铜工艺，其特殊之处在于包含五水硫酸铜、次磷酸钠、柠檬酸钠、硼酸、硫酸镍、添加剂。添加剂为吡啶类物质和苯磺酸类物质，其中吡啶类物质为吡啶、2,2'-联吡啶、4,4'-联吡啶、3-氨基吡啶、2-氨基吡啶、2,3'-联吡啶中的一种。所述的苯磺酸类物质为甲基橙、苯磺酸钠中的一种。化学镀铜溶液分别包含：5～40g/L 五水硫酸铜、20～50g/L 酒石酸钾钠、10～30g/L 柠檬酸、20～25g/L 硅酸钠、0.2～5g/L 稀土盐、0.5～50mg/L 添加剂，恒温 60～80℃，浸泡 3～60min。该发明的无氰化学镀铜溶液不含甲醛和氰化物等对环境和人体有重大危害的成分，减少了环境污染，属于环保型镀液。无氰化学镀铜生产工艺免除了活化处理步骤，生产工艺简单。无氰化学镀铜体系稳定，且无氰化学镀铜加工成本低。制造的化学铜层与基体的结合力良好，镀层表面平整无枝晶生长，结晶细致光亮。

2016 年蒋春林等[23]发明了一种高速化学镀铜溶液及其镀铜工艺，高速化学镀铜溶液有以下浓度的物料：二水氯化铜 5～50g/L，混合配位剂 10～80g/L，氢氧化钠 5～20g/L，还原剂 1～15g/L，稳定剂 1～200mg/L，表面活性剂 1～100mg/L。该高速化学镀铜溶液既能保持高镀铜速率、高槽液稳定性、高的环保性，又能提供类似于电镀铜的铜镀层皮膜、铜镀层皮膜平整、无枝晶生长、结晶细腻光亮，还能提高镀铜生产效率并减少镀铜时间。该镀铜工艺包括以下工艺步骤：①配制高速化学镀铜溶液；②镀铜前处理；③化学镀铜溶液浸泡；④清洗烘干。该镀铜工艺能利用高速化学镀铜溶液高效地实现镀铜加工。

2016 年付沁波等[24]发明了一种化学镀铜液及化学镀铜的方法，其特征在于：包括预镀铜液和厚镀铜液，所述预镀铜液包括铜盐、甲醛、第一配位剂、稳定剂、表面活性剂、促进剂、pH 调节剂；所述厚镀铜液包括铜盐、甲醛、第二配位剂、稳定剂、表面活性剂、促进剂、pH 调节剂；其中所述第一配位剂为乙二胺四乙酸二钠和四羟丙基乙二胺的混合物，所述第二配位剂为酒石酸盐与三乙醇胺的混合物。该发明的镀铜溶液性能稳定、维护方便、安全环保，预镀铜液活性高，厚镀铜液稳定性好，分别应用于化学镀铜方法的不同阶段，工作效率高，得到的镀层结合可靠，镀铜件良品率高，有利于大规模的工业化生产。

2017 年陈伟长等[25]发明了一种化学镀铜溶液用配位剂及其制备方法，该配位剂为酒石酸钾钠 150～160g/L，氢氧化钠 180～200g/L，添加剂硫酸镍 0.02～0.03g/L，添加剂 M 适量。该发明操作温度低，使用方便，能够提高镀铜液稳定性，使制得的铜层厚度适中且稳定。

2017 年卢建红等[26]研究了聚二硫二丙烷磺酸钠在二元配位化学镀铜体系中的作

用，用电化学方法研究聚二硫二丙烷磺酸钠（SPS）对乙二胺四乙酸（EDTA）/四羟丙基乙二胺（THPED）二元配位化学镀铜过程的影响，测量体系的混合电位-时间关系，加入 SPS 后混合电位负移，负移过程较平缓，无突跃现象；采用线性扫描伏安法研究体系，表明 SPS 促进了阴阳两极的极化，但主要是影响甲醛氧化的阳极极化过程。SPS 也因此一定程度上提高了过程的沉积速率。通过扫描电镜、能谱仪和 X 射线衍射仪对结构的分析，镀层铜纯净度较高，无氧化铜等夹杂，镀层细致平滑，发现 SPS 有促进（200）晶面择优取向的作用。

2017 年韦家亮等[27]发明了一种化学镀铜液及其制备方法和一种化学镀铜方法。所述化学镀铜液中含有铜盐、配位剂、稳定剂、还原剂和表面活性剂，所述化学镀铜液中还含有咪唑喹啉酸，铜盐的含量为 7～20g/L，还原剂的含量为 1～5g/L，咪唑喹啉酸的含量为 0.001～0.015g/L。该发明在常用的化学镀铜液中新增咪唑喹啉酸，能有效改善镀液的活性和稳定性，尤其适用于 LDS 镀铜工艺，且镀速快。

2017 年田栋等[28]发明了一价铜化学镀铜液，其特征在于通过一价铜化学镀铜液中的甲醛化学还原亚铜离子来实现铜镀层的沉积，镀液中除了含有甲醛以及提供亚铜离子的氯化亚铜之外，还含有氯化钾、氨水、辅助配位剂、稳定剂以及抗氧化剂；镀液中氯化亚铜的浓度为 5～30g/L、37% 的甲醛的浓度为 5～30ml/L、氯化钾的浓度为 40～120g/L、25%～28% 的氨水浓度为 30～100ml/L、辅助配位剂的浓度为 5～60g/L、稳定剂的浓度为 1～100mg/L、抗氧化剂的浓度为 0.5～20.0g/L；镀液用盐酸或氢氧化钾调整 pH 值至 11.0～13.5。在使用时需要升温至 40～70℃且装载量为 0.2～4.0dm²/L。该发明的一价铜化学镀铜液可以在消耗等物质的量甲醛的情况下沉积出更多的金属铜，不仅可以提高化学镀铜的镀速，而且可以节省甲醛的使用量，有利于生产效率的提高以及生产成本的控制。

2017 年连俊兰等[29]发明了一种化学镀铜液、制备方法及一种非金属化学镀的方法，其特征在于，所述化学镀铜液为含有可溶性铜盐、可溶性氢氧化物、配位剂、稳定剂、促进剂、缓冲剂及还原剂的水溶液；所述还原剂为亚甲基二醇化合物和/或 α-二醇化合物。该发明还提供了所述化学镀铜液的制备方法，以及采用该化学镀铜液进行非金属表面化学镀的方法。该发明提供的化学镀铜液具有更好的还原效果，同时，溶液具有较好的稳定性，使用寿命长。

2017 年束学习[30]发明了一种用于印制线路板的化学镀厚铜工艺，所述化学镀厚铜工艺包括如下步骤：先将化学镀铜槽工作液完全排放后，用自来水冲洗干净；继续用去离子水循环；向化学镀铜槽加入化学镀铜剂水溶液，并加热化学镀铜槽至 35～45℃；启动循环过滤泵，将待化学镀铜的印制线路板放入化学镀铜剂水溶液中，喷淋浸泡；取出印制线路板，用自来水清洗；最后热风吹干并转入图形转移工序。该发明提高了化学镀铜的良品率，报废率由化学镀薄铜的 1%，降低为 0.01%，采用双配位剂、双稳定剂，提高了化学镀铜槽液的稳定性，换槽周期由化学镀薄铜的三天延长至 1 周，减轻了操作人员的劳动强度。

2018 年张志恒[31]发明了一种化学镀铜液，用于三维模塑互连器件塑料组合物上进行化学镀铜。包括水溶性铜盐、还原剂、配位剂、整平剂、缓冲剂、稳定剂、表面活性剂、去离子水；其中，按质量份计算，去离子水 1000 份，水溶性铜盐 20～35 份，还原剂 15～32 份，配位剂 10～20 份，整平剂 5～15 份，缓冲剂 2～12 份，稳定剂 1～15 份，表面活性剂 0.01～0.2 份；所述水溶性铜盐选自硫酸铜、氯化铜、硝酸铜、甲基磺酸铜中一种或多种；所述配位剂包括丁二酸、丁二酸钠、柠檬酸、柠檬酸钠、乳酸、苹果酸、甘氨酸、巯基壳聚糖、乙二胺四乙酸四钠盐、乙二胺四乙酸、N-羟乙基乙二胺三乙酸、四羟丙基乙二胺、三乙醇胺中一种或多种；所述稳定剂包括硫代硫酸钠、硫代硫酸钾、硫脲、黄原酸酯、2,4-二硫代缩二脲、氨基脲、硫代氨基脲、1,4-亚苯基双（硫脲）中一种或多种；所述还原剂包括次亚磷酸钠、次磷酸钾、甲醛、甲醛亚硫酸氢钠、硼氢化钠、硫脲、对苯二酚、抗坏血酸、肼、二甲基胺硼烷中的一种；所述表面活性剂包括十二烷基磺酸钠、十二烷基硫酸钠、磺基琥珀酸单酯二钠、脂肪酸甲酯乙氧基化物磺酸盐。

2018 年德国埃托特克德国有限公司的弗兰克·布鲁宁等[32] 发明了一种化学镀铜水性溶液，它具有较高的铜沉积速率且适用于低粗糙度的基材表面。它包含：铜离子源、还原剂或还原剂源、配位剂的组合物，所述还原剂为乙醛酸或甲醛，所述配位剂组合物包含 N,N,N',N'-四-(2-羟基丙基）乙二胺或其盐和 N'-(2-羟基乙基）乙二胺-N,N,N'-三乙酸或其盐，其中所述配位剂前者与后者摩尔比为 1：0.05 至 1：20。

2018 年游义才等[33] 发明了一种化学镀铜液以及化学镀铜的方法，其特征在于，按质量份计，亚铜盐 20～40 份，甲醛 15～30 份，有机膦配位剂 50～100 份；40～60℃，pH 值为 11～13。以甲醛作为还原剂，以亚铜盐作为铜的来源，并以有机膦配体作为配位剂对亚铜盐进行配位。与二价铜离子不同的是，一价铜离子在水中容易发生歧化反应，生成单质铜和二价铜，需要添加配位剂对其进行稳定。一价铜离子在路易斯酸碱理论中属于软酸，与属于硬碱传统氮、氧配体的配位效果较差。该发明采用的有机膦配体为软碱，与一价铜离子的配位较好，能够对一价铜离子起到较好的稳定作用。在提高镀速的同时，保证产品的品质。该方法的镀速快，稳定性好，生产效率较高。

2018 年李晓红等[34] 发明了一种化学镀铜液，按质量份计，包括如下组分：二价铜盐 1～10 份、还原剂 2～50 份、第一配位剂 20～100 份和稳定剂 0.001～0.02 份，以及第二配位剂和/或表面活性剂 0.01～2 份；所述第一配位剂选自酒石酸、酒石酸盐、乙二胺四乙酸、乙二胺四乙酸盐、柠檬酸、柠檬酸盐、N-羟乙基乙二胺三乙酸、N-羟乙基乙二胺三乙酸盐、三乙醇胺、氨三乙酸或氨三乙酸盐中的一种或至少两种的组合；所述第二配位剂选自氨基酸、氨基酸衍生物、苯并噻唑、苯并噻唑衍生物、硒氰酸盐、四羟丙基乙二胺、邻菲咯啉中的一种或至少两种的组合。该发明提供的化学镀铜液能够有效改善压延铜箔电镀后表面粗糙的问题。

2018 年韦家亮等[35] 发明了一种化学镀铜液和一种化学镀铜方法，该化学镀铜液含有铜盐、还原剂、配位剂以及 pH 值调节剂，所述配位剂含有乙二胺四乙酸盐和三乙醇胺，其质量比为 1：(0.6～0.8)。该化学镀铜液含有或不含有稳定剂，该化学镀铜液含有或不含有表面活性剂，其特征在于，所述化学镀铜液还含有 2-巯基苯并噻唑和 R_1-SH，其中，R_1-SH 为八烷基硫醇、十二烷基硫醇和十四烷基硫醇中的一种或两种以上，优选为十二烷基硫醇。该化学镀铜液中，2-巯基苯并噻唑的含量为 $0.001\sim0.05g/L$，R_1-SH 的含量为 $0.001\sim0.02g/L$。采用该发明提供的化学镀铜液进行化学镀铜，能有效地缓解溢镀现象，能够获得较高的镀覆速度，且形成的铜镀层对基材具有较高的附着力。因此，该发明的化学镀铜液特别适合用于要求铜镀层具有较高厚度（例如 $12\mu m$ 以上）和较高尺寸精度的场合。

本节参考文献

[1] 钟丽萍，赵黎云，赵转青，黄逢春. 影响化学镀铜溶液稳定性和沉铜速率的因素 [J]. 山西大学学报（自然科学版），2001，24（2）：145-147.

[2] 谷新，王周成，林昌健. 络合剂和添加剂对化学镀铜影响的电化学研究 [J]. 电化学，2004，10（1）：14-19.

[3] LI J，Kohl P A. The deposition characteristics of accelerated non-formaldehyde electroless copper plating [J]. J Electrochem Soc，2003，150（8）：C558-C562.

[4] 吴丽琼，杨防祖，黄令，孙世刚，周绍民. 乙醛酸化学镀铜的电化学研究 [J]. 电化学，2005，11（4）：402-405.

[5] 郑雅杰，邹伟红，易丹青，龚竹青，李新海. 四羟丙基乙二胺和 Na_2EDTA 盐化学镀铜体系研究 [J]. 材料保护，2006，39（2）：20-24.

[6] 郑雅杰，李春华，邹伟红. 三乙醇胺和 Na_2EDTA 盐双络合体系快速化学镀铜工艺研究 [J]. 材料导报，2006，20（10）：159-162.

[7] 王松泰，谈定生，刘书祯. 硬质合金化学镀铜及表面装饰工艺 [J]. 上海有色金属，2007，28，（4）：162-165.

[8] Hasegawa M，Yamachika N，Shacham-Diamind Y，et al. Evidence for "superfilling" of submicrometer trenches with electroless copper deposit [J]. Appl Phys Lett，2007，90（10）：101916-1/3.

[9] 周仲承，马斯才，易家香，高四，苏良飞，刘荣胜. 以酒石酸钠钾为络合剂的常温化学镀铜液研制 [J]. 2010 秋季国际 PCB 技术/信息论坛：98-102.

[10] 蔡洁，张业，姚玉环. 葡萄糖含量对钢铁酸性化学预镀铜层性能的影响 [J]. 材料保护，2010，43，（2）：38-40.

[11] 申晓妮，赵冬梅，任凤章，等. 添加剂对四羟丙基乙二胺（THPED）化学镀厚铜的影响 [J]. 中国腐蚀与防护学报，2011，31（5）：362-366.

[12] 白林翠. 以 PAMAM 为活化载体的化学镀电磁屏蔽织物的制备 [D]. 上海：上海工程技术大学 [硕士论文]，2011.

[13] 袁雪莉. 次亚磷酸钠-氨三乙酸无甲醛化学镀铜体系的研究 [D]. 西安：陕西师范大学 [硕士论文]，2011.

[14] 韦家亮. 一种化学镀铜液及化学镀铜方法 [P]. CN102877046 A，2013-01-16.

[15] 孔德龙. 提高化学镀铜溶液稳定性与沉积速率的研究 [D]. 哈尔滨：哈尔滨工业大学 [硕士论文]，2013.

[16] 曹权根，陈世荣，杨琼，汪浩，王恒义，谢金平，范小玲. 四羟丙基乙二胺-乙二胺四乙酸二钠体系快速化学镀铜 [J]. 电镀与涂饰，2014，33（19）：818-822.

[17] 孔德龙，谢金平，范小玲，等. 化学镀铜溶液中稳定剂的研究 [J]. 电镀与精饰，2014，36（3）：5-9.

[18] 施泰因豪泽 E，勒泽勒 S，维泽 S，阮 TCL，施坦普 L. 不含甲醛的化学镀镀铜溶液 [P]. CN104040026A，2014-09-10.

[19] 陈晓宇，曹林洪. 钛酸钡陶瓷表面化学镀铜工艺及性能研究 [J]. 广东化工，2015，42（23）：8-10.

[20] 高嵩，刘彩华，陶睿，杨帆. 添加剂苯亚磺酸钠和 HEDTA 对腈纶纤维表面化学镀铜的影响 [J]. 电镀与涂饰，2015，34（19）：829-833.

[21] 范小玲，孔德龙，梁韵锐，李宁，宗高亮，王群. 高活性化学镀铜溶液及化学镀铜方法 [P]. CN104561956A，2015-4-29.

[22] 丁莉峰，李敏，姚英，武鹏，杨魏戊，宋寒寒，焦汝，任亮亮，吴春，张锐. 一种环保型免活化无氰化学镀铜溶液及其镀铜工艺 [P]. CN105112895A，2015-12-2.

[23] 蒋春林，贺建武，丁保美. 一种高速化学镀铜溶液及其镀铜工艺 [P]. CN106086836A，2016-11-03.

[24] 付沁波，汪祝东，李乾. 一种化学镀铜液及化学镀铜的方法 [P]. CN105296976A，2016-02-03.

[25] 陈伟长，刘波，张勇. 一种化学镀铜溶液用络合剂及其制备方法 [P]. CN 107299336A，2017-10-27.

[26] 卢建红，焦汉东，焦树强．聚二硫二丙烷磺酸钠在二元络合化学镀铜体系中的作用 [J]．工程科学学报，2017，39（9）：1380-1385.

[27] 韦家亮，林宏业．一种化学镀铜液及其制备方法和一种化学镀铜方法，CN104018140B，2017-03-15.

[28] 田栋，郑香丽，周长利，刘姗，花小霞，夏方诠．一价铜化学镀铜液 [P]．CN104141120B，2017-04-19.

[29] 连俊兰，韦家亮．一种化学镀铜液、制备方法及一种非金属化学镀的方法 [P]．CN106894005A，2017-06-27.

[30] 束学习．一种用于印制线路板的化学镀厚铜工艺 [P]．CN 107267968A，2017-10-20.

[31] 张志恒．化学镀铜液 [P]．CN108165959，2018-06-15.

[32] 弗兰克·布鲁宁，等．化学镀铜水性溶液 [P]．CN105008587B，2018-04-17.

[33] 游义才，等．化学镀铜液以及化学镀铜的方法 [P]．CN108193197A，2018-06-22.

[34] 李晓红，宋通，章晓冬，刘江波，童茂军．一种化学镀铜液 [P]．CN108559980A，2018-09-21.

[35] 韦家亮，林宏业．一种化学镀铜液和一种化学镀铜方法 [P]．CN105200402B，2018-05-08.

第二十一章

电镀镍与化学镀镍配合物

第一节 镍离子与镍镀层的性质与用途

一、水合 Ni^{2+} 的基本性质

比较水合 Ni^{2+} 和 Cu^{2+} 的标准电极电位

$$Cu_{aq}^{2+} + 2e^- \rule[0.5ex]{2em}{0.4pt} Cu \qquad\qquad E^\ominus = 0.337$$

$$Ni_{aq}^{2+} + 2e^- \rule[0.5ex]{2em}{0.4pt} Ni \qquad\qquad E^\ominus = -0.250$$

我们可以发现，Cu_{aq}^{2+} 相对于 Ni_{aq}^{2+} 来说很容易被还原，$E^\ominus$ 为正值，表示反应由左向右进行，相反，Ni_{aq}^{2+} 的还原电位为负值，表示它难以被还原，或者说水合 $[Ni(H_2O)_6]^{2+}$ 离子比水合 $[Cu(H_2O)_6]^{2+}$ 稳定得多，这可以从它们的立体结构看出。在第十九章第一节中我们已经知道水合铜离子的六个配位水形成的是拉伸的八面体结构，其中平面上的四个水分子的配位键的键长为 1.96Å，而在八面体顶端较远的两个水分子的配位键长是 2.43Å，这两个水分子易离解而形成活性中间体，阴极上的电子很易通过空位进入铜的电子轨道而使铜被还原。

$[Ni(H_2O)_6]^{2+}$ 具有六个相等键长的标准八面体构型，它是完全对称的，所以非常稳定。虽然水合镍离子的半径为 2.04Å，比水合铜离子的 1.96Å 还大一些，但因有很好的对称结构，水分子要离开非常困难。要取代内配位的水分子也非常困难，取代水合铜离子第一个内配位水的速率常数为 2.5×10^8，而取代水合镍离子第一个内配位水的速率常数只有 1.5×10^4，两者相差 4 个数量级；水合铜离子电极反应的交换电流密度 $-\lg[i_0/(A/cm^2)]$ 为 2.57~4.7，而水合镍离子的交换电流密度 $-\lg[i_0/(A/cm^2)]$ 为 8.7，也相差了 4 个数量级以上。再从汞上电沉积反应的标准速率常数来看，Cu_{aq}^{2+} 的为 4.5×10^{-2}，而 Ni_{aq}^{2+} 为 2.9×10^{-10}（见表 21-1），这些数据充分说明，水合镍离子 $[Ni(H_2O)_6]^{2+}$ 比水合铜离子 $[Cu(H_2O)_6]^{2+}$ 稳定得多，要使 $[Ni(H_2O)_6]^{2+}$ 还原为金属镍也比 $[Cu(H_2O)_6]^{2+}$ 困难得多，还原的超电压很大，电沉积反应的速度比较慢，因此，从无其他配位体（水除外）的简单镍盐溶液中，就可以获得晶粒细小，镀层平滑的半光亮镍层。例如，由 $NiSO_4$-$NiCl_2$-H_3BO_3 组成的瓦茨镀镍液，已有工业应用的价值，只有在特殊要求的镀液，如深孔镀镍、化学镀镍时，才需添加除水以外的其他配位体。

二、镍镀层的性能与用途

金属镍是一种银白色金属，对碱十分稳定，但易溶于硫酸、盐酸、硝酸和醋酸中，光亮镍层暴露在空气中会逐渐变暗，所以较少用它作为最后的保护层，而是在它

表 21-1　水合镍离子 $[Ni(H_2O)_6]^{2+}$ 同水合铜离子 $[Cu(H_2O)_6]^{2+}$ 性质的比较

性　　质	$[Ni(H_2O)_6]^{2+}$	$[Cu(H_2O)_6]^{2+}$
配离子的空间构型	标准八面体	拉伸的八面体
水合配离子配位键的键长(或离子半径)/Å	2.04	1.96,2.43
标准电极电位($E^{\ominus}$)/V	0.337	-0.25
滴汞电极上还原的半波电位($E_{1/2}$)/V	-1.1	0.00
取代第一个内配位水的速率常数/s^{-1}	1.5×10^4	2.5×10^8
电极反应的交换电流密度$-\lg[i_0/(A/cm^2)]$	8.7	2.57～4.7
汞上电沉积反应的标准速率常数 k_0/(cm/s)	2.9×10^{-10}	4.5×10^{-2}
在 0.01A/cm^2 时电沉积的超电压/mV	350～750	10～350

上面再套一层更稳定更耐磨的铬层。镍镀层对钢铁基体是阴极性防护层，故其防护能力常受镀层孔隙率的影响，孔隙越多，防护性越差。

镀镍层最主要用作防腐装饰性电镀体系的中间镀层，如多层镍体系中的中间层：

半光亮镍/光亮镍/铬；半光亮镍/高硫镍/光亮镍/铬；半光亮镍/高硫镍/光亮镍/镍封/微孔铬；半光亮镍/光亮镍/高应力镍/微裂纹铬

这些组合多层镍体系有很好的装饰性与耐蚀性，是室外各种车辆（汽车、摩托车、自行车等）和各种机械设备最常用的防腐装饰镀层。镍镀层也是装饰性镀金、铑、铂、钯-镍和银镀层的底镀层，它可有效抑制铜、锌等金属的扩散，在五金装饰、电子行业应用很普遍。低应力镍是电铸和印制板常用的镀层。

黑色镍和枪色镍（黑珍珠）是含锌和硫的合金镀层，主要用于光学镀层（如照相器材、光学仪器、太阳能吸热器等）和装饰仿古镀层（如灯饰、仿古饰品等）。一般镀在光亮镍、铜、青铜、锌镀层上，厚度不大于 $2\mu m$，它们质硬而脆，耐蚀性差，镀后需要涂装来保护。

缎面镍（也称珍珠镍）结晶细致、孔隙少、内应力低、耐蚀性好，而且色调柔和，不会因手触摸而留下指纹，是一种新型又广受欢迎的装饰性镍层，广泛用于铬、银、金镀层的底层，也可以直接用于表面，尤其在钟表、首饰、饰品方面应用较多。

电镀镍磷合金具有非晶态结构，含磷量大于 13% 的镍磷合金为非磁性镀层，结晶细致、孔隙率低、硬度高、耐磨性好、耐蚀性强，可以替代硬铬镀层，也是高温焊接的优良镀层，在电子、化工、航空航天、核能等工业中有广泛用途。

电镀镍铁合金，色泽白亮，整平性和韧性都优于镍镀层，易于套铬，成本又低，又可节镍，是一种广泛用于自行车零部件的防腐-装饰性电镀的底层。

第二节　镀镍用配位体

Ni^{2+} 具有 8 个 3d 电子，d^8 构型的离子（如 Ni^{2+}、Pd^{2+}、Pt^{2+} 等）属于动力学上惰性的离子，即它难以形成电化学反应的活性中间体，其电化学反应很慢。所以在选用配位体时，不可选用强配位场的配体。如在镀镍时，若选用氰化物 CN^- 作配位体，则

形成 $[Ni(CN)_6]^{4-}$，它几乎完全不被还原。所以在镀镍时，通常选用较弱或中等强度的配位体，如羧酸或羟基羧酸（如醋酸、丙酸、乙醇酸、酒石酸、柠檬酸、葡萄糖酸等），氨基羧酸（如氨基乙酸、氨基丙酸、氨三乙酸、EDTA 等），氨基醇（如乙醇胺、二乙醇胺、三乙醇胺等），有机膦酸［如羟基-(1,1)-亚乙基二膦酸（HEDP）、氨基三亚甲基膦酸（ATMP）等］和无机多磷酸（焦磷酸、三聚磷酸等）。其中最常用的是羟基羧酸。

Ni^{2+} 在水溶液中以六水合镍配离子形式存在，具有八面体构型，当它遇到比水更强的配位体时，可以形成六配位的八面体或四配位的四面体配合物，也就是说对某些配合物来说，配位数达 4 时已能形成稳定的配合物。羟基羧酸、氨基羧酸的羟基、氨基与羧基都可以参与配位，从而形成更加稳定的螯合物。

许多羟基羧酸和氨基羧酸都是天然产品，如苹果酸、柠檬酸、酒石酸、乳酸、甘氨酸、丝氨酸等。它们不仅无毒，许多还是人体必需的物质，是货真价实的绿色产品，在工业上也深受欢迎。多羟基酸是一类较弱的配位体，它与 Ni^{2+} 形成的配合物的稳定常数不高，但在中性或碱性条件下，羟基还可以参与配位，此时可形成更稳定的螯合物。

这类配位体因配位能力弱，又无表面活性，所以直接用单一配位体所得的镀层并不光亮，往往还要加入其他的光亮剂或辅助配位体才能获得满意的镀层。

Ni^{2+} 与柠檬酸（H_4L）在不同 pH 范围内能形成 $[Ni(HL)]^-$、$[NiL]^{2-}$、$[NiL(OH)]^{3-}$ 和 $[NiL(OH)_2]^{4-}$ 形成的配合物；Ni^{2+} 与 NH_3 能形成 $[Ni(NH_3)_4]^{2+}$ 和 $[Ni(NH_3)_6]^{2+}$ 的配合物。在溶液中同时存在柠檬酸和氨的 Ni^{2+}-H_4L-NH_3 体系中是否可以形成同时含柠檬酸和氨的三元配合物呢？根据李声泽等人用分光光度法测定的结果，证明在 pH＝10 的 Ni^{2+}-L^{4-}-NH_3 体系中存在如下的平衡：

$$Ni^{2+} + 6NH_3 \rightleftharpoons [Ni(NH_3)_6]^{2+}$$

$$Ni^{2+} + L^{4-} \rightleftharpoons [NiL]^{2-}$$

$$[NiL]^{2-} + NH_3 \rightleftharpoons [NiL(NH_3)]^{2-}$$

$$[NiL(NH_3)]^{2-} + NH_3 \rightleftharpoons [NiL(NH_3)_2]^{2-}$$

根据李声泽等人的研究，在 pH＝10 时，Ni^{2+}-$P_2O_7^{4-}$-NH_3 体系中的确存在 Ni^{2+}：$P_2O_7^{4-}$：NH_3＝1：1：2 的三元配合物，在此体系中同时存在着下列平衡：

$$Ni^{2+} + NH_3 \rightleftharpoons [Ni(NH_3)_4]^{2+}$$

$$Ni^{2+} + P_2O_7^{4-} \rightleftharpoons [Ni(P_2O_7)]^{2-}$$

$$[Ni(P_2O_7)]^{2-} + P_2O_7^{4-} \rightleftharpoons [Ni(P_2O_7)_2]^{6-}$$

$$[Ni(P_2O_7)_2]^{6-} + 2NH_3 \rightleftharpoons [Ni(P_2O_7)(NH_3)_2]^{2-} + P_2O_7^{4-}$$

$$[Ni(P_2O_7)(NH_3)_2]^{2-} + 2NH_3 \rightleftharpoons [Ni(NH_3)_4]^{2+} + P_2O_7^{4-}$$

表 21-2 镀镍常用配合物的稳定常数

配 体 名 称	结 构	稳定常数[1]
氟离子	F^-	$\lg K_1$ 0.7
氨	NH_3	$\lg K_1$ 2.75, $\lg\beta_2$ 4.95, $\lg\beta_3$ 6.64, $\lg\beta_4$ 7.79, $\lg\beta_5$ 8.50, $\lg\beta_6$ 8.49
联氨	H_2N-NH_2	$\lg K_1$ 3.18
羟基离子	OH^-	$\lg K_1$ 4.6
氰离子	CN^-	$\lg K_1$ 31.3
磷酸氢根	HPO_4^{2-}	$\lg K_1$ 13.8
焦磷酸根	$P_2O_7^{4-}$	$\lg K_1$ 5.8, $\lg\beta_2$ 7.2
硫氰酸根	SCN^-	$\lg K_1$ 1.2, $\lg\beta_2$ 1.6, $\lg\beta_3$ 1.8
硫酸根	SO_4^{2-}	$\lg K_1$ 2.3
硫代硫酸根	$S_2O_3^{2-}$	$\lg K_1$ 2.06
甲酸	$HCOOH$	$\lg K_1$ 0.46, $\lg\beta_2$ 0.86
乙酸	CH_3COOH	$\lg K_1$ 0.72, $\lg\beta_2$ 1.15, $\lg\beta_3$ 0.40
丙酸	CH_3CH_2COOH	$\lg K_1$ 0.73, $\lg\beta_2$ 0.96, $\lg\beta_3$ 0.97
丁酸	$CH_3CH_2CH_2COOH$	$\lg K_1$ 0.73, $\lg\beta_2$ 0.80, $\lg\beta_3$ 1.34
草酸	$HOOCCOOH$	$\lg\beta_2$ 7.64, $\lg\beta_3$ 8.4
丙二酸	$HOOCCH_2COOH$	$\lg K_1$ 3.27, $\lg\beta_2$ 4.94
丁二酸	$HOOCCH_2CH_2COOH$	$\lg K_1$ 2.2
乙醇酸	$HOCH_2COOH$	$\lg K_1$ 1.69, $\lg\beta_2$ 2.70, $\lg\beta_3$ 3.05
氨基乙酸	H_2NCH_2COOH	$\lg K_1$ 5.73, $\lg\beta_2$ 10.56, $\lg\beta_3$ 14.00
乳酸	$CH_3CH(OH)COOH$	$\lg K_1$ 1.57, $\lg\beta_2$ 2.94
3-羟基丙酸	$HOCH_2CH_2COOH$	$\lg K_1$ 0.77, $\lg\beta_2$ 1.32
2-氨基丙酸	$CH_3CH(NH_2)COOH$	$\lg K_1$ 5.85, $\lg\beta_2$ 10.34
2-氨基-3-羟基丙酸	$HOCH_2CH(NH_2)COOH$	$\lg K_1$ 5.45, $\lg\beta_2$ 9.98, $\lg\beta_3$ 13.52
2-氨基-3-巯基丙酸	$HSCH_2CH(NH_2)COOH$	$\lg K_1$ 9.64, $\lg\beta_2$ 19.04
2,3-二氨基丙酸	$H_2NCH_2CH(NH_2)COOH$	$\lg K_1$ 8.48, $\lg\beta_2$ 15.27
2,3-二羟基丙酸	$HOCH_2CH(OH)COOH$	$\lg K_1$ 2.25, $\lg\beta_2$ 3.45
2-氨基-3-羟基丁酸	$CH_3CH(OH)CH(NH_2)COOH$	$\lg K_1$ 5.46, $\lg\beta_2$ 9.97, $\lg\beta_3$ 13.42
酒石酸	$HOOCCH(OH)CH(OH)COOH$	$\lg K_1$ 3.01, $\lg\beta_2$ 5.04
柠檬酸	$HOOCCH_2C(OH)(COOH)CH_2COOH(L^{4-})$	$\lg K_1$ 14.3
乙二胺	$H_2NCH_2CH_2NH_2$	$\lg K_1$ 7.66, $\lg\beta_2$ 14.06, $\lg\beta_3$ 18.61
二乙烯三胺	$H_2NCH_2CH_2NHCH_2CH_2NH_2$	$\lg K_1$ 10.7, $\lg\beta_2$ 18.9
三乙烯四胺	$H_2NCH_2CH_2(NHCH_2CH)_2NH_2$	$\lg K_1$ 14.0
乙二胺单乙酸	$H_2NCH_2NHCH_2COOH$	$\lg K_1$ 8.19
乙二胺四乙酸	$(HOOCCH_2)_2NCH_2CH_2N(CH_2COOH)_2$	$\lg K_1$ 18.6
三乙醇胺	$N(CH_2CH_2OH)_3$	$\lg K_1$ 2.95
氨三乙酸	$N(CH_2COOH)_3$	$\lg K_1$ 11.5
亚甲基二膦酸	$H_2O_3PCH_2PO_3H_2(HL^{3-})$	$\lg K_1$ 4.87
羟基-(1,1)-亚乙基二膦酸(HEDP)	$CH_3C(OH)(PO_3H_2)_2$	$\lg K_1$ 9.24(L^{4-}), $\lg K_1$ 5.14(HL^{3-}), $\lg K_1$ 3.31(H_2L^{2-})
氨基三亚甲基膦酸(ATMP)	$N(CH_2PO_3H_2)_3$	$\lg K_1$ 5.18, $\lg\beta_2$ 9.0
乙二胺单亚甲基膦酸	$H_2NCH_2CH_2NH(CH_2PO_3H_2)$	$\lg K_1$ 5.15
配体 A-配体 B	混合配体配合物 MA_iB_j	$\lg\beta_{ij}$
氨二乙酸(Ida)-H_2O	$[Ni(Ida)(H_2O)_2]$	8.21
氨二乙酸(Ida)-吡啶(Py)	$[Ni(Ida)(Py)]$	10.10
氨二乙酸(Ida)-氨(NH_3)	$[Ni(Ida)(NH_3)]$	10.72
氨二乙酸-吡啶	$[Ni(Ida)(Py)_2]$	10.9
氨二乙酸-氨	$[Ni(Ida)(NH_3)_2]$	12.37
氨二乙酸-吡啶	$[Ni(Ida)(Py)_3]$	11.27
氨二乙酸-氨	$[Ni(Ida)(NH_3)_3]$	13.73
氨二乙酸-吡啶-氨	$[Ni(Ida)(Py)(NH_3)]$	12.12
氨二乙酸-吡啶-氨	$[Ni(Ida)(Py)_2(NH_3)]$	12.54
氨二乙酸-吡啶-氨	$[Ni(Ida)(Py)(NH_3)_2]$	13.24
乙二胺(En)-草酸($C_2O_4^{2-}$)	$[Ni(En)(C_2O_4)]$	11.20
氨三乙酸(NTA)-水杨酸(sal)	$[Ni(NTA)(sal)]^{3-}$	14.29
氨-焦磷酸($P_2O_7^{4-}$)	$[Ni(NH_3)_2(P_2O_7)]^{2-}$	8.25

[1] $M+A \rightleftharpoons MA$, K_1; $MA+A \rightleftharpoons MA_2$, K_2; $M+2A \rightleftharpoons MA_2$, $\beta_2=K_1 \cdot K_2$; $M+A+B \rightleftharpoons MAB$, β_{ij}。

由这些平衡可知，仅当 NH_3 的浓度和 $P_2O_7^{4-}$ 浓度适中时，才能形成稳定的三元配合物，一旦 NH_3 或 $P_2O_7^{4-}$ 过量很多时，三元混合配体配合物就会转化为 $[Ni(NH_3)_4]^{2+}$ 或 $[Ni(P_2O_7)_2]^{6-}$。

许多的研究已经表明，三元混合配体配合物往往具有更大的还原反应的超电压或极化值，因此在形成它的条件下可以获得更加细致光亮的镀层。

李声泽等人也研究了 Ni^{2+}-柠檬酸盐-焦磷酸盐体系的配位平衡，发现它们并不形成同时含柠檬酸盐和焦磷酸盐的三元混合配体的配合物。

表 21-2 列出了镀镍常用配合物的稳定常数。

表 21-2 中的配位体不仅适于电镀镍，也适于化学镀镍。

在含有 $0.1mol/L(6.0g/L)$ 镍的化学镀镍液中大约需要 $0.3mol/L$ 的双配位基的配位体（如乙醇酸或乳酸）。若用三配位基的螯合物（如苹果酸），则 $0.2mol/L$ 的用量就足够了。氨基乙酸（甘氨酸）多数用在中性的（pH＝6～8）镀液中，它是较强的螯合剂。EDTA 的配位能力比甘氨酸更强，它可形成五个螯合环，使 Ni^{2+} 难以沉积出来，在实际生产中很少使用。因此镀液中配位体的用量不仅取决于镍的浓度，而且与其化学结构、配合物的稳定常数和动力学条件（如离解速率常数、配体取代反应速率常数）有关。配位体在化学镀过程中也有一定的消耗，需要定期补充。

以价格上来说，乳酸、乙醇酸、柠檬酸或葡萄糖酸是较为合适的螯合剂。它们的价格便宜、原料充足。有机膦酸是新型的化学镀螯合剂，它属于人工合成的廉价螯合剂，具有较好的 pH 缓冲性能，宽 pH 范围的配位能力。

第三节　柠檬酸盐镀镍

普通半光亮镀镍液和光亮镀镍液的 pH 值均在 3.5～5.0 之间，在这种酸性条件下，锌合金、镁合金或铝合金都容易被腐蚀，使零件的形状或尺寸发生变化，同时溶解下来的大量锌离子、镁离子或铝离子会在溶液中作为杂质离子不断积累，使镀液性能恶化并很快变坏，因此这些易受腐蚀的零件不能用现用的普通镀镍液进行电镀，它只能在近中性或微碱性的镀液中进行电镀。

柠檬酸盐在中性 pH 条件下可与 Ni^{2+} 形成稳定的配合物，该镀液具有优良的分散能力与深镀能力，因此很适合于锌合金压铸件的电镀，在 pH 值为 6.5～7.5 的条件下，该镀液不仅不会腐蚀锌合金，镍层能很好覆盖住整个基体金属，而且柠檬酸盐在此 pH 值下有很好的 pH 缓冲性能，所以溶液 pH 的变化也很小。镀液中因锌合金零件掉落槽中而溶解下来的锌离子也可被柠檬酸配位而形成稳定的配合物，使 Zn^{2+}、

Ni^{2+} 的析出电位拉近并在阴极上共沉积，所以溶液中的锌离子也不会不断积累而产生不利的影响。

柠檬酸盐镀镍主要用作锌合金的底镀层，所以对镀层的光亮度要求并不高，只要平整、细致的半光亮镍即可。随后再镀光亮镍铬等防腐-装饰性镀层。

柠檬酸盐镀镍主要是用来取代锌合金氰化物镀铜或氰化物镀黄铜的无氰工艺，它是环保型清洁生产工艺，值得提倡与推广。表 21-3 为柠檬酸盐镀镍液的组成和操作条件。

表 21-3　柠檬酸盐镀镍液的组成和操作条件

溶液组成与操作条件	配方 1	配方 2	配方 3	配方 4
硫酸镍($NiSO_4 \cdot 6H_2O$)/(g/L)	120~180	150~200	180~220	100
氯化镍($NiCl_2 \cdot 6H_2O$)/(g/L)	10~15			
柠檬酸钠($Na_3C_6H_8O_7$)/(g/L)	150~230	150~200	180~220	110~130
氯化钠($NaCl$)/(g/L)		12~15	15~20	10~15
硫酸镁($MgSO_4 \cdot 7H_2O$)/(g/L)	10~20	20~30		
三乙醇胺[$N(CH_2CH_2OH)_3$]/(g/L)			20~30	20~30
糖精/(g/L)			1.5~2	
乙氧基化丁炔二醇(BEO)/(g/L)			0.3~0.5	
LB 低泡润湿剂/(ml/L)		1~2	1~2	
pH	6.6~7.0	6.8~7.0	6.8~7.5	7.0~7.2
$T/℃$	35~40	35~40	25~45	50~60
$D_K/(A/dm^2)$	0.5~1.2	0.5~1.2	0.5~1.5	1~15
阴极移动/(次/min)	18~25	需要	需要	需要

第四节　焦磷酸盐镀镍

焦磷酸盐在微碱性条件下可以与多种金属离子形成稳定的配合物。由该镀液所得的金属镀层光泽性良好，结晶细致，这除了与配离子本身较稳定有关外，还与焦磷酸盐有一定的表面活性、容易被电极吸附有关，使得配离子在阴极还原过程中难以脱去配位体，这将大大减慢配离子放电的速度，使还原后的金属原子有足够的时间整齐排列。

Ni^{2+} 同焦磷酸根可以形成 1:1 和 1:2 的螯合物，其稳定常数分别为 5.8 和 13。

$[Ni(P_2O_7)_2]^{6-}$，$lg\beta_2 = 13.0$

焦磷酸盐也是一种无毒可食用的螯合剂，常用作食品填充剂。微碱性的焦磷酸盐镀镍液也不会侵蚀锌合金压铸件，因此也可用于锌合金的直接镀镍，所得镍层也为半光亮镍层，具有较好的分散能力的深镀能力。同柠檬酸盐镀镍一样，它也常被用作锌合金件的底镀层。表 21-4 列出了焦磷酸盐镀镍液的组成和操作条件。

表 21-4　焦磷酸盐镀镍液的组成和操作条件

溶液组成与操作条件	配方 1	配方 2	配方 3
焦磷酸镍($Ni_2P_2O_7$)/(g/L)	73		
焦磷酸钾($K_4P_2O_7$)/(g/L)	200		235
焦磷酸钠($Na_4P_2O_7$)/(g/L)		65	
硫酸镍($NiSO_4 \cdot 7H_2O$)/(g/L)		120	
柠檬酸钠($Na_3C_6H_5O_7 \cdot 2H_2O$)/(g/L)		60	
氯化钠(NaCl)/(g/L)		30	
柠檬酸($H_3C_6H_5O_7 \cdot H_2O$)/(g/L)		15	
氯化钾(KCl)/(g/L)	10		
柠檬酸铵$[(NH_4)_3C_6H_5O_7]$/(g/L)	20		33
氨水(28%)/(ml/L)		30～60	
金属镍(Ni)/(g/L)			29.4
pH	9	7.5～9.0	9.5
T/℃	50～60	25～35	60
D_K/(A/dm²)	1～5	0.2～2	1～6

第五节　深孔零件镀镍

深孔零件镀镍主要指高标号电池壳（如 5#、7# 电池壳）的滚镀镍。碱性锌锰干电池原来采用黄铜制品，为了降低生产成本，1989 年，我国湖南津市电池厂率先采用钢帽镀镍取代铜帽新工艺。后来干电池又逐渐转为碱性电池，与一般锌锰电池不同的是，碱性电池负极金属筒体不再是活性物质，仅仅作为容器和导电载体。由于是在碱性介质中使用，钢筒腐蚀问题没有正极钢帽突出。但要口径与筒身比为 1∶(3.8～5) 的筒体内外均匀镀覆一定厚度的镍层不是一件容易的事。采用挂镀的方法需要辅助阳极，工艺操作难度大，费工费时，产率也低；采用滚镀的方法可以大幅提高生产效率，但筒体内镀层厚度差别大。当内壁镀层达到技术要求的厚度时，外壁已大大超厚，造成镍源浪费。因此深孔滚镀镍液必须采用特殊配方才能达到很高的覆盖能力和分散能力，低电流密度区（如 0.1～0.2A/dm²）要有较好的光亮度与整平性，镀层不能发黑，要白亮，也要有较好的韧性等要求。

要获得很好的分散能力与覆盖能力，通常是通过改善低电流密度区的导电能力

（去极化作用）和提高高电流密度区的极化作用来达到金属（或电流）在阴极上均匀分布的目的。

一、改善高电流密度区的极化作用

电流分布的均匀程度取决于电学、电化学及几何学等因素，分散能力通常用远、近阴极上电流（或金属重量）的比值来表示

$$\frac{I_1}{I_2} = 1 + \frac{\Delta l}{\frac{1}{\rho} \cdot \frac{\Delta E}{\Delta I} + l_1} \tag{21-1}$$

式中　I_1——近阴极电流强度；

　　　I_2——远阴极电流强度；

　　　Δl——远-近阴极与阳极距离之差；

　　　l_1——近阴极到阳极的距离；

　　　ρ——镀液的电阻率；

$\Delta E/\Delta I$——阴极极化度。

由式(21-1)可知，分散能力的最高值为 1（100%）时，式右边的第二项为 0。从第二项的各个参数可以看出影响分散能力的主要因素是：

（1）几何因素

如远、近阴极与阳极距离之差 Δl，近阴极到阳极的距离 l_1 等都属于几何因素。增大 l_1，减小 Δl，即阴极各部位至阳极的距离尽可能相等，此时分散能力提高；当 $\Delta l \to 0$ 时，分散能力最大。在挂镀 $7^\#$ 电池壳时，如能在电池壳的中央插入一辅助阳极，使盲孔四周的电流密度明显提高且一致，这样就能获得内外各部镀层均匀分布的电池壳，它既有很好的分散能力，也有很好的覆盖能力。

（2）电化学因素

阴极极化曲线的极化度 $\Delta E/\Delta I$ 和镀液的电导率（$1/\rho$）等属于电化学因素。增加阴极极化曲线的斜率（$\Delta E/\Delta I$）或极化度，提高镀液的导电性或减小溶液的电阻率（ρ），将使分散能力和覆盖能力提高。提高 $\Delta E/\Delta I$ 通常靠引入配位体或添加剂来解决，为提升溶液的分散能力与覆盖能力，最常用的配位体是柠檬酸盐、焦磷酸盐和有机膦酸盐，它们都可明显提高镀镍液的极化度，增加低电流密度区的覆盖能力。以瓦特（watts）镀镍液为例，在未加配位体前，用总电流 0.2A 作霍尔槽样板，在 50℃下施镀 5min，结果有 2~3cm 样板镀不上镍，若加入 30g/L 的柠檬酸或羟基-(1,1)-亚乙基二膦酸（HEDP），霍尔槽样板只有 1cm 镀不上镍，这表明配位体的加入已明显改善镀镍液的覆盖能力。若比较加入配位体前后镀镍液的阴极极化曲线，结果表明，含配位体溶液的阴极极化曲线的斜率 $\Delta E/\Delta I$ 比无配位体的明显增大，说明配位体可以改善镀液的阴极极化度，从而改善镀液的分散能力与深镀能力。

配位体对电化学反应的另一重大影响是改变镀液或配离子放电的电流效率。大家知道，电流效率和电流分布之间有下列关系：

$$\frac{W_1}{W_2} = \frac{I_1 f_1}{I_2 f_2} \tag{21-2}$$

式中　W_1、W_2——近和远阴极上沉积的金属重量（g/dm²）；

　　　　f_1、f_2——近和远阴极在一定电流密度下的电流效率。

由式（21-2）可知：

① 在实际使用的电流密度范围内，电流效率近似为常数时（见图 21-1 中的曲线 1），镀液的分散能力不受电流效率的影响。

② 在实际使用的较宽电流密度范围内，电流效率随电流密度的升高而下降时（见图 21-1 中的曲线 2），在高电流密度处电流效率低，而在低电流密度处电流效率高，这样，$I_1 f_1 = I_2 f_2$，使金属在阴极不同部位的分布趋于均匀一致，电解液的分散能力得到改善。大部分配合物镀液的电流效率均随电流密度的上升而下降，这就有利于金属在低电流密度区沉积，从而改善镀液的分散能力与覆盖能力。

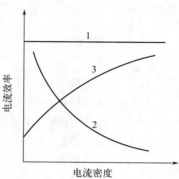

图 21-1　在较低电流密度下电流效率随电流密度变化的情况
1—酸性硫酸镀铜镀液（不含容易被还原的添加剂）；2—氰化物和多数配盐镀液；3—镀铬

二、改善低电流密度区的导电能力

改善低电流密度区金属覆盖能力的化合物通常称为低电流密度区的走位剂或深镀剂，它们可以扩展低电流密度区镀层的覆盖率，防止或减少漏镀的情况出现。这类化合物大多属于含硫的化合物，如硫脲的衍生物、不饱和烃的磺酸盐、环烷基磺酸盐等。

（1）硫脲衍生物

ATP　S-羧乙基异硫脲氯化物　　$H_2N-\overset{\overset{\oplus}{NH_2}}{C}-S-CH_2-CH_2-COOH \cdot HCl$

ATPN　羟乙基异硫脲内盐　　$H_2N-\overset{\overset{\oplus}{NH_2}}{C}-S-CH_2-CH_2OH$

IUS　3-异硫脲丙酸盐　　$H_2N-\overset{\overset{\oplus}{NH_2}}{C}-S-CH_2-CH_2-COO^-$

（2）不饱和烃的磺酸盐

VS　乙烯基磺酸钠　　$H_2C=CH-SO_3Na$

ALS　丙烯基磺酸钠　　$H_2C=CH-CH_2-SO_3Na$

PS　炔丙基磺酸钠　　$HC\equiv C-CH_2-SO_3Na$

ALO_3　炔醇基磺酸钠　　$HOCH_2-C\equiv C-SO_3Na$

（3）环烷基磺酸盐

BAS　苯亚磺酸钠　　$\langle\bigcirc\rangle-CH_2-SO_3Na$

SSO_3　吡啶羟基丙烷磺酸钠　　$\langle N\bigcirc\rangle-CH_2-\overset{OH}{CH}-CH_2-SO_3Na$

上述这些含硫的化合物容易在阴极上被还原而析出 S^{2-} 或多硫化物 S_x^{2-}，它们一方面可以沉淀掉重金属杂质或与重金属离子形成可溶性配合物留在镀液中，所以这类化合物也是重金属杂质的去除剂或容忍剂，可以提高镀液对重金属杂质的容忍能力（也称杂质容忍剂）。

硫化物也可与放电的水合镍离子形成桥型配合物

$$\left[(H_2O)_4Ni^{2+} \underset{S^{2-}}{\overset{S^{2-}}{\diamond}} Ni^{2+}(H_2O)_4 \right]$$

由于 S^{2-} 同 OH^- 同 Cl^- 等离子一样具有快速传递电子的功能，也称之为"电子桥"，它们可以快速从阴极上获得电子并立即传递给 Ni^{2+} 而使其还原，当它们在低电流密度区形成时，就可以提高低电流密度区的导电能力或加速低电流密度区 Ni^{2+} 的还原，从而增强低电流密度区的走位或低电流密度区的覆盖能力。

目前深孔镀镍液主要由两种成分组成。其一为深孔促进剂，它就是上述的镍离子的配位体，它与 Ni^{2+} 形成配合物后，镀液有较高的阴极极化度 $\Delta E/\Delta I$，同时在高电流密度区的电流效率较低，低电流区的电流效率升高，有利于配离子在阴极低电流区放电沉积。

深孔镀镍液的另一主要成分就是深镀剂或低电流密度区的走位剂，它们主要是上述的含硫化物，它们可在低电流密度区放电并形成硫化物，这种硫化物可以吸引水合镍离子，并同它在低电流密度区形成桥型配合物，加速镍离子在低电流密度区的还原沉积，因而可提高低电流密度区的走位能力或金属的覆盖能力。这是作者从配位化学角度提出的新见解。

第六节　化学镀镍

一、化学镀镍层的性能与用途

随着塑料上电镀、印刷配线板金属化、电子仪器外壳的防止电磁波干扰和石油管道的防腐蚀需求的迅猛发展，化学镀（chemical plating）作为功能电镀的应用也日益广泛，特别是在发展新型金属复合材料上更加引人注目。通过化学镀可以获得各种特性的镀层。以化学镀镍为例，可以获得表 21-5，所列的各种性能的镀层。

目前用化学镀的方法所能得到的金属镀层有 Cu、Ni、Co、Au、Ag、Pd、Sn、In、Cd、Fe 以及它们与 W、Mo、Sb、Zn、Cr、Re 等共沉积的合金镀层。若把这些金属相互组合，则可得到几乎具各种性能的合金镀层。

近年来铝合金和新开拓的强化玻璃的磁力记忆存储盘（磁碟）获得了广泛的应用，它必须镀一层非磁性的化学镀镍层作为磁性记录介质的底层，然后再镀磁性镀层，这样才能满足计算机使用性能的要求。铝制品经化学镀镍后，具有价格低、重量轻、强度高、加工性和耐热性都很好等优点，故广泛用于计算机和其他机械产品。表 21-6 列出了化学镀镍的用途和目的。

表 21-5　各种化学镀镍的特性及其成分

镀膜特性	镀膜成分
耐磨性	Ni-P 酸性镀液
耐蚀性	Ni-P(酸性镀液),Ni-Sn-P,Ni-Sn-B,Ni-W-P,Ni-W-B,Ni-W-Sn-P,Ni-W-Sn-B,Ni-Cu-P
硬度	Ni-P(酸性镀液)+热处理,Ni-B(B≥3%)
润滑性	Ni-P(酸性镀液,含磷量要高)
耐化学品性	Ni-P(酸性镀液),多元合金
烙焊性	Ni-B(B≤1%),多元合金
二极管键合性	Ni-B(B≤1%),多元合金
非磁性	多元合金
磁性(记忆组体)	Ni-Co-P,Ni-Co-B,Co-P,Ni-Co-Fe-P
导电性	Ni-B(B≤0.3%,固有阻抗 $5.8 \sim 6.0 \mu\Omega/cm$)
电阻	Ni-P(含磷量高),一部分多元合金
代铑镀膜	Ni-B(B=1%~3%)
代金镀膜	Ni-B(B=0.1%~0.3%时用于焊接,B=0.5%~1%时用于接点),P 或 B<0.5%的多元合金

表 21-6　化学镀镍的用途和目的

产业分类	适用的产品	目的
汽车工业	控制盘、活塞、汽缸、轴承、精密齿轮、旋转轴、各种活门、电动机内表面	硬度、耐磨损性、防止烧蚀、耐蚀性、精度等
电子工业	接点、旋钮、外壳、弹簧、螺杆、螺母、磁体、电阻、晶体管管座、计算机产品、电子产品	硬度、精度、耐蚀性、烙焊性、硬焊性、融接性
精密机械	复印机、光学仪器、钟表等各种产品	精度、硬度和耐蚀性等
航空、船舶	水压系机器、电器产品、螺旋桨、电动机、活门和管道等	耐蚀性、硬度、耐磨损性、精度等
化学工业	各种活门、轮送管、摇动活门、管内部、反应器、热交换器等	耐蚀性、防污染、防氧化、耐磨损性、精度等
其他	各种模型、工作机械产品、真空机械产品、纤维机械产品等	硬度、耐磨损性、脱模性和精度等

二、化学镀镍液的成分

自 Brenner 和 Riddell 在 1944 年偶然发现化学镀镍以来,它们已从实验室的好奇与兴趣发展成拥有上亿美元的工业生产。Brenner 等首创的一种碱性化学镀镍液于 1946 年问世,镀液的主要成分是氯化镍和柠檬酸钠,用次磷酸钠作还原剂。第一个铵盐碱性镀液含有氯化镍、醋酸钠和氯化铵,还原剂也用次磷酸钠,而早期的酸性镀液则用羟基乙酸(乙醇酸)或柠檬酸盐作为镍盐的配位体。

美国运输总公司(GATC)于 1952 年把化学镀镍工业化,发展了系列 Kanigan 化学镀镍液。专卖的化学镀镍液主要以浓缩液的形式在市场上销售,它主要由镍盐、配位体、缓冲剂、还原剂、加速剂和稳定剂等组合而成,表 21-7 列出了常用化学镀镍液的成分及使用条件。

表 21-7　常用化学镀镍液的成分及使用条件

成分与条件	酸　性　液	碱　性　液
镍盐	硫酸镍 氯化镍 其他镍盐	硫酸镍 氯化镍 其他镍盐
配位体(配位体与螯合剂)	乙醇酸及其盐 乳酸 丙酸 醋酸钠 苹果酸 琥珀酸 柠檬酸及其盐 葡萄糖酸 HEDP[羟基-(1,1)-亚乙基二膦酸] ATMP(氨基三亚甲基膦酸) 甘氨酸 甘油 乙二醇酸 丙二酸 丁二酸 EDTA(乙二胺四乙酸)	氯化铵 醋酸铵(或钠) 乳酸 柠檬酸及其盐 乙醇酸钠 二乙醇胺 三乙醇胺 焦磷酸钠 HEDP 的 Na、K 盐 ATMP 的 Na、K 盐 水杨酸盐 酒石酸钾钠 乙二胺 丙二酸 丁二酸
还原剂	联氨(肼) 次磷酸钠 二甲氨基硼烷(DMAB) 二乙氨基硼烷(DEAB) 吡啶硼烷	硼氢化钠(或钾) 次磷酸钠 联氨(肼) 二甲氨基硼烷(DMAB) 三乙氨基硼烷 吡啶硼烷
稳定剂	铅离子 锑盐 铋盐 其他重金属盐 钼酸盐 碘酸盐 焦亚硫酸盐 氟化物 尿素 氰化物 硫氰酸盐 硫脲 二乙氨基二硫代甲酸钠 巯基苯并硫吡啶 S、Se、Te、Sn 的有机物甲基 四羟邻苯二甲酸酐	铊盐 铅盐 铋盐 硒盐 其他重金属盐 磺酸盐 钼酸盐 硫代硫酸盐 3-异硫脲丙烷磺酸盐 硫脲(thiourea) 巯基苯并噻唑 硫氰酸盐 各种有机硫化物 尿素 氰化物
pH 调整剂	硫酸 氨水 氢氧化钠或钾 镀液用的有机酸	硫酸 氨水 氢氧化钠或钾 镀液用的有机酸
pH 缓冲剂	甲酸 乙酸 丙酸 乳酸 丙二酸 丁二酸 己二酸 酒石酸 柠檬酸 HEDP[羟基-(1,1)-亚乙基二膦酸] ATMP(氨基三亚甲基膦酸) 硼酸	硼酸 乙酸 丙酸 丙二酸 丁二酸 乳酸 酒石酸 柠檬酸 己二酸 HEDP ATMP
改良剂	重金属盐	重金属盐
改良剂(光亮剂、润湿剂、应力消减剂……)	氟化物 有机硫化物 尿素 有机氮化物 各种表面活性剂	氟化物 有机硫化物 有机氮化物 乙二胺 二乙烯三胺 间二杂茂 各种表面活性剂
温度 pH 值 沉积速度/(μm/h)	70~95℃ 4.4~5.5 12.7~25.4	21~95℃ 8.5~14 10~12.7

三、化学镀镍的配位体与配合物

化学镀镍时配位体的作用主要有以下几方面：

1. 调节镍离子的还原速度，以获得沉积速度适中，镀层晶粒细小、致密，有一定的含磷量

在强酸性溶液中，镍离子主要以六水合镍离子形式存在，它很容易被次磷酸钠等强还原剂还原。由于还原的速度过快，所得晶粒粗大，含磷量低，耐蚀性差，往往达不到用户的要求。加入适当的配位体后，六水合镍离子转变为更加稳定，放电速度较慢的配离子

$$[Ni(H_2O)_6]^{2+} + L^- \rightleftharpoons [NiL(H_2O)_5]^+ \xrightarrow{+L^-} [NiL_2(H_2O)_4] \xrightarrow{+L^-} [NiL_3(H_2O)_3]^-$$

或　　　Ni^{2+}　　　　　　　　$[NiL]^+$　　　　　　　　$[NiL_2]$　　　　　　　$[NiL_3]^-$

一般来说，形成的配合物越稳定，它的还原速度就越慢，所得晶粒就越细小，镀层的含磷量也越高。表 21-8 列出了所用配位体的稳定常数逐渐升高时所得镀层结晶状态及磷含量的变化。

表 21-8　用不同配位体时的沉积速率、镀层结晶状态和镀层含磷量

配　位　体	醋酸盐	丁二酸	乳酸	苹果酸	氨基乙酸	柠檬酸
Ni^{2+} 配合物的稳定常数 lgK	1.43	2.2	2.5	3.4	6.1	6.9
镀层结晶状态	粗晶态		细晶态		非晶态	
镀层含磷量	低磷：3%~4%	4%~6%	中磷：7%~7.6%	7.2%~7.9%	高磷：10%~12%	11%~13%
沉积速率/(μm/h)	快速：35~40	26~28	中速:20	15~17	慢速:13~15	12~14

表 21-8 中应当用 Ni^{2+} 配合物的电极反应速率常数才是正确的，由于查不到速率常数只好用配合物的稳定常数来替代，因为在大多数情况下，形成的配合物越稳定，它的电极反应速率也越慢。表中不同配位体的稳定常数的变化也可从配合物的结构看出（见图 21-2）。因此，配位体实际起了稳定镀液、调整镀层晶粒大小和结晶状态以及调整镀层含磷量和耐蚀性的作用。图 21-3～图 21-7 是不同配位体浓度变化时镀层磷含量的变化曲线，图 21-8 是配合物的稳定常数与镀层磷含量的关系。

2. 防止镀液产生沉淀，延长镀液的使用寿命

水合镍离子在中性至碱性 pH 条件下容易水解而产生氢氧化镍沉淀，加入比 OH^- 更强配位能力的配位体后，Ni^{2+} 形成了更加稳定的配合物，使镀液在中性至碱性范围内仍保持清澈透明，不会有氢氧化镍沉淀产生。

化学镀镍液经连续使用后，镀液中的次磷酸钠不断被氧化而形成亚磷酸氢钠 Na_2HPO_3，它也容易与镀镍液中的游离镍离子 Ni^{2+} 形成不溶性的亚磷酸氢镍沉淀，该沉淀的溶度积 $K_{sp} = 1.24 \times 10^{-4}$。

$$Ni^{2+} + HPO_3^{2-} \rightleftharpoons NiHPO_3 \qquad K_{sp} = 1.24 \times 10^{-4}$$

化学镀镍磷的反应可表示为：

$$Ni^{2+} + 4H_2PO_2^- + H_2O \longrightarrow Ni^0 + 3H_2PO_3^- + H^+ + P + \frac{3}{2}H_2 \qquad (21-3)$$

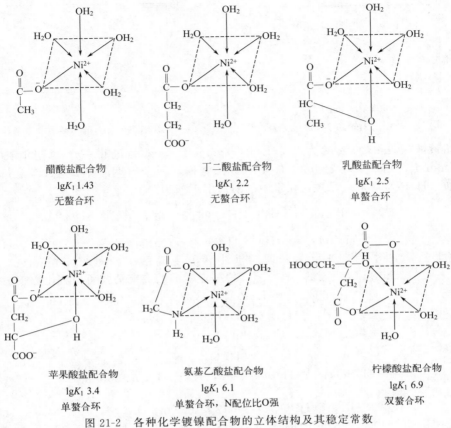

醋酸盐配合物
lgK_1 1.43
无螯合环

丁二酸盐配合物
lgK_1 2.2
无螯合环

乳酸盐配合物
lgK_1 2.5
单螯合环

苹果酸盐配合物
lgK_1 3.4
单螯合环

氨基乙酸盐配合物
lgK_1 6.1
单螯合环，N配位比O强

柠檬酸盐配合物
lgK_1 6.9
双螯合环

图 21-2　各种化学镀镍配合物的立体结构及其稳定常数

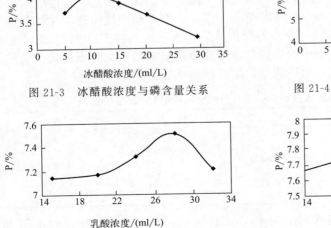

图 21-3　冰醋酸浓度与磷含量关系

图 21-5　乳酸浓度与磷含量关系

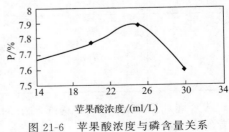

图 21-4　丁二酸浓度与磷含量关系

图 21-6　苹果酸浓度与磷含量关系

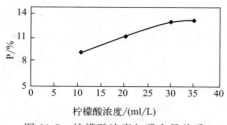

图 21-7　柠檬酸浓度与磷含量关系

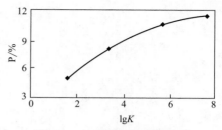

图 21-8　lgK 值与磷含量关系

若初始镀液硫酸镍的浓度为 20g/L（0.076mol/L），试验进行一个周期消耗 Ni^{2+} 0.076mol/L，则产生 0.228mol/L 亚磷酸二氢根，两个周期后则产生 0.456mol/L。亚磷酸（H_3PO_3）是二元酸，在水中的酸离解平衡为：

$$H_3PO_3 \xrightleftharpoons{K_1} H^+ + H_2PO_3^- \qquad pK_1 = 1.3 \qquad (21-4)$$

$$H_2PO_3^- \xrightleftharpoons{K_2} H^+ + HPO_3^{2-} \qquad pK_2 = 6.7 \qquad (21-5)$$

按试验进行了两个周期来计算，即溶液中含有亚磷酸二氢根 0.456mol/L，又由 $c(H^+) = 10^{-5}$ mol/L（镀液的 pH=5），根据亚磷酸的离解公式可以列出以下方程：

$$\frac{c(H_3PO_3)}{c(H^+) \cdot c(H_2PO_3^-)} = 10^{1.3} \qquad (21-6)$$

$$\frac{c(H_2PO_3^-)}{c(H^+) \cdot c(HPO_3^{2-})} = 10^{6.7} \qquad (21-7)$$

$$c(H_3PO_3) + c(H_2PO_3^-) + c(HPO_3^{2-}) = 0.456 \text{mol/L} \qquad (21-8)$$

代入已知数，解得：

$$c(HPO_3^{2-}) = 1.12 \times 10^{-2} \text{mol/L} \qquad (21-9)$$

即镀液使用两个周期后，液中的亚磷酸氢根已达 1.12×10^{-2} mol/L，若溶液中的 Ni^{2+} 浓度保持在 0.076mol/L，此时将析出亚磷酸氢镍沉淀。亚磷酸镍微粒一旦在溶液中沉淀出来，成为催化活性微粒，造成镀液快速分解，这是恶性的镀液寿命终止，大多数情况是由于亚磷酸盐的积累，使沉积速度下降，镀层含磷量上升，镀层外观及性能下降导致镀液需要更换的强制性寿命终止。因此，若不加配位体时，化学镀镍液的寿命只有一个多周期，只有加入较强的配位体后，镀液中的游离 Ni^{2+} 浓度才能明显下降，使用多个周期后，溶液中的亚磷酸氢镍才会达到溶度积而析出沉淀。表21-9列出了乳酸镀液使用不同周期后亚磷酸盐的浓度和离子积。

表 21-9　各个周期镀液中一些组分的浓度（mol/L）和离子积

周　　期	$c(H_2PO_3^-)$	$c(HPO_3^{2-})$	$K = [Ni^{2+}] \times [HPO_3^{2-}]$	K/K_{sp}
1	0.288	0.00558	3.92×10^{-5}	0.32
2	0.456	0.00944	7.86×10^{-5}	0.63
3	0.684	0.01675	1.18×10^{-4}	0.95
4	0.912	0.02234	1.56×10^{-4}	1.30
5	1.140	0.02793	1.96×10^{-4}	1.60
6	1.368	0.03351	2.35×10^{-4}	1.90

　　两个周期后镀液中的亚磷酸氢根的浓度为 1.12×10^{-2} mol/L，由表 21-9 可知，二者的离子积 $K = 7.86 \times 10^{-5}$，$K < K_{sp}$，故不会析出沉淀。随着周期的延长，镀液

中亚磷酸氢镍的离子积上升，当镀液使用三个周期后，$K=1.18\times10^{-4}$，它已接近溶度积。当镀液使用四个周期后，$K=1.56\times10^{-4}$，$K>K_{sp}$，镀液中会析出亚磷酸氢镍沉淀，使镀液混浊。此时只有调节镀液的 pH 或使用更强的配位体才能延长镀液的寿命，配位体的稳定常数越大，亚磷酸氢镍的沉淀点越高，镀液越稳定，寿命越长。当镀液 pH 值为 4.6，温度为 95℃时，$NiHPO_3 \cdot 7H_2O$ 的溶解度为 6.5～15g/L，加入配位体羟基乙酸后可提高到 180g/L。该溶解度也称为亚磷酸氢镍的沉淀点，沉淀点随配位体种类、含量、pH 值及温度等因素而变化，各种比水强的配位体都可提高沉淀点。酸性化学镀镍液的 pH 值在 4～6，在此 pH 条件下有中等强度的配位能力，无毒性，能明显提高镀液的稳定性，同时还要有较高的沉积速度的配位体主要是含氧的羧酸类，含 O、N 的氨基羧酸类及少数含硫的巯基羧酸类：

① 单羧酸类：醋酸、丙酸、苯甲酸。

② 二羧酸类：草酸、丙二酸、丁二酸、戊二酸、己二酸、邻苯二甲酸。

③ 羟基酸类：乳酸（羟基丙酸）、苹果酸（羟基丁二酸）、羟基乙酸（乙醇酸）、酒石酸（二羟基丁二酸）、水杨酸（邻羟基苯甲酸）、柠檬酸（3-羟基-1,3,5-三羧酸）。

④ 氨基酸类：甘氨酸（氨基乙酸）、丙氨酸（α-氨基丙酸）、α-氨基丁二酸、β-氨基丙酸、氨基二乙酸、乙二胺四乙酸、乙二胺二乙酸、羟乙基乙二胺三乙酸。

⑤ 巯基酸类：巯基乙酸、半胱氨酸（3-巯基-2-氨基丙酸）、胱氨酸（3,4-二硫-2,5-二氨基-己二酸）。

⑥ 有机膦酸类：羟基-(1,1)-亚乙基二膦酸（HEDP），氨基三亚甲基膦酸（ATMP）。

碱性化学镀镍液要求镍离子在碱性条件下不会产生氢氧化镍沉淀，因此只有较强的配位体形成较稳定的配合物才能在碱性条件下使用。由于 Ni^{2+} 同含氮配位体的配位能力比含氧配位体的强，因此碱性化学镀镍液使用的配位体大都是含氮的配位体或者是含氮和氧的配位体：

① 氨类：NH_3、乙二胺、氯化铵、柠檬酸铵。

② 醇胺类：乙醇胺、二乙醇胺、三乙醇胺。

③ 氨羧配位体：氨二乙酸、氨三乙酸、乙二胺二乙酸、乙二胺四乙酸。

④ 聚磷酸类：焦磷酸盐、三聚磷酸盐。

⑤ 有机膦酸类：羟基-(1,1)-亚乙基二膦酸、氨基三亚甲基膦酸、乙二胺二亚甲基膦酸、乙二胺四亚甲基膦酸。

表 21-2 列出了电镀镍和化学镀镍常用镍配合物的稳定常数，表 21-10 列出了化学镀镍常用配位体的名称、结构与性能。图 21-9 是不同有机酸配位体浓度对沉镍速度的影响曲线。

表 21-10　化学镀镍常用配位体的名称、结构与性能

序号	名　称	学　名	分子式及结构式	分子量	外观	lgK_1	配位原子	形成螯合环的状况
1	冰醋酸 acetic acid	乙酸	CH₃COOH 〔结构式〕	60.05	无色液体	1.5	O	不能形成螯合环

续表

序号	名　称	学　名	分子式及结构式	分子量	外观	$\lg K_1$	配位原子	形成螯合环的状况
2	初油酸 propionic acid	丙酸 methylacetic acid	C_2H_5COOH HC—C—C (结构式)	74.08	无色液体	0.73	O	不能形成螯合环
3	乙醇酸 glycol(1)ic acid	羟基乙酸 hydroxy-acetic acid	$CH_2OHCOOH$ HO—C—C (结构式)	76.05	无色晶体	1.7	O	碱性时可形成稳定的五元螯合环
4	乳酸 DL-lactic acid	α-羟基丙酸 α-hydroxypropionic acid	$CH_3CHOHCOOH$ HC—C—C (结构式)	90.08	无色或淡黄黏稠液体或固体	2.5	O	碱性时可形成稳定的五元螯合环
5	草酸 oxalic acid	乙二酸 ethylenediacid	$H_2C_2O_4$ COOH ┃ COOH	90.02	白色结晶	$\lg\beta_2$ 7.64	O	可形成五元螯合环
6	缩苹果酸 malonic acid	丙二酸 propanediacid	$COOHCH_2COOH$ (结构式)	104.03	白色结晶	3.3	O	可形成六元螯合环
7	琥珀酸 succinic acid amber acid	丁二酸 hutanedioic acid	$(CH_2)_2(COOH)_2$ (结构式)	118.04	白色晶体	2.2	O	因形成的螯合环为七元环,极不稳定,故难以形成螯合环
8	肥酸 adipic acid adipinie	己二酸 hexanedioic acid butane dicarboxylic acid	$(CH_2)_4(COOH)_2$ (结构式)	146.14	白色结晶		O	不能形成螯合环

序号	名　称	学　　名	分子式及结构式	分子量	外观	$\lg K_1$	配位原子	形成螯合环的状况
9	DL-苹果酸 DL-malic acid apple acid	dl-羟基丁二酸 hydroxy butanedioic acid hydroxysuccinic acid	$CHOHCH_2(COOH)_2$ （结构式）	134.69	白色结晶	3.4	O	碱性时可形成稳定的五元螯合环
10	酒石酸 tartaric acid	2,3-二羟基丁二酸 2,3-dihydroxybutanedioic acid dihydroxysuccinic acid	$(CH)_2(OH)_2(COOH)_2$ （结构式）	150.09	白色结晶	4.6	O	碱性时可形成稳定的五元螯合环
11	柠檬酸 citric acid	2-羟基丙烷-1,2,3-三羧酸 2-hydroxyl-1,2,3-propanetriccarboxylic acid	$C_6H_8O_7 \cdot H_2O$ $HC-COOH$ $HOC-COOH \cdot H_2O$ $HC-COOH$	210.03 无水 190	白色结晶	6.9	O	可形成稳定的五元和六元螯合环
12	甘氨酸 glycine (glycocoll)	氨基乙酸 aminoacetic acid	NH_2CH_2COOH （结构式）	75.05	白色结晶	6.2	O、N	可形成稳定的五元螯合环
13	DL-丙氨酸 DL-alanine	氨基丙酸 β-aminopropionic acid	$NH_2(CH_2)_2COOH$ （结构式）	89.10	白色结晶	5.6	O、N	可形成稳定的六元螯合环
14	天冬氨酸 aspartic	氨基丁二酸 α-aminosuccinic acid	$NH_2CH_2CH(COOH)_2$ $H_2N-CH-COOH$ CH_2-COOH	133	白色结晶		O、N	可形成稳定的五元螯合环
15	水杨酸 salicylic acid	邻羟基苯甲酸 α-hydrobenzoic acid	$C_6H_4(OH)COOH$ （结构式）	138.12	白色晶体	6.9	O、O	碱性时可形成稳定的六元螯合环
16	乙二胺	乙二胺 ethylenediamine diaminoethane	$(NH_2)_2(CH_2)_2$ $H_2N-C-C-NH_2$	60.1	无色黏稠液体	7.5	N、N	碱性时可形成稳定的五元螯合环

续表

序号	名称	学名	分子式及结构式	分子量	外观	$\lg K_1$	配位原子	形成螯合环的状况
17	EDTA 氨羧配位体Ⅲ 特里隆 B	乙二胺四乙酸 ethyl diaminetetra-acetic acid	$C_{10}H_{16}N_2O_8$ HOOCCH₂ N—CH₂ HOOCCH₂ CH₂COOH —CH₂—N CH₂COOH	292.15	白色结晶	18.6	N、O	可形成多个稳定的五元环
18	三乙醇胺 TEA	三乙醇胺 triethanolamine	$N(C_2H_5O)_3$ CH₂CH₂OH N—CH₂CH₂OH CH₂CH₂OH	149.19	无色黏稠液体	2.3	N、O	碱性时可形成稳定的五元螯合环
19	焦磷酸钠	焦磷酸钠 sodium pyrophosphate	$Na_4P_2O_7 \cdot 10H_2O$ ONa O=P—ONa O · 10H₂O O=P—ONa ONa	446.05	白色结晶	5.3	O	碱性时可形成稳定的六元螯合环
20	1-羟基-(1,1)-亚乙基-1,1-二膦酸 HEDP	1-羟基-(1,1)-亚乙基-1,1-二膦酸 1-hydroxyethylene-1,1-diphosphonic acid	$C_2H_8O_7P_2$ OH O=P—OH H₃C—C—OH O=P—OH OH	206	无色黏稠液体	$\lg\beta_{121}$ 5.14 $\lg\beta_{111}$ 9.24	O	可形成五元或六元螯合环

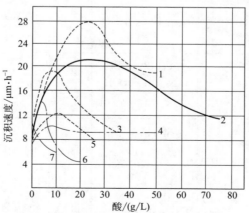

图 21-9 不同有机酸配位体浓度对沉积速度的影响曲线

1—乳酸；2—羟基醋酸；3—丁二酸；4—甘氨酸；5—水杨酸；6—苯二甲酸；7—酒石酸

30g/L $NiCl_2 \cdot 6H_2O$，10g/L $NaH_2PO_2 \cdot H_2O$

3. 多种配位体的协同作用

单一配位体的镀液往往难以达到人们对化学镀镍的多种要求，如镀速要快、温度要较低、镀液稳定性要好、镀层外观要亮、耐蚀性要高等各项指标，于是大家开始试用各种组合配位体，因为组合配位体可以通过形成不同形式的混合配体配离子，因而可以调节镀液与镀层的各种性能。表 21-11 列出了不同组合配位体体系的沉积速度、耐蚀性、稳定性以及镀层外观。所用镀液的组成和操作条件如下：

硫酸镍，$NiSO_4 \cdot 6H_2O$	35g/L	pH	5.4 左右
次磷酸二氢钠，$NaH_2PO_2 \cdot H_2O$	25g/L	温度	60℃±2℃
组合光亮剂	30mg/L	负载	1.2dm²/L
表面活性剂	30mg/L		

沉积速度用重量法测定，然后按下式计算：

$$沉积速度\ v = \frac{\Delta m}{\rho St} \times 10^4 \quad (\mu m/h) \tag{21-10}$$

式中　Δm——施镀前后的重量差；

　　　ρ——试样的密度（用 7.8g/cm³）；

　　　S——试样表面积，cm²；

　　　t——施镀时间，h。

耐蚀性试验采用浓硝酸点滴法，测量出现第一个气泡的时间（s）。

镀液稳定性采用 $PdCl_2$ 加速试验。在 60℃±2℃下向 50ml 镀液中加入 1ml 浓度为 200mg/L 的 $PdCl_2$ 溶液，测定从加入 $PdCl_2$ 溶液到出现第一个黑泡的时间（s）。

表 21-11　不同组合配位体体系的沉积速度、耐蚀性、稳定性以及镀层外观

组别	组合配位体	镀速/(μm/h)	耐蚀性/s	镀液稳定性	镀层外观
1	硫酸铵＋醋酸钠	3.97	241	较好	光亮
2	氨水＋醋酸钠＋乳酸	3.72	128	差	光亮
3	氨基乙酸＋苹果酸	4.60	214	较好	光亮
4	氨水＋醋酸钠＋氨磺酸＋苹果酸	5.04	205	较好	光亮
5	氨水＋醋酸钠＋氨基苯磺酸＋苹果酸	4.00	127	较好	光亮
6	醋酸钠＋氨磺酸＋硼酸	1.70	96	较好	光亮
7	醋酸钠＋硫酸铵＋硼酸＋苹果酸	3.85	187	较好	光亮
8	醋酸钠＋硫酸铵＋硼酸＋氨基乙酸	5.70	64	较好	光亮
9	三乙醇胺＋苹果酸	2.52	384	较好	光亮
10	酒石酸钾钠＋乳酸	1.41	296	较好	光亮

由表 21-11 的结果可以看出，酸性化学镀镍宜选用中等配位能力的配位体，而适当的不同种配位体的组合使用，可以降低酸性化学镀镍的沉积温度到70℃左右，同时可使沉积速度达 9.83μm/h，耐蚀性达 120s 以上，镀液的稳定性在1200s 以上的光亮化学镀镍层。

第七节　以乳酸为主配位体的中磷化学镀镍

一、以乳酸为主配位体的化学镀镍工艺

表 21-12 列出了以乳酸为主配位体的化学镀镍工艺。由于单独用乳酸作配位体的

镀液的使用寿命不够长，沉积速度也不够快，因此大部分镀液中都加入了第二或第三配位体。单独乳酸化学镀镍层的含磷量在 $7\%\sim8\%$，加入第二或第三配位体后含磷量会有些变化，这种变化受沉积速度的快慢以及第二、第三配位体的配位能力和加速作用的大小的控制。

表 21-12　以乳酸为主配位体的化学镀镍工艺

溶液组成与操作条件	1	2	3	4	NPR-4[①]
硫酸镍($NiSO_4 \cdot 6H_2O$)/(g/L)	21(20~24)	25	28	23	NPR-4M　150ml/L
次磷酸二氢钠($NaH_2PO_2 \cdot H_2O$)/(g/L)	24(23~25)	20	30	18	NPR-4A　45ml/L
乳酸($C_3H_6O_3$)/(ml/L)	32(30~33)	25	27	20	NPR-4D　5ml/L
硼酸(H_3BO_3)/(g/L)		10			NPR-4B(补充用)
丙酸(CH_3CH_2COOH)/(g/L)	2(1.5~2.5)				NPR-4C(补充用)
苹果酸($C_4H_6O_5$)/(g/L)				15	
丁二酸($C_4H_6O_4 \cdot 6H_2O$)/(g/L)				12	
柠檬酸($C_6H_8O_7 \cdot H_2O$)/(g/L)			15		
氟化钠(NaF)/(g/L)		1			
硫脲[$(H_2N)_2C{=}S$]/(g/L)			1		
Pb^{2+}/(mg/L)				1	
pH	4.3~5.0	4.4~4.8	4.8	5.2	4.5~4.7
温度/℃	89~95	88~92	87	90	79~81
沉积速度/(μm/h)	17~20	约12			12

① NPR-4 是日本上村公司印制板化学镀镍工艺，该工艺为中磷工艺，适于制作化学镀镍金组合镀层。

化学镀镍的关键在于镀液的控制与维护，通常要控制的指标如下。

① pH 值：由于它的高低直接影响沉积速度和镀层镍含量，因此需要在每工作 $2\sim3h$ 内测量 1 次，pH 值升高可用氨水或 NaOH 溶液，降低可用稀硫酸。

② 磷含量的控制：通常加快沉积速度的措施，如升温、升 pH 值、提高 Ni^{2+} 含量等会降低镀层的磷含量；相反降低沉积速度的措施，如升高配位体浓度、降温、降 pH 值等都会升高镀层的磷含量。因此可以选择便于控制的因素来调节镀层磷含量。

③ Ni^{2+} 与次磷酸二氢钠的浓度：它们是沉镍反应的主要原料，每工作 $2\sim3h$ 必须分析一次，并使其保持在最佳浓度范围之内。

④ 镀液温度：应用自动控温仪进行自动控制，否则会影响沉积速度，过高时甚至会造成镀液分解。

⑤ 镀液负载：负载过低，沉积速度较慢，生产效率低；过高，易造成镀液不稳定，要避免空载或过载。

⑥ 循环过滤：为避免灰尘以及镍微粒在镀液中也进行沉镍反应，应用 5μm 或更小滤芯循环过滤。

二、乳酸浓度、沉积速度及 $NiHPO_3$ 容忍量的关系

乳酸，又名羟基丙酸，它是一种多功能的配位体，兼具配位体、加速剂和缓冲剂的功能。它与 Ni^{2+} 形成的配合物稳定性适当（$\lg K_1 = 2.5$），镀速快，价格便宜，磷含量中等，是电子元器件，尤其是计算机零部件和印刷、电路板化学镀镍液的首选配位体。然而单独用乳酸作配位体时，当镀液使用四个周期后，镀液中就会出现亚磷酸氢镍沉淀，此时再提高乳酸的含量虽可延长镀液寿命，但沉镍速度会明显下降。图 21-10 为乳酸浓度与亚磷酸氢盐容忍量的关系。随着乳酸用量增加，亚磷酸氢盐容忍量几乎呈直线上升。表 21-13 是乳酸浓度、沉积速度和 NiHPO₃ 容忍量的关系。由表 21-13 可见，乳酸浓度超过 0.24mol/L 后，沉积速度迅速下降，$NiHPO_3$ 浓度迅速上升，Ni^{2+}/乳酸比值也迅速下降，即沉积速度最大时 $NiHPO_3$ 的容忍量并不是最大。

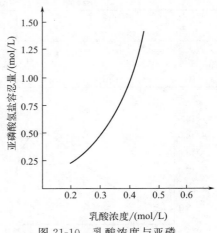

图 21-10　乳酸浓度与亚磷酸氢盐容忍量的关系

表 21-13　乳酸浓度、沉积速度及 $NiHPO_3$ 容忍量关系

乳酸量/(mol/L)	0.08	0.16	0.24	0.30	0.40	0.60
沉积速度/[10^{-4}g/(cm²·min)]	2.82	3.80	3.96	3.53	3.46	3.01
$NiHPO_3$/(mol/L)	—	0.18	0.35	0.55	1.40	—
Ni^{2+}/乳酸	1.00	0.50	0.33	0.27	0.20	0.13

为了提高或保持一定的沉积速度，同时又能提高 $NiHPO_3$ 的容忍量，以延长镀液的使用寿命，加入第二种弱的配位体，如醋酸、丙酸、丁酸、戊酸、丙二酸、丁二酸、戊二酸及己二酸等，它们一方面可与乳酸镍配离子形成更加稳定的混合配体配合物 [Ni(Lac)(Ac)]

$$[Ni(Lac)]^+ + Ac^- \Longrightarrow [Ni(Lac)(Ac)] \qquad (21\text{-}11)$$

乳酸镍配离子　醋酸根　　同时含乳酸和醋酸的混合配体配合物

混合配体配合物通常比单独乳酸的配合物更加稳定，稳定常数也更大，它们也更能降低镀液中游离 Ni^{2+} 的浓度，也就相应提高了 $NiHPO_3$ 的容忍量，延长了镀液的使用寿命。

三、辅助配位体的加速作用

单羧酸和二羧酸的另一特点是可以加速沉镍反应，它们也常被称为化学镀镍的加速剂。表 21-14 列出了几种单羧酸的加速作用。作者也专门研究了丁二酸的加速沉镍作用，结果如图 21-11 所示。由图 21-11 可见，开始时，随着丁二酸用量的增加，沉镍速度逐渐上升，至 22g/L 时达到最大，然后迅速下降，这说明丁二酸含量在 22g/L 以下时，有加速作用；在 22g/L 以上时它反而起抑制作用。观察加入丁二酸后镀液在反应时的析氢量（见图 21-12），其图形与沉镍速度的变化曲线非常相似，说明析氢快时沉镍反应也快。

表 21-14　几种短链单羧酸添加剂的加速作用

工艺规范	种类 无	醋 酸	丙 酸	丁 酸	戊 酸
加速剂浓度/(mol/L)	0	0.03	0.03	0.03	0.03
起始 pH 值	4.73	4.70	4.70	4.70	4.70
镀速/[10^{-4}g/(cm^2·min)]	3.53	3.98	4.41	4.00	3.88

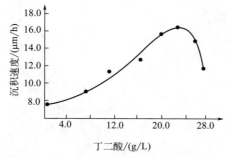

图 21-11　丁二酸对化学镀镍沉积速度的影响

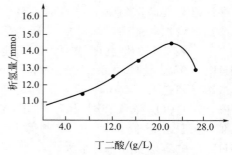

图 21-12　丁二酸对析氢量的影响

为了确定丁二酸是影响化学镀镍的阴极过程还是阳极过程，我们测定了不含次磷酸二氢钠而其他成分保持不变镀液的阴极极化曲线（见图 21-13）和不含 Ni^{2+} 而其他成分保持不变镀液的阳极极化曲线（见图 21-14），结果发现丁二酸对 Ni^{2+} 阴极反应速率的影响较小，与未加的相比电流只增加约 4mA，而对 H$_2$PO$_2^-$ 阳极氧化速率的影响却较大，与未加的相比电流上升约 8mA，表明丁二酸主要是通过加速阳极氧化来加速化学沉镍的反应速率。其作用机理可概述如下。

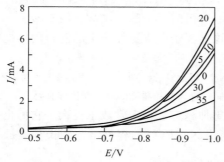

图 21-13　丁二酸对 Ni^{2+} 阴极还原速率的影响
（图中数字表示丁二酸的浓度，g/L）

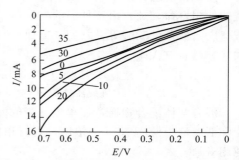

图 21-14　丁二酸对 H$_2$PO$_2^-$ 阳极氧化速率的影响
（图中数字表示丁二酸的浓度，g/L）

根据化学沉积镍的原子氢理论，呈四面体的次磷酸二氢根 H$_2$PO$_2^-$ 吸附在具有催化活性的基体表面，P—H 键指向金属表面（因催化金属有强烈的吸氢作用），而氧原子有较大的电负性，磷原子上的电子云被吸至氧原子上，磷原子带部分正电荷（见图 21-15）。被吸附在基体表面上带负电荷的羧酸根与带部分正电荷的磷原子之间将发生成键作用（见图 21-15），这种成键作用建立在①氧有孤对电子，②磷有空轨道，③两者可以形成新的配位键。从而减弱了次磷酸二氢根的 P—H 键，有利于 P—H 键的断裂并放出原子氢，原子氢一方面可以相互结合而生成氢气 H_2，同时它也可以放出电子来加速镍离子的还原，而自身则变为 H^+。这就是为什么化学镀镍时有大量 H_2 产生以及溶液 pH 不断下降的原因。

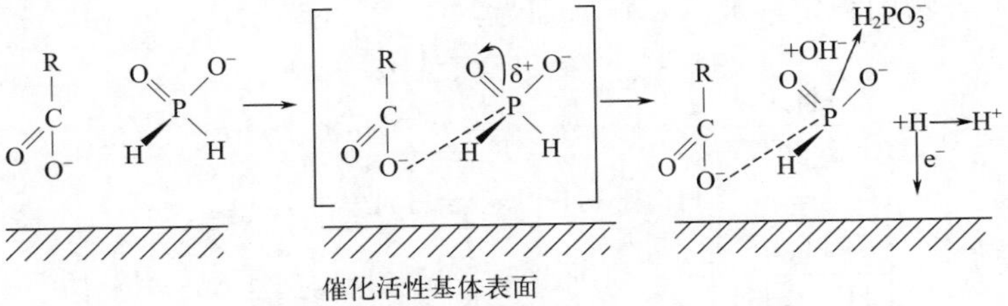

催化活性基体表面

图 21-15　丁二酸加速次磷酸二氢根 P—H 键断裂的模型

第八节　以柠檬酸为主配位体的高磷化学镀镍

一、以柠檬酸为主配位体的化学镀镍工艺

如前所述，以柠檬酸盐为主配位体的化学镀镍液可以获得无定形结构的高耐蚀性高磷镀层，但其沉积速度较慢，故很多以柠檬酸盐为主配位体的化学镀镍液中还加入具有加速作用的第二或第三种配位体。表 21-15 列出了以柠檬酸盐为主配位体的高磷化学镀镍工艺。

表 21-15　以柠檬酸盐为主配位体的高磷化学镀镍工艺

溶液组成与操作条件	配方 1	配方 2	配方 3	配方 4	配方 5	配方 6
氯化镍($NiCl_2 \cdot 6H_2O$)/(g/L)	30					
硫酸镍($NiSO_4 \cdot 6H_2O$)/(g/L)		35	20~25	25	20	25
柠檬酸三钠($Na_3C_6H_5O_7$)/(g/L)	10	10	12		15	20
柠檬酸($H_3C_6H_5O_7$)/(g/L)				15		
醋酸钠(CH_3COONa)/(g/L)		7	12	15	15	25
丙二酸($C_3H_4O_4$)/(g/L)				5		
HEDTA($C_6H_{18}O_7$)/(g/L)						2~8
丁二酸($C_4H_6O_4$)/(g/L)					5	
氨基乙酸(H_2NCH_2COOH)/(g/L)					10	
硼酸 H_3BO_3/(g/L)	4~6					
次磷酸二氢钠($NaH_2PO_2 \cdot H_2O$)/(g/L)	10	10	20~25	35	20	25
酒石酸钾钠($C_4H_4O_6KNa$)/(g/L)				6		
铅离子(Pb^{2+})/(mg/L)				2		1
pH	4~6	5.6~5.8	4.1~5.5	4.6	3.5~5.4	4.0~5.5
温度/℃	90	85	80~90	85	85~95	85~92
沉积速度/(μm/h)	5	6.4	约 10	10.5	12~15	约 18
含磷量/%	约 13%			13%	10%~13.5%	

二、不同 pH 值时柠檬酸的存在形式

柠檬酸为四元酸，在溶液中可以 H_4L、H_3L^-、H_2L^{2-}、HL^{3-}、L^{4-} 五种形式存在。它可用下列平衡式表示：

$$H_4L \underset{\longleftarrow}{\overset{-H^+}{\rightleftharpoons}} H_3L^- \underset{\longleftarrow}{\overset{-H^+}{\rightleftharpoons}} H_2L^{2-} \underset{\longleftarrow}{\overset{-H^+}{\rightleftharpoons}} HL^{3-} \underset{\longleftarrow}{\overset{-H^+}{\rightleftharpoons}} L^{4-}$$

这些平衡式表示配位体的逐级酸离解，每一级都离解出一个 H^+，因此配位体在溶液中的存在形式及含量将随溶液 pH 的变化而变化。柠檬酸的四级酸离解常数（K_a）或四级 H^+ 配合物的稳定常数（K）分别为：

$$H^+ + L^{4-} \rightleftharpoons HL^{3-}$$

$$K_1 = \frac{[HL^{3-}]}{[H^+][L^{4-}]} = 10^{11.6} = \frac{1}{K_{a_4}} \qquad \lg K_1 = pK_{a_4} = 11.6 \qquad (21\text{-}12)$$

$$H^+ + HL^{3-} \rightleftharpoons H_2L^{2-}$$

$$K_2 = \frac{[H_2L^{2-}]}{[H^+][HL^{3-}]} = 10^{5.49} = \frac{1}{K_{a_3}} \qquad \lg K_2 = pK_{a_3} = 5.49 \qquad (21\text{-}13)$$

$$H^+ + H_2L^{2-} \rightleftharpoons H_3L^-$$

$$K_3 = \frac{[H_3L^-]}{[H^+][H_2L^{2-}]} = 10^{4.39} = \frac{1}{K_{a_2}} \qquad \lg K_3 = pK_{a_2} = 4.39 \qquad (21\text{-}14)$$

$$H^+ + H_3L^- \rightleftharpoons H_4L$$

$$K_4 = \frac{[H_4L]}{[H^+][H_3L^-]} = 10^{3.08} = \frac{1}{K_{a_1}} \qquad \lg K_4 = pK_{a_1} = 3.08 \qquad (21\text{-}15)$$

溶液中柠檬酸根的总浓度用 $[L]_{总}$ 表示，那么

$$[L]_{总} = [L^{4-}] + [HL^{3-}] + [H_2L^{2-}] + [H_3L^-] + [H_4L] \qquad (21\text{-}16)$$

从式（21-12）至式（21-15），式中把各种形式的离子都转换成 $[L^{4-}]$，再代入式（21-16）得

$$[L]_{总} = [L^{4-}] + K_1[H^+][L^{4-}] + K_1K_2[H^+]^2[L^{4-}] + K_1K_2K_3 [H^+]^3[L^{4-}] + K_1K_2K_3K_4[H^+]^4[L^{4-}]$$

令 $\beta_1 = K_1$，$\beta_2 = K_1 \cdot K_2$，$\beta_3 = K_1 \cdot K_2 \cdot K_3$，$\beta_4 = K_1 \cdot K_2 \cdot K_3 \cdot K_4$，$\beta$ 为各级积累稳定常数。

$$\therefore \qquad [L]_{总} = [L^{4-}](1 + \beta_1[H^+] + \beta_2[H^+]^2 + \beta_3[H^+]^3 + \beta_4[H^+]^4) \qquad (21\text{-}17)$$

再令

$$\alpha_L = 1 + \beta_1[H^+] + \beta_2[H^+]^2 + \beta_3[H^+]^3 + \beta_4[H^+]^4 \qquad (21\text{-}18)$$

$$\therefore \qquad [L]_{总} = [L^{4-}] \cdot \alpha_L \qquad (21\text{-}19)$$

α_L 是游离配位体的总浓度 $[L]_{总}$ 和有效配位体浓度 $[L^{4-}]$ 的比值，通常称为配位体的酸效应系数。pH 值一定时，α_L 为常数。由式（21-19）就可算出不同 pH 值时溶液中各种柠檬酸存在形式的百分含量：

$$\left. \begin{array}{l} [L^{4-}]\% = \dfrac{[L^{4-}]}{[L]_{总}} = \dfrac{1}{\alpha_L} \\[3mm] [HL^{3-}]\% = \dfrac{[HL^{3-}]}{[L]_{总}} = \dfrac{\beta_1[H^+]}{\alpha_L} \\[3mm] [H_2L^{2-}]\% = \dfrac{[H_2L^{2-}]}{[L]_{总}} = \dfrac{\beta_2[H^+]^2}{\alpha_L} \\[3mm] [H_3L^-]\% = \dfrac{[H_3L^-]}{[L]_{总}} = \dfrac{\beta_3[H^+]^3}{\alpha_L} \\[3mm] [H_4L]\% = \dfrac{[H_4L]}{[L]_{总}} = \dfrac{\beta_4[H^+]^4}{\alpha_L} \end{array} \right\} \qquad (21\text{-}20)$$

按式 (21-20) 求出不同 pH 时各种离子所占的百分数并作图，即得不同 pH 时各种柠檬酸存在形式的百分分布图（见图 3-14），由图 3-14 可知在 pH＝4～4.8 时，柠檬酸主要以 H_3L^- 和 H_2L^{2-} 形式存在。当 pH＝4.39 时，$[H_3L^-]＝[H_2L^{2-}]$，此时镀液的 pH 缓冲性能最佳，因为此 pH 值正好为所用 pH 范围（4～4.8）的中点。上述结果说明在 pH＝4.39～4.8 时，它主要以 $[H_2L^{2-}]$ 形式存在，即它有两个羧基已离解，而它的一个羟基虽未离解，但其氧上仍有未共用的孤对电子，可以与 Ni^{2+} 配位，从而形成螯合环，含螯合环的 $[Ni(H_2L)]$ 配离子的稳定常数较高，放电速度（或沉镍速度）较慢，有利于二次磷酸二氢盐同时被还原，因此所得化学镍层的含磷量较高（约 13%），镀层呈非晶态，具有很高的耐蚀性。

第九节　以醋酸或丁二酸为主配位体的高速低磷化学镀镍

醋酸和丁二酸均具有较弱的配位能力，同时又具有加速作用和缓冲性能，以它们为主配位体的化学镀镍液可获得高速低磷的化学镀镍层。表 21-16 列出了它们的溶液组成和操作条件。

表 21-16　以醋酸或丁二酸为主配位体的化学镀镍工艺

溶液组成与操作条件	配方 1	配方 2	配方 3	配方 4	配方 5
硫酸镍（$NiSO_4 \cdot 6H_2O$）/（g/L）	25	30	15	20	20
次磷酸二氢钠（$NaH_2PO_2 \cdot H_2O$）/（g/L）	23	10	14	27	24
醋酸钠（CH_3COONa）/（g/L）	10	10	13		
丁二酸 $[(CH_2COOH)_2]$/（g/L）				16	18
苹果酸（$C_4H_6O_5$）/（g/L）					16
氟化钠（NaF）/（g/L）	1				
铅离子（Pb^{2+}）/（mg/L）					1
pH	4.2～5.0	4～6	5～6	4.5～5.5	5.2
温度/℃	85～90	90	80～98	94～98	95
沉积速度/（μm/h）	25	25	约 18	25	19

由于这类化学镀镍的沉积速度较快，镀层晶粒也较大，属于低磷镀层，具有较好的耐磨性能和较高的硬度，适于陶瓷基体使用。

第十节　低温化学镀镍工艺

低温化学镀镍与高温化学镀镍的基础镀液大致相同。根据 Arrhenium 方程，由于温度的降低，镍的沉积速度大为降低，因此，只有活化能较低的镍配离子才可以较快的速度在低温下沉积。要获得活化能较低的镍配离子，一是选择配位能力较低同时又有加速作用的配位体，二是利用 NH_3 的电子桥作用来加快沉镍速度，即可选择含 NH_3 和其他配体的碱性镀液。所以低温化学镀镍可以是酸性溶液，也可以是碱性溶液。表 21-17 列出了某些低温化学镀镍工艺。

表 21-17　低温化学镀镍工艺

溶液组成与操作条件	配方 1	配方 2	配方 3	配方 4	配方 5	配方 6	配方 7	配方 8
硫酸镍($NiSO_4 \cdot 6H_2O$)/(g/L)	30	40	30	25		30	25	40
氯化镍($NiCl_2 \cdot 6H_2O$)/(g/L)					25～30			
次磷酸二氢钠($NaH_2PO_2 \cdot H_2O$)/(g/L)	20	40	22	25	20	30	25	35
氯化铵(NH_4Cl)/(g/L)					45～50	100	30	
氨水($NH_3 \cdot H_2O$)/(ml/L)		30	2	40				25
焦磷酸钠($Na_4P_2O_7 \cdot 10H_2O$)/(g/L)		45		50	60～70	60	60	
氨基三亚甲基膦酸钠(Na_2ATMP)/(g/L)			36					
三乙醇胺[$N(CH_2CH_2OH)_3$]/(g/L)		100					100	
乙酸钠($CH_3COOONa$)/(g/L)	30							
88%乳酸($C_3H_6O_3$)/(ml/L)	15							
硫酸铵[$(NH_4)_2SO_4$]/(g/L)	15							
稳定剂	适量							
磷酸氢二钠($Na_2HPO_4 \cdot 12H_2O$)/(g/L)			20					
1%琥珀酸异辛磺酸钠/(滴/L)					7～8			
柠檬酸钠($Na_3C_6H_5O_7 \cdot 2H_2O$)/(g/L)							12	
ND-1(光亮剂)/(ml/L)								20
ND-2(配位体)/(ml/L)								40
pH	5.3	8.5	6.5	10～11	9～10	10	8.5～9.5	9.5
温度/℃	70	60	40～50	65～70	70～72	30～35	30～35	40
沉积速度/($\mu m/h$)	13	11		15	20		10	
含磷量/%	3		4～6					2～4

注：该工艺由笔者研制。

由表 21-17 可见，低温化学镀镍液几乎都含有氨、氯化铵或硫酸铵，NH_3 的 N 可作为桥形配体，它起到电子桥的作用或去极化作用，可以加速电子的传递，从而提高沉镍速度，这样在低温下才有一定的沉积速度，也才有实用价值。

至于与 NH_3 配套的其他配位体，目前发现比较有效的是多聚磷酸盐，如焦磷酸盐以及有机多膦酸盐，如氨基三亚甲基膦酸及其盐 [$N(CH_2PO_3H_2)_3$]，磷酸根的配位能力比羧酸弱些，它们跟羧酸一样也有加速作用和更好的 pH 缓冲作用（有多个可离解的 H^+）。它们在 NH_3 存在时，均可形成混合配体配合物，这种配合物在热力学上有更高的稳定常数，使镀液的化学稳定性提高；在动力学上又有更快的反应速率或沉积速度，这就是人们最希望找到的"快而稳定"的配合物形态。除了氨外，三乙醇胺、二乙醇胺或乙醇胺也可起 NH_3 的作用。许多书上介绍的碱性化学镀镍工艺，其实就是本书介绍的低温化学镀镍工艺，因为按溶液酸碱性来分类，并不能说明化学镀镍液的实质问题。而用主配位体的性能来将化学镀镍液进行分类，就可一目了然地知道这种镀液的主要性能，如沉积速度、含磷量等。当然，当使用多种配位体时，其他"辅助"配位体就会影响主配位体的性能，从而起到调整镀液镀层性能的作用。

用其他还原剂（除次磷酸二氢钠外）时，随着还原剂使用条件（如酸碱性）以及它本身还原能力强弱的变化，选用的配位体也应作相应的调整，但基本的规律是相同的，因此本书将不再赘述。

第十一节　21 世纪化学镀镍配位剂的进展

2000 年欧阳新平、罗浩江[1]评述了低温化学镀镍的研究进展，指出要实现化学镀镍的低温化，就要降低镀液中镍离子还原的活化能，传统的方法主要通过选择合适的配位剂来实现，在低温化学镀镍中使用的配位剂大致有焦磷酸盐、柠檬酸盐和乳酸盐等。在低温化学镀镍技术中，配位剂的选择取决于其与镍离子形成的配合物的稳定性，其稳定性决定了低温镀的镀速与镀层的质量。一般来说，与镍离子形成稳定性较大配合物的配位剂，如柠檬酸钠，会造成镀速的下降，但同时减小镀层晶粒尺寸，有利于镀层耐蚀性的提高；与镍离子形成稳定性较小配合物的配位剂，如焦磷酸钠，会造成镀速的提高，但同时使镀层晶粒尺寸增大，导致镀层耐蚀性的降低。因而，在选择配位剂时，须考虑配位剂与镍离子是否形成螯合物，螯合环的大小、配位原子的电负性、空间位阻等对配合物稳定性有影响的因素。通常 50℃ 以下的化学镀镍工艺，镍的沉积速度一般在 $10\mu m/h$ 左右，要实施工业化生产还有一定距离，因此，寻求有加速作用的配位剂，特别是可作为电子桥的 OH^- 或 NH_3，再与主配位剂如 $P_2O_7^{4-}$ 形成有利于电子导通的混合配体配合物 $[Ni(NH_3)_2(P_2O_7)]^{2-}$，它不仅使配合物和镀液更加稳定，而且可使化学镀镍低温化。

2000 年黄岳山等[2]发明了一种化学镀镍液，采用柠檬酸和甲基四羟苯邻二酸酐作为配位剂，由于柠檬酸和甲基四羟苯邻二酸酐可组成镍的双配位体系，从而提高镍离子在溶液中的稳定性和溶液的沉积速度；由于甲基四羟苯邻二酸酐能减少镀层的针孔，提高镀层的致密度，从而使镀层的耐蚀性得以提高，降低了化学镀镍的生产成本，适于作为严酷条件下零部件的化学镀镍液。该化学镀镍液的组成和操作条件为：硫酸镍或氯化镍 15～30g/L，次亚磷酸钠 20～30g/L，醋酸钠或柠檬酸钠 0～20g/L，柠檬酸 10～20g/L，甲基四羟苯邻二酸酐 1.5～2.5g/L，pH 4.3～4.5，温度 90℃，沉积速度 15～20$\mu m/h$，溶液寿命达 8 周期，镀层的耐蚀性提高 200%，5μm 厚时可耐中性盐雾 800h 以上。

2001 年刘汝涛等[3]研究了影响化学镀镍稳定性的因素，实验发现，在无配位剂时，pH 值为 4.6，硫酸镍浓度为 27g/L，温度为 90℃ 时，亚磷酸钠的最高含量为

16g/L。随着镀液中配位剂的加入，镀液中游离 Ni^{2+} 浓度减小，对亚磷酸钠的容忍程度增大。据文献报道[4]，在适宜配位剂存在的条件下，镀液中亚磷酸钠的允许浓度可超过 250g/L。配位剂在镀液中还起缓冲剂的作用，由于化学镀镍施镀过程中 H^+ 不断生成，镀液 pH 值不断降低，除了及时向镀液中添加 pH 调节剂外，施镀过程中主要靠缓冲剂来减小 pH 值的剧烈变化，通过向镀液中加入有机酸类配位剂，可使镀液 pH 值在 4.0～5.5 的范围内有很强的缓冲能力，保证反应在较为平稳的酸度下进行，这样既保证了施镀的顺利进行，又保证了镀层磷含量的相对稳定，在较长的镀液寿命内保证镀层的优良性能。此外，配位剂的存在还会使施镀过程中不会有过多的镍粒生成而导致镀液分解，即配位剂的存在保证了镀液具有较好的稳定性。

2001 年刘志坚[5]研究了影响 Ni-P 合金化学镀溶液稳定性的各种因素，结果表明，配位剂和稳定剂是影响溶液稳定性的主要因素，在操作条件中，溶液 pH 值和温度是影响稳定性的主要因素，在施镀过程中添加方式将决定镀液的使用寿命。研究得出最佳长寿命化学镀镍工艺为：硫酸镍 25g/L，次亚磷酸钠 30g/L，乳酸 20ml/L，柠檬酸 5g/L，醋酸钠 15g/L，硫脲 1～3mg/L，稳定剂 E 1mg/L，镀液 pH 值 5.0～5.1，施镀温度 88～92℃，装载量 1dm²/L。在 40L 的工业应用扩大实验下，可以做到 10 个周期左右。镀层外观光亮平整，表面致密均匀，孔隙率低，耐磨和耐蚀性优良，显微硬度良好（HV_{100} 420～520，镀层厚度为 50～78μm）。各项性能指标能够满足工业应用要求。

2002 年蔡晓兰等[6]研究了化学镀镍磷配位剂冰醋酸、乳酸、丁二酸、苹果酸、柠檬酸及其复合配位剂对镀层磷含量的影响，结果表明：①配位剂的种类及用量对化学镀 Ni-P 合金镀液的稳定性、镀速及镀层磷含量起决定性的作用。在选择配位剂时，配位剂的 pK 值是一个非常重要的参数。一般 pK 值低，镀层磷含量低，pK 值高，镀层磷含量高。②冰醋酸作为配位剂时（pK=1.43）可以得到低磷镀层（P：3%～5%），镀速基本保持在 35～40μm/h，镀速最快，冰醋酸的最佳用量为 10～15ml/L。③用乳酸、丁二酸、苹果酸及其复合配位剂时可以得到中磷镀层（P：6%～9%），镀速较快。用乳酸（pK=2.5）及其复合配位剂时镀速基本稳定在 20μm/h 左右，镀层磷含量在 6.9%～7.6% 之间，用量在 20～28ml/L 之间。镀液也比较稳定。丙酸-乳酸是一种兼配位剂、加速剂和缓冲剂于一身的有机配位剂，它与 Ni^{2+} 形成配离子的稳定性适当（pK=2.5），镀速快，价格便宜，因此在工业应用中乳酸-丙酸复合配位剂是用得最多的配位剂之一。苹果酸及其复合配位剂对镀速的影响较小，镀速基本保持在 15～17μm/h，磷含量也基本保持在 7.2%～7.9% 之间，说明苹果酸是一种比较稳定而且实用的配位剂，在中磷配方中经常使用，其用量为 10～15g/L。在苹果酸中加入丁二酸、乳酸等形成复合配位剂效果更好，镀速基本保持在 26～28μm/h，镀速最快；丁二酸也是一种加速剂，镀层磷含量随丁二酸量的增加而降低，含磷量在 5.0%～6.8% 之间，用丁二酸作为配位剂对镀速影响较小，丁二酸作为配位剂属快速施镀，生产效率较高，其用量为 10～20g/L。在丁二酸中加入苹果酸、醋酸钠、乳酸等作为复合配位剂，镀层磷含量很稳定（5.7%），效果更佳。④柠檬酸的 pK 值为 5.4，随着柠檬酸浓度的增加，反应的镀速逐渐下降而镀层中磷的含量逐渐升高，在柠檬酸浓度达 20g/L 时，磷含量急剧增加至 9% 左右，这以后再增加柠檬酸的浓度，磷含量的增加已趋于平缓，在 9%～12% 之间，因此为了得到高磷镀层，柠檬酸的最佳用量应是 5～15g/L。在柠檬酸中加入丙酸、醋酸钠等形成复合配位剂时镀层磷含量趋于稳定，得到高磷镀层（P：9%～12%），但镀速较慢，可以添加加速剂以提高镀速。⑤复合配位剂比单一配位剂更易满足多工艺要求，实验结果可用于生产实践。

2003 年黄鑫等[7]研究了中温酸性化学镀镍体系中配位剂、促进剂、光亮剂及工艺参数对镀速的影响，获得了优化的中温酸性光亮化学镀镍工艺，最终确定的优化工艺为：硫酸镍 25g/L，次亚磷酸钠 30g/L，甘氨酸 12g/L，乳酸 10ml/L，醋酸钠 15g/L，硫酸铵 20g/L，丁二酸 9g/L，复合稳定剂 1mg/L，光亮剂 1～3mg/L，pH 值 5.2～5.3，施镀温度 68～70℃。采用此工艺时，镀液的镀速为 9～11μm/h，得到的镀层平整，接近镜面光亮。镀层光亮，耐磨耐蚀性良好。

2004 年邓立元等[8]研究了一种镜面光亮化学镀镍新工艺，优选了镀液配方及工艺条件。该工艺采用有机酸多配位体系，中温酸性化学光亮镀镍。镀液组成及工艺参数为：硫酸镍 30g/L，醋酸钠 20g/L，柠檬酸 0.10g/L，乳酸 7ml/L，丙酸 3ml/L，硫酸铜 0.8g/L，光亮剂 2mg/L，次磷酸钠 30g/L，以上述配方按顺序加入各化合物，均匀搅拌，调 pH 值至 3～4，加热至 70℃，施镀。

2005 年王修春[9]发明了一种化学镀镍复合配位添加剂，其组成为：酒石酸 100g，苹果酸 100g，乳酸 200g，醋酸钠 300g，丁二酸 50g，氢氧化钠 200g，氧化钼 60mg，碘化钾 60mg。化学镀镍液的组成为：硫酸镍 27g/L，次亚磷酸钠 30g/L，复合配位添加剂 70g/L，pH 4.8，温度 88℃。该镀液的沉积速度为 17μm/h，寿命 7 周期，所得镀层均匀光亮。

2006 年李北军研究了复合配位剂化学镀镍工艺，通过实验确定最佳配方及工艺参数：$NiSO_4 \cdot 6H_2O$ 0.08mol/L，$NaH_2PO_2 \cdot H_2O$ 0.24mol/L，乳酸 0.3mol/L，柠檬酸钠 0.05mol/L，EDTA 0.015mol/L，Cd^{2+} 16mg/L，CH_3COONa 0.1mol/L，十二烷基硫酸钠 10mg/L，稀土 Ce（Ⅳ）5～15mg/L，pH＝4.4～4.8，温度 89℃。筛选出了化学镀镍液合适的配位剂、稳定剂、缓冲剂和表面活性剂。探讨了添加剂稀土元素 Ce（Ⅳ）对化学镀镍过程的影响。结果表明，稀土元素对镀层的性能和耐蚀性都有明显的提高。

2007 年吴辉煌等研究了化学镀液中丙酸、硫脲和乳酸对化学镀镍阴极、阳极反应的影响，发现它们的作用机理各不相同。极化曲线和交流阻抗测定发现，丙酸能同时促进 Ni^{2+} 的还原和 NaH_2PO_2 的氧化；乳酸对 Ni^{2+} 的还原起抑制作用，对 NaH_2PO_2 的氧化起促进作用，而硫脲会抑制 NaH_2PO_2 的氧化，但促进 Ni^{2+} 的还原。丙酸、硫脲和乳酸 3 种组分的作用不同，取决于它们的分子结构。根据红外漫反射谱带的变化可以推断丙酸能与 Ni^{2+} 和 NaH_2PO_2 形成表面配合物。丙酸根的两个 O 原子除在镍基体上吸附外，还能与 Ni^{2+} 配位，—COO— 成为有利于溶液中 Ni^{2+} 与金属基体发生电子传递的桥基，从而加速了 Ni^{2+} 的还原，与此同时，丙酸能与 NaH_2PO_2 形成分子间氢键，促使 P—H 键断裂并生成 PHO_2^- 中间物，从而提高 $H_2PO_2^-$ 的氧化速度。镀层中磷元素是由 $H_2PO_2^-$ 被 H 还原生成的，丙酸浓度越大，

$H_2PO_2^-$ 的脱 H 速度越快，产生的 H 越多，镀层中磷含量也越高。

乳酸促进 NaH_2PO_2 的氧化机理与丙酸类似，但乳酸分子比丙酸多一个羟基，能与 Ni^{2+} 形成更稳定的螯合物，导致 Ni^{2+} 还原活化能增大，从而表现出抑制 Ni^{2+} 的还原。

红外漫反射谱研究表明，硫脲以其 S 原子强烈吸附在金属表面上，阻止了 $H_2PO_2^-$ 的吸附和表面的解离反应，但是吸附了硫脲的氨基—NH_2 可作为配体与 Ni^{2+} 形成表面配合物，S 原子起着 Ni^{2+} 还原过程中传递电子的桥梁作用，从而提高了 Ni^{2+} 的沉积速率。硫脲浓度越大，镀层中磷含量越低。

2008 年杨昌英等对选择合适的添加剂改善化学镀镍层的性能进行了研究，发现乳酸是一种集配位剂、加速剂和缓冲剂于一身的有机添加剂，能抑制化学镀镍过程中副反应的发生，有利于防止亚磷酸镍沉淀的生成，且价格便宜。乳酸与 Ni^{2+} 形成配合物的稳定性适中，镀速较快，故以硫酸镍、次亚磷酸钠、乳酸、醋酸钠、镉离子等为化学镀镍的主要配方，采用复合配位剂、复合稀土添加剂进一步提高镀层沉积速率，改善镀层性能。结果表明，以 27g/L 乳酸为主配位剂的基础液，同时添加丁二酸 15g/L、甘氨酸 15mg/L 作为辅助配位剂，后者可加速镀层沉积；进一步添加复合稀土 La(Ⅲ) 和 Ce(Ⅳ) （$c_{La}:c_{Ce}=1:1$），当总浓度为 $20\sim30mg/L$ 时，能明显提高化学镀镍的速度，改善镀层的性能。在化学镀及其复合镀中，稀土被加入后，优先吸附在晶体生长的活性点上，在基体表面成核快，有效地抑制了晶体的生长，使得镀层致密、结晶细化，减少了镀层中针孔缺陷的数目。因复合镀层的颗粒物更细致、均匀，这使得磨损时团聚间的相互脱落概率降低，提高了耐磨性。

2008 年崔国峰等发明了一种无氨型化学镀镍镀液，使用氨水的化学镀镍镀液经过四个循环（MTO）后，镀速衰减较为严重，通常会降至 $10\mu m/h$ 以下，使生产效率大为下降。无氨型化学镀镍镀液的组成为：

镍盐（硫酸镍、氯化镍或醋酸镍） $24\sim30g/L$

还原剂（次亚磷酸钠、硼氢化钾或钠） $24\sim33g/L$

配位剂（柠檬酸、乳酸、苹果酸、丁二酸、甘氨酸） $20\sim30g/L$

缓冲剂（醋酸，醋酸钠） $10\sim18g/L$

稳定剂（钨酸钠 $4\sim9g/L$，咪唑 $0.2\sim9g/L$，EDTA $5\sim29g/L$） $0.5\sim1.5ml/L$

光亮剂（硫酸铜 $2\sim10g/L$，硫酸锌 $2\sim10g/L$ 或 $SnCl_2$ $2\sim10g/L$，硝酸铋 $3\sim10g/L$，酒石酸 $5\sim20g/L$） $1.5\sim3.9ml/L$

pH （用 KOH、NaOH、K_2CO_3 调节） $4.8\sim6.0$

温度   90℃

时间   1h

该发明不用氨和其他重金属，不会造成环境污染，不存在镀液放置较长时间而失效的问题，所得镀层可达全光亮。

2009 年宋仁军等发明了稳定的化学镀镍镀液及其制备方法，公开了稳定的化学镀镍镀液及其制备方法，所述的镀液每升溶液中含有以下物质：丁二酸 $3\sim10g$，醋酸钠 $20\sim25g$，乳酸 $8\sim20ml$，柠檬酸 $4\sim16g$，丙酸 $1\sim7ml$，苹果酸 $8\sim20g$，次亚磷酸钠 30～35g，硫酸镍 30～35g，氨基硫脲 1～9mg。

其制备方法为：将丁二酸、醋酸钠在水中溶解，再加入乳酸，用碳酸钠调节溶液的 pH＝3～4，再加入柠檬酸、丙酸、苹果酸、次亚磷酸钠、硫酸镍、氨基硫脲，用碳酸钠调节镀液的 pH＝3.8～4.1。该发明与现有技术相比，镀液的稳定性高，在使用过程中没有氯气产生，容忍度高。

2010 年朱艳丽等发明了一种长寿、高速的酸性环保光亮化学镀镍添加剂及其使用方法，该种添加剂中配位剂为乳酸、苹果酸、柠檬酸、甘氨酸、羟基乙酸、水杨酸中的三种或三种以上以任意比例混合的混合物；稳定剂为硫脲衍生物与含氧化合物按质量比 1：(10～30) 配成复合稳定剂，含氧化合物为碘酸盐或钼酸盐或溴酸盐；加速剂为戊二酸或己二酸中的一种；缓冲剂为硼酸或四硼酸钠中的一种与醋酸或者醋酸钠中的一种按质量比 1：(2～5) 配合而成。该发明的化学镀镍添加剂可量化生产，使用时直接按比例加入水中稀释即可使用，操作简单，使用 8～10 个周期后，镀层性能和速度仍很稳定，镀液稳定性能好，在槽壁不析出镍，镀层磷含量稳定在 5％～8％，镀层光亮。

2011 年唐发德发明了一种化学镀镍溶液，该发明提供一种化学镀镍溶液，含有镍盐、还原剂和有机配位剂，硫酸镍的含量为 5～30g/L，还原剂次亚磷酸钠的含量为 5～25g/L，有机配位剂的含量为 25～65g/L，它是柠檬酸钠、三乙醇胺和乳酸的混合物，其中柠檬酸钠的含量为 20～35g/L，三乙醇胺的含量为 10～40ml/L，乳酸的含量为 5～10ml/L；pH 调节剂为 NaOH 或 KOH，用量 5～20g/L；pH 缓冲剂为硼酸，用量 5～20g/L；稳定剂为硫脲、巯基苯并噻唑或黄原酸酯，用量 0.2～2mg/L；润湿剂为十二烷基苯磺酸钠或十二烷基硫酸钠；光亮剂为硫酸高铈或苯基二磺酸钠；耐蚀剂为亚碲酸钾，亚碲酸钾的含量为 10～20mg/L。该发明的化学镀镍溶液，采用有机配位剂，镀液稳定性高，非常环保；另外，由于采用耐蚀剂亚碲酸钾，使得镀层的耐腐蚀性大大提高。

2011 年贾飞等进行了以硼氢化钠为还原剂化学镀镍的电化学研究，采用线性电位扫描伏安法研究了以硼氢化钠为还原剂的化学镀镍体系，考察了镀液组成及工艺条件对化学镀镍硼阴、阳极过程的影响，结果表明：醋酸镍和硼氢化钠含量的提高分别促进了 Ni^{2+} 的还原反应和 BH_4^- 的氧化反应；乙二胺、氢氧化钠以及添加剂硫脲、糖精钠对阴、阳极反应均有不同程度的抑制作用，随着电解液中乙二胺含量的增加，－0.8V 左右的 BH_4^- 的氧化峰电流密度减小，同时镍的溶出峰电流密度也减小，反应受到抑制，可能都是由于乙二胺上的氨基原子通过其孤对电子与电极表面镍原子的 3d 空轨道形成配位键，发生化学吸附，从而减小放电表面积造成的。添加剂硫脲和糖精钠在工艺上均有减缓沉积速率，使镀层平整光亮的作用，但分别是通过对阳极过程和阴极过程的抑制来实现的，并且由于硫元素的引入导致镍溶解反应的峰电流显著增大，加速了镍的氧化；升高温度有利于阴、阳极反应的进行。

2011 年陈兵发明了一种挠性印制电路板用化学镀镍液及化学镀镍工艺。该发明的化学镀镍液包含以下含量的组分：硫酸镍，以 Ni^{2+} 的含量计算为 4.5～5.5g/L；还原剂次亚磷酸钠，15～40g/L；配位剂（葡萄糖酸、甘氨酸、乳酸、丙酸、丁二酸、苹果酸、亚甲基二磷酸、氨基三亚甲基磷酸的一种或几种），$20\sim100g/L$；稳定剂（含铅无机盐、含硫有机物、含碘化合物的一种或几种的组合），$0.01\sim10mg/L$；促进剂（含硫有机物、含氟无机物的一种或两种的组合），$0.001\sim1g/L$；低应力添加剂（萘二磺酸钠、苯磺酸钠、糖精、明胶、丁炔二醇、醋酸、香豆素、甲醛、乙醛的一种或几种），$0.01\sim10g/L$；该发明的化学镀镍工艺，化学镀镍液的温度为$75\sim90℃$，化学镀镍液的pH值为$4.5\sim5.4$，化学镀镍时间为$15\sim30min$。采用该发明的化学镀镍液及化学镀镍工艺，能有效降低镍层的应力，改善镍层的韧性，使镍层具备良好的弯折性能，满足挠性印制电路板的生产及装配要求，进一步提高了良品率。

2011年曾振欧等进行了中温化学镀镍稳定剂的研究，在由$NiSO_4 \cdot 6H_2O$ 25g/L、$NaH_2PO_2 \cdot H_2O$ 30g/L、CH_3COONa 20g/L、乳酸15ml/L和十二烷基硫酸钠8mg/L组成的中温（75℃）化学镀镍液（pH 4.60～4.65）中，研究了不同稳定剂对镀液稳定性、沉积速率、镀层磷含量、镀层性能等的影响。结果表明，低质量浓度（<8mg/L）的硫脲、2-巯基苯并噻唑及$Na_2S_2O_3$对镀液的稳定效果较好，但适宜的浓度范围较窄，得到的镀层性能较差。KI作为稳定剂时兼有促进剂的作用，可以在较宽的浓度范围内获得相对稳定的沉积速率。金属盐A兼有稳定剂和光亮剂的作用，其加入使镀层光亮、细致。

2011年赵国鹏等发明了一种环保型高磷化学镍添加剂，该发明公开了一种环保型高磷化学镍添加剂的配方，它由A和B两种组分组成，A组分包括以下浓度的原料：$2\sim5mg/L$的可溶性铜盐（二水合氯化铜和硫酸铜的混合物，混合物中，硫酸铜的质量分数为$50\%\sim57\%$）、$2\sim4mg/L$的硫酸铈、$1\sim4mg/L$的钼酸铵、$11\sim23g/L$的配位剂[酒石酸质量：柠檬酸质量$=(1/10)\sim(2/15)$的混合物]；B组分包括以下浓度的原料：$1\sim4mg/L$的PAP（丙炔醇丙氧基化合物）、$1\sim3mg/L$的DEP（N,N-二乙基丙炔胺）、$1\sim4mg/L$的PPS（丙烷磺酸吡啶嗡盐）、$2\sim4mg/L$的BTA（苯并三氮唑）。该发明所提供的环保型高磷化学镀镍添加剂配方中不含铅、镉等重金属离子，无毒无害，对环境友好；该添加剂在应用到化学镍镀液中，镀液稳定，所得镀层密致，孔隙率低，耐硝酸性能好，能达到在浓硝酸中浸泡5min镀镍层不会变色。

2012年何礼鑫发明了一种超快出光的化学镀镍溶液，其组成为：

硫酸镍	$18\sim35g/L$
次磷酸钠	$16\sim37g/L$
柠檬酸	$2.5\sim8g/L$
乳酸	$12\sim70g/L$
丙酸	$5\sim40g/L$
苹果酸	$2\sim10g/L$
丁二酸	$2\sim8g/L$
3-硫异硫脲丙磺酸内盐	$0.01\sim40mg/L$
碘酸钾	$0.1\sim60mg/L$
酒石酸锑钾	$0\sim40mg/L$

钼酸铵	0～35mg/L
硫代硫酸钠	0～20mg/L
硫氰酸钠（钾）	0～45mg/L
钼酸钠	0～44mg/L
硫脲	0～80mg/L
尿素	0～65mg/L
巯基苯并吡啶	0～100mg/L
光亮剂二氧化碲	0.01～50mg/L
十二烷基磺酸钠	0～200mg/L
pH 值	4.2～5.2
温度	80～95℃

该发明是针对铝制散热器表面镀镍层的特殊性能要求而设计的一种超快出光的化学镀镍溶液，其可在适当的 pH 值及适当的使用温度下，实现在不到 3min 的时间内产生全光亮的镍镀层，以满足产品技术要求。

2013 年郭国才发明了一种化学镀镍液及其应用，按每升计算由 30g 硫酸镍、30g 次磷酸钠、20g 醋酸钠、20g 柠檬酸钠、1～5g 添加剂和余量的蒸馏水组成，该化学镀镍液实现了低温 30～50℃施镀时，化学镀镍溶液的沉积速率保持不变，而 Ni-P 合金镀层中 P 的含量可以达 9.31%～15.80%；中温 60～75℃施镀时，既能提高化学镀镍溶液的沉积速率，又能使 Ni-P 合金镀层中 P 的含量达到 9.39%～12.90%。同时，在 Ni-P 合金镀层厚度减小的情况下，镀层的耐蚀性能有较大的提高。

2013 年黄琳等研究了低温化学镀镍磷合金工艺，以 A3 钢为基体，在低温下以化学镀制备镍磷合金。研究了镀液中复合配位剂含量、添加剂含量、温度、pH 等条件对镀速的影响，以优化化学镀镍磷合金工艺。对镀层的外观、结合强度、耐蚀性、孔隙率等性能进行了表征。得到化学镀 Ni-P 合金较优的工艺条件为：$NiSO_4 \cdot 6H_2O$ 30g/L，$NaH_2PO_2 \cdot H_2O$ 30g/L，柠檬酸钠 10g/L，植酸 18g/L，NaF 6g/L，巯基乙酸 0.6g/L，温度 50℃，pH 9.0，氨水缓冲剂适量。在此条件下得到的 Ni-P 合金镀层具有良好的外观，孔隙率低，结合力强，耐蚀性好。

2013 年张丕俭等发明了一种化学镀镍磷合金镀液，每升镀液含六水硫酸镍 20～45g，二水次亚磷酸钠 20～45g，乳酸 15～25ml，醋酸钠 10～15g，尿素 2～15g，其余为水，pH 值为 5，温度为 65～75℃，施镀 1h。该发明以尿素作为添加剂，尿素与镍离子形成了配合物，改变镍磷合金的沉积机理，使沉积温度大幅度降低，在较低的温度下就可获得较好的镀层，降低了生产成本，为企业增加效益。

2013 年黄英等发明了一种用于碳纤维氰酸酯基复合材料化学镀底镍和电镀镍的镀液及其施镀方法，提供一种碳纤维增强氰酸酯基复合材料的化学镀底镍的镀液，化学镀底镍的镀液每升含硫酸镍 25～33g、次亚磷酸钠 19～22g、复合配位剂（乳酸、丙酸、醋酸、柠檬酸、苹果酸以及丁二酸其中的两种或三种的混合物）25～31g、醋酸钠 12～18g、稳定剂（含硫的化合物）1～2mg。能够得到与基体结合力好、延展性好、内应力低，厚度可达 400μm 左右的厚镍层。采用该方法得到的厚镍层均匀致密，并且整个工艺操作简单，成本低，稳定性好，安全可靠。

2014 年陈帆等发明了一种化学镀镍液，所述化学镀镍液中含有主盐、还原剂、配位剂、稳定剂、光亮剂和表面活性剂。其特征在于，主盐为 14～22g/L 的六水合硫酸镍；还原剂为 25～40g/L 的一水合次磷酸钠；配位剂包括：二水柠檬酸三钠 10～25g/L、乳酸 12～24g/L 和丁二酸 3～5g/L；稳定剂包括：硫脲或其衍生物 0.5～5mg/L、碘酸钾 1～20mg/L 和顺丁烯二酸 5～10mg/L；光亮剂包括：硫酸高铈 20～30mg/L 和丁炔二醇 30～50mg/L；表面活性剂为甲基磺酸钠或十二烷基苯磺酸钠，它的含量为 2～5mg/L。化学镀镍液中还含有 10～30g/L 的胺类促进剂，它选自硫酸铵、醋酸铵或柠檬酸铵，化学镀镍液的 pH 值为 5.4～6.0，施镀温度为 70～75℃。采用该发明提供的化学镀镍液对工件表面进行化学镀镍，通过仅调节化学镀镍液中单一组分（即胺类促进剂）的含量，同时适应性调节施镀条件，从而使得仅采用一个基本化学镀镍液配方即可实现镍镀层中不同磷含量的需求，工艺简化。

2014 年吴波、崔永利等发明了一种环保型高光亮中磷化学镀镍添加剂，它是由 A 和 B 两种组分组成。A 组分包括以下浓度的原料：2～5mg/L 的纳米铜和可溶性铜盐的混合物；2～4mg/L 的硫酸铼；1～4mg/L 的烯丙基磺酸钠（ALS）；配位剂为：柠檬酸 2.5～8g/L，乳酸 12～70g/L，丙酸 5～40g/L，DL-苹果酸 2～10g/L，丁二酸 2～8g/L 的混合物；稳定剂为：二氧化碲 0.001～0.0017g/L，柠檬酸铋 0.1～0.3g/L，硫脲 0.3～0.5g/L，碘酸钾 0.2～0.5g/L 的混合物；20～40g/L 的 NaOH。B 组分包括以下浓度的原料：1～4mg/L 的丁炔二醇二乙氧基醚（BEO），1～3mg/L 的 N,N-二乙基丙炔胺（DEP），1～4mg/L 的双苯磺酰亚胺（BBI），2～4mg/L 的羟甲基磺酸钠（PN）。在每一个施镀周期，向每升镀液中分别添加 0.5～10ml 的添加剂 A 和 B。化学镀镍溶液的工作温度是 88～92℃。化学镀镍溶液的 pH 值范围是 4.5～4.9。化学镀镍溶液的施镀装载量为 0.5～2.5dm^2/L，镀 10min 后取出，试片镀层几乎能达到镜面效果，亮度优；用配好的硝酸溶液测量其耐腐蚀性，镀层变黑时间超过 300s；180°反复弯曲试片五次，镀层表面没有起皮、脱皮现象。该发明所提供的环保型高光亮中磷化学镀镍添加剂配方中不含镉、铅等重金属离子，对环境无害，该添加剂应用到化学镀镍溶液中，使镀液保持稳定，所得镀层均匀密致，产生较低的孔隙率，亮度较高，耐硝酸性能好。

2014 年刘万民等发明了一种零排放型化学镀镍液。该发明的镀镍液，主盐和还原剂均为次磷酸镍，辅助还原剂为次磷酸，其他配位剂、稳定剂、缓冲剂、加速剂、光亮剂等成分均为有机酸或其锂盐或含有掺杂磷酸铁锂的金属有机盐。其配方为：主盐次磷酸镍 0.1～0.3mol/L，还原剂次磷酸镍 0.2～0.8mol/L，配位剂为乙醇酸、乳酸、柠檬酸、苹果酸、酒石酸、水杨酸中的一种或几种的混合物，用量 5～35g/L，缓冲剂为醋酸锂或醋酸，用量 15～40g/L，稳定剂为顺丁烯二酸、反丁烯二酸或亚甲基丁二酸，用量 1～4.5g/L，加速剂为戊二酸或己二酸，用量 0～4g/L，光亮剂为醋酸铜、醋酸锌、柠檬酸铜中的一种或几种的混合物，用量 1～8g/L；pH 调节剂为氢氧化锂、碳酸锂和碳酸氢锂中的一种或几种的混合物。调节镀液 pH 值为 4.5～5.5。该发明所有原料均不含氮、硫元素，施镀过程中不会污染环境；所得镀层沉积速率大，耐蚀性能优异，镀液稳定性好，寿命长；废液可直接用作制备多元掺杂磷酸铁锂/碳复合正极材料的原料，无废弃物产生，符合清洁生产的要求。

2015 年王建胜研究了钢铁表面碱性化学镀镍工艺，通过正交试验优选出一种较好的镀液配方，并对所得到的化学镀镍层采用金相显微镜、显微硬度计和 SEM 等显微分析仪器进行了外观、硬度、厚度等方面的性能测试。正交试验得到的最优工艺参数为硫酸镍 20g/L，次亚磷酸钠 35g/L，柠檬酸铵 45g/L，碘化钾 10g/L，丁二酸 10g/L，氯化铵 5g/L，施镀温度 60℃，施镀时间 1h。讨论了配位剂、还原剂、缓冲剂、温度及 pH 对镀速的影响，并检测了镀液、镀层的性能。该镀液施镀过的镀层具有外观均匀、光亮、结合力好、稳定性良好、耐蚀性好、孔隙率较好等特点，且本工艺操作、维护简单，镀液性能稳定，故具有一定工业应用价值。

2015 年谢刚等发明了一种中磷化学镀镍浓缩液及施镀工艺，浓缩液分为 A 液、B 液和 C 液三部分：A 液由主盐、加速剂、光亮剂和去离子水组成，常温下，将各组分混合，搅拌至固态组分完全溶解，得 A 液，每升 A 液中含主盐 450g、加速剂 0.025～0.03g、光亮剂 0.0239～0.025g；B 液由第一缓冲剂、第一配位剂、次磷酸钠、稳定剂、聚乙二醇 6000、光亮剂和去离子水组成，常温下，将各组分混合，搅拌至固态组分完全溶解，得 B 液，每升 B 液中含第一缓冲剂 60～100g、第一配位剂 70～95g、次磷酸钠 240～250g、稳定剂 0.0095～0.01g、聚乙二醇 6000 0.0175～0.018g、光亮剂 0.0235～0.024g；C 液由第二缓冲剂、第二配位剂、次磷酸钠、稳定剂、聚乙二醇 6000、加速剂、光亮剂、氨水和去离子水组成，常温下，将各组分混合，搅拌至固态组分完全溶解，得 C 液，每升 C 液中含第二缓冲剂 3～17g、第二配位剂 6～46g、次磷酸钠 500g、稳定剂 0.175～0.18g、聚乙二醇 6000 0.24～0.25g、加速剂 0.05g、光亮剂 0.175～0.18g、氨水 226～250g。稳定剂采用硫代硫酸钠、硫脲或碘酸钾中的一种，或者两种的混合物，或者三种的混合物。光亮剂采用丁炔二醇、炔丙醇或乙氧基炔丙醇中的一种，或者两种的混合物，或者三种的混合物。加速剂采用丁二酸或己二酸。第一缓冲剂和第二缓冲剂均为氢氧化钠和醋酸的混合物；每升第一缓冲剂中含氢氧化钠 95～100g、醋酸 60～65g；每升第二缓冲剂中含氢氧化钠 15～17g、醋酸 3～5g。氢氧化钠和醋酸需混合均匀。第一配位剂和第二配位剂均为乳酸和苹果酸的混合物；每升第一配位剂中含乳酸 70～75g、苹果酸 90～95g；每升第二配位剂中含乳酸 6～10g、苹果酸 42～46g。A 液和 B 液用于开槽，A 液和 C 液用于补加。镀镍液镍含量低于 4.0g/L，补加 A 液和 C 液。用该浓缩液镀镍时，沉积速率快，镀层硬度及耐磨性较高，适用于铝合金、各类铁合金、铜合金、镍铁合金、镍铜合金及一些非导电基体的化学镀镍。

2015 年，肖鑫等为了提高 Ni-P 合金镀层的耐蚀性和表观质量，在化学镀 Ni-P 二元合金镀液的基础上加入钨酸钠，在钢铁上制备了 Ni-W-P 三元合金镀层。探讨了镀液主要成分和工艺条件对镀层外观质量及耐蚀性的影响，在碱性化学镀 Ni-W-P 合金镀液中加入由乳酸、柠檬酸三钠和硫酸铵复配的复合配位剂，能有效地阻止亚磷酸镍沉淀的形成，起到良好的缓冲作用，保证反应能在较平稳的碱度下进行，减少施镀过程中镍微粒的生成，确保镀液的稳定性。采用 PPSOH、PME 或 DEP 和硫酸高铈按一定比例复配得到光亮剂，将其加入碱性化学镀 Ni-W-P 合金镀液中，镀层在 15min 达到全光亮，在 25min 光亮如镜，结合力好，具有良好的装饰效果。获得了较佳的工艺规范：硫酸镍 25～35g/L，钨酸钠 55～65g/L，次磷酸钠 30～40g/L，复合配位剂 80～100g/L，组合光亮剂 5～10mg/L，pH 8.5～9.0，温度 80～90℃。检测了镀层的相关性能。结果表明，所制备的 Ni-W-P 合金镀层结晶细致，光亮度和结合力好，具有良好的装饰效果，耐蚀性优于化学镀 Ni-P 合金镀层。

2015 年吴仕祥等发明了一种用于柔性电路板化学镀镍的溶液及其施镀方法，其特征在于镀镍溶液的配方为：

硫酸镍	20～30g/L
次亚磷酸钠	20～40g/L
乳酸	10～30g/L
苹果酸	10～20g/L
醋酸钠	5～15g/L
乙二胺和/或其缩合物	0.5～10.0g/L

含硫化合物（选自巯基乙酸、硫代二乙酸、烯丙基硫脲、巯基噻唑、巯基苯并噻唑、氨基噻唑中的一种或几种）　0.1～10.0μg/g

镀镍溶液的 pH 值	4.4～4.8
施镀温度	80～90℃

通过在化学镀镍溶液中，添加柱状镍添加剂和加速剂，利用该化学镀镍溶液施镀于 FPC 表面，再经过后工序的化学镀金溶液后，沉积上一层金层，该金层用退金水退去金后，在电子显微镜下观察，镍合金层没有裂纹，得到了耐弯折的镍合金层。该发明的镀镍溶液，提高了镍合金层的耐弯折和耐腐蚀能力。

2016 年刘定富等发明了一种环境友好型化学镀镍的方法，化学镀镍的基础镀液的配制方法为：①10～15kg 六水硫酸镍溶于 30～40L 去离子水中，溶解完毕后，在搅拌下加 4～5kg 一水柠檬酸、1.5～2.5L 辅助配位剂（88% 的乳酸）和 1～1.5g 稳定剂（苯并咪唑），搅拌混合均匀后，用纯水定容至 50L，再调节 pH 值至 4.58～4.62，得 A 液；②将 7～9kg 次磷酸钠溶于 30～40L 去离子水中，溶解完毕后，在搅拌下加入 3.5～4kg 结晶醋酸钠、3～3.5kg 一水柠檬酸、1.4～1.8L 辅助配位剂、1.5～2g 稳定剂，2～3g 2-乙基己基硫酸钠及 13～18g 光亮剂［碘化钾及硫酸铜，质量比为（8～15）：（30～60）］，搅拌混合均匀后，用纯水定容至 50L，得 B 液；③在搅拌下，加入 14～16kg 一水次磷酸钠于 30～40L 去离子水中，加入 6～7kg 结晶醋酸钠、12g 2-乙基己基硫酸钠及 6～8g 光亮剂，搅拌混合均匀后，用纯水定容至 50L，得到 C 液；④在镀槽中加入 5L A 液及 10L 纯水，在搅拌条件下加入 10L B 液，混合均匀后测试 pH 值为 4.58～4.62，定容至 50L，加热至规定温度 85～90℃ 即可进行化学镀镍操作。发现苯并咪唑和碘化钾-硫酸铜复合对柠檬酸体系化学镀镍分别具有稳定作用和光亮作用，该发明以苯并咪唑作为柠檬酸化学镀镍体系的稳定剂，碘化钾与硫酸铜复合作为光亮剂，所有原辅材料及添加剂容易购买，施镀工艺简单易操作，

镀液中不含 Pb^{2+}、Cd^{2+} 等有毒有害重金属离子，镀层耐蚀性高且光亮，是一种环境友好型表面处理技术，可以在碳钢、铝合金等材料表面镀覆镍-磷合金镀层，具有潜在的应用前景及经济效益。采用该发明进行实验室施镀，镀液使用寿命可以达到 8 个金属周期，镀层耐中性盐雾腐蚀时间＞48h，镀层光亮度可达到 208Gs。

2018 年方舒等研究了含硫稳定剂对纳米 $Ni-P-TiO_2$ 复合镀层形貌与性能的影响。以镀液稳定性、沉积速率、镀层孔隙率、显微硬度和耐蚀性为评价指标，研究了硫代硫酸钠、2-疏基苯并噻唑以及 DL-半胱氨酸三种稳定剂对 Ni-P-纳米 TiO_2 复合化学镀镍的影响，研究所采用的基础配方及工艺条件为：26g/L 六水硫酸镍，32g/L 次亚磷酸钠，15g/L 醋酸钠，20g/L 一水柠檬酸，10～30mg/L 表面活性剂，1～2g/L 纳米 TiO_2，温度 87～89℃，pH 4.6～5.0，反应时间 1h。结果表明，硫代硫酸钠对镀层耐蚀性、显微硬度和镀液稳定性的效果都较差，不适合作为本体系的稳定剂；DL-半胱氨酸作为稳定剂时，虽然对镀层显微硬度和沉积速率比 2-疏基苯并噻唑稍好，但镀液稳定性和镀层耐蚀性不佳。实验表明，2-疏基苯并噻唑更适合作为本体系的稳定剂，其最佳用量为 6.0mg/L，在该用量下，镀层的沉积速率可达 144.6g/(m² · h)，镀层孔隙率为 1.5 个/cm²，显微硬度可达 682.5HV。

2018 年叶涛等研究了稳定剂对中温化学镀镍-磷合金的影响。以镀液稳定性、沉积速率、镀层磷含量和光泽度为评价标准，研究了硫酸铜、硫酸高铈和硫脲各自作为稳定剂对 45 号钢上中温化学镀镍-磷合金的影响。镀液的基础配方和工艺条件为：$NaH_2PO_2 \cdot H_2O$ 28g/L，$NiSO_4 \cdot 6H_2O$ 25g/L，柠檬酸 12g/L，醋酸钠 15g/L，十二烷基磺酸钠（SDS）10mg/L，丁二酸 3g/L，pH 5.0～5.4，温度 73～77℃，时间 1h。采用硫酸铜作为稳定剂时，镀层光泽度最好，但沉积速率较慢，镀液的稳定性最好，沉积速率太快，镀层光泽度会降低；采用硫酸高铈作为稳定剂时，化学镀镍的效果不佳。将 6mg/L 硫酸铜与 2mg/L 硫脲复配时，镀液的稳定性最好，沉积速率为 15.72μm/h，可获得光泽度为 171.3Gs、表面平滑、结晶细致的中磷化学镀镍层。

本节参考文献

[1] 欧阳新平，罗浩江 . 低温化学镀镍研究进展 [J]. 电镀与涂饰，2000，19（3）：42-45.

[2] 黄岳山，岑人经 . 一种化学镀镍液 [P].CN1248641A，2000-3-29.

[3] 刘汝涛，高灿柱，杨景和，鹿玉理，张继有 . 影响化学镀镍稳定性因素的研究 [J]. 表面技术，2001，30（1）：10-13.

[4] Richard H Keene. Application and control of electrolessnickel deposition on ferrous substrates [J]. Plating and Surface Finishing，1988，74（8）：22-25.

[5] 刘志坚 . Ni-P 合金化学镀溶液稳定性的研究 [D]. 昆明：昆明理工大学 [硕士论文]，2001.

[6] 蔡晓兰，张永奇，贺子凯 . 化学镀镍磷络合剂对磷含量的影响研究 . 京津沪渝四直辖市"第一届表面工程技术交流会"：p43-44.

[7] 黄鑫，贺子凯，蔡晓兰 . 中温酸性光亮化学镀镍 [J]. 表面技术，2003，32（5）：46-48.

[8] 邓立元，钟宏，杨余芳，邓克 . 钢铁中温光亮化学镀镍新工艺 [J]. 电镀与环保，2004，24（4）：30-32.

[9] 王修春 . 一种化学镀镍复合添加剂 [P].CN 1600890A，2005-3-30.

第二十二章

电镀锌配合物

第一节　锌离子与锌镀层的性质与用途

锌是银白色金属，略带蓝色，在常温下性脆，加热至 $100\sim150℃$ 时呈现延展性，在 $200℃$ 以上又变脆，甚至可压成粉末。上述性质的变化是多晶转变所引起的。锌的熔点为 $419.4℃$，沸点为 $907℃$，相对密度 7.1 与铁（7.8）相近，硬度与镁相近，导电性强。

锌的还原电位比氢负得多

$$Zn^{2+}+2e^-\Longleftrightarrow Zn \qquad E^\ominus=-0.762V$$

故它易与稀的酸（硫酸或盐酸）反应，放出氢气：

$$Zn+2H^+\Longleftrightarrow Zn^{2+}+H_2$$

纯的锌不易溶解，含有杂质的锌才与酸有快速作用。如锌含有杂质，在稀酸中即形成局部电池，杂质是阳极而锌是阴极。锌溶于酸中而将电子转移至阳极，使 H^+ 放电而释出氢气。如果是纯锌，放出的微量氢气覆盖在锌的表面上，阻止表面与酸接触，因此反应停顿。为了使纯锌在稀酸中溶解迅速，在酸中加几滴硫酸铜，铜被锌置换出来，并被镀在锌上，从而形成局部电池。

锌在含 CO_2 的潮湿空气中，表面会生成一层白色腐蚀产物碱式碳酸锌：

$$4Zn+2O_2+3H_2O+CO_2\longrightarrow ZnCO_3\cdot 3Zn(OH)_2$$

此外，锌比铁更活泼，这可从它们的标准电极电位看出

$$Zn^{2+}+2e^-\Longleftrightarrow Zn \qquad E^\ominus=-0.762V$$

$$Fe^{2+}+2e^-\Longleftrightarrow Fe \qquad E^\ominus=-0.44V$$

将锌镀在铁上，若锌被损坏，则形成局部电池，铁是阳极，锌是阴极，电子从锌转移到铁，铁不会遭到腐蚀破坏，因此，对钢铁基体来说，锌是阳极性镀层，能起到电化学保护的作用，也就是以锌的牺牲来保护钢铁基体。

由于锌的资源丰富，价格低廉，同时又具很好的电化学保护作用，所以镀锌层是最重要的钢铁防腐蚀镀层，它在电镀总量中约占 60% 以上的份额，是最面广量大的镀种。随着科学技术和现代工业的发展，对防护性镀层的耐蚀性要求也越来越高，由于锌合金镀层对钢铁具有更好的防护性，而且防护性/价格比也更佳，因此它们的应用也越来越广泛。

Zn^{2+} 离子具有 d^{10} 的电子结构，即它的内层 5 个 d 轨道已被 10 个电子所填满，配体的孤对电子只能进入外层的电子轨道形成配位键。大家知道，外层轨道的能量较

高，配体电子进入后也容易出来，或者说此时形成的是外轨型配合物，外轨型配合物的配体容易离解而形成反应中间体，这样取代配体的反应，或配合物接受阴极电子的反应都容易发生，且以较快的速度进行，这可以从表 22-1 中所列出的水合金属离子内层水的取代反应速率常数 k_0，电极还原反应的速率常数 k 以及金属离子在平衡电位附近的交换电流密度 i_0 的数据中看出来。$[Zn(H_2O)_6]^{2+}$ 离子的反应速率比 $[Fe(H_2O)_6]^{2+}$ 和 $[Ni(H_2O)_6]^{2+}$ 快，而比 $[Cu(H_2O)_6]^{2+}$ 慢。

表 22-1 几种水合金属离子的反应动力学参数

金属离子	内配位水取代反应速率常数 k_0/s^{-1}	电极还原反应速率常数 $k/(cm/s)$	交换电流密度 $i_0/(mA/cm^2)$
$[Cu(H_2O)_6]^{2+}$	2.5×10^8	4.5×10^{-2}	3×10^{-2}
$[Zn(H_2O)_6]^{2+}$	3×10^7	3.5×10^{-3}	3×10^{-5}
$[Fe(H_2O)_6]^{2+}$	1.5×10^6	5×10^{-11}	1×10^{-8}
$[Ni(H_2O)_6]^{2+}$	1.5×10^4	2.9×10^{-10}	2×10^{-9}

既然 $[Zn(H_2O)_6]^{2+}$ 的还原速度接近于 $[Cu(H_2O)_6]^{2+}$，这表明它的还原反应速率还是很快的，反应的超电压较小，所得镀层的晶粒也较粗糙，这些预测与从不加配位体和添加剂的酸性镀液所得到的结果是相符的。所以要获得好的镀锌层，一是选用配位能力较强而且在电极上有一定吸附能力的配位体，如氰化物、焦磷酸盐、有机膦酸盐和有机胺等；另一途径则是选用在阴极上有较强吸附能力的添加剂，尤其是合成的高分子添加剂，如各种胺与环氧化物反应形成的聚羟基胺类、聚乙二醇类或聚乙烯亚胺类添加剂。这些高分子添加剂都含有可参与配位作用的氨基或羟基，它们一方面可在阴极上吸附，同时又可在阴极表面上与金属离子配位，形成表面配合物，从而抑制了金属离子的还原，提高了阴极反应的超电压，降低了阴极电沉积反应的速率，使还原后的金属原子有足够的时间重排成有序的镀层，这样就可以获得结晶细致、平滑而光亮的镀锌层。

除了上述两种途径外，也可以用弱的配位体，使 Zn^{2+} 形成足够稳定的配合物溶液，再用中等强度的添加剂进一步降低 Zn^{2+} 的还原速率，这样两者结合也能获得良好的锌镀层，如铵盐镀锌时，可用氨或氨三乙胺作配位体，再用硫脲及其衍生物作添加剂，也可以获得良好的镀锌层。

第二节 电镀锌用配位体

Zn^{2+} 对氧和氮配位原子的配位能力相当，它既可以和含氧的配位体，如各种羧酸、羟基酸、多磷酸都可与 Zn^{2+} 形成稳定的配合物；同时 Zn^{2+} 与各种含氮的配位体，如氨、乙二胺、二乙烯三胺、吡啶等也可以形成稳定的配合物。此外，Zn^{2+} 还可以与同时含氮和氧的配位体形成很稳定的配合物，如氨基酸、氨基醇、氨基酚、氨基多羧酸（如 EDTA 等）的配合物。

由于电镀溶液大都是水溶液，电镀用配位体与 Zn^{2+} 形成的配合物必须可溶于水，许多人把可溶于水的配位体称为螯溶剂（sequestering agent），螯溶剂的特点是含有各种亲水的基团，如羟基、羧基、氨基、磺基和磷酸基，它们与金属离子形成螯合物后仍可溶于水，并且显示各种其他的功能。电镀液选用的配位体，除可形成水溶性的稳定配合物外，还必须具有调节金属离子析出电位，调节金属离子电沉积反应速率，具有一定的阴极极化作用或超电压，可使镀层具有细小的晶粒，镀层致密，结合力好等各种功能。要具备这些性能，就必须充分了解金属离子本身的性能来选择合适的配位体。在不少情况下，单用一种配位体并不能达到上述要求，而必须使用几种不同配位体的组合，有时即使用了组合配位体仍达不到上述要求，此时就要考虑再选择合适的添加剂来弥补配位体的不足。

目前工业上所用的配合物镀锌液主要有以下几类：

① 以氰化物为主配位体的镀锌液（高氰镀锌液）；

② 以羟基为主配位体的镀锌液（无氰碱性镀锌液）；

③ 以高羟基低氰化物为配位体的镀锌液（低氰碱性镀锌液）；

④ 以氯离子为主配位体的镀锌液（酸性氯化物镀锌液）；

⑤ 以氨和氯化物为主配位体的镀锌液（酸性铵盐镀锌液）；

⑥ 以焦磷酸盐为主配位体的镀锌液（碱性焦磷酸盐镀锌液）；

⑦ 以有机多膦酸盐为主配位体的镀锌液（碱性 HEDP 镀锌液）；

⑧ 以氨和氨三乙酸为主配位体的镀锌液（酸性氯化铵-氨三乙酸镀锌液）；

⑨ 以氨和柠檬酸为主配位体的镀锌液（酸性氯化铵-柠檬酸镀锌液）。

表 22-2 列出了常用 Zn^{2+} 配合物的稳定常数值。表 22-3 列出了某些锌混合配体配合物的稳定常数与单一配体配合物形成混合配体配合物的重配常数。

表 22-2　常用 Zn^{2+} 配合物稳定常数

配　位　体	稳定常数的对数 $\lg\beta$	配　位　体	稳定常数的对数 $\lg\beta$
F^-（氟离子）	ZnL 0.73	$P_3O_{10}^{5-}$（三聚磷酸根）	ZnL 8.35, ZnHL 13.9
Cl^-（氯离子）	ZnL 0.72, ZnL$_2$ 0.85, ZnL$_3$ 1.50, ZnL$_4$ 1.75	NH_3（氨）	ZnL 2.27, ZnL$_2$ 4.61, ZnL$_3$ 7.01, ZnL$_4$ 9.06
Br^-（溴离子）	ZnL 0.60, ZnL$_2$ 0.97, ZnL$_3$ 1.70, ZnL$_4$ 2.14	NH_2OH（羟氨）	ZnL 0.40, ZnL$_2$ 1.0
OH^-（羟基离子）	ZnL 4.9, ZnL$_4$ 13.3, Zn$_2$L 6.5, Zn$_2$L$_6$ 26.8	N_2H_4（联氨）	ZnL 3.69, ZnL$_2$ 6.69
SO_4^{2-}（硫酸根）	ZnL 2.31	CN^-（氰化物）	ZnL 5.34, ZnL$_2$ 11.03, ZnL$_3$ 16.68, ZnL$_4$ 21.57
$S_2O_3^{2-}$（硫代硫酸根）	ZnL 2.29	CO_3^{2-}（碳酸根）	ZnL 10
SCN^-（硫氰酸根）	ZnL 0.5, ZnL$_2$ 1.32, ZnL$_3$ 1.32, ZnL$_4$ 2.62	CH_3COOH（乙酸）	ZnL 1.28, ZnL$_2$ 2.09
PO_4^{3-}（磷酸根）	ZnHL 14.1	HOCH$_2$COOH（羟基乙酸）	ZnL 1.92
$P_2O_7^{4-}$（焦磷酸根）	ZnL 8.7, ZnL$_2$ 11.0, Zn(OH)L 13.1	H$_2$NCH$_2$COOH（氨基乙酸）	ZnL 5.42, ZnL$_2$ 9.86

续表

配　位　体	稳定常数的对数 lgβ	配　位　体	稳定常数的对数 lgβ
OH CH₃—CHCOOH （乳酸）	ZnL 1.86	[—CH₂N(CH₂PO₃H₂)₂]₂ （乙二胺四亚甲基膦酸）	ZnH₂L 9.90，ZnL 17.05
OH CH₃—CHCH₂COOH （羟基丁酸）	ZnL 1.06	CH₃—CH(NH₂)COOH （α-氨基丙酸）	ZnL 5.21，ZnL₂ 9.54
HOCH₂CH(OH)COOH （甘油酸）	ZnL 1.80	H₂N—CH₂—CH₂COOH （β-氨基丙酸）	ZnL 3.9
HOCH₂(CHOH)₄COOH [葡萄糖酸，HL(OH)₄]	ZnL(OH)₄ 1.70	HSCH₂CH(NH₂)COOH （半胱氨酸）	ZnL 9.04，ZnL₂ 17.54
HOOCCH(OH)CH₂COOH （羟基丁二酸）	ZnL 3.7	HOOC—COOH（草酸）	ZnL 4.68，ZnL₂ 10.32
HOOC(CHOH)₂COOH （酒石酸）	ZnL 3.09，ZnL₂ 8.07	[—CH₂COOH]₂ （丁二酸）	ZnL 2.70
COOH HOOCCH₂C(OH)—CH₂COOH （柠檬酸，H₃L）	ZnL(OH) 5.5	HN(CH₂CH₂OH)₂ （二乙醇胺）	ZnL₂ 6.60，ZnL₃ 8.08， ZnL₄ 9.11
H₂NCH₂CH₂NH₂ （乙二胺）	ZnL 5.81，ZnL₂ 10.71， ZnL₃ 12.43	N(CH₂CH₂OH)₃ （三乙醇胺）	ZnL 2.0
NH₂ H₂NCH₂CHCH₂NH₂ （1,2,3-三氨基丙烷）	ZnL 6.75	⬡—COOH （苯甲酸）	ZnL 2.35
H₂N(CH₂)₂NH(CH₂)₂NH₂ [二(1,2-亚乙基)三胺]	ZnL 8.9，ZnL₂ 14.4	NH₂ ⬡—COOH （邻氨基苯甲酸）	ZnL 2.57
2N(CH₂CH₂NH)₂CH₂CH₂NH₂ [三(1,2-亚乙基)四胺]	ZnL 12.1	OH （8-羟基喹啉）	ZnL 9.34，ZnL₂ 17.56
N(CH₂CH₂NH₂)₃ （三氨基三胺）	ZnL 14.65	NH₂ ⬡—OH （邻氨基苯酚）	ZnL 6.39，ZnL₂ 12.16
HN(CH₂COOH)₂ （氨二乙酸）	ZnL 7.27，ZnL₂ 12.60	HO₃S—⬡—OH —COOH （5-磺基水杨酸）	ZnL 6.05，ZnL₂ 10.65
N(CH₂COOH)₃ （氨三乙酸）	ZnL 10.44	（联吡啶）	ZnL 5.3，ZnL₂ 9.83， ZnL₃ 13.63
[—CH₂N(CH₂COOH)₂]₂ （乙二胺四乙酸，EDTA）	ZnL 16.26	OH SO₃H （8-羟基喹啉-5-磺酸）	ZnL 8.70，ZnL₂ 15.9
H₂O₃P—CH₂—PO₃H₂ （亚甲基二膦酸）	ZnHL 7.50		
CH₃ H₂O₃P—C(OH)—PO₃H₂ [1-羟基-(1,1)-亚乙基-1,1-二膦酸]	ZnHL 10.37，Zn₂HL 15.03，Zn₂L 22.36		

表 22-3　混合配体配合物的稳定常数和重配常数

配合物	总稳定常数 $\lg\beta_{ij}$	重配常数 $\lg K_r$	配合物	总稳定常数 $\lg\beta_{ij}$	重配常数 $\lg K_r$
$[Zn(NH_3)_2Cl]^+$	5.43		$[Zn(Ida)(thio)_3]$	9.90	
$[Zn(NH_3)_2Cl_2]$	5.83		$[Zn(Ida)(NH_3)_2(S_2O_3)]^{2-}$	11.92	-0.656
$[Zn(NH_3)Cl_3]^-$	3.55		$[Zn(Ida)(NH_3)(S_2O_3)_2]^{4-}$	11.59	-0.823
$[Zn(NH_3)(OH)]^+$	9.23	0.48	$[Zn(Ida)(S_2O_3)_3]^{6-}$	11.15	
$[Zn(NH_3)_2(OH)]^+$	10.80	1.59	$[Zn(NTA)(H_2O)_2]^-$	10.45	
$[Zn(NH_3)_3(OH)]^+$	12.00	1.32	$[Zn(NTA)(NH_3)]^-$	12.78	
$[Zn(NH_3)_4]^{2+}$	9.96		$[Zn(NTA)(Py)]^-$	11.21	
$[Zn(NH_3)(OH)_2]$	13.00	1.60	$[Zn(NTA)(NH_3)_2]^-$	14.08	
$[Zn(NH_3)_2(OH)_2]$	13.60	0.63	$[Zn(NTA)(NH_3)(Py)]^-$	13.21	0.530
$[Zn(NH_3)(OH)_3]^-$	14.51	1.38	$[Zn(NTA)(Py)_2]^-$	11.28	
$[Zn(OH)_3]^-$	13.58		$[Zn(NTA)(NH_3)(SCN)]^{2-}$	13.05	0.25
$[Zn(C_2O_4)_2(En)]^{2-}$	10.76	1.72	$[Zn(NTA)(SCN)_2]^{3-}$	12.14	
$[Zn(C_2O_4)(En)_2]$	12.31	1.46	$[Zn(NTA)(NH_3)(thio)]^-$	13.16	0.25
$[Zn(C_2O_4)(En)]$	9.21	0.54	$[Zn(NTA)(thio)_2]^-$	13.26	
$[Zn(Ida)(H_2O)_3]$	7.03		$[Zn(NTA)(NH_3)(S_2O_3)]^{3-}$	13.85	0.29
$[Zn(Ida)(NH_3)]$	9.42		$[Zn(NTA)(S_2O_3)_2]^{5-}$	13.69	
$[Zn(Ida)(NH_3)_2]$	11.02		$[Zn(EDTA)(H_2O)]^{2-}$	16.50	
$[Zn(Ida)(Py)]$	7.98		$[Zn(EDTA)(Py)]^{2-}$	16.72	
$[Zn(Ida)(Py)_2]$	8.33		$[Zn(EDTA)(OH)]^{3-}$	19.50	
$[Zn(Ida)(NH_3)(Py)]$	10.28		$[Zn(EDTA)(NH_3)]^{2-}$	17.38	
$[Zn(Ida)(NH_3)_3]$	12.03		$[Zn(EDTA)(SCN)]^{3-}$	16.57	
$[Zn(Ida)(NH_3)_2(Py)]$	11.74	0.936	$[Zn(EDTA)(thio)]^{2-}$	17.05	
$[Zn(Ida)(NH_3)(Py)_2]$	10.75	1.173	$[Zn(EDTA)(S_2O_3)]^{4-}$	17.30	
$[Zn(Ida)(Py)_3]$	8.35		$[Zn(OH)(P_2O_7)]^{3-}$	13.10	
$[Zn(Ida)(NH_3)_2(SCN)]^-$	11.35	0.476	$[Zn(gly)(Pyr)]$	7.53	
$[Zn(Ida)(NH_3)(SCN)_2]^{2-}$	10.25	0.703	$[Zn(gly)_2(Pyr)]^-$	12.0	
$[Zn(Ida)(SCN)_3]^{3-}$	9.02		$[Zn(gly)_2(Pyr)_2]^{2-}$	14.25	
$[Zn(Ida)(NH_3)_2(thio)]$	11.60	0.246	$[Zn(\beta\text{-}ala)(Pyr)]$	7.08	
$[Zn(Ida)(NH_3)(thio)_2]$	10.68	0.253	$[Zn(\beta\text{-}ala)(Pyr)_2]$	12.1	

注：C_2O_4 为草酸根 $C_2O_4^{2-}$；

En 为乙二胺 $H_2N-CH_2CH_2-NH_2$；

Ida 为氨二乙酸 $HN\begin{smallmatrix}CH_2COO^-\\[2pt]CH_2COO^-\end{smallmatrix}$；

Py 为吡啶 $\langle\!\!\bigcirc\!\!\rangle N$；

SCN 为硫氰酸根 SCN^-；

$thio$ 为硫脲 $H_2N-\overset{S}{\overset{\|}{C}}-NH_2$；

S_2O_3 为硫代硫酸根 $S_2O_3^{2-}$；

NTA 为氨三乙酸根 $N(CH_2COO^-)_3$；

$EDTA$ 为乙二胺四乙酸根 $(^-OOCCH_2)_2NCH_2CH_2N(CH_2COO^-)_2$；

P_2O_7 为焦磷酸根 $P_2O_7^{4-}$；

gly 为氨基乙酸根 $H_2NCH_2COO^-$；

Pyr 为丙酮酸根 $CH_3\overset{O}{\overset{\|}{C}}-COO^-$；

$\beta\text{-}ala$ 为 β-丙氨酸根 $H_2NCH_2-CH_2COO^-$。

第三节　以 NH$_3$ 和 Cl$^-$ 为配位体的铵盐镀锌

一、铵盐镀锌工艺

铵盐镀锌指单独用氯化铵中的 NH$_3$ 和 Cl$^-$ 离子作配位体，以及用氯化铵-氨三乙酸或氯化铵-柠檬酸作配位体的镀锌工艺，是最早实用化的无氰镀锌品种。我国在 20 世纪 70～80 年代广泛采用这种工艺，直到现在仍有许多单位在采用。该工艺的主要优点是电流效率远超其他各种工艺，在 25℃ 时可达 92%，沉积速度快，镀层结晶细致、光亮，镀液的分散能力和覆盖能力好，适于较复杂零部件的电镀。同时由于电流效率高、析氢少、氢脆性小，可直接在高强钢、铸铁件、锻压件和粉末冶金件上镀锌，与氰化物镀锌相反，它可以用空气搅拌，因而有很好的分散能力与覆盖能力，有较高又较宽的电流密度范围，这是其他镀锌工艺难以达到的。

在 pH 值为 5～6 的微酸性条件下，氯化铵离解出来的游离氨很少，而 Cl$^-$ 本身的配位能力很弱，因此氯化铵此时只显示较弱的配位体的作用。为了获得更好的分散能力与覆盖能力，可以加入一些更强的配位体，最常用的是氨三乙酸和柠檬酸。

早期的铵盐镀锌用硫脲和木工胶作光亮剂，镀层脆性很大，色泽也暗。后来改用聚乙二醇和平平加等非离子表面活性剂来取代木工胶，并用洋茉莉醛作主光亮剂，这样可以明显降低镀层的脆性并提高镀层的光亮度。到 20 世纪 70 年代后期，则用亚苄基丙酮来取代昂贵的洋茉莉醛。

现代的铵盐镀锌光亮剂已用新型镀锌中间体进行复配，它通常由耐高温的载体表面活性剂、主光亮剂、辅助光亮剂三部分组成，而市售的光亮剂则将它们组合成柔软剂或载体光亮剂以及光亮剂两种。有关镀锌光亮剂的演化、主要成分及其作用原理以及现有市售镀锌中间体的名称、销售商等请参阅作者最近由国防工业出版社出版的《电镀添加剂总论》一书的第十章镀锌添加剂。

铵盐镀锌的主要缺点是在酸性和存在大量 Cl$^-$ 的条件下工作，对设备的腐蚀性很大，而且有 Fe(OH)$_3$ 沉淀析出，需要进行连续过滤。

表 22-4 列出了几种铵盐镀锌工艺的组成和操作条件。

二、Zn^{2+}-NH$_3$-Cl$^-$ 和 Zn^{2+}-NH$_3$-OH$^-$ 体系中的配合物平衡

关于铵盐镀锌液中配离子的状态，大多数书刊都认为形成的是 [Zn(NH$_3$)$_{1\sim4}$]$^{2+}$ 型锌氨配离子。它的四级积累稳定常数为：

$$[Zn(NH_3)]^{2+} \qquad \lg\beta_1 = 2.37$$
$$[Zn(NH_3)_2]^{2+} \qquad \lg\beta_2 = 4.81$$
$$[Zn(NH_3)_3]^{2+} \qquad \lg\beta_3 = 7.31$$
$$[Zn(NH_3)_4]^{2+} \qquad \lg\beta_4 = 9.46$$

表 22-4　常用铵盐镀锌工艺

溶液组成及操作条件	氯化铵镀液				氯化铵-氨三乙酸液		氯化铵-柠檬酸液	
	1	2	3	4	5	6	7	8
氯化锌($ZnCl_2$)/(g/L)	40~50	30~35	40~80	15~35	35~45	30~35	35~45	30~35
氯化铵(NH_4Cl)/(g/L)	200~250	220~280	220~280	200~220	200~250	200~250	200~250	200~250
氨三乙酸/(g/L)					10~30	5~15		
柠檬酸/(g/L)							20~30	15~25
洋茉莉醛/(g/L)						0.2~0.5		
光亮剂/(ml/L)	0.8~1.0							
柔软剂/(ml/L)	20~30							
聚乙二醇($M=6000$)/(g/L)		1~2						
硫脲/(g/L)		1~2						
海鸥洗涤剂/(ml/L)		0.5~1						
脂肪醇聚氧乙烯醚/(g/L)				5~8				
六次甲基四胺/(g/L)				5~10		5~8		
亚苄基丙酮/(g/L)				0.2~0.5	0.2~0.5		0.2~0.5	0.2~0.5
CZ-87A/(ml/L)			15~18					
平平加/(g/L)						6~8		6~8
HW 高温匀染剂/(g/L)					6~8		6~8	
pH	5~6	5.5~6.0	5.5~6.0	6~7	5.5~6.0	5.5~6.0	5.5~6.0	5.5~6.0
温度/℃	15~45	10~35	10~45	15~35	10~40	10~40	10~40	10~40
阴极电流密度/(A/dm²)	0.5~0.8	0.5~1.5	0.8~2.5	1~4	0.8~2.0	0.5~0.8	0.8~2.0	0.5~0.8

注：为防止镀锌层的铬酸盐钝化膜变色，可在各镀液中加 0.5g/L 的醋酸钴。

根据 NH_4^+ 的酸离解常数和以上各种锌氨配合物的稳定常数进行平衡计算，计算结果表明，当镀液的 pH 值为 5 时，镀液中的锌氨配离子基本上不存在。随着镀液 pH 值的升高，锌氨配离子在镀液中的含量就增多。但在 pH 值为 5.5~6.4 的实际使用 pH 范围内，锌氨配离子的含量还是很少的。

那么在铵盐镀锌液中配离子到底是什么样的形式呢？根据林田英德的研究，在恒定 NH_4Cl 的浓度分别为 180g/L 和 270g/L 的条件下，溶液中 $ZnCl_2$ 浓度和 pH 值变化时溶液中出现沉淀的范围如图 22-1 所示。

由图可见，当溶液 pH＜6.3 时，

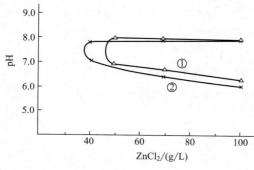

图 22-1　沉淀生成的范围随 pH 的变化
①—NH_4Cl，180g/L；②—NH_4Cl，270g/L

在大量 NH_4Cl 存在下镀液都是稳定的。若 $ZnCl_2$ 的浓度超过 40g/L，则在 pH 值为 6.5～8 的中性范围内溶液中会有沉淀析出。根据这些现象，林田英德认为，在加入 NH_4Cl 不多的酸性氯化锌溶液中，锌是以 $[ZnCl_3]^-$、$[ZnCl_4]^{2-}$ 和 $[ZnCl_5]^{3-}$ 存在的：

$$ZnCl_2 + nNH_4Cl \xrightarrow{n=1～3} \begin{cases} NH_4[ZnCl_3] \\ (NH_4)_2[ZnCl_4] \\ (NH_4)_3[ZnCl_5] \end{cases}$$

随着铵盐浓度的升高，将形成含 OH^- 和 NH_3 的混合配体配合物

$$ZnCl_2 + nNH_4Cl \xrightarrow{n=4～6} \begin{cases} [Zn(NH_3)_4(OH^-)]Cl \\ [Zn(NH_3)_5(OH^-)]Cl \end{cases}$$

对 Zn^{2+}-NH_3-OH^- 体系进行比较详细研究的是德国学者 Bode，他指出在 pH 值为 8～12 时，溶液中存在 10 种配离子，它们的组成和稳定常数列于表 22-5。

表 22-5　Zn^{2+}-NH_3-OH^- 体系中配离子的组成和稳定常数

序　号	配　离　子	$lg\beta_{ij}$	序　号	配　离　子	$lg\beta_{ij}$
1	$[Zn(NH_3)_4]^{2+}$	9.46	6	$[Zn(NH_3)_3(OH)]^+$	12.0
2	$[Zn(NH_3)_3]^{2+}$	7.31	7	$[Zn(NH_3)(OH)_2]$	13.0
3	$[Zn(NH_3)_2]^{2+}$	4.81	8	$[Zn(NH_3)_2(OH)_2]$	13.60
4	$[Zn(NH_3)(OH)]^+$	9.23	9	$[Zn(NH_3)(OH)_3]^-$	约 14.51
5	$[Zn(NH_3)_2(OH)]^+$	10.80	10	$[Zn(OH)_3]^-$	13.58

这些配离子的百分含量随 pH 的变化见图 22-2。

由图 22-2 的曲线可见，在 pH=8～9 时，镀液中主要以锌氨配离子形式存在，pH<7 时，溶液时并不形成由 NH_3 和 OH^- 组成的混合配体配离子。在 pH 值为 10～11 时，$[Zn(NH_3)_2(OH)]^+$、$[Zn(NH_3)_3(OH)]^+$ 才是主要存在的配离子，在

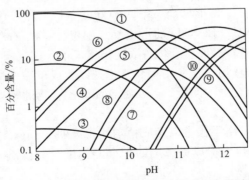

图 22-2　0.1mol NH_3 溶液中各种锌配离子的百分含量随 pH 的变化

① $[Zn(NH_3)_4]^{2+}$；　　　　　⑥ $[Zn(NH_3)_3(OH)]^+$；
② $[Zn(NH_3)_3]^{2+}$；　　　　　⑦ $[Zn(NH_3)(OH)_2]$；
③ $[Zn(NH_3)_2]^{2+}$；　　　　　⑧ $[Zn(NH_3)_2(OH)_2]$；
④ $[Zn(NH_3)(OH)]^+$；　　　　⑨ $[Zn(NH_3)(OH)_3]^-$；
⑤ $[Zn(NH_3)_2(OH)]^+$；　　　⑩ $[Zn(OH)_3]^-$

pH$>$12.5 时，$[Zn(NH_3)_3(OH)_3]^-$ 和 $[Zn(OH)_3]^-$ 才是配离子的主要存在形式。这些结果与林田英德的看法是矛盾的。因此，在铵盐镀锌液中，主要存在的离子可能既不是锌氨配离子 $[Zn(NH_3)_i]^{2+}$（$i=1\sim4$），也不是由 NH_3 与 OH^- 组成的混合配体配离子，而可能是由 NH_3 与 Cl^- 组成的混合配体配离子。根据 Marcus 提供的数据再换算得下列混合配体配离子的积累稳定常数为：

$$[Zn(NH_3)_2Cl]^+ \qquad \lg\beta_{21}=5.43$$
$$[Zn(NH_3)_2Cl_2] \qquad \lg\beta_{22}=5.83$$
$$[Zn(NH_3)Cl_3]^- \qquad \lg\beta_{13}=3.55$$

因为在 pH 值为 5$\sim$6.4 区间，镀液中 $[NH_3]$ 的浓度很低，$[OH^-]$ 的浓度也极低，而 Cl^- 的浓度却很高，因此镀液中难以形成 $[Zn(NH_3)_4]^{2+}$ 和 $[Zn(NH_3)_i(OH)_{4-i}]$ 型配离子，而容易形成 $[Zn(NH_3)_2Cl_2]$、$[Zn(NH_3)_2Cl]^+$ 或 $[Zn(NH_3)Cl_3]^-$。因为这些混合配体配合物中 Zn^{2+} 离子的配位数均已饱和，它们的积累稳定常数均比相应的配位未饱和的 $[Zn(NH_3)]^{2+}$ 和 $[Zn(NH_3)_2]^{2+}$ 的稳定常数（$\lg\beta_1=2.37$，$\lg\beta_2=4.81$）约高一个数量级。

三、Zn^{2+}-NH_4Cl-NTA（氨三乙酸）体系中的配合物平衡

我国无氰电镀的第一个成果就是氯化铵-氨三乙酸镀锌工艺，随后又发展了氯化铵-柠檬酸镀锌工艺等。目前我国仍有许多单位使用氯化铵-氨三乙酸镀锌工艺，主要是它具有很好的分散能力与深镀能力，这是氯化钾和氯化铵镀锌无可比拟的。由于镀液中氨三乙酸可以显著提高阴极极化，因而对添加剂的要求则较低，不需要使用市售的专用添加剂，从而降低了生产成本。对于氯化铵-氨三乙酸体系中配离子的存在形式，国内也有不同的看法。有的认为溶液中 Zn^{2+} 主要以 $[Zn(NH_3)_n]^{2+}$ 和 $[Zn(NTA)]^-$ 形式存在，阴极上放电的主要是 $[Zn(NH_3)_n]^{2+}$。也有专门作了计算的，表明在微酸性氯化铵-氨三乙酸和氯化铵-柠檬酸镀液中（pH 值分别为 5 和 6），由于 NH_3 与 H^+ 的键合趋势大，溶液中自由 NH_3 的浓度小，绝大部分以 NH_4^+ 形式存在，两镀液中分别只有 0.3% 和 0.06% 的 NH_4^+ 以 NH_3 的形式参与配位。虽然 Zn^{2+} 与 NH_3 配合物的稳定常数较大，镀液中 $[Zn(NH_3)_n]^{2+}$ 的浓度仍然很小。这表明在镀液中 NH_4Cl 主要起导电盐或活化阳极的作用。这些结果和结论是以生成单一型配合物为依据的。它没有考虑形成混合配体配合物的问题。若从混合配体配合物的观点来看问题，则可得出不同的结论。

原来，镀液中的 NH_3 不仅可以形成稳定性较低的 $[Zn(NH_3)_n]^{2+}$，它还可以与 NTA^{3-} 一起跟 Zn^{2+} 配位，形成更稳定的配合配体配合物。Zn^{2+} 的特征配位数为 4，最高可达 6，所以反应为：

$$[Zn(H_2O)_6]^{2+}+4NH_3 \Longrightarrow [Zn(H_2O)_2(NH_3)_4]^{2+}+4H_2O \qquad \lg\beta=9.46$$
$$[Zn(H_2O)_6]^{2+}+NTA^{3-} \Longrightarrow [Zn(NTA)(H_2O)_2]^-+4H_2O \qquad \lg\beta=10.45$$
$$[Zn(H_2O)_6]^{2+}+NH_3+NTA^{3-} \Longrightarrow [Zn(NTA)(NH_3)(H_2O)]^-+5H_2O \qquad \lg\beta=12.78$$
$$[Zn(H_2O)_6]^{2+}+2NH_3+NTA^{3-} \Longrightarrow [Zn(NTA)(NH_3)_2]^-+6H_2O \qquad \lg\beta=14.08$$

由于生成的 $[Zn(NTA)(NH_3)_2]^-$ 的稳定常数几乎比 $[Zn(NTA)]^-$ 高一万倍，

所以，镀液中绝大部分 [Zn(NTA)]⁻ 都转变为 [Zn(NTA)(NH₃)₂]⁻。

在强碱性 EDTA 镀锌液中，同时存在着 EDTA 和 OH⁻ 两种配体，通过锌电极平衡电位的研究，已证明镀液中主要存在的是 [Zn(EDTA)(OH)₂]⁴⁻ 型离子。在低碱度时则可能以 [Zn(OH)(EDTA)]³⁻ 的形式存在，它的积累稳定常数为 19.5。

第四节　以 CN⁻ 和 OH⁻ 为配位体的高、中、低氰化物镀锌液

一、氰化物镀锌工艺

氰化物镀锌可以分为高氰化物镀锌（高 CN⁻、低 OH⁻）、中氰化物镀锌（中 CN⁻、中 OH⁻）、低氰化物镀锌（低 CN⁻、高 OH⁻）和微氰化物镀锌（微 CN⁻、高 OH⁻）多种。自 1855 年第一个氰化物镀锌专利发表以来，至今已有 170 多年的历史了，而且目前仍有许多工厂在应用，这种工艺有如此强的生命力，主要是它具有许多其他工艺没有的优点。氰化物镀锌的优缺点如下。

（1）优点

① 镀液同时含有大量氢氧化钠和氰化钠。氢氧化钠是很好的皂化型除油剂，可使多种油酸皂化而形成易溶于水的钠皂；而氰化钠又是一种很好的活化剂或配位体，可使金属类氧化物、碳酸盐、磷酸盐等沉淀物形成可溶性的氰配合物，因此该镀液本身具有很好的除油与活化功能，即使镀件前处理工作做得不够彻底，对镀层与基体的结合力也不会有多大的问题。

② 具有良好的分散能力和深镀能力。标准氰化物镀锌液的分散能力以及在低电流密度下的深镀能力比目前使用的任何一种镀锌电解液都好。

③ 镀液成本低，容易控制。氰化物镀锌液的成分很简单，一般只有 NaCN、NaOH 和 ZnO，三者的价格都很便宜，而且分析控制很方便，三者的分析只要几分钟就可完成。

④ 镀液的适应性好，可满足各种要求。根据长期积累的经验，已有多种工艺配方，可以满足各式各样的零件在装饰或功能电镀上的各种要求。

⑤ 镀液腐蚀性小。氰化物镀锌液属于非腐蚀性镀液，其镀槽不需要有衬里，也不要特别的阳极篮和对自动机上的机械设备采取抗腐蚀措施，因而显著降低了电镀设备的基建投资。

（2）缺点

① 镀液的电流效率低。氰化物镀液的电流效率随镀液温度和氰化物的含量而变化很大。在滚镀时，当电流密度达到 2.5A/dm² 时，其效率仍能保持在 75%～90%。在挂镀时，当电流密度大于 6A/dm² 时，其效率迅速降到 50%。

② 镀液的整平性差。氰化物镀液的光泽性虽较好，但整平性和色调达不到酸性光亮镀锌的水平。

③ 镀液的剧毒性。氰化物是一种剧毒的物质，尽管废水处理工艺经验已较丰富，

但处理成本仍很高。据估计，废水处理的成本是镀锌液本身化学维护成本的1～3倍。废水处理设备的基建费用对于氰化物镀锌者来说仍然是过高的，以致世界上许多大工厂都计划要在电镀或冶金工艺中全部取消氰化物。

随着全世界对氰化物废水处置的法律的进一步严格和电镀技术的发展，为了降低废水处理的费用，许多电镀工作者都致力于降低镀液中氰化物用量的研究，结果发现，只要保持氰化钠对锌的含量比例，就可以不改变或很少改变镀液中配离子的状态。这时即使浓度降低到高氰镀液的一半，仍能保持和高氰镀液几乎相同的电镀性能。因此，中氰或半氰镀液可以在只加常用氰化物镀锌添加剂而不加特殊添加剂的条件下获得满意的效果。这就是在当今的氰化物镀锌配方中，中氰镀液迅速取得突出地位的原因。表22-6列出了四种含氰量不同的氰化物镀锌的工艺条件和优缺点。

表 22-6　含氰量不同的氰化物镀锌的工艺条件和优缺点

项　目	高　氰	中　氰	低　氰	微　氰
Zn/(g/L)	34～35	15～20	6～12	5～7
/(mol/L)	0.52	0.23～0.31	0.09～0.18	0.1
NaCN/(g/L)	75～105	35～55	9～16	5～10
/(mol/L)	1.53～2.12	0.71～1.12	0.18～0.33	0.1～0.2
NaOH/(g/L)	75	75	75	75
/(mol/L)	1.88	1.88	1.88	1.88
NaCN/Zn(摩尔比)	2.94～4.07	3.09～3.61	1.83～2.0	1.0～2.0
平均值	3.5	3.35	1.92	1.5
NaOH/Zn(摩尔比)		6.10～8.17	10.4～20	1.0～2.0
平均值	3.6	7.1	15.2	18.8
添加剂	视需要定	视需要定	需要	需要类似无氰镀锌的添加剂
D_K/(A/dm²)	1～10	1～3.5	1.5～2.0	
D_A/(A/dm²)	2～4	2～4	2～4	
温度/℃	24～36	24～36	24～36	
优点	镀液稳定,操作范围宽,对杂质及有机物不敏感,对预处理要求不高	氰化物量降低,毒性减少,性能基本同左	氰化物含量低,镀件携带少,有利于三废处理	氰化物含量低,镀件携带少,有利于三废处理
缺点	剧毒,三废处理投资大,不能用于高碳钢和铸铁件电镀	剧毒,需三废处理,镀液分析维护需加强	毒,CN⁻含量低有利于三废处理,但对前处理要求提高,镀液稳定性下降,需加强维护。成本提高,镀液分散能力、深镀能力低	微毒,有利于三废处理,但镀前处理和镀液维护要求高,杂质允许量低,要用特种光亮剂,光亮剂消耗量大,镀液成分变化大

当镀液中NaCN浓度低至15g/L时，氰化钠的存在对电镀产品的质量已不起明显的作用。因此，在低氰和微氰镀液中，配离子中含CN⁻的数量很小，电解液中配离子放电的超电压已很低，需要外加表面吸附较强的特种添加剂才能正常使用。在高氰镀液间微氰转化时，当NaCN的量降至10～35g/L时，镀液的性能极难

控制。

对于微氰镀液来说，氰化钠对镀液超电压的作用已很小。为了获得光亮镀层，镀液的超电压主要靠高分子添加剂。CN^- 主要起掩蔽剂的作用，这种作用也可用其他配位体来承担。如在锌酸盐镀液中可用三乙醇胺、酒石酸钾钠、EDTA 等代替 NaCN。这就是碱性无氰镀锌和微氰镀锌没有很大区别的原因。

二、氰化物镀锌液中配离子的状态

在各种氰化物镀液中，总氰化物对各种金属的摩尔比（也称配位比）是决定镀液的稳定性、分散能力、深镀能力、电流效率和超电压的关键因素，也是决定镀层的晶粒粗细、光亮度的关键因素。摩尔比太小，镀液不稳定，阳极溶解不正常，容易钝化，镀层粗糙或发暗；摩尔比太大，则金属的析出电位太负，H^+ 离子很容易放电，致使金属析出困难，电流效率和沉积速度大幅度下降，只能得到很薄的镀层。

为何配位比值如此重要呢？原来，配位比值决定了镀液中配离子的配位数，即决定了放电配离子的形式和状态。比值高，生成高配位数的配离子就多，这种配离子的稳定性高，放电所需的活化能大。所以，高比值镀液的超电压较大，电流效率低。比值低，情况正好相反。金属离子本身的放电速度有很大差异，如 Ag^+、Cu^+、Cd^{2+} 的交换电流密度在 $10^{-3} \sim 10^{-2} A/cm^2$ 范围，属于放电速度快的金属离子。要使它的放电速度降低，就要全部用氰化物作配位体，而且要有余量。对于放电速度中等的 Zn^{2+}（i_0 约 $10^{-4} A/cm^2$），只能部分用氰化物作配位体，而放电速度本身已很慢的铁族金属，则完全不能用氰化物。

对于氰化物镀锌，若用 $Na_2Zn(CN)_4$ 来配制镀液，其电流效率只有 20% 左右，镀液的超电压很高，析出 H_2 很多，只能获得很薄的镀层。图 22-3 是往 0.5mol/L $Na_2Zn(CN)_4$ 溶液中逐渐加入 NaOH 时溶液电流效率的变化曲线。由图 22-3 可见，无 NaOH 时溶液的电流效率只有 20%，随着 NaOH 浓度的升高，电流效率也迅速上升，但 NaOH 浓度达 80g/L（2mol/L）后，溶液的电流效率达最高且趋于稳定（约 95%），此时的电流效率值与完全用 $Na_2Zn(OH)_4$（或 $Zn^{2+}+4NaOH$）配制的镀液相当。镀液电流效率的变化实际上反映了溶液中配离子形态逐渐由 $Zn(CN)_4^{2-}$ 过渡到 $Zn(OH)_4^{2-}$ 的变化。单独用 $Na_2Zn(OH)_4$ 配制镀液，其电流效率接近 95%，镀液的超电压只有几十毫伏，只能得到海绵状或树枝状的镀层。因此实用的氰化物镀锌液是由 NaCN 和 NaOH 按一定比例配制而成的。生产时主要是控制好 NaCN 对 Zn 和 NaOH 对 Zn 的摩尔比值，其值应在以下范围内：

$$[NaCN(总)]/[Zn] = 2.7 \sim 4.3$$
$$[NaOH(总)]/[Zn] = 3.2 \sim 4.0$$

图 22-4 是将 $Na_2Zn(CN)_4$ 溶液（A）和 $Na_2Zn(OH)_4$ 溶液（B）按不同比例混合时各液的电流效率随混合率的变化曲线，100% A 和 100% B 系单独 $Na_2Zn(OH)_4$ 和 $Na_2Zn(OH)_4$ 溶液的电流效率。随着 B 液浓度的升高，电流效率也迅速升高，到一定程度后上升幅度变小而趋于稳定，值得注意的是电流效率的变化曲线是随着阴极电流密度的变化而变化的，电流密度越高，电流效率则越低。

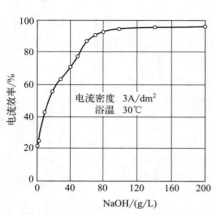

图 22-3 0.5mol/L Na$_2$Zn(CN)$_4$
溶液中逐渐加入 NaOH 时溶液
电流效率的变化

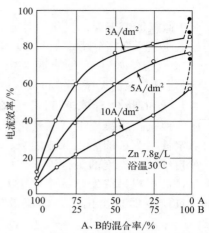

图 22-4 Na$_2$Zn(CN)$_4$ 溶液（A）和 Na$_2$Zn(OH)$_4$
溶液（B）按不同比例混合时溶液电流
效率的变化曲线

在目前的许多电镀书刊中，都认为氰化物镀锌液是由不同量的 $[Zn(OH)_4]^{2-}$ 和 $[Zn(CN)_4]^{2-}$ 组成的。另一种看法认为主要是形成了内界含不同数目的 CN^- 与 OH^- 的混合配体配合物的缘故。由于 CN^- 和 OH^- 对 Zn^{2+} 的配位能力相差不是很大，$lg\beta_{Zn(CN)_4^{2-}}=16.89$，$lg\beta_{Zn(OH)_4^{2-}}=15.44$，而且生成的配离子的构型都是外轨型 d^{10} 型配合物，因此，在镀液中 OH^- 与 CN^- 可以发生相互的取代反应：

$$[Zn(CN)_4]^{2-}+OH^- \Longrightarrow [Zn(OH)(CN)_3]^{2-}+CN^-$$

$$[Zn(OH)_4]^{2-}+CN^- \Longrightarrow [Zn(CN)(OH)_3]^{2-}+OH^-$$

$$[Zn(CN)_4]^{2-}+[Zn(OH)_4]^{2-} \Longrightarrow [Zn(OH)_n(CN)_{4-n}]^{2-} \qquad 1 \leqslant n \leqslant 3$$

在混合配体配合物中，OH^- 的性质与 H_2O 接近，容易从配离子中离解出来，故配离子电极还原反应的动力学阻力小。所以，当镀液中 $[OH^-]$ 浓度升高，混合配体配合物中 n 值增大，配离子放电的阻力减小，镀液的超电压减小，电流效率上升。相反，镀液中 CN^- 浓度升高，混合配体配合物中 CN^- 的数目增大，由于 CN^- 不容易从配离子中离解出来，故氰配离子放电的活化能较高，镀液的超电压随之增大。因此，控制适当的 n 值，就可以获得满意的镀层。

椎尾一用离子交换膜的电渗法对氰化物镀锌液进行了研究，证明在氰化物镀锌液中存在着下列各种形式的混合配体配离子，例如：

$$[Zn(CN)_3(OH)]^{2-}; \quad [Zn(CN)_2(OH)_2]^{2-}; \quad [Zn(CN)_3(H_2O)]^-$$

对于高氰化物镀锌液来说，实际生产控制的平均摩尔比值为

$$[NaCN]/[Zn]=3.5 \qquad [NaOH]/[Zn]=3.6$$

考虑到 OH^- 的配位能力略低于 CN^-，在 NaOH/Zn 比 NaCN/Zn 高 0.1 的条件下，镀液中主要存在配合物品种应当为 $[Zn(CN)_2(OH)_2]^{2-}$。

对于中氰化物镀锌液，实际生产控制的平均摩尔比值为

$$[NaCN]/[Zn]=3.35 \qquad [NaOH]/[Zn]=7.1$$

在此条件下镀液中主要存在的配离子应当为 $[Zn(CN)(OH)_2(H_2O)]^-$。

对于低氰化物镀锌液，实际生产控制的平均摩尔比值为

$$[NaCN]/[Zn]=1.92 \qquad [NaOH]/[Zn]=15.2$$

在此条件下镀液主要存在的配离子可能是 $[Zn(CN)(OH)_3]^{2-}$ 及 $[Zn(OH)_4]^{2-}$。

对于微氰化物镀锌液，实际生产控制的平均摩尔比值为

$$[NaCN]/[Zn]=1.5 \qquad [NaOH]/[Zn]=18.8$$

在此条件下镀液中主要存在的配离子应当是 $[Zn(OH)_4]^{2-}$，因为此时的超电压与锌酸盐镀液的相当。NaCN 在此液中主要起的不是配位体的作用，而是掩蔽其他重金属杂质的作用。

第五节　以 OH⁻ 为配位体的锌酸盐镀锌

一、锌酸盐镀锌工艺

在 20 世纪 50 年代，人们在研究氰化物镀锌如何降低氰化物用量时发现，微量的氰化物实际上已不起配位作用，只对重金属杂质起掩蔽作用。用单纯 NaOH 或 KOH 作配位体仍可获得很稳定的镀液，只是锌酸盐配离子放电的速度太快，超电压太小，只能获得非常粗糙的镀层，但若加入适量的合成高分子聚乙烯亚胺类添加剂，超电压将大大提高，镀层晶粒细小，结合力也良好，经过人们对添加剂结构与性能的仔细研究，终于开发出了镀层光亮、易钝化、结合力好、脆性小的添加剂，20 世纪 70 年代以后，这一新工艺已在工业上获得广泛应用，现在已成为取代氰化物镀锌的主要无氰镀锌工艺。

锌酸盐镀锌的主要优缺点如下。

（1）优点

① 不用剧毒的氰化物，废水处理简单容易，是一种无害的绿色环保型新工艺。

② 综合经济效益好，配位体苛性碱十分便宜，添加剂用量少，成本也低，废水处理费也很低。

③ 镀层结晶细致，光亮度好，分散能力和深镀能力接近氰化镀液，适于各种复杂零件的电镀。

④ 镀液属于碱性，对设备无腐蚀，设备的使用寿命长。

⑤ 镀液稳定，操作维护方便。

⑥ 氰化物镀锌很容易直接转化为锌酸盐镀锌，设备不需更换。

（2）缺点

① 电流效率较低（65%～80%），沉积速度较慢。

② 允许的温度范围较窄（10～40℃），高于 40℃效果不佳。

③ 镀层厚度超过 $15\mu m$ 时有脆性，铸件较难电镀。

④ 作业时有刺激性的气体逸出，必须安装通风设备。

表 22-7 列出了典型的无氰锌酸盐镀锌的工艺配方及操作条件。

表 22-7　无氰锌酸盐镀锌的工艺配方及操作条件

溶液组成及操作条件	配方1	配方2	配方3	配方4		配方5	配方6	配方7	配方8	
				挂镀	滚镀				挂镀	滚镀
氧化锌(ZnO)/(g/L)	10~12	6~9	10~12	6.9~23	9.4~30.5	10~30	8~14	17.5~20	7.5~15	9~19
氢氧化钠(NaOH)/(g/L)	100~120	100~120	100~120	75~152	90~150	100~130	110~125	130~150	100~130	90~150
DE-81 添加剂/(ml/L)	3~5									
ZBD-81 光亮剂/(ml/L)	2~5									
DPE-Ⅲ 添加剂/(ml/L)		4~5								
KR-7 添加剂/(ml/L)		1~1.5								
FL 光亮剂/(ml/L)		0.2~0.3								
FK-303/(ml/L)			10~12							
FK-310 抗杂剂/(g/L)			5							
ZN-500 光亮剂/(g/L)				15	20					
ZN-500 低区走位剂/(ml/L)				1~3	1					
ZN-500 除杂剂/(g/L)				1	1					
ZN-500 水质处理剂/(g/L)				1	1					
BH-338 开缸剂/(g/L)						10~15				
BH-338 添加剂/(ml/L)						4~6				
BH-338 光亮剂/(g/L)						2~4				
羟基-(1,1)-亚乙基二膦酸(HEDP)(65%)/(ml/L)							10~30			
FO-39 添加剂/(ml/L)							2~6			
环保锌调整剂 L25472/(ml/L)								25~40		
环保锌补给剂 N25454/(ml/KAH)								150~250		
光亮剂/(g/L)									7.5	7.5
净化剂(Purifier)/(ml/L)									1	1
催谷剂(Booster)/(g/L)										1
温度范围/℃	5~45	10~35	10~60	18~52	18~52	15~45	5~40	20~40	10~40	10~40
阴极电流密度/(A/dm²)	0.5~6	0.5~4	1~11	0.2~6	0.2~6	0.5~6	1~2	0.5~2.0	0.5~4	0.5~4

注：1. 配方 1 由广州电器科学研究所研制。

2. 配方 2 由河南开封市电镀化工厂提供。

3. 配方 3 由福州八达表面工程技术研究所提供。

4. 配方 4 由武汉风帆电镀技术有限公司提供。

5. 配方 5 由广州市二轻工业科技研究所提供。

6. 配方 6 由南京大学化学系研制。

7. 配方 7 是 Canning 公司产品。

8. 配方 8 是 Atotech 公司产品。

二、锌酸盐镀锌液中配离子的形态

在锌盐溶液中加入适量的强碱（如 NaOH）使 pH 值为 6.0，即析出白色氢氧化锌沉淀，它可以进一步溶于强碱而形成锌酸盐。

$$Zn^{2+}+2OH^- \Longrightarrow Zn(OH)_2 \downarrow \Longrightarrow H^+ + HZnO_2^-$$

碱式　　　　　　酸式

$$Zn(OH)_2 + 2NaOH \Longrightarrow Na_2[Zn(OH)_4] \longrightarrow Na_2ZnO_2 \cdot 2H_2O$$

在锌盐的各种配位体溶液中，如酒石酸、柠檬酸、氨水、二（1,2-亚乙基）三胺、乙二胺、EDTA 和氰化物与 Zn^{2+} 组成的配合物溶液中加入强碱 NaOH，当溶液的 pH 超过一定值后，它们都抵挡不住高浓度 OH^- 的强配位作用而转化为锌的羟基配合物，最强的氰化物溶液也是如此。图 22-5 是各种配位体对 Zn^{2+} 的辅助配位效应系数 $\alpha_{Zn(L)}$ 和 OH^- 的辅助配位效应系数的对照图，其他配体 L 的 α 值均在 OH^- 的左侧，只是配位能力较强的配体，如 CN^- 和 EDTA，它们形成羟基配合物的 pH 值较高（pH≈13）；用氨作配体时形成羟基配合物的 pH≈12.5，用酒石酸或柠檬酸时，形成羟基配合物的 pH 值则更低。

Na_2ZnO_2 型锌酸盐的结晶已为人所知，它只能在过量碱的溶液中存在。

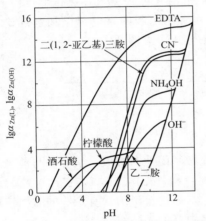

图 22-5　不同 pH 时各种配位体和 OH^- 的辅助配位效应系数 $\alpha_{Zn(L)}$ 及 $\alpha_{Zn(OH)}$

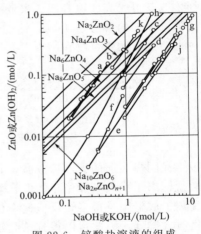

图 22-6　锌酸盐溶液的组成

土肥信康等人研究了不同 ZnO 和 NaOH 浓度时所形成的锌酸盐的组成（见图 22-6），由图 22-6 可见，Na_2ZnO_2 仅在 ZnO 的浓度较高而 NaOH 或 KOH 浓度较低时存在，随着 ZnO 的浓度逐渐降低，NaOH 浓度逐渐升高，Zn^{2+} 的羟基配合物将由 $Zn(OH)_2$ 变成 $Zn(OH)_4^{2-}$，甚至是 $Zn(OH)_{12}^{10-}$，与此相对应的锌酸盐见表 22-8。

表 22-8　锌的羟基配合物与其对应的锌酸盐形式

配合物形式	配位数	锌酸盐形式	配合物形式	配位数	锌酸盐形式
$Na_2[Zn(OH)_4]$	4	$Na_2ZnO_2 \cdot 2H_2O$	$Na_8[Zn(OH)_{10}]$	10	$Na_8ZnO_5 \cdot 5H_2O$
$Na_4[Zn(OH)_6]$	6	$Na_4ZnO_3 \cdot 3H_2O$	$Na_{10}[Zn(OH)_{12}]$	12	$Na_{10}ZnO_6 \cdot 6H_2O$
$Na_6[Zn(OH)_8]$	8	$Na_6ZnO_4 \cdot 4H_2O$	通式 $Na_{2n}[Zn(OH)_{2n+2}]$	$2n+2$	$Na_{2n}ZnO_{n+1} \cdot (n+1)H_2O$

这些锌酸盐实际上是配位羟基分别为 4、6、8、10 和 12 的羟基合锌配离子的钠盐，它们脱水后即形成相应的锌酸盐。

小西三郎等人认为，若氢氧化钠或氢氧化钾的摩尔浓度（mol/L）用 x 来表示，氧化锌或氢氧化锌的摩尔浓度用 y 来表示，则锌酸盐的组成可用下式表示

$$x = \alpha y^{3/2}$$

当 α 为 2～3 时，与此相对应的是图 22-6 中的 a、b 及 k 曲线，它相当于形成 Na_4ZnO_3 或 $Na_4[Zn(OH)_6]$，此时的溶液还不够稳定，容易形成沉淀。然而 $\alpha = 10$ 时，相当于图 22-6 中的曲线 e、g、i 和 j，其组成与铝上浸锌用的锌酸盐相似，是很稳定的。我们现在用的锌酸盐镀锌液含 ZnO 10g/L，NaOH 100g/L，它也与 $\alpha = 10$ 的锌酸盐相当。

锌酸盐镀锌液只用苛性碱中的 OH^- 作配位体。大家知道 OH^- 配体常可以作为桥型配体，而且容易形成电子桥，有利于阴极上的电子直接通入锌离子，而使锌离子快速还原。即 OH^- 是一种强的去极化剂。因此由单独锌酸盐镀液来电镀锌只能得到晶粒粗大、疏松、结合力很差的粗糙镀层，它是没有实用价值的。

为了抑制锌酸盐离子的快速电沉积，通常要选用抑制作用很强的高分子聚亚胺类添加剂才能获得光亮的镀锌层。聚亚胺类光亮剂可由各种胺类与环氧化物反应而得。有关这类添加剂的牌号、组成、性能等请参阅作者刚出版的《电镀添加剂理论与应用》一书。聚亚胺化合物在阴极上有很强的吸附作用（见图 22-7）

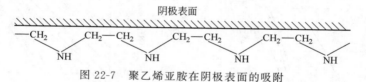

图 22-7　聚乙烯亚胺在阴极表面的吸附

吸附在阴极表面的聚乙烯亚胺，其亲水的亚胺基团伸向溶液，很容易与前来放电的锌酸盐配离子形成更加稳定的混合配体表面配合物（见图 22-8），它比单纯的羟基合锌配离子放电困难得多，反应速率也慢得多，从而使析出的锌有足够的时间按规整的晶格方式排列，因此可以得到结晶细小、结合力好的光亮锌层。

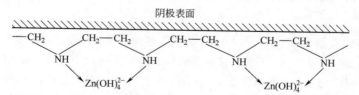

图 22-8　聚乙烯亚胺在阴极表面形成的混合配体表面配合物

由于研究表面配合物比较困难，目前尚未发现这方面的系统研究，希望我国年轻的科学工作者能在这一领域开展更多更完整的研究，以填补这一领域的空白。

三、以 HEDP 为配位体的锌酸盐镀锌

无其他配位体的锌酸盐镀锌，由于放电的是多羟基合锌离子，虽然 OH^- 的配位

能力很强，配离子的稳定常数很高，但由于 OH^- 为"电子桥"型配体，阴极上的电子可以很容易通过它而使 Zn^{2+} 还原，这样反应的速率很快，超电压很低，只能得到粗糙与疏松的锌镀层。为了获得良好的锌镀层就必须加入抑制反应非常强的高分子聚合物型合成添加剂，这类添加剂有很强的吸附作用，又可在电极表面形成表面配合物，对锌酸盐离子的还原有很强的抑制作用，使反应超电压明显提高，但带来的后果是添加剂易被夹杂在镀层中，使镀锌层的脆性变大，尤其是镀厚镀层时脆性十分明显。

如前所述，在 pH 值接近 14 时，大多数最强的配位体如 EDTA、CN^- 等都抵挡不住 OH^- 的进攻而形成羟基合锌配合物。但是，1-羟基-(1,1)-亚乙基-1,1-二膦酸 (HEDP) 分子结构中也有羟基，在 pH 值为 14 时它可以离解出 H^+ 而与锌酸盐离子形成混合配体配合物 $[Zn(HEDP)(OH)_3]^{6-}$

由于 HEDP 可在强碱性条件下与 Zn^{2+} 形成双螯合环的稳定螯合物，使混合配体配合物放电的超电压大大提高，此时只要用较弱的有机添加剂 FO-39（见表 22-7 配方 6）就可获得满意的镀锌层，这种镀层的脆性很小，适于镀厚镀锌层。同时镀液的覆盖能力可与氰化物镀液相媲美，而镀层的显微硬度比锌酸盐镀液低很多，钝化膜不易变色，镀层可在 200℃ 下除氢 2h 而不变色。表 22-9 列出了 HEDP 锌酸盐镀锌液的性能，表 22-10 列出了 HEDP 锌酸盐镀锌层的性能。

表 22-9　HEDP 镀锌液同 DE 镀锌液和氰化物镀锌液性能的比较

镀 液 类 型	电导率/$\Omega^{-1} \cdot cm^{-1}$	电流效率/%	覆盖能力/%
DE 型锌酸盐液	3.3×10^5	65.7	70
氰化物镀锌液	2.4×10^5	82.8	100
HEDP 锌酸盐液	3.1×10^5	80.6	100

表 22-10　HEDP 镀锌层同 DE 镀锌层和氰化物镀锌层性能的比较

镀液类型	显微硬度 (15g 负荷)	主晶面	抗盐雾	钝化膜变色情况 (1 大气压蒸气下)	高温除氢钝化 (200℃,2h)
DE 型锌酸盐液	159.3	(103)	四周期合格	1.5h 发暗,3h 变黑	偏暗
氰化物镀锌液	69.6	(103)	四周期合格	1.5h 不变,3h 稍暗	正常
HEDP 锌酸盐液	109.7	(103)	四周期合格	1.5h 不变,3h 稍暗	正常

由表 22-9 和表 22-10 我们可知 HEDP 锌酸盐镀锌工艺的优缺点如下：

① HEDP 镀锌的成本、阳极允许电流密度、深镀能力、阴极极化、钝化膜抗变

色能力、镀层的主要晶面取向、光亮度等指标相当于或优于氰化物镀锌液。

② HEDP 锌酸盐镀锌在覆盖能力、电流效率、沉积速度以及镀层的脆性、起泡、钝化膜抗变色能力等方面均超过了 DE 锌酸盐镀锌。在经济成本、阳极溶解和镀层亮度上接近 DE 镀锌。

③ 以 FO-39 为添加剂的 HEDP 锌酸盐镀锌改善了 DE 添加剂镀锌层易起泡、脆性大和钝化膜易变色的毛病，同时又把镀液的电流效率和沉积速度提高了，从而使碱性锌酸盐镀锌更加接近氰化物镀锌，可满足镀 $30\mu m$ 厚锌层的要求。

④ 以 FO-39 为添加剂的 HEDP 锌酸盐镀锌的沉积速度和镀层的脆性仍不及氰化物镀锌层。

第六节　以 Cl⁻ 为配位体的氯化物镀锌

一、氯化物镀锌工艺

如前所述，在微酸性条件下氯化铵镀锌液中的氯化铵，只有很少一部分转化为可起配位作用的 NH_3，若镀液中不用氯化铵而完全用氯化钾或氯化钠，此时锌离子可同大量的 Cl^- 形成稳定的四氯合锌或六氯合锌配离子，它们在溶液中同样是十分稳定的。

$$Zn^{2+} + 4Cl^- \Longleftrightarrow [ZnCl_4]^{2-}$$
$$[ZnCl_4]^{2-} + 2Cl^- \Longleftrightarrow [ZnCl_6]^{4-}$$

此时镀液的分散能力与覆盖能力比氯化铵镀液差，因此要用性能更好的添加剂才能得到完美的镀锌工艺。经过近 20 年来科学工作者的努力，已找到镀液性能接近铵盐镀锌的添加剂，因而一跃而成为最受欢迎的两种无氰镀锌工艺之一，它与另一种受欢迎的碱性锌酸盐镀锌相配合，就可以完全取代统治电镀界一个世纪的氰化物镀锌工艺。

氯化物镀锌归纳起来有以下优缺点。

（1）优点

① 因不含氨，废水处理较容易，简单的中和处理就可达标。

② 电流效率高，与铵盐镀锌相当（＞95％），比氰化物镀锌和锌酸盐镀锌高出 25％～30％。

③ 溶液电阻小，槽电压低，用电可比氰化物镀锌和锌酸盐镀锌节约 50％以上。

④ 镀层的光亮度和整平性与铵盐镀锌相当，比氰化物镀锌和锌酸盐镀锌好。

⑤ 电镀过程中逸出气体很少，一般不需要通风设备，有利于环境保护。

⑥ 适用范围广，与铵盐镀锌一样，可在高强钢、弹性零件、铸铁件、锻钢件和粉末冶金件上直接镀锌。

（2）缺点

① 镀液中含有大量 Cl^-，又是弱酸性，对设备有一定的腐蚀性。

② 镀液的覆盖能力较差，对深孔和管状零件需加辅助阳极。

③ 低铬钝化时钝化膜的附着力较差。

④ 镀厚镀层时镀层的脆性较大，因此添加剂的选择至关重要。

　　由于钠盐的导电性比钾盐差，且钠盐易造成添加剂的盐析，因此氯化物镀锌大都用氯化钾而很少用氯化钠。

　　表 22-11 列出了典型氯化钾镀锌的工艺配方及操作条件。

表 22-11　典型氯化钾镀锌的工艺配方及操作条件

溶液组成及操作条件	配方 1	配方 2	配方 3	配方 4		配方 5		配方 6	配方 7	
	挂镀	挂镀	挂镀	挂镀	滚镀	挂镀	滚镀	挂镀	挂镀	滚镀
氯化锌($ZnCl_2$)/(g/L)	60～80	60～80	50～70	60～100	40～50	60～70	45～60	50～80	60～80	40～60
氯化钾(KCl)/(g/L)	200～230	180～210		200～230	200～230	200～220	200～240	180～200	180～220	180～220
硼酸(H_3BO_3)/(g/L)	25～35	25～35	30～40	20～25	20～25	25～35	25～35	30～40	25～35	25～35
亚苄基丙酮/(g/L)	0.6～0.9									
邻氯苯甲醛/(g/L)	0.6～0.9									
对氯亚苄基丙酮/(g/L)	0.6～0.9									
载体表面活性剂/(g/L)	6～9									
苯甲酸钠/(g/L)	1.2～3									
扩散剂 NNO/(g/L)	1.5～2.4									
辅助光亮剂/(g/L)	0.003～0.3									
CKCL-92(A)/(ml/L)		10～16								
氯化钠(NaCl)/(g/L)			180～250							
CZ-3A 柔软剂/(ml/L)				20～25	15～20					
CZ-3B 光亮剂/(ml/L)				1～2	1～2					
氯锌-8 号/(ml/L)						18～20	14～20			
DZ-828 主光剂/(g/L)								0.8～1		
DZ-830 柔软剂/(ml/L)								20～30		
DZ-100A 开缸剂/(ml/L)									15～20	15～20
pH	4.5～6.0	5～6	5～6	4.8～5.6	4.8～5.6	4.5～6.0	4.5～6.0	5.5～6.2	4.5～5.5	4.5～5.5
阴极电流密度/(A/dm²)	1.0～5.0	1～4	0.5～4	1～5	0.5～0.8	1～8	0.5～5	0.2～4	0.5～3.5	0.1～1.0
温度/℃	10～50	10～75	15～50	10～50	10～50	10～50	10～50	5～65	15～70	15～70

　　注：1. 配方 1 见王宗雄、尚书定，酸性镀锌光亮剂的配制，电镀与涂饰，2000，19（6）：49～51。

　　2. 配方 2 为河南开封电镀化工厂的工艺及添加剂。

　　3. 配方 3 为广州市二轻工业科技研究所的工艺及添加剂。

　　4. 配方 4 为上海永生助剂厂的工艺及添加剂。

　　5. 配方 5 为武汉风帆电镀技术有限公司的工艺及添加剂。

　　6. 配方 6 为河北金日化工公司的工艺及添加剂。

　　7. 配方 7 为广东达志化工有限公司的工艺及添加剂。

二、氯化物镀锌液中配离子的形态

氯离子 Cl^- 最外层有 8 个电子或 4 对未共用的电子对，因此一个 Cl^- 可同时与多个金属离子形成配位键，最常见的是作为桥型配体而形成的聚合型配合物，如 $ZnCl_2$，$CuCl$ 等。

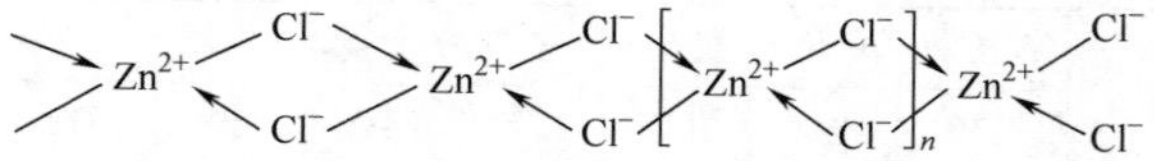

$$ZnCl_2\ 配合物的结构$$

$$-Cu^+-Cl-\left[Cu^+-Cl-\right]_n Cu^+-Cl--Cu^+-$$

$$CuCl\ 配合物的结构$$

当 Cl^- 进一步过量时，$ZnCl_2$ 配合物可与多个 Cl^- 形成配位数更高的配合物

$$ZnCl_2 + Cl^- \rightleftharpoons [ZnCl_3]^-$$

$$[ZnCl_3]^- + Cl^- \rightleftharpoons [ZnCl_4]^{2-}$$

$$[ZnCl_4]^{2-} + Cl^- \rightleftharpoons [ZnCl_5]^{3-}$$

$$[ZnCl_5]^{3-} + Cl^- \rightleftharpoons [ZnCl_6]^{4-}$$

资料上只测定了 $[ZnCl]^+$、$[ZnCl_2]$、$[ZnCl_3]^-$ 和 $[ZnCl_4]^{2-}$ 的总稳定常数 $lg\beta$ 分别为 0.72、0.85、1.50 和 1.75，这表明所形成的配合物的稳定性并不很高，只有在 Cl^- 浓度较高时配合物才稳定。由表 22-11 可知，氯化钾镀锌液所用的 KCl 浓度平均在 210g/L 左右，即 4.1mol/L，$ZnCl_2$ 的浓度在 65g/L 左右，即 0.48mol/L。因此镀液 $Cl^-/Zn^{2+} = 4.1/0.48 = 8.54$，在如此高的摩尔比下 Zn^{2+} 完全可以形成高配位数的 $[ZnCl_6]^{4-}$，只是至今尚无人从实验上证明此点。实践表明，提高 Cl^-/Zn^{2+} 的摩尔比，不仅有利于镀液的稳定，而且可以提高镀液的分散能力。表 22-12 列出了 Cl^-/Zn^{2+} 摩尔比变化时镀液分散能力的变化情况。

表 22-12　氯化物镀锌液分散能力随 Cl^-/Zn^{2+} 摩尔比的变化

氯化钾/(g/L)	氯化锌/(g/L)	Cl^-/Zn^{2+}摩尔比	镀液分散能力/%
182	76	4.30	32.2
180	60	5.41	36.5
200	50	7.16	45.9

注：各镀液均含 H_3BO_3 30g/L，YD2-1 添加剂 20ml/L，分散能力用 $K = 2$ 哈林槽测定。

氯离子 Cl^- 的另一特点是能起"电子桥"的作用，即阴极上的电子容易通过它而传到 Zn^{2+} 上，因而可以加速 Zn^{2+} 的还原，提高镀液的电流效率和沉积速度，这就是氯化铵镀液和氯化钾、氯化钠镀液具有很高电流效率（＞95％）和高沉积速度的原因。当然这也使氯化物镀液的超电压或极化作用大大下降，即氯化物实际上是一种去极化剂。因此，要获得光亮细致镀层的重任就落在添加剂上了。

酸性氯化物镀液与碱性锌酸盐镀液一样，本身的超电压很小，因此要获得光亮细致的镀层就必须采用很强极化作用的添加剂，它们通常由三类化合物组成：

1. 主光亮剂

它们都是易在阴极上直接被还原的有机化合物，其主要的结构单元如下：

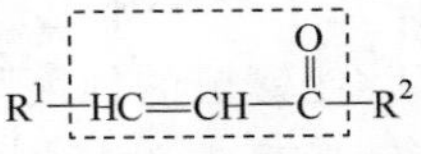

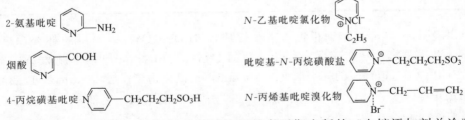

乙烯基取代羰基化合物 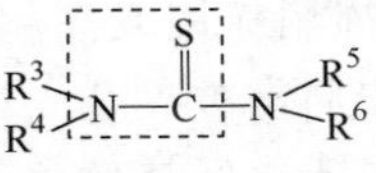   *N*-取代硫脲衍生物

例如

亚苄基丙酮   —CH=CH—C—CH₃

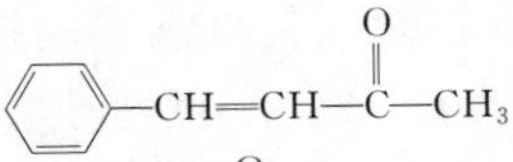

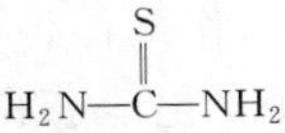

对氯苯甲醛   Cl—〈〉—C—H
                    Cl

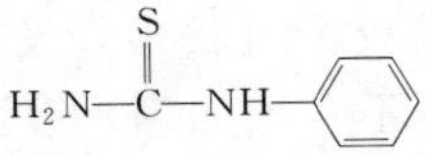

邻氯肉桂酸   〈〉—CH=CH—C—OH

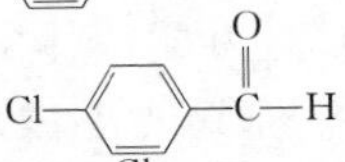

硫脲 H₂N—C—NH₂

N-苯基硫脲 H₂N—C—NH—〈〉

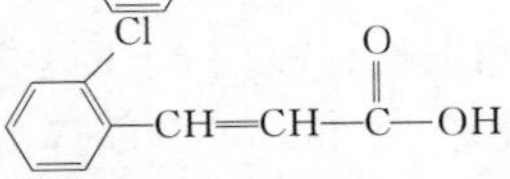

N-丙烯基硫脲 H₂C=C—CH₂—NH—C—NH₂

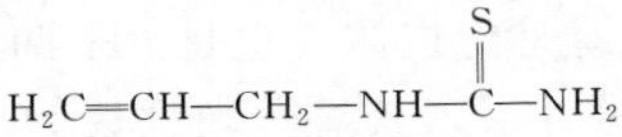

2. 载体光亮剂或分散剂

通常用作载体光亮剂的多是非离子表面活性剂或阴离子表面活性剂。例如

非离子表面活性剂

十二烷醇聚氧乙烯醚
$C_{12}H_{25}O(C_2H_4O)_{25}H$

壬基酚聚氧乙烯醚
C_9H_{18}—〈〉—$O(C_2H_4O)_{15}H$

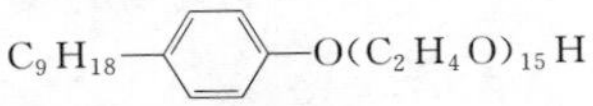

十二酰胺聚氧乙烯醚

$C_{12}H_{25}CON\begin{matrix}(C_2H_4O)_7H\\(C_2H_4O)_7H\end{matrix}$

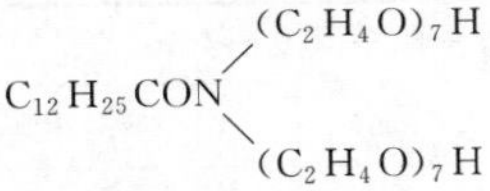

阴离子表面活性剂

十二烷醇聚氧乙烯醚磺酸钠
$C_{12}H_{25}O(C_2H_4O)_{25}$—$SO_3Na$

壬基酚聚氧乙烯醚磺酸钠
C_9H_{18}—〈〉—$O(C_2H_4O)_{15}$—SO_3Na

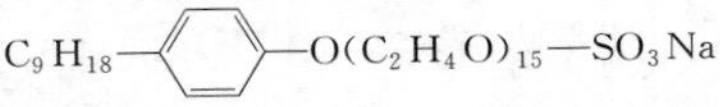

萘磺酸和甲醛的缩合物

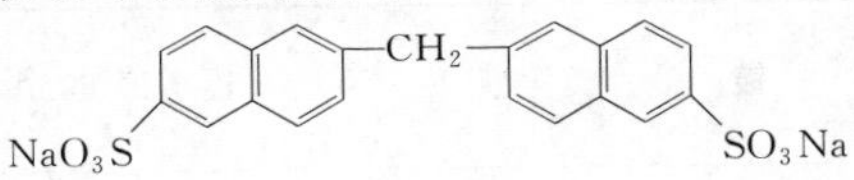

NaO_3S—〈〉〈〉—CH_2—〈〉〈〉—SO_3Na

3. 辅助光亮剂

辅助光亮剂通常指对细化晶粒、改善镀液整平性和光亮度有辅助作用的添加剂，它在一定电流密度下对阴极反应有一定的抑制作用。常用的有：

2-氨基吡啶 〈N〉—NH₂

烟酸 〈N〉—COOH

4-丙烷磺基吡啶 N〈〉—CH₂CH₂CH₂SO₃H

N-乙基吡啶氯化物 〈N⁺Cl⁻〉
                          C₂H₅

吡啶基-*N*-丙烷磺酸盐 〈N⁺〉—CH₂CH₂CH₂SO₃⁻

N-丙烯基吡啶溴化物 〈N⁺〉—CH₂—CH=CH₂
                          Br⁻

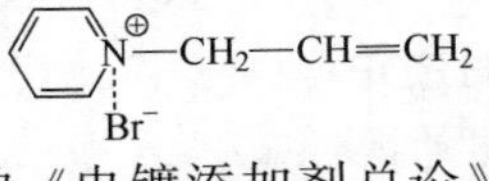

有关镀锌添加剂的类型、性能及选择请查阅笔者近期出版的《电镀添加剂总论》一书的第十章。

第七节 以 HEDP 和 CO_3^{2-} 为配位体的碱性镀锌

一、以 HEDP 和 CO_3^{2-} 为配位体的碱性镀锌工艺

当前流行的氯化钾镀锌和锌酸盐镀锌都是用动力学上抑制作用很弱的 Cl^- 和

OH$^-$作配体，而获得高抑制作用或高超电压几乎完全靠电镀添加剂的强吸附与表面配位作用，其后果是添加剂常被夹杂入镀层，使镀层的纯度降低，显微硬度升高，镀锌层的脆性加大，镀锌层钝化后易变色以及镀锌高温除氢烘烤后易产生气泡或变暗，难以钝化等毛病。

氰化物镀锌可以只用CN$^-$作配位体而不用添加剂就可获得满意的镀锌层，是否有一种配位体可以取代氰化物，也能获得类似的结果呢？在20世纪80年代，笔者曾与邮电部无氰电镀攻关组联合开发了一种以HEDP和CO$_3^{2-}$为配位体的无氰碱性镀锌工艺，其特点是不含添加剂，镀液成分十分简单，除锌盐外只要HEDP和K$_2$CO$_3$，K$_2$CO$_3$既是配位体，也是pH调整剂。这种镀液镀出来的镀层，纯度极高，远超过氰化物镀锌层，其显微硬度仅为39.8，而氰化物镀层为69.6，DE锌酸盐镀锌层为159.3，因此HEDP-CO$_3^{2-}$镀锌层的脆性比氰化物还低。按冶金部标准YB 38—64的方法进行杯突试验，试片为50mm×100mm×1mm和50mm×100mm×0.5mm的冷轧钢板，每一规格试片分别镀上25μm和35μm锌层。试验在艾利克森型仪器上进行。试片在固定模中心固紧，上模内孔ϕ27mm，垫模内孔ϕ33mm，冲头为ϕ10mm钢球，然后缓缓旋转到有进程深度的手轮盘，用15倍放大镜观察变形的突出面，至呈现裂纹为止，此时固定模突入深度值即为金属杯突深度。杯突深度值越大，镀层脆性越小，结果如表22-13所示。

表 22-13　HEDP-CO$_3^{2-}$镀锌层和氰化物镀锌层的杯突值

镀 液 类 型	镀层厚度/μm	杯突深度值/mm	
		试样钢板厚度0.5mm	试样钢板厚度1mm
氰化物镀锌液	25	—	2.3
	35	2.5	1.2
HEDP-CO$_3^{2-}$镀锌液	25	—	3.5
	35	4.8	1.9

结果表明，0.5mm厚钢板镀35μm锌后，HEDP-CO$_3^{2-}$镀锌层的杯突深度为4.8mm，几乎是氰化物镀锌层（2.5mm）的2倍；而用1mm厚钢板镀25μm锌层后，HEDP-CO$_3^{2-}$镀锌层的杯突深度为3.5mm，是氰化物镀锌层2.3mm的1.52倍。证明HEDP-CO$_3^{2-}$镀锌层是目前所有镀锌工艺中镀层最柔软，脆性最小，最适于镀厚镀层的镀锌工艺。

HEDP-CO$_3^{2-}$镀锌的另一特点是镀液非常稳定，维护十分方便，HEDP不会像氰化物那样会水解而消耗，因此补充量很少，只需补充带出的损失，同时由于镀液的pH在10～11，碱性镀液对钢铁件的腐蚀很小，同时HEDP本身是钢铁的缓冲剂，因此HEDP-CO$_3^{2-}$镀锌液对设备几乎不腐蚀。

HEDP-CO$_3^{2-}$镀锌液还有一个优点是具有极好的覆盖能力或深镀能力，适于管状或复杂零件的电镀。我们用ϕ10mm×100mm普通碳钢管斜挂于HEDP-CO$_3^{2-}$和氰化物镀锌液中镀锌30min，镀后硝酸出光3s，钝化8s，烘干后切开钢管，发现HEDP-

CO_3^{2-} 镀锌液可镀上管内 90％ 的距离，而氰化物镀锌只能镀上 50％ 的距离。证明 HEDP-CO_3^{2-} 镀锌液的覆盖能力大大超过氰化物镀锌液。此外，HEDP-CO_3^{2-} 镀锌层的出槽外观为米黄色，与加增光剂的氰化物镀锌层相当，适于硝酸出光和低铬钝化。它也适于铸铁件、高强钢件、锻压件等的电镀。

表 22-14 列出了 HEDP-CO_3^{2-} 镀锌的工艺配方与操作条件，表 22-15 列出了 HEDP-CO_3^{2-} 镀锌与氰化物镀锌性能的比较。图 22-9 是 HEDP-CO_3^{2-}、锌酸盐和氰化物镀液的阴极极化曲线。

表 22-14　HEDP-CO_3^{2-} 镀锌的工艺配方与操作条件

溶液组成与操作条件	范围/(g/L)	最佳/(g/L)
HEDP(65％,工业级),1-羟基-(1,1)-亚乙基-1,1-二膦酸	132~180	154(0.49mol/L)
氯化锌(ZnCl₂)	46~64	56(0.41mol/L)
碳酸钾,K₂CO₃	165~175	170(1.23mol/L)
pH(KOH+K₂CO₃ 调)	10~11	10.5
温度	10~40℃	15~30℃
阴极电流密度	0.5~3A/dm²	1~2A/dm²
阳极电流密度	<0.5A/dm²	<0.5A/dm²
阳极、阴极面积比	2:1	2:1

注：pH 值在 7 之前用 KOH 调 pH 值，pH 值在 7 之后用 K₂CO₃ 调 pH 值至 10.5。

表 22-15　HEDP-CO_3^{2-} 镀锌与氰化物镀锌性能的比较

性　能	HEDP-CO_3^{2-} 镀锌	氰化物镀锌
溶液电导率	$4.8 \times 10^4 \mu\Omega^{-1} \cdot cm^{-1}$	$6.5 \times 10^4 \mu\Omega^{-1} \cdot cm^{-1}$
阴极极化电位(0~4A/dm²)	−1.36~−1.70V	−1.57~−2.04V
分散能力(1A/dm²)	30％	32.6％
电流效率(1A/dm²)	79％	82％
温度范围	10~40℃	10~40℃
阴极电流密度范围	1~2A/dm²	1~4A/dm²
覆盖能力(φ10mm×100mm)	90％	50％
镀层脆性	25μm,杯突值 3.5mm,无脆性 35μm,杯突值 1.9mm,无脆性	25μm,杯突值 2.3mm,无脆性 35μm,杯突值 1.2mm,无脆性
镀层显微硬度(Hv)	39.8	69.6
镀层结晶组织	纤维状	纤维状
镀层耐盐雾性能	YD—136—77 标准　1 级	YD—136—77 标准　1 级
镀液毒性	无毒	剧毒
镀液对钢铁的腐蚀性	无腐蚀	弱腐蚀
配位体的稳定性	稳定,只补充带出损失	CN⁻易水解成 CO_3^{2-},要定期补充
镀层外观	米黄色	米黄色
钝化处理	可低铬钝化(铬酐 1.7g/L)	可低铬钝化(铬酐 1.7g/L)
原料来源	国产	国产
除杂方法	锌粉与活性炭	硫化钠沉淀,锌粉与活性炭
废水处理	废水可用作循环冷却水缓蚀剂	需专用废水处理设备

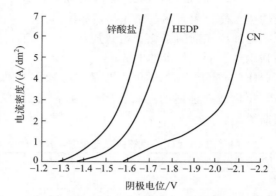

图 22-9　锌酸盐、HEDP-CO_3^{2-} 和氰化物镀液阴极
极化曲线的比较

二、HEDP-CO_3^{2-} 镀锌液中配离子的状态

HEDP 为五元酸（H_5L），在溶液中它有如下的酸离解平衡：

$$H_5L \underset{pK_1=1.7}{\rightleftharpoons} H_4L^- \underset{pK_2=2.47}{\rightleftharpoons} H_3L^{2-} \underset{pK_3=7.48}{\rightleftharpoons} H_2L^{3-} \underset{pK_4=10.29}{\rightleftharpoons} HL^{4-} \underset{pK_5=11.13}{\rightleftharpoons} L^{5-}$$

据文献报道，Zn^{2+} 和 HEDP 在不同条件下可以形成 $[Zn(HL)]^{2-}$、$[Zn(H_2L)]^-$、$[Zn_2(HL)]$ 和 $[Zn_2(H_2L)]^+$ 等形式的配离子。在 HEDP-CO_3^{2-} 镀锌液中，HEDP/$Zn^{2+} \approx 1.2$，pH＝10.5～11.0，此时不大可能形成 HEDP/Zn^{2+}＝2 或 Zn^{2+}/HEDP＝2 的配合物，只可能形成 Zn^{2+}：HL＝1：1 的配合物。为证明此推论，我们用电导滴定法测定配合物中 HEDP/Zn^{2+} 的摩尔比值，结果如图 22-10 所示，在滴定曲线的转折处，相应的 HEDP/Zn^{2+} 的比值为

$$\frac{[HEDP]}{[Zn^{2+}]} = \frac{0.1014 \times 1.0}{0.1005 \times 1.1} = 0.92 \approx 1.0$$

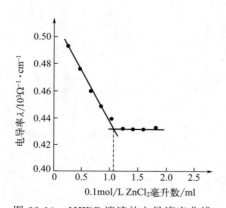

图 22-10　HEDP 溶液的电导滴定曲线

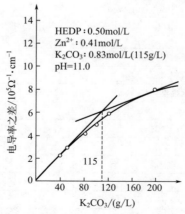

图 22-11　镀液电导率随 $[K_2CO_3]$ 浓度的变化

这与我们的推论一致，证明形成的是 $[Zn(HL)]^{2-}$ 型配合物。在该配合物中 HEDP 分子中只有两个 O^- 同 Zn^{2+} 配位而形成一个六元螯合环，Zn^{2+} 还空出两个配位位置，可以为镀液中存在的 H_2O、OH^-、Cl^- 和 CO_3^{2-} 等第二配体所占据。考虑到 CO_3^{2-} 的配位能力比 H_2O、OH^-、Cl^- 都强，为了证明 Zn^{2+} 的两个空的配位位置是为 CO_3^{2-} 所占据，我们也用电导滴定法测定了 CO_3^{2-}/Zn^{2+} 的摩尔比值，实验结果如图 22-11 所示。图中曲线的转折不很明显，说明 CO_3^{2-} 的配位能力不很强。从曲线两切线的交点，可以近似估计 $[CO_3^{2-}]/[Zn^{2+}]=0.83/0.41\approx 2$，即有两个 CO_3^{2-} 占据空的两个配位位置

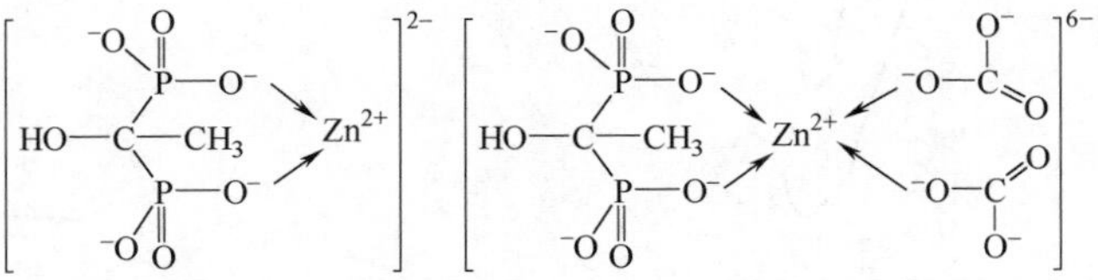

$[Zn(HL)]^{2-}$ 配合物　　　　　　　$[Zn(HL)(CO_3)_2]^{6-}$ 配合物

为了更进一步确认镀液中形成配合物的组成，我们在镀液中加入大量的甲醇，长期静置后分离出固体配合物，然后用分析方法分别测定 Zn^{2+}、HEDP、K^+ 和 CO_3^{2-} 的含量，再与理论计算值进行对比，结果如表 22-16 所示。

表 22-16　固体配合物的成分分析

组分	理论计算值/%				化学分析值（固体配合物）/%
	机械混合物①	$K_2[Zn(HL)]$	$K_4[Zn(HL)(OH)_2]$	$K_6[Zn(HL)(CO_3)_2]$	
Zn^{2+}	8.22	18.9	14.27	10.51	10.55
HEDP	31.3	58.5	44.14	32.48	33.35
K^+	28.8	22.6	34.16	37.71	39.31
CO_3^{2-}	22.2		—	19.30	19.51
	Cl^- :9.0		OH^- :7.53		

① 按实际加入镀液的成分计算。

由表 22-16 可见，固体配合物的百分组成和按机械混合物、$K_2[Zn(HL)]$ 以及 $K_4[Zn(HL)(OH)_2]$ 等计算的值相差甚远，而和 $K_6[Zn(HL)(CO_3)_2]$ 的理论值相符。固体配合物的红外光谱和文献所报告的 $Na_2[Zn(HL)]$ 或 $[Zn_2(HL)]$ 的一致，表明固体配合物中 HEDP 是以 HL^{4-} 形式存在的（图 22-12），这和按酸离解常数推算的 HEDP 在 pH=10.5 时的存在形式一致。图 22-13 是加碳酸钾和不加时所得镀液结晶的红外光谱，加碳酸钾的镀液结晶在 $1400cm^{-1}$ 处出现 CO_3^{2-} 的峰，表明碳酸根已参与配位。

以上的实验结果均证明镀液中存在配合物的主要形式就是 $K_6[Zn(HL)(CO_3)_2]$。为了进一步验证这一结论的可靠性，我们还将镀液中分离出来的固体配合物溶于水，再进行电镀，同样可以镀得原镀液那样的光亮米黄色的镀层，这证明分离出来的混合配体配合物就是镀液中主要存在的放电配合物。

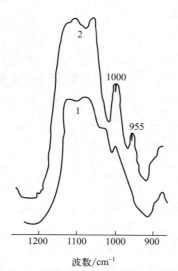

图 22-12　HEDP-Zn^{2+} 配合物的红外光谱
1—$Na_2[Zn(HL)]$ 或 $[Zn_2(HL)]$;
2—$K_6[Zn(HL)(CO_3)_2]$

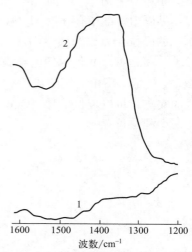

图 22-13　HEDP 镀锌液结晶的红外光谱
1—不加 K_2CO_3 的镀液结晶;
2—加 K_2CO_3 的镀液结晶

　　镀液中加入第二配体 CO_3^{2-},不仅使镀液变得更加稳定(见表 22-17),而且可使梯形槽样片的光亮区明显扩大(见表 22-18),覆盖能力明显提高(见表 22-19),并且明显提高镀液的分散能力(见图 22-14),使析出电位明显负移和极化性能的改善(见图 22-15)。所有这一系列的改善,都是由于 CO_3^{2-} 参与配位并形成了放电更加困难的混合配体配合物 $[Zn(HL)(CO_3)_2]^{6-}$ 的结果。

表 22-17　K_2CO_3 的含量对镀液稳定性的影响

K_2CO_3 加入量/(g/L)	0	50	100	150	200
镀液的稳定性	静置约一个月后变混浊	静置一个半月后略有混浊	长期放置稳定	长期放置稳定	长期放置稳定

表 22-18　镀液中 K_2CO_3 的加入量对梯形槽样片的影响

K_2CO_3 加入量/(g/L)	0	50	100	150	200
梯形槽样片					
光亮区宽度/cm	5	5.5	6.5	9	9.5

注: ▨ 表示粗糙; ▦ 表示有黑点; ☐ 表示米黄色镀层。

表 22-19　K_2CO_3 用量对镀液深镀能力的影响

K_2CO_3 加入量/(g/L)	0	40	120	160
管内镀进的距离/mm	60	70	75	85

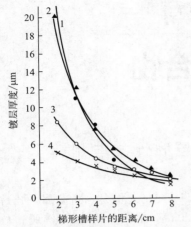

图 22-14　碳酸钾对镀液分散能力的影响

1—$K_2CO_3=0$；2—$K_2CO_3=50g/L$；

3—$K_2CO_3=100g/L$；4—$K_2CO_3=150g/L$

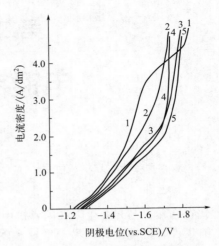

图 22-15　碳酸钾用量不同时 HEDP
镀锌液的阴极极化曲线

HEDP 镀锌液（pH=11）

1—$K_2CO_3=0$；2—$K_2CO_3=50g/L$；

3—$K_2CO_3=100g/L$；4—$K_2CO_3=150g/L$；

5—$K_2CO_3=200g/L$

第二十三章

电镀镉配合物

第一节　镉离子与镉镀层的性质与用途

镉在自然界与锌共生，在闪锌矿中，镉最多只含 1%。镉是白色金属，比锌软一些，有展性，可塑性好，易于锻造和辗压。在 320.9℃ 熔化，767.3℃ 沸腾，故熔点和沸点都比锌低，导电性也比锌小。镉在潮湿空气中缓慢地氧化，镉的活泼性比锌差，在盐酸和硫酸中的溶解速度比锌慢，但与硝酸作用较快。与锌不同，镉不能溶解在强碱中而形成镉酸盐。

镉镀层主要用作钢铁零件的防护层，耐大气，尤其是海水的腐蚀。镉镀层在一般大气和工业大气条件下对钢铁是阴极性镀层，而在不含工业性杂质的潮湿大气或海洋性大气条件下，镉镀层属于阳极性镀层，这是因为镉的标准电极电位为 -0.40V，比铁的标准电极电位 -0.44V 稍正，而在人造海水溶液中，镉的电极电位为 -0.77V 比铁负。

与锌镀层相比，镉镀层有以下优点：

① 易于焊接，可用作可焊性镀层；
② 能减少镀铜电触点的氧化而不增加接触电阻；
③ 能耐海水及其他盐分环境；
④ 遇腐蚀时不产生局部大量腐蚀生成物；
⑤ 易镀于铸铁和可锻铁底材，故常作为镀锌之前的打底层；
⑥ 抗碱性物质的腐蚀。

因此，镉镀层广泛用于弹性件、螺纹件、标准件以及航空、航天、造船、电子及军工产品上。

由于镉的资源少，价格贵，而且对环境有严重的污染，对动物和人类健康有很大危害，欧洲议会已通过法律严格限制镉的使用。目前镀镉主要用在特殊产品或军品上，民用产品通常用锌合金镀层来取代。

镉在周期表中与锌、汞同在第Ⅱ副族，随着周期数的增加，其性质也随着改变。表 23-1 列出了第Ⅱ副族元素的一些基本性质。表 23-2 列出了这些离子的动力学性质。

表 23-1　第Ⅱ副族元素的基本性质

金属	第一电离势 /V	第二电离势 /V	总电离势 /V	气相离子的水合热 /kcal	二价水合离子半径 /Å	标准电极电位 /V	导电性
Zn	9.40	17.96	27.36	-36.43	2.08	-0.763	28
Cd	8.99	16.91	25.90	-17.30	2.31	-0.403	22
Hg	10.43	18.75	29.18	41.59	2.41	-0.854	1.6

表 23-2　第Ⅱ副族水合离子的反应动力学参数

金属离子	内配位水取代反应速率常数 k_0/s^{-1}	电极还原反应速率常数 $k/(cm/s)$	交换电流密度 i_0 /(mA/cm²)	获得满意镀层所需的摩尔比	
				CN⁻/M²⁺ 比值	HEDP/M²⁺ 比值
$[Zn(H_2O)_6]^{2+}$	3×10^7	2.5×10^{-3}	3×10^{-4}	2～2.5	1～2
$[Cd(H_2O)_6]^{2+}$	2.5×10^8	约 1×10^{-1}	4×10^{-2}	3～5	≥4
$[Hg(H_2O)_6]^{2+}$	2×10^9	约 1	约 1	—	—

由表 23-1 的数据可以看出，水合锌离子和水合镉离子都是十分稳定的，水合镉离子的还原电位更正，表明它更容易被还原，这与水合镉离子 $[Cd(H_2O)_6]^{2+}$ 的离子半径较大，配位水分子容易离解或被取代是分不开的。由表 23-2 可知，取代水合镉离子内配位水的速度比水合锌离子快了一个数量级，水合镉离子的电极还原反应速率常数则比水合锌离子快了两个数量级，因此水合镉离子已被划入电化学还原反应最快的一类金属离子，属于这类的金属离子还有 Hg^{2+}、Pb^{2+}、Te^{2+}、Sn^{2+}、In^{3+}，它们的交换电流密度在 $10^{-3}\sim10mA/cm^2$，还原反应的超电压最小，只有 $10^{-2}\sim10mV$，但结晶的颗粒最大，其粒径在 $10^{-3}cm$ 以上，要获得晶粒细小而致密的镀层，就要选用配位能力很强的配位体，如 CN^-、EDTA 等，才能有效降低其还原反应速率。以氰化物电镀而言，要抑制锌离子的还原速度到获得满意锌镀层所需的氰化物浓度对锌离子的摩尔比 CN^-/Zn^{2+} 为 2～2.5，而对镉离子来说 CN^-/Cd^{2+} 必须达到 3～5 才能获得满意的镀层。当用 HEDP 作镀锌配位体时，$HEDP/Zn^{2+}$ 之摩尔比只需 1～2，而镀镉时 $HEDP/Cd^{2+}$ 必须在 ≥4 时才能获得满意的镀层。

上述结果表明，随着金属离子本身还原速度的不同，选用配位体的种类或浓度也必须依金属离子的个性来进行调整。

第二节　电镀镉用配位体

Cd^{2+} 离子属于亲 N 元素，即它对含 N 配体的亲和力比 O 强。或者说相同结构的含氮配体配合物比含氧配体配合物的稳定性高，稳定常数大。因此，无机氨、有机胺、氨羧配位体、氨基酸、氨基膦酸以及易形成螯合物的含氧配体，如焦磷酸、羟基酸、巯基酸、氨基巯醇、杂环氮等是 Cd^{2+} 较好的配位体。表 23-3 列出了已收集到的各种 Cd^{2+} 配合物的稳定常数。

在工业镀镉液中，最常用的配位体是氰化物、氨羧配位体（氨三乙酸、EDTA）、有机多膦酸（HEDP）等，它们在中性至碱性 pH 范围内可与 Cd^{2+} 形成稳定的配合物。在酸性条件下，直接用镉的氟硼酸盐、硫酸盐加上适当的添加剂也可构成酸性镀液。目前工业上实用的镀镉液主要有：

① 氰化物镀镉液；
② 氯化铵-氨三乙酸镀镉液；

表 23-3 常用 Cd^{2+} 配合物的稳定常数

配 位 体	稳定常数的对数 $\lg\beta$
Cl^-	CdL 1.42, CdL_2 1.92, CdL_3 1.76, CdL_4 1.06
Br^-	CdL 1.56, CdL_2 2.10, CdL_3 2.16, CdL_4 2.53
I^-	CdL 2.4, CdL_2 3.4, CdL_3 5.0, CdL_4 6.15
OH^-	CdL 4.3, CdL_2 7.7, CdL_3 10.3, CdL_4 12.0
CN^-	CdL 6.01, CdL_2 11.12, CdL_3 15.65, CdL_4 17.92
NH_3	CdL 2.6, CdL_2 4.65, CdL_3 6.04, CdL_4 6.92, CdL_5 6.6, CdL_6 4.9
N_2H_4	CdL 2.25, CdL_2 2.4, CdL_3 2.78, CdL_4 3.89
$P_2O_7^{4-}$	CdL 8.7, $Cd(OH)L$ 11.8
$P_3O_{10}^{5-}$	CdL 8.1, $CdHL$ 13.79
SCN^-	CdL 1.4, CdL_2 1.88, CdL_3 1.93, CdL_4 2.38
SO_4^{2-}	CdL 0.85
SO_3^{2-}	CdL_2 4.19
$S_2O_3^{2-}$	CdL 3.94
醋酸(CH_3COOH)	CdL 1.61
氨基乙酸(H_2NCH_2COOH)	CdL 4.14, CdL_2 7.46
α-氨基丙酸 $\left(\begin{array}{c} NH_2 \\ | \\ CH_3-CH-COOH \end{array}\right)$	CdL 5.13, CdL_2 7.82, CdL_3 9.16
β-氨基丙酸($H_2N-CH_2-CH_2COOH$)	CdL_2 5.70, CdL_3 6.78, $CdL_3(OH)$ 7.20
α-羟基丁酸 $\left(\begin{array}{c} OH \\ | \\ CH_3CH_2CHCOOH \end{array}\right)$	CdL 1.27
酒石酸 $\left(\begin{array}{c} OH\ \ OH \\ | \ \ \ | \\ HOOC-CH-CH-COOH \end{array}\right)$	CdL -3.92
柠檬酸 $\left[\begin{array}{c} COOH \\ | \\ HOOC-CH_2-C(OH)-CH_2-COOH \end{array}\right]$	CdL 4.20, $CdL(OH)$ 5.0
乙二胺($H_2NCH_2CH_2NH_2$)	CdL 5.47, CdL_2 10.0, CdL_3 12.1
二乙醇胺 $\left(\begin{array}{c} CH_2CH_2OH \\ / \\ HN \\ \backslash \\ CH_2CH_2OH \end{array}\right)$	CdL_2 4.30, CdL_3 5.08
三乙醇胺[$N(CH_2CH_2OH)_3$]	CdL 2.3, CdL_2 5.0, $CdL_2(OH)$ 8, $CdL_2(OH)_2$ 11, $CdL(OH)_3$ 11.7
1,2,3-三氨基丙烷 $\left(\begin{array}{c} NH_2 \\ | \\ H_2NCH_2CHCH_2NH_2 \end{array}\right)$	CdL 6.45
二乙烯三胺[$H_2N(CH_2)_2NH(CH_2)_2NH_2$]	CdL 8.45, CdL_2 13.85
三乙烯四胺[$H_2N(CH_2)_2NH(CH_2)_2NH(CH_2)_2NH_2$]	CdL 10.7, $CdHL$ 7.1

续表

配 位 体	稳定常数的对数 lgβ
氨三乙酸[N(CH$_2$COOH)$_3$]	CdL 9.8
乙二胺四乙酸[(HOOCCH$_2$)$_2$N(CH$_2$)$_2$N(CH$_2$COOH)$_2$]	CdL 16.46,CdHL 19.4
二乙烯三胺五乙酸	CdL 19.0,CdHL 22.9,Cd$_2$L 22
环己二胺四乙酸 [环己烷—N(CH$_2$COOH)$_2$ / —N(CH$_2$COOH)$_2$]	CdL 19.2,CdHL 22.2
环己二胺 (环己烷—NH$_2$ / —NH$_2$)	CdL 5.78,CdL$_2$ 10.49,CdL$_2$(OH) 13.59
氨三乙胺[N(CH$_2$CH$_2$NH$_2$)$_3$]	CdL 12.3
四氨基乙基乙二胺[(H$_2$NCH$_2$CH$_2$)$_2$N(CH$_2$)$_2$N(CH$_2$CH$_2$NH$_2$)$_2$]	CdL 16.15,CdHL 12.44
2-巯基乙胺(HSCH$_2$CH$_2$NH$_2$)	CdL 10.97,CdL$_2$ 19.75
2-异丙基氨基乙酸 (C$_3$H$_7$ / H$_2$N—CH—COOH)	CdL 4.30,CdL$_2$ 7.49
2-乙酸基氨基乙酸 (CH$_2$COOH / H$_2$N—CHCOOH)	CdL 4.37,CdL$_2$ 7.48
氨二乙酸[HN(CH$_2$COOH)$_2$]	CdL 5.30,CdL$_2$ 9.48
甲氨二乙酸[CH$_3$N(CH$_2$COOH)$_2$]	CdL 6.77,CdL$_2$ 11.92
N-氰乙基氨基二乙酸[CNCH$_2$N(CH$_2$COOH)$_2$]	CdL 4.48,CdL$_2$ 8.48
N-甲氧乙基氨基二乙酸[CH$_3$OCH$_2$CH$_2$N(CH$_2$COOH)$_2$]	CdL 7.53,CdL$_2$ 13.18
N-羟乙基乙二胺三乙酸 HOCH$_2$CH$_2$—N—CH$_2$CH$_2$N(CH$_2$COOH)$_2$ / HOOCCH$_2$	CdL 7.52,CdL$_2$ 12.74
乙二胺-N,N-二乙酸[H$_2$NCH$_2$CH$_2$N(CH$_2$COOH)$_2$]	CdL 10.58,CdL$_2$ 16.59
苯甲酸 (苯环—COOH)	CdL 1.08,CdL$_2$ 1.18,CdL$_3$ 1.64,CdL$_4$ 1.87
邻氨基苯甲酸 (苯环—NH$_2$ / —COOH)	CdL 1.83
8-羟基喹啉	CdL 7.2,CdL$_2$ 13.4

③ 氯化铵-氨三乙酸-乙二胺四乙酸镀镉液；

④ 1-羟基-(1,1)-亚乙基-1,1-二膦酸（HEDP）碱性镀镉液；

⑤ 酸性硫酸盐镀镉液；

⑥ 酸性氟硼酸盐镀镉液。

镉的混合配体配合物的稳定常数见表 23-4。

表 23-4　镉的混合配体配合物的稳定常数

配　合　物	总稳定常数 $\lg\beta_{ij}$	配　合　物	总稳定常数 $\lg\beta_{ij}$
$[\mathrm{Cd(thio)_3Cl}]^+$	4.44	$[\mathrm{Cd(NTA)I}]^{2-}$	10.63
$[\mathrm{Cd(thio)_2Cl_2}]$	4.83	$[\mathrm{Cd(NTA)Cl_2}]^{3-}$	9.94
$[\mathrm{Cd(thio)_3Br}]^+$	4.48	$[\mathrm{Cd(NTA)Br_2}]^{3-}$	10.26
$[\mathrm{Cd(thio)_2Br_2}]$	4.89	$[\mathrm{Cd(NTA)I_2}]^{3-}$	11.13
$[\mathrm{Cd(thio)_3I}]^+$	5.14	$[\mathrm{Cd(HNTA)Cl_3}]^{3-}$	13.49
$[\mathrm{Cd(thio)_2I_2}]$	5.52	$[\mathrm{Cd(HNTA)Br_3}]^{3-}$	14.46
$[\mathrm{Cd(thio)I_3}]^-$	5.62	$[\mathrm{Cd(HNTA)I_3}]^{3-}$	16.58
$[\mathrm{Cd(thio)_3(SCN)}]^+$	5.48	$[\mathrm{Cd(EDTA)Cl}]^{3-}$	15.75
$[\mathrm{Cd(thio)_2(SCN)_2}]$	5.34	$[\mathrm{Cd(HEDTA)Cl_2}]^{3-}$	18.68
$[\mathrm{Cd(thio)_3(NH_3)}]^{2+}$	6.10	$[\mathrm{Cd(H_2EDTA)Cl_3}]^{3-}$	20.44
$[\mathrm{Cd(thio)_2(NH_3)_2}]^{2+}$	7.26	$[\mathrm{Cd(C_2O_4)_2Cl}]^{3-}$	5.09
$[\mathrm{Cd(thio)(NH_3)_3}]^{2+}$	8.06	$[\mathrm{Cd(C_2O_4)_2Cl_2}]^{4-}$	4.66
$[\mathrm{Cd(thio)_2(Py)_2}]^{2+}$	4.86	$[\mathrm{Cd(C_2O_4)_2Br}]^{3-}$	5.85
$[\mathrm{Cd(thio)(Py)_3}]^{2+}$	4.74	$[\mathrm{Cd(C_2O_4)_2Br_2}]^{4-}$	5.08
$[\mathrm{Cd(C_2O_4)(En)}]$	8.29	$[\mathrm{Cd(C_2O_4)_2I}]^{3-}$	5.38
$[\mathrm{Cd(C_2O_4)(En)_2}]$	11.24	$[\mathrm{Cd(C_2O_4)_2I_2}]^{4-}$	6.22
$[\mathrm{Cd(C_2O_4)_2(En)}]^{2-}$	9.49	$[\mathrm{Cd(C_2O_4)_2(thio)}]^{2-}$	5.69
$[\mathrm{Cd(S_2O_3)_2Cl_2}]^{4-}$	5.68	$[\mathrm{Cd(C_2O_4)_2(thio)_2}]^{2-}$	6.74
$[\mathrm{Cd(S_2O_3)_2Br_2}]^{4-}$	6.17	$[\mathrm{Cd(C_2O_4)_2(SCN)}]^{3-}$	5.15
$[\mathrm{Cd(S_2O_3)_2(SCN)_2}]^{4-}$	5.60	$[\mathrm{Cd(C_2O_4)_2(SCN)_2}]^{4-}$	5.01
$[\mathrm{Cd(NTA)Cl}]^{2-}$	9.99	$[\mathrm{Cd(C_2O_4)_2(S_2O_3)}]^{4-}$	5.71
$[\mathrm{Cd(NTA)Br}]^{2-}$	10.06	$[\mathrm{Cd(C_2O_4)_2(S_2O_3)_2}]^{6-}$	6.08

第三节　以氰化物为配位体的氰化物镀镉

一、氰化物镀镉工艺

1. 工艺配方与操作条件

由于 Cd^{2+} 是一种还原速度很快的离子，要获得良好的镀层，就必须大幅度降低其还原速度并选用最强的配位体，即使用最强的 CN^- 作配体，其数量也必须过量，即 CN^-/Cd^{2+} 的摩尔比应控制在 $4\sim5$，以确保镀液中的 Cd^{2+} 完全转化

为 $[Cd(CN)_4]^{2-}$ 形式的配离子。要获得 $[Cd(CN)_4]^{2-}$，可以用 CdO 同 NaCN 反应而得

$$CdO+4NaCN+H_2O \Longrightarrow [Cd(CN)_4]^{2-}+2NaOH+2Na^+$$

也可以用氰化镉和氰化钠反应而得

$$Cd(CN)_2+2NaCN \Longrightarrow Na_2[Cd(CN)_4]$$

单用氰化物作配位体的镀镉液仍不能得到光亮的镉镀层，镀液中还必须加入各种胶类，如凝胶、蛋白胨、糊精等，高分子量杂环化物，芳香醛等有机物，以及镍、钴盐等作光亮剂。这样才能获得平滑、细致、孔隙少、耐蚀性高的光亮镀层，但添加剂的使用，使阴极极化或超电压明显升高，镉的析出电位明显负移，甚至超过氢的析出电位，大量原子氢的产生并渗入基体金属，会使基体金属产生脆性断裂，这就是通常所说的"氢脆"，因此对于高强钢（如飞机的起落架以及各种弹性零件）不可采用添加剂，不加添加剂的镀镉液称为低氢脆镀镉液。为了保证不发生氢脆现象，除电镀液不可加添加剂外，镀后还要进行高温除氢处理。

表 23-5 列出了常用氰化物镀镉工艺配方及操作条件。

表 23-5 常用氰化物镀镉工艺配方及操作条件

镀液组成及操作条件	配方 1		配方 2	配方 3	配方 4
	挂镀	滚镀			
氧化镉(CdO)/(g/L)	20～30	17～23	30～40	30～40	
硫酸镉(CdSO$_4$·⅜H$_2$O)/(g/L)					75～85
氰化钠(NaCN)/(g/L)	100～150	110～130	100～120	90～120	100～120
氢氧化钠(NaOH)/(g/L)		5～10	15～25	15～25	20～30
硫酸钠(Na$_2$SO$_4$·10H$_2$O)/(g/L)			40～60		
硫酸镍(NiSO$_4$·7H$_2$O)/(g/L)			1～1.5	1～2	1～1.5
磺化蓖麻油/(g/L)			8～12	8～12	
添加剂/(g/L)	适量	适量			
温度/℃	21～35	21～35	15～40	15～40	18～40
阴极电流密度/(A/dm^2)	1～5	0.5～2.5	0.8～1.5	1～3	1～2
CN$^-$/Cd^{2+} 摩尔比	约 13	15～17	8～12	7～9	7～8
阴极电流效率/%	85～95				

2. 镀液中各成分的作用及工艺条件的影响

（1）镉盐

常用的镉盐是氧化镉或硫酸镉，氧化镉可直接溶于氰化钠中即得 $[Cd(CN)_4]^{2-}$。用硫酸镉时，先将硫酸镉与等摩尔的氰化钠作用，生成氰化镉，洗去硫酸根离子，再将氰化镉溶于氰化钠溶液即可。

镀液中镉的浓度决定了镀液允许的电流密度范围，镉含量增高，允许电流密度也升高，电流效率也相应升高，镉含量过高时，若不相应提高氰化物含量来保持 CN^-/Cd^{2+} 的摩尔比，镀层结晶将变得粗糙，镀层外观发暗，且分散能力下降，一般氧化镉含量控制在 $30g/L$ 左右。

（2）氰化钠

镀镉液中 CN^-/Cd^{2+} 的摩尔比在 7～17 之间。扣除形成 $[Cd(CN)_4]^{2-}$ 所需的摩尔比 4 以外，有相当一部分 NaCN 是游离的。游离氰化钠的允许范围较宽，通常在 $40～70g/L$ 之间，若氧化镉用量以 $25g/L$（$0.194mol/L$）计算，游离 CN^- 对 Cd^{2+} 的摩尔比达 4～7。过量的 CN^- 可使 $[Cd(CN)_4]^{2-}$ 在镀液中保持稳定，并能保证阳极正常溶解，使镀液具有较高的阴极极化或超电压，因而镀液有较好的分散能力与覆盖能力，镀层的结晶细致且有一定的光泽。但过高的游离氰化物，阴极析氢严重，电流效率下降，沉积速度很慢。相反，游离氰化物含量太低，镀层比较粗糙，阳极容易钝化。所以正常的镀镉液通常控制总氰化物含量对氧化镉的质量比在 3～6，总 CN^-/Cd^{2+} 的摩尔比在 8～11。

（3）氢氧化钠

镉与锌不同，它不能与 OH^- 反应形成镉酸盐，NaOH 的镀镉液中只起调整溶液 pH 的作用，使镀液保持碱性而不致造成氰化物分解。同时 OH^- 和 Na^+ 也是很好的导电盐，有利于提高镀液的分散能力，但 NaOH 含量过高时，镀层发暗并带有暗色条纹，甚至起泡。NaOH 含量太低，镀液导电能力下降，分散能力也下降，故 NaOH 含量应控制在 $10～20g/L$ 之间。

（4）硫酸镍

Ni^{2+} 在镀镉液中是一种无机光亮剂。由于它的析出电位较负，析出速度较慢，在高电流密度区它可抑制 Cd^{2+} 的快速沉积，提高高电流密度区的阴极极化，从而起到细化晶粒与提高镀液整平能力的功效。

（5）磺化蓖麻油

它是镀镉的有机光亮剂，可使镀层结晶细致平滑，并显示较好的光泽。磺化蓖麻油的制备方法如下：

将 1 份重量的化学纯浓硫酸在搅拌下慢慢加入到蓖麻油中，反应为放热反应并有气体析出，应保持液温在 40℃ 以下，继续搅拌 2h，再静置 24h，然后在搅拌下慢慢加入 10%NaOH 溶液中和反应物至微酸性，置于分液漏斗静置一夜，分离去水，再用 10%NaCl 液盐析，搅拌并置于分液漏斗中静置 24h，分离去水，重复盐析 2～3 次，再用氨水中和至微碱性，放置 24h 以上，即得浅褐色半透明的黏稠状液体磺化蓖麻油。使用时按需要量经稀释后再加入镀液。

二、氰化镀镉液中 Cd^{2+} 与 CN^- 间的配位平衡

氰化钠（或钾）在 pH>10 的碱性条件下主要以 CN^- 形式存在，它与 Cd^{2+} 可以形成配位数为 1～4 的配离子 $[CdCN]^+$，$[Cd(CN)_2]$，$[Cd(CN)_3]^-$ 和 $[Cd(CN)_4]^{2-}$ 等，它们的含量一般是不同的，而且随着工艺配方的变化而变化。如果配离子的各级稳定常数已经知道，那么就可以从理论上计算出不同游离氰化物浓度时各种配位数的配离

子在溶液中所占的百分数。

在氰化镀镉液中，总 Cd^{2+} 的含量 $[Cd^{2+}]_总$ 等于：

$$[Cd^{2+}]_总=[Cd^{2+}]+[CdCN^+]+[Cd(CN)_2]+[Cd(CN)_3^-]+[Cd(CN)_4^{2-}]$$

将各级配合物的稳定常数表达式代入

$$\beta_1=\frac{[CdCN^+]}{[Cd^{2+}][CN^-]} \qquad \beta_2=\frac{[Cd(CN)_2]}{[Cd^{2+}][CN^-]^2}$$

$$\beta_3=\frac{[Cd(CN)_3^-]}{[Cd^{2+}][CN^-]^3} \qquad \beta_4=\frac{[Cd(CN)_4^{2-}]}{[Cd^{2+}][CN^-]^4}$$

$$[Cd^{2+}]_总=[Cd^{2+}](1+K_1[CN^-]+\beta_2[CN^-]^2+\beta_3[CN^-]^3+\beta_4[CN^-]^4)$$

平衡时各种形式含 Cd^{2+} 的配离子所占的百分数分别为：

$$Cd^{2+}\%=\frac{[Cd^{2+}]}{[Cd^{2+}]_总}=\frac{1}{1+K_1[CN^-]+\beta_2[CN^-]^2+\beta_3[CN^-]^3+\beta_4[CN^-]^4}$$

$$CdCN^+\%=\frac{[CdCN^+]}{[Cd^{2+}]_总}=\frac{K_1[CN^-]}{1+K_1[CN^-]+\beta_2[CN^-]^2+\beta_3[CN^-]^3+\beta_4[CN^-]^4}$$

$$Cd(CN)_2\%=\frac{[Cd(CN)_2]}{[Cd^{2+}]_总}=\frac{\beta_2[CN^-]^2}{1+K_1[CN^-]+\beta_2[CN^-]^2+\beta_3[CN^-]^3+\beta_4[CN^-]^4}$$

$$Cd(CN)_3^-\%=\frac{[Cd(CN)_3^-]}{[Cd^{2+}]_总}=\frac{\beta_3[CN^-]^3}{1+K_1[CN^-]+\beta_2[CN^-]^2+\beta_3[CN^-]^3+\beta_4[CN^-]^4}$$

$$Cd(CN)_4^{2-}\%=\frac{[Cd(CN)_4^{2-}]}{[Cd^{2+}]_总}=\frac{\beta_4[CN^-]^4}{1+K_1[CN^-]+\beta_2[CN^-]^2+\beta_3[CN^-]^3+\beta_4[CN^-]^4}$$

把游离 $[CN^-]$ 浓度的负对数 $p[CN^-]=-\lg[CN^-]$ 分别取 $2\sim8$ 之间的数值（即游离 $[CN^-]$ 的浓度在 $10^{-8}\sim10^{-2}$ mol/L）代入以上各式，就可求出各个游离 $[CN^-]$ 浓度时各种配离子所占的百分数（见图 3-3）。由图 3-3 可见，当游离 $[CN^-]$ 浓度等于 10^{-2} mol/L（即 0.49g/L NaCN）时，镀液中的配合物几乎全为 $[Cd(CN)_4]^{2-}$。在实际镀镉液中，游离氰化钠在 $0.82\sim1.43$ mol/L（$40\sim70$ g/L），它远远超过了 10^{-2} mol/L，因此可以确认镀液中存在的是 $[Cd(CN)_4]^{2-}$，其他形式的配离子极少。

第四节 以氨和氨三乙酸为配位体的镀镉液

一、氨三乙酸的性质

氨三乙酸（NTA）和乙二胺四乙酸（EDTA）是 1936 年由德国法本（Faben）染料公司首先使用的，以德国专利的形式问世 [Ger. Pat. 638071 (1936)]。其商品名分别为特里隆 A（Trilon A）和特里隆 B（Trilon B）。至今在国外资料中还有用 Trilon A 来表示氨三乙酸的，而 Trilon B 则指 EDTA 的钠盐。氨三乙酸为无色结晶，在冷水中的溶解度很小，25℃ 时的溶解度为 0.15g/ml，其饱和水溶液的 pH 值为 2.7。氨三乙酸的溶解度随碱的加入而增加，相反，在 NTA 的碱性水溶液中加酸，

NTA 就会以游离酸形式析出。

氨三乙酸对老鼠的急性半致死量 LD_{50} 为 3700mg/kg，比氯化钠（食盐）（3500mg/kg）的毒性略低。关于 NTA 的慢性中毒问题，特别是能否大量使用的问题曾引起了国际上的一场官司。1970 年美国的切诺夫（Chernoff）发表了 NTA 的 Cd、Hg 螯合物会引起畸胎的报告，劝告中止使用 NTA 作为洗涤剂的增效剂。美国石碱洗涤剂协会（SDA）接受这一劝告，但加拿大和瑞典政府认为可以使用 NTA。随后美国 Monsanto 公司和 P.G 公司提出了自己的详细报告，认为 NTA 的毒性很小，对胎儿也没有影响。NTA 同 Pb、Cd、Cu、Zn、Ni 等的配合物在河流中会分解，同时 NTA 本身也可以完全生物降解。现在，对 NTA 使用问题的争论已经解决，认为可在洗涤剂中使用。

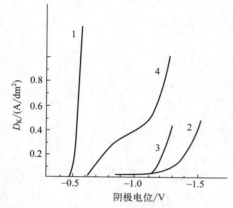

图 23-1　各种镀镉电解液的阴极极化曲线
1—0.16mol CdSO$_4$；2—0.16mol CdSO$_4$＋0.48mol NTA，pH＝10～11；3—0.16mol CdSO$_4$＋0.24mol EDTA，pH＝7；4—0.16mol CdSO$_4$＋0.3mol NTA＋0.1mol EDTA＋4mol NH$_4$Cl，pH＝6.5

单独用 NTA 或 EDTA 作镀镉的配位体时，它们同 Cd^{2+} 可形成十分稳定的配合物，镀液的极化作用或超电压很高，所得镀层的晶粒也很细小，但允许的阴极电流密度范围很窄，而且电流效率很低，沉积速度很慢，阳极还会发生严重钝化，妨碍了电沉积反应的正常进行。图 23-1 是 Cd^{2+}、Cd^{2+}-NTA、Cd^{2+}-EDTA 和 Cd^{2+}-NTA-EDTA-NH$_4$Cl 四种镀镉电解液的阴极极化曲线。由曲线 1 的电解液只能得到结晶粗糙，并有黑色的海绵状沉积物。在只含 NTA 和 EDTA 的镀液中（曲线 2 和 3），镀液的超电压很大，例如曲线 3 中当阴极电流密度为 0.1A/dm^2 时，镉的析出电位负移到 $-1.18V$，这时的超电压为 $-0.51V$，随后极化曲线的极化度变小，并伴随着大量 H_2 气体的析出，镀液的电流效率很低，有实用意义的电流密度范围既小又窄，因此这样的镀液是没有生产应用价值的。

当在单独含 NTA 和 EDTA 的镀液中加入 NH$_4$Cl 时（如曲线 4），它的极化曲线比单独使用任何一种配位体时都好，因为它在比较宽广的阴极电流密度范围（0～2A/dm^2）内极化曲线的斜率（即极化度）较大。实验表明，此时阴极镉镀层的结晶细致，镀液的导电性好，分散能力好，阳极也处于活化状态。由图 23-1 可见，NH$_3$ 在 EDTA 镀液中实际上是起阴极去极化作用，曲线 4 的析出电位比曲线 3 正移了许多。

二、氯化铵-氨三乙酸镀镉工艺

氯化铵-氨三乙酸镀镉工艺是一种实用的无氰镀镉工艺，其镀层结晶细小、致密，同基体的结合力优良。无添加剂的镀镉层的纯度高，韧性好，氢脆小，适于弹性和高强钢的电镀。加光亮剂的镀层光亮致密，防护性好，适于一般防腐装饰性电镀，尤其适于耐盐雾和耐海水零部件的电镀。表 23-6 列出了常用氯化铵-氨三乙酸镀镉液的组成与操作条件。

表 23-6　常用氯化铵-氨三乙酸镀镉液的组成与操作条件

溶液组成和操作条件	配方 1	配方 2
氯化镉(CdCl$_2$ · ³⁄₂H$_2$O)/(g/L)	40～45	30～40
氯化铵(NH$_4$Cl)/(g/L)	90～150	110～150
氨三乙酸[N(CH$_2$COOH)$_3$]/(g/L)	120～160	50～80
固色粉/(g/L)	0.5～1.0	
硫酸镍(NiSO$_4$ · 7H$_2$O)/(g/L)		0.1～0.5
硫脲[(H$_2$N)$_2$C═S]/(g/L)		1～1.5
桃胶		0.5～1.0
海鸥洗净剂/(ml/L)		0.1～0.3
pH	7.5～8.5	6.0～6.5
温度/℃	室温	室温
阴极电流密度/(A/dm^2)	0.5～1.2	0.2～2.0
$S_{阴}$：$S_{阳}$		2：1

三、氯化铵-氨三乙酸镀镉的机理

Cd^{2+} 的正常配位数为 6，它容易形成正常八面体结构的配合物。例如在氨水中，它很容易形成六氨合镉配离子 [Cd(NH$_3$)$_6$]$^{2+}$，它具有八面体构型。氨三乙酸含有四个配位原子，它可同 Cd^{2+} 形成"四啮三环"型螯合物而留下两个空的配位位置。这两个配位位置若被第二个氨三乙酸占据，可以形成非常稳定而难以被还原的 [Cd(NTA)$_2$]$^{4-}$，加入 NH$_3$ 后，一个 NTA^{3-} 脱离而形成较易被电极还原的 [Cd(NTA)(NH$_3$)$_2$]$^-$，使析出电位向正向移动，电流效率明显上升，成为有实用价值的镀镉液。

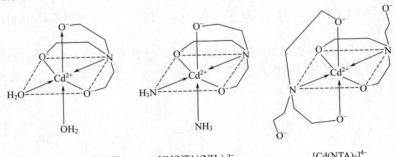

[Cd(NTA)(H$_2$O)$_2$]$^-$，四啮三环　　　[Cd(NTA)(NH$_3$)$_2$]$^-$　　　[Cd(NTA)$_2$]$^{4-}$
析出电位较负，析出H$_2$多　　　析出电位较正，析出H$_2$少

在无 NH$_3$ 而含有大量卤素离子的溶液中，卤素离子也可以参与配位，形成内界同时含氨三乙酸和卤素离子的混合配体配合物。弗里德曼（Фрцдман）已测定了 NTA 形成混合卤素配合物的稳定常数（见表 23-7）。

表 23-7 某些 Cd^{2+} 配合物的稳定常数

配 离 子	积累稳定常数 $\lg\beta$	配 离 子	积累稳定常数 $\lg\beta$
$[CdCl]^+$	1.42	$[Cd(NTA)]^-$	9.80
$[CdCl_2]$	1.92	$[Cd(NTA)Cl]^{2-}$	9.99
$[CdCl_3]^-$	1.76	$[Cd(NTA)Cl_2]^{3-}$	9.94
$[Cd(NH_3)]^{2+}$	2.60	$[Cd(HNTA)Cl_3]^{3-}$	13.49
$[Cd(NH_3)_2]^{2+}$	4.65	$[Cd(NTA)Br]^{2-}$	10.06
$[Cd(NH_3)_3]^{2+}$	6.04	$[Cd(NTA)I]^{2-}$	10.63
$[Cd(NH_3)_4]^{2+}$	6.92	$[Cd(NTA)Br_2]^{3-}$	10.26
$[Cd(NH_3)_5]^{2+}$	6.60	$[Cd(NTA)I_2]^{3-}$	11.13
$[Cd(NH_3)_6]^{2+}$	4.90	$[Cd(HNTA)Br_3]^{3-}$	14.46
		$[Cd(HNTA)I_3]^{3-}$	16.58

弗里德曼指出，在 $[Cd(NTA)Cl_2]^{3-}$ 中，配合物具有四啮三环的结构，在 pH 较低和过量的卤素离子中，螯合环也可以被打开而变成只有一个螯合环的混合配体配合物。

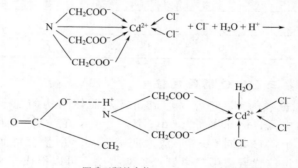

四啮三环螯合物　　　　二啮单环螯合物

由此推测，在有大量其他比 Cl^- 更强的单啮配体存在时，氨三乙酸的螯合环也可能被打开。在氯化铵-氨三乙酸镀镉液中最可能形成的是同时含氨三乙酸和 NH_3 构成的混合配体配合物，可惜的是至今尚无人测定 $[Cd(NTA)(NH_3)]^-$、$[Cd(NTA)(NH_3)_2]^-$、$[Cd(NTA)(NH)_3Cl]^{2-}$ 以及 $[Cd(NTA)(NH_3)_2Cl]^{2-}$ 及 $[Cd(NTA)(NH_3)_2Cl_2]^{3-}$ 等的稳定常数。

由于混合配体配合物中 NH_3 易解离而形成活性中间体，电子迅速由阴极导入 Cd^{2+}，从而使还原反应的超电压迅速降低，反应速率迅速加快，电流效率增加，这与实际镀液的性能相当吻合。

第五节　以氨-氨三乙酸-乙二胺四乙酸为配位体的镀镉液

一、乙二胺四乙酸的性质

乙二胺四乙酸（EDTA，H_4L）为无色结晶性粉末，难溶于水以及醇、醚、酮等有机溶剂中，但溶于 5% 以上的无机酸中，此时它以 H_5L^+ 或 H_6L^{2+} 形式存在。为了改善 EDTA 的溶解性，常制成 EDTA 的二钠盐和四钠盐，二钠盐的组成为 $Na_2H_2L \cdot 2H_2O$，在 100℃ 以上失去结晶水。25℃ 时每 100ml 水中可溶解 10g 左右，它也是结晶性粉末，不潮解。EDTA 四钠盐为 $Na_4L \cdot 2H_2O$，是易潮解的粉末，很易溶于水，26℃ 时每 100ml 水可溶解 103g。

EDTA 能与绝大多数金属离子生成稳定的螯合物而成为著名的通用型强螯合剂。它在化学中用于萃取、掩蔽、离子交换、稀有和稀土元素的分离与分析、抑制有害金属的催化反应等。在工业上，它广泛用作硬水软化剂、金属表面的洗净剂、食品和电镀工业的配位体，以及在医药学中用作杀菌剂、重金属中毒的解毒剂等。

对于 EDTA 本身的代谢和毒性已做了许多研究。结果表明，EDTA 不能透过细胞。用 ^{14}C 标记的 EDTA 注入体内，在很短的时间内放射能几乎完全排出体外。例如用老鼠进行研究时，在腹腔内注射后的 1.5h 中，从尿中排出 85%，6h 内从尿中排出 96%。放射能并不会转移到红细胞中，也不会聚积在特定的器官中。人体内静脉注射 8h 后，EDTA 几乎全部从尿中排出。用 EDTA 的 Na 盐给药时，容易引起低血钙症，但用 Ca 的 EDTA 盐时则无此现象。例如，狗对 EDTA 钙盐的承受量为 4.0g/kg 体重。因此 EDTA 是一种优良的有害金属的解毒剂，用它可以排除稳定常数比 Ca 配合物更大的各种有害金属和放射性同位素，如 Hg^{2+}、Pb、Mn、Fe、^{239}Pu、^{241}Am、^{242}Am、^{242}Cm、^{91}Y、^{144}Ce 等。羟乙基乙二胺三乙酸（HEDTA）则用于排除组织中过量铁引起的疾病。

经测定，$Na_2CaEDTA \cdot 2H_2O$ 对老鼠的急性半致死量 LD_{50} 约为 6400mg/kg，Na_2H_2EDTA 为 2000mg/kg，$Na_3CaDTPA$ 为 6000mg/kg，而草酸钠为 <100mg/kg，乙二胺为 427mg/kg，8-羟基喹啉为 48mg/kg，D-青霉胺为 334mg/kg。这些结果表明，EDTA 的钙盐属于实际无毒类试剂（LD_{50}>5000mg/kg），钠盐也属于低毒试剂（LD_{50}>500mg/kg）。1952 年已确定，Pb^{2+}-EDTA 的毒性比 Pb^{2+} 本身的毒性低很多，且容易通过尿排泄。因此，有人认为 EDTA 会配位水中的 Ca^{2+}、Mg^{2+}，结果毒性反而增大的说法是没有根据的。

EDTA 是六唑配体，在 EDTA 金属配合物中是六个配位原子全与金属配位而形成"六唑五环"型螯合物，还是形成"五唑四环一水合"的螯合物，这是长期争论的问题。

施瓦曾巴赫认为，由于六唑的螯合形态使 EDTA 分子产生一定的张力，将由一个水分子来顶替一个羧酸根配位，从而产生一个"自由臂"，即未参与对金属离子螯合的自由羧基。由此可以解释 $[M^{II}L]^{2-}$ 和 $[M^{III}L]^-$ 显弱酸性是由于"五唑四环一水合"螯合物中 H_2O 分子离解出 H^+ 的结果。

$$[ML \cdot H_2O]^{z-} \Longrightarrow [M(OH)L]^{(z-1)-} + H^+$$

1959 年霍尔德（Hoard）用 X 射线衍射法对 $NH_4[C_0L] \cdot 2H_2O$ 和 $Rb[C_0L] \cdot 2H_2O$ 晶体进行了结构分析，证实了 $[C_0L]^-$ 为六唑螯合离子，其空间结构如图 23-2 所示。乙二胺基团与 C_0 形成的环称为 E 环，因需满足 C、N 原子价键的四面体取向而有折叠，使 C_1、C_2 原子偏离平面；另两个近于和 E 环垂直并相互垂直的甘氨酸环称为 R 环。参与每个 R 环的五个原子基本共平面，说明 R 环张力很小。图中用黑键表示的另外两个近于和 E 环平行的 G 环中，羧基平面与 N_1-N_2-C_0 平面约有 30°的倾斜，而 O-C_0-O 键角为 104°。这说明螯合离子中 G 环有一定的张力，比较容易开环。

霍尔德同年又发表了 [$Ni(OH_2)(H_2L)$] 的晶体结构，其结构如图 23-3 所示。它具有五啮四环一水合的结构，有一个未配位的—CH_2COOH 臂。

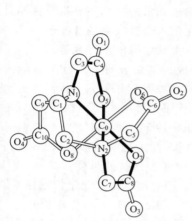

图 23-2 [C_0L]⁻六啮螯合
离子的空间结构

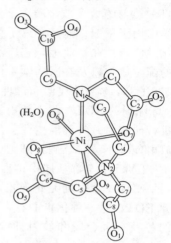

图 23-3 [$Ni(OH_2)(H_2L)$]
螯合离子的晶体结构

1969 年史特芬斯（Stephens）对与 $NiH_2L \cdot H_2O$ 同晶的 $CuH_2L \cdot H_2O$ 的结构作了精密测定，螯合物与 $NiH_2L \cdot H_2O$ 同属五啮四环一水合型。在 $Fe(OH)_2HL$ 晶体中，螯合物亦取五啮四环一水合的构型。由此可见，"六啮五环"与"五啮四环一水合"均属 EDTA 六配位的最常见的强螯合形态。当溶液中存在分子体积小、配位能力比 H_2O 更强的配体时，张力较大的 G 螯合环很容易开环而形成混合配体配合物。利用 EDTA 与其他特定类型的配体同金属形成混合配体配合物，可以改善 EDTA 对金属离子的选择性、螯合物的稳定性以及电化学反应的动力学特性等。例如水溶液中 EDTA 与 Zr(Ⅳ) 的螯合物由于易发生水解，使配位水转化成羟基，并通过羟基使螯合离子间聚合。结果严重地妨碍了分析操作的正常进行。但若在体系中增添邻苯二酚-3,5-二磺酸以组成混合配体螯合物，则螯合物可在较高的 pH 溶液中稳定存在而不发生水解聚合。用 H_2O_2 作显色剂比色测定 Ti(Ⅳ) 时，若加入 EDTA，则形成 Ti-EDTA-H_2O_2 三元配合物，吸收光谱发生明显变化，吸收峰变锐，摩尔消光系数增大，故比色灵敏度得到提高。图 23-4 是 Ti-H_2O_2 和 Ti-EDTA-H_2O_2 体系的吸收光谱曲线。

二、氯化铵-氨三乙酸-乙二胺四乙酸镀镉工艺

氯化铵-氨三乙酸-乙二胺四乙酸镀镉工艺是我国 20 世纪 70 年代自行开发并广泛用于生产的镀镉工艺，其特点是镀层结晶细致，结合力好，脆性小，如加入适量的钛化合物还可获得氢脆性很小的镉钛合金，可以用于高强钢及各种弹性零件的电镀。表 23-8 列出了常用氯化铵-氨三乙酸-乙二胺四乙酸镀镉工艺。

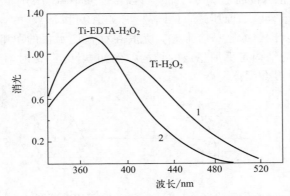

图 23-4　Ti-H$_2$O$_2$ 和 Ti-EDTA-H$_2$O$_2$ 体系的吸收光谱

Ti 1.01×10^{-3} mol/L，H$_2$O$_2$ 0.3‰，pH 7.1，1cm 比色槽

1—无 EDTA；2—1.33×10^{-3} mol/L EDTA

表 23-8　常用氯化铵-氨三乙酸-乙二胺四乙酸镀镉工艺

溶液组成和操作条件	配方 1	配方 2	配方 3
硫酸镉，CdSO$_4$ · $\frac{8}{3}$H$_2$O/(g/L)	40～50	50～60	
氯化镉，CdCl$_2$ · $\frac{5}{2}$H$_2$O/(g/L)			36～44
氯化铵，NH$_4$Cl/(g/L)	180～220	100～120	180～200
氨三乙酸，N(CH$_2$COOH)$_3$/(g/L)	60～80	100～120	50～60
乙二胺四乙酸，EDTA/(g/L)	20～30	15～20	15～20
硫脲，H$_2$N—$\overset{\overset{S}{\|}}{C}$—NH$_2$/(g/L)	1～2		
氯化锌，ZnCl$_2$/(g/L)	0.1～0.2		
阿拉伯树胶粉/(g/L)	1～3		
海鸥洗涤剂/(ml/L)	0.1～0.3		
固色粉/(g/L)		1～2	
十二烷基磺酸钠/(g/L)		0.3～0.5	
蛋白胨/(g/L)			2～4
硫酸镍，NiSO$_4$ · 7H$_2$O/(g/L)			0.2～0.4
pH	5.8～6.5	6～7	5～6
温度/℃	室温	10～35	10～30
阴极电流密度/(A/dm^2)	0.5～1.2	0.5～1.5	0.5～1

三、氯化铵-氨三乙酸-EDTA 镀镉机理探讨

　　氯化铵-氨三乙酸-乙二胺四乙酸镀镉液是一种非常复杂的体系。Cd^{2+} 可以同 Cl$^-$、NH$_3$、NTA（氨三乙酸）、EDTA 四种配体形成各种单一配体或混合配体的配

合物。Cd^{2+} 离子的正常配位数为 6，即它可以接受 6 个单啮配体或总配位原子数为 6 的各种混合配体的组合。如前所述，Cd^{2+} 与 EDTA 可以形成"六啮五环"或"五啮四环一水合"两种六配位的强螯合形态，尤其在存在比水强的单啮配体时，"五啮四环一强单啮配体"的结构是更加稳定的结构，例如 NH_3 存在时，它可形成更稳定的"四啮三环二氨"型混合配体配合物。

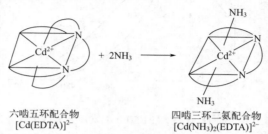

六啮五环配合物
$[Cd(EDTA)]^{2-}$

四啮三环二氨配合物
$[Cd(NH_3)_2(EDTA)]^{2-}$

同样，根据弗里德曼（Фридман）的研究，在大量存在 Cl^- 时，EDTA 的部分螯合环也可被打开，形成同时含 NTA^{3-} 和 Cl^- 的混合配体配合物。表 23-9 列出了某些 Cd^{2+} 的 EDTA 混合配体配合物的稳定常数。

表 23-9　某些 Cd^{2+} 的 EDTA 混合配体配合物的稳定常数

配　合　物	积累稳定常数 $\lg\beta$	配　合　物	积累稳定常数 $\lg\beta$
$[Cd(EDTA)]^{2-}$	16.46	$[Cd(HEDTA)Cl_2]^{3-}$	18.68
$[Cd(EDTA)Cl]^{3-}$	15.75	$[Cd(H_2EDTA)Cl_3]^{3-}$	20.44

因为 NH_3 容易从四啮三环二氨配合物 $[Cd(EDTA)(NH_3)_2]^{2-}$ 中解离而形成反应的活性中间体，故前置化学反应的超电压较小，而六啮五环螯合物 $[Cd(EDTA)]^{2-}$ 要脱掉一个螯合环形成电极反应的活性中间体就比较困难，所以它放电的超电压就很大，镉的析出电位很负，在它放电时有大量的 H_2 气体析出，电流效率很低。因此作者推测，在氯化铵-氨三乙酸-EDTA 镀镉液中放电的配离子可能是 $[Cd(NH_3)_2(NTA)]^-$ 和 $[Cd(NH_3)_2(EDTA)]^{2-}$，不过这还需进一步的实验证明。

第六节　1-羟基-(1,1)-亚乙基-1,1-二膦酸（HEDP）为配位体的镀镉液

一、HEDP 的性质

1-羟基-(1,1)-亚乙基-1,1-二膦酸是用 P—C—P 键取代焦磷酸盐 P—O—P 键的产物，它不仅具有焦磷酸盐的表面活性和比焦磷酸盐更强的配位能力，而且 C—P 键对碱、高温和氧化剂均非常稳定。HEDP 是醋酸同三氯化磷反应的产物。

纯的 HEDP 可由 20% 醋酸溶液中重结晶制得，它是含一个结晶水的白色单斜晶体，加热到 55℃ 时脱去结晶水，熔点为 198~199℃，温度升到 225℃ 时失去 15.05% 的重量，相当于失去 1mol 的磷化氢，当温度升至 300~310℃ 时，它形成带有磷化氢

气味的玻璃体。

常用的 HEDP 为含量为 $50\% \sim 70\%$ 的水溶液，它和磷酸很相似，是无色黏稠的液体，相对密度约为 1.5，显强酸性。它很容易溶于水，也溶于甲醇和乙醇，它的钾盐和铵盐在水中的溶解度很高，钠盐的溶解度较钾盐和铵盐小，较易从溶液中析出。

HEDP 的 C—P 键的极性较 O—P 键小，不会因为高温和高 pH 值时 OH^- 的进攻而分解，只有强氧化剂（如高氯酸、硝酸等）才容易使 C—P 键断裂而形成 PO_4^{3-}。

HEDP 是五元酸（用 H_5L 表示），有五个 H^+ 可以离解。在溶液中，随溶液 pH 值的升高，5 个 H^+ 离子将逐步离解，它的各级酸离解常数负对数 pK 值分别为：

$$H_5L \underset{pK_1=1.70}{\rightleftharpoons} H_4L^- \underset{pK_2=2.47}{\rightleftharpoons} H_3L^{2-} \underset{pK_3=7.28}{\rightleftharpoons} H_2L^{3-} \underset{pK_4=10.29}{\rightleftharpoons} HL^{4-} \underset{pK_5=11.13}{\rightleftharpoons} L^{5-}$$

因此，在不同 pH 时它的存在形式是不同的，下面是根据 HEDP 的各级酸离解常数计算的不同 pH 值时各种形式 HEDP 的分配图。如图 23-5 所示。

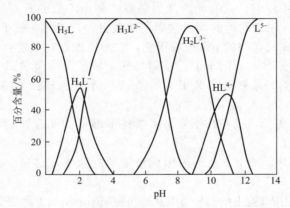

图 23-5　不同 pH 时 HEDP 各图解形式的百分含量

由图 23-5 可见，在 pH＝2 左右时，HEDP 主要以 H_4L^- 形式存在，在 pH＝4～6 时，主要以 H_3L^{2-} 形式存在，在 pH＝8～9 时，以 H_2L^{3-} 形式存在，pH＝10.5～11 时，主要以 HL^{4-} 形式存在，在 pH＞12 时，主要以 L^{5-} 形式存在。这就是说，用碱逐步中和至上述 pH 值时，应得到相应的碱金属盐，实际情况与此是一致的。随着 pH 值的升高，可以制得二钠、三钠和四钠盐或相应的钾盐，但五钠盐或五钾盐尚未制得，从图 23-5 中可看出，要得到纯的一钠盐或一钾盐也比较困难。

1. HEDP 的配位特性

HEDP 是在同一个碳原子上，含有可与金属结合的两个膦酸基和一个羟基的化合物，经 X 射线晶体衍射法确定它的结构见图 23-6，P—C—P 键角为 115°，P—C 键长平均为 1.836Å，P—OH 键的键长为 1.547Å，P—O 键的键长为 1.506Å，分子中 O—P—C—P—O 链的原子呈 W 形平面结构，在 W 平面一侧分布着两个膦酸的羟基和碳原子的羟基，因此它对一个金属离子的最高配位数是 3；在 W 平面的另一侧分布着两个膦酸的羟基，所以另一端的配位数为 2，所以，它虽有 5 个配位原子，由于空间位阻效应，却不能同时和一个金属离子配位，而容易两端同两个金属离子配位而形成多核配合物。

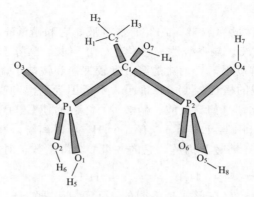

图 23-6　HEDP 的分子结构

　　HEDP 是一种中强酸，它的配位能力随着溶液 pH 值的升高，P—OH 基上 H$^+$ 的逐步脱去而增强。由于它的前两级酸离解常数很大，因此在较小的 pH 值时就有配位能力，因此它形成配合物的 pH 范围很宽，它形成配合物的特点是：

　　① 它可以跟大多数金属阳离子，特别是属于硬酸类的金属离子形成很稳定的配合物，对属于软酸类的某些金属离子（如 Ag$^+$、Au$^+$、Hg$^+$ 和 Tl$^+$ 等），则配位能力不强。

　　② 不同的金属离子，或者在不同 pH 条件下形成的配合物的溶解度不同，这在分离提纯上很有意义。

　　③ 它可以在更广泛的 pH 范围内形成稳定的配合物，这是它优于氨羧配位体的地方。

　　膦酸基和羧基配位性能上的差异可以从这两种基团的结构上得到说明（见表 23-10）。

表 23-10　羧基和膦酸基结构和性能的差异

结　　构	（C，120°，O—C—O 结构图）	（P，109°，O—P—O 结构图）
杂化轨道	sp^2 杂化，O—C—O 共平面 120°	sp^3 杂化，O—P—O 109°
π 键类型	C—O 间为 p—pπ 键	P—O 间为 d—pπ 键
π 键的强弱	π 键强	π 键弱
键极化度	C—O 键极化度小	P—O 键极化度大
诱导效应	小	大，有较大亲核能力
参与配位的原子数	仅一个氧可配位	两个膦酸羟基的氧可同时参与配位，彼此影响小
形成配合物的 pH	4～10	2～14，4mol/L NaOH 下稳定
溶解度	强酸时，—COOH 溶解度很小	强酸时，—PO$_3$H$_2$ 溶解度很大
酸式配合物的稳定性	较小	比 COO$^-$ 的大得多，接近正常配合物
形成配合物的类型	一般只形成单核配合物	可形成单核和多核配合物

2. HEDP 的表面活性

　　HEDP 分子中含有亲水的膦酸基和疏水的烷基，它易溶于水，也可溶于乙醇，

HEDP 的碱性水溶液长期煮沸，或受高温烘烤时会出现乳化现象，这表明它本身就是一种表面活性剂。HEDP 的碱性溶液在多晶锌电极上有明显的吸附，这一点已得到实验证明。据报道，在碳原子上含有两个或两个以上膦酸基团时，它就会显示出表面活性，这可能是由于两个膦酸基之间容易形成氢键而抵消羟基的电荷，或者是金属离子封闭了 HEDP 带负电荷的羟基的缘故。

HEDP 是合成洗涤剂的增效剂，它可以改善阴、阳离子和两性洗涤剂的性质。表面活性剂与 HEDP 组合使用对提高洗涤剂的洗涤能力有协同作用。HEDP 的碱性溶液可以用于钢铁、铜、锌、铝和合金件的除油。含 HEDP 的洗涤剂在冷水中的洗涤效果很好，由 HEDP 钠盐和表面活性剂可以制成适于重水的肥皂。

由于 HEDP 具有一定的表面活性，能在电极上吸附，同时又有较强的配位能力，因而配离子放电的超电压较高，可以不加添加剂就获得比较光亮细致的镀层。

3. HEDP 的缓蚀特性

HEDP 可以和金属离子形成膜状多核配合物的特性，使得它可以在各种金属表面上形成一种防腐蚀的膜，因而显示了它可以作为金属的缓蚀剂。研究结果表明，HEDP 的碱金属盐（Na^+、K^+ 或 NH_4^+ 盐）以及二价金属（如 Co^{2+}、Ni^{2+}、Pb^{2+}、Cd^{2+}、Cu^{2+} 特别是 Zn^{2+}）的配合物是钢铁、铜、铝和许多其他合金的腐蚀抑制剂，它的锌盐可以单独或与其他组分配合作缓蚀剂。例如与巯基苯并三氮唑或其他唑类合用可作铜的缓蚀剂，同亚硫酸盐或铬酸盐合用可作为铁或铁合金的缓蚀剂，它和硫脲衍生物合用可作为钢的缓蚀剂。据资料介绍，它与唑类合用时缓蚀效果有协同效应，因此实用配方多为复合。

HEDP 镀锌、铜、镉和合金镀液，经试验对铁的腐蚀极小，而且还能保持金属的光洁度，因此，回收的 HEDP 镀液，可以代替氰化物作为钢铁件的储存液，而钢铁件先放入镀槽，然后再通电电镀时对基体金属结合力的影响也很小，这给操作上带来很大方便。

4. HEDP 的阻垢活性

HEDP 可以和水中的 Ca^{2+}、Mg^{2+}、Fe^{3+}、Cu^{2+} 等形成稳定的配合物，大大降低了水中游离金属离子的浓度，从而抑制了不溶性的碳酸盐、硫酸盐、氟化物和磷酸盐的析出，使得管道和设备避免了结垢和腐蚀。

一分子的 HEDP 可以同一个以上的金属离子形成可溶性的多核配合物。Grabenstetter 和 Cilley 等发现，在 pH=11 的水溶液中可以形成 $[Ca_{1.5}(HEDP)]$ 或 $[Ca_7(HEDP)_4]_n$ 的多核或胶束态配离子，Wiers 测定了它的分子量为 $10^4 g/mol$，半径为 26Å，电荷 -20e。Cilley 等还测得了不同 $Ca^{2+}/HEDP$ 比的多核配合物的总稳定常数：

$$lg\beta_{11} = 5.52, lg\beta_{32} = 18.78, lg\beta_{43} = 29.0, lg\beta_{74} = 48.23$$

对 HEDP-1-^{14}C 在钙和磷酸盐体系的滤液和沉淀中的分配的研究，指出 HEDP 是强烈吸附在磷酸钙的晶体表面上。这种特殊的吸附导致 HEDP 对磷酸钙溶解性质的两种不同的作用。如果在磷酸钙的晶体生出时就有 HEDP 存在，则只能形成半径约为 15～100Å 的粒子。此种情形下，由于阻止了磷酸钙晶核的进一步长大，导致磷酸钙的溶解度明显增加。但如在磷酸钙的大晶体（粒子大小>50Å×50Å×200Å）已生长后再加入 HEDP，则导致降低磷酸钙的溶解速率。这种降低溶解速率是由于 HEDP 吸附在磷酸钙晶体表面。降低了晶体溶解的有效表面，从而降低了溶解速率，两种不同效应是由于在磷酸钙晶体生长不同阶段时的化学吸附造成的。因此，只要在水中预先加入极少量（10^{-6} 数量级）的 HEDP 就可以达到抑制 Ca^{2+}、Mg^{2+}、Fe^{3+} 等离子的沉淀或结垢。如只要 10^{-6} 的 HEDP 就能抑制 $CaCO_3$ 和 $CaSO_4$ 从其饱和溶液中析出。这就是它可以作为优良软水剂和水质稳定剂的原因。HEDP 具有这种阻垢和缓蚀的特性，使得它能广泛应用于石油化工厂作为水质稳定剂，它也是锅炉、蒸馏釜、热交换器、蒸发器、食品和医疗器械杀菌用的水浴和高压釜的水质软化剂。

5. HEDP 的吸氧活性

HEDP 可以和含活性氧的化合物（如过氧化氢）形成加合物，从而使 H_2O_2 保持稳定，但并不使 H_2O_2 失去氧化作用。例如用 2％的 HEDP 就可以使 50％的 H_2O_2 水溶液保持稳定，而用 50～100mg 的 HEDP 和锡酸钠合用，则可使 70％的 H_2O_2 保持稳定，最近还发现，HEDP 还可作为染发液的稳定剂，它可以预防或减少毛发因受染发液中活性氧的氧化而造成的毛发损伤。

由于 HEDP 具有很好的配位能力、吸氧能力、缓蚀能力和表面活性，使得它兼具了溶解氧化物、去锈、防氧化、防腐蚀、去油、去漆等各种功能，因此它不仅是电镀良好的配位体，而且它还是金属和非金属材料前处理和后处理的优良化学试剂，用它可以制成清洗除油液、预浸液、除化学膜液（如铝和锌-铝压铸件的前处理用液）印制板的浸蚀液，以及代替氰化物作为铜上化学退镍液等，HEDP 的这些综合性能，使得它在电镀和其他领域获得了非常广泛的应用。

6. HEDP 的生理活性和毒性

HEDP 是一种配位体，它对机体中金属离子的平衡有一定的影响。因此，一方面可以利用它的配位作用来除去体内过量的或有害的金属离子；另一方面可以用它来输送体内需要的某些金属离子。前者它是作为一种化学治疗剂，如使肾内不溶性的磷灰石（肾结石）溶解，治疗动物和人的高钙症以及预防牙结石和龋齿，调节骨骼和体内 Ca^{2+} 的吸收等，同时也被用来除去体内的有害重金属（如铅和放射性元素等），目前这方面的研究在国外进行得很活跃。最近有报道 HEDP 二钠盐与放射元素锝（^{99}Tc）形成的配合物可用于骨癌的临床诊断，HEDP 二钠盐与 $SnCl_2$、$FeSO_4$、$CrCl_3$、NaCl 和葡萄糖可配制成骨造影剂。

据目前所知，HEDP 的毒性是很小的，天津市职业病防治院进行了 HEDP 二钠盐对小鼠的皮下注射半致死量（LD_{50}）的测定，结果为 484mg/kg，上海第一医学院环境卫生教研室进行的 HEDP 对小鼠经口半致死量（LD_{50}）为 1841mg/kg，这说明 HEDP 属于低毒试剂。据国外报道，HEDP 对人的毒性很小，如果青年人每天静脉注射 5mg HEDP，共进行七天，未发现血和尿中钙、磷酸盐和其他生物化学指标发生变化。另外，意大利 Sina 大学用 ^{31}P 标记的 HEDP 二钠盐进行人体试验，每天给人口服，共持续进行六天，同时分析六天中大小便中 HEDP 的含量，发现六天中从大便中排出率达 70％～90％的剂量；若采用静脉注射的方法，给药六天，则从尿中排出率达 35％～50％，结果表明，HEDP 的排泄速率是快的，肠道吸收也弱。

对 HEDP 毒性机理的研究，根据国外报道，对几种动物进行急性、亚急性和慢性毒性的允许剂量的试验结果表明，HEDP 的毒性是很低的。对高剂量引起的死亡、致死的原因认为是由于生物体内钙离子被配位造成严重缺钙的缘故。如果同时补充服用可离解的钙盐和葡萄糖酸钙，则致死效应可完全减轻。研究结果还证明 HEDP 在生物体内是十分稳定的，而且在生命体系中不表现出代谢作用。这是由于 HEDP 的 P—C—P 键对水解是稳定的，也不为生物体内膦酸酶的作用所破坏。进一步的动物试验还表明 HEDP 没有致畸、致癌和致突变等危险。

据国外对治疗 700 个管形骨炎病人的研究，经 6 年的试验表明经口药剂量水平的 HEDP 对人体是安全的，而且有明显的治疗效果。

二、HEDP 碱性镀镉工艺

1. 电镀液组成及工艺条件

HEDP 具有很强的配位能力和一定的表面活性，因此单独用 HEDP 作 Cd^{2+} 的配位体就可获得结晶细致，镀层光亮易于钝化，镀液的分散能力和深镀能力优异，镀层氢脆性小的镀镉溶液。表 23-11 列出了 HEDP 镀镉液的组成和工艺条件。

表 23-11　HEDP 镀镉工艺范围和最佳配方　　　　　单位：g/L

工　艺　范　围		最佳配方
$CdCl_2 \cdot \frac{5}{2}H_2O$(试剂级)/(g/L)	25～40	30～35
HEDP(以 100% 计)(工业级)/(g/L)	120～140	130
HEDP/Cd^{2+}(摩尔比)	3～5	约 4
pH(用 KOH 调，最好加部分 K_2CO_3，用 12～14 精密 pH 试纸测)	12.5～14	约 13
T/℃	10～40	20～30
D_K(实际使用)/(A/dm²)	0.5～1.5	1.0
D_A/(A/dm²)	<0.5	<0.5
$S_{阳}:S_{阴}$	(2～4):1	(3～4):1

2. 镀液的配制

称取计量的 HEDP 于玻璃或搪瓷容器中，在另一容器中用水溶解所需的 $CdCl_2$，然后倒入第一个容器中，在第三个容器中将所需的 KOH（约为 100% HEDP 量的 2 倍）制成浓溶液并冷却之。将冷的 KOH 溶液在搅拌下缓缓加入 HEDP-Cd 液中，在 pH 值为 5 左右有沉淀出现，继续加碱则沉淀全部溶解。至精密 pH 试纸的 pH 值达 13 时，停止加碱，冷却至室温，加水至刻度，搅匀，溶液 pH 值应在 13 左右，此时应得到无色至浅黄色透明溶液，若溶液不清，可加 1～2g/L 活性炭处理，过滤后即可试镀。

配制镀液时若用的是工业 KOH，那么应先配成 20%～40% 的水溶液，用不锈钢板电解 4～8h，使 KOH 中的 Fe^{3+} 和 Ni^{2+} 等杂质沉淀出来，倾出上层清液使用。

3. 镀液成分和工艺条件的影响

（1）主盐形式的影响

HEDP 镀镉液的主盐可以选用 CdO、CdCl$_2$ 和 CdCO$_3$。用 CdO 时阳极易钝化，而 CdCO$_3$ 的货源较缺，因此采用的是 CdCl$_2 \cdot \frac{5}{2}$ H$_2$O。实验证明，适量的 Cl$^-$ 进入镀液对镉阳极有一定的活化作用，镀液的缓蚀性能仍很好，适于自动线生产，而且回收的镀液仍可以作为钢铁零件的储存液。

（2）HEDP 含量的影响

HEDP 镀镉工艺中，HEDP 用量的变化幅度不是关键，而 HEDP 对 Cd^{2+} 的配位比是镀液稳定的关键因素。一般要求比值大于 3，高达 6～8 也可，但此时电流效率低，沉积速度慢，镀液黏度大，故一般取 3～5（图 23-7）。HEDP 浓度的变化，只影响沉积速度和电流效率。图 23-7 是 [Cd^{2+}] 浓度固定为 25g/L 时，镀液的电流效率和沉积速度随着 HEDP 变化的情况，当配位比值固定以后，镀液中 HEDP 的用量就取决于镀液中金属离子的浓度，镀液越浓，沉积速度越快，HEDP 的用量也越多。因此，可以根据工作量的大小，来选择镀液的浓度，以节约 HEDP 的用量和镀液带出的损失。

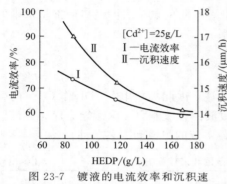

图 23-7 镀液的电流效率和沉积速度随着 HEDP 变化的情况

（3）pH 的影响

镀液的 pH 直接影响镀液中配离子存在的形式和相对含量，从而控制了电极上放电离子的主要形式，因此 pH 的变化将直接改变镀液的极化度和镀层晶粒的大小和取向。使 Cd^{2+} 以 [CdL(OH)]$^{4-}$ 或 [CdL$_2$]$^{8-}$ 形式存在，镀液的 pH 值必须在 12 以上。不同 pH 值时的赫尔槽样片证实了这种情况。表 23-12 是 HEDP/Cd^{2+} ＝4 时 pH 变化对赫尔槽样片的影响。

表 23-12　镀液 pH 变化对赫尔槽样片的影响（HEDP/Cd^{2+} ＝4，电流 1A，30℃）

pH	赫尔槽样片	说　明
10		高端粗糙,发黑,其余灰白
10.5		高端稍粗,其余灰白
11		灰白色至暗棕色
12		暗棕色,低端带灰
13		暗棕色,略带光泽
14		暗棕色,略带光泽

（4）温度的影响

温度对赫尔槽样板的影响较小，在 10～40℃ 范围内均可获得良好的镀层，温度超过 40℃ 时，在配位比值较低的情况下，赫尔槽样板高端出现了部分粗糙，温度太低时，镀液导电能力有所下降。因此镀镉液的使用温度为 10～40℃，而以 20～30℃ 为最佳。

4. 镀液的电化学性能和镀层的物理特性

(1) 镀液的电化学性能

除特别注明外，测定镀液性能和镀层性能所用镀液的配方和工艺条件以及对比用氰化镀液的配方见表 23-13。

表 23-13　镀液配方

HEDP 镀液	氰化物镀液	HEDP 镀液	氰化物镀液
$CdCl_2 \cdot \frac{5}{2}H_2O$,30g/L	CdO,38g/L	D_K,1A/dm²	$NiSO_4 \cdot 7H_2O$,1~1.5g/L
HEDP(100%),120g/L	NaCN,113g/L	S 阳：S 阴＝3：1	$Na_2SO_4 \cdot 12H_2O$,40~50g/L
pH(KOH 调),13~14	NaOH,16.5g/L		磺化蓖麻油,少量

① HEDP 和氰化物镀液的分散能力。用远近阴极法（$K＝2$）测得16℃时 HEDP 镀镉液的分散能力以及航空航天部无氰镀镉筛选组测得的氰化镀液的分散能力（$K＝2$，室温）列于表 23-14。

表 23-14　HEDP 镀镉液和氰化镀镉液的分散能力（$K＝2$，1A，30min）

电流密度/(A/dm²)	分散能力/%	
	HEDP 镀液	氰化物镀液(19)
0.5	70.0	28
1	51.5	20
1.5	54	

由表可见，HEDP 镀镉液的分散能力远优于氰化物镀液。

② HEDP 和氰化物的镀液的深镀能力用自制的含有通孔和盲孔（用橡皮塞塞住一端）的 80mm×100mm×22mm 深镀能力试块（图 23-8），斜挂于镀槽中，在 16℃，电流密度为 1A/dm² 镀 1h，试块取出后用水清洗，稀硝酸出光，低铬钝化，然后拆开检查，结果见表 23-15。

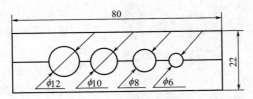

图 23-8　深镀能力试块

表 23-15　HEDP 镀镉液的深镀能力

孔型	直径	镀上的深度/mm	孔型	直径	镀上的深度/mm
通孔	$\phi12$	全镀上	盲孔	$\phi12$	25~30
	$\phi10$	全镀上		$\phi10$	25
	$\phi8$	全镀上		$\phi8$	20
	$\phi6$	全镀上		$\phi6$	15~20

结果表明 HEDP 镀液的深镀能力很好，通孔镀进的距离大于直径的 2 倍，盲孔镀进的距离也超过直径的 1.5 倍，符合航空航天部规定的标准与氰化镀液相当。

综上所述，从镀液的性能来看，HEDP 镀液的分散能力和深镀能力都与氰化物镀液不相上下，电镀时的工作电流密度范围和氰化物相当，但电流效率和沉积速度比氰化物低。

(2) 镀层的物理-力学性能

① 镀层与基体金属的结合力。根据使用要求，我们选用了（a）30CrMnSiA（▽10，RC45—47），（b）SPCC 碳钢，（c）65Mn 钢三种钢材作基体材料，分别镀上 $15 \sim 20 \mu m$ 厚的镉层，用划痕法、弯折法和加热法（200℃，2h）检查结合力，均未发现起泡、脱落和起皮等现象，而氰化物镀层用弯折法检查时镀层有脱落现象。另外，0.8mm 65Mn 钢片在 HEDP 和氰化物镀液中分别镀上 $15 \mu m$ 厚的镀层，经200℃除氢后，在应力集中部位有起泡现象，1.2mm 65Mn 钢片无此现象，这表明 HEDP 镀镉的结合力与氰化物相当。

② 镀层的显微硬度与金相组织。用 SPCC 碳钢在室温、$1A/dm^2$ 下镀 $30 \mu m$ 厚的镉层。用日本岛津硬度计测得显微硬度和氰化物镀层的显微硬度列于表 23-16。

表 23-16　HEDP 镀镉层和氰化物镀镉层的显微硬度

镀　　层	显微硬度 Hv(负荷 15g)	
	实　　测	平　　均
HEDP 镀镉层	21.5,21.6,21.5	21.5
氰化物镀镉层	22.0,23.1,25.5,27.0	24.4
阳极用轧制镉板	23.4,23.0,20.9,21.5,20.8	21.9

图 23-9　HEDP 金相照片（300×）

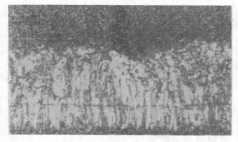

图 23-10　氰化物镀层金相照片（300×）

由表 23-16 可见，HEDP 镀镉层的显微硬度比氰化物镀镉层为低，而与阳极用轧制镉板相当，这表明镀层的应力小，这是无添加剂的配合物盐镀液的特点。

图 23-9 和图 23-10 是 HEDP 和氰化物镀层的金相照片，从照片中可看出氰化物镀层为柱状组织，而 HEDP 镀层为细分散状组织。从镀层晶粒的细致程度来看，HEDP 的晶粒比氰化物细。

③ 镀层的耐腐蚀性能。HEDP 镀镉层和氰化物镀镉层及其钝化膜的盐雾试验结果列于表 23-17，试验是用 5% NaCl 水溶液，在 pH 值为 6.5～7.2，35℃±1℃条件下进行，喷雾方式为连续喷 8h，停喷 16h 为一周期，试片垂直悬挂。

试片经六周期后钝化膜开始褪色，十周期后取出，用五倍放大镜观察检查（见表 23-17）。

表 23-17　**HEDP 和氰化物镀镉层的盐雾试验结果**

镀　液	试片编号	镀层厚度/μm	试验结果观察
氰化物镀液	01	30	钝化膜轻微褪色
	03	30	钝化膜褪色,有腐蚀点
	34	30	钝化膜褪色
	72	30	钝化膜褪色,有针尖大的三个腐蚀点
HEDP 镀液	06	5	钝化膜褪色,有针尖大的四个腐蚀点
	09	5	钝化膜褪色
	03	10	钝化膜局部褪色
	01	10	钝化膜局部褪色
	80	20	钝化膜局部褪色
	02	20	钝化膜局部褪色

　　结果表明，HEDP 镀层的厚度为 $5\mu m$ 时，有基体金属的腐蚀现象出现，而厚度在 $10\mu m$ 以上时仅钝化膜褪色，因此主要考察的是钝化膜的性能，从总的结果来看，HEDP 镀镉层的耐盐雾性能与氰化物的相当。

第二十四章

电镀铬配合物

第一节　六价铬镀铬液

一、铬酸液中配离子的形态

铬酸酐在水中很快就结合水而形成铬酸，其阴离子为黄色：

$$CrO_3 + H_2O \longrightarrow H_2CrO_4 \tag{24-1}$$

随着铬酐浓度的升高，溶液的 pH 值也下降，此时两分子的铬酸可以借脱水而缩聚成重铬酸，重铬酸根是两个铬酸根四面体借共享角上的氧原子而连接在一起的，在溶液中显橙色。

$$H_2CrO_4 + H_2CrO_4 \longrightarrow H_2Cr_2O_7 + H_2O \tag{24-2}$$

随着铬酐浓度的进一步提升，重铬酸还可以再结合铬酸而形成三铬酸、四铬酸。

$$H_2Cr_2O_7 + H_2CrO_4 \longrightarrow H_2Cr_3O_{10} + H_2O \tag{24-3}$$

$$H_2Cr_3O_{10} + H_2CrO_4 \longrightarrow H_2Cr_4O_{13} + H_2O \tag{24-4}$$

其酸根的颜色分别为红色和棕色。各种铬酸根离子的结构如图 24-1 所示。

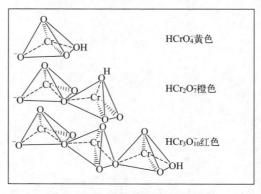

图 24-1　各种铬酸根离子的结构

当稀释铬酸溶液时，多铬酸逐步解聚，随着聚合度的降低，溶液颜色变浅。例如 0.01mol/L 铬酸液呈黄色，表示主要离子是 $HCrO_4^-$，0.1mol/L 铬酸液呈橙色，表示 $HCr_2O_7^-$ 离子占优势，普通镀铬液铬酸的浓度为 1mol/L 和 2.5mol/L，（100～250g/L）溶液呈红色，表示以 $HCr_3O_{10}^-$ 为主。对于以四铬酸离子为主的镀液，其铬酐的浓度应达 3.5～4mol/L(350～400g/L)。

铬酸在水溶液中分两步电离：

$$H_2CrO_4 \rightleftharpoons HCrO_4^- + H^+ \qquad K = 4.1 \qquad (24\text{-}5)$$

$$HCrO_4^- \rightleftharpoons CrO_4^{2-} + H^+ \qquad K = 10^{-6} \qquad (24\text{-}6)$$

降低 pH 值时有利于 H_2CrO_4 变为 $HCrO_4^-$，而 $HCrO_4^-$ 易于聚合而形成重铬酸盐离子 $HCr_2O_7^-$（见图 24-1），在 pH<1 时铬酸盐聚合而形成橙色的重铬酸盐；相反将重铬酸盐溶液的 pH 值调高，它就逐渐转化为黄色的铬酸盐。

往铬酸液中加入硫酸时，H_2SO_4 几乎 100% 离解为 HSO_4^-，由于水的离子积（10^{-14}）小于 SO_4^{2-} 的水解常数（8.7×10^{-13}），因此，在强酸性铬酸溶液中，SO_4^{2-} 会按下式完全水解为 HSO_4^-。

$$SO_4^{2-} + H_2O \rightleftharpoons HSO_4^- + OH^- \qquad (24\text{-}7)$$

所以，不论是添加硫酸还是硫酸盐，在镀铬液中真正起催化作用的是 HSO_4^-，而不是 SO_4^{2-}。HSO_4^- 一方面可使阴极膜被催化还原为金属铬，同时还具有下述的屏蔽作用，可阻止铬酸被还原为黑铬 $[Cr(OH)_2]$ 和无法电解沉积的 $[Cr(H_2O)_6]^{3+}$ 离子。

二、六价镀铬液的发展

早在 1856 年，Geuther 曾从 $K_2Cr_2O_7$ 和 H_2SO_4 配制的溶液中沉积出金属铬。从 19 世纪中叶到 1920 年间，德国、法国、比利时、匈牙利和美国的许多人试图以三价铬盐的水溶液沉积铬，结果多未成功，从现代配位化学的观点看，这是很自然的。因为 Cr^{3+} 的离子半径小、电荷高，水对其配位能力很强，即 $[Cr(H_2O)_6]^{3+}$ 配离子中的水难以离解。这一点已为标记水分子（$H_2^{18}O$）与 $[Cr(H_2O)_6]^{3+}$ 的水交换速度极慢得到证明，以及实测取代 $[Cr(H_2O)_6]^{3+}$ 中水的速度极慢得到证明。实测取代 $[Cr(H_2O)_6]^{3+}$ 中水的速度为 1.8×10^{-6}，比取代 $[Fe(H_2O)_6]^{2+}$ 中水的速度（1.5×10^4）慢得多。

后来 Carreth 和 Curry 证实从铬酸液中可以得到铬层。到 1906 年，Bancroft 教授指出，真正的镀铬液既不是硫酸铬，也不是硫酸盐，而是铬酸。1909 年，Salzer 对镀铬液进行研究后指出，要从铬酸液中获得铬层必须添加少量硫酸铬。从 1912 年到 1914 年，Sargent 对铬酸和硫酸铬混合液进行了系列研究，并于 1920 年正式发表了从无水铬酸中添加少量硫酸的镀铬液，后人称之为沙氏（Sargent）镀液。1924 年，德国的 Liebreich 发表了镀铬专利。1926 年，美国的 Fink 取得了第一个光亮镀铬的专利，1932 年又获得了第二个专利，在这些专利中，他把 SO_4^{2-} 称为催化剂，其浓度必须小心控制在 CrO_3/H_2SO_4 为 100/1，此专利代表着第一个稳定而可靠的光亮镀铬液。Liebreich 和 Fink 的工作使镀铬液真正走上了实用的阶段，并在工业上获得了广泛的应用。

到 1950 年，镀铬液的基本组成仍然不变，所做的改进大多限于在上述基本液中加入适当的添加剂，以改进镀液的性能、镀液的管理和镀层的耐蚀性能。其中比较突出的是 1930 年发现在镀铬液中加入氟硅酸后，镀层的光亮度变好，电流效率提高，高电流密度区光亮镀层的范围扩大，沉积速度加快，以及能使断电后钝化的铬层活化等优点。但引入氟硅酸后，镀液的腐蚀性增加，镀液的管理要求高，承受铁杂质污染的能力下降，这也限制了其应用。

　　镀铬液的另一重大改进是 1950 年美国的联合铬金属（United Chromium）公司的 Stareck 和 Dow 发明了自调高速（self regulaton high speed）镀铬液（简称 SRHS），它采用双催化剂体系，通常是加入过量而难溶的氟硅酸盐和硫酸盐，根据其饱和溶解量，可以自动地控制其浓度，免去了烦琐的分析工作，使镀液始终保持在最佳状态。这是自 Sargent 镀液诞生以来实现的第一个重大进步。到 20 世纪 50 年代中期，Bornhauser 等发明了四铬酸镀液，这在生产上是有用的，但因镀液浓度太高而受到限制。

　　镀铬液的第二个重大进步是 1957 年美国安美特化学公司（M ＆ T Chemicals Inc）的 Stareck 和 Dow 发明的微裂纹铬（microcrack chromium）。在标准铬或无裂纹铬的情况下，铬层表面往往出现肉眼可见的裂纹，腐蚀介质由此侵入，腐蚀电流比较集中，腐蚀迅速地向纵深发展，贯穿到底层。而在微裂纹铬的情况下，由于铬表面有大量肉眼不可见的微裂纹，在这些微裂纹的部位形成无数个微电池，这样就分散了镍阳极的腐蚀电流，从而延缓了镍层因受腐蚀而穿透的速度，使整个镀层体系的耐蚀性明显提高。图 24-2 是普通铬与微裂纹铬腐蚀原理与腐蚀电流大小的比较。

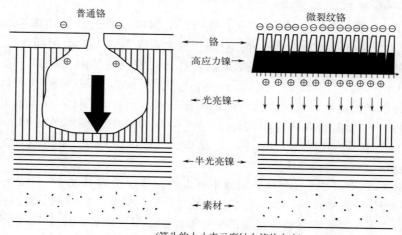

普通铬　　　　　　　　　　　　　　　　　微裂纹铬

←——铬——→
高应力镍→

←光亮镍→

←半光亮镍→

←素材→

（箭头的大小表示腐蚀电流的大小）

图 24-2　普通铬与微裂纹铬腐蚀原理图

　　最初应用的微裂纹铬工艺是双层微裂纹铬，第一层铬具有良好的覆盖能力并能在凹沟中保证有合适厚度的无裂纹光亮铬，第二层铬产生微裂纹铬。两层的总厚度一般在 0.75～2.5μm 范围内，最低厚度不得小于 0.8μm。

　　1960 年，Safranck 和 Hardy 又发展了单层微裂纹铬工艺，他在含有硫酸盐的镀铬液中添加 0.013g/L 硒酸，在 40～50℃，20A/dm² 的电流密度下得到微裂纹铬层。不过按 ASTMB 标准的规定，这种单层微裂纹铬的最低厚度仍与双层微裂纹铬一样，不得小于 0.8μm，而镀层的裂纹密度至少要达到 300 条/cm。

　　要镀这两种微裂纹铬都需要增加设备和添加剂的费用，而且要延长电镀时间（16～20A/dm² 下要镀 8～13min），这就增加了电能的消耗。为克服这些缺点，美国 Harshaw 化学公司和 M ＆ T 化学公司在 20 世纪 60 年代中期又发展了一种电镀高应力镍层产生微裂纹铬的新技术。那是在光亮镍表面就形成十分均匀的网状微裂纹，因而具有很好的耐腐蚀性能，这就大大降低了铬层的厚度。

1969 年，Harshaw 化学公司把这种工艺定名为 PNS（post nickel strike）法，在日本和我国都称为高应力镍法。高应力镍可以用简单的设备在小形槽内进行，而且电镀时间很短，在 $8A/dm^2$ 条件下只要镀 $1\sim2min$ 即可。表 24-1 列出了美国 Harshaw 化学公司的 PNS-100 以及 M & T 化学公司的几种高应力镀镍液配方。

表 24-1　几种高应力镀镍液　　　　　　　　　　单位：g/L

工程规范	Harshaw 公司 PNS-100	M & T 公司		
		配方 1	配方 2	配方 3
氯化镍（$NiCl_2\cdot6H_2O$）	250	150	150	150
Ni^{2+}	61.75	37	37	37
PN-1	50			
PN-2	2ml/L			
丁炔二醇		0.2	0.2	0.2
糖精		0.25	0.25	0.25
1,1-乙烯基-2,2-二氯化吡啶		0.25		
六次甲基四胺			0.25	
四氢吡啶				0.25
温度/℃	29	50	50	50
pH	4.0	3.5	3.5	3.5
电流密度/（A/dm^2）	8			
电镀时间/min	$1\sim3$			
搅拌	空气搅拌	空气搅拌	空气搅拌	空气搅拌

1974 年日本掘龙藏提出用锡镍合金取得微裂纹铬的专利，它是由氯化亚锡 50g/L、氯化镍 250g/L、氟化氢铵 40g/L、氨水 35ml/L 和光亮剂 30ml/L 组成。

1975 年 Langhein-Pfanhauser Werke 公司提出用 3-吡啶甲醇、异烟肼或 4-吡啶丙烯酸作为添加剂的高应力镀镍液。主盐用氯化镍，缓冲剂用醋酸盐，此外还加了少量润湿剂。镀液的 pH 值为 $3\sim4$，温度为 $35\sim45℃$，电流密度为 $5\sim15A/dm^2$，电镀时间为 $30s\sim10min$，所得镀层的裂纹数为 1500 条/cm。

1980 年日本久保光康提出在镀镍液中添加碱土金属盐氯化钡（20g/L，获得微裂纹铬的专利，其余条件与普通氯化镍镀液相似，所得镀层裂纹数为 400 条/cm）。

1981 年保加利亚的 Russer 和 Karaivaov 提出在 Watts 镀镍液中添加有机化合物获得高应力镍的专利，所用的有机添加剂为吡啶-4-羧酸酰胺（$0.07\sim0.3g/L$），镀层的内应力为 $39kp/mm^2$。

60 年代中期，根据微裂纹铬得出的分散腐蚀可以提高铬层耐蚀性的原理，美国乐思国际化学公司的 Brown 和 Tomaszewsk 提出了微孔铬（micro-porous chromium）

工艺，后来 Odekerken 对此也做了详细的研究。他是在光亮镍表面上沉积含有分散不导电粒子（如 $BaSO_4$、SiO_2 等）的镍层，厚度为 $0.1\sim0.5\mu m$。这种镍每平方厘米表面含有数万个微粒，在它上面再镀铬时，不导电粒子上面不沉积铬，因而出现很多的小孔。若不导电粒子太大，表面微孔数少，铬层会失去光亮，故粒子直径最好为 $0.02\mu m$（通常在 $0.1\mu m$ 左右），这样每平方厘米微孔数可达 2 万至 40 万个，镀层的耐蚀性就非常好。含不导电微粒的光亮镀镍也称为缎状镍（satin nickel），一般只需在一专用的高硫镍液中镀 $1\sim5min$ 即可。

镀微孔铬时，如果铬层很薄，其耐磨性较差，最好铬层的厚度能达到 $0.5\sim0.9\mu m$。这样耐磨与耐蚀性都得到改善。

微裂纹铬和微孔铬都具有优良的耐蚀性能，并且均为国际所公认。在国际标准（ISO）中规定对于铁或钢基材上镀铜-镍-铬层，凡采用微孔铬或微裂纹铬的镀层体系，其中镍层厚度与普通铬相比可减少 $5\mu m$。微裂纹铬和微孔铬的工艺特点列于表 24-2。

表 24-2　PNS 微裂纹铬工艺与缎状镍微孔铬工艺的比较

微　裂　纹　铬	微　孔　铬
在光亮镍或半光亮镍表面上镀 $0.5\sim3.0\mu m$ 的 PNS 镀层，然后镀铬。由于 PNS 内应力高，所以在铬镀层表面形成了均一的裂纹。	在光亮镍上沉积含有分散的不导电的粒子的镍层（$0.1\sim0.5\mu m$），然后镀铬。 粒子直径：采用胶体微粒，直径 $<5\mu m$，常为 $0.1\mu m$ 左右。
一般微裂纹铬中微裂纹数为 250 条/cm，采用 PNS 法获得的微裂纹数达 $300\sim800$ 条/cm，通常微裂纹数达 300 条/cm 以上，耐蚀性就很好。	微孔数： (1)20000 孔/cm，可达相当的耐蚀性。 (2)80000 孔/cm，耐蚀性良好。 (3)400000 孔/cm，耐蚀性良好。
均一性不比镀镍差。	微孔的分布良好。
腐蚀蓝点试验 4 周期左右表面开始腐蚀，12 周期后镀层被轻度破坏，腐蚀速度较慢。	腐蚀泥试验 2 周期左右表面开始腐蚀，4 周期左右镀层基本被破坏，腐蚀速度比微裂纹铬快。
若 PNS 镀层达不到相当的厚度，就得不到均匀的裂纹。 在复杂形状的零件上，难以得到均一的裂纹。	即使是一般较薄的铬层也是好的，但难以得到均匀分散的粒子，在高电流密度区，针孔变为裂纹状态。
溶液管理容易，裂纹数一定。	溶液管理困难，必须采用某种方法使粒子很好分散，容易混入外来的粒子。不能用活性炭过滤。针孔数会慢慢减少，粒子会变坏。
与镀层厚度无关。	不能用厚的铬层，否则针孔被覆盖，长期使用有失去光亮的倾向。
从建液开始就能得到均匀的裂纹，随时间的增加，溶液并不老化。	由于粒子变坏，长期使用的镀液中所得镀层的耐蚀性比新配液差。

1974 年 Ludwig 从提高铬层抗腐蚀性能着手，提出了二层铬的方法。第一层是从高温镀液中获得相对比较软、无孔和无裂纹的铬层，其厚度为 $5\sim8\mu m$，电镀条件为：CrO_3 300g/L$\pm$20g/L，低硫酸含量，$Cr^{3+}<1g/L$，70℃，电流密度为 $25\sim30A/dm^2$，约镀 30min。第二层是用微裂纹电镀液，在 $55\sim65$℃，电流密度为 $50\sim$

$60A/dm^2$，电镀 45min，所得微裂纹镀层厚度约为 $45\mu m$。

到了 80 年代，人们发现低碳链烷基磺酸（如甲基磺酸、乙基磺酸等）与硫酸组成的高效率镀铬液，其组成与操作条件如下：

CrO_3	200～300g/L	烷基磺酸	1～5g/L
H_2SO_4	2～3g/L	温度	55～65℃
H_3BO_3	1～10g/L	阴极电流密度	20～80A/dm^2
电流效率	约 27%	铬层硬度	1100Hv
铬层外观	平滑光亮		

80 年代后期，欧洲开发了以磺基乙酸、碘酸盐和有机含氮化合物组成的镀铬液，其组成与操作条件如下：

CrO_3	200～300g/L	有机氮化物	3～15g/L
H_2SO_4	2～3g/L	温度	50～60℃
碘酸盐	1～3g/L	阴极电流密度	20～80A/dm^2
磺基乙酸	80～120g/L		

该镀液所用的有机氮化物包括吡啶、2-氨基吡啶、3-氯吡啶、烟酸、异烟酸、2-吡啶甲酸等。这种镀液的电流效率也可达 20% 以上。1985 年美国安美特公司的 Newby 博士发明了高效无低电流腐蚀的 HEEF-25 镀铬新工艺，目前已在世界范围广泛应用。

2004 年日本广岛大学的矢吹彰广等人研究了用甲酸为添加剂的高效高速镀铬工艺，其电流效率高达 64.8%，沉积速度可达 $17.1\mu m/min$，镀层是光亮的，具有无定形结构，但镀液的稳定性较差，必须严格控制镀液中 Cr^{3+} 的浓度。

三、镀铬电解液的基本类型

1. 普通镀铬液

由铬酸和硫酸组成的普通镀铬液，国外称为沙氏（Sargent）镀液，无水铬酸的浓度通常在 100～400g/L 的范围内，硫酸的添加量约为铬酐的 1/100。其标准配方为：

	标准镀铬液	低浓度镀铬液
铬酐	250g/L	120g/L
硫酸	2.5g/L	1.1g/L
温度	45～55℃	5.3℃
电流密度	15～20A/dm^2	15～20A/dm^2

图 24-3 为标准镀铬液光亮区的范围，在光亮区的左边，得到的是暗而脆的铬层，在光亮区的右边，得到的是乳白而软的镀层。光亮区镀层的晶粒极细，其尺寸只有 $0.008\mu m$，而非光亮区镀层的晶粒尺寸最高可达 $100\mu m$。这种镀液既可作装饰性镀铬用，也可用来镀工业用铬。硬铬通常都直接镀在铁或铜上，铜的硬度超过 40RC 时应退火，以消除应力，否则镀层有剥落的危险。硬度超过 62RC 的铜不应镀工业用铬。

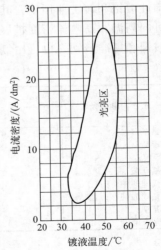

图 24-3　标准镀铬液
光亮区的范围

2. 氟化物复合镀铬液

它是在铬酸溶液中加入 SO_4^{2-} 和各种氟化物作为催化剂的镀液。常用的氟化物有氟化钠、氟化铵、氟氢酸铵等。其特点是可在低温、低电流密度下获得光亮的镀层，而且覆盖能力很高，适于作为专用的装饰性镀铬。其主要缺点是氟化物缺乏简易的分析方法。最近已开始用市售的氟离子选择电极进行测定，使测定方法大为简化。

典型的氟化物复合镀液的配方如下：

铬酐	250g/L	温度	25～35℃
氟化铵	4～6g/L	电流密度	2～20A/dm²

若硫酸和氟化铵分别用难溶的硫酸锶和氟化钙代替，则可得到自动调节高速镀铬液，其配方和条件为：

铬酐	250g/L	温度	55～65℃
氟化钙	6.5g/L	电流密度	30～60A/dm²
硫酸锶	5.5g/L		

该镀液的电流效率较高，在液温55℃，电流密度30A/dm² 时可达 21％，在 60A/dm² 时为 26％，镀层的硬度为 Hv 700，在 CrO_3 为 250g/L 溶液中，氟化钙在 20～65℃ 时的溶解度为 5.6～5.9g/L，温度的影响不大。当镀液中 F^- 离子太少时，未溶解的氟化钙就会自动离解出所需量的 F^-。

自调节镀液既可用于装饰镀铬，也是一种很好的工业用镀铬液，其主要优点是能用的电流密度大、沉积速度快、裂纹少、外观好、表面光滑、镀液易于管理；其缺点是成本较高，F^- 离子的腐蚀性大。

3. 氟硅酸盐复合镀铬液

氟硅酸盐复合镀铬液是仅次于普通镀铬液的应用最普及的镀液，它同时适用于装饰性镀铬和镀工业用铬，其主要特点是电流效率可高达 25％，沉积速度快，光亮区可向高温、高电流密度扩展，而且不怕电流中断和重叠镀铬。常用的氟硅酸盐有氟硅酸钾和氟硅酸钠，也可用氟硅酸，见表 24-3。

表 24-3　氟硅酸盐复合镀铬液

成分和电镀条件	镀液配方				自动调节镀铬液
	I	II	III	IV	V
铬酐/(g/L)	120～150	120～130	250	250	250～300
硫酸/(g/L)	0.9～1.0	0.9～1.0	1.5	0.5	—
SrSO₄/(g/L)	—	—	—	—	6
氟硅酸/(g/L)	0.5～1.0	0.4	—	—	—
氟硅酸钠/(g/L)	—	—	5	10	—
氟硅酸钾/(g/L)	—	—	—	—	20
温度/℃	45～50	45～55	50～60	40～50	50～70
电流密度/(A/dm²)	15～20	25～40	20～40	10～30	40～100

图 24-4 表示用 HF、H_2SO_4 和 H_2SiF_6 作为催化剂对镀铬液电流效率的影响。由图可见，氟硅酸作催化剂时的电流效率最高，氢氟酸的次之，硫酸的最低。图 24-5

是配方Ⅲ镀液的光亮区范围和电流密度的关系，图 24-6 是不同电流密度下标准镀铬液和氟硅酸盐镀铬液的电流效率曲线。标准镀铬液的电流效率随温度的变化较大，氟硅酸盐镀液在 35～55℃ 之间的电流效率相差很小，这对于工业生产是较为方便的。

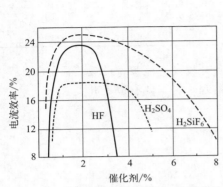

图 24-4　各种催化剂对镀铬液电流效率的
影响（CrO_3 250g/L）

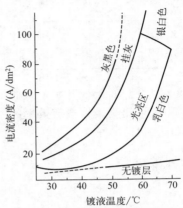

图 24-5　添加氟硅酸钠镀铬液
的光亮区范围

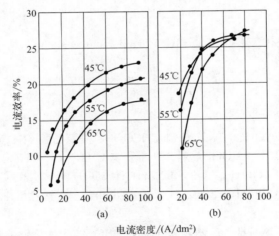

图 24-6　标准镀铬液（a）和氟硅酸盐镀铬液（b）的电流效率曲线
(a) CrO_3 250g/L，H_2SO_4 2.5g/L；(b) CrO_3 250g/L，
H_2SO_4 1.5g/L，$NaSiF_6$ 5g/L

表 24-4 是标准镀铬液、氟化钾镀铬液和氟硅酸复合镀铬液在不同电流密度时镀层的维氏硬度。由表 24-4 可见，单纯添加 KF 时，镀层的硬度有所下降，而当 SO_4^{2-} 与 SiF_6^{2-} 合用时，镀层的硬度非但不下降，还有所提高，这也是氟硅酸盐复合镀铬液被普遍采用的原因之一。

4. 高效镀铬液

标准镀铬液的电流效率只有 13% 左右，它表明 87% 的电能都在做无用功（如析氢等）。因此提高镀铬的电流效率是节能和降低生产成本的关键，也是人们努力的目

表 24-4 从各类镀铬液所得镀层的维氏硬度（50℃）

电流密度/(A/dm²) \ 维氏硬度 Hv	镀液		
	250g/L CrO₃+2.5g/L H₂SO₄	300g/L CrO₃+7.5g/L KF	250g/L CrO₃+1.5g/L H₂SO₄+2.5g/L H₂SiF₆
20	1000	470	1120
40	1065	836	1150
60	1110	885	1150
80	1190	800	1180

标。从 20 世纪 70 年代开始，人们的目光集中到开发高电流效率的镀铬添加剂上，并找到了不少可提高镀铬电流效率的添加剂。归纳起来，主要有以下几类：

（1）无机含氧酸

高氯酸盐 ClO_4^-

碘酸盐 IO_3^-

溴酸盐 BrO_3^-

（2）卤化物

氟化物 F^-、SiF_6^{2-}、BF_4^-、AlF_6^{3-}、TiF_6^{2-}

氯化物 Cl^-

溴化物 Br^-

碘化物 I^-

（3）卤代酸

一氯乙酸 $ClCH_2COOH$、二氯乙酸 $Cl_2CHCOOH$、三氯乙酸 Cl_3CCOOH、2,2-二氯丁二酸 $HOOC—CH_2—C(Cl)_2—COOH$、2,2'-二氯丁二酸 $HOOC—CH(Cl)—CH(Cl)—COOH$

一溴乙酸 $BrCH_2COOH$、二溴乙酸 $Br_2CHCOOH$、三溴乙酸 Br_3CCOOH

一氟乙酸 FCH_2COOH、二氟乙酸 $F_2CHCOOH$、三氟乙酸 F_3CCOOH

（4）有机磺酸

甲基磺酸 $CH_3—SO_3H$、乙基磺酸 $C_2H_5—SO_3H$、丙基磺酸 $C_3H_7—SO_3H$、苯磺酸、氨基磺酸 $H_2N—SO_3H$、羟乙基磺酸 $HOCH_2—CH_2—SO_3H$、羟丙基磺酸 $HOCH_2—CH_2—CH_2—SO_3H$

（5）有机羧酸

甲酸 $HCOOH$、乙酸 CH_3COOH、丙酸 CH_3CH_2COOH、丁酸 C_4H_9COOH、戊酸 $C_5H_{11}COOH$

（6）氨基酸

氨基乙酸 H_2NCH_2COOH、氨基丙酸 $CH_3—CH(NH_2)—COOH$

（7）吡啶衍生物

吡啶、2-氨基吡啶、3-氯吡啶、烟酸（3-吡啶甲酸）

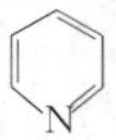

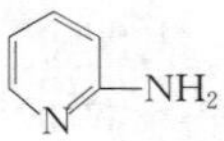

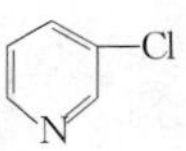

COOH 、异烟酸（4-吡啶甲酸）—COOH 、皮考啉酸（2-吡啶甲酸）—COOH

以上七类化合物，虽然结构各异，但它们均可同三铬酸的部分 Cr ═O 形成稳定的氢键，有利于三铬酸直接还原为金属铬，因此它们均可提高镀铬的阴极电流效率。按此思路我们还可以找到更多的其他类型的添加剂，并实现高效、无低电流区腐蚀、无阳极腐蚀的高效镀铬添加剂及镀铬工艺。表 24-5 列出了目前国内外已开发的高效镀铬液的组成和操作条件。

表 24-5　国内外高效镀铬液的组成和操作条件

溶液组成和操作条件	山西大学	上海永生	安美特（Atotech）[①]
铬酐（CrO_3）/(g/L)	150～350	150～300	225～275
硫酸（H_2SO_4）/(g/L)	2.0～4.0	1.5～4.0	2.5～4.0
三价铬（Cr^{3+}）/(g/L)		1～5	
CH-1 添加剂/(ml/L)	6～10		
3HC-25 添加剂/(ml/L)		8～10	
HEEF-25 开缸剂/(ml/L)			550
温度/℃	55～70	55～65	55～60
阴极电流密度/(A/dm²)	30～80	50～75	30～75

① 补充用 HEEF-25R 补缸剂，添加量为 350ml/(kA·h)。

5. 微裂纹镀铬液

微裂纹铬是安美特公司（M & T Chemicals Inc）所发明的，它可以从含有特种添加剂的镀铬液中直接镀成，也可以先镀高应力镍，再镀普通铬。安美特公司和我国在镍层上直接镀微裂纹铬的工艺配方如表 24-6 所示。

表 24-6　美中两国微裂纹铬镀液的配方和条件

美国安美特公司		中　　国	
CCD 铬盐	270g/L	CrO_3	250g/L
硫酸根（SO_4^{2-}）	1.8g/L	H_2SO_4	1.5g/L
铬酸∶硫酸	175∶1	H_2SiF_6	0.75g/L
FN 添加剂	2.25%	Na_2SeO_3	0.015g/L
温度	43℃	温度	45～48℃
电流密度	19A/dm²	电流密度	14～18A/dm²
电镀时间	最少 6min		

据报道，安美特公司的镀液具有很好的覆盖能力和分散能力。电镀高应力镍的工艺国内已开发成功。

美国 Harshaw 化学公司提出的 PNS-100 高应力镍工艺和安美特化学公司推出的几种高应力镍镀液的工艺配方和条件已在表 24-1 中做了介绍，安美特公司高应力镍的特点是加入了 BF_4^- 和少量六次甲基四胺、1,1-乙烯基-2,2-二氯化吡啶和氮乙环。1980 年 D. Rusev 提出用吡啶四羧酸的酰肼与乙醇丙烯腈作用的化合物作为高应力镍的添加剂，添加剂用量为 $0.07\sim0.3$g/L，$5\mu m$ 厚的镀层应力达 $37\sim40$kp/mm²，微裂纹数为 500 条/cm。

PNS-100 高应力镍通常仅适用于结构形状简单的单一制品生产流程。因为光亮镍液中糖精的带入会降低其应力，因此镀光亮镍后一定要用多槽逆流水洗。同时，为了产生高的拉应力，可用高氯化物镀液，添加醋酸铵和采用较高的电流密度来达到。

1983 年 Rashkov 等对添加硫脲、砷化物、硒化物来获得微裂纹铬的机理进行解释，他们认为 Ni 阴极的极化会引起镀层的氢化作用，结果形成了富氢的 NiH_2 膜，其晶格条件比正常镍高 6%，故会出现压应力，并使其上的铬层产生微裂纹。

6. 微孔铬镀液

如前所述，要获得微孔铬层，通常是双层或三层镍之后，再用含有分散的不导电粒子的光亮镀镍液镀一层薄的镍层，这层镍也称为封锁镍（seal nickel）。最后再用普通镀铬液镀一层很薄（$0.5\sim0.9\mu m$）的铬层。这样得到的铬层就是微孔铬层。因此，获得微孔镀层的关键是缎状镍工艺。缎状镍所用的固体粒子直径通常为 $0.1\sim1.0\mu m$，塑胶粒子则为 $0.3\mu m$。镀液中的总量为 $5\sim45g/L$。美国乐思化学有限公司提出的缎状镍 II 工艺配方和操作条件如下：

硫酸镍	$300\sim375g/L$	光亮剂 63$^\#$	7.5ml/L
氯化镍	$60\sim90g/L$	温度	60℃
硼酸	$45\sim48g/L$	阴极电流密度	$2\sim6.5A/dm^2$
DN 310	7.5ml/L	阳极电流密度	$1\sim3.5A/dm^2$
DN 303	20ml/L	pH	$3.4\sim4.0$
DN 306	20ml/L	搅拌	强烈空气搅拌
DN 307	$0.5\sim2.0g/L$	时间	$0.5\sim2min$

缎状镍 II 工艺是乐思公司新近发展的工艺，它与缎状镍 I 工艺相比，优点是电镀时间可缩短，在光亮镍与缎状镍之间可以省去水洗工程。

微孔铬适于脚踏车零件、保险杠、钢制车架等装饰件的电镀，具有良好的抗腐蚀性能。

7. 黑铬镀液

黑铬电镀层是含铬酸的水溶液中添加有机和无机催化剂代替普通镀铬用催化剂硫酸而制得的。镀层黑色的产生，除金属铬外还有铬的氧化物沉积，镀层成分为铬 56%、氮 0.4%、碳 0.1%、氧 26%、氢 12%。由于微小金属铬弥散在铬的氧化物中形成吸收光中心的结晶产生黑色，镀层中氧化铬含量越高、黑镀越深，一般氧化铬的含量在 25% 左右。

早期的电镀黑铬是 Siemens 用醋酸作催化剂获得的。此后 Ollard、石田等研究了这类镀液的组成。在一般醋酸系的镀液中添加钒盐、镍盐、硝酸钠等添加剂。Gillbert 后来发现用丙酸代替冰醋酸也可获得同样效果。Smith 和 Grahnm 等在电镀黑铬溶液中添加了各种无机物催化剂，如氟硅酸、氟硼酸、氟化铵等。同时还有添加钒盐的镀液和添加硝酸盐的镀液。近年来，国外用三价铬或四铬酸盐镀液来电镀黑铬的研究也在进行中。

上海轻工业研究所和上海照相机厂联合研究的电镀黑铬工艺已用于海鸥 DF 照相机零件的电镀，它们和日本专利提出了光亮性黑铬镀液这两种工艺的配方和条件，如表 24-7 所示。

表 24-7　黑铬镀液的配方和条件

上海轻工业研究所		日　本　专　利
铬酸酐	$200\sim250g/L$	铬酸酐 $200\sim700g/L$
硝酸钾	$4\sim6g/L$	硝酸、硝酸盐 $0.5\sim10g/L$
氟硅酸	$0.05\sim0.1g/L$	氟硅酸 $0.2g/L$（饱和）
添加剂 BC	$0.1\sim1.0ml/L$	NaOH $10\sim140g/L$
温度	$18℃\pm2℃$	高锰酸盐、碳酸锰、钨酸盐、硫脲、三乙醇胺、氨基乙酸、N,N-二甲醛磺胺中之一—$\geqslant1g/L$
电流密度	$20\sim25A/dm^2$	电流密度 $2\sim3A/dm^2$ 电流效率 10%（$D=20A/dm^2$）
阳极	铅锡合金极	
电镀时间	30min	

添加剂 BC 为有机添加剂，它具有改善铬镀层的均匀度和致密性，扩大电流范围以及提高镀层黑度等优点，所得镀层的黑度可达 97% 以上，外观呈现消光的黑色，硬度为 Hv 200（负荷 50g），耐磨实验可通过 5 次。镀层在 120℃ 烘 15min 后可弯 $90°$。镀黑铬液已商品化，色亮可达真黑，其特点是不含硫酸根和氯离子。

四、六价铬电沉积的机理

1. 获得光亮铬层的基本条件

多年来，各国学者对镀铬过程进行了深入的研究，获得了许多解决镀铬机理所必需的重要事实，从中我们可以看出要获得光亮铬层的基本条件。以下汇集了镀铬的某些重要信息。

① Brenner 和 Ogburn 用放射性 ^{51}Cr 作标记原子进行铬电沉积的研究，结果确认金属铬层是由溶液中存在的六价铬直接被还原而成的，这与加入镀液的 Cr^{3+} 离子无关。

② 从不含任何催化离子的纯铬酸溶液中，得不到光亮铬的镀层。得到的是含 $Cr(OH)_2$ 的黑铬镀层。

③ 从只含水和三价铬离子的水溶液（硫酸铬水溶液）中也无法得到铬的镀层，阴极上只有 H_2 气体析出。

④ 铬酸在阴极还原时，会形成铬酸铬（Ⅲ）膜，仅当溶液中存在 SO_4^{2-}、F^-、SiF_6^{2-}、Cl^- 等催化阴离子时才可获得光亮镀铬层。

⑤ SO_4^{2-}、F^-、SiF_6^{2-}、Cl^- 等催化离子具有溶解阴极膜和 $Cr(OH)_3$ 等的作用。用量少时它们的催化作用不明显，电流效率低、沉积速度慢，用量过多时抑制铬的析出，同样使电流效率降低。

⑥ 用 CrO_3：Na_2SO_4 为 100：1 的铬酸溶液和用 CrO_3：$H_2SO_4=100$：1 的铬酸溶液，在相同的电镀条件（40℃，23A/dm^2，黄铜片上镀 5min）下，所得镀层没有差别，证明 H_2SO_4 或 Na_2SO_4 都是有效的催化剂。

⑦ 阴极铬酸盐膜的分解，在低 pH 的镀液中的易于进行。

2. 镀铬的机理

在普通镀铬液中，铬主要以三铬酸负离子 $HCr_3O_{10}^-$ 形式存在。由于阴极与镀液间的电位主要集中于双电层（double layer）的紧密层，也称亥姆霍兹双层。因此，带负电的三铬酸负离子离阴极表面最近的方式是刚好位于紧密双电层的外平面，因为该层的厚度约为 $(3\sim6)\times10^{-8}\text{cm}$，故电子有可能以量子力学的隧道效应方式在双电层中跃迁。这样，电子就可以通过紧密层而转移到靠近，双电层外平面的三铬酸根离子的一端。起初，一端六价铬酸的 $Cr=O$ 键获得一个电子而形成 $Cr-O^-$，六价铬离子被还原为五价铬离子。

$$^-O-Cr-O-Cr-O-Cr-OH + e^- \longrightarrow {}^-O-Cr-O-Cr-O-Cr-OH \tag{24-8}$$

随着另一个电子的转移，五价铬被继续还原为四价铬。

$$^-O-Cr-O-Cr-O-Cr-OH + e^- \longrightarrow {}^-O-Cr-O-Cr-O-Cr-OH \tag{24-9}$$

当四价铬获得第三个电子而被还原为含有三价铬的重铬酸铬时，就伴随着放出 O^{2-}

$$^-O-Cr-O-Cr-O-Cr-OH + e^- \longrightarrow Cr-O-Cr-Cr-OH + O^{2-} \tag{24-10}$$

在酸性镀液中，O^{2-} 马上与 H^+ 反应生成水。

$$O^{2-} + 2H^+ \longrightarrow H_2O$$

重铬酸铬是阴极膜的组成部分，会把 $Cr(\text{III})$ 束缚在阴极配合物膜中，从而阻止了不能直接电沉积的稳定的三价铬水合配离子的形成。重铬酸铬中的三价铬还可以再获得一个电子再还原成重铬酸亚铬：

$$Cr-O-Cr-O-Cr-OH + e^- \longrightarrow {}^-O-Cr-O-Cr-O-Cr-OH + O^{2-} \tag{24-11}$$

它在强酸性介质中可与 H^+ 离子反应而分解，生成难溶的氢氧化亚铬。

$$^-O-Cr-O-Cr-O-Cr-OH + H^+ \longrightarrow Cr(OH)_2 + H_2Cr_2O_7 \tag{24-12}$$

这是在不存在 HSO_4^- 催化剂时铬酸阴极还原的结果，产物不是金属铬层而是含 $Cr(OH)_2$ 的黑铬膜，它是铬的氧化物和金属铬组成的混合物。反应放出的重铬酸还可结合铬酸而转化为三铬酸离子。

若镀液中存在着催化剂 HSO_4^-，则氢氧化亚铬不会单独析出来，它可借氢键与氢氧化亚铬形成酸离子：

$$Cr(OH)_2 \Longrightarrow Cr=O + H_2O \tag{24-13}$$

$$Cr=O + HSO_4^- \Longrightarrow Cr-O\cdots H-O-S-O^- \Longrightarrow {}^+Cr-O-H\cdots O-S-O^- \tag{24-14}$$

如用双箭头代表氢键，正电荷用 δ+ 表示，则形成的配位离子可表示为：

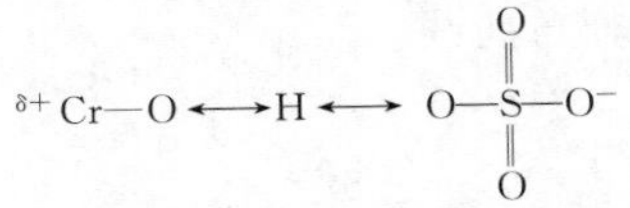

$$\delta+ Cr\!-\!O \longleftrightarrow H \longleftrightarrow O\!-\!\overset{\overset{\displaystyle O}{\|}}{\underset{\underset{\displaystyle O}{\|}}{S}}\!-\!O^- \tag{24-15}$$

因为配位离子的一端带有正电荷，在紧密双电层的外平面它就要转向，使酸离子的正电端靠向阴极表面，并把紧密双电层中的水分子置换出来，而带负电的硫酸根正四面体指向溶液。靠向阴极的铬（Ⅱ）离子，很容易从阴极获得电子而依次被还原为 Cr(Ⅰ) 和金属，并使 HSO_4^- 再生，其过程可表示为：

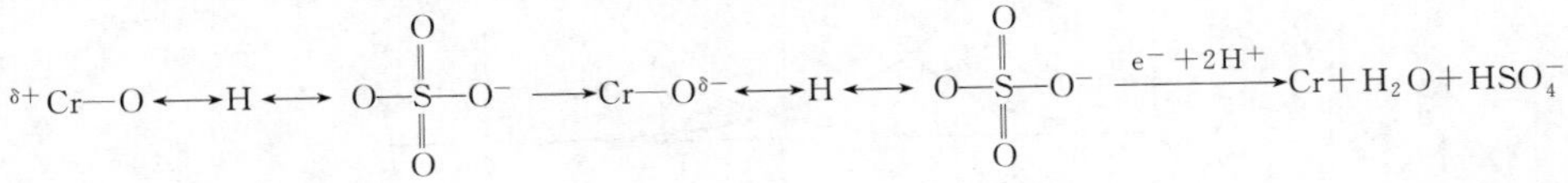

$$\delta+ Cr\!-\!O \longleftrightarrow H \longleftrightarrow O\!-\!\overset{\|}{\underset{\|}{S}}\!-\!O^- \longrightarrow Cr\!-\!O^{\delta-} \longleftrightarrow H \longleftrightarrow O\!-\!\overset{\|}{\underset{\|}{S}}\!-\!O^- \xrightarrow{e^-+2H^+} Cr+H_2O+HSO_4^-$$

$$\tag{24-16}$$

在此同时，阴极表面吸附的 H^+ 离子也被还原为氢气。整个过程可用图 24-7 所示。

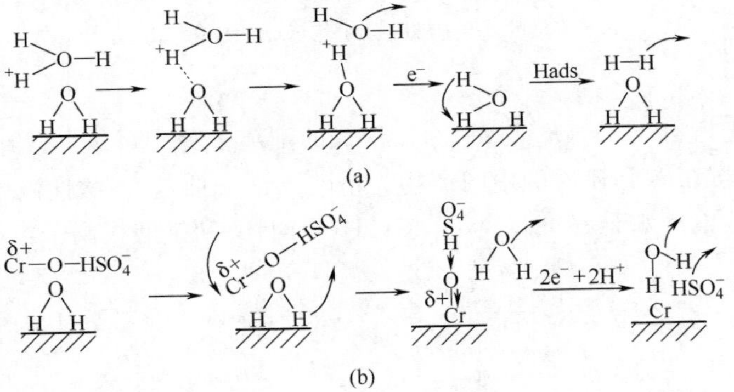

图 24-7　电极反应过程示意图
（a）特征吸附的水合 H^+ 的过程；（b）特征吸附的氧合硫酸氢根合铬（Ⅱ）
配合物还原为金属铬的过程

由上述模式可看出，要使 Cr(Ⅲ) 离子不形成稳定的水合配离子，重铬酸铬的形成是必需的。由于 HSO_4^- 可参与形成便于电子转移的中间态，其后它又能再生，所以它是真正的催化剂。溶液的高酸度不仅对分解阴极模，而且对保持高浓度 HSO_4^- 都是必需的，自然这就是镀铬的必要条件之一。而造成铬沉积所需的高电压和低电流效率的原因，则是由于存在平行的析氢反应的结果。当然 HSO_4^- 不仅只与三铬酸负离子的一个 Cr ═O 键形成氢键，它也可以与两端四个 Cr ═O 键中的任何一个形成氢键。

实际上，在镀铬液中，三铬酸根与不同数目 HSO_4^- 形成氢键的配合物都处于平衡之中。如果与三铬酸离子中的各个 Cr ═O 键成键的 HSO_4^- 的数目用 n 表示则为

$$HCr_3O_{10}^- + n\,HSO_4^- \tag{24-17}$$

其中 n 为 0~6 的所有整数，若以各种 n 值的配离子占总配离子的相对百分数 N_n 对 n 作图，则得如图 24-8 所示的分布曲线。

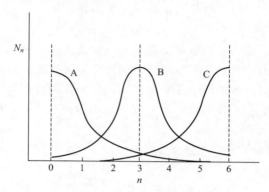

图 24-8 N_n 对 n 的理想分布曲线

N_n——三铬酸根与 HSO_4^- 形成的各种配离子的相对量；n——与 HSO_4^- 形成氢键的 $Cr\!=\!O$ 键的数目；CrO_3/H_2SO_4 比值：

A—$10^6/1$，B—$100/1$，C—$1/1$

我们可以把所有 $HCr_3O_{10}^-$ 与 HSO_4^- 形成的配离子分为三级，A 组是三铬酸两端均未被 HSO_4^- 屏蔽，其还原的中间产物为铬酸二铬（Ⅲ），在酸性液中，铬酸二铬分散，形成不能放电的水合三价配离子 $[Cr(H_2O)_6]^{3+}$ 和铬酸根离子：

$$
\begin{array}{c}
\overset{\displaystyle{}^-O}{\underset{\displaystyle{}^-O}{}}\text{Cr}-O-\overset{\displaystyle O}{\underset{\displaystyle O}{}}\text{Cr}-O-\overset{\displaystyle O}{\underset{\displaystyle{}^-O}{}}\text{Cr}\overset{\displaystyle O^-}{\underset{\displaystyle{}}{}} \quad +9H^+ \longrightarrow 2Cr^{3+}+HCrO_4^-+4H_2O
\end{array}
\tag{24-18}
$$

铬酸二铬（Ⅲ）

因此阴极反应的结果是放出 H_2 和形成 Cr^{3+}，这相当于图中的曲线 A，即镀液中 $CrO_3/H_2SO_4 = 10^6/1$ 时出现的情况。

当镀液中 $CrO_3/H_2SO_4 = 1/1$ 时，由于 HSO_4^- 大为过量，于是就形成了三铬酸离子中的 $Cr\!=\!O$ 键几乎全与 HSO_4^- 形成氢键而受到完全的屏蔽的 C 组配合物（见图 24-8 中曲线 C），此时电子转移完全被阻止，结果，阴极只析出 H_2 气体。

B 组配合物是三铬酸的 2~4 个 $Cr\!=\!O$ 键被 HSO_4^- 屏蔽，配位离子中还留下 2~4 个自由的 $Cr\!=\!O$ 键，这相当于 $CrO_3/H_2SO_4 = 100/1$ 的情况，此时由于 HSO_4^- 的催化作用，三铬酸可被还原为金属铬，阴极上可以得到光亮的铬层。有副反应时也有部分 H_2 析出。不过此时镀液的电流效率比 A 组和 C 组的高，若比值偏离 100/1，则镀液中配合物应向 B 组配合物减少的方向转化，使镀液的电流效率和沉积速度都下降，这就是镀铬时要严格控制 CrO_3/H_2SO_4 比值的原因。

在实际镀液中的配合物不可能完全是 $n=3$ 的形式，所以阴极反应的结果总有少量 Cr^{3+} 形成，其一部分会扩散到 PbO_2 阳极而被氧化为 Cr^{6+}，一部分仍留在镀液中。

　　以上的模式基本上解释了镀铬时出现的各种事实，这是至今提出的最完整的电解析出铬机理的理论。

五、镀铬添加剂与配位体

1. 催化剂

　　所谓催化剂是指能加快反应的速率，而本身并不消耗的物质。根据上述镀铬的机理，只有能与多铬酸（通常指三铬酸）根中的 $Cr\!=\!O$ 键形成牢固氢键的化合物才具有催化活性。由于镀铬是在强酸性溶液中进行的，要与 $Cr\!=\!O$ 键形成氢键的化合物必须具有 HY 的结构单元，而且元素 Y 的电负性也要大才行。从元素周期表来看，电负性最大的元素在周期表的右上角。

　　表 24-8 列出了某些元素的电负性（在元素符号的下方）和还原电位（在元素符号的右方）。

表 24-8　周期表中某些元素的电负性和还原电位　　　　　　　单位：V

B　　−0.87	C　　−0.2	N　　0.96	O　　1.23	F　　2.87	还原电位
8.3	11.26	14.53	13.61	17.42	电负性
	Si　　—	P　　0.28	S　　−0.51	Cl　　1.36	还原电位
	8.15	10.48	10.36	13.01	电负性
		As　　0.58	Se　　−0.78	Br　　1.09	还原电位
		9.81	9.75	11.84	电负性
			Te　　−0.92	I　　0.54	还原电位
			9.01	10.45	电负性

　　元素 Y 还要满足的第二个条件是本身不容易被阴极还原，所以真正能满足这两个条件的元素只有 O、Cl 和 F。实践证明大部分含 O、Cl、F 的无机酸或配合物酸都是有效的催化剂。

　　氟化物，特别是氟配位离子（如 SiF_6^{2-}、AlF_6^{3-}、TiF_6^{2-}、BF_4^- 等）是一类较好的催化剂，这主要是由于它们具有下列优点：

　　① 明显提高阴极电流效率；

　　② 在较低的温度和电流密度下获得光亮的铬层；

　　③ 使铬层表面活化，故在电流中断或重复镀铬时，仍能获得光亮的铬层；

　　④ 镀液的覆盖能力较好。

氟化物镀液的主要缺点是：

　　① 对加工物、镀槽和阳极的腐蚀性较大，对镀液的管理要求较高。不过采用氟配位离子时，其腐蚀性比用 F^- 时小得多，这是因为腐蚀性强的 F^- 都已参与配位，游离 F^- 极少。

　　② 镀液允许存在金属杂质的能力较差，如镀液中 Fe^{3+} 离子超过 3g/L 时，就会严重影响铬层的光亮与镀液的均一性，降低工作范围及电流效率。

　　用 SiF_6^{2-} 或 SO_4^{2-} 作催化剂时，获得最高镀铬电流效率时的阴离子/CrO_3 之比为

（1/100）～（2/100），而用 F^- 时则要（6/100）～（12/100），正好是 SiF_6^{2-} 的 6 倍，这说明真正具催化活性的可能不是 F^-，而是 MF_6^{2-}。在不加 SiF_6^{2-} 而只加 F^- 时，很可能是 F^- 与还原中间体 Cr^{3+} 形成 CrF_6^{3-} 后起作用的，AlF_6^{3-}、TiF_6^{2-} 也是良好的催化剂就是旁证。

把 SO_4^{2-} 与氟化物合用时，有时可以获得更好的效果，这种镀液就称为双催化剂或复合镀铬液。例如在 50g/L CrO_3 的镀液中，若不加 SO_4^{2-} 只加氟化物，只能得到灰色的金属铬，当与 SO_4^{2-} 并用时，F^- 的浓度在 2g/L 以内就会获得电流效率较高、镀层光亮的铬层。同样，在 250g/L 的镀铬液中，只加 BF_4^- 而不加 SO_4^{2-}，则只能得到电流效率低的灰色铬层，加入 SO_4^{2-} 后，电流效率和外观都明显改善。

氯离子在许多金属镀液中都可作为便于电子传递的桥状配体与金属形成配离子，使配离子放电的超电压降低，电流效率升高。在镀铬时，Cl^- 可以作为催化剂，使阴极上析出灰色铬层，而且具有很高的电流效率。在 CrO_3 为 250g/L 时电流效率最高可达 35%。当 CrO_3 为 400g/L 时，电流效率可达 43% 左右，这是其他催化剂望尘莫及的。图 24-9 表示 CrO_3 和四种常用催化剂阴离子浓度对镀铬层外观、沉积量和电流效率的影响，在 SO_4^{2-}、SiF_6^{2-}、F^- 和 Cl^- 四种催化剂中，光亮镀层范围最宽的是 SO_4^{2-}，其次是 SiF_6^{2-} 和 F^-，在 Cl^- 镀液中得不到光亮铬层。然而从电流效率来看，当 $CrO_3 > 250g/L$ 时，Cl^- 镀液的电流效率最高，其次是 F^- 和 SiF_6^{2-}，SO_4^{2-} 的电流效率最低。

小西三郎等研究了各种含氧酸阴离子对镀铬的催化作用，发现除了最常用的 SO_4^{2-} 催化剂外，ClO_4^- 在 250g/L CrO_3、$ClO_4^-/CrO_3 = 3/100$ 时可以得到灰色的金属铬，在 CrO_3 为 400g/L 的镀液中，当 $ClO_4^-/CrO_3 = (5/100)～(7/100)$ 时镀液的电流效率较高，且能得到光亮的镀层，其用量要比 ClO_4^{2-} 高 5～7 倍，因为它是很强的酸，在镀液中以 $HClO_4$ 形式存在的量很少，只有其浓度足够高时，镀液中才有足量的可与 $Cr=O$ 形成氢键的 $HClO_4$。

有机磺酸 $R-SO_3H$ 的结构与 HSO_4^- 相似，碳原子数小于 3 的乙基磺酸、甲基

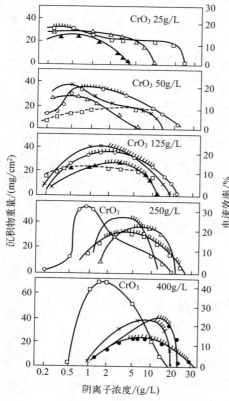

图 24-9　铬酸和催化剂阴离子浓度对镀铬层外观、沉积量和电流效率的影响

—○— SO_4^{2-}；—●— SiF_6^{2-}；—×— F^-；—□— Cl^-(g/L)；

ⱵⱵⱵⱵⱵ光泽镀膜；——灰色镀膜；----棕色或无镀膜

磺酸都是优良的镀铬催化剂，它可以明显提高镀铬的电流效率和分散能力。有机磺酸也可以同 $Cr=O$ 形成牢固的氢键。

氨基羧酸以及各种羧酸、羟基酸也都可以同 $Cr=O$ 形成稳定的氢键，许多文献也有报道它们可以作为有效的镀铬催化剂，可以提高铬的还原速度和电流效率。

氨磺酸根 $H_2NSO_3^-$ 的磺酸根与 SO_4^{2-} 相似，在强酸性溶液中，它以 $H_3^+N-SO_3^-$ 的形式存在，由于氨基比 SO_4^{2-} 更容易得到 H^+，$-SO_3^-$ 要变成可形成氢键的 $-SO_3H$ 也就比较困难，所以氨磺酸也是个较差的催化剂，在 CrO_3 为 250g/L 的镀液中，$NH_2SO_3^-/CrO_3$ 之比值必须达到 1/10 时才能获得光亮的铬层。

磷酸根很容易被还原为亚磷酸，在酸性液中的还原电位为

$$H_3PO_4+2H^++2e^- \longrightarrow H_3PO_3+H_2O \quad E^{\ominus}=-0.276V$$

在镀铬时若用亚磷酸作添加剂，可以析出一些灰色的铬层，但电流效率极低。

硼酸（H_3BO_3）很容易在电极上被还原为硼，结果阴极上也只能获得咖啡色的非金属析出物。

硝酸根也很容易被还原，这些物质的还原要消耗电能，故阴极电流效率很低，阴极上得到的是黑色非金属沉积物，所以，硝酸盐是镀黑铬的有效添加剂。

醋酸在镀铬条件下也容易被还原为醛、醇。因此，在 CrO_3 为 250g/L，$CH_3COO^-/CrO_3=1/10$ 以上时，阴极上只能得到黑色非金属析出物。

硒酸（H_2SeO_4）的酸强度与硫酸相当（均为 $pK_1=-3$，$pK_2=2$），在强酸性液中也可以 H_2SeO_4 形式存在，在 50℃ 以下可以作为催化剂，另一方面它自身又可被阴极还原，所得镀层为 Cr-Se 合金。如在 $SeO_4^{2-}/CrO_3=(1/100)\sim(10/100)$ 时可得到光亮的 Cr-Se 合金，而且电流效率也较高。

碘酸钾与含氮有机酸合用可提高镀液的分散能力和覆盖能力，这主要是由于碘酸钾对于被镀表面有一定的活化作用，从而使其表面真实电流得到提高，避免了低电流区不能正常析铬的现象，同时使镀液的导电能力增加的缘故。

氯代羧酸是镀铬的新型催化剂，它具有较高的电流效率，镀层的硬度高，摩擦系数小，很适于镀工业用铬。用于镀装饰铬时，可提高镀液的覆盖能力和均一性。

常用的氯代羧酸有一氯乙酸、二氯乙酸、三氯乙酸、2,2-二氯丁二酸、2,2'-二氯丁二酸。氯的取代一方面使有机氯化物在阴极也能部分分解而放出 Cl^-，因而提高电流效率的作用。

镀铬添加剂的最新发展是把稀土金属引入镀液，常用的稀土金属离子是镧（La^{3+}）、铈（Ce^{4+}）和混合轻稀土，它们可以用氧化物、硫酸盐或氟化物的形式加入普通的硫酸型或氟硅型镀液，它们可以明显提高镀液的覆盖能力和镀层的光亮度，对镀液的电流效率无明显影响。1980 年和 1983 年的苏联专利中提出用氟化镧（LaF_3）、氧化镧和硫酸镧。其配方为：

CrO_3	300～400g/L
$SrSO_4$	5～6g/L

$SrCO_3$	$0.4\sim0.6g/L$
$CaSiF_6$	$0.5\sim0.7g/L$
$BaSiF_6$	$1\sim2g/L$
$La_2(SO_4)_3 \cdot 8H_2O$	$1\sim2g/L$
La_2O_3	$2\sim3g/L$
pH	$0.6\sim0.8g/L$
温度	$40\sim50℃$
D_K	$11\sim20A/dm^2$

据称，从该镀液中可获得光亮如镜的铬层，铬层最高厚度可达 $76\sim78\mu m$。

稀土金属离子为何具有此等效果呢？大家知道，镀层的光亮与添加剂的整平作用有密切的关系，而整平作用的实质是镀液微观分散能力的改善，稀土离子具有三个正电荷（用 R^{3+} 表示），离子体积也比三铬酸离子小。在镀铬时，它优先向阴极表面扩散，并首先吸附在阴极凸出部电流密度大处。由于 R^{3+} 离子十分稳定，其标准电位比氢低，在水溶液中它并不被还原，然而它阻止了三铬酸配位离子在阴极凸出部的还原，而有利于三铬酸离子在阴极凹陷处的还原，结果电流密度小的凹陷处，铬沉积量相对增加，而凸出部的沉积量相对减少，最终就得到平滑而光亮的镀层，这说明稀土离子实际上是一种无机的整平剂。由于镀液微观分散能力的改善，原来因电流密度太小而无铬沉积的部位，在稀土离子存在时，该处的实际电流密度有所提高，铬层也就可以在该处沉积，这就是稀土离子可以提高镀液覆盖能力的原因。标准镀铬液中不加稀土时，镀层的结构为六方晶格，加入稀土后，由于它的吸附作用与催化作用，降低了六方晶格转变为立方晶格的活化能，促使六方晶格向立方晶格转变，提高了镀层的硬度。

镀铬层表面含有较多的针孔、裂纹等缺陷，当存在腐蚀介质时，镀铬层作为阴极，针孔处作为阳极，出现大阴极小阳极的腐蚀体系，加速铬层的腐蚀脱落，失去对基体的保护。加入某些添加剂，促使形成光滑致密的镀层，消除表面针孔与裂纹，从而提高镀层的耐蚀性。此类添加剂主要有：甲醛、乙二醛及稀土元素等。这些添加剂也可提高铬层的硬度。

加入丙炔基磺酸钠后，它能吸附在表面的空穴处，阻碍位错的形成，使内应力降低。此外，它还可以抑制析氢反应，从而提高镀层结合力。

2. 催化剂的作用机理

（1）卤化物离子和 SO_4^{2-} 对铬酸电沉积电流效率的影响

在含不同阴离子的铬酸溶液中测得的电流效率随电流密度的变化如图 24-10 所示。图 24-10 表明，在不含硫酸的铬酸溶液中，铬的沉积效率几乎为零。加入硫酸后，溶液的电流效率都有所提高，在阴极都能得到光亮至半光亮的镀层，这表明硫酸有利于光亮铬的形成。另外，在含 F^-、Cl^-、Br^- 的三种镀液中，含 Cl^- 镀液的电流效率最高，含 F^- 镀液次之，而含 Br^- 镀液跟含硫酸的相近，这说明 F^-、Cl^- 对铬酸中沉积铬有活化作用，而 Br^- 的活化作用很小。

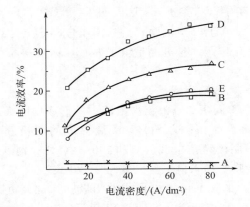

图 24-10　铬电沉积的电流效率与电流密度的关系

A—CrO_3 2.5mol/L；B—CrO_3 2.5mol/L+H_2SO_4 0.025mol/L；

C—B+NaF 0.025mol/L；D—B+NaCl 0.025mol/L；

E—B+NaBr 0.025mol/L

（2）卤化物离子和 SO_4^{2-} 对铬酸电沉积的阴极极化曲线的影响

不同阴离子存在时，铬酸的恒电位阴极极化曲线如图 24-11 所示。根据阴极表面及阴极区溶液的变化可将图 24-11 中的极化曲线近似地分为三个区：①Cr（Ⅵ）→Cr（Ⅲ），阴极膜开始形成，阴极区溶液出现紫色；②阴极膜形成完全，并放出少量 H_2；③铬析出，并放出大量 H_2。图 24-11 表明，单纯铬酸溶液的钝化区较宽，氢析出电位较负，阴极上只出现黄褐色钝化膜。这表明无 H_2SO_4 存在时，从纯铬酸中不能沉积出金属铬。当溶液中加入 H_2SO_4 及卤素离子时，钝化区变窄，表明它们对阴极膜有溶解活化作用。由极化曲线的③区可看出，含 F^-、Cl^- 离子镀液中铬的析出

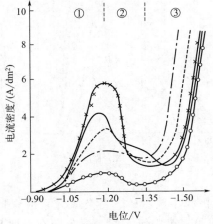

图 24-11　不同铬酸溶液中铬的阴极极化曲线

—○— CrO_3 2.5mol/L；—— CrO_3 2.5mol/L+H_2SO_4 0.025mol/L；

----- B+NaF 0.025mol/L；—·— B+NaCl 0.025mol/L；

—×— B+NaBr 0.025mol/L

电位比含 SO_4^{2-} 的正移，且 $Cl^- > F^-$，这表明 F^-、Cl^- 离子有一定的去极化作用，使铬的析出变得容易。而含 Br^- 镀液中铬的析出电位与 SO_4^{2-} 的相近，这意味着 Br^- 对铬的析出没有什么活化作用。这可能是由于 Br^- 在铬酸中易被氧化成 Br_2，因而失去了活化作用。

（3）阴极膜的 XPS、AES 分析

用 XPS 可测定在含不同阴离子的铬酸溶液中所形成的阴极膜的组成。结果表明，几种膜中都有铬、氧元素存在；含 SO_4^{2-} 镀液形成的阴极膜中有硫元素存在；含 F^-、Cl^- 镀液中形成的阴极膜在 685.8eV 和 199.6eV 处分别测得有氟、氯元素存在，而在含 Br^- 镀液的阴极膜中却未检出溴元素。

现以在 $Cl^- + SO_4^{2-}$ 的铬酸溶液中形成的阴极膜为例分析膜中元素的可能价态。实验测得膜中 S 2p 的结合能为 168.6eV，这跟 SO_4^{2-} 中的 S 2p 一致。膜中 Cr 2p 在不同溅射时间的高分辨 XPS 谱见图 24-12，由图 24-12 可见，不同深度膜中铬的价态分布有所不同。溅射前，$Cr\ 2p_{3/2}$ 的半峰宽为 2.8eV，这比该仪器单一价态的 $Cr(Ⅵ)$ 和 $Cr(Ⅲ)$ 的 1.6eV 有 2.2eV 要宽，这意味着膜中的铬以混合价态存在。将该谱解叠，可得三个解叠峰 ［图 24-12（b）］。三个峰的峰值分别为 578.4eV、576.7eV 和 574.4eV，分别与多铬酸根、$Cr(Ⅲ)$ 化合物和金属铬的结合能相近，这表明在阴极表面可能存在一种重铬酸铬膜。溅射 8min 后，$Cr\ 2p_{3/2}$ 的半峰宽为 3.6eV，说明此时铬仍以混合价态存在。溅射 16min 后，$Cr\ 2p_{3/2}$ 的半峰宽变为 1.7eV，结合能为 574.3eV，这已接近金属铬的半峰宽和结合能，说明此时已溅射到铬的基层。阴极膜中 $Cl\ 2p_{3/2}$ 的结合能为 199.6eV，跟氯化钠中 $Cl\ 2p_{3/2}$ 的结合能接近，但比 NaCl 中 $Cl\ 2p_{3/2}$ 偏高约 0.4eV，这可能是 Cl^- 与铬部分地形成了化学键。

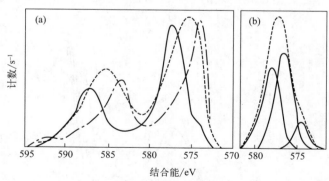

图 24-12　Cr(2p) 的高分辨 XPS 谱

含 Cl^- 镀液形成的阴极膜中氯、硫、铬及氧元素的含量随溅射时间的变化如图 24-13 所示。由图 24-13 可见，膜中氯元素主要集中在金属基体表面，而硫元素则主要分布在膜的表层。

（4）卤化物离子的活化机理

卤素离子水化程度小，一般容易突破金属表面的水化层而发生"特性吸附"。

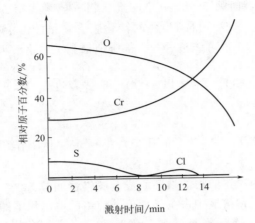

图 24-13　含 Cl^- 阴极膜的深度剖析曲线

XPS 测定结果表明，在铬酸中能稳定存在的 F^-、Cl^- 均参加了成膜，这很可能是卤素在金属表面发生了"特性吸附"而引起的。实际上，所谓"特性吸附"就是被吸附的物质在金属表面与金属形成了化学键。而 Br^- 易被铬酸氧化成 Br_2，不易再在金属表面成键。因而在相应的阴极膜中未被检出。

Haim 等综述了大量的含卤素离子 (X^-) 介质中金属的电子转移反应，认为卤素离子对金属电子转移反应的活化作用可能与卤素能参与形成桥状过渡态有关。量子化学计算表明，通过形成卤素离子桥，将会使金属电子传递反应的活化能大大降低。在铬酸的电沉积过程中，卤素的活化作用可能经历了如下过程：卤素离子首先突破金属表面的水化层而达到金属表面，进而与重铬酸铬 $[Cr^{III}(OH_2)_2Cr_2O_7]^+$ 形成了离子桥表面过渡配合物：$[(Cr_2O_7)(H_2O)Cr^{III}-X^--Cr^{III}(OH_2)(Cr_2O_7)]^{\neq}$，简写为 $[Cr^{III}X^-Cr^{III}]^{\neq}$。阴极的电子可通过卤素传递给 Cr^{III}，使其进一步还原为金属铬。在含氯阴极膜中，Cl 2p 的结合能偏高，可能就是由于形成了 $[Cr^{III}Cl^-Cr^{III}]^{\neq}$，Cl 上的 2p 电子部分地向 Cr^{III} 转移，使得 Cl 的价电子云密度降低，Cl 2p 结合能升高。通过形成上述桥状中间体，可使反应的活化能大大降低，表观上降低了铬析出的超电势，使铬的沉积变得容易。

由于形成 $[Cr^{III}Cl^-Cr^{III}]^{\neq}$ 的相对活化能比 $[Cr^{III}F^-Cr^{III}]^{\neq}$ 的要低，加之 Cl^- 水化程度比 F^- 小，更易进入金属表面，因而 Cl^- 更易在金属表面形成离子桥。此外，过渡态 $[Cr^{III}Cl^-Cr^{III}]^{\neq}$ 的相对能量比 $[Cr^{III}F^-Cr^{III}]^{\neq}$ 的高，所以前者更易得到电子变成金属铬。因而 Cl^- 对铬酸的还原有更强的活化作用。在一般的电极反应中，Cl^- 的活性比 F^- 强也可由此得到部分解释。

（5）SO_4^{2-} 的封闭作用

在铬酸的沉积过程中，三铬酸根离子的另一端也可能被还原，形成

$[(H_2O)_2Cr^{III}-O-\overset{\overset{O}{\|}}{\underset{\underset{O}{\|}}{Cr}}-O-Cr^{III}(OH_2)_2]^{4+}$，但它在铬酸溶液中不稳定，易分解成 CrO_4^{2-} 和

$Cr(H_2O)_6^{3+}$，在阴极表面则主要形成铬的氧化物或氢氧化物。因此，在纯铬酸溶液中不能沉积出金属铬，一般只得到褐色的钝化膜。在铬酸溶液中加入适量的 SO_4^{2-}，即可得到较光亮的镀层，这可能是 SO_4^{2-} 部分地抑制了三铬酸根的另一端被还原。在强酸性的铬酸溶液中，SO_4^{2-} 主要以 HSO_4^- 形式存在，HSO_4^- 可与 $\begin{matrix} O \\ \| \\ -Cr-OH \\ \| \\ O \end{matrix}$ 形成

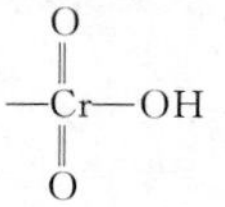

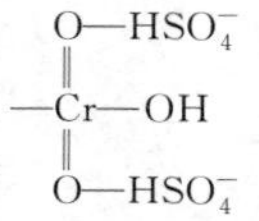

$\begin{matrix} O-HSO_4^- \\ \| \\ -Cr-OH \\ \| \\ O-HSO_4^- \end{matrix}$，从而抑制了 $\begin{matrix} O \\ \| \\ -Cr-OH \end{matrix}$ 的还原，即所谓"封闭作用"。按照 Hoare 的观点，只有一端被封闭的三铬酸根能被还原成金属铬。调节 SO_4^{2-} 与 CrO_3 的比例，总可使一端被封闭的形式在溶液中占主导地位，使铬的电沉积能顺利进行。在有卤素存在时，一端被封闭的三铬酸根被还原后可能与卤素形成如图 24-14 所示的过渡态结构。

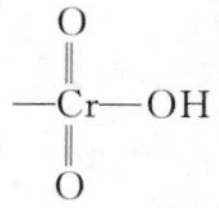

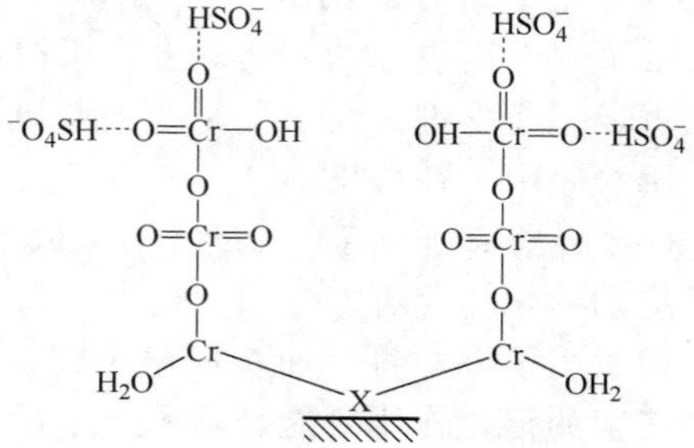

图 24-14　卤素存在时铬酸还原的过渡态结构

卤素通过"吸附"在阴极表面参加过渡态的形成，使铬的析出变得容易，而 HSO_4^- 通过与三铬酸根的一端形成氢键，抑制了三铬酸根被还原成稳定的 $Cr(H_2O)_6^{3+}$ 或三价铬的氧化物或氢氧化物。这一模型也较好地解释了含 $Cl^- + SO_4^{2-}$ 体系阴极膜的深度剖板曲线（图 24-13），即 Cl^- 主要集中在膜的深层，而 SO_4^{2-} 分布在膜的表面。

第二节　三价铬镀铬液

一、三价铬镀铬液的发展

虽然第一篇关于三价铬镀铬的论文早在 1854 年已发表，但由于种种原因，三价铬电镀的研究进展比较缓慢。到了 20 世纪 60 年代，人们开始重视对三价铬镀铬的研究，至 70 年代，随着科学技术和现代工业的迅速发展，尤其是人们环保意识的增强，三价铬镀铬开始取得实质的成果。1974 年英国 Albright & Wilson 公司发表了 Alecra 3 三价铬电镀工艺，并于 1975 年申请了氯化物三价铬电镀专利。该专利镀液的主盐

采用氯化铬，配位体是少于 10 个碳原子的羧酸或羧酸盐，导电盐有氯化钾、氯化铵或溴化物，缓冲剂是硼酸，镀液 pH 值为 2.5～4.5，阳极用石墨，镀层厚度不到 $3\mu m$，只能用于装饰镀铬。到 70 年代后期，OMI 公司对甲酸盐体系三价铬镀铬如何提高覆盖能力、消除金属杂质离子的干扰，以及如何抑制电镀液中六价铬的生成等申请了一系列专利。提出添加稀土或贵金属离子来抑制电镀液中 Cr^{3+} 氧化成 Cr^{6+}；以及使用铁氧体阳极和石墨阳极可抑制 Cr^{3+} 在阳极氧化成 Cr^{6+}。IBM 公司则选择了以高氯酸盐作主盐、硫氰酸盐作配位体，以及以硫酸铬或氯化铬作主盐，硫氰酸盐作为配位体，氨基酸为辅助配位体的溶液作成阴极液，用硫酸或硫酸盐作阳极液，再用选择性隔膜将阴、阳极液隔开，进行双槽电镀。到了 80 年代，1981 年，英国 W. Canning 公司开发了硫酸盐三价铬电镀工艺，也采用双槽电镀方式。1982 年，Metfin 公司推出一种环保型三价铬电镀工艺，Atotech 公司则对甲酸体系三价铬镀铬进行了详细的研究，提出以阳离子交换树脂去除金属杂质，再生三价铬电镀液的专利。同时推出以氯化铬为主盐，石墨为阳极的电镀工艺。同时，美国 Harshaw 公司也开发了 Trichrome 三价铬镀铬工艺，并投入了较大规模的生产，镀铬层的厚度为 $3.75\mu m$。我国在 70～80 年代也开展了三价铬镀铬的研究，所选用的配位体以甲酸为主，也试过乙酸、草酸和氨基乙酸作配位体，由于未能解决 Cr^{3+} 氧化为 Cr^{6+} 的问题，在生产上无法长期生产而告终。

到了 90 年代，三价铬电镀有了较快的发展。1998 年 Ibrahim 等人发表了几篇以尿素为配位体的三价铬电镀厚铬工艺。我国中南工业大学、北京科技大学、华南师范学院等也相继开展了三价铬电镀的研究，取得了一些成果，但仍不能实现工业应用。90 年代后期的研究主要集中在提高镀液的稳定性、改进阳极、改善镀铬层的外观和提高镀层的厚度等方面。

21 世纪初，国内的研究开始取得实质性的进展。广州二轻工业研究所经过几年的努力，在硫酸盐三价铬电镀工艺和钛基涂层阳极两方面取得了突破，目前已实现工业化，多家工厂已在应用，并有商品出售。目前国内外研制或代理的三价铬镀铬产品和工艺已有 10 多家，它们是：广州二轻工业研究所、美国电化学公司、美国乐思公司、美国安美特公司、国际化工公司、美坚公司、安恩特公司、柏安美公司、金迪公司、意笙公司、瑞期公司等，但多数工艺操作较复杂，生产条件要求较苛刻，不易维护和管理，而且所得铬层多以不锈钢色或亮灰白色为主，与人们早已习惯的传统六价铬的蓝白色调相差较远，同时镀层的厚度也较薄，硬度较低，耐蚀性也较差，这些问题还需进一步改进、提高和完善，以适应工业化生产和产品性能的要求。

二、三价铬和六价铬镀铬工艺的比较

21 世纪初，一些环保新法规陆续登场。美国、日本、欧洲等国家和地区也已经制定出严格的限制使用规定，不仅对以酸雾形式和从废水中排出的六价铬有极严格的限制，对铬酸的使用也有严格的规定。包括对产品原产地清洁生产状态的追溯，也作为一种全球化概念被提了出来。欧洲议会通过的新法规（WEEE＋ROHS）要求从 2006 年 7 月 1 日起实施商品禁止含有镉、六价铬、汞和铅等。日本各大电子公司已于 2004 年实行电子元件的无害化，世界卫生组织、美国、英国等均有规定，饮用水中 Cr^{6+} 含量不允许超过 $0.05mg/L$，中国也将跟随欧美实行危害物质的管制。

大家知道，六价铬是一种剧毒的强氧化剂，它很容易诱发癌症，并能使蛋白质变性而沉淀核酸、核蛋白、干扰重要的酶系统。铬酸盐吸到血液中后，可通过红细胞膜进入红细胞，在 Cr^{6+} 还原为 Cr^{3+} 的过程中，谷胱甘肽还原酶活力受到抑制，而使血红蛋白变为高铁血红蛋白，并出现缺氧现象。六价铬对呼吸系统的损害，主要是鼻中隔膜穿孔，引起咽喉炎和肺炎。因此欧洲议会规定，大小家用电器、资讯设备、通讯设备、消费性设备、灯具、电子仪器、电机工具、玩具、休闲运动设备、洁具、医疗设备、自动贩卖机等进入欧洲市场时，产品中的六价铬必须低于 0.1%，美国对六价铬的排放标准也由 $0.05mg/L$ 降至 $0.01mg/L$。

三价铬的毒性远比六价铬小，只有六价铬的 1% 左右。三价铬镀铬有单槽方式和双槽方式。单槽方式中的阳极材料是石墨棒，其他与普通电镀一样。双槽方式使用了阳极内槽，可以使用铅锡合金阳极，另外作为阳极基础液的是稀硫酸溶液。

同六价铬镀铬相比，三价铬镀铬有以下优点：

① 电流效率高，挂具装载量增加，镀速提高，分散能力与覆盖能力优于六价铬电镀工艺；

② 电镀故障减少，烧焦、乳白色镀层、分散性能不好等故障很少，不会出现彩色铬膜；

③ 光亮电流密度范围比较宽，适于形状较复杂的零件镀铬，镀层为不连续微裂纹铬，耐蚀性优于六价铬镀层；

④ 镀液可在常温下使用，不需加热设备，节约能源，电镀时，不受电流中断的影响；

⑤ 废水处理费用下降，无需还原六价铬的费用，由于铬的浓度低而使处理费用减少；

⑥ 改善了劳动环境，不使用铬酸，不发生铬雾，避免了操作者中毒的问题。

虽然三价铬镀铬的化学原料成本有所上升，设备一次投入增加，但从以上优点来看，有利因素完全可以抵消增加的费用。

三价铬镀铬与六价铬镀铬不同的是容易受少量金属杂质的影响。其主要的有害金属杂质的允许量很低：

$Cr^{6+}<0.05\%$，$Fe^{2+}<0.05\%$，$Cu^{2+}<0.002\%$，$Pb^{2+}<0.002\%$，$Zn^{2+}<0.01\%$因此进行适当的镀液管理是必要的。三价铬电镀系统配置了小型离子交换器系统，可以对金属杂质选择性地有效去除，以期达到稳定的生产。

现在已经工业化的三价铬镀铬还只能用于取代装饰性六价铬镀铬，因为镀层的厚度只能达 $3\mu m$，不能再增厚，其硬度还不能与六价铬工程镀铬相比。美国的加利福尼亚州等地区因为较先执行 EPA（environmental protection agency）而管制很严，大多数以三价铬镀铬取代了六价铬镀铬。从 20 世纪 90 年代开始，美国实际上已经有 120 多家公司在采用三价铬镀铬技术，其他如挪威、英国、法国、西班牙、意大利等国都有若干公司在采用。由于挪威的环境保护法规极严，对三价铬镀铬也有很高的期待。日本则在 1996 年就对单槽三价铬镀铬安排在电镀企业进行了实施。

可以采用三价装饰镀铬的产品有汽车的拉手、锁具、内外装饰品，摩托车、自行车零件、罩壳、盖板，取暖设备配件，照明、水暖器件，园艺、农家用品，五金工具，家具、商品货架等。

三价铬镀铬相对六价铬镀铬，容易操作，使用安全，无环境问题。但是存在一次设备投入较大和成本较高的不足。还有就是由于用户习惯了六价铬的色泽，在色度上有一个适应过程。但是，三价铬镀铬除了无环境污染问题，还有分散能力好和低电流区的耐腐蚀性较高等显著优点。三价铬镀铬和六价铬镀铬的性能比较见表 24-9。

表 24-9　三价铬镀铬和六价铬镀铬的性能比较

项　　目	三价铬镀铬		六价铬镀铬
	单　　槽	双　　槽	
铬盐浓度/(g/L)	20～24	5～10	75～150
pH	2.3～3.9	3.3～3.9	1 以下
阴极电流/(A/dm²)	5～20	4～15	10～30
温度/℃	21～49	21～54	35～50
阳极	石墨	铅锡合金	铅锡合金(要象形阳极)
搅拌	空气搅拌	空气搅拌	无
镀速/(μm/min)	0.2	0.1	0.1
最大厚度/μm	25 以上	0.25	100 以上
均镀能力	好	好	差
分散能力	好	好	差
镀层构造	微孔隙	微孔隙	非微孔隙
色调	深金属色	深金属色	蓝白金属色
后处理	需要	需要	不需要
废水处理	容易	容易	较难(欧洲要求零排放)
安全性	与镀镍相同	与镀镍相同	危险
铬雾	几乎没有	几乎没有	大量
污染	几乎没有	几乎没有	强烈
杂质去除	容易	容易	困难
电流中断的影响	无	无	无法继续再镀,需特别处理
杂质敏感性	对 Ni、Fe、Cu 敏感	对 Ni、Fe、Cu 敏感	不敏感
镀层的硬度	低(Hv 600～900)	低(Hv 600～900)	高(Hv 1000)
镀层的耐蚀性	优	优	良
镀液的稳定性	差	差	好
抽风	不需要	不需要	

三、三价铬镀铬工艺

随着欧盟 ROHS 环保法令的实施，六价铬已被列为禁用物质，六价铬镀铬很快要成为历史了，目前国内外推出的三价铬镀铬工艺越来越多。表 24-10 和表 24-11 分别列出专有产品及已公布配方电镀液的组成和操作条件。

表 24-10　国内外三价铬镀铬液的典型工艺

项目		广州二轻工业研究所	广东达志化工	安美特 Trichrome Plus	美坚(Trimac 3)	国际化工
配方		导电盐　280～350g/L 开缸剂　90～120ml/L 辅助剂　9～12ml/L 润湿剂　2～3ml/L	TCR-301 开缸剂 　400～500g/L TCR-303 稳定剂 　55～75ml/L TCR-304 润湿剂 　2～4ml/L TCR-305 配位体 　1～2ml/L	TC 添加剂 　400～460g/L TC 稳定剂 　75～85ml/L TC 调和剂 　3～8ml/L TC 修正剂 　3ml/L 硼酸　10g/L (开缸量)(滴定值) 三价铬　20～23g/L	导电盐　260～340g/L 开缸剂　100ml/L 辅助剂　100ml/L 润湿剂　3ml/L 总铬 　4.5～6.0g/L 硼酸　68～83g/L	Trich-6561 　350～450g/L Trich-6563 　50～70ml/L Trich-6564 　1～2ml/L Trich-6565 　4～8ml/L
操作条件	pH	3.0～3.7	2.3～2.9	2.3～2.9	3.3～3.7	2～3
	温度/℃	45～55	30～40	27～43	43～50	30～40
	时间/min	2～5	—	—	1～6	—
	D_K/(A/dm²)	3～10	10～22	10～22	3～5	8～16
	D_A/(A/dm²)	10～18	2～5	2～5		3.5～5.5
	电压/V	小于 12	9～12	9～12	小于 12	
	镀液相对密度	—	1.20～1.24	1.20～1.24	—	1.21
	阳极：阴极 (面积比)	—	(1.5～2.0)：1	(1.5～2.0)：1	—	
	阳极材料	DSA 涂层 阳极	德国 KOZO 石墨阳极	自制石墨阳极	Tri MACDSA 阳极	特制石墨阳极
	过滤	循环过滤	需要	需要	—	—
	搅拌	弱空气 搅拌	中等程度空气搅拌	中等程度空气搅拌	—	轻微
	抽风	需要	推荐采用	推荐采用		
性能指标		1. 环保安全；镀液稳定；覆盖能力好，分散能力佳；镀层光亮，有较好的耐蚀性。 2. 不怕断电：维护相对容易；电流效率高，电能消耗低；阳极使用寿命长，综合成本低。	1. 环保产品，不含六价铬，废水处理简单。 2. 色泽均匀、美观，具良好之覆盖能力与均镀能力。 3. 镀液不含有机溶剂；沉积速度较六价铬快。	1. 环保产品，不含六价铬，废水处理简单。 2. 色泽均匀、美观，具良好之覆盖能力与均镀能力。 3. 镀液不含有机溶剂和配位体，沉积速度较六价铬快。	1. 环保，操作安全，不腐蚀电镀设备。 2. 覆盖能力佳，镀层厚度一致且有较好的光亮度，有较好的耐腐蚀性能。 3. 金属杂质容易处理，镀液不容易产生淤渣。	1. 环保的三价铬电镀工艺。 2. 走位佳，镀层特性优良。 3. 硬度高，沉积速度快。 4. 操作安全，废水容易处理。

表 24-11　国内外几种三价铬镀铬液的组成和操作条件

溶液组成与操作条件	配方 1	配方 2	配方 3	配方 4
氯化铬($CrCl_3 \cdot 6H_2O$)/(g/L)	100~200		107~133	106
硫酸铬[$Cr_2(SO_4)_3 \cdot 15H_2O$]/(g/L)		20~25		
甲酸钾(HCOOK)/(g/L)			67~109	80
甲酸铵($HCOONH_4$)/(g/L)		55~60		
草酸铵($\begin{array}{c}COONH_4 \\ | \\ COONH_4\end{array}$)/(g/L)	80~150	6.5		
氯化铵(NH_4Cl)/(g/L)		90~95	53	54
氯化钾(KCl)/(g/L)		70~80	75	76
溴化铵(NH_4Br)/(g/L)	6~15	8~12	10~20	10
醋酸钠(CH_3COONa)/(g/L)			14~41	
硼酸(H_3BO_3)/(g/L)	40~50	40~50	49	40
硫酸钠(Na_2SO_4)/(g/L)	100~180	40~45		
硫酸(H_2SO_4)/(g/L)		1.5~2.0		
磺基丁二酸二辛酯/(g/L)	0.2~0.4			
润湿剂/(ml/L)	12~15		1	1
pH	3~4	2.5~3.5	2.5~3.3	2.8
温度/℃	25~40	20~30	20~25	25
阴极电流密度/(A/dm²)	10~20	100	15~30	5~10
阳极				石墨

为了防止三价铬镀液中不断产生六价铬，人们主要从以下几个方面来加以解决：

① 加入还原剂将镀液中的 Cr^{6+} 还原为 Cr^{3+}。常用的还原剂有重亚硫酸盐、甲醛、乙二醛、亚硫酸钠等。也可用稀土、钼、锆、砷、硒、碲和银的化合物用作还原剂。但这种方法需要不断地补充还原剂，要保证长期稳定生产较为困难。

② 美国专利 US P4615773 提出一种含有铱金属氧化物的电极作阳极，可使阳极不产生或很少产生 Cr^{6+}，能保持槽液长期稳定工作。此外，国内外正开展涂层钛、锆、铌、钽阳极（DSA 阳极）的研究。

③ 采用含有大量卤素离子（一般为 Cl^-）的镀液，使阳极产生氯气而不产生 Cr^{6+}，也有人提出加入少量（0.1mol/L）溴化铵，可有效地解决氯气的逸出问题，并且可以有效抑制 Cr^{6+} 的产生。

④ 采用离子交换树脂隔膜设立阳极区和阴极区，中间采用离子隔膜隔离 Cr^{3+}，使 Cr^{3+} 无法通过隔膜进入阳极区，这就是通常所说的双槽电镀法。

为使三价铬镀液能够镀出较厚的镀层，人们采用了以下几种方法：

① 用脉冲电镀的方法，可以镀得较厚的三价铬镀层。

② 在含 Cl^-、SO_4^{2-} 的三价铬镀液中适当加入尿素后，可以获得较厚的铬层，而且镀层的外观与六价铬的很相似，镀层质量很好，镀液稳定，沉积速度快，在 pH 升高时，能抑制多聚物的生成。

四、三价铬镀铬的配位体与配合物

1. Cr^{3+} 的配合物

水合三价铬离子 $[Cr(H_2O)_6]^{3+}$ 的性质与水合三价铁离子 $[Fe(H_2O)_6]^{3+}$ 很相似，其内层均含六个配位水分子，具有标准八面体构型。每个水分子距离中心金属离子的距离或水合离子的半径，两者均为 2.00Å，它们在较高 pH 值时均易发生水解并通过羟基桥而聚合成多核聚合配合物沉淀。比较这两种水合离子的标准还原电位

$$Cr^{3+} + 3e^- \longrightarrow Cr \qquad E^\ominus = -0.74V$$

$$Fe^{3+} + 3e^- \longrightarrow Fe \qquad E^\ominus = -0.036V$$

可以看出，Cr^{3+} 的还原比 Fe^{3+} 的还原困难得多。

大家知道，$[Ni(H_2O)_6]^{2+}$ 的电极还原反应的速率已很慢，取代第一个内配位水的速率常数为 $1.5 \times 10^4 s^{-1}$，而 Cr^{3+} 则为 $1.8 \times 10^{-6} s^{-1}$，因此可以说在可电沉积的金属离子中，$Cr^{3+}$ 属于电沉积反应速率最慢的金属离子，因此在选择 Cr^{3+} 的电镀配位体时，切不可再选择可与 Cr^{3+} 形成很强配位键的配位体，否则铬的沉积速度将慢到沉积不出铬。

Cr^{3+} 离子是一种亲氧配体的金属离子，即它可同含氧的配位体形成较稳定的配合物。根据制革工业上的研究，各种配位阴离子配位 Cr^{3+} 离子的能力有以下顺序：

OH^-＞草酸盐＞柠檬酸盐＞丙二酸盐＞乳酸盐＞乙醇酸盐＞酒石酸盐＞丁二酸盐＞CH_3COO^-＞$HCOO^-$＞CNS^-＞SO_4^{2-}＞Cl^-＞NO_3^-＞ClO_4^-

实践证明，三价铬镀铬的合适配位体为羧酸类，特别是甲酸盐 $HCOO^-$ 和乙酸盐 CH_3COO^- 是最常用也是最有效的配位体。

为了提高 Cr^{3+}-$HCOO^-$ 配合物的电沉积反应速率，引入可作"电子桥"的配体 NH_3，可以明显提高铬的电沉积速度和电流效率。实践证明，镀液中氨离子对铬离子的摩尔比控制在（3~7）：1 时可以得到很好的结果。氨的引入，可以通过各种形式的铵盐加入，如甲酸铵、乙酸铵、氯化铵、溴化铵等。铵盐不仅可起导电盐、提供配位体 NH_3 的作用，它还可以防止阳极上产生氯气，其反应为

$$4Cl_2 + 2NH_4^+ + 2e^- \longrightarrow N_2 + 8HCl$$

NH_4^+ 也可以抑制 Cr^{6+} 的产生和溴（Br_2）的生成，使镀液保持稳定。铵的加入量通常控制在 $1\sim3mol/L$，超过 $3mol/L$ 时低温时易析出。

除了羧酸盐外，许多氨基羧酸盐也是 Cr^{3+} 的优良配位体，如甘氨酸、丙氨酸、天冬氨酸、谷氨酸、亚氨基二乙酸等。

水合三价铬离子 $[Cr(H_2O)_6]^{3+}$ 内界中的水分子可被其他配体置换而形成各种颜色的不同配位形态的配离子：

$[Cr(H_2O)_6]^{3+}$	紫色	无水 $CrCl_3$	红紫色
$[Cr(NH_3)_2(H_2O)_4]^{3+}$	紫红色	$[Cr(H_2O)_4Cl_2]Cl \cdot 2H_2O$	绿色
$[Cr(NH_3)_3(H_2O)_3]^{3+}$	浅红色	$[Cr(H_2O)_5Cl]Cl_2 \cdot H_2O$	淡绿色
$[Cr(NH_3)_4(H_2O)_2]^{3+}$	橙红色	$[Cr(H_2O)_6]Cl_3$	紫色
$[Cr(NH_3)_5(H_2O)]^{3+}$	橙黄色	$Cr_2(SO_4)_3 \cdot 18H_2O$	深紫色
$[Cr(NH_3)_6]^{3+}$	黄色	$Cr_2(SO_4)_3 \cdot 6H_2O$	绿色
$NH_4[Cr(NH_3)_2(SCN)_4]$	红色	无水 $Cr_2(SO_4)_3$	桃红色

以甲酸为配位体的三价铬镀铬液中，铬配离子的形态目前尚未见详细的研究报告，在一些专利说明书中估计铬配离子是以 $[Cr_3(OH)_2(HCOO)_6]^+$ 形式存在，不过笔者

认为，在大量 Cl^- 和 NH_4^+ 存在时，也有可能形成含 NH_3、Cl^- 和 $HCOO^-$ 的混合配体配离子，但这必须通过实验测定才能证实。

Cr^{3+} 与柠檬酸配位一般形成 $[Cr(C_6H_5O_7)(H_2O)_3]$（$lgK=5.5$），也有其他形式结构的配合物，如 $[CrCl(H_2C_6H_5O_7)(OH)(H_2O)_3]$、$[Cr(H_2C_6H_5O_7)(OH)(H_2O)_4]^+$、$[Cr(H_2C_6H_5O_7)(H_2O)_5]^{2+}$ 及 $[CrCl(H_2C_6H_5O_7)(H_2O)_4]^+$ 等。虽然它们的形成速度较慢，但都很稳定。某些物质，如 Cr^{2+} 及甲酸可以加速 Cr^{3+} 与柠檬酸的配位反应而本身并不被消耗，即它们是 Cr^{3+} 与柠檬酸配位反应的催化剂，这一现象已为 R. E. Faxel 等的研究和 A. Watson 的研究所证实。S. K. Ibrahim 指出，甲酸在 Cr^{3+} 镀液沉积铬时起了两种作用，一是作为 Cr^{3+} 的配位体，高浓度的甲酸甚至还以桥键与 Cr^{3+} 配位，使镀层光亮平整；另一作用则是作为 Cr^{3+} 与柠檬酸配位的催化剂。

D. S. Lashmore 在研究电沉积铬镍合金时，变化配位体量和 pH 值得出的结果表明，柠檬酸盐含量在 $50\sim60g/L$ 范围，镀层中铬含量和电流效率都较高。

除柠檬酸作 Cr^{3+} 的配位体外，还有用甘氨酸、羟基乙酸、尿素作 Cr^{3+} 配位体的报道，其中尿素可与 Cr^{3+} 形成 $[Cr(urea)_x(H_2O)_{6-x}]$ 的配合物。尿素加入后镀层质量明显提高，同时也发现，甲酸也可催化加速尿素与 Cr^{3+} 的配位作用，加甲酸时尿素的加入量可减半。

2. 三价铬镀液中配体的作用

三价铬还原为金属铬的标准电极电位很负（$E^{\ominus}=-0.74V$），在铬沉积时阴极有大量氢气析出，使阴极附近的 pH 值迅速提高，图 24-15 是用微锑电极测定的阴极表面 pH 值随电镀时间的变化曲线。由图 24-15 可见，电解开始时，阴极表面 pH 值迅速升高，30min 以后趋于稳定。图 24-16 是阴极表面 pH 值与电流效率的关系，图 24-17 是电流效率随电镀时间的变化曲线。由图 24-17 可见，阴极电流效率在电镀 30min 以后也趋于稳定。图 24-16 则表明，当阴极 pH>4 后，电流效率降至最低值。

上述的结果表明，当电镀超过一定时间，或阴极 pH 值>4 以后，阴极表面的六水合三价铬离子已发生明显的水解聚合反应，反应的结果是生成链状高分子聚合配合物，它是一种胶状沉淀物，很容易吸附在阴极上，阻碍 Cr^{3+} 的还原，结果是电流效率骤降，析出的是疏松、易脱落的镀层。因此，若不改变 $[Cr(H_2O)_6]^{3+}$

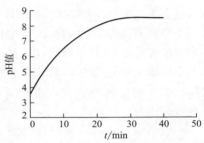

图 24-15 三价铬电沉积阴极表面 pH 值与电镀时间的关系

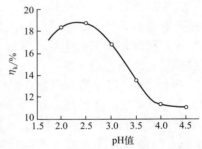

图 24-16 pH 值与电流效率的关系

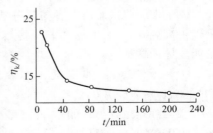

图 24-17 电流效率与电镀时间的关系

配离子的结构，或无法阻止 $[Cr(H_2O)_6]^{3+}$ 与 OH^- 通过羟桥而聚合，要实现三价铬镀铬是不可能的。图 24-18 是在阴极表面 $[Cr(H_2O)_6]^{3+}$ 通过羟桥逐步水解聚合过程的示意图。

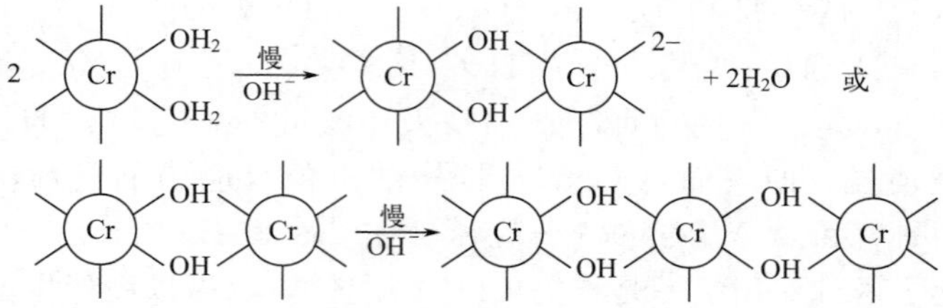

图 24-18　羟桥式水解聚合反应

（1）配体改变 $[Cr(H_2O)_6]^{3+}$ 的结构并加速电沉积速度

当有第二配体（L）取代原配体 H_2O 时，$[Cr(H_2O)_6]^{3+}$ 就转变为 $[Cr(H_2O)_5L]$，后者不再具有非常对称的八面体结构，而是一种不对称的非规则八面体结构，其配体场分裂能变小，动力学稳定性下降，容易形成反应的中间体或活性配合物，使 Cr^{3+} 离子在阴极上的还原变容易，电沉积速度就加快。因此，凡是能将第二配体（或第三配体）引入的因素均会促进电极反应活性配合物的形成，使 Cr^{3+} 电沉积速度加快，电流效率上升。

一般来说，选择一种配体作第二配体，如 L 选用甲酸、乙酸、草酸、氨基乙酸、酒石酸、柠檬酸等含碳数小于 10 的羧酸或者羟基酸及其盐时，Cr^{3+} 的还原速度提高还是有限的，电沉积速度还是比较慢的，一般只能镀几微米厚。

当选用两种不同的配体作第二、第三配体时，形成的配离子 $[CrL_1L_2(H_2O)_4]$ 的对称性更差，更易形成反应的活性中间体，电沉积速度也就更快。例如用甲酸作第二配体，甲醇作第三配体时，沉积速度明显加快，最快可达 $50\mu m/h$，同时还可改善镀层质量和镀液的稳定性。

图 24-19 是用甲酸和甲醇作配位体的三价铬镀液的电镀时间与 pH 值及沉积速度的关系。从图 24-19 可见，在 1L 镀液中连续沉积 150h 后，镀速仍大于 $50\mu m/h$，且质量好，镀液稳定。当时间超过 160h 后，pH 值开始升高，镀速迅速下降，因高浓度的 OH^- 可以取代羧酸而使 Cr^{3+} 羟桥化而聚合，此时的变化与图 24-16 相似。Watson 等根据相同的原理，在含尿素和甲酸的镀液中得到了 $50\sim70\mu m$ 的铬层。

G. Hong 曾试验将三种羧酸分别作为第二、第三和第四配体，结果发现沉积速度可以提高到 $50\sim450\mu m/h$，所得镀层的质量也很好。他们提出可作为第二、第三、第四配体的羧酸为：

① 一元羧酸：如甲酸、乙酸、丙酸、丁酸等，它们具有如下的结构通式，$CH_3(CH_2)_{n-1}COOH$。

② 二元羧酸：如草酸（乙二酸）、丙二酸、丁二酸、戊二酸、己二酸等，其结构通式为 $HOOC—(CH_2)_{n-1}—COOH$。

③ 羟基酸：如乙醇酸、乳酸（丙醇酸）、苹果酸（羟基丁二酸）、酒石酸（2,3-

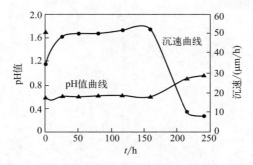

图 24-19 电镀时间与 pH 值及沉速的关系 （1L 镀液）

二羟基丁二酸）、柠檬酸等。

④ 氨基酸：如氨基乙酸（甘氨酸）、丙氨酸、天冬氨酸、谷氨酸、胱氨酸、氨二乙酸、乙二胺四乙酸等。

（2）抑制 Cr^{3+} 羟桥聚合反应

如前所述，在不含羧酸的 Cr^{3+} 水溶液中进行电镀时，阴极附近的 pH 值迅速上升，在 pH>4 后，水合 Cr^{3+} 会发生羟桥化反应，使水合 Cr^{3+} 离子聚合为长链的聚合配合物胶体，从而阻止铬的进一步还原。当向镀液中加入羧酸后，羧酸可以取代 OH^- 而形成以羧基为桥的双核配合物（见图 24-20）。

图 24-20 羧酸的双核配位化合物

已形成羟桥聚合配合物时，也可以选用合适的配体，如乙酸、草酸等，使羟桥聚合物完全解聚或部分解聚（见图 24-21 和图 24-22）。

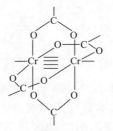

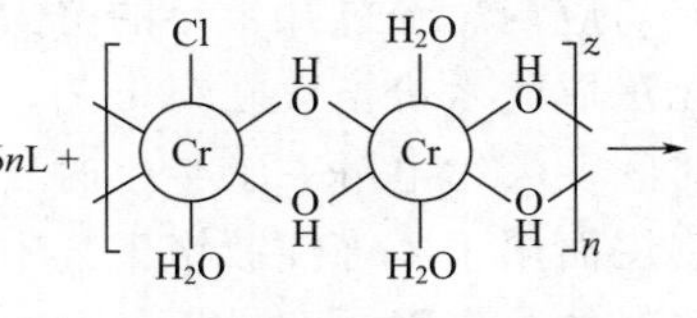

$$Zn[Cr(C_2O_4)_3]^{3-} + 3nH_2O + nCl^- + 4nOH^-$$

$L=C_2O_4^{2-}$，草酸盐

图 24-21 草酸使羟桥聚合物完全解聚

有机酸作为配位体可以与 Cr^{3+} 形成比羟基更稳定的配合物，从而抑制羟桥化并阻止形成链状高分子羟桥聚合物，使镀液变得更稳定。同时有机酸也是一种优良的

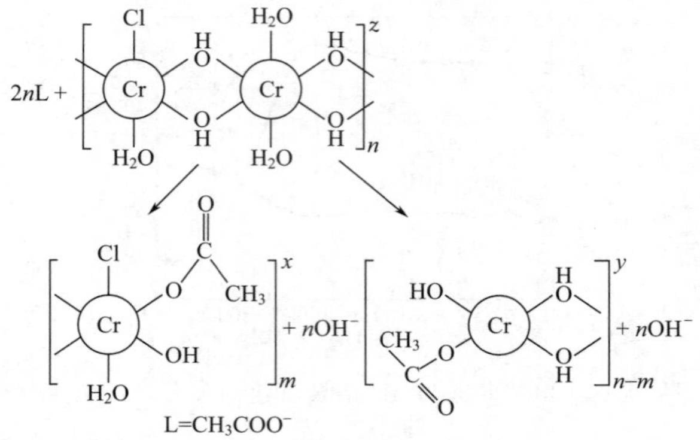

图 24-22　乙酸使羟桥聚合物部分解聚

pH 缓冲剂，特别是多羧酸，它们可在宽广的 pH 范围内有缓冲作用，在 Cr^{3+} 镀铬液中，通常是通过有机酸及硼酸共同来稳定镀液的 pH，一旦镀液 pH 值稳定在 3 以下，羟桥反应也就被抑制住了，阴极表面不再形成三价铬的氢氧化物，铬镀层的质量也就得到了提高。

（3）掩蔽有害金属杂质离子的干扰

如前所述，三价铬镀液比六价铬镀液更易受金属杂质的干扰，其主要的有害杂质的允许量很低[1]：

$Cr^{6+} < 0.05\%$，$Fe^{2+} < 0.05\%$，$Cu^{2+} < 0.002\%$，$Pb^{2+} < 0.002\%$，$Zn^{2+} < 0.01\%$ 或 $Cr^{6+} < 5mg/L$，$Cu^{2+} < 20mg/L$，$Ni^{2+} < 250mg/L$，$Zn^{2+} < 350mg/L$，$Cr^{2+} < 400mg/L$

大家知道，许多羧酸、氨基酸、羟基酸都是这些杂质离子的优良配位体，尤其是 EDTA，它可与上述杂质离子形成非常稳定的螯合物，使杂质离子的析出电位大大负移，从而不再干扰铬的析出，EDTA 的这种作用就称为掩蔽作用，它本身则被称为掩蔽剂。

五、三价铬镀硬铬的研究

六价铬镀铬的历史已经有 100 多年，人们早已知道 Cr^{6+} 对人体和环境的危害于是开展了三价铬镀铬的研究与应用。经过几十年的努力，目前三价铬镀铬已可取代六价铬的装饰性镀铬，但仍无法取代六价铬镀硬铬工艺，其主要原因是三价铬镀液的铬沉积过程仅能进行较短的时间，大约电解一个半小时后沉积层开始脱皮，因此三价铬液仅能获得几个微米厚的铬层而用于装饰性镀铬工艺中。

为了解决长时间电沉积铬时的脱皮问题，最近新加坡开发了一种新型三价铬镀铬工艺，它可以连续镀铬 20h，镀层的厚度可达 $450\mu m$，如果镀液组成和沉积条件控制

---

[1] 两组杂质的允许量来自不同文献，故数值并不对应，在 Cr^{3+} 镀铬液中可以加入 EDTA 或它的钠盐、钾盐、钙盐或镁盐作掩蔽剂，形成的配合物可以保留在镀液中而不需要沉淀除去，或者进行电解处理，就可以排除杂质的干扰，恢复正常生产。

在适当范围内，镀层的厚度还可以增加。该工艺的关键是使用羧酸作 Cr^{3+} 的配位体，总共使用了三种羧酸，同时使用硼酸盐、铝盐和第三种羧酸作缓冲剂，以防止产生 $Cr(OH)_3$ 沉淀，稳定镀液的 pH。镀层经热处理后的硬度可达 1200VHN，溶液必须使用离子交换器，以防止阳极处易氧化成分的氧化并保持 Cr^{3+} 镀液的稳定性。

该专利镀硬铬液的组成和工艺条件如下：

三价铬盐	0.6～1.0mol/L	羧酸（Ⅲ）	0.2～0.6mol/L
羧酸（Ⅰ）	0.3～0.5mol/L	氯化钾	1.0～3.0mol/L
羧酸（Ⅱ）	0.3～0.5mol/L	pH	1.0～3.0
硼酸	0.2～0.8mol/L	温度	20～35℃
铝盐	0.2～0.6mol/L		

1. 配位体的影响

羧酸（Ⅰ）、羧酸（Ⅱ）、羧酸（Ⅲ）从下列物质中选取：

一元羧酸：甲酸、乙酸、丙酸、丁酸。

二元羧酸：马来酸、琥珀酸、己二酸、戊二酸、草酸。

羟基羧酸：乙醇酸、乳酸、苹果酸、柠檬酸、酒石酸。

氨基羧酸：甘氨酸、丙氨酸、天冬氨酸、亚氨基二乙酸、谷氨酸、氨三乙酸、乙二胺四乙酸。

最佳的羧酸（Ⅰ）与羧酸（Ⅱ）之比为 1∶1，混合酸 [羧酸（Ⅰ）+羧酸（Ⅱ）]∶Cr^{3+}＝(1∶1)～(2∶1)，提高混合酸的浓度，Cr^{3+} 的羧酸配合物变得更加稳定，但沉积速度迅速下降。

2. Cr^{3+} 浓度的影响

Cr^{3+} 浓度对沉积速度和提高极限电流密度有显著影响。Cr^{3+} 浓度较低时，极限电流密度和沉积速度都很低。当其浓度为 0.4mol/L 时，允许电流密度为 $4.0A/dm^2$，沉积速度也很快；当电流密度超过 $8.0A/dm^2$ 后，沉积速度逐渐下降，电流密度超过 $10A/dm^2$ 后出现黑色镀层。当 Cr^{3+} 浓度较高时，极限电流密度和沉积速度都较高，Cr^{3+} 浓度增加到 0.8mol/L 时，极限电流密度达到 $30A/dm^2$，沉积速度为 $35\mu m/30min$。

3. 缓冲剂的影响

控制和稳定阴极扩散层的 pH 也是 Cr^{3+} 镀硬铬成功与否的关键因素之一。经过多次试验，使用硼酸、Al 盐和羧酸（Ⅲ）作为镀液的 pH 值缓冲剂，可以维持恒定的沉积速度，并避免 $Cr(OH)_3$ 沉淀的产生。每种缓冲剂都很有必要，并有特定的作用，没有缓冲剂或只含硼酸的镀液只能在 pH 值为 0.5～1.0 或较低的电流密度下进行电镀。Al 盐和羧酸（Ⅲ）的加入，由于其强缓冲能力解决了获得厚铬镀层所遇到的困难。羧酸（Ⅲ）的使用是三价铬镀液获得厚沉积层的关键因素，它解决了长时间镀层的脱皮问题，镀液中只加入硼和 Al 盐电镀 1h 后镀层就脱皮，而加入羧酸（Ⅲ）后就不会出现脱皮现象。硼酸的一个明显的作用是改善长时间电镀镀层的覆盖能力，其适当的浓度范围为 0.2～0.8mol/L，Al 盐和羧酸（Ⅲ）的浓度为 0.2～0.6mol/L。

4. 电沉积条件的影响

镀液 pH 值、温度、电流密度对镀铬过程有着重要的影响。镀液温度通常控制在 $25\sim45℃$，低于 $25℃$，镀液黏性增加，产生大量不溶性沉积物；高于 $45℃$，加速 H_2 的逸出并降低了 Cr^{3+}，配合物的稳定性。pH 值一般控制在 $1.5\sim3.0$，若高于 3.0，沉积速度明显降低，导致电流效率和覆盖能力下降，电流密度通常控制在 $10\sim30A/dm^2$，虽然极限电流密度能够随 pH 值的降低或羧酸与 Cr^{3+} 比的升高而增加，但是这些方法只增强 H_2 的逸出而不能使铬的沉积加快。

5. 镀层的表面形貌及硬度

从本书研究的三价铬镀液中可以获得厚度为 $50\sim450\mu m$ 银白色的半光亮镀层，其典型的结构为由微裂纹包围的球状晶体组成。随着电镀时间和镀层厚度的增加，球状晶体生产明显，微裂纹变宽，变深，电镀时间增加几小时，球状晶体继续生长且发展成大而光滑的晶体。电流密度较低时，铬晶粒变大并且微裂纹数明显增加，微裂纹的数量受电镀条件的影响。从三价铬镀液获得的沉积层硬度为 $550\sim800VHN$，在 $250\sim350℃$温度下热处理 2h，其硬度达到 $1200VHN$，这可能是由于热处理后其中的共沉积物转化成 Cr^{3+} 的碳化物和氧化物所致。

第三节　21 世纪三价铬镀铬配位剂的进展

三价铬还原为金属铬的标准电极电位很负（$E^{\ominus}=-0.74V$），在铬沉积时有大量氢气产生，使阴极附近的 pH 值迅速升高，$[Cr(H_2O)_6]^{3+}$ 中部分配位水转变成 OH^-，它是一种桥形配体，通过两个羟桥，水合铬离子就聚合成二聚体，随着 pH 值的进一步提高，水合铬离子的水解程度升高，它将聚合成聚合度更高的三聚体、四聚体、五聚体……到多聚体（见图 24-23）。

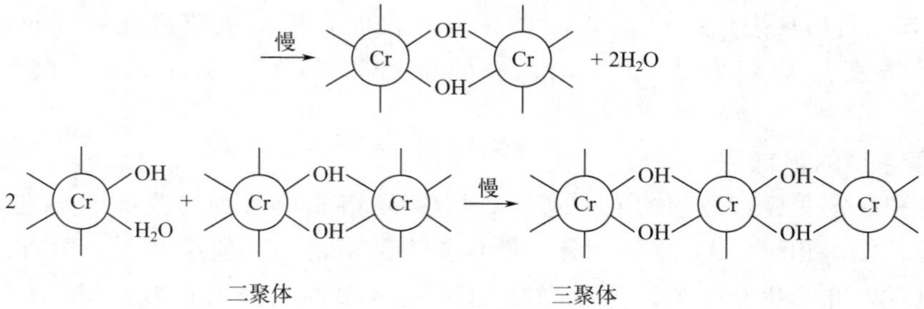

图 24-23　羟桥式水解聚合反应示意图

反应的结果是生成链状高分子聚合物。非常难被还原。Cr^{3+} 的价电子构型为 $3d^3 4s^0 4p^0$，当形成六配位的八面体配位化合物时，发生了 $d^2 sp^3$ 杂化，而形成具有共价性的内轨型配合物，这种内轨型配合物是取代惰性的，即还原反应是非常困难的，还原反应的速度也是非常慢的。如果引入非 H_2O 或非 OH^- 配体 L 时，第二配体

（L）取代母体中的配位水（H_2O），形成了新型的配离子 $[Cr(H_2O)_{6-n}L_n^{m-}]^{(3-nm)-}$，原有的规则的八面体结构变为非规则的八面体结构，配体场分裂能变小，其结果使得 Cr^{3+} 配位离子在阴极上的还原变得容易，电流效率、分散能力、深镀能力等镀液性能也随之提高。因此，三价铬电镀液中的配体的选择是镀铬工艺成败的关键因素之一。凡是能将第二配体（或第三配体）引入的因素均会产生更多的活性配离子，使 Cr^{3+} 电沉积速度加快。三价铬镀 Cr 的发展过程也证实了这一点。开始选择单一配体，如甲酸、乙酸、草酸、氨基乙酸、酒石酸、柠檬酸等含碳数小于 10 的羧酸或者羟基羧酸及其盐时，其沉积速度仍较慢，一般只能镀得几个微米厚的铬镀层。当采用双配体时，如在以甲酸与甲醇为配体的镀液中，甲酸和甲醇可取代六水合 Cr^{3+} 配离子中的两个内配位水，形成同时含甲酸和甲醇的混合配体配合物，此配合物是电活性的，它可催化三价铬配位离子的还原，进一步抑制羟合反应和聚合物的形成。当这种配位化合物占优势时，可以获得光亮的、细致的镀层。所以加入甲酸和甲醇之后，能明显地增加沉积速度（$50\mu m/h$）。同时也改善镀层质量，提高了镀液的稳定性。若向镀槽中添加三种配位能力更强的羧酸作为配体时，可获得性能更好、沉积更厚（$50\sim450\mu m$）的铬镀层。所以镀液中配位剂的作用主要有以下四个方面：①与三价铬离子形成活性配位离子加快电沉积速度；②抑制 Cr^{3+} 的羟化聚合反应；③可以掩蔽杂质金属离子，减少杂质金属离子对镀层质量的干扰，使之能持续进行电镀；④可以稳定镀液。

Zeng 等[1]用密度泛函理论并通过优化不同种类 Cr^{3+} 配合物的几何结构，从分子水平上探讨了配位剂对三价铬镀铬的作用，认为 Cr^{3+} 配合物的几何结构对三价铬电沉积过程有重要的影响；Cr^{3+} 与 H_2O 分子之间距离较大的配合物有助于三价铬的电沉积；三价铬镀液的性能取决于铬配合物的脱水速率。对 Cr^{3+} 有较强配位能力的配位剂是三价铬镀铬液的必要组分，复合配位剂比单一配位剂的效果更好。

以下是 21 世纪以来 Cr^{3+} 镀铬配位剂的研究进展情况。

2001 年 Hong G[2]指出，配位剂的使用和选择对增厚铬层有较大的影响，采用两种羧酸配位剂比单一配位剂好，使用三种羧酸配位剂的综合效果更好，都能有效地提高沉积速度和沉积层厚度。该工艺能保持高速电沉积 20h，镀层厚度达 $450\mu m$，镀层硬度达到 1200Hv，但镀液和工艺的稳定性还存在问题。

2002 年 Song 等[3]研究发现在三价铬镀液中若没有配位剂时，在阴极表面就没有金属铬的析出。研究还发现镀液中甲酸根的存在能提高铬的沉积效率，这是由于甲酸根的加入能破坏 Cr^{3+} 配位化合物 $[Cr(H_2O)_6]^{3+}$ 的正八面体稳定结构。研究还发现镀液中加入两种或以上适宜和适量的配位剂，有利于提高阴极表面铬的沉积效率。三价铬的阴极电流效率虽然比六价铬电镀高些，可达到 25% 左右，但仍然较低，这是由于三价铬电沉积过程中，阴极上大量析出 H_2，使电沉积铬的效率很低、沉积速率很慢的缘故。因此提高阴极电沉积效率的研究具有重要意义。

2004 年吴慧敏等[4]指出，二甲基甲酰胺（DMF）具有较强的 pH 缓冲作用，可使镀液的 pH 值稳定在 1.4 左右，可使铬的电沉积速率提高使镀铬层增厚。

2005 年李国华等[5]指出，可以通过改变 Cr^{2+} 的存在形式来抑制 Cr^{3+} 的羟桥化反应，例如：向电镀溶液中加入一些羧酸类物质，使 Cr^{2+} 转变为双核配合物而使它失去对羟桥化的作用；或者采用某种羧酸，使羟桥化聚合配合物解聚。也有人认为向三价铬电镀溶液中加入甘氨酸也可抑制羟桥化反应。

2005 年邓姝皓等[6]在 Cl^-/DMF（N,N'-二甲基甲酰胺）体系中，研究了三价铬电沉积机理，当电镀溶液的 pH＝1 时，测定了不同配体和 Cr^{3+} 形成的不同配合物的稳定常数及各级配离子在溶液中的分布，得出电活性配离子 $[Cr(H_2O)_3(DMF)_2Cl]^{2+}$ 和 $[Cr(H_2O)_5Cl]^{2+}$ 浓度分别为 24.1% 和 26.4%，因此可以保持镀液的稳定，同时也指出电镀溶液中存在如下相互转化反应：

$$[Cr(H_2O)_4Cl_2 \cdot 2H_2O]（Ⅰ）\longrightarrow [Cr(H_2O)_5Cl \cdot H_2O]（Ⅱ）\longrightarrow [Cr(H_2O)_6]Cl_3（Ⅲ）$$

式中，Ⅰ 和 Ⅲ 是电惰性的，只有 Ⅱ 是电活性的。当电镀溶液的转化反应达到平衡时，镀液中主要以 Ⅱ 和 Ⅲ 的形式存在。当电镀液中有少量的 Cr^{2+} 时，有利于 Ⅱ 的形成。当电镀液中加入 DMF 之后，Cr^{3+} 主要反应是 Ⅲ 向 Ⅱ 转化，主要是因为 DMF 分子中含有一个给电子的氨基和一个羰基，因此可以取代原配位水分子，催化形成活性的配离子 $[Cr(H_2O)_3(DMF)_2Cl]^{2+}$。在这个体系中，电活性配离子占 50.5%（24.1%＋26.4%），如此多的电活性配离子，在 pH＝1 时可以维持 Cr^{3+} 长时间稳定的持续电沉积。这个例子表明：若能找到一个配体，既能维持镀液 pH 值稳定，又能催化三价铬离子（或铬的配离子）的放电，那么从三价铬溶液中电镀功能性的铬镀层就有希望了。

2005 年 Baral 等[7]也发表了以氨基乙酸（glycine）作为第二配体能提高铬的电沉积速率。

2006 年 Surviliene 等[8]在硫酸盐体系中采用甲酸盐作为主配体，选用尿素作为第二配体，以提高铬的沉积速率。

2006 年林安等[9]获得了一种全硫酸盐体系三价铬电镀液及制备方法的专利，镀液的组成为：硫酸铬 0.05～0.25mol/L、硫酸钠 0.4～0.8mol/L、硼酸 0.7～1.2mol/L、硫酸铝 0.075～0.18mol/L、十二烷基硫酸钠 0.0001～0.004mol/L、配位剂 0.2～1.0mol/L 和稳定剂 0.24～0.25mol/L，25～40℃，2～15A/dm²，pH 2.0～3.5，2～30min。其中配位剂为两种羧酸组成的混合物，一种选自甲酸、乙酸、草酸、羟基乙酸，另一种选自苹果酸、酒石酸、丙二酸、氨基乙酸、氨三乙酸；稳定剂为甲醇、亚硫酸钠、硫酸亚铁、次磷酸钠中的一种或两种的混合物。其制造步骤是：①将硫酸铬溶于蒸馏水或纯净水，搅拌至溶解；②将硼酸溶于蒸馏水中，搅拌至溶解；③然后将以上两步所得到的硫酸铬溶液与硼酸溶液混合；④加入配位剂；⑤依次加入硫酸钠、硫酸铝、稳定剂和十二烷基硫酸钠，边加边搅拌，直至溶解；⑥添加水至镀液体积的 90%；⑦调整溶液的 pH 值在 2.0～3.5 之间；定容，静置 12h 后使用。该发明方法易行，操作简单；镀液原料易得，能长期保持稳定，具有优异的性价比。

2007 年张俊彦等[10]发明了一种在三价铬镀液中电沉积装饰性铬镀层的方法，其特征在于选用氯化铬溶液体系，其溶液组成为：每升电解液中含有氯化铬 95～125g，尿素 80～120g，溴化铵 40～50g，氯化钠 20～35g，硼酸 2～10g，甲醇 180～220ml，甲酸、乙酸、乙二酸、氨基乙酸、甲酸盐、乙酸盐或乙二酸盐 0.1～1mol；电沉积时阳极为高纯石墨，将工件按照常规的镀前预处理进行清洗和活化后，控制施镀温度在 $20\sim30℃$，电解液 pH 值控制在 $1\sim3$，阴极电流密度为 $5\sim20A/dm^2$，电沉积 $2\sim5min$ 即可制备出厚度为 $0.5\sim1\mu m$ 的光亮铬镀层。

2007 年吕玮[11]指出：甘氨酸在 $pH=2\sim5$ 左右具有较好的 pH 缓冲作用，因此，有较多的文献中采用它与硼酸或羧酸组合，联合发挥作用。

2007 年管勇[12]提出在硫酸盐体系中选用多元羧酸（盐）要比一元羧酸（盐）好，这是因为一元羧酸与 Cr^{3+} 形成配合物时如下：

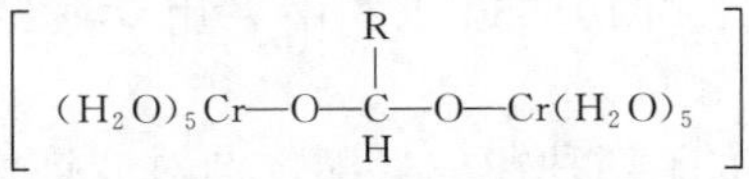

$$\left[(H_2O)_5Cr-O-\overset{\overset{R}{|}}{\underset{\underset{H}{|}}{C}}-O-Cr(H_2O)_5 \right]$$

以羧酸作为配位桥，其空间位阻较大，形成活性中间体要难些，而采用多元羧酸与 Cr^{3+} 形成活性配合物如下：

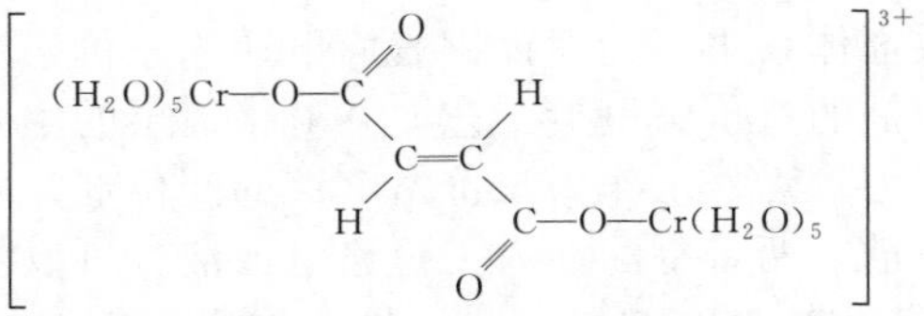

$$\left[(H_2O)_5Cr-O-\overset{\overset{O}{\|}}{C}\overset{H}{\underset{}{\underset{\underset{H}{|}}{\overset{|}{C}=C}}}\overset{}{\underset{\underset{O}{\|}}{C}}-O-Cr(H_2O)_5 \right]^{3+}$$

其空间位阻大大减少，有利于活性中间体的形成。因此，推荐选用第二配体时应首选多元羧酸（盐）。选用了含有—C=N—等官能团的西夫（Schiff）碱类配体可以与电镀溶液中的金属离子形成稳定的配合物，具有适当高的稳定常数，可以加速 Cr^{3+} 电沉积且具有增加镀层光亮度的作用。他认为在硫酸盐体系中采用多元羧酸（或其盐）作为配体，选用不同结构的多元羧酸，有利于高、低电流密度区形成光亮镀铬层。同时，考虑到不同的配体的配位能力的大小不同，要按一定比例选用；另外还要考虑 Cr^{3+} 与总配体浓度的比例，以利于在较宽光亮电流密度范围内都能获得铬镀层。

2007 年马文立等[13]在三价铬镀铬溶液中加入羧酸与尿素之后，从交流阻抗谱图中发现出现第二个半圆弧，认为这个第二个半圆弧是中间活性物质的吸附，它的存在对 Cr^{3+} 还原有很大的影响，并指出：在羧酸盐、乙酸钠、草酸钠、柠檬酸钠等中选一种作为配体，另外加入第二配体尿素，可使三价铬配位离子的电还原的第二步 $Cr^{2+}+2e^-\longrightarrow Cr(s)$ 顺利进行。

2008 年王志根[14]获得了三价铬电镀槽液配方及配槽方法的专利，指出：辅加剂（即第二配体）不仅可以与 Cr^{3+} 配位，还能有效地放电而且还可与金属杂质离子配位（例如 Cu、Ni、Fe 等离子），保证镀液的稳定。文章所列的辅加剂为：甲酸盐、乙酸盐、酒石酸盐、柠檬酸盐、丙三醇、次磷酸盐、氨基乙酸盐、草酸盐等。该专利的权利要求为：

① 一种三价铬电镀槽液配方，其特征是：主盐 $50\sim100g/L$、导电盐 $260\sim340g/L$、开缸剂 $90\sim120ml/L$、辅助剂 $9\sim12ml/L$、湿润剂 $2\sim4ml/L$。

② 根据权利要求①所述的三价铬电镀槽液配方，其特征是：所述的导电盐是由 $60\sim90g/L$ 硼酸、$8\sim15g/L$ 硫酸铵、$40\sim80g/L$ 硫酸钾、$5\sim10g/L$ 硫酸镁组合而成。

③ 根据权利要求①所述的三价铬电镀槽液配方，其特征是：所述的开缸剂是由 30~70g/L 硫酸铬、3~5g/L 硫酸镁、5~10g/L 硫酸钾组合而成。

④ 根据权利要求①所述的三价铬电镀槽液配方，其特征是：所述的辅加剂由 0.005~0.025g/L 甲酸盐、0.001~0.015g/L 乙酸盐、0.12~0.28g/L 酒石酸盐、0.002~0.015g/L 柠檬酸盐、0.0002~0.008g/L 丙三醇组合而成。

⑤ 根据权利要求①所述的三价铬电镀槽液配方，其特征是：所述的湿润剂是指 0.001~0.0018g/L 2-乙基己基硫酸钠，脂肪族和芳香族化合物如胺、醛类。

2008 年殷恒波等在 CN200810155051.6 中采用草酸铵作为第二配体，取得了良好的效果。

2009 年杨建文等[15]研究了四种羧酸盐配位剂对装饰性三价铬电镀的作用，指出在甲酸盐作为主配体，选用草酸铵为第二配体时，因草酸铵具有强的去极化作用，有利于加速铬的电沉积速率。采用线性电位扫描法探讨了甲酸铵、乙酸铵、草酸铵、柠檬酸铵 4 种羧酸盐配位剂体系中镀光亮镍钢表面电还原三价铬的极化特征，开发了草酸铵和甲酸铵复合配位剂的三价铬电镀工艺，并对铬镀层的主要性能进行了研究。结果表明：草酸铵配位能力较强，可作为三价铬电镀的配位剂，甲酸铵既是配位剂也是消除六价铬干扰的还原剂，两者复配加入三价铬电镀液，可以获得较好的镀铬层，其厚度可达 $1.0~1.3\mu m$，光亮度为 2 级，耐蚀性、结合力等性能良好，能够满足装饰用途要求。

2009 年汪启桥等[16]在《三价铬硫酸盐溶液镀硬铬的辅助配位剂的研究》一文中指出：所选用的辅助配位剂应该具有 pH 值缓冲作用。

2009 年孙化松[17]指出：三价铬镀铬过程要选用两种配位能力不同的配体。在低电流密度区，主要是配位能力弱者起作用，与 H_2 析出反应竞争，使 $Cr^{3+} + e^- \longrightarrow Cr^{2+}$ 能顺利进行。在高电流密度区，随电流密度增大，阴极极化增大，容易在电流密度高端出现发暗，甚至烧焦。因此，就要有一个配位能力较强的配体与 Cr^{3+} 配位，具有较大的稳定常数，可以抑制 $2Cr^{2+} + 2H^+ \longrightarrow 2Cr^{3+} + H_2\uparrow$ 反应，减少阴极附近液层 pH 值的上升，提高镀液的稳定性。相应地增加了 $Cr^{2+} + 2e^- \longrightarrow Cr(s)$ 反应。有利于铬的电沉积。因而可以防止高电流密度区出现发暗，甚至烧焦等现象。

2009 年李永彦等[18]指出含有硫的有机化合物，对 Cr^{3+} 的放电有催化作用。何新快等报道：俄罗斯科学院物理化学研究所，在硫酸盐三价铬电镀溶液中加入草酸（盐）作为配体时，另外再加入硫代甲酰胺作为 Cr^{3+} 配位离子的电还原的催化剂，可使得三价铬镀铬的电沉积速率提高。

2009 年殷恒波等[19]发明了三价铬电镀液及其制备以及应用，涉及一种三价铬电镀液及其制备方法，以及其在不锈钢工件上的电镀应用。三价铬电镀液的原料配方为：六水硫酸铬 17~24g/L，甲酸铵 20~60g/L，乙酸铵 0~20g/L，碱金属或铵的硫酸盐或卤化物 120~232g/L，硼酸 40~70g/L，聚氧乙烯辛烷基酚醚 1ml/L，丙三醇 2ml/L。该发明研制的镀液易制备、低毒。其中使用 OP 为润湿剂，它相对于其他润湿剂有更好的润湿效果，镀层结合力好、较厚且均匀。

2009 年何新快[20]研究了羧酸盐-尿素体系脉冲电沉积纳米晶铬镀层的工艺优化，运用正交设计法优化了镀铬液配方，确定了其工艺参数，研究了影响脉冲电沉积纳米铬镀层质量的主要工艺因素，分析了镀液组成对铬镀层厚度和电流效率的影响，得到了羧酸盐-尿素体系脉冲电沉积纳米晶铬镀层的最佳工艺。结果表明：影响镀层厚度的主次因素分别是配位剂 A（柠檬酸钠）、配位剂 B（碳原子数不少于 8 的一元羧酸盐）和 $CrCl_3 \cdot 6H_2O$ 的浓度；影响电流效率的主次因素分别是配位剂 A、$CO(NH_2)_2$ 和配位剂 B 的浓度。扫描电镜观察和电子能谱分析结果表明，铬镀层晶粒尺寸小于 100nm，厚度均匀，表面光滑，结晶细致。该工艺能制备厚度为 $11.2\mu m$ 的铬镀层，其电流效率高达 25.32%。

2010 年田军等[21]进行了三价铬装饰性镀铬新工艺的研究，以三种有机配位剂的三价铬电镀工艺，并对镀液和镀层进行了一系列性能测试。赫尔槽实验结果表明，该镀液的稳定性良好，光亮范围宽（$2\sim25A/dm^2$），分散能力好（约为 35%）；覆盖能力佳（80% 以上），较传统的六价铬性能好；该体系得到的镀层的厚度最大可以达到近 $4\mu m$，可以达到装饰性镀层的要求；镀液使用温度为室温，无需加热，降低了成本；由于添加剂经济环保，故该体系的成本较低；镀层色泽明亮，平整性能良好；与光亮镍的结合力良好；镀层耐蚀性与六价铬相当。该体系稳定，pH 值容易控制；具有较宽的光亮范围；而且覆盖能力佳，分散能力较传统的六价铬镀液要好。

2010 年孙化松等[22]采用尿素作为第二配体，用电化学测量的数据，论证了尿素具有加速铬的电沉积的功能。

2011 年任丽丽[23]进行了高效三价铬电镀工艺研究，通过大量试验，研究三价铬快速镀铬和镀厚铬工艺，即包括高浓度甲酸-SC 硫酸盐体系和高浓度甲酸-CC 氯化物体系两种工艺。通过正交试验和单因素试验分别确定了高浓度甲酸-SC 硫酸盐体系和高浓度甲酸-CC 氯化物体系镀液的组成及工艺条件。两种体系镀液的分散能力均可达 95% 以上，覆盖能力均可达 100%，硫酸盐体系镀液稳定性可达 41A·h/L 以上，氯化物体系镀液稳定性可达 64A·h/L 以上。镀层结合力均良好，有较好的耐蚀性能。在最佳工艺条件下，硫酸盐和氯化物体系赫尔槽光亮范围可分别达到 $1\sim25A/dm^2$ 和 $1.25\sim25A/dm^2$，沉积速率分别达到 $0.25\mu m/min$ 和 $0.33\mu m/min$，均可获得 $10\mu m$ 以上的合格镀层。探讨了镀液中的各组分及工艺条件对赫尔槽光亮范围和沉积速率的影响。硫酸盐体系和氯化物体系中甲酸铵对镀液性能影响较大，温度、pH、电流密度等工艺条件对镀液和镀层性能的影响也很大。探索了氯化物体系三价铬脉冲电镀，其最佳工艺条件为：频率 2000Hz、占空比 0.3、电流密度 $50A/dm^2$，10min 内的平均沉积速率为 $0.53\mu m/min$。与直流电镀相比，脉冲电镀能在较低的电流密度下得到较厚铬镀层且电沉积速率快。XRD 结果显示，无论是脉冲电镀铬还是直流电镀铬，其镀层的相结构均为非晶态结构。SEM 分析结果显示脉冲镀铬层表面的裂纹情况优于直流镀铬层，直流镀铬层是明显的微裂纹结构，而脉冲镀铬层致密平整，无针孔和微裂纹。采用电化学极化曲线和阻抗谱研究了氯化物体系镀液组分对阴阳极过程的影响，利用等效电路解析三价铬电镀的阴极过程。研究表明，三价铬放电分两步，第一步得一个电子，第二步得两个电子。体系中不含甲酸铵时，只发生 Cr(Ⅲ)→Cr(Ⅱ) 的转化，不能获得铬镀层。不同成分的镀液体系不同程度地表现出了电感，界面电容性较弱，这可能与 Cr(Ⅲ) 还原过程的中间态吸附膜有关。

2011 年王志根[24]发明了三价铬电镀槽液配方及配槽方法，三价铬电镀槽液配方是：50～100g/L 主盐，导电盐是由 60～90g/L 硼酸、8～15g/L 硫酸铵、40～80g/L 硫酸钾、5～10g/L 硫酸镁组合而成，且导电盐为 260～340g/L，开缸剂是由 30～70g/L 硫酸铬、3～5g/L 硫酸镁、5～10g/L 硫酸钾组合而成，且开缸剂为 90～120ml/L，辅加剂由 0.005～0.025g/L 甲酸盐、0.001～0.015g/L 乙酸盐、0.12～0.28g/L 酒石酸盐、0.002～0.015g/L 柠檬酸盐、0.0002～0.008g/L 丙三醇组合而成，且辅加剂为 9～12ml/L，湿润剂是指 0.001～0.0018g/L 2-乙基己基硫酸钠、脂肪族和芳香族化合物，且取湿润剂 2～4ml/L。调整溶液的 pH 值为 3.2～3.8。

2011 年侯峰岩等[25]进行了环保型低浓度硫酸盐三价铬电沉积厚铬的研究，通过大量试验研制了一种甲酸盐-羧酸盐作为配位剂的低浓度（Cr^{3+} 含量仅为 15.5g/L）硫酸盐三价铬电沉积厚铬工艺。优化后的工艺光亮电流密度范围在 3.5～25A/dm² 以上，铬的最高沉积速率达 0.26μm/min，覆盖能力 60.5%。该镀液稳定性好，且在较长时间内能保持较高的沉积速率，沉积 2h 镀层厚度达 23.6μm。镀层表面瘤状凸起密布、无裂纹、呈非晶态、与基体结合力好、孔隙率为零、耐蚀性良好。

2011 年王凯铭等[26]发明了一种三价铬镀液组合物及其配制方法和镀铬工艺，该镀液组合物包括主盐、导电盐、pH 稳定剂、配位剂、润湿剂和走位剂，采用包括开缸剂、稳定剂、调和剂、修正剂和调整剂在内的五种添加剂配制而成。主盐为碱式硫酸铬或六水硫酸铬，含量为 140～150g/L；导电盐为氯化钾、氯化铵、溴化铵和硫酸钠，质量比为 7：5：0.1：1，含量为 230～240g/L；pH 稳定剂硼酸 60～70g/L；配位剂为甲酸钠和乙酸钠，质量比为 55：1，含量为 38～42g/L；润湿剂选自异辛醇硫酸酯钠、十二烷基苯磺酸钠、十二烷基硫酸钠、琥珀酸二己酯单磺酸钠、丁二酸乙基己酯磺酸钠、琥珀酸聚氧乙烯醚酯磺酸钠、异辛基正丁基琥珀酸双酯磺酸钠、十二烷基正丁基琥珀酸混合双酯磺酸钠、松香基琥珀酸双酯磺酸钠、壬基酚聚氧乙烯醚、辛基酚聚氧乙烯醚中的一种，用量为 0.2～0.3g/L；走位剂为硫酸亚铁铵，镀液铁离子含量为 80～100μg/g。采用该镀液组合物的镀铬工艺具有电流效率高、走位性能好、管理简单、成本较低等特点，得到的镀层光亮，色泽与六价铬镀铬工艺得到的产品接近。

2018 年李树泉等[27]发明了一种三价铬电镀液，该镀液含有开缸剂、1～100g/L 的稳定剂、1～10g/L 的湿润剂，其中，稳定剂为氨基酸，开缸剂由 90～140g/L 三价铬盐、180～300g/L 导电盐、25～90g/L 的 pH 缓冲剂组成。该发明的电镀液成分简单，维护方便，镀层抗腐蚀性能较好，镀层高电流密度区不会烧焦。

2012 年牛艳丽等[28]发明了一种高耐蚀环保三价铬电镀液及其电镀方法，高耐蚀环保三价铬电镀液主要由主盐、配位剂、稳定剂、润湿剂、添加剂、导电盐和水组成，主盐为硫酸铬、硫酸铬钾中的至少一种；配位剂为叔丁基对苯二酚、邻羟基肉桂酸酯中的至少一种；稳定剂为草酸钠和硼酸；润湿剂为聚氧乙烯聚丙烯苯酚醚、十六烷基三甲基溴化铵中的至少一种；添加剂为纳米二氧化硅/氧化铝复配物；导电盐为硫酸钾、硫酸钠、硫酸铵中的至少一种。主盐含量为 10～200g/L，配位剂含量为 1～120g/L，稳定剂含量为 1～120g/L，润湿剂含量为 0.01～8g/L，添加剂含量为 1～10g/L，导电盐含量为 10～120g/L。所获得的镀层具有高耐蚀性，镀铬层和基材也具有很好的结合力，可以很好地抵抗融雪剂对机械工件的腐蚀，并且所提供的电镀方法在电镀过程中可使沉积速度得到很大程度的提高。

2013 年王伟等[29]进行了不同三价铬溶液体系镀铬工艺及镀层性能比较，通过实验探讨了 3 种已获应用的三价铬镀铬溶液体系（硫酸盐、氯化物和硫酸盐-氯化物）与六价铬镀铬溶液体系在镀铬过程中镀液性能、镀层外观色泽和性能之间的差异。结果表明，3 种三价铬镀铬体系的电流效率均高于六价铬镀铬体系，所得铬镀层与镍镀层的结合力均好，但镀层硬度较低。其中，硫酸盐镀铬体系的分散能力和覆盖能力最好，得到合格镀层的电流密度范围最宽，所得铬镀层外观色泽乌亮，其耐蚀性与六价铬镀铬相当，但镀速较慢。硫酸盐-氯化物溶液体系镀速较快，电流效率最高；氯化物溶液体系次之，所得铬镀层外观色泽均白亮，但耐蚀性稍差。

2013 年冯忠宝[30]进行了硫酸盐体系三价铬电沉积厚铬的研究，对不同硫酸铬浓度下的甲酸铵-羧酸Ⅰ体系，确定了最佳硫酸铬浓度；并说明了甲酸铵、羧酸Ⅰ和电镀工艺条件（pH、温度和电流密度等）对镀层厚度、光亮范围和粗糙度的影响，确定了最佳电镀工艺。

2014 年罗小平等[31,32]研究了复合配位剂对硫酸盐三价铬电沉积的影响，采用动电位扫描法和计时电流法研究了丁二酸、1,6-己二醇、尿素和乙二胺作为辅助配位剂时，以甘氨酸为主配位剂的硫酸盐镀液中三价铬的电沉积机理，测试了不同配位体系镀液中所得铬镀层的外观和耐蚀性。辅助配位剂的加入可增强三价铬电沉积的阴极极化作用，但不会改变其三维瞬时成核机理，以尿素或乙二胺作为辅助配位剂时，铬镀层均匀、光亮，耐蚀性好，因此尿素和乙二胺较适用于装饰性镀铬工艺。同时他还研究了四种低浓度硫酸盐复合配位体系电镀液，并考察了镀液各成分对电沉积的影响，从而获得四种快速镀铬体系。通过电化学方法初步确定了甘氨酸体系的还原过程。通过正交试验，分别研究了四个体系中的主盐（硫酸钠）、第一配体（甘氨酸）、第二配体（丁二酸，1,6-己二醇，尿素，乙二胺）和稀土金属盐（硫酸铈铵）浓度对镀层厚度和光亮性的影响。结果表明，三价铬镀铬甘氨酸复合体系的最佳镀液配方如下。①丁二酸体系：Cr^{3+} 0.10mol/L，硼酸 0.70mol/L，硫酸钠 0.60mol/L，甘氨酸 0.15mol/L，丁二酸 0.10mol/L，硫酸铈铵 0.002mol/L，硫脲 0.05mol/L，十二烷基硫酸钠 0.0001mol/L。②己二醇体系：Cr^{3+} 0.10mol/L，硼酸 0.70mol/L，硫酸钠 0.60mol/L，甘氨酸 0.10mol/L，己二醇 0.10mol/L，硫酸铈铵 0.001mol/L，硫脲 0.05mol/L，十二烷基硫酸钠 0.0001mol/L。③尿素体系：Cr^{3+} 0.10mol/L，硼酸 0.70mol/L，硫酸钠 0.60mol/L，甘氨酸 0.15mol/L，尿素 0.15mol/L，硫酸铈铵 0.001mol/L，硫脲 0.05mol/L，十二烷基硫酸钠 0.0001mol/L。④乙二胺体系：Cr^{3+} 0.10mol/L，硼酸 0.70mol/L，硫酸钠 0.60mol/L，甘氨酸 0.10mol/L，乙二胺 0.10mol/L，硫酸铈铵 0.001mol/L，硫脲 0.05mol/L，十二烷基硫酸钠 0.0001mol/L。考察了电镀时间、电流密度、pH 等工艺条件的影响，并进行了优化。从结果可知：四种新型镀液体系在常温下都可以进行。大量的小槽试验表明，在四种体系工艺和配方条件下，镀液稳定和均镀能力良好，镀层光亮面积均在 50% 以上，厚度可达 $10\mu m$。采用不同第二配体的镀液体系，通过直流电镀，得到了色泽均匀、耐腐蚀性能好的镀层，采用胶带牵引试验和划痕试验结合测试镀层结合力，分别采用 XRD 和 SEM 研究了镀层晶态结构和微观形貌，并通过 Tafel 曲线考查了镀层的耐蚀能力。相比较而言，尿素和乙二胺体系得到镀层结合力更好，乙二胺体系镀层耐蚀性最强，腐蚀电位可达 0.353V，腐蚀电流密度可达 $8.381 \times 10^7 A/cm^2$。采用动电位扫描（LSV）、计时电流法（CA）研究了四种复合体系三价铬镀铬反应机理。结果表明：甘氨酸体系三价铬电沉积并非通过 Cr^{3+} 直接还原成 Cr 来完成，而是分两步进行且不可逆，第一步得到一个电子，第二步得到两个电子。结合该工艺的镀液配方和法拉第第二定律可推断，反应过程为：$Cr^{3+} + e^- \longrightarrow Cr^{2+}$，$Cr^{2+} + 2e^- \longrightarrow Cr$。丁二酸、己二醇、尿素、乙二胺的加入可增强阴极极化作用，但不改变其三维瞬时成核机理，四种复合体系都可得到色泽均匀、耐腐蚀性能好的镀层。并且尿素和乙二胺体系有蓝膜生成。

2014 年舒莉等[33]进行了甲酸盐三价铬电镀工艺的研究，以甲酸铬为主盐，甲酸铵、尿素和苹果酸为配位剂，通过 Hull 槽试验和方槽试验，研究铬离子、甲酸铵、尿素、苹果酸的浓度以及镀液 pH 值、镀液温度、电镀时间等工艺参数对黄铜表面三价铬镀层形貌、沉积速率和光亮范围的影响。结果甲酸铵和尿素分别与 Cr^{3+} 形成活性配合物，苹果酸具有 pH 值的缓冲作用。最佳的工艺条件为：Cr^{3+} 浓度 0.4mol/L，甲酸铵浓度 0.5mol/L，尿素浓度 0.2mol/L，苹果酸浓度 0.05mol/L，镀液 pH 值 3.5，镀液温度 25～30℃。结论，该甲酸盐三价铬电镀工艺具有较宽的光亮范围，镀层孔隙率低，光亮致密，沉积速率较高，与铜基体结合良好，结构为混晶态。在室温、电流密度为 15A/dm² 的条件下电镀 5min，铬镀层厚度即可达到 1.78μm，满足装饰性镀铬层的要求。

2014 年侯峰岩等[34]发明了用于三价铬电镀厚铬电解液的添加剂及电解液配制方法，公开了一种用于三价铬电镀厚铬电解液的添加剂及电解液配制方法，添加剂采用去离子水配制水溶液，其中包括至少一种轻金属化合物和至少一种有机羧酸或羧酸盐，轻金属化合物的浓度为 80～900g/L 或 60～600g/L，有机羧酸或羧酸盐的浓度为 30～500g/L。在去离子水中搅拌下加入轻金属化合物和有机羧酸或羧酸盐，80℃陈化 5～10h 配制成添加剂，按配制电解液的体积在镀槽中加入一半去离子水，按照一定的浓度加入硫酸铬或氯化铬、甲酸或甲酸盐、硼酸、导电盐硫酸钾或氯化钾、添加剂，补充去离子水至电解液的体积，40℃陈化 24h 制成电解液，调整电解液 pH 值至 1～3，即可进行电镀。采用该添加剂制得的电解液可有效延长三价铬电镀时间、增加铬镀层厚度。

2015 年许荣国[35]发明了一种三价铬电镀铬溶液及电镀方法，三价铬电镀铬溶液的特征在于：包括浓度为 10～20g/L 的硫酸铬、10～50g/L 的磷酸二氢钾、10～50g/L 的草酸钠、1～10g/L 的盐酸羟胺、0.1～1g/L 的硫酸亚锡、5～20g/L 的乙酸和 1～10g/L 的柠檬酸，溶剂为水。该发明的三价铬电镀铬溶液中配方合理，稳定性好，且采用其在预镀件表面电镀沉积得到的铬镀层质量好，结构致密，表观光滑，膜层厚度一致。而且铬镀层与基底结合力好。三价铬电镀铬溶液能在钢、铜及铜合金、锌铸件或者镍镀层上直接电镀，且镀层结合力良好。

2015 年杨彬彬[36]研究了配位剂对三价铬溶液性能的影响，指出不同的配位剂对三价铬溶液的电化学性能和配位性能影响极大，从而影响三价铬镀层或钝化膜的质量。通过计时电流曲线、阴极极化曲线、UV-VIS 谱图、时间-电位曲线、交流阻抗曲线、塔菲尔曲线和盐雾试验测试等手段研究配位剂对三价铬溶液的影响。研究成果如下：对五种含氮类三价铬配位溶液进行研究，通过计时电流曲线、阴极极化曲线和实验现象发现，三价铬配位溶液的电沉积过程中发生三个反应，析氢、变价和析铬，从第二个拐点开始析出金属铬；加入 0.2mol/L 尿素作为配位剂，三价铬配位溶液的极化度较低，沉积电位正移；通过 UV-VIS 谱图可知，氨基乙酸三价铬配位溶液的吸光度提高最大，说明氨基乙酸与三价铬的配位能力较好。对五种羧酸类三价铬配位溶液进行研究，通过阴极极化曲线和 UV-VIS 谱图可知，柠檬酸钠、乙酸钠和酒石酸钠配位溶液的极化度小且析铬电位较靠前，酒石酸钠配位溶液的吸光度提高最大，草酸根次之，柠檬酸钠再次之，其中，柠檬酸钠的蓝移最大；对酒石酸钠、草酸根和柠檬酸钠进行稳定常数和表观活化能的测定，得到稳定常数大小为：$K_{酒石酸钠}>K_{草酸根}>K_{柠檬酸钠}$，活化能大小为：$E_{a草酸根}>E_{a酒石酸钠}>E_{a柠檬酸钠}$，说明柠檬酸钠稳定常数最小，反应速率最快，利于金属铬的电沉积。根据研究结果，选择柠檬酸钠作为主配位剂，酒石酸钠、草酸根、尿素和三乙醇胺作为辅助配位剂进行时间-开路电位、阴极极化和交流阻抗的测试，发现加入氯化钠等各组分后，曲线均呈规律性变化，柠檬酸钠与草酸根的配位组镀液的极化度较小。对镀液进行赫尔槽实验，发现可以得到镀层，其中柠檬酸钠与草酸根可以得到小范围内的光亮镀层。通过时间-开路电位曲线、交流阻抗曲线、塔菲尔曲线、NSS 测试等手段对 6 种不同配位剂的三价铬钝化液进行研究，认为：乙酸、乳酸和葡萄糖酸钠成膜速度较快，乳酸和柠檬酸钝化膜随钝化时间延长溶解较快；尿素钝化液得到的转化膜耐蚀性最好，酒石酸和柠檬酸钝化膜次之，乙酸钝化膜的耐蚀性最差；通过激光共聚焦显微镜下的柠檬酸钝化膜表面的二维、三维立体图和钝化膜的粗糙度可知，钝化膜表面越粗糙，其色彩越深。

2015 年曲莹[37]发明了三价铬镀铬电镀液，该电镀液由以下物质混合而成：5～20g/L 的硫酸铬，2～10g/L 的 L-苹果酸，100～180g/L 的导电盐，1～5g/L 的辅助剂，0.01～0.5g/L 的除杂剂，其余为水；导电盐为硫酸钾或硫酸钠或硼酸；辅助剂为糖精或乙烯基磺酸钠，除杂剂为乙硫氮或硫脲。

2016 年崔佳佳等[38]发明了含三价铬的电镀槽液和沉积铬的方法，电镀槽液包括：①100～400g/L 的至少一种三价铬盐；②100～400g/L 的至少一种配位剂；③1～50g/L 的至少一种卤素盐；④0～10g/L 的添加剂。其中，所述电镀槽液的 pH 值在 4～7 之间，并且基本上不含二价硫化合物和硼酸、它们的盐和/或衍生物，并且所述配位剂与三价铬盐的摩尔比为（8∶1）～（15∶1）。

2016 年朱莎莎[39]进行了硫酸铬/草酸钠体系中三价铬阴极电沉积过程的研究，由于三价铬镀铬自身的困难以及配位剂、镀液酸度与三价铬离子之间复杂的配位关系，再加上人们对三价铬阴极还原机理的认识不够清楚，导致三价铬镀铬工艺发展缓慢，其镀液稳定性和镀层性能仍不及六价铬镀铬，目前只部分应用于装饰性镀铬，几乎尚未应用于功能性镀铬上。深入开展三价铬离子配位机理和阴极还原机理的研究是加速推进三价铬镀铬工艺产业化的关键，具有重要的理论和现实意义。由于硫酸盐镀铬体系中，阳极不产生有害的氯气，更符合环保要求，加上其镀铬层色泽更接近六价铬镀层的色泽，已成为当前三价铬镀铬研究的热点。该文主要研究硫酸铬/草酸钠体系中三价铬阴极电沉积过程以及添加剂聚乙二醇（PEG）、聚二硫二丙烷磺酸钠（SPS）等对该过程的影响，得到了一些有意义的实验结果，可望对三价铬镀铬性能优异的添加剂及其工艺的开发具有一定的指导作用。该论文主要研究内容及研究结果：①应用电化学石英晶体微天平（EQCM）、电化学循环伏安、线性扫描、计时电流等方法，研究了硫酸铬/草酸钠体系中三价铬的阴极电沉积过程以及温度、扫描速率、电极电位等对该过程的影响，比较深入地阐明了三价铬电还原的机理。根据 Cr^{3+} 配位特征以及 EQCM 实验结果，从电极表面质量变化的角度，可以提出三价铬阴极电沉积过程的历程。②应用 EQCM、电化学循环伏安、线性扫描、计时电流等方法，研究了聚乙二醇（PEG）对硫酸铬/草酸钠体系中三价铬阴极电沉积过程的影响；用扫描电镜（SEM）、原子力显微镜（AFM）和 X 射线衍射仪（XRD）等手段表征了铬镀层的形貌和结构，并分析了 PEG 对三价铬阴极电沉积机理的影响。结果表明：PEG 可吸附在电极表面，占据部分电极表面，降低了析氢反应的速率；同时，PEG 降低了三价铬阴极电沉积过程的临界电位，减少了电极表面 pH_{sf} 与本体溶液 pH_0 的差值，影响了铬电沉积过程中生成的配合物中间体的组成与结构，从而改变了铬镀层的性能以及电沉积速率，有利于铬镀层的形成；PEG 还改变了三价铬阴极电沉积的成核机理，从连续成核变为瞬时成核，有利于结晶细致、颗粒均匀的铬镀层的形成。③采用类似的方法，研究了聚二硫二丙烷磺酸钠（SPS）和 PEG＋SPS 对硫酸铬/草酸钠体系中三价铬阴极电沉积过程的影响。实验结果表明：镀液升温，可提高三价铬电沉积的速度；SPS 对三价铬阴极电沉积过程的影响及作用机理与 PEG 相似，都提高了阴极极化的程度，改变了铬电结晶成核机理，同时抑制了析氢反应，有利于铬的电沉积；铬电沉积层的结构不仅与镀液温度有关，而且与添加剂有关；SPS 和 PEG 均可细化镀层表面，且 SPS 细化的效果高于 PEG；SPS 和 PEG 对三价铬电沉积过程具协同作用。

2016 年毛祖国等[40]发明了三价铬硬铬电镀方法，包括如下步骤：①工件前处理，必须对工件进行除油、除锈并清洗干净，稀硫酸活化；②工件装挂后放入三价铬硬铬电镀溶液；③电镀启动必须采用软启动，即时间 1～5min，电位由 0V 逐步变化为指定电位，电流密度由 0A 逐步变化为指定电流密度；④电镀参数控制电流密度范围为 $25～75A/dm^2$；⑤电镀溶液温度控制为常温～$60℃$；⑥电镀过程中，电镀阴极不能移动，溶液不能采用循环过滤、机械搅拌强制溶液流动的方法。所述三价铬硬铬电镀溶液主要包括三价铬硫酸盐、配位剂、催化剂和缓冲剂，其中三价铬硫酸盐可以为硫酸铬或者硫酸铬钾，溶液中三价铬离子的浓度为 23.9～40g/L；配位剂可以为氨三乙酸、草酸、苹果酸、甘氨酸、甲酸、乙酸或者其钠盐、钾盐，至少含有其中一种配位剂，含量为 1～60g/L；催化剂可以为溴化钾、氟化钾、氟化铵或者氟化钠，至少含有其中一种催化剂，含量为 5～50g/L；缓冲剂可以为硫酸铝、硼酸、邻苯二甲酸，至少含有其中一种缓冲剂，含量为 120～150g/L；溶液 pH 值为 1.2～2.1。采用

DSA 阳极和硫酸体系三价铬溶液，50℃左右的温度和 $35\sim65A/dm^2$ 的电流密度，通过电镀过程中控制电流和槽压变化的软启动工艺和维持酸度在指定的范围内（pH $0.9\sim2.1$），获得了 $80\mu m$ 以上厚度的三价铬镀层，镀层硬度达到 870HV 以上，电流效率超过 35%，镀覆速率最高可以达到 $2\mu m/min$，镀层结合力通过热震试验（200℃加热，盐水急冷）。该发明提供了三价铬硬铬电镀取代严重污染环境的六价铬硬铬电镀的工艺方法，而且解决了现有三价铬电镀技术无法获得厚镀层以及镀层与基底结合力较差等问题。

2018 年宋振兴等[41]发明了一种硫酸盐电镀三价铬镀层方法，其镀液由以下质量份的组分构成：硫酸铬 $6\sim10$ 份，EDTA 二钠 $4\sim6$ 份，氧化镧 0.1 份，硼酸 $4\sim8$ 份，硫酸钠 $4\sim6$ 份，十二烷基硫酸钠 1 份，水 100 份，温度 40℃，电流密度 $7A/dm^2$。该发明具有高效、环保、使用寿命长等优点。

2018 年张颖[42]发明了一种冷轧板三价铬电镀镀液，镀液的组成为：硫酸铬 $135\sim145g/L$，硫酸钠 $210\sim230g/L$，硫酸钾 $30\sim40g/L$，硫酸镁 $20\sim30g/L$，硼酸 $65\sim75g/L$，甲酸 $0.1\sim0.3mol/L$，草酸 $0.2\sim0.4mol/L$，柠檬酸钠 $0.3\sim0.5mol/L$，十二烷基硫酸钠 $0.001\sim0.002mol/L$，苯亚磺酸钠 $0.0015\sim0.0025mol/L$，γ-甲基丙烯酰氧基三甲氧基硅烷 $0.2\sim0.4mol/L$，二丁基二乙酸锡 $0.5\sim0.7g/L$。采用石墨阳极，工作温度约为 $50\sim55$℃，pH 值为 $3.5\sim4.5$，电流密度为 $22\sim24A/dm^2$，电镀时间为 $60\sim90min$，搅拌器转速为 $100\sim120r/min$。采用该镀液得到的铬镀层常温下硬度 720HV，经 $210\sim230$℃处理后镀层硬度 1530HV。

2018 年陈国良等[43]发明了一种硫酸盐三价铬镀铬电镀液及其应用方法，在含有硫酸铬和导电盐的基础电镀液中，添加胺化合物和含氮、含硫、炔醇等有机化合物作为光亮剂；添加盐酸羟胺或抗坏血酸以稳定镀液中的三价铬；添加聚醚、聚醇类等物质为表面活性剂；添加低碳链物质配位剂如草酸、丙酸、氨基乙酸、丁二酸等以配位三价铬离子，大幅度促进三价铬配离子的阴极还原，并以此提高镀液对杂质的容忍能力和稳定性；光亮剂和表面活性剂也可以促进三价铬离子的阴极还原。电镀液由以下成分物质混合而成：主盐 $25\sim80g/L$、导电盐 $40\sim150g/L$、光亮剂 $0.05\sim1.15g/L$、稳定剂 $0.2\sim6g/L$、表面活性剂 $2\sim10g/L$、配位剂 $30\sim100g/L$，其余为水。配合恰当的工艺加工参数，可以大幅度提高各组分的反应效果，能够确保镀层具有优异的外观、形态、结构、结合力及抗腐蚀能力，不会出现针孔、条纹等表面缺陷。

2018 年杨防祖等[44]发明了一种低浓度硫酸盐三价铬快速镀铬电镀液及其制备方法，公开了一种低浓度硫酸盐三价铬快速镀铬电镀液及其制备方法，该电镀液包括三价铬主盐、主配位剂、辅助配位剂、导电盐、缓冲剂、表面活性剂和光亮剂；所述主盐的含量为 $15\sim35g/L$，三价铬的含量为 $3\sim7g/L$；主配位剂和辅助配位剂的含量为 $7.5\sim18g/L$，主盐与总配位剂的摩尔比范围为 $1:(0.95\sim2.6)$；导电盐的含量为 $80\sim120g/L$；缓冲剂的含量为 $60\sim100g/L$；表面活性剂的含量为 $10\sim500mg/L$；光亮剂的含量为 $60\sim750mg/L$。电镀液的制备方法包括：在水中加入主盐、主配位剂、辅助配位剂，搅拌溶解并在 $55\sim70$℃保温 2h 得溶液 A；在溶液 A 中加入导电盐、缓冲剂，搅拌溶解得溶液 B；在溶液 B 中加入表面活性剂及光亮剂，并加水至所需体积得溶液 C；用硫酸或氢氧化钠调节 pH 值至 2.5～4.0 后，即得到所述电镀液。该发明的电镀液在铬盐浓度低的基础上仍然能达到镀层沉积速度快的效果，达到 $0.25\mu m/min$，远高于市售装饰性硫酸盐三价铬电镀液的 $0.06\mu m/min$，且得到的三价铬镀层光亮、均匀，与铜、镍等基体材料有良好的结合力。

2018 年何礼鑫[45]发明了环保型高耐蚀三价铬电镀铬与铬-磷合金溶液，公开了一种环保型高耐蚀三价铬电镀铬与铬-磷合金溶液，包含三价铬盐、导电盐、主配位剂、辅助配位剂、还原剂、缓释剂、共沉积诱导剂及水溶剂；其中，三价铬盐为草酸铬钾。该发明在氯化物型三价铬电镀溶液中，诱导次磷酸钠还原生成的铬-磷合金与铬共沉淀，得到总含磷量不大于 0.2% 的铬与铬-磷合金镀层，具有更高的耐蚀性，而且，该发明提供三价铬离子来源的物质为草酸铬钾，既可以提供电沉积用的三价铬离子，也可以作为六价铬还原剂，草酸根可还原溶液中电解产生的六价铬离子，同时也能作为导电盐，溶液中电离出的钾离子具有良好的导电性。

2018 年陆飚[46]发明了一种三价铬硬铬电镀溶液及其在硬铬电镀中的应用。三价铬硬铬电镀溶液的制备原料包括三价铬主盐、配位剂、缓冲剂、催化剂、导电盐和水；电镀溶液的 pH 值为 2.5～3.7；三价铬主盐为硫酸铬钾、硫酸铬、碱式硫酸铬和氯化铬中的至少一种；电镀溶液中三价铬离子含量为 25～45g/L；所述配位剂至少包括如下羧酸及其羧酸盐中的两种：酒石酸、柠檬酸、苹果酸、草酸、顺丁烯二酸、乳酸、甲酸和氨基乙酸；配位剂的含量为 25～80g/L；所述缓冲剂为硼酸、硫酸镁、硫酸钛和硫酸铝中的至少一种，含量为 70～280g/L；所述催化剂为如下卤族元素的盐类中的至少一种：氟化钠、氟化钾、溴化钾和溴化钠，含量为 15～70g/L；所述导电盐为硫酸钾、硫酸钠、氯化钾和氯化钠中的至少一种，含量为 50～150g/L；所述水为去离子水；所述制备原料还包括纳米材料二氧化硅、氧化锆、碳化硅中的至少一种；电镀溶液的配制方法如下：首先将配位剂、缓冲剂、催化剂和导电盐溶于去离子水中，加热到 90℃，反应 2～3h，放置 12h，然后，加入三价铬主盐，充分搅拌 2h，加入纳米材料，再加入剩余去离子水，搅拌均匀，然后电解处理至电流密度为 $5A/dm^2$，调节溶液的 pH 值为 2.5～3.7，则制备完成；所述剩余去离子水占总去离子水用量的 50%；所述纳米材料在三价铬硬铬电镀溶液中的含量为 0.5%～10%。

2018 年张博等[47]发明了一种三价铬环保电镀液及其使用方法，该电镀液的成分为：氯化铬 0.5～2.0mol/L，配位剂 1.5～3.0mol/L，导电盐 0.5～2.5mol/L，分散剂 0.2～1.0mol/L，特殊组分 0.1～0.5mol/L，其余为水。在确定的酸度、温度、电流密度下，制取出厚度超过 $80\mu m$ 铬镀层；电镀液使用过程中，酸度控制在 pH＝2～4 之间，温度控制在 30～50℃之间，电流密度控制在 30～40A/dm²。从而，通过在常规三价铬电镀液配方中引进一类特殊组分，有效降低电镀过程中镀层表面张力，提高电镀液分散性，进而解决电镀过程中边缘效应问题，从而提高镀层厚度至 $80\mu m$ 和致密度，镀层与基体结合力好。

2018 年郑伟等[48]发明了一种常温环保型三价铬电镀液及其电镀方法，其电镀液配方组成为：三氯化铬 150～200g/L、尿素 10～20g/L、硫氰酸钠 20～40g/L、氯化钾 40～50g/L、硼酸 10～20g/L、草酸铵 10～12g/L、溴化铵 12～15g/L、香豆素

0.2～0.5g/L、十二烷基硫酸钠0.1～0.5g/L、磺基丁二酸二辛酯0.02～0.1g/L。相比于现有技术，该发明的有益效果是：镀层沉积速度更快、镀层硬度更高。在相同的配位剂质量浓度总量下，该发明的三价铬电镀液通过同时加入尿素和硫氰酸钠，在提高镀层沉积速度和镀层硬度方面起到了协同作用。

2018年包全合等[49]发明了基于低共熔溶剂的三价铬电镀方法，包括以下步骤：①首先分别称量0.1mol木糖醇、0.2mol氯化胆碱、0.3mol蒸馏水放置于烧杯中，采用保鲜膜密封烧杯，于50℃恒温搅拌得到透明的低共熔溶剂；然后加入0.1mol的六水三氯化铬，50℃恒温搅拌得到含铬低共熔溶剂。②将电解铬片作为阳极，低碳冷轧钢板作为阴极，浸入水浴加热至50℃的含铬低共熔溶剂进行1h恒电流电镀，其中，阴极和阳极直接距离为1cm，电流密度为15mA/cm^2。③电镀完成后，将低碳冷轧钢板取出用双蒸水清洗2次，最后在烘箱中60℃烘干；室温、50℃时氯化胆碱-木糖醇-蒸馏水低共熔溶剂电导率分别为3.20mS/cm和6.40mS/cm；室温、50℃时含铬低共熔溶剂的电导率分别为1.31mS/cm和3.32mS/cm。该发明针对水溶液体系电镀铬存在的环境污染问题，提出一种以低共熔溶剂非水介质为电镀液的新型清洁电镀铬工艺，毒性低，所用低共熔溶剂环保可生物降解，价格低廉。

2018年郭崇武等[50]发明了一种三价铬镀铬液中镍和铜杂质的处理方法，公开了一种三价铬镀铬液中镍和铜杂质的处理方法，向三价铬镀铬液中加入二乙基二硫代氨基甲酸钠溶液，二乙基二硫代氨基甲酸钠与镍和铜杂质反应分别生成二乙基二硫代氨基甲酸镍和二乙基二硫代氨基甲酸铜沉淀，过量的二乙基二硫代氨基甲酸钠与三价铬离子生成二乙基二硫代氨基甲酸铬沉淀，过滤去除沉淀物，镍的去除率大于97.5%，铜的去除率大于99.9%。该发明的三价铬镀铬液中镍和铜杂质的处理方法能有效去除镍和铜杂质，方法简单，速度快。

本节参考文献

[1] Zeng Zhiziang, Wang Liping, Liang Aimin. Tribological and electrochemical behavior of thick Cr-C alloy coatings electrodeposited in trivalent chromium bath as an alternative to conventional Cr coatings [J]. Electrochemica Acta, 2006, 52 (3): 1366-1373.

[2] Hong G, Siow K S, Zhiqiang G, et al. Hard Chromium Plating from Trivalent Chromium Solution [J]. Plating and Surface Finishing, 2001, 3: 69-73.

[3] Song Y B, Chin D T. Current efficiency and polarization behavior of trivalent chromium electrodeposition process [J]. Electroehimica Acta, 2002, 48: 349-356.

[4] 吴慧敏. 全硫酸盐体系三价铬镀铬的研究 [D]. 武汉：武汉大学，2004.

[5] 李国华，赖奂汶，黄清安. 三价铬镀液中配体的作用 [J]. 材料保护，2005，38（12）：44，46.

[6] 邓姝皓，龚竹青，易丹青，等. 三价铬电沉积机理 [J]. 中南大学学报，2005，36（2）：213-218.

[7] Baral A, Engemen R. Modeling, optimization and comparative analysis of trivalent chromium electrodeposition from aqueous glycine and formic acid bath [J]. Electrochem Soc, 2005, 152: C504.

[8] Surviliene S, Nivinskiiene O, Cesuniene A Selskis. A fact of Cr(Ⅲ) solution chemistry on electrodeposition of chromium [J]. Applied Electrochem, 2006, 36: 649-654.

[9] 林安，李保松，甘复兴. 一种全硫酸盐体系三价铬电镀液及制备方法 [P]. CN1880512A，2006-12-20.

[10] 张俊彦，曾志翔，梁爱民，王立平，胡丽天. 在三价铬镀液中电沉积装饰性铬镀层的方法 [P]. CN101078131，2007-11-28.

[11] 吕玮. 甘氨酸在电沉积铁铬合金中的作用 [J]. 福建师范大学学报（自然科学版），2007，23（5）：68-70，79.

[12] 管勇. 环保型三价铬电镀工艺研究 [D]. 武汉：武汉材料保护研究所，2007.

[13] 马文立，陈白珍，何新快. 羧酸盐尿素体系中三价铬电沉积机理 [J]. 物理化学学报，2007，23（10）：1607-1611.

[14] 王志根. 三价铬电镀槽液配方及配槽方法 [P]. CN101302633A，2008-11-12.

[15] 杨建文，邓型深，徐浩森，等. 四种羧酸盐配位剂对装饰性三价铬电镀的作用 [J]. 材料保护，2009，42（6）：39-41.

[16] 汪启桥，曾振欧，康振华，等. 三价铬硫酸盐溶液镀硬铬的辅助配位剂的研究 [J]. 电镀与涂饰，2009，28（15）：5-8.

[17] 孙化松. 硫酸盐三价铬电镀工艺开发及其阴极过程 [D]. 哈尔滨：哈尔滨工业大学，2009.

[18] 李永彦，李宁，屠振密. 三价铬硫酸盐电镀铬的发展现状 [J]. 电镀与精饰，2009，31（1）：13-17，22.

[19] 殷恒波，漆琳，尹常庆，张文辉，姜廷顺. 三价铬电镀液及其制备以及应用 [P]. CN101397685，2009-04-01.

[20] 何新快. 羧酸盐-尿素体系脉冲电沉积纳米晶铬镀层的工艺优化 [J]. 材料保护，2009，42（3）：45-47.

[21] 田军，乔秀丽，聂春红. 三价铬装饰性镀铬新工艺的研究 [J]. 哈尔滨商业大学学报（自然科学版），2010，26（02）：214-217.

[22] 孙化松，屠振密，李永彦，等. 常温高效硫酸盐三价铬电镀工艺 [J]. 材料保护，2010，43（1）：25-27，56.

[23] 任丽丽. 高效三价铬电镀工艺研究 [D]. 哈尔滨：哈尔滨工业大学，2011.

[24] 王志根. 三价铬电镀槽液配方及配槽方法 [P]. CN101302633B，2011-10-19.

[25] 侯峰岩，屠振密，屈云腾. 环保型低浓度硫酸盐三价铬电沉积厚铬的研究. 全国电子电镀及表面处理学术交流会，2011.

[26] 王凯铭，曾凡亮，朱艳丽. 一种三价铬镀液组合物及其配制方法和镀铬工艺 [P]. CN102154665A，2011-08-17.

[27] 李树泉，谢金平，谢绍俊，范小玲. 一种三价铬电镀液 [P]. CN101967661A，2018-02-09.

[28] 牛艳丽，蔡志华，陈蔡喜. 一种高耐蚀环保三价铬电镀液及其电镀方法 [P]. CN102383150A，2012-03-21.

[29] 王伟，曾振欧，谢金平，等. 不同三价铬溶液体系镀铬工艺及镀层性能比较 [J]. 电镀与涂饰，2013，32（9）：9-13.

[30] 冯忠宝. 硫酸盐体系三价铬电沉积厚铬 [D]. 哈尔滨：哈尔滨工业大学，2013.

[31] 罗小平，黄中林，谢继云，王增祥，陈昌国. 复合配位剂对硫酸盐三价铬电沉积的影响 [J]. 电镀与涂饰，2014，33（3）：100-103.

[32] 罗小平. 复合配体对硫酸盐三价铬电沉积的研究 [D]. 重庆：重庆大学，2014.

[33] 舒莉，刘小华，魏喆良. 甲酸盐三价铬电镀工艺的研究 [J]. 表面技术，2014，43（2）：83-88.

[34] 侯峰岩，王庆新，吕春雷. 用于三价铬电镀厚铬电解液的添加剂及电解液配制方法 [P]. CN103628098A，2014-03-12.

[35] 许荣国. 一种三价铬电镀铬溶液及电镀方法 [P]. CN104746111A，2015-07-01.

[36] 杨彬彬. 配位剂对三价铬溶液性能的影响 [D]. 沈阳：沈阳理工大学，2015.

[37] 曲莹. 三价铬镀铬电镀液 [P]. CN104789996A，2015-07-22.

[38] 崔佳佳，马莉华. 含三价铬的电镀槽液和沉积铬的方法 [P]. CN105917031A，2016-08-31.

[39] 朱莎莎. 硫酸铬/草酸钠体系中三价铬阴极电沉积过程的研究 [D]. 漳州：闽南师范大学，2016.

[40] 毛祖国，李家柱，丁运虎，孙宁. 三价铬硬铬电镀方法 [P]. CN103510130B，2016-08-24.

[41] 宋振兴，谢玉娟. 一种硫酸盐电镀三价铬镀层方法 [P]. CN108611666A，2018-10-02.

[42] 张颖. 一种冷轧板三价铬电镀镀液 [P]. CN105297083B，2018-11-02.

[43] 陈国良，叶金堆，林珩，郑子山，李巧云，陈琴，陈焰香. 一种硫酸盐三价铬镀铬电镀液及其应用方法 [P]. CN108034969A，2018-05-15.

[44] 杨防祖，刘诚，金磊，田中群，周绍民. 一种低浓度硫酸盐三价铬快速镀铬电镀液及其制备方法 [P]. CN108456898，2018-08-28.

[45] 何礼鑫. 环保型高耐蚀三价铬电镀铬与铬-磷合金溶液 [P]. CN106119906B，2018-10-02.

[46] 陆飚. 一种三价铬硬铬电镀溶液及其在硬铬电镀中的应用 [P]. CN105386089B，2018-04-24.

[47] 张博，赵焕，刘伟华，李庆鹏，刘建国，严川伟. 一种三价铬环保电镀液及其使用方法 [P]. CN108118369A，2018-06-05.

[48] 郑伟，代后福，王佳斌. 一种常温环保型三价铬电镀液及其电镀方法 [P]. CN108277511A，2018-07-13.

[49] 包全合，张洁清，朱云. 基于低共熔溶剂的三价铬电镀方法 [P]. CN105274582B，2018-01-05.

[50] 郭崇武，李小花，赖奂汶. 一种三价铬镀铬液中镍和铜杂质的处理方法 [P]. CN108315774A，2018-07-24.

第二十五章

镀锡与锡合金配合物

第一节 Sn^{2+} 与 Pb^{2+} 的性质

Sn^{2+} 和 Pb^{2+} 离子的特征配位数为 6，它们的水合配离子可以表示为 $[Sn(H_2O)_6]^{2+}$ 和 $[Pb(H_2O)_6]^{2+}$。它们均具有正八面体的空间构型。Sn 与 Cd 在元素周期表的同一周期，Pb 与 Hg 也在同一周期，它们的二价离子的性质也有很多相似之处，它们都属于电化学反应超电压很小，而电极还原反应速率很快的金属。Pb^{2+} 和 Sn^{2+} 的还原速度比 Cd^{2+} 还快，已很接近 Ag^+ 的还原速度。因此，Sn^{2+} 和 Pb^{2+} 在酸性溶液中电解析出时只能得到粗糙的、树枝状的或针状的沉积物。表 25-1 列出了 Pb^{2+}、Sn^{2+} 同 Ag^+ 和 Cd^{2+} 的各种动力学参数。

表 25-1 Sn^{2+}、Pb^{2+} 和 Cd^{2+}、Ag^+ 离子及 Cu^{2+} 离子的某些动力学参数

金属离子	交换电流密度 i_0 /(A/cm²)	电极反应速率常数 k/(cm/s)	取代第一个内配位水分子的速率常数 k_0/(1/s)	还原反应超电压 /mV
Ag^+	1.0	$>10^{-1}$	$\geqslant 10^9$	
Pb^{2+}	8.5×10^{-2}	>1	3×10^9	3~5
Sn^{2+}	8×10^{-2}	—	—	2~3
Cd^{2+}	4×10^{-2}	1×10^{-1}	2.5×10^8	20~40
Cu^{2+}	3×10^{-2}	4.5×10^{-2}	1×10^8	30~50

Meibuhr 等测定了纯锡和锡汞齐（含锡 1%）阴极在 0.4mol/L $SnSO_4$ 和 1.0mol/L H_2SO_4 溶液中于 25℃ 和搅拌时的极化曲线，再求得不同电流密度下的超电压值，结果如图 25-1 所示。由图 25-1 可知，在电镀常用的电流密度（<10A/dm²）范围内，其超电压只有 2~3mV。他们测得无添加剂时 Sn^{2+} 在 H_2SO_4 液中（组成同上）的交换电流密度 i_0 为 $1.1\times10^{-1}A/cm^2$（在纯锡上）和 $8.0\times10^{-2}A/dm^2$（在 4% 锡汞齐上）。

Hampson 和 Larkin 测定了铅在 0.5mol/L $Pb(NO_3)_2$ 溶液中，Pb^{2+} 在铅电极上反应的交换电流密度为 85mA/cm²，与 Sn^{2+} 的 i_0 值相近，比 Cu^{2+}、Zn^{2+} 的 i_0 约大 2~3 个数量级，比铁族离子快 6~7 个数量级。因此 Sn^{2+} 和 Pb^{2+} 均属于电极反应极快的一类金属离子。实际测定 Pb^{2+} 在 Pb(Hg) 电极上的还原速率常数大于 1cm/s，与电极反应速率极快的 Cu^+、Ag^+ 的速率（$\geqslant 10^{-1}$cm/s）相当。

大家知道，电镀时镀层的晶面取向是和基体金属的结晶状态有关的。一般来说，

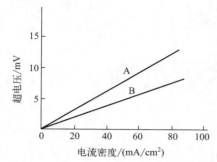

图 25-1　无添加剂时纯锡和液体锡汞齐
阴极测得的不同电流密度
下的超电压值

测定条件：$25.0℃±0.2℃$，$0.4mol/L$
$SnSO_4+1.0mol/L\ H_2SO_4$；
A—$0.1\%\ Sn(Hg)$ 阴极；B—纯 Sn 固体阴极

在多晶体上获得的镀层也具有多晶结构，即这种镀层是在不同晶面指数的晶面上形成的。晶面指数不同，在该面上形成镀层的超电压也不同。表 25-2 是在 25℃ 和 $10mA/cm^2$ 电流密度下在不同晶面指数的单晶面上析出金属的超电压。

由表 25-2 中数据可知，超电压低的铅和锡要由一个晶面变为另一晶面时会引起相当大的相对超电压的变化，而高超电压的金属（如镍）发生晶面转化时所引起的相对超电压变化较小。例如电解沉积铅时，从（111）面变为（110）面时超电压会从 $4.4mV$ 降至 $3.0mV$，几乎下降了 50%。而对镍来说只下降约 20%。这就是说，在通常用的电镀底材金属（具有多晶结构）上电解沉积像铅、锡这类超电压低的金属时，镀层会主要在超电压低的占优势晶面上沉积，而这种晶面要转为其他晶面又十分困难，结果镀出来的沉积物就是单向生长的针状或树枝状镀层。而超电压高的铁族金属在电解沉积时各种晶面易于转化，故沉积层会在各个晶面上均匀生长，晶核的数量多，晶粒的生长速度较慢，所以得到的是细密的结晶，而不会形成针状或树枝状的镀层。

表 25-2　不同晶面指数的单晶面上电解析出金属的超电压（25℃，$10mA/cm^2$）

晶面指数	金属电沉积的超电压/mV			
	Pb	Sn	Cu	Ni
	$0.5mol/L\ Pb(ClO_4)_2$，$0.5mol/L\ HClO_4$	$0.5mol/L\ SnCl_2$，$0.5mol/L\ HCl$	$0.5mol/L\ Cu(ClO_4)_2$，$0.5mol/L\ HClO_4$	$1.0mol/L\ NiCl_2$，$0.39mol/L\ H_3BO_3$，pH 值为 3.1
（100）	3.0	2.5	35	768
（110）	3.0	4.0	30	783
（111）	4.4	—	43	800

氢在锡上的超电压很高，约为 $0.75V$，因此锡受酸碱的腐蚀很慢，此外锡也不受氨气、氢气和氮气的腐蚀，加上锡本身无毒，因此锡层常被用作食品罐头的内镀层。但是锡并不耐潮湿的二氧化硫气体，同时易被氧化剂氧化，如过硫酸钾、硝酸、H_2O_2、三氯化铁等都可将锡氧化为金属离子，这些氧化剂也就成了退锡的优良退镀剂。

二价锡离子很易被空气中的氧氧化为四价锡，因此装二价锡溶液的容器必须密封。新配的二价锡镀液是清澈的，但存放后受空气氧化成四价锡，后者很易水解而形成沉淀，使镀液变混浊并显黄色。

二价锡的氯化物、硫酸盐、氟硼酸盐、甲基磺酸盐、丙烷磺酸盐等是可溶性的，但它们在水中也易水解而变混浊，只有在过量酸存在时，镀液才稳定。

氢在铅上的超电压也较高，约为 $0.36V$，故铅也不易受酸的腐蚀（硝酸和醋酸除外）。铅并不溶于硫酸，这是由于会形成不溶性的硫酸铅，铅也不溶于盐酸，因为形成的氯化铅的溶解度也很小。但在过量 Cl^- 存在时，不溶性的 $PbCl_2$ 也转变为可溶性的 $[PbCl_3]^-$ 配离子或 $[PbCl_4]^{2-}$ 配离子。

$$PbCl_2 \xrightarrow{Cl^-} [PbCl_3]^- \xrightarrow{Cl^-} [PbCl_4]^{2-}$$

铅易溶于硝酸，形成易溶于水的硝酸铅 $Pb(NO_3)_2$，其溶解度高达 $565kg/m^3$，铅也易溶于醋酸，形成易溶于水的 $Pb(CH_3COO)_2$，其溶解度高达 $433kg/m^3$，仅次于硝酸。

在大部分环境中，锡比铅更易被腐蚀，对铅而言，锡是阳极，同样，铅对钢铁、铝、锌和镉而言也是阴极，它不会被腐蚀，然而同钛、钝化的不锈钢在一起时，铅变成了阳极而被腐蚀。铅在铬酸和磷酸中会形成不溶性的铬酸铅和磷酸铅保护膜，不会被进一步腐蚀。

Sn^{2+} 和 Pb^{2+} 均为亲氧离子，它容易同含氧配位体形成稳定的配合物。Sn^{2+} 在碱性条件下很容易与羟基离子（OH^-）形成稳定的 $Sn(OH)_2$ 沉淀，氢氧化亚锡也可称为亚锡酸，因为它是两性物质，既可溶于酸，也可溶于碱。

$$Sn^{2+} + 2OH^- \Longrightarrow Sn(OH)_2 \text{ 或 } H_2SnO_2 \qquad K = 3 \times 10^{26}$$
$$\text{氢氧化亚锡}\qquad\text{亚锡酸}$$

$$Sn(OH)_2 + 2HCl \Longrightarrow SnCl_2 + 2H_2O$$
$$Sn(OH)_2 + OH^- \Longrightarrow [Sn(OH)_3]^-$$

二价锡的化合物在酸性条件下尤其是在碱性条件下很容易被氧化而形成锡酸盐或六羟基合锡（Ⅳ）离子，其标准电位达 $0.93V$

$$Sn^{2+} \Longrightarrow Sn^{4+} + 2e^- \qquad E^{\ominus} = -0.15V$$
$$HSnO_2^- + 3OH^- + H_2O \Longrightarrow [Sn(OH)_6]^{2-} + 2e^- \qquad E_B^{\ominus} = 0.93V$$

锡酸或氢氧化锡（Ⅳ）溶于碱时也会形成六羟基合锡（Ⅳ）配离子

$$Sn(OH)_4 + 2OH^- \Longrightarrow [Sn(OH)_6]^{2-} \qquad \Delta F^{\ominus} = -8kcal$$

二价的亚锡酸或氢氧化亚锡也会发生歧化反应变成金属锡和四价锡

$$2HSnO_2^- + 2H_2O \Longrightarrow Sn + [Sn(OH)_6]^{2-} \qquad \Delta F^{\ominus} = -1.1kcal$$

四价锡离子 Sn^{4+} 比 Sn^{2+} 的正电荷更高，它同 OH^- 可以形成更稳定的羟合配合物，即它更容易水解而形成氢氧化锡 $[Sn(OH)_4]$ 或 $SnO_2 \cdot 2H_2O$ 沉淀

$$Sn^{4+} + 4OH^- \Longrightarrow Sn(OH)_4 \text{ 或 } SnO_2 \cdot 2H_2O \qquad K \approx 10^{57}$$

形成沉淀的平衡常数如此之高，表明此反应是不可逆转的，这就是为什么 Sn^{2+} 氧化后生成的偏锡酸难以再被溶解的原因。

金属锡为两性金属，它既可溶于酸，也可溶于碱，在酸和碱条件下的锡标准电极电位分别是

$$Sn^{2+} + 2e^- \Longrightarrow Sn \qquad E^{\ominus} = -0.136V \text{ 或 } Sn \Longrightarrow Sn^{2+} + 2e^- \qquad E^{\ominus} = 0.136V$$
$$HSnO_2^- + H_2O + 2e^- \Longrightarrow Sn + 3OH^- \qquad E_B^{\ominus} = -0.91V$$
$$\text{或} \qquad Sn + 3OH^- \Longrightarrow HSnO_2^- + H_2O + 2e^- \qquad E^{\ominus} = 0.91V$$

这表明在碱性条件下锡阳极更容易以亚锡酸形式被溶解下来，仅当锡阳极部分钝化时，它才会以四价锡酸盐形式溶解下来。因此控制好阳极电位或阳极电流密度，是碱

性镀锡正常运行的关键。

铅也属于两性元素,它既可溶于酸,也可溶于碱。在酸和碱条件下的标准电位分别为

酸性时 $\qquad Pb^{2+}+2e^- =\!=\!= Pb \qquad E^{\ominus}=-0.126V$

碱性时 $\qquad HPbO_2^-+H_2O+2e^- =\!=\!= Pb+3OH^- \qquad E_B^{\ominus}=-0.54V$

在酸性条件下,铅的标准电位与锡的相近,只差 0.01V。因此两者容易共沉积,通常只要控制镀液中 Pb^{2+} 与 Sn^{2+} 的比例,就可获得类似比例的锡铅合金镀层。但是在碱性条件下,铅的标准电位比锡的高出 0.37V,两者较难共沉积,这就是为什么很少有人去做碱性镀锡铅合金的原因。

在酸性条件下二价铅以铅离子 Pb^{2+} 形式存在,而在碱性时,它则形成氢氧化铅或亚铅酸 H_2PbO_2

$$Pb^{2+}+2OH^- =\!=\!= Pb(OH)_2 \text{ 或 } H_2PbO_2 \qquad K=2.5\times10^{14}$$

反应的平衡常数 K 比 Sn^{2+} 的小 12 个数量级,即 Pb^{2+} 的水解沉淀比 Sn^{2+} 弱得多。

二价铅是很稳定的状态,在空气中它并不被氧化成四价铅的化合物,这是 Pb^{2+} 与 Sn^{2+} 不同的地方。但在强碱条件下,它也可以被氧化并形成四价的六羟基合铅配离子 $[Pb(OH)_6]^{2-}$。

$$PbO_2^{2-}+2OH^- =\!=\!= PbO_3^{2-}+H_2O+2e^- \qquad E_B^{\ominus}=-0.208V$$

$$PbO+2OH^- =\!=\!= PbO_2+H_2O+2e^- \qquad E_B^{\ominus}=-0.248V$$

$[Sn(OH)_6]^{2-}$ 和 $[Pb(OH)_6]^{2-}$ 都是很稳定的配离子。它们的电沉积反应的速度较慢,在 60~80℃下电流效率也只有 60%~80%,因此可在不加添加剂的条件下获得白色细晶的无光泽锡层,加入适当的光亮剂后可以得到光亮的锡层。碱性锡酸盐镀液的分散能力与深镀能力比酸性镀液好,这不仅与 OH^- 的导电能力好有关,更重要的是 $[Sn(OH)_6]^{2-}$ 离子的还原反应的超电压较高,极化度也高。

第二节 Sn^{2+} 和 Pb^{2+} 的配位体与配合物

Sn^{2+} 和 Pb^{2+} 属于软硬酸碱理论中的交界酸,它易于同中等硬度的碱(或配体)形成稳定的配合物,O 和 N 原子是中等硬度的配位原子,由它们形成的各种配位体都是 Sn^{2+}、Pb^{2+} 的优良配位体。例如,Cl^-、Br^-、I^-、OH^-、PO_4^{3-}、$P_2O_7^{4-}$、草酸、乳酸、柠檬酸、酒石酸、甘油或其他多元醇、三乙醇胺、氨三乙酸、乙二胺四乙酸(EDTA)、甘氨酸、丙氨酸、三乙烯四胺、吡啶-2-羧酸等都是 Sn^{2+} 和 Pb^{2+} 的优良配位体,可以形成稳定的配合物。

由于 Sn^{2+} 在水溶液中易被空气氧化,因此测定它同各种配位体形成配合物的稳定常数比较困难,已测出的稳定常数的数据也比较少,但是 Pb^{2+} 在水溶液中十分稳定,稳定常数的测定比较容易,已测出的数据比较多。表 25-3 列出了 Sn^{2+} 配合物的稳定常数。表 25-4 则是 Pb^{2+} 配合物的稳定常数。读者可以从 Pb^{2+} 配合物的稳定常

数去估计 Sn^{2+} 的稳定常数。

表 25-3　Sn^{2+} 配合物的稳定常数

配体名称	结构	配合物的稳定常数（$\lg K$）
氟离子	F^-	$Sn^{IV}L_6$　25
氯离子	Cl^-	$Sn^{II}L$ 1.15；SnL_2 1.7；SnL_3 1.68
溴离子	Br^-	SnL 0.73；SnL_2 1.14；SnL_3 1.34
羟离子	OH^-	SnL 10.1；Sn_2L_2 23.5
乙二胺四乙酸（EDTA）	$(HOOCCH_2)_2NCH_2CH_2N(CH_2COOH)_2$	SnL 22.1

表 25-4　Pb^{2+} 配合物的稳定常数

配体名称	配体的结构	配合物的稳定常数（$\lg K$）
氟离子	F^-	PbL <0.3
氯离子	Cl^-	PbL 1.6；PbL_2 1.78；PbL_3 1.68；PbL_4 1.38
溴离子	Br^-	PbL 1.56；PbL_2 2.1；PbL_3 2.16；PbL_4 2.53
碘离子	I^-	PbL 1.3；PbL_2 2.8；PbL_3 3.4；PbL_4 3.9
氰根	CN^-	PbL 10.3
亚硝酸根	NO_2^-	PbL 1.93；PbL_2 2.36；PbL_3 2.13
硝酸根	NO_3^-	PbL 0.3；PbL_2 0.4
氢氧根	OH^-	PbL 6.2；PbL_2 10.3；PbL_3 13.3；Pb_2L 7.6；Pb_4L_4 36.1
硫氰酸根	SCN^-	PbL 0.5；PbL_2 1.4；PbL_3 0.4；PbL_4 1.3
甲酸根	$HCOO^-$	PbL 0.78；PbL_2 1.2；PbL_3 1.43；PbL_4 1.18
乙酸根	CH_3COO^-	PbL 2.20；PbL_2 3.59
硫代硫酸根	$S_2O_3^{2-}$	PbL 5.1；PbL_2 6.4
焦磷酸根	$P_2O_7^{4-}$	PbL_2 5.32
苯甲酸根	<化学结构：苯环—COO$^-$>	PbL 3.30
邻氨基苯甲酸根	<化学结构：苯环，邻位 NH_2 和 COO$^-$>	PbL 2.82
氨基乙酸根	$H_2N-CH_2COO^-$	PbL 5.47；PbL_2 8.9
α-氨基丙酸根	$CH_3-\overset{NH_2}{CH}-COO^-$	PbL 5.0；PbL_2 8.24
β-氨基丙酸根	$H_2N-CH_2-CH_2COO^-$	$PbL_2(OH)_2$ 12.11
谷氨酸根	$^-OOC-CH_2-CH_2-\overset{NH_2}{CH}-COO^-$	PbL 4.60；PbL_2 6.22
组氨酸根		PbL 5.96；PbL_2 8.96
半胱氨酸根		PbL 11.39
硫代乙醇酸根		PbL 8.5
草酸根	$^-OOC-COO^-$	PbL_2 6.54
丙二酸根	$^-OOC-CH_2-COO^-$	PbL 3.1
马来酸根		PbL 3.0；PbL_2 4.5；PbL_3 5.4
乳酸根	$CH_3-\overset{OH}{CH}-COO^-$	PbL 1.98；PbL_2 2.98
2-羟基-2-甲基丙酸根	$CH_3-\overset{OH}{C}(CH_3)-COO^-$	PbL 2.03；PbL_2 3.2；PbL_3 3.22
吡啶-2-羧酸根	<化学结构：吡啶环—COO$^-$>	PbL 4.58；PbL_2 7.92

配体名称	配体的结构	配合物的稳定常数（$\lg K$）
喹啉-2-羧酸根		PbL 3.95；PbL$_2$ 10.97
8-羟基喹啉		PbL 9.02
1,10-菲咯啉		PbL 5.1；PbL$_2$ 7.5；PbL$_3$ 9.0
柠檬酸根	$^-OOCCH_2C(OH){-}CH_2COO^-$ （COO$^-$ 上）	PbHL 19；PbH$_2$L 27.8
酒石酸根	$^-OOC{-}\overset{OH}{CH}{-}\overset{OH}{CH}{-}COO^-$	PbL 3.8
氨三乙酸根	$N(CH_2COO^-)_3$	PbL 11.39
EDTA	$(^-OOCCH_2)_2NCH_2CH_2N(CH_2COO^-)_2$	PbL 18.0；PbHL 20.9
羟乙基乙二胺三乙酸根（HEDTA）	$\begin{array}{l}HOCH_2CH_2 \\ \qquad N{-}CH_2CH_2N(CH_2COO^-)_2 \\ ^-OOC{-}CH_2\end{array}$	PbL 15.5
环己二胺四乙酸根（DCTA）		PbL 19.7；PbHL 22.5
二乙烯三胺五乙酸根（DTPA）		PbL 18.9；PbHL 23.4；Pb$_2$L 22.3
三乙烯四胺六乙酸根（TTSA）		PbL 17.1；PbHL 25.3；Pb$_2$L 28.1
2-氨基丙二酰脲-N,N-二乙酸		PbL 12.0
硫脲	$H_2N{-}\overset{S}{\overset{\|}{C}}{-}NH_2$	PbL 0.6；PbL$_2$ 1.04；PbL$_3$ 0.98；PbL$_4$ 2.04
乙二醇二乙醚二胺四乙酸		PbL 11.8；PbHL 16.96；Pb$_2$L 16.40
亚硝基-2-羟基萘-3,6-磺酸		PbL 4.64；PbL$_2$ 7.37
PAR 4-(2-吡啶偶氮间苯二酚)		PbL$_2$ 26.6；PbHL 24.8
钛铁试剂 4,5-二羟基苯-1,3-二磺酸		PbL 11.95；PbL$_2$ 18.3
三乙烯四胺	$H_2N(CH_2)_2NH(CH_2)_2NH(CH_2)_2NH_2$	PbL 10.4
四乙烯五胺	$H_2N(CH_2)_2NH(CH_2)_2NH(CH_2)_2NH(CH_2)_2NH_2$	PbL 10.5
8-羟基喹啉-5-磺酸		PbL 8.5；PbL$_2$ 16.1
硫代乙醇酸	$HSCH_2{-}COO^-$	PbL 8.5
埃铬黑 T		PbL 13.19
乙酰丙酮	$CH_3\overset{O}{\overset{\|}{C}}{-}CH_2{-}\overset{O}{\overset{\|}{C}}CH_3$	PbL 4.2；PbL$_2$ 6.6
联吡啶		PbL 2.9
苯胺		PbL 2.82

根据酸性或中性镀锡的各种资料，我们可以找出适于 Sn^{2+} 的电镀配位体有以下几种：

① 氟化物：氟化钾、氟化钠、氟化铵、氢氟酸、氟硼酸、氟硼酸盐。

② 磺酸：具有 $C_nH_{2n+1}SO_3H$ 结构的磺酸，如甲基磺酸、乙基磺酸、1-丙基磺酸、1-丁基磺酸等。其中 $n=1\sim5$，最好 $n=1\sim3$。

③ 烷醇基磺酸：具有 $C_mH_{2m+1}—CH(OH)C_pH_{2p}—SO_3H$ 结构，其中 $m=0\sim2$，$p=1\sim3$。例如 2-羟乙基-1-磺酸、2-羟丙基-1-磺酸、2-羟丁基-1-磺酸等。

④ 芳香族磺酸：苯磺酸、甲基苯磺酸、羟基苯磺酸（酚磺酸）、甲酚磺酸、硝基苯磺酸、磺基水杨酸、萘磺酸、萘酚磺酸等。

⑤ 磺羧酸：2-磺基乙酸、2-磺基丙酸、3-磺基丙酸、磺基于二酸。

⑥ 氨基酸：甘氨酸、丙氨酸、谷氨酸、氨二乙酸、氨三乙酸、乙二胺四乙酸、二乙三胺五乙酸等。

⑦ 羟基酸：乳酸、苹果酸、酒石酸、柠檬酸、羟基乙酸、甘油酸等。

⑧ 羧酸：草酸、丙二酸、丁二酸。

⑨ 有机多膦酸：1-羟基-(1,1)-亚乙基-1,1-二膦酸（HEDP）、氨基三亚甲基膦酸（ATMP）、乙二胺四亚甲基膦酸（EDTMP）、二乙三胺五亚甲基膦酸等。

第三节　酸性半光亮镀锡工艺

半光亮锡层也称为暗锡、雾锡、灰锡和亚光锡等。由于它具有比光亮锡更好的可焊性，而且对印制板的碱性蚀刻液有很好的抗蚀保护能力，因此被广泛用于电子元器件的可焊性镀层及印制板的碱性蚀刻保护层。半光亮镀锡液具有优良的分散能力和覆盖能力，不含氟和铅，废水处理容易，镀液的维护和控制简单，有利于环保，是一种清洁生产工艺。为了防止纯锡层可能产生锡晶须，可以在镀锡液中加入少量的其他元素，如铜、银、铋、铈和锑等。

常用的酸性半光亮镀锡工艺分硫酸型和磺酸型两种。前者价格便宜，但液中二价锡比甲基磺酸镀液易氧化，因此要用较好的稳定剂。甲基磺酸型镀液的稳定性较好，使用电流密度较高，较适于高速电镀使用，但镀液的成本较高。随着高速电镀的普及和国产化的实现，甲基磺酸及甲基磺酸锡的价格大幅下降，这为它的大批量使用打下了很好的基础。

一、硫酸型酸性半光亮镀锡工艺的特点

① 镀液具有优良的覆盖能力，适于各种复杂零件的电镀。

② 镀液的分散能力优良，镀层的厚度分布均匀。

③ 镀液稳定，可在 25～32℃下正常工作。

④ 镀层的焊接性能优良，可承受各种老化条件的考验。

⑤ 镀液不含铅和其他有害物质，是一种环保型绿色产品。

二、酸性半光亮镀锡液的组成和操作条件

见表 25-5。

表 25-5　硫酸型和甲基磺酸型半光亮镀锡液的组成和操作条件

原 材 料	硫 酸 型		甲基磺酸型
	（1）	（2）	
硫酸亚锡/(g/L)	40～55	36(27～54)	
金属锡/(g/L)		20(15～30)	22(18～26)
硫酸(d1.84)/(g/L)	60～120	150(140～220)	（以甲基磺酸亚锡形式加入）
硫酸/(ml/L)		100(80～120)	
β-萘酚/(g/L)	0.5～1.0		
明胶/(g/L)	1～3		
酚磺酸/(g/L)	80～100		
AMT-1B 添加剂/(ml/L)		30(15～45)	30(15～45)
AMT-1S 稳定剂/(ml/L)		25(20～30)	25(20～30)
甲基磺酸(d1.35)/(g/L)			150(120～180)或 110(89～133)ml/L
镀液温度/℃	15～30	25(15～35)	25(15～35)
阴极电流密度/(A/dm²)	0.5～1.5	1.5(0.5～3.0)	2.0(1～5)
阴阳极面积比	1:2	1:2	1:2
阳极	纯锡球或锡板(纯度 99.9％以上)		
阳极袋	聚丙烯(PP)袋		
搅拌	循环过滤(5 个循环/h 以下)与阴极移动(10～30 次/min,摆幅 10cm)		
槽体	橡胶、聚氯乙烯、聚乙烯、聚丙烯塑料		
过滤机	耐硫酸或甲基磺酸材质的过滤机		

三、镀液的配制方法

① 在另一储槽中注入 75％最终体积的去离子水或蒸馏水。

② 在不断搅拌下小心加入计量的浓硫酸。

③ 趁热在搅拌下加入所需的硫酸亚锡,搅拌 1h。

④ 加入 1～2g/L 活性炭,搅拌半小时后将溶液滤入镀槽,或用 1μm 活性炭滤芯直接滤入镀槽。若硫酸亚锡可完全溶解则不必用活性炭与过滤。

⑤ 待溶液温度降至室温后加入 AMT-1B 添加剂,搅拌均匀。

⑥ 加入所需量的 AMT-1S 稳定剂,搅拌均匀。

⑦ 以纯水调整至标准液位,循环过滤即可。

四、镀液的维护与补充

① 每天分析镀液 1～2 次（视工作量而定）,依分析数据调整镀液中硫酸亚锡和硫酸的浓度。

② 添加剂的补充方法:

a. 按 250～350ml/kA 时，补充 AMT-1B 添加剂。

b. 每补充 1g Sn^{2+} 时添加 1.25ml 的 AMT-1S 稳定剂。

③ 镀液要避免 Cu^{2+}、Cl$^-$ 等杂质离子带入，镀液中 Cu^{2+} 过多时镀层会出现黑点或黑色条纹，此时可通过 0.2A/dm^2 小电流电解处理除去，也可用重金属杂质去除剂 AMT-1R 进行沉淀处理，每加入 1ml AMT-1R 可除去 10mg Cu^{2+}。砷、锑的带入也会使镀层变暗，孔隙率增加。当氯离子浓度达到 300mg/L 或硝酸根达 2g/L 时都会影响镀液的覆盖能力，操作时需多加注意。为了防止氯离子污染，工件可采用 5%～10% H$_2$SO$_4$ 预浸，预浸后可以不经水洗就直接进入镀液。

④ 如镀液长期使用后出现严重混浊，可用 AMT-1P 絮凝剂处理，以除去四价锡沉淀。AMT-1P 的使用方法如下：

a. 选择 5 个 50ml 或 100ml 量筒，加入等量的混浊镀锡液，然后加入不同量的 AMT-1P 絮凝剂。

b. 剧烈搅拌 30min 后让其静置 4～6h，选择沉淀物体积最小或澄清液体积最大的那只量筒的加入量作为大槽处理的标准。

c. 若发现五个量筒中沉淀物体积相同且最小时，此时应在 2～3 个量筒中选取加入絮凝剂量最少的那个作为标准。

d. 生产线上处理时，最好将镀液打入备用槽中处理，加入絮凝剂后应剧烈搅拌半小时，并让其静置过夜，次日将澄清液虹吸或用活性炭滤芯泵入已清洗过的镀槽中。分析调整镀液的成分浓度后，按霍尔槽试先补充 AMT-1B 添加剂。

e. 如要提高锡层的防变色能力和可焊性，镀后的锡层可用 AMT-AT 防变色剂进行镀后处理，处理条件是含量 50%，60～70℃，1～2min。

⑤ 常见故障及排除。硫酸盐酸性镀锡常见故障及排除方法见表 25-6。

五、镀液的分析方法

1. Sn^{2+} 的分析

① 取 2ml 的槽液，加入 250ml 锥形瓶中。

② 加入 100ml 纯水及 30% 的硫酸 15ml。

③ 加入 2ml 淀粉溶液。

④ 用 0.1mol/L 的碘溶液滴定至蓝色终点，碘液消耗量为 A(ml)。

⑤ 计算

$$Sn^{2+}(g/L) = 2.97 \times 碘液消耗量\ A$$

2. H$_2$SO$_4$ 的分析

① 取 5ml 的槽液，加入 250ml 锥形瓶中。

② 加入 100ml 纯水，再加入 2～3ml 酚酞指示剂。

③ 用 1mol/L 的 NaOH 滴定至粉红色终点，NaOH 的消耗量为 B(ml)。

④ 计算

$$H_2SO_4(ml/L) = [(B \times 9.808) - (A \times 0.826)] \times 0.567$$

表 25-6 常见故障及排除方法

故　障	原　因	排除方法
局部无镀层	①前处理不良 ②添加剂过量 ③电镀时零件相互重叠	①加强前处理 ②小电流电解 ③加强操作规范性
镀层脆或有裂纹	①镀液有机污染 ②添加剂过多 ③温度过低 ④电流密度过高	①活性炭处理 ②活性炭处理或小电流处理 ③适当提高温度 ④适当降低电流密度
镀层粗糙	①电流密度过高 ②锡盐浓度过高 ③镀液有固体悬浮物	①适当降低电流密度 ②适当提高硫酸含量 ③加强过滤,检查阳极袋是否破损
镀层有针孔、麻点	①镀液有机污染 ②阴极移动太慢 ③镀前处理不良	①活性炭处理 ②提高移动速度 ③加强前处理
镀层发暗、发雾	①镀层中铜、砷、锑等杂质污染 ②氯离子、硝酸根离子污染 ③Sn^{2+}不足,Sn^{4+}过多 ④电流过高或过低	①小电流电解 ②小电流电解 ③加絮凝剂过滤 ④调整电流密度至规定值
镀层沉积速度慢	①Sn^{2+}少 ②电流密度太低 ③温度太低	①分析,补加$SnSO_4$ ②提高电流密度 ③适当提高操作温度
阳极钝化	①阳极电流密度太高 ②镀液中H_2SO_4不足	①加大阳极面积 ②分析,补加H_2SO_4
镀层发暗,但均匀	镀液中Sn^{2+}多	分析调整
镀层有条纹	①添加剂不够 ②电流密度过高 ③重金属污染	①适当补充添加剂 ②调整电流密度 ③小电流电解
镀层起泡	①前处理不良 ②镀液有机污染 ③添加剂过多	①加强前处理 ②活性炭处理 ③小电流处理

六、酸性半光亮镀锡液的性能

1. 沉积速度

用 5cm×10cm 的铜霍尔槽样板,以 1A 总电流在 25℃下镀 5min,然后用 X 射线荧光测厚仪分别测定 AMT-1 及 S 公司半光亮锡液的沉积速度,结果如图 25-2 所示,由图可见,在 $2A/dm^2$ 时它们的沉积速度分别为 $4.7\mu m/5min$ 和 $4.5\mu m/5min$。

2. 分散能力 (throwing power)

用远近阴极比为 2:1 的哈林 (Haring) 槽,阴极用铜板,分别在 AMT-1 和 S 公司镀液中,以 $1.0A/dm^2$、$1.5A/dm^2$ 和 $2A/dm^2$ 的电流密度,在 25℃下施镀

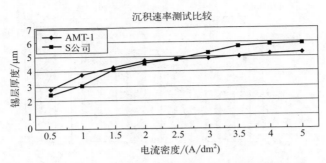

图 25-2　AMT-1 及 S 公司半光亮锡液沉积速度的比较

5min。清洗干燥后称量远、近阴极在施镀前后的增重，再按下式计算分散能力

$$分散能力(\%) = \frac{M_2}{M_1} \times 100\%$$

式中，M_2 为远阴极镀层的增重；M_1 为近阴极镀层的增重。

测量结果如图 25-3 所示。由图可见，在 2.0A/dm^2 时 AMT-1 液的分散能力为 84%，S 公司的为 75%。

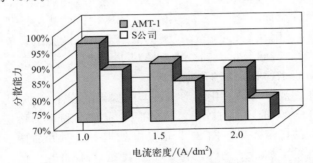

图 25-3　AMT-1 及 S 公司半光亮镀锡液分散能力的比较

3. 覆盖能力（covering power）

用 $\phi 10\text{mm} \times 100\text{mm}$ 铜管以水平夹角 45°分别挂在 2L 的 AMT-1 和 S 公司镀液中，以 0.5A/dm^2、1.0A/dm^2、1.5A/dm^2、2.0A/dm^2 和 2.5A/dm^2 的电流密度，在 25℃下电镀 5min，然后剖开铜管，测量两端管内锡层的长度，再按下式计算覆盖能力

$$覆盖能力(\%) = \frac{a+b}{L} \times 100\%$$

式中，a 为左端管内锡层的长度；b 为右端管内锡层的长度；L 为铜管的总长度。

测量结果如图 25-4 所示。由图可见，两种镀液的覆盖能力相当，在 2.0A/dm^2 时覆盖能力达 82%，在 2.5A/dm^2 时可达 93%。

4. 电流效率

用铜库仑计以电流效率 100% 的硫酸铜溶液为参照液，分别测定 AMT-1 和 S 公

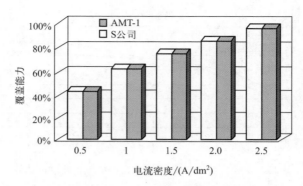

图 25-4　AMT-1 及 S 公司半光亮镀锡液覆盖能力的比较

司镀液在 $2A/dm^2$，25℃下的电流效率分别为 98.5％和 98.2％，表明两种镀液的电流效率十分接近。

5. 铜离子的影响

用霍尔槽试验法，以铜极作阴极，在 AMT-1 镀液中分别加入不同量的铜离子，并在总电流 1A，25℃下施镀 5min，取出后观察镀层外观的变化，结果表明，在镀液中加入 120mg/L Cu^{2+} 时，对 0.5～5A/dm^2 电流密度区的镀层外观无影响。当 Cu^{2+} 浓度达 240mg/L 时，则在 2.5A/dm^2 以上的高电流密度区会出现灰暗现象。当 Cu^{2+} 浓度达 600mg/L 时，灰暗区扩大到 2A/dm^2 以上的镀层。

6. 稳定剂AMT-1S 对Sn^{2+}的稳定效果

二价锡离子在高温下易被氧化而形成难溶的偏锡酸胶体，使溶液变混浊，因此用浊度计测定 50℃和 60℃时添加 15ml/L AMT-1S 稳定剂和不加稳定剂溶液的混浊度就可以知道稳定剂的稳定效果。图 25-5 是高温处理一定时间后两种溶液的混浊度的测定结果，由图可见，加稳定剂的溶液的混浊度远比未加的为低，表明稳定剂是有效的。

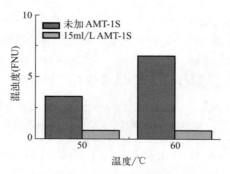

图 25-5　在高温时 AMT-1S 稳定剂稳定 Sn^{2+} 的效果

若在加与不加稳定剂的镀锡液中加入双氧水来加速 Sn^{2+} 的氧化，再利用浊度计来测定溶液的混浊液，结果如图 25-6 所示，当加入双氧水（30％）的量达 7ml/L 时，加稳定剂镀液的混浊度比未加稳定剂的低好多倍，表明稳定剂确有很好的稳定 Sn^{2+}

的效果。

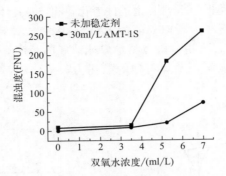

图 25-6 双氧水加速氧化时 AMT-1S 稳定剂
稳定 Sn^{2+} 的效果

7. 絮凝剂 AMT-1P 对偏锡酸的沉降效果

在两个装有混浊镀锡液的 100ml 量筒中，一个加入 2ml AMT-1P 絮凝剂，一个不加絮凝剂，将两个量筒充分搅拌后静置，记录经过不同时间后上层澄清液的体积（ml），结果如图 25-7 所示。

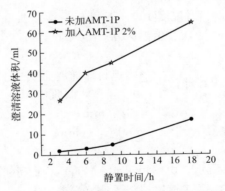

图 25-7 絮凝剂 AMT-1P 对沉淀物的沉降效果

由图 25-7 可见，加絮凝剂后，上层澄清液的体积远大于未加絮凝剂的，而且两者之差随着静置时间的延长在加大，这说明加入絮凝剂后静置时间越长，沉淀物的分离效果越好。

七、酸性半光亮镀锡层的性能

1. 结合力

紫铜板经常规除油、酸洗、水洗后进行镀锡 $30\mu m$ 厚，然后将它弯曲 $90°$，结果未发现镀层有开裂与剥落。镀层在 200℃下烘烤 2h 后迅速浸入冷水中，也未观察到镀层起泡与剥落，证明锡与铜层的结合力优良。

2. 锡层的可焊性

（1）焊料球铺展试验（焊料球散锡力测定）

将多块 $5cm \times 10cm$ 紫铜板在 25℃，$2A/dm^2$ 条件下在 AMT-1 镀液中镀上 $4\mu m$ 厚的锡层，将部分镀锡铜板经下列老化条件老化，再与未老化的锡板一起进行焊料球铺展试验。试验时先将直径为 $0.76mm$ 的无铅 Sn-Ag-Cu 焊料球放在测试板中，然后在 260℃热盘上加热 40s，再用显微镜测量焊球铺展的长度 a 和 b（见图 25-8）。由 a 和 b 可计算出焊料球铺展面积及焊料球的散锡力，散锡力越高，表示锡层的可焊性越好。

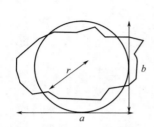

图 25-8　焊料球铺展半径的计算

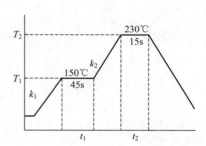

图 25-9　高温回流的升温曲线

① 老化条件

a. 高温烘烤：155℃，4h 和 8h。

b. 潮湿试验：98℃，相对湿度 100%下 8h。

c. 高温回流（reflow）3 次：恒温区 T_1 150℃，45s；T_2 230℃，15s（图 25-9）。

② 计算

$$焊料球散锡力 = \frac{焊料球铺展面积\ \pi r^2}{焊料球截面积\ \pi R^2}$$

其中，焊料球半径 $R = 0.76/2 = 0.38$（mm）

焊料球铺展半径 $r = [(a+b)/2]/2$（mm）

③ 测定结果

测定结果如图 25-10 所示，由图可见，AMT-1 半光亮锡层与 S 公司的镀锡层均有优良的可焊性，其中 AMT-1 镀锡层似乎略好一些。

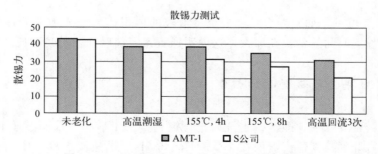

图 25-10　AMT-1 与 S 公司半光亮锡层的散锡力

（2）焊料球推力测定

用含有球栅阵列（BGA）小圆球状焊点的样品板在 AMT-1 液中镀锡 $4\mu m$ 厚，

取其中几块样品板按上述老化条件进行高温烘烤、高温潮湿和高温回流 3 次后，再与未老化的样品板一起进行焊料球推力测定。测定前先在板上涂布助焊剂，再放上直径为 0.76mm 的无铅 Sn-Ag-Cu 焊料球，在回流焊（reflow）机上回流一次，焊料球就被焊接在样品板上，再放入焊料球剪切试验机（solder ball shear test machine）上，用移动臂将焊料球推离焊接点，同时记录推离焊料球所需的力（以克力表示），力值越大，表示焊接越牢，可焊性越好。图 25-11 示出了焊料球推力的测定结果。由图可见，AMT-1 与 S 公司的半光亮锡层均具有优良的可焊性，它们均可承受 155℃烘烤 4h，高温潮湿试验 8h 和三次高温回流的考验。

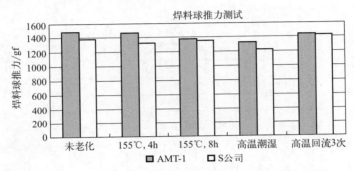

图 25-11　AMT-1 和 S 公司镀锡层的焊料球推力测定结果

第四节　酸性光亮镀锡工艺

一、酸性光亮镀锡液的组成和操作条件

锡是无毒金属，也不受食品中有机酸的腐蚀，同时，酸性光亮镀锡液具有优良的分散能力与覆盖能力。镀层质地柔软，受冲击或弯曲时也不会开裂与剥落，因此，虽然锡镀层对钢铁是阴极性镀层，但仍被广泛用于制罐工业用马口铁的防腐蚀镀层。

锡镀层对铜是阳极性镀层，能有效保护铜基体不受腐蚀，而且锡层具有优良的可焊性。因此，许多铜合金制的电子元器件都用镀锡层作为保护性的可焊性镀层。

常见的酸性光亮镀锡液有硫酸型、磺酸型、甲酚磺酸型和氟硼酸型。其中甲酚磺酸型有酚类化合物的污染问题，氟硼酸型有氟的污染问题。这两种镀液的使用已愈来愈少。硫酸型镀锡液价廉物美，是应用最多的镀液。磺酸型镀液虽然价格较高，但适于高速电镀，应用也越来越广。表 25-7、表 25-8、表 25-9 和表 25-10 分别列出了硫酸型、甲基磺酸型、甲酚磺酸型和氟硼酸型光亮镀锡液的组成和操作条件。

二、硫酸型光亮镀锡液的配制与维护

1. 镀液的配制方法（以 ABT-1 镀液为例）

① 在另一储槽中注入 2/3 最终体积的去离子水或蒸馏水。

表 25-7 硫酸型光亮镀锡液的组成和操作条件

组 成	配方 1(高浓度)	配方 2(中浓度)	配方 3(低浓度)	配方 4	配方 5
硫酸亚锡/(g/L)	70	40	25	40～70	40
硫酸/(g/L)	160(87ml/L)	140(76ml/L)	130(71ml/L)	140～170	140
配槽光亮剂/(ml/L)	15(ABT-1B)[①]	15(ABT-2B)[①]	15(ABT-3B)[①]	15(SS-820)	
ST-1S 稳定剂/(ml/L)	25(20～40)	25(20～40)	25(20～40)		
TX-10/(g/L)					10～15
亚苄基丙酮/(g/L)					0.2～0.5
氨基二苯甲烷/(g/L)					0.06～0.2
邻苯二酚/(g/L)					0.5～1.0
甲醛/(ml/L)					16
补加光亮剂/ml	1～3(ABT-1A)[①]	1～3(ABT-2A)[①]	1～3(ABT-3A)[①]	1～3(SS-821)	
絮凝剂(处理用)/(ml/L)	10～40	10～40	10～40		
ABT-1R 重金属沉淀剂[①]	每加入 1ml ABT-1R 可除去 10mg Cu²⁺				
温度/℃	25(10～35)	25(10～35)	25(10～35)	10～35	室温
阴极电流密度/(A/dm²)	1～6	1～6	1～6	1～4	1～4
阴极移动/(次/min)	20～30	20～30	20～30	20～30	15～30
阴阳面积比	2∶1	(1.5～2)∶1	(1.5～2)∶1		
阳极	纯度 99.9% 以上的纯锡球或锡板				
槽电压/V	0.5～1.5	0.5～1.5	0.5～1.5		
阳极袋	聚丙烯(PP)袋				
槽体	聚氯乙烯、聚乙烯和聚丙烯塑料				
搅拌	循环过滤(5 个循环/h 以下)				

① ABT-X 系列添加剂是 FB-X 系列添加剂的改进产品,由原南京大学化学系教授、台湾上村公司高级技术顾问方景礼研制。

举例如下:

ABT-1 高浓度光亮镀锡液适于电子元件引线、空调器冷却用细铜管以及各种带材、线材的连续高速电镀使用;

ABT-2 中浓度光亮镀锡液适于普通电子元器件的电镀;

ABT-3 低浓度适于复杂零件及要求高分散能力镀件的电镀;

ABT-AT 防变色剂能有效提高锡层的抗变色能力和可焊性,使用条件是:含量 50%,60～70℃,1～2min。

表 25-8 甲基磺酸型光亮镀锡液的组成和操作条件

组 成	配方 1	配方 2
Sn(以甲基磺酸锡形式存在)	25(20～30)g/L	40(30～50)g/L
甲基磺酸	150(120～180)g/L	220(200～250)g/L
光亮剂		50ml/L
开缸剂	50(45～60)ml/L	
光泽剂	40(30～50)ml/L	
补充剂	75(60～90)ml/L	
温度	5～14℃	15～30℃
阴极电流密度	1～4A/dm²	1～5A/dm²
阳极	99.95% 锡球	纯锡板
阴极移动	15～20 次/min,3～5cm	8～12m/min
光亮剂消耗量	150～200ml/(kA·h)	
补充剂消耗量	60～90ml/(kA·h)	

表 25-9　甲酚磺酸型光亮镀锡液的组成和操作条件

组　　成	常　规　电　镀	钢带或引线的高速电镀液
硫酸亚锡/(g/L)	60	60～80
甲酚磺酸/(ml/L)	75	40～70
硫酸/(ml/L)	60	20～30
β-萘酚	1	
明胶	2	
乙氧合甲萘酚磺酸/(ml/L)		6～9
4,4'-四甲基二氨基二苯甲烷		0.05～0.2
温度/℃	25(15～30)	25(15～30)
阴极电流密度/(A/dm²)	1.5(1～3)	3(2～5)
阳极	纯度 99.9% 以上的锡板或锡球	

表 25-10　氟硼酸型光亮镀锡的组成和操作条件

指标	数值
Sn^{2+}(以氟硼酸亚锡形式加入)/(g/L)	20(15～25)
氟硼酸/(ml/L)	100(80～140)
甲醛(37%)/(ml/L)	5(3～8)
光亮剂/(ml/L)	20(15～30)
分散剂/(ml/L)	10(8～15)
温度/℃	17(10～25)
阴极电流密度/(A/dm²)	2(1～10)
阳极电流密度/(A/dm²)	1(0.5～5)
阴极移动/(次/min)	1.5(1～2)
阳极	含锡 99.9% 以上的锡板或锡球

② 在不断搅拌下小心加入计量的硫酸,注意防止硫酸溅出。

③ 趁热在搅拌下加入所需的硫酸亚锡,搅拌 1～2h。

④ 加入 2～3g/L 的活性炭,彻底搅拌 30min 或直接用 1μm 活性炭滤芯过滤。

⑤ 将溶液滤入镀槽,并让其冷却到施镀的温度。

⑥ 加入所需量的配槽光亮剂 ABT-1B 和稳定剂 ABT-1S,搅拌均匀后即可试镀。

2. 镀液的维护与控制

① 按上法配制好镀液,取 267ml 进行霍尔槽电镀试验,总电流 2A,25℃。试先除高电流端 1cm 不光亮外,其余应全光亮。

② 每天应分析镀液主成分一次,硫酸亚锡和硫酸的分析值应控制在以下范围

组成	高浓度液	中浓度液	低浓度液
硫酸亚锡/(g/L)	＞60	＞35	＞20
硫酸/(g/L)	＞150	＞140	＞120

③ 补加光亮剂 ABT-ⅩA 系列的消耗速度为 250～300ml/(1000A·h),应当少量勤补加。当低电流密度区光亮度下降时,通常按 1ml/L 的量补充光亮剂 ABT-ⅩA。

④ 按补加 1g SnSO₄ 加入 1ml ABT-1S 稳定剂的标准,在补充 SnSO₄ 的同时补充稳定剂。

⑤ 电镀液要避免 Cu^{2+}、Cl^-、NO_3^- 等杂质带入，镀液中 Cu^{2+} 过多时会出现黑点或黑色条纹，此时可通过 $0.2A/dm^2$ 小电流电解处理除去，也可用重金属杂质去除剂 AMT-1R 进行沉淀处理，每加入 1ml AMT-1R 可除去 10mg Cu^{2+}。当 Cl^- 浓度高达 300mg/L 或 NO_3^- 达 2g/L 时都会影响镀液的覆盖能力，其预防方法与电镀半光亮锡时相同。

⑥ 若镀液长期使用后出现严重混浊，可用 AMT-1P 絮凝剂处理，处理方法与电镀半光亮锡时相同。

⑦ 镀液中 Sn^{2+} 和硫酸的分析方法也与电镀 AMT-1 半光亮锡时相同。

⑧ 为了提高锡层的抗变色能力，镀后可用 ABT-AT 防锡变色剂在 70℃ 下浸 1～2min，水洗后热风吹干即可。

三、甲基磺酸型光亮镀锡液的配制与维护

1. 镀液的配制方法

① 在镀槽中加入 1/2 计量体积的去离子水或蒸馏水。

② 加入计量的甲基磺酸，搅拌均匀。

③ 加入计量的甲基磺酸锡，搅拌均匀。

④ 加入所需的添加剂，再加纯水至规定体积。

⑤ 开启过滤机对镀液进行循环过滤，将镀液温度控制在 0～14℃，即可试镀。

2. 镀液的维护与控制

① 定期分析甲基磺酸及甲基磺酸亚锡的含量，并根据工艺规范进行调整。

② 光亮剂的消耗量一般在 150～200ml/(kA·h)，当镀件表面光亮度降低时，按 2～4ml/L 补充光亮剂，并尽可能采用少加勤加的方法。

③ 补充剂的消耗在低温下为 60～90ml/(kA·h)，随温度升高，消耗量增加。

④ 电镀溶液应避免铜离子、硫酸根和氯离子等杂质带入，否则会影响镀层质量。

⑤ 镀液不可用空气搅拌，以防 Sn^{2+} 被氧化为四价锡沉淀。

3. 常见故障及处理方法

见表 25-11。

表 25-11　甲基磺酸型镀液的常见故障及处理方法

故　障	产生的原因	解 决 方 法
镀层光亮度差	光亮剂不足 电流密度太低 杂质污染 酸含量太低	补加光亮剂 增大电流密度 处理槽液或小电流电解 补充甲基磺酸
镀层粗糙	金属锡含量高 光亮剂少 电流密度太高	按分析补充 Sn^{2+} 补充光亮剂 降低电流密度
镀层结合力差	前处理不良 电流过大	调整前处理工艺 降低电流
镀层发雾	光亮剂太少 稳定剂太少 添加剂分解产物过多	补充光亮剂 补充稳定剂 活性炭处理后过滤
镀液混浊	四价锡过多 阳极泥太多	絮凝剂处理 过滤、清洗阳极及阳极袋
阳极钝化	阳极电流密度太高	增加阳极面积 降低阳极电流密度

四、ABT-X 系列光亮镀锡液的性能

1. 霍尔槽试验

霍尔槽试验是在 267ml 霍尔槽中进行，恒定镀液温度 30℃下电镀 10min，所用总电流分别为 0.5A、1.0A、1.5A、2.0A 和 3.0A，所得结果如图 25-12 所示。

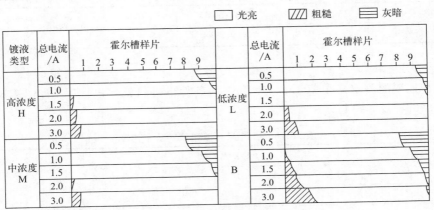

图 25-12　各种光亮镀锡液的霍尔槽试验结果

S 为 OMI 公司的 Stannostar 镀液

2. 分散能力

分散能力的测定是用厦门大学生产的 DD-1 电镀参数测试仪进行的，试验是在 25℃、3A/dm² 下进行的，所得结果如表 25-12 所示。

表 25-12　各种光亮镀锡液的分散能力

电流密度/(A/dm²)	ABT-X 系列镀液			S(Stannostar OMI)液
	ABT-1(H)	ABT-2(M)	ABT-3(L)	
3.3	58.7%	57.2%	68.4%	58.7%

3. 覆盖能力

覆盖能力的测定是用内径分别为 6mm 和 8mm，长 100mm 的铜管，在 30°，1.5A/dm² 电流密度下电镀 10min，然后切开铜管，测量已镀进锡层的距离，结果如表 25-13 所示。

表 25-13　各种光亮镀锡液的覆盖能力

铜管的内径与长度	ABT-X 系列镀液			S(Stannostar OMI)液
	ABT-1(H)	ABT-2(M)	ABT-3(L)	
ϕ8mm×100mm	100	100	100	—
ϕ6mm×100mm	53	59	82	51

由表 25-13 可见，覆盖能力有以下顺序，其中 ABT-3 型低浓度镀液最好

ABT-3＞ABT-2＞ABT-1～Stannostar

4. 电流效率

电流效率的测定是用铜库仑计，并用电流效率为100%的硫酸铜溶液作参照。测定是在25℃，2A/dm² 下进行的，所得结果列于表25-14。

表 25-14 各种光亮镀锡液的电流效率

镀液类型	ABT-1（H）	ABT-2（M）	ABT-3（L）	S（Stannostar，OMI）液
电流效率/%	98.1	97.9	76.5	97.4

5. 沉积速率

沉积速率的测定是在30℃，4A/dm² 的条件下进行的。电镀时间为1h，镀后测定各镀层的厚度。所得结果如表25-15所示。

表 25-15 各种光亮镀锡液的沉积速率　　　　　　　　　　　　μm/h

电流密度	ABT-X 系列镀液			S（Stannostar OMI）液
	ABT-1（H）	ABT-2（M）	ABT-3（L）	
4A/dm²	140	122	118	123

由表25-15可见，ABT-1高浓度镀液的沉积速率可达$140\mu m/h$，即$2.3\mu m/min$，它已适于各种线材与带材的电镀。而ABT-3低浓度镀液也可达$118\mu m/h$，即$1.97\mu m/min$，表明它的沉积速率也相当快了，完全可以满足各种电子元器件电镀的需求。

6. 电导率

表25-16列出了25℃下测得的各种光亮镀锡液的电导率，结果表明，各种镀液的电导率相差很小。

表 25-16 各种光亮镀锡液的电导率

镀液类型	ABT-1（H）	ABT-2（M）	ABT-3（L）	S（Stannostar）液
电导率/$\Omega^{-1} \cdot cm^{-1}$	0.36	0.35	0.34	0.34

7. 阴、阳极极化曲线

用甘汞电极作参比电极，在25℃下分别测定各种光亮镀锡液的阴极和阳极极化曲线，结果如图25-13和图25-14所示。

五、ABT-X 系列酸性光亮镀锡层的性能

1. 显微硬度

将低碳钢样片分别在各种光亮镀锡液中镀得$20\mu m$厚的锡层，然后用71型显微硬度计测量各镀层的显微硬度，所得结果如表25-17所示。

2. 结合力

将0.3mm厚的铜板分别在各种酸性光亮镀锡液中镀得$30\mu m$厚的锡层，然后反复弯曲180°直至断裂，结果没有发现镀层有脱落现象。将同样的样板在200℃烘箱中烘烤2h，然后立即投入冷水中，结果也未发现镀层有起泡或剥落现象，证明锡层在铜上的结合力很好。

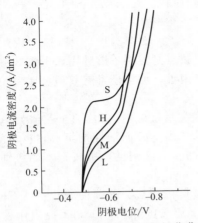

图 25-13　各种光亮镀锡液的阴极极化曲线

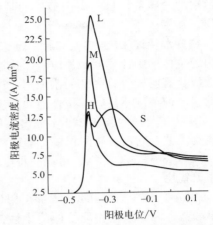

图 25-14　各种光亮镀锡液的阳极极化曲线

表 25-17　各种光亮镀锡层的显微硬度

镀液类型	ABT-1（H）	ABT-2（M）	ABT-3（L）	Stannostar（OMI）
显微硬度/（kgf/mm²）	62.23	86.77	86.72	87.27

注：1kgf/mm² = 9.8MPa。

3. 加速腐蚀试验

将低碳钢板分别在各种光亮镀锡液中镀得 15μm 厚的锡层，然后放在中性盐雾箱中 3 个周期，结果在锡层表面未发现有锈点出现。同样的样板放在高温潮湿试验箱中 3 个周期，也未发现表面有锈蚀斑点。

4. 锡层的可焊性

用直径为 0.6mm 的铜线在 ABT-2 光亮镀锡液中镀上 8μm 厚的锡层，然后用润湿天平测定它们的可焊性，结果如表 25-18 所示。

表 25-18　ABT-2 光亮镀锡层在各种老化前后的可焊性

项　目	未老化	蒸气老化 4h	155℃烘烤 16h
3s 时润湿力的比值 F%[①]	83%	70%	76%
零交时间/s	0.7	1.0	0.9

① F% 是指实际测得的润湿力对理论润湿力之比值，F% 达 70%，其可焊性达优良水平。

结果表明，ABT-2 光亮镀锡层的零交时间均在 1s 以内，且 3s 时润湿力的比值均在 70% 以上，证明 ABT-2 光亮镀锡层的可焊性已达优良水平。

第五节　中性半光亮镀锡

许多电子元件是由玻璃、陶瓷制成的，如晶片电阻、电容和电感等系统元件。它们易受强酸或强碱的侵蚀，因此必须采用中性的镀液。为了获得最好的可焊性，降低锡镀层的含碳量，目前应用最广的是中性半光亮镀锡。过去则多用半光亮锡铅合金镀层。

在日本特许 48-29457、54-6019 以及日本公开特许 53-124131 中曾提出用焦磷酸盐为配位体的中性或微碱性镀液，该镀液的主要缺点是镀层不够致密，电流效率不高且镀液含有明胶等易降解的添加剂，镀液的调节困难，加上还含有其他金属离子，所得镀锡层的纯度不高，焊接性能并不理想。

1982 年美国专利 4329207 提出一种新型焦磷酸盐微碱性（pH 7.5～9.5）电镀半光亮锡工艺，它由焦磷酸亚锡、焦磷酸钾、邻苯二酚、表面活性剂组成，D_K 为 1～3A/dm²，30～50℃，据称可以获得电流效率较高、电流密度范围较宽、晶粒细小的致密镀锡层。

1987 年美国专利 4640746 提出用焦磷酸盐、柠檬酸盐、葡萄糖酸盐、酒石酸盐、苹果酸盐、丙二酸盐作配位体的中性镀锡。1992 年美国专利 5118394 提出用柠檬酸盐作配位体，五乙烯六胺及甲醛-苯甲酸甲酯反应产物作光亮剂的中性光亮镀锡。2003 年美国专利 US 2003/0052014A1 中指出用氨磺酸亚锡作锡盐，比用硫酸亚锡、磺酸亚锡和焦磷酸亚锡好，其突出的优点是晶片电阻、电容或电感之间的相互粘连可大为减少。该专利提出用柠檬酸盐、焦磷酸盐、庚酸盐、丙二酸盐、苹果酸盐等作 Sn^{2+} 的配位体，用 HLB 值≥10 的非离子表面活性剂作分散剂，用邻苯二酚或 1,2,3-连苯三酚作防 Sn^{2+} 氧化剂。在 pH 3～8 进行滚镀时，粘连程度可以下降到 3％～5％。

一、中性半光亮镀锡液的组成和操作条件

见表 25-19。

表 25-19 中性半光亮镀锡液的组成和操作条件

溶液组成与条件	配方 1	配方 2	配方 3	配方 4[①]
氯化亚锡(SnCl₂·2H₂O)/(g/L)	55～60	40	61	
NT-30M/(ml/L)				400(350～450)
NT-30B/(ml/L)				30(20～40)
氟化钠 NaF/(g/L)		20		
氟化氢铵 NH₄HF₂/(g/L)	50～60			
柠檬酸/(g/L)	25～30		150	
氨三乙酸/(g/L)		15		
Na₂EDTA/(g/L)			50	
稳定剂/(ml/L)			15	
聚乙二醇($M=4000～6000$)	1.5～2.0	6		
平平加 O-20		1		
温度/℃	室温	室温	室温	21～27
pH	5	4～5	5～6	4～4.8
D_K/(A/dm²)	—	0.1～0.3	1～2	0.05～1.0

① 作者在台湾研发的陶瓷晶片元件 2010 的滚镀锡工艺。

二、各种条件对 NT-30 中性镀锡液霍尔槽样片外观的影响

本小节以表 25-19 的配方 4 为例。

1. 锡浓度的影响

在其他条件相同的情况下，改变镀液中锡的浓度由 12g/L 至 27g/L，结果如图 25-15

所示。由图 25-15 可见，随着锡浓度的升高，高电流端的暗灰色区逐渐缩小，半光亮锡区逐渐向高电流密度区扩展，允许的电流密度范围扩大。

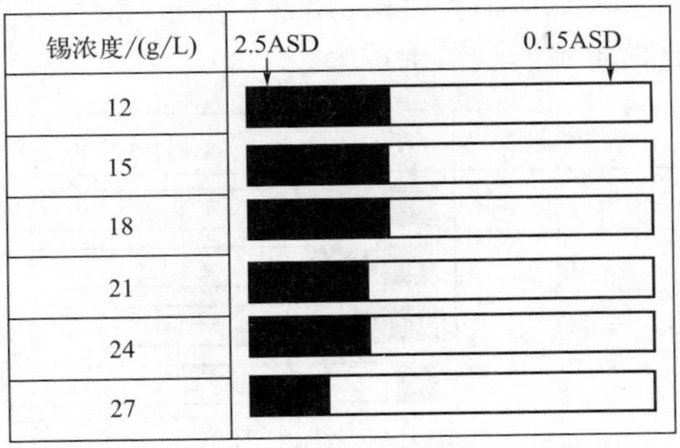

锡浓度/(g/L)	2.5ASD　　　　　　　　0.15ASD
12	
15	
18	
21	
24	
27	

图 25-15　锡浓度对霍尔槽样片的影响

2. 镀液pH 的影响

当镀液的 pH 由 3.0 上升至 5.0 时，霍尔槽样片的变化如图 25-16 所示。由图 25-16 可见，随着镀液 pH 值的升高，半光亮锡区逐渐向低电流密度区转移，高电流端的暗灰色区逐渐扩大，允许的电流密度范围缩小。

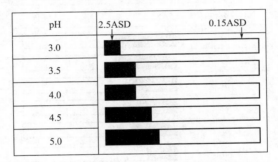

pH	2.5ASD　　　　　　　　0.15ASD
3.0	
3.5	
4.0	
4.5	
5.0	

图 25-16　镀液 pH 值对霍尔槽样片的影响

镀液 pH 值对镀层厚度的影响如图 25-17 所示。由图 25-17 可见，镀液 pH 值愈低，配位体的配位能力愈弱，沉积速度就愈快，镀层的厚度愈大，但电流密度在 0.3A/dm² 以下（实用的滚镀电流密度），则并无明显的变化。

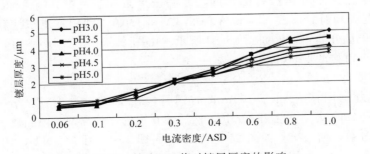

图 25-17　镀液 pH 值对镀层厚度的影响

3. 镀液温度的影响

当镀液的温度由 21℃ 上升至 30℃ 时，霍尔槽样片的变化如图 25-18 所示。由图 25-18 可见，随着温度的升高，高电流端的暗灰色区逐渐缩小，半光亮锡区逐渐向高电流密度区扩展，允许的电流密度范围扩大。

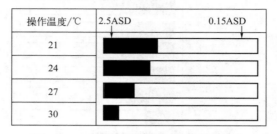

图 25-18　镀液温度对霍尔槽样片的影响

4. 添加剂NT-30B 浓度的影响

添加剂 NT-30B 可以细化晶粒，扩大半光亮锡层的电流密度范围，通常用量为 30ml/L。图 25-19 是添加剂 NT-30B 的浓度由 10ml/L 上升至 60ml/L 时霍尔槽样片的变化情况。由图 25-19 可见，随着 NT-30B 浓度的升高，半光亮区的电流密度明显扩大。

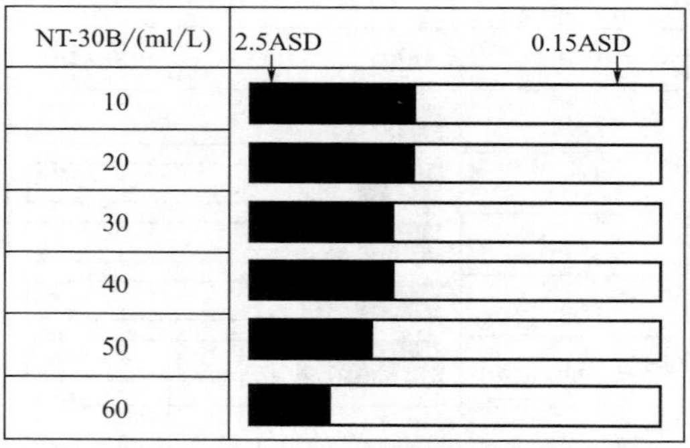

NT-30B/(ml/L)	2.5ASD	0.15ASD
10		
20		
30		
40		
50		
60		

图 25-19　添加剂 NT-30B 浓度对霍尔槽样片的影响

三、镀液的其他性能

1. 分散能力

分散能力是用哈林槽进行测定的，远阴极∶近阴极＝2∶1，液温 25℃，电镀 10min，总电流分别为 0.25A、0.5A、0.75A 和 1.0A，利用称重法计算远阴极和近阴极镀层的质量分数，结果如图 25-20 所示。由图 25-20 可知，NT-30B 中性镀锡液的分散能力比市售的 F-50 镀液的略好一些。

2. 覆盖能力

覆盖能力是用 $\phi 10mm \times 100mm$ 的铜管，在 25℃，总电流∶分别为 0.25A、0.5A、0.75A 和 1.0A 下电镀 10min，然后切开铜管，计算铜管内侧镀上锡的长度占总管长的百分数，所得结果如图 25-21 所示。由图 25-21 可见，NT-30 中性镀锡液的覆盖能力明显优于市售的 F-50 镀锡液。

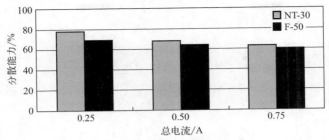

图 25-20　镀液的分散能力比较

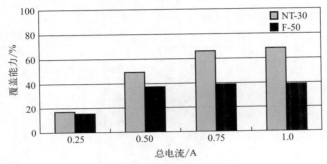

图 25-21　镀液的覆盖能力

3. 电流效率

以电流效率为 100％的硫酸铜溶液为参比，在 25℃，0.5A/dm^2 下测定两种溶液的电流效率，结果表明，NT-30 液的电流效率为 98％，而市售的 F-50 镀液为 99％，这可能是由于 F-50 镀液的 pH＝3.0，而 NT-30 镀液的 pH 值为 4.5，Sn^{2+} 在高 pH 值下易形成较稳定的配合物，因此电流效率有所下降，覆盖能力与分散能有所上升。

四、NT-30 中性镀锡层的性能

1. 镀层表面的形态

用扫描电子显微镜测定 pH 4.5，电流密度为 0.3A/dm^2 下所得的 NT-30 中性镀锡层的表面形貌，结果如图 25-22 所示。由图 25-22 可见，镀锡层具有均匀的细晶结

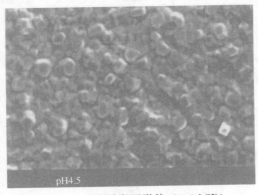

图 25-22　镀层表面形貌（0.3ASD)

构，晶径约为 $2\sim4\mu m$。

2. NT-30 中性半光亮镀锡层的可焊性

（1）焊料铺展或散锡性（solder spread test）测试

以纯铜板镀上锡层后，分别在 155℃ 烘箱中烘烤 4h 和 8h，以及在 98℃，相对湿度 RH＝100％ 下放置 8h 后，分别放上直径为 0.76mm 的无铅锡银铜焊球，在相同温度的热盘上放置相同的时间，并按下法计算锡球的铺展面积（mm²）。

$$铺展面积 = \frac{\pi(R/2)^2}{\pi(D/2)^2}$$

其中，$R = \dfrac{a+b}{2}$(mm)；$D = 0.76$(mm)。

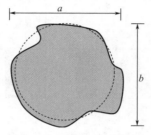

结果如图 25-23 所示。由图 25-23 可知，高温烘烤前后以及高温潮湿试验前后 NT-30 中性镀锡层的铺展面积变化不大，中性镀锡层的可焊性或散锡性优良，NT-30 的可焊性优于市售的 F-50 产品。

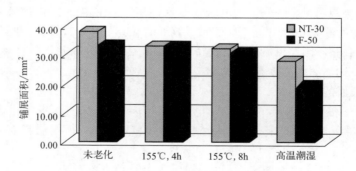

图 25-23　高温老化前后锡层的铺展面积

（2）锡球推力试验（ball shear test）

用 BGA 板先涂好助焊剂，然后放 Sn/4.0Ag/0.5Cu 无铅焊球，放在 260℃ 的热板上 40s，使无铅焊球牢固焊在 BGA 板上，再用锡球推力机将锡球推离 BGA 板，记录所需的推力。将镀锡后的 BGA 板分别在 155℃ 烘烤 4h、8h，或在 98℃，相对湿度 RH＝100％ 下放置 8 小时后再重复以上操作，记录锡球推力，所得结果如图 25-24 所示。由图 25-24 可见，NT-30 中性镀锡层的锡球推力值比市售的 F-50 镀锡层的约高 150~200gf，表明 NT-30 中性镀锡层的焊接性能优于 F-50。

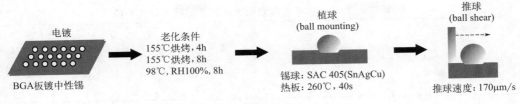

（a）试验流程

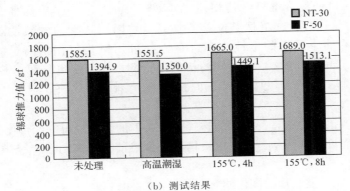

（b）测试结果

图 25-24　锡球推力测试

第六节　电镀锡铜合金

虽然 Sn-Pb 合金镀层具有优良的可焊性、耐蚀性，不会产生晶须，熔点较低，镀层外观良好，镀液易于管理等优点，广泛地应用于电子电镀中。然而铅对环境和人体都有很大的危害，因此欧盟和我国都已明令停止使用任何形式的铅制品，Sn-Pb 合金不能再继续使用，而必须改为无铅的新工艺，目前取代 Sn-Pb 的电镀工艺主要有 Sn-Cu、Sn-Bi、Sn-Ag、Sn-Zn 等品种，而在工业上大规模使用的主要是 Sn-Cu、Sn-Bi 两种。Sn-Cu 合金电镀具有以下优点：

① 镀液中的铜离子不置换锡阳极，镀液稳定，维护方便。

② 镀层中的铜含量容易控制。

③ 焊接润湿性优良并能抑制晶须生成。

④ 镀层硬度达到 16.5Hv，具有良好的加工成形和弯曲加工性能。

一、锡铜共沉积的条件与配位体的选择

Sn^{2+} 是电化学反应超电压很小，而电极还原反应速率很快的金属，它的还原速度比 Cd^{2+} 还快，已很接近 Ag^+ 的还原速度。表 25-20 列出了几种可形成锡合金的金属离子的标准电极电位。

由表 25-20 的数据可见，Sn^{2+} 与 Pb^{2+} 和 In^{3+} 的电位比较接近，两者相差在合金共沉积电位差的临界值（200mV）以内，因此在酸性溶液中以及无其他强配位体存在时它们就可以共沉积而形成锡合金。

表 25-20　几种可形成锡合金的金属离子的标准电极电位　　　　　单位：V

$Ag^+ + e^- \longrightarrow Ag$	$E^{\ominus} = +0.799$	$Pb^{2+} + 2e^- \longrightarrow Pb$	$E^{\ominus} = -0.126$
$Cu^+ + e^- \longrightarrow Cu$	$E^{\ominus} = +0.521$	$Sn^{2+} + 2e^- \longrightarrow Sn$	$E^{\ominus} = -0.136$
$Cu^{2+} + 2e^- \longrightarrow Cu$	$E^{\ominus} = +0.337$	$In^{3+} + 3e^- \longrightarrow In$	$E^{\ominus} = -0.342$
$Bi^{3+} + 3e^- \longrightarrow Bi$	$E^{\ominus} = +0.215$	$Zn^{2+} + 3e^- \longrightarrow Zn$	$E^{\ominus} = -0.763$
$2H^+ + 2e^- \longrightarrow H_2$	$E^{\ominus} = 0.000$		

Sn^{2+} 与 Cu^{2+} 的标准电极电位相差 0.473V，Sn^{2+} 与 Cu^+ 的标准电极电位相差 0.657V，远远超过合金共沉积电位差的临界值，因此从它们的酸性单盐溶液无法沉积出 Sn-Cu 合金。早期的电镀锡铜合金大都采用氰化物作铜离子的配位体，使 Cu^{2+} 转化为 $[Cu(CN)_3]^-$，此时铜的析出电位可以大幅度负移而与 Sn^{2+} 或锡酸盐的析出电位接近，而 CN^- 对锡离子的配位能力很弱，对 Sn^{2+} 的析出电位影响很小。

对于无氰镀锡铜合金，配位体的选择是最关键的。选择得好，可使锡与铜的析出电位拉近，因而可以共沉积。无氰电镀锡铜合金目前主要采用 Sn^{2+} 与 Cu^+ 的配合物体系。

对于 Sn^{2+}，可供选择的配位体有：

① 氟化物：氟化钾、氟化钠、氢氟酸、氟硼酸、氟硼酸盐。

② 磺酸：甲基磺酸、乙基磺酸、丙基磺酸、2-羟基乙磺酸、2-羟基丙磺酸、2-羟基丁磺酸、2-磺基乙酸、2-磺基丙酸、3-磺基丙酸、磺基丁二酸、苯磺酸、甲苯磺酸、羟基苯磺酸、磺基水杨酸、1-萘磺酸、甲酚磺酸、硝基苯磺酸。

③ 氨基酸：甘氨酸、丙氨酸、谷氨酸。

④ 羟基酸：乳酸、苹果酸、酒石酸、柠檬酸、羟基乙酸、甘油酸。

⑤ 羧酸：草酸、丙二酸、丁二酸。

⑥ 氨基羧酸：氨二乙酸、氨三乙酸、乙二胺四乙酸、二乙三胺五乙酸，环己二胺四乙酸。

⑦ 有机膦酸：羟基-(1,1)-亚乙基二膦酸（HEDP）、乙二胺四亚甲基膦酸（EDTMP）、氨基三亚甲基膦酸（ATMP）、二乙三胺五亚甲基膦酸。

对于 Cu^{2+}，可供选择的配位体有：

① 硫脲衍生物：硫脲、二甲硫脲、二乙硫脲、N,N-二异丙基硫脲、乙酰硫脲、1,2-亚乙基硫脲、1,3-二苯基硫脲、四甲基硫脲、1,3-二乙基硫脲、烯丙基硫脲、氨基硫脲、1-甲基硫脲。

② 巯基酸：巯基乙酸、巯基丙酸、巯基丁二酸。

③ 硫代氨基甲酸盐：二硫代氨基甲酸钠、硫代氨基甲酸盐。

要获得均匀平滑而光亮的 Sn-Cu 镀层，镀液中还需加入非离子表面活性剂与光亮剂。

常用的非离子表面活性剂有聚氧乙烯聚氧丙烯丁醇、聚氧乙烯聚氧丙烯椰油胺、聚氧乙烯（EO_{12}）β-萘酚、聚氧乙烯十八酰胺、聚氧乙烯聚氧丙烯十八酰胺等，其用量在 1～10g/L 范围内。浓度太低得不到均匀平滑的镀层，浓度太高镀层含碳量升高，镀层硬度升高，降低了合金镀层的二次加工性能。

常用的光亮剂有：

① 醛酮类：甲醛、乙醛、聚乙醛、苯甲醛、邻氯苯甲醛、肉桂醛、茴香醛、1-萘醛、苯甲酰、丙酮。

② 烯酸类：丙烯酸、甲基丙烯酸、丙烯酸甲酯、甲基丙烯酸甲酯、丙烯酰胺、甲基丙烯酰胺、丁烯酸。

二、电镀锡铜合金液的组成与操作条件

见表 25-21。

表 25-21　中国台湾上村公司和日本专利所提供的工艺配方与操作条件

溶液组成与操作条件	中国台湾上村公司		日本专利 JP2000—328285
	挂镀	滚镀	
GTC—21 酸性半光亮镀液	100%	100%	
甲基磺酸锡(以 Sn^{2+} 计)/(g/L)			60
甲基磺酸铜(以 Cu^{2+} 计)/(g/L)			1.5
甲基磺酸(70%)/(g/L)			120
甲基磺酸镍(以 Ni^{2+} 计)/(g/L)			0.2
二乙基硫脲/(g/L)			1
聚氧乙烯聚氧丙烯椰油胺/(g/L)			10
温度/℃	20～30	20～30	30(20～30)
阴极电流密度/(A/dm²)	1～3	0.15～0.5	10(5～20)
电镀时间/min	1～5	1～5	2(1～5)
用途	半导体框架	机壳、弹片、端子	各种电子零件

三、Sn-Cu 合金镀层的特征与性能

1. 含 Cu 量不同时合金镀层的形貌

在铜引线框架基材上沉积含 Cu 量不同的 Sn-Cu 合金镀层，再用扫描电镜（SEM）拍摄其形貌，结果如图 25-25 所示。图中的百分数均为质量分数。

由图 25-25 可见，Sn-Cu 合金镀层的结晶状态与 Sn 镀层相比晶体颗粒致密，随着镀层中 Cu 含量的增加镀层结晶微细化。

2. Sn-Cu 合金镀层的焊接湿润性

Sn-Cu 合金镀层基材为 42 合金制半导体引线框架；镀膜厚 $10\mu m$，Cu 质量分数为 2.0%；湿润性测定设备为 SWET-2100；测定方法为镀槽平衡法；PCT 条件为，温度 105℃，相对湿度 100% RH，时间 8h，逐步升高温度，Sn-37% Pb 235℃，Sn-0.3% Ag-0.5% Cu 245℃。Sn-Cu 合金与 Sn-Pb 合金镀层的焊接润湿性比较见图 25-26。

湿润性测定结果表明尽管加热后有差别，但是所有结果都显示 Sn-Cu 合金镀层的焊接湿润性良好，零交叉时间始终在 3s 以内。

3. Sn-Cu 合金镀层的弯曲加工性

对 Sn-2% Cu 合金、Sn-10% Pb 合金和 Sn-3% Bi 合金镀层成形加工时裂缝产生

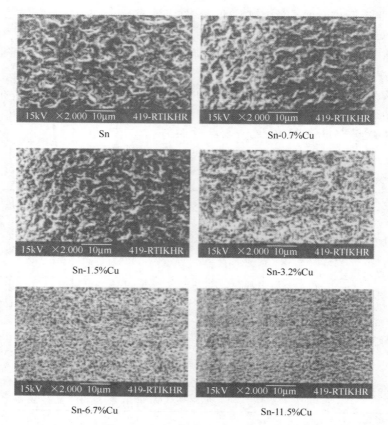

图 25-25　不同含量的 Sn-Cu 合金镀层的 SEM 图

Cu 材为 EFTEC64，电流密度为 10A/dm²，镀膜厚 10μm

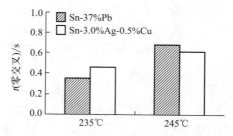

图 25-26　Sn-Pb、Sn-Cu 合金镀层润湿性实验对比

的情况进行了考查，结果如图 25-27 所示。由图 25-27 可见，Sn-2％ Cu 和 Sn-10％ Pb 合金镀层在引线加工成形后，镀层不产生裂缝，显示有良好的柔软性。而 Sn-3％ Bi 合金镀层的柔软性差，有明显的裂纹产生。

4. Sn-Cu 合金镀层的硬度

样品制作条件：电流密度为 6A/dm²，基材为 Cu 平板。

测定设备：显微硬度计 HM-124。

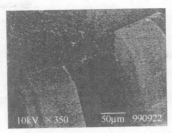

Sn-2% Cu合金

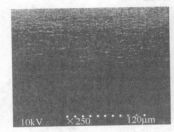

Sn-10% Pb合金

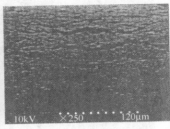

Sn-3% Bi合金

图 25-27　Sn-2％ Cu、Sn-10％ Pb 和 Sn-3％ Bi 合金镀层成形加工的 SEM 图

测定条件：动力 0.049N，动力保持时间 15s，动力负荷速度 10μm/s。

新电镀液获得的镀层硬度为 16.5Hv，传统电解液获得的镀层硬度为 17.5Hv，二者硬度相差不大。

5. Sn 和 Sn-Cu 合金镀层的晶须生长情况

（1）测试锡须的试验方法

测试锡须的试验方法有多种，表 25-22 列出了各种锡须试验方法的具体条件。

表 25-22　锡须试验方法

序号	试验方法	试 验 内 容
A	自然放置	室温,2 个月
B	恒温放置	50℃恒定,2 个月 85％RH
C	恒温恒湿	85℃-85％RH,30℃-70％RH,或 60℃-93％RH、1000～2000h
D	温度急变	－40℃-30min⇔＋85℃-30min 或 －55℃-30min⇔125℃-30min（最严的条件）1000～2000h

通常经过加速老化实验后，Sn 容易形成长为数微米至数千微米的晶须，其形状有针状、须状和螺旋状等。

（2）接插件 Sn-Cu 合金镀层的锡须评价

电镀条件：基材，黄铜制接插件，电镀底层镀层 Ni 2μm。Sn-Cu 合金电镀：镀膜厚 3μm，Cu 含量 0.5％、1.0％、1.6％ Cu（质量分数）。锡须加速试验条件：自然放置 6 个月，恒温放置 50℃恒定 2 个月，恒温恒湿试验 85℃-85％RH-1500h，温度急变试验－40℃⇔80℃各 30min 1500 周期。结果见图 25-28。

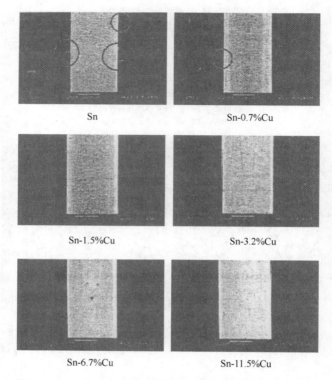

图 25-28　Sn-Cu 合金镀层经加速老化实验后的 SEM 照片

由图 25-28 可见，合金中随着 Cu 质量分数的增加锡晶须减少，当合金中 Cu 含量超过 1.5％时，合金中无锡须产生。这与纯锡中铅含量增加时锡须减少的情况类似，不过通常用的无锡须锡铅合金中，铅的含量要在 5％以上。

6. 电镀Sn-Cu 合金的优缺点

Sn-Cu 合金具有以下优点：镀层中 Cu 的含量容易控制，焊接湿润性优良且能抑制晶须生成，电镀液中的铜离子不置换锡阳极，所用试剂可保证稳定供给以及具有良好的废水处理性。但是，由于 Sn-Cu 合金是由 β-Sn 相与金属互化物（Cu_6Sn_5 相）组成，而金属互化物在镀液中的氧化溶解是难以控制的，所以 Sn-Cu 合金不能作为 Sn-Cu 镀的阳极来使用，只能通过添加化合物来进行金属离子的补充，因此，Sn-Cu 合金电镀的成本高，且其熔点稍偏高，从而制约了它的发展。

第七节　电镀锡锌合金

锡锌合金的外观似银，具有优异的耐蚀性和抗冲击性。各种大气腐蚀和人工加速腐蚀实验结果表明：在大气中（除海岸地区外），锡锌镀层的耐蚀性比镉镀层优良。在盐雾试验中优于锌，与镉相当。工业环境气体试验中耐蚀性超过锌和镉。含锡

75％～85％的锡锌合金具有优良的焊接性能，Sn-9Zn 的熔点比铅锡合金还低，可作为无铅焊料，是目前取代锡铅的重要无铅钎焊性镀层，它可与无铅锡铜合金媲美，在日本已获得广泛的应用。锡锌合金的另一优点是接触电阻低，不会产生锡须，镀层柔软，与基体结合力好，容易点焊，镀后加工性好。所以锡锌合金既可作防护性镀层，又可作功能性镀层，尤其是钎焊性镀层，具有广泛的用途，常用于电气、电子产品、汽车、飞机零件，工具和紧固件。其缺点是合金层钝化比较困难，需专门的钝化工艺。

一、锡锌共沉积的条件与配位体的选择

如前所述，Sn^{2+} 与 Zn^{2+} 的标准电极电位相差甚远，在酸性条件下相差 0.624V

$$Zn^{2+}+2e^- \longrightarrow Zn \qquad E^{\ominus}=-0.76V$$

$$Sn^{2+}+2e^- \longrightarrow Sn \qquad E^{\ominus}=-0.136V$$

$$Sn(OH)_6^{2-}+2e^- \longrightarrow HSnO_2^-+3OH^-+H_2O \qquad E^{\ominus}=-0.96V$$

$$HSnO_2^-+H_2O+2e^- \longrightarrow Sn+3OH^- \qquad E^{\ominus}=-0.91V$$

$$Sn(OH)_6^{2-}+4e^- \longrightarrow Sn+6OH^- \qquad E^{\ominus}=-1.87V$$

$$ZnO_2^{2-}+2H_2O+2e^- \longrightarrow Zn+4OH^- \qquad E^{\ominus}=-1.216V$$

$$Zn(OH)_2+2e^- \longrightarrow Zn+2OH^- \qquad E^{\ominus}=-1.245V$$

$$[Zn(CN)_4]^{2-}+2e^- \longrightarrow Zn+4CN^- \qquad E^{\ominus}=-1.26V$$

在碱性条件下，当锌以 ZnO_2^{2-} 形式，而锡以 $Sn(OH)_6^{2-}$ 形式存在时，两者的标准电位也相差 0.654V，远超过合金共沉积电位差的临界值 0.2V 的范围。因此若不用合适的其他配位体，在酸性单盐或在碱性羟基配合物的条件下，它们是无法共沉积的，即得不到锡锌合金镀层。

为了获得锡锌合金，早期是用氰化物-锡酸盐体系。由于 $Sn(OH)_6^{2-}$ 放电时的超电压不大，即锡的析出电位仍在其平衡电位附近（−1.87V），而氰化物使 $Zn(OH)_4^{2-}$ 转化为超电压很高的 $Zn(CN)_4^{2-}$，使锌的析出电位大大负移，并接近于−1.87V。这样两种金属就可以共沉积，从而获得锡锌合金镀层。由于镀液中锡比锌难沉积，所以镀液中锡的含量必须大于锌的含量。CN^- 是 Zn^{2+} 的配位体，含量低时，阴极超电压下降，难共沉积，同时会降低镀液的分散能力与覆盖能力。

由于氰化物的剧毒性，寻找非氰化物镀锡锌合金的配位体受到人们极大的关注。近年来陆续开发了柠檬酸盐、焦磷酸盐、葡萄糖酸盐等无氰无毒的电镀锡锌合金工艺。柠檬酸盐对 Zn^{2+} 和 Sn^{2+} 都有配位作用，但对 Sn^{2+} 的配位作用较强，单独使用柠檬酸盐并不能有效抑制 Sn^{2+} 的析出，同时还要有辅助配位体存在时，才能达到共沉积的效果。常用的辅助配位体是酒石酸、草酸、丙二酸、苹果酸、葡萄糖酸、丁二酸以及氨、氨基酸和铵盐，这些配位体存在时，在 pH 4.5～9 范围内 Sn^{2+} 可以形成更加稳定的混合配体配合物，并有较高的阴极反应超电压。这些配位体含量升高时，将使合金镀层中锌的含量提高，这说明配位体对 Sn^{2+} 的还原有较大的抑制作用。使用多种配位体时，配位体间如何搭配才好呢？Aoki Kazuhiro 在日本专利 JP2004359996 中提出下列的搭配组合可以获得优良的锡锌合金：

① 柠檬酸/甘氨酸　　　④ 葡萄糖酸/甘氨酸
② 柠檬酸/谷氨酰胺　　⑤ 葡萄糖酸/谷氨酰胺
③ 柠檬酸/丙氨酸　　　⑥ 葡萄糖酸/丙氨酸

其中最佳的组合是葡萄糖酸/甘氨酸。

焦磷酸盐在碱性（pH 8~9）时可与 Sn^{2+} 和 Zn^{2+} 形成稳定的配合物，但它对放电速度很快的 Sn^{2+} 有较大的抑制作用，即焦磷酸锡配离子的阴极还原超电压较高，从而使 Sn^{2+} 与 Zn^{2+} 的沉积电位拉近，并共沉积成锡锌合金。因此在焦磷酸盐体系中，不需加入其他辅助配位体就可获得良好的锡锌合金镀层。

二、无氰电镀锡锌合金工艺

见表 25-23。

表 25-23　各种无氰电镀锡锌合金工艺中镀液的组成和操作条件

溶液组成及操作条件	配方 1	配方 2	配方 3	配方 4	配方 5	配方 6①
硫酸亚锡($SnSO_4$)/(g/L)	22	35	27		28	
硫酸锌($ZnSO_4 \cdot 7H_2O$)/(g/L)	29	32	36		24	
柠檬酸($H_8C_6O_7$)/(g/L)	77	80				
酒石酸($C_6H_4O_6$)/(g/L)		25				
葡萄糖酸钠/(g/L)			110			100
焦磷酸亚锡($Sn_2P_2O_7$)/(g/L)				21		
硫酸铵[$(NH_4)_2SO_4$]/(g/L)	66	60				
焦磷酸锌($Zn_2P_2O_7$)/(g/L)				37		
焦磷酸钾($K_4P_2O_7 \cdot 3H_2O$)/(g/L)				200		
氨水(30%，$NH_3 \cdot H_2O$)/(ml/L)	7	72			80	
柠檬酸铵[$(NH_4)_3H_5C_6O_7$]/(g/L)					90	
光亮剂/(ml/L)		8	蛋白胨 0.5	明胶 1g/L	8	
酒石酸铵[$(NH_4)_2C_4H_4O_6$]/(g/L)					5	
磷酸铵[$(NH_4)_3PO_4$]/(g/L)					80	
丁二酸/(g/L)					10	
甲基磺酸锡(以 Sn 计)/(g/L)						27
甲基磺酸锌(以 Zn 计)/(g/L)						1.5
三乙醇胺($C_6H_{15}NO_3$)/(g/L)			26			
聚乙二醇烷基醚/(g/L)			3			
香草醛/(g/L)			0.04			
甘氨酸/(g/L)						10
茴香醛/(mg/L)						4
糠醛/(mg/L)						10
戊二醛/(mg/L)						50
甲基磺酸铵/(mol/L)						0.5
抗坏血酸/(g/L)						2
α-萘酚聚氧乙烯醚($E=10$)/(g/L)						4
pH	8.5~9.0	6~7	6~7	9.2	5.8	6
温度/℃	20~30	15~25	25	60	15~25	20~30
阴极电流密度/(A/dm²)	0.2~6	1~3	1~2	0.6~1.5	1~3	1~3
阳极	含 Sn 80%	含 Sn 75%	含 Sn 75%		含 Sn 75%	

① 配方 6 为日本专利 JP2004359996 的实例。

第二十六章

电镀贵金属配合物

第一节　电镀金的配合物

一、金离子及其配离子的性质

金和银位于元素周期表的第一副族，它们都具有 $d^{10}s^1$ 的电子构型。s 轨道上的一个电子很容易失去而形成一价的 Au^+ 和 Ag^+ 离子。由于 Au 的 d^{10} 轨道上的电子能量较高，并不十分稳定，它可以再失去电子而形成二价的 Au^{2+}、三价的 Au^{3+} 和五价的 Au^{5+}，其中二价和五价的金不稳定，可用于电镀的只有一价和三价的金离子。一价金离子单独存在时也不稳定，不过它可以形成许多很稳定的配合物，三价金离子也可形成许多很稳定的配合物。

一价的金盐有氯化金（Ⅰ），AuCl，它是氯金酸 $HAuCl_4$ 在高真空下加热到 156℃时的分解产物，为淡黄色结晶，它在水和乙醇中会分解，但溶于氯化钾水溶液而形成二氯金（Ⅰ）酸钾 $KAuCl_2$ 配盐。

$$AuCl + KCl \Longrightarrow KAuCl_2$$

一价的金盐还有亚硫酸合金酸钾 $K_3Au(SO_3)_2$，亚硫酸合金酸钠 $Na_3Au(SO_3)_2$，亚硫酸氨合金酸钾 $K_3[Au(NH_3)_2(SO_3)_2]$ 等，它们是亚硫酸盐镀金用的金盐。

最稳定的一价金盐是二氰合金（Ⅰ）酸钾，是最常用的电镀用金盐，其稳定常数达 $10^{38.3}$

$$Au^+ + 2CN^- \Longrightarrow [Au(CN)_2]^- \qquad \lg\beta_2 = 38.3$$

目前镀金用的配位体主要是氰根（CN^-）和亚硫酸根（SO_3^{2-}）离子，它们的主要物理化学性质列于表 26-1。

表 26-1　CN^- 和 SO_3^{2-} 的主要物理化学性质

项　目	CN^-	SO_3^{2-}	项　目	CN^-	SO_3^{2-}
标准生成焓 $\Delta H^\ominus$/(kJ/mol)	151.1	−640.0	配体类型	单齿或双齿	单齿或双齿
标准生成自由能 $\Delta F^\ominus$/(kJ/mol)	165.8	−486.1	键长/Å	1.10～1.13 (C—N 键)	1.54 (S—O 键)
标准生成熵 $\Delta S^\ominus$/(J/mol)	118	−29.3	$[AuL_2]$（L = CN^-, SO_3^{2-}）的结构	线型	线型
离子结构	$-:O\equiv N:$	$\overset{..}{\underset{-O\quad O\quad O^-}{S}}$	$[AuL_2]$（L = CN^- 的稳定常数 $\lg\beta$）	37	30
离子形成	线型	锥型	还原电位	$Au(CN)_2^- + e^- \longrightarrow$ $Au + 2CN^-$, −0.60V	
配位原子	C(主),N(次)	S(主),O(次)	形成氢键的难易	容易	容易

CN$^-$ 通常为单齿配位体，因 C 上电子云密度超过 N 的，故与金属配位时，主要用 C$^-$ 作配位原子。作为双啮配位体通常出现在阳极膜上，其结构可写成 →[Au—C≡N→]$_n$Au—，这是一种聚合物膜。在 CN$^-$ 的金属配合物中（如 M←C≡N），除了形成正常的 σ 键以外，金属离子 Au$^+$ 的 d 轨道电子还可以与 CN$^-$ 中的 C 原子的空 p 轨道形成反馈 π 键，也称 d→pπ 键，这就是氰化物形成特别强配位键的原因。

SO$_3^{2-}$ 可以通过 O 和 S 原子与金属离子配位

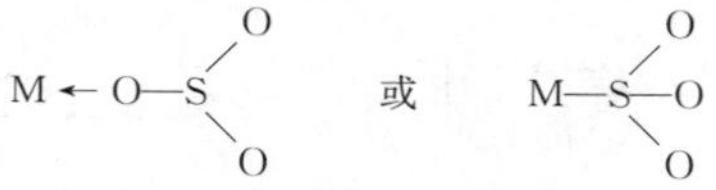

Newman 和 Powell 利用红外光谱的特征，从光谱排列证实了许多金属的亚硫酸盐酸合物中的 SO$_3^{2-}$ 是通过 S 原子与金属配位的。SO$_3^{2-}$ 还可以作为双啮的螯合配体，通过两个 O 原子或一个 O、一个 S 原子参与配位，也可以同时与两个金属离子配位形成多核配合物：

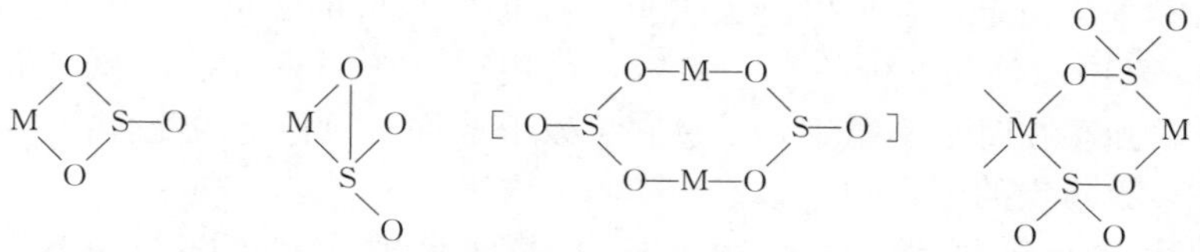

除了 CN$^-$ 和 SO$_3^{2-}$ 易与 Au$^+$ 形成稳定的配合物外，卤素离子、硫氰酸盐、硫代硫酸盐以及硫脲等也都可以与 Au$^+$ 形成稳定的配合物。大家知道，按软硬酸碱理论的分类，Au$^+$、Ag$^+$ 都属于"软酸"，它们容易同"软碱"（指容易给出电子的配体）形成稳定的配合物。在卤素离子中，配体的"软度"按下列顺序递增，形成 [AuX$_2$]$^-$ 配合物的稳定常数也按此顺序递增。

配体的"软度"	F$^-$	<	Cl$^-$	<	Br$^-$	<	I$^-$
[AuX$_2$]$^-$ 的稳定常数	不形成		约 10^9	<	10^{12}	<	4×10^{19}

尿素分子中的氧被硫和硒取代后，配体的"软度"也逐渐升高，它们与 Au$^+$ 形成的配合物的稳定性也按此顺序升高

$$[\text{Au(OCCNH}_2)_2]^+ < [\text{Au(SCCNH}_2)_2]^+ < [\text{Au(SeCCNH}_2)_2]^+$$

尿素配合物　　　　硫脲配合物　　　　硒脲配合物

Au^{3+} 与 Au$^+$ 相比，其"硬度"较高，所以 Au^{3+} 与较"硬"的配体形成较稳定的配合物，同时 Au^{3+} 的电荷数比 Au$^+$ 大 2 倍。因此，Au^{3+} 可以与相同配体形成比 Au$^+$ 更稳定的配合物，例如，[AuCl$_2$]$^-$ 的 lgβ＝9，而 [AuCl$_4$]$^-$ 的 lgβ＝26。表 26-2 列出了一价 Au$^+$ 和三价 Au^{3+} 配合物的稳定常数。

Au$^+$ 和 Au^{3+} 配合物的稳定常数可由其标准电极电位来测定，然而金的标准电极电位很难从实验直接测到，通常是通过热化学数据计算出来，常为大约值。后来 Hancock 和 Finkelstein 开发了一种估算一价金和三价金配合物的标准电极电位的方法，他们发现金配合物的标准电极电位（$E^{\ominus}$ 值）和相同电子结构的银的配合物的 $E^{\ominus}$ 值之间有直线关系，当银配合物之 $E^{\ominus}$ 值知道时，就能估计一价金配合物的 $E^{\ominus}$ 值。

表 26-2　Au^+ 和 Au^{3+} 配合物的稳定常数

配　体	Au^+ 配合物的稳定常数 (β)		Au^{3+} 配合物的稳定常数 (β)	
Cl^-	$AuCl_2^-$	10^9	$AuCl_4^-$	10^{26}
Br^-	$AuBr_2^-$	10^{12}	$AuBr_4^-$	10^{32}
I^-	AuI_2^-	4×10^{19}	AuI_4^-	5×10^{47}
SCN^-	$Au(SCN)_2^-$	10^{25}	$Au(SCN)_4^-$	10^{42}
OH^-	$Au(OH)_2^-$	10^{21}	$Au(OH)_4^-$	10^{55}
CN^-	$Au(CN)_2^-$	2×10^{38}	$Au(CN)_9^-$	10^{56}
$S_2O_3^{2-}$	$Au(S_2O_3)_2^{3-}$	5×10^{28}	—	
$\begin{array}{c}NH_2\\ \|\\ S=C\\ \|\\ NH_2\end{array}$	$Au[(SCCNH_2)_2]_2^+$	10^{25}		
S^{2-}	AuS^-	10^{40}	—	
NH_3	$Au(NH_3)_2^+$	10^{27}	$Au(NH_3)_4^{3+}$	10^{30}
SO_4^{2-}	—		$Au(SO_4)_2^-$	10^6

图 26-1 是 Au^+ 和 Ag^+ 配合物的 $E^\ominus/E^\ominus$ 图，图中 $E^\ominus$ 值越负，表示配合物越稳定，稳定常数值越高。同样可以利用 Au^{3+} 和 Pd^{2+} 及 Pt^{2+} 配合物 $E^\ominus/E^\ominus$ 图的直线关系来求得 Au^{3+} 配合物的 $E^\ominus$ 值。

$$E^\ominus_{Au(\text{III})}=1.05E^\ominus_{Pd(\text{II})}+0.35\text{V}；\quad E^\ominus_{Au(\text{III})}=0.93E^\ominus_{Pt(\text{II})}+0.32\text{V}$$

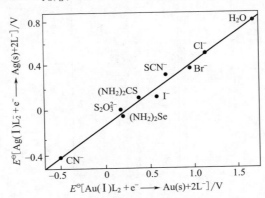

图 26-1　$Au(\text{I})$ 和 $Ag(\text{I})$ 配合物的 $E^\ominus/E^\ominus$ 图

图 26-2 是用 $E^\ominus/E^\ominus$ 图来比较 $Au(\text{III})$、$Au(\text{I})$ 和 $Ag(\text{I})$ 配合物的稳定度，$E^\ominus$ 值越小，表示越稳定。表 26-3 是金和其他金属离子配合物的标准电极电位值。

三价金主要以卤化物和氰化物形式存在，氟化金（Ⅲ）是不存在的。氯化金（Ⅲ）和溴化金（Ⅲ）可由金和卤素直接作用而制得。适量的三氯化金和碘化钾在溶液中作用生成碘化金（Ⅲ）。$AuCl_3$ 呈褐色，溶于水；$AuBr_3$ 呈棕色，微溶于水；AuI_3 呈深绿色，不溶于水。卤化金（Ⅲ）是双分子结构，所有的原子都排在一个平面上：

$$\begin{array}{ccccc} X & & X & & X \\ & \diagdown & & \diagup & \\ & Au & & Au & \\ & \diagup & & \diagdown & \\ X & & X & & X \end{array}$$

AuX_3 的结构

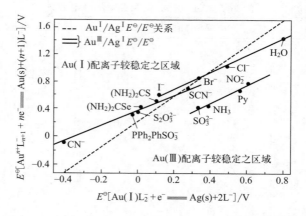

图 26-2 用 $E^\ominus/E^\ominus$ 图比较 Au(Ⅲ)、Au(Ⅰ) 和 Ag(Ⅰ) 配合物的稳定度

表 26-3 金及其他金属离子及其配离子的标准电位（$E^\ominus$）

氧化还原方程式	$E^\ominus/V$	$T/\text{℃}$	方　法
$Au^+ + e^- \Longrightarrow Au$	$+1.73$		ΔG
$AuCl_2^- + e^- \Longrightarrow Au + 2Cl^-$	$+1.15$	25	emf
$AuBr_2^- + e^- \Longrightarrow Au + 2Br^-$	$+0.93$	25	emf
$Au(CN)_2^- + e^- \Longrightarrow Au + 2CN^-$	-0.6	室温	emf
$Au(SCN)_2^- + e^- \Longrightarrow Au + 2SCN^-$	$+0.7$	17	emf
$Au[CS(NH_2)_2]_2^+ + e^- \Longrightarrow Au + CS(NH_2)_2$	$+0.35$	30	emf
$Au^{3+} + 3e^- \Longrightarrow Au$	$+1.50$	—	ΔG
$AuCl_4^{3-} + 3e^- \Longrightarrow Au + 4Cl^-$	$+1.00$	25	emf
$AuBr_4^{3-} + 3e^- \Longrightarrow Au + 4Br^-$	$+0.85$	25	emf
$Au(SCN)_4^{3-} + 3e^- \Longrightarrow Au + 4SCN^-$	$+0.66$	17	emf
$Ag^+ + e^- \Longrightarrow Ag$	$+0.80$	25	emf
$Ag(CN)_2^- + e^- \Longrightarrow Ag + 2CN^-$	-0.31	—	emf
$Cu^+ + e^- \Longrightarrow Cu$	$+0.52$	25	ΔG
$Cu^{2+} + 2e^- \Longrightarrow Cu$	$+0.34$	25	emf
$Fe^{2+} + 2e^- \Longrightarrow Fe$	-0.44	25	emf
$Co^{2+} + 2e^- \Longrightarrow Co$	-0.29	25	emf
$Ni^{2+} + 2e^- \Longrightarrow Ni$	-0.25	25	emf
$Zn^{2+} + 2e^- \Longrightarrow Zn$	-0.76	25	emf
$Cd^{2+} + 2e^- \Longrightarrow Cd$	-0.40	25	emf
$Pd^{2+} + 2e^- \Longrightarrow Pd$	$+0.92$	25	emf
$PtCl_4^{2-} + 2e^- \Longrightarrow Pt + 4Cl^-$	$+0.73$	25	emf

卤化金（Ⅲ）和氢卤酸或碱金属的卤化物在溶液中作用，形成 $H[AuX_4]$ 或 $M^I[AuX_4]$，常见的金卤酸盐有黄色的 $K[AuCl_4]$，红色的 $K[AuBr_4]$，黑色的 $K[AuI_4]$。将金溶于王水中，加过量的 HCl 并加以蒸发，即得四水合四氯金（Ⅲ）酸 $H[AuCl_4]\cdot 4H_2O$，为亮黄色针状晶体。在氯化金（Ⅲ）溶液中加氰化钾，蒸发溶液，可结出四氰金（Ⅲ）酸钾水合物 $K[Au(CN)_4]\cdot 3/2\,H_2O$，为无色片状晶体，溶解度很大。

在相应的铵盐 $NH_4[Au(CN)_4] \cdot H_2O$ 中加强酸，就逸出氢氰酸；在浓硫酸上面蒸发，可以结出氰化金（Ⅲ）的三水合物 $Au(CN)_3 \cdot 3H_2O$，为无色片状晶体。

在镀金溶液中广泛采用磷酸盐和各种有机酸（特别是柠檬酸盐）作为镀液的 pH 缓冲剂，柠檬酸缓冲体系应用于 pH＝4～6 的镀液，而磷酸盐型缓冲剂适于在酸性、中性和碱性的 pH 范围。加了缓冲剂的镀液，不仅可使镀层光滑，而且可使金属的晶粒细化，以致用通常的显微镜在 600 倍下也无法分辨。这表示缓冲剂不仅具有提高镀液的 pH 缓冲性能，其还有提高镀液的超电压的功能。

为何在含柠檬酸的酸性镀金液中（pH＝3～4），HCN 酸不逸出？镀层晶粒为何会细化？这主要是由于这些缓冲剂含有多个离解或未离解的羟基，它可以通过配位作用与 HCN 形成氢键，使 HCN 被束缚在溶液中而不逸出，这是可在酸性条件下镀金的关键，所以这类有机酸也是一种优良的配位体。

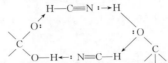

Au^+ 的配位数通常为 2，其最高配位数为 4，不过要形成 $[Au(CN)_4]^{3-}$ 和 $[Au(SO_3)_4]^{7-}$ 相当困难，主要是配位体间的斥力较大和 Au^+ 的正电荷较低。然而引入某些中性配位体，如 NH_3、乙二胺等，则可形成更加稳定的混合配位体配合物：

$$[Au(SO_3)_2]^{3-} + 2NH_3 \rightleftharpoons [Au(NH_3)_2(SO_3)_2]^{3-}$$

离子体积小的 NO_2^-、Br^-、Cl^- 等也可与 $[Au(SO_3)_2]^{3-}$ 形成混合配位体配合物 $[Au(SO_3)_2(Br)_2]^{5-}$。这种配位饱和型配合物的形成，进一步使 Au^+ 得到稳定，不容易歧化为 Au^{3+} 和金属金，所以第二配位体的引入是稳定镀液的一种有效措施。

近年来，国内外都着手用有机多膦酸代替柠檬酸作缓冲剂，常用的有机多膦酸 1-羟基-(1,1)-亚乙基-1,1-二膦酸（HEDP）、氨基三亚甲基膦酸（ATMP）和乙二胺四亚甲基膦酸（EDTMP）。这些有机酸在溶液中都容易与 $[Au(CN)_2]^-$、$[Au(SO_3)_2]^{3-}$、$[Au(NH_3)_2(SO_3)_2]^{3-}$ 等配位离子内的 CN^-、SO_3^{2-}、NH_3 等形成氢键，从而形成了包围配位离子的第二配位层。图 26-3 是 $[Au(NH_3)_2(SO_3)_2]^{3-} \cdot 2HEDP$ 的第一和第二配位层的示意图。在英国专利 1.426.804（1976）中，提出用合成好的，组成为 $M[AuL(SO_3)_2]_p X_q$，M 为一价或多价阳离子，L 分子式为 $\underset{R^2}{\overset{R^1}{N}}-R-\underset{R^4}{\overset{R^3}{N}}$ 的胺或多胺（R 为 $C_1 \sim C_4$ 烷基或取代烷基，X 为阴离子，如柠檬酸盐、酒石酸盐、磷酸盐等，$p＝1$、2 或 3，$q＝0$、1 或 2）的固体配合物直接配制镀液，也得到很好的效果。在这种固体配合物中，柠檬酸盐、磷酸盐也含在其中，说明它们也参与了某种形式的配位作用。金要从内配位层中被还原出来，就要克服第一和第二配位层的抑制作用，而使 Au^+ 放电的超电压得到提高，镀层的晶粒得到细化，不过镀液的电流效率有所降低。表 26-4 是 $[Au(SO_3)_2]^{3-}$ 体系中第一配位层和第二配位层引入各种配体时镀液性能的比较。

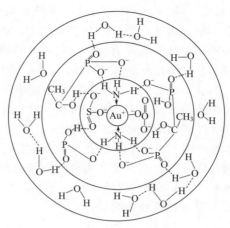

图 26-3 $[Au(NH_3)_2(SO_3)_2]^{3-} \cdot 2HEDP$ 的
配位-络合结构示意图

表 26-4 亚硫酸盐镀金体系配离子的形态与镀液性能

镀液体系	配离子的形态	镀液性能
$Au^+ \text{-} SO_3^{2-}$	$[^{2-}O_3S \rightarrow Au^+ \leftarrow SO_3^{2-}]$	镀液不很稳定,易发生歧化反应而析出金,过电压小,镀层外观差,作业范围窄
$Au^+ \text{-} SO_3^{2-} \text{-} NH_3$	$[^{2-}O_3S \rightarrow Au^+ \leftarrow SO_3^{2-}]$ 上下各有 NH_3	镀液较稳定,镀层外观好,但 pH 变化较大,NH_3 易挥发
$Au^+ \text{-} SO_3^{2-} \text{-} 胺(L)$ $(L=乙二胺或多胺)$	$[^{2-}O_3S \rightarrow Au^+ \leftarrow NH_2]$ 上方 $H_2N\text{—}CH_2$、CH_2,下方 SO_3^{2-}	镀液较稳定,超电压高,镀层外观好,但镀液有气味
$Au^+ \text{-} SO_3^{2-} \text{-} X^-$ $(X^- = Cl^-、Br^-)$	$[Br^- \rightarrow Au^+ \leftarrow Br^-]$ 上下各有 SO_3^{2-}	镀液较稳定,过电压高,高 pH 镀液可降至 7~9,但 X^- 会促使金属杂质进入溶液,降低镀液性能
$Au^+ \text{-} SO_3^{2-} \text{-} NH_3 \text{-} HEDP$	$[H_3N \rightarrow Au^+ \leftarrow NH_3] \cdot 2HEDP$ 上下各有 SO_3^{2-}	镀液较稳定,使用 pH 值可降低,工作范围扩大,超电压高,镀层外观好,附着力好
$Au^+ \text{-} SO_3^{2-} \text{-} ATMP \text{-} HEDP$	$[^{2-}O_3S \rightarrow Au^+ \leftarrow SO_3^{2-}] \cdot HEDP \cdot ATMP$	镀液极稳定,使用 pH 范围很宽(8~12),超电压高,镀层外观好,附着力好

除了羟基（1,1)-亚乙基二膦酸（HEDP)、氨基三亚甲基膦酸（ATMP）外,乙二胺四亚甲基膦酸（EDTMP）也是一种优良的取代传统磷酸盐、多聚磷酸盐和柠檬酸盐的优良螯合剂,它除了可以作为优良的导电盐、pH 缓冲剂外,还能降低镀液成

分对基体材料的溶蚀，同时可以阻止金与一般金属杂质（例如：铜、镍、钴、铁和铅等）发生共沉积。同时这类螯合剂在阳极的氧化作用下仍然显得十稳定，而普通羟基酸则容易被氧化而破坏。有机多膦酸的使用浓度范围很宽，约在 $80 \sim 250 g/L$ 范围内。

二、镀金的发展历程

电镀黄金的历史非常悠久，早在 17 世纪就有了雷酸液镀金的方法，真正的电镀黄金是 1800 年 Brugnatalli 的工作。1838 年，英国伯明翰的 G.Elkington 和 H.Elkington 兄弟发明了高温碱性氰化物镀金，并取得了专利。它后来被广泛用于装饰品、餐具和钟表的装饰性镀薄金，成了之后一个世纪中电镀黄金的主要技术。其作用的基本原理到了 1913 年才为 Fray 所阐明，到 1966 年 Raub 才把亚金氰络盐的行为解释清楚。在电镀金历史上第一次革命性的变革是酸性镀金液被开发出来。早在 1847 年时，Derulz 曾冒险在酸性氯化金溶液中添加氢氰酸，发现可以在短时间内获得良好的镀层。后来 Erhardt 发现在弱有机酸（如柠檬酸）存在时，氰化亚金钾在 pH=3 时仍十分稳定，于是酸性镀金工艺就诞生了。现在人们已经知道，氰化亚金钾在 pH=3 时是有可能形成氢氰酸的，但氢氰酸在酸性时会同弱有机酸形成较强的氢键而被束缚在溶液内。而不会以剧毒气体的形式逸出来，这就是为何酸性镀金可以安全进行的原因。

到了 20 世纪 40 年代，电子工业的快速发展鼓舞了人们对电镀金在科学上和技术上探索的兴趣。当时要求的是如何获得不需经过抛光的光亮镀层，而且可以精确控制镀层的厚度。这就提出了寻找合适光亮剂的问题。1957 年，F.Volk 等人开发了中性（pH 6.5～7.5）氰化物镀金液。还发现若加入 Ag、Cu、Fe、Ni 和 Co 等元素后不仅可以提高镀层的光亮度，也可获得各种金的合金，所用温度为 $65 \sim 75 ℃$，槽电压为 $2 \sim 3 V$，缓冲盐用磷酸盐。到了 60 年代，各种酸性的和合金系统的镀液被开发出来，而且发现了它们的一些特殊的物理力学性能。例如良好的延展性、耐磨性、耐蚀性和纯度等。在 1968 年至 1969 年间，国际黄金价格急剧上涨波动，为了降低成本，减少在不必要的地方也镀上金，因而发展出了局部选择性镀金的新技术。到了 20 世纪 60 年代后半期和 70 年代，无氰镀金取得了重大的进展，这是电镀金历史上的第二次革命。

最早提出用金的亚硫酸盐配合物来镀金的专利是 1962 年 Smith 提出的美国专利 US3057789，但该配合物要在 pH 9～11 的条件下才稳定。他建议使用加乙二胺四乙酸二钠盐的电解液。1969 年，Meyer 等在瑞士专利 506828 中介绍了有机多胺，特别是乙二胺作为第二配位体的亚硫酸盐电镀金-铜合金时，pH 值在 6.5 时亚硫酸金络盐仍然稳定。1972 年，Smith 在 US3666640 中发现由亚硫酸金盐、有机酸螯合剂和 Cd、Cu、Ni、As 的可溶性盐组成的电解液在 pH 8.5～13 是稳定的。1977 年，Stevens 在 US4048023 中发明了一种微碱性的亚硫酸金盐、磷酸盐和 $[Pd(NH_3)_4]Cl_2$（Palladosamine chloride）络盐组成的镀金液。

1980 年，Laude 在 US4192723 中发明了一种由一价金和亚硫酸铵组成的镀金液。1982 年，Wilkinson 在 US4366035 中提出用亚硫酸金盐、水溶性铜盐或铜的配合物、水溶性钯盐或它的配合物、碱金属亚硫酸盐和亚硫酸铵组成的无氰镀金合金电解液。

1984 年，Baker 等在 US4435253 中发现用碱金属亚硫酸盐、亚硫酸铵、水溶性铊盐和无羟基、无氨基的羧酸组成的镀金液。1985 年，Shemyakina 在 US4497696 中提出用氯金酸、EDTA 的碱金属盐、碱金属亚硫酸盐、亚硫酸铵反应后而形成的镀金液。1988 年，Nakazawa 等由 US4717459 中提出用可溶性金盐、导电盐、铅盐和配位体组成的镀金液。1990 年，Kikuchi 等在日本公开专利 JP02—232378 中提出在 3-硝基苯磺酸存在时，亚硫酸金盐在 pH 8 时仍然稳定。1994 年，Morrissey 在 US5277790 中发现了一种 pH 值可低于 6.5 的亚硫酸盐镀金液，该溶液中必须含有乙二胺、丙二胺、丁二胺、1,2-二氨基环己烷等有机多胺作第二配位体，同时要含有芳香族硝基化合物，如 2,3-或 4-硝基苯甲酸、4-氯-3-硝基苯甲酸、2,3-或 4-硝基苯磺酸、4-硝基邻苯二甲酸等。

2000 年，Kitada 在 US6087516 中介绍了一种新的无氰的二乙二胺合金氯化物 $[Au(En)_2]Cl_3$ 的合成方法，它是由氯金酸钠（$NaAuCl_4$）和乙二胺反应而得。Kuhn 等在 US6165342 中发明了一种用巯基磺酸，如 2-巯基乙磺酸、双（2-磺丙基）二硫化物等作金配位体，Se、Te 化合物作光亮剂，AEO、OP 类表面活性剂和缓冲盐组成的无氰镀液。2003 年 Kitada 等在 US6565732 中提出了用 $[Au(En)_2]Cl_3$ 作金盐，有机羧酸作缓冲剂，噻吩羧酸、吡啶磺酸作有机光亮剂和无机钾盐作导电盐的无氰镀金液。

无氰镀金主要有亚硫酸盐（钠盐和铵盐）镀金、硫代硫酸盐镀金、卤化物镀金和二硫代丁二酸镀金等。其中研究最多、应用最广的是亚硫酸盐镀金，它除了不含剧毒的氰化物外，还具有许多氰化物镀液没有的优点。但是单独用亚硫酸盐作配位体时，镀液还不稳定，因此镀液中还要引入氨、乙二胺、柠檬酸盐、酒石酸盐、磷酸盐、碳酸盐、硼酸盐、EDTA、有机多膦酸等第二或第三配位体才能使镀液稳定。这些化合物不仅有良好的 pH 缓冲作用，对镀液的稳定、镀层的光亮和与基材的附着力等都有相当的效果。到了 20 世纪 80 年代，随着高级精密电子工业和航空航天工业的发展，对镀金的要求也越来越高。人们发现脉冲镀金可以明显改善镀层的质量、厚度的均匀分布以及提高镀液的电流效率和沉积速度。而激光镀金可以提高沉积速度和沉积的选择性，便于精准地在指定的微区沉积上金，使选择性镀金可以得到精准的控制。80 年代，计算机技术已取得长足的进步，而计算机控制的全自动电镀生产线，为印制电路板的批量生产创造了良好的条件。在电镀工艺方面，发现在加入 Ni、Co 在酸性镀金液中，再加入特殊的有机添加剂，可以达到以下的特殊效果：

① 可降低镀金液中金的浓度至 4g/L（高速电镀则为 8g/L）。

② 提高镀液的分散能力或金层的厚度分布，这是因为这类添加剂能在较高的电流密度下降低阴极效率，从而用化学方法矫正在印制电路板上的电流分布。

③ 扩大了工作的电流密度范围，如用 3-(3-吡啶) 丙烯酸作添加剂时，最高光亮的电流密度可由 $1.0A/dm^2$ 提高到 $4.3A/dm^2$。

④ 新型添加剂十分稳定，不会同阳极发生反应而形成一层阳极膜，也不会被阳极分解。

⑤ 新型添加剂可以被分析，这对镀液的维护控制十分有利。

这些特殊的效果，深受印制电路板从业者的欢迎，它非常适于金手指等部位的电镀，因为获得的金属具有低的接触电阻、高耐蚀、高耐磨、高硬度等特性，而工艺的操作条件宽广，分析、控制与维护都十分方便，适于大批量的连续生产。

随着科学技术的发展，金镀层的高导电性、低接触电阻、良好的焊接性能、优良的延展性、耐蚀性、耐磨性、抗变色性，已成为电子元器件、印制电路板、集成电路、连接器、引线框架、继电器、波导器、警铃和高可靠开关等不可缺少的镀层。此外，金镀层的优良反射性，特别是红外线的反射功能，已成功地用于航空航天领域，如火箭推进器、人造卫星以及火箭追踪系统等。由于纯金可与硅形成最低共熔物，因此金镀层可广泛用于各种关键和复杂的硅芯片载体元件中。纯金镀层具有优良的打线或键合功能，因此它成了集成电路和印制电路板首选的打线镀层，为半导体和印制板的表面组装（SMT）工艺的实施立下了汗马功劳。含有少量其他金属，如镍或钴的酸性镀金层具有非常好的耐磨性能，是连接器和电接触器的最好镀层，它被用作低负荷电气接触器的专用精饰已有 30 年的历史，经久不衰。现在，最厚的镀金层可达 1mm，最薄的电镀装饰光亮金镀层只有 $0.025\mu m$。

到了 20 世纪末和 21 世纪初，人们发现烷基或芳基磺酸，不仅可以扩大光亮电流密度区的范围，使光亮区向高电流密度区移动，而且可以提高电流效率，加快沉积速度。例如用吡啶基丙烯酸 3g/L 的酸性氰化镀硬金液，在 $3A/dm^2$ 时的电流效率达 48%，沉积速度可达 $0.98\mu m/min$。镀金的主要进展是无氰及无污染镀金液的开发。过去的镀金液常用三价砷（As^{3+}）、一价铊（Tl^+）和二价铅（Pb^{2+}）等半金属或金属元素作晶粒细化剂或光亮剂，这些元素都是高污染的元素，虽然它们的使用浓度都较低（$<20mg/L$），但人们还是找到了用有机光亮剂来取代这些污染的元素。常用的有机光亮剂有以下几种：烟酸、烟酰胺、吡啶、甲基吡啶、3-氨基吡啶、2,3-二氨基吡啶、2,3-二（2-吡啶基）吡嗪、3-(3-吡啶基)-丙烯酸、3-(4-咪唑基) 丙烯酸、3-吡啶基羟甲基磺酸、2-(吡啶基)-4-乙烷磺酸、1-(3-磺丙基)-吡啶甜菜碱、1-(3-磺丙基) 异喹啉甜菜碱等，这些有机光亮剂都可提高镀金层的光亮度，扩大光亮区的电流密度范围且加快沉积速度或提高电流效率。

三、镀金液的类型、性能与用途

镀金液通常分为氰化物镀金液与无氰镀金液。氰化物镀金液通常又分为酸性、中性和碱性镀金液。酸性镀液主要用于电子零件、器件的电镀，尤其是用于印制电路板。中性镀液主要用于电镀 14～18K 金合金，特别是用于表壳和珠宝工业，它也可用于高纯金的电镀。碱性氰化物镀液可用于纯金与金合金的电镀，适于电子工业和装饰工业使用。表 26-5 列出了各类镀金液的性能和应用。

1. pH 2.5～4.5 的酸性镀金液

酸性镀金液由氰化金钾、弱有机酸、磷酸盐、螯合剂和光亮剂组成，其配制方法是把氰化金钾溶在弱有机酸中，再加入一定量的缓冲剂，螯合剂和光亮剂。典型的酸性氯化物镀金液的组成和操作条件见表 26-6。微量的钴、镍、锑，添加某些有机添加剂也有这种效果，但不能提高镀层的耐磨性。

表 26-5　各类镀金液的性能和应用

氰化亚金钾镀液					无 氰 镀 液	
pH 3.0~4.5	pH 4.5~5.5	pH 5.5~8.0	pH 8.0~10.0	pH 10.0~12.5	pH 6.0~8.0	pH 8.0~10.5
Co,Ni 合金	Co,Ni 合金	高纯金	Ag,Cu 合金	Ag,Cd/Cu 合金	纯金或合金	纯金或合金
30~40℃	40~50℃	45~65℃	20~30℃	50~60℃	50~60℃	50~60℃
$1.0A/dm^2$	$1.0A/dm^2$	$0.5A/dm^2$	$0.5A/dm^2$	$1.0A/dm^2$	$0.5A/dm^2$	$0.5A/dm^2$
效率 35%~50%	效率 65%~75%	效率 94%以上	效率 98%或以下	效率 55%	效率 100%	效率 100%或以下
维氏硬度 120~350	维氏硬度 120~190	维氏硬度 60~70	维氏硬度 110~120	维氏硬度 180~400	维氏硬度 110~240	维氏硬度 110~400
耐磨性优良	耐磨性优良	焊接性良好	最佳的装饰效果	耐磨性可变	耐磨性差	耐磨性差
均一性差	均一性良好	均一性极好	均一性良好	均一性良好	均一性特别好	均一性特别好
适用于印制配线板、接触器和装饰品等	适用于印制配线板(含干膜抗蚀剂)电镀工业	适用于高温处理的半导体电镀工业	适用于某些接触器和装饰品	适用于低 K 值的装饰品	视合金成分不同有广泛用途	视合金成分不同而有广泛的用途

表 26-6　酸性氯化物镀金液的组成与操作条件

镀液组成与条件	配方 1	配方 2	配方 3	配方 4	配方 5	配方 6
氰化金钾/(g/L)	6~8	12	8	16	4	4~30
柠檬酸/(g/L)	90		25	55		40
柠檬酸钾/(g/L)		125	35	135		
柠檬酸铵/(g/L)					7.5	40
磷酸钾/(g/L)					45	
磷酸二氢钾/(g/L)			30			
乙二胺四乙酸二钾/(g/L)		3				
酒石酸锑钾/(g/L)		1				
硫酸肼/(g/L)				6		
N,N-乙二胺二乙酸镍/(g/L)			3			
pH	3~6	3.5~4.5	3.2~4.4	4.2	3	2.5~3.6
$D_K/(A/dm^2)$	1.0	0.5~1.0	2~6	1.0	1~2	0.1~0.8
温度/℃	40~60	13~35	20~50	70		30~60
阳极	碳或白金	碳或白金				
硬度/Hv	85~90		120~150			

　　从酸性镀金液中可以镀出 24K 高纯金和几种金合金。但由于 pH 值低，容易使素材金属溶解而污染镀液，铜及其合金、镍及其合金、银及其合金虽都可从这些镀液中直接镀金。但从维护镀液的角度考虑，最好先在含金量低的溶液中打底，以防止渡

液被污染。钢及铜铍合金要镀铜，以防止溶液污染和提高附着力。

pH 范围在 4.5～5.5 的镀金液在过去几年中有较大的发展。在实际操作中，最高的 pH 值为 5.1～5.2，其特点是电流效率高，镀液的酸性低，因此适用于覆盖抗蚀剂的印制电路板和接点的镀金，这些零件的镀金正在不断增多，使高效率酸性镀金的应用越来越广。

2. pH 值为5.5～8.0 的中性镀金液

中性镀金液是一类不含游离氰化物，只含氰化金钾、缓冲剂或配位体（EDTA、磷酸盐）和少量合金元素添加剂的镀液。如不含合金元素，镀液的电流效率可达 100%，金属的纯度可达 99.99%，维氏硬度为 65～75。有时加入晶粒细化剂，使镀层细致、光亮，此时最适合于半导体上使用，因为这具有良好的耐高温和可焊性。若加入有机增硬剂，则可用于印制电路板和电接点，但不普遍，因为其耐磨性差。表 26-7 列出了某些中性氰化物镀金液的组成和操作条件。

表 26-7　中性氰化物镀金液的组成与操作条件

镀液组成与条件	配方 1	配方 2	配方 3	配方 4
氯化金钾/(g/L)	6～10	8.2	10	10～20
柠檬酸二氢钾/(g/L)	90			
磷酸二氢钾/(g/L)	20		25～30	
氰化镍钾/(g/L)	1.5～2.0		2～4	
焦磷酸钾/(g/L)		156		
氰化银钾/(g/L)		0.4		
柠檬酸钾/(g/L)				60～125
磷酸二氢乙酯/(g/L)				30～60
pH	6.5～7.5	7.0	6.5～7.5	6～8
D_K/(A/dm^2)	0.5～1.0	0.5～2.0	0.2～0.4	0.1～0.3
温度/℃	65～75	25～40		70
阳极	碳或白金		不锈钢	
硬度/Hv	85～90			

中性氰化物镀液同碱性氰化物液相比，具有均一性好，对应相当金浓度的极限电流密度较高和可以镀厚度层等优点。其缺点是光亮度差些，一般在半光亮以上，不过电流密度的影响较小，适于滚镀。

中性镀金液对金属杂质的允许量较高，例如在酸性镀金液中，镍或钴的含量高达 0.1g/L 时，即对镀层有重大影响，但在中性镀液中，即使高达 1.0g/L 也只有很小（或无）影响。有机物的污染会严重损害可焊性，因此，要尽量避免脱脂剂等有机物带入槽内。

3. pH 值为8.0 以上的碱性镀金液

这种镀液主要由溶解在磷酸及弱有机酸的氰化金钾所组成，镀液中含游离的氰化钾，以防止产生置换镀层和改善金阳极的溶解。此外，镀液中还含有提高导电性和均一性的导电盐碳酸钾和磷酸钾，以及防止氰化钾的分解，增加溶液导电性的氢氧化钾和为了使镀层晶粒细化，并增加其硬度的光亮剂。这种光亮剂通常是银，含量约 $1\% \sim 3\%$，其阴极电流效率可达 $95\% \sim 100\%$，在常温下操作。表 26-8 列出了某些碱性氰化物镀金液的组成和操作条件。

表 26-8　某些碱性氰化物镀金液的组成和操作条件

镀液组成/(g/L)		操作条件				备　注
		pH	温度/℃	电流密度/(A/dm²)	液电压/V	
氰化金钾	6～8	—	50～65	<0.5	—	阳极：纯金或不锈钢(下同)
氰化钾	30					
碳酸钠	30					
磷酸氢二钾	30					
氰化金钾	6～48	—	13～25	<0.6	—	几乎是纯金
氰化钾	45～200					
氰化银钾	0.08～0.4					
氰化金钾	30	—	50～70	0.5～1.5	—	
氰化钾	80					
土耳其红油	1					
氰化金钾	4～32	11.5～13.7	20～32	0.2～0.6	—	
氰化钾	30～120					
氢氧化钾	15～45					
酒石酸锑钾	0.5～5					
甘油	30～120					
磺化蓖麻油	10～19					

高 pH 值（10～12.5）镀液含有较高的游离氰化物，操作温度较高，还要求有很好的搅拌和连续过滤。为了使镀层厚度分布均匀，镀槽最好采用圆形的，这样电流的分布比较均匀，镀层的成分也较一致。这种镀液主要用于装饰品的电镀，在镀液中加入铜、镍、镉等合金元素，则可产生一系列的颜色和纯度，这些合金元素大半具有光亮作用，可以不加光亮剂而获得极为光亮的镀层，所以在装饰上的应用很广。对一些制品，如表带、手腕链等，人们多采用双层镀金法，即先镀 $7 \sim 8\mu m$（或更厚）的 16K 银金合金或镉铜 17K 黄金，然后再从酸性镀金液中再镀 $2 \sim 3\mu m$ 的 20～22.5K 金，在这种情况下通常可节约 $33\% \sim 50\%$ 的金。

4. 无氰镀金液

亚硫酸盐无氰镀金液是深受人们欢迎的新型镀金液，因为这种镀液容易掌握，均一性好，电流效率可达 100%，特别突出的是温度和 pH 改变时并不使镀层成分有较大改变，在 50～60℃操作时，溶液忍受其他金属杂质的能力很高。

在亚硫酸盐镀金液中，应用较多的是 pH＝8～10.5 的高 pH 镀液，这包含亚硫酸盐、磷酸盐、柠檬酸盐、有机膦酸盐等，操作温度为 50～60℃，使用镀铂的钛阳极。表 26-9 列出某些亚硫酸盐镀金液的组成和操作条件。

表 26-9　某些亚硫酸盐镀金液的组成和操作条件

镀液组成/(g/L)		操作条件			备　注
		pH	温度/℃	电流密度/(A/dm²)	
金 亚硫酸铵 柠檬酸钾	5～25 150～250 80～120	8～11	45～65	0.1～0.8	阳极：金板
金(以亚硫酸金钠形式存在) 亚硫酸钠 HEDP(100%) ATMP(100%) 酒石酸锑钾	15～20 100～120 40～60 60～90 0.2～0.4	10～13	30～40	0.2～0.8	阳极：金或白金板
亚硫酸金钾(或钠) 亚硫酸钾(或钠) 导电盐(磷酸、硫酸或柠檬酸盐) 金属添加剂(Sb、As、Se、Ti 等)	1～30 40～50 5～150 0.005～0.5	8～12	20～82	0.1～5	

从碱性无氰镀金液中可以镀出酸性镀金液无法镀出的合金镀层及颜色。除了在装饰品工业及一些要求耐磨性不太高的薄金上使用外，近来在薄膜配线镀纯金上的应用也越来越广，目前电子工业正在积极研究从无氰亚硫酸镀金液中获得高合金元素的镀金层，以节约昂贵的金。

四、21 世纪镀金配位剂的进展[1]

金与配位剂形成的配离子中金大都是以 Au^+ 存在，只有少数金配离子中的金以 Au^{3+} 存在。由于 Au^+ 在水溶液中很不稳定，容易生成 Au 或经历水解形成 AuOH，因此大部分的电镀金工艺中，金都是从 Au^+ 配合物中还原出来的。Au^+ 可以与很多种配位剂发生配位反应形成配合物，配位数可以是 2、3 或 4，如果配位剂用 L 来表示，其配位过程可以表示为：

$$Au^+ + xL^{n-} \rightleftharpoons AuL_x^{(xn-1)-}$$

配合物的稳定常数可以表示成：

$$\beta = [AuL_x^{(xn-1)-}]/([Au^+][L^{n-}]^x)$$

一些常见的配位剂与 Au^+ 和 Au^{3+} 形成的金配离子的稳定常数如表 26-10 所示。从表中可以看出，金氰配位离子稳定常数最大，在电极上放电还原时需要最高的活化能，得到的镀金层最细致、均匀，有良好的光亮性。而亚硫酸盐、硫代硫酸盐与 Au^+ 形成的配离子也有相对较高的稳定性，国内外研究学者对这两种无氰镀金液都进行了大量研究。但在亚硫酸盐和硫代硫酸盐镀液中获得的镀金层经常会有 S 的夹杂，这将会大大降低镀层的硬度。为了寻找在有氧条件下稳定的不含 S 的配位剂，电镀学者把研究方向转移到水溶性的、能与 Au^{3+} 形成配合物的配位剂上。与 Au^{3+} 形成配离子的稳定分子结构通式可以表示为 $[AuL_4]^-$，其中 L 可以为 Cl^-、CN^-、NO_3^- 和 CH_3COO^- 等，但由于 Au^{3+} 属于硬酸性离子，在水溶液中的 $[AuL_4]^-$ 会与 OH^- 发生配体取代反应形成 $[AuL_x(OH)_{4-x}]^-$($x = 0 \sim 4$)型混合配体配合物。

表 26-10　金配离子的稳定常数

配位剂	金配离子	稳定常数(β)
氰化物	$Au(CN)_2^-$	5.0×10^{38}
亚硫酸盐	$Au(SO_3)_2^{3-}$	6.3×10^{26}
硫代硫酸盐	$Au(S_2O_3)_2^{3-}$	1.3×10^{26}
硫脲	$Au(thio)_2^+$	1.6×10^{22}
氢氧化物	$Au(OH)_2^-$	7.9×10^{21}
氢氧化物	$AuOH$	1.3×10^{20}
氨	$Au(NH_3)_2^+$	1.6×10^{19}
碘化物	AuI_2^-	7.9×10^{18}
溴化物	$AuBr_2^-$	2.5×10^{12}
氯化物	$AuCl_2^-$	1.6×10^9
甲基乙内酰脲	$Au(MH)_2^-$	1.0×10^{17}
5,5′-二甲基乙内酰脲	$Au(DMH)_4^-$	5.0×10^{21}

　　长期以来，镀金的配位剂都采用剧毒的氰化物，一个世纪过去了，人们一直在寻找代氰的配位剂。目前，无氰镀金液的开发在国内外已取得了很大进展，其中具代表性的电镀金工艺包括：亚硫酸盐镀金、硫代硫酸盐镀金、亚硫酸盐-硫代硫酸盐复合配位剂镀金、柠檬酸盐镀金、卤化物镀金、乙内酰脲镀金、乙二胺镀金和硫脲镀金等。其中有一定实际应用价值的工艺是亚硫酸盐镀金，其镀层属软金，比较适合于微电子工业中的应用。亚硫酸盐镀液中能够获得厚的镀金层，同时镀金层具有良好的整平性、延展性、光亮性和较低的应力，镀层与 Cu、Ni、Ag 等基体结合牢固，耐酸性、抗盐雾性良好。此外，镀金层还与抗蚀剂有良好的相容性，在电子元器件电镀过程中可以减少抗蚀剂层的溶解。在微电子和光电子领域，亚硫酸盐镀液在很多方面优于氰化物镀液，它有更好的深镀能力，因此可以使镀金层在晶片上的厚度分布更加均匀。与价格低廉、镀液稳定的氰化物镀金液相比该方法还存在一些缺点，主要是镀液的稳定性较差，镀液静置一段时间后，配离子会发生分解，镀液中会有颗粒 Au 析出，同时有大量 SO_4^{2-} 产生。近年来发现加入 3,5-二硝基安息香酸或 2,4-二硝基苯 $1 \sim 10g/L$ 可以大大提高镀金液的稳定性。另外在亚硫酸盐镀液中加入氨，特别是含氮的有机物，如乙二胺（En）、咪唑（Im）、吡唑、苯并咪唑、嘌呤等时，它们可与一价金离子形成更加稳定的混合配体配合物，如 $[Au(En)_2(SO_3)_2]^{3-}$、$[Au(Im)_2(SO_3)_2]^{3-}$ 等，有机胺添加剂，如乙二胺的加入能够使镀金液在 $pH=5 \sim 8$ 范围内稳定。在镀金液中同时加入多胺和硝基化合物，可使 pH 值在 4.5 左右稳定。这也可以使亚硫酸盐镀液更加实用化。同时，为了保证镀液的稳定性，可加入辅助配位剂（如柠檬酸盐、酒石酸盐、有机多膦酸、EDTA 等）和稳定剂。在亚硫酸盐镀金液中加入 2,2-联吡啶能够起到很好的稳定作用。根据配合物的软硬酸碱原理，软酸与软碱、硬酸与硬碱可形成更稳定的配合物。一价金离子 Au^+ 是一种很强的软酸，它与软碱

可形成很稳定的配合物，对 Au^+ 而言，它对配位剂的亲和力有以下顺序：含硫配位剂＞含氮配位剂＞含氧配位剂，即 S＞N＞O。

对于含硫基团：$C=S$ ＞ $C-S^-$ ＞ $C-S-S-C$ ＞含硫杂环（如噻吩）

含硫化合物：CN^- ＞ $S_2O_3^{2-}$ ＞ $(H_2N)_2C=S$ ＞ $C_6H_5S^-$ ＞ SO_3^{2-} ＞ SCN^- ＞ C_6H_5SH

由此顺序我们可以得出以下结论：

① Au^+ 可同以上序列的化合物或其衍生物形成稳定的配合物或配盐，如亚硫酸金钠、硫代硫酸金钠等；

② 硫代硫酸金钠的稳定常数比亚硫酸金钠高很多，在 Au^+-SO_3^{2-}-$S_2O_3^{2-}$ 体系中形成的配合物以 $[Au(S_2O_3)_2]^{3-}$ 为主；

③ Au^+ 可同以上序列的多个化合物或与一些含氮的配位剂形成混合配体配合物，如 $[Au(SO_3)(S_2O_3)]^{3-}$、$[Au(NH_3)_2(SO_3)_2]^{3-}$ 等，它们的稳定常数可以比单一配体的高，也可以比单一配体的低，人们可以选用比单一配体的高的配合物构成电镀液[1]。

硫代硫酸盐电镀金主要采用 $Na_2S_2O_3$ 或 $(NH_4)_2S_2O_3$ 作为配位剂，对这种镀液的开发主要是由于硫代硫酸盐的环保性和 $[Au(S_2O_3)_2]^{3-}$ 配离子稳定常数较大（约 10^{26}），但 $S_2O_3^{2-}$ 易发生分解反应，获得的镀金层中还有少量 S 夹杂，这些都限制了硫代硫酸盐镀液的实际应用。要配制稳定的硫代硫酸盐镀液需要使用较低浓度的 $S_2O_3^{2-}$，并且要在 pH＞9 的条件下操作，或使用亚磺酸 [通式为 $R-S(=O)-OH$ 的一类化合物] 作为镀液的稳定剂[2]。

Osteryoung 等[3]以硫代硫酸盐和碘化物作为配位剂，获得了稳定性较高的镀液，可以在 pH＝9.3 的条件下施镀。研究结果表明，镀液中主要存在 $[Au(S_2O_3)_2]^{3-}$ 配离子，没有发现 Au^+ 与 I^- 形成的配合物。在最佳条件下，硫代硫酸盐镀液可以获得半光亮、整平性和均匀性良好的镀金层，阴极电流效率接近100％，最佳电流密度范围在 $0.1\sim0.5A/dm^2$。

在亚硫酸盐镀液中加入硫代硫酸盐就形成了亚硫酸盐-硫代硫酸盐复合镀液，与单独配位剂相比，镀液的稳定性有很大提高，而且不需添加任何稳定剂，镀液可以在中性和弱酸性条件下使用，因此该镀液的应用范围更广。该镀液的高稳定性是由于硫代硫酸盐与 Au^+ 或亚硫酸盐和硫代硫酸盐共同与 Au^+ 形成了稳定常数更高的配合物，亚硫酸盐的存在使硫代硫酸盐的分解减少到很低，也少了镀液中 S 的生成。Osaka 等[4,5]首先研究了使用等浓度的 Na_2SO_3 和 $Na_2S_2O_3$ 共同为配位剂，$NaAuCl_4$ 为主盐的镀金液，镀液中同时加入一定量的 Na_2HPO_4 和 Tl_2SO_4。此镀液在 pH＝6.0 的弱酸条件下相对稳定，镀液中不需加入稳定剂，镀液中离子的形成过程可以表示为：

$$Au^+ + SO_3^{2-} + S_2O_3^{2-} \rightleftharpoons [Au(SO_3)(S_2O_3)]^{3-}$$

该镀液可获得质量较好的镀金层，镀层硬度为 $80kg/mm^2$，Tl^+ 的加入起到了很好的晶粒细化作用。Sullivan 等[6]研究了硫代硫酸金配合物的还原反应，并计算了相应的动力学参数。Roy[7]等研究了 $S_2O_3^{2-}$-SO_3^{2-} 镀金中碳上的成核机理。

2010 年福州大学孙建军等[8]提出用嘌呤类化合物及其衍生物作为金的主配位剂，

嘌呤是由嘧啶环与咪唑环组合而成前双环化合物，配位能力最强的还是咪唑环上的亚胺氮原子。嘌呤上随取代基的不同，自然界有鸟嘌呤、腺嘌呤、次黄嘌呤、黄嘌呤、6-巯基嘌呤及其衍生物等，它们都是无毒或微毒的物质，可以同 Au^{3+} 和 Au^+ 形成稳定的配合物。在氯金酸盐或者亚硫酸金盐液中加入蛋氨酸、L-半胱氨酸、2-硫代巴比妥酸、硫酸铜、硝酸铅、硒氰化钾、酒石酸锑钾中的一种或者几种作为光亮剂，就可形成很稳定的镀金液。该镀液获得了中国发明专利，其应用实例如下：氯金酸钠 10g/L，腺嘌呤 24.3g/L，KNO_3 10.1g/L，KOH 56.1g/L，硝酸铅 0.3g/L，电流密度 $0.1A/dm^2$，pH13.5 浴温 40℃。该发明的无氰镀金电镀液化学稳定性很好，而且在电镀过程中不需要除氧，操作简单，镀金层的晶粒细致、光亮且结合力好，能满足装饰性电镀和功能性电镀等多领域的应用。

海因类配位剂是乙内酰脲的衍生物，它与 Au^{3+} 和 Au^+ 都可发生配位反应。Au^+ 可与 1-甲基乙内酰脲（MH）发生配位反应生成 $[Au(MH)_2]^-$（稳定常数约为 10^{17}），Au^{3+} 可与 5,5-二甲基乙内酰脲（DMH）发生配位反应生成 $[Au(DMH)_4]^-$（稳定常数约为 10^{21}）。Ohtani 等[9]对乙内酰脲体系配位剂与 Au^{3+} 形成的配合物的稳定性进行了研究。这些配合物主要包括 1-甲基乙内酰脲（MH）、5,5′-二甲基乙内酰脲（DMH）、1,5,5′-三甲基乙内酰脲（TMH）。研究结果表明，稳定常数的数值为 TMH>DMH>MH。Ohtani 等[10]还以 $HAuCl_4$ 为主盐、磷酸盐和磷酸二氢盐为 pH 缓冲剂和导电盐，分别研究了 MH、DMH 和 TMH 3 种镀液的性能。这 3 种镀液都有相对较好的稳定性，在 DMH 和 TMH 镀液中可以获得均一、致密的镀金层，沉积速率可达到 40.8mg/(A·min)，电流效率可达 100%。应用旋转圆盘电极对极限电流密度的测试结果表明，在 MH 镀液中电子转移的数量明显少于 DMH 镀液，因此在 MH 镀液中形成了 Au^+ 配合物。Ohtani 等[11]对 5,5-二甲基乙内酰脲电镀金做了比较详尽的研究，对该镀液的组成和工艺条件进行了优化。当镀液中 Au^{3+} 浓度为 0.04mol/L，配位剂浓度为 Au^{3+} 浓度的 6 倍，pH 值为 8，温度为 60℃时，阴极电流效率可达 100%。镀液中 Tl^+ 的加入使金的沉积电位正移，增大了电流密度范围，加快了金的沉积速度。Tl^+ 起到了很好的晶粒细化作用，有助于获得光亮的镀金层。

2014 年安茂忠等[12]发明了一种多配位剂无氰电镀金镀液，其特征在于所述海因衍生物为乙内酰脲、5,5-二甲基乙内酰脲等，辅助配位剂为柠檬酸钾、柠檬酸铵、硫代氨基脲等，添加剂为有机添加剂或者是无机添加剂和有机添加剂的混合物，添加剂中各组分的浓度为 0.5~30g/L。所述无机添加剂为金属盐、非金属盐、非金属氧化物中的一种或几种的混合物；有机添加剂为硫脲、丁炔二醇、丁二酰亚胺、烟酸、烟酰胺等。电镀金镀液的组成为：5,5-二甲基乙内酰脲 35g/L，硫代氨基脲 5g/L，柠檬酸钾 5g/L，氢氧化钾 10g/L、碳酸钾 30g/L、氯化金钾 20g/L、组合添加剂 2ml/L，所述组合添加剂组成为硫酸镍 5g/L、二氧化硒 1g/L、聚乙烯亚胺 10g/L、烟酸 10g/L、L-甲硫氨酸 5g/L，调整镀液 pH 值为 9，镀液温度 50℃，电流密度 $0.8A/dm^2$，适当搅拌，电镀时间 80min，得到金黄全光亮、外观均匀平整、SEM 观测微观结晶均匀致密、无裂纹的镀金层。

2016 年石明[13]直接用聚二硫二丙烷磺酸钠或苯基二硫丙烷磺酸钠作为主配位剂

来镀金，也取得很好的效果，还获得了发明专利，该镀液含以金计 12g/L 的三氯化金、以二硫基计 93g/L 的磺酸二硫化物、14g/L 的硝基酚、0.30g/L 的三氧化二砷。所述磺酸二硫化物为聚二硫二丙烷磺酸钠或苯基二硫丙烷磺酸钠。证明含硫有机物可以作为镀金的主配位剂。

2016 年石明[14]还提出用杂环硫醇作为主配位剂的无氰镀金液，而且还获得了发明专利。所述的电镀液包含以金计 12g/L 的三氯化金、以巯基计 43g/L 的杂环硫醇、0.36g/L 的醇胺化合物、0.18g/L 的三氧化二锑。其中杂环硫醇为 2-噻吩硫醇、3-噻吩硫醇、2-巯基吡啶或 4-巯基吡啶，所述醇胺化合物为 $C_1 \sim C_4$ 醇胺。

本小节参考文献

[1] 方景礼. 电镀配合物——理论与应用 [M]. 北京：化学工业出版社，2007.
[2] Alymore M G，Muir D M. Thiosulfate leaching of gold-A review [J]. Minerals Engineering，2001，14（2）：135-174.
[3] Wang X，Issaev N，Osteryoung J G. A novel gold electroplating system：gold（I）-iodide-thiosulfate [J]. Journal of the Electrochemical Society，1998，145（3）：974.
[4] Osaka T，Kodera A，Misato T. Electrodeposition of soft gold from a thiosulfate-sulfite bath for electronics applications [J]. Journal of the Electrochemical Society，1997，144（10）：3462-3469.
[5] Osaka T，Okinaka Y，Sasanoc J. Development of new electrolytic and electroless gold plating processes for electronics applications [J]. Science and Technology of Advanced Materials，2006，7（5）：425-437.
[6] Anne M Sullivan，Paul A Kohl. Electrochemical Study of the Gold Thiosulfate Reduction [J]. J. Electrochem. Soc.，1997，144（5）：1686-1690.
[7] Sobri S，Roy S，Aranyi D，et al. Growth of electrodeposited gold on glassy carbon from a thiosulphate-sulphite electrolyte [J]. Surf. Interface Anal.，2008，40：834-843.
[8] 孙建军，陈金水. 一种无氰镀金电镀液 [P]. CN101838828 A，2010-09-22.
[9] Ohtani Y，Saito T，Sugawara K. Coordination equilibra of hydantoin derivatives with gold ions [J]. Journal of the Surface Finish，2005，56（8）：479-480.
[10] Ohtani Y，Sugawara K，Nemoto K. Investigation of hydantoin derivatives as complexing agent for gold plating [J]. Journal of the Surface Finish，2004，55（12）：933-936.
[11] Ohtani Y，Sugawara K，Nemoto K. Investigation of bath compuitions and operation conditions of gold plating using hydantoin-gold complex [J]. Journal of the Surface Finish，2006，57（2）：167-171.
[12] 安茂忠，任雪峰，杨培霞，宋英，刘安敏. 一种多配位剂无氰电镀金镀液及电镀金工艺. CN103741181 A，2014-04-23.
[13] 石明. 一种磺酸二硫化物无氰镀金的电镀液及电镀方法 [P]. CN105332019A，2016-02-17.
[14] 石明. 一种杂环硫醇无氰镀金的电镀液及电镀方法 [P]. CN105369303A，2016-03-02.

第二节 电镀银的配合物

一、银离子及其配离子的性质

银和铜、金同位于周期表的第一副族，它们都具有面心立方晶格，熔点都在 1000℃左右。它们的纯金属都是软的，具有很大的延展性。这三种金属相互之间以及和其他金属容易形成合金。它们都是良导体，其中银是所有金属中具有最高导电性的金属，铜次之。

Ag 原子的外层电子结构为 $4d^{10}5s^1$，它可以形成一价、二价和三价三种离子，但

以一价 Ag^+ 最稳定。Ag^+ 可以通过 sp、sp^2、sp^3 杂化轨道成键,所以配位数可为 2(线型)、3(三角形)和 4(四面体形),其特征配位数随配体而异,对于 CN^- 和 NH_3,其特征配位数为 2,对于 I^- 则配位数可达 4。

Ag^+ 用过硫酸盐氧化并同时存在含 N 配体(如 α,α-联吡啶、邻菲啰啉和皮考啉酸盐)时,它可以形成 $[AgL_2]^{2+}$ 型二价银的配合物,采用的是 dsp^2 杂化轨道,结构为平面正方形。Ag^{3+} 较少见,有确证的仅有氟配离子,如 $[AgF_4]^-$。

许多一价的银盐均不溶于水,能溶于水的只有硝酸银、硫酸银(Ag_2SO_4)和氟化银(AgF)。硝酸盐可使蛋白质沉淀,它对有机组织有破坏作用,在医药上用作消毒剂,大量的硝酸银用于制造照相底片用的溴化银。Ag^+ 是无色的,容易形成配离子,如 $[Ag(CN_2)]^-$、$[Ag(NH_3)_2]^+$、$[Ag(S_2O_3)_2]^{3-}$ 等。卤化银通常难溶于水,其中 AgCl 溶于高浓度的 Cl^- 离子溶液中形成 $[AgCl_2]^-$,溶于氨水中形成 $[Ag(NH_3)_2]^+$,溶于氰化物溶液中形成 $[Ag(CN)_2]^-$。AgBr 能形成氰化物和氨的配离子而 AgI 仅能形成氰化物配离子。

氯化银、溴化银和碘化银都具有感光性,照相底片上敷有一层含 AgBr 胶体微粒的明胶凝胶,在光的作用下,溴化银分解成极小颗粒的"银核"(银原子):

$$AgBr \xrightarrow{h\nu} Ag + Br$$

将底片用氢醌处理,含有银核的 AgBr 粒子被还原为金属,变为黑色,这个过程称为"显影",然后再浸入硫化硫酸钠溶液中,使未曝光的溴化银粒子溶解,形成 $[Ag(S_2O_3)_2]^{3-}$,溴化银的溶解过程称为"定影":

$$Ag^+ + 2S_2O_3^{2-} \Longrightarrow [Ag(S_2O_3)_2]^{3-}$$

银盐溶液中加入硫氰酸根 SCN^-,得白色乳酪状 AgSCN 沉淀,它的溶解度仅有 $8 \times 10^{-7} mol/L$,它溶于硫氰酸盐中形成配合物,如 $K[Ag(SCN)_2]$、$K_2[Ag(SCN)_3]$ 和 $K_3[Ag(SCN)_4]$ 等。

按配合物的"软硬酸碱理论",Ag^+ 属于"软酸",因它的电子云较易变形,它容易与软碱(电子云易变形的配体)形成稳定的配合物。在 Ag^+ 与卤离子反应时,卤离子的软度按以下顺序递增:

配体软度 $\qquad\qquad\qquad\qquad F^- < Cl^- < Br^- < I^-$

配合物的稳定性 $\qquad [AgF_2]^- < [AgCl_2]^- < [AgBr_2]^- < [AgI_2]^-$

同理,由于 CN^- 的软度大于 NH_3,而 NH_3 的软度又大于 Cl^-,因此其配合物的稳定性有以下顺序

$$[AgCl_2]^- < [Ag(NH_3)_2]^+ < [Ag(CN)_2]^-$$

一般有机配体与金属离子形成螯合物时,以五、六元环最稳定,但是 Ag^+ 却相反,它与丙二胺、丁二胺、戊二胺形成的六、七、八元环的螯合物都比五元环的乙二胺更稳定,它们的总稳定常数的对数值分别为

配合物	$[Ag(NH_3)_2]^+$	$[Ag(乙二胺)]^+$	$[Ag(丙二胺)]^+$	$[Ag(丁二胺)]^+$	$[Ag(戊二胺)]^+$
稳定常数($lg\beta$)	7.03	4.70	5.85	5.90	5.95

从稳定常数值可以看出,在二胺类中,螯环越大,$lg\beta$ 值增大,有人认为这可能是由于环大了之后,有利于形成配位数为 2 的线型结构。许多脂肪族的胺或氨基酸形成螯

合物时配体的臂有较大的柔软性或弯曲性，而且 N 也属于较软的配位原子，因此它们都是 Ag^+ 的优良螯合剂。表 26-11 列出了常见 Ag^+ 配合物的稳定常数。

表 26-11　常见 Ag^+ 配合物的稳定常数

配　体	Ag^+ 配合物的稳定常数 $\lg\beta$
氯离子(Cl^-)	AgL 3.4；AgL_2 5.3；AgL_3 5.48；AgL_4 5.4；Ag_2L 6.7
溴离子(Br^-)	AgL 4.15；AgL_2 7.1；AgL_3 7.95；AgL_4 8.9；Ag_2L 9.7
碘离子(I^-)	AgL_3 13.85；AgL_4 14.28；Ag_2L 14.15
硫氰酸根(SCN^-)	AgL_2 8.2；AgL_3 9.5；AgL_4 10.0
亚硫酸根(SO_3^{2-})	AgL_2 8.68；AgL_3 9.00
硫代硫酸根($S_2O_3^{2-}$)	AgL 8.82；AgL_2 13.46；AgL_3 14.15
羟基(OH^-)	AgL 2.3；AgL_2 3.6；AgL_3 4.8
硫离子(S^{2-})	AgL 16.8；$AgHL$ 26.2；AgH_2L_2 43.5
氨(NH_3)	AgL 3.4；AgL_2 7.40
氰根(CN^-)	AgL_2 21.1；AgL_3 21.9；AgL_4 20.7
乙二胺(En)	AgL 4.70；AgL_2 7.4
1,3-丙二胺	AgL 5.85；AgL_2 6.45；$AgHL$ 2.55
1,4-丁二胺	AgL 5.90；$AgHL$ 3.1
1,5-戊二胺	AgL 5.95；$AgHL$ 3.0；Ag_2L 1.5
2-羟基-1,3-二氨基丙烷	AgL 5.80
2,2-二甲基-1,3-二氨基丙烷	AgL 4.66
二乙烯三胺(Dien)	AgL 6.1；$AgHL$ 3.2；Ag_2L 1.4
三乙烯四胺(Trien)	AgL 7.7；$AgHL$ 5.72；Ag_2L 2.4
1,2,3-三氨基丙烷	AgL 5.6；$AgHL$ 3.4；Ag_2L 1.2
六次甲基四胺	AgL_2 3.58
α,α'-联吡啶	AgL 3.03；AgL_2 6.67
1,10-菲啰啉	AgL 5.02；AgL_2 12.17
吡啶	AgL 2.01；AgL_2 4.15
皮考啉酸	AgL 3.4；AgL_2 5.9
硫脲[$(H_2N)_2C{=}S$]	AgL_3 13.5
甲硫基乙胺($CH_3SCH_2CH_2NH_2$)	AgL 4.17；AgL_2 6.88
氨基乙酸	AgL 3.3；AgL_2 6.8
氨三乙酸	AgL 5.16
氨三乙胺	AgL 7.8；$AgHL$ 5.6；AgH_2L 3.3；Ag_2L 2.4
乙二胺四乙酸(EDTA)	AgL 7.3；$AgHL$ 13.3
乙二醇二乙醚二胺四乙酸(EGTA)	AgL 7.06
二乙三胺五乙酸(DTPA)	AgL 8.70
羟乙基乙二胺三乙酸(HEDTA)	AgL 6.71
二乙醇胺(DEA)	AgL 3.48；AgL_2 5.60
三乙醇胺(TEA)	AgL 2.3；AgL_2 3.64

配　　体	Ag^+配合物的稳定常数 $lg\beta$
乙酸	AgL_2 0.64；Ag_2L 1.14
苯甲酸	AgL 3.4；AgL_2 4.2
α-丙氨酸	AgL 3.64；AgL_2 7.18
β-丙氨酸	AgL 3.44；AgL_2 7.25
邻氨基苯甲酸	AgL 1.86
甘氨酸基甘氨酸	AgL 2.72；AgL_2 5.00

二、Ag^+ 的电化学性质

与 Au^+ 相比，Ag^+ 的标准电极电位较负，但它们都属于较易被还原的金属离子

$$Au^+ + e^- \Longrightarrow Au \qquad E^\ominus = 1.73V$$

$$Ag^+ + e^- \Longrightarrow Ag \qquad E^\ominus = 0.80V$$

Ag^+ 与各种配体形成配合物后，它们的标准电极电位都向负移动，配合物越稳定，$E^\ominus$ 值越负

$$[Ag(SO_3)_2]^{3-} + e^- \Longrightarrow Ag + 2SO_3^{2-} \qquad E^\ominus = 0.43V$$

$$[Ag(NH_3)_2]^+ + e^- \Longrightarrow Ag + 2NH_3 \qquad E^\ominus = 0.37V$$

$$[Ag(S_2O_3)_2]^{3-} + e^- \Longrightarrow Ag + 2S_2O_3^{2-} \qquad E^\ominus = 0.01V$$

$$[Ag(CN)_2]^- + e^- \Longrightarrow Ag + 2CN^- \qquad E^\ominus = -0.31V$$

表 26-12 列出了银化合物还原为金属银时的标准电极电位及相应银化合物的溶度积或离解常数 K 之值。

表 26-12　银化合物-Ag 的 $E^\ominus$ 值及银化合物的溶度积或离解常数 K

物　　质	$E^\ominus$	溶度积或离解常数 K
Ag^+	0.7991	1.24×10^{-5}
Ag_2SO_4	0.653	2.3×10^{-3}
$AgC_2H_3O_2$	0.643	1.2×10^{-4}
$AgBrO_3$	0.55	5.4×10^{-5}
Ag_2WO_4	0.53	5.5×10^{-12}
Ag_2MoO_4	0.49	2.6×10^{-11}
$Ag_2C_2O_4$	0.472	1.1×10^{-11}
Ag_2CO_3	0.47	8.2×10^{-12}
Ag_2CrO_4	0.446	1.9×10^{-12}
$[Ag(SO_3)_2]^{3-}$	0.43	3.0×10^{-9}
$AgCNO$	0.41	2.3×10^{-7}
$[Ag(NH_3)_2]^+$	0.373	5.9×10^{-8}
$AgIO_3$	0.35	3.1×10^{-8}
Ag_2O	0.344	2.0×10^{-8}
AgN_3	0.292	2.5×10^{-9}
$AgCl$	0.222	2.8×10^{-10}
$Ag_4Fe(CN)_6$	0.194	1.55×10^{-41}
$AgCNS$	0.09	1.0×10^{-12}
$AgBr$	0.03	5.0×10^{-13}
$[Ag(S_2O_3)_2]^{3-}$	0.01	6.0×10^{-14}
$AgCN$	-0.017	1.6×10^{-14}
AgI	-0.151	8.5×10^{-17}
$[Ag(CN)_2]^-$	-0.31	1.8×10^{-19}
Ag_2S_x	0.69	5.5×10^{-51}

Ag$^+$ 和 Au$^+$ 一样都具有全满的 d^{10} 电子构型，它形成的都是电价型（或外轨型）配合物，配体的孤对电子只能进入 Ag$^+$ 的外层轨道，所以在电极取代反应时都是活性的，在电极反应动力学上均属于电极还原反应极快的金属离子，它们的电极反应速率常数值也是金属离子中最高的（$\geqslant 10^{-1}$ 1/s），而其内配位水的取代反应速率常数也达最高的 10^9 左右。因此要获得满意的镀层，通常就要设法大幅度降低 Ag$^+$ 的电极反应速率。如用配位体来达此目的，就要选用配位能力最强的配位体，如 CN$^-$，而且还要有过量的游离 CN$^-$ 存在才行。

若要用比氰化物配位能力低的配位体，通常用单一的配位体已难以达到抑制反应的效果，而必须同时加入二至三种配位体，让它形成更加稳定、更加难以放电的混合配体配合物才行。表 26-13 列出了 Ag$^+$ 的单一配体配合物与混合配体配合物稳定常数的比较。

表 26-13　Ag$^+$ 的单一配体配合物与混合配体配合物的稳定常数

单一配体配合物	lgβ	混合配体配合物	lgβ
$[Ag(S_2O_3)]^-$	8.82	$[Ag(S_2O_3)Cl]^{2-}$	10.16
$[Ag(S_2O_3)_2]^{3-}$	13.46	$[Ag(S_2O_3)Br]^{2-}$	12.39
		$[Ag(S_2O_3)I]^{2-}$	14.57
$[Ag(P_2O_7)_2]^{7-}$	3.55	$[Ag(NH_3)_2(P_2O_7)]^{3-}$	4.75
$[Ag(NH_3)_2]^+$	7.03	$[AgI(SeCN)_2]^{2-}$	15.42
$[AgI_4]^{3-}$	14.39	$[AgI(SeCN)_3]^{3-}$	14.72
		$[AgI(SCN)_3]^{3-}$	13.96

从表 26-13 的数据可以看出，有些混合配体配合物的稳定性可以超过单一型配体配合物，但稳定性只是热力学的性质，它并不能说明反应速率的快慢，只有电极反应的动力学性质，如超电压、电极还原反应的速率常数、取代内配位水的速率常数以及电极反应的交换电流密度等参数才能说明反应的速率问题。实践已证明，许多混合配体配合物，如 $[Ag(NH_3)_2(P_2O_7)]^{3-}$ 的稳定常数并不比 $[Ag(NH_3)_2]^+$ 高，但它的超电压最大，交换电流密度最小，所得银层的晶粒也最小。

三、无氰镀银配位体的发展

虽然氰系镀银从 1838 年起一直沿用至今，但人们早就想舍弃剧毒的氰化物了。下面列出了 1913 年以来人们在无氰镀银配位体上所做工作的大事记，从中可看出人们在不同时期的主攻方向。因为任何事物都是波浪式前进的，在某一时间以为无希望的体系，在新时期，随着其他技术的进步和人们认识水准的提高，又可能有新的突破。

1913 年，Frary 详述了在此之前无氰电镀的情况，那时已试验了醋酸铵、硫氰酸钠、硫代硫酸钠、乳酸铵、亚铁氰化钾＋氨水和硼酸苯甲酸甘油酯等作配位体的无氰镀银。当时配制镀液的方法是用硫代硫酸钠与碳酸银煮沸 1h 后再进行过滤。用亚铁氰化钾时，也是把氯化银、亚铁氰化钾和水（或氨水）一块煮沸或加热来配制镀液。1916 年，Mathers 和 Kuebler 指出从酒石酸盐镀银液中已获得质硬光亮而附着力好的银层。1917 年，Mathers 和 Blue 发现用高氯酸、氟硅酸和氟化物的银盐构成的镀液比硝酸银的镀液好。

1931 年，Saniger 发现从硫酸、硝酸、氟硼酸和氟化物镀液中只能得到树脂状的银镀层，阳极溶解也不好。1933 年，Schlötter 等提出用碘化物作为配位体，动物胶作光亮剂的镀液，其优点是可以在铜或铜合金上电镀。缺点是碘化物成本高，而且会和银共沉积而使得银层变为黄色。1934 年，Gockel 试验了硫脲为配位体的镀银液，但发现银的硫脲配合物容易结晶出来。1935 年，Fleetwood 等把柠檬酸引入碘化物镀银液中，可以获得均一性好，晶粒细致和附着力好的镀层。1938 年，Alpem 和 Toporek 发现把磺酸、柠檬酸或顺丁烯二酸引入碘化物镀液中可以获得类似氰化物镀液中获得的镀层，镀液的 pH 值为 1.7，这一结果证实了 Fleetwood 的实验结果。1939 年，Piontelli 等从氨磺酸和少量酒石酸的镀液中获得致密的银镀层，性能接近氰系镀层，同年，Weiner 从硫代硫酸钠、亚硫酸氢钠和硫酸钠镀液中获得了光亮的镀银层，指出亚硫酸氢钠能阻止银的硫代硫酸盐配合物氧化分解，镀液中的硫酸钠可用氯化钠、醋酸钠或柠檬酸钠代替。1941 年，Levin 把焦磷酸钠和氢氧化铵引入碘化钾镀银液中。1945 年，Narcus 研究了氟硼酸盐镀银液的性能，指出镀层的晶粒是细小的，镀液的均一性也高。1949 年，Graham 等研究了饱和氯化锂镀银液，这种溶液能给出有吸引力的银白色镀层。使用这个溶液时需加热到沸点一段时间后再用。如不加热处理则镀层为海绵状。如用氯化铵或乙二胺盐酸盐代替氯化锂，可以提高阳极电流效率。

1950 年，印度的 Rama char 等详细比较了碘化物镀银液和氰系镀液，比较的项目包括镀层品质、附着力、镀液的阴极效率、均一性和使用电流密度范围等。同年，美国专利中提出用焦硫酸钠、硫酸铵和氨水作镀银的配位体。1951 年，Kappanna 和 Talaty 研究了添加各种添加剂的氟化物镀银体系，发现镀层附着力较差，只在铂上好些。镀前加工物表面要用氰系镀银打底。1953 年，Rama char 在碘化物镀液中加入 5～20g/L 的硫酸铵，并用 1g/L 的硫代硫酸钠作光亮剂可以得到光亮的银层，不过镀液的阴极极化值低于氰系镀液。1955 年，Cemeprok 提出用亚铁氰化钾作配位体镀银，使用温度为 60～80℃，电流密度为 1～1.5A/dm^2，镀液的均一性很好，可以直接镀。镀层晶粒细密，容易打光，可镀厚层。阳极钝化可定期加入 10～12ml/L 氨水来消除。1957 年，Batashev 和 Kitaichik 研究了添加剂动物胶的碘化物镀银层，指出其镀层显微结构与氰化物的相当。1959 年，Popov 和 Kravtsova 研究了硫氰酸铵镀银液，可在铜和黄铜上镀银，添加动物胶可改善镀层的光亮度。

1961 年，Cuhra 和 Gurner 在捷克专利中提出用氧化银、硫代硫酸钠、硫酸氢钾和少量硫脲组成的镀银液，该配方除应用金属零件外也适合于陶瓷和其他绝缘材料。1962 年，ф. К. Андрошенко 和 В. В. Орехова 在苏联专利（212690）中提出用焦磷酸钾和碳酸铵组成的镀银液，这具有很好的均一性。1963 年，ф. Едотев 等把亚铁氰化钾和硫氰酸钾同时作为银的配位体，先用亚铁氰化钾使银离子转变为 [KAg(CN)$_2$]，然后再加入 KSCN。所得镀层与氰化物镀液的相当，镀层细致，均一性好，适于镀复杂零件。同年，Kaikaris 和 Kundra 研究了溴化铵体系镀银，用动物胶作光亮剂，可以得到光亮、细致和附着力好的银层。同年，Batashev 对碘化物镀液进行研究，发现碘常与银共沉积，镀层比氰化物粗糙，但在附着力、针孔率和硬度上是满意的。

1964 年，Popova 等研究了 pH＝7.5～8.5 的乙二胺镀银液，指出黄铜经汞齐化或先在亚铁氰化钾镀中预镀后可进入乙二胺液电镀。在 Fischer 和 Weiner 的《贵金属电镀》一书中介绍了亚硫酸银的配合物镀银配方，认为镀液的均一性好，镀层结晶细致易打光。同年，在法国专利和随后的美国专利中同时提出用 4-氨磺基苯甲酸（ H_2NSO_2—⟨ ⟩—COOH ）作配位体的镀银液，认为其镀层类似于氰系镀层。1966 年，N. CAKOBA 在苏联专利中提出用磺基水杨酸镀银，镀液由磺基水杨酸银盐、磺基水杨酸铵、碳酸铵和醋酸铵组成，pH＝8～9，电流密度为 0.5～1.5A/dm²。英国专利提出用磷酸三钠和磷酸三铵镀银的工艺，该镀液的 pH 值为 8.5～9.0，最佳温度为 35℃，使用电流密度为 1.2～1.7A/dm²。同年，Racinskiene 等提出含氨或不含氨的氨磺酸镀银工艺，可在钢、镍或汞齐化的铜和黄铜上镀银，如加动物胶可得光亮镀层。1967 年，Hazapemblah 和 шунак 在苏联专利中提出用乙二胺和亚硫酸钠当配位体镀银，镀品必须先在亚硫酸钠预镀液中浸银后电镀。同年，在苏联专利中还提出用硫酸铵镀银的工艺，镀液中添加少量柠檬酸钾（4g/L）、硫酸高铁（1～3g/L）和大量的氨水，这样可获得光亮而硬的银层。1968 年，英国专利中提出在硫氰酸盐溶液中加聚乙烯吡咯烷酮均可获得半光亮的镀银层。

1970 年，美国专利中提出类似苏联在 1962 年提出的焦磷酸-氨体系镀银工艺，把苏联采用的碳酸铵改为碳酸钾和氨水。1971 年，Jayakishnan 等用含高硫酸的碘酸-硫化钾镀银液作为不锈钢冲击银镀液，同年苏联发表两个磺基水杨酸镀银专利，分别在镀液中加入乙二胺＋铵盐和酒石酸钾钠＋铵盐。1972 年，有人通过极化曲线的测量，认为在过量 KI 溶液中存在三种配位离子：AgI_2^-、AgI_3^{2-} 和 AgI_4^{3-}。在镀得的光亮银层中含有少量 I_2（约 0.05%），所用光亮剂为聚乙烯醇（1.2g/L）。如预先用浓 KI 溶液处理表面，可使得在铜、黄铜表面上直接镀银成为可能。1975 年，日本公开专利（昭 48—89838）用含柠檬酸钾 20g/L 的碘化钾镀银液来电镀印制电路板，在 60℃，1.0A/dm² 时的沉积速度为 10μm/15min。同年，南京大学化学系方景礼教授根据国内外无氰电镀的成功经验，发表了"双络合剂电镀理论的依据及其应用"一文，用混合配体配合物的概念解释了镀液中多种配位体的作用。苏联专利 487.960 中提出用含高氯酸钾、高氯酸铵和乙醇的高氯酸盐镀银工艺。从该镀液中可获得光亮的镀层。德国 Schering 公司声称发明了一种称为"Argatect"的镀银液。1976 年，各国杂志上透露这种镀液是由硫代硫酸银配合物组成的，用于挂镀时，镀液含银量为 20～40g/L，pH＝8～10，使用温度为 15～30℃，电流密度为 0.8A/dm²，阴极电流效率为 98%～100%。用于滚镀时，银含量为 25～35g/L，电流密度为 0.4A/dm²，其他指标与挂镀相同。从当年发表的德国专利（2.410.441）来看，所用的添加剂可能是相对分子质量大于 1000 的聚乙烯亚胺，用量为 0.08g/L 左右。由"Argatect"所得到的镀银层是纯银（99%），并非合金，银层的耐磨性好，适于接插零件使用，在 200℃时具有热稳定性，硬度也不改变，而且还具有能从冲洗液中用简单的方法回收一定数量金属银的优点。

1976 年，我国电子工业部和西南师范学院联合研究成功亚氨基二磺酸镀银新工艺，这是国际首创的新型无氰镀银体系，现已在一些工厂应用多年，镀层性能与氰化物相当，只是镀液的稳定性差些。美国 Technic 公司在德国专利（2.610.501）中首次提出用丁二酰亚胺光亮镀银，它具有镀液稳定，镀层结晶细致且有相当光亮，铜材可以直接镀银，镀层性能与氰化物的接近等优点，其主要缺点是丁酰亚胺本身在碱性溶液中会水解，同时镀层相当脆。同年，美国乐思公司在美国专利 4067784 中提出 $S_2O_3^{2-}$-HSO_3^--SO_4^{2-} 体系光亮镀银。苏联 Мологких 等提出乙二胺四乙酸四钠盐镀银的工艺，镀液中还含有 NH_3NO_3，pH ＝ 9.8～10.5，电流密度为 0.3～0.5A/dm^2。

1977 年，苏联 Puzbah 等提出从乙二胺-磺基水杨酸溶液中镀银。美国专利（4003806）中把 $NaNO_3$（40g/L）和 $Ca(NO_3)_2$（20g/L）加入碘化镀银液，镀液中还可加入动物胶等光亮剂，所得镀层附着力好、均匀、有展性。

1978 年，美国 Technic 公司的丁二烯亚胺及其衍生物镀银工艺又获得美国专利，专利号 4126524，所谈内容与 1976 年批准的德国专利相同。同年，美国专利 4067784 中提出了氯化银-硫代硫酸钠-亚硫酸氢钠-硫酸钠光亮镀银工艺，所用光亮剂如前所述。日本棋山武司提出了一种无氰镀银工艺，其配方为：磷酸氢二钾 100～150g/L，硝酸银 20～40g/L，碳酸钾 30～55g/L，氨水 20～40ml/L，pH ＝ 9.5～11.0，阴极电流密度 0.3～15A/dm^2。此溶液获得的镀银层致密光亮沉积速度快，可焊性能好。该镀液与氰系镀液相当。同年，棋山武司还提出碘化物镀液，其配方为：碘化银 20～90g/L，碘化钾 350～600g/L，有机酸（酒石酸、柠檬酸等）少量，pH ＝ 4.5～7.0，温度 40～70℃，阴极电流密度 0.5～1.5A/dm^2。作者声称该专利溶液稳定性良好，镀层在光亮、晶粒细度和均一性等方面都不比氰系镀银逊色，而在可焊性方面比氰系镀银更佳。

1979 年，Flectcher 和 Moriarty 在美国专利中提出微氰光亮镀银工艺，其配方为：$KAg(CN)_2$ 45～75g/L，$K_2P_2O_7$ 50～150g/L，硒化物 0.4～1mg/L，pH ＝ 8～10，温度 18～24℃，阴极电流密度 0.1～2.0A/dm^2，该镀液含游离氰化物低于 1.5g/L，焦磷酸钾也可用磷酸盐、柠檬酸盐、硼酸盐或酒石酸盐替代。镀液成分适当变更之后，即可成为冲击镀液（strike bath）和高速镀液，高速镀液的使用电流密度可达 50A/dm^2。日本日立在美国专利中提出打底镀银溶液可采用的配位体如下：氨、硫代硫酸盐、溴化物、碘化物、甲胺、硫脲、二甲胺、乙胺、乙二胺、甘氨酸、乙醇胺、咪唑、烯丙基胺、正丙胺、2,2'-二氨基二乙胺、2,2'-二氨基二乙基硫、胺群、苯基硫代乙酸、苯甲基硫代乙酸、β-苯甲基硫代丙酸和硫氰酸盐。在中国电子学会第一届电子电镀年会上，南京大学化学系方景礼教授进一步完成了他的双配位体电镀理论，提出了"多元配合物电镀"的理论概念，并应用多元配合物的概念解析了配位体、缔合剂和表面活性剂在镀液中的作用。美国乐思公司提出含有机膦酸配位体的无氰镀银液，镀液的 pH＞7，电流密度可达 80A/dm^2，所得的镀层是光滑的，附着力很好。

1980 年，我国广州电器科学研究所岑启成、刘慧勤、顾月琴三位工程师研究成功了以 SL-80 为光亮剂的硫代硫酸铵镀银新工艺，并于 1982 年 11 月通过了技术鉴定，其使用电流密度比其他无氰镀液都高，镀层光亮细致、耐变色性能优于氰化物镀银层。德国专利提出用硫代硫酸盐-硫氰酸盐光亮镀银工艺，并用锑的酒石酸盐、甘油、烷胺和其他多羧酸配合物作光亮剂。1981 年，加拿大的 G. A. Karustis 在加拿大专利 CA1110997 中提出用甲基磺酸酸性无氰镀银工艺，并用两性含氮的羧酸或磺酸型两性表面活性剂作晶粒细化剂，用各种醛和含 C＝S 键的化合物作光亮剂。美国专利 US4279708 中提出用明胶和吡啶衍生物作为碱性氨磺酸镀银的光亮剂，吡啶衍生物是指烟酸、异烟酸和烟肼。此外某些偶氮和蒽醌染料也可作为光亮剂。英国专利再次肯定 $S_2O_3^{2-}$-HSO_3^--SO_4^{2-} 体系镀银是有效的，镀液的 pH 值为 4.5～5.5。1982年，澳大利亚专利 Aust. P. 364897 中也提出用氨磺酸作银的配位体，并用烟酸和二氧蒽和硫吡啶染料作光亮剂。美国乐思公司再次提出可溶性银盐、非氰电解质和有机膦酸组成的镀银液。使用的有机膦酸有 HEDP、EDTMP 或 ATMP 等。镀层表面光滑、半光亮、附着力很好。沉积速度为 $1.1\mu m/s$。所用的配方为：$KAg(CN)_2$ 60g/L、柠檬酸钾 100g/L、氨基三亚甲基膦酸（ATMP）30g/L、pH＝7～10、温度 65～75℃、电流密度 80～150A/dm²，属于快速镀银作业。1984 年，美国专利 US4478692 指出烷基磺酸体系不仅可镀银，也可镀 Ag-Pd 合金。

1991 年出版的 Metal Finishing 中，介绍了一种由甲基磺酸银、碘化钾和 *N*-(3-羟基-1,2-亚丁基) 对氨基苯磺酸组成的无氰镀银液。日本专利 03—061393 发明了一种用硫代羰基化合物作光亮剂的无氰镀银液。1992 年世界专利 WO92—07975 发明了用氨基酸特别是甘氨酸作配位体的无氰镀银液，但要求恒电位电镀且阴、阳极要用隔膜隔开。1996 年，日本专利 96—41676 中提出在烷基磺酸镀银液中用非离子表面活性剂作晶粒细化剂，可以获得致密性与氰化物镀银液相当的镀层。1997 年德国专利提出用硫代硫酸盐和有机亚磺酸盐（R—SO_2X，R＝烷基、芳基或杂环基，X＝一价阳离子）组成的无氰镀银液。

2001 年美国专利 6251249 中提出在烷基磺酸、烷基磺酰胺或烷基磺酰亚胺无氰镀银液中，用有机硫化物和有机羧酸作光亮添加剂。2003 年，美国专利 US6620304 中发明了一种无氰又无有害物质的环保型无氰镀银液。银盐采用甲基磺酸银，配位体是氨基酸或蛋白质，如甘氨酸、丙氨酸、胱氨酸、蛋氨酸以及维生素 B 群（如烟酰胺）。镀液的稳定剂用硝基邻苯二甲酸，pH 缓冲剂用硼砂或磷酸盐，再加少量表面活性剂作晶粒细化剂和润湿剂，镀液的 pH＝9.5～10.5，温度为 25～30℃，阴极电流密度为 1A/dm²。

2005 年，美国 Technic 公司的 R. J. Morrissey 在世界专利 WO 2005083156 中发现用脲基乙酸内酰胺（hydantoin）或取代脲基乙酸内酰胺作银的配位体，其结构式为

hydantoin (461-72-3)
脲基乙酸内酰胺

丁二酰亚胺

它是一种环状的二亚胺,其结构与丁二酰亚胺相似,但它比丁二酰亚胺更稳定,在碱性条件下不易水解。在这一系列的化合物中,最具商业价值的是二甲基脲基乙酸内酰胺,它与导电盐、表面活性剂以及联吡啶组成的电镀液可以获得镜面光亮的镀银层。

四、无氰镀银工艺

从1970年初开始,我国许多工厂和研究机构对无氰镀银进行了广泛的研究,研究后进行试产的有亚氨基二磺酸铵(NS)镀银、烟酸镀银、磺基水杨酸镀银、咪唑-磺基水杨酸镀银、丁二酰亚胺镀银、以SL-80为添加剂的硫代硫酸铵光亮镀银。从目前使用的情况来看,以亚氨基二磺酸铵镀银、烟酸镀银、咪唑-磺基水杨酸镀银和硫代硫酸铵光亮镀银较好,下面简单介绍这几种作业的情况。

1. 亚氨基二磺酸铵镀银

该工艺为我国首创,镀层品质、镀液性能接近氰系镀银。镀液配制容易,管理方便,原料易买,废水处理简单。但镀液含氨,使用又在碱性条件下,因此氨的挥发和铜材的化学溶解较为严重,镀液对杂质比较敏感。配方和作业条件见表26-14。

表26-14 亚氨基二磺酸铵镀银配方和作业条件

配方和作业条件	普通镀银	快速镀银	配方和作业条件	普通镀银	快速镀银
硝酸银/(g/L)	25~30	65	柠檬酸铵/(g/L)	2	—
亚氨基二磺酸铵(NS)/(g/L)	80~100	120	pH(NaOH调整)	8.5~9	9~10
硫酸铵/(g/L)	100~120	60	温度/℃	10~35	15~30
氨磺酸/(g/L)	—	50	阳极电流密度/(A/dm²)	0.2~0.5	0.1~2
NC₁/(g/L)	—	12			

2. 烟酸镀银

烟酸镀银液比较稳定,镀液中虽也含氨,但挥发较少,pH较NS镀银稳定些。该镀液的均一性与覆盖能力较好,镀层略比氰系和NS镀银光亮,抗腐蚀性也优于氰系镀层。但是烟酸价格较贵,资源缺乏,电镀作业较复杂,管理较困难。其配方和作业条件见表26-15。

表26-15 烟酸镀银配方和作业条件

项 目	数 据	项 目	数 据	项 目	数 据
硝酸/(g/L)	51(40~50)	氢氧化铵/(g/L)	51	pH	9(8.5~9.5)
烟酸/(g/L)	100(30~50)	醋酸铵/(g/L)	61	温度/℃	室温
氢氧化钾/(g/L)	35	碳酸钾/(g/L)	55	电流密度/(A/dm²)	0.2~0.5

3. 咪唑-磺基水杨酸镀银

该镀液用咪唑(imidazole)取代易挥发的氨,因此镀液较上两种无氰镀银液稳定,同时对高、低温及光、热的适应性好,对铜不敏感,镀液沾在白色滤纸或白布上烤干后无黑色印迹,镀层性能相当于氰系镀银,电流密度上限低于氰系镀银,而下限宽于氰系镀银。其配方和作业条件见表26-16。

表 26-16　咪唑-磺基水杨酸镀银配方和作业条件

项　目	数据	项　目	数据	项　目	数据
硝酸银/(g/L)	20～30	醋酸钾/(g/L)	40～50	温度/℃	15～30
咪唑/(g/L)	130～150	pH	7.5～8.5	$S_阴$：$S_阳$	1：(1～2)
磺基水杨酸/(g/L)	130～150	阴极电流密度/(A/dm²)	0.1～0.3		

该工艺的主要缺点是使用电流太小，同时咪唑的价格昂贵，难以全面推广使用。

4. 硫代硫酸铵镀银

以 SL-80 为添加剂的硫代硫酸铵镀银液镀液稳定，作业电流密度高（可达 0.3～0.8A/dm²），镀层结晶细致光亮，呈银白色。被镀物无需打光即可满足生产要求，从而可明显节省贵金属银，天然大气曝晒结果证明镀层的耐变色能力优于氰系镀层。硫代硫酸盐成本低，货源充足，便于推广使用，因此该工艺是有前途的光亮镀银工艺，其配方和操作条件见表 26-17。

表 26-17　硫代硫酸铵镀银配方和作业条件

配方和作业条件	范　围	最佳	配方和作业条件	范　围	最佳
硝酸银(化学纯)/(g/L)	40～50	50	pH	5～6	5～6
硫代硫酸铵(工业)/(g/L)	200～250	250	温度	室温	室温
偏重亚硫酸钾(化学纯)/(g/L)	40～50	40	阴极电流密度/(A/dm²)	0.3～0.8	0.6
SL-80 添加剂/(ml/L)	8～12	10	$A_阴$：$S_阳$	1：(2～3)	1：(2～3)
辅助剂/(g/L)	0.3～0.5	0.5	SL-80 添加剂消耗量/[ml/(kA·h)]	100	

SL-80 添加剂是由含氮的有机化合物与含环氧基因化合物的缩合产物，其不增加镀层硬度。辅助剂主要用于改善阳极溶解，在镀液中的寿命较长，无需经常加添加剂，主要视阳极溶解情况而定。

五、21世纪镀银配位剂的进展

银通常以一价银离子形式存在于溶液中，Ag^+ 和 Au^+ 的性质非常接近，它们都属于"软酸"型中心离子，容易与"软碱"型配体或配位剂形成很稳定的配合物，所用配位剂也大同小异。对 Ag^+ 而言，它对配位剂的亲和力有以下顺序：

含硫配位剂＞含氮配位剂＞含氧配位剂，即 S＞N＞O

对于含硫基团：C＝S ＞ C—S⁻＞C—S—S—C＞含硫杂环（如噻吩）

含硫化合物：$CN^-＞S_2O_3^{2-}＞(H_2N)_2C＝S＞C_6H_5S^-＞SO_3^{2-}＞SCN^-＞C_6H_5SH$

Ag^+ 的常规配位数为 2，最高配位数为 4，Ag^+ 可同以上序列的多个化合物或与一些含氮的配位剂形成混合配体配合物，如 $[Ag(NH_3)_2(P_2O_7)]^{3-}$、$[Au(咪唑)_2(SO_3)_2]^{3-}$ 等，它们的稳定常数可以比单一配体的高，也可以比单一配体的低，人们可以选用比单一配体的高的配合物构成电镀液。

$[Ag(咪唑)_2(SO_3)_2]^{3-}$ 等还可与大阴离子如柠檬酸、HEDP 等通过配位及氢键形成第二配位层，进一步提高稳定性和阴极极化。

21 世纪以来国内外对无氰镀银进行了广泛的研究，也取得了许多成果，主要研究了两类不同的银配合物：①无机配合物，如硫代硫酸盐、碘化物、亚硫酸盐、硫氰酸盐、三偏磷酸盐、焦磷酸盐等；②有机配合物，如丁二酰亚胺、乙内酰脲、乳酸、甲基磺酸、亚氨基二磺酸铵（NS）、硫脲等。开发了一批有实用价值的新工艺，如硫代硫酸盐镀银、烟酸镀银、NS 镀银、磺基水杨酸镀银等，也出现了一大批专利，极大地促进了无氰镀银工艺研究的进展，但这些工艺均不成熟，无法彻底取代有氰镀银[1]。

无氰镀银工艺人们主要从配位剂和添加剂两个方面开展研究工作。一是寻找无毒或者低毒的配位剂，使其与银离子配合物的稳定常数尽可能与银氰配离子接近；二是开发光亮剂和表面活性剂。

2001 年，白祯遐[2]介绍了亚氨基二磺酸铵（NS）碱性（pH＝8～9.5）无氰光亮镀银，其所在的西北机器厂表面处理分厂从 1975 年底以来就一直使用 NS 镀银，且基本没有出现大的故障，镀液稳定性不低于氰化镀银液，分散能力和深镀能力也较好，镀层质量优良，但镀液中氨易挥发，pH 变化较大，对 Cu、Fe 杂质较敏感。NS 无氰镀银工艺是我国 20 世纪 70 年代四机部重点科研攻关成果项目[3]。

2001 年王兵等[4]对以甲基磺酸盐为主配位剂，同时添加了柠檬酸、硫脲等添加剂的镀液体系进行研究，得到了光洁的银镀层。

2003 年 Gerhard[5]发明了一种无氰环保型无氰镀银液。银盐采用甲基磺酸银，配位剂是氨基酸或蛋白质，如甘氨酸、丙氨酸、胱氨酸、蛋氨酸以及维生 B 群等。镀液的稳定剂用硝基邻苯二甲酸，pH 缓冲剂用硼砂或磷酸盐，再加少量表面活性剂作为晶粒细化剂和润湿剂，镀液的 pH＝9.5～10.5，温度为 25～30℃，阴极电流密度为 $1A/dm^2$。

2004 年，杨勇彪等[6]研究了以海因（乙内酰脲）为配位剂的无氰镀银工艺，此配方可以大大提高镀液的稳定性，并使镀层光亮细致。美国电化学产品公司在同一年也推出了一种无氰镀银 E-Brite 50/50 工艺，据称这是一种革命性的无氰（光亮）镀银体系，无需预镀，无需外加光亮剂就可在铜、黄铜与青铜表面得到光亮银镀层，且分散能力、沉积速率、槽液稳定性均优于其他体系，但其成本及实际应用还有待观察。

2004 年魏立安[7]在硫代硫酸盐镀银工艺的基础上，通过加入辅助配位剂及光亮剂，获得了较为理想的无氰镀层，其镀层质量不亚于氰化镀银层。

2005 年，德国的 Hoffacker 和 Gerhard[8]在基于一种配位剂为蛋清氨基酸 albuminate amino acid（简称为 EAS）及其衍生物的基础上，提出了一种新的无氰镀银工艺。经过霍尔槽和 1L 槽试验，发现能克服"WMRC 报告"中提到的三个缺陷，他们后续将进行 250L 大槽中试，据说对应用于实际生产相当乐观。该镀液主盐为甲基磺酸银，pH 值为 9.5～10，电流密度为 $0.3～1.0A/dm^2$，加入有机添加剂后能在黄铜上获得相当亮白的银层，且镀层性质与氰化镀银相当，甚至抗腐蚀性还高于氰化镀银层，成本与氰化镀银有很强的竞争性。

2005 年和 2007 年 Morrisaey 等[9,10]提出了一种以乙内酰脲及其取代化合物与银的配合物为银盐，$2,2'$-联吡啶作为光亮剂的全光亮无氰镀银配方。

2005 年美国的 R. J. Morrisaey 在世界专利 WO2005083156 中发现用乙内酰脲 (hydantoin) 或二甲基乙内酰脲作为银的配位剂，再与导电盐、表面活性剂及联吡啶组成的电镀液可以获得镜面光亮的银层。

5,5-二甲基乙内酰脲结构图

2005 年成旦红等[11]发明了一种在磁场和脉冲电流作用下的无氰镀银的工艺方法，其工艺过程和步骤为：化学除油—化学除锈—光亮镀镍—活化处理—浸银—脉冲镀银—钝化—干燥—成品。

其中脉冲镀银的配方为：硝酸银 50~60g/L，硫代硫酸钠 250~350g/L，焦亚硫酸钾 90~110g/L，硫酸钾 20~30g/L，硼酸 25~35g/L，光亮剂 5ml/L；操作条件为：镀银液 pH 值为 4.2~4.8，温度 20~40℃，镀银时间 10min，平均脉冲电流密度 0.7~1.1A/dm^2，脉冲脉宽 0.5~1ms，占空比 5%~15%，机械搅拌，阳极用高纯银板，$S_{阳} : S_{阴} = 2 : 1$。该工艺可制得色泽均匀、镜面光亮、抗变色性强、结合力好的银层。

2005 年成旦红等[12]还发明了一种硫代硫酸盐镀银工艺，可得到表面平整、抗变色性能好、耐腐蚀性强、与基体结合力强的镜面光亮镀层。镀液的组成为：二氨基硫脲 35~55g/L，邻二氮杂菲 10~20g/L，十二烷基二苯醚磺酸钠 1~5g/L，氟碳表面活性剂 3~10g/L，聚乙二醇 15~30g/L 的混合物。该专利主要解决了镀层抗变色能力差、镀液维护困难、光亮效果不理想等问题。

2004 年周永璋[13]和 2005 年苏永堂[14]等均报道了硫代硫酸盐镀银工艺。同时，太原某公司也推出了改进的硫代硫酸盐体系无氰镀银工艺，在某军工厂运行了 15 年，溶液仍然稳定，质量达到军标要求，其他单位也有应用。

2007 年福州大学的孙建军[15]发明了一种以嘧啶类化合物及其衍生物为配位剂，硝酸钾、亚硝酸钾、氢氧化钾、氟化钾及相应的钠盐为电解质，氢氧化钾、氢氧化钠等调节 pH 值，聚乙烯亚胺、环氧胺缩聚物、硒氰化物或者硫氰化物为添加剂的无氰镀液。该镀液制备简单，稳定性好，毒性极低，且镀件无需预镀银或者浸银。

2007 年魏喆良、唐电[16]开发了印刷电路板的乙二胺配位浸镀银工艺，结果表明：①采用乙二胺作为配位剂可以使溶液中的银离子以更稳定的配银离子形式存在，印刷电路板表面覆铜层一旦被银覆盖，铜置换银的反应随即停止，可得到薄且均匀的银镀层；②溶液中银离子浓度、配位剂（乙二胺）含量以及溶液 pH 值等工艺参数对浸镀沉积速度和镀层形貌具有重要影响。在该实验条件下，当溶液中银离子浓度为 3g/L，银离子与乙二胺的摩尔比为 1:5，溶液 pH 值为 11.3 时，可获得均匀致密的银镀层。

2007 年申雪花[17]介绍了磺基水杨酸-咪唑镀银工艺，指出按下列配方：硝酸银 40g/L，磺基水杨酸 130g/L，咪唑 130g/L，醋酸钠 40g/L，碳酸钾 40g/L，温度室温；pH 值 8，电流密度 0.1~0.2A/dm^2，电镀时间 10~20min 等条件下电镀，可获得结合紧密，外观平整、光滑的银白色镀银层。

2007 年，美国专利 US0151863 与专利 US5601696 以及卢俊峰等人提出了用乙内酰脲衍生物作为配位剂的无氰电镀银体系，该体系镀液分散能力、覆盖能力与氰化物镀银体系相当，镀液的电流效率较高。而当该体系采用脉冲镀银工艺时，在最佳脉冲工艺参数下得到的镀层比直流条件下得到的镀层结晶更致密，晶面择优取向更明显。

2008 年南京大学方景礼教授等[18]发明了一种新型微碱性化学镀银液，它适于高密度印制电路板的最终表面精饰，它克服了国内外流行的酸性化学镀银工艺存在的咬蚀铜线、侧腐蚀、盲孔难上银、焊球气孔多及焊接强度低的缺点；该工艺所得银层具有高抗蚀性、低接触电阻、无电迁移、高焊接强度及高打线强度的特点，并且镀件在焊接时焊料不会产生气泡。它是唯一可取代化学镀镍金的工艺，尤其是线宽线距小于 $30\mu m$ 的印制板，此时会发生线路桥联或超镀（over plating）而无法使用时。该工艺现已在英国和中国印制板厂使用。新型微碱性化学镀银液的组成为：①银离子或银配离子 0.01～20g/L；②胺类配位剂 0.1～150g/L；③氨基酸配位剂 0.1～150g/L；④多羟基酸类配位剂 0.1～150g/L。

2010 年徐晶等[19]研究了烟酸脉冲镀银及其对镀层性能的影响，结果表明，在电流密度 0.25A/dm², 频率 1000Hz, 温度 25℃ 的条件下，烟酸脉冲镀银可获得光亮且抗变色能力强的镀层。烟酸镀银层的外观质量、抗变色能力及沉积速率均优于丁二酰亚胺镀银层，烟酸体系获得的镀层表面平整，结晶细致，晶粒圆滑，晶粒分布更加均匀。

2010 年杜朝军等[20]研究了以 DMDMH（1,3-二羟甲基-5,5-二甲基乙内酰脲）为配位剂的无氰镀银工艺，镀液组成为 DMDMH 60～120g/L, 硝酸银 25～40g/L, 氯化钾 18g/L, 醋酸钠 15g/L, 甲基磺酸 0～12g/L, 温度 35～65℃, pH6～11, 时间 8min, 电流密度 0.6A/dm²。DMDMH 镀液稳定，结晶细致光亮，与基体结合良好，镀液分散能力和深镀能力接近氰化镀液。

2011 年杨培霞等[21]用 5,5-二甲基乙内酰脲和焦磷酸钾为配位剂，研究了低污染无氰镀银溶液的组成。考察了硝酸银 25～30g/L、5,5-二甲基乙内酰脲 100～120g/L、碳酸钾 80g/L、焦磷酸钾 30g/L、903 添加剂 0.8g/L, 在 pH10～11 条件下所得镀银层外观与氰化物相当，晶粒细小，致密，晶粒尺寸纳米级。实验结果表明，采用低污染无氰镀银溶液可获得光亮细致的镀银层，镀银溶液对环境污染小，其废水处理容易，具有工业应用推广的价值。

2011 年刘安敏[22]研究了乙内酰脲复合配位剂体系电镀银工艺及沉积行为，指出以 5,5-二甲基乙内酰脲（DMH）为主配位剂的无氰电镀银体系，通过优选辅助配位剂、导电盐，确定了优化的复配无氰电镀银体系及其镀液组成。通过单因素实验，明确了镀液组成及各工艺条件对镀层外观、极限电流密度、阴极电流效率、沉积速度以及镀层微观形貌的影响。研究结果表明：主盐浓度、配位剂含量和比例、镀液温度、pH 值、搅拌情况等对镀层质量的影响较大。优化后的镀液组成及工艺条件为：硝酸银 12.5g/L, DMH 87.5g/L, 氮苯羧酸（酰胺）87.5g/L, 氢氧化钾 75g/L, 碳酸钾 100g/L, pH 值 10～11, 温度 60℃±2℃, 搅拌条件 600r/min, 阴极电流密度 0.6～

$0.9A/dm^2$。在此条件下，镀液性能与氰化物镀液相当，所得镀层光亮，与铜基体之间具有很高的结合强度。镀液中添加剂在一定的含量范围内对镀层的外观质量有明显的提升作用，聚乙烯亚胺（PEI）含量为$1\sim90mg/L$时体系在高电流密度区所得镀层外观质量较好，2,2-联吡啶含量为$0.1\sim5g/L$时所得镀层外观平整光亮、结晶致密。

2011年杜朝军等[23]开展了以蛋氨酸为配位剂的无氰镀银工艺的研究。近年来，随着环保意识的提高，性能优异的无氰镀银工艺的开发成为研究热点。目前的研究主要集中在：①寻找或合成无毒或低毒的配位剂，使其与银离子配位的稳定常数尽可能与银氰配位离子的接近或相当；②在现有的无氰镀银工艺配方的基础上，研制有机与无机添加剂，改善镀液与镀层的性能。该研究选用无毒的生物蛋氨酸作为配位剂，所用镀液的成分及工艺条件为：硝酸银$26g/L$，间硝基苯磺酸$8g/L$，蛋氨酸$93g/L$，碳酸钠$18g/L$，醋酸钠$13g/L$，甲基磺酸$19g/L$，电流密度$0.7A/dm^2$，pH值10，30℃，8min。该工艺稳定，镀层结晶细致、均匀、光亮，镀层与基体的结合力良好，镀液的分散能力和覆盖能力接近于氰化物镀银的，有望替代氰化物镀银工艺。

2011年南京大学赵健伟[24]发明了一种光亮无氰镀银电镀液及其配制方法，该光亮无氰镀银电镀液各组分的组成为：$50\sim800mg/L$光亮剂、$25\sim60g/L$银离子来源物、$130\sim190g/L$配位剂、$10\sim40g/L$支持电解质和$10\sim50g/L$镀液pH调节剂，电镀液pH值范围为$8\sim11$。其中，光亮剂为氨基酸类化合物、咪唑、聚乙二醇、喹啉衍生物、糖精中的一种或几种。配位剂为乙内酰脲或其衍生物，支持电解质为碳酸钾、柠檬酸钾、硝酸钾中的一种，镀液pH调节剂为氢氧化钾、氢氧化钠或氢氧化钾与氢氧化钠的混合物。配制光亮无氰镀银电镀液的方法是，先将配位剂、支持电解质和镀液pH调节剂用部分水溶解，按照所述原料配方混合均匀；冷却至室温，再缓慢加入银离子来源物，搅拌至溶液澄清；然后向其中加入光亮剂，最后加入剩余水，搅拌均匀后静置即可。

该发明的突出优点是：镀液稳定且毒性低，极少用量的光亮剂就能显著改善镀液性能和镀层质量。镀层结晶细致且结合力良好，表面平整、光亮、抗变色性好，可满足装饰性电镀和功能性电镀等多领域的应用，具有很好的实用性。

2013年金波情[25]发明了一种无氰镀银溶液，其组分配比如下：光亮剂$0.1\sim10g/L$，整平剂$5\sim10g/L$，配位剂$100\sim600g/L$，其余为等离子水。所述的光亮剂为含氮化合物：三氮唑、苯并三氮唑、2-羟基吡啶、吡啶、2,2-联吡啶、1,10-菲咯啉、三乙烯四胺、二乙烯三胺中的一种或几种；所述的整平剂为芳香烃类化合物：萘、1-甲基萘、1,4-萘醌、1-萘酚中的一种或几种；所述的配位剂是乙二胺四乙酸二钠、烟酸、氨基磺酸、焦磷酸钾中的一种或几种。该发明的有益效果为：镀液稳定并且毒性低，分散能力好，所得镀层光亮细致，结合力优良，工艺采用环保的有机添加剂，无重金属、硫化物，镀层耐蚀性好。此外，该镀液可直接用于黄铜、铜、化学镍等工件，无需预镀，结合力也能得到保证。

2014年，亢若谷等[26]研究了从烟酸体系制备银镀层的工艺，采用电化学工作站研究了电沉积性能和镀层耐蚀性，采用热反射率测试仪测试了镀层反射率，通过

XRD 表征不同制备条件下所得镀层的相组成。结果发现，随着烟酸浓度的增大，电沉积电位越低，镀层晶粒越小；不同烟酸浓度得到的银镀层有不同的择优取向，随着镀液中烟酸浓度的升高，镀层的耐腐蚀性降低，热反射率降低；烟酸浓度对镀层的表面光亮度无明显影响，通过对比银镀层与不锈钢基体的热反射率，发现热反射率与材料本身有很大的关系。研究得知，在烟酸体系可以获得光亮、耐蚀性好的银镀层。烟酸体系中烟酸含量对镀银过程及镀层性能的影响较大。

2014 年张晶等[27]发明了一种单脉冲无氰电镀银的方法，该无氰镀银液主要由硝酸银、乙内酰脲及其衍生物、焦磷酸钾、碳酸钾、盐酸、去离子水等组成，每升镀液中含：硝酸银 30～60g，乙内酰脲及其衍生物 100～150g，焦磷酸钾 40～60g，碳酸钾 60～100g，盐酸 2～10g，光亮剂 5～10ml/L，余量为去离子水。所述的乙内酰脲衍生物包括 1,3-二氯-5,5-二甲基乙内酰脲、1,3-二羟甲基-5,5-二甲基乙内酰脲、5,5-二甲基乙内酰脲、3-羟甲基-5,5-二甲基乙内酰脲、1,3-二溴-5,5-二甲基乙内酰脲中的一种或其中几种的混合物。光亮剂是由炔醇化合物、醛化合物、稀土化合物按比例混合的组合光亮剂，电镀液的温度为 20～40℃。电镀液的 pH 值为 6～10。以银板作为阳极，以待镀件作为阴极，在阳极、阴极之间施加单脉冲电源，控制阴极平均脉冲电流密度为 0.4～1.0A/dm²；采用阴极机械搅拌，待镀层厚度达到要求时，完成电镀。单脉冲电源的占空比 40%，脉冲周期 3ms。该发明镀液配方简单，易于控制，均镀和覆盖能力强，批次生产稳定性高。镀层结晶细致，外观色泽好，无起皮、脱落及剥离，它可以替代氰化物电镀银工艺，环保无污染，减少了电镀银对操作人员身体的损害。

2015 年李兴文[28]发明了一种无氰镀银方法，它是一种硝酸银-二甲基海因体系无氰镀银工艺，镀液组成为：二甲基海因 50～200g/L，硝酸银的浓度为 8～30g/L，海因与硝酸银的质量比为（8～13）∶1；氨基磺酸的浓度为 50～150g/L，氢氧化钾的浓度为 65～125g/L；光亮剂的组成成分及含量为：水杨酸 1g/L，2,2-联吡啶 0.8g/L，丙氨酸 1g/L，咪唑 1g/L。将上述物质以水或蒸馏水稀释至 1L，即为光亮剂。该镀液稳定性好，镀液中银离子与铜、镍等单金属及合金基底不发生置换，镀件可不经预镀银或浸银，镀层镜面光亮，能达到氰化镀银同等效果，镀层结合力良好、表面平整、抗变色性好、耐腐蚀、耐磨性高，某些方面达到甚至优于氰化镀银，满足装饰性电镀和功能性电镀等多领域的应用。

2015 年张明[29]发明了一种硫代硫酸盐镀银电镀液，该发明公开了一种硫代硫酸盐镀银电镀液及电镀方法。该硫代硫酸盐镀银电镀液包括含量为 40～50g/L 的硝酸银，含量为 230～250g/L 的硫代硫酸盐，含量为 45～65g/L 的碳酸盐，含量为 40～50g/L 的焦亚硫酸盐，含量为 2～3g/L 的柠檬酸，含量为 0.3～0.5g/L 的硫代氨基脲和含量为 0.1～0.2g/L 的三乙醇胺。所述电流为方波脉冲电流，脉宽为 1～4ms，占空比为 5%～30%，平均电流密度为 0.3～0.5A/dm²，电镀液的 pH 值为 9～11。电镀液的温度为 15～35℃。

该技术方案选用硫代硫酸盐作为阳极活化剂，柠檬酸、硫代氨基脲和三乙醇胺作为光亮剂，使得镀液的稳定性好，镀层抗变色性和可焊接性强。

2015 年曾雄燕[30]发明了一种丁二酰亚胺镀银电镀液及电镀方法。该丁二酰亚胺镀银电镀液包括以银计含量为 10～20g/L 的硝酸银、含量为 130～150g/L 的丁二酰亚胺、以甲基磺酸根计含量为 30～40g/L 的甲基磺酸盐、以碳酸根计含量为 20～30g/L 的碳酸盐和含量为 1～2g/L 的聚乙烯亚胺（分子量为 400～600）。电流为单脉冲方波电流，脉宽为 1～3ms，占空比为 5%～20%，平均电流密度为 0.3～0.7A/dm²。电镀液的 pH 值为 8～10，电镀液的温度为 15～30℃。阴极与阳极的面积比为 1/2～2，该发明选用丁二酰亚胺为配位剂，选用甲基磺酸盐为添加剂以提高镀层的致密性和平滑度，甲基磺酸盐可促进银的沉积速率，提高镀层的致密性和平滑度。此外，在一定程度上，甲基磺酸盐可抑制丁二酰亚胺的水解，选用聚乙烯亚胺作为光亮剂，从而使得镀液的稳定性好，镀层抗变色性和可焊接性强。

2015 年曾雄燕[31]公开了一种咪唑-磺基水杨酸镀银电镀液及电镀方法。该咪唑-磺基水杨酸镀银电镀液包括含量为 30～40g/L 的硝酸银、含量为 135～145g/L 的磺基水杨酸、含量为 135～145g/L 的咪唑、含量为 35～45g/L 的醋酸盐、含量为 35～45g/L 的碳酸盐、含量为 0.070～0.116g/L 的 2，2-联吡啶和含量为 0.034～0.045g/L 的硫代硫酸盐，电流为双向脉冲电流，正向脉宽为 1～3ms，正向占空比为 5%～20%，正向平均电流密度为 0.2～0.3A/dm²，负向脉宽为 1～3ms，负向占空比为 5%～20%，负向平均电流密度为 0.1～0.2A/dm²。电镀液的 pH 值为 8～9.5，电镀液的温度为 15～30℃。

该技术方案选 2，2′-联吡啶和硫代硫酸盐作为光亮剂，优化硝酸银、磺基水杨酸、咪唑的基础原料组分的用量，使得镀液的稳定性好，镀层抗变色性和可焊接性强。

2015 年曾雄燕[32]还发明了一种亚氨基二磺酸铵镀银电镀液及电镀方法，该亚氨基二磺酸铵镀银电镀液包括含量为 30～50g/L 的硝酸银、含量为 120～160g/L 的亚氨基二磺酸铵、含量为 90～130g/L 的硫酸铵、含量为 6～12g/L 的氨基酸和含量为 3～6g/L 的吡啶类化合物，所述氨基酸选自组氨酸、谷氨酸和蛋氨酸中的一种或至少两种。所述吡啶类化合物选自吡啶、2，2′-联吡啶、4，4′-联吡啶、烟酸、异烟酸、柠檬酸、异烟肼中的一种或至少两种，电流为单脉冲方波电流，脉宽为 1～4ms，占空比为 5%～15%，平均电流密度为 0.2～0.8A/dm²；电镀液的 pH 值为 8～9.5，电镀液的温度为 15～30℃。阴极与阳极的面积比为 1:（0.5～1.5），银板数量为 2 块。

该发明选用亚氨基二磺酸铵为配位剂，硫酸铵作为辅助配位剂，选用氨基酸和吡啶类化合物作为光亮剂。从而使得镀液的稳定性好，镀层抗变色性和可焊接性强；废弃的镀液处理很方便。

2016 年赵健伟[33]发明了一种碱性半光亮无氰置换化学镀银镀液及其制备方法，所述的镀银液中各组分的质量浓度为：光亮剂 50～450mg/L、银离子来源物 15～55g/L、配位剂 110～190g/L、辅助配位剂 5～40g/L 及镀液 pH 调节剂 10～50g/L。光亮剂的浓度分别为：聚乙二醇的浓度为 10～300mg/L，聚乙烯醇的浓度为 10～200mg/L，聚乙烯吡咯烷酮的浓度为 10～200mg/L，咪唑的浓度为 10～200mg/L，糖精的浓度为 10～200mg/L。

银离子来源物为氯化银、硝酸银或硫酸银中的一种。配位剂为乙内酰脲或其衍生物。辅助配位剂为苯甲基磺酸盐、甲基磺酸盐或柠檬酸盐中的一种或几种。镀液 pH 调节剂采用氢氧化钾、氢氧化钠、盐酸、硝酸中的一种或几种。镀银液的 pH 值范围为 8.0～12.0。镀液的制备方法包括以下步骤：先将配位剂溶解，加入辅助配位剂和 pH 调节剂调节至 pH 值为 8.0～10.0，控制温度在 50～55℃的条件下，缓慢加入银离子来源物的同时溶液出现絮状沉淀，再搅拌至絮状沉淀逐渐溶解，银离子来源物加入完毕后，镀液静置并降温至 25～30℃，再向其中加入光亮剂，进一步测量溶液 pH 值，利用 pH 调节剂调至 8.0～12.0，加水至所需体积，搅拌均匀后静置待用。该发明镀液稳定，可以在常温下保存 3 年以上，效率高，镀层结合力好，表面平整、半光亮、抗变色性好。镀液维护简单，长期运行中，仅需要补充银离子即可，此外，镀液抗污染能力强，对铜离子有较强的容忍能力。

2017 年胡国辉等[34]发明了一种无氰光亮镀银电镀液，其组分浓度为：硝酸银 22～30g/L，柠檬酸 20～50g/L，亚硫酸钠 10～20g/L，光亮剂 0.02～2g/L，晶粒细化剂 1.11～55g/L。其中光亮剂的组成为：硒化物（亚硒酸钠或二氧化硒）0.01～1 份，铋盐（硝酸铋）0.01～1 份；晶粒细化剂的组成为：酒石酸（钾、钠、铵）盐 1～40 份，丁二酰亚胺 0.1～10 份，咪唑类衍生物 0.01～5 份。咪唑类衍生物有 2-羟基苯并咪唑、1-乙烯基咪唑、N-乙基咪唑、1,2-二甲基咪唑、苯并咪唑、2,5,6-三甲基苯并咪唑、1-三苯甲基咪唑、N-丙基咪唑、N-乙酰基咪唑、2-巯基-1-甲基咪唑、2,4-二甲基咪唑、4,5-二苯基咪唑、2-甲基咪唑和 4-甲基咪唑等。镀液 pH 9～12，镀液温度 20～40℃，阴极电流密度 0.1～2A/dm²，该镀液可在 5s 内镀出光亮银层，光泽度值＞110Gu，晶粒尺寸为 5～80nm，是氰化镀银的 1/3～1/2，且性质非常稳定，容易控制，镀液电流效率高，分散能力和覆盖能力好。

2017 年刘明星等[35]开发了一种无氰镀银新工艺，该无氰镀银溶液成分及操作条件为：22～28g/L 硝酸银，450～550ml/L LD-7805M，20～30ml/L LD-7805A，pH 值为 9～10，温度为 15～40℃，阴极电流密度为 0.3～2.0A/dm²，$S_k : S$ 为 1:2。结果表明，所得银镀层外观平整、均匀、全光亮，具有银白色光泽，无发雾现象，银层微观形貌为晶粒细小均匀、结晶致密平整、排列有序。所得镀银层的平均晶粒尺寸为 100nm 左右，可用于装饰性镀层；镀层分散能力很好，赫尔槽试片厚度测试点镀层厚度测定结果在 3.0～3.4μm 之间。用 410mm×100mm 的黄铜管（需带电入槽）测定溶液的深镀能力，评定结果认为深镀能力满足要求。银镀层的可焊性满足航天标准技术要求，试片表面膜层平滑，焊料无结瘤现象；对试片进行两次反向弯折后，焊膜层和银镀层均未出现鱼鳞状及剥落现象，与氰化银镀层可焊性类似。得银镀层表面（经 10%硫酸溶液调整后用重铬酸钾钝化处理）平均变色时间 t 为 60min，氰化银镀层为 55min，抗变色性能均合格。在同条件测试载荷下，新工艺所得镀银层的表面接触电阻值均低于传统氰化镀银的镀层。其银离子浓度为 0.18mol/L。在甲基磺酸盐体系中加入辅助配位剂柠檬酸后，电流密度为 0.2A/dm²，银离子浓度为 0.18mol/L 的镀液所得的镀层电流效率高，镀层无杂相。加入辅助配位剂可以有效地提高电流效率。

本小节参考文献

[1] 张庆. 无氰镀银技术发展及研究现状 [J]. 电镀与精饰，2007，29（5）：12-16.

[2] 白祯遐. 无氰光亮镀银 [J]. 电镀与环保，2001，21（1）：21-23.

[3] 陈春成. 无氰镀银技术概况及发展趋势 [A]. 中国电子学会生产技术分会，2003 年全国电子电镀学术研讨会论文集. 深圳：电子学会电镀技术部，2003：118-120.

[4] 王兵，郭鹤桐，于海燕. 甲基磺酸盐电镀银镀层工艺的研究 [A]. 全国电镀年会论文集，2001.

[5] Gerhard H. Bath system for galvanic deposition of metals [P]. US2006620304，2003-9-16.

[6] 杨勇彪，张正富，陈庆华，等. 铜基无氰镀银的研究 [J]. 云南冶金，2004，33（4）：20-22.

[7] 魏立安. 无氰镀银清洁生产技术 [J]. 电镀与涂饰，2004，23（5）：28-29.

[8] Hoffacker, Gerhard. Bath syscem for galvanic deposition of metals [P]. US Pat. 6620304，2005-2-22.

[9] Morrisaey R J. Non-cyanide silver plating bath composition [P]. US20050183961，2005-8-25.

[10] Morrisaey R J. Non-cyanide silver plating bath composition [P]. US20070151863，2007-7-5.

[11] 成旦红，苏永堂，曹铁华，张庆，王建泳. 无氰镀银的工艺方法 [P]. CN1680630A，2005-10-12.

[12] 成旦红，苏永堂，曹铁华，李科军. 用于无氰镀银的光亮剂及其制备方法 [P]. CN1676673A，2005-10-5.

[13] 周永璋. 硫代硫酸钠无氰镀银 [J]. 电镀与环保，2004，24（1）：15-16.

[14] 苏永堂，成旦红，张炜，等. 无氰镀银添加剂的研究 [J]. 电镀与环保，2005，25（2）：11-13.

[15] 孙建军. 用于镀银的无氰型电镀液 [P]. CN101092724A，2007-12-26.

[16] 魏喆良，唐电. 印刷电路板的乙二胺配位浸镀银工艺 [J]. 福州大学学报（自然科学版），2007，35（4）：616-619.

[17] 申雪花. 无氰镀银工艺研究 [J]. 科技咨询导报，2007，no.12.

[18] 方景礼，等. 微碱性化学镀银液 [P]. CN101182637，2008-05-21.

[19] 徐晶，郭永，胡双启，赵璐，李江，赵建国. 烟酸脉冲镀银及镀层性能的实验室研究 [J]. 电镀与涂饰，2010，29（5）：26-28.

[20] 杜朝军，刘建连，俞国敏. 以 DMDMH 为配位剂的无氰镀银工艺 [J]. 电镀与涂饰，2010，29（5）：23-25.

[21] 杨培霞，赵彦彪，杨潇薇，张锦秋，安茂忠. 无氰镀银溶液组成对镀层外观影响的研究 [J]. 电镀与精饰，2011，33（11）：33-35.

[22] 刘安敏. 乙内酰脲复合配位剂体系电镀银工艺及沉积行为 [D]. 哈尔滨：哈尔滨工业大学硕士论文，2011.

[23] 杜朝军，刘建连，谢英男，喻国敏. 以蛋氨酸为配位剂的无氰镀银工艺的研究 [J]. 电镀与环保，2011，31（1）：15-18.

[24] 赵健伟. 一种光亮无氰镀银电镀液及其配制方法 [P]. CN102268701A，2011-12-7.

[25] 金波惛. 一种无氰镀银溶液添加剂 [P]. CN103469261A，2013-12-25.

[26] 尤若谷，曹梅，畅玢，龙晋明，朱晓云，杨杰伟. 烟酸体系中烟酸含量对镀银过程及镀层性能的影响 [J]. 太原理工大学学报，2014，第 45（5）：594-597.

[27] 张晶，王修春，伊希斌，马婕，刘硕，潘喜庆. 一种单脉冲无氰电镀银的方法 [P]. CN103668358A，2014-3-26.

[28] 李兴文. 一种无氰镀银方法 [P]. CN104342726A，2015-2-11.

[29] 张明. 一种硫代硫酸盐镀银电镀液 [P]. CN104514020A，2015-4-15.

[30] 曾雄燕. 一种丁二酰亚胺镀银电镀液及电镀方法 [P]. CN104611736A，2015-5-13.

[31] 曾雄燕. 一种咪唑-磺基水杨酸镀银电镀液及电镀方法 [P]. CN104611737A，2015-3-15.

[32] 曾雄燕. 一种亚氨基二磺酸铵镀银电镀液及电镀方法 [P]. CN104611738A，2015-5-13.

[33] 赵健伟. 一种碱性半光亮无氰置换化学镀银镀液及其制备方法 [P]. CN106222633A，2016-12-14.

[34] 胡国辉，刘军，包海生，肖春艳，李礼. 一种无氰光亮镀银电镀液 [P]. CN107299367A，2017-10-27.

[35] 刘明星，欧忠文，胡国辉，聂亚林，缪建峰. 无氰镀银新工艺的研究 [J]. 电镀与精饰，2017，39（3）：13-17.

第三节 电镀铂的配合物

一、铂离子及其配离子的性质

铂又称白金，是银白色金属，具有很好的化学稳定性，在高温下也不氧化变色，在酸、碱介质中都不变化，但能溶于王水中。铂镀层的硬度很高，耐磨性好。近年来白金首饰大为流行，大有取代黄金首饰之势。铂镀层还有电阻小、可焊性好等优点，在工业上也被广泛应用，尤其是在航空产业、电子设备和医疗器械上用作高温接点。铂可镀在铜、镍、铬、钛、不锈钢、钽、钨等金属上制成专用的电极，其中最常用的是钛网镀铂，它可用于镀金、镀铑、镀钯、镀铬、镀镍、镀铜等的不溶性阳极。不锈钢材料上镀铂已在飞机零部件上使用，白金的厚度要 $10\mu m$ 左右。钛上镀铂的厚度约为 $2\sim7\mu m$，太厚的铂（$>10\mu m$）层应力较大，容易开裂。白金手表镀铂层的厚度为 $5\mu m$，电铸铂的首饰，其厚度高达 $150\mu m$。

铂在周期表中与镍在同一副族中，Pt 原子的电子结构为 $5s^2 5p^6 5d^{10}$，5d 上的电子可以失去 2 个或 4 个，所以铂常以 Pt^{2+} 和 Pt^{4+} 形式存在，它们的电子结构为：

	5d	6s	6p	
Pt^{2+}	⇅⇅⇅↑↑	○	○○○	
Pt^{4+}	⇅↑↑↑↑	○	○○○	
$[Pt(Ⅱ)X_4]^{2-}$	⇅⇅⇅⇅○	○	○○○	dsp^2 杂化轨道 平面正方形
$[Pt(Ⅳ)X_6]^{2-}$	⇅⇅⇅○○	○	○○○	d^2sp^3 杂化轨道 八面体形

Pt^{2+} 离子有 2 个 5d 轨道上只有一个电子，它很容易受到配体场的影响而挤到一个轨道上配对，此时它可与 4 个卤素离子 X^- 通过 dsp^2 杂化轨道而形成平面正方形结构的内轨型配合物 $[Pt(Ⅱ)X_4]^{2-}$，如 $[PtCl_4]^{2-}$、$[PtBr_4]^{2-}$、$[Pt(SCN)_4]^{2-}$、$[PtI_4]^{2-}$ 等稳定的配离子。常见 Pt^{2+} 的配合物有

$[Pt(NH_3)_4]^{2+}$	$[Pt(En)_2]^{2+}$	$[Pt(NH_3)(NH_2OH)_2]^{2+}$	$[Pt(NH_3)(NO_2)_2]$
$[Pt(NH_3)_3Cl]^+$	$[Pt(Gly)_2]$	$[Pt(Py)_2Cl_2]$	$H_2Pt(NO_2)_2SO_4$
$[Pt(NH_3)_2Cl_2]$	$[Pt(NH_3)_2C_2O_4]$	$[Pt(NH_3)Cl(Py)_2]^+$	$[Pt(Gly)_4]^{2-}$
$[Pt(NH_3)Cl_3]^-$	$[Pt(S_2O_3)_2]^{2-}$	$[Pt(thio)_2Cl_2]$	$[Pt(NH_3)_2Br_2]$
$[PtCl_4]^{2-}$	$[Pt(NH_3)_2(S_2O_3)_2]^{2-}$	$H_2[Pt(CN)_4]$	$[Pt(Gly)_2(NH_3)_2]$

En 是乙二胺，Py 为吡啶，thio 为硫脲，Gly 为甘氨酸，NH_2OH 为羟胺。

电镀上常用 Pt^{2+} 的盐类二氨二亚硝酸合铂（Ⅱ）$[Pt(NH_3)_2(NO_2)_2]$（简称 P 盐）和二亚硝酸硫酸合铂（Ⅵ）酸 $H_2Pt(NO_2)_2SO_4$。

四价铂 5d 上的四个单电子轨道也容易受到配体场的影响而挤到两个 d 轨道上，空出来的两个 d 轨道与 6s 和 6p 轨道可以通过 d^2sp^3 杂化轨道而形成具有八面体结构的内轨型配合物 $[Pt(Ⅳ)×6]^{2-}$，X＝Cl^-、Br^-、I^-、SCN^-、OH^-，常见的

Pt^{4+} 的配合物有

$[PtCl_6]^{2-}$	$[Pt(NH_3)_6]^{4+}$	$[Pt(NH_3)_3Cl_3]^+$	$[Pt(NH_3)_5(H_2O)]^{4+}$
$[PtBr_6]^{2-}$	$[Pt(NH_3)_5Cl]^{3+}$	$[Pt(NH_3)_2Cl_4]$	$[Pt(En)_2(OH)_2]^{2+}$
$[Pt(SCN)_6]^{2-}$	$[Pt(NH_3)_5Br]^{3+}$	$[Pt(NH_3)Cl_5]^-$	$[Pt(Et_2S)Br_2]^{2+}$
$[PtI_6]^{2-}$	$[Pt(NH_3)_5OH]^{3+}$	$[Pt(En)_3]^{4+}$	$[Pt(Et_2S)Br_2Cl_2]$
$Na_2[Pt(OH)_6]$	$[Pt(NH_3)_4Cl_2]^{2+}$	$[Pt(En)_2Cl_2]^{2+}$	

从配合物的电子结构图来看，不论用二价或四价的铂配合物，它们都形成内轨型的配合物，配体的孤对电子已进入金属铂离子的内部 d 电子轨道，这样不仅金属离子的单个电子已配成对，进入内层 d 轨道的配体的孤对电子也难以离开，因此形成的配合物非常稳定，要使它还原也非常困难，即配合物还原的超电压已很大，用不着用更强的配位体就可获得良好的镀层。Pt^{2+} 与 Pt^{4+} 配合物的这些性质与 Ni^{2+} 很相似，它们都属于电极反应速率已较慢的金属离子，不必加强配位体已可获得良好的镀层。

二、镀铂液的组成和操作条件

镀铂始于 180 多年前 Elington 的试验，并于 1837 年获得了专利。1878 年 Borttger 从简单的铂盐镀液中也获得了铂镀层，并获得了专利，但单盐溶液并不稳定，镀层也缺乏实用性。

镀铂可以用二价和四价铂的化合物，表 26-18 列出了各类镀铂液的组成和操作条件。

1. 氯化物镀液

氯化物镀液是最早获得成功的镀液。所用的铂盐是四价铂的六氯铂酸 $H_2PtCl_6 \cdot 6H_2O$，所用的配方和操作条件为：

六氯铂酸（$H_2PtCl_6 \cdot 6H_2O$）		电流密度/（A/dm^2）	$2.5 \sim 3.5$
	$10 \sim 50g/L$	阳极	可溶性铂阳极
盐酸（HCl）	$180 \sim 300g/L$	电流效率	$15\% \sim 20\%$
温度/℃	$45 \sim 90$		

该镀液可以获得 $20\mu m$ 厚的无裂纹的铂层，具有一定的延展性。该镀液的主要缺点是使用的 pH 范围很窄，在 pH $2.0 \sim 2.2$ 时即开始水解，所以溶液的稳定性较差，不适于工业应用。

2. 二亚硝酸二氨合铂镀液

二价铂在溶液中容易被氧化为四价铂，因此必须选用更稳定的 Pt^{2+} 配合物组成镀液。如前所述，Pt^{2+} 易与氨或亚硝酸根形成稳定又易溶的二亚硝酸二氨合铂（Ⅱ）$[Pt(NH_3)_2(NO_2)_2]$，它也被称为 Pt-P 盐（Ⅱ）或简称为 P 盐。1931 年，W. Keitel 首先用 P 盐来镀铂（见表 26-18 No.3 号镀液），该盐的寿命比氯化物液的长，溶液的调整也比较容易。但亚硝酸盐的浓度不可太高，否则配合物难以放电，电流效率明显下降。若用周期反向电源时，在 $5 \sim 6A/dm^2$，阴极电解 5s，阳极电解 2s 的条件下可以获得 $5\mu m/h$ 的铂层。

表 26-18　各种镀铂液的组成与操作条件

| 镀液类型 | 氯化物 | | 二亚硝酸根二氨合铂 | | | | | | DNS | 六羟基合铂(IV)酸 | | | | 磷酸 |
化合物/(g/L)	No. 1	No. 2	No. 3	No. 4	No. 5	No. 6	No. 7	No. 8	No. 9	No. 10	No. 11	No. 12	No. 13	No. 14
六氯化铂(IV)酸(H_2PtCl_6)	10~50													
六氯化铂(IV)酸铵[$(NH_4)_2PtCl_6$]		15												
二亚硝酸根二氨合铂(II)[$Pt(NH_3)_2(NO_2)_2$]			8~16.5	20	6~20	8	6~20	16.5						
二亚硝酸根硫酸铂(IV)酸[$H_2Pt(NO_2)_2SO_4$]									10					
六羟基合铂(IV)酸钠($Na_2[Pt(OH)_6]\cdot2H_2O$)										20	18.5			
六羟基合铂(IV)酸($H_2[Pt(OH)_6]$)												20		
六羟基合铂(IV)酸钾($K_2[Pt(OH)_6]$)													20	
四氯化铂(IV)($PtCl_4\cdot5H_2O$)														7.5
28%氨水($NH_3\cdot H_2O$)														
盐酸(HCl)	180~300													
柠檬酸钠			50											
氯化铵(NH_4Cl)		4~5	100											
硝酸铵(NH_4NO_3)			100											
亚硝酸钠($NaNO_2$)			10											
氟硼酸(HBF_4)				50~100										
氟硼酸钠($NaBF_4$)				80~120										
氨磺酸(H_2NSO_3)					20~100				pH 2					
磷酸(H_3PO_4)						80	10~100							
硫酸(H_2SO_4)							10~100							
醋酸钠(CH_3COONa)								70						
碳酸钠(Na_2CO_3)								100						
氢氧化钠(NaOH)										10	5.1			
草酸钠($Na_2C_2O_4$)											5.1			
硫酸钠(Na_2SO_4)											30.8			
氢氧化钾(KOH)												15		
磷酸二氢铵($NH_4H_2PO_4$)													40	20
磷酸氢二钠(Na_2HPO_4)														100
硫酸钾(K_2SO_4)		70												
温度/℃	45~90	80~90	90~95	70~90	65~100	75~100	75~100	80~90	30~70	75	65~80	75	70~90	70~90
电流密度/(A/dm²)	3.0	0.5~1.0	0.3~2.0	2~5	0.2~2	0.5~3.0	0.5~3.0	0.5	2.5	0.8	0.8	0.75	0.3~1	0.3~1
电流效率/%	15~20	70	10	14~18	15	15	15	35~40	10~15	100	80	100	10~50	15~50
pH			7~9						2					

1960 年法国专利 1299226 中采用配方 No.7 含磷酸和硫酸的镀液，用不溶性铂阳极。1961 年美国专利 2984603 中提出在 Pt-P 盐液中加入氨磺酸。

1967 年，Lacroix 用配方 No.4 获得了 7.5μm 厚的铂层，并获得了法国专利。

配方 No.8 是用醋酸钠和碳酸钠来取代氨，这样镀液的电流效率和稳定性都得到提高，并可得到 10μm 厚的无孔隙、无裂纹、平滑光亮的铂层。

在日本，工业用镀铂的配方为：

铂（以二亚硝酸二氨合铂，P 盐形式）	氨水（$NH_3 \cdot H_2O$）	55ml/L
	10g/L　温度	90～92℃
硝酸铵（NH_4NO_3）　100g/L	电流密度	1A/dm²
亚硝酸钠（$NaNO_2$）　10g/L	电流效率	10%～20%

该镀液的沉积速度可达 1μm/10min，可获得 10μm 厚、无孔隙、无裂纹的光亮铂层。升高镀液温度，氨的逸出加剧，溶液蒸发速度也加快，此时可用 10% 氨水补充。要获得 5～10μm 厚的厚镀层，溶液温度应保持在近沸腾的状态，加热方式应用间接加热，阳极用铂板或镀铂钛板。

3. 二亚硝酸硫酸合铂（Ⅱ）酸镀液（DNS 镀液）

二亚硝酸硫酸合铂（Ⅱ）酸（DNS）镀液不含氨和胺，配槽时可用以下几种盐类：

$K_2Pt(NO_2)_3Cl$	三亚硝酸一氯合铂（Ⅱ）酸钾
$K_2Pt(NO_2)_2Cl_2$	二亚硝酸二氯合铂（Ⅱ）酸钾
$K_2Pt(NO_2)_2SO_4$	二亚硝酸硫酸合铂（Ⅱ）酸钾

要获得光亮的镀层应选择低电流密度，用硫酸将镀液 pH 值调至 2 以下，具体配方见表 26-18 配方 No.9。该镀液也可获得较厚的镀层。

4. 六羟基合铂（Ⅳ）酸盐镀液

六羟基合铂（Ⅳ）酸镀液通常为碱性镀液，配槽用的盐多为六羟基合铂（Ⅳ）酸钠 $Na_2Pt(OH)_6$ 或六羟基合铂（Ⅳ）酸钾 $K_2Pt(OH)_6$，代表性的镀液组成见表26-18 配方No.11 所示，镀液温度为 75℃，电流密度为 0.8A/dm²，电流效率为 100%，阳极用镍或不锈钢。配方 No.10 是 A.R.Powell 在英国专利中提出的配方，该镀液所得的光亮铂镀层可与铑镀层相媲美。当 Pt 的浓度低于 3g/L 时，电流效率也急剧下降。在高 Pt 浓度（12g/L）、2.5A/dm²、65～70℃ 时，电流效率可达 80%。

5. 磷酸盐镀液

早在 1855 年 Roseleuer 等就提出用磷酸盐的镀铂液，镀液用四价铂的氯化物作铂盐，用磷酸钾（或钠）或磷酸铵作导电盐。配方 No.14 是 Pfanhauser 提出的，可得到 0.5μm 厚的铂层。使用磷酸铵的镀液时，镀铂层是多孔疏松的。

第四节　电镀钯的配合物

一、钯离子及其配离子的性质

钯也是银白色金属，在高温高湿或硫化氢含量较高的空气中不会变色，在银上镀

$1\sim2\mu m$ 的钯就可防止银的变色。钯镀层作为装饰性镀层，色调白亮，有现代感，在首饰、手表、眼镜上得到广泛应用。是仅次于铑的白色装饰镀层。常用作镀铑的底层。

虽然钯的硬度很低，但钯镀层的硬度比金硬，能承受弯曲、扩展和摩擦。镀钯层的接触电阻很低，可焊性和耐磨性良好，是优良的电接点镀层，成本又比金低，因此广泛用于电子工业产品。含20％镍的钯镍合金镀层比纯钯层更软，接触电阻变化小，在电子接插件行业被认为是代金镀层的最佳选择。钯的密度只有金的62％，沉积同样厚度的镀层，所需钯的质量比金少。

钯的电子结构和铂相似，它们均可形成＋2和＋4价的离子，但以＋2价为主。二价钯离子很容易形成内轨型四配位平面正方形的 $M_2^I[PdX_4]$ 配合物和大配位八面体形的 $[Pd(NH_3)_6]X_2$ 型配合物。表 26-19 列出了常见 Pd^{2+} 和 Pd^{4+} 的配合物。

表 26-19　常见 Pd^{2+} 和 Pd^{4+} 的配合物

Pd²⁺ 的配合物			
二氯二氨合钯(Ⅱ)	$[Pd(NH_3)_2Cl_2]$	四氯合钯(Ⅱ)酸钾	$K_2[PdCl_4]$
二氨二亚硝酸合钯(Ⅱ)	$[Pd(NH_3)_2(NO_2)_2]$	四溴合钯(Ⅱ)酸钾	$K_2[PdBr_4]$
二氨基乙酸(Gly)合钯(Ⅱ)	$[Pd(Gly)_2]$	二氨合钯(Ⅱ)草酸盐	$Pd(NH_3)_2C_2O_4$
二乙二胺(En)合钯(Ⅱ)氯化物	$[Pd(En)_2]Cl_2$	二氨合钯(Ⅱ)硫酸盐	$Pd(NH_3)_2SO_4$
四氨合钯(Ⅱ)亚硝酸盐	$[Pd(NH_3)_4](NO_2)_2$	四氨合钯(Ⅱ)草酸盐	$[Pd(NH_3)_4]C_2O_4$
六氨合钯(Ⅱ)氯化物	$[Pd(NH_3)_6]Cl_2$	六氨合钯(Ⅱ)溴化物	$[Pd(NH_3)_6]Br_2$
四氨合钯(Ⅱ)硝酸盐	$[Pd(NH_3)_4](NO_3)_2$	二氯二氨磺酸合钯(Ⅱ)酸铵	$(NH_4)_2[PdCl_2(SO_3NH_2)_2]$
四氨合钯(Ⅱ)氯化物	$[Pd(NH_3)_4]Cl_2$	四氨合钯(Ⅱ)碳酸氢盐	$[Pd(NH_3)_4](HCO_3)_2$
四氰合钯(Ⅱ)酸钾	$K_2[Pd(CN)_4]$		
Pd⁴⁺ 的配合物			
六氯合钯(Ⅳ)酸钾	$K_2[PdCl_6]$	二氨合钯(Ⅳ)氯化物	$[Pd(NH_3)_2]Cl_4$
四氨合钯(Ⅳ)氯化物	$[Pd(NH_3)_4]Cl_4$	四氨合钯(Ⅳ)硫酸盐	$[Pd(NH_3)_4](SO_4)_2$

钯的配合物大都是内轨型配合物，和同副族的镍和铂一样，它们都属于电极还原超电压很高，电极还原速率很慢的配离子，只是人们对它们的研究很少，公开发表的数据也很少。如果我们来比较镍、钯和铂的标准还原电位

$$酸性溶液$$

$$＋4价 \qquad ＋2价 \qquad 0价$$

$$NiO_2 \xrightarrow{1.78V} Ni^{2+} \xrightarrow{-0.25V} Ni$$

$$Pd^{4+} \xrightarrow{1.6V} Pd^{2+} \xrightarrow{0.987V} Pd$$

$$Pt^{2+} \xrightarrow{1.2V} Pt$$

$$PtO_2 \xrightarrow{1.1V} Pt(OH)_2 \xrightarrow{0.98V} \big|$$

就会发现二价金属离子的标准电位是按

$$Pt^{2+} > P$$

即 Pt^{2+} 的还原比 Pd^{2+} 容易，而 Pd^{2+} 的还

Pt^{2+}，其原子核的 E 电荷对外层电子的影

缘故。

二、镀钯液的组成和工艺条件

既然钯与镍一样，都属于电极还原速率很慢

足的时间排列成整齐的镀层，因此在不含强配位体

最早的镀钯专利是 1885 年由 Pilet 获得（USP3

成法"，镀液由氯化钯、磷酸铵、磷酸钠、安息香酸

镀层的结合力。

1978 年 Devber 在美国专利中提出光亮镀钯液的组

pH＝4.5～12。表 26-20 列出了镀钯液可选用的钯化合

合剂。

周期数大的
的 Pd^{2+} 和 Ni^{2+} 的小的

后的金属原子有充
亚光的镀层。

"白色钯层的生
目的是提高

光亮剂，
剂和螯

表 26-20　镀钯液的主要成分及其化合物

钯化合物	二氯二氨合钯[Pd(NH₃)₂Cl₂]	
	二亚硝酸二氨合钯[Pd(NH₃)₂(NO₂)₂]	
	二亚硝酸四氨合钯[Pd(NH₃)₄(NO₂)₂]	
	二氨合钯硫酸盐[Pd(NH₃)₂SO₄]	
	二氨合钯（Ⅱ）氯化物[Pd(NH₃)₂Cl₂]	
	二氨合钯（Ⅱ）草酸盐[Pd(NH₃)₂C₂O₄]	
	四氯合钯（Ⅱ）草酸盐[Pd(NH₃)₄C₂O₄]	
导电盐	氯化铵(NH₄Cl)	硫酸铵[(NH₄)₂SO₄]
	柠檬酸铵[(NH₄)₃C]	草酸铵[(NH₄)₂C₂O₄]
	硝酸铵(NH₄NO₃)	柠檬酸钾(K₃C)
	硝酸钠(NaNO₃)	
	氨磺酸铵(H₂NSO₃NH₄)	
螯合剂	乙二胺四乙酸(EDTA)、氨三乙酸(NTA)、二乙烯三胺	
光亮剂	第一类：糖精、苯磺酸钠、苯磺酰胺、酚磺酸、亚甲基二萘磺酸	
	第二类：1,4-丁炔二醇、邻苯甲醛磺酸钠、1,4-丁烯二醇、烯丙基磺酸钠	

镀钯液一般采用中性或碱性镀液，碱性镀液多用氨水来调整 pH。这样可以获得稳定的钯氨配合物。但在高速电镀（如卷对卷电镀）时，常用空气搅拌，这样氨的挥发快，pH 变得不稳定，钯阳极上易析出沉淀，而且由于氢在钯镀层内的内藏量高而引起很高的内应力，厚时易产生裂纹。

F. Simon 等用 pH＜1 的酸性镀液，含钯 10g/L，硫酸 100g/L，镀液中有 0.2～2g/L 的钯以亚硫酸盐配合物的形式存在，在电流密度为 1.0A/dm² 时，阴极电流效

，但该镀液在高温时不稳定，在 35℃ 以上时

率可达 97%，沉积速度负，它与氢是同时析出的，而钯特别容易吸收氢
配合物易解离，镀层/钯原子比（H/Pd）来表示，此值通常为 0.03/1，
镀钯时，由于钯的晶格中而使钯镀层产生裂纹。
气。钯镀层中氢…3674 中，用 2g/L 钯盐 [以二氯二氨合钯（Ⅱ）形式]，
超过 0.03 时氢…氨水 8ml/L，硫酸镍 0.2g/L 组成镀液，在 pH 5.5～
1984 年…0.4～1.6A/dm² 条件下，可以获得良好的钯层。其缺点
硫酸铵 30…形成，为防止镍基底表面的钝化，可改用四氨合钯草酸盐。
7.0，温…9—45758 中改用二氨二亚硝酸合钯作钯盐，钯浓度为 2g/L，
是阳极…95g/L，氨水 24ml/L，pH 9.2，电流密度 1.1A/dm²，此时可
…把钯的浓度提高到 15g/L，导电盐的浓度升至 100g/L，在 pH
…电流密度 1～2A/dm² 时，镀层的内应力为 2.25N/mm²。F. Simon
…层的含氢量 H/Pd<0.0004。他发现镀层内应力会随电流密度和镀层
…变化。图 26-4 是钯镀层内应力随电流密度和镀层厚度的变化曲线，由
1A/dm² 时 5～7μm 厚的钯层的内应力达 135N/mm²。

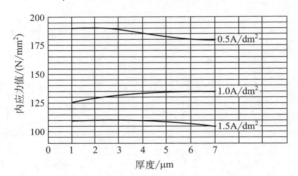

图 26-4　钯层内应力随镀层厚度和电流密度的变化

1987 年日本特许昭 62—29516 提出的镀钯液的组成和工艺条件为：二氨二亚硝酸合钯（Ⅱ）50g/L，硝酸铵 90g/L，亚硝酸钠 10g/L，pH 8～9，温度 70℃，电流密度 1.0A/dm²。

1987 年日本特许昭 62—24517 公布了光亮镀钯液的组成与操作条件为：四氨合钯（Ⅳ）氯化物，[Pd(NH₃)₄]Cl₄（含钯 5g/L），硫酸铵 25g/L，1,3,6-萘三磺酸钠 35g/L，pH 7.5，温度 50℃，电流密度 1.0A/dm²。

同年，日本特许昭 62—20279 则用二氨合钯（Ⅱ）草酸盐 Pd(NH₃)₂C₂O₄ 作钯盐，钯的浓度为 10g/L，磷酸氢二铵 (NH₄)₂HPO₄ 100g/L，糖精 1g/L，烯丙基磺酸钠 3g/L，镀液 pH=7.5，温度 50℃，电流密度 3.0A/dm²，此时可以获得光亮的钯层。

表 26-21 列出了常用镀钯液的组成与操作条件。

表 26-21　常用镀钯液的组成与操作条件

镀液组成与操作条件	配方 1	配方 2	配方 3	配方 4	配方 5
钯[以 $Pd(NH_3)_4Cl_2$ 形式]/(g/L)	10～20		2.1～2.5		
钯[以 $Pd(NH_3)_2(NO_2)_2$ 形式]/(g/L)		2			
钯[以 $Pd(NH_3)_2SO_4$ 形式]/(g/L)				10	
钯[以 $Pd(NH_3)_2C_2O_4$ 形式]/(g/L)					10
氯化铵(NH_4Cl)/(g/L)	20～25				
氢氧化钾(KOH)/(g/L)			15～22		
氨水(25%,$NH_3 \cdot H_2O$)/(ml/L)	40～60	10			
硝酸铵(NH_4NO_3)/(g/L)		90			
磷酸氢二钠(Na_2HPO_4)/(g/L)				70～120	
磷酸氢二铵[$(NH_4)_2HPO_4$]/(g/L)					100
乙醇胺/(ml/L)				10～30	
糖精/(g/L)					1
烯丙基磺酸钠/(g/L)					3
游离氨水(25%)/(ml/L)	5.5～6.5				
pH	8.9～9.3	7		9～12	7.5
温度/℃	18～25	46～55	20～50	40～65	50
阴极电流密度/(A/dm²)	0.25～0.5	0.5～1	0.5～2	0.5～1.1	3
阳极			不锈钢		

第五节　电镀铑的配合物

一、铑离子及其配离子的性质

铑也属于铂系元素。铂系元素包括周期表第Ⅷ族除铁、钴、镍以外的两个三元素组：钌、铑、钯和锇、铱、铂。

铁（Fe）　钴（Co）　镍（Ni）

钌（Ru）　铑（Rh）　钯（Pd）　←——铂系元素
锇（Os）　铱（Ir）　铂（Pt）

铂系元素的特征是：

① 化学惰性：在常温下不和氧、硫、氟、氯等非金属元素起作用，在大气中对硫化物、二氧化碳和酸、碱均有较高的稳定性。

② 熔点高，都在1550℃以上，最高可达2700℃（见表26-22）。

③ 高催化活性，高吸氢能力。常温下钯的吸氢能力最强，1体积的钯能溶解700体积以上的氢。1体积的铂能溶解70体积左右的氧。铂系元素吸收气体的性能和它们的高催化活性是密切相关的。表26-22列出了铂素元素的性质。

铑镀层作为装饰镀层，白色中略带青蓝色调，光泽亮丽，硬度高（Hv 800～1000），耐磨性好，反光性强，在大气和酸碱液中很稳定，经久不变色、不磨损，现已成为最高档的装饰镀层，但价格昂贵。可以镀在钯、钯镍、钯钴、金、银以及铜基

表 26-22　铂系元素的性质

项　　目	钌	铑	钯	锇	铱	铂
符号	Ru	Rh	Pd	Os	Ir	Pt
原子序数	44	45	46	76	77	78
相对原子质量	101.1	102.91	106.4	190.2	192.2	195.09
外层电子构型	$4d^7 5s^1$	$4d^8 5s^1$	$4d^{10} 5s^0$	$5d^6 6s^2$	$5d^9 6s^0$	$5d^9 6s^1$
主要原子价（ $*$ 为较常见的）	Ⅱ $*$ 、Ⅲ $*$ 、Ⅳ $*$ 、Ⅵ $*$ 、Ⅶ、Ⅷ	Ⅲ $*$ 、Ⅳ	Ⅱ $*$ 、Ⅳ	Ⅱ、Ⅲ、Ⅳ $*$ 、Ⅵ、Ⅷ $*$	Ⅲ $*$ 、Ⅳ $*$ 、Ⅵ	Ⅱ $*$ 、Ⅳ $*$
密度/(g/cm³)	12.30	12.42	12.03	22.7	22.65	21.45
原子体积/cm³	8.27	8.29	8.87	8.38	8.53	9.10
熔点/℃	约2400	1966	1555	约2700	2454	1774
沸点/℃	约4200	约3900	3170	约4600	约4500	约3800
硬度	6.5	—	4.8	7.0	6.5	4.3
晶格类型	六角密集晶格	面心立方晶格	面心立方晶格	六角密集晶格	面心立方晶格	面心立方晶格
原子半径/Å	1.32	1.34	1.37	1.33	1.35	1.38
电离势/eV	7.5	7.7	8.33	8.7	9.2	8.96

和铁基的镀层上。在工业上由于铑的光反射系数高，接触电阻小，导电性良好，因此铑镀层可以作为电接点镀层、光反射镀层及防银变色镀层。但铑镀层不能焊接、应力大，当厚度超过 $3\mu m$ 时容易产生龟裂，在高温时容易氧化，在 300℃ 时可同发烟硫酸、碘及次氯酸钠反应。

在周期表中，钴、铑、铱在同一副族中，它们的外层电子构型相同，都是 $d^8 s^1$，容易失去三个电子而形成三价离子，Rh^{3+} 的性质与 Co^{3+} 很相似。此外铑还可以形成四价及六价的化合物，但以三价的化合物最为稳定。

和 Co^{3+} 一样，Rh^{3+} 也容易生成 $[Rh(NH_3)_6]X_3$ 型配合物，也可以生成 $[RhX(NH_3)_5]X_2$、$[Rh(H_2O)(NH_3)_5]X_3$、$M_3^I[RhX_6]$ 等，式中 $X = Cl^-$、NO_2^-、CN^-、$\frac{1}{2}SO_4^{2-}$、$\frac{1}{2}SO_3^{2-}$、$\frac{1}{2}C_2O_4^{2-}$ 等，$M^I = K^+$、Na^+、NH_4^+ 等。例如

六氨合铑氯化物	$[Rh(NH_3)_6]Cl_3$	六氯合铑酸钾	$K_3[RhCl_6]$
五氨-氯合铑氯化物	$[Rh(NH_3)_5Cl]Cl_2$	六亚硝酸合铑酸钾	$K_3[Rh(NO_2)_6]$
五氨-水合铑氯化物	$[Rh(NH_3)_5(H_2O)]Cl_3$	六氰合铑酸钾	$K_3[Rh(CN)_6]$

铑（Ⅲ）也可以同许多螯合剂形成螯合物，如氨基乙酸、氨二乙酸、氨三乙酸、乙二胺四乙酸、焦磷酸盐、三聚磷酸盐、六偏磷酸盐、1-羟基-(1,1)-亚乙基-1,1-二膦酸（HEDP）、乙二胺四亚甲基膦酸（EDTMP）、氨基三亚甲基膦酸（ATMP），这些螯合剂的加入，可以明显提高阴极极化度，对镀液的 pH 值有一定的调节和稳定作用，降低镀层内应力，使镀层结晶变细，镀层不易龟裂。

Rh^{3+} 的标准电极电位为 0.8V，形成配离子后，标准电位将向负方向移动

$$Rh^{3+} + 3e^- \longrightarrow Rh \qquad E^{\ominus} \approx 0.8V$$
$$RhCl_6^{3-} + 3e^- \longrightarrow Rh + 6Cl^- \qquad E^{\ominus} = 0.44V$$
$$RhCl_6^{2-} + e^- \longrightarrow RhCl_6^{3-} \qquad E^{\ominus} \approx 1.2V$$

铑的氧化电位可表示为：

$$Rh \xrightarrow{-0.6V} Rh^+ \xrightarrow{-0.6V} Rh^{2+} \xrightarrow{-1.2V} Rh^{3+} \xrightarrow{-1.4V} RhO^{2+} \xrightarrow{-1.5V} RhO_4^{2-}$$

价态： 0　　　　　 1　　　　　 2　　　　　 3　　　　　 4　　　　　 6

由此可知，在存在适当氧化剂的条件下，铑可以被氧化为 1、2、3、4、6 价的化合物，这里所说的氧化剂可以是化学氧化剂也可以是电镀时的阳极，这就是为什么镀铑液使用一段时间后会逐渐老化，甚至镀不上，原来是 Rh^{3+} 被阳极氧化为 Rh^{4+} 或 Rh^{6+} 的缘故，此时要向老化的酸性镀铑液中加入 H_2O_2，在不断加热和搅拌的条件下，Rh^{4+} 或 Rh^{6+} 可被还原为 Rh^{3+}，处理后的镀液经调整后仍可使用。

二、镀铑液的组成和操作条件

表 26-23 列出了各种镀铑液的组成和操作条件。

表 26-23　各种镀铑液的组成和操作条件

镀液的组成和操作条件	配方 1	配方 2	配方 3	配方 4	配方 5	配方 6	配方 7	配方 8	配方 9
铑(以硫酸铑形式)/(g/L)	1.5～2.5	4～10	2.2	10	4	2	5		2～2.5
硫酸(相对密度 1.84)/(ml/L)	12～15	40～90	15	30		50	25		13～16
硫酸铜($CuSO_4 \cdot 5H_2O$)/(g/L)			0.6						0.6
硫酸镁($MgSO_4 \cdot 7H_2O$)/(g/L)			12						10～15
硝酸铅[$Pb(NO_3)_2$]/(g/L)			5						5
硒酸(H_2SeO_4)/(g/L)				0.6					
六偏磷酸钠/(g/L)					100				
六偏磷酸/(g/L)						80			
三聚磷酸钾/(g/L)							200		
磷酸铑($RhPO_4$)/(g/L)								8～12	
磷酸/(ml/L)								60～80	
pH					5.0	1.0	0.01		
温度/℃	40～50	40～60	40	45	30	45	45	30～50	20～25
阴极电流密度/(A/dm²)	1～3	1～5	0.5	1.0	2.0	2.0	7	0.5～1	0.4～0.6
阳极材料	铂丝或板	铂丝或板	铂片	铂片	铂片	铂片	铂片	铂	铂

　　配方 1 和 2 为传统的镀铑工艺，配方 1 适于镀薄铑层，厚度为 $0.05～0.25\mu m$，配方 2 适于镀厚铑层厚度在 $0.5\mu m$ 以上。这两个配方的主要缺点是：①镀层易与基体金属脱离；②镀层的内应力非常高，镀层易产生龟裂。

　　配方 3 所得镀层较为细致和光亮。因为硫酸镁的加入可降低镀层的内应力，提高阴极电流效率，使镀层结晶细致，防止产生裂纹，并能提高镀层的耐蚀性能。而硫酸铜和硝酸铅的加入，可使镀层细致、平滑和光亮，但二者必须兼用，否则光亮效果不明显。该工艺的主要缺点是电流效率很低，而且镀层表面有暗斑，难以除去。

　　配方 4 所得镀铑层平滑细致，几乎无裂纹，这是因为硒酸可明显降低镀层的内应力，使镀层结晶细化，但色泽不够光亮。

　　配方 5 加入了配位体六偏磷酸钠，它可以与 Rh^{3+} 形成稳定的配合物，且在电极表面有一定的吸附作用，从该配方中可以获得细致光亮且均匀一致的铑镀层。

　　配方 6 则改用六偏磷酸代替六偏磷酸钠，所得镀层也是光亮细致的。

配方 7 用三聚磷酸钾作配位体，也可得到光亮且极其均匀一致的铑镀层。

配方 8 为磷酸型镀铑液，可用于铜基和铁基合金上镀铑，镀层洁白光泽，耐热性较好，常用于首饰品的电镀，镀层厚度一般在 $0.025\sim0.05\mu m$。

配方 9 为无裂纹型镀铑液，常用于镀 $0.5\mu m$ 以上的厚镀层。

最近李华为开发了一种全光亮镀铑液，其组成和工艺条件为：

铑（以硫酸铑形式）	$2.5(2.0\sim3.0)g/L$
硫酸	$50(30\sim60)ml/L$
光亮剂 R	$2.0(1.0\sim2.0)g/L$
六偏磷酸钠	$150(60\sim150)g/L$
温度	$35(30\sim40)℃$
阴极电流密度	$2.0(0.5\sim2.0)A/dm^2$
阳极	铂片
$S_阳：S_阴$	$2:1$

该镀液配方简单，成本适中，操作简便易行，镀液无毒且容易控制，可获得细致均匀的全光亮镀层。

要获得 $30\mu m$ 以上厚的镀铑层，可以采用以下配方工艺：

铑（以硫酸铑形式）	$5g/L$
硫酸	$50g/L$
硝酸铊	$0.05g/L$
氨基磺酸	$40g/L$
苯甲醛-2,4-二磺酸钠或 1,5-萘二磺酸二钠	$0.4g/L$
温度	$50℃$
阴极电流密度	$1.25A/dm^2$
电流效率	$>60\%$

所得镀层的电阻率值为 $23\times10^{-6}\Omega\cdot cm$，硬度为 Hv 900，呈半光亮状态，加热至 $450℃$ 不脱皮。

第二十七章

镀层退除配合物

第一节 退除镀层的方法

金属镀层有很多种，除了数十种单金属镀层外，还有更多的合金镀层。在电镀时常有百分之几的不良镀层需要退除，有些镀好的零件要改变用途也需要退除金属镀层。因此镀层的退除工艺也是电镀必备的技术。

金属镀层的退除通常有三种方法：①机械磨除法；②化学退除法；③电化学或电解退除法。

一、机械磨除法

用机械磨削的方法能经济有效地除去较厚的镀层，退除的速度快，在退除的同时还可以抛磨基体的表面，有利于获得表面平滑、光亮的返工零件。机械磨除法的缺点是只有形状适合进行磨削的零件才可使用。能满足这一条件的零件很少，故一般都采用化学退除法或电化学退除法。

二、化学退除法

1. 氧化剂

化学退除法是通过化学反应使金属变成可溶性的配离子的方法。要使金属变为金属离子，这就需要用氧化剂。氧化剂是指能氧化其他物质而自身易被还原的物质，也就是在氧化-还原反应中会得到电子（还原）的物质。氧化剂通常分为两大类：①无机氧化剂；②有机氧化剂。表27-1列出常用的无机氧化剂和有机氧化剂。

在无机氧化剂中，最常用的是空气、双氧水、硝酸、铬酸、三氯化铁等，它们具有原料易得、价格低廉、使用方便等优点。在有机氧化剂中，最常用的是间硝基苯磺酸钠（俗称防染盐 S）以及间硝基苯甲酸，它们具有性能稳定、价格低廉等优点。

2. 配位体

化学退除法除了要有氧化剂外，还要有配位体，以便氧化形成的金属离子与配位体作用而转变成稳定的金属配离子再分散到退除液中。有关金属离子配位体的选择与分类已在第十一章做了详细的介绍，读者可参考各章中金属离子配合物的介绍，此处就不再重复。

在众多的无机和有机配位体中，最常用的是价廉物美的水，在各种酸性退除液中，金属离子可以形成非常稳定的水合配离子，而且可以达到很高的金属离子浓度。除了水以外，常用的配位体有氰化物、氨、三乙醇胺、乙二胺、柠檬酸盐等。过去，

表 27-1 常用的无机氧化剂和有机氧化剂

无 机 氧 化 剂	有 机 氧 化 剂
氧气或空气(O_2) 氯气(Cl_2) 双氧水或过氧化氢(H_2O_2) 过氧化钠(或钾、钙)$[Na_2O_2(K_2O_2、CaO_2)]$ 过硫酸钠(或钾、铵)$\{Na_2S_2O_8[K_2S_2O_8,(NH_4)_2S_2O_8]\}$ 重铬酸钠(或钾)$[Na_2Cr_2O_7(K_2Cr_2O_7)]$ 铬酸$[CrO_3 \cdot H_2O(H_2CrO_4)]$ 硝酸(HNO_3) 高氯酸($HClO_4$) 氯酸钠(或钾)$[NaClO_3(KClO_3)]$ 次氯酸钠($NaClO$) 高锰酸钠(或钾)$[NaMnO_4(KMnO_4)]$ 三氯化铁($FeCl_3$)	过氧乙酸 $CH_3\overset{O}{\underset{\|}{C}}-O-OH$ 过氧化二苯甲酰 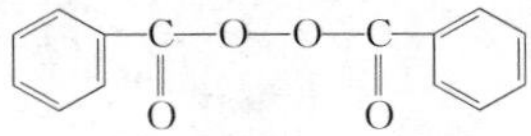 间硝基苯甲酸 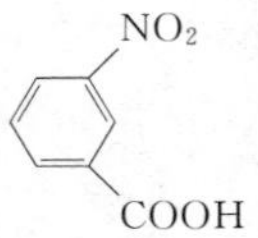 间硝基苯磺酸钠(防染盐 S) 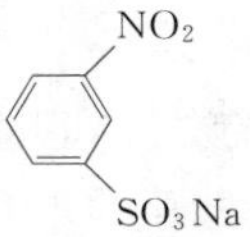 邻硝基苯甲酸 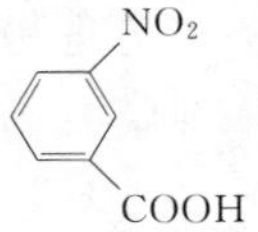 过氧化双月桂酰 $CH_3(CH_2)_{10}COOOOC(CH_2)_{10}CH_3$ 过氧化甲乙酮 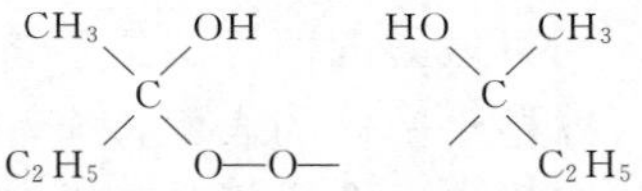

因为用氰化物电镀较多,很多人也就用它来退除相应的镀层,然而氰化物是剧毒的,对环境和工作人员都有很大的危害,应当予以革除。其实,退除镀层所用的配位体比电镀用配位体的要求低得多。电镀用配位体除了能形成稳定的配合物外,还有许多镀层和镀液性能的要求,而金属镀层的退除,一般只要求能形成稳定的可溶性配合物且易于回收或废水处理即可。所以很多的配位体都可供选用。相信在不久的将来,一定可以发展出一系列的快速、低温、对基体腐蚀性小的优良金属退除液。

3. 基体金属的缓蚀剂

许多金属的退除液用的是强酸或强碱,它能快速将金属腐蚀而溶解到溶液中,但强酸强碱对基体金属也有很强的腐蚀作用,使退除镀层后的基体表面变得十分粗糙,需要进行机械或化学抛光后才能返工。这不但提高了返工的成本,也浪费了许多人力物力。为了防止强酸强碱对基体的腐蚀,通常就要加入阻止或延缓对基体腐蚀的腐蚀抑制剂或缓蚀剂。

在强酸性介质中可以用作缓蚀剂的物质主要有以下几类:

① 带有氧、硫、氮的杂环化合物;

② 高分子的醇类、醛类、胺类和酰胺类化合物;

③ 磺酸、脂肪酸及其衍生物;

④ 硫脲衍生物;

⑤ 噻唑和硫脲唑类化合物;

表 27-2　酸溶液中缓蚀剂的种类、组成和应用①

元素组成	化合物类别	应用
碳氢氧	醛(糠醛)	酸及硫化氢、铝在盐酸中
	炔醇及丙二烯醇	各种酸及金属
	有机酸	钢在盐酸中
	噁英鎓盐(pvrylium salts)	铁镍在盐酸中
	烯聚合物	铁在盐酸中
碳氢氮	吡啶、喹啉类	铁在盐酸及硫酸中
	聚甲基亚胺	铁在盐酸中
	鎓离子	铁在盐酸及硫酸中
	脂肪族胺类	铝、镁在盐酸中,铁在盐酸中
	苯胺类	铝在盐酸中
	饱和及部分饱和氮环如:哌吡、吡啶及嘧啶	钢在各种酸中
	醛胺缩聚产物	低碳钢在盐酸中
	氰基化的胺	铁在盐酸中
	乙烯基吡啶聚合物	铁在盐酸中
	硬脂酰胺	铁在酸中
	丙炔苄基胺	铁在盐酸中
碳氢硫	有机硫化物	铁在硫酸中
	巯化物	铁在各种酸中
碳氢氮氧	氨基酚衍生物	盐酸
	松香胺的氧化乙烯加合物	各种酸
	喹啉醇	铁在盐酸中
	N-2-丙炔基吗啉	铁在盐酸中
	聚合-4-羟基哌啶类	铁在酸中
	环及杂环酮胺类	铁在酸中
碳氢硫氧	二苄基亚砜 黄原酸盐 芳基及烷基亚砜 磺酸	铁在酸中 铁在酸中 铁在酸中 铁在酸中
碳氢氮硫	硫脲类	铁在硫酸中,铝镁在盐酸中,铁在盐酸中,铝在酸中,铁在酸中
	有机硫氰酸盐	铁在盐酸、硫酸中
碳氢硫氮氧	噻唑、噻嗪、氧化丙烯等硫脲的加合物	铁在硫酸中
	十二烷基吡啶黄原酸盐	铁在硫酸及柠檬酸中
	硫代吗啉、吩噻嗪及衍生物	铁在盐酸中
	磺化咪唑啉等	铁在磷酸中
	亚胺亚砜	铁在盐酸中
有机磷化合物	膦酸	铝在盐酸中
	有机磷化合物	铁在盐酸中
有机磷和硒的化合物	O,O,O-三乙基硒磷酸盐	铁在盐酸中
有机卤化合物	卤化芳香族化合物	铁在酸中
	氯化胺类	铁在酸中

① 取自 C. C. Nathan, Corrosion Inhibitors,NACE,1973。

⑥ 季铵化合物；

⑦ 磷（季磷）化合物；

⑧ 不饱和的环系和链系化合物；

⑨ 硫代酰胺和氨基硫脲衍生物；

⑩ 高分子烷基氰；

⑪ 硫醇和硫化物；

⑫ 烷基亚砜和芥子油；

⑬ 噻嗪等。

表 27-2 列出了酸溶液中缓蚀剂的种类、组成和应用。从中可以找出不同的金属基体在不同的酸中应选择哪些有机物作为缓蚀剂。

硝酸是一种强氧化性无机酸，常用来退除金属镀层，如镍层、铜层、锡层、化学镍层、镍铁合金、铅锡合金、铜锡合金、铜锌合金等。低浓度的硝酸溶液对许多金属底材均有剧烈的腐蚀作用，尤其是对铝、镁、锌等底材的腐蚀异常剧烈。硝酸与金属接触时，随金属的种类、酸的浓度、温度及反应条件的不同，它本身可被还原为 NO、NO_2、N_2、H_2NOH、$H_2N_2O_2$、NH_3、$NH_2—NH_2$ 等。浓硝酸在低温时与铜不发生反应，在室温时易产生 NO_2，使铜溶解，而稀硝酸则产生 NO。

用硝酸退除钢铁基体上的镀层时，为防止钢铁的过腐蚀，可选用我国兰州化工机械研究所研制的硝酸酸洗缓蚀剂"兰-5"，其组成为

六次甲基四胺（乌洛托品）	60%
苯胺	20%
硫氰酸钠	20%

兰-5 缓蚀剂对紫铜、黄铜和碳钢-不锈钢焊接底材也有很好的缓蚀效果。

有些金属镀层，如锌、锌镍及锌镍铁等可用盐酸退除，生成的盐类溶解性好。但盐酸对钢铁有很强的孔腐蚀作用，对奥氏体钢会产生应力腐蚀开裂。同时盐酸是一种蒸气压较高的挥发性酸，当温度超过 60℃ 时，即大量蒸发。表 27-3 列出了用盐酸退除金属镀层时可供选用的缓蚀剂。

当镀层比基体金属活泼时，可简单地用酸来退除。例如用盐酸来退除钢铁基体上的锌层，镍上的铬层，若基体金属比镀层活泼，可选用氧化性的酸，使基体处于钝化状态，或使基体进行化学抛光，从而防止基体金属的过腐蚀。例如用浓硝酸来退除钢铁基体上的镍镀层。当用硝酸来退除铝基体上的铜、锌、银等镀层时，铝基体会被抛亮。

4. 催化剂或加速剂

Barry W. coffey 在美国专利 US4720332 中指出，在退镀液中加入二价硫离子能够加速镍的溶解，起到催化作用。其实除了 S^{2-} 外，许多含硫的化合物也有类似的功能，如硫代硫酸钠，硫氰酸钾（钠），硫脲，H 促进剂。此外，氯化钠及其他含 Cl^- 的化合物也有加速金属的腐蚀与溶解作用。硫化物的加入虽可加速镍的退除，但同时也会使镍层变黑，退完镍的表面也有一层黑膜，通常要在氰化物溶液中才能洗去黑膜。

表 27-3　几类缓蚀剂在 2mol/L HCl 和 0.5mol/L H₂SO₄ 中对碳钢的缓蚀效果

（温度 38℃、酸洗时间 4h）

缓 蚀 剂	分 子 式	腐蚀速度降低量/%		金属吸氢降低量/%	
		HCl	H₂SO₄	HCl	H₂SO₄
3-(N,N-二乙胺)-1-丙炔	$HC \equiv CCH_2N = (C_2H_5)_2$	91	90	84	85
烷基二乙醇胺	$RN(C_2H_4OH)_2$	94	92	96	82
吡咯		91	88	87	87
吲哚		97	97	93	90
1-乙基喹啉碘化物		91	97	96	91
乌洛托品	$(CH_2)_6N_4$	91	87	84	79
硫脲	H_2NCNH_2 $\parallel$ S	20	87	−167	−66
1,3-二正丁基-2-硫脲	$[CH_3(CH_2)_3NH]_2C = S$	94	97	64	85
苯并噻唑		94	93	62	68
甲醛	$HCH = O$	69	72	71	60
1-己炔-3-醇	$HC \equiv CCH(CH_2)_2CH_3$ $\quad\quad\quad\quad OH$	97	99	89	90
2-丁炔-1,4-二醇	$HOCH_2C \equiv CCH_2OH$	91	95	82	88
丙炔酸	$HC \equiv CCOOH$	77	83	78	74

　　另外许多重金属离子也是退除镀层的优良催化剂。例如在退铜溶液中加入 1～1000μg/g 的汞、银、金或铂的盐类，可以加速铜的溶解。当然，提高退除液的温度，也可明显加快退除速度。图 27-1 是用组成为单乙醇胺 37.5g/L，甘氨酸 30g/L，间硝基苯磺酸钠 80g/L，硫代硫酸钠 4.5g/L，十二烷基硫酸钠 0.03g/L 的退镀液测定的

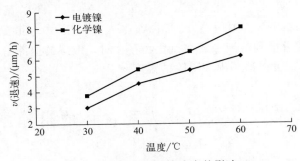

图 27-1　温度对退镍速度的影响

温度对退镍速度的影响曲线，结果表明，不论对电镀镍层或化学镀镍层，它们的退除速度都随退除液温度的升高而上升，当温度由 30℃ 升至 60℃ 时，退镍速度可提高一倍。

表面活性剂可以降低退镀液的表面张力，使退镀液与镀层充分接触，同时也使溶液能够更顺利地进入基体与镀层的界面处，表面活性剂的这种润湿与渗透作用，不仅增大了镍溶解的面积，而且也有一种剥离的效果，因此也有明显的加速剂的作用。

如前所述，各类表面活性剂都有润湿与渗透作用，但常用于退镀液中的表面活性剂为阴离子和非离子类表面活性剂，如十二烷基硫酸钠、十二烷基苯磺酸钠或 OP 乳化剂类，它们的用量约在 $0.01\sim0.05g/L$ 左右。

三、电解退除法

电解退除法是利用金属镀层作为阳极，镀层金属在阳极上发生氧化作用而变成金属离子，再被溶液中的水或其他配位体配位而形成可溶性的配离子进入溶液中。所以电解退除法就是利用阳极作为氧化剂的退除法。用阳极作氧化剂时不像一般化学氧化剂那样可以均匀地氧化金属镀层。阳极氧化会受阳极电流密度分布不匀的影响，使镀层各部位的溶解速度不同。而且电解退除法需要较多的设备，如整流器、阴极等，成本比较高，只适于批量大、连续处理。

电解退除法除了可以省去氧化剂外，配位体、阳极钝化剂或缓蚀剂还是必不可少的。同时也需要电解时溶液温度、电流密度、槽电压、溶液 pH 以及溶液其他成分的配合才能顺利进行。

对于许多两性金属，它们既可以在酸性溶液中形成稳定的水合配离子或其他形式的配离子，也可以在碱性溶液中进行阳极电解，形成可溶性的羟基配合物

$$Zn \xrightarrow[\text{阳极}]{\text{酸性液}} [Zn(H_2O)_6]^{2+}$$

$$Zn \xrightarrow[\text{阳极}]{\text{碱性液}} [Zn(OH)_6]^{4-}$$

在基体材料为铜、黄铜、镍、铁和银上的锌、铬、锡、铅等镀层可以在 $10\%\sim20\%$ NaOH 溶液中，在阳极电流密度为 $5\sim10A/dm^2$，电压为 6V 的条件下进行电解退除，此时锌、铬、锡、铅均形成相应的羟基配离子或酸盐而分散到溶液中。若溶液中含 10% NaOH 和 10% 氰化钠（NaCN），则可退除钢铁和镍基体上的铜、黄铜、青铜、锡和银等镀层，此时 Cu^{2+}、Zn^{2+}、Ag^+ 等将以氰化物配离子，如 $[Cu(CN)]^+$、$[Zn(CN)_2(OH)_2]^{2-}$、$[Ag(CN)_2]^-$ 形式分散到镀液中，锡则以 $[Sn(OH)_6]^{4-}$ 形式分散到溶液中。在氰化物存在时，镀层的退除常可在室温下进行，若要提高退除速率，可以适当提高退除的温度。

第二节　以氰化物为配位体的退除方法

氰化物是一种很强的配位体，可与许多金属离子形成稳定常数极高的配合物，特

别是对 Cu^+、Ag^+、Au^+、Ni^{2+}、Fe^{2+}、Cd^{2+}、Zn^{2+} 等离子形成很稳定的配合物，因此氰化物（如氰化钠、氰化钾）可以作为上述金属离子的化学退除剂或电解退除剂。氰化物与空气中的氧气共存时，可以使金溶解而转入溶液中，许多农民用氰化物来提取沙子中的金粒，即淘沙金。然后收集溶有金的氰化物溶液通过焙烧的方法来获得金块。表 27-4～表 27-7 列出了用氰化物为配位体退除金、银、铜、镍和合金的化学退除工艺和电解退除工艺。

表 27-4　以氰化物为配位体的退金工艺

化学退除法		适用基体	电解退除法		适用基体
溶液组成及操作条件		适用基体	溶液组成及操作条件		适用基体
(1)氰化钠(NaCN)	120g/L	钢铁、镍、铜	(1)氰化钾(KCN)	100g/L	钢、有色金属
30%双氧水(H₂O₂)	15ml/L		氢氧化钠(NaOH)	20g/L	
温度	室温		温度	室温	
(2)氰化钾(KCN)	50(45～60)g/L		阳极电流密度	1～5A/dm²	
CS 601 退金液①	100(95～105)ml/L	镍、钢	(2)氰化钠(NaCN)	40g/L	
pH	12.6		明矾	20g/L	铜、铜合金
温度	30(25～35)℃		黄血盐[K₃Fe(CN)₆]	30g/L	
退除速度	1μm/min		温度	室温	
(3)氰化钠	50g/L		阳极电流密度	1～5A/dm²	
柠檬酸三钠	50g/L				
温度	90～100℃				

① CS 601 退金液由本书作者方景礼研制。

表 27-5　以氰化物为配位体的退银工艺

化学退除法		适用基体	电解退除法		适用基体
溶液组成及操作条件		适用基体	溶液组成及操作条件		适用基体
(1)氰化钾(KCN)	12～13g/L	钢铁、铜、镍、黄铜	(1)氰化钾(KCN)	75g/L	镍、铜、铁
30%双氧水(H₂O₂)	70～75ml/L		氢氧化钠(NaOH)	20g/L	
温度	室温		温度	室温	
(2)氰化钠(NaCN)	15g/L	镍、铁、铜	阳极电流密度	1～5A/dm²	
30%双氧水(H₂O₂)	15～30ml/L		(2)氰化钠(NaCN)	50～100g/L	钢铁、铜、镍
温度	室温		温度	室温	
			阳极电流密度	0.3～0.5A/dm²	

表 27-6　以氰化物为配位体的退铜和铜合金工艺

化学退除法		电解退除法		
溶液组成及操作条件	适用基体	溶液组成及操作条件		镀层/基体
(1)氰化钠(NaCN)　　70g/L	钢铁	(1)氰化钠(NaCN)　　100g/L		Cu-Zn/钢
间硝基苯磺酸钠　　70g/L		氢氧化钠(NaOH)　　20g/L		Cu/Ni
氨水　　70ml/L		温度　　室温		Cu/钢
温度　　室温		电压　　6V		
		(2)氰化钠(NaCN)　　25~50g/L		Cu-Sn/钢
		氢氧化钠调 pH 值至 12.5~13		
		温度　　60~65℃		
		阳极电流密度　　1~1.5A/dm^2		

表 27-7　以氰化物为配位体的退镍和镍磷合金工艺

化学退除法		电解退除法	
溶液组成及操作条件	适用基体	溶液组成及操作条件	适用基体
(1)氰化钠(NaCN)　　75~105g/L	铜、铁、铝	(1)氰化钠(NaCN)　　80~100g/L	
氢氧化钠(NaOH)　　15g/L		氢氧化钠(NaOH)　　8~22g/L	
间硝基苯磺酸钠　　60g/L		温度　　20~70℃	
温度　　50~55℃		阳极电流密度　　1~5A/dm^2	
(2)氰化钠(NaCN)　　75~80g/L	铁、钢铁	电压　　2V	
氢氧化钠(NaOH)　　60g/L			
间硝基苯磺酸钠　　75~80g/L			
柠檬酸三钠　　10g/L			
温度　　80~100℃			
(3)氰化钠(NaCN)　　100~200g/L	钢铁		
氢氧化钠(NaOH)　　5~20g/L			
间硝基苯磺酸钠　　60~100g/L			
硫脲　　1~5g/L			
温度　　20~70℃			
(4)氰化钠(NaCN)　　70~80g/L	钢铁		
间硝基苯磺酸钠　　80g/L			
氨水　　70ml/L			
温度　　40~80℃			

第三节　以水或酸根为配位体的退除方法

由于硝酸根、硫酸根、磷酸根、醋酸根以及 Cl^- 都是较弱的配位体，它们对 Au^+、Ag^+、Cu^{2+}、Ni^{2+}、Sn^{2+}、Pb^{2+} 等的配位能力都较弱，在大量水存在时，这些金属离子在酸性溶液中大都以水合金属配离子的形式存在，这些水合金属配离子在酸性条件下非常稳定，只有在中性或碱性条件下，它们才会水解而形成氢氧化物或羟基配合物沉淀。因此用酸来退除金属镀层是一种价廉物美的退镀方法，只是它们既易退除金属，也易攻击基体金属，造成基体的过腐蚀。因此在使用时要选择好酸浓度、温度以及退除速度等。尽量减少出现过腐蚀现象。表 27-8～表 27-10 列出了用硝酸、硫酸、盐酸、磷酸以及醋酸为退除液的金属退除工艺。

表 27-8　以水为配位体的硝酸或硝酸盐型退除工艺

镀　　层	基体材料	溶液组成及操作条件	处理方法
铜	铝	浓硝酸 100%，室温	化学法
黄铜、青铜	铝	硝酸 50%，室温	化学法
镍	铝	浓硝酸 100%，室温	化学法
镍	钢铁	发烟硝酸 100%，室温	化学法
铅	铝	硝酸 50%，室温	化学法
银	铝、不锈钢	硝酸 50%，室温	化学法
铂	钢、镍、银	浓硝酸：浓盐酸＝1：3(体积比)，室温	化学法
镍	钢铁、铸铁	浓硝酸 1000ml/L，氯化钠 40g/L，室温	化学法
镍	铝、铝合金	浓硝酸 1000ml/L，氯化钠 1g/L，室温	化学法
镍	塑料	浓硝酸 50%，室温	化学法
锡、铅	铝	浓硝酸 600～700ml/L，室温	化学法
锌、镉	铝	浓硝酸 500ml/L，室温	化学法
银	铝、锌、不锈钢	浓硝酸 500ml/L，室温	化学法
镍铁合金	钢铁	硝酸 1000ml/L，氯化钠 20g/L，六次甲基四胺 5g/L，室温	化学法
铜	钢铁	硝酸钠 180g/L，D_A 1～2A/dm²，室温	电化学法
镍	钢铁	硝酸钠 300g/L，D_A 6～10A/dm²，90℃	电化学法
镉	钢铁	硝酸铵 100g/L，D_A 1～5A/dm²，室温	电化学法
铜	钢铁	亚硝酸钠 250g/L，D_A 1～5A/dm²，室温	电化学法
镍	镁	硝酸钠 100g/L，氢氟酸 20%，D_A 1～2A/dm²，室温	电化学法
钯	各种	亚硝酸钠 20g/L，氯化钠 50g/L，D_A 1～6A/dm²，50℃	电化学法
铜	钢铁	硝酸钾 100～150g/L，pH 7～10，电压 10～15V，室温	电化学法

表 27-9　以水或 Cl⁻ 为配位体的盐酸或氯化物型退除工艺

镀　层	基体材料	溶液组成及操作条件	处理方法
锡	钢、铜、镍	浓盐酸 4.5L,五氧化二锑 57g,水 236ml,室温	化学法
铬	钢、镍、镍钴	盐酸 98%,氧化锑 2%,室温	化学法
铬	钢	1:1 盐酸,H 促进剂 15~20g/L,50~60℃	化学法
锌	钢	盐酸 20%~50%,室温	化学法
钯	银	氯化钠 125g/L,浓盐酸 5g/L,D_A 1~5A/dm²,室温	电化学法
铑	镍	稀盐酸,电压 6V,室温	电化学法
镍	铜、黄铜	盐酸 12g/L,电压 6~12V,室温	电化学法
钯	各种金属	盐酸 20ml/L,氯化钠 50g/L,亚硝酸钠 20g/L,D_A 1~6A/dm²,50℃	电化学法
镍	铜	盐酸 10%,D_A 1~2A/dm²,室温	电化学法
镍	锡	盐酸 100%,电压 6V,室温	电化学法
铑	银	浓盐酸 360ml,磷酸 105ml,氯化钠 188g,浓硫酸 90ml,水,4L D_A 0.2~1A/dm²,室温	电化学法
铅锡合金	钢、镍、铜	氯化钠 125g/L,盐酸 50ml/L,电压 10~12V,室温	电化学法
锡钴合金	钢、铜	浓盐酸 100%,室温	化学法
锡镍合金	铜	盐酸 100g/L,电压 12~18V,室温	电化学法
锌镍铁合金	钢铁	浓盐酸 100%,室温,退后用浓硝酸去黑膜	化学法
镍	塑料	三氯化铁 200~300g/L,40~50℃	化学法
镍	塑料	浓盐酸 800ml/L,30% H_2O_2 50ml/L,室温	化学法
镍铁合金	钢铁	氯化钠 25g/L,柠檬酸钠 30g/L,pH 3,室温 2~5A/dm²	电化学法
镉	钢铁、铜	盐酸 50~100g/L,室温	化学法

表 27-10　以水、硫酸根、磷酸根和醋酸根为配位体的酸性退除工艺

镀　层	基体材料	溶液组成及操作条件	处理方法
镍	铜	硫酸 70~120g/L,间硝基苯磺酸钠 60~70g/L,KSCN 0.5~1g/L,90℃	化学法
镍铁合金	钢铁	硫酸 400ml/L,六次甲基四胺 30g/L,50~60℃,1~2A/dm²	电化学法
锡	钢铁	硫酸 100ml/L,$CuSO_4$ 50g/L,20~50℃	化学法
锡	钢铁	羟基-1,1-亚乙基二膦酸(HEDP)200g/L,间硝基苯磺酸钠 100g/L,70~80℃	化学法
铅	钢铁、铜	冰醋酸 100~250ml/L,30% H_2O_2 60~80ml/L,室温	化学法
铜	钢铁	硫酸 50g/L,CrO_3 400g/L,室温	化学法
铜-锌合金	钢铁	硫酸 3 份+硝酸 1 份,室温	化学法
化学镍	铜	硫酸 100~120g/L,间硝基苯磺酸钠 60~70g/L,KSCN 0.5~1g/L,80~90℃	化学法

续表

镀　　层	基 体 材 料	溶液组成及操作条件	处理方法
银	铜	浓硫酸 19 份,浓硝酸 1 份,25～40℃	化学法
锡	非铁金属	三氯化铁 100g/L,硫酸铜 150g/L,醋酸 200ml/L,室温	化学法
锌	钢铁	硫酸 5%～10%,室温	化学法
铅	钢铁	醋酸 350ml/L,过氧化氢 50ml/L,室温	化学法
铑	银	磷酸 500ml/L,硫酸铝 35g/L,氯化钠 35g/L,75℃	化学法
银	钢铁	硫酸 1000ml/L,硝酸 75g/L,50℃	化学法
镍	锌、锌合金	硫酸 450ml/L,硝酸 150ml/L,电压 10～15V,室温,石墨阴极	电化学法
铜	铝	硫酸 400ml/L,甘油 15～20g/L,电压 8～12V,室温,石墨阴极	电化学法
铜	锌合金	硫酸钠 15～20g/L,电压 6～10V,室温,石墨阴极	电化学法
铬	铝	硫酸 400ml/L,甘油 15～20g/L,电压 8～12V,室温,不锈钢阴极	电化学法
铬	锌	浓硫酸 1000ml/L,电压 6～10V,石墨或不锈钢阴极	电化学法
钴铁合金	钢铁	硫酸 110ml/L,硫酸铵 95g/L,氟硅酸 1.5g/L,电压 10～25V,室温	电化学法
锡铅合金	钢铁、铜	氟化氢铵 230g/L,电压 10～15V,石墨阴极,室温	电化学法
铜/镍/铬	钢铁、铝	磷酸(85%)750g/L,三乙醇胺 250g/L,电压 12～18V,石墨阴极,室温	电化学法
金	钢铁	硫酸 1000ml/L,盐酸 30g/L,电压 2～3V,室温	电化学法
金	铝	硫酸 6 份,水 1 份,电压 6V,室温	电化学法
铜	钢铁	铬酸 250g/L,硫酸 2.5g/L,D_A 1～10A/dm², 室温	电化学法
镍	钢铁	硫酸 53Bé 波美度,D_A 2～10A/dm², 20℃	电化学法
镍	锌、铝	硫酸 66Bé 波美度,D_A 1～10A/dm², 室温	电化学法
铑	银	硫酸 90ml,盐酸 360ml,磷酸 105ml,氯化钠 188g,水 4L,D_A 0.2～1A/dm², 室温	电化学法
铜锌合金	钢铁	磷酸 60Bé 波美度,D_A 1A/dm², 室温	电化学法

第四节　以羟基为配位体的退除方法

许多金属,尤其是两性金属可溶于碱中,形成十分稳定的羟基配合物。表 27-11 列出了各种金属离子羟基配合物的稳定常数。从表 27-11 可以看出,Sn、Pb、Zn、Cr、Al 等均可形成稳定常数很高的羟基配合物,只要在适当氧化剂存在的条件下(化学氧化剂与阳极氧化),就可以用碱(苛性碱或碳酸盐)来退除这些金属。表 27-12 列出了以碱为配位体的退除工艺。

表 27-11 各种金属离子羟基配合物的稳定常数

金属离子	配合物的各级总稳定常数 $\lg\beta$
Ag^+	AgL 2.3；AgL_2 3.6；AgL_3 4.8
Al^{3+}	AlL_4 33.3；Al_6L_{15} 163
Bi^{3+}	BiL_3 12.4；Bi_6L_{12} 16.8；Bi_9L_{20} 27.7
Cd^{2+}	CdL 4.3；CdL_2 7.7；CdL_3 10.3；CdL_4 12.0
Co^{2+}	CoL_4 4.1；CoL_2 9.2
Co^{3+}	CoL 13.3
Cr^{3+}	CrL 10.2；CrL_2 18.3
Cu^{2+}	CuL 6.0；Cu_2L_2 17.1
Fe^{2+}	FeL 4.5
Fe^{3+}	FeL 11.0；FeL_2 21.7；Fe_2L_2 25.1
Ni^{2+}	NiL 4.6
Pb^{2+}	PbL 6.2；PbL_2 10.3；PbL_3 13.3；Pb_2L 7.6；Pb_4L_4 36.1；Pb_6L_8 69.3
Sn^{2+}	SnL 10.1；Sn_2L_2 23.5
Zn^{2+}	ZnL 4.9；ZnL_4 13.3；Zn_2L 6.5；Zn_2L_6 26.8

表 27-12 以碱为配位体的退除工艺

镀层	基体材料	溶液组成及操作条件	处理方法
铬	钢	氢氧化钠 100g/L，D_A 1～10A/dm²，室温	电化学法
硬铬	精密钢、铸铁	氢氧化钠，50g/L，D_A 3～5A/dm²，10～35℃	电化学法
铬	锌、铝、钛	碳酸钠，50g/L，D_A 2～3A/dm²，10～35℃	电化学法
锡	钢	氢氧化钠 75～90g/L，间硝基苯磺酸钠 75～90g/L，80～100℃	化学法
锡	钢	氢氧化钠 150～200g/L，氯化钠 15～30g/L，D_A 1～5A/dm²，80℃以上	电化学法
锡	非铁金属	氢氧化钠 100g/L，D_A 1～6A/dm²，室温	电化学法
锡锌合金	钢铁	氢氧化钠 100g/L，氯化钠 20g/L，沸点	化学法
铅	钢铁	氢氧化钠 75～100g/L，D_A 1～3A/dm²，60～70℃	电化学法
铅	铜、黄铜、钢	氢氧化钠 135g/L，电压 1～3V，80～90℃	电化学法
锌	钢铁、铸铁	氢氧化钠 200～300g/L，亚硝酸钠 100～200g/L，100℃	化学法
铬	钢铁、铸铁	氢氧化钠 50g/L，无水碳酸钠 60g/L，电压 10～15V，室温，石墨阴极	电化学法
银	镍、钢铁	氢氧化钠 25～35g/L，碳酸钠 60～100g/L，电压 8～12V，室温，石墨阴极	电化学法
铅锡合金	钢铁、铜	氢氧化钠 100g/L，偏硅酸钠 75g/L，酒石酸钾钠 50g/L，D_A 2～4A/dm²，80℃	电化学法
铅锡合金	钢铁、铜	氢氧化钠 100g/L，邻硝基苯甲酸 50g/L，40～80℃	化学法

第五节 用其他配位体的镀层退除方法

除了剧毒的氰化物以及强酸、强碱可作为配位体来退除金属镀层外，其实还有大量的天然的或合成的配位体都可用来组成镀层的退除液。选择各种配位体的条件主要有以下几个：

① 可与金属离子形成较稳定的配合物；
② 新形成的配合物是可溶性的；
③ 配位体不会受到氧化剂或阳极的氧化而破坏；
④ 配位体的价格要低廉，原料要易得。

可以满足以上要求的配位体很多，表 27-13 列出了用其他配位体组成的镀层退除工艺。

表 27-13　用其他配位体组成的镀层退除工艺

镀层	基体材料	溶液组成及操作条件	处理方法
银	铜及铜合金	FAS-A 退银液①300ml/L，FAS-B 退银液 200ml/L，pH 8.7，室温，退速 0.5～1μm/min	化学法
镍	铜	乙二胺 200ml/L，间硝基苯磺酸钠 60g/L，硫氰酸钾 1g/L，80～100℃	化学法
镍铁合金	钢铁	乙二胺 40ml/L，柠檬酸钠 80g/L，间硝基苯磺酸钠 80g/L，pH 7～8，80℃	化学法
镍铁合金	钢铁	三乙醇胺 20ml/L，柠檬酸 50g/L，间硝基苯磺酸钠 80g/L，pH 9～10，80℃	化学法
镍	钢铁	乙醇胺 37.5g/L，甘氨酸 30g/L，硫代硫酸钠 4.5g/L，十二烷基硫酸钠 0.03g/L，40℃，退速 5.4μm/h，对化学镍为 4.5μm/h	化学法
锡	钢铁	羟基-1,1-亚乙基二膦酸(HEDP)200g/L，间硝基苯磺酸钠 100g/L，70～80℃	化学法
铜锡合金	钢铁	三乙醇胺 60～70g/L，氢氧化钠 60～75g/L，硝酸钠 15～20g/L，35～50℃，D_A 1.5～2.5A/dm²，铁阴极或不锈钢阴极	电化学法
钯	铜、钢铁	亚硝酸钠 23g/L，氯化钠 53g/L，pH 4～5，70℃，D_A 8～9A/dm²	电化学法
镉	钢铁	硝酸铵 200～250g/L，D_A 5～10A/dm²，40～60℃，铁板阴极	电化学法
镍铁合金	钢铁	柠檬酸钠 30g/L，氯化钠 25g/L，pH 3，D_A 2～5A/dm²，室温	电化学法
镍	铜	酒石酸钾钠 20g/L，硝酸铵 180g/L，硫氰酸钾 1～2g/L，30～50℃，D_A 10～15A/dm²	
Cu-Ni-Cr	钢铁	三乙醇胺 100～150g/L，硝酸铵 100～200g/L，醋酸钠 40～60g/L，冰醋酸 20～30ml/L，825 添加剂(北京电镀总厂)3～8ml/L，pH 5～7，20～30A/dm²	电化学法
Cu-Ni-Cr	钢铁	W—710 退除剂(武汉风帆公司)200～250g/L，pH 4～7，D_A 3～10A/dm²	电化学法
铜	钢铁	氨三乙酸 40～60g/L，硝酸铵 80～100g/L，六次甲基四胺 10～30g/L，pH 4～7，10～50℃，D_A 5～15A/dm²	电化学法
铜锌合金	钢铁	氨水 375ml/L，过硫酸铵 75g/L，30～60℃	化学法
铜锌合金	钢铁	氨水 625ml/L，30% H_2O_2 375ml/L，30～60℃	化学法
Cu-Ni-Cr	钢、铝	三乙醇胺 250g/L，磷酸 750g/L，65～90℃，D_A 10A/dm²	电化学法
铜	锌	亚硫酸钠 120g/L，D_A 1～2A/dm²，室温	电化学法
锌、镉	钢铁、铸铁	柠檬酸三钠 208g/L，柠檬酸 56g/L，氟硼酸 2.1g/L，pH 4.8，电压 15～20V，20～35℃	电化学法
Cu-Ni-Cr	钢铁	氨三乙酸 25g/L，EDTA 8g/L，硝酸铵 70g/L，六次甲基四胺 15g/L，pH 4～7，D_A 5～20A/dm²，电压 6～18V，室温	电化学法

① FAS-A 无氰、室温、快速退银液由本书作者方景礼教授研制。

第六节 印制板铜线路的蚀刻或退除

传统的印制板都是将覆铜箔基板上不需要的铜层，用化学的方法将它退除或蚀刻，使其形成所需要的电路图形，因此，蚀刻工艺是目前制造印制板不可缺少的一个重要步骤。特别是近年来大规模集成电路和超大规模集成电路的广泛应用，对印制板制造技术提出了更高的要求，正向着高精度（导线宽度与间距为 0.05～0.08mm）、高密度（两焊盘间布 4～5 根导线）的方向飞速发展，对蚀刻的线宽公差提出了更高更严的技术要求。

印制板铜层的高精度蚀刻或退除，是目前最大量的退铜工艺，大型的印制板制造厂每天要用数吨的退除液，一年就是数百吨，全国有数千家印制板制造厂，每年耗用的退除液高达数十万吨，可以说是使用量最大的退除液了。

如前所述，铜层的化学退除方法有很多种，但要用于印制板上却有不少特殊的要求：

① 不会攻击保护铜线路用的有机膜（有干膜、湿膜、油墨膜等）以及抗蚀用的金属镀层（如金、锡、锡铅等）。

② 蚀刻速度要快且能实现自动控制。

③ 蚀刻系数要大，侧蚀小。

④ 溶铜量要大，溶液寿命长。

⑤ 蚀刻液变化小、稳定性好。

至今已经使用过的蚀刻液有六种，其中主要用的有三种，它们是：

（1）三氯化铁蚀刻液

它是早期制单、双面印制板时常用的蚀刻液，它可以蚀刻铜、铜合金、铁、锌、铝和铝合金等，适于网印抗蚀印料、液体感光胶、干膜和金镀层作抗蚀层的印制板的蚀刻，但不适用于镍、锡及锡铅合金作抗蚀层的印制板。三氯化铁蚀刻液具有工艺稳定、操作方便、成本低等特点，但污染严重，废液处理困难，现已很少使用。

三氯化铁退除铜的反应可表示为：

① 铜被氧化成一价的氯化亚铜

$$FeCl_3 + Cu \longrightarrow FeCl_2 + CuCl$$

② 一价的氯化亚铜还可进一步被氧化为二价的氯化铜

$$FeCl_3 + CuCl \longrightarrow FeCl_2 + CuCl_2$$

③ 二价的氯化铜也可蚀刻铜，其反应为

$$CuCl_2 + Cu \longrightarrow 2CuCl$$

因此，三氯化铁蚀刻液对铜的腐蚀是靠 Fe^{3+} 和 Cu^{2+} 共同完成的。其中三价铁的蚀刻速度较快，蚀刻质量较好，而二价铜的蚀刻速度较慢，蚀刻质量较差。新配制的蚀刻液中只有三价铁，蚀刻速度较快，随着蚀刻的进行，三价铁不断消耗，而二价铜不断增加。当三价铁消耗掉约 35% 时，二价铜已增加到相当大的浓度，这时三价铁和二价铜对铜的蚀刻量几乎相等，当三价铁消耗掉50%时，二价铜的蚀刻作用已上升为主导地位，此时的蚀刻速度已很慢，应更新蚀刻液。在印制板的实际生产中，表示蚀刻液的活度不是采用三价铁的消耗量，而是用蚀刻液中含铜量（g/L）来量度。

（2）酸性氯化铜蚀刻液

酸性氯化铜蚀刻液适于生产单面印制板、多层板内层和掩蔽法印制板。所用的抗蚀剂是网印抗蚀印料、干膜、液体感光抗蚀剂，也适用于图形电镀金抗蚀层印制电路板的蚀刻。该蚀刻液的特点是蚀刻速度易控制，蚀刻质量较高；溶铜量大，使用寿命长；蚀刻液容易再生与回收，减少污染。

氯化铜中的二价铜离子可与金属铜发生氧化还原反应，使印制板上的铜被腐蚀成一价铜的氯化物

$$Cu + CuCl_2 \longrightarrow 2CuCl \downarrow$$

所形成的氯化亚铜是不溶于水的，它会在铜的表面生成一层氯化亚铜膜，阻止反应的进行，但在存在过量氯离子时，氯化亚铜可与氯离子反应而形成可溶性的配离子

$$2CuCl + 4Cl^- \rightleftharpoons 2[CuCl_3]^{2-}$$

使氯化亚铜从铜表面溶解下来，从而提高了蚀刻速度。随着铜的蚀刻，溶液中的一价铜越来越多，蚀刻能力很快就会下降，以致最后失去效能。为了保持连续的蚀刻能力，必须设法使一价铜重新转变为二价铜，达到正常的蚀刻工艺标准，这一过程通常称为再生。再生蚀刻液的方法是加入氧化剂使一价铜氧化为二价铜。常用的氧化剂是通入氧气或空气、氯气或加入双氧水、次氯酸钠，也可用电解氧化的方法。

① 通氧气 $\qquad\qquad 4CuCl + 4HCl + O_2 \longrightarrow 4CuCl_2 + 2H_2O$

② 通氯气 $\qquad\qquad 2CuCl + Cl_2 \longrightarrow 2CuCl_2$

③ 加次氯酸钠 $\quad 2CuCl + 2HCl + NaOCl \longrightarrow 2CuCl_2 + NaCl + H_2O$

④ 加双氧水 $\qquad 2CuCl + 2HCl + H_2O_2 \longrightarrow 2CuCl_2 + 2H_2O$

在氯化铜蚀刻液中二价铜和一价铜实际上都是以配离子形式存在的。一价铜离子可以与 Cl^- 形成配位数为2和3的配离子，在过量 Cl^- 存在的情况下以 $[CuCl_3]^{2-}$ 为主

$$CuCl + Cl^- \rightleftharpoons [CuCl_2]^-$$

$$[CuCl_2]^- + Cl^- \rightleftharpoons [CuCl_3]^{2-}$$

Cu^{2+} 与 Cl^- 可以形成配位数为 $1\sim4$ 的配合物，在过量 Cl^- 存在时容易形成 $[CuCl_3]^-$ 和 $[CuCl_4]^{2-}$ 型配离子，$[CuCl_4]^{2-}$ 呈黄色，而 $[Cu(H_2O)_4]^{2+}$ 则呈蓝色，当两者共存时则显绿色。

氯化铜（Ⅱ）蚀刻液的组成如表27-14所示。由表可见，在蚀刻液的配制和再生时都需要 Cl^- 参加，提供 Cl^- 的可以是盐酸、氯化钠或氯化铵。

表 27-14 酸性氯化铜蚀刻液的组成

溶液组成	配方1	配方2	配方3	配方4	配方5
氯化铜[$CuCl_2 \cdot 2H_2O$]	130~190g/L	200g/L	295g/L	140~160g/L	67~335g/L
盐酸[HCl(20°Bé)]	150~180ml/L	100ml/L	8ml/L	70~80g/L	27~80g/L
氯化钠（NaCl）		100g/L	536g/L		
氯化铵（NH₄Cl）				160g/L	67~322g/L

(3) 碱性氯化铜蚀刻液

碱性氯化铜蚀刻液是目前应用最普遍的一种蚀刻液。它适于电镀各种金属抗蚀层，如镀金、镍、锡、锡铅合金和锡镍合金印制板的蚀刻。其特点是：

a. 蚀刻速率快，每分钟可蚀刻 $40\sim50\mu m$ 的铜；

b. 对线路的侧蚀很小，适于细线路印制板的使用；

c. 蚀刻液可连续再生循环使用，成本低。

如前所述，二价的铜离子可以氧化金属铜而形成一价铜离子。若用二价铜的氨配离子取代二价铜的水合配离子。同样可以将金属铜氧化为一价铜离子并形成一价铜氨配离子，它是可溶性的，不会像 Cu_2Cl_2 会吸附在金属铜表面而抑制铜的进一步腐蚀。

在氯化铜溶液中加入氨水，将发生以下的配位反应

$$CuCl_2 + 4NH_3 \Longleftrightarrow [Cu(NH_3)_4]Cl_2$$

形成的二价铜氨配离子 $[Cu(NH_3)_4]^{2+}$ 可以氧化金属铜而发生下列的蚀刻反应

$$[Cu(NH_3)_4]^{2+} + Cu \Longleftrightarrow 2[Cu(NH_3)_2]^+$$

或

$$[Cu(NH_3)_4]Cl_2 + Cu \Longleftrightarrow 2[Cu(NH_3)_2]Cl$$

反应生成的一价铜氨配离子 $[Cu(NH_3)_2]^+$ 不再具有蚀刻能力，但它在过量的氨水和氯离子存在的情况下能很快被空气中的氧所氧化，再生为具有蚀刻能力的二价铜氨配离子 $[Cu(NH_3)_4]^{2+}$：

$$2[Cu(NH_3)_2]Cl + 2NH_4Cl + 2NH_3 + \frac{1}{2}O_2 \Longleftrightarrow 2[Cu(NH_3)_4]Cl_2 + H_2O$$

因此在空气中采用喷淋的方法就可以进行连续的蚀刻反应而不需要附加的再生设备就可进行长时间的连续生产。

由此可见，碱性氯化铜蚀刻液的组成，应当有二价铜离子，有氨或铵盐，还要有一定量的氯离子，除此以外，还要考虑添加一些加速蚀铜速度的加速剂，防止产生侧腐蚀的护岸剂等。表 27-15 列出了某些碱性氯化铜蚀刻液的组成与操作条件。

表 27-15　某些碱性氯化铜蚀刻液的组成与操作条件

溶液组成与操作条件	配方 1	配方 2	配方 3	配方 4
Cu^{2+}（以 $CuCl_2$ 形式加入）/(g/L)	$140\sim160$	128	160	38
氯化铵(NH_4Cl)/(g/L)	100	267	260	$54\sim214$
磷酸二氢铵($NH_4H_2PO_4$)/(g/L)	$20\sim50$			
磷酸三铵$[(NH_4)_3PO_4]$/(g/L)	$30\sim60$	1.49	7	$8\sim75$
钼酸铵$[(NH_4)_2MoO_4]$/(g/L)	$10\sim30$			
氨水($NH_3\cdot H_2O$)/(g/L)	$670\sim700$	210	340	$70\sim210$
碳酸铵/(g/L)			50	
pH	$8\sim9$	$8\sim9$	$8\sim9$	$8\sim9$
温度/℃	$40\sim60$	$45\sim55$	$43\sim54$	$40\sim60$

① Cu^{2+} 浓度的影响。

由于二价铜氨配离子是氧化剂，所以二价铜离子的浓度就成了影响蚀刻速率的主要因素。当蚀刻液中二价铜离子的浓度在 $0\sim82g/L$ 时，蚀刻速率很慢，需较长的时

间才能蚀刻掉 $35\mu m$ 厚的铜（见图 27-2），当蚀刻液中 Cu^{2+} 离子的浓度在 $82\sim120g/L$ 时，蚀刻速率较慢，溶液控制困难。当蚀刻液中 Cu^{2+} 的浓度在 $135\sim165g/L$ 时，溶液的蚀刻速率很高且溶液稳定，它是蚀刻的最佳条件。若继续升高浓液中 Cu^{2+} 的浓度至 $165\sim225g/L$，此时溶液变得不稳定，容易产生沉淀，这时就到了必须调整或更新溶液的时候了。在实际生产中，通常是通过控制溶液相对密度的方法，当相对密度超过一定值时，控制系统就会自动添加不含铜的铵盐溶液，以调整相对密度达到工艺规定的范围内，使液中 Cu^{2+} 浓度保持在 $135\sim165g/L$ 之间。

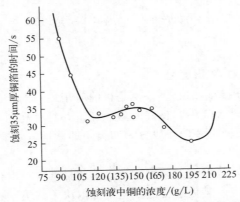

图 27-2　蚀刻液中 Cu^{2+} 离子浓度对蚀刻速率的影响

② pH 的影响。

当 pH<8 时，蚀刻液中的铵盐不能完全转化为具有配位作用的 NH_3

$$NH_4^+ + OH^- \rightleftharpoons NH_3 + H_2O$$

蚀刻液中的铜不能完全被 NH_3 配位而形成铜氨配离子，导致溶液出现氢氧化铜沉淀。在槽底，它呈泥浆状，易沉积在加热器上而形成硬皮，不但热损耗大，易损坏加热器，而且易堵塞泵与喷嘴。当 pH 值过高（pH>9），NH_4^+ 迅速变成 NH_3，过多的 NH_3 易挥发且造成大量铵的损耗，同时还会造成环境污染，也会增大侧蚀的程度，从而影响蚀刻的精度，因此蚀刻液的 pH 值应控制在 $8.0\sim8.8$ 之间。

③ 氯化铵含量的影响。

氯化铵含量太低时，蚀刻速率会下降，因为 $[Cu(NH_3)_2]^+$ 的再生需要过量的氨水和氯化铵。但如果蚀刻液中氯离子含量过高时，会造成抗蚀镀层被侵蚀，必须加以控制。也可以用碳酸铵或磷酸铵来取代氯化铵，因为碳酸根及磷酸根不会攻击抗蚀镀层，而且磷酸盐有较好的 pH 缓冲效果。

④ 温度的影响。

和一般化学反应的规律一样，蚀刻反应的速率也是随溶液温度的升高而加快的。当蚀刻液的温度低于 $40℃$ 时，蚀刻速率很慢，导致侧蚀量增大；温度高于 $60℃$ 时，蚀刻速率很快，氨的挥发量也很大，容易造成蚀刻液化学组分比例失调和环境污染。此时铜含量和氯离子含量增加，pH 值下降，蚀刻液黏度增加，反而使蚀刻速率变慢，抗蚀金属（镀锡铅层）变黑，严重时会使槽液呈胶状沉淀。

第二十八章

金属表面配合物保护膜

第一节 铜及铜合金的防变色配合物膜

一、铜与铜合金的腐蚀变色

铜是人类历史上应用最早的金属，也是目前应用最广的金属材料之一。铜在电化学序中比铁稳定，在干燥大气中有良好的耐蚀性，并具有高的导电性和导热性（仅次于银）。铜及其合金的品种很多，一般分为四类：即紫铜、黄铜、青铜和白铜。

1. 紫铜（纯铜）

纯铜表面呈紫红色，故习惯上称为紫铜。铜的标准电极电位比氢正，在非氧化性酸中不会发生置换氢反应，其化学稳定性基本上取决于热力学稳定性，腐蚀时不发生氢的去极化作用，而主要是靠氧的去极化作用。其本身的钝化能力很弱。若长期暴露在大气中很容易被氧化而形成棕色的氧化亚铜，在含 CO_2 的潮湿气体中易形成绿色的碱式碳酸铜 $CuCO_3 \cdot Cu(OH)_2$，简称铜绿。

$$2Cu + O_2 + H_2O + CO_2 \Longrightarrow Cu_2(OH)_2CO_3 \downarrow \text{ 或 } CuCO_3 、 Cu(OH)_2 \downarrow$$

铜在稀的和中等浓度的非氧化性酸如盐酸、硫酸、醋酸、磷酸、柠檬酸、乳酸、脂肪酸等溶液中，显示足够的稳定性，但这些酸中含有氧（空气饱和）或氧化剂时，则腐蚀速度明显加快。浓度大于 50%、温度高于 60℃的硫酸对铜腐蚀较严重。

铜在氧化性酸如硝酸、铬酸、浓硫酸中腐蚀很快，尤其在硝酸中很快被腐蚀，在稀硝酸中发生下列反应：

$$3Cu + 8H^+ + 2NO_3^- \Longrightarrow 3Cu^{2+} + 2NO \uparrow + 4H_2O$$

铜和浓硝酸或浓硫酸作用，分别生成黄色的 NO_2 和白色的 SO_2：

$$Cu + 4HNO_3 \Longrightarrow Cu(NO_3)_2 + 2NO_2 \uparrow + 2H_2O$$

$$Cu + 2H_2SO_4 \Longrightarrow CuSO_4 + SO_2 \uparrow + 2H_2O$$

浓的碱金属氰化物溶液可使铜溶解并有氢气产生：

$$2Cu + 4CN^- + 2H_2O \Longrightarrow 2[Cu(CN)_2]^- + 2OH^- + H_2 \uparrow$$

如有氧气参与，反应会加快。

铜在淡水、海水或中性盐溶液中会形成钝态保护膜，它的主要成分是氯化亚铜 Cu_2Cl_2 沉淀，它是一种零价的 $Cu(I)$ 与 Cl^- 形成的多核聚合配合物膜 $[CuCl]_n^0$：

$$Cl^- \overset{}{\underset{}{+}} Cu^+ - Cl^- \overset{}{\underset{n}{+}} Cu^+ - Cl^-$$

它可保护铜免受进一步的腐蚀。铜在一般碱液中稳定，但不耐高温的碱液（见表 28-1）。

表 28-1　纯铜在各种介质中的耐蚀性

牌　号	介　质	浓　度	试验温度/℃	试验时间/h	腐蚀率/(mm/a)	备　注
T3	硫酸	10%	80	—	0.696	
		35%	40	—	0.14	
		35%	80	—	0.40	
		50%	40	—	0.10	
		50%	80	—	0.29	
		55%	40	—	0.07	
		55%	80	—	0.23	
		6%～96.5%＋氢	35		0.17～0.22	
		6%＋氧	20		3.73	
		96.5%＋氧	20		1.01	
T3	盐酸	10%	20		0.08	
		20%	20		0.24	
		20%＋氧	—		不可用	
		30%	20		0.85	
	盐酸(浓)		20		约 4.1	
T2	盐酸	4%＋15%氧	20		1.06	
T3	磷酸	25%	95		0.42	
		25%＋空气	95		8.97	
		40%～浓	20		0.02～0.04	
		40%	沸		3.20	
		80%	沸		0.50	
		浓	沸		1.13	
纯铜	氢氟酸	30%	21	96	0.2286	在开口容器中试验
		48%	21		0.2286	
		70%	21	192	0.889	
		93%	21	192	0.6604	
纯铜	硝酸	32%	20	—	破坏	
T4	醋酸	20%	20	—	0.096	
T3	醋酸	20%	100	—	2.9	
		50%＋氧	20	—	1.50	
		50%＋氢	20	—	0.065	
		50%	75	—	0.95	
		60%	20	—	0.153	
		60%	100	—	3.5	
T1,T2,T3	醋酸酐(纯)		25	—	0.06	
			75	—	1.16	
纯铜	氢氧化钠	30%～50%	82		0.86	
	氢氧化钠	14～40g/L	<沸腾		耐蚀	
T3,T4	氢氧化钠	50%	35		0	
T3,T4	氢氧化钾	50%	35		0.012	
T3	蚁酸	无 O_2 溶液	20	—	<0.29	
		含 O_2 溶液	20	—	<1.10	
纯铜	氨水溶液	26%	20	—	破坏	
T3	柠檬酸饱和溶液		20	—	0.01	
各种牌号纯铜	甲醇		—	—	可用	
	甲醛		—	—	可用	

铜在一般的化工大气（如含氯、溴、碘、硫化氢、二氧化硫、二氧化碳等）中，特别是在潮湿时很容易发生腐蚀变色，使铜的许多特性，如导电性、导热性、光泽性、接触电阻、可焊性和反光性等变劣，严重影响了它们的使用效果和寿命。

2. 黄铜

普通二元铜锌合金称为黄铜，为进一步改善其性能而加入锡、锰、铝等元素的黄铜则称为特殊黄铜。锡能提高黄铜的强度和对海水的耐蚀性，故锡黄铜又称为海军黄铜。加1%～2%的锰能提高黄铜的工艺性能、强度和耐蚀性。铝能提高黄铜强度、硬度和耐蚀性，但会使塑性降低。

黄铜的力学性能和工艺性能比紫铜好，价格也比纯铜便宜，它在现代工业中的应用也十分广泛，常用作泵、阀的零部件及热交换器中的列管等。

黄铜在农村、城市或海洋大气条件下的腐蚀极慢，比紫铜更耐腐蚀。干燥的氟、氯、溴及氯化氢、氟化氢、四氯化碳等在室温下对黄铜几乎没有作用，但当有水汽存在时，卤素对黄铜的腐蚀急剧增强。

硝酸和盐酸对黄铜有严重腐蚀。黄铜在苛性碱液中的腐蚀速度约为0.5mm/a，而当溶液中有空气存在和温度提高时，腐蚀速率达1.8mm/a。黄铜在潮湿大气、海水和含氨的介质中，会产生应力腐蚀开裂和脱锌现象。脱锌有时会引起穿孔，并使表面变色。

3. 青铜

青铜是指铜中加入锡、铝、铍等元素而形成的合金，分别称为锡青铜、铝青铜和铍青铜。

锡青铜具有优良的力学性能和耐磨性能，铸造工艺性能和耐蚀性能也都较好。

锡青铜和纯铜有类似的化学稳定性。在稀的非氧化性酸（如稀硫酸、稀有机酸）及盐溶液中都具有良好的耐蚀性。但当有氧化剂存在于溶液中时，其腐蚀加剧。氧化性酸（如硝酸）以及其他氧化剂、氨溶液均对锡青铜有腐蚀作用。

铝青铜中以铝含量为5%～10%的铝青铜最受重视，它具有比锡青铜更高的强度和塑性，高的冲击韧性和耐疲劳强度，耐磨、耐热性好，耐蚀性优于纯铜和锡青铜。

铝青铜在大气、海水、碳酸溶液以及大多数有机酸（柠檬酸、醋酸、乳酸）等溶液中都极为稳定。在磷酸中也有较好的耐蚀性。但在高温氧化性气氛或氢氟酸中会发生脱铝腐蚀，在氨等介质中也会出现应力腐蚀破裂。

4. 白铜

铜镍组成的二元合金叫普通白铜。若再加入铁、锌、铝、锰等元素就分别称之为铁白铜、锌白铜、铝白铜和锰白铜。

白铜的耐蚀性与纯铜相似，在无机酸中，特别是在硝酸中会发生严重的腐蚀。碱对白铜的腐蚀作用不大，但如有氧化性杂质存在时腐蚀就大大加速。在氨水和酸性溶液中腐蚀速度很快，在潮湿的工业大气中也容易腐蚀变色。

二、铜与铜合金的防变色处理

铜及铜合金在潮湿空气中，特别在含硫化氢的工业大气中易形成腐蚀膜而变色。

为了防止铜的腐蚀变色，目前主要采用缓蚀剂处理的方法。铜和铜合金的缓蚀剂可分为两大类：

1. 无机缓蚀剂

最常用的无机缓蚀剂或钝化剂是铬酸或铬酸盐，少数也有用钛盐的。铜和铜合金零件在含铬酸或铬酸盐溶液中可以生成极薄的耐蚀膜层或钝化层，钝化膜颜色随材料及工艺方法不同而异。重铬酸盐钝化后零件表面难以锡焊，而铬酸钝化后却易于锡焊。表 28-2 列出了铜及铜合金的铬酸及钛盐钝化工艺。

表 28-2　铜及铜合金的无机钝化工艺

溶液组成与工作条件	铬 酸 钝 化		重铬酸盐钝化		钛 盐 钝 化
	配方 1	配方 2	配方 3	配方 4	配方 5
铬酐（CrO_3）	10～20g/L	80～100g/L			
硫酸（H_2SO_4）	1～2g/L	25～35g/L	10ml/L	5～10g/L	20～30ml/L
氯化钠（NaCl）		1.5～2g/L		4～7g/L	
重铬酸钾（$K_2Cr_2O_7$）			150g/L		
重铬酸钠（$Na_2Cr_2O_7 \cdot 2H_2O$）				100～150g/L	
硫酸氧钛（$TiOSO_4$）					5～10g/L
30%过氧化氢（H_2O_2）					40～60ml/L
硝酸（HNO_3,65%）					10～30ml/L
温度	室温	室温	室温	室温	室温
时间/s	30～60	15～30	2～5	3～8	20
烘干温度/℃	70～80	70～80	70～80	70～80	
后处理	冷水洗后压缩空气吹干，然后再烘干				钝化后在 0.1～1.5g/L 铬酐液中浸 10s

铜与铜合金表面形成的钝化膜，一般认为是由 CrO_3、$[Cr(H_2O)_6]^{3+}$、$[Cr(H_2O)_4(OH)_2]^+$ 等离子组成的多核聚合配合物膜，由于其结构十分复杂，目前尚无确切的结构式可以表达。

铜和铜合金零件的铬酸盐处理具有操作简单、生产效率高等优点，但六价铬有剧毒，对人体危害严重，污水处理困难，不利于环境保护，现已被欧盟列为禁用物质。目前用有机缓蚀剂的铜与铜合金的无铬钝化已获得成功，并在工业上获得很好的应用。

2. 有机缓蚀剂

铜的有机缓蚀剂主要是含氮和含硫的杂环化合物，如苯并三氮唑（BTA）、甲基苯并三氮唑（MBTA 或 TTA）、2-巯基苯并噻唑（MBT）等，它们在氧化亚铜表面形成致密的 Cu（Ⅰ）配合物膜。

Cu（Ⅰ）是"软酸"，它容易与含硫的缓蚀剂（"软碱"）形成稳定的配位键，能承受 200℃ 以上的热振动，因而具有很好的缓蚀效果。常用的含硫缓蚀剂是 2-巯基苯并咪唑、2-巯基苯并噻唑、2-巯基苯并噁唑。缓蚀效果较好的是 2,5-二巯基噻二唑，但它不溶于水而无法在水溶液中应用。表 28-3 列出了铬酸盐化学钝化、铬酸盐电解钝化以及苯并三氮唑（BTA）、羟基苯并三氮唑（HBTA）、2-巯基苯并噻唑（MBT）和四氮唑（MTA）及与各种表面、活性剂和水溶性高聚物双组分体系处理液的防铜变色效果。

表 28-3　各种无机和有机防铜变色剂的防变色效果

处理液/(g/L)	在 1% H_2S 中暴露 30min 后的表面状况
水(空白)	100%表面变蓝色
铬酸化学钝化	30%蓝色,50%棕黑色
铬酸电解钝化	20%蓝色,50%棕黑色
苯并三氮唑(BTA),3g/L	30%紫色,20%棕黑色
羟基苯并三氮唑(HBTA),3g/L	80%棕黑色,20%棕红色
2-巯基苯并噻唑(MBT),1.2g/L	40%棕色
四氮唑(MTA),0.5g/L	5%棕色
MTA 0.5g/L＋聚乙烯醇 5g/L	30%紫色,30%棕黑色
MTA 0.5g/L＋聚乙二醇 5g/L	50%棕黑
MTA 0.5g/L＋十六烷基三甲基溴化铵 0.1g/L	100%棕黑
PCU—103 防铜变色剂[①]	不变色

① PCU—103 防铜变色剂为新型水性防变色剂，由本书作者研制。

表 28-4～表 28-7 是 PCU—103 防铜变色剂的浓度、pH 值、温度和处理时间对防铜变色效果的影响。由表 28-4 可知，当 PCU—103 的浓度达 80ml/L 以上，溶液的 pH 值在 5 左右，温度在 20℃ 以上和浸渍在 4min 以上时，可以获得很好的防变色效果。

表 28-4　PCU—103 防铜变色剂的浓度对防变色效果的影响（pH＝5，25℃，4min）

PCU—103 的浓度/(ml/L)	1% H_2S 中放置的时间		
	1min	25min	22h
未处理	棕色	深咖啡色	紫色
4	不变色	30%棕色	50%棕黑色
8	不变色	15%棕色	25%棕黑色
25	不变色	5%棕色	10%棕色
40	不变色	不变色	5%棕色
80	不变色	不变色	不变色
100	不变色	不变色	不变色
120	不变色	不变色	不变色

表 28-5　PCU—103 防变色液的 pH 值对防铜变色效果的影响（100ml/L，25℃，4min）

pH 值	在 1% H_2S 中开始变色的时间/min	在 1% H_2S 中 22h 后的变色情况
未处理	1	100%棕色
3	20	10%棕色
5	31	不变色
7	15	15%棕色
9	10	30%棕色
12	7	50%棕色

表 28-6　PCU—103 防变色液的温度对防铜变色效果的影响（100ml/L，pH＝5，4min）

处理液温度/℃	20	30	40	50
在 1% H_2S 中 22h 后的外观	不变色	不变色	不变色	不变色

表 28-7　PCU—103 防变色液中处理时间对防变色效果的影响（100ml/L，pH＝5，25℃）

处理时间/min	0.5	1	2	3	4	5
在 1% H_2S 中 72h 后的外观	40%棕色	20%棕色	5%棕色	1%棕色	不变色	不变色

三、防变色配合物膜的组成与结构

苯并三氮唑为白色结晶状固体，能溶于水和醇类溶剂中，其溶解度随温度的升高而上升。它在非极性溶剂中的溶解度较小。苯并三氮唑的毒性较小，对铜和铜合金有较好的防变色效果。其防变色效果随苯并三氮唑的浓度由 1g/L 升至 10g/L 时逐渐增强，至 10g/L 时达到稳定值。苯并三氮唑是分子中含有三个氮原子的杂环化合物，苯环上的氢原子可被其他各种基团（如烷基、烷氧基、氨基、羟基等）取代而得到苯并三氮唑的衍生物，其结构如下：

苯并三氮唑 (BTA)　　4-甲基苯并三氮唑 (MBTA)　　4-羟基苯并三氮唑 (HBTA)　　萘并三氮唑 (NTA)

苯并三氮唑有芳香环，它在紫外（UV）光区有吸收。Suetaka 等利用原位的铜上 UV 反射吸收光谱结合其他方法研究了 BTA 表面配合物膜的结构，认为膜中含有 BTA 和一价铜离子（并非二价铜离子），生成的是 BTA Cu（Ⅰ）配合物膜。以后人们用 X 射线光电子能谱（XPS）进一步证明了 BTA Cu（Ⅰ）在铜表面是与一价铜的氧化物而非与裸露的铜表面原子结合。因为新的裸铜表面在空气中只需几秒或几分钟就可形成一层很薄的氧化亚铜层（见图 28-1），厚度只有数纳米。苯并三氮唑在 pH 6.5～10 的范围内，其使用效果都很好，在过低的 pH 值（pH＜6.5）时，防变色效果下降，这表明主要参与配位的是苯并三氮唑分子中 1 位的 NH 基团，当 pH＞6.5 时，

$\diagdown$N—H 上的 H$^+$ 才可离解，$\diagdown$N$^\ominus$ 上的孤对电子有很强的配位能力，而不带负电荷的其他 N 原子同样可以与对 Cu（Ⅰ）配位，这样 BTA 分子中有两个 N 原子可以参与对 Cu$^+$ 的配位，结果就可形成线型聚合配合物膜，其结构式可表示为：

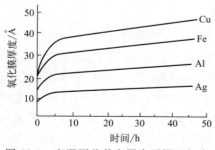
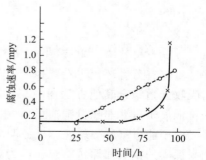

苯并三氮唑与 Cu（Ⅰ）形成的配合物膜是一种致密稳定的保护膜，其厚度约为 40～140Å，但却有很好的防变色效果，在干燥空气中可存放两年。如印刷电路板化学沉铜后只要在 0.25% 的 BTA 溶液中浸 30～60s，然后热风吹干，铜表面在加工过程中就不会变色。但在高潮湿的环境中只能忍耐 3～6 个月而已，也不能承受 2～3 次的无铅焊接。因为在 250℃ 左右时 BTA 的有机配合物膜会受热分解或降解。

4-甲基苯并三氮唑（MBTA）具有与苯并三氮唑相似的防变色效果。由于甲基的存在产生结构上的差异，也使它们在铜表面上形成的配合物有一些重要的区别。红外光谱分析表明，MBTA 与 Cu（Ⅰ）形成的配合物膜是单分子层，这可能是由于甲基的空间位阻限制了膜层的厚度。甲基的存在使 MBTA 膜具有更强的憎水性，抗物质渗透性较 BTA 更强一些。

苯并三氮唑（BTA）与甲基苯并三氮唑（MBTA）在循环水中对黄铜的缓蚀效果比较如图 28-2 所示。由图 28-2 可见，MBTA 的缓蚀效果优于 BTA。MBTA 在 90h 内，其缓蚀作用仍没有降低，但其后发生突然迅速失效。而 BTA 膜被破坏时，腐蚀速率仅缓慢增加。

图 28-1　室温下几种金属在干燥空气中
氧化膜生长速度

图 28-2　BTA 与 MBTA 缓蚀作用比较
○BTA；×MBTA
缓蚀剂含量 3μg/g，温度 50℃，
1mpy＝0.025mm/a

苯并三氮唑苯环上不同部位的氢被甲基取代时，其防变色效果也各异，它们按以下顺序递减

4-甲基 BTA(30Å)或 5-甲基 BTA(70Å)＞BTA＞1-甲基 BTA 或 2-甲基 BTA

而在咪唑（IM）、苯并咪唑（BIM）、苯并三氮唑（BTA）和四氮唑（MTA）四种防变色剂中，其防变色效果有以下顺序

MTA＞BTA＞IM～BIM

这四种唑类化合物中，它们所含的氮原子和硫原子的数目不同，形成配合物的结构与防铜氧化的效果也各不相同。表 28-8 列出了四种唑类缓蚀剂所含的氮、硫原子数目及其缓蚀率，图 28-3 是四种唑类缓蚀剂处理铜后，在 220℃下热处理不同时间后铜表面氧化铜的浓度。

表 28-8　缓蚀剂分子不同氮、硫原子数目和缓蚀率关系

缓 蚀 剂	氮原子数目	硫原子数目	缓 蚀 率
IM	2	0	40%
BIM	2	0	47%
BTA	3	0	62%
MTA	4	1	91%

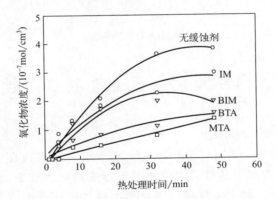

图 28-3　四种缓蚀剂不同时间热处理后，铜表面
氧化铜的浓度

从表 28-8 的数据可以看出，唑类缓蚀剂分子中氮原子数目越多，与 Cu(Ⅰ) 形成的配合物越稳定，配合物膜也越致密，在铜表面的覆盖率也越高，其缓蚀率也越高，防变色能力也越强。缓蚀剂分子中的硫对铜的配位能力更强，它的存在可以明显提高缓蚀率及防变色效果。

同理，具有类似结构的 2-巯基苯并噻唑、2-巯基苯并咪唑等含硫、氮的化合物也是铜的优良防变色剂。这些化合物的巯基上的氢在中性条件下可以离解而形成硫负离子，它可以与 Cu$^+$ 形成稳定的配合物膜。氧化性的物质会使巯基氧化，从而降低防变色效果，应避免混合使用。

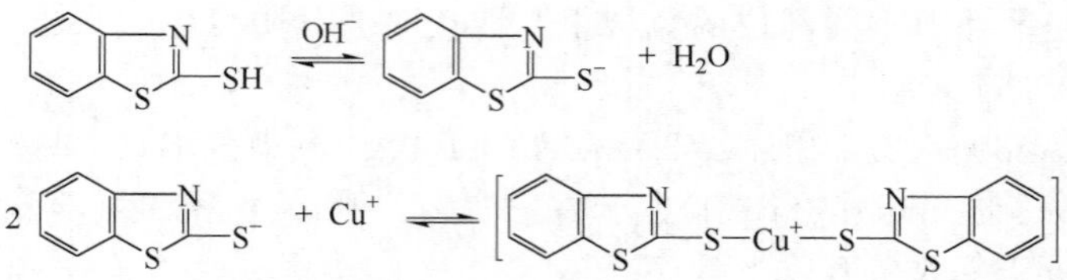

2-巯基苯并噻唑铜（Ⅰ）配合物

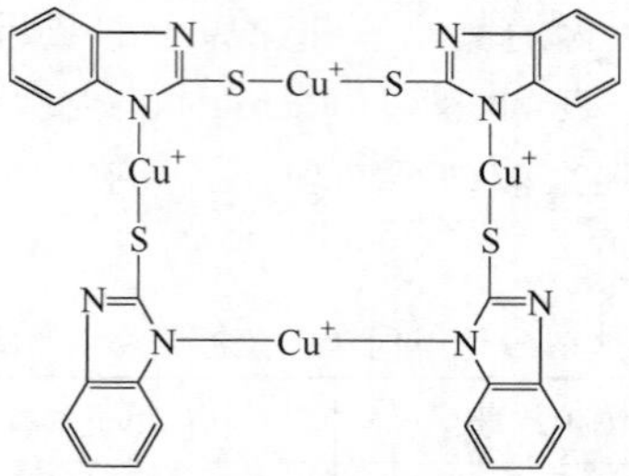

2-巯基苯并咪唑铜（Ⅰ）配合物膜（示意结构见下）

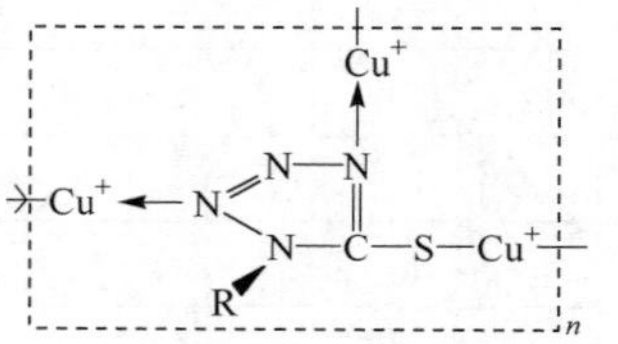

面型 MTA 配合物膜

第二节　印制板的有机配合物钎焊性保护膜

一、有机保焊剂的演化

印制板的表面终饰（final finishing）工艺，就是已完成图形电镀并上了绿漆（阻焊剂）的板材，为赋予其最后的功能而进行的最后的表面处理工艺。印制板是电子元器件的搭载体，其上要连接许多电子元件，而连接的方式通常是通过焊接、打线（bonding）来完成。也就是说，表面终饰必须满足焊接与打线强度等基本要求，同时也要满足产品的一些特别要求，如外观、色泽、耐蚀性、耐久性、接触电阻等。

早期的印制板表面终饰，大都采用热浸锡铅合金焊料的热风整平（HASL）工艺。它是将先经过酸洗、微腐蚀、吹干后的印制板直接浸入熔化的锡铅合金焊料中，取出后立即用高压热风将其表面多余的焊料吹掉，使整块板表面平整并具有一定的光亮度，这就是我们通常看到的含有绿漆和银白色线路的普通印制板。但这样制成的板常出现表面缺乏平整性、锡膏印刷缺损率高、元件易移位。

热风整平所用的锡铅焊料含有 36％ 左右的铅，它不仅使印制板本身含有大量的铅，而且在元器件焊接时又堆积更多的铅到电子产品上。当电子产品报废后，大量的铅就通过微生物和各种腐蚀介质的作用而进入土壤、水源，然后再转移到各种动、植物体内。人们吃了这些动、植物后，铅也就进入了人体。由于铅难以通过普通的消化系统排出体外，它便会在人体内不断积累，最后造成人体的慢性中毒。据研究，铅会影响动物的中央神经系统，使脑造成不可逆的病变，它也会引起肾病、甲状腺病、疝等疾病。英国环境保护局（EPA）已把铅列为 B_2 类可能引起癌症的物质。

20 世纪 80 年代后期，IBM 公司提出用苯并三氮唑来保护印制板铜面免受氧化。但它的耐高温氧化性能不够好，只能用作工序间的防氧化处理。后来改用烷基咪唑，它也可以与氧化亚铜形成高分子状配合物膜、厚度约有 100Å(10nm)，耐高温性能也不理想。之后又改用苯并咪唑（benzylimidazole），其厚度可达 100～10000Å，其中以 300～400Å 最为实用。这类有机物形成的高分子配合物膜在焊接过程中产生的高温下，能保护铜免受氧化或腐蚀，又可在焊接前被稀酸或助焊剂迅速除去，使裸铜面始终保持良好的可焊性，故被称为有机物可焊性保护剂或有机保焊剂（OSP, organic solderability preservatives）。许多外国公司应用苯并咪唑制成它们的专有产品，如日本三和公司的 CuCoat，MacDermid 公司的 M-Coat，Schering 公司（后来并入 Atotech）的 Schercoat，Kester 公司的 Protecto 以及 Enthone-OMI 公司的 Entek 等。其中以 Entek Plus 在业界最为知名。不过苯并咪唑除了在铜上形成棕色保护膜外，也会在金上形成棕色保护膜，从而使金变色，为此逐渐被业者淘汰。

1997 年 IBM 公司的研究员 Sirtori 等发现某些取代苯并咪唑的耐热性比早先各种唑类都要好，其中以 2-丁基-5-氯苯并咪唑的效果最好，因此形成了 Entek106A 产品的基本配方，该产品具有以下优点：

① 铜上形成的配合物膜薄而均匀，绝缘电阻高，具有优良的憎水性、水洗性和不粘性，可直接进行电检测而不必事先退膜；

② 涂膜溶液十分稳定，通过不断的调整与补充可长期使用；

③ 涂膜溶液是水性的，不含有机溶剂，也不会在绿漆、碳膏（carbon paste）上残留膜层和污染物，易于废水处理；

④ 膜层经 3 次有铅的回流焊（reflow）或在 155℃下烘烤 4h 后仍具优良的钎焊性；

⑤ 膜层经 40℃，相对湿度 90％下连续 8 天的潮湿试验后仍具优良的钎焊性；

⑥ 膜层与不清洗助焊剂和锡膏有很好的相容性，适于多次回流焊的表面贴装；

⑦ 涂膜工艺简单，操作方便，条件温和（43℃，pH 2.6），不会出现热风整平和化学镀锡和镀镍金常发生的绿漆剥离的问题；

⑧ 工艺成本是其他表面终饰工艺中最低的，可多次返工，是价廉物美的热风整平的替代工艺。

2-丁基-5-氯苯并咪唑在印制板铜表面形成的配合物膜具有图 28-4 所示的结构。其中咪唑基团中的 N 原子首先配位到铜上，而被酸性槽液所溶出的铜离子又会被其他的苯并咪唑分子配位，从而形成交织在一起配位的多层表面配合物膜，随着铜离子的不断溶出，表面膜就会不断加厚，而咪唑环 2 位上的 R 取代基（正丁基）也具有憎水性和弯曲性，可以填补表面膜的孔隙，防止表面膜受氧气的渗透与攻击。

Cl
N
C
R
Cu²⁺
R=C₄H₉
Cu
印制板
PWBs

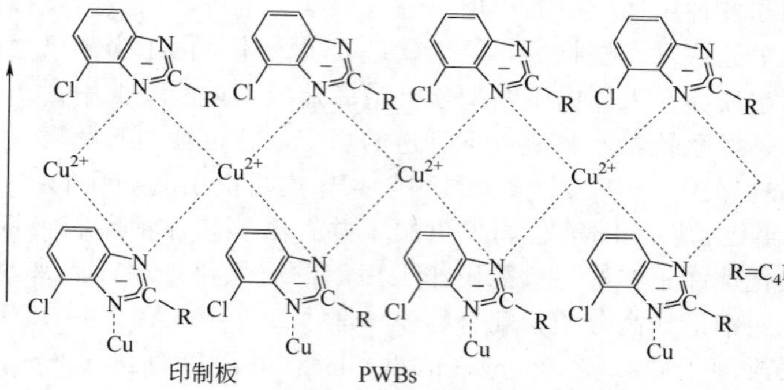

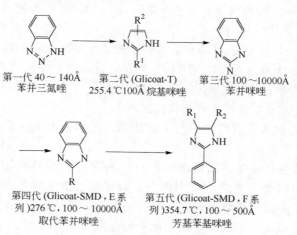

图 28-4 2-丁基-5-氯苯并咪唑铜（Ⅱ）配合物膜的可能结构

该产品的主要缺点是耐高温性还不够好（有机膜的裂解温度为 251℃），尤其是用于焊接温度达 260℃的无铅焊时，难以承受 3 次无铅回流焊，因为经 2～3 次回流焊后，表面配合物开始分解或降解，膜层颜色变暗，沾锡时间拉长，甚至需用强活性的助焊剂才能将已老化的膜层顺利推走而完成焊接。若用弱活性的助焊剂，则无法达到良好的焊接，只有在回流焊时用氮气保护铜表面膜的氧化时，才可达到良好的焊接。

按欧盟议会通过的法律，1997 年 7 月 1 日正式实施电子元器件无铅化，不仅印制板上不能使用锡铅镀层，焊接时用的焊料也不准用锡铅合金，而必须改用锡铜合金或锡银铜合金焊料，它们的熔点比锡铅高 30℃以上，因此无铅焊接的温度也比有铅的高出 30 多度，而且焊接时间也要拉长（回流焊时在 200℃以上要保持 60s，波峰焊时不但 200℃以上吸热段在 60s 以上，而且峰温更高达 265℃），造成现役的各种 OSP 阻挡不住铜的氧化，再加上所用免洗助焊剂的活性不够强，难以通过真正的 3 次无铅回流焊，这就迫使人们开发出更加耐温的新一代（或第五代）OSP。图 28-5 列出了历代 OSP 所用咪唑类化合物的化学结构。

第一代 40～140Å
苯并三氮唑
第二代 (Glicoat-T)
255.4℃100Å 烷基咪唑
第三代 100～10000Å
苯并咪唑
第四代 (Glicoat-SMD，E 系列)276℃，100～10000Å
取代苯并咪唑
第五代 (Glicoat-SMD，F 系列)354.7℃，100～500Å
芳基苯基咪唑

图 28-5 历代 OSP 所用咪唑类化合物的化学结构

第五代 OSP 是由日本四国化成公司近来开发出来的芳基苯基咪唑，其商品名为 Glicoat-SMD，F2（LX）系列，其有机膜之裂解温度高达 354.5℃，比取代苯并咪唑高出 100 多度，经过 3 次无铅回流焊后，其通孔上锡率及焊垫上锡率可达 80％以上，但仍达不到 100％。膜层厚度可减薄至 0.2～0.3μm，均可被各种免洗助焊剂推开，而且完全不会被沉积在金面上。

二、有机保焊剂（OSP）涂覆工艺

1. 工艺流程

市场上有机保焊剂的品种很多，牌号各不相同，但涂覆的工艺流程基本相同，图 28-6 列出了 OSP 自动生产线全线流程示意图。

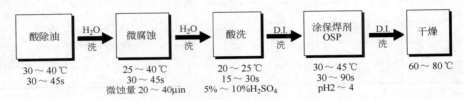

图 28-6　OSP 自动生产线全线流程示意图

① 酸除油段的作用是除去板面油脂、指纹、氧化物等。

② 微腐蚀段的作用是腐蚀掉 20～40μin 厚的铜层，使铜表面变成微粗糙面，以利 OSP 附着铜面。

③ 酸洗段的作用是清洗微蚀残留液，去除铜表面氧化物，提高 OSP 的附着力。

④ 涂保焊剂段是在酸性介质中使铜上沉积一层有机配合物保护膜，厚度约为 0.15～0.35μm，使铜免遭高温氧化并具优良的钎焊性。

⑤ 干燥段是利用吹干和烘干的方法使板面干燥，并使 OSP 膜固化定型。

2. 影响膜厚的因素

（1）成膜活性成分含量的影响

以 FDZ-5B[1] 有机保焊剂涂覆工艺为例。改变活性成分含量由 20％至 120％，在恒定涂覆温度为 43℃，pH 值 2.6 和浸泡 1min 的条件下测定膜层厚度，所得结果列于表 28-9。

表 28-9　膜层厚度随活性成分含量的变化

活性成分（咪唑类化合物）	膜厚/μm	膜厚增长/(μm/20％)	活性成分（咪唑类化合物）	膜厚/μm	膜厚增长/(μm/20％)
20％	0.0268	—	80％	0.2347	0.1118
40％	0.0610	0.0342	100％	0.3552	0.1205
60％	0.1229	0.0619	120％	0.5022	0.1450

表 28-9 的结果表明，保焊膜的厚度随活性成分含量的增加而升高，开始时厚度

---

[1] FDZ-5B 为本书作者开发的 OSP 工艺。

的上升很快以后趋于缓慢。因此，若膜厚偏低，可通过提高活性成分含量来达到。通常活性成分含量应控制在 $100\% \pm 5\%$ 的范围内，在此范围内膜厚的变化只有 5% 左右。

（2）成膜液 pH 的影响

将成膜液的 pH 值从 2.20 升高到 2.9，在恒定温度 43℃，成膜时间 1min 和 100% 活性成分条件下测定膜层的厚度，结果列于表 28-10。

表 28-10　成膜液的 pH 值对膜厚的影响

溶液 pH 值	膜厚/μm	膜厚增长 /(μm/0.1 pH)	溶液 pH 值	膜厚/μm	膜厚增长 /(μm/0.1 pH)
2.20	0.1608	—	2.60	0.3527	0.0517
2.30	0.2002	0.0394	2.80	0.4633	0.0560
2.40	0.2495	0.0493	2.90	0.5184	0.0551
2.50	0.3010	0.0515			

表 28-10 的结果表明，膜厚随成膜液 pH 值的升高而增厚，因此，调节 pH 值是调整成膜厚度的最方便的方法。用浓氨水调高 0.1 个 pH 单位，可提高膜厚 $0.05\mu m$。由于溶液中的有机酸会挥发，pH 值会随之上升，而使膜厚逐渐升高。

（3）成膜液的温度对膜厚的影响

将成膜液的温度由 25℃ 逐渐升至 60℃，并在恒定活性成分含量为 100%，涂膜时间 1min，以及成膜液 pH＝2.6 的条件下测定膜层的厚度，所得结果列于表 28-11。

表 28-11　成膜液的温度对膜厚的影响

溶液温度/℃	膜厚/μm	膜厚增长 /(μm/5℃)	溶液温度/℃	膜厚/μm	膜厚增长 /(μm/5℃)
25	0.0668	—	45	0.3749	0.0993
30	0.0969	0.0301	50	0.4294	0.0545
35	0.1779	0.0810	55	0.4677	0.0383
40	0.2756	0.0977	60	0.4830	0.0153

从表 28-11 可见，膜厚随温度的上升至 45℃ 而迅速增长，温度超过 50℃ 以后，其增长的幅度迅速变小。为获得 $0.3\mu m$ 左右的膜厚，溶液的温度应控制在 43℃ ± 2℃。若膜层的厚度偏高，可适当降低溶液的温度。

（4）成膜液中 Cu^{2+} 含量对膜厚的影响

铜离子可以促进苯并咪唑类化合物成膜，因为形成的是苯并咪唑的 Cu^{2+} 配合物膜。在成膜液中分别加入不同含量（0～300mg/L）的铜离子，同时在恒定活性成分含量在 100%，温度 43℃，pH＝2.6 的条件下涂膜 1min，然后测定膜的厚度，结果列于表 28-12。

表 28-12　成膜液中铜离子浓度对膜厚的影响

Cu^{2+} 浓度 /(mg/L)	膜厚/μm	膜厚增长 /[μm/(75mg/L Cu^{2+})]	Cu^{2+} 浓度 /(mg/L)	膜厚/μm	膜厚增长 /[μm/(75mg/L Cu^{2+})]
0	0.0411	—	225	0.3986	0.0366
75	0.1949	0.1538	300	0.4174	0.0188
150	0.3620	0.1671			

表 28-12 结果表明，膜厚随铜离子升至 200mg/L 而迅速增厚，随后膜厚趋于稳定。铜离子含量过量（即 [Cu^{2+}]＞300mg/L）时，铜离子含量对膜厚的影响很小，说明膜厚并不随 Cu^{2+} 含量的上升而无限上升，而会达到一个稳定值。

（5）浸渍时间对膜厚的影响

样板在恒定活性成分含量为 100%，温度 43℃，pH＝2.6 下浸渍不同时间，然后测定膜的厚度，所得两种保焊膜的厚度增长情况列于表 28-13。

表 28-13　浸渍时间对两种膜层厚度的影响

浸渍时间/s	膜厚/μm		浸渍时间/s	膜厚/μm	
	E 公司	FDZ-5B		E 公司	FDZ-5B
20	0.0920	0.1291	70	0.3320	0.3923
30	0.1365	0.1928	80	0.3723	0.4363
40	0.1733	0.2387	90	0.4007	0.5092
50	0.2380	0.3185	105	0.4248	0.5797
60	0.2872	0.3680	120	0.4892	0.6676

从表 28-13 的数据可见，两公司的保焊膜均随浸渍时间的延长而增厚，但 FD2-5B 保焊膜比 E 公司的增长略快，板材在该保焊剂溶液中处理 1min 所得保焊膜的厚度正好在所需的厚度范围内。

3. 保焊膜经老化后的钎焊性

（1）经多次回流焊后两种保焊膜的钎焊性

保焊膜样板的回流焊是在 Heller 回流焊机上进行的，该机功率为 1800W，带速 100cm/min，温度区分别是 250℃、205℃、198℃、197℃、186℃、180℃、165℃、150℃。两种保焊膜样板在回流焊机上分别回流 1 次、2 次和 3 次，然后再测定锡球推力，所得结果列于表 28-14。

表 28-14　两种保焊膜在未回流及多次回流焊后的钎焊性比较　　　　单位：gf

保焊膜	未回流焊	1 次回流焊	2 次回流焊	3 次回流焊
FDZ-5B	1622.5±67.2	1550.5±53.4	1477.5±210.6	1427.6±89.8
E 公司	1572.9±238.4	1540.8±272.9	1486.3±150.6	1433.8±79.2

表 28-14 的结果表明，两种保焊膜均可经受 3 次回流焊而仍保持优良的钎焊性。

锡球推力远大于通常 SMT 厂要求的 800gf。两种保焊膜的锡球推力相当。

（2）高温潮湿试验后两种保焊膜的钎焊性

两种保焊膜样板在潮湿试验机上于 43℃ 和 90％ 相对湿度下放置 8 天，取出后再测定锡球推力，结果列于表 28-15。

表 28-15　两种保焊膜在潮湿试验前后的钎焊性比较　　　　　　单位：gf

保　焊　膜	潮湿试验前	潮湿试验后
FDZ-5B	1622.5±67.2	1537.2±231.1
E 公司	1572.9±238.4	1523.8±168.1

表 28-15 的结果表明，潮湿试验对两种保焊膜的钎焊性影响很小，两者在潮湿试验前后的钎焊性都很好，剪切力远大于 800gf，且数值相当。

第三节　银的防变色配合物膜

一、影响银层腐蚀变色的因素

1. 光照镀银层引起的变色

镀银层表面具有很高的化学活性，它易于与外界介质反应而引起变色。光是一种外加能源，它可促进金属银离子化，即银是光敏的，光可以加速银与腐蚀介质的反应，即加速银的变色。Tigue 和 Young 曾报告紫外光可加速银在碘化氢和溴化氢气体中的变色反应。然而光照射是否可直接引起银层变色，哪种波长的光最容易引起变色，要照射多长时间才引起变色？为此我们用 2537Å、3650Å 和日光对一组镀银层直接进行照射，然后分别取出照射 6h、12h、18h、24h 和 48h 的试片进行观察，所得结果列于表 28-16。

表 28-16　照射光波长和照射时间对镀银层变色的影响

照射光波长	照射时间/h				
	6	12	18	24	48
2537Å	不变	局部黄斑	黄棕色	棕黑色	全黑
3650Å	不变	不变	不变	黄色	—
日光	不变	不变	不变	局部黄斑	—

由表 28-16 可见，镀银层在大气中经受较长时间的光照射时，其表面颜色将发生如下变化：

银白色 ——→ 淡黄色 ——→ 黄棕色 ——→ 棕黑色 ——→ 黑色

照射光波长致变色的能力有如下顺序：

2537Å＞3650Å＞日光

即照射光波长越短，能量越高，越容易引起银层的变色。用同一波长的光进行照射时，照射时间越长，变色越严重。根据 X 射线光电子能谱（XPS）和俄歇电子能谱（AES）的研究，镀银层在 2537Å 紫外光照射后，其表面颜色的变化和对应的主要银化合物的组成如表 28-17 所示。在照射过程中，镀银片表面元素 Ag、O、S 和 Cl 的相对含量随照射时间的变化如图 28-7 所示。

表 28-17　光照时银层颜色和化学组成随照射时间的变化（光波长 2537Å）

照射时间/h	6	12	18	24	48
银表面的颜色	银白	淡黄	黄棕	棕黑	黑色
主要化学组成	金属银	$Ag_2O + AgCl$	$Ag_2O + AgO$	$AgO + Ag$(超细粒子)	Ag(超细粒子)

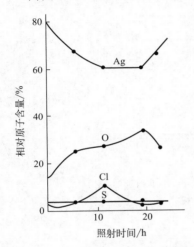

图 28-7　光照时间不同时镀银层表面组分含量的变化

由图 28-7 可见，在照射 12h 之前，镀层表面氧的含量增加很快，表明银表面被氧化；其次是氯的含量也明显上升，而银的含量相应下降，表明银表面已被氧化和氯化。在照射 12～18h 时，氯含量下降，氧含量上升，而银含量基本不变，这可能是 AgCl 转化为银的氧化物。当照射超过 18h，镀层表面开始变黑，表面有超细颗粒的金属银粒子析出，与此相应的是表面氧含量下降和银含量上升，S 和 Cl 基本不变，说明表面有氧化物转变为金属银，Ag_2S 是一种对光稳定的物质，它在照射过程中只起催化剂的作用，本身并不吸收紫外线而发生氧化还原反应，故表面硫的含量在照射过程中始终不变。

2. Na_2S 处理镀银层引起的变色

银遇到含硫化合物即发生变色，目前许多工业部门则用硫化物溶液或气体（H_2S 或 SO_2）来检验镀银层变色的难易，但也发现这类检验方法的重视性差。为了确定镀银层在 Na_2S 液中的变色条件，分别用不同浓度 Na_2S 液浸泡，以及滴在镀层上或浸后一半露在空气中等方法进行试验，所得结果列于表 28-18。

表 28-18　处理方式和处理时间对镀银层变色的影响

变色情况 处理方式	时间/min			
	5	10	20	30
浸入 5% Na_2S 液中	不变	不变	不变	不变
浸入 50% Na_2S 液中	不变	不变	不变	不变
滴 5% Na_2S 溶液于镀层上	不变	液滴内不变,液滴边缘浅黄	液滴内不变,液滴边缘黄色	液滴内不变,液滴边缘黄褐色
浸入 5% Na_2S 液中,1min 后取出一半在大气中,一半仍留在液中	不变	液上部分变浅黄,液内部分不变	液上部分变棕色,液内部分不变	液上部分变蓝色,液内部分不变

表 28-18 的结果表明，在不与大气氧接触的条件下，镀银层浸在 Na_2S 液中或处在液滴内 30min 并不变色，当浸泡时间超过 30min，镀银层会因溶解氧和 Na_2S 的联合作用而开始变色。当镀银层直接与氧和 Na_2S 溶液同时接触时，很快就出现明显的变色。在空气中暴露的时间越长，变色也越严重，颜色变化的顺序为：

$$银白色 \longrightarrow 黄色 \longrightarrow 棕色 \longrightarrow 蓝色$$

我们根据蓝色银的 $S(2p)$、$Ag(3d)$ 结合能及 Ag 的 MVV 俄歇峰位置与 Ag_2S 的一致，因此可以确认蓝色银层为 Ag_2S。图 28-8 是 Na_2S 处理后变蓝银层的 AES 深度剥蚀图。由图可见，变色银层的表面已为 Ag_2S 所覆盖。因此，镀银层浸入 Na_2S 溶液后在大气中的变色反应及在 H_2S 中的变色反应可表示为：

$$4Ag + O_2 + 2H_2O + 2Na_2S \longrightarrow 2Ag_2S + 4NaOH$$

$$4Ag + O_2 + 2H_2S \longrightarrow 2Ag_2S + 2H_2O$$

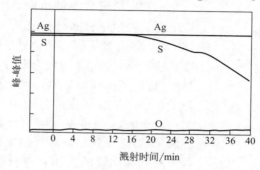

图 28-8 Na_2S 处理变蓝镀银层的 AES 深度剥蚀图

溅射条件：Ar^+ 气压 $10 \times 10^{-3}Pa$，束压 3kV，定点

根据上述结果，可以得出以下结论：

① 银层的变色是银同腐蚀介质反应的结果；

② 银层的变色产物是由银的硫化物、氧化物、氯化物和超细银粒子等组成的；

③ 变色银层的颜色随产物的组成而异；

④ 紫外线和氧化剂（如 O_2、Cl_2 等）明显加速变色反应；

⑤ 在某些情况下，如在无水的空气中或在氧难以扩散到的地方，银层的变色也就困难。

因此，除腐蚀介质和水外，紫外线和氧气的存在是银层变色的充分条件。

镀银层的加速变色试验通常是用 H_2S 和 $H_2S + SO_2$ 试验，但这些方法的重现性很差。这是因为试验器内氧气的浓度和光的影响未加以控制而造成的。

二、防银变色的方法

目前国内外已提出多种金属的防变色方法，以银为例，主要有以下几种类型：

① 镀覆抗变色金属层。如在银上镀金、铂、铑等。此法会改变银层外观与性能，而且成本很高，只适于高档产品。

② 镀银合金。使银层转变为不易变色的锡、铟、镉与银的合金。这种方法会改变镀层的性能与外观，也难以完全不变色。

③ 在银表面形成无机保护膜。包括铬酸盐和锡、铝、镁和铍的氧化物膜。这类膜不很致密，除铬酸盐膜外，其他都会降低银层的光亮度及其他性能，而铬酸又属于禁用物质，难以继续使用。

④ 在银表面形成保护性配合物膜。如苯并三氮唑、四氮唑和各种含硫化合物可在银上形成配合物膜，有的还加入一些水溶性聚合物作成膜剂。其缺点是膜层尚有孔隙，防变色效果不太理想，应开拓新型致密的配合物膜。

⑤ 在银表面形成固体润滑层。By-2 和 DJB-823 保护剂是以石蜡和长链季铵盐为基础的油溶性防变色剂，它的防变色效果较好，但用热的汽油作溶剂，危险性很大，而且表面涂有一层蜡后，其许多性能，如导电性、反射性、打线（Bonding）等功能会大大降低。

⑥ 涂高分子涂料。如丙烯酸清漆、聚氨酯清漆及有机硅透明清漆等。它的防变色效果尚好，但涂层厚，不仅影响外观，也影响银的性能。

我们研究开发的 T 系列金属防变色液是根据复合三维防变色配合物膜模型设计制造的，它吸取了上述各类防变色剂之长处，加以创新而成。AT-2 防银变色剂的防变色效果列于表 28-19。表中各种处理后再放入 1‰ H_2S 气体中观察一定时间后表面的变色情形，变色评级共分五级：A 级，不变色；B 级，局部轻微变色；C 级，轻度变色；D 级，显著变色；E 级，严重变色。同样放在 2537Å 紫外线下照射 25h 和 34h 后观察表面的变色情况，变色评级与在 H_2S 气体中的评级相同，也分 A、B、C、D、E 五级。

表 28-19　AT-2 防银变色剂的防变色效果　　　　　单位：g/L

溶液及操作条件	未处理	铬酸钝化处理		其他防变色剂的化学处理									
		电解	化学										
	配方 1	配方 2	配方 3	配方 4	配方 5	配方 6	配方 7	配方 8	配方 9	配方 10	配方 11	配方 12	配方 13
铬酸钾		10											
碳酸钾		8											
重铬酸钾			15										
硝酸/(ml/L)			12										
三氮唑				2	3	3					3	3	
四氮唑					1.5	1.5	1.5	1.5	1.5		1.5		1.5
碘化钾				2		2	2						2
半胱氨酸						2							
AT-2 防银变色剂/(ml/L)				200									
聚乙烯醇									10				
白明胶										10			
T_x 防银变色液①										3(S)＋(P)			
处理时间/min		5(D_K 0.5)	5	3	5	5	5	5	5	5	5	5	5
H_2S 试验时间	10min	10min	40min	40min	6d	4d	6d	6d	6d	6d	6d	6d	6d
H_2S 中变色评级	E	D	D	B	A	C	C	B	C	B	C	C	C
2537Å 紫外线照射时间/h	34	34	34	34	25	—	—	25	25	25	25	25	25
紫外线中变色评级	E	C	D	D	A	—	—	B	B	B	B	C	B

① T_x 防银变色液由 3g/L S 成分（STG）和少量 P 成分（聚合物）组成。

表 28-20 是各种类型镀银件在各应用工厂测试的防变色效果。

表 28-20　各种类型镀银件在各应用工厂测试的防变色效果[①]

样　品		测试条件及单位	测试结果	评　价
镀银件	未经处理	1% H_2S,南京无线电元件三厂	2min 严重变色	严重变色,不能使用
	AT-2 处理		1h 不变色	符合电子部 SJ 1276—77 标准
银戒指	未经处理	100μl/L H_2S,RH 75%±5%上海自动化仪表研究所	0.5h 表面呈蓝黑色	严重变色
	AT-2 处理		15h 不变色	符合 JB 3145—82 标准
镀银戒指	未经处理	1% H_2S,江苏邗江金属工艺厂	20min 微变色	符合扬州 DB/3210Y45—87 标准
	AT-2 处理		210min 微变色	
镀银坠	未经处理	1% H_2S,江苏邗江金属工艺厂	25min 微变色	符合扬州 DB/3210Y45—87 标准
	AT-2 处理		225min 微变色	
银上镀金袖扣	未经处理	1% H_2S,江苏邗江金属工艺厂	35min 微变色	符合扬州 DB/3210Y45—87 标准
	AT-2 处理		190min 微变色	

① 样品在 30～40℃的 AT-2 溶液中处理 3～5min 后,水洗,吹干(或 60～70℃烘干)。

在电子工业,除了考查防变色膜的防变色性能外,还必须考核其耐腐蚀性、表面接触电阻、钎焊性和打线(bonding)功能。表 28-21 列出了上海某厂测定的 AT-2 防银变色液处理的镀银屏蔽板的各项理化性能。由表 28-21 可见,经 AT-2 防变色液处理过的银镀层,其接触电阻在 1.1～1.6mΩ(压力为 500gf)的标准范围内,若测试用压力为 10gf,其接触电阻也在 5～6mΩ 左右,小于 10mΩ 的标准值能满足电接触性能的要求。

表 28-21　AT-2 处理的镀银屏蔽板的各项理化性能

测试项目及样品		测试条件	测定结果	评　价
潮湿试验	AT-2 处理的 SR8 镀银屏蔽板	50℃±2℃,48h 样品 5 件	表面无变色现象,出箱后接触电阻在 1.1～1.6mΩ 以内	符合上海无线电 21 厂技术要求
表面接触电阻	AT-2 处理的 SR8 镀银屏蔽板	压力 500gf,二测试点间距 10mm,要求接触电阻在 1.1～1.6mΩ 以内	5 个样品的接触电阻均在 1.1～1.6mΩ 以内	符合上海无线电 21 厂技术要求
可焊性测试	AT-2 处理的 SR8 镀银屏蔽板	用 SKC-2H 可焊性测试仪测润湿力及润湿开始时间	十次平均润湿力为 −197.2dyn 十次平均润湿开始时间为 0.46s	可焊性优良,符合部颁标准
	未处理的 SR8 镀银屏蔽板		十次平均润湿力为 −289.9dyn 十次平均润湿开始时间为 0.50s	
打铝线功能	测试板	AB 509A 型铝线打线机	平均拉力为 9～11gf	大于表面贴装时要求的 7gf 拉力,打线功能优良
		铝线直径 31.25μm	155℃烘烤 4h 后拉力为 9gf 三次回流焊后拉力为 9gf 相对湿度 90%,40℃下经 8 天高温潮湿试验后的拉力大于 9gf	

三、四氮唑防变色配合物膜的性能、组成和结构

1. 四氮唑的紫外线吸收特性

光是一种外加能源，它能促进金属银离子化，从而加速银与腐蚀介质的反应而引起变色。同时，紫外线也是塑料、涂料、保护剂及镀层老化、变色、生锈及性能下降等现象的一个加速源。

苯并三氮唑和四氮唑都是优良的照相乳剂和塑料的紫外光稳定剂。紫外吸收光谱的研究表明，四氮唑在190～240nm处有一很宽的紫外吸收峰（见图28-9），它可以完全覆盖硝酸银在190～220nm处的吸收峰。由于四氮唑有优良的紫外线吸收特性，因而能有效阻止镀银层中金属银的离子化，也就阻止了离子态银与腐蚀介质间的变色反应。

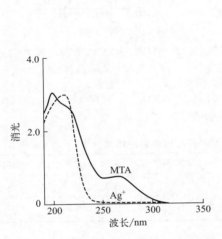

图 28-9　MTA 和 Ag^+ 的紫外
吸收光谱曲线

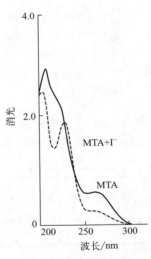

图 28-10　MTA 和 $MTA+I^-$ 的
紫外吸收光谱曲线

图 28-10、图 28-11 和图 28-12 分别为四氮唑（MTA）和 $MTA+I^-$，三氮唑（BTA）和 $BTA+I^-$ 以及 MTA、BTA 及 BTA+MTA 的紫外吸收光谱曲线，从这些图中我们可以看出，BTA、$BTA+I^-$、BTA+MTA 和 $MTA+I^-$ 的紫外吸收带均比单独 MTA 的吸收带窄。这说明在各种抗变色剂中，MTA 是更有效的抗紫外线变色剂。即优良的紫外吸收性能是优良抗变色剂必备的重要条件之一。

2. 四氮唑的成膜特性

四氮唑是一种优良的三啮配体，它的两个 N 原子和一个巯基负离子均可与银表面的 Ag^+ 离子配位，形成致密的面型表面配合物膜，它能有效地抑制腐蚀介质与银表面的反应。而三氮唑为双啮配体，它只能形成线型或网状表面配合物膜，其表面覆盖度和致密性不如四氮唑好，这是三氮唑的抗变色效果不如四氮唑的另一原因。

为了确定四氮唑在银表面是否形成表面膜，以及表面膜的主要成分，我们用 X 射

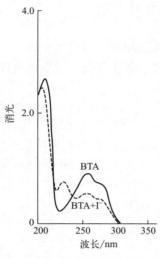

图 28-11 BTA 和 BTA＋I⁻ 的
紫外吸收光谱曲线

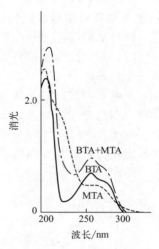

图 28-12 MTA、BTA 和 BTA＋MTA 的
紫外吸收光谱曲线

线光电子能谱（XPS）和俄歇电子能谱（AES）方法分别测定了 MTA、[Ag₃(MTA)] 配合物和 Ag⁺-MTA 表面膜的组成元素，结果如表 28-22 所示。

表 28-22 MTA、[Ag₃(MTA)] 和 Ag-MTA 表面膜的组成元素

样　品	测定方法	检出元素（溅射前）	检出元素（溅射后）
MTA（固体）	XPS,AES	C,N,S,O,Cl	C,N,S
[Ag₃(MTA)]（固体）	XPS,AES	C,N,S,O,Cl,Ag	C,N,S,Ag
Ag-MTA 表面膜	XPS,AES	C,N,S,O,Cl,Ag	C,N,S,Ag

表 28-22 的结果表明，除元素银以外，三种样品经 Ar⁺ 溅射后，其表面的组成元素均为 C、N、S，这说明 Ag⁺-MTA 表面膜是由 MTA 和 Ag⁺ 形成的配合物膜。为此，进一步测定了镀银层、Ag-MTA 表面膜、配合物 [Ag₃(MTA)] 和 [Ag₄(MTA)] 的 Ag(3d) 结合能和 M₄VV 俄歇线，所得结果列于表 28-23。

表 28-23 各种样品的 Ag(3d) 结合能和 M₄VV 俄歇线　　　　　单位：eV

样　品		Ag(3d₅/₂)的 XPS 结合能	Ag(3d₃/₂)的 XPS 结合能	Ag(3d₅/₂)的 M₄VV 俄歇线峰位
镀银层		367.8	373.8	895.4
Ag-MTA 表面膜	溅射前	354.1	369.2	897.0
	溅射 3min	354.2	369.2	897.1
[Ag₃(MTA)]		354.1	369.1	897.1
[Ag₄(MTA)]		354.2	369.1	897.1

表 28-23 的结果表明，Ag-MTA 表面膜的 Ag(3d) 结合能和 M₄VV 俄歇线峰位值和配合物 [Ag₃(MTA)] 和 [Ag₄(MTA)] 的一致，说明在银表面已形成了致

密的 Ag-MTA 配合物膜，这是四氮唑具有优良防变色效果的原因之一。

3. Ag$^+$-MTA 表面配合物膜的组成和结构

为了确定 Ag$^+$-MTA 表面配合物膜中各组成元素的含量，我们用 AES 深度剥蚀技术测定了 Ag$^+$-MTA 表面膜中各组成元素的深度分布，图 28-13 是 Ag$^+$-MTA 表面膜中各组成元素的百分含量随溅射时间变化的曲线。从组成元素的深度分布曲线的恒定组成区求得的元素组成为：Ag 67%；C 20%；N 9%；S 4%。而 $[Ag_3(MTA)]$ 的理论值为：Ag 65%；C 17%；N 11%；S 6%。因此可以认为 Ag$^+$-MTA 表面配合物膜是一种由结构单元 $[Ag_3(MTA)]_n$ 组成的多核聚合配合物膜，其结构单元的结构式可以近似表示为图 28-14 的面型结构。

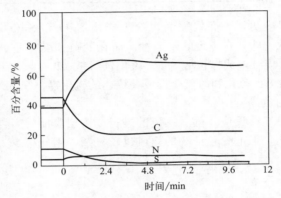

图 28-13 Ag$^+$-MTA 表面膜中各组成元素的百分含量
随溅射时间的变化曲线

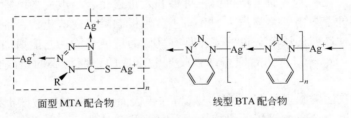

面型 MTA 配合物　　　　　　线型 BTA 配合物

图 28-14 Ag$^+$ 的面型与线型表面配合物膜

第四节　锡的防变色配合物膜

一、锡与锡合金的腐蚀变色

锡镀层具有优良的可焊性、易塑性、装饰性和低毒性，已广泛地作为电子元件、家用器具和食品包装等的防护性镀层。锡镀层虽具有良好的耐蚀性，但在潮湿空气或含硫化物的介质中也很容易腐蚀变色，它不仅影响产品的外观，还会增加电子元件的接触电阻，降低它的可焊性。

我们曾用 X 射线光电子能谱（XPS）、俄歇电子能谱（AES）和喇曼（Raman）光谱等现代表面分析方法比较了光亮锡、黄色锡和棕色锡表面的元素组成、元素的价态及表面化合物的组成，所得结果列于表 28-24。

表 28-24　光亮锡、黄色锡和棕色锡表面的电子能谱分析结果

分析方法	光亮锡	黄色锡	棕色锡
XPS、AES 表面元素分析	Sn、O、C	Sn、O、C、S	Sn、O、C、S
结合能和喇曼光谱分析确认的化合物	Sn^{II} 或 Sn^{IV} SnO 或 SnO_2	$Sn(OH)_2 \cdot Sn(OH)_4$ $SnS \cdot SnS_2$	$Sn(OH)_2 \cdot Sn(OH)_4$ $SnS \cdot SnS_2$

表 28-24 的结果表明，光亮锡表面也会形成由 SnO 和 SnO_2 组成的很薄的表面膜。这层膜是比较致密的，有一定的耐蚀性。而在变黄和变棕色的锡表面检出了硫的存在。S^{2-} 与 Sn^{2+} 反应会形成棕色的 SnS。硫化氢与锡（Ⅳ）反应可形成黄色的二硫化锡，因此镀锡层表面遇到硫化物时就会形成黄棕色的硫化锡，视 Sn(Ⅱ) 与 Sn(Ⅳ) 含量的不同而呈现不同的色泽。

由于变色反应是连续反应，随着反应的进行，锡层表面的颜色也在不断变化，其组成也随之发生变化，加上变色产物的组成也较复杂，因此很少人对变色层的结构进行研究。

二、防锡变色工艺

1. 铬酸盐处理工艺

防锡变色有多种方法。早期使用的是铬酸盐钝化工艺，它指的是以铬酸、铬酸盐或重铬酸盐作主要成分的溶液中处理金属或金属镀层的化学或电化学处理的工艺，这样处理的结果，在金属表面上产生由三价铬和六价铬化合物组成的防护性转化膜，它可以防止储存过程中锡氧化物的生长和防止镀锡板制罐出现硫化物锈蚀。锡上的铬酸盐钝化膜是一种透明的浅黄灰色的膜，具有良好的抗蚀性能，并能增加漆及其他有机涂层的结合力。Azzerri 等人曾对铬酸盐处理后形成的铬酸盐膜的组成做过较详细的研究。

铬酸盐钝化法的缺点是有 Cr(Ⅵ) 残留在锡表面，故现在已被欧洲议会禁用。同时铬酸盐处理后也会影响锡层的焊接性能，对包装食品的污染也很严重。此外，排放水中还含有铬（Ⅵ），环境污染严重，目前这一处理工艺正处在淘汰之中。

近年来，提出了多种新的防锡变色方法，如钼酸盐电解法，钨酸盐电脉冲处理法等。这些方法虽有一定的效果，但成分复杂、成本高、条件不易控制。

2. 环保型无铬防锡变色工艺

近年来，作者研究开发了两种无铬防锡变色工艺，并已用于生产，取得了很好的效果。FX 106 型酸性防锡变色剂是一种以有机膦酸为主要成分的防变色剂，它可以在锡表面形成一层由 Sn(Ⅱ)-有机膦酸组成的聚合型配合物膜，这层膜非常致密，其防变色性和耐蚀性都超过普通磷酸盐钝化工艺的效果，不仅不影响锡的钎焊性，而且有一定的促进作用。FX 206 型碱性防锡变色剂，也是一种环保型的绿色产品，它可

在锡表面形成一层憎水的配合物膜，可以阻断锡与腐蚀介质的反应而变色，中和锡表面残留的酸性镀锡液，防止酸对基体的腐蚀，使锡表面烘干后不留水渍，不留手纹印，而且这层憎水膜还有促进焊接的功能。表28-25列出了酸性和碱性防锡变色液的组成和操作条件。

表 28-25 FX 106 型酸性和 FX 206 型碱性防锡变色工艺

项 目	FX 106 型酸性防锡变色液	FX 206 型碱性防锡变色液
FX 106 配槽液	100ml/L	
FX 206 配槽液		50ml/L
pH	2(1~3)	10(9.5~10.5)
温度/℃	25(20~30)	50(40~60)
时间/min	10(8~12)	2(1~3)

工艺流程：镀锡→水洗→浸防变色液→水洗→5％硫酸清洗→热去离子水洗→烘干。

表28-26列出了FX106型酸性防锡变色液同铬酸盐钝化、钼酸盐电解钝化以及8-羟基喹啉钝化等工艺的防变色效果，所用加速变色试验是采用2g/L半胱氨酸水溶液，加热微沸1h，在80~90℃下放入镀锡试片，经不同时间后观察变色情况。

表 28-26 各种防锡变色剂的防变色效果比较

防 变 色 剂	处 理 条 件	在 2g/L 半胱氨酸中 40min
无处理(空白)	新镀锡层	100%棕色
CrO_3 50g/L 化学钝化	25℃,10min	50%棕黄色
Na_2MoO_4 5g/L 电解钝化	pH 3,−800mV,25℃,10min	100%淡蓝色
8-羟基喹啉 0.004mol/L＋硼砂 0.15mol/L	pH 8.4,25℃,10min	100%棕色
FX 106 100ml/L	pH 2,25℃,10min	不变色

从表28-26的结果可以看出，FX 106酸性防变色液的防变色效果明显优于铬酸盐钝化、钼酸盐钝化及8-羟基喹啉钝化的效果，在2g/L半胱氨酸溶液中浸泡40min后完全不变色，而其他各种钝化的锡层表面已严重变色。

表28-27是用FX 106型酸性防锡变色液处理前后镀锡铜丝的钎焊性测试结果。锡层钎焊性的测试，是用英国Multicore solder公司的自动记录通用钎焊性测试仪测定的，零交时间小于1s者为合格，时间越短，表示上锡越快，钎焊性越好。

表 28-27 镀锡铜丝在 FX 106 型酸性防锡变色液处理前后的钎焊性

镀锡铜丝 ϕ/mm	钎焊性(零交时间)/s	
	未 处 理	FX 106 液处理 10min
0.5	0.20,0.24,0.28,0.14,平均 0.22	0.18,0.08,0.01,0.10,平均 0.09
0.8	0.36,0.06,0.01,0.12,平均 0.14	0.35,0.01,0.10,0.01,平均 0.12

表 28-27 的结果表明，FX 106 防变色液处理可以适当缩短零交时间，即可适当提高钎焊性能。

三、FX 106 处理条件对膜层防变色效果的影响

1. FX 106 浓度的影响

防锡变色效果目前尚无标准可循，我们是用锡在半胱氨酸溶液中开始变色的时间来表示的，开始变色的时间越长，表示防锡变色的效果越好。图 28-15 是镀锡层在不同浓度的 FX 106 溶液中，在 25℃，pH 3，浸渍 10min 后，再分别浸入半胱氨酸液中，测定其开始变色的时间。由图 28-15 可见，开始变色的时间随着 FX 106 浓度的上升而迅速增长，到 FX 106 的浓度达到 80ml/L 后逐渐趋于稳定值，这表明此时所形成的防变色膜已趋完整、致密，浓度再高也无法再加厚膜层了。

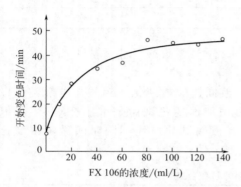

图 28-15　FX 106 浓度对防变色效果的影响
（25℃，pH 3，10min）

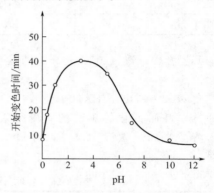

图 28-16　处理液 pH 对防变色效果的影响
（25℃，10min，100ml/L）

2. 防变色液pH 值的影响

在恒定防变色液的浓度为 100ml/L，25℃和浸渍 10min 的条件下，改变防变色液的 pH 值由 0 至 12，再将在不同 pH 值下所得的防变色膜浸入半胱氨酸溶液中，测定开始变色的时间，所得结果如图 28-16 所示。由图 28-16 可见，比较完整的防变色膜只在 pH 3 附近形成，过高或过低的 pH 值均不利于成膜。这是由于 Sn^{2+} 在 pH 3 附近才能与 FX 106 溶液形成不溶性的膜，过高或过低 pH 值时所形成的配合物均易溶于水。因此，使用 FX 106 防变色剂时，必须严格控制溶液的 pH 值在 2.5～3.5 之间。

3. 防变色液温度的影响

在恒定防变色液的浓度为 100ml/L，pH＝3 和浸渍 10min 的条件下，改变防变色液的温度由 20℃升至 100℃，再将不同温度下所得到的防变色膜浸入半胱氨酸溶液中，测定开始变色的时间，所得结果如图 28-17 所示。由图 28-17 可见，最佳的温度范围为 40～60℃，温度超过 60℃以后，防变色的效果反而下降，这可能与高温下膜的溶解度加大有关。

4. 处理时间的影响

在恒定防变色液的浓度为 100ml/L，pH 3，25℃下改变浸渍时间由 2min 至 12min，再将不同处理时间下所得到的防变色膜浸入半胱氨酸溶液中，测定开始变色

的时间，所得结果如图 28-18 所示。由图 28-18 可见，当处理时间达 8min 后，开始变色的时间达到了稳定值，表示此时膜已形成完全，在实际使用时，为确保膜已完全形成，建议浸渍时间以 10min 为宜。

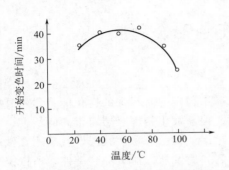

图 28-17　处理液温度对防变色效果的影响

（10min，pH 3，100ml/L）

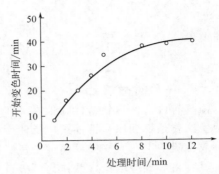

图 28-18　处理时间对防变色效果的影响

（25℃，pH 3，100ml/L）

四、酸性防锡变色膜的组成及配位形态

膜的宽扫描 XPS 谱表明膜中有 Sn、N、P、O 及 C 元素存在。不同溅射时间防变色膜的 AES 谱见图 28-19。由图 28-19 可见，溅射 14min 后，防变色膜中的 P 才基本消失，表明膜层有一定的厚度。用 AES 结合 Ar$^+$ 溅射技术测定了膜的元素组成随溅射时间的变化关系，结果如图 28-20 所示。在深度剥蚀曲线的元素组成近似恒定区测得膜的组成（相对原子百分含量）为：O 48.0%；Sn 10.7%；N 7.7%；C 23.1%；P 10.5%。

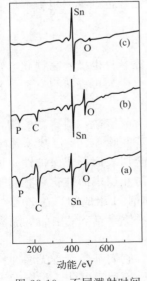

图 28-19　不同溅射时间

防变色膜的 AES 谱

（a）未溅射；（b）溅射 5min；（c）溅射 14min

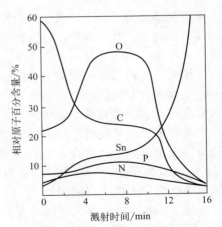

图 28-20　膜的元素组成（相对原子百分

含量）随溅射时间的变化

从 XPS 测得膜中 N、O 的结合能比所用螯合剂分子中的高，表明螯合剂中的 N、O 已参与配位并形成表面配合物膜。而喇曼（Raman）光谱的结果则证明膜中存在 $R-PO_3^{2-}$ 及 Sn-N 键，也进一步证明螯合剂分子中的 N 已配位到锡（Ⅱ）上。

第五节　镍的防变色配合物膜

一、镍的腐蚀变色

镍具有许多优良的特性，如在大气、酸和碱中稳定，有很强的钝化能力，不易被腐蚀。这就是长期以来镀镍被广泛使用的原因。但新镀出的镍表层有很高的活性，在空气或含硫的工业大气中易腐蚀变色。同时，单层镀镍层有很多孔隙，直接用在铁基体上很容易形成微电池，铁作为阳极首先被溶解，腐蚀从纵向贯穿到基体，所以镍层一般只能用来作为防腐装饰性组合镀层的底层或中间层，而不直接用作装饰性的表层或防护性的外层。在镍层上要套镀铬或其他惰性金属，才能达到防腐装饰的效果。

镍在工业大气中很容易形成镍的氧化物和镍的硫化物，表面常发黄。变色的镍层不仅失去了镍的金属光泽，还会增加表面的接触电阻，降低镍与其他表镀层之间的结合力，造成表镀层剥落，同时镍的氧化物和硫化物还会降低镍的焊接性能。在许多单面印制板制造过程中，镀镍有时被用来作为可焊的表镀层，由于它会腐蚀变色，常常发生虚焊的现象，因此表面常需要再镀一层锡或金作保护层，这样不仅增加了成本，也改变了镍表面的特性。许多镀镍的零件，过去都用镀铬层作为其表层，随着六价铬的禁用法令生效，以及三价铬镀铬层的外观不佳，许多电镀厂都尽量避开套铬而希望镀镍后直接出厂，因此开发无铬、无毒、环保型的防镍变色剂很受电镀界的重视，并已取得可喜的结果。

二、无铬防镍变色工艺

铬酸盐虽已用于许多金属表面的钝化处理，由于镍本身也极容易钝化，铬酸盐处理的效果也较差，加上铬酸盐已属禁用化学品，现已很少人再去研究它在新领域中的应用。

近年来，人们已发现钼酸盐、钨酸盐、钒酸盐等含氧酸盐，磷钨酸、磷钼酸等杂多酸，以及一些有机缓蚀剂，如苯并三氮唑、2-巯基苯并咪唑、2-巯基苯并噻唑等是许多金属的有效缓蚀剂或表面防护剂，它们可在许多金属表面形成保护性防护膜。据江苏省常州第二电子仪器厂报道，他们找到了一种可防止镍表面钝化并有利于镍层焊接的防镍变色剂，它是由含 N、S、P 的有机物和添加剂 H 组成的，在 20～45℃下浸渍 2～5min，即可形成一层网状的有机配合物膜，它可使镍与空气中的氧隔离，防止镍层氧化，有利于镍表面的焊接。

近年来，本书作者开发了两种无铬的防镍变色剂，它们都是无毒无腐蚀性的绿色产品，所形成的防变色膜具有透明、疏水、结合力好、不留手纹印、烘干后无水渍和助焊的功能，经河南新乡 755 厂、福建南平南孚电池有限公司在镀镍钢电池壳上试用，取得了很好的效果，现已在许多工厂推广应用。

表 28-28 列出了作者开发的 NT-1 和 FX 205 型防镍变色剂的组成和操作条件。

表 28-28　NT-1 和 FX 205 型防镍变色剂的组成和操作条件

组成与操作条件	NT-1 防镍变色剂	FX 205 防镍变色剂
NT-1 浓缩液	50(45~55)%	
FX 205 浓缩液		5(4.5~5.5)%
pH	8(7.5~8.5)	10(9.5~10.5)
温度/℃	65(60~70)	50(40~60)
时间/min	2(1~3)	2(1~3)

防镍变色剂的使用流程如下：

镀镍→水洗→水洗→浸防镍变色液→水洗→水洗→5%硫酸清洗→水洗→纯水洗→烘干

浸防镍变色剂后至少需 2 次水洗，如水洗效果很好，可以不用 5%硫酸清洗，若要达高质量建议采用以上全流程。

三、NT-1 防镍变色剂的性能

1. 防变色液 pH 值对防变色效果的影响

加速变色试验是在改装的真空干燥器内进行的。干燥器内 H_2S 气体的含量为 1%。将处理后的试片放入试验器中，观察试片出现变色的时间及变色程度，表 28-29 列出了不同 pH 值的 NT-1 溶液的防变色效果。

表 28-29　不同 pH 值的 NT-1 溶液的防变色效果

NT-1 溶液的 pH	暴露在 1% H_2S 气体中不同时间的试片外观			
	30min	50min	140min	180min
7	不变色	不变色	不变色	5%棕色
8	不变色	不变色	不变色	1%棕色
9	不变色	不变色	2%棕色	3%棕色
10	1%棕色	2%棕色	5%棕色	10%棕色

表 28-29 的结果表明，处理液的 pH＝8 时，膜层的防变色效果最好，pH 值大于 9 以后膜层的防变色效果明显下降。

2. 防变色液温度对防变色效果的影响

溶液温度不同时的防变色效果如表 28-30 所示。由表 28-30 的结果可见，处理液的温度在 60~70℃时形成的表面膜的防变色效果最好，温度低于 60℃时溶液中有白色固体析出。

3. 防变色液处理时间对防变色效果的影响

不同处理时间对防变色效果的影响如表 28-31 所示。由表 28-31 的结果可见，当处理时间达 40s 以上时，成膜已经完全，时间再长，防变色效果变化不大。在实际生产中，为保证大批工件都能达到完全成膜，建议处理时间在 1~3min 内较好。

表 28-30　不同温度时 NT-1 溶液的防变色效果

NT-1 溶液的温度/℃	暴露在 1% H_2S 气体中不同时间的试片外观			
	30min	60min	120min	200min
50	不变色	10%棕色	15%棕色	20%棕色
60	不变色	1%棕色	2%棕色	5%棕色
70	不变色	不变色	1%棕色	2%棕色
80	1%棕色	5%棕色	10%棕色	20%棕色

表 28-31　不同处理时间时 NT-1 溶液的防变色效果

处理时间/s	暴露在 1% H_2S 气体中不同时间的试片外观			
	20min	40min	100min	150min
5	3%棕色	10%棕色	15%棕色	25%棕色
20	不变色	5%棕色	10%棕色	20%棕色
40	不变色	不变色	1%棕色	1%棕色
60	不变色	不变色	1%棕色	1%棕色
120	不变色	不变色	1%棕色	1%棕色

4. 防变色处理前后镍层的电化学腐蚀

图 28-21 是镀镍的铁电极用 50% NT-1 防镍变色剂，在 pH=8，70℃下处理前后用线性扫描法测得的腐蚀电流随阳极电位的变化曲线。a 为用 NT-1 处理后的镀镍电极，b 为未经 NT-1 处理的空白镀镍电极，电极面积均为 1cm²。从图 28-21 可见，NT-1 处理后的镍电极在阳极电压为 0.2V 才开始有微小的腐蚀电流产生。当电压大于 0.4V 时，腐蚀电流显著增大；而未经 NT-1 处理的镍电极一开始就有腐蚀电流产生，腐蚀电流随阳极电压近似线性关系增大，从图上我们可以算出不同电位下 NT-1 膜对镍的缓蚀率，结果如表 28-32 所示。

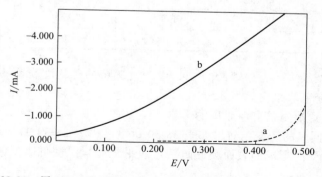

图 28-21　用 NT-1 处理前（b）后（a）的镍电极线性扫描 E-I 曲线

表 28-32　不同阳极电位下 NT-1 膜层对镍的缓蚀作用

阳极电位/V	<0.200	0.250	0.300	0.350	0.400	0.450
缓蚀率/%	100	97.6	98.2	98.0	97.6	93.9

图 28-22 是阳极电位恒定在 0.4V 时，镍电极在 50％ NT-1 处理前（b）、处理后（a）的腐蚀电流-时间曲线。由图 28-22 可见，随着扫描时间的增加，曲线 a 的腐蚀电流也在增加，但始终比没有经 NT-1 处理的曲线 b 的腐蚀电流小得多，这也证明防镍变色剂处理后，可以大幅提高镍层的耐蚀性。

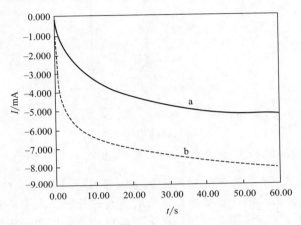

图 28-22　用 NT-1 处理前（b）、后（a）的 I-t 曲线

四、NT-1 防变色膜的组成

镍层表面的防变色膜通常都很薄，用常规的方法难以确定其组成。为此，我们选择了先进的电子能谱分析法，即 X 射线光电子能谱（XPS）和俄歇电子能谱（AES）来分析表面膜的组成。

铜板经镀镍后，再浸入 pH＝8，70℃，50％的 NT-1 防变色液中处理 2min，取出清洗干净后，然后用 X 射线光电子能谱对成膜前后的镍表面进行全扫描，结果如图 28-23 和图 28-24 所示。在处理前的镍表面检出了 N、C、O 三种元素，且 C 峰较弱，它可能是大气碳氧化物吸附或表面污染所致，可以近似认为镍表面以镍的氧化物

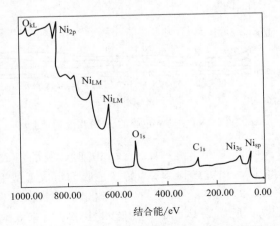

图 28-23　NT-1 处理前镍表面的 XPS 全扫描图

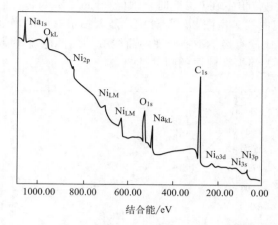

图 28-24　用 NT-1 处理后镍表面的 XPS 全扫描图

形式存在。而经 NT-1 防变色剂处理后的镍表面检出了 Ni、O、C、Na、Mo 5 种元素，C 峰强度高且检出了钼，表明防变色剂的有效成分已进入了表面膜。

　　用 Ar^+ 束蚀刻 NT-1 膜层，并用俄歇电子能谱扫描每层表面的元素并测定各元素的相对百分含量，即得膜层的元素组成随膜厚（或 Ar^+ 溅射时间）的变化曲线或称 AES 深度剥蚀曲线（见图 28-25）。

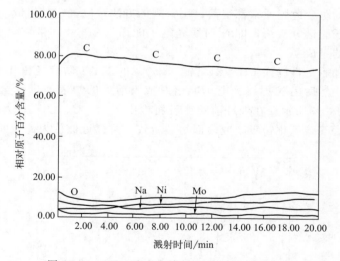

图 28-25　NT-1 防变色膜的 AES 深度剥蚀曲线

　　图 28-25 的结果表明，在 Ar^+ 溅射 12～20min 时，膜的组成元素含量有一恒定区，表明形成的是均相膜，由此求得 NT-1 防变色膜的组成近似为：

　　C　72.0%；O　12.2%；Na　5.1%；Mo　2.0%；Ni　8.7%

由于膜中 C 的含量较高，所以膜具有很好的疏水性，可以有效地防止亲水的腐蚀介质侵入膜内，可有效提高镍层的防腐蚀性能。同时膜中含有元素钼，它也是一种有效的代铬钝化剂，也可增强镍层的防腐蚀效果。膜中还有 Ni^{2+} 参与，表明它可与各种有机物在表面形成保护性的配合物膜。由于膜的组成复杂，其结构更加复杂，要探明防变色膜的结构还需进一步的努力。

第六节　铁的防腐蚀配合物膜

一、铁的腐蚀与防护

钢铁的腐蚀给世界各国的工农业生产带来了巨大的经济损失，这种损失还在不断增加。以美国为例，1975 年的腐蚀损失达 700 亿美元，占国民经济总产值的 4.2%。到 1986 年腐蚀损失增长了一倍多，达 1700 亿美元。1975 年苏联的腐蚀损失为 200 亿美元左右，到 1987 年则上升到 1000 亿美元。20 年后的现在，腐蚀的损失至少要比 80 年代翻几番。

在上述的腐蚀损失中，大约有 15%～25% 是可避免的损失。在抑制金属腐蚀的方法中，涂料、防腐蚀镀层、喷塑料等是常用的长期防腐蚀的方法，而缓蚀剂的应用则是最受重视的一种，因为它具有用量少、不需要附加设备和不改变金属制品的本性等优点。

工业用水中存在大量的 Ca、Mg 和 Fe 等金属离子，它们在蒸发循环和热交换过程中被浓缩而以碳酸盐、硫酸盐等形式析出，使管道和设备结垢和腐蚀，严重影响设备的正常运转和使用。

有机膦酸是目前最有效的阻垢缓蚀剂之一，它可以在高 Ca^{2+}、CO_3^{2-} 含量和较高 pH 值的水中抑制垢的形成和钢基体的腐蚀。而用低浓度铬酸盐和高浓度聚磷酸盐时会引起孔蚀，这种现象在有机膦酸中并不出现，这就是目前国际上流行全有机缓蚀剂配方的原因。

有机膦酸是一类具有一定表面活性的多啮配体，其阻垢机理一方面是通过形成 Ca^{2+}、Mg^{2+} 的多核聚合配合物（软垢）而排出体系；另一方面它易吸附在垢的结晶生长点上，抑制了垢的进一步生长而结块。

有机膦酸在酸性条件下是否可在铁上形成防腐蚀配合物膜呢？根据我们的研究，有机膦酸的确可以在铁上形成一层耐蚀性优良的配合物钝化膜。

二、钢铁的有机膦酸钝化工艺

1. 不同有机膦酸钝化膜耐蚀性比较

将处理好的 A3 钢试片在 45℃ 的各种 1.0mol/L 有机膦酸液中处理 20min，然后分别进行 3% NaCl 盐水浸泡、点滴试验和室内挂片试验，以考查它们的耐蚀效果，试验所用的有机膦酸的名称、代号和化学结构式列于表 28-33，所得结果列于表 28-34。由表 28-34 的结果可见，有机膦酸 FS-101 在铁上形成的钝化膜对三种加速腐蚀试验均显出最佳的耐蚀效果，其次是 N,N'-二亚甲基膦酸甘氨酸（DMPG），再次是 1-乙膦基-1,1-亚乙基-1,1-二膦酸（EEDP）。

表 28-33　试验用各种有机膦酸的名称、代号和化学结构式

代号	名　　称	化学结构式
FS-101		
HEDP	1-羟基-1,1-亚乙基-1,1-二膦酸	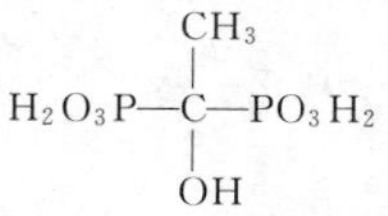 CH_3 $H_2O_3P-C-PO_3H_2$ OH
DMPG	N,N'-二亚甲基膦酸甘氨酸	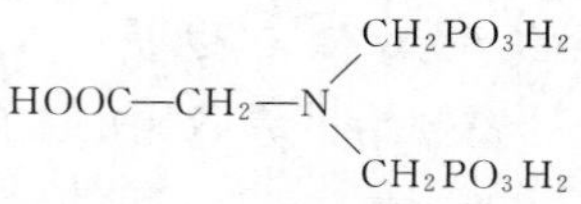 $CH_2PO_3H_2$ $HOOC-CH_2-N$ $CH_2PO_3H_2$
EDTMP	乙二胺四亚甲基膦酸	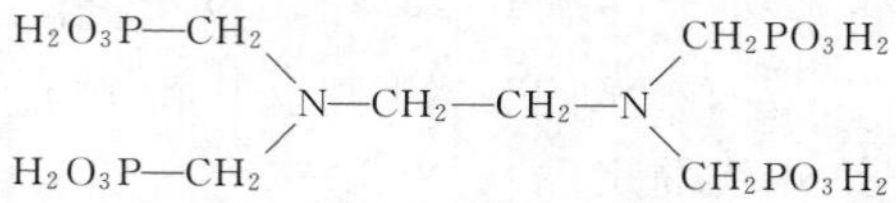 $H_2O_3P-CH_2$　　　　　$CH_2PO_3H_2$ 　　　　　$N-CH_2-CH_2-N$ $H_2O_3P-CH_2$　　　　　$CH_2PO_3H_2$
EEDP	1-乙膦基-1,1-亚乙基-1,1-二膦酸	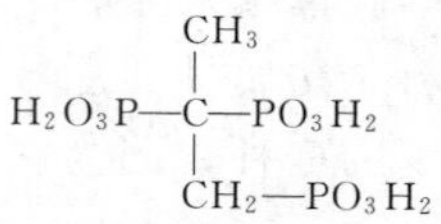 CH_3 $H_2O_3P-C-PO_3H_2$ $CH_2-PO_3H_2$

表 28-34　各种有机膦酸钝化膜的加速腐蚀试验结果

钝化处理	3％NaCl 盐水浸泡/天	2％硫酸铜溶液点滴试验/s	室内挂片/天
空白(未处理)	0.8(D)	2	2(D)
1.0mol/L FS-101	15(A)	240	30(A)
1.0mol/L HEDP	15(C)	20	30(D)
1.0mol/L DMPG	15(B)	90	30(A)
1.0mol/L EDTMP	15(C)	30	30(D)
1.0mol/L EEDP	15(B)	80	30(D)

注：A—轻度变色；B—中度变色、光泽明显下降；C—严重变色，个别腐蚀点；D—全面腐蚀。

2. FS-101 浓度对钝化膜耐蚀性的影响

将试片分别浸入 0.05～1.5mol/L 的 FS-101 水溶液中，在 45℃下钝化处理 20min，然后用点滴试验法测定钝化膜的耐蚀性，所得结果如图 28-26 所示。由图 28-26 可见，随着 FS-101 浓度的升高，钝化膜的耐蚀性逐渐增强，在 1.0mol/L 时达到最佳值，继续升高浓度耐蚀性反而下降。FS-101 浓度与膜层耐蚀性的这种复杂关系，可能是由于 FS-101 配合物的组成和溶解度引起的。Fe^{2+} 与 FS-101 在酸性溶液中可形成微溶于水的表面配合物膜（即钝化膜）而沉积在钢铁表面。在低浓度时，由于生成的膜较薄，因而耐蚀性差。然而 FS-101 浓度过高时又会形成可溶性的 FS-101-Fe 配合物，使膜变薄而造成耐蚀性下降。

3. 钝化温度对钝化膜耐蚀性的影响

将前处理好的钢铁试片分别浸入 FS-101 浓度相同（1.0mol/L），pH 相同

（0.23），但温度不同的钝化液中钝化 20min，然后点滴试验法测定钝化膜的耐蚀性（开始变色的时间），所得结果如图 28-27 所示。由图 28-27 可见，提高钝化液的温度能促进金属的溶解，加速 FS-101 与 Fe^{2+} 的配位反应，从而加快成膜速度，增强 FS-101 钝化膜与金属的结合力。但温度过高，膜层的质量下降，超过 60℃ 所形成的膜层疏松多孔，使膜的耐蚀性反而降低。

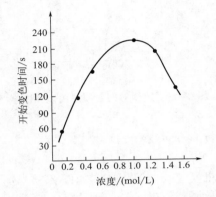

图 28-26　FS-101 浓度对钝化膜耐蚀性影响
（45°，pH 0.23，20min）

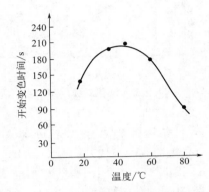

图 28-27　钝化液温度对膜层耐蚀性影响
（1.0mol/L，20min，pH 0.23）

4. 钝化液的pH值对钝化膜耐蚀性的影响

将前处理好的试片浸入其他条件相同，而溶液 pH 值不同的钝化液中处理 20min，取出干燥后，用点滴试验法测定开始变色的时间，所得结果如图 28-28 所示。由图 28-28 可见，随着钝化液 pH 值的升高，钝化膜的耐蚀性逐渐降低，其原因可能是在强酸性环境中，金属铁表面溶解而形成的大量 Fe^{2+} 很容易与 FS-101 形成表面配合物膜。随着溶液 pH 值的升高，钢铁表面容易形成铁的氢氧化物沉淀，它本身是不耐蚀的，同时它也降低了钢铁表面 Fe^{2+} 的浓度，使得 Fe^{2+} 与 FS-101 之间的配位反应速率变慢，钝化膜变薄，耐蚀性也就随之下降。试验中可以观察到随着 pH 值的升高，反应剧烈程度逐渐下降，在 pH＞7 时基本上看不到有反应进行，其表面也看不到有钝化膜层，因为此时的 Fe^{2+} 已与 FS-101 的负离子形成了可溶性的配离子而不是难溶的配合物膜了。

5. 成膜时间对钝化膜耐蚀性的影响

将预处理好的钢铁试片分别浸入 1.0mol/L FS-101，45℃，pH 0.23 的钝化液中进行不同时间的成膜或钝化处理，然后用点滴试验法测定钝化膜的耐蚀性，所得结果如图 28-29 所示。由图 28-29 可见，成膜时间对膜的耐蚀性有很大的影响。一般膜的形成可分为三个阶段，即基体金属溶解与膜的生长、膜的形成和溶解平衡阶段。因此控制浸渍时间，避免第三阶段出现是很重要的。从图中可以看出，在成膜时间为 20min 时，膜层的耐蚀性最好，时间过长和过短都将降低钝化膜的质量。

综合图 28-27～图 28-29 的结果可以得出结论：FS-101 在 0.8～1.2mol/L，30～50℃，pH 0.23～2 和钝化处理 10～30min 条件下可以获得较好的表面钝化膜。

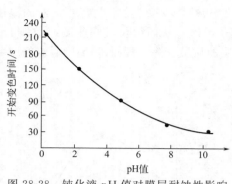

图 28-28　钝化液 pH 值对膜层耐蚀性影响
（1.0mol/L，45℃，20min）

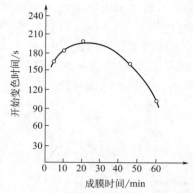

图 28-29　成膜时间对膜层耐蚀性影响
（1.0mol/L，45℃，pH 0.23）

三、有机膦酸在铁上形成的表面配合物膜组成和配位方式

（1）表面膜的组成

A3 钢上 FS-101 表面膜的宽扫描 X 射线光电子能谱（XPS）图如图 28-30 所示。由图 28-30 可见，膜中有 Fe、O、N、P 和 C 等元素存在。Ar^+ 溅射前后的 XPS 谱（部分示于图 28-31）表明，Ar^+ 溅射 20min 后 FS-101 特有的 N、P 等元素还没有消失，这说明膜层较厚。膜层元素组成随溅射时间的变化如图 28-32 所示。

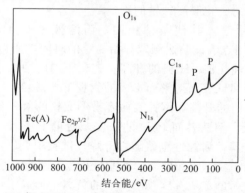

图 28-30　A3 钢上 FS-101 表面膜的 X 射线光电子能谱（XPS）图

由图 28-32 可知，膜层自始至终只有 Fe、O、N、P、C 五种元素存在，且各元素的含量在溅射 8min 后基本保持恒定，说明形成的是均相膜。在膜表面铁含量很低，而碳含量特别高，这是样品表面受碳污染所致。Ar^+ 溅射 2min 后，碳含量迅速下降并趋于稳定；溅射 8min 后各元素含量已趋稳定。因此用溅射 8～14min 所得各元素含量的平均值表示膜层的组成是恰当的。

表 28-35 列出了 ［Fe(FS-101)］、［Fe(FS-101)$_2$］配合物和 FS-101 钝化膜的 XPS 分析结果。由表 28-35 的数据可知，实测 Ar^+ 蚀刻恒定元素组成区膜的元素组成与 ［Fe(FS-101)$_2$］配合物中各原子百分含量十分接近。因此可认为所形成的表面配合物膜的组成为 ［Fe(FS-101)$_2$］$_n^0$，它是一种不带电的沉淀或聚合配合物。

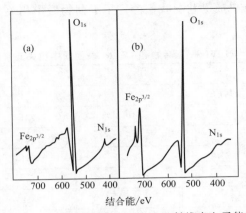

图 28-31 Ar^+ 溅射前后表面膜的 X 射线光电子能谱图

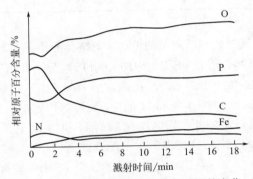

图 28-32 膜层元素组成随溅射时间的变化

表 28-35 $[Fe(FS\text{-}101)]$、$[Fe(FS\text{-}101)_2]$ 和 FS-101 钝化膜的 XPS 分析

项 目	各组分元素的百分含量/%				
样 品	Fe	O	P	N	C
$[Fe(FS\text{-}101)]$	15.9	40.8	26.3	4.0	10.2
$[Fe(FS\text{-}101)_2]$	8.6	44.3	28.6	4.3	11.0
FS-101 钝化膜	7.0	48.4	28.6	4.3	11.7

在研究不同 pH 值下的成膜效果时，我们发现在 pH＝0.23 时膜层的耐蚀性最好，pH 高时膜层较薄，耐蚀性差。这可能是因为 pH 值升高时 FS-101 由一价负离子变成二价负离子，后者形成的是负二价的 $[Fe(FS\text{-}101)_2]^{2-}$ 配离子，它易溶于水而难以成膜。因此我们推断膜层为零价的难溶配合物 $[Fe(FS\text{-}101)_2]_n^0$。

(2) 铁与 FS-101 的配位方式

在有机膦酸 FS-101 分子中含有 N 和 O 等配位原子，它们都有提供电子对形成配合物的能力；而 Fe^{2+} 的外层电子结构是 $3d^4 4s^2$，3d 层有空轨道。因此，当 A3 钢试片浸于 FS-101 溶液后，FS-101 中的 N 原子和 O 原子将提供电子对与 Fe^{2+} 的 3d 空轨道形成配位键。为了分析成键状况我们测定了下列物质中相关元素的结合能，结果如表 28-36 所示。

表 28-36　FS-101-Fe 配合物和 FS-101 表面膜中相关元素的结合能

项　　目		$Fe_{2p3/2}$	O_{1s}	N_{1s}
FS-101-Fe 表面膜	溅射前	712.10	531.2	401.6
	溅射 20min 后	710.4	531.5	401.9
$[Fe(FS-101)_2]$①		710.2	531.2	401.9
$[Fe(FS-101)]$①		710.8	531.7	401.8
$[Fe_2(FS-101)]$①		712.8	531.9	402.2
$[Fe_3(FS-101)]$①		710.8	532.0	402.3
$FeSO_4$		712.0	—	—
FS-101		—	531.2	401.2

① 按不同摩尔比合成的固体配合物。

由表 28-36 可知，溅射蚀刻后膜中的 $Fe_{2p3/2}$ 的结合能比 $FeSO_4$ 中 $Fe_{2p3/2}$ 结合能降低了 1.7eV，而 O_{1s} 和 N_{1s} 结合能较 FS-101 中的 O_{1s} 和 N_{1s} 分别高出了 0.3eV 和 0.7eV。这说明铁表面的 Fe^{2+} 与 FS-101 中的 O、N 的确发生了配位。Fe^{2+} 结合能降低和 O、N 结合能升高的原因是，FS-101 中的 O 和 N 的电子云部分地向 Fe^{2+} 转移，Fe^{2+} 的价电子云密度增加，导致结合能降低；同时配位后的 O 和 N 的电子云密度降低，它们的 1s 电子变得更难激发，以致结合能升高。比较表面膜与合成的 $[Fe_n(FS-101)]$ 配合物的结合能可以看出，A3 钢表面的确形成了铁与 FS-101 的配合物膜。

（3）红外光谱与喇曼光谱提供的配位键证据

为了获得表面膜分子结构的信息，我们对表面膜进行了反射红外光谱的测定，并与标准 FS-101 样品的红外光谱进行了比较，结果如图 28-33 所示。由图 28-33 可知，膜层与 FS-101 相比，特征吸收峰的形状、位置和强度均有所变化，其中 γ_{C-N} 由 $1145cm^{-1}$ 位移到 $1105cm^{-1}$；γ_{P-O} 由 $1002cm^{-1}$ 移到 $976cm^{-1}$。出现位移的原因是 N 原子和 O 原子向 Fe^{2+} 提供电子使得 C—N 键和 P—O 键间的电子云密度降低，造成两键振动吸收发生位移。这表明 N 和 O 原子参与了配位。FS-101 的其他特征吸收，

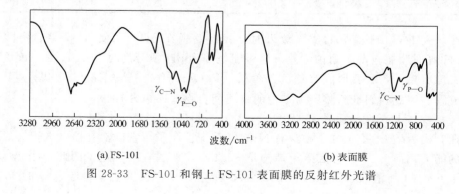

（a）FS-101　　　　　　　　　　　　　（b）表面膜

图 28-33　FS-101 和钢上 FS-101 表面膜的反射红外光谱

如 $799cm^{-1}$（γ_{P-C}）$1432cm^{-1}$（δ_{C-H}），$1232cm^{-1}$（$\gamma_{P=O}$）等在膜中也都有出现，但是由于化学环境的改变，振动吸收均有微弱位移。

　　A3 钢试片、FS-101 标准样品以及表面膜的喇曼光谱如图 28-34 所示。由图 28-34 可见，用 FS-101 处理过的 A3 钢试片在 $715cm^{-1}$、$765cm^{-1}$、$1440cm^{-1}$ 处分别出现了较明显的振动吸收带，这与 FS-101 的特征频率相一致。但经处理后在 $1010cm^{-1}$ 处有吸收，它比 FS-101 在 $965cm^{-1}$（γ_{P-OH}）和空白铁片在 $820cm^{-1}$ 处的吸收频率都高，这可能是因为表面膜中形成了 Fe—O—P 键，使得后两者的振动向紫区（短波）移动。另外，$965cm^{-1}$ P—OH 峰在 FS-101 中很强，而在膜中有明显减弱，表明部分 OH 已与 Fe^{2+} 配位。膜在 $390cm^{-1}$ 处出现的吸收与文献报道的 Fe—N 键类似。这从另一方面证实了 Fe^{2+} 与 FS-101 形成了表面配合物。

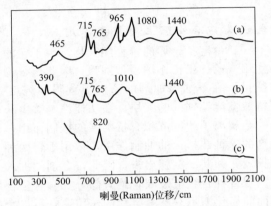

图 28-34　各种样品的喇曼光谱

（a）A3 钢；（b）表面钝化膜；（c）FS-101

第二十九章

强螯合剂废水的处理方法

第一节　治理螯合物废水的有效技术与方法

一、螯合物在电镀及前后处理上的重要作用

螯合物是指可以形成高稳定螯合环的特种配合物。由于它的稳定性特别高，抑制金属离子还原速度的作用（或称极化作用）特别强，因此螯合物镀液具有极佳的分散能力与深镀能力，往往可以在不加添加剂的条件下获得高纯度、高导电性、高可焊性、高柔软性和物理机械性能特别好的镀层，在功能性电镀上获得了广泛的应用。

某些螯合剂对某一金属离子的电沉积有特别强的抑制作用，而对其他金属离子的抑制作用很小，螯合剂的这种选择性的抑制作用，常用于将两种析出电位相差甚远的金属离子的析出电位拉近，并共同沉积出来，因此螯合剂的加入是进行合金电镀的几乎唯一有效的方法。纵观各种合金电镀液，绝大部分都含有螯合剂。

螯合剂在金属表面的净化上也有不可替代的作用，它可将金属表面的氧化物和各种金属污染物通过螯合作用转化为可溶性螯合物而除去。

在含螯合剂和氧化剂的溶液中，各种金属镀层很快被溶解而退除，形成稳定的水溶性螯合物离子，所以它在金属镀层的退除上也起了重要的作用。

螯合剂作为金属镀层的细化剂、镀液的稳定剂、pH 缓冲剂和除杂质剂，在各种电镀和化学镀溶液中都是不可缺少的主要成分之一。

目前，羟基羧酸、氨基羧酸、多聚磷酸、有机多膦酸、多乙烯多胺、多乙醇胺等螯合剂已成为取代氰化物电镀的主角，在五金电镀、塑料电镀、印制板和芯片制造上获得了广泛的应用。

二、治理螯合物废水的方法

过去人们对螯合物的形成与分解不大了解，总以为螯合物很稳定，其废水处理一定非常困难。其实不然，我们可以通过许多反应把有害重金属离子除去，也可把整个螯合物除去，也可用紫外线照射的方法使有机螯合剂分解，从而使螯合物分解再用一般的方法即可除去重金属。关于螯合物废水的处理，近年来已取得巨大的突破，并已在许多大型工厂成功应用，取得了很好的效果。归纳起来，主要有以下几种处理方法：

1. 离子交换法

以离子交换法处理焦磷酸盐镀铜液为例，镀液中主要含有 $[Cu(P_2O_7)_2]^{6-}$、

$[Cu(P_2O_7)]^{2-}$、$P_2O_7^{4-}$ 和 HPO_4^{2-} 等阴离子，这些阴离子都可用阴离子交换树脂除去。如用硫酸盐型 731 号树脂，则反应可表示为：

$$3(R\equiv N)_2SO_4+[Cu(P_2O_7)_2]^{6-}\rightleftharpoons(R\equiv N)_6[Cu(P_2O_7)_2]+3SO_4^{2-}$$

$$2(R\equiv N)_2SO_4+P_2O_7^{4-}\rightleftharpoons(R\equiv N)_4P_2O_7+2SO_4^{2-}$$

焦磷酸铜配阴离子与焦磷酸根均可被树脂吸附而从水中除去。吸附饱和的树脂，可用 15％硫酸铵与 3％氢氧化钾混合液作树脂的再生剂，此时树脂又恢复为硫酸盐型

$$(R\equiv N)_6[Cu(P_2O_7)_2]+3SO_4^{2-}\rightleftharpoons3(R\equiv N)_2SO_4+[Cu(P_2O_7)_2]^{6-}$$

$$(R\equiv N)_4P_2O_7+2SO_4^{2-}\rightleftharpoons2(R\equiv N)_2SO_4+P_2O_7^{4-}$$

2. 螯合沉淀法

它是利用螯合剂或含螯合基团的树脂可与各种金属离子形成难溶于水的螯合物，然后过滤除去。例如羟基-1,1-亚乙基二膦酸（HEDP）是无氰碱性镀铜的关键螯合剂，许多人一说起螯合剂，就认为难以废水处理，难以回收利用。然而 HEDP 镀铜液中的 HEDP 与 Cu^{2+} 都很容易被除去，并且已在国外广泛用于生产实际。这是因为 HEDP 在 pH 4～5 时可与二价金属离子，如 Cu^{2+}、Ca^{2+}、Mg^{2+}、Zn^{2+}、Cd^{2+}、Sn^{2+}、Pb^{2+}、Hg^{2+} 等形成沉淀。因此，在 HEDP 镀铜废水中只要加入 $CaCl_2$，HEDP 将与 Cu^{2+} 和 Ca^{2+} 共沉淀，HEDP 与 Cu^{2+} 可以同时除去，滤去沉淀后的水完全可以达到排放标准而直接排放。

$$HEDP^{2-}+Ca^{2+}\xrightarrow{pH4\sim5}[Ca(HEDP)]\downarrow$$

$$HEDP^{2-}+Cu^{2+}\xrightarrow{pH4\sim5}[Cu(HEDP)]\downarrow$$

一些含有螯合基团的树脂，尤其是含有二硫代氨基甲酸盐基团

（ $R-NH-\overset{\overset{\displaystyle S}{\|}}{C}-SNa$ ）的高分子液态螯合树脂，它具有类似硫化物的功能，可将各种价态的金属离子捕集沉淀，因此被称为高分子重金属捕集沉淀剂（DTCR），它含有多个二硫代氨基甲酸基团，可将混合电镀废水中的各种金属离子，如 Hg^{2+}、Cu^{2+}、Ni^{2+}、Zn^{2+}、Cd^{2+}、Pb^{2+}、Mn^{2+}、Sn^{2+}、Au^+、Ag^+、Cr^{3+} 等形成沉淀型螯合物，然后加入少量的絮凝剂，即可除去各种混合电镀废水中的重金属。由于形成的沉淀极难溶于水，因此沉渣没有普通氢氧化物沉渣常出现的二次污染问题，也不会影响地下水的水质和污染土壤。该技术的另一优点是沉淀的 pH 范围极宽，可在 pH3～11 的范围内将重金属除尽，这是其他沉淀剂难以达到的。该技术处理后的外排水，因含有盐分而不宜直接用到电镀生产的关键环节中。但最近美国的纳尔科（Nalco）公司，（全球最大的水处理及工艺处理解决方案供应商）推出的重金属捕集剂（Nalmat®），其效果超过了常规的 DTCR，不仅污泥量少，而且对环境危害程度也很小，非常适于混合电镀废水的处理。

3. 配体取代法

它是利用可与重金属离子形成沉淀的配体取代螯合剂，以达到除去重金属的目的。螯合物解体后，螯合剂可以留在溶液中，也可以被沉淀剂吸附或共沉淀而除去。

例如乙二胺镀铜的废水中含有乙二胺合铜配离子，它可以与二甲基二硫代氨荒酸形成二甲基二硫代氨荒酸合铜沉淀，而将乙二胺游离出来：

$$[Cu(乙二胺)]^{2+} + 2[二甲基二硫代氨荒酸盐]^- \longrightarrow$$
$$[Cu(二甲基二硫代氨荒酸)_2]^0 \downarrow + 乙二胺$$

4. 金属取代法

它是用其他金属离子取代螯合物中金属离子（在酸性条件下），再加碱使两种金属离子共沉淀，螯合剂可以同时被沉淀，也可以留在溶液中。

$$[Cu(乙二胺)]^{2+} + Fe^{2+} \xrightarrow{H^+} [Fe(乙二胺)] + Cu^{2+} \xrightarrow{OH^-}$$
$$[Cu(OH)_2 \cdot Fe(OH)_2] \downarrow + 乙二胺$$

$$[Cu(EDTA)]^{2-} + Fe^{2+} \xrightarrow{H^+} [Fe(EDTA)]^{2-} + Cu^{2+} \xrightarrow{OH^-}$$
$$[Cu(OH)_2 \cdot Fe(OH)_2] \downarrow + EDTA$$

$$[Cu(乙二胺)]^{2+} + Al^{3+} + SO_4^{2-} \xrightarrow{OH^-} [Cu(乙二胺)(OH)_2] \cdot Al(OH)_3 \downarrow + SO_4^{2-}$$

5. 化学置换法

这是美国 Romar 公司于 1992 年发明的一种新概念的专利螯合物废水的处理法，它是利用富铁的 RP-9000 试剂（ferrous dithionate，连二硫酸亚铁）来破坏螯合物，使重金属游离出来，再用碱使重金属和过量溶解的铁离子形成氢氧化物沉淀，其作用原理与上述的金属取代法类似。所形成的沉淀再用酸性废水（如酸洗、酸铜、微蚀废水）溶解，再加入 RP-9000，重金属（如铜）就以铜粉形式被置换出来而加以回收，滤液经补充调整后可转化为 RP-9000，再循环使用。具体流程见图 29-1。

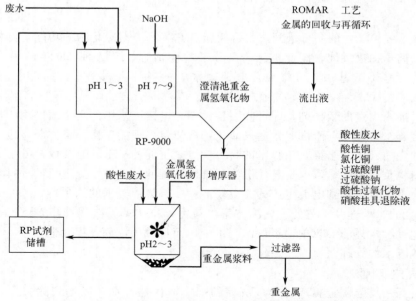

图 29-1　Romar 法处理印制板厂螯合物废水流程示意图

  Romar 工艺已成功地用于印刷线路板厂的干膜退除液（含胺类的铜螯合物），化学镀铜液（含铜的 EDTA 螯合物）和化学镀镍液（含镍的有机酸螯合物）的废液处理，它同时也处理掉了印制板厂的各种酸性废水（酸性镀铜液、氯化铜微蚀液、过硫酸盐微蚀液、H_2SO_4-H_2O_2 微蚀液以及硝酸型挂具退除废水）。整个工艺是个循环体系，回收的是较高纯度的金属粉，消耗的是廉价且毒性小的普通化学品，流出液完全达到美国的排放标准，可以直接排放。

  Romar 工艺的特点是设备简单，操作容易，沉渣数量少（为常规沉淀法的 50% 左右），无二次残渣污染，所用化学品安全、价廉，可以循环使用，而且还能同时处理掉酸性废水，因而引起国际上广泛的关注。该处理方法已在美国 Hadco Corporation 公司和 Praegitzer Industries 公司应用，效果很好，处理后的废水可直接排放，回收的固体铜粉含铜量达 35%。

  6. 有机螯合剂与氰化物的紫外光氧化分解法

  有机螯合剂大都含有稳定的 C—C、C—N、C—O、C—S 等共价键，如有机胺、氨基羧酸（EDTA）、有机羧酸、氨基醇（如乙醇胺、二乙醇胺、三乙醇胺）、有机膦酸（如羟基-1,1-亚乙基二膦酸）等，用一般的氧化剂（如双氧水、次氯酸盐和过硫酸盐等）均难以将它们的共价键打断、使有机物彻底分解，使螯合物彻底破坏而释放出金属离子。

  但是，近年来人们发现，用强紫外光，不仅可以杀死细菌，而且可以彻底破坏有机物，也可以破坏氰化物，使它们变成二氧化碳气体逸出，因此，紫外光氧化法也可称为"冷燃烧法"，有机物被冷燃烧为二氧化碳。废水中的有机物或氰化物被"燃烧"掉后，废水即可按常规的碱沉淀法除去。紫外光氧化分解法是一种快速、可靠和低成本的方法。实际使用结果表明，1：100 倍稀释的 EDTA 镀液，只要用紫外光照射 2h，EDTA 就完全被分解，高压液相色谱（HPLC）已难以检出 EDTA；而未稀释的 EDTA 镀液，经 4h 的紫外光照射，EDTA 也被完全分解。处理过程可以完全自动化，处理后的废水的化学耗氧量（COD）将大幅下降，很容易达到排放标准。处理后的沉渣由于盐分少、有机物少，沉淀非常密实，体积小，掩埋成本低。该法的另一优点是可以处理废弃的老镀液及浓镀液。

  紫外光氧化分解法现已成功用于化学镀铜、化学镀镍、化学浸锌、印制板退干膜液、Zn/Ni 合金镀液、各种金属的氰化物镀液及其废水的处理，镀镍液中有机添加剂的去除与纯化、氮氧化物废气的分解与无毒化。

第二节 螯合沉淀法处理混合电镀废水

一、重金属捕集沉淀剂（DTCR）法与碱沉淀法的比较

  高分子重金属捕集沉淀剂（DTCR）是处理混合重金属离子配合物废水最有效的方法之一。DTCR 是一种液态的螯合树脂，其 100% 原液为棕红色透明液体，相对密度大于 1.26（25℃），pH 值为 11.0～12.0，黏度为 80～100Pa·s。它是由多个二硫

代氨基甲酸盐（ $R-NH-\overset{\overset{S}{\|}}{C}-SNa$ ）作为螯合基团的高分子聚合物，可无限溶于水。大家知道，金属硫化物沉淀的溶解度比金属氢氧化物的低得多，用硫化物作为沉淀剂比用碱作沉淀剂有效得多，废水中残留的金属离子的浓度也低得多，因此很容易达到严格的排放标准。而 DTCR 分子中含有多个 $-\overset{\overset{S}{\|}}{C}-S^-$ 基团，它与重金属离子形成的沉淀比硫化物沉淀还要稳定，难以为酸所分解，遇酸也不会像硫化物那样形成硫化氢气体污染空气

$$Ag_2S + 2H^+ \Longrightarrow 2Ag^+ + H_2S\uparrow$$

$$R-NH-\overset{\overset{S}{\|}}{C}-SAg + H^+ \Longrightarrow R-NH-\overset{\overset{S}{\|}}{C}-SH + Ag^+$$

由于 DTCR 形成的沉淀型螯合物极难溶于水，因此不会有地下水、土壤的二次污染问题。表 29-1 是 DTCR-5 与其他化学沉淀法的性能比较。

表 29-1　DTCR-5 与其他化学沉淀法的性能比较

项　目	DTCR 沉淀法	碱沉淀法
沉淀剂	DTCR 或 Nalmat	Ca(OH)$_2$ 或 NaOH
重金属去除	很好	一般
汞去除	可处理至极低浓度	去除效果差
沉淀性	沉淀快速	沉淀速度一般
盐类影响	无影响	影响小
絮凝物	絮凝物粗大	絮凝物细小
絮凝剂	需要	需要
污泥再溶出	无	酸性时可溶出，碱性时稳定
连续处理	可以	可以
有机物影响	无影响	无影响
建设费	便宜	一般
污水处理费	比较便宜	便宜
污泥处理费	便宜	很高
二次公害	无	有
维持管理	容易	一般
设施面积	尚可	尚可

二、DTCR 处理混合电镀废水的方法

1. 废水处理流程

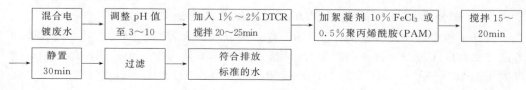

每 10mg/L 的重金属离子需要用 DTCR 原液的数量可参考表 29-2。对于废水中含有多种重金属离子，所需 DTCR 的用量为各种金属离子需要量的总和，而最佳的投放量通常是通过试验确定的，以加入 1%～2%DTCR 后不再有沉淀生成为标准。

表 29-2　每 10mg/L 的重金属离子需要用 DTCR 原液的数量

序号	重金属离子	DTCR 的用量/(g/m^3)	序号	重金属离子	DTCR 的用量/(g/m^3)
1	金(Au^+)	10.2～21.0	9	汞(Hg^{2+})	4.9～10.2
2	银(Ag^+)	9.2～18.9	10	钴(Co^{2+})	16.8～34.6
3	铜(Cu^{2+})	15.6～32.1	11	镍(Ni^{2+})	16.8～34.6
4	铁(Fe^{2+})	17.7～36.5	12	锰(Mn^{2+})	18.0～37.1
5	锡(Sn^{2+})	8.3～17.2	13	铬(Cr^{3+})	28.6～58.8
6	铅(Pb^{2+})	4.8～9.8	14	铬(Cr^{6+})	57.1～117.6
7	锌(Zn^{2+})	15.0～30.0	15	砷(As^{3+})	13.2～27.2
8	镉(Cd^{2+})	8.7～18.0			

由表 29-2 的数据可见，铅（Pb^{2+}）和汞（Hg^{2+}）的用量最低，通常在 $10g/m^3$ 以下，三价铬的用量比一般一二价金属的用量大，用量最大的是六价铬，其用量几乎是三价铬的 2 倍。因此，直接用 DTCR 处理 Cr^{6+} 是不经济的，建议先用亚硫酸氢钠将它还原为 Cr^{3+}，再加入 DTCR 进行处理，其流程为：

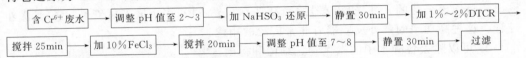

2. DTCR 处理氰化物镀镉及混合电镀废水的效果

某企业每天有 20t 的含铬废水，Cr^{6+} 含量为 40～75mg/L，处理前的 pH 值为 3，每升加入 3～5g/L 的亚硫酸氢钠进行还原处理，再加入 DTCR 50～60g/L 进行沉淀，过滤出的废水中，含总铬量为 0.5mg/L 以下，符合排放标准。

对于氰化物镀液，首先要用氧化剂（次氯酸钠、次氯酸钙、液氯或双氧水）将氰化物破坏，再加入 1%～2% DTCR 沉淀重金属。表 29-3 列出了 DTCR 处理氰化物镀镉液的效果。

表 29-3　DTCR 处理氰化物镀镉液的效果

序号	pH 值	Cd^{2+}/(mg/L)	NaOCl/(ml/L)	2%DTCR/(ml/L)	10%$FeCl_3$/(ml/L)	处理后 Cd^{2+} 浓度/(mg/L)	处理后 CN^- 浓度/(mg/L)
1	8	3.15	1	1	1.0	0.102	无
2	8	2.73	1	1	0	0.084	无
3	8	1.05	1	1	1.5	0	无

对于含多种重金属的混合废水，采用 DTCR 也可获得十分满意的结果。某电镀厂每日排出的混合电镀废水有 50 多吨，同时含镍、锌、铜等，用 DTCR 处理后的结果如表 29-4 所示。

表 29-4　DTCR 处理混合电镀废水的效果

重金属离子	处理前浓度 /(mg/L)	处理前的 pH 值	DTCR 加入量 /(g/m³)	FeCl₃ 加入量 /(g/m³)	处理后的 pH 值	处理后的浓度 /(mg/L)
Cu^{2+}	40	5	50	100	7	0.12
Ni^{2+}	28					0.20
Zn^{2+}	26					0.16

表 29-4 表明，用 DTCR 处理后的排出水，其重金属含量均低于 0.5mg/L，完全符合国家排放标准，而且可以同时把各种金属离子一次除尽。

第三节　紫外光氧化分解法处理螯合物废水

一、紫外光氧化分解法的原理与特性

早在 1907 年，人类就开始用紫外光照射杀菌来取代氯气杀菌。到了 20 世纪 70 年代中，人们开始用紫外光处理受氰化物污染的地下水。到了 20 世纪末，德国 a. c. k. aqua. concept GmbH 公司开发出了硅硼酸盐制成的耐腐蚀耐污染用紫外光反应器管，再配以电子性能控制系统，可以确保紫外光以高功率、高稳定、不受干扰地输出。目前该公司的紫外光反应器的最高功率可达 340kW，最多可安装 210 支紫外灯管。这种高功率的紫外反应器有非常广泛的用途：

① 可以除去各种水中的微生物、细菌和霉菌；

② 可以破坏氰化物而达无害化；

③ 可以破坏或分解多环芳香烃（PAHs）

④ 可以破坏可降解的有害挥发性有机物（VOC）；

⑤ 可以破坏损害臭氧层的乙烯氯化物（VC）；

⑥ 可以破坏水中存在的抗生素、激素等；

⑦ 可以破坏电镀常用的各种有机螯合剂，如 EDTA、有机多胺、醇胺、有机多膦酸、有机羧酸、亚氨多羧酸以及各种芳香及杂环化合物；

⑧ 可以破坏 X 射线、核磁共振所需的辐射对照物质；

⑨ 可以破坏印制板生产中干膜、湿膜、绿油退除液中的各种有机物；

⑩ 可以大幅降低各种废水中的生物耗氧量（BOD）、化学耗氧量（COD）和总有机碳（TOC）；

⑪ 不仅可以破坏稀溶液（废水）中的有机物，而且可以破坏浓溶液（槽液）中的有机物；

⑫ 不仅可以除去有机配位体，也可除去溶液中的有机添加剂及其分解产物，使镀液获得再生。

紫外光氧化分解法的原理，是让有机化合物中的 C—C、C—N 键吸收紫外光的能量而断裂，使有机物逐渐降解，最后以 CO_2 形式离开体系。例如 EDTA，其化学名称为乙二胺四乙酸，它在紫外光的作用下，C—N 键会逐级断裂，开始形成乙二胺三乙酸，再降解为乙二胺二乙酸，乙二胺单乙酸、乙二胺；它也可以另一种形式断裂，而形成氨二乙酸，再降解为氨基乙酸，然后转化为乙醛酸、草酸、甲酸及二氧化碳。图 29-2 是 EDTA 在紫外光作用下逐级降解的示意图。

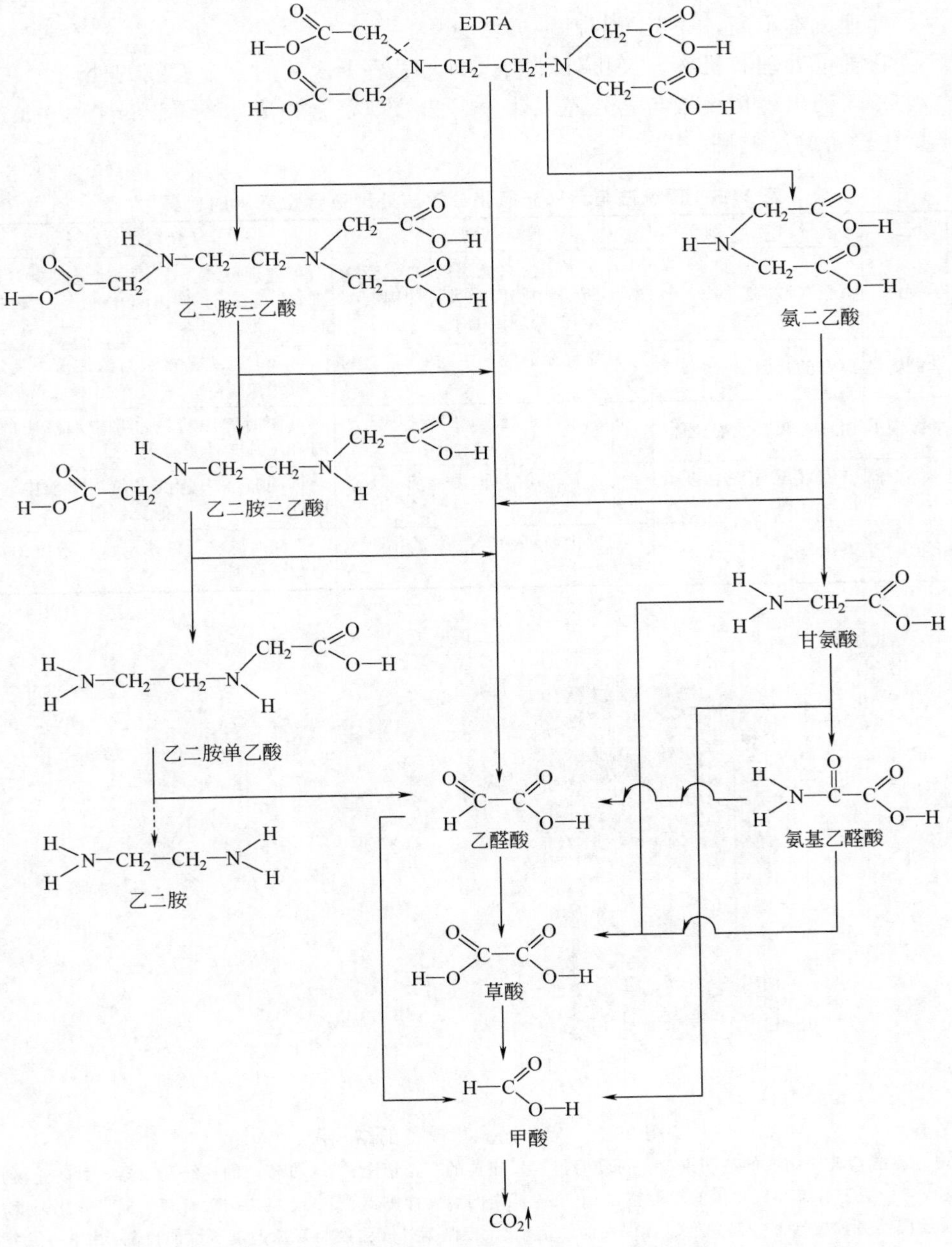

图 29-2　EDTA 在紫外光（UV）作用下逐级降解的示意图

与传统的螯合物废水处理方法相比，紫外光氧化分解法具有更多的优点：

① 它是一种非常清洁的干处理法，不会引入任何其他物质到体系中；

② 它能彻底破坏有机物而使其转化为二氧化碳排出，处理的深度比其他方法高；

③ 它可以处理废水，也可以处理浓缩液；

④ 它可以处理水中的有害有机物，也可以处理废气中的有机物；

⑤ 处理成本不高，完全可与其他方法竞争；

⑥ 它既可处理有机物，又可处理氰化物，很适于复杂的合金镀液的处理。

表 29-5 列出了传统法与紫外光氧化分解法处理螯合物废水的差异。图 29-3 是紫外光氧化设备的结构图。

表 29-5　传统法与紫外光氧化分解法处理螯合物废水的差异

工　艺	螯　合　剂	传统处理法	紫外光氧化分解法
化学镀镍	有机羧酸、氨	石灰沉淀法只能除镍与次、亚磷酸盐，废水中仍存在大量的镍与螯合剂，不能处理浓的镀液	可处理镀液及废水中的金属镍与螯合剂，使 Ni^{2+} 与液中 COD 值均达到排放标准
化学镀铜 A	酒石酸盐、柠檬酸盐	只能沉淀清洗水中的铜，螯合剂仍留液中	可同时除去清洗水与浓缩液中的铜和有机羧酸
化学镀铜 B	EDTA 和其他配位体	清洗水已难处理，浓缩液则无法处理	可同时除去清洗水与浓缩液中的铜、EDTA 及其他螯合剂
电镀锌-镍合金	EDTA、氰化物及其他螯合剂	清洗水已难处理，浓缩液则无法处理	可同时除去清洗水与浓缩液中的铜、EDTA、CN^- 及其他螯合剂
氰化物电镀	氰化物	用氧化剂可满意除去氰化物及金属离子	可同时除去清洗水与浓缩液中的氰化物和金属离子

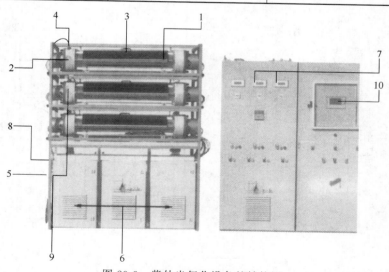

图 29-3　紫外光氧化设备的结构图

1—由硅硼酸盐玻璃制成的透明视窗，可随时检视反应器的工作情况；2—可转动的连续调节器，可防止污物沉积；3—适于射流和氧化用的辐射室；4—反应器内的温度探测器；5—叠层式结构有利于提高氧化强度；6—反应器旁放置性能控制单元以确保性能稳定；7—控制紫外光强度与寿命的电子性能控制器；8—每个反应器的滑动探测器；9—压力系统的标准安全阀；10—可调节流程图的触摸式屏幕控制器

二、EDTA 化学镀铜液的处理效果

用 Enviolet® 紫外光氧化装置（见图 29-4）处理含铜 5～6g/L，含 EDTA 25～35g/L 的化学镀铜液，然后按常规的碱沉淀法除去氢氧化铜，所得结果如表 29-6 所示。由表 29-6 的结果可见，处理后的废水中铜的浓度降低至 0.2～0.5mg/L，Na_2EDTA 的含量降至 <10μg/L，总有机碳量由 14～20g/L 降至 2g/L，处理后的废水完全达到排放标准。

图 29-4　Enviolet® 紫外光氧化装置用于处理化学镀铜液

表 29-6　Enviolet® 装置处理化学镀铜液的效果

溶液成分	处理前的含量/(mg/L)	处理后的含量
铜	5.000～6.000	0.2～0.5mg/L
Na_2EDTA	25.000～35.000	<10μg/L
甲醛	6.000	无
生物耗氧量(COD)	43.000～60.000	约 1000mg/L
总有机碳(TOC)	14.000～20.000	约 2000mg/L

表 29-7 列出了 EDTA 含量随照射时间的变化情况。由表 29-7 可见，照射 2h 后，EDTA 含量即由 24000mg/L 降至 300mg/L，照射 4h 后只剩下 0.8mg/L，说明紫外光破坏 EDTA 的效果是非常明显的。

表 29-7　EDTA 含量随照射时间的变化

照射时间/h	溶液中 EDTA 的浓度/(mg/L)	溶液中总有机碳(TOC)含量/(g/L)
0	24.000	18.4
2	3.00	13.7
4	0.8	11.2
6	—	7.6
8		4.2

三、氰化物电镀液及其废水的处理效果

1997～1998 年间德国 a.c.k. aqua concept GmbH 公司开发了紫外光氧化法处理

氰化物的装置 CyanoMat®，处理流程为：

用水溶性过氧化物预氧化废水 ——→ CyanoMat® 光氧化处理 ——→ 除去金属硝酸盐配合物德国 FUBAG 金属电镀厂是一个中型电镀厂，该厂有镀锌、镍、银、金、铜等工艺，最初选择次氯酸盐氧化法，后来发现这种方法处理氰化物不彻底，故改用 CyanoMat® 紫外光氧化法处理。图 29-5 是装在 FUBAG 公司的 CyanoMat® 装置。表 29-8 是 FUBAG 公司废液中各种重金属离子及氰化物在处理前后含量的变化。表 29-9 是传统与新法处理效果与成本的比较。

图 29-5　CyanoMat® 紫外光氧化装置用于氰化物废水处理

表 29-8　CyanoMat® 装置处理 FUBAG 公司氰化物废水的效果

废水的组分	处理前的浓度/(mg/L)	处理后的浓度/(mg/L)
CN⁻	6.500～10.000	<0.2
Cu	约 5.000	<0.3
Ni	10.000～15.000	<0.25
Zn	约 1000	<0.4
Ag	约 10	<0.1
Au	微量	无
处理时间	4.5h	
颜色	棕绿色	无色透明

表 29-9　OTB 公司浓氰化物镀液用传统氯化法和光氧化法的效果与成本比较

项　目	84m³ 标准废水	8m³ 浓废液
CN⁻（处理前）	9.500	30.000
CN⁻（处理后）	0.21	0.2
消耗 H_2O_2/(L/m³)	27.3	100
消耗硫酸/(L/m³)	58.2	160
用氯气处理的费用(旧法)/马克	6.784	6.600
用 CyanoMat® 处理的费用/马克	3.168	687.70
用 CyanoMat® 节省百分数/%	53	90

四、紫外光氧化法处理电镀锌镍合金废水的效果

Zn^{2+} 和 Ni^{2+} 的性质相差甚远，两者的析出电位相差较远，Zn^{2+} 的析出速度很快，超电压很小，而 Ni^{2+} 的析出速度很慢，反应的超电压较大。为使两种金属共沉积而析出一定比例的 Zn-Ni 合金，在镀液中必须加调节两种金属离子析出电位的螯合剂与配位体。据报道，在德国工厂，电镀锌镍合金常用 EDTA、胺类、羧酸和氰化物作配位体，目前用其他方法都难以同时处理金属离子与配位体，唯有紫外光氧化法是最简便、成本最低、效果最好的处理方法。先用紫外光照射将各种有机螯合剂和氰化物同时破坏，并以二氧化碳的形式排出体系，再用 NaOH 或 $Ca(OH)_2$ 沉淀 Zn^{2+}、Ni^{2+}，废水完全达到排放标准。

以德国 Hella Hueck & Co. 公司为例，该公司在汽车车灯、电子零件以及其他汽车零件上电镀锌镍（3∶1）合金，已获得较好的防腐蚀效果。该公司的挂镀槽5400L，浓镀槽7200L，分两班工作，每天的废水达 $15m^3$，要求在紫外光氧化后用石灰处理即可达到排放标准。

图 29-6 是每小时处理 $15m^3$ 的紫外光氧化装置，表 29-10 是紫外光氧化法的效果，表 29-11 是紫外光氧化法同其他处理方法的成本比较。

由表 29-10 和表 29-11 的数据可知，紫外光氧化法是同时处理螯合剂、氰化物和重金属废液及废水的最有效方法，也是成本最低的方法。该法曾获 1999 年柏林环保奖。

图 29-6　每小时处理 $15m^3$ 螯合物废水的 Enviolet® 紫外光氧化装置

表 29-10　紫外光氧化法处理锌镍合金的效果

物　质	处理前	处理后	排放标准
Ni^{2+}	10～50mg/L	0.1～0.4mg/L	0.5mg/L
Zn^{2+}	20～100mg/L	0.1～0.3mg/L	2mg/L
CN^-	≤5mg/L	无	0.5mg/L
EDTA	8.000mg/L	<10μg/L	—

表 29-11　各种方法处理锌镍合金废水的成本比较

方　　法	成　　本	说　　明
紫外光氧化法	$40\sim60$€$/m^3$	仅仅为操作成本
蒸发浓缩法	96€$/m^3$	用低温蒸发器每蒸发 $1m^3$ 的操作成本
湿化学处理法	$90\sim150$€$/m^3$	技术不可靠
未处理流出液的废弃费	$190\sim220$€$/m^3$	若有储槽,没有其他投资
未处理浓缩液废弃费	$250\sim350$€$/m^3$	若有储槽,没有其他投资

注:€为欧元。

第三十章

高分子螯合剂

第一节 高分子螯合剂的特性和制备

一、高分子螯合剂的特性

高分子螯合剂因其分子结构中含有对重金属离子具有螯合作用的官能团，是一类具有螯合功能基的聚合物，对不同种类、不同价态、不同几何构型的金属离子有选择性地形成可溶或不溶于水的螯合物。根据其母体的化学结构不同可分为物性不同的线状结构和立体架桥结构两大类。线状高分子多是水溶性高分子，典型水溶性高分子螯合剂有聚乙烯氯基乙酸钠、2-乙烯吡啶异丁烯酸共聚物、黄原酸纤维素、淀粉黄原酸钠、聚亚乙基亚胺二硫代氨基甲酸钠聚合物、聚磷酸乙烯醇、聚谷氨酸钠等。立体架桥结构的高分子多是不溶于水的，称为螯合树脂。高分子螯合剂在常温下能与水中 Cu^{2+}、Pb^{2+}、Zn^{2+}、Cd^{2+}、Ni^{2+}、Mn^{2+}、Hg^{2+}、Cr^{3+} 等多种重金属离子发生螯合作用。它能在金属离子溶液中选择性地捕集、分离特定金属离子的高分子。常见的高分子螯合剂主要有螯合沉淀剂、螯合树脂、螯合纤维、螯合分离膜、螯合絮凝剂等，它们常被作为金属离子选择性分离或沉淀的高分子材料，应用于湿法冶金、重金属废水处理、医药食品、重金属分离分析等领域。

另外，螯合了金属离子的高分子螯合物有的具有良好的耐热性，可以作为耐高温材料；有的具有导电性或半导体性能，可作为导体或半导体材料；有的可以作为高分子催化剂、光敏树脂；有的可用作传送氧气的载体、抗静电剂、黏合剂、界面活性剂等。用途十分广泛。

高分子螯合剂的分子链是由一种或多种小分子通过共价键聚合而成。这些小分子具有两个或多个配位基团，能与同一金属离子形成螯合环，具有螯合环的配合物称为螯合物，与金属离子螯合的试剂就称为螯合剂。其中 O、N、S、P 作为螯合剂中的配位原子最为常见。表 30-1 列出了高分子螯合剂中主要的配位原子和配位基[1]。

表 30-1 各种主要的配位原子和配位基

配位原子	配位基
O	—OH（醇、酚）；—O—（醚）；>C=O（醛、酮、醌）；—COOH；—COOR（酯）；—CONH₂；—NO；—NO₂；—N→O；—SO₃H；—P（OH）₂（亚膦酸）；—PO（OH）₂（膦酸）；—AsO（OH）₂（胂酸）

续表

配位原子	配位基
N	—NH₂；\N—H；—N\；\C═NH(亚胺、烯亚胺)；\C═N—(席夫碱、杂环化合物)；\C═N—OH(肟)；—CONH₂；—N═N—(偶氮、杂环化合物)
S	—SH(硫醇、硫酚)；—S—(硫醚)；\C═S(硫醛、硫酮)；—COSH(硫代羧酸)；—CSSH(二硫代羧酸)；—CSNH₂(硫代酰胺)；SCN(硫氰化合物、异硫氰化合物)
P	\P—(一、二、三烷基或芳香基膦)
As	\As—(一、二、三烷基或芳香基胂)
Se	—SeH(硒醇、硒酚)；\C═Se(硒羰化合物)；—CSeSeH(二硒代羧酸)

从螯合功能基团在高分子链中的位置来看（见图 30-1），螯合功能基团可以存在于高分子侧链中，如聚丙烯偕胺肟树脂即为此类树脂；螯合功能基团也可以包含于高分子的主链中，如聚酯基硫脲树脂即为此类树脂。主链型高分子具有优异的物理化学性能，但难溶、难熔等性能限制了其应用范围。引入柔性侧链后，聚合物的熔点降低，而且能在部分有机溶剂中溶解。考虑到合成加工过程，高分子螯合剂的设计较多选择柔性侧链型。

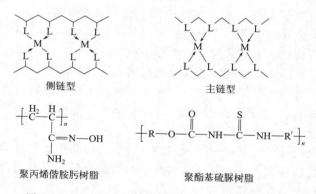

侧链型　　　　　　　主链型

聚丙烯偕胺肟树脂　　　　　聚酯基硫脲树脂

图 30-1　配位结构及对应的高分子螯合剂和螯合物
L—配位原子或配位基团；M—金属离子

二、高分子螯合剂的制备[2]

制备高分子螯合剂，一般有两种方法（图 30-2）：一种方法是将含有功能基的单体经过加聚、缩聚或开环聚合等方法制取；另一种方法是利用已有的合成高分子或者天然高分子，通过接枝或转化生成配位基团来合成。前者得到的高分子螯合剂功能基团分布均匀、螯合容量大，但含功能基团的单体合成较为困难，合成过程中单体自身容易发生聚合形成高分子，影响螯合基团的引入。后者制备方法简单，已有的高分子螯合剂多采用后一种方法制得。选择廉价环保的功能高分子作为骨架或载体，将载体本身的性能与功能基团的配位性能结合，选择载体材料时应考虑其性能、来源及价格。目前已有许多采用无毒、价格低及易生物降解的淀粉、壳聚糖和纤维素作为载体。

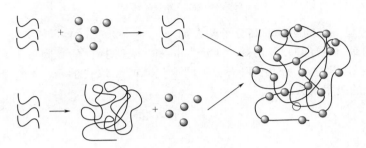

图 30-2　高分子螯合剂的两种制备途径

黑线为聚合单体，小圆球为配位官能团

目前国内外对高分子螯合剂的研究重点是发展螯合能力强、选择性好的高分子螯合剂，针对目标对象的特点，发展具有选择性吸附性能，对配位基团与金属离子的作用机理进行研究，以及发展分子印迹等新型技术将是高分子螯合剂的发展重点。

高分子螯合剂对金属离子高效、高选择性、高吸附容量，且对环境无二次污染的处理特性，使得其设计合成受到了越来越广泛的关注和研究。

第二节　高分子螯合剂的结构和性质[1]

一、配位原子为氧的高分子螯合剂

（1）含 β-二酮的高分子螯合剂

β-二酮结构是指两个羰基（C＝O）之间间隔一个饱和碳原子的化学结构，其中羰基氧作为配位原子。在主链或侧链上含有 β-二酮结构的高聚物，在侧链上含有乙酸乙酯结构的高聚物，由于 α-H 活泼，可以烯醇化，所以这类高分子能与多种金属离子螯合。

由单体甲基丙烯酰酮聚合制得的聚甲基丙烯酸丙酮，它与 Cu^{2+} 形成的配合物可催化过氧化氢分解，是分解过氧化氢的催化剂，其催化活性大于相应的低分子乙酰丙酮（$CH_3COCH_2COCH_3$）与 Cu^{2+} 的配合物；且随着它分子量的增大，其铜配合物的催化活性也提高。它与 ZrO^{2+}、UO_2^{2+}、Cr^{3+}、Ce^{3+}、Cu^{2+} 的配合物对焦磷酸钠的水解也有催化作用。在 60℃、pH 4.00 时催化活性按 $ZrO^{2+}>UO_2^{2+}>Cr^{3+}\approx Ce^{3+}\approx Cu^{2+}$ 顺序递降。

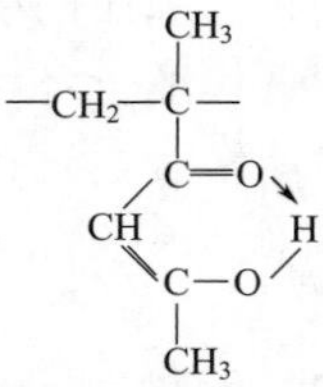

聚甲基丙烯酸丙酮螯合剂 **1**

（2）含酚基、水杨酸基的高分子螯合剂

3-取代的聚（4-羟基）苯乙烯对 Cu^{2+} 和 Ni^{2+} 有选择性的吸附效果，不同的取代基 R 吸附效果也不同，表 30-2 列出了不同取代基时 3-取代的聚（4-羟基）苯乙烯对 Cu^{2+} 和 Ni^{2+} 的吸附效果。

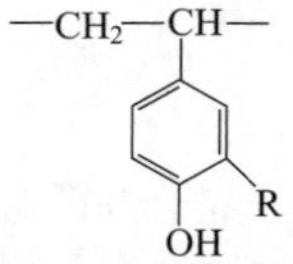

3-取代的聚(4-羟基)苯乙烯螯合剂 **2**

表 30-2　不同取代基时 3-取代的聚（4-羟基）苯乙烯对 Cu^{2+} 和 Ni^{2+} 的吸附效果

3-取代基	Cu^{2+} 吸附 /（毫克当量/克）	Ni^{2+} 吸附 /（毫克当量/克）	总吸附 /（毫克当量/克）	$K_{R,Cu}/K_{R,Ni}$ （摩尔比）
—	0.43	0.68	1.11	0.6
NO_2	0.46	0.81	1.27	0.6
NH_2	1.51	0.63	2.14	2.4
Cl	0.32	0.55	0.87	0.6
Br	0.00	1.25	1.25	约 0
SO_3H	2.39	2.94	5.33	0.8
3,5-$(SO_3H)_2$	2.87	3.10	5.97	0.9
$COCH_3$	0.00	0.00	0.00	—
$\overset{\displaystyle C=N-OH}{\underset{\displaystyle CH_3}{\vert}}$	0.41	0.77	1.18	0.5
CHO	0.46	0.63	1.09	0.7
$CH=N-OH$	0.84	0.42	1.26	2.0
CH_2CN	0.64	0.73	1.37	0.9

注："毫克当量"在这里表示物质（如离子）的量的单位。本章余同。

聚（3-溴-4-羟基）苯乙烯可完全选择性吸附 Ni^{2+}。只有聚（3-氨基-4-羟基）苯乙烯和聚（3-羟亚胺甲基-4-羟基）苯乙烯才能选择性吸附 Cu^{2+}。

聚甲基丙烯酸-3-羧-4-羟基苄酯，此树脂能与 Fe^{3+} 配位，形成红棕色的高分子配合物。

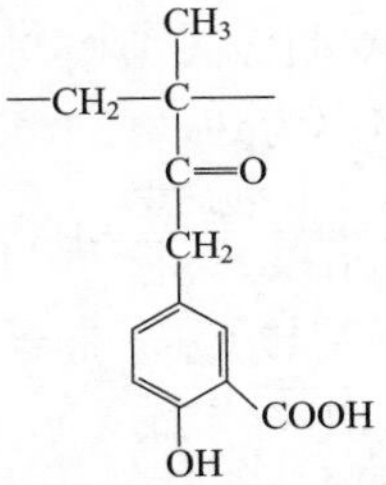

$$-CH_2-\overset{\overset{\displaystyle CH_3}{|}}{\underset{\underset{\displaystyle C=O}{|}}{C}}-CH_3$$

聚甲基丙烯酸-3-羧基-4-羟基苄酯螯合剂 **3**

（3）聚羟基型高分子螯合剂

聚乙烯醇（PVA）是合成纤维维尼纶的中间体，由乙酸乙烯酯聚合而成的聚乙酸乙烯酯经甲醇醇解制 PVA，它是一种容易获得的含有羟基的高分子螯合剂，它能与 Cu^{2+}、Ni^{2+}、Co^{3+}、Co^{2+}、Fe^{3+}、Mn^{2+}、Ti^{3+}、Zn^{2+} 等离子螯合，形成高分子配合物。它与 Cu^{2+}、Fe^{3+}、Ti^{3+} 的螯合物特别稳定。PVA 与二价过渡金属的配合物的稳定常数按以下顺序递增：

$$Co^{2+} < Ni^{2+} < Zn^{2+} < Cu^{2+}$$

PVA 虽与 Cu^{2+} 螯合得很牢固，但它与一价的铜 Cu^+ 并不螯合。瑞士的 Kuhn[3] 将挂有重物的水不溶性 PVA 薄膜放入 $Cu_3(PO_4)_2$ 的水溶液中，由于 Cu^{2+} 与薄膜上的羟基螯合，使高分子薄膜发生收缩，将下垂的重物提起，当把 Cu^{2+} 还原成一价的 Cu^+ 时，因 PVA 不能与 Cu^+ 螯合，故从螯合物中释放出铜离子，使 PVA 薄膜伸长到原有的长度（见图 30-3）。这是将氧化-还原化学能直接变成机械能的第一个例子，称为机械化学能。Kuhn 的实验引起了人们对会使各种能量形式互相转变的功能高分子产生了极大兴趣。

Hojo 等[4]发现在 pH 7 以上时，一个 Cu^{2+} 与 PVA 的四个羟基配位，并将水不溶

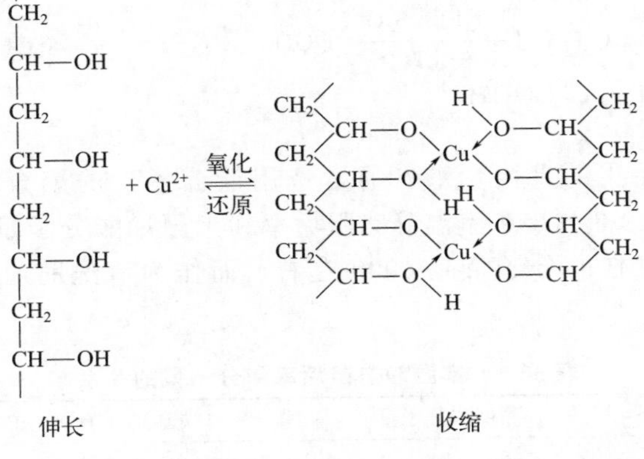

图 30-3　PVA 薄膜的铜螯合与解螯合引起薄膜的收缩与伸长效应

性的PVA薄膜交替地置于 2×10^{-2} mol/L 的 Cu^{2+}-胺水溶液及 2×10^{-2} mol/L 的 ED-TA(乙二胺四乙酸)水溶液中，Cu^{2+} 从 PVA 溶液中沉淀出 PVA-Cu 螯合物，再用 EDTA 使此螯合物重新解吸出 PVA，PVA 薄膜与 Kuhn 所观察到的一样也发生了可逆的收缩-伸长现象。其长度的收缩率为 30%。

$$PVA \text{ 薄膜 } \mathbf{4} \underset{EDTA \text{ 水溶液}}{\overset{Cu^{2+}\text{-胺水溶液}}{\rightleftharpoons}} PVA\text{-Cu 螯合物 } \mathbf{5}$$

北条用 pH 滴定曲线证明，PVA 与 Cu^{2+} 螯合时释放出大量质子，使体系 pH 值激烈下降。在螯合物形成时，体系的比浓黏度 η_{sp}/c 直线下降，这是由于部分 PVA 按 **6** 的方式生成了分子内螯合物。

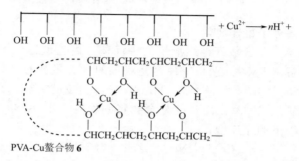

PVA-Cu螯合物 **6**

1999 年王正辉等[5]将带正电基团的聚丙烯酰胺通过曼尼希（Mannich）反应和酸化改性，合成了带有成对羟基的高分子螯合剂并应用于镍离子的处理，当 pH 值为 7.2，高分子螯合剂的浓度为 $20\mu g/ml$ 时，剩余镍离子的浓度为 $0.05\mu g/ml$，处理效果达到我国污水排放一级标准。

（4）聚羧酸型高分子螯合剂

聚羧酸型高分子螯合剂是指含有多个羧基的高分子螯合剂，它可以是由同一种低分子量的有机羧酸单体通过聚合而形成的聚羧酸或其盐，它也可以是由不同类型的有机羧酸单体共聚而成的混合结构的聚羧酸及其盐。例如丙烯酸在过硫酸铵的催化下可以聚合而形成聚丙烯酸。

$$
\underset{\text{丙烯酸}}{\overset{H_2C=CH}{\underset{COOH}{|}}} + \underset{\text{}}{\overset{H_2C=CH}{\underset{COOH}{|}}} \xrightarrow[\text{催化聚合}]{(NH_4)_2S_2O_8} \underset{\text{聚丙烯酸}}{\overset{(CH_2-CH)_n}{\underset{COOH}{|}}} \xrightarrow[\text{中和}]{NaOH} \underset{\text{聚丙烯酸钠}}{\overset{(CH_2-CH)_n}{\underset{COONa}{|}}}
$$

作为清洗、阻垢用的聚丙烯酸，通常选用低分子量的聚合物。如分子量小于5000 的聚合物。表 30-3 列出了室温静态阻垢率和聚丙烯酸分子量大小的关系。由表30-3 可见，阻垢率最佳的分子量是 4000 左右，而作为清洗助剂用时分子量还可以更小。

表 30-3　室温静态阻垢率和分子量的关系

试验样品编号 No.	黏度法分子量	端基法分子量	室温静态阻垢率/%
1	50400	2503	21.58
2	47750	2900	29.20

续表

试验样品编号 No.	黏度法分子量	端基法分子量	室温静态阻垢率/%
12	23920	2000	49.48
7	19510	2800	53.87
10	18280	1320	61.69
39	15230	2000	56.74
23	14160	1200	69.82
40	10000	2100	70.50
41	7443	1820	80.76
31	5749	1200	87.14
36	4087	1540	92.45
37	4106	1100	93.96
25	3195	640	91.54
24	2710	900	90.31
35	2262	800	87.26
法 G-79-S	3598	800	89.93

在聚羧酸树脂中，聚丙烯酸（PAA）、聚甲基丙烯酸（PMAA）、顺丁烯二酸与噻吩的共聚物 **7** 以及甲基丙烯酸与呋喃的共聚物 **8** 是已知的。

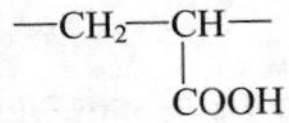

PAA

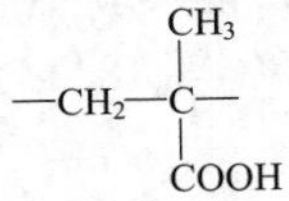

PMAA

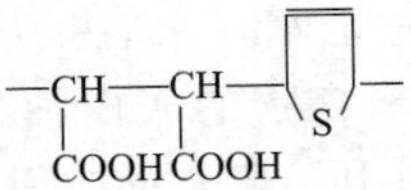

顺丁烯二酸与噻吩的共聚物 **7** 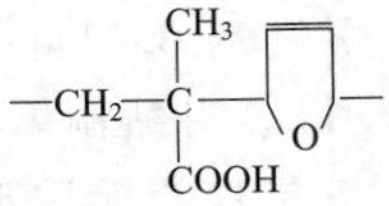　　甲基丙烯酸与呋喃的共聚物 **8**

PAA-Cu 螯合物比类似的低分子的丙二酸-Cu 螯合物、戊二酸（GA）-Cu 螯合物有较高的稳定性。这可用聚电解质的静电效应和高分子配位体构象的变化来解释。PAA 与二价过渡金属离子的螯合物的稳定常数按以下顺序递增

$$Co^{2+} < Ni^{2+} < Zn^{2+} < Cu^{2+}$$

PMAA 及其类似线型聚合物与二价过渡金属离子的螯合物的稳定常数按以下顺序递降

$$Fe^{3+} > Cu^{2+} > Cd^{2+} > Zn^{2+} > Ni^{2+} > Co^{2+} > Mg^{2+}$$

在相当宽的 pH 范围内，一个金属离子是与两个羧基进行配位的。各种含氧高分子螯合剂及其相应的低分子化合物与 Cu^{2+} 的螯合物稳定常数列于表 30-4。

表 30-4　配位原子为氧的一些高分子螯合剂与 Cu^{2+} 螯合物的稳定常数[6]

配位体	配位体浓度 $/(10^2 mol/L)$	离子强度	Cu^{2+} 配合物组成	配合物的稳定常数
聚丙烯酸	0.58	0.1	$Cu(-COO^-)_2(-COOH)_2$	1.8×10^6
聚丙烯酸	3.4	0.1	$Cu(-COO^-)_2(-COOH)_2$	2.2×10^5
聚丙烯酸	1.0	0.2	$Cu(-COO^-)_2(-COOH)_2$	3.0×10^7
聚甲基丙烯酸	1.0	0.1	$Cu(-COO^-)_2(-COOH)_2$	7.6×10^4
乙酸	—	0.2	$Cu(CH_3COO^-)_2(CH_3COOH)_2$	5.8×10^2
聚乙烯醇	1.0	0.1	$Cu(-O^-)_2(-OH)_2$	8.5×10^{15}
乙醇	—	—	—	0
聚甲基丙烯酰丙酮	1.0	0.2	$Cu(-COCH_2COCH_3)_2$	5.5×10^4
乙酰丙酮	—	0.2	$Cu(CH_3COCH_2COCH_3)_2$	10

　　2016 年郭睿、甄建斌、程敏、杨江月等在专利 CN 105504161A 中公开了一种阴离子型高分子螯合絮凝剂及其制备方法,该螯合絮凝剂的合成是将去离子水、螯合剂、链转移剂和对丙烯酰胺苯甲酸钠加入到反应器中,调节 pH 值为 5～9 后加入丙烯酸乙酯酸钠,通 N_2 后加入引发剂,然后引发聚合,得到透明黏稠共聚物,冷却至室温后洗涤、干燥,得到阴离子型高分子螯合絮凝剂;该发明的高分子螯合絮凝剂中含有阴离子羧基,能和污水中的胶体颗粒结合达到沉降效果。对丙烯酰胺苯甲酸钠与丙烯酸乙酯酸钠共聚后较一般单一性絮凝剂具有用量少、絮凝快、适用的 pH 值范围宽及耐盐性好等优点。絮凝性能实验结果表明:油田废水经该发明的阴离子高分子螯合絮凝剂处理后,色度残余率达 18.14%,COD 去除率为 83.74%,浊度去除率为88.09%,表明絮凝性能良好。

　　2011 年魏焕曹在专利 CN 101962426A 中介绍了一种表面活性好的高分子聚合物螯合剂,含马来酸酐聚氧乙烯山梨醇脂肪酸酯单酯 1%～90%,马来酸酐 1%～90%,丙烯酸 1%～90%,引发剂 0.01%～10%,余量是水,聚合反应温度为 70～100℃,聚合时间为 4～24h,得透明黏稠体聚合物,该聚合物的表面活性好,与液体表面活性剂完全相容。所以它能广泛应用于各类洗涤剂中。聚合反应得马来酸酐聚氧乙烯山梨醇脂肪酸酯单酯的结构如下:

　　其中,x 是 20～80 的自然数,R 是月桂酸基、棕榈酸基、硬脂酸基、油酸基中的一种。

二、配位原子为氮的高分子螯合剂

　　这类螯合剂所含的螯合基团的种类很多,主要有胺、肟、席夫碱、羟肟酸、酰肼、酰胺、氨基醇、氨基酚、氨基酸、氨基多羧酸、杂环、偶氮等。

（1）含氨基的螯合剂

脂肪胺或芳香胺的聚合物是一类重要的高分子螯合剂。聚乙烯胺及乙烯胺-乙烯醇共聚物是最常见的。

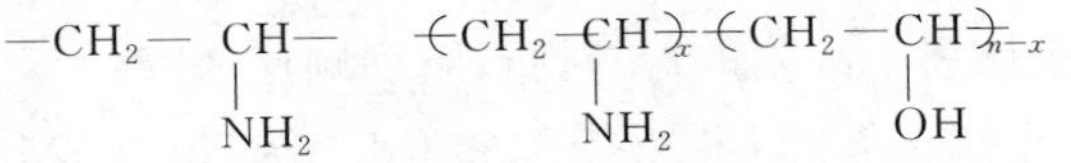

$$-CH_2-CH- \qquad \begin{matrix} +CH_2-CH+_x +CH_2-CH+_{n-x} \end{matrix}$$

聚乙烯胺　　　　　乙烯胺-乙烯醇共聚物

乙烯胺-乙烯醇共聚物是水溶性的，在一定 pH 条件下与 Cu^{2+} 螯合，x/n 值为 $0.09\sim0.84$，随着此值之降低，即共聚物中 NH_2 基的减少，树脂对 Cu^{2+} 的吸着容量也变小，且螯合物的稳定性也降低，作为对比，在均聚物聚乙烯胺及聚乙烯醇的混合物的水溶液中，Cu^{2+} 优先与聚乙烯胺的氮原子配位。故乙烯胺-乙烯醇共聚物起螯合作用的主要是 NH_2 基，它的 Cu^{2+}-CCl_4 体系可以引发丙烯腈、甲基丙烯酸甲酯进行自由基聚合反应。

2016 年刘明刚在专利 CN105923729A 中公开了一种投量少、杀菌效果好的螯合剂及其制备方法。随着工业的快速发展，对水资源的消耗也在逐年增加，而经过工厂使用后的工业废水，往往内部都还有大量的重金属，如果不及时处理便排入到自然环境中，就会造成更大面积的水资源的污染，从而对人类的生存造成影响。为此，大部分企业会在废水排放前，先用螯合剂对废水中重金属进行螯合处理。但是，如果单独使用螯合剂的话，往往需要投入的量都会比较多，并且工业废水中也带有很多的微生物，所以得不到有效的杀菌作用。该专利用一种螯合剂，按质量份计，包括苯酚 $25\sim$ 30 份、乙二胺 $21\sim36$ 份、过碳酸钠 $37\sim74$ 份、草酸 $48\sim66$ 份、水 $180\sim198$ 份、高分子季铵盐 $20\sim30$ 份。由于这种螯合剂不含有磷元素，所以不会对环境造成富营养化污染，并且，其内部存在的高分子季铵盐不仅可以协助螯合物快速有效地沉降重金属，减少了螯合物的投放量，同时，也可以对水质进行杀菌，有效地提高了水质的洁净度。另外，草酸中所携带的草酸根以及过碳酸钠分解产生的双氧水均对污水具有螯合重金属以及杀菌消毒的能力，从而大大提高了该种螯合物的整体螯合及消毒能力。

陈义镛[7]对凝胶型或大孔型（MR）交联的氯甲基聚苯乙烯用二乙烯三胺、三乙烯四胺或四乙烯五胺进行胺化得到高分子螯合剂，可能结构为 **9**。该树脂的商品牌号为 RST，其性能列于表 30-5。

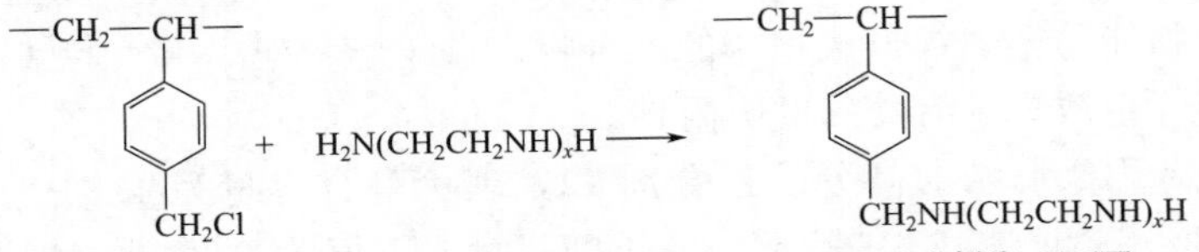

$x=1,2,3$

螯合树脂 9 是具有巨大网状结构的大孔型树脂，由于空间位阻小，其螯合能力及螯合速率都较相应的凝胶型树脂大。但树脂内空隙度过大，会导致树脂的机械强度降低，变脆易碎，故致孔剂的用量要适当。螯合树脂 **9** 能螯合 Au^{3+}、Hg^{2+}、Cu^{2+}、Ni^{2+}、Zn^{2+}、Cd^{2+}、Co^{2+}、Mn^{2+}、Mg^{2+}、Sr^{2+}、Th^{4+} 等离子，对 Au^{3+}、Hg^{2+}、Cu^{2+} 的选择性更佳。控制溶液 pH，利用树脂 **9** 很容易使这些金属离子分开。x 值为 3 的树脂 **9** 对金属离子吸附的选择性按下列顺序递降：

$$Hg^{2+} > Cu^{2+} > Ni^{2+} \approx Zn^{2+} \approx Cd^{2+} > Co^{2+} > Mn^{2+}$$

表 30-5　MR 型共聚物的孔结构及其螯合树脂的性能[7]

MR 型共聚物				螯合树脂				
来源	孔体积 /(ml/g)	表面积 /(m²/g)	平均孔径 /Å	阴离子交换容量 /(毫克当量/克)	Zn^{2+} 吸着			树脂牌号
					pH	mmol/g	mmol/mL	
Rohm & Hass 公司	0.89	27.9	495	6.57	6.5	1.25	0.26	RST-L
三菱化成（株）	0.87	470.5	390	4.20	6.5	0.72	0.21	RST-10
自制	0.47	8.3	820	6.42	6.5	0.84	0.24	RMT-5

曲荣君等[8]利用羧甲基纤维素为原料，通过分子中的羧基的酰胺化成功地合成了具有多乙烯多胺螯合基团的螯合树脂，该树脂具有交联结构，在酸性溶液中不易流失，有利于金属离子的回收，该树脂对 Cu^{2+}、Ni^{2+}、Zn^{2+}、Co^{2+}、Pb^{2+} 具有良好的吸附性能。

高分子螯合剂 **10** 对贵金属离子有良好的选择性，而 Cu^{2+}、Fe^{3+}、Zn^{2+} 等不被螯合，树脂 **10** 的商品名为 Srafion NMRR，已制成离子交换纸和离子交换膜。

螯合树脂 **10**（Srafion NMRR）

以间苯二胺、间苯二酚、甲醛在液体石蜡中悬浮缩聚制得高分子螯合树脂 **11**。它对 Cd^{2+}、Hg^{2+} 的吸附性优于对 Pb^{2+}、Al^{3+}、Mg^{2+} 的。

螯合树脂 **11**

（2）含肟基的螯合剂

肟类化合物能与金属镍形成稳定的配合物。在树脂骨架中引入肟基团形成肟类螯合树脂，对镍等金属离子有特殊的吸附性。

含有邻羟苯丙酮肟基的高分子螯合剂 **12**，理论螯合容量为 1.26 毫克当量/克树脂。它用于 Cu^{2+}-Ni^{2+}、Cu^{2+}-Zn^{2+} 的分离，因 pH 值为 3.5 或 5 时螯合剂 **12** 与 Cu^{2+} 而不与 Ni^{2+}、Zn^{2+} 螯合，螯合 Cu^{2+} 还可用 0.1mol/L 盐酸解吸。螯合剂 **12** 也可用于 Cu^{2+}-MoO_2^{2+} 的分离，因螯合的 Cu^{2+} 先用稀酸解吸后，再用 0.1mol/L NaOH 淋洗，可洗脱 MoO_2^{2+}。

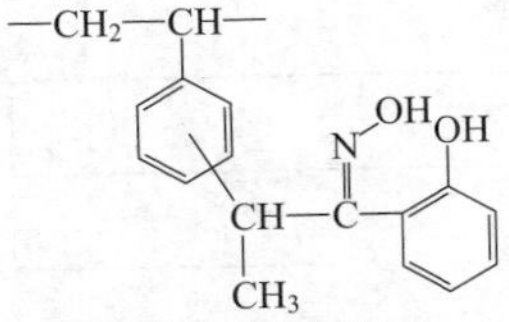

高分子螯合树脂 **12**

聚乙烯甲基乙二酮肟（PMG）与其低分子模型化合物丁二酮肟（DMG）的解离常数 K_a 及与 UO_2^{2+}、Nd^{3+} 的积累稳定常数和螯合常数列于表 30-6。PMG 和 DMG 对 UO_2^{2+} 的螯合能力几乎相同，PMG 对 Ni^{2+} 的螯合能力弱于 UO_2^{2+}，但强于稀土金属离子 Nd^{3+}、Pr^{3+}。

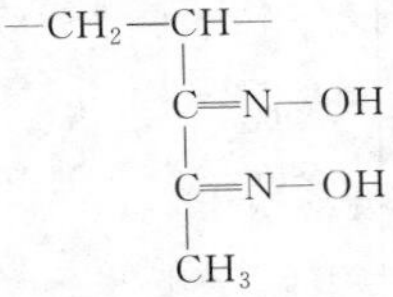

聚乙烯甲基乙二酮肟（PMG）树脂 **13**

表 30-6　二肟螯合剂的积累稳定常数和螯合常数

二肟	金属离子	N	lgB	lgβ	pK_a
DMG	UO_2^{2+}	2	−7.4	15.3	11.3
PMG	UO_2^{2+}	2	−6.9	13.2	10.1
PMG	Nd^{3+}	3	−18.4	12.0	10.1

（3）含席夫碱基的螯合剂

席夫碱指含有（—RC＝NR）双键的化合物，通常由醛、酮的羰基 C＝O 和含氨基 NH_2 的化合物发生缩合反应而得。常见的席夫碱螯合剂除了具有席夫碱结构外还具有两个邻位羟基，在与金属离子螯合时苯环上的酚羟基也参与配位，构成四配位螯合物。它们对大多数过渡金属离子均有较好的配位作用。主链中或侧链上具有席夫碱结构的高分子螯合剂品种甚多，大多数具有—C＝N—基本结构，便于与金属离子形成稳定的六元螯合环。有许多席夫碱型高分子螯合物都具有良好的热稳定性，是耐高温高分子材料；有的因具半导体的性能而引人注目。主链中具有席夫碱结构的高分子螯合剂及其与金属离子的螯合物列于表 30-7。它们都有螯合物 **14** 的结构，可由双（水杨醛）衍生物与脂肪族或芳香族二胺缩聚而得。

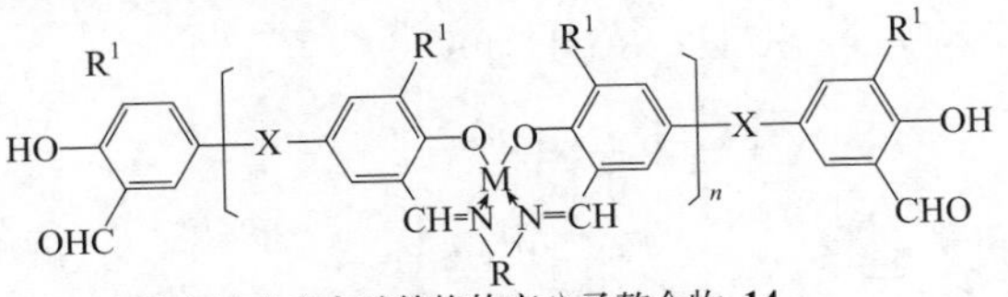

主链中具有席夫碱结构的高分子螯合物 **14**

表 30-7　具有席夫碱结构的高分子螯合剂及其与金属离子的螯合物

结构			螯合离子 M
R	X	R^1	
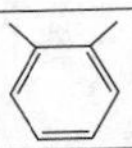 ⟨苯环⟩	CH₂	H	Zn^{2+}、Ni^{2+}、Co^{2+}、Cu^{2+}、Fe^{2+}

结构			螯合离子 M
R	X	R¹	
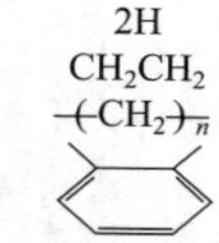	CH_2	H	Cu^{2+}、Ni^{2+}、Fe^{2+}、Zn^{2+}、Co^{2+}、Cd^{2+}
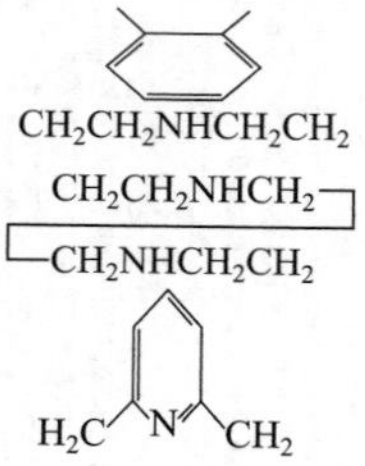	CH_2 SO_2	H H	Fe^{3+}、Co^{3+}、Al^{3+}、Cr^{3+}、Cu^{2+}、Co^{2+}、Ni^{2+}
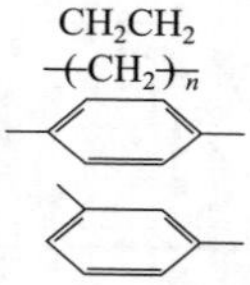	CH_2	NO_2	Fe^{2+}、Zn^{2+}、Ni^{2+}、Cu^{2+}

另一大类是侧链上具有席夫碱的高分子螯合剂。由聚乙烯胺与水杨醛衍生物缩合制得的高分子螯合物 **15**、**16**，能与过渡金属离子形成很稳定的螯合物。

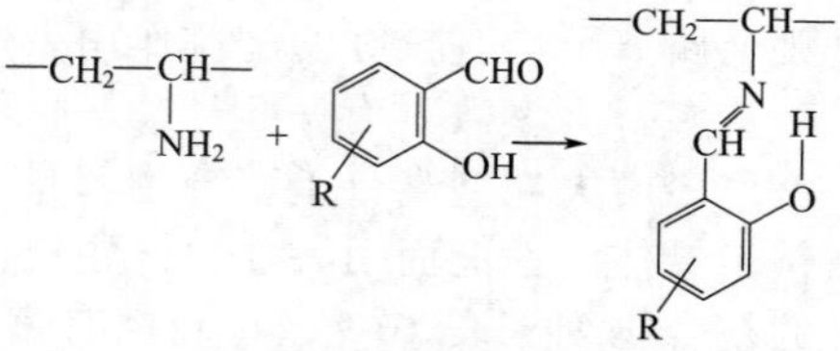

具有席夫碱的高分子螯合剂 **15**

R：H；5-Cl；5-NO_2；4-OH；3-CH_3O

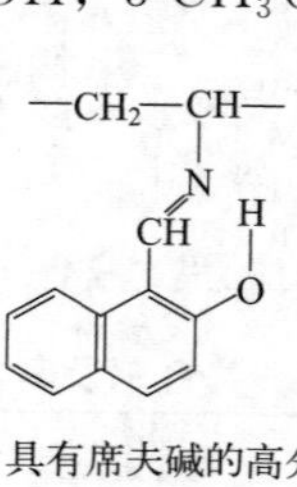

具有席夫碱的高分子螯合剂 **16**

高分子螯合剂 **17** 中当 R 为 H、M 为 Ni^{2+}、Co^{2+}、Cu^{2+} 时，螯合物有良好的耐热性，热分解温度在 300℃以上。

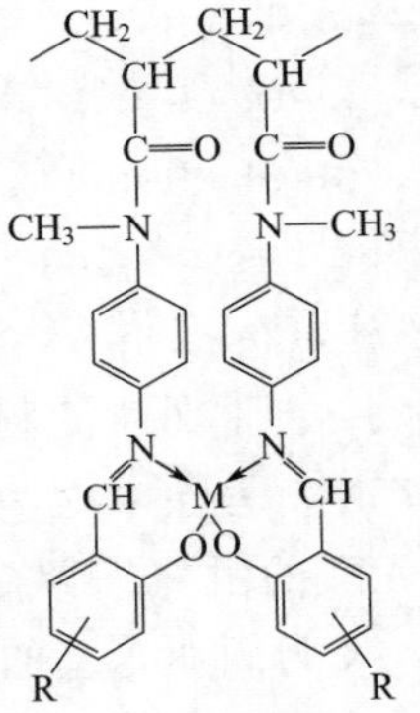

R=H，M=Ni²⁺、Co²⁺、Cu²⁺

耐高温高分子螯合剂与螯合物 **17**

（4）含羟肟酸的高分子螯合剂

羟肟酸指分子中同时含有羟基（—OH）和肟基（C=N—OH）的化合物。

羟肟酸基团很容易发生互变异构：

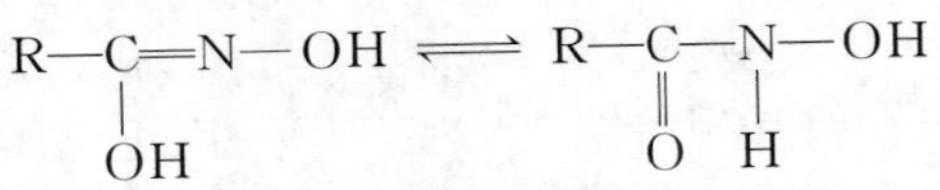

酮式的羟肟酸易与金属离子形成螯合物。由甲基丙烯酸与二乙烯苯共聚物制得的高分子羟肟酸螯合剂 **18** 能与 Fe^{2+}、MoO_2^{2+}、Ti^{4+}、Hg^{2+}、Cu^{2+}、UO_2^{2+}、Ce^{4+}、Ag^+、Ca^{2+} 螯合。它与 VO_2^+、Fe^{3+} 的螯合物分别为深紫色、红紫色。

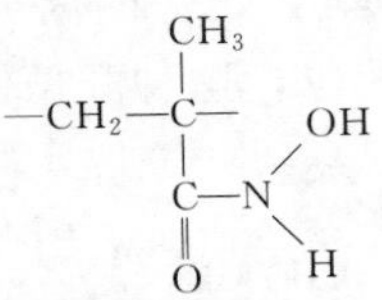

高分子羟肟酸螯合剂 **18**

（5）含酰肼、草酰胺的高分子螯合剂

将交联的聚甲基丙烯酸甲酯，用水合肼肼解得侧基为酰肼的高分子螯合剂 **19**。它能从含 Na^+、Zn^{2+}、Ca^{2+} 的黏胶废液中分离、回收 Zn^{2+}，容量为 22.2g Zn^{2+}/L 树脂。

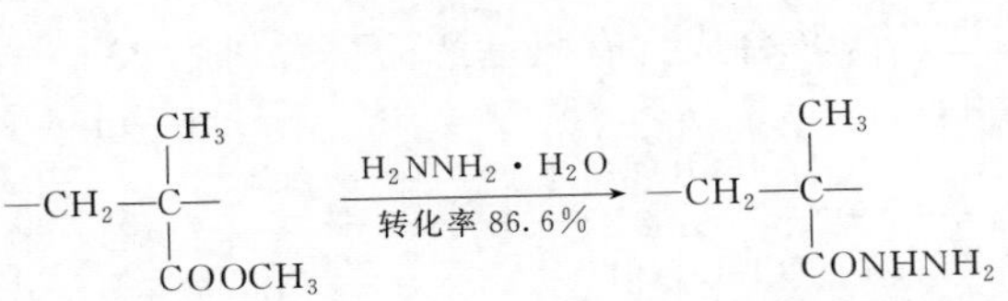

酰肼高分子螯合剂 **19**

由丁烯二酸二甲酯与 2-甲基-5-乙烯吡啶共聚物可肼解得高分子螯合剂 **20**。在 pH 1.2～10 之间，螯合剂 **20** 可与 Ca^{2+}、Cd^{2+}、Co^{2+}、Zn^{2+}、Ni^{2+}、Mg^{2+} 等金属离子螯合。

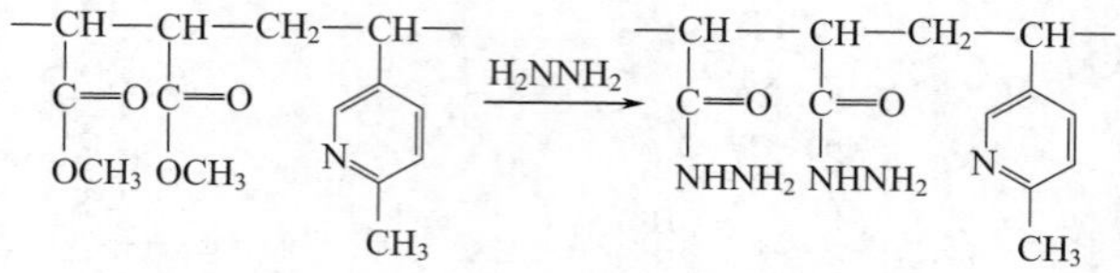

$$\xrightarrow{\text{H}_2\text{NNH}_2}$$

酰肼高分子螯合剂 **20**

吕梓民等[9]开发出了具有氨基功能团的水合肼改性淀粉，并将其用于 Cu^{2+}、Pb^{2+}、Cd^{2+} 和 Ni^{2+} 的去除，在 pH 值为 3~7 时，去除率均达到 99.9% 以上。

将 N,N'-双（2-氨乙基）草酰胺与各种二元酸的酰氯缩聚而成各种含有草酸胺结构的高分子螯合剂 **21**。在 pH 4.6~5.9 之间，R 为间亚苯基的 **21** 树脂。它对各种金属离子的选择吸附性按下列顺序递降：

$$Pb^{2+}>Cu^{2+}>Ag^+>Cd^{2+}>Zn^{2+}>Cr^{3+}>Ni^{2+}>Ca^{2+}>Li^+$$

如增加溶液的碱性，可定量吸附 Cu^{2+}、Zn^{2+}、Gd^{2+}。主链中芳香核的增加，对金属离子的吸附性也增强。

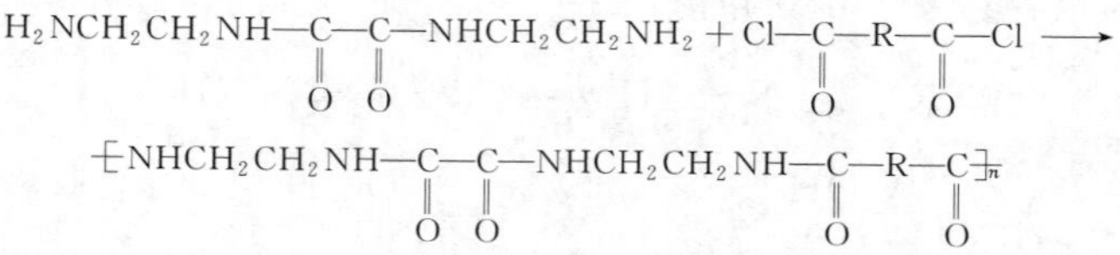

草酸胺结构的高分子螯合剂 **21**

（6）氨基醇、氨基酚

由丙烯酸环氧丙酯与双（甲基丙烯酸）乙二醇酯的共聚物或与次甲基双丙烯酰胺的共聚物和乙二胺反应制取含有羟基、氨基的高分子螯合剂 **22**。树脂中的伯胺、仲胺、羟基都能与 Cu^{2+} 等金属离子配位，这种配位键只在强酸的介质中才会断裂。

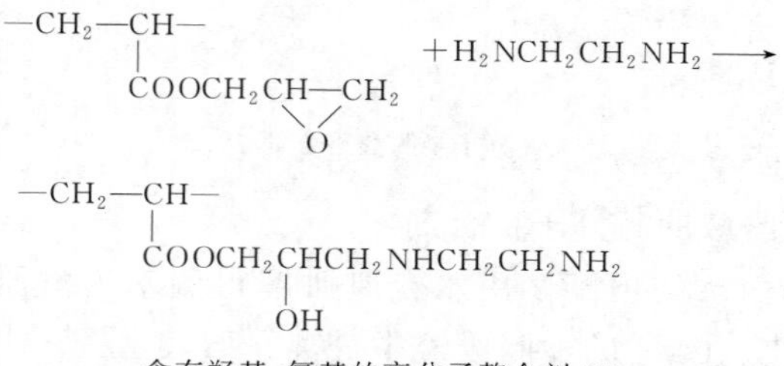

含有羟基、氨基的高分子螯合剂 **22**

由氯甲基聚苯乙烯与二乙醇胺合成含有氨基醇的螯合树脂 **23**

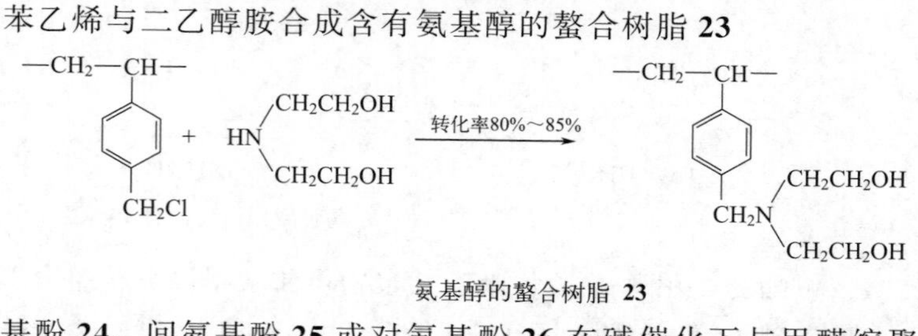

氨基醇的螯合树脂 **23**

由邻氨基酚 **24**、间氨基酚 **25** 或对氨基酚 **26** 在碱催化下与甲醛缩聚得含氨基酚的高分子螯合剂，能螯合 Fe^{3+}、Cu^{2+}、Zn^{2+}。

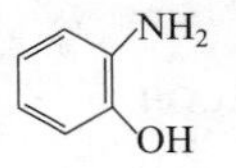

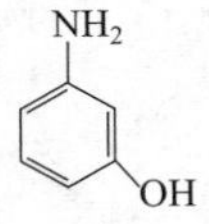

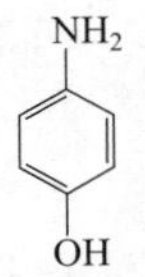

邻氨基酚 **24**　　间氨基酚 **25**　　对氨基酚 **26**

（7）含氨基酸、氨基多羧酸的高分子螯合剂

用一般方法将氨基酸的外消旋体析离成两种对映体是比较困难的，但是利用不对称的高分子螯合物来析离却十分方便。含有 L-脯氨酸的不对称高分子螯合剂 **27** 与 Cu^{2+} 的螯合物能定量地析离 D,L-脯氨酸或 D,L-缬氨酸的外消旋体；也可析离 D,L-对双（β-氯乙基）氨基苯丙氨酸。含有 N-羧甲基-L-缬氨酸的高分子螯合剂 **28** 与 Cu^{2+} 的螯合物能部分析离氨基酸的外消旋体，随着氨基酸中 R 基立体位阻的增大，析离率也随之提高。

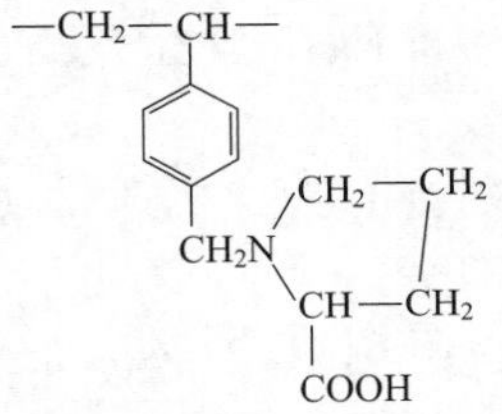

L-脯氨酸的不对称高分子螯合剂 **27** 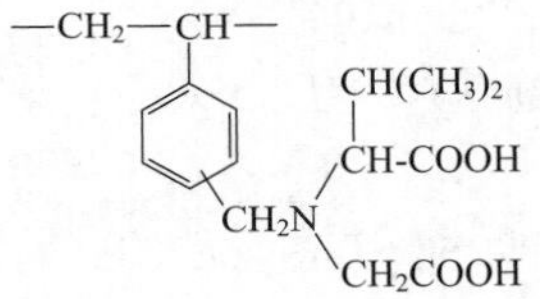　　N-羧甲基-L-缬氨酸的高分子螯合剂 **28**

高分子螯合剂 **29** 在 pH 6 时，对二价金属离子的选择性按下列顺序递降：Hg^{2+} $>Cu^{2+}>Cd^{2+}>Ni^{2+}>Ca^{2+}$。

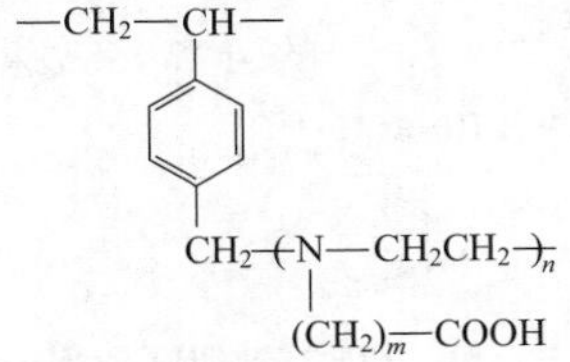

高分子螯合剂 **29**

由交联的氯甲基聚苯乙烯合成高分子氨羧螯合剂 **30～32**。其中螯合剂 **30** 的商品牌号为 Dowex A-1、Chelex-100，用途极广。螯合剂 **31** 的酸值为 2.6 毫克当量/克，吸附容量为 5.92 毫克当量/克；在 pH 5 时，对金属离子的选择性递降：Co^{2+} > $Cu^{2+}>Ni^{2+}>Mn^{2+}$、Al^{3+}。螯合剂 **32** 的碱值为 1.5 毫克当量/克、酸值为 4.18 毫克当量/克，它与 Ag^+ 形成 1∶1 的螯合物。

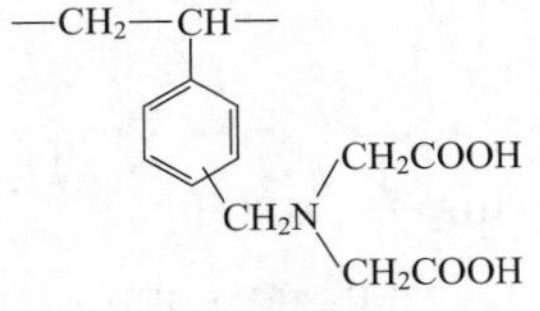

高分子氨羧螯合剂 **30**（商品名为Dowex A-1、Chelex-100）

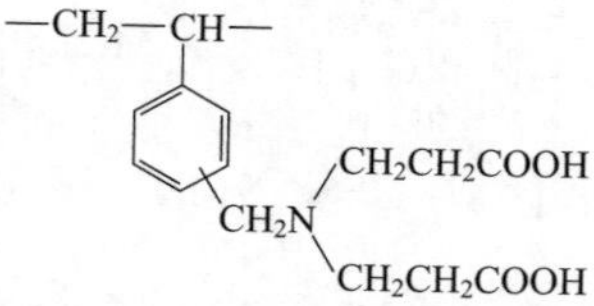

$$-CH_2-CH-$$

$$CH_2-N<\begin{matrix}CH_2CH_2COOH\\CH_2CH_2COOH\end{matrix}$$

高分子氨羧螯合剂 **31**

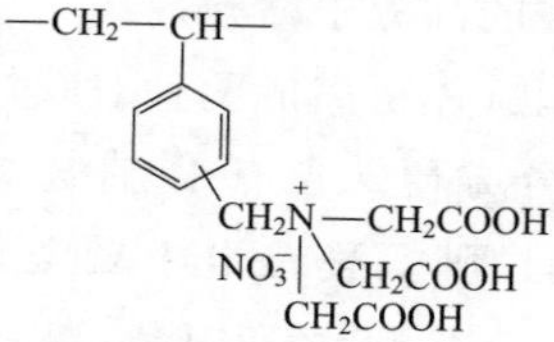

$$-CH_2-CH-$$

$$CH_2-\overset{+}{N}<\begin{matrix}CH_2COOH\\CH_2COOH\\CH_2COOH\end{matrix}\quad NO_3^-$$

高分子氨羧螯合剂 **32**

由聚苯乙烯可合成出一系列高分子螯合剂 **33～35**。它们在 pH 3 时，对金属离子的选择性分别为：

高分子螯合剂 **33**：$Th^{4+}>Pb^{2+}>Ni^{2+}>U^{4+}>La^{3+}>Zn^{2+}>Cd^{2+}$、$Co^{2+}>Cu^{2+}>Ca^{2+}>Sr^{2+}>Mg^{2+}$

高分子螯合剂 **34**：$U^{4+}>Cu^{2+}>Th^{4+}>Pb^{2+}>La^{3+}>Ni^{2+}>Co^{2+}>Ca^{2+}>Cd^{2+}>Mg^{2+}$

高分子螯合剂 **35**：$Th^{4+}>>U^{4+}>Pb^{2+}>Fe^{3+}>La^{3+}>Zn^{2+}>Ni^{2+}>Cu^{2+}>Co^{2+}>Cd^2>Ca^{2+}>Sr^{2+}>Mg^{2+}$

在 pH 2 或 pH 3 时，高分子螯合剂 **33** 用于 Th^{4+}-Mg^{2+}、Cu^{2+}-Mg^{2+}、Cu^{2+}-La^{3+}、Pb^{2+}-Ca^{2+}、Pb^{2+}-Mg^{2+}、Ca^{2+}、Pb^{2+}-Zn^{2+}、Th^{4+}-La^{3+}、Cu^{2+}-Co^{2+}、Cu^{2+}-Na^+ 的分离；高分子螯合剂 **34** 用于 Cu^{2+}-Mg^{2+} 的分离；高分子螯合剂 **35** 用于 Cu^{2+}-Mg^{2+}、Th^{4+}-Ca^{2+}、Mg^{2+}、Sr^{2+} 的分离，效果良好。

$$-CH_2-CH-$$

$$COCH_2N(CH_2COOH)_2$$

高分子螯合剂 **33**

$$-CH_2-CH-$$

$$COCH_2N(CH_2CH_2COOH)_2$$

高分子螯合剂 **34**

$$-CH_2-CH-$$

$$HO-C-PO(OH)_2$$
$$CH_2N(CH_2COOH)_2$$

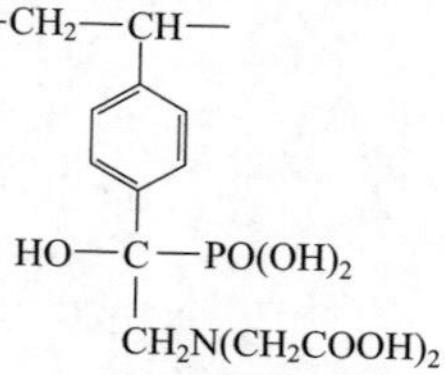

高分子螯合剂 **35**

刘立华、曾荣今等在专利 CN102492071A（2012-06-13）将亚氨基二乙腈和环氧氯丙烷在无水乙醇中进行开环反应，将二者拼合在同一分子中，再加入 NaOH 使分子中相邻的—OH 和 Cl 在碱性条件下脱 HCl 而闭环生成环氧基，再与二烯丙基胺进行开环反应将二烯丙基胺接在分子中，然后在碱性条件下使—CN 基团水解得到羧基—COO—，最后采用自由基水溶液聚合而制得。产物的分子中每个结构单元都含有强螯合基团—N(CH$_2$COO—)$_2$，能与多种金属离子形成含多个稳定的五元环的螯合物，适用范围广，特别适于与超滤法联用用于一些稀有金属和贵金属的分离提取、重金属的高效分离富集和重金属废水的深度处理等。

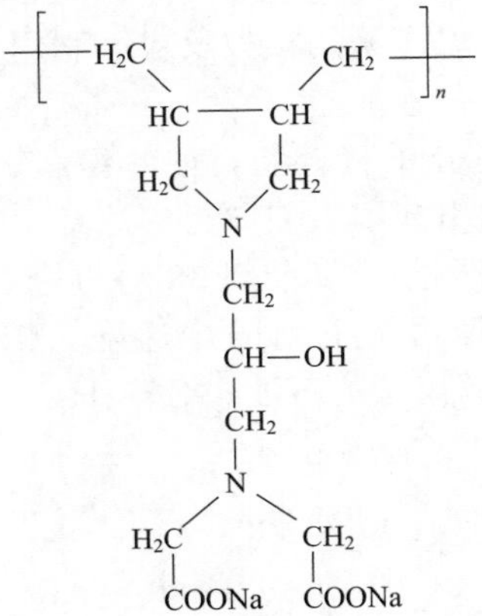

（8）含偶氮基的高分子螯合剂

偶氮基的高分子螯合剂是指氮配位原子以偶氮形式（R—N＝N—R′）存在的螯合剂，一般可以通过聚苯乙烯树脂的偶氮化反应引入偶氮结构，多用于稀土元素的浓缩和富集。偶氮基的高分子螯合物多具有特征颜色。

由聚 4-氨基苯乙烯经重氮化后再与各种单偶氮铬变酸偶联，合成了高分子螯合剂 **36**。它在盐酸溶液中吸附 Cu^{2+}、La^{3+}、ZrO^{2+}、UO$_2^{2+}$ 等离子，吸着容量为 1.6～2.8 毫克当量/克，可用于稀土元素的捕集和浓缩。

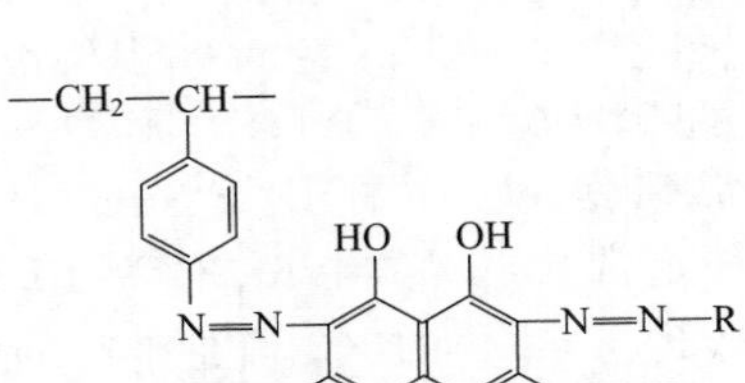

含偶氮的高分子螯合剂 **36**

高分子螯合剂 **37** 在最佳 pH 条件下，对各种金属离子的选择性为：Fe^{3+}＞VO$_2^+$

$>Cu^{2+}>Zn^{2+}>Co^{2+}>Al^{3+}>Ni^{2+}>UO_2^{2+}>ZrO^{2+}$。

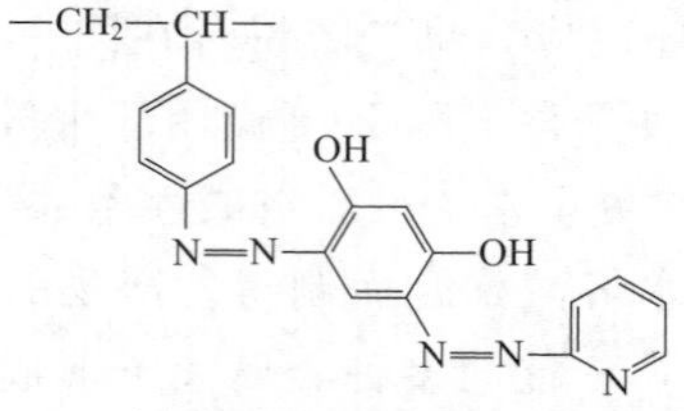

含偶氮的高分子螯合剂 **37**

（9）含氮杂环的高分子螯合剂

含氮杂环的高分子螯合剂是指氮原子出现在杂环上的高分子螯合剂。含有氮原子的杂环主要有吡咯、吡啶、嘧啶、咪唑、嘌呤，以及它们的衍生物，也包括一些大环高分子化合物，酞菁和卟啉等。多采用接枝反应，利用生成酯键或酰胺键与高分子骨架相连，一般都具有很好的配位性能。

含有吡咯环、卟啉环的高分子螯合物，如叶绿素、血红素等，有的具有催化活性、有的具有输送氧的功能，引起了人们广泛的注意。咪唑、嘧啶、嘌呤环能与许多金属离子配位。含有咪唑基的高分子螯合剂 **38** 对重金属离子有良好的选择性。它在 pH 1～6 时对金属离子的选择性按下列顺序递降：$Cu^{2+}>Ni^{2+}>Cd^{2+}>Zn^{2+}>Mg^{2+}$，它可用于从含有碱金属离子的溶液中分离 Hg^{2+}。

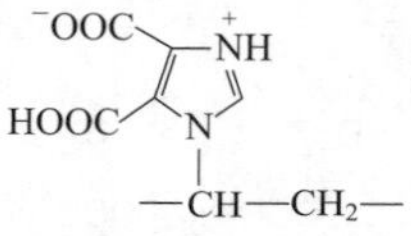

含咪唑基的高分子螯合剂 **38**

含有吡唑基的大孔型高分子螯合树脂 **39**。在 1～6mol 的盐酸、硝酸或硫酸溶液中，在 Cu^{2+}、Fe^{3+}、Ni^{2+}、Ca^{2+}、Mg^{2+} 等金属离子共存的情况下，螯合树脂 **39** 对 Ag^+、Au^{3+}、Pd^{2+}、Pt^{4+}、Rh^{3+}、Ir^{4+} 等贵金属离子的吸附有良好的选择性。它是贵-贱金属分离时的贵金属组试剂。在有大量 Cu^{2+} 的情况下，它能分离出微量的贵金属离子。它还可用于矿石中贵金属的富集、分离、分析。其吸附容量 Ag^+ 为 177mg/g、Au^{3+} 为 660mg/g。

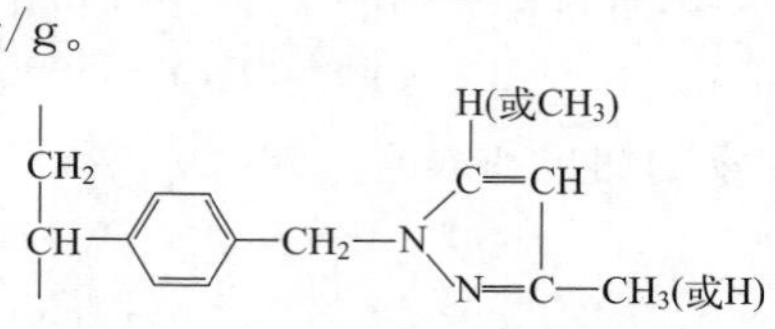

含吡唑基的大孔型高分子螯合树脂 **39**

含有吡啶基的高分子螯合树脂 **40**，简称 PVP，在 pH 5.4 时，它与 Cu^{2+} 的配位数等于 4，此时的配合物总稳定常数之对数 $\lg K_4$ 值为 10.8，而相应的低分子配位体-吡啶的 $\lg K_4$ 值只有 6.5。PVP 与 Cu^{2+} 的 K_4 值是吡啶的 10^4 倍。

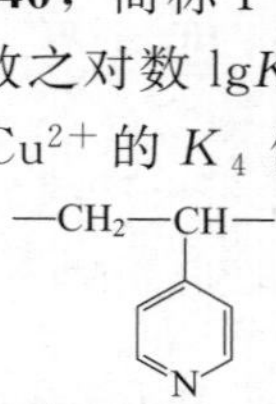

含吡啶基的高分子螯合树脂 **40**

含有 8-羟基喹啉的树脂是一类重要的高分子螯合剂，它可以分离一些难以分离的金属离子。树脂 **41～44** 在酸性介质中吸附 Cu^{2+}、Ni^{2+}、Zn^{2+}，吸附容量为 $2.39～2.99mmol/g$。

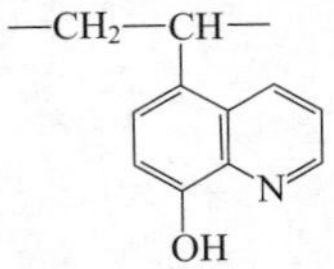

螯合树脂 **41** 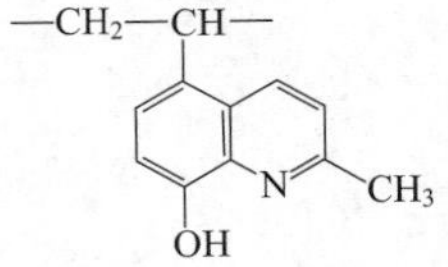　螯合树脂 **42** 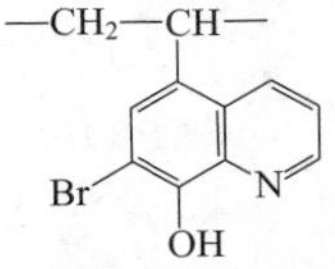　螯合树脂 **43** 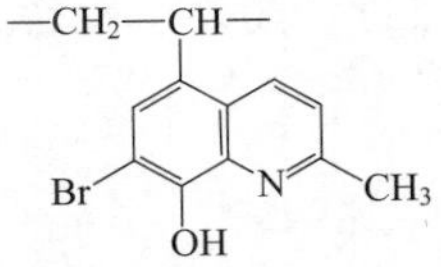　螯合树脂 **44**

2015 年张兴元、李军配、杨树等在专利 CN105030819A 中公开了一种 3-羟基-4-吡啶酮类高分子铁螯合剂的用途，所述高分子铁螯合物具有抗菌作用，可作为抗菌材料使用，其中特别对耐甲氧西林金黄色葡萄球菌具有优异的抗菌效果。该发明利用高分子铁螯合物中的叔胺或仲胺正离子结构形成的阳离子模拟抗菌肽机理，正电荷区域与细胞膜上的负电荷区域相互作用，还结合铁元素的螯合作用，破坏了细菌周围正常的生长环境，导致细菌的生长受到抑制，使其不能够生长繁殖，该发明的 3-羟基-4-吡啶酮类高分子铁螯合物的大分子特性不被皮肤吸收，不产生毒副作用，可以作为一种双重抗菌作用的抗菌材料。

聚（8-乙烯咯嗪）树脂 **45** 对 Ag^+ 的吸附容量为 $4.04mmol/g$。聚（7-乙烯咯嗪）树脂 **46** 对 Ag^+、Hg^{2+} 的吸附容量分别为 $3.6mmol/g$，$5.2mmol/g$。

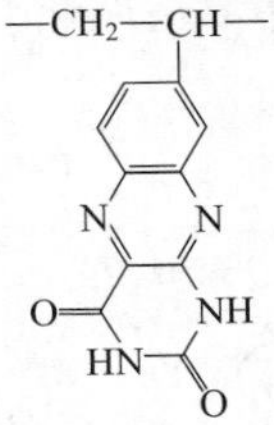

聚(8-乙烯咯嗪)树脂 **45** 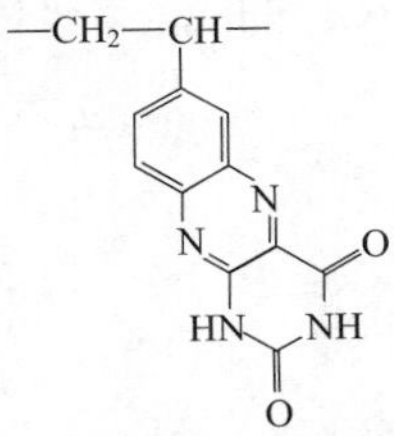　　聚(7-乙烯咯嗪)树脂 **46**

三、配位原子为硫的高分子螯合剂[10]

（1）含巯基的高分子螯合剂

含巯基的高分子螯合剂 **47** 和 **48** 是优良的选择性吸附 Hg^{2+} 的螯合剂，其中螯合剂 **48** 可定量地吸附 Hg^{2+}。高分子螯合剂 **49** 是 Ag^+ 的良好配位剂。

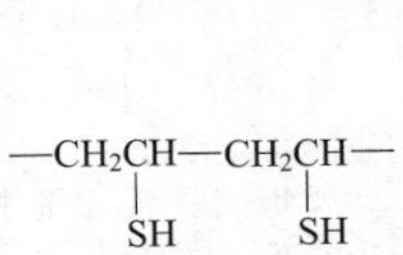

含巯基的高分子螯合剂 **47** 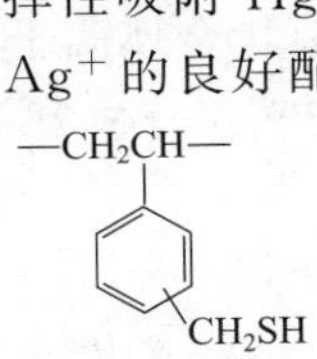　　含巯基的高分子螯合剂 **48**

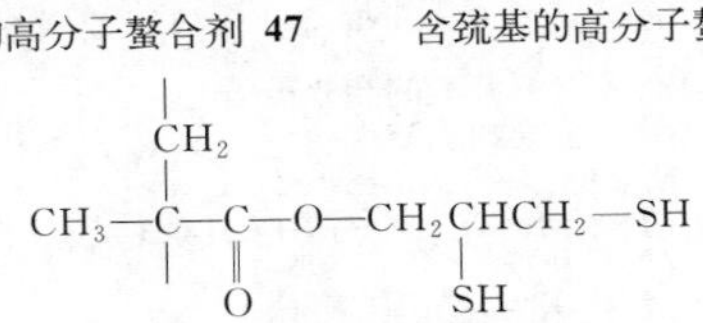

含巯基的高分子螯合剂 **49**

高分子螯合树脂 **50** 能色谱分离 Zn^{2+}、Cd^{2+}、Pb^{2+}，Pb^{2+}、Bi^{3+}、Hg^{2+}。高

分子螯合树脂 **51** 在 pH 5.0 时，螯合容量 Au^{3+} 为 $170\mu mol/g$。在 Sn^{4+}、Cu^{2+}、Fe^{3+}、Pb^{2+} 共存下，能定量分离 Bi^{3+}、Ag^+、Hg^{2+}；在干涉离子 Bi^{3+}、Cd^{2+}、Cu^{2+}、Fe^{3+}、Hg^{2+}、Pb^{2+}、Ru^{3+}、Sb^{3+}、Sn^{4+} 分别存在的情况下，可分离 Au^{3+}，它与 Au^{3+} 形成 3:1 的配合物。

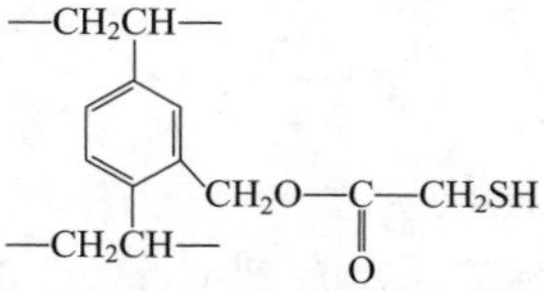

含巯基的高分子螯合树脂 **50**

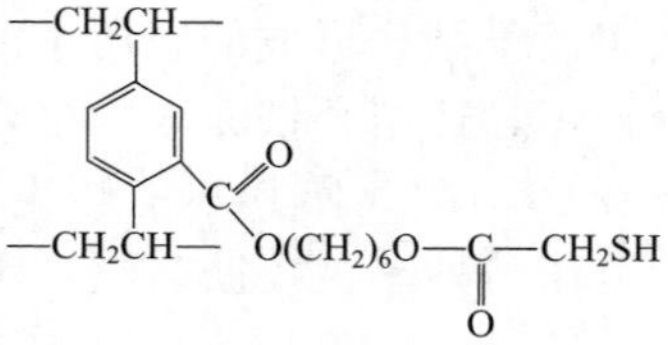

含巯基的高分子螯合树脂 **51**

高分子螯合树脂 **52** 能富集微克级的 Pd^{2+}、Pt^{4+}、Rh^{3+}、Ir^{4+}、Au^{3+}、Ag^+ 等贵金属离子，在 $1mol/L$ HCl 中的静态吸附容量 Pd^{2+} 为 $300mg/g$。

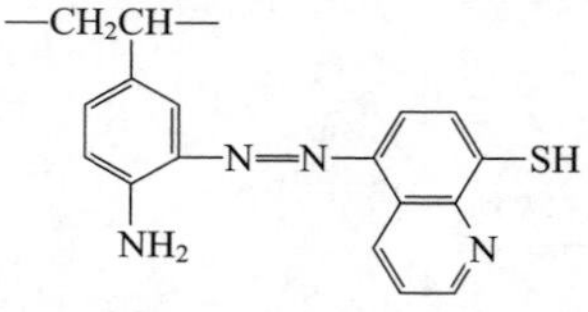

含巯基的高分子螯合树脂 **52**

（2）含氨荒酸及氨荒酸酯的高分子螯合剂

氨荒酸高分子螯合剂能很好地捕集重金属离子，通常称为高分子重金属捕集剂，它可从海水中捕集许多痕量金属离子，也可从废水中捕集多种金属离子。

由聚亚乙基亚胺（PEI）合成氨荒酸树脂 **53**。

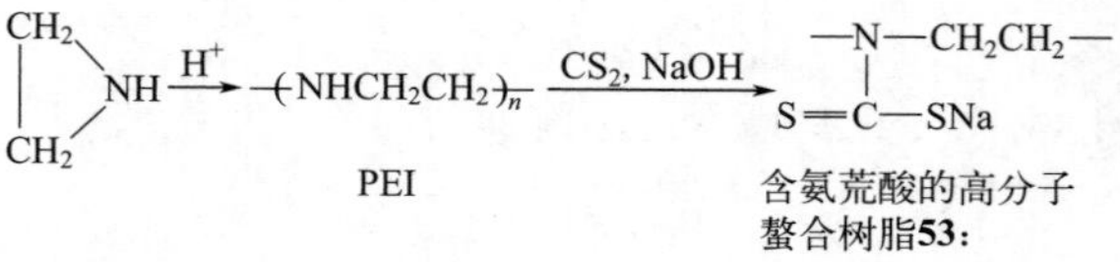

53a 未交联
53b 交联剂，多亚甲基多苯基异氰酸酯（PAPI）
53c 交联剂，1,2-二溴乙烷（DBE）
53d 交联剂，甲苯二异氰酸酯（TDI）

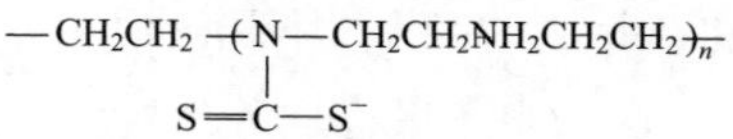

PEI　　含氨荒酸的高分子螯合树脂53：

含氨荒酸的高分子螯合树脂 **53e**

　　未交联的 **53a** 是水溶性的螯合剂，交联的 **53b～53e** 都是水不溶的螯合树脂。**53a** 中的聚亚乙基亚胺（PEI）只有部分氮原子上连有—CSSNa 基，它能与 Cu^{2+}、Ag^+、Zn^{2+}、Pb^{2+}、Fe^{3+}、Co^{2+}、Ni^{2+} 等离子螯合，亚胺上的氮原子也参与了螯合。螯合树脂 **53b** 能从海水中回收、分析痕量的 Cu、Cd、Pb、Hg、Ni、U、Se、Sn、Bi、Te 等金属离子。螯合树脂 **53** 对二价金属离子的螯合选择性，按 $Pb^{2+} > Zn^{2+} > Cd^{2+} > Ni^{2+} > Mg^{2+}$ 顺序递降，其中除 Cd^{2+}、Zn^{2+} 外都是与 Lewis 酸软度递降顺序一致的。螯合树脂 **53d** 的整合容量按 $Ag^+ > Hg^{2+} > Cu^{2+} > Sb^{3+} > Cd^{2+} > Ni^{2+} > Zn^{2+} > Co^{2+}$ 顺序递降。碱金属、碱土金属离子的存在并不影响它对重金属离子的螯合。螯合树脂 **53e** 对金属离子有较大的螯合容量（mmol/g）：Ag^+（7.1）、Cu^{2+}（3.9）、Hg^{2+}（3.6）、Co^{2+}（2.3）、Fe^{2+}（2.2）、Ni^{2+}（2.0）、Zn^{2+}（1.9）、Mn^{2+}（0.4）。螯合树脂 **53** 在 pH 值低于 2 时容易分解。螯合树脂 **53c** 在 pH 5 以上的水溶液中，室温浸渍 12h，并不影响其螯合性能，在 5℃ 以下保存半年，螯合性不变。螯合树脂 **53e** 在高于 100℃ 温度下分解并释放出硫化氢。

　　从氯甲基聚苯乙烯制取了螯合树脂 **54**，其—NHCSSH 基含量 1.06mmol/g，在 pH 4 时，树脂的选择性按 $Ag^+ > Cu^{2+} > Zn^{2+} > Mn^{2+}$ 顺序递降。

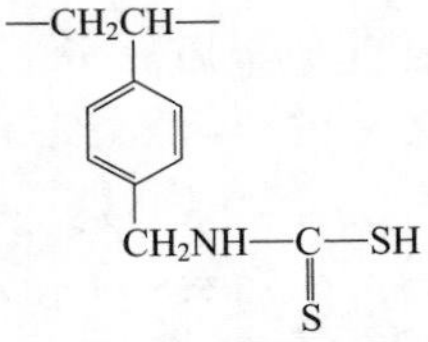

含—NHCSSH基的螯合树脂 **54**

　　将 β-氨乙基-γ-氨丙基三甲氧基硅烷（Dow-Corning XZ-6020）、N-甲基-γ-氨丙基三甲氧基硅烷（Dow-Corning XZ-2024）、γ-氨丙基三甲氧基硅烷（Union Carbide A-1100）分别接枝在硅胶或控孔玻璃珠体上使之成为含有胺的树脂，再与二硫化碳反应，相应地转变成母体为硅胶或控孔玻璃的氨荒酸螯合树脂 **54a**、**54b**、**54c**、**54d**。这些树脂能广泛地或有选择地从溶液中富集、回收某些金属离子。

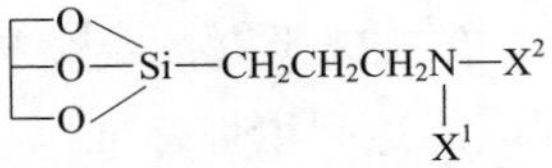

硅胶或控孔玻璃的氨荒酸螯合树脂 **54**

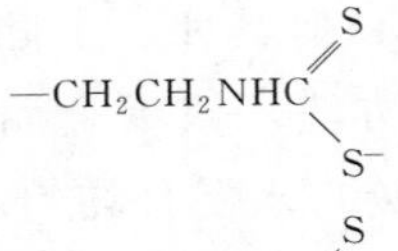

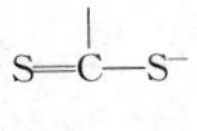

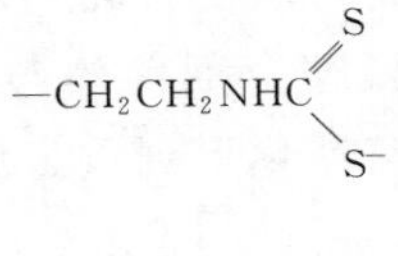

c $S{=}C{-}S^-$ $-CH_3$

d   H $S{=}C{-}S^-$

连有 XZ-6020、XZ-2024、A-1100 的胺树脂可有效地富集 AsO_4^{3-}、$Cr_2O_7^{2-}$、SeO_4^{2-}、MoO_4^{2-}、MnO_4^-、WO_4^{2-}、VO_3^{3-} 等含氧酸离子。树脂 **54a** 在大量 Ca^{2+}、Mg^{2+} 存在下，仍能定量地吸附浓度为 $0.25\mu g/ml$ 的 Cu^{2+}、Ni^{2+}、Co^{2+}；树脂 **54b** 的富集能力更强，在更低浓度的溶液中（$0.025\mu g/ml$）能定量地回收 Cu^{2+}、Ni^{2+}、Co^{2+}。可用于重蒸馏水、湖水中纳克级的 Cu^{2+}、Ni^{2+}、Zn^{2+}、Pb^{2+}、Fe^{3+}、Mn^{2+} 离子的富集与分析。在 pH 2～11 时树脂 **54c** 可吸附 Cu^{2+}、Ag^+、Hg^{2+}、Pb^{2+}、Co^{2+}、Ni^{2+}、Zn^{2+}、Fe^{3+}、Mn^{2+}，而对 Cu^{2+}、Ag^+、Hg^{2+} 的吸附速率最快，在 $0.5min$ 内吸附量达 90%，对 Cu^{2+}、Zn^{2+} 的分配系数分别为 13230、6480。由于树脂 **54d** 与 Cu^{2+} 的螯合物对胺类有较高的选择性吸附，可用于 22 种胺的分离。

螯合树脂 **55** 是 Hg^{2+} 的有效螯合剂，Hg^{2+} 浓度低至 $1\mu g/g$ 的溶液，经树脂处理后，残液的 Hg^{2+} 含量都低于 $0.5ng/g$，吸附率为 99.95% 以上。树脂的吸附容量（Hg^{2+}）都大于 $3g/g$，并能完全吸附 Fe^{3+}、Cd^{2+}、Cu^{2+}、Ag^+、Au^{3+}、Pt^{4+} 等离子。可用树脂 **55** 去除水中的 Hg^{2+} 及其他金属离子。

$$-CH_2CH_2NH-C-S_x-C-NH-$$

55a $x=2$；   **55b** $x=4$

特效除 Hg^{2+} 螯合树脂 55

螯合树脂 **56** 是可溶性的，它与 Ag^+、Cu^{2+} 的螯合物是不溶性沉淀。

$$-CH_2CH-$$
$$|$$
$$S$$
$$|$$
$$C=S$$
$$CH_3-N-CH_2COONa$$

水溶性高分子螯合剂 56

1999 年蒋建国等[11]合成了含有二硫代氨基甲酸基团的重金属捕集剂，并用于燃烧后的废渣中重金属离子的处理，能达到填埋标准。

2011 年刘立华等[12]将黄原酸接枝到聚丙烯酰胺上，合成了含黄原酸基的水溶性高分子螯合剂 PAMX，并用它来处理含 Cu^{2+} 废水，Cu^{2+} 的去除率达到 99% 以上。

2016 年宗同强、王明芳、何其伟、王陆游等在专利 CN106084225A 中公开了一种重金属螯合剂及其制备方法，该重金属螯合剂的制备方法，包括前体制备步骤：将二乙烯三胺、二硫化碳与水混合均匀制得混合溶液，混合溶液与碱混合反应得到螯合剂前体；聚合步骤：螯合剂前体与 1,2-二溴乙烷混合并加热反应得到螯合剂粗品，螯合剂粗品经分离纯化得到重金属螯合剂。该制备方法操作简单，工艺稳定，反应条件温和，采用分步加料方式，有效避免局部反应浓度过高引发的副反应和原料流失，能高效、高产率地制备重金属螯合剂。该重金属螯合剂的螯合效果好，对重金属离子的吸附容量高，并且生成的螯合物在环境中十分稳定，减少了二次污染的风险。

$$H_2NCH_2CH_2NHCH_2CH_2NH_2 \xrightarrow{CS_2} HS_2CNHCH_2CH_2NHCH_2CH_2NHCS_2H$$

$$\xrightarrow{BrCH_2CH_2Br} \left[S_2CNHCH_2CH_2NHCH_2CH_2NHCS_2CH_2CH_2 \right]_n$$

（3）含硫脲的螯合树脂

侧链上连有硫脲结构的硫脲树脂 **57** 在 1mol/L 酸中能定量地吸附 Au^{3+}、Pt^{4+}、Pd^{2+}。它对 Ru^{3+}、Ag^+、Ir^{4+}、Pt^{4+}、Au^{3+}、Pd^{2+} 的吸附率为 82%～100%，而对 Fe^{3+}、Co^{2+}、Sc^{2+}、Zn^{2+}、Na^+、Rb^+、Cs^+、Ca^{2+}、Sr^{2+}、Ba^{2+}、Y^{3+}、Eu^{3+}、Gd^{3+}、Tb^{3+} 的吸附很低为 0～3%。它的吸附容量（mmol/g）分别为 Ru^{3+}（4.12）、Au^{3+}（2.75）、Pt^{4+}（2.7）、Pd^{2+}（1.83）、Ir^{4+}（1.27）、Ag^+（0.092），可用于贵金属的分离及定量分析。

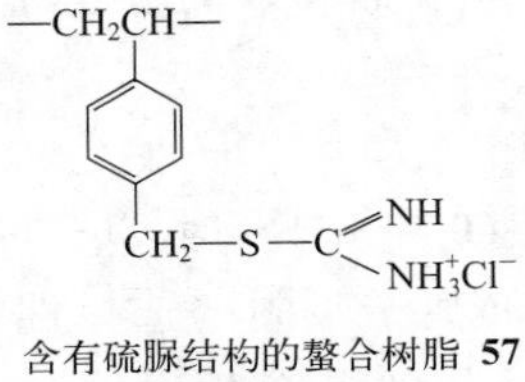

含有硫脲结构的螯合树脂 **57**

2009 年纪涛在专利 CN101456939A 中介绍了一种含硫脲基团的水溶性高分子螯合剂及制备方法，该螯合剂可用于污水、污泥或生活垃圾焚烧飞灰中的 Cu、Zn、Ni、Cr、Hg、Pb 和 Cd 等重金属的去除或稳定化处理。

2009 年刘立华、曾荣今、吴俊、肖体乐、令玉林等在专利 CN101585572A 中介绍了一种两性高分子螯合絮凝剂及其制备方法，该两性高分子螯合絮凝剂有以下结构

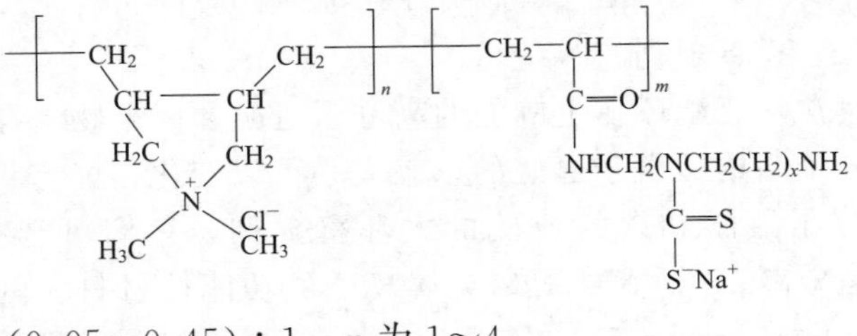

其中 $n:m=(0.05～0.45):1$，x 为 1～4。

该两性高分子螯合絮凝剂是以阳离子型二甲基二烯丙基氯化铵与丙烯酰胺共聚物构成基本骨架，与醛类和多胺通过 Mannich 反应将多胺连接到高分子链上，再与二硫化碳在碱性条件下反应制得。它主要克服了现有高分子螯合剂由于高分子链的空间位阻和螯合基团不匹配使部分螯合基团"悬空"造成形成的絮体负电荷过剩而降低了絮凝沉降性能，以及传统重金属废水处理方法存在工艺复杂，成本高，效率低，无法适应大规模重金属废水处理要求等缺陷。该发明广泛应用于各类重金属废水处理，尤

其适合除去工业废水、生活污水中重金属离子。

四、配位原子为磷、砷的高分子螯合剂

（1）含膦酸的高分子螯合剂

由多乙烯多胺或聚亚乙基亚胺（PEI）与甲醛、磷酸反应制得含膦酸基树脂 **58**。它能牢固地螯合 Cd^{2+}、Cu^{2+}、Y^{3+}，而与 Ca^{2+}、Sr^{2+} 螯合后稳定性较差。树脂 **58** 可从生命机体内除去重金属离子和放射性金属离子。

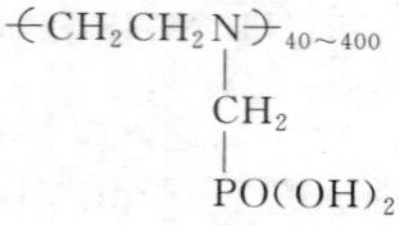

$$\left[CH_2CH_2N\right]_{40\sim400}$$
$$|$$
$$CH_2$$
$$|$$
$$PO(OH)_2$$

含膦酸的高分子螯合剂 **58**

以聚苯乙烯为母体的含有膦酸的高分子螯合剂 **59**，在盐酸溶液中对 U、Mo、W、Zr、V、稀土元素以及某些二价、三价金属离子有吸附作用。利用这些树脂，用中子活化法测定金属铀中 La、Yb、Ho、Sm、Dy、Eu、Gd 杂质；金属铂中的 Mn、Zn、Cu、Fe、Ga、Co 杂质；金属锆中的 Mo、W 杂质；钒酸铵中的 Mn、Cu、Ga、Mo、W 杂质。红外光谱、差热分析证实，高分子螯合剂 **59** 是以内盐形式存在的，它在强酸性溶液中吸附 $UO_2NO_3^+$。

（2）含胂酸的高分子螯合剂

含有胂酸基的高分子螯合剂 **60** 在 pH 6 时 Cu^{2+} 的吸附容量为 1.8 毫克当量/克。在 1mol/L 盐酸溶液中，它对金属离子吸附的选择性按 $Zr^{4+}>Hf^{4+}>La^{3+}>UO_2^{2+}>Bi^{3+}>Cu^{2+}$ 顺序递降。螯合树脂 **60** 是分析化学上有用的、有效的高分子螯合剂。

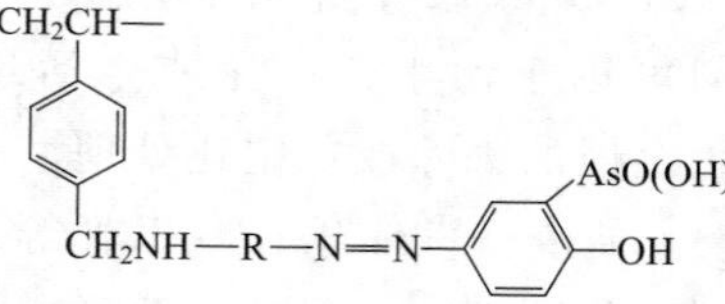

$$—CH_2CH—$$

含有胂酸基的高分子螯合剂 **60**

五、高分子大环螯合剂

大环螯合剂通常是冠醚环在主链上的高分子冠醚和高聚物支撑的冠醚。冠醚化合物具有独特的分子结构，由于冠醚的空腔大小可以变化，能与许多金属离子形成配合物。许多高分子冠醚和含氮或硫的大环螯合剂，它们可选择性地吸附 K^+、Na^+，因此它们是分离 K^+、Na^+ 等碱金属离子的功能性材料。侧基悬挂大环醚的树脂聚-15-冠-5（poly-15-crown-5），简称 P15C5 等，不论是从吸附容量还是从分配平衡常数 K_c 值来看，它们对碱金属离子或 NH_4^+ 的吸附性皆优于相应的低分子冠醚。

六、天然高分子螯合剂

除了人工合成的高分子配位剂外，在自然界也存在许多天然的高分子配位剂。例如生物体内的蛋白质、聚核苷酸和多糖类物质，它不仅存在于动物体内，也存在于植物体内，只是我们过去对它知之甚少而已。

在生物细胞中能和金属离子配位而形成配合物的高分子物质称为生物配体。最重要的生物配体有三类：蛋白质、聚核苷酸和多糖类，它们均为高分子化合物。

蛋白质是由各种氨基酸组合而成的。各种氨基酸分子中的氨基、亚氨基、羧基、巯基、羟基等都是很好的水溶性配位基团，它们可以与生物体内的各种金属离子形成具有特殊生物活性的配合物，其中最重要的是金属酶。

酶是一类复杂的蛋白质，其分子量为 $10000 \sim 2000000$，它是生物体的催化剂，有特异的催化性能。例如过氧化氢酶可在 1min 内使 500 万个 H_2O_2 分解为 H_2O 和 O_2，比铁催化剂的效率大 10^9 倍。此外，普通催化剂的选择性不高，往往能催化多种反应，但酶只能催化一种或至多两种反应，有的酶是单纯的蛋白质分子，不含其他物质。另一类酶是一种复合体，它的分子除蛋白质部分外，还有小的有机分子或金属离子（或金属配合物）即辅因子。如果说没有辅因子，酶就会失去活性。辅因子中有的和酶蛋白结合得比较松散，用透析法即可除去，通常称为辅酶。还有一类和酶蛋白结合得比较紧密，用透析法不易除去，必须经过一定的化学方法才能和蛋白质分开，通常称之为辅基。如血红素是细胞色素和氧化酶的辅基，维生素 B_{12} 是一种变位酶的辅酶。酶的蛋白部分称为脱辅基酶，脱辅基酶和辅因子结合成有活性的复合体，称为全酶（或酶）。金属酶的催化性质和金属离子的配位性质、氧化还原性、模板作用等有密切关系（见表 30-8）。如果在金属酶中加入一定浓度的螯合剂，就得到完全无活性的脱辅基酶，有的加入金属离子又重新得到活性。如用菲咯啉可移去羧肽酶中的锌，得到没有活性的羧肽酶，若再加入与蛋白质比为 1:1 的 Zn^{2+} 时，又重新恢复活性。将 Co^{2+} 加入脱辅基碳酸酐酶中，Co^{2+} 占据 Zn^{2+} 的键合位置得到含钴的碳酸酐酶。

表 30-8　若干有代表性的金属酶

金属	酶	生物机能
铁	琥珀酸脱氢酶	碳水化合物的需氧氧化
血红素铁	细胞色素	电子传递
	过氧化氢酶	使生物免受过氧化物的侵害
铜	血浆蓝铜蛋白	铁的利用
	酪氨酸酶	皮肤色素
	质体蓝素	光合作用中的电子传递体
锌	碳酸酐酶	产生 CO_2 调节酸度
	羧肽酶	消化蛋白质
锰	丙酮酸羧化酶	丙酮酸代谢
钴	核糖核苷酸还原酶	脱氧核糖核酸的合成
	谷氨酸变位酶	氨基酸代谢
钼	黄嘌呤氧化酶	嘌呤代谢
钙	脂肪酶	脂肪消化
镁	ATP 酶	ATP 水解

核苷酸是体内另一类重要生物配体，由嘌呤、嘧啶等碱基同戊糖和磷酸根（正磷酸、焦磷酸、三磷酸根）三者以共价键结合而成。核苷酸包括单核苷酸及聚核苷酸两类。

黄素腺嘌呤二核苷酸(FAD)

蛋白质分子中的巯基（—SH）很容易接受电子而被还原，因此它与普通含巯基的化合物一样可以作为电镀光亮剂，只是巯基的含量较少，光亮作用也较弱。在蛋白质分子中除含许多亲水基外，也含各种疏水的基团，因此蛋白质分子也有一定的表面活性，容易被吸附在阴极表面，从而减缓或抵制金属离子在阴极的还原，提高了金属离子还原反应的超电压，使镀层晶粒细化。因此它也常用来作为晶粒细化剂。水解明胶（低分子量蛋白质或多肽）、蛋白胨是早期电镀常用的晶粒细化剂，它对多种金属的电镀均有效。

聚天冬氨酸（polyaspartic acid，PASP）是一种氨基酸的聚合物，属于生物高分子材料。它天然存在于软体动物和蜗牛类的壳中，用以调节这些生物体的钙平衡。其分子量为 1000 至数十万，除具有水溶性羧酸的性质外，还有极易降解的特性，因此广泛地用于水处理剂、洗涤剂、化妆品、抑菌剂、分散剂、螯合剂、制革、制药、水凝胶等领域，是一种用途极为广泛，无毒、无污染、易降解的环境友好型化学品。

PASP 是一种聚羧酸，其分子结构中含有大量羧基或羰基。PASP 除具有一般聚羧酸的特点外，还具有很好的生物相容性及生物降解性，这些特点使 PASP 在水处理、日用化学品、医药及农业等领域可获得十分广泛的应用。

① 缓蚀剂、阻垢剂　PASP 可螯合钙、镁、铜、铁等多价金属离子，尤其是可以改变钙盐的晶体结构，使其形成软垢，因而具有良好的缓蚀、阻垢性能，可用作多价螯合剂、缓蚀剂及阻垢剂。

② 农药、肥料　PASP 在土壤中很容易进入植物的根部，可吸收和富集根部周围土壤中对植物有用的元素，如 N、P、K 及 Ca、Mg、S、Mn、Cu、Fe、B 等，以此促进植物生长，它对各种土壤都适用。除直接施用外，还可用于植物种子的包衣，具有提高发芽率和保墒的作用。由于 PASP 降解性好，使用它既可促进植物生长，又可减少由于滥施肥料导致的地表水污染，因此，PASP 是非常引人注目的新一代肥料。

③ 分散剂　PASP 盐对无机物、有机物都具有良好的分散作用，可在颜料、涂料、无机化工及油田化学等领域获得应用。

④ 用于可降解高效吸水材料及日用化学品　高分子量 PASP 具有很强的吸水性，

利用这一性能可采用紫外光照射、交联等方法将 PASP 制成强力吸水材料,用于超强吸水剂、胶凝剂、毛巾、尿布、墩布及一些卫生保健用品等。用分子量大于 40000 的 PASP 可制成水凝胶,其溶胀性好且具有较好的可逆性,制成离子交换树脂用于生化分离,效果很好。

⑤ 用于医药 PASP 因其较好的生物相容性、生物降解性及水溶性,在医药方面的应用也令人瞩目。

综上所述,PASP 是一种性能优越、无毒无污染、极易降解的水溶性高分子材料,其原料易得,价格不高。近年来其脱色技术及浅色产品的开发成功更加拓宽了其广泛的产品市场,开发 PASP 产品前途远大。

淀粉含有许多羟基,通过羟基的酯化、醚化、氧化、交联、接枝共聚等化学改性,其活性基团数目大大增加,聚合物呈枝化结构,分散的絮凝基团对悬浮体系中颗粒物有较强的捕捉与促沉作用。在处理污水时,可以利用淀粉的半刚性链和柔性支链将污水中悬浮的颗粒通过架桥作用絮凝沉降下来,絮体较大、沉降速度较快、絮体密实,而且因其带有极性基团,可以通过化学和物理作用降低污水中的 COD、BOD 负荷。其阳离子可以捕捉水中的有机悬浮杂质,阴离子可以促进无机悬浮物的沉降。在处理一些絮凝剂难以处理的水质时,尤其是在污泥脱水、消化污泥处理上有很好的应用效果,有较好的发展前景。马希晨等[13,14]以淀粉-丙烯酰胺接枝共聚物为原料,通过 Mannich 反应和水解反应,合成了同时具有阴、阳离子基团的两性高分子絮凝剂,阳离子度达 50% 以上,阴离子度达 23% 以上,对印染和造纸污水的浊度和化学需氧量(COD)去除率优于部分水解聚丙烯酰胺(HPAM)。

壳聚糖是一种天然的碱性多醣,分子内含有大量的游离氨基且羟基与其相邻,因此可以形成网状结构的笼形分子,与金属离子的配位作用稳定。目前它已广泛应用于重金属离子的捕集,能够用于工业废水的处理并且水解以后的产物无污染,避免了二次污染。张军丽等[15]通过丁二酸酐、纳米二氧化硅和壳聚糖经过系列反应得到改性壳聚糖,研究了改性壳聚微粒吸附 Cd^{2+} 的效果,结果表明,pH = 5,吸附时间为 2h,吸附剂的投加为 0.1g,改性壳聚糖具有较强的吸附 Cd^{2+} 的能力,其吸附量最高可达 3.8mmol/g,吸附率最高可达 79.12%。张燕等[16]通过合成的改性壳聚糖,研究了改性壳聚糖微粒吸附 Ni^{2+} 的溶液,结果表明,pH = 7,吸附时间为 120min,吸附剂的投加为 0.3g,改性壳聚糖对 Ni^{2+} 的吸附率达到 67.01%。

第三节 高分子螯合剂在化学分析中的应用

高分子螯合剂是在化学分析用有机试剂的基础上发展起来的一种高分子有机试剂,它含有对各种金属离子特效配位的各种配位基团以及使各种金属离子配合物发色的基团,因此可用于各种金属离子的富集、去除、分离和分析。高分子螯合剂对金属离子配位的灵敏度随高分子螯合剂分子量的增大而提高,这称之为"加重效应"。显然这种分析功能团键合在高分子链上,则"加重效应"就有十分显著的提高,分析灵敏度亦有显著提高。

一、以球形大孔聚氯乙烯树脂为骨架的高分子螯合分析试剂

球形大孔聚氯乙烯树脂在加热条件下与乙二胺（或二乙烯三胺）发生脱 HCl 反应而被胺化，同时有交联及共轭链生成。这种胺化树脂就可作为进一步功能化的骨架。

$$-[CH_2-CH]_{\overline{n}} + H_2NCH_2CH_2NH_2 \xrightarrow[-HCl]{\triangle}$$
$$\overset{|}{Cl}$$

胺化树脂[R(Resin)]

以胺化树脂为骨架（母体），通过一系列功能化反应，就可制得如表 30-9 所列的高分子螯合分析试剂并用于金属离子的分析与分离。

表 30-9　以聚氯乙烯树脂为骨架的高分子螯合分析试剂[17]

高分子螯合剂的结构	测定金属离子	特点
$-CH_2-CH-$ 胺化树脂	$Au^{3+}, Pt^{4+}, Pd^{2+}, Ir^{4+}$	1. 吸附容量大 2. 干扰少
$-CH_2-CH-$ 胺化树脂	Ir^{4+}, Rh^{3+}	1. 在 0.3～0.4mol/L HCl 中只吸附 Ir，在 pH>2 Rh 才开始吸附，可分离 Rh、Ir 2. $Fe^{3+}, Al^{3+}, Mg^{2+}, Cu^{2+}, Zn^{2+}, Co^{2+}, Ni^{2+}$ 不吸附
脒硫氰酸盐-硫脲	当 pH 1～3 时，Au^{3+}、Pt^{4+}, Pd^{2+}	1. 吸附容量大 2. 选择性高（$Fe^{3+}, Co^{2+}, Al^{3+}, Ni^{2+}, Ca^{2+}$ 完全不吸附）
	当 pH 4～6 时，Cr^{3+}、$V^{5+}, Y^{3+}, Ti^{4+}, Be^{2+}$	1. 树脂稳定，可保存三年 2. 容易洗脱（6mol/L HCl）

续表

高分子螯合剂的结构	测定金属离子	特点
硫代丙酰胺-巯基	Cu^{2+}、La^{3+}、Au^{3+}、Pt^{4+}、Pd^{2+}、Ir^{4+}	1. 选择性高（Cu^{2+}、Zn^{2+}、Ni^{2+}、Co^{2+}、Fe^{3+}、Al^{3+}、Ca^{2+}、Mg^{2+}不被吸附） 2. 灵敏度高（$0.040\mu g/ml$ Au,Pt,Pd 及 $0.020\mu g/ml$ Ir 可定量测定）
硫基乙酰胺	Au^{3+}、Pt^{4+}	1. 选择性高（Fe^{3+}、Co^{2+}、Ni^{2+}、Cu^{2+}、Zn^{2+}、Mg^{2+}、Pb^{2+}、Cr^{3+}、Mn^{2+}、Ca^{2+}、Al^{3+}不被吸附） 2. Au^{3+}可还原为 Au^0
酰胺肟	Au^{3+}、Sn^{4+}、Ni^{2+}、Bi^{3+}、V^{5+}、Ga^{3+}、Ti^{4+}、Cu^{2+}、Zn^{2+}、Co^{2+}、Cd^{2+}、Pt^{4+}、Tl^{+}、Hg^{2+}、In^{3+}、Bc^{2+}、Y^{3+}、Pd^{2+}、La^{3+}、Mn^{2+}、Pb^{2+}、Cr^{3+}	1. 能吸附大多数离子 2. 选择性差
罗丹宁	Au^{3+}、Ag^{+}、Pd^{2+}	1. 直接用于地质矿样分析 2. 耐王水 3. 贱金属离子全不吸附
邻苯二酚紫	Ti^{4+}、Zr^{4+}、Ga^{3+}	选择性好（Mg^{2+}、Ca^{2+}、Al^{3+}、Cr^{3+}、Co^{2+}、Ni^{2+}、Cu^{2+}、Zn^{2+}、Cd^{2+}、Mn^{2+}、Fe^{2+}、Fe^{3+}不吸附）
桑色素	Mo^{6+}、W^{6+}	选择性好（Mg^{2+}、Ca^{2+}、Al^{3+}、Fe^{3+}、Cr^{3+}、Zn^{2+}、Co^{2+}、Cd^{2+}、V^{5+}、Cr^{3+}不吸附） 灵敏度高（Mo^{6+} 20ng/g 及 W^{6+} 50ng/g 均可定量吸附）

高分子螯合剂的结构	测定金属离子	特点
 二硫代氨基甲丙酮酯	Au^{3+}、Pt^{4+}、Pd^{2+}	1. 选择性很高（Fe^{3+}，Al^{3+}、Ca^{2+}、Cu^{2+}、Co^{2+}、Ni^{2+} 不吸附） 2. 容易洗脱
®—$NHCH_2PO(OH)_2$	Dy^{3+}、 Ho^{3+}、Er^{3+}、Yb^{3+}	1. 使用时采用 Na 型、H 型几乎不吸附 2. 选择性不高
氨基膦酸	Mg^{2+}、Ca^{2+}（离子膜法电解食盐时除去 Ca^{2+}、Mg^{2+}）	1. 可使二次食盐溶液中 Ca^{2+}、Mg^{2+} 减少至 ng/g 级 2. 放大实验已成功
 S-苯并噻唑基硫代乙酰胺	Au^{3+}、Pt^{4+}、Pd^{2+}	1. 选择性好 2. 不易洗脱
 S-苯并咪唑基硫代乙酰胺	Au^{3+}、Pt^{4+}、Pd^{2+}	1. 选择性好 2. 不易洗脱
 S-苯并噁唑基硫代乙酰胺	Au^{3+}、Pt^{4+}、Pd^{2+}	1. 选择性好 2. 不易洗脱

二、以合成纤维为骨架的高分子螯合分析试剂

以合成纤维为载体合成的高分子螯合剂的主要特点是比表面积大、吸附及洗脱快。

（1）以氯纶为骨架的高分子螯合分析试剂

氯纶依次与乙二胺、二硫化碳、氯乙酸反应，制得含罗丹宁结构单元的高分子螯

合纤维：

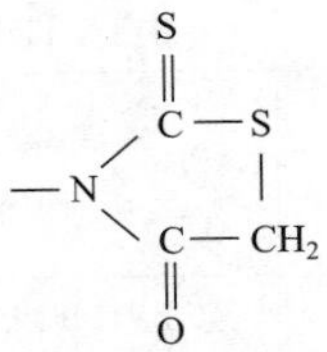

罗丹宁结构单元

氯纶与乙二胺、甲醛 CH_2O、三甲氧基磷 $(CH_3O)_3P$ 反应，制得含氨基膦酸二甲氧基酯结构单元的高分子螯合纤维：

$$—N[CH_2PO(OCH_3)_2]_2$$

氯纶与乙二胺反应，所得胺化纤维再与 TDI 反应，得聚胺-聚脲纤维。其结构示意如下：

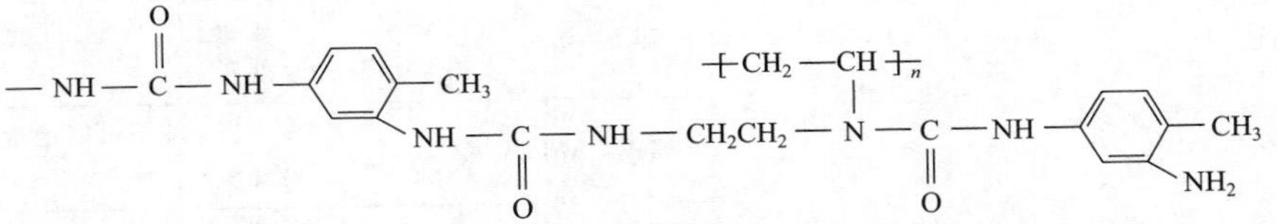

不同结构的合成氯纶螯合剂适于不同金属离子的测定。表 30-10 列出了以氯纶为骨架合成的各种螯合剂的结构以及适合测定的金属离子和测定方法的特点。

表 30-10　以氯纶为骨架合成的各种螯合剂的结构与性能

螯合纤维结构	测定金属离子	特点
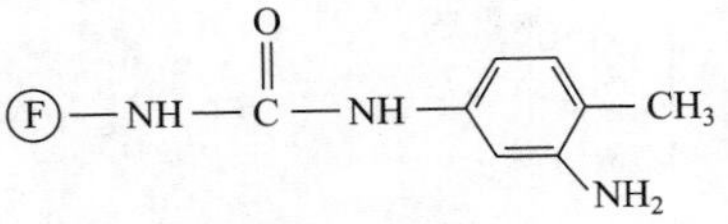 聚胺-聚脲	Pb^{2+}、Ti^{4+}、V^{5+}、Ga^{3+}、In^{3+}、Sn^{4+}、Cr^{3+}	1. 选择性好（Ti^{+}、Ca^{2+}、Mg^{2+}、Sr^{2+}、Ba^{2+}、As^{3+}、Sb^{3+}、Cd^{2+}、Hg^{2+}不吸附） 2. 易洗脱
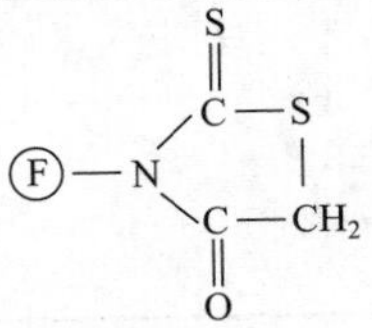 罗丹宁	Au^{3+}、Pd^{2+}	1. 耐 25%王水 2. 直接用于金矿样的分析 3. 使用 25 次性能不变，已批量生产 4. 选择性高
Ⓕ—N⁅$CH_2PO(OCH_3)_2$⁆$_2$ 氨基膦酸二甲氧基酯	Ga^{3+}、In^{3+}	1. 选择性好（Ca^{2+}、Mg^{2+}、Ni^{2+}、Cd^{2+}、Zn^{2+}、Al^{3+}、Cu^{2+}、$Cr_2O_7^{2-}$不吸附） 2. 稳定性好（储存 2 年性能不变）

（2）以腈纶为骨架的高分子螯合分析试剂

以腈纶为原料合成的高分子螯合分析试剂的结构、适合测定的金属离子和测定方法的特点列于表 30-11。

表 30-11　以腈纶为骨架合成的各种螯合剂的结构与性能[17]

螯合纤维结构	测定金属离子	特点
 酰胺肟-羟肟酸-羧酸	在不同酸度下可测定 30 多种离子	1. 吸附离子多 2. 吸附及洗脱快 3. 选择性差
	Cu^{2+}、Pb^{2+}、Zn^{2+}、Ni^{2+}	螯合纤维装柱,以色谱形式测定
	La^{3+}、Y^{3+}、Cr^{3+}、Ti^{6+}	1. 在适当 pH 下可以定量吸附 2. 易洗脱
	Cu^{2+}、Pb^{2+}、Zn^{2+}、Cd^{2+}、Co^{2+}	1. 在适当 pH 下可以定量吸附 2. 易洗脱
	Au^{3+}、Pd^{2+}	1. 在适当 pH 下可以定量吸附 2. 易洗脱
	Sb^{3+}、Sb^{5+}	1. 在适当 pH 下可以定量吸附 2. 易洗脱
	Ir^{4+}、Mo^{5+}、Ni^{2+}	1. 在适当 pH 下可以定量吸附 2. 易洗脱
	UO_2^{2+}	1. 在适当 pH 下可以定量吸附 2. 易洗脱
 氨基脒-酰肼	In^{3+}、Sn^{4+}、Cr^{3+}、VO_2^+、Ti^{4+}	1. 在适当 pH 下可以定量吸附 2. 易洗脱
 脒硫氰酸盐	Au^{3+}、Pd^{2+}	1. 选择性很高（Ca^{2+}、Mg^{2+}、Fe^{3+}、Cr^{3+}、Pb^{2+}、Ni^{2+}、Cu^{2+}、Mn^{2+} 不吸附） 2. 易洗脱

三、以 SiO_2 为骨架的高分子螯合分析试剂

以 SiO_2 为骨架制备高分子螯合剂有两种方法：一种是浸渍法，将高分子材料溶于一定溶剂中，将 SiO_2 浸入，过滤，干燥，表面包覆一层高分子材料膜，然后进行功能化反应；另一种是通过玻璃表面处理剂 [如 $(CH_3CH_2O)_3Si\text{-}(CH_2)_3NH_2$] 使表面处理剂以 Si—O 键形式键合 SiO_2 表面，然后将氨基转化为其他功能团。以 SiO_2 为原料合成的高分子螯合分析试剂的结构、适合测定的金属离子和测定方法的特点列于表 30-12。

表 30-12　以 SiO₂ 为骨架合成的各种螯合剂的结构与性能[17]

高分子螯合剂结构	测定金属离子	特点
酰胺肟	Au^{3+}、Ag^+、Pd^{2+}、Pt^{4+}、Mo^{6+}、W^{6+}、V^{5+}、Ti^{4+}	1. 再高酸度下对贵金属及 W、Mo、V、Ti 有较高选择性 2. 使用 10 次吸附率不变
	Cd^{2+}、Ca^{2+}、Mg^{2+}、Pb^{2+}、Co^{2+}、Zn^{2+}	1. 在高酸度下对贵金属及 W、Mo、V、Ti 有较高选择性 2. 使用 10 次吸附率不变
硫基苯并噻唑	Au^{3+}、Pt^{4+}、Pd^{2+}	1. 选择性高 2. 易洗脱

第四节　高分子螯合剂在废水处理中的应用

一、含硫高分子螯合剂在废水处理中的应用

重金属离子的硫化物的溶度积比氢氧化物和其他沉淀物的都小，所以硫化物是最常用的沉淀剂之一。但用小分子的硫化物易产生有毒剧臭的硫化氢气体，生成的沉淀颗粒很小，会穿过滤布和滤纸，难以得到清澈透明的滤液，工业应用困难。目前已被含硫高分子螯合剂所取代。它能克服小分子的硫化物的各项缺点，而且沉淀重金属离子更彻底。

常见的含硫高分子螯合剂市场俗称重金属去除剂、重金属捕集剂、重金属沉淀剂，通常其是含有黄原酸基、二硫代氨基甲酸基、巯基三嗪（TMT）基和三硫代碳酸（STC）基侧链的高聚物。表 30-13 为四种常见的有机硫类高分子螯合剂的基本结构及其与金属离子的螯合原理。

表 30-13　四种常见的有机硫类高分子螯合剂

名称	基团基本结构	螯合重金属离子的原理
DTC 类		

名称	基团基本结构	螯合重金属离子的原理
黄原酸类	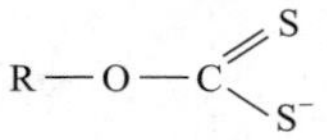 $R-O-C{\overset{S}{\underset{S^-}{\big\backslash}}}$	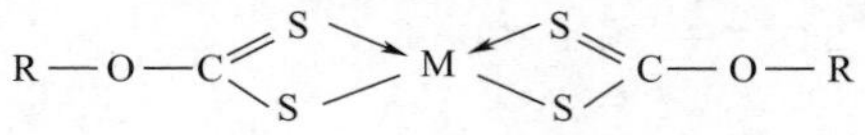 $R-O-C{\overset{S}{\underset{S}{}}}M{\overset{S}{\underset{S}{}}}C-O-R$
TMT 类	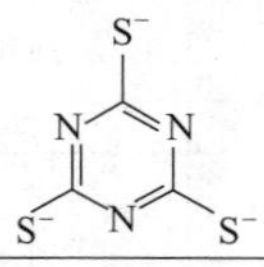 三嗪环 S^- 取代结构	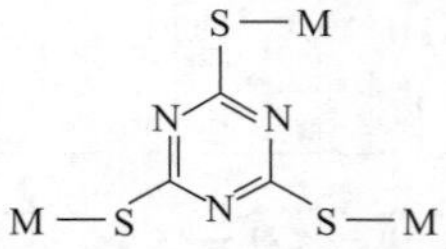 三嗪环 $S-M$ 取代结构
STC 类	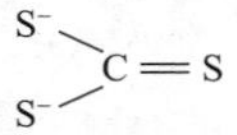 ${\overset{S^-}{\underset{S^-}{}}}C=S$	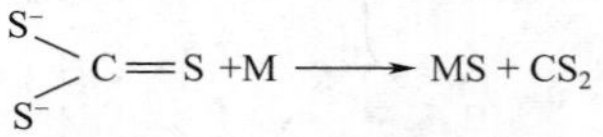 ${\overset{S^-}{\underset{S^-}{}}}C=S + M \longrightarrow MS + CS_2$

在利用高分子螯合剂处理废水时，必须满足下列条件：①生成的金属螯合物不溶于水，粒大，沉降迅速；②螯合剂及生成的金属螯合物对酸和碱应稳定；③毒性小，易于稳定储存；④耐热性及溶液低温稳定性要好；⑤添加量少，价格便宜。

（1）处理含金属配合物废水

从废水中除去重金属离子，最一般的方法是采用中和凝聚沉淀法进行处理，但废水中的金属离子若以配合物形式存在，则中和絮凝沉淀法处理不能完全除去金属离子，而采用高分子重金属捕收剂来进行处理，可将重金属离子除至排放标准以下。

2007 年付丰连[18]进行了配位超分子重金属沉淀剂的研制，合成了含双基二硫代氨基甲酸型的 CS 重金属沉淀剂 BDP 和三基 CS 沉淀剂 HTDC（HTDC 是所报道的二硫代氨基甲酸沉淀剂中有效官能团含量最高的一种），对它们进行了表征并探讨了它们对重金属的去除效率。对低浓度 CuEDTA 废水进行了深度处理研究。最终得到以下结论：

① CS 重金属沉淀剂能在较宽 pH 值范围内与重金属离子进行配位聚合反应，生成不溶的并且易沉降去除的配位高分子螯合物沉淀，废水处理后剩余重金属浓度都低于我国的一级排放标准。

② $[CuBDP]_n$ 和 $[Cu_2(HTDC)_3]_n$ 高分子螯合物沉淀性质稳定，在弱酸性和碱性环境下长期稳定存在，无二次污染，后处理简单。

③ 对比研究了 BDP CS 沉淀剂和商品化的小分子沉淀剂 DDTC 处理含铜、含镍、重金属-染料综合废水的效果，结果发现 BDP 处理后废水中剩余重金属浓度、剩余浊度和剩余染料浓度都比 DDTC 处理后的低。

④ 高分子螯合物沉淀具有吸附染料的功能，可以实现沉淀资源化利用；吸附主要依赖于高分子螯合物沉淀和染料之间的疏水吸附作用且这些吸附遵循二级动力学方程和 Freundlich 等温吸附模型。超分子 $[CuBDP]_n$ 对酸性大红 AR 73 的最大吸附量为 364mg/g。

⑤ 阴离子交换树脂 D231 能够有效地去除 HTDC 和 CuEDTA，并具有一定的自动再生功能，为解决实际工业废水中重金属离子浓度的波动给准确加入沉淀剂带来的

困难提供了一个较好的方法。

2011 年湛美、陈丹[19]用聚乙烯亚胺和二硫化碳反应，制得含黄原酸基的含硫高分子螯合剂，并用它来处理含镉废水，结果表明：①随着螯合剂用量的增加，镉的去除率增加很快，当达到一定值时，再继续增加螯合剂，镉去除率增加变缓，随着投药量的继续增加，镉去除率基本不变，该药剂的最佳投药量为投加浓度 0.01g/ml 的高分子螯合剂 0.7ml，镉去除率为 99.7%，溶液中剩余镉的浓度为 0.068mg/L，可以达标排放。②pH 值在 4～10 范围内对螯合剂捕集镉离子没有影响，pH 值小于 4，螯合剂捕集效果变差，pH 值大于 10，螯合物沉淀的絮凝性能降低，需要更长的沉淀时间，因此，pH 值调到 6～9 为宜，处理后，不需要 pH 值反调就可以直接达标排放。③投加高分子螯合剂后，产生的螯合物沉淀颗粒大，沉降性非常好，沉淀速度快，最佳沉淀时间为 30min。④温度对高分子螯合剂捕集镉离子有一定的影响，最佳反应温度为 30℃。

（2）处理高浓度复合重金属废水[20]

采用高分子重金属螯合剂的方法可除去各种工业废水中的各种重金属离子。在水中对金属离子的选择性捕集是螯合树脂的原有特性，它对已离子化的金属有极好的清除效果。根据它的这一特点，将其用于除去废水中的有机汞和胶状汞，取得了良好的效果。小林义隆等在研究高分子螯合剂对水银的吸附特性时指出：对水银的饱和吸附量可达 20×10^{-3} mol/g，废水中水银的去除率可达 95.97%。用高分子重金属螯合剂来处理含有高浓度的 Hg、Cd、Zn、Cu、Pb、Cr、Mn、Fe 等重金属离子，且 NaCl、Na_2SO_4 等盐浓度高达 3%～20%，COD 值达 15～40μg/g 的垃圾焚烧厂废水时，在添加 L-1 高分子螯合剂 20μg/g，$FeCl_3$ 100μg/g，高分子絮凝剂 2μg/g 的条件下，其去除率分别为：SS 98.3%，COD 82.6%，Hg 99.9%，Cd 96.7%，Zn 99.9%，Pb 98.3%，Cu 91.7%，总 Cr 83.4%，Fe 98.1%，盐浓度 100%。螯合树脂的选择能力，可根据母体的化学结构与螯合基的化学结构的组合变化而变化。如果选用选择系数来定量表示螯合树脂的选择能力的话，则选择系数与溶液的 pH 值、共存物质等有关。若用苯酚、甲醛树脂作为母体导入螯合基-亚胺基乙酸所得的螯合树脂，对各种金属离子做定性的分组，即把 pH 值为 0.5～1.5 低范围内能被吸附的金属离子称为第 I 组，把 pH 值为 1.5～2 时能被吸附的金属离子称为第 II 组，pH 值为 2～5 左右的称为第 III 组，pH 值为 5～8 左右的称为第 IV 组。其各组金属离子如下：

I ：Ce^{4+}、Fe^{3+}、Sn^{2+}、Ga^{3+}、Pb^{2+}、Bi^{3+}；

II ：Cu^{2+}、In^{3+}；

III ：Al^{3+}、Nb^{2+}、Pb^{2+}、Zn^{2+}、Cd^{2+}、Co^{2+}、Fe^{2+}；

IV ：Mn^{2+}、Mg^{2+}、Ca^{2+}、Sr^{2+}。

因而选用不同的 pH 值，可把各组金属离子相互分离。从废水处理角度来考虑，如处理含铜、锌废水，锌离子容易预先被除去，这在监控方面是方便的。

我国某单位进行了代号为 TX-11 高分子螯合混凝吸附剂脱除重金属离子工艺的研究。该研究是采用天然植物为原料合成了 TX-11 高分子螯合混凝吸附剂，DY-1 高分子絮凝剂组成的含重金属离子酸性废水的处理工艺。并在处理酸性镀锌废水中进行了工业化应用。在含定量重金属 400m³ 原水中，加入 TX-11 搅拌半小时，然后投加 DY-1 高分子絮凝剂，再搅拌 5min，最后静置沉淀半小时，处理后金属的脱除率分别为：Zn^{2+} 99.2%～99.4%，Cd^{2+} 99.6%～99.7%，Pb^{2+} 99.3%～100%，Cu^{2+} 97.3%，净化后水质清澈透明，完全可循环回用。TX-11 现已成功地用于洛阳市线材厂处理含锌废水，并使处理过的水回车间循环使用，镀锌车间排出的废水中含锌离子 12～300mg/L，经处理后含锌量可降倒零或接近零，远低于国家排放标准。

（3）金属的分离和回收

从废水中分离回收金、银、铂、钴、镍、铜等贵金属，从省资源、防止公害来考虑都是极其重要的。利用高分子螯合剂从废水中分离回收贵金属已有报道，并越来越受到重视。

在用螯合树脂分离 GaAs 时，当 pH 值为 3.5，采用氨基亚甲基磷酸盐型树脂，对 Ga 有着最高的吸附量，而这种树脂在此 pH 值下对 As(Ⅲ) 和 As(Ⅴ) 几乎不吸附，这样可以把吸附 Ga 的树脂用无机酸溶解而达到分离之目的。处理水中的 As 用高分子重金属捕集剂来处理可获得良好的结果。

从新型半导体材料 GaAs 的生产工艺中排出的含有毒性很大的含 As 及高浓度的价格昂贵的稀有金属 Ga 的 GaAs 系废水，用含硫高分子重金属捕集剂 L-1 进行处理，在添加 L-1100μg/g，$FeCl_3$500μg/g，絮凝剂 2μg/g 的条件下，As、Ga、Fe、Zn、Cd、总 Cr 分别从 20～60、100～150、10～20、1～5、0.1～0.5、1～2(μg/g) 降至 0.5、15、0.1、0.01、0.01、0.05(μg/g) 以下，COD 从 300～400μg/g 降至检不出。就 As 而言，添加 L-1 100μg/g 以上时，处理水 As 浓度仍有 0.1～0.5μg/g，如进一步通入高分子螯合剂 L-1，可将 As 除至 0.02μg/g 以下[20]。

二、高分子螯合沉淀剂处理铜矿酸性含铜废水

1. 铜矿酸性含铜废水处理的现状

（1）铜矿酸性含铜废水的来源与危害

铜矿含铜酸性废水的主要来源是：①地下采矿井下涌水——硐坑水；②露天采矿场和排土场的淋溶废水；③湿法炼铜萃取后的余液——萃余液。其主要特点是：①品种多，成分复杂；②含铜量有高有低，水质变化范围大；③以酸性含铜废水为主，pH 值多在 1.5～2.5 之间。

其主要危害是：①腐蚀管道、水泵、钢轨等矿山设备和混凝土结构；②所含重金属离子不能被生物降解，会积累在生物体内，对人体和生物的健康有严重的危害；③使植物枯黄、减产；④使土壤变酸性。总之，它对环境、生态、农业灌溉和水系都会造成严重的危害。

（2）矿山酸性含铜废水的处理方法

矿山酸性含铜废水的处理方法主要有：碱沉淀法；硫化物沉淀法；离子交换法；吸附法；铁屑置换法；微生物法；萃取-电解法；人工湿地法；高分子螯合沉淀法等。

① 碱沉淀法[21～24]　碱沉淀法也称为中和法，它是用可产生羟基离子 OH^- 的物质，如苛性碱、碳酸盐、石灰、电石渣等作为沉淀剂，使金属离子转化为氢氧化物沉淀：

$$M^{n+} + nOH^- \longrightarrow M(OH)_n \downarrow$$

不同的金属离子用碱沉淀时的最佳 pH 值是不同的，如铜沉淀的最佳 pH 值是 7，而此时镍的沉淀并不完全，只有在 pH 12 以上它才沉淀完全，所以用碱作为沉淀剂时要看废水中有哪些金属离子存在，并通过实测来确定最佳的 pH 值。表 30-14 列出了各种金属离子碱沉淀的最佳 pH 值。

表 30-14　各种金属离子碱沉淀的最佳 pH 值

反应式	最佳 pH 值	反应式	最佳 pH 值
$Cr^{3+} + 3OH^- \longrightarrow Cr(OH)_3$	pH 5.5	$Pb^{2+} + 2OH^- \longrightarrow Pb(OH)_2$	pH 8.9
$Cu^{2+} + 2OH^- \longrightarrow Cu(OH)_2$	pH 7.0	$Ni^{2+} + 2OH^- \longrightarrow Ni(OH)_2$	pH 12.0
$Zn^{2+} + 2OH^- \longrightarrow Zn(OH)_2$	pH 8.0	$Cd^{2+} + 2OH^- \longrightarrow Cd(OH)_2$	pH 10.2
$Fe^{2+} + 2OH^- \longrightarrow Fe(OH)_2$	pH 8.5	$Ag^+ + OH^- \longrightarrow AgOH$	pH 11.2

碱沉淀法是目前最常用的方法，而最常用的沉淀剂是石灰（也有用石灰石或电石渣），其主要优点是：技术成熟，投资少，处理成本低；处理量大，适应性强，管理方便；设备简单，自动化程度高。其主要缺点是：产生大量的重金属污泥，占库容量大，处理困难，难以利用，易发生二次污染；废水中存在的配位剂（CN^-、Cl^-、植酸等）会抑制沉淀的形成，造成无法达标排放；有些金属离子要 pH 10～11 才能沉淀完全，废水的 pH 值要先调高后再调低才能排放，碱耗量大；在含大量硫酸根的废水中用石灰沉淀时会产生大量的硫酸钙沉渣且易结垢，阻塞管道；沉淀颗粒小，难沉降，固液分离慢；石灰沉淀的反应较慢，一次处理不易达标，要两段石灰中和处理才能达标。

目前大部分铜矿和金铜矿的酸性含铜废水的处理都是用石灰或石灰石处理法，主要问题是无法稳定达标排放和沉渣无法利用占库容大，限制了矿山规模的发展壮大。

② 硫化物沉淀法[25~27]　金属硫化物沉淀的溶度积比金属氢氧化物小几个数量级，即沉淀得更完全，残留的金属离子浓度更低。硫化物沉淀法常用的硫化沉淀剂有 Na_2S、$NaHS$、H_2S、CaS、FeS 等。硫化物沉淀法的主要优点是：

a. 硫化物沉淀的溶度积比氢氧化物的更小，沉淀效果更好；

b. 各重金属沉淀的 pH 值范围在 7～9，不需升高再回调废水的 pH 即可排放；

c. S^{2-} 对金属的亲和力顺序为

$$Cd > Hg > Ag > Ca > Bi > Cu > Sn > Zn > Ni > Co > Fe > As > Mn$$

顺序前面的金属离子易被完全沉淀，而顺序后面的金属离子则难以完全沉淀，若要后者完全沉淀，前者也会同时被沉淀。

硫化物沉淀法的主要缺点是：a. 沉淀颗粒小，易成胶体，要加絮凝剂才易沉降过滤；b. 加药剂时以及残留水中的 S^{2-} 易形成 H_2S 气体，需密闭的设备和专门的硫化氢气体吸收系统；c. pH 对硫化物沉淀有较大影响；d. 碱性时有利于沉淀的生成；e. 重金属硫化物沉淀遇酸会放出金属离子和 H_2S，有二次污染。

江西德兴铜矿已与加拿大合资采用电石渣或石灰作为沉淀剂，先沉铁再沉铜，最后用电石渣处理至达标排放，目前存在的主要问题是：a. 沉铁后的铁渣和最后电石渣处理后的沉渣无法利用，只能堆放在排土场，占用了很大的库容；b. 沉铁时铜也有约 10% 的损失；c. 处理要分三段进行，比较复杂；d. 处理后的水无法用于选矿。福建紫金山金铜矿原也准备用此法，但现已考虑用更先进的高分子螯合沉淀法，它为二段处理法，先选择性沉铜，再沉淀铁，沉出的铜与铁均可利用，不再有占库容的废渣。外排水可高标准稳定达标排放，也可用于选矿，使矿山含铜废水的处理，真正变成了资源回收的环保产业。

③ 离子交换法[21,24,28]　离子交换法是将酸性废水经砂滤、炭滤后过强酸性阳离子交换树脂，重金属离子被吸附在树脂上，再用强酸液洗脱，洗脱液经浓缩后可回收铜盐，水可经树脂纯化后回用。离子交换法的优点是：可回收低浓度的有用金属，尤其是贵金属；水利用率高，可制纯水。其主要缺点是：设备与树脂价格昂贵，寿命短、生产费用高、处理量少（20t/h），主要适于贵金属的提取；洗脱液需浓缩才能制成金属盐或电解回收金属，能耗高；失效的树脂过去都用焚烧法处理，但焚烧时会产生致癌的二噁英，现已被禁用，只能掩埋处理。离子交换法因投资大，处理量小，回收的铜盐浓度低，需再浓缩结晶，能耗大，失效的树脂难以处理等，不适合矿山大规模使用。

④ 吸附法　吸附法是用各类吸附剂的物理和化学吸附性能将废水中的各种物质吸附掉，使水达到排放标准或回用。吸附法的主要优点是：用特种吸附剂可同时吸附各种金属离子及其他有害物质，使废水达标；常用吸附剂为活性炭、竹炭、分子筛等。表 30-15 列出了活性炭的吸附效果。

表 30-15　活性炭的吸附效果

吸附前 pH	吸附后铜/(mg/L)	铜除去率/%	吸附后 pH
3	4.1	94.08	6
7	0.3	99.63	7
13	0.18	99.78	8

注：活性炭 0.4g，废水 50ml，废水含铜 80mg，振荡 1h。

吸附法的主要缺点是：吸附剂大都一次有效，吸附量小，无法反复使用，成本高；吸附后无法回收金属；吸附后的吸附剂难处理，只能火烧、掩埋，易产生二次污染。该法目前在国内大都处在实验研究阶段，尚未见到大规模应用的报道。

⑤ 铁屑置换法[29,30]　铜的电极电位比铁正，在酸性条件下铜离子很易被铁屑置换而在铁上形成一层疏松的铜层。铁屑置换法的主要优点是：在酸性条件下，不需加其他药剂及能源，即可将铜置换出来；铁屑便宜，处理方法简单。它的主要缺点是：从铁屑上剥离铜较困难，铜回收率低；铁屑会溶解而使铁含量上升，增加废水处理难度与费用；只适于不含铁的废水，铁离子会降低置换铜的反应速度与效率，使回收率降低；一些有机物和杂质易吸附在铁的表面，抑制置换反应的进行，因此该法只适于特定的酸性含铜废水；紫金山酸性含铜废水用此法处理，铜的回收率只有 50% 左右，没有实用价值。最近有人将铁屑改为铁-碳复合物（Fe∶C＝1∶1），并将新法命名为

微电解处理法，其除铜效率比铁屑高 20%，废水含铜 98.6mg/L 的酸性含铜废水用铁-碳复合物 2g/L 处理 30min，铜离子浓度可降至 4.3mg/L。由于铜回收困难，处理后的废水也无法达标排放，且处理成本也很高，此法并不适合大规模矿山废水的处理。

⑥ 微生物法[31,32]　微生物法是利用微生物（细菌）的生存需吸收和吸附所需的重金属到细胞内的特性，将重金属从废水中分离，使水纯化。另外有的微生物可将硫酸盐（SO_4^{2-}）还原为硫化物（S^{2-}），可进一步将重金属转化为硫化物沉淀而回收重金属。微生物法的主要优点是：成本低，适用性强，无二次污染；能吸收或吸附重金属，还可分解生成重金属硫化物沉淀而予以回收；该法不需大型设备，投资少，效率高。该法的主要缺点是：微生物要在中性 pH 下生存，酸性废水要先用 NaOH 中和至中性，耗碱量大，且重金属已沉淀；还原 SO_4^{2-} 时会产生有毒且有恶臭的 H_2S 气体，而 H_2S 又会抑制许多有益细菌的生长；真正高效实用的细菌很难找到，故此法尚属研究阶段。

⑦ 萃取-电解法[33]　萃取-电解法是用有机溶剂选择性萃取铜，再用硫酸反萃，反萃液可电解回收铜。该法的主要优点是：省去了冶炼工序；电解铜可直接销售。其主要缺点是：铜不能 100% 回收，萃余液和电解余液仍含铜和其他金属及有机物，废水处理比较困难；萃取剂和有机溶剂价格高、易燃、对环境有危害，给废水处理带来困难；萃取、电解需专用设备与药剂，投资大，处理量有限；只适于含铜量高的废水，低浓度废水无效，需用膜法浓缩，浓缩的费用高，处理量少。

萃取-电解法已成功用于紫金山金铜矿酸性废水的铜回收，目前存在的主要问题是：铜含量低的废水用膜处理的效率低、成本高、处理量小，而用其他方法浓缩又不可行；萃余液中残留的萃取剂和有机溶剂使它难以处理，常使 COD 超标，用石灰处理会产生大量的废渣[34]，占库容大，影响大规模生产；萃余液中的铜无法回收利用，造成较大损失。这些就是该法目前急需解决的问题。

⑧ 人工湿地法　它是利用自然湿地的物理、化学、生物作用，通过沉淀、吸附、微生物分解、硝化及反硝化以及植物吸收等作用来去除悬浮物、有机物、重金属。该法的主要优点是：低投入、低能耗、低管理费用、抗冲击力强；可除去有机物、重金属和其他有害物质。它的主要缺点是：占地面积大，处理时间长，处理效果受环境影响，不稳定；湿地植物必须能耐酸，这样的湿地很难找到；废水中多种金属离子有时不能全部除去。因此人工湿地法是只适于特定环境的特殊方法，无法全面推广应用。

⑨ 高分子螯合沉淀法[35~39]　它是用新型的高分子螯合沉淀剂选择性地沉淀各种金属离子并加以利用，同时使废水达标排放。其主要特点是：可在酸性至碱性宽广的 pH 范围内将金属离子沉淀；形成的沉淀颗粒大，易沉淀，沉速比 OH^- 和 S^{2-} 快；形成的沉淀更稳定，遇酸不易分解，二次污染小；沉淀铜的选择性比氢氧化物好；除去重金属的能力比 OH^- 和 S^{2-} 强，可除极低浓度的金属离子，有利废水达标排放；有机物、配位（络合）剂和负离子对它的影响较小；适于高、低铜含量的酸性废水的处理，铜回收率可达 100%。

2. 高分子螯合沉淀剂处理紫金山金铜矿酸性含铜废水

（1）单独用高分子螯合沉淀剂提取硐坑水中铜的最佳条件及用量

① 曝气硐坑水原水水质分析结果：总铜 380mg/L，总铁 610mg/L，pH 值 2.37，测试水量 1000ml。

② pH 对高分子螯合沉淀剂沉铜和沉铁效果的影响（见表 30-16）。

表 30-16　pH 对高分子螯合沉淀剂沉铜和沉铁效果的影响

项目	pH 3.6	pH 4	pH 4.4
螯合沉铜剂用量/ml	2.4	3.5	4.9
滤液总铜/(mg/L)	300	230	0.072
滤液总铁/(mg/L)	440	430	460
铜除去率/%	21.1	39.5	100
铁除去率/%	27.9	29.5	24.6
沉渣量/(g/L)	—	0.725	1.1
沉渣含铜率/%	—	14.55	22.04
沉渣含铁率/%	—	23.77	12.52

由表 30-16 的结果，我们可以得出以下结论：废水用高分子螯合沉淀剂沉淀铜的最佳 pH 值为 4.4，此时它对铜有很高的选择性，铜除去率为 100%，铁除去率为 24.6%，铜渣适于铜的火法冶炼。

③ 用部分碱代替高分子螯合沉淀剂时的沉铜效果　为了减少高分子螯合沉淀剂的用量，先用碱液调废水的 pH 值由 2.34 至 2.7，2.6 和 2.5，再用高分子螯合沉淀剂调 pH 值至 4.4，分析滤液中的铜浓度，所得结果见表 30-17。

表 30-17　用部分碱代替高分子螯合沉淀剂时的沉铜效果

预调 pH	原液总铜 /(mg/L)	液碱用量 （调 pH=2.7）	螯合剂用量 （pH 2.7→4.4）	滤液总铜 /(mg/L)	渣含铜量 /%
硐坑水 2.7	100	0	1.5ml/L	0.14	20.38
硐坑水 2.6	200	0.2ml/L	1.75ml/L	0.10	19.90
硐坑水 2.5	300	0.5ml/L	2.40ml/L	0.08	18.99

由表 30-17 的结果可以得出以下结论：预调 pH 值超过 2.7 时，溶液有沉淀出现，故不宜采用，pH 值低于 2.7 时，高分子螯合剂用量增大，成本上升，因此用液碱预调的最佳 pH 值为 2.7；用碱预调 pH 值至 2.7 时所用高分子螯合剂的量最低，可由原来的 4.9ml 降至 1.5ml，节省高分子螯合剂用量达 69.39%；用部分碱预调 pH 值后除铜率仍可保持 100%。铜渣的铜含量仍可达 19%～22% 的水平，符合冶炼厂的要求。

（2）单独用高分子螯合沉淀剂提取萃余液中铜的最佳条件及用量

① 萃余液原水水质分析结果：总铜 80mg/L，总铁 2430mg/L，pH 值 1.57，测

试水量 1000ml。

② pH 对高分子螯合沉淀剂沉铜和沉铁效果的影响见表 30-18。

表 30-18　pH 对高分子螯合沉淀剂沉铜和沉铁效果的影响

螯合沉淀剂加药量/ml	pH	Cu/(μg/g)
4.5	3.1	0.305
5.1	3.5	0.212
5.4	3.7	0.206
6.5	4.0	0.204
7.0	4.4	0.082

由表 30-18 的结果可以得出以下结论：加高分子螯合沉淀剂至 pH＝3.1 时铜已基本被回收；当 pH＝4.4 时铜回收率已近 100%，滤液可考虑直接回用；铜渣含铜量在 20% 左右，符合冶炼铜厂的要求。

（3）高分子螯合沉淀剂提铁工艺

目前更加困扰矿山的是巨量的铁渣如何处置。现在的碱中和工艺，液碱沉淀的铁渣不仅铁含量不够产品级别，其胶状和亲水的结构特性又使其含水量高不易过滤浓密，石灰沉铁沉渣的杂质含量更高，都只能成为占库容的废渣，铁渣及库容问题不解决，将成为矿山开发的瓶颈，严重制约其可持续发展能力。

高分子螯合沉淀剂提铁工艺目标是把废水中铁变成可再利用的产品而不是占库容的废渣。高分子螯合剂沉铁后的沉渣致密不亲水，易于过滤和浓密，而且可作为化工原料使用，不占用库容，把废铁渣变成产品，解决了其他各种方法不能解决的短板。

① 硐坑水用高分子螯合沉淀剂沉铁工艺　由表 30-19 的结果可以得出以下结论：硐坑水用高分子螯合沉淀剂沉铜后再用高分子螯合沉铁剂调 pH 值至 8 后，滤液铜、铁均可达标排放；沉铁渣含铁量达 50%～60%，含硫量为 11%～16%，可以作为化工原料销售。

表 30-19　不同硐坑水用高分子螯合沉淀剂沉铁效果的比较　　单位：mg/L

项目	pH 值	总铜	总铁	沉渣含铁量/%	沉渣含硫量/%
原水(硐坑水)	2.37	380	610		
沉铜后上清液	4.4	0.13	560		
沉铁后上清液(试验 1)	8.0	0.011	0.011	50	16
沉铁后上清液(试验 2)	8.0	0.020	0.041	55	11
沉铁后上清液(试验 3)	8.0	0.013	0.035	58	11

② 萃余液用高分子螯合沉淀剂沉铁工艺　萃余液用高分子螯合沉淀剂沉铁效果见表 30-20。

表 30-20　萃余液用高分子螯合沉淀剂沉铁效果的比较　　单位：mg/L

项目	pH 值	总铜	总铁	沉渣含铁量/%
萃余液原水	1.3	28	2630	
萃余液沉铜后沉铁	5.5	0.094	0.65	34.16
萃余液沉铜后沉铁	8.0	0.084	0.19	39.32

表 30-20 的结果表明，萃余液用高分子螯合沉淀剂提铜后还可进一步用高分子螯合沉淀剂调 pH 值至 5.5 或至 8 来提取铁，滤液均可达到排放标准。萃余液因铜含量太低，提铜的价值不高，适合一步法直接提铁后达标排放。

（4）高分子螯合沉淀工艺出水用于铜浮选的可行性试验

此试验委托紫金山金铜矿技术处实验室进行。取高分子螯合沉淀法处理硐坑水中试的工艺出水，作为铜浮选用水，在实验室进行浮选试验，并与紫金矿铜一选矿厂和铜二选矿厂浓密机回水浮选铜进行对比，试验矿样为铜二厂原矿，磨矿细度为 200 目 63%。试验流程按紫金山矿用流程，各试验原液中主要离子浓度见表 30-21，浮选结果见表 30-22。

表 30-21　各试验原液中主要离子浓度

试验原液	总铜/(mg/L)	总铁/(mg/L)	pH
高分子螯合沉淀工艺出水	0.12	0.51	8.54
紫金铜一选矿厂回水	未检出	13.0	8.65
紫金铜二选矿厂回水	8.0	16.0	9.19

表 30-22　高分子螯合沉淀工艺出水对铜矿浮选的影响

试验条件	产品	产率	品位/%	回收率/%	粗选品位/%	粗选回收率/%	粗选 pH
铜一厂回水 （石灰 1.7kg/t）	铜精矿	0.86	24.66	55.63	4.95	79.09	10.68
	中矿 1	5.23	1.71	23.46			
	中矿 2	2.14	0.38	2.13			
	尾矿	91.77	0.078	18.78			
	总计	100.00	0.38	100.00			
铜二厂回水 （石灰 1.7kg/t）	铜精矿	0.89	27.75	65.05	4.57	81.62	10.4
	中矿 1	5.63	0.90	13.89			
	中矿 2	1.73	0.48	2.28			
	尾矿	91.77	0.078	18.78			
	总计	100.00	0.36	100.00			
螯合剂工艺出水	铜精矿	0.83	27.06	64.37	4.41	82.25	10.6
	中矿 1	5.67	1.10	17.88			
	中矿 2	1.63	0.53	2.48			
	尾矿	91.87	0.058	15.27			
	总计	100.00	0.35	100.00			

由表 30-22 的结果可见，实验室试验使用高分子螯合沉淀剂处理硐坑水后的工艺出水作为铜浮选用水时，增加石灰用量 0.1kg/t，但铜粗选回收率比铜一厂回水高 3.16%，与原水试验指标相近，而使用铜二厂回水浮选时则无法全面达标。可见硐坑水经高分子螯合沉淀剂处理后的工艺出水用作对铜浮选用水对铜浮选指标影响很小。

（5）高分子螯合沉淀工艺提铜提铁后出水的全面分析结果

为了确定高分子螯合沉淀工艺提铜提铁后的出水是否全面达标，将原水、高分子螯合剂处理后的出水和硫化钠法处理后的出水进行 ICP 的全面分析，所得结果列于表 30-23。

表 30-23　原水和高分子螯合剂处理后的出水的 ICP 全分析结果

项目	Hg	Cd	Mn	Cr^{6+}	As	Cu	Pb	Ni	BOD	COD$_{Cr}$
原硐坑水	0.00004	0.42	5.00	0.058	1.76	400	0.59	0.51	—	27
螯合剂处理后	0.00002	<0.003	0.76	<0.004	<0.01	<0.01	<0.05	0.02	7	25
硫化钠处理后	0.00004	<0.016	4.39	<0.04	<0.01	<0.36	<0.05	0.10	25	64

表 30-23 的结果表明，高分子螯合沉淀法处理的硐坑水可以全面达标，而硫化钠法处理的硐坑水的锰和 BOD 均无法达标。

（6）高分子螯合沉淀法处理紫金山金铜矿酸性含铜废水的中试全流程

高分子螯合沉淀法处理酸性含铜废水的全流程如图 30-4 所示。

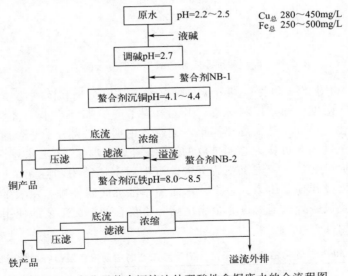

图 30-4　高分子螯合沉淀法处理酸性含铜废水的全流程图

（7）高分子螯合沉淀法和硫化物沉淀法的对比

① 高分子螯合剂和硫化钠沉淀工艺的主要设备及运行参数对比　我国目前绝大多数矿山酸性含铜废水采用的是石灰中和法，有部分已开始采用硫化物沉淀法，它的工艺流程如图 30-5 所示。

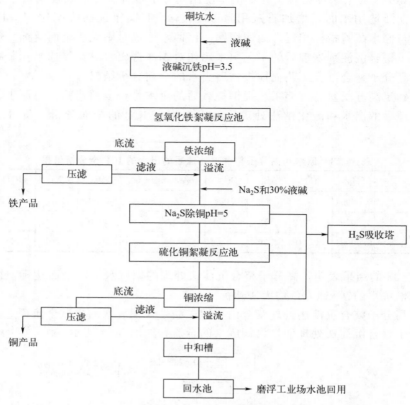

图 30-5　硫化物沉淀法处理酸性含铜废水的工艺流程

由图 30-4 和图 30-5 可见，高分子螯合沉淀工艺仅沉铜和沉铁两段工艺，工艺过程仅需控制 pH 即可，操作控制简便，工艺过程不产生 H_2S 气体，不需要 H_2S 吸收装置，相对硫化物沉淀工艺流程更简单，运营费用更低；高分子螯合剂沉淀工艺先沉铜，后沉铁，沉铁工艺可作为总铜排放的又一道把关口，工艺出水总铜控制有保障，可直接外排。而硫化法工艺先沉铁后沉铜，沉铜后水还需中和且无浓密机浓缩沉降，因此，沉铜工序操作控制压力大，工艺水需经库区沉淀后外排。由表 30-24 可见，硫化沉淀工艺主要设备处理能力也完全满足高分子螯合剂沉淀工艺的使用要求，两者主要设备具有互换性。

表 30-24　硫化钠和高分子螯合剂沉淀工艺的主要设备及运行参数对比

硫化法工艺设计	沉铁反应槽	铁絮凝反应池	铁浓密机	沉铜反应槽	铜絮凝反应槽	铜浓密机	中和槽
	5min	15min	$1m^3/(m^2 \cdot h)$	5min	15min	$1m^3/(m^2 \cdot h)$	5min
螯合剂沉淀工艺中试实际运行参数	调碱反应槽	沉铜反应池	铜浓密机	—	沉铁反应槽	铁浓密机	—
	7min	7min	$1.42m^3/(m^2 \cdot h)$		7min	$1.41m^3/(m^2 \cdot h)$	

② 高分子螯合剂沉淀法和硫化钠沉淀法的试验结果比较　结果如表 30-25 所示。

表 30-25　高分子螯合剂沉淀法和硫化钠沉淀法的试验结果

样品名称	滤液		滤渣					渣体积/cm³
	总 Cu /(mg/L)	总 Fe /(mg/L)	项目	Cu/%	Fe/%	渣率 /(g/L)	铜回收率 /%	
原液	380	410						
液碱 pH=3.5	353.8	11.02	沉铁渣	0.36	36.74	0.83		5.8
Na₂S 加液碱沉铜 pH 5	1.42	9.38	沉铜渣	38.1	0.25	1.58	92.48	
Na₂S 沉铜后液碱 pH 8	0.33	0.25				0.13		
原液	366.63	388.22						
沉铜螯合剂 pH=4.4	9.31	319.86	沉铜渣	31.32	6.6	1.37	97.46	0
沉铁螯合剂 pH=8~8.5	0.079	1.21	沉铁渣	1.2	33.96	1.03		

由表 30-25 结果可见，高分子螯合剂沉铜工艺沉铜渣铜品位为 31.32%，铜回收率为 97.46%，比硫化钠沉淀试验高 4.98%，硫化钠沉铜工艺沉铜渣铜品位为 38.10%，铜回收率为 92.48%。两工艺铜产品均符合我国铜精矿质量要求，可直接销售。高分子螯合剂沉铁渣铁品位为 33.96%，可以作为化工产品出售，而硫化法沉铁渣目前还难以作为产品销售，大都作为废渣掩埋，占库容大，经济效益差。

③ 高分子螯合剂沉淀以及螯合提铜-碱中和与硫化钠沉淀法工艺出水水质对比 水质分析结果如表 30-26 所示。

表 30-26　高分子螯合剂沉淀以及螯合提铜-碱中和与硫化钠沉淀法工艺出水水质分析结果

单位：mg/L

工艺	检测项目	Hg	Cd	总 Cr	Cr⁶⁺	As	Cu	Pb	Ni	BOD₅	COD_Cr
螯合剂沉淀工艺	22/6 中工艺出水	0.00003	<0.003	<0.01	<0.004	<0.1	0.08	<0.05	0.01	—	13
	23/6 夜工艺出水	0.00004	<0.003	<0.01	<0.004	<0.1	0.04	<0.05	0.02	—	14
	23/6 早工艺出水	0.00004	<0.003	<0.01	<0.004	<0.1	0.04	<0.05	0.02	—	12
	23/6 中工艺出水	0.00004	<0.003	<0.01	<0.004	<0.1	0.04	<0.05	0.02	11	12
	24/6 夜工艺出水	0.00004	<0.003	<0.01	<0.004	<0.1	0.04	<0.05	0.01	15	15
	24/6 早工艺出水	0.00006	<0.003	<0.01	<0.004	<0.1	0.1	<0.05	0.02	13	17
	24/6 中工艺出水	0.00005	<0.003	<0.01	<0.004	<0.1	0.04	<0.05	0.01	14	25
	25/6 夜工艺出水	0.00005	<0.003	<0.01	<0.004	<0.1	0.04	<0.05	0.01	15	18
	25/6 早工艺出水	0.00004	<0.003	<0.01	<0.004	<0.1	0.09	<0.05	0.03	15	16

续表

工艺	检测项目	Hg	Cd	总Cr	Cr^{6+}	As	Cu	Pb	Ni	BOD_5	COD_{Cr}
螯合剂提铜-石灰中和小试		0.00001	<0.003	<0.01	<0.004	<0.1	<0.01	<0.05	<0.01	2	10
螯合剂提铜-液碱中和小试		0.00002	<0.003	<0.01	<0.004	<0.1	<0.01	<0.05	<0.01	6	12
硫化法	小试试验	0.00002	0.1	<0.01	<0.004	<0.1	0.33	<0.05	0.18	14	73

工艺	检测项目	S^{2-}	Zn	Mn	Mg	Fe	Ca	Si	SO_4^{2-}/(g/L)	Cl^-	Al
螯合剂沉淀工艺	22/6中工艺出水	<0.005	0.04	0.22	3.66	2.64	29.75	1.3	2.56	30	1.5
	23/6夜工艺出水	<0.005	0.03	0.18	3.59	2.3	25.58	1.56	2.45	40	2.1
	23/6早工艺出水	0.005	0.04	0.22	4.32	1.48	27.5	1.84	2.54	30	0.36
	23/6中工艺出水	0.006	0.04	0.18	4.05	1.64	26.95	0.66	2.55	40	2.99
	24/6夜工艺出水	<0.005	0.03	0.15	4.35	0.9	25.82	0.66	2.42	40	1.94
	24/6早达标液	<0.005	0.04	0.12	2.4	1.52	22.17	0.96	2.5	40	9.8
	24/6中工艺出水	<0.005	0.05	0.26	4.68	1.4	29.32	2.04	2.52	40	0.21
	25/6夜工艺出水	<0.005	0.04	0.24	5.18	0.99	28.35	2.75	2.49	40	0.09
	25/6早工艺出水	<0.005	0.02	0.1	3.69	1.12	25.35	0.8	2.6	40	3.87
螯合剂提铜-石灰中和小试		<0.005	<0.006	0.64	15.69	0.38	0.46g/L	0.84	0.54	20	0.32
螯合剂提铜-液碱中和小试		<0.005	<0.006	0.56	5.54	0.37	32.5	0.82	2.5	60	0.09
硫化法	小试试验	<0.005	2.01	2	7.6	0.12	59.15	14.25	2.64	90	0.17

由表 30-26 结果可见，高分子螯合剂沉淀工艺包括螯合提铜-碱中和工艺出水水质均全面达标，且排放浓度均远低于 GB 8978—1996 中一级标准，高分子螯合剂沉淀工艺平均排放总铜浓度 0.08mg/L，仅为硫化沉淀工艺的四分之一。而硫化法工艺锌、锰、镉均略超标，总铜、镍虽达标但仍远高于高分子螯合剂沉淀工艺。可见高分子螯合剂沉淀工艺在主要受控污染物全面达标排放和污染物减排方面效果明显。

高分子螯合沉淀法于 2012 年在福建省上杭市紫金山金铜矿进行了小试与中试，

中试处理紫金山 330 与 500 碉坑水，原水 pH 2.2～2.5，含铜 280～450mg/L，铁 250～500mg/L，中试试验连续稳定运转 80h，共处理碉坑水 428.16m³，试验结果表明，出水主要污染物连续、稳定达到 GB 8978—1996 中一级排放标准，出水可不经库区沉淀直接外排或回用浮选生产；工艺产生的沉铜渣品位 23%～38%，平均 31.32%，铜回收率 95%～99%，平均 97.46%，铜渣符合我国铜精矿质量要求，沉铁渣平均含铁 33.96%，也可外卖，从而达到零库容。综合分析表明，高分子螯合沉淀法工艺控制简单、出水水质全面、稳定达标，可直接排放或回用浮选生产，产生的沉淀渣均可作为产品销售，工艺过程不产生废渣、废气等二次污染物，产品价值也可覆盖药剂成本还有盈余，可见螯合沉淀剂法是一种绿色、清洁的含铜碉坑水处理工艺[39,40]。

本章参考文献

[1]　陈义镛. 高分子螯合剂（一）[J]. 化学试剂，1980（3）：8-16.

[2]　周纯洁，王帅，郑茹. 高分子螯合剂的制备及应用研究进展[J]. 应用化工，2016，45（10）：1946-1949.

[3]　Kuhn H J. Pysikerlag. Plenarvortr. Frankfurt am Main Hoechst，1965，504，CA60：69，25343（1968）.

[4]　Hojo K，Shirai H，Hayashi S. J Polymer Sci Symp，1974（47）：299.

[5]　王正辉，陈永享，黄建辉，李江波，等. 高分子螯合剂的制备、表征及性能研究[J]. 环境化学，1999，18（3）：244-248.

[6]　Tsuchida E，Nishide H. Advances in Poly Sci，1977（24）：1.

[7]　陈义镛. 高分子螯合剂（二）[J]. 化学试剂，1981（2）：10-21.

[8]　曲荣君，等. 多胺交联纤维素树脂的合成及吸附性能（Ⅺ）[J]. 林产化学与工业，1997，17（3）：19-24.

[9]　吕梓民，罗楠，尚晓琴，等. 水合肼改性淀粉去除废水中的重金属离子[J]. 化工环保，2010，4（4）：4.

[10]　陈义镛. 高分子螯合剂（续完）[J]. 化学试剂，1981（3）：8-19.

[11]　蒋建国，王伟，李国鼎，等. 重金属螯合剂处理焚烧灰的稳定化技术研究[J]. 环境科学，1999（3）：13-17.

[12]　刘立华，吴俊，李鑫，等. 两性高分子螯合絮凝剂的合成及作用机理[J]. 环境化学，2011，30（4）：843-850.

[13]　马希晨，吴星娥，曹亚峰. 淀粉基两性天然高分子改性絮凝剂的合成[J]. 吉林大学学报：理学版，2004，42（2）：273-277.

[14]　陈艳辉，李超柱，李家明. 天然改性类高分子絮凝剂的研究进展[J]. 广东化工，2009，36（7）：74-76.

[15]　张军丽，李瑞玲，张燕，等. 改性壳聚糖吸附剂的合成及对镉离子的吸附性能[J]. 环境科学与技术，2011，34（7）：87-89.

[16]　张燕，张军丽，等. 改性壳聚糖处理污水中 Ni（Ⅱ）的效果[J]. 环境工程学报，2012，6（9）：3091-3095.

[17]　苏致兴. 高分子螯合剂在分析化学中的应用[J]. 离子交换与吸附，1994（5）：453-459.

[18]　付丰连. 配位超分子重金属沉淀剂的研制及其应用基础研究[D]. 广州：中山大学［博士学位论文］，2007.

[19]　湛美，陈丹. 高分子螯合剂处理含镉废水的试验研究[J]. 过滤与分离，2011，21（2）：15-17.

[20]　孙家寿. 高分子螯合剂在废水处理中的应用[J]. 环境与可持续发展，1989（10）：17-20.

[21]　李蓝云，赵亮，徐静，马豫昆，朱鸿德. 铜矿山生产废水处理技术的研究进展[J]. 昆明冶金高等专科学校学报，2007，23（5）：72-75.

[22]　朱继民. 永平铜矿矿山酸性废水处理的研究[J]. 有色金属（冶炼部分），1990（6）：325.

[23]　赵娜. 铜矿废水综合处理新工艺研究[D]. 武汉：武汉理工大学［硕士论文］，2009.

[24]　杨群，宁平，陈芳媛，赵天亮. 矿山酸性废水治理技术现状及进展[J]. 金属矿山，2009（1）：391.

[25]　邹莲花，王淀佐，薛玉蓝. 含铜、铁离子废水的硫化沉淀法[D]. 上海：中科院上海冶金研究所［博士论文］，2000.

[26]　贺迎春，李绪忠，周前军. 某金铜矿山含铜酸性废水硫化法回收铜. 中铝长沙有色冶金研究院有限公司.

[27]　方景礼，等. 江西德兴铜矿硫化法处理酸性含铜废水考察报告. 2012.

[28]　王绍文. 重金属废水治理技术[M]. 北京：冶金工业出版社，1993.

［29］ 雷兆武，刘荣，郭静．某金铜矿山含铜酸性废水处理研究［J］．中国环境管理干部学院学报，2006，16（1）：65.

［30］ 张旭东，徐晓军．铜矿山含铜酸性废水微电解处理方法研究［J］．云南冶金，2012，41（1）：25.

［31］ 李亚新，苏冰琴．硫酸盐还原菌和酸性矿山废水的厌氧生物处理［J］．环境污染治理技术与设备，2000（5）：17.

［32］ 冯颖，康勇，孔琦，等．酸性矿山废水形成与处理中的微生物作用［J］．有色金属，2005，57（3）：103.

［33］ 刘志勇，陈建中．酸性矿山废水的处理研究［J］．云南环境科学，2004，23（1）：152.

［34］ 胡文，康媞，陈守应，邹仁杰．石灰中和沉淀法处理煤矿酸性废水的工程应用［J］．环保科技，2011，17（4）：46.

［35］ 方景礼．电镀配合物——理论与应用［M］．北京：化学工业出版社，2007.

［36］ 方景礼．强螯合物废水处理的方法，第一部分——治理螯合物废水的有效技术与方法［J］．电镀与涂饰，2007，26（9）：33.

［37］ 方景礼．强螯合物废水处理的方法，第二部分——螯合沉淀法处理混合电镀废水［J］．电镀与涂饰，2007，26（10）：43.

［38］ 方景礼．强螯合物废水处理的方法，第三部分——紫外光氧化分解法处理螯合物废水［J］．电镀与涂饰，2007，26（11）：31.

［39］ 紫金矿业集团．高分子螯合剂处理含铜酸性废水中试试验报告．2012.

［40］ 方景礼．高分子螯合沉淀剂二步法回收矿山酸性废水中铜铁的方法．专利申请号：201310156506.7.

附 录

附录 Ⅰ 质子合常数和配合物稳定常数表

表中列出了室温时各级积累质子合常数和配合物稳定常数的对数值。

质子合常数的表达式为

表达式	积累质子合常数	积累酸离解常数
$L^{n-} + H^+ \rightleftharpoons HL^{(n-1)-}$	K_1	$K_{a_1} = 1/K_1$
$L^{n-} + 2H^+ \rightleftharpoons H_2L^{(n-2)-}$	$\beta_2 = K_1 K_2$	$\beta_{a_2} = 1/\beta_2$
$L^{n-} + 3H^+ \rightleftharpoons H_3L^{(n-3)-}$	$\beta_3 = K_1 K_2 K_3$	$\beta_{a_3} = 1/\beta_3$
$\vdots$	$\vdots$	$\vdots$
$L^{n-} + nH^+ \rightleftharpoons H_nL$	$\beta_n = K_1 K_2 \cdots K_n$	$\beta_{a_n} = 1/\beta_n$

单一型配合物稳定常数的表达式为

表达式	积累稳定常数	逐级稳定常数
$M + L \rightleftharpoons ML$	K_1	K_1
$M + 2L \rightleftharpoons ML_2$	$\beta_2 = K_1 K_2$	K_1, K_2
$M + 3L \rightleftharpoons ML_3$	$\beta_3 = K_1 K_2 K_3$	K_1, K_2, K_3
$\vdots$	$\vdots$	$\vdots$
$M + nL \rightleftharpoons ML_n$	$\beta_n = K_1 K_2 \cdots K_n$	$K_1, K_2, \cdots, K_n$

表中无机配体直接写出它的分子式，有机配体则列出它的结构式和中、英文名称，并注明该配合物所含质子和配体的数目，例如 CuL、$CuHL$、CuH_2L 和 Cu_2L 等。

无机配体是按分子式的英文字母顺序排列，而有机配体是按英文名字的字母顺序排列。金属离子也按英文字母顺序排列，它的稳定常数排在质子合常数之后。

表中所用符号为

I——离子强度；　　　　　　　　　v——离子强度可变；

pot——电位法；　　　　　　　　pol——极谱法；

sp——分光光度法；　　　　　　　ex——萃取法；

i——离子交换法；　　　　　　cond——电导法；

k——动力学法；　　　　　　　sol——溶解度法；

oth——其他方法。

无机配体的质子合常数和稳定常数

配 体	金属离子	方 法	I	$\lg\beta$
$AS(OH)_4^-$	H^+	pot	0.1	HL 9.38
ASO_4^{3-}	H^+	pot	0.1	HL 11.2;H_2L 17.9;H_3L 20
$B(OH)_4^-$	H^+	pot	0.1	HL 9.1
Br^-	Ag^+		0.1	AgL 4.15;AgL_2 7.1;AgL_4 7.95;AgL_4 8.9;Ag_2L 9.7
	Bi^{3+}	pot	2	BiL 2.3;BiL_2 4.45;BiL_3 6.3;BiL_4 7.7;BiL_5 9.3;BiL_6 9.4
	Cd^{2+}	pol	0.75	CdL 1.56;CdL_2 2.1;CdL_3 2.16;CdL_4 2.53
				$CdBrI$ 3.32;$CdBrI_2$ 4.51;$CdBrI_3$ 5.83;CdBrI 3.75;$CdBr_2I_2$ 5.33;$CdBr_3I$ 4.18
	Cu^{2+}	sp	2	CuL-0.55;$CuL_2-1.84$
	Fe^{3+}	sp	1	FeL-0.21;$FeL_2-0.7$
	Hg^{2+}	pot	0.5	HgL 9.05;HgL_2 17.3;HgL_3 19.7;HgL_4 21;HgBrCN 26.97
	In^{3+}	i	1	InL 1.2;InL_2 1.8;InL_3 2.5
	Pb^{2+}	pol	1	PbL 1.56;PbL_2 2.1;PbL_3 2.16;PbL_4 2.53
	Sn^{2+}	pol	3	SnL 0.73;SnL_2 1.14;SnL_3 1.34
	Tl^+	sol	v	TlL 0.92;TlL_2 0.92;TlL_3 0.40
	Tl^{3+}	pot	0.4	TlL 8.3;TlL_2 14.6;TlL_3 19.2;TlL_4 22.3;TlL_5 24.8;TlL_6 26.5
	Zn^{2+}	pot	4.5	ZnL-0.6;$ZnL_2-0.97$;$ZnL_3-1.70$;$ZnL_4-2.14$
Cl^-	Ag^+	sol		AgL 3.4;AgL_2 5.3;AgL_3 5.48;AgL_4 5.4;Ag_2L 6.7
	Au^{3+}	pot	v	AuL_4 26
	Bi^{3+}	pot	2	BiL 2.4;BiL_2 3.5;BiL_3 5.4;BiL_4 6.1;BiL_5 6.7;BiL_6 6.6
	Cd^{2+}	i	0	CdL 1.42;CdL_2 1.92;CdL_3 1.76;CdL_4 1.06
	Cu^{2+}	i	0.69	CuL 0.98;CuL_2 0.69;CuL_3 0.55;CuL_4 0.0
	Fe^{2+}	sp	2	FeL 0.36;FeL_2 0.4
	Fe^{3+}	sp	2	FeL 0.76;FeL_2 1.06;FeL_3 1.0
	Hg^{2+}	pot	0.5	HgL 6.74;HgL_2 13.22;HgL_3 14.07;HgL_4 15.07;HgClCN 28.2
	In^{3+}	i	1	InL 1.42;InL_2 2.23;InL_3 3.23
	Mn^{2+}	i	0.69	MnL 0.59;MnL_2 0.26;$MnL_3-0.36$
	Pb^{2+}	i	0	PbL 1.6;PbL_2 1.78;PbL_3 1.68;PbL_4 1.38
	Pd^{2+}	sp	0	PdL 3.88;PdL_2 6.94;PdL_3 9.08;PdL_4 10.42
	Sn^{2+}	pot	3	SnL 1.15;SnL_2 1.7;SnL_3 1.68
	Th^{4+}	ex	4	ThL 0.23;$ThL_2-0.85$;$ThL_3-1.0$;$ThL_4-1.74$
	Tl^+	pol	0	TlL 0.46
	Tl^{3+}	pot	0	TlL 6.25;TlL_2 11.4;TlL_3 14.5;TlL_4 17;TlL_5 19.15
	U^{4+}	ex	2	UL 0.52
	UO_2^{2+}	sp	1.2	UO_2L 1.6
	Zn^{2+}	ex	v	ZnL-0.72;$ZnL_2-0.85$;$ZnL_3-1.50$;$ZnL_4-1.75$
ClO^-	H^+	pot	0.1	HL 7.4
CN^-	H^+	pot	0.1	HL 9.2
	Ag^+		0.2	AgL_2 21.1;AgL_3 21.9;AgL_4 20.7
	Au^+		0	AuL_2 38.3
	Au^{3+}			AuL_4 56
	Cd^{2+}			CdL 6.01;CdL_2 11.12;CdL_3 15.65;CdL_4 17.92

续表

配 体	金属离子	方 法	I	$\lg\beta$
CN^-	Cu^+		0	CuL_2 24；CuL_3 29.2；CuL_4 30.7
	Fe^{2+}		0	FeL_6 35.4
	Fe^{3+}		0	FeL_6 43.6
	Hg^{2+}		0.1	HgL 18.0；HgL_2 34.7；HgL_3 38.5；HgL_4 41.5
	Ni^{2+}		0.1	NiL_4 31.3
	Pb^{2+}	pol	1	PbL_4 10.3
	Pd^{2+}	pot	0	PdL_4 42.4；PdL_5 45.3
	Tl^{3+}	v		TlL_4 35
	Zn^{2+}		0	ZnL 5.34；ZnL_2 11.03；ZnL_3 16.68；ZnL_4 21.57
CNO^-	H^+	pot	0.1	HL 3.6
	Ag^+	cond	0	AgL_2 5.0
	Cu^{2+}	sp	v	CuL 2.7；CuL_2 4.7；CuL_3 6.1；CuL_4 7.4
	Ni^{2+}	sp	v	NiL 1.97；NiL_2 3.53；NiL_3 4.90；NiL_4 6.2
CO_3^{2-}	H^+	pot	0.1	HL 10.1；H_2L 16.4
	UO_2^{3+}	sol	0.2	UO_2L 15.57；UO_2L_2 20.70
CrO_4^{2-}	H^+	pot	0.1	HL 6.2；H_2L 6.9；H_2L_2 12.4
F^-	H^+	pot	0.1	HL 3.15
	Al^{3+}		0.53	AlL 6.16；AlL_2 11.2；AlL_3 15.1；AlL_4 17.8；AlL_5 19.2；AlL_6 19.24
	Be^{2+}		0.5	BeL 5.1；BeL_2 8.8；BeL_3 11.8
	Cr^{3+}		0.5	CrL 4.4；CrL_2 7.7；CrL_3 10.2
	Cu^{2+}		0.5	CuL 0.95
	Fe^{2+}	oth	v	$FeL<1.5$
	Fe^{3+}		0.5	FeL 5.21；FeL_2 9.16；FeL_3 11.86
	Ga^{3+}	sp	0.5	GaL 5.1
	Hg^{2+}		0.5	HgL 1.03
	In^{3+}		1	InL 3.7；InL_2 6.3；InL_3 8.6；InL_4 9.7
	La^{3+}	pot	0.5	LaL 2.7
	Mg^{2+}	pot	0.5	MgL 1.3
	Ni^{2+}	pot	1	NiL 0.7
	Pb^{2+}	pot	0.5	$PbL<0.3$
	SbO^+	pot	0.1	$SbOL$ 5.5
	Sc^{3+}	pot	0.5	ScL 6.2；ScL_2 11.5；ScL_3 15.5
	Sn^{4+}	pot	v	SnL_6 25
	Th^{4+}		0.5	ThL 7.7；ThL_2 13.5；ThL_3 18.0
	TiO^{2+}	pot	3	$TiOL$ 5.4；$TiOL_2$ 9.8；$TiOL_3$ 13.7；$TiOL_4$ 17.4
	UO_2^{2+}	pot	1	UO_2L 4.5；UO_2L_2 7.9；UO_2L_3 10.5；UO_2L_4 11.8
	Zn^{2+}	pot	0.5	ZnL 0.73
	Zr^{4+}		2	ZrL 8.8；ZrL_2 16.1；ZrL_3 21.9
$Fe(CN)_6^{4-}$	H^+	pot	0	HL 4.28；H_2L 6.58；H_3L 约 6.58
	K^+	cond	0	KL 2.3
	Mg^{2+}	sp	0	MgL 3.81
	La^{3+}	sp	0	LaL 5.06

配 体	金属离子	方 法	I	$\lg\beta$
$Fe(CN)_6^{3-}$	H^+	pot		$HL<1$
	K^+	cond		KL 1.4
	Mg^{2+}	cond		MgL 2.79
	La^{3+}	cond		LaL 3.74
I^-	Ag^+	pot	4	AgL_3 13.85；AgL_4 14.28；Ag_2L 14.15
	Bi^{3+}	sol	2	BiL_4 15.0；BiL_5 16.8；BiL_6 18.8
	Cd^{2+}	pot	v	CdL 2.4；CdL_2 3.4；CdL_3 5.0；CdL_4 6.15
	Hg^{2+}		0.5	HgL 12.87；HgL_2 23.8；HgL_3 27.6；HgL_4 29.8
				$HgICN$ 29.3
	I_2	ex	v	I_2L 2.9
	In^{3+}	i	0.69	InL 1.64；InL_2 2.56；InL_3 2.48
	Pb^{2+}	pol	1	PbL 1.3；PbL_2 2.8；PbL_3 3.4；PbL_4 3.9
IO_3^-	H^+	sp	0	HL 0.78
	Th^{4+}	ex	0.5	ThL 2.9；ThL_2 4.8；ThL_3 7.15
MoO_4^{2-}	H^+	pot	3	HL 3.9；HL_2 7.50；H_8L_7 57.7；H_9L_7 62.14；$H_{10}L_7$ 65.7；$H_{11}L_7$ 68.2
NH_3	H^+	pot	0.1	HL 9.35
	Ag^+	pot	0.1	AgL 3.4；AgL_2 7.40
	Au^+	pot	v	AuL_2 27
	Au^{3+}	pot		AuL_4 30
	Ca^{2+}	pot	2	CaL -0.2；CaL_2 -0.8；CaL_3 -1.6；CaL_4 -2.7
	Cd^{2+}	pot	0.1	CdL 2.6；CdL_2 4.65；CdL_3 6.04；CdL_4 6.92；CdL_5 6.6；CdL_6 4.9
	Co^{2+}	pot	0.1	CoL 2.05；CoL_2 3.62；CoL_3 4.61；CoL_4 5.31；CoL_5 5.43；CoL_6 4.75
	Co^{3+}	pot	2	CoL 7.3；CoL_2 14.0；CoL_3 20.1；CoL_4 25.7；CoL_5 30.8；CoL_6 35.2
	Cu^+	pot	2	CuL 5.90；CuL_2 10.80
	Cu^{2+}	pot	0.1	CuL 4.13；CuL_2 7.61；CuL_3 10.48；CuL_4 12.59
	Fe^{2+}		0	FeL 1.4；FeL_2 2.2；FeL_4 3.7
	Hg^{2+}	pot	2	HgL 8.80；HgL_2 17.50；HgL_3 18.5；HgL_4 19.4
	Mg^{2+}	pot	2	MgL 0.23；MgL_2 0.08；MgL_3 -0.36；MgL_4 -1.1
	Mn^{2+}	pot	v	MnL 0.8；MnL_2 1.3
	Ni^{2+}	pot	0.1	NiL 2.75；NiL_2 4.95；NiL_3 6.64；NiL_4 7.79；NiL_5 8.50；NiL_6 8.49
	Tl^+	pot	v	TlL -0.9
	Tl^{3+}	pot	v	TlL_4 17
	Zn^{2+}	pot	0.1	ZnL 2.27；ZnL_2 4.61；ZnL_3 7.01；ZnL_4 9.06
NH_2OH	H^+	pot	0.1	HL 6.2
	Ag	pot	0.5	AgL 1.9
	Co^{2+}	pot	0.5	CoL 0.9
	Cu^{2+}	pot	0.5	CuL 2.4；CuL_2 4.1
	Zn^{2+}	pol	1	ZnL 0.40；ZnL_2 1.0
N_2H_4	H^+	pot	0.1	HL 8.1
	Cd^{2+}	pot	0.5	CdL 2.25；CdL_2 2.4；CdL_3 2.78；CdL_4 3.89
	Co^{2+}	pot	1	CoL 1.78；CoL_2 3.34
	Cu^{2+}	pot	1	CuL 6.67
	Mn^{2+}	pot	1	MnL 4.76
	Ni^{2+}	pot	1	NiL 3.18
	Zn^{2+}	pot	1	ZnL 3.69；ZnL_2 6.69

续表

配 体	金属离子	方 法	I	$\lg\beta$
NO_2^-	H^+	cond	0.1	HL 3.2
	Cu^{2+}	sp	1	CuL 1.2；CuL$_2$ 1.42；CuL$_3$ 0.64
	Hg^{2+}	pot	v	HgL$_3$ 13.54
	Pb^{2+}	pol	1	PbL 1.93；PbL$_2$ 2.36；PbL$_3$ 2.13
NO_3^-	Ba^{2+}	pot	0	BaL 0.94
	Bi^{3+}	i	1	BiL 0.96；BiL$_2$ 0.62；BiL$_3$ 0.35；BiL$_4$ 0.07
	Ca^{2+}	cond	0	CaL 0.31
	Ce^{3+}	ex	1	CeL 0.21
	Ce^{4+}	sp	3.5	CeL 0.33
	Eu^{3+}	i	1	EuL 0.15；EuL$_2$ −0.4
	Pb^{2+}	pol	2	PbL 0.3；PbL$_2$ 0.4
	Sc^{3+}	i	0.5	ScL 0.55；ScL$_2$ 0.08
	Sr^{2+}	cond	0	SrL 0.54
	Th^{4+}	i	2	ThL 1.22；ThL$_2$ 1.53；ThL$_3$ 1.1
	Tl^{3+}	pot	3	TlL 0.9；TlL$_2$ 0.12；TlL$_3$ 1.1
OH^-	H^+	pot	0	HL 14.0
	Ag^+	sol	0	AgL 2.3；AgL$_2$ 3.6；AgL$_3$ 4.8
	Al^{3+}	pot	2	AlL$_4$ 33.3；Al$_6$L$_{15}$ 163
	Ba^{2+}	pot	0	BaL 0.7
	Be^{2+}	pot	3	BeL$_2$ 3.1；Be$_2$L 10.8；Be$_3$L$_3$ 33.3
	Bi^{3+}		3	BiL$_3$ 12.4；Bi$_6$L$_{12}$ 168.3；Bi$_9$L$_{20}$ 277
	Ca^{2+}	sol	0	CaL 1.3
	Cd^{2+}	ex	3	CdL 4.3；CdL$_2$ 7.7；CdL$_3$ 10.3；CdL$_4$ 12.0
	Ce^{3+}	pot		CeL 5
	Ce^{4+}	pot	v	CeL 13.3；Ce$_2$L$_3$ 40.3；Ce$_2$L$_4$ 53.7
	Co^{2+}	pot	0.1	CoL 4.1；CoL$_2$ 9.2
	Co^{3+}	oth	3	CoL 13.3
	Cr^{3+}	pot	0.1	CrL 10.2；CrL$_2$ 18.3
	Cu^{2+}	pot	0	CuL 6.0；Cu$_2$L 17.1
	Fe^{2+}	pot	1	FeL 4.5
	Fe^{3+}	pot	3	FeL 11.0；FeL$_2$ 21.7；Fe$_2$L$_2$ 25.1
	Ga^{3+}	sp	0.5	GaL 11.1
	Hg_2^{2+}	pot	0.5	Hg$_2$L 9
	Hg^{2+}	pot	0.5	HgL 10.3；HgL$_2$ 21.7
	In^{3+}	pot	3	InL 7.0；In$_2$L$_2$ 17.9
	La^{3+}	pot	3	LaL 3.9；LaL$_2$ 4.1；La$_5$L$_9$ 54.6
	Li^+	pot	0	LiL 0.2
	Mg^{2+}	pot	0	MgL 2.6
	Mn^{2+}	pot	0.1	MnL 3.4
	Ni^{2+}	pot	0.1	NiL 4.6
	Pb^{2+}	pot	0.3	PbL 6.2；PbL$_2$ 10.3；PbL$_3$ 13.3；Pb$_2$L 7.6；Pb$_4$L$_4$ 36.1；Pb$_6$L$_8$ 69.3
	Sc^{3+}	pot	1	ScL 9.1；ScL$_2$ 18.2；Sc$_2$L$_2$ 21.8
	Sn^{2+}	pot	3	SnL 10.1；Sn$_2$L$_2$ 23.5
	Sr^{2+}	pot	0	SrL 0.8
	Th^{4+}	pot	1	ThL 9.7；Th$_2$L 11.1；Th$_2$L$_2$ 22.9

配 体	金属离子	方 法	I	$\lg\beta$
OH^-	Ti^{3+}	pot	0.5	TiL 11.8
	TiO^{2+}	i	1	$TiOL$ 13.7
	Tl^+	k	0	TlL 0.8
	Ti^{3+}		3	TlL 12.9;TlL_2 25.4
	U^{4+}	pot	3	UL 12
	UO_2^{2+}	pot	1	$(UO_2)_2L$ 10.3;$(UO_2)_2L_2$ 22.0
	VO^{2+}	pot	3	VOL 8.0;$(VO)_2L_2$ 21.1
	Zn^{2+}	pot	2	ZnL 4.9;ZnL_4 13.3;Zn_2L 6.5;Zn_2L_6 26.8
	Zr^{4+}	sol	4	ZrL 13.8;ZrL_2 27.2;ZrL_3 40.2;ZrL_4 53
OOH^-	H^+	ex	0	HL 11.75
	Co^{3+}	k	v	CoL 13.9
	Fe^{3+}	pot	0.1	FeL 9.3
H_2O_2	TiO^{2+}	sp	v	$TiOL$ 4.0
	VO_2^+	pot	v	VO_2L 4.5
HPO_3^{2-}	H^+	pot	v	HL 6.58;H_2L 8.58
PO_4^{3-}	H^+	pot	0.1	HL 11.7;H_2L 18.6;H_8L 20.6
	Ca^{2+}	pot	0.2	$CaHL$ 13.4
	Co^{2+}	pot	0.1	$CoHL$ 13.9
	Cu^{2+}	pot	0.1	$CuHL$ 14.9
	Fe^{3+}	sp	0.66	$FeHL$ 21.0
	Mg^{2+}	pot	0.2	$MgHL$ 13.6
	Mn^{2+}	pot	0.2	$MnHL$ 14.3
	Ni^{2+}	pot	0.1	$NiHL$ 13.8
	Sr^{2+}	i	0.15	SrL 4.2;$SrHL$ 12.9;SrH_2L 18.85
	Zn^{2+}	pot	0.1	$ZnHL$ 14.1
$P_2O_7^{4-}$	H^+	pot	0.1	HL 8.5;H_2L 14.6;H_3L 17.1;H_4L 18.1
	Ca^{2+}	pot	1	CaL 5.0;$CaHL$ 10.8
	Cd^{2+}	pot	0	CdL 8.7;$Cd(OH)L$ 11.8
	Cu^{2+}	sol	1	CuL 6.7;CuL_2 9.0
	Fe^{3+}	sol	v	FeH_2L_2 39.2
	Hg_2^{2+}	pot	0.75	$Hg_2(OH)L$ 15.6
	Hg^{2+}	pot	0.75	$Hg(OH)L$ 17.45
	K^+	pot	0	KL 2.3
	Li^+	pot	0	LiL 3.1
	Mg^{2+}	oth	0.02	MgL 5.7
	Na^+	pot	0	NaL 2.3
	Ni^{2+}	sol	0.1	NiL 5.8;NiL_2 7.2
	Pb^{2+}	cond	v	PbL_2 5.32
	Sr^{2+}	i	0.15	SrL 3.26
	Tl^+	pol	v	TlL 1.7;TlL_2 1.9
	Zn^{2+}	pot	0	ZnL 8.7;ZnL_2 11.0;$Zn(OH)L$ 13.1
$P_3O_{10}^{5-}$	H^+	pot	0.1	HL 8.82;H_2L 14.75;H_3L 16.95
	Ba^{2+}	pot	0.1	BaL 6.3
	Ca^{2+}	pot	0.1	CaL 6.31;$CaHL$ 12.82
	Cd^{2+}	pot	0.1	CdL 8.1;$CdHL$ 13.79

续表

配 体	金属离子	方 法	I	$\lg\beta$
$P_3O_{10}^{5-}$	Co^{2+}	pot	0.1	CoL 7.95;CoHL 13.75
	Cu^{2+}	pot	0.1	CuL 9.3;CuHL 14.9
	Fe^{2+}	pot	1	FeL 2.54;FeH$_2$L 15.9
	Fe^{3+}	sp	1	FeH$_2$L 18.8;FeH$_2$L$_2$ 34.6
	Hg_2^{2+}	pot	0.75	Hg$_2$L$_2$ 11.2;Hg$_2$(OH)L 15.0
	K^+		0	KL 2.8
	La^{3+}			LaL 6.56;LaHL 11.78
	Li^+		0	LiL 3.9
	Mg^{2+}	pot	0.1	MgL 7.05;MgHL 13.27
	Mn^{2+}	pot	0.1	MnL 8.04;MnHL 13.90
	Ni^{2+}	pot	0.1	NiL 7.8;NiHL 13.7
	Sr^{2+}	pot	0.1	SrL 5.46;SrHL 12.38
	Zn^{2+}	pot	0.1	ZnL 8.35;ZnHL 13.9
$P_4O_{10}^{6-}$	H^+	pot	1	HL 8.34;H$_2$L 14.97
	Ca^{2+}	pot	1	CaL 5.46;CaHL 11.88
	Cu^{2+}	pot	1	CuL 9.44;Cu$_2$L 10.6;Cu(OH)L 13.30
	K^+	pot	1	KHL 9.45
	La^{3+}	pot	0.1	LaL 6.59;LaHL 12.13
	Li^+	pot	1	LiHL 9.93
	Mg^{2+}	pot	1	MgL 6.04;MgHL 12.08
	Na^+	pot	1	NaHL 9.44
	Sr^{2+}	pot	1	SrL 4.82;SrHL 11.83;Sr$_2$L 8.24
S^{2-}	H^+	pot	0	HL 12.92;H$_2$L 19.97
	Ag^+	pot	0.1	AgL 16.8;AgHL 26.2;AgH$_2$L$_2$ 43.5
	Hg^{2+}	pot	v	HgL$_2$ 53;HgH$_2$L$_2$ 66.8
SCN^-	Ag^+	sol	2.2	AgL$_2$ 8.2;AgL$_3$ 9.5;AgL$_4$ 10.0
	Au^+		v	AuL$_2$ 25
	Au^{3+}		v	AuL$_2$ 42
	Bi^{3+}	pot	0.4	BiL 0.8;BiL$_2$ 1.9;BiL$_3$ 2.7;BiL$_4$ 3.5;BiL$_5$ 3.25;BiL$_6$ 3.2
	Cd^{2+}	pol	2	CdL 1.4;CdL$_2$ 1.88;CdL$_3$ 1.93;CdL$_4$ 2.38
	Co^{2+}	sp	1	CoL 1.01
	Cr^{3+}		v	CrL 2.52;CrL$_2$ 3.76;CrL$_3$ 4.42;CrL$_5$ 4.62;CrL$_6$ 4.23(50℃)
	Cu^+	sol	5	CuL$_2$ 11.0
	Cu^{2+}	sp	0.5	CuL 1.7;CuL$_2$ 2.5;CuL$_3$ 2.7;CuL$_4$ 3.0
	Fe^{2+}	sp	v	FeL 1.0
	Fe^{3+}	sp	v	FeL 2.3;FeL$_2$ 4.2;FeL$_3$ 5.6;FeL$_4$ 6.4;FeL$_5$ 6.4
	Hg^{2+}	pol	1	HgL$_2$ 16.1;HgL$_3$ 19.0;HgL$_4$ 20.9
	In^{3+}	pot	2	InL 2.6;InL$_2$ 3.6;InL$_3$ 4.6
	Mn^{2+}	sp	0	MnL 1.23
	Ni^{2+}	i	1.5	NiL 1.2;NiL$_2$ 1.6;NiL$_3$ 1.8
	Pb^{2+}	pol	2	PbL 0.5;PbL$_2$ 1.4;PbL$_3$ 0.4;PbL$_4$ 1.3
	Tl^+	pol	2	TlL 0.4
	Zn^{2+}	pol	2	ZnL 0.5;ZnL$_2$ 1.32;ZnL$_3$ 1.32;ZnL$_4$ 2.62
SO_3^{2-}	H^+			HL 7.30(6.8);H$_2$L(8.6)
	Cu^+			CuL 7.85;CuL$_2$ 8.60;CuL$_3$ 9.26
	Ag^+			AgL$_2$ 8.68;AgL$_3$ 9.00
	Au^+			AuL$_2$ 约30
	Cd^{2+}			CdL$_2$ 4.19
	Hg^{2+}			HgL$_2$ 24.07;HgL$_3$ 24.96
	Tl^{3+}			TlL$_4$ 约34
	Ce^{3+}			CeL 8.04
	UO_2^{2+}			UO$_2$L$_2$ 7.10

配　体	金属离子	方　法	I	$\lg\beta$
SO_4^{2-}	H^+	pot	0.1	HL 1.8
	Ca^{2+}	sol	0	CaL 2.3
	Cd^{2+}	pot	3	CdL 0.85
	Ce^{3+}	i	1	CeL 1.63；CeL_2 2.34；CeL_3 3.08
	Ce^{4+}	sp	2	CeL 3.5；CeL_2 8.0；CeL_3 10.4
	Co^{2+}	cond	0	CoL 2.47
	Cr^{3+}	pol	0.1	CrL 1.76
	Cu^{2+}	pot	1	CuL 1.0；CuL_2 1.1；CuL_3 2.3
	Eu^{3+}	ex	1	EuL 1.54；EuL_2 2.69
	Fe^{2+}	k	1	FeL 1.0
	Fe^{3+}	sp	1.2	FeL 2.23；FeL_2 4.23；FeHL 2.6
	In^{3+}	ex	1	InL 1.85；InL_2 2.6；InL_3 3.0
	K^+	pot	0.1	KL 0.4
	La^{3+}	ex	1	LaL 1.45；LaL_2 2.46
	Lu^{3+}	ex	1	LuL 1.29；LuL_2<2.5；LuL_3 3.36
	Mg^{2+}	pot	0	MgL 2.25
	Mn^{2+}	cond	0	MnL 2.3
	Ni^{2+}	cond	0	NiL 2.3
	Sc^{3+}	i	0.5	ScL 1.66；ScL_2 3.04；ScL_3 4.0
	U^{4+}	ex	2	UL 3.6；UL_2 6.0
	UO_2^{2+}	sp	0	UO_2L 2.96；UO_2L_2 4.0
	Th^{4+}	ex	2	ThL 3.32；ThL_2 5.6
	Y^{3+}	pot	3	YL 2.0；YL_2 3.4；YL_3 4.36
	Zn^{2+}	cond	0	ZnL 2.31
	Zr^{4+}	ex	2	ZrL 3.7；ZrL_2 6.5；ZrL_3 7.6
$S_2O_3^{2-}$	H^+	pot	0	HL 1.72；H_2L 2.32
	Ag^+	pot	0	AgL 8.82；AgL_2 13.46；AgL_3 14.15
	Ba^{2+}	sol	0	BaL 2.33
	Ca^{2+}	sp	0	CaL 1.91
	Cd^{2+}	sp	0	CdL 3.94
	Co^{2+}	sol	0	CoL 2.05
	Cu^+	pol	2	CuL 10.3；CuL_2 12.2；CuL_3 13.8
	Fe^{2+}		0.48	FeL 0.92(6.1℃)
	Fe^{3+}	sp	0.47	FeL 2.10
	Hg^{2+}	pot	0	HgL_2 29.86；HgL_3 32.26；HgL_4 33.61
	Mg^{2+}	sp	0	MgL 1.79
	Mn^{2+}	sol	0	MnL 1.95
	Ni^{2+}	sol	0	NiL 2.06
	Pb^{2+}	sol	v	PbL 5.1；PbL_2 6.4
	Sr^{2+}	sol	0	SrL 2.04
	Tl^+	pol	0	TlL 1.91
	Zn^{2+}	sp	0	ZnL 2.29
Se^{2-}	H^+	pot	0	HL 11.0；H_2L 14.89
SeO_3^{2-}	H^+	pot	0	HL 8.32；H_2L 10.94
SeO_4^{2-}	H^+	pot	0	HL 1.88
$SiO_2 \cdot (OH)_2^{2-}$	H^+	cond	0	HL 11.81；H_2L 21.27
	Fe^{3+}	sp	0.1	FeHL 21.03
TeO_4^{2-}	H^+	pot	0	HL 11.04；H_2L 18.74

某些重要的有机配体的质子合常数和稳定常数

金属离子	方法	I	$\lg\beta$
			醋酸　acetic acid, HL
			CH₃COOH
H^+	pot	0.1	HL 4.65
Ag^+	pot	0	AgL₂ 0.64; Ag₂L 1.14
Ba^{2+}	pot	0	BaL 1.15
Ca^{2+}	pot	0	CaL 1.24
Cd^{2+}	pot	0.1	CdL 1.61
Ce^{3+}	pot	0.1	CeL 2.09; CeL₂ 3.53
Co^{2+}	pot	0	CoL 1.5; CoL₂ 1.9
Cu^{2+}	pot	1	CuL 1.67; CuL₂ 2.65; CuL₃ 3.07; CuL₄ 2.88
Dy^{3+}	pot	0.1	DyL 2.03; DyL₂ 3.64
Er^{3+}	pot	0.1	ErL 2.01; ErL₂ 3.60
Eu^{3+}	pot	0.1	EuL 2.31; EuL₂ 3.91
Fe^{3+}	pot	0.1	FeL 3.2; FeL₂ 6.1; FeL₃ 8.3
Gd^{3+}	pot	0.1	GdL 2.16; GdL₂ 3.76
La^{3+}	pot	0.1	LaL 2.02; LaL₂ 3.26
Lu^{3+}	pot	0.1	LuL 2.05; LuL₂ 3.69
Mg^{2+}	pot	0	MgL 1.25
Mn^{2+}	pot	0	MnL 1.40
Nd^{3+}	pot	0.1	NdL 2.22; NdL₂ 3.76
Ni^{2+}	pot	0	NiL 1.43
Pb^{2+}	pot	0.1	PbL 2.20; PbL₂ 3.59
Pr^{3+}	pot	0.1	PrL 2.18; PrL₂ 3.63
Sm^{3+}	pot	0.1	SmL 2.30; SmL₂ 3.88
Sr^{2+}	pot	0	SrL 1.19
Tb^{3+}	pot	0.1	TbL 2.07; TbL₂ 3.66
Tl^{3+}		0.2	TlL₄ 15.4
Tm^{3+}	pot	0.1	TmL 2.02; TmL₂ 3.61
UO_2^{2+}	ex	0.1	UO₂L 2.61; UO₂L₂ 4.9; UO₂L₃ 6.3
Y^{3+}	pot	0.1	YL 1.97; YL₂ 3.60
Yb^{3+}	pot	0.1	YbL 2.03; YbL₃ 3.67
Zn^{2+}	pot	0.1	ZnL 1.28; ZnL₂ 2.09
			乙酰丙酮　acetylacetone, HL
			O　　　　O
			CH₃—C—CH₂—C—CH₃
H^+	pot	0.2	HL 8.9
Al^{3+}	pot	0	AlL 8.6; AlL₂ 16.5; AlL₃ 22.3
Be^{2+}	pot	0	BeL 7.8; BeL₂ 14.5
Cd^{2+}	pot	0	CdL 3.84; CdL₂ 6.7
Ce^{3+}	pot	0	CeL 5.3; CeL₂ 9.27; CeL₃ 12.65
Co^{2+}	pot	0	CoL 5.4; CoL₂ 9.57
Cu^{2+}	pot	0	CuL 8.31; CuL₂ 15.6
Dy^{3+}	pot	0.1	DyL 6.03; DyL₂ 10.70; DyL₃ 14.04
Er^{3+}	pot	0.1	ErL 5.99; ErL₂ 10.67; ErL₃ 14.05
Eu^{3+}	pot	0.1	EuL 5.87; EuL₂ 10.35; EuL₃ 13.64

续表

金属离子	方法	I	$\lg\beta$
			乙酰丙酮 acetylacetone, HL
Fe^{2+}	pot	0	FeL 5.07; FeL$_2$ 8.67
Fe^{3+}	pot	0	FeL 9.8; FeL$_2$ 18.8; FeL$_3$ 26.4
Ga^{3+}	pot	0	GaL 9.5; GaL$_2$ 17.4; GaL$_3$ 23.1
Gd^{3+}	pot	0.1	GdL 5.9; GdL$_2$ 10.38; GdL$_3$ 13.79
Hf^{4+}	pot	0.1	HfL 8.7; HfL$_2$ 15.4; HfL$_3$ 21.8; HfL$_4$ 28.1
Ho^{3+}	pot	0.1	HoL 6.05; HoL$_2$ 10.73; HoL$_3$ 14.13
In^{3+}	pot	0	InL 8.0; InL$_2$ 15.1
La^{3+}	pot	0.1	LaL 4.96; LaL$_2$ 8.41; LaL$_3$ 10.91
Lu^{3+}	pot	0.1	LuL 6.23; LuL$_2$ 11.0; LuL$_3$ 14.63
Mg^{2+}	pot	0	MgL 3.67; MgL$_2$ 6.38
Mn^{2+}	pot	0	MnL 4.24; MnL$_2$ 7.35
Nd^{3+}	pot	0.1	NdL 5.3; NdL$_2$ 9.4; NdL$_3$ 12.6
Ni^{2+}	pot	0	NiL 6.06; NiL$_2$ 10.77; NiL$_3$ 13.09
Pb^{2+}	pot	0.1	PbL 4.2; PbL$_2$ 6.6
Pd^{2+}	pot	0	PdL 16.7; PdL$_2$ 27.6
Pr^{3+}	pot	0.1	PrL 5.27; PrL$_2$ 9.17; PrL$_3$ 12.7
Sc^{3+}	pot	0	ScL 0.0; ScL$_2$ 15.2
Sm^{3+}	pot	0.1	SmL 5.59; SmL$_2$ 10.05; SmL$_3$ 12.95
Tb^{3+}	pot	0.1	TbL 6.02; TbL$_2$ 10.63; TbL$_3$ 14.04
Th^{4+}	pot	0	ThL 8.8; ThL$_2$ 16.2; ThL$_3$ 22.5; ThL$_4$ 26.7
Tm^{3+}	pot	0.1	TmL 6.09; TmL$_2$ 10.85; TmL$_3$ 14.33
U^{4+}	ex	0.1	UL 8.6; UL$_2$ 17; UL$_3$ 23.4; UL$_4$ 29.5
UO_2^{2+}	pot	0	UO$_2$L 7.66; UO$_2$L$_2$ 14.15
Y^{3+}	pot	0	YL 6.4; YL$_2$ 11.1; YL$_3$ 13.9
Yb^{3+}	pot	0.1	YbL 6.18; YbL$_2$ 11.04; YbL$_3$ 14.64
Zn^{2+}	pot	0	ZnL 5.07; ZnL$_2$ 9.02
Zr^{4+}	pot	0.1	ZrL 8.4; ZrL$_2$ 16.0; ZrL$_3$ 23.2; ZrL$_4$ 30.1

N-乙酰半胱氨酸 *N*-acetyl cysteine, H$_2$L

H^+	pot	0.1	HL 9.75; H$_2$L 12.95; H$_3$L 14.65
Ni^{2+}	pot	0.1	NiL 5.10; NiL$_2$ 9.25
Zn^{2+}	pot	0.1	ZnL 6.35; ZnL$_2$ 12.11

三磷酸腺苷 adenosine-5-triphosphate(ATP), H$_4$L

续表

金属离子	方法	I	$\lg\beta$
三磷酸腺苷　adenosine-5-triphosphate(ATP)，H_4L			
H^+	pot	0.1	HL 6.54；H_2L 10.68
Ba^{2+}	pot	0.1	BaL 3.42；BaHL 8.46
Ca^{2+}	pot	0.1	CaL 3.99；CaHL 8.75
Co^{2+}	pot	0.1	CoL 4.69；CoHL 8.93
Cu^{2+}	pot	0.1	CuL 6.13；CuHL 9.74
Mg^{2+}	pot	0.1	MgL 4.22；MgHL 8.70
Mn^{2+}	pot	0.1	MnL 4.78；MnHL 9.02
Ni^{2+}	pot	0.1	NiL 5.02；NiHL 9.34
Zn^{2+}	pot	0.1	ZnL 4.88；ZnHL 9.27

α-氨基丙酸　α-alanine，HL

$$\begin{array}{c} NH_2 \\ | \\ CH_3\!-\!CH\!-\!COOH \end{array}$$

金属离子	方法	I	$\lg\beta$
H^+	pot	0.1	HL 9.8；H_2L 12.1
Ag^+	pot	0	AgL 3.64；AgL_2 7.18
Ba^{2+}	sol	0	BaL 0.8
Ca^{2+}	pot	0	CaL 1.24
Cd^{2+}	pol	2	CdL 5.13；CdL_2 7.82；CdL_3 9.16
Co^{2+}	pot	0	CoL 4.82；CoL_2 8.48
Cu^{2+}	pot	0	CuL 8.51；CuL_2 15.37
Fe^{2+}	pot	0.01	FeL 7.3
Fe^{3+}	pot	1	FeL 10.4
Mn^{2+}	pot	0.01	MnL 3.24；MnL_2 6.05
Ni^{2+}	pot	0	NiL 5.96；NiL_2 10.66
Pb^{2+}	pot	0	PbL 5.0；PbL_2 8.24
Sr^{2+}	sol	0	SrL 0.73
Zn^{2+}	pot	0	ZnL 5.21；ZnL_2 9.54

β-氨基丙酸　β-alanine，HL

$$H_2N\!-\!CH_2\!-\!CH_2\!-\!COOH$$

金属离子	方法	I	$\lg\beta$
H^+	pot	0.5	HL 10.21；H_2L 13.83
Ag^+	pot	0.5	AgL 3.44；AgL_2 7.25
Cd^{2+}	pot	1	CdL_2 5.70；CdL_3 6.78；$CdL_3(OH)$ 7.20； CdL_2CO_3 6.60；$CdL_2(NH_3)_4$ 7.98；
Co^{2+}	pot	0.2	CoL 3.58
Cu^{2+}	pot	0.2	CuL 7.10
Ni^{2+}	pot	0.5	NiL 4.46；NiL_2 7.84；NiL_3 9.55 $NiL(pyr)$ 8.34；$NiL_2(pyr)$ 11.95；$NiL_2(pyr)_2$ 15.17(pyr＝pyruvate，丙酮酸盐)
Pb^{2+}	pol	1	$PbL_2(OH)_2$ 12.11
Zn^{2+}	pot	0.5	ZnL 3.9；$ZnL(pyr)$ 7.08；$ZnL_2(pyr)_2$ 12.1 (pyr＝pyruvate，丙酮酸盐)

茜素红 S　alizarin red S，H_3L

金属离子	方法	I	$\lg\beta$
H^+	pot		HL 11.1；H_2L 17.17
Be^{2+}	pot	0.1	BeL 10.96
Zr^{4+}	sp	0.1	$Zr(OH)_2L$ 49.0

金属离子	方法	I	$\lg\beta$

联吡啶 2,2'-bipyridyl，L

H^+	pot	0.1	HL 4.47
Ag^+	pot	0.1	AgL 3.03；AgL_2 6.67
Cd^{2+}	ex	0.1	CdL 4.12；CdL_2 7.62；CdL_3 10.22
Co^{2+}	pot	0.1	CoL 6.06；CoL_2 11.42；CoL_3 16.02
Cu^{2+}	pot	0.1	CuL 8.0；CuL_2 13.6；CuL_3 17.08
Fe^{2+}	pot	0.1	FeL 4.4；FeL_2 8.0；FeL_3 17.6
Hg^{2+}	pot	0.1	HgL 9.64；HgL_2 16.74；HgL_3 19.54
Mn^{2+}	pot	0.1	MnL 2.6；MnL_2 4.6；MnL_3 6.3
Ni^{2+}	pot	0.1	NiL 7.13；NiL_2 14.01；Ni_3L 20.54
Pb^{2+}	pot	0.1	PbL 2.9
Zn^{2+}	pot	0.1	ZnL 5.3；ZnL_2 9.83；ZnL_3 13.63

铬天菁 S chrome azurol S，H_4L(CAS)

H^+	sp	0.1	HL 11.81；H_2L 16.52；H_3L 18.77
Be^{2+}	sp	0.1	BeHL 16.57；Be_2L_2 26.8
Cu^{2+}	sp	0.1	CuHL 15.83；Cu_2L 13.7
Fe^{3+}	sp	0.1	FeL 15.6；Fe_2L 20.2；Fe_2L_2 36.2

柠檬酸 citric acid，H_4L

H^+	pot	0.1	HL 16；H_2L 22.1；H_3L 26.5；H_4L 29.5
Al^{3+}		0.5	AlL 20；AlHL 23；Al(OH)L 30.6
Ba^{2+}	i	0.16	BaHL 18.5
Be^{2+}	i	0.15	BeHL 20.5；BeH_2L 24.3；BeH_3L 27.9
Ca^{2+}	i	0	CaHL 20.68；CaH_2L 25.1；CaH_3L 27.6
Cd^{2+}	pot	0.15	CdHL 20；CdH_2L 24.4
Co^{2+}	pol	0.15	CoHL 20.8；CoH_2L 25.3
Cu^{2+}	pot	0.1	CuL 18；CuHL 22.3；CuH_3L 28.3
Fe^{2+}	pot	1	FeL 15.5；FeHL 19.1；FeH_2L 24.2
Fe^{3+}	pot	1	FeL 25.0；FeHL 27.8；FeH_2L 28.4
Mg^{2+}	pol	0.15	MgHL 19.29；MgH_2L 23.7
Mn^{2+}	pot	0.15	MnHL 19.7；MnH_2L_2 24.2
Ni^{2+}	pot	0.15	NiL 14.3；NiHL 21.1；NiH_2L 25.3
Pb^{2+}	pot		PbHL 19；PbH_2L 27.8
Sr^{2+}	i	0.16	SrHL 18.8
UO_2^{2+}	pot	0.15	UO_2HL 24.5
Zn^{2+}	pot	0.15	ZnL 11.4；ZnHL 20.8；ZnH_2L 25.0

续表

金属离子	方法	I	$lg\beta$
半胱氨酸		cysteine(2-amino-3-mercaptopropanoic acid),H_2L	

$$\begin{array}{c} NH_2 \\ | \\ HSCH_2CHCOOH \end{array}$$

金属离子	方法	I	$lg\beta$
H^+	pot	0.1	HL 10.11;H_2L 18.24;H_3L 20.2
Co^{2+}	pot	0.01	CoL 9.3;CoL_2 17
Co^{3+}	pot	0.01	CoL 16.2;CoL_2 32.9
Cu^{2+}	pot	1	CuL 19.2
Fe^{2+}	pot	0	FeL 6.2;FeL_2 11.7;Fe(OH)L 12.7
Hg^{2+}	pot	0.1	HgL 14.21
Mn^{2+}	pot	0.1	MnL 4.56
Ni^{2+}	pot	0.1	NiL 9.64;NiL_2 19.04
Pb^{2+}	pot	0.1	PbL 11.39
Zn^{2+}	pot	0.1	ZnL 9.04;ZnL_2 17.54

环己二胺四乙酸 DCTA(1,2-diaminocyclohexanetetra-acetic acid),H_4L

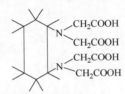

金属离子	方法	I	$lg\beta$
H^+	pot		HL 11.78;H_2L 17.98;H_3L 21.58;H_4L 24.09
Al^{3+}	pot	0.1	AlL 17.6;AlHL 19.6;Al(OH)L 24
Ba^{2+}	pot	0.1	BaL 8.0;BaHL 14.7
Bi^{3+}	pol	0.5	BiL 31.2
Ca^{2+}	pot	0.1	CaL 12.5
Cd^{2+}	pot	0.1	CdL 19.2;CdHL 22.2
Ce^{3+}	pot	0.1	CeL 16.8
Co^{2+}	pot	0.1	CoL 18.9;CoHL 21.8
Cu^{2+}	pot	0.1	CuL 21.3;CuHL 24.4
Dy^{3+}	pot	0.1	DyL 19.7
Er^{3+}	pot	0.1	ErL 20.7
Eu^{3+}	pot	0.1	EuL 18.6
Fe^{2+}	pot	0.1	FeL 18.2
Fe^{3+}	pot	0.1	FeL 29.3;Fe(OH)L 34.0
			Fe(OOH)HL 32.2
Ga^{3+}	pot	0.1	GaL 22.9
Gd^{3+}	pot	0.1	GdL 18.8
Hg^{2+}	pot	0.1	HgL 24.3;HgHL 27.4;Hg(OH)L 27.8
La^{3+}	pot	0.1	LaL 16.3;LaHL 18.9
Lu^{3+}	pot	0.1	LuL 21.5
Mg^{2+}	pot	0.1	MgL 10.3
Mn^{2+}	pot	0.1	MnL 16.8;MnHL 19.6
Nd^{3+}	pot	0.1	NdL 17.7
Ni^{2+}	pot	0.1	NiL 19.4
Pb^{2+}	pot	0.1	PbL 19.7;PbHL 22.5

金属离子	方法	I	$\lg\beta$
环己二胺四乙酸 DCTA(1,2-diaminocyclohexanetetra-acetic acid),H_4L			
Pr^{3+}	pot	0.1	PrL 17.3
Sm^{3+}	pot	0.1	SmL 18.4
Sr^{2+}	pot	0.1	SrL 10.0
Tb^{3+}	pot	0.1	TbL 19.5
Tm^{3+}	pot	0.1	TmL 21.0
Th^{4+}	pot	0.1	ThL 23.2;Th(OH)L 29.6
VO^{2+}	pot	0.1	VOL 19.4
Y^{3+}	pot	0.1	YL 19.2
Yb^{3+}	pot	0.1	YbL 21.1
Zn^{2+}	pot	0.1	ZnL 18.7;ZnHL 21.7
二乙醇胺 diethanolamine,L $$HN \begin{array}{l} CH_2CH_2OH \\ \\ CH_2CH_2OH \end{array}$$			
H^+	pot	0.5	HL 8.95
Ag^+	pot	0	AgL 3.48;AgL_2 5.60
Cd^{2+}	pol		CdL_2 4.30;CdL_3 5.08
Cu^{2+}	pol	0.5	$CuL(OH)_2$ 18.2;$CuL_2(OH)_2$ 19.8
Pb^{2+}	pol	0	PbL_2 8.70;PbL_3 9.0
Zn^{2+}	pol	0	ZnL_2 6.60;ZnL_3 8.08;ZnL_4 9.11
二乙烯三胺 diethylenetriamine,L $H_2NCH_2CH_2NHCH_2CH_2NH_2$			
H^+	pot	0.1	HL 9.94;H_2L 19.07;H_3L 23.4
Ag^+	pot	0.1	AgL 6.1;AgHL 13.2
Cd^{2+}	pot	0.1	CdL 8.45;CdL_2 13.85
Co^{2+}	pot	0.1	CoL 8.1;CoL_2 14.1
Cu^{2+}	pot	0.1	CuL 16.0;CuL_2 21.3
Fe^{2+}	pot	0.1	FeL 6.23;FeL_2 10.36
Hg^{2+}	pol	0.1	HgL_2 25.06;HgL_3 24.0
Mn^{2+}	pot	0.1	MnL 3.99;MnL_2 6.82
Ni^{2+}	pot	0.1	NiL 10.7;NiL_2 18.9
Zn^{2+}	pot	0.1	ZnL 8.9;ZnL_2 14.5
二乙烯三胺五乙酸 diethylenetriaminepenta-acetic acid(DTPA),H_5L $$\begin{array}{l} HOOCH_2C \qquad\qquad CH_2COOH \quad CH_2COOH \\ \qquad NCH_2CH_2NCH_2CH_2N \\ HOOCH_2C \qquad\qquad\qquad\qquad CH_2COOH \end{array}$$			
H^+	pot	0.1	HL 10.56;H_2L 19.25;H_3L 23.62;H_4L 26.49;H_5L 28.43
Ag^+	pot	0.1	AgL 8.70
Al^{3+}	pot	0.1	AlL 18.51
Ba^{2+}	pot	0.1	BaL 8.8;BaHL 14.1
Bi^{3+}	pot	1	BiL 35.4;BiHL 38.2;Bi(OH)L 38.3
Ca^{2+}	pot	0.1	CaL 10.6;CaHL 17;Ca_2L 12.6
Cd^{2+}	pot	0.1	CdL 19.0;CdHL 22.9;Cd_2L 22

金属离子	方法	I	$\lg\beta$
二乙烯三胺五乙酸 diethylenetriaminepenta-acetic acid(DTPA)，H_5L			
Ce^{3+}	pot	0.1	CeL 20.5
Co^{2+}	pot	0.1	CoL 19.0；CoHL 23.8；Co_2L 22.5
Cu^{2+}	pot	0.1	CuL 20.5；CuHL 24.5；Cu_2L 26.0
Dy^{3+}	pot	0.1	DyL 22.8；DyHL 25.0
Er^{3+}	pot	0.1	ErL 22.7；ErHL 24.7
Eu^{3+}	pot	0.1	EuL 22.4；EuHL 24.55
Fe^{2+}	pot	0.1	FeL 16.0；FeHL 21.4；Fe(OH)L 21.0；Fe_2L 19.0
Fe^{3+}	pot	0.1	FeL 27.5；FeHL 30.9；Fe(OH)L 31.6
Ga^{3+}		0.1	GaL 25.54；GaHL 29.89；Ga(OH)L 32.06
Gd^{3+}	pot	0.1	GdL 22.46；GdHL 24.85
Hg^{2+}	pot	0.1	HgL 27.0；HgHL 30.6
Ho^{3+}	pot	0.1	HoL 22.78；HoHL 25.03
La^{3+}	pot	0.1	LaL 19.43；LaHL 22.03
Li^+	pot	0.1	LiL 3.1
Lu^{3+}	pot	0.1	LuL 22.44；LuHL 24.62
Mg^{2+}	pot	0.1	MgL 9.3；MgHL 16.2
Mn^{2+}	pot	0.1	MnL 15.5；MnHL 20.0；Mn_2L 17.6
Nd^{3+}	pot	0.1	NdL 21.6；NdHL 24.0
Ni^{2+}	pot	0.1	NiL 20.0；NiHL 25.6；Ni_2L 25.4
Pb^{2+}	pot	0.1	PbL 18.9；PbHL 23.4；Pb_2L 22.3
Pr^{3+}	pot	0.1	PrL 21.07；PrHL 23.45
Sm^{3+}	pot	0.1	SmL 22.34；SmHL 24.54
Sr^{2+}	pot	0.1	SrL 9.7；SrHL 15.1
Tb^{3+}	pot	0.1	TbL 22.71；TbHL 24.85
Th^{4+}	pot	0.1	ThL 28.78；ThHL 30.94；Th(OH)L 33.68
Tl^{3+}	pot	1	TlL 46.0
Tm^{3+}	pot	0.1	TmL 22.72；TmHL 24.62
Yb^{3+}	pot	0.1	YbL 22.62；YbHL 24.92
Zn^{2+}	pot	0.1	ZnL 18.0；ZnHL 23.6；Zn_2L 22.4
Zr^{4+}	pot	1	ZrL 36.9
乙二胺四乙酸 EDTA(ethylenediaminetetra-acetic acid)，H_4L			

$$\begin{matrix} HOOCH_2C & & CH_2COOH \\ & NCH_2CH_2N & \\ HOOCH_2C & & CH_2COOH \end{matrix}$$

金属离子	方法	I	$\lg\beta$
H^+	pot	0.1	HL 10.34；H_2L 16.58；H_3L 19.33；H_4L 21.40；H_5L 23.0；H_6L 23.9
Ag^+	pot	0.1	AgL 7.3；AgHL 13.3
Al^{3+}	pol	0.1	AlL 16.13；AlHL 18.7；Al(OH)L24.2
Ba^{2+}	pot	0.1	BaL 7.76；BaHL 12.4
Be^{2+}	ex	0.1	BeL 9.27
Bi^{3+}	pol	0.5	BiL 28.2；BiHL 29.6
Ca^{2+}	pot	0.1	CaL 10.7；CaHL 13.8
Cd^{2+}	pol	0.1	CdL 16.46；CdHL 19.4
Ce^{3+}	pot	0.1	CeL 15.98；CeHL 19.05
Co^{2+}	pot	0.1	CoL 16.31；CoHL 19.5

金属离子	方法	I	$\lg\beta$
乙二胺四乙酸　EDTA(ethylenediaminetetra-acetic acid)，H_4L			
Co^{3+}	pot	0.1	CoL 36；CoHL 37.3
Cr^{3+}	pot	0.1	CrL 23；CrHL 25.3；Cr(OH)L 29.6
Cu^{2+}	pot	0.1	CuL 18.8；CuHL 21.8；Cu(OH)L 21.2
Dy^{3+}	pot	0.1	DyL 18.30；DyHL 21.1
Er^{3+}	pol	0.1	ErL 18.98；ErHL 21.7
Eu^{3+}	pol	0.1	EuL 17.35；EuHL 20.0
Fe^{2+}	pot	0.1	FeL 14.33；FeHL 17.2
Fe^{3+}	pot	0.1	FeL 25.1；FeHL 26.0；Fe(OH)L 31.6
Ga^{3+}	pot	0.1	GaL 20.25；GaHL 21.6
Gd^{3+}	pot	0.1	GdL 17.37；GdHL 20.0
Hg^{2+}	pot	0.1	HgL 21.8；HgHL 24.94；Hg(OH)L 26.9；Hg(NH₃)L 28.5
Ho^{3+}	pot	0.1	HoL 18.74；HoHL 21.4
In^{3+}	pot	0.1	InL 24.95；InHL 25.95；In(OH)L 30
La^{3+}	pot	0.1	LaL 15.5；LaHL 17.5
Li^{+}	pot	0.1	LiL 2.8
Lu^{3+}	pot	0.1	LuL 19.83；LuHL 22.3
Mg^{2+}	pot	0.1	MgL 8.6；MgHL 12.6
Mn^{2+}	pol	0.1	MnL 14.04；MnHL 17.2
Mo^{5+}	sp		MoL 6.36
Na^{+}	pot	0.1	NaL 1.66
Nd^{3+}	pot	0.1	NdL 16.61；NdHL 21.00
Ni^{2+}	pot	0.1	NiL 18.6；NiHL 21.8
Pb^{2+}	pol	0.1	PbL 18.0；PbHL 20.9
Pr^{3+}	pol	0.1	PrL 16.4
Ra^{2+}		0.1	RaL 7.4
Sc^{3+}	pol	0.1	ScL 23.1；ScHL 21.2；Sc(OH)L 26.6
Sm^{3+}	pot	0.1	SmL 17.14；SmHL 19.74
Sn^{2+}	pot	0.1	SnL 22.1
Sr^{2+}	pot	0.1	SrL 8.6；SrHL 12.64
Tb^{3+}	pot	0.1	TbL 17.9；TbHL 20.5
Th^{4+}	pot	0.1	ThL 23.2；Th(OH)L 30.2
Ti^{3+}	pot	0.1	TiL 21.3
TiO^{2+}	pot	0.1	TiOL 17.3
Tl^{3+}	pot	0.1	TlL 22.5；TlHL 24.8
Tm^{3+}	pot	0.1	TmL 19.32；TmHL 21.9
UO_2^{2+}	ex	0.1	UO₂HL 17.66
V^{2+}	pot	0.1	VL 12.7；V(OH)L 30.4
V^{3+}	pot	0.1	VL 25.9
VO^{2+}	pol	0.1	VOL 18.77
VO_2^{+}	pot	0.1	VO₂L 18.1；VO₂HL 21.7
Y^{3+}	pot	0.1	YL 18.1
Yb^{3+}	pol	0.1	YbL 19.54；YbHL 22.2
Zn^{2+}	pol	0.1	ZnL 16.5；ZnHL 20.9；Zn(OH)L 19.5
Zr^{4+}	pot	0.1	ZrL 29.9；Zr(OH)L 37.7

金属离子	方法	I	$\lg\beta$

埃铬黑 T eriochrome black T, H_3L

金属离子	方法	I	$\lg\beta$
H^+	sp	0.1	HL 11.55; H_2L 17.8
Ba^{2+}	sp		BaL 3.0
Ca^{2+}	sp		CaL 5.4
Cd^{2+}	sp	0.1	CdL 12.74
Co^{2+}	sp	0.1	CoL 20.0
Cu^{2+}	sp	0.1	CuL 21.38
Mg^{2+}	sp	0.1	MgL 7.0
Mn^{2+}	sp	0.1	MnL 9.6; MnL_2 17.6
Pb^{2+}	sp	0.1	PbL 13.19
Zn^{2+}	sp	0.1	ZnL 12.9; ZnL_2 20.0

乙二胺 ethylenediamine(En), L

$H_2NCH_2CH_2NH_2$

金属离子	方法	I	$\lg\beta$
H^+	pot	0.1	HL 9.94; H_2L 17.08
Ag^+	pot	0.1	AgL 4.7; AgL_2 7.7; AgHL 12.3; Ag_2L 6.5; Ag_2L_2 13.23
Cd^{2+}	pot	0.5	CdL 5.47; CdL_2 10.0; CdL_3 12.1
Co^{2+}	pot	1	CoL 5.89; CoL_2 10.72; CoL_3 13.82
Co^{3+}	pot	1	CoL 48.69
Cr^{3+}	sp	0.1	CrL 16.5; CrL_2 约 26
Cu^+	pot		CuL_2 10.8
Cu^{2+}	pot	0.5	CuL 10.55; CuL_2 19.60
Fe^{2+}	pot	0.1	FeL 4.28; FeL_2 7.53; FeL_3 9.62
Hg^{2+}	pol	0.1	HgL 14.3; HgL_2 23.3; Hg(OH)L 23.8; $HgHL_2$ 28.5
Mg^{2+}	pot	0.1	MgL 0.37
Mn^{2+}	pot	1	MnL 2.73; MnL_2 4.79; MnL_3 5.67
Ni^{2+}	pot	1	NiL 7.66; NiL_2 14.06; NiL_3 18.61
Zn^{2+}	pot	1	ZnL 5.71; ZnL_2 10.37; ZnL_3 12.09

氨基乙酸 glycine, HL

金属离子	方法	I	$\lg\beta$
H^+	pot	0.1	HL 9.84; H_2L 12.36
Ag^+	oth	0.1	AgL 3.3; AgL_2 6.8
Ba^{2+}	oth	0	BaL 0.77
Ca^{2+}	oth	0	CaL 1.43
Cd^{2+}	pot	0.1	CdL 4.14; CdL_2 7.46
Co^{2+}	pot	0.1	CoL 4.7; CoL_2 8.5; CoL_3 11.0
Cu^{2+}	pot	0.1	CuL 8.1; CuL_2 15.09
Fe^{2+}	pot	0.01	FeL 4.3; FeL_2 7.8
Hg^{2+}	pot	0.5	HgL 10.3; HgL_2 19.2
Mg^{2+}	pot	0	MgL 3.44
Mn^{2+}	pot	0.01	MnL 3.2; MnL_2 5.5
Ni^{2+}	pot	0.1	NiL 5.80; NiL_2 10.70
Pb^{2+}	pot	0	PbL 5.47; PbL_2 8.9
Sr^{2+}	pot	0	SrL 0.9
Zn^{2+}	pot	0	ZnL 5.52; ZnL_2 9.96

续表

金属离子	方法	I	$\lg\beta$
羟乙基乙二胺三乙酸　HEDTA(hydroxyethyl-ethylenediaminetriacetic acid),H_3L			

$$HOOCH_2C \quad\quad CH_2CH_2OH$$
$$NCH_2CH_2N$$
$$HOOCH_2C \quad\quad CH_2COOH$$

金属离子	方法	I	$\lg\beta$
H^+	pot	0.1	HL 10.0;H_2L 15.4;H_3L 17.8
Ag^+	pot	0.1	AgL 6.71
Al^{3+}	pot	0.1	AlL 14.4;$AlHL$16.8;$Al(OH)L$ 23.7
Ba^{2+}	pot	0.1	BaL 6.2
Ca^{2+}	pot	0.1	CaL 8.5
Cd^{2+}	pot	0.1	CdL 13.0
Ce^{3+}	pot	0.1	CeL 14.2
Co^{2+}	pot	0.1	CoL 14.4
Cu^{2+}	pot	0.1	CuL 17.4
Dy^{3+}	pot	0.1	DyL 15.34;$Dy(OH)L$ 20.1
Er^{3+}	pot	0.1	ErL 15.4;$Er(OH)L$ 20.5
Eu^{3+}	pot	0.1	EuL 15.4;$Eu(OH)L$ 19.4
Fe^{2+}	pot	0.1	FeL 12.2;$Fe(OH)L$ 17.2
Fe^{3+}	pot	0.1	FeL 19.8;$Fe(OH)L$ 29.9
Ga^{3+}	pot	0.1	GaL 16.9;$GaHL$ 21.07
Gd^{3+}	pot	0.1	GdL 15.3;$Gd(OH)L$ 19.4
Hg^{2+}	pot	0.1	HgL 20.1;$Hg(OH)L$ 25.7;$Hg(NH_3)L$ 26.2
La^{3+}	pot	0.1	LaL 13.5;$La(OH)L$ 16.95
Mg^{2+}	pot	0.1	MgL 7.0
Mn^{2+}	pot	0.1	MnL 10.7
Ni^{2+}	pot	0.1	NiL 17.0
Pb^{2+}	pot	0.1	PbL 15.5
Zn^{2+}	pot	0.1	ZnL 14.5
8-羟基喹啉　8-hydroxyquinoline(oxine),HL			

金属离子	方法	I	$\lg\beta$
H^+	pot	0	HL 9.9;H_2L 14.9
Ba^{2+}	pot	0	BaL 2.07
Ca^{2+}	pot	0	CaL 3.27
Cd^{2+}	pot	0.01	CdL 7.2;CdL_2 13.4
Co^{2+}	pot	0.01	CoL 9.1;CoL_2 17.2
Cu^{2+}	pot	0.01	CuL 12.2;CuL_2 23.4
Fe^{2+}	pot	0.01	FeL 8.0;FeL_2 15.0
Fe^{3+}	pot	0.01	FeL 12.3;FeL_2 23.6;FeL_3 33.9
La^{3+}	ex	0.1	LaL 5.85;LaL_3 16.95
Mg^{2+}	pot	0.01	MgL 4.5
Mn^{2+}	pot	0.01	MnL 6.8;MnL_2 12.6
Ni^{2+}	pot	0.01	NiL 9.9;NiL_2 18.7
Pb^{2+}	pot	0	PbL 9.02
Sm^{3+}	ex	0.1	SmL 6.84;SmL_3 19.50
Sr^{2+}	ex	0.1	SrL 2.89;SrL_2 3.19
Th^{4+}	ex	0.1	ThL 10.45;ThL_2 20.4;ThL_3 29.8;ThL_4 38.8
UO_2^{2+}	pot	0.3	UO_2L 11.25;UO_2L_2 21.0(50%二噁烷)
Zn^{2+}	pot	0.3	ZnL 9.34;ZnL_2 17.56(50%二噁烷)

续表

金属离子	方法	I	$\lg\beta$
			氨三乙酸　nitrilotriacetic acid(NTA), H_3L

$$CH_2COOH$$
$$N—CH_2COOH$$
$$CH_2COOH$$

金属离子	方法	I	$\lg\beta$
H^+	pot	0.1	HL 9.73; H_2L 12.22; H_3L 14.11
Ag^+	ex	0.1	AgL 5.16
Al^{3+}	ex	0.1	AlL 9.5
Ba^{2+}	pot	0.1	BaL 4.72
Be^{2+}	ex	0.1	BeL 7.11
Ca^{2+}	pot	0.1	CaL 6.33
Cd^{2+}	pol	0.1	CdL 9.8
Ce^{3+}	pot	0.1	CeL 10.8
Co^{2+}	pot	0.1	CoL 10.4
Cu^{2+}	pot	0.1	CuL 13.1
Dy^{3+}	pot	0.1	DyL 11.74; DyL_2 21.15
Er^{3+}	pot	0.1	ErL 12.03; ErL_2 21.29
Eu^{3+}	pot	0.1	EuL 11.52; EuL_2 20.70
Fe^{2+}	pot	0.1	FeL 8.8; Fe(OH)L 12.2
Fe^{3+}	pot	0.1	FeL 15.87; FeL_2 24.3; Fe(OH)L 25.8
Ga^{3+}	ex	0.1	GaL_2 25.81
Gd^{3+}	pot	0.1	GdL 11.54; GdL_2 20.80
Hg^{2+}	pot	0.1	HgL 14.6
Ho^{3+}	pot	0.1	HoL 11.90; HoL_2 21.25
In^{3+}	ex	0.1	InL_2 24.4
La^{3+}	pot	0.1	LaL 10.36; LaL_2 17.60
Lu^{3+}	pot	0.1	LuL 12.49; LuL_2 21.91
Mg^{2+}	pot	0.1	MgL 5.36
Mn^{2+}	pot	0.1	MnL 8.5
Nd^{3+}	pot	0.1	NdL 11.26; NdL_2 19.73
Ni^{2+}	pol	0.1	NiL 11.5
Pb^{2+}	pol	0.1	PbL 11.39
Pr^{3+}	pot	0.1	PrL 11.07; PrL_2 19.25
Sm^{3+}	pot	0.1	SmL 11.53; SmL_2 20.53
Sr^{2+}	pot	0.1	SrL 4.91
TiO^{2+}	ex	0.1	TiOL 12.3
Zn^{2+}	pol	0.1	ZnL 10.66

1,10-菲咯啉　1,10-phenanthroline, L

金属离子	方法	I	$\lg\beta$
H^+	pot	0.1	HL 4.95
Ag^+	pot	0.1	AgL 5.02; AgL_2 12.07
Ca^{2+}	pot	0.1	CaL 0.7
Cd^{2+}	pot	0.1	CdL 5.78; CdL_2 10.82; CdL_3 14.92

金属离子	方法	I	lgβ
			1,10-菲咯啉　1,10-phenanthroline,L
Co^{2+}	pot	0.1	CoL 7.25;CoL$_2$ 13.95;CoL$_3$ 19.90
Cu^{2+}	pot	0.1	CuL 9.25;CuL$_2$ 16.0;CuL$_3$ 21.35
Fe^{2+}	pot	0.1	FeL 5.9;FeL$_2$ 11.1;FeL$_3$ 21.3
Fe^{3+}	pot	0.1	FeL$_3$ 14.1
Hg^{2+}	pot	0.1	HgL$_2$ 19.65;HgL$_3$ 23.35
Mg^{2+}	pot	0.1	MgL 1.2
Mn^{2+}	pot	0.1	MnL 4.13;MnL$_2$ 7.61;MnL$_3$ 10.31
Ni^{2+}	pot	0.1	NiL 8.8;NiL$_2$ 17.1;NiL$_3$ 24.8
Pb^{2+}	pot	0.1	PbL 5.1;PbL$_2$ 7.5;PbL$_3$ 9
VO^{2+}	pot	0.1	VOL 5.47;VOL$_2$ 9.69
Zn^{2+}	pot	0.1	ZnL 5.65;ZnL$_2$ 12.35;ZnL$_3$ 17.55
			5-磺基水杨酸　5-sulphosalicylic acid,H$_3$L

$$HO_3S \overset{OH}{\underset{COOH}{\bigcirc}}$$

金属离子	方法	I	lgβ
H^+	pot	0.1	HL 11.6;H$_2$L 14.2
Al^{3+}	pot	0.1	AlL 13.2;AlL$_2$ 22.8;AlL$_3$ 28.9
Be^{2+}	pot	0.1	BeL 11.7;BeL$_2$ 20.8
Cd^{2+}	pot	0.15	CdL 4.65
Ce^{3+}	pot	0.1	CeL 6.83;CeL$_2$ 12.40;CeHL 13.53
Co^{2+}	pot	0.1	CoL 6.13;CoL$_2$ 9.82
Cr^{3+}	pot	0.1	CrL 9.56
Cu^{2+}	pot	0.15	CuL 9.5;CuL$_2$ 16.5
Er^{3+}	pot	0.1	ErL 8.15;ErL$_2$ 14.45;ErHL 13.72
Eu^{3+}	pot	0.1	EuL 7.87;EuL$_2$ 13.90;EuHL 13.86
Fe^{2+}	pot	0.15	FeL 5.9;FeL$_2$ 9.9
Fe^{3+}	sp	0.25	FeL 15.0;FeL$_2$ 25.8;FeL$_3$ 32.6
Gd^{3+}	pot	0.1	GdL 7.58;GdL$_2$ 13.65;GdHL 13.80
Lu^{3+}	pot	0.1	LuL 8.43;LuL$_2$ 15.46;LuHL 14.07
Mn^{2+}	pot	0.1	MnL 5.24;MnL$_2$ 8.24
Ni^{2+}	pot	0.1	NiL 6.4;NiL$_2$ 10.2
Pr^{3+}	pot	0.1	PrL 7.08;PrL$_2$ 12.69;PrHL 13.69
Sm^{3+}	pot	0.1	SmL 7.65;SmL$_2$ 13.58;SmHL 13.83
UO_2^{2+}	pot	0.1	UO$_2$L 11.14;UO$_2$L$_2$ 19.2
Zn^{2+}	pot	0.15	ZnL 6.05;ZnL$_2$ 10.65
			酒石酸　tartaric acid,H$_2$L

$$HOOC-\overset{HO}{\underset{}{CH}}-\overset{HO}{\underset{}{CH}}-COOH$$

金属离子	方法	I	lgβ
H^+	pot	0.1	HL 4.1;H$_2$L 7.0
Al^{3+}	oth	0.1	AlL 6.35;AlHL 7.93;AlH$_2$L$_2$ 14.71;Al(OH)L 18.5
Ba^{2+}	pot	0.2	BaL 1.62;BaHL 5.0
Bi^{3+}	ex	0.1	BiL$_2$ 11.3
Ca^{2+}	pot	0.2	CaL 1.8;CaHL 5.2

续表

金属离子	方法	I	$\lg\beta$
			酒石酸　tartaric acid, H_2L
Cd^{2+}	pot	0.5	CdL 2.8
Ce^{3+}	pot		CeL 3.84; CeL_2 6.72; Ce_2L 5.80
Co^{2+}		0.5	CoL 2.1
Cu^{2+}	pot	1	CuL 3.2; CuL_2 5.1; CuL_3 5.8; CuL_4 6.2
Fe^{3+}	ex	0.1	FeL_2 11.86
Ga^{3+}	ex	0.1	GaL_2 9.76
In^{3+}	ex	0.1	InL 4.48
La^{3+}	pot		LaL 3.68; LaL_2 6.37; La_2L 5.32
Mg^{2+}	pot	0.2	MgL 1.36; MgHL 5.0
Pb^{2+}		0.5	PbL 3.8
Sc^{3+}	ex	0.1	ScL_2 12.5
Sr^{2+}	pot	0.2	SrL 1.65; SrHL 5.0
TiO^{2+}	ex	0.1	TiOL_2 9.7
Zn^{2+}	pot	0.2	ZnL 2.68; ZnHL 5.5
			硫代乙醇酸　thioglycollic acid, H_2L
			$HS-CH_2COOH$
H^+	pot	0.1	HL 10.2; H_2L 13.6
Ce^{3+}	pot	0.1	CeHL 12.2; CeH_2L_2 23.44
Co^{2+}	pot	0.1	CoL 5.84; CoL_2 12.15
Er^{3+}	pot	0.1	ErHL 12.14; ErH_2L_2 23.66
Eu^{3+}	pot	0.1	EuHL 12.27; EuH_2L_2 23.81
Fe^{2+}	sol	0	FeL_2 10.92; Fe(OH)L 12.38
Hg^{2+}	pot	1	HgL_2 43.82
La^{3+}	pot	0.1	LaHL 12.18; LaH_2L_2 23.38
Mn^{2+}	pot	0.1	MnL 4.38; MnL_2 7.56
Ni^{2+}	pot	0.1	NiL 6.98; NiL_2 13.53
Pb^{2+}	pot		PbL 8.5
Zn^{2+}	pot	0.1	ZnL 7.86; ZnL_2 15.04
			三乙醇胺　triethanolamine, L

$$CH_2CH_2OH$$
$$N-CH_2CH_2OH$$
$$CH_2CH_2OH$$

金属离子	方法	I	$\lg\beta$
H^+	pot	0.1	HL 7.9
Ag^+	pot	0.5	AgL 2.3; AgL_2 3.64
Cd^{2+}	pol	1	CdL 2.3; CdL_2 5.0; CdL_2(OH)8; CdL_2(OH)_2 11; CdL(OH)_3 11.7; CdL_2(OH)_3 13.1; CdL_2(PO_4)_2 9.7; CdL(CO_3) 5.2; CdL_2(CO_3) 6.2; CdL(CO_3)_2 6.5
Co^{2+}	pot	0.5	CoL 1.73
Cu^{2+}	pot	0.5	CuL 4.23; Cu(OH)L 12.5
Fe^{3+}	pot	0.1	Fe(OH)_4L 41.2
Hg^{2+}	pot	0.5	HgL 6.9; HgL_2 20.08
Ni^{2+}	pot		NiL 2.95; Ni_2L_2(OH)_2 18.2
Zn^{2+}	pot	0.5	ZnL 2.0

金属离子	方法	I	$\lg\beta$
\multicolumn{4}{c	}{三乙烯四胺 triethylenetetramine，L}

三乙烯四胺 triethylenetetramine，L

（Trien）

$H_2NCH_2CH_2NHCH_2CH_2NHCH_2CH_2NH_2$

金属离子	方法	I	$\lg\beta$
H^+	pot	0.1	HL 9.92；H_2L 19.12；H_3L 25.79；H_4L 29.11
Ag^+	pot	0.1	AgL 7.7；AgHL 15.72
Cd^{2+}	pot	0.1	CdL 10.75；CdHL 17.0
Co^{2+}	pot	0.1	CoL 11.0；CoHL 16.7
Cr^{3+}	pot	0.1	CrL 7.71
Cu^{2+}	pot	0.1	CuL 20.4；CuHL 23.9
Fe^{2+}	pot	0.1	FeL 7.8
Fe^{3+}	k	0	FeL 21.94
Hg^{2+}	pot	0.5	HgL 25.26；HgHL 30.8
Mn^{2+}	pot	0.1	MnL 4.9
Ni^{2+}	pot	0.1	NiL 14.0；NiHL 18.8
Pb^{2+}	pot	0.1	PbL 10.4
Zn^{2+}	pot	0.1	ZnL 12.1；ZnHL 17.2

二甲酚橙 xylenol orange，H_6L

金属离子	方法	I	$\lg\beta$
H^+		0.2	HL 12.58；H_2L 23.04；H_3L 29.44
			H_4L 32.67；H_5L 35.25；H_6L 36.40
			H_7L 37.16；H_8L 36.07；H_9L 34.33
Bi^{3+}	sp	0.2	Bi_2L_2 75.6
Cd^{2+}	sp	0.3	CdL 16.36
Fe^{3+}	sp	0.2	Fe_2L 39.80
Gd^{2+}	sp	0.2	Gd_2L_2 43.1
Sc^{3+}	sp	0.2	Sc_2L_2 61.2
Sm^{3+}	sp	0.2	Sm_2L_2 47.0
UO_2^{2+}	sp	0.2	$(UO_2)_2L_2$ 38.57
VO_2^+	sp	0.2	$(VO_2)_2L_2$ 63.1
Yb^{3+}	sp	0.2	Yb_2L_2 45.7

偶氮肿Ⅲ arsenazo Ⅲ，H_6L

金属离子	方法	I	$\lg\beta$
			偶氮胂Ⅲ　arsenazo Ⅲ, H_6L
H^+	sp	0.2	HL 12.33; H_2L 19.81; H_3L 25.16; H_4L 27.57; H_5L 29.98
Dy^{3+}	sp	0.2	Dy_2L_2 83.0
Gd^{3+}	sp	0.2	Gd_2L_2 80.5
La^{3+}	sp	0.2	La_2L_2 81.2; La_2H_4L 42.5; $La_2H_8L_2$ 83.5
Sm^{3+}	sp	0.2	Sm_2L_2 82.1
Yb^{3+}	sp	0.2	Yb_2L_2 81.9
			抗坏血酸　ascorbic acid, H_2L
H^+	pot	0	HL 11.56; H_2L 15.73
TiO^{2+}	sp	0.1	$TiOH_2L$ 18.81; $TiOH_2L_2$ 47.94; $TiOH_4L_2$ 37.67

钙试剂(看茜素蓝黑)钙镁示剂　calcoh, H_3L

金属离子	方法	I	$\lg\beta$
H^+	pot		HL 12.4; H_2L 20.5
Ca^{2+}	sp		CaL 6.1
Mg^{2+}	sp		MgL 8.1

氯冉酸(2,5-二氯-3,6-二羟醌)　chloranilic acid, H_2L

金属离子	方法	I	$\lg\beta$
H^+	sp	0.1	HL 2.72; H_2L 3.53
Fe^{3+}	sp	0.1	FeL 5.81; FeL_2 9.84
Hf^{3+}	sp	3	HfL 6.45; HfL_3 19.79
Ni^{2+}	sp	0.1	NiL 4.02

铬变酸(1,8-二羟萘-3,6-二磺酸)　chromotropic acid, H_4L

金属离子	方法	I	$\lg\beta$
H^+	pot	0.1	HL 15.6; H_2L 20.96
Al^{3+}	pot	0.1	AlL 17.4; AlL_2 34.26
Be^{2+}	pot	0.1	BeL 16.34; BeL_2 28.19; BeHL 18.50
Cu^{2+}	pot	0.1	CuL 13.44
Th^{4+}	pot	0.1	ThL 16.46; ThL_2 29.14
TiO^{2+}	sp	0.1	$TiOL_2$ 40.5; $TiOL_3$ 56.4

金属离子	方法	I	$\lg\beta$
铜铁灵[N-亚硝基(β-)苯胲铵]　cupferron,HL			

金属离子	方法	I	$\lg\beta$
H^+	pot	0.1	HL 4.16
La^{3+}	ex	0.1	LaL_3 12.9
Th^{4+}	ex	0.1	ThL_2 14.6；ThL_4 27.0
UO_2^{2+}	sp	0	UO_2L_2 11.0

1,2-二氨丙烷　1,2-diaminopropane,L

金属离子	方法	I	$\lg\beta$
H^+	pot	0.1	HL 9.8；H_2L 16.43
Cu^{2+}	pot	0.1	CuL 10.5；CuL_2 19.6
Hg^{2+}	pot	0.1	HgL 23.51
Ni^{2+}	pot	0.1	NiL 7.3；NiL_2 13.4
Zn^{2+}	pot	0.1	ZnL 5.7；ZnL_2 10.6

1,3-二氨丙烷；1,3-diaminopropane

金属离子	方法	I	$\lg\beta$
H^+	pot	0.1	HL 10.72；H_2L 19.68
Ag^+	pot	0.1	AgL 5.85
Cu^{2+}		0.1	CuL 9.98；CuL_2 17.17
Ni^{2+}		0.1	NiL 6.39；NiL_2 10.78；NiL_3 12.01

二氯乙酸　dichloroacetic acid,HL

$Cl_2CH\!-\!COOH$

金属离子	方法	I	$\lg\beta$
H^+	pot	0.1	HL 1.1

二乙基二硫代氨基甲酸　diethyldithiocarbamic acid,HL

金属离子	方法	I	$\lg\beta$
H^+			HL 约 4
Hg^{2+}	pot	0.1	HgL 22.3；HgL_2 38.1；HgL_3 39.1
Tl^+		0.1	TlL 4.3；TlL_2 5.3

二乙基乙醇酸　diethylglycollic acid,H_2L

金属离子	方法	I	$\lg\beta$
H^+	pot	1	HL 3.62
Er^{3+}	pot	1	ErL 3.11；ErL_2 5.31；ErL_3 6.69；ErL_4 7.41
Gd^{3+}	pot	1	GdL 2.71；GdL_2 4.67；GdL_3 5.71；GdL_4 6.56
Ho^{3+}	pot	1	HoL 3.07；HoL_2 5.16；HoL_3 6.46；HoL_4 7.30
Nd^{3+}	pot	1	NdL 2.28；NdL_2 3.89；NdL_3 5.10；NdL_4 6.04
Pr^{3+}	pot	1	PrL 2.31；PrL_2 3.8；PrL_3 4.8；PrL_4 5.39
Tb^{3+}	pot	1	TbL 3.01；TbL_2 5.08；TbL_3 6.45；TbL_4 6.98
Yb^{3+}	pot	1	YbL 3.1；YbL_2 5.36；YbL_3 6.67；YbL_4 7.76

金属离子	方法	I	$\lg\beta$
二乙基丙二酸 diethylmalonic acid,H_2L			

$$HOOC-\underset{\underset{C_2H_5}{|}}{\overset{\overset{C_2H_5}{|}}{C}}-COOH$$

金属离子	方法	I	$\lg\beta$
H^+	pot	0.1	HL 6.98;H_2L 8.94
Ce^{3+}			CeL 3.78;CeL_2 6.32
Gd^{3+}			GdL 4.49;GdL_2 7.05
La^{3+}			LaL 3.61;LaL_2 5.95
Lu^{3+}			LuL 4.69;LuL_2 7.40

5-[4-二甲氨基亚苄基]绕丹酸 5-[4-dimethylaminobenzylidene]rhodanine,HL

金属离子	方法	I	$\lg\beta$
H^+	ex	0.1	HL 8.2
Ag^+	ex	0.1	AgL 9.15
Cu^{2+}	ex	0.1	CuL 6.08

丁二酮肟 butylditoneoxime,H_2L

$$H_3C-C=N-OH$$
$$H_3C-C=N-OH$$

金属离子	方法	I	$\lg\beta$
H^+	sol		HL 10.6
Co^{2+}	pot	0.1	CoL 8.35;CoL_2 16.98
Cu^{2+}	pot	0.1	CuL 9.05;CuL_2 18.50
Ni^{2+}	ex	0.1	NiL_2 17.24
Pd^{2+}	ex	0.1	PdL_2 34.1

二硫代草酰胺(红氨酸) dithio-oxamide(rubeanic acid),L

$$H_2N-C=S$$
$$H_2N-C=S$$

金属离子	方法	I	$\lg\beta$
H^+	pot	1	HL 10.4
Ru^{3+}	sp	1	RuL 13.38;RuL_2 38.14

双硫腙(二苯基硫卡巴腙) dithizone(diphenylthiocarbazone),L

金属离子	方法	I	$\lg\beta$
H^+	sp	0.1	H(HL) 4.5
Hg^{2+}	ex		$Hg(HL)_2$ 40.34
Zn^{2+}			$Zn(HL)_2$ 10.8

EGTA(乙二醇二乙醚二胺四乙酸) [ethylenedioxy diethylene dinitrilo]tetra-acetic acid,H_4L

$$HOOC-CH_2 \qquad \qquad CH_2COOH$$
$$\underset{HOOC-CH_2}{\overset{}{}}N-CH_2-CH_2-O-CH_2-CH_2-O-CH_2-CH_2-N\underset{CH_2COOH}{\overset{}{}}$$

金属离子	方法	I	$\lg\beta$
			EGTA(乙二醇二乙醚二胺四乙酸) [ethylenedioxy diethylene dinitrilo]tetra-acetic acid, H_4L
H^+	pot	0.1	HL 9.46; H_2L 18.31; H_3L 20.96; H_4L 22.96
Ag^+	pot	0.1	AgL 7.06
Al^{3+}	pot	0.2	AlL 13.90; AlHL 17.87; Al(CH)L 22.70; Al(OH)$_2$L 28.28
Bi^{3+}	sp	0.5	BiL 23.8; BiHL 25.46
Ca^{2+}	pot	0.1	CaL 10.97; CaHL 14.76
Cd^{2+}	pot	0.1	CdL 16.1; CdHL 19.60
Co^{2+}	pot	0.1	CoL 12.28; CoHL 17.44; Co_2L 15.58
Cu^{2+}	pot	0.1	CuL 17.71; CuHL 22.07
Fe^{2+}	pot	0.1	FeL 11.81; FeHL 15.86
Fe^{3+}	sp	0.1	FeL 20.5
Hg^{3+}	pot	0.1	HgL 23.2; HgHL 26.26
La^{3+}	pot	0.1	LaL 15.79
Mg^{2+}	pot	0.1	MgL 5.2; MgHL 12.86
Mn^{2+}	pot	0.1	MnL 12.28; MnHL 16.48
Na^+	pot	0.1	NaL 1.38
Ni^{2+}	pot	0.1	NiL 11.82; NiHL 17.76; Ni_2L 16.72
Pb^{2+}	pot	0.1	PbL 11.8; PbHL 16.96; Pb_2L 16.40
Zn^{2+}	pot	0.1	ZnL 12.91; ZnHL 17.88; Zn_2L 16.21

羊毛铬蓝黑 A(铬黑 A)　eriochrome black A, H_3L

金属离子	方法	I	$\lg\beta$
H^+	sp		HL 13.0; H_2L 19.2
Ca^{2+}	sp		CaL 5.3
Mg^{2+}	sp		MgL 7.2

羊毛铬蓝黑 B(铬黑 B)　eriochrome black B, H_3L

金属离子	方法	I	$\lg\beta$
H^+	sp	0.1	HL 12.5; H_2L 18.7
Ca^{2+}	sp		CaL 5.7
Mg^{2+}	sp		MgL 7.4
Zn^{2+}	sp		ZnL 12.5; Zn(NH)$_3$L 16.4

羊毛铬蓝黑 R(铬黑 R)(钙试剂)　eriochrome black R, H_3L

金属离子	方法	I	$\lg\beta$
H^+	sp	0.1	HL 13.5; H_2L 20.5
Ca^{2+}	sp	0.1	CaL 5.3
Mg^{2+}	sp	0.1	MgL 7.6
Zn^{2+}	sp		ZnL 12.5; Zn(NH$_3$)L 16.4

金属离子	方法	I	$\lg\beta$

铬花青 R eriochrome cyanine R, H_4L

H^+	sp	0.1	HL 11.85;H_2L 17.32;H_3L 19.62
Be^{2+}	sp	0.1	BeHL 17.34;Be_2L 28.3
Fe^{3+}	sp	0.1	FeL 17.9;Fe_2L 22.5;Fe_2L_2 37.9

试铁灵(7-碘-8-羟基喹啉-5-磺酸) ferron, H_2L

H^+	pot	0.1	HL 7.11;H_2L 9.61
Al^{3+}	pot	0.1	AlL 7.6;AlL_2 14.70;AlL_3 20.30;$Al(OH)L_2$ 23.70
Co^{2+}	pot	0.1	CoL 6.70;CoL_2 10.87
Cu^{2+}	pot	0.1	CuL 8.33;CuL_2 16.58
Fe^{3+}	pot	0.1	FeL 8.9;FeL_2 17.30;FeL_3 25.20
Mn^{2+}	pot	0.1	MnL 4.95;MnL_2 8.10
Ni^{2+}	pot	0.1	NiL 7.70;NiL_2 13.96
Zn^{2+}	pot	0.1	ZnL 7.25;ZnL_2 13.40

甲酸 formic acid, HL

HCOOH

H^+	pot	0	HL 3.77
Al^{3+}	i	1	AlL 1.78
Ba^{2+}	pot	0	BaL 1.38
Ca^{2+}	pot	0	CaL 1.43
Cd^{2+}	pot	0	CdL 0.65;CdL_2 0.40;CdL_3 1.32
Cu^{2+}	pol	2	CuL 1.57;CuL_2 2.22;CuL_3 2.05;CuL_4 2.45
Fe^{3+}	i	1	FeL 1.85;FeL_2 3.61;FeL_3 3.95;FeL_4 5.4
Mg^{2+}	pot	0	MgL 1.43
Mn^{2+}	i	1	MnL 0.80
Pb^{2+}	pol	2	PbL 0.78;PbL_2 1.2;PbL_3 1.43;PbL_4 1.18
Zn^{2+}	pol	2	ZnL 0.6;ZnL_2 1.55;ZnL_3 2.03;ZnL_4 2.77

富马酸(反式丁烯二酸) fumaric acid, H_2L

HC—COOH

HOOC—CH

H^+	cond	0	HL 4.39;H_2L 7.41
Ba^{2+}	cond	0	BaL 1.59
Ca^{2+}	cond	0	CaL 2.0
Cu^{2+}	pot	0	CuL 2.51
La^{3+}	pot	0	LaL 3.04
Sr^{2+}	i	0.16	SrL 0.54

金属离子	方法	I	$\lg\beta$
			α-糠偶酰二肟　α-furildioxime,H_2L
			$(C_4H_3OC\!=\!NOH)_2$
H^+	pot	0.1	HL 11.1;H_2L 22.5(75% 二噁烷)
Co^{2+}	pot	0.1	CoL 8.2;CoL_2 15.4(85% 二噁烷)
Cu^{2+}	pot	0.1	CuL_2 18.6(75% 二噁烷)
Ni^{2+}	pot	0.1	NiL_2 14.1(75% 二噁烷)
			谷氨酸(2-氨基戊二酸)　glutamic acid,H_2L
			NH_2
			$HOOC\!-\!CH\!-\!CH_2\!-\!CH_2\!-\!COOH$
H^+	pot	0.1	HL 9.67;H_2L 13.95;H_3L 16.25
Ba^{2+}	pot	0.1	BaL 1.28
Ca^{2+}	pot	0.1	CaL 1.43
Cd^{2+}	pot	0.1	CdL 3.9
Co^{2+}	pot	0.02	CoL 5.06;CoL_2 8.46
Cu^{2+}	pot	0.02	CuL 7.85;CuL_2 14.40
Mg^{2+}	pot	0.1	MgL 1.9
Ni^{2+}	pot	0.02	NiL 5.90;NiL_2 10.34
Pb^{2+}	pol	1	PbL 4.60;PbL_2 6.22
Sr^{2+}	pot	0.1	SrL 1.37
UO_2^{2+}	pot	0.2	UO_2HL 12.3
Zn^{2+}	pot	0.02	ZnL 5.45;ZnL_2 9.46
			羟基乙酸　glycolic acid,H_2L
			$HO\!-\!CH_2\!-\!COOH$
H^+	pot	0	HL 3.8
Ba^{2+}	pot	0	BaL 1.0
Ca^{2+}	pot	0	CaL 1.59
Cu^{2+}	pot	1	CuL 2.34;CuL_2 3.7;CuL_3 3.99;CuL_4 3.77
Eu^{3+}	i	0.75	EuL 3.03;EuL_2 5.7;EuL_3 7.79
In^{3+}	i	0.5	InL 2.93;InL_2 5.4
			组氨酸(β-异咪唑基-α-氨基丙酸)　histidine,HL
			$CH_2CH\!-\!COOH$
			$N\quad NH\qquad NH_2$
			$\quad H$
H^+	pot	0.1	HL 9.2;H_2L 15.3
Cd^{2+}	pot	0.1	CdL_2 10.2
Co^{2+}	pot	0.25	CoL 6.77;CoL_2 11.9
Cu^{2+}	pot	0.15	CuL 9.79;CuL_2 17.41
Hg^{2+}	pot	0.6	HgL_2 20.62
Mn^{2+}	pot	0.15	MnL 3.24;MnL_2 6.16
Ni^{2+}	pot	0.25	NiL 8.50;NiL_2 15.19
Pb^{2+}	pot	0.15	PbL 5.96;PbL_2 8.96
Zn^{2+}	pot	0.25	ZnL 6.40;ZnL_2 11.95

续表

金属离子	方法	I	$\lg\beta$

α-羟基异丁酸(2-羟基-2-甲基丙酸)　α-hydroxyisobutyric acid，H_2L

$$CH_3-\underset{\underset{\displaystyle CH_3}{|}}{\overset{\overset{\displaystyle OH}{|}}{CH}}-COOH$$

金属离子	方法	I	$\lg\beta$
H^+	pot	0.2	HL 3.8
Ba^{2+}	pot	1	BaL 0.36；BaL_2 0.51
Ca^{2+}	pot	1	CaL 0.92；CaL_2 1.42
Cd^{2+}	pot	1	CdL 1.24；CdL_2 2.16；CdL_3 2.19
Co^{2+}	pot	1	CoL 1.46；CoL_2 2.53
Cu^{2+}	pot	1	CuL 2.74；CuL_2 4.34；CuL_3 4.38
Dy^{3+}	pot	0.2	DyL 2.94；DyL_2 5.45；DyL_3 7.29；DyL_4 8.5
Er^{3+}	pot	0.2	ErL 3.0；ErL_2 5.7；ErL_3 7.57；ErL_4 9.0
Eu^{3+}	pot	0.1	EuL 2.70；EuL_2 4.97；EuL_3 6.5；EuL_4 7.6
Gd^{3+}	pot	0.2	GdL 2.79；GdL_2 4.98；GdL_3 6.5；GdL_4 7.65
Ho^{3+}	pot	0.2	HoL 2.98；HoL_2 5.54；HoL_3 7.44；HoL_4 8.74
Lu^{3+}	pot	0.2	LuL 3.18；LuL_2 6.04；LuL_3 8.07；LuL_4 10.0
Mg^{2+}	pot	1	MgL 4.06；MgL_2 7.63
Mn^{2+}	pot	1	MnL 5.67；MnL_2 10.7
Ni^{2+}	pot	1	NiL 1.67；NiL_2 2.8；NiL_3 2.8
Pb^{2+}	pot	1	PbL 2.03；PbL_2 3.2；PbL_3 3.22
Sm^{3+}	pot	0.2	SmL 2.75；SmL_2 4.77；SmL_3 6.17；SmL_4 7.38
Sr^{2+}	pot	1	SrL 0.55；SrL_2 0.73
Tb^{3+}	pot	0.2	TbL 2.92；TbL_2 5.24；TbL_3 6.86；TbL_4 8.09
Tm^{3+}	pot	0.2	TmL 3.1；TmL_2 5.79；TmL_3 7.71；TmL_4 9.33
UO_2^{2+}	pot	1	UO_2L 3.01；UO_2L_2 4.83；UO_2L_3 6.38
Yb^{3+}	pot	0.2	YbL 3.13；YbL_2 5.87；YbL_3 7.94；YbL_4 9.72
Zn^{2+}	pot	1	ZnL 1.71；ZnL_2 3.01

8-羟基喹啉-5-磺酸　8-hydroxyquinoline-5-sulphonic acid，H_2L

金属离子	方法	I	$\lg\beta$
H^+	pot	0.1	HL 8.35；H_2L 12.19
Ba^{2+}	sp	0	BaL 2.3
Ca^{2+}	sp	0	CaL 3.5
Cd^{2+}	sp	0	CdL 7.7；CdL_2 14.2
Ce^{3+}	pot	0	CeL 6.05；CeL_2 11.05；CeL_3 14.95
Co^{2+}	pot	0	CoL 8.1；CoL_2 15.06；CoL_3 20.4
Cu^{2+}	pot	0	CuL 11.9；CuL_2 21.9
Er^{3+}	pot	0	ErL 7.16；ErL_2 13.3；ErL_3 18.56
Fe^{3+}	pot	0.1	FeL 11.6；FeL_2 22.8
Gd^{3+}	pot	0	GdL 6.64；GdL_2 12.37；GdL_3 17.3
La^{3+}	pot	0	LaL 5.6；LaL_2 10.1；LaL_3 13.8
Mg^{2+}	pot	0.1	MgL 4.06；MgL_2 7.63

金属离子	方法	I	$\lg\beta$
8-羟基喹啉-5-磺酸　8-hydroxyquinoline-5-sulphonic acid，H_2L			
Mn^{2+}	pot	0.1	MnL 5.67；MnL_2 10.7
Nd^{3+}	pot	0	NdL 6.3；NdL_2 11.6；NdL_3 16.0
Ni^{2+}	pot	0.1	NiL 9.0；NiL_2 16.77；NiL_3 22.9
Pb^{2+}	pot	0	PbL 8.5；PbL_2 16.1
Pr^{3+}	pot	0	PrL 6.17；PrL_2 11.37；PrL_3 15.7
Sr^{2+}	sp	0	SrL 2.75
Th^{4+}	pot	0.1	ThL 9.56；ThL_2 18.29；ThL_3 25.9；ThL_4 32.0
UO_2^{2+}	pot	0.1	UO_2L 8.5；UO_2L_2 15.7
Zn^{2+}	pot	0.1	ZnL 7.64；ZnL_2 14.32

六亚甲基四胺（乌洛托品）　hexamethylenetetramine，L

H^+	pot	0.01	HL 5.13
Ag^+	pot	0.01	AgL_2 3.58

亚氨二乙酸　iminediacetic acid，H_2L

H^+	pot	0.1	HL 9.38；H_2L 12.03
Ba^{2+}	pot	0.1	BaL 1.67
Ca^{2+}	pot	0.1	CaL 2.6
Cd^{2+}	pot	0.1	CdL 5.35；CdL_2 9.53
Ce^{3+}	pot	0.1	CeL 6.18；CeL_2 10.71
Co^{2+}	pot	0.1	CoL 6.95；CoL_2 12.29
Cu^{2+}	pot	0.1	CuL 10.55；CuL_2 16.2
Dy^{3+}	pot	0.1	DyL 6.88；DyL_2 12.3
Er^{3+}	pot	0.1	ErL 7.09；ErL_2 12.68
Eu^{3+}	pot	0.1	EuL 6.73；EuL_2 12.11
Fe^{2+}	pot	0.1	FeL 5.8；FeL_2 10.1
Gd^{3+}	pot	0.1	GdL 6.68；GdL_2 12.07
Ho^{3+}	pot	0.1	HoL 6.97；HoL_2 12.47
In^{3+}	pot	0.3	InL 9.54；InL_2 18.41
La^{3+}	pot	0.1	LaL 5.88；LaL_2 9.97
Lu^{3+}	pot	0.1	LuL 7.61；LuL_2 13.73
Mg^{2+}	pot	0.1	MgL 2.94
Nd^{3+}	pot	0.1	NdL 6.50；NdL_2 11.39
Ni^{2+}	pot	0.1	NiL 8.26；NiL_2 14.61
Pr^{3+}	pot	0.1	PrL 6.44；PrL_2 11.22
Sr^{2+}	pot	0.1	SrL 2.23

金属离子	方法	I	$\lg\beta$
亚氨二乙酸 iminediacetic acid，H_2L			
Sm^{3+}	pot	0.1	SmL 6.64；SmL_2 11.88
Tb^{3+}	pot	0.1	TbL 6.78；TbL_2 12.24
Tm^{3+}	pot	0.1	TmL 7.22；TmL_2 12.90
UO_2^{2+}	pot	0.1	UO_2L 8.93
Y^{3+}	pot	0.1	YL 6.78；YL_2 12.03
Yb^{3+}	pot	0.1	YbL 7.42；YbL_2 13.27
Zn^{2+}	pot	0.1	ZnL 7.03；ZnL_2 12.17

乳酸(2-羟基丙酸) lactic acid，H_2L

$$CH_3\!-\!\overset{\displaystyle OH}{\underset{\displaystyle |}{CH}}\!-\!COOH$$

金属离子	方法	I	$\lg\beta$
H^+	pot	0.1	HL 3.75
Ba^{2+}	pot	1	BaL 0.34；BaL_2 0.42
Ca^{2+}	pot	1	CaL 0.90；CaL_2 1.24
Cd^{2+}	cond		CdL 1.69
Ce^{2+}	pot	2	CeL 2.33；CeL_2 4.1；CeL_3 5.2
Co^{2+}	pot	1	CoL 1.37；CoL_2 2.32；CoL_3 2.34
Cu^{3+}	pot	1	CuL 3.02；CuL_2 4.84
Er^{3+}	pot	2	ErL 2.77；ErL_2 5.11；ErL_3 6.70
Eu^{3+}	pot	2	EuL 2.53；EuL_2 4.6；EuL_3 5.88
Fe^{3+}		0	FeL 7
Gd^{3+}	pot	2	GdL 2.53；GdL_2 4.63；GdL_3 5.91
Ho^{3+}	pot	2	HoL 2.71；HoL_2 4.97；HoL_3 6.55
Mg^{2+}	pot	1	MgL 0.73；MgL_2 1.30
Nd^{3+}	pot	2	NdL 2.47；NdL_2 4.37；NdL_3 5.60
Ni^{2+}	pot	1	NiL 1.59；NiL_2 2.67；NiL_3 2.70
Pb^{2+}	pot	1	PbL 1.98；PbL_2 2.98
Sm^{3+}	pot	2	SmL 2.56；SmL_2 4.58；SmL_3 5.90
Sr^{2+}	pot	1	SrL 0.53；SrL_2 0.69
Tb^{3+}	pot	2	TbL 2.61；TbL_2 4.73；TbL_3 6.01
UO_2^{2+}	pot	1	UO_2L 2.76；UO_2L_2 4.43；UO_2L_3 5.77
Y^{3+}	pot	2	YL 2.53；YL_2 4.70；YL_3 6.12
Yb^{3+}	pot	2	YbL 2.85；YbL_2 5.27；YbL_3 7.96
Zn^{2+}	pot	1	ZnL 1.61；ZnL_2 2.85；ZnL_3 2.88

马来酸(顺丁烯二酸) maleic acid，H_2L

$$\begin{array}{c} HC\!-\!COOH \\ \| \\ HC\!-\!COOH \end{array}$$

金属离子	方法	I	$\lg\beta$
H^+	pot	0.1	HL 5.9；HL_2 7.7
Ba^{2+}	cond	0	BaL 2.26
Be^{2+}	pot	0.15	BeL 4.33；BeL_2 6.46
Ca^{2+}	cond	0	CaL 2.43
Cd^{2+}	pol	0.2	CdL 2.2；CdL_2 3.6；CdL_3 3.8
Cu^{2+}	pol	0.2	CuL 3.4；CuL_2 4.9；CuL_3 6.2
In^{3+}	pol	0.2	InL 5.0；InL_2 7.1；InL_3 6.2
Ni^{2+}	pot	0.1	NiL 2.0
Pb^{2+}	pol	0.2	PbL 3.0；PbL_2 4.5；PbL_3 5.4
Zn^{2+}	pot	0.1	ZnL 2.0

金属离子	方法	I	$\lg\beta$
苹果酸(羟基丁二酸) malic acid,H_3L			

$$\begin{array}{c} OH \\ | \\ HOOC\!-\!CH\!-\!CH_2\!-\!COOH \end{array}$$

金属离子	方法	I	$\lg\beta$
H^+	pot	0.1	HL 4.72;H_2L 8.00
Ba^{2+}	pot	0.1	BaHL 6.09;BaH_2L 8.60
Ca^{2+}	pot	0.1	CaHL 6.67;CaH_2L 8.99
Co^{2+}	pot	0.1	CoHL 7.67;CoH_2L 9.57
Cu^{2+}	pot	0.1	CuL 3.59;CuHL 8.13;CuH_2L 9.93
Fe^{2+}	pot	0.1	FeL 2.5
Fe^{3+}	pot	0.1	FeL 7.1
Mg^{2+}	pot	0.1	MgHL 6.4;MgH_2L 8.83
Ni^{2+}	pot	0.1	NiHL 7.88;NiH_2L 9.76
Zn^{2+}	pot	0.1	ZnHL 7.64;$ZnHL_2$ 9.59
丙二酸 malonic acid,H_2L			

$$HOOC\!-\!CH_2\!-\!COOH$$

金属离子	方法	I	$\lg\beta$
H^+	pot	0.04	HL 5.66;H_2L 8.51
Al^{3+}	pot	0.2	AlL 5.24;AlL_2 9.40
Ba^{2+}	pot	0.1	BaL 1.34;BaHL 5.93
Be^{2+}	pot	0.2	BeL 5.15;BeL_2 8.48
Ca^{2+}	pot	0.1	CaL 1.85;CaHL 6.12
Ce^{3+}	pot	0.1	CeL 3.83;CeL_2 6.17
Cd^{2+}	pot	0.1	CdL 2.51;CdHL 6.37
Co^{2+}	pot	0.1	CoL 2.98;CoHL 7.53
Cr^{3+}	pot	0.1	CrL 7.06;CrL_2 12.85;CrL_3 16.15
Cu^{2+}	pot	0.1	CuL 5.55;CuHL 8.08
Dy^{3+}	pot	0.1	DyL 4.47;DyL_2 7.17
Er^{3+}	pot	0.1	ErL 4.42;ErL_2 7.04
Eu^{3+}	pot	0.1	EuL 4.30;EuL_2 6.99
Fe^{3+}	pol	0.5	FeL_3 15.65
Gd^{3+}	pot	0.1	GdL 4.32;GdL_2 6.97
Ho^{3+}	pot	0.1	HoL 4.39;HoL_2 6.97
La^{3+}	pot	0.1	LaL 3.69;LaL_2 5.90
Lu^{3+}	pot	0.1	LuL 4.45;LuL_2 7.13
Mg^{2+}	pot	0.1	MgL 1.95;MgHL 6.15
Nd^{3+}	pot	0.1	NdL 3.95;NdL_2 6.41
Ni^{2+}	pot	0.1	NiL 3.30;NiHL 6.73
Pb^{2+}	pot	0.1	PbL 3.1
Pr^{3+}	pot	0.1	PrL 3.91;PrL_2 6.30
Sm^{3+}	pot	0.1	SmL 4.19;SmL_2 6.84
Tb^{3+}	pot	0.1	TbL 4.44;TbL_2 7.15
Tm^{3+}	pot	0.1	TmL 4.42;TmL_2 7.01
UO_2^{2+}	pot	0.2	UO_2L 4.88;UO_2L_2 8.63
Y^{3+}	pot	0.1	YL 4.40;YL_2 7.04
Yb^{3+}	pot	0.1	YbL 4.53;YbL_2 7.27
Zn^{2+}	pot	0.1	ZnL 2.97;ZnHL 6.56

续表

金属离子	方法	I	$\lg\beta$

扁桃酸(2-苯基-2-羟基乙酸) mandelic acid(2-phenyl-2-hydroxyacetic acid)，H_2L

金属离子	方法	I	$\lg\beta$
H^+	pot	0.1	HL 3.19
Be^{2+}	i	0.1	BeL 1.64
Ce^{3+}	pot	0.1	CeL 2.34；CeL$_2$ 4.14
Eu^{3+}	ex	0.1	EuL 2.70；EuL$_2$ 4.90
Fe^{3+}	sp		FeL 3.71
La^{3+}	pot	0.1	LaL 2.24；LaL$_2$ 3.94
Nd^{3+}	pot	0.1	NdL 2.49；NdL$_2$ 4.39
Pr^{3+}	pot	0.1	PrL 2.43；PrL$_2$ 4.27
Sm^{3+}	pot	0.1	SmL 2.56；SmL$_2$ 4.32
Th^{4+}	i	0.2	ThL 2.94；ThL$_2$ 4.98；ThL$_8$ 5.91
Zn^{2+}	oth	2	ZnL 1.48；ZnL$_2$ 2.41；ZnL$_3$ 3.59

三乙烯四胺六乙酸 triethylenetetraaminehexa-acetic acid，H_6L

金属离子	方法	I	$\lg\beta$
H^+	pot	0.1	HL 10.19；H_2L 19.59；H_3L 25.75；H_4L 29.91；H_5L 32.86；H_6L 35.28
Al^{3+}	pot	0.1	AlL 19.7；AlHL 25.55；Al$_2$L 28.6；Al$_2$(OH)$_2$L 44.5
Ba^{2+}	pot	0.1	BaL 8.22；BaHL 15.74；BaH$_2$L 21.29；Ba$_2$L 11.63
Ca^{2+}	pot	0.1	CaL 9.89；CaHL 18.4；CaH$_2$L 23.36；Ca$_2$L 14.21；Ca$_3$L 17.2
Cd^{2+}	pot	0.1	CdL 18.65；CdHL 26.97；CdH$_2$L 30.12；Cd$_2$L 26.8
Co^{2+}	pot	0.1	CoL 17.1；CoHL 25.2；Co$_2$L 28.8
Cu^{2+}	pot	0.1	CuL 19.2；CuHL 27.2；Cu$_2$L 32.6
Er^{3+}	pot	0.1	ErL 23.2；ErHL 27.9；Er$_2$L 26.9
Fe^{3+}	pot	0.1	FeL 26.8；FeHL 34.4；Fe$_2$L 40.5
Hg^{2+}	pot	0.1	HgL 26.8；HgHL 33.1；Hg$_2$L 39.1
La^{3+}	pot	0.1	LaL 22.2；LaHL 25.5；La$_2$L 25.6
Mg^{2+}	pot	0.1	MgL 8.10；MgHL 17.4；Mg$_2$L 14.0
Mn^{2+}	pot	0.1	MnL 14.6；MnHL 23.4；Mn$_2$L 21.2
Ni^{2+}	pot	0.1	NiL 18.1；NiHL 26.1；Ni$_2$L 32.4
Pb^{2+}	pot	0.1	PbL 17.1；PbHL 25.3；Pb$_2$L 28.1
Sr^{2+}	pot	0.1	SrL 9.26；SrHL 16.9；SrH$_2$L 21.2
Th^{4+}	pot	0.1	ThL 31.9；ThHL 35.0
Zn^{2+}	pot	0.1	ZnL 16.65；ZnHL 24.8；Zn$_2$L 28.7

2-氨基丙二酰脲-N,N-二乙酸 uramil-N,N-diacetic acid，H_3L

金属离子	方法	I	$\lg\beta$
2-氨基丙二酰脲-N,N-二乙酸 uramil-N,N-diacetic acid,H_3L			
H^+	pot	0.1	HL 9.6;H_2L 12.27;H_3L 13.97
Ba^{2+}	pot	0.1	BaL 6.13;BaL_2 9.83
Be^{2+}	pot	0.1	BeL 10.36;BeHL 13.0
Ca^{2+}	pot	0.1	CaL 8.31;CaL_2 13.58
K^+	pot	0.1	KL 1.23
Li^+	pot	0.1	LiL 4.9
Mg^{2+}	pot	0.1	MgL 8.19;MgL_2 11.81
Na^+	pot	0.1	NaL 2.72
Pb^{2+}	pot	0.1	PbL 12
Sr^{2+}	pot	0.1	SrL 6.93;SrL_2 11.0
Tl^+	pot	0.1	TlL 5.99

β-羟基-α-氨基丁酸（苏氨酸）   thrconine,H_2L

$$CH_3CH\!-\!CH\!-\!COOH$$
$$\underset{OH}{\ \ }\ \ \underset{NH_2}{\ \ }$$

金属离子	方法	I	$\lg\beta$
H^+	pot	0.1	HL 9.16;H_2L 11.45
Be^{2+}	pot	0	BeL_2 11.9
Cd^{2+}	pot	0	CdL_2 7.2
Co^{2+}	pot	0.1	CoL 4.58
Cu^{2+}	pot	0.1	CuL 8.34;CuL_2 15.32
Fe^{3+}	pot	1	FeL 8.6
Hg^{2+}	pot	0	HgL_2 17.5
Ni^{2+}	pot	0.1	NiL 5.66;NiL_2 10.20
Zn^{2+}	pot	0.1	ZnL 4.87

试酞灵（酞铁试剂）,4,5-羟基苯-1,3-二磺酸   tiron,H_4L

(苯环：顶端 SO_3H；下左 HO，下中 OH，下右 SO_3H)

金属离子	方法	I	$\lg\beta$
H^+	pot	0.1	HL 12.7;H_2L 20.4
Al^{3+}	pot	0	AlL 19.02;AlL_2 31.10;AlL_3 33.5
Ba^{2+}	pot	0.1	BaL 4.1;BaHL 14.7
Be^{2+}	pot	0.1	BeL 12.88;BeL_2 22.25;BeHL 16.90;$BeHL_2$ 27.88
Ca^{2+}	pot	0.1	CaL 5.8;CaHL 14.9
Cd^{2+}	pot	1	CdL 7.69;CdL_2 13.3
Co^{2+}	pot	0.1	CoL 9.49;CoHL 15.8
Cu^{2+}	pot	0.1	CuL 14.5;CuHL 18.2
Fe^{3+}	pot	0.1	FeL 20.7;FeL_2 35.9;FeL_3 46.9;FeHL 22.7
In^{3+}	sp	0.1	InL 3.79
La^{3+}	pot	0.1	LaL 12.9;La(OH)L 18.6
Mg^{2+}	pot	0.1	MgL 6.86;MgHL 14.7
Mn^{2+}	pot	0.1	MnL 8.6
Ni^{2+}	pot	0.1	NiL 9.96;NiHL 15.7
Pb^{2+}	pot	1	PbL 11.95;PbL_2 18.3
Sr^{2+}	pot	0.1	SrL 4.55;SrHL 14.58
TiO^{2+}	sp	0.1	$TiOH_2L_2$ 40.5;TiL_3 58.0
UO_2^{2+}	sp	0.1	UO_2HL 19.2
VO^{2+}	pot	0.1	VOL 16.74
Zn^{2+}	pot	0.1	ZnL 10.41;ZnHL 16.0

金属离子	方法	I	$\lg\beta$

三乙烯四胺 triethylenetetramine(trien),L

$$H_2N—(CH_2)_2—NH—(CH_2)_2—NH—(CH_2)_2NH_2$$

金属离子	方法	I	$\lg\beta$
H^+	pot	0.1	HL 9.92；H_2L 19.12；H_3L 25.79；H_4L 29.11
Ag^+	pot	0.1	AgL 7.7；AgHL 15.72
Cd^{2+}	pot	0.1	CdL 10.75；CdHL 17.0
Co^{2+}	pot	0.1	CoL 11.0；CoHL 16.7
Cr^{2+}	pot	0.1	CrL 7.71
Cu^{2+}	pot	0.1	CuL 20.4；CuHL 23.9
Fe^{2+}	pot	0.1	FeL 7.8
Fe^{3+}	k	0	FeL 21.94
Hg^{2+}	pot	0.5	HgL 25.26；HgHL 30.8
Mn^{2+}	pot	0.1	MnL 4.9
Ni^{2+}	pot	0.1	NiL 14.0；NiHL 18.8
Pb^{2+}	pot	0.1	Pb 10.4
Zn^{2+}	pot	0.1	ZnL 12.1；ZnHL 17.2

三氯乙酸 trichloroacetic acid,HL

$$Cl_3C—COOH$$

金属离子	方法	I	$\lg\beta$
H^+	pot	0.1	HL 0.5
Th^{4+}	ex	0.5	ThL 1.62；ThL_2 28

四乙烯五胺 tetraethylenepentamine,L

$$H_2N—(CH_2)_2—NH—(CH_2)_2—NH—(CH_2)_2—NH—(CH_2)_2—NH_2$$

金属离子	方法	I	$\lg\beta$
H^+	pot	0.1	HL 9.78；H_2L 19.16；H_3L 27.30；H_4L 32.13；H_5L 35.28
Cd^{2+}	pot	0.1	CdL 14.0
Co^{2+}	pot		CoL 15.07
Cu^{2+}	pot	0.15	CuL 24.25
Fe^{2+}	pot		FeL 11.40
Hg^{2+}	pot	0.1	HgL 27.7
Mn^{2+}	pot	0.15	MnL 7.62
Ni^{2+}	pot	0.1	NiL 17.51；NiHL 22.44
Pb^{2+}	pot	0.1	PbL 10.5
Zn^{2+}	pot	0.1	ZnL 15.4

2-噻吩甲酰三氟丙酮(TTA) 2-thenoyltrifluoroacetone

金属离子	方法	I	$\lg\beta$
H^+	ex		HL 6.23
Cu^{2+}	pot	0.1	CuL 6.55；CuL_2 13
Ni^{2+}	pot		NiL_2 10.0
Sc^{3+}	ex	0.1	ScL 7.1

硫脲 thiourea,L

金属离子	方法	I	$\lg\beta$
H^+	pot	0.01	HL 2.03
Ag^+	pot	0	AgL_3 13.05
Bi^{3+}		0.1	BiL_6 11.9
Cd^{2+}	pol	0.1	CdL 1.38；CdL_2 1.71；CdL_3 1.60；CdL_4 3.55
Cu^{2+}	pol	0.1	CuL_4 15.4
Hg^{2+}		0.1	HgL_2 22.1；HgL_3 24.7；HgL_4 26.8
Pb^{2+}	pol	0.1	PbL 0.6；PbL_2 1.04；PbL_3 0.98；PbL_4 2.04

金属离子	方法	I	$\lg\beta$

邻巯基苯甲酸(硫代水杨酸)　thiosalicylic acid

$$\begin{array}{c}\text{—SH}\\\text{—COOH}\end{array}$$

金属离子	方法	I	$\lg\beta$
H^+	pot	0.1	HL 9.96;H_2L 14.88(50% 二噁烷)
Co^{2+}	pot	0.1	CoL 6.03;CoL_2 10.47(45%乙醇;30℃)
Fe^{2+}	pot	0.1	FeL 5.45;FeL_2 9.86(45%乙醇;30℃)
Mn^{2+}	pot	0.1	MnL 5.04;MnL_2 9.09(45%乙醇;30℃)
Ni^{2+}	pot	0.1	NiL 7.08;NiL_2 11.54(45%乙醇;30℃)
Zn^{2+}	pot	0.1	ZnL 8.45;ZnL_2 14.4(45%乙醇;30℃)

D-山梨糖醇　D-sorbitol,L

$$HO—CH_2—(CHOH)_4—CH_2OH$$

金属离子	方法	I	$\lg\beta$
$B(OH)_4^-$	pot	0.1	$B(H_{-2}L)_2^-$ 5.65
$HGeO_3^-$	pot	0.1	$HGeO(H_{-2}L)_2^-$ 5.09

水杨酸(邻羟基苯甲酸)　salicylic acid

$$\begin{array}{c}\text{—OH}\\\text{—COOH}\end{array}$$

金属离子	方法	I	$\lg\beta$
H^+	pot	0.1	HL 13.6;H_2L 16.6
Al^{3+}	sp	0	AlL 14.1
Be^{2+}	pot	0.1	BeL 12.37;BeL_2 22.0
Ca^{2+}	i	0.16	CaHL 13.8
Cd^{2+}	pot	0.15	CdL 5.55
Ce^{3+}	pot	0.1	CeHL 16.26
Co^{2+}	pot	0.15	CoL 6.72;CoL_2 11.42
Cu^{2+}	pot	0.15	CuL 10.6;CuL_2 18.45
Fe^{2+}	pot	0.15	FeL 6.55;FeL_2 11.25
Fe^{3+}	sp	0.25	FeL 16.48;FeL_2 28.16;FeL_3 36.84
La^{3+}	pot	0.1	LaHL 16.24
Mn^{2+}	pot	0.15	MnL 5.9;MnL_2 9.8
Nd^{3+}	pot	0.1	NdHL 16.30
Ni^{2+}	pot	0.15	NiL 6.95;NiL_2 11.75
Th^{4+}	ex	0.1	ThL 4.25;ThL_2 7.55;ThL_3 10.0;ThL_4 11.55
TiO^{2+}	sp	0.1	TiOL 15.66;$TiOL_2$ 24.36
UO_2^{2+}	ex	0.1	UO_2HL 15.8;UO_2H_2L 13;UO_2H_3L 9.1;$UO_2(OH)L$ 12.1
VO^{2+}	pot	0.1	VOL 13.38
Zn^{2+}	pot	0.15	ZnL 6.85

搔洛铬紫 R　solochrome violet R

$$\begin{array}{c}\text{OH}\\\text{OH}\quad N=N\\\\SO_3H\end{array}$$

金属离子	方法	I	$\lg\beta$
H^+	sp	0	HL 13.04;H_2L 20.07
Al^{3+}	sp	0	AlL 18.4;AlL_2 31.60
Ca^{2+}	sp	0	CaL 6.6;CaL_2 9.6

金属离子	方法	I	$\lg\beta$
搔洛铬紫 R solochrome violet R			
Cr^{3+}	sp	0	CrL_2 17.25(75℃)
Cu^{2+}	sp	0	CuL 21.8
Mg^{2+}	sp	0	MgL 8.6;MgL_2 13.6
Ni^{2+}	sp	0	NiL 15.9;NiL_2 26.35
Pb^{2+}	sp	0	PbL 12.5;PbL_2 17.8
Zn^{2+}	sp	0	ZnL 13.5;ZnL_2 20.9
丁二酸(琥珀酸) succinic acid,H_2L $HOOC-CH_2-CH_2-COOH$			
H^+	pot	0.1	HL 5.28;H_2L 9.28
Be^{2+}	pot	0.15	BeL 4.69;BeL_2 6.43
Ca^{2+}	pot	0.1	CaL 1.20;$CaHL$ 5.82
Co^{2+}	pot	0.1	CoL 1.70;$CoHL$ 6.27
Cr^{3+}	pot	0.1	CrL 6.42;CrL_2 10.99;CrL_3 13.85
Cu^{2+}	pot	0.1	CuL 2.93;$CuHL$ 6.98
La^{3+}	i	0.15	$LaHL$ 6.76;LaH_2L_2 13.24
Lu^{3+}	i	0.15	$LuHL$ 7.04;LuH_2L_2 13.62
Sm^{3+}	i	0.15	$SmHL$ 7.28;SmH_2L_2 13.96
Zn^{2+}	pot	0.1	ZnL 1.76;$ZnHL$ 6.24
邻苯二酚紫 pyrocatechol violet,H_4L			

金属离子	方法	I	$\lg\beta$
H^+	pot		HL 11.7;H_2L 21.5;H_3L 29.3
Bi^{3+}			BiL 27.1;Bi_2L 32.3
Th^{4+}			ThL 23.4;Th_2L 27.8
丙酮酸(2-氧代丙酸) pyruvic acid,HL			

金属离子	方法	I	$\lg\beta$
H^+	pot	0.5	HL 2.35
Mn^{2+}	pot	0.5	MnL 1.26
Ni^{2+}	pot	0.5	NiL 1.12;NiL_2 0.46
Zn^{2+}	pot	0.5	ZnL 1.26;ZnL_2 1.98
喹啉-2-羧酸(喹啉酸-[2]) quinoline-2-carboxylic acid,HL			

金属离子	方法	I	$\lg\beta$
H^+	pot	0.1	HL 4.92
Ba^{2+}	pot	0	BaL 1.20
Ca^{2+}	pot	0	CaL 1.42;CaL_2 4.41
Cd^{2+}	pot	0	CdL 4.12;CdL_2 10.95

续表

金属离子	方法	I	$\lg\beta$
喹啉-2-羧酸(喹啉酸-[2]) quinoline-2-carboxylic acid, HL			
Co^{2+}	pot	0	CoL 4.49; CoL$_2$ 12.72
Cu^{2+}	pot	0	CuL 5.91
Fe^{2+}	pot	0	FeL 3.92; FeL$_2$ 11.59
Mg^{2+}	pot	0	MgL 1.37; MgL$_2$ 3.92
Mn^{2+}	pot	0	MnL 2.96; MnL$_2$ 8.88
Ni^{2+}	pot	0	NiL 4.95; NiL$_2$ 13.60
Pb^{2+}	pot	0	PbL 3.95; PbL$_2$ 10.97
Sr^{2+}	pot	0	SrL 1.24
Zn^{2+}	sp	0	ZnL 4.17

水杨醛肟 salicylaldoxime, H$_2$L

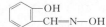

金属离子	方法	I	$\lg\beta$
H^+	pot	0	HL 12.1; H$_2$L 21.29; H$_3$L 22.66
Ba^{2+}	pot	0	BaHL 12.64; BaH$_2$L$_2$ 27.9
Ca^{2+}	pot	0	CaHL 13.03; CaH$_2$L$_2$ 27.9
Co^{2+}	pot	0	CoH$_2$L$_2$ 32.3
Cu^{2+}	sp	0	CuH$_2$L$_2$ 28.4
Fe^{2+}	pot	0.1	FeHL 21.48; FeH$_2$L$_2$ 31.55(75% 二噁烷)
Mg^{2+}	pot	0	MgHL 12.74; MgH$_2$L$_2$ 26.5
Mn^{2+}	pot	0.1	MnHL 17.9; MnH$_2$L$_2$ 30.3(75% 二噁烷)
Ni^{2+}	sp		NiH$_2$L$_2$ 27.97
Sr^{2+}	pot	0	SrH$_2$L$_2$ 27.97
Zn^{2+}	pot	0.1	ZnHL 18.4; ZnH$_2$L$_2$ 31.4(75% 二噁烷)

吡啶 pyridine, L

金属离子	方法	I	$\lg\beta$
H^+	pot	0.5	HL 5.21
Ag^+	pot	0.5	AgL 2.01; AgL$_2$ 4.16
Cd^{2+}	pot	0.5	CdL 1.27; CdL$_2$ 2.07
Co^{2+}	pot	0.5	CoL 1.14; CoL$_2$ 1.54
Cu^{2+}	pot	0.5	CuL 2.41; CuL$_2$ 4.29; CuL$_3$ 5.43; CuL$_4$ 6.03
Fe^{2+}	pot	0.5	FeL 0.7; FeL$_4$ 6.7
Hg^{2+}	pot	0.5	HgL 5.1; HgL$_2$ 10.0; HgL$_3$ 10.4
Mn^{2+}	pot	0.5	MnL 0.14
Ni^{2+}	pot	0.5	NiL 1.78; NiL$_2$ 2.83; NiL$_3$ 3.14
Zn^{2+}	pot	0.5	ZnL 0.95; ZnL$_2$ 1.45

吡啶-2-醛肟 pyridine-2-aldoxime, HL

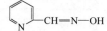

金属离子	方法	I	$\lg\beta$
H^+	pot	0.3	HL 10.0; H$_2$L 13.4
Co^{2+}	pot	0.3	CoL 8.6; CoL$_2$ 17.2
Cu^{2+}	pot	0.3	CuL 8.9; CuL$_2$ 14.55
Fe^{2+}	sp	0.3	FeL$_3$ 24.85
Mn^{2+}	pot	0.3	MnL 5.2; MnL$_2$ 9.1
Ni^{2+}	pot	0.3	NiL 9.4; NiL$_2$ 16.5; NiL$_3$ 22.0
Zn^{2+}	pot	0.3	ZnL 5.8; ZnL$_2$ 11.1

金属离子	方法	I	$\lg\beta$

吡啶-2,6-二羧酸（二皮考啉酸） pyridine-2,6-dicarboxylic acid, H_2L

金属离子	方法	I	$\lg\beta$
H^+	pot	0.1	HL 4.67; H_2L 6.91
Al^{3+}	pot	0.5	AlL 4.87; AlL_2 8.32
Ba^{2+}	pot	0.1	BaL 3.43
Ca^{2+}	pot	0.1	CaL 4.60; CaL_2 7.20
Cu^{2+}	pot	0.1	CuL 17.1; CuH_2L_2 18.76
Fe^{3+}	pot	0.1	FeL_2 16.74
Mg^{2+}	pot	0.1	MgL 2.32
Sr^{2+}	pot	0.1	SrL 3.80; SrL_2 5.50

邻苯二酚 pyrocatechol, H_2L

金属离子	方法	I	$\lg\beta$
H^+	pot	1	HL 13.05; H_2L 22.28
Al^{3+}	pot	0.2	AlL 16.56; AlL_2 32.20; AlL_3 45.85
$B(OH)_4^-$	pot	0.1	$K[B(OH)_4^- + H_2L \rightarrow B(OH)_2L]$ 3.92; $K[B(OH)_4^- + 2H_2L \rightarrow BL_2^-]$ 4.26
Be^{2+}	pot	0.1	BeL 13.52; BeL_2 23.35; $BeHL$ 18.05; $BeHL_2$ 29.55
Cd^{2+}	pot	0.1	CdL 7.70
Co^{2+}	pot	1	CoL 8.32; CoL_2 14.74
Cu^{2+}	pot	1	CuL 13.60; CuL_2 24.93
Fe^{2+}	pot	1	FeL 7.95; FeL_2 13.49; $FeHL$ 16.57
Mg^{2+}	pot	0.1	MgL 5.24
Mn^{2+}	pot	1	MnL 7.47; MnL_2 12.75; $MnHL$ 15.87
Ni^{2+}	pot	1	NiL 8.77
Zn^{2+}	pot	1	ZnL 9.54; ZnL_2 17.51

酚酞氨羧配位体（金属铁） phthalein complexone, H_6L

金属离子	方法	I	$\lg\beta$
H^+	pot	0.1	HL 12.01; H_2L 23.36; H_3L 31.19; H_4L 38.16; H_5L 41.06; H_6L 43.26
Ba^{2+}	pot	0.1	BaL 6.2; $BaHL$ 16.81; BaH_2L 25.6; BaH_3L 32.5; Ba_2L 11.4
Ca^{2+}	pot	0.1	CaL 7.8; $CaHL$ 18.9; CaH_2L 25.56; CaH_3L 33.5; Ca_2L 12.8
Mg^{2+}	pot	0.1	MgL 8.9; $MgHL$ 19.5; MgH_2L 26.96; MgH_3L 33.4; Mg_2L 11.9
Zn^{2+}	pot	0.1	ZnL 15.1; $ZnHL$ 25.8; ZnH_2L 33.56; ZnH_3L 37.2; Zn_2L 24.9; Zn_2HL 30.8

皮考啉酸（吡啶-2-羧酸） picolinic acid, HL

金属离子	方法	I	$\lg\beta$
H^+	pot	0.1	HL 5.23; H_2L 6.25
Ag^+	pot	0.1	AgL 3.4; AgL_2 5.9

金属离子	方法	I	$\lg\beta$
			皮考啉酸（吡啶-2-羧酸） picolinic acid，HL
Ba^{2+}	pot	0.1	BaL 1.65
Ca^{2+}	pot	0.1	CaL 1.81
Cd^{2+}	pot	0.1	CdL 4.55；CdL_2 8.16；CdL_3 10.76
Co^{2+}	pot	0.1	CoL 5.74；CoL_2 10.44；CoL_3 14.09
Cr^{3+}	sp	0.5	CrL_2 10.22
Cu^{2+}	pot	0.1	CuL 7.95；CuL_2 14.95
Dy^{3+}	pot	0.1	DyL 4.22；DyL_2 7.76；DyL_3 10.8
Er^{3+}	pot	0.1	ErL 4.28；ErL_2 7.86；ErL_3 10.9
Eu^{3+}	pot	0.1	EuL 4.07；EuL_2 7.48；EuL_3 10.6
Fe^{2+}	pot	0.1	FeL 4.90；FeL_2 9.0；FeL_3 12.3
Fe^{3+}	pot	0.1	FeL_2 12.8；$Fe(OH)L_2$ 23.84；$Fe_2(OH)_2L_4$ 50.76
Gd^{3+}	pot	0.1	GdL 4.03；GdL_2 7.34；GdL_3 10.5
Hg^{2+}	pot	0.1	HgL 7.7；HgL_2 15.4
La^{3+}	pot	0.1	LaL 3.54；LaL_2 6.28；LaL_3 8.9
Mg^{2+}	pot	0.1	MgL 2.2
Mn^{2+}	pot	0.1	MnL 3.57；MnL_2 6.32；MnL_3 8.1
Nd^{3+}	pot	0.1	NdL 3.88；NdL_2 6.92；NdL_3 10.0
Ni^{2+}	pot	0.1	NiL 6.8；NiL_2 12.58；NiL_3 17.22
Pb^{2+}	pot	0.1	PbL 4.58；PbL_2 7.92
Sr^{2+}	pot	0.1	SrL 1.7
Zn^{2+}	pot	0.1	ZnL 5.3；ZnL_2 7.62；ZnL_3 9.92
			苦味酸（三硝基苯酚） picric acid，HL

金属离子	方法	I	$\lg\beta$
H^+	sp		HL 2.3
Al^{3+}	sp		AlL 1.05；AlL_3 3.12
Ca^{2+}	sp		CaL_2 2.48
Ce^{3+}	sp		CeL 1.05；CeL_3 3.09
Cu^{2+}	sp		CuL 2.7
Fe^{3+}	sp		FeL 1.8；FeL_3 3.10
Mg^{2+}	sp		MgL_2 2.43
Ni^{2+}	sp		NiL_2 2.89
Zn^{2+}	sp		ZnL_2 2.92
			4-(2-吡啶偶氮)-间苯二酚（PAR） 4-(2-pyridylazo)-resorcinol，H_2L

金属离子	方法	I	$\lg\beta$
H^+	sp		HL 11.9；H_2L 17.5；H_3L 20.6
Al^{3+}	sp	0.1	AlL 11.5
Bi^{3+}	sp		BiHL 30.1

金属离子	方法	I	$\lg\beta$
4-(2-吡啶偶氮)-间苯二酚(PAR)　4-(2-pyridylazo)-resorcinol, H_2L			
Cd^{2+}	sp		CdL_2 21.6；$CdHL$ 23.4
Co^{2+}	pot		CoL 10.0；CoL_2 17.1
Cu^{2+}	sp		CuL_2 38.2；$CuHL$ 29.4
Dy^{3+}	sp	0.1	DyL 10.6；$DyHL$ 23.4
Er^{3+}	sp	0.1	ErL 10.1；$ErHL$ 23.2
Ga^{3+}	sp	0.1	GaL_2 30.3；$GaHL$ 26.8
In^{3+}			InL 9.6；InL_2 19.2
Mn^{2+}	pot		MnL 9.7；MnL_2 18.9
Nd^{3+}	sp	0.1	NdL 9.8；$NdHL$ 23.30
Ni^{2+}	pot		NiL 13.2；NiL_2 26.0
Pb^{2+}	pot		PbL_2 26.6；$PbHL$ 24.8
Pr^{3+}	sp	0.1	PrL 9.3；$PrHL$ 22.7
Sm^{3+}	sp	0.1	SmL 10.1；$SmHL$ 23.6
Tl^{3+}			TlL 9.8；TlL_2 19.6
UO_2^{2+}	pot		UO_2L 12.5；UO_2L_2 20.9
Y^{3+}	sp	0.1	YL 9.1；YHL 22.4
Yb^{3+}	sp	0.1	YbL 10.2；$YbHL$ 23.3
Zn^{2+}	sp	0.1	ZnL_2 25.3；$ZnHL$ 24.5
五乙烯六胺　pentaethylenehexamine, L			
$H_2N-(CH_2)_2-NH-(CH_2)_2-NH-(CH_2)_2-NH-(CH_2)_2-NH-(CH_2)_2-NH_2$			
H^+	pot	0.1	HL 10.28；H_2L 20.06；H_3L 29.28；H_4L 37.92
Cd^{2+}	pot	0.1	CdL 16.8；$CdHL$ 23.3
Co^{2+}	pot	0.1	CoL 15.75；$CoHL$ 22.7
Cu^{2+}	pot	0.1	CuL 22.44；$CuHL$ 30.6；CuH_2L 33.7；CuH_3L 37.4
Fe^{2+}	pot	0.1	FeL 11.2；$FeHL$ 19.9
Hg^{2+}	pot	0.1	HgL 29.59；$HgHL$ 38.13；HgH_2L 43.6
Mn^{2+}	pot	0.1	MnL 9.37
Ni^{2+}	pot	0.1	NiL 19.30；$NiHL$ 26.07；NiH_2L 30.5
Zn^{2+}	pot	0.1	ZnL 16.24；$ZnHL$ 24.4
苯酚　phenol, HL			
OH			
H^+	pot	0.1	HL 9.62
Fe^{3+}	sp	0.03	FeL 8.11
La^{3+}	sp	0.1	LaL 1.51
UO_2^{2+}	pot	0.1	UO_2L 5.8
Y^{3+}	sp	0.1	YL 2.40
邻苯二甲酸　phthalic acid, H_2L			
—COOH —COOH			
H^+	pot	0.1	HL 4.92；H_2L 7.68
Ba^{2+}	cond	0	BaL 2.33
Ca^{2+}	cond	0	CaL 2.43
Cd^{2+}	pot	0.1	CdL 2.5
Cr^{3+}	pot	0.1	CrL 5.52；CrL_2 10.0；CrL_3 12.48
Cu^{2+}	pot	0.1	CuL 3.1
Ni^{2+}	pot	0.1	NiL 2.1
Zn^{2+}	pot	0.1	ZnL 2.2

金属离子	方法	I	$\lg\beta$

亚硝基-2-羟基萘-3,6-二磺酸　nitroso-R acid, H_3L

金属离子	方法	I	$\lg\beta$
H^+	pot	0.1	HL 6.9
Cd^{2+}	pot	0.1	CdL 3.4;CdL_2 6.0
Cu^{2+}	pot	0.1	CuL 7.7;CuL_2 15.0
La^{3+}	pot	0.1	LaL 4.37;LaL_2 7.83;LaL_3 11.24
Mn^{2+}	pot	0.1	MnL 2.7
Ni^{2+}	pot	0.1	NiL 6.9;NiL_2 12.5;NiL_3 17.3
Pb^{2+}	pot	0.1	PbL 4.64;PbL_2 7.37
Y^{3+}	pot	0.1	YL 4.48;YL_2 7.83;YL_3 11.29
Zn^{2+}	pot	0.1	ZnL 4.5;ZnL_2 7.1

草酸　oxalic acid, H_2L

$$\begin{array}{c} HCOOH \\ | \\ HCOOH \end{array}$$

金属离子	方法	I	$\lg\beta$
H^+	pot	0.1	HL 3.8;H_2L 5.2
Al^{3+}	pot	0	AlL_2 13;AlL_3 16.3
Ag^+	pot		AgL 2.41
Be^{2+}	pot	0.15	BeL 4.08;BeL_2 5.91
Ca^{2+}	pot	0.1	CaL 3.0
Cd^{2+}	pot	0	CdL 4.0;CdL_2 5.77
Ce^{3+}	sol	0	CeL 6.52;CeL_2 10.48;CeL_3 11.3
Co^{2+}	i	0.16	CoL 3.72;CoL_2 6.03;$CoHL$ 5.46;CoH_2L_2 10.51
Cu^{2+}	pot	0.1	CuL 4.8;CuL_2 8.4;$CuHL$ 6.3
Eu^{2+}	ex	1	EuL 4.77;EuL_2 8.72;EuL_3 11.4
Fe^{2+}	pol	0.5	FeL_2 4.52;FeL_3 5.22
Fe^{3+}	pot	0.5	FeL 7.53;FeL_2 13.64;FeL_3 18.49
Gd^{3+}	ex	0.5	GdL 4.78;GdL_2 8.68
Hg_2^{2+}	pot	2.5	Hg_2L 6.98;$Hg_2(OH)L$ 13.04
In^{3+}	i		$InHL$ 6.88
Lu^{3+}	ex	0.1	LuL 5.11;LuL_2 9.2;LuL_3 12.79
Mg^{2+}	pot	0.5	MgL 2.4
Mn^{2+}	sol	0	MnL 3.82;MnL_2 5.25
Mn^{3+}	kin	2	MnL 9.98;MnL_2 16.57;MnL_3 19.42
Ni^{2+}		1	NiL 4.1;NiL_2 7.2;NiL_3 8.5
Nd^{3+}		0	NdL 7.21;NdL_2 11.51
Pb^{2+}	sol	0	PbL_2 6.54
Sc^{3+}	ex	0	ScL_3 16.28
TiO^{2+}	sp		$TiOL$ 6.60;$TiOL_2$ 9.90
Tl^{3+}	ex	0.1	TiL_3 16.9
UO_2^{2+}		0.5	UO_2HL 6.65;$UO_2H_2L_2$ 9.5
VO^{2+}			VOL_2 12.5
Zn^{2+}	i	0.1	ZnL 3.88;ZnL_2 6.40;$ZnHL$ 5.5;ZnH_2L_2 10.72

金属离子	方法	I	$\lg\beta$

1-(2-吡啶偶氮)-2 萘酚(PAN,HL)　1-(2-pyridylazo)-2-naphthol,HL

金属离子	方法	I	$\lg\beta$
H^+	pot		HL 12. 2;H_2L 14. 1
Co^{2+}	sp	0. 05	CoL 12. 15;CoL_2 24. 16
Cu^{2+}	sp		CuL 16
Eu^{3+}	ex	0. 05	EuL 12. 39;EuL_2 23. 80;EuL_3 34. 23;EuL_4 43. 68
Ho^{3+}	ex	0. 05	HoL 12. 76;HoL_2 24. 36;HoL_3 34. 80;HoL_4 44. 08
Mn^{2+}	pot		MnL 8. 5;MnL_2 16. 4
Ni^{2+}	pot		NiL 12. 7;NiL_2 25. 3
Zn^{2+}	pot		ZnL 11. 2;ZnL_2 21. 7

甲基百里酚蓝　metalphthalein,H_6L

金属离子	方法	I	$\lg\beta$
H^+	pot	0. 2	HL 13. 4;H_2L 24. 6;H_3L 32. 0;H_4L 35. 8;H_5L 39. 1;H_6L 42. 1
Fe^{3+}	sp	0. 1	FeH_2L 43. 3;FeH_6L_2 85. 7
La^{3+}	sp	0. 2	La_2L_2 35. 8;$La_2(OH_2)_2L_2$ 23. 2
Y^{3+}	sp	0. 2	$Y_2H_2L_2$ 50. 4;Y_2HL_2 42. 4;Y_2L_2 32. 9

紫脲酸铵　murexide,H_5L

金属离子	方法	I	$\lg\beta$
H^+	sp	0. 1	HL 10. 9;H_2L 20. 1;H_3L 20. 1
Ca^{2+}	sp	0. 1	CaL 5. 0;CaHL 14. 5;CaH_2L 22. 7
Ce^{3+}	sp	0. 1	CeH_2L 23. 75
Cd^{2+}	sp	0. 1	CdH_2L 24. 3
Co^{2+}	sp	0. 1	CoH_2L 22. 56
Cu^{2+}	sp	0. 1	CuH_2L 25. 1
Dy^{2+}	sp	0. 1	DyH_2L 23. 88
Er^{3+}	sp	0. 1	ErH_2L 23. 58
Eu^{3+}	sp	0. 1	EuH_2L 24. 27
Gd^{3+}	sp	0. 1	GdH_2L 24. 18

续表

金属离子	方法	I	$\lg\beta$
			紫脲酸铵　murexide, H_5L
Ho^{3+}	sp	0.1	HoH_2L 23.81
In^{3+}	sp	0.1	InH_2L 24.71
La^{3+}	sp	0.1	LaH_2L 23.53
Lu^{3+}	sp	0.1	LuH_2L 23.55
Nd^{3+}	sp	0.1	NdH_2L 24.14
Ni^{2+}	sp	0.1	NiH_2L 23.46
Pr^{3+}	sp	0.1	PrH_2L 23.88
Sc^{3+}	sp	0.1	ScH_2L 24.60
Sm^{3+}	sp	0.1	SmH_2L 24.30
Tb^{3+}	sp	0.1	TbH_2L 24.05
Tm^{3+}	sp	0.1	TmH_2L 23.46
Y^{3+}	sp	0.1	YH_2L 23.46
Yb^{3+}	sp	0.1	YbH_2L 23.51
Zn^{2+}	sp	0.1	ZnH_2L 23.2
			D-甘露糖醇　D-mannito, L $CH_2OH-(CHOH)_4-CH_2OH$
$As(OH)_4^-$	pot	0.1	$As(OH)_2(H_{-2}L)^-$ 0.85
$B(OH)_4^-$	pot	0.1	$B(OH)_2(H_{-2}L)^-$ 4.08; $B(H_{-2}L)_2^-$ 4.8
$HGeO_3^-$	pot	0.1	$HGeO(H_{-2}L)_2^-$ 4.53

附录Ⅱ　混合配体配合物的稳定常数 $\lg\beta_{ij}$ 和重配常数 $\lg K_r$

配合物	$\lg\beta_{ij}$	$\lg K_r$	配合物	$\lg\beta_{ij}$	$\lg K_r$
Ag^+			$[AgI(S_2O_3)_2]^{4-}$		0.17
$[AgCl_3Br]^{3-}$	7.91	1.85	$[AgBr_3(S_2O_3)]^{4-}$	9.99	
$[AgI_3Br]^{3-}$	13.89	0.85	$[AgI_3(S_2O_3)]^{4-}$	13.52	
$[AgBr_3Cl]^{3-}$	9.48	1.47	$[Ag(CN)_2(S_2O_3)_2]^{5-}$	18.15	
$[AgI_2Br]^{2-}$	13.47	1.11	$[Ag(CN)_2(S_2O_3)]^{3-}$	21.28	
$[AgBr_2I]^{2-}$	12.31	1.68	$[Ag(NH_3)Cl]$	6.3	0.10
$[AgCl_2I]^{2-}$	7.57	-0.72	$[Ag(NH_3)Br]$	7.6	0.30
$[AgI(SCN)]^-$	12.15	0.5	$[Ag(NH_3)(SCN)]$		2.68
$[AgCl(SCN)_3]^{3-}$	9.94	0.74	$[Ag(NH_3)(CN)]$		0.82
$[AgBr(SCN)_3]^{3-}$	10.78	0.80	$[Ag(NH_3)Cl_2]^-$	6.46	
$[AgI(SCN)_3]^{3-}$	13.96	2.64	$[Ag(NH_3)_2Cl]$	7.0	
$[AgCl(S_2O_3)]^{2-}$	10.16	0.80	$[Ag(NH_3)Br_2]^-$	7.77	
$[AgBr(S_2O_3)]^{2-}$	12.39	1.80	$[Ag(NH_3)_2Br]$	7.55	
$[AgI(S_2O_3)]^{2-}$	14.57	0.0	$[Ag(NH_3)Br_3]^{2-}$	8.2	
$[AgCl(S_2O_3)_2]^{4-}$		0.51	$[Ag(NH_3)_2Br_2]^-$	7.6	
$[AgBr(S_2O_3)_2]^{4-}$		0.62	$[Ag(NH_3)_2(P_2O_7)]^{3-}$	~ 4.75	

续表

配 合 物	$\lg\beta_{ij}$	$\lg K_r$	配 合 物	$\lg\beta_{ij}$	$\lg K_r$
$[Ag(NH_3)_2(BrO_3)]$	-4.5		$[Cd(thio)_2(Py)]^{2+}$	4.86	
$[Ag(NH_3)_2(IO_3)]$	-4.5		$[Cd(thio)(Py)_3]^{2+}$	4.74	
$[Ag(NH_3)_2Cl_2]^-$	-4.5		$[Cd(tea)_2(OH)]^+$	8	
$[Ag(SO_3)_2Cl]^{4-}$	7.83	0.32	$[Cd(tea)_2(OH)_2]$	11	
$[Ag(SO_3)Cl_2]^{3-}$	7.13		$[Cd(tea)(OH)_3]^-$	11.7	
$[Ag(SO_3)_2(CN)]^{4-}$	11.10		$[Cd(tea)_2(OH)_3]^-$	13.1	
$[Ag(SO_3)_2(CN)_2]^{5-}$	14.40		$[Cd(tea)_2(PO_4)_2]^{4-}$	9.7	
$[Ag(En)_2(CN)]$	10.57		$[Cd(tea)(CO_3)]$	5.2	
$[Ag(En)_2(CN)_2]^-$	14.14		$[Cd(tea)_2(CO_3)]$	6.2	
$[Ag(En)(C_2O_4)]^-$	7.21		$[Cd(tea)_2(CO_3)_2]^{2-}$	6.5	
$[Ag(NH_3)(NO_2)]$	8.40		$[Cd(C_2O_4)(En)]$	8.29	0.60
$[Ag(En)_2Cl]$	7.38		$[Cd(C_2O_4)(En)_2]$	11.24	1.25
$[Ag(En)_2Cl_2]^-$	7.05		$[Cd(C_2O_4)_2(En)]^{2-}$	9.49	1.72
$[Ag(En)_2Cl_3]^{2-}$	6.45		$[Cd(S_2O_3)_2Cl_2]^{4-}$	5.68	0.53
Au^{3+}			$[Cd(S_2O_3)_2Br_2]^{4-}$	6.17	0.7
$[AuCl_3Br]^-$		0.58	$[Cd(S_2O_3)_2(SCN)_2]^{4-}$	5.6	0.75
$[AuCl_2Br_2]^-$	3.57	0.68	$[Cd(NTA)]^-$	9.54	
$[AuClBr_3]^-$		0.43	$[Cd(NTA)(Cl)]^{2-}$	9.99	
$[Au(OH)_3Cl]^-$		1.33	$[Cd(NTA)(Br)]^{2-}$	10.06	
		(1.50)	$[Cd(NTA)(I)]^{2-}$	10.63	
$[Au(OH)_2Cl_2]^-$		1.75	$[Cd(NTA)(Cl)_2]^{3-}$	9.94	
$[Au(OH)Cl_3]^-$		1.09	$[Cd(HNTA)(Cl)_3]^{3-}$	13.49	1.18
$[AuCl_4]^-$	26		$[Cd(NTA)(Br)_2]^{3-}$	10.26	
$[Au(CN)_4]^-$	56		$[Cd(NTA)(I)_2]^{3-}$	11.13	
$[Au(SCN)_2]^+$	42		$[Cd(Ida)]$	5.35	
$[Au(NH_3)_4]^{3+}$	30		$[Cd(Ida)(Cl)]^-$	6.15	
Au^+			$[Cd(Ida)(Br)]^-$	6.44	
$[Au(SO_3)_2]^{3-}$	约 30		$[Cd(Ida)(I)]^-$	6.68	
$[Au(CN_2)]^-$	38.3		$[Cd(Ida)(Cl)_2]^{2-}$	6.41	
$[Au(NH_3)_2]^+$	27		$[Cd(Ida)(Br)_2]^{2-}$	6.71	
$[Au(SCN)_2]^-$	25		$[Cd(Ida)(I_2)]^{2-}$	7.45	
Cd^{2+}			$[Cd(HIda)Cl_3]^{2-}$	12.46	
$[Cd(thio)_3Cl]^+$	4.44		$[Cd(HIda)Br_3]^{2-}$	12.99	
$[Cd(thio)_2Cl_2]$	4.83		$[Cd(HIda)I_3]^{2-}$	13.91	
$[Cd(thio)_3Br]^+$	4.48		$[Cd(HNTa)Br_3]^{3-}$	14.46	1.37
$[Cd(thio)_2Br_2]$	4.89		$[Cd(HNTa)I_3]^{3-}$	16.58	1.70
$[Cd(thio)_3I]^+$	5.14		$[Cd(edta)Cl]^{3-}$	15.75	
$[Cd(thio)_2I_2]$	5.52		$[Cd(Hedta)Cl_2]^{3-}$	18.68	
$[Cd(thio)I_3]^-$	5.62		$[Cd(H_2edta)Cl_3]^{3-}$	20.44	
$[Cd(thio)_3(SCN)]^+$	5.48		$[Cd(C_2O_4)_3]^{4-}$	5.27	
$[Cd(thio)_2(SCN)_2]$	5.34		$[Cd(C_2O_4)_2Cl]^{3-}$	5.09	
$[Cd(thio)_3(NH_3)]^{2+}$	6.10		$[Cd(C_2O_4)_2Cl_2]^{4-}$	4.66	
$[Cd(thio)_2(NH_3)_2]^{2+}$	7.26				
$[Cd(thio)(NH_3)_3]^{2+}$	8.06				
$[Cd(thio)_3(Py)]^{2+}$	4.8				

配 合 物	$\lg\beta_{ij}$	$\lg K_r$	配 合 物	$\lg\beta_{ij}$	$\lg K_r$
$[Cd(C_2O_4)_2Br]^{3-}$	5.35		$[Cu(mda)(Py)]$	11.44	
$[Cd(C_2O_4)_2Br_2]^{4-}$	5.08		$[Cu(mda)(NH_3)]$	13.27	
$[Cd(C_2O_4)_2I]^{3-}$	5.38		$[Cu(Ida)(En)]$	19.32	
$[Cd(C_2O_4)_2I_2]^{4-}$	6.22		$[Cu(Ida)(H_2O)]^-$	11.86	
$[Cd(C_2O_4)_2(thio)]^{2-}$	5.69		$[Cu(Ida)(Py)]^-$	12.47	
$[Cd(C_2O_4)_2(thio)_2]^{2-}$	6.74		$[Cu(Ida)(NH_3)]^-$	13.70	
$[Cd(C_2O_4)_2(SCN)]^{3-}$	5.15		$[Cu(NTA)(H_2O)]^-$	12.68	
$[Cd(C_2O_4)_2(SCN)_2]^{4-}$	5.01		$[Cu(NTA)(Py)]^-$	13.03	
$[Cd(C_2O_4)_2(S_2O_3)]^{4-}$	5.71		$[Cu(NTA)(NH_3)]^-$	14.64	
$[Cd(C_2O_4)_2(S_2O_3)_2]^{6-}$	6.80		$[Cu(gly)]^+$	8.51	
$[Cd(OH)(P_2O_7)]^{3-}$	11.8		$[Cu(gly)(nca)]$	9.68	0.32
$[Cd(\beta\text{-ala})_3(OH)]$	7.20		$[Cu(dpy)]^{2+}$	8.27	
$[Cd(\beta\text{-ala})_2(CO_3)]$	6.60		$[Cu(dpy)(gly)]^+$	15.9	3.1
$[Cd(\beta\text{-ala})_2(NH_3)_4]$	7.98		$[Cu(dpy)(pcl)]$	21.37	
Cu^+			$[Cu(dpy)(tiron)]^{2-}$	23.41	
$[Cu(SO_3)_3Cl]^{6-}$	10.03		$[Cu(dpy)(sal)]$	19.18	
$[Cu(SO_3)_3Br]^{6-}$	9.77		$[Cu(dpy)(ssal)]^-$	18.13	
$[Cu(SO_3)_2Br_2]^{5-}$	9.67		$[Cu(dpy)(ddn)]^{2-}$	22.05	
$[Cu(SO_3)_2I]^{4-}$	10.33	1.27	$[Cu(phen)]^{2+}$	9.16	
$[CuI_4]^{3-}$	9.73		$[Cu(phen)(pic)]^+$	17.37	
$[Cu(SCN)_4]^{3-}$	10.48		$[Cu(phen)(soxin)]$	20.73	
$[CuI_3(SCN)]^{3-}$	10.45	0.53	$[Cu(pcl)]$	12.74	
$[CuI_2(SCN)_2]^{3-}$	10.95	0.84	$[Cu(tiron)]^{2-}$	14.27	
$[CuI(SCN)_3]^{3-}$	11.40	1.11	$[Cu(sal)]$	10.64	
$[CuI(SCN)]^-$	11.45	1.4	$[Cu(ssal)]^-$	9.41	
$[CuI(S_2O_3)]^{2-}$	12.51	1.85	$[Cu(ddn)]^{2-}$	13.44	
$[Cu(SCN)(S_2O_3)]^{2-}$	12.89	1.28	$[Cu(soxin)]$	11.92	
$[CuICl]^-$	9.54	2.22	$[Cu(NH_3)(Py)]^{2+}$	6.6	0.63
$[CuBrI]^-$	9.90		$[Cu(NH_3)_2(Py)]^{2+}$	9.86	0.48
$[Cu(SO_3)_2I_2]^{5-}$	10.22		$[Cu(NH_3)(Py)_2]^{2+}$	8.1	0.48
$[Cu(SO_3)_2I_3]^{4-}$	10.11		$[Cu(NH_3)_3(Py)]^{2+}$	11.62	0.60
Cu^{2+}			$[Cu(NH_3)_2(Py)]^{2+}$	10.83	0.78
$[Cu(En)(C_2O_4)]$	15.44	0.57	$[Cu(NH_3)(Py)_3]^{2+}$	9.09	0.62
$[Cu(En)(P_2O_7)]^{2-}$	17.65	1.1	$[Cu(NH_3)_2(P_2O_7)]^{2-}$	14.22	
$[Cu(En)(Ida)]$	19.32	1.0	$[Cu(gly)(NH_3)]^+$	14.85	1.5
$[Cu(En)(his)]^{2+}$	18.03	0.76	$[Cu(gly)(ssal)]^{2-}$	16.04	1.0
$[Cu(En)(sr)]^+$	16.87	0.38	$[Cu(ala)(gly)]$	15.60	0.8
$[Cu(En)(sal)]$	19.29	0.70	$[Cu(glc)(gly)]^-$	10.2	1.5
$[Cu(his)(sr)]^+$	16.27	1.47	$[Cu(OH)(P_4O_{11})]^{5-}$	13.30	
$[Cu(his)(sal)]$	18.54	1.33	$[Cu(OH)(edta)]^{3-}$	21.2	
$[Cu(sr)(sal)]^-$	16.55	0.12	$[Cu(OH)(P_2O_7)]^{3-}$	15.73	
$[Cu(Ida)(H_2O)]$	10.30		$[Cu(OH)(Py)]^+$	8.68	
$[Cu(Ida)(Py)]$	10.82		$[Cu(OH)(Py)_2]^+$	10.27	
$[Cu(Ida)(NH_3)]$	12.63		$[Cu(OH)(Py)_3]^+$	11.67	
$[Cu(mda)(H_2O)]$	11.05		$[Cu(CH_3COO)(SO_4)_2]^{3-}$	1.85	

配 合 物	$\lg\beta_{ij}$	$\lg K_r$	配 合 物	$\lg\beta_{ij}$	$\lg K_r$
$[Cu(CH_3COO)(SO_4)]^-$	1.6		$[Ni(Ida)(NH_3)]$	10.72	
$[Cu(H_2PO_4)(P_2O_7)]^{3-}$	13.08		$[Ni(Ida)(Py)_2]$	10.9	
$[Cu(ssal)_2(P_2O_7)]^{6-}$	13.96		$[Ni(Ida)(NH_3)_2]$	12.37	
$[Cu(mea)(OH)_2]$	17.4		$[Ni(Ida)(Py)_3]$	11.27	
$[Cu(mea)_2(OH)]^+$	14.6		$[Ni(Ida)(NH_3)_3]$	13.73	
$[Cu(mea)_2(OH)_2]$	19.6		$[Ni(Ida)(Py)(NH_3)]$	12.12	
$[Cu(mea)_3(OH)]^+$	17.1		$[Ni(Ida)(Py)_2(NH_3)]$	12.54	
$[Cu(dea)(OH)]^+$	18		$[Ni(Ida)(Py)(NH_3)_2]$	13.24	
$[Cu(dea)(OH)_2]$	18.2		$[Ni(Ida)(En)]$	15.98	
$[Cu(dea)_2(OH)_2]$	19.8(18)		$[Ni(Ida)(En)(Py)]$	16.46	
$[Cu(dea)(OH)_3]^-$	20		$[Ni(Ida)(En)(NH_3)]$	17.82	
$[Cu(tea)(OH)]^+$	11.9(12.5)		$[Ni(NTA)(H_2O)_2]^-$	11.26	
$[Cu(tea)(OH)_2]$	18.3		$[Ni(NTA)(Py)]^-$	12.47	
$[Cu(tea)(OH)_3]^-$	20.7		$[Ni(NTA)(NH_3)]^-$	13.76	
$[Cu(tea)_2(OH)_2]$	18.6		$[Ni(NTA)(Py)_2]^-$	13.21	
Fe^{2+}			$[Ni(NTA)(NH_3)_2]^-$	14.76	
$[Fe(OH)(cys)]$	12.7		$[Ni(NTA)(Py)(NH_3)]^-$	14.15	
$[Fe(OH)(NTA)]^{2-}$	12.2		$[Ni(edta)(H_2O)]^{2-}$	18.60	
$[Fe(OH)(HEDTA)]$	17.2		$[Ni(edta)(Py)]^{2-}$	18.39	
$[Fe(OH)(DTPA)]$	21.0		$[Ni(edta)(NH_3)]^{2-}$	19.90	
$[Fe(OH)(thioglyc)]$	12.38		$[Ni(Hedta)(H_2O)]^-$	17.0	
Fe^{3+}			$[Ni(Hedta)(NH_3)]^-$	19.0	
$[Fe(OH)(DCTA)]$	34.0		$[Ni(edda)(H_2O)]$	13.5	
$[Fe(tea)(OH)_4]^-$	41.2		$[Ni(edda)(NH_3)]$	15.5	
$[Fe(OH)(NTA)]^-$	25.8		$[Ni(NTA)(C_2O_4)]^{3-}$	13.43	
$[Fe(OH)(edta)]^{2-}$	31.6		$[Ni(NTA)(En)]^-$	18.40	
$[Fe(OH)(DTPA)]$	31.6		$[Ni(dien)(C_2O_4)]$	15.29	
$[Fe(OH)(HEDTA)]$	29.9		$[Ni(dien)(gly)]^+$	15.83	
$[Fe(OH)(pic)_2]$	23.84		$[Ni(En)(C_2O_4)]$	11.20	
$[Fe_2(OH)_2(pic)_4]$	50.76		$[Ni(NTA)(sal)]^{3-}$	14.29	
Hg^+			$[Ni(NTA)(pa)]^-$	16.44	
$[Hg_2(OH)(P_2O_7)]^{3-}$	15.6(16.11)		$[Ni(NH_3)_2(P_2O_7)]^{2-}$	8.25	
$[Hg_2(OH)(P_3O_{10})]^{4-}$	15.0		$[Ni(pyr)(gly)]$	8.09	
$[Hg_2(OH)(C_2O_4)]^-$	13.04		$[Ni(pyr)(gly)_2]^-$	13.00	
Hg^{2+}			$[Ni(pyr)_2(gly)_2]^{2-}$	15.29	
$[Hg(OH)(P_2O_7)]^{3-}$	17.45		$[Ni(\beta\text{-ala})(pyr)]$	8.34	
$[Hg(OH)(En)]^+$	23.8		$[Ni(\beta\text{-ala})_2(pyr)]^-$	11.95	
$[Hg(OH)(HEDTA)]$	25.7		$[Ni(\beta\text{-ala})_2(pyr)_2]^{2-}$	15.17	
$[Hg(OH)(DCTA)]$	27.8		$[Ni_2(tea)_2(OH)_2]^{2+}$	18.2	
$[Hg(NH_3)(edta)]^{2-}$	28.5		$[Ni(phen)(En)]^{2+}$	15.89	
$[Hg(NH_3)(HEDTA)]$	26.2		$[Ni(phen)(En)_2]^{2+}$	21.39	
$[Hg(CN)_2(NO_3)]^-$	33.5		$[Ni(phen)_2(En)]^{2+}$	23.69	
Ni^{2+}			$[Ni(phen)_2(dpy)]^{2+}$	23.31	
$[Ni(Ida)(H_2O)_3]$	8.21		$[Ni(dpy)(En)]^{2+}$	14.10	
$[Ni(Ida)(Py)]$	10.10		$[Ni(dpy)(En)_2]^{2+}$	19.70	

续表

配　合　物	$\lg\beta_{ij}$	$\lg K_r$	配　合　物	$\lg\beta_{ij}$	$\lg K_r$
$[Ni(dpy)_2(En)]^{2+}$	20.29		$[Zn(oxmda)(NH_3)(Py)]$	11.76	0.490
$[Ni(edta)(gly)]^{3-}$	21.64		$[Zn(oxmda)(Py)_2]$	9.92	
$[Ni(edta)(C_2O_4)]^{4-}$	20.01		$[Zn(oxmda)(NH_3)(SCN)]^-$	11.68	0.285
Zn^{2+}			$[Zn(oxmda)(SCN)_2]^{2-}$	10.03	
$[Zn(NH_3)(OH)]^+$	9.23	0.48	$[Zn(oxmda)(NH_3)(thio)]$	11.72	0.155
$[Zn(NH_3)_2(OH)]^+$	10.80	1.59	$[Zn(oxmda)(thio)_2]$	10.20	
$[Zn(NH_3)_3(OH)]^+$	12.00	1.32	$[Zn(oxmda)(NH_3)(S_2O_3)]^{2-}$	12.26	0.110
$[Zn(NH_3)_4]^{2+}$	9.96		$[Zn(oxmda)(S_2O_3)_2]^{4-}$	11.39	
$[Zn(NH_3)(OH)_2]$	13.0	1.6	$[Zn(NTA)(H_2O_2)]^-$	10.45	
$[Zn(NH_3)_2(OH)_2]$	13.60	0.63	$[Zn(NTA)(NH_3)]^-$	12.78	
$[Zn(NH_3)(OH)_3]^-$	14.51	1.38	$[Zn(NTA)(Py)]^-$	11.21	
$[Zn(C_2O_4)_2(En)]^{2-}$	10.76	1.72	$[Zn(NTA)(NH_3)_2]^-$	14.08	
$[Zn(C_2O_4)(En)_2]$	12.31	1.46	$[Zn(NTA)(NH_3)(Py)]^-$	13.21	0.530
$[Zn(C_2O_4)(En)]$	9.21	0.54	$[Zn(NTA)(Py)_2]^-$	11.28	
$[Zn(Ida)(H_2O)_3]$	7.03		$[Zn(NTA)(NH_3)(SCN)]^{2-}$	13.05	0.25
$[Zn(Ida)(NH_3)]$	9.42		$[Zn(NTA)(SCN)_2]^{3-}$	12.14	
$[Zn(Ida)(Py)]$	7.98		$[Zn(NTA)(NH_3)(thio)]^-$	13.16	0.25
$[Zn(Ida)(NH_3)_2]$	11.02		$[Zn(NTA)(thio)_2]^-$	13.26	
$[Zn(Ida)(NH_3)(Py)]$	10.28		$[Zn(NTA)(NH_3)(S_2O_3)]^{3-}$	13.85	0.29
$[Zn(Ida)(Py)_2]$	8.33		$[Zn(NTA)(S_2O_3)_2]^{5-}$	13.69	
$[Zn(Ida)(NH_3)_3]$	12.03		$[Zn(edta)(H_2O)]^{2-}$	16.50	
$[Zn(Ida)(NH_3)_2(Py)]$	11.74	0.936	$[Zn(edta)(Py)]^{2-}$	16.72	
$[Zn(Ida)(NH_3)(Py)_2]$	10.75	1.173	$[Zn(edta)(OH)]^{3-}$	19.5	
$[Zn(Ida)(Py)_3]$	8.35		$[Zn(edta)(NH_3)]^{2-}$	17.38	
$[Zn(Ida)(NH_3)_2(SCN)]^-$	11.35	0.476	$[Zn(edta)(SCN)]^{3-}$	16.57	
$[Zn(Ida)(NH_3)(SCN)_2]^{2-}$	10.25	0.703	$[Zn(edta)(thio)]^{2-}$	17.05	
$[Zn(Ida)(SCN)_3]^{3-}$	9.02		$[Zn(edta)(S_2O_3)]^{4-}$	17.30	
$[Zn(Ida)(NH_3)_2(thio)]$	11.60	0.246	$[Zn(OH)(P_2O_7)]^{3-}$	13.1	
$[Zn(Ida)(NH_3)(thio)_2]$	10.68	0.253	$[Zn(gly)(pyr)]$	7.53	
$[Zn(Ida)(thio)_3]$	9.90		$[Zn(gly)_2(pyr)]^-$	12.0	
$[Zn(Ida)(NH_3)_2(S_2O_3)]^{2-}$	11.92	−0.656	$[Zn(gly)_2(pyr)_2]^{2-}$	14.25	
$[Zn(Ida)(NH_3)(S_2O_3)_2]^{4-}$	11.59	−0.823	$[Zn(\beta\text{-}ala)(pyr)]$	7.08	
$[Zn(Ida)(S_2O_3)_3]^{6-}$	11.15		$[Zn(\beta\text{-}ala)(pyr)_2]^-$	12.1	
$[Zn(oxmda)(H_2O)_2]$	8.33		$[Zn(NH_3)_2Cl]^+$	5.43	
$[Zn(oxmda)(NH_3)]$	11.08		$[Zn(NH_3)_2Cl_2]$	5.83	
$[Zn(oxmda)(Py)]$	9.54		$[Zn(NH_3)Cl_3]^-$	3.55	
$[Zn(oxmda)(NH_3)_2]$	12.62				

缩略语：

ac—醋酸

acac—乙酰丙酮

ala—丙氨酸

ant—安替比林

arg—精氨酸

ATP—三磷酸腺苷

ATMP—氨基三亚甲基膦酸

BTA—苯并三氮唑

CAS—铬天青 S

cit—柠檬酸

CPB—溴化十六烷基吡啶

CTAB—溴化十六烷基三甲基铵

cys—半胱氨酸

DCTA—1,2-二氨基环己烷四乙酸

ddn—1,8-二羟基-3,6-萘二磺酸

dea 或 DEA—二乙醇胺

dien—二乙烯三胺

dpy—2,2′-联吡啶

DTPA—二乙三胺五乙酸

edda—乙二胺二乙酸

edta 或 EDTA—乙二胺四乙酸

EGTA—乙二醇双(2-氨基乙醚)四乙酸

En—乙二胺

glc—羟基乙酸

gly—甘氨酸

his—组胺

HEDP—1-羟基-1,1-亚乙基-1,1-二膦酸

HEDTA—N-羟乙基乙二胺三乙酸

Ida—氨二乙酸

mda—甲氨二乙酸

mea—单乙醇胺

mal—丙二酸

NHE—标准氢电极

nca—烟酰胺

NTA—氨三乙酸

ox—草酸

oxin—8-羟基喹啉

oxmda—β-羟乙基氨二乙酸

pa—吡啶醛肟

PAR—4-(2-吡啶偶氮)-间苯二酚

pcl—焦茶儿酚

phen—1,10-菲咯啉

pic—皮考啉酸

pv—邻苯二酚紫

py—吡啶

pyr—丙酮酸

sal—水杨酸

SCE—饱和甘汞电极

SHAB—软硬酸碱(理论)

ssal—磺基水杨酸

sr—丝氨酸

soxin—8-羟基喹啉-5-磺酸

tart—酒石酸

tea 或 TEA—三乙醇胺

terpy—联三吡啶

tetren—四乙烯五胺

thio—硫脲

thioglyc—硫代乙醇酸

thr—苏氨酸

tren—三氨基三乙胺

trien—三乙烯四胺

tiron—4,5-二羟基苯-1,3-二磺酸

val—缬氨酸

xo—二甲酚橙

zeph—氯化十四烷基二甲基苄基铵

注：按配合物的国际命名法，配体用小写英文字母表示，但目前尚未统一，故本书仍保留常用的某些大写符号。

附录Ⅲ　各种金属和配体的 $\lg\alpha_{M(L)}$ 值

金属	配体	浓度	I	pH															
				0	1	2	3	4	5	6	7	8	9	10	11	12	13	14
Ag	OH⁻		0.1											0.1	0.5	2.3	5.1
	CN⁻	0.1	0.1	0.8	2.7	4.7	6.7	8.7	10.7	12.7	14.7	16.7	18.4	19.0	19.2	19.2	19.2	19.2
	S²⁻	0.01	0.1	4.4	5.4	6.4	7.4	8.5	9.9	11.8	13.2	13.7	13.7	13.7	13.8	14.2	14.7	14.8
	thio	0.1	0.1	10.1	10.1	10.1	10.1	10.1	10.1	10.1	10.1	10.1	10.1	10.1	10.1	10.1	10.1	10.1
	NH₃	1	0.1						0.1	0.8	2.6	4.6	6.4	7.2	7.4	7.4	7.4	7.4

续表

金属	配体	浓度	I	pH														
				0	1	2	3	4	5	6	7	8	9	10	11	12	13	14
Ag		0.1	0.1							0.1	0.8	2.6	4.4	5.2	5.4	5.4	5.4	5.6
		0.01	0.1							0.1	0.8	2.4	3.2	3.4	3.4	3.4	3.4	5.1
	trien	0.1	0.1								1.2	3.4	5.2	6.4	6.7	6.7	6.7	6.7
	EDTA	0.1	0.5					0.1	0.5	1.5	2.6	3.7	4.7	5.5	5.9	6.0	6.0	6.0
		0.01	0.1							0.1	0.9	1.9	3.0	4.0	4.8	5.2	5.3	5.5
	En	0.1	0.1								0.4	1.7	3.5	4.9	5.5	5.7	5.7	5.8
	dien	0.1	0.1								0.3	1.8	3.6	4.7	5.1	5.1	5.1	5.4
	gly	0.1	0.1								0.2	1.5	3.4	4.4	4.8	4.8	4.8	5.3
	cit	0.1	0.2	2.8	2.8	2.8	2.8	2.8	2.8	2.8	2.8	2.8	2.8	2.8	2.8	2.8	2.9	5.1
Al	OH$^-$		2						0.4	1.3	5.3	9.3	13.3	17.3	21.3	25.3	29.3	33.3
	cit	0.1	0.5				1.8	5.2	8.6	11.3	13.6	15.6	17.6	19.6	21.8	25.3	29.3	33.3
	acac	0.01	0.1			0.1	0.6	2.2	4.3	6.8	9.8	12.5	14.6	17.3	21.3	25.3	29.3	33.3
	EDTA	0.1	0.5			1.8	4.1	6.2	8.2	10.3	12.5	14.5	16.5	18.3	21.3	25.3	29.3	33.3
		0.01	0.1			1.5	3.4	5.5	7.6	9.7	11.8	13.9	15.8	17.8	21.3	25.3	29.3	33.3
	F$^-$	0.1	0.5	3.3	6.1	10.0	12.9	14.3	14.5	14.5	14.5	14.5	14.5	17.7	21.3	25.3	29.3	33.3
	DCTA	0.01	0.1			0.2	2.8	5.5	7.6	9.4	10.8	12.3	14.3	17.3	21.3	25.3	29.3	33.3
	C$_2$O$_4^{2-}$	0.1	0.5		2.4	5.6	8.5	10.7	11.5	11.6	11.6	11.6	13.3	17.3	21.3	25.3	29.3	33.3
Ba	OH$^-$		0.1														0.1	0.5
	DTPA	0.01	0.1							0.3	1.6	3.5	5.1	6.1	6.7	6.8	6.8	6.8
	DCTA	0.01	0.1						0.2	0.7	1.3	2.2	3.2	4.2	5.1	5.8	6.0	6.0
	EDTA	0.1	0.5							1.8	3.2	4.2	5.2	6.0	6.2	6.3	6.3	6.3
		0.01	0.1						0.1	1.1	2.4	3.5	4.4	5.3	5.7	5.8	5.8	5.8
	NTA									0.2	0.8	1.7	2.6	3.3	3.4	3.4	3.4	3.4
											0.3	1.0	1.9	2.6	2.8	2.8	2.8	2.8
	cit								0.5	1.1	1.4	1.4	1.4	1.4	1.4	1.4	1.4	1.4
	tart						0.1	0.4	0.6	0.6	0.6	0.6	0.6	0.6	0.6	0.6	0.6	0.8
Be	OH$^-$		3													0.1	1.1	3.1
	ssal	0.1	0.1			0.5	2.1	3.7	5.6	7.6	9.6	11.6	13.6	15.6	17.4	18.6	18.8	18.8
	acac	0.1	0.1			0.1	0.8	2.4	4.3	6.8	8.3	10.1	11.5	11.9	11.9	11.9	11.9	11.9
	EDTA	0.1	0.5					0.1	1.6	3.3	4.7	5.7	6.7	7.5	7.7	7.8	7.8	7.8
		0.01	0.1						0.8	2.5	3.9	5.0	5.9	6.8	7.2	7.3	7.3	7.3
	cit	0.1	0.5				0.2	1.1	2.3	3.0	3.3	3.3	3.3	3.3	3.3	3.3	3.3	3.5
Bi	OH$^-$		3			0.1	0.5	1.4	2.4	3.4	4.4	5.4						
	I$^-$	0.1	2	12.8	12.8	12.8	12.8	12.8	12.8	12.8	12.8							
	Br$^-$	0.1	2	4.5	4.5	4.5	4.5	4.5	4.5	4.8	5.5							
	Cl$^-$	0.1	2	2.7	2.7	2.7	2.7	2.9	3.5	4.4	5.4							

金属	配体	浓度	I	0	1	2	3	4	5	6	7	8	9	10	11	12	13	14
Ca	OH⁻		0.1														0.3	1.0
	DCTA	0.01	0.1					0.5	2.5	4.3	5.6	6.7	7.7	8.7	9.6	10.3	10.5	10.5
	EDTA	0.1	0.5															
		0.01	0.1				0.1	1.1	3.2	4.7	6.1	7.1	8.1	8.9	9.1	9.2	9.2	9.2
	DTPA	0.01	0.1					0.1	0.8	1.9	3.4	5.3	6.9	7.9	8.5	8.6	8.6	8.6
	NTA	0.1	0.5					0.1	0.5	1.3	2.3	3.3	4.2	4.9	5.0	5.0	5.0	5.0
		0.01	0.1						0.2	0.7	1.6	2.6	3.5	4.2	4.4	4.4	4.4	4.4
	cit	0.1	0.5				0.3	1.0	1.8	2.2	2.5	2.5	2.5	2.5	2.5	2.5	2.5	2.5
	tart	0.1	0.5				0.2	0.5	0.7	0.8	0.8	0.8	0.8	0.8	0.8	0.8	0.9	1.2
	ac⁻	0.1	0.1						0.1	0.1	0.1	0.1	0.1	0.1	0.1	0.1	0.3	1.0
Cd	OH⁻		3										0.1	0.5	2.0	4.5	8.1	12.0
	DCTA	0.01	0.1		0.1	2.2	4.8	7.1	9.2	11.0	12.3	13.4	14.4	15.4	16.3	17.0	17.2	17.2
	DTPA	0.01	0.1			0.4	3.1	5.5	7.6	9.7	11.7	13.6	15.2	16.3	16.9	17.0	17.0	17.0
	CN⁻	0.1	3					0.1	0.7	2.9	6.2	10.1	13.3	14.5	14.9	14.9	14.9	14.9
	EDTA	0.1	0.5		0.3	2.7	4.8	6.8	8.8	10.5	11.9	12.9	13.9	14.7	14.9	15.0	15.0	15.0
		0.01	0.1			1.8	4.0	5.9	7.9	9.7	11.1	12.2	13.2	14.0	14.4	14.5	14.5	14.5
	EGTA	0.01	0.1				0.1	1.5	3.3	5.1	7.7	9.1	11.1	12.7	13.5	13.6	13.6	13.6
	NTA	0.1	0.5			0.4	1.9	3.0	4.0	5.3	6.9	8.9	11.7	12.1	12.3	12.3	12.3	12.5
		0.01	0.1				1.2	2.3	3.3	4.3	5.4	7.0	8.7	10.1	10.5	10.5	10.5	12.0
	phen	0.01	0.1			0.3	1.4	3.5	6.3	8.4	9.3	9.3	9.3	9.3	9.3	9.3	9.3	12.0
	dien	0.1	0.1						0.1	1.3	3.7	5.5	9.1	11.3	11.9	11.9	11.9	12.3
	trien	0.1	0.1						0.4	2.2	4.4	6.5	8.3	9.5	9.8	9.8	9.8	12.0
	吡啶羧酸	0.1	0.1				0.5	1.8	4.1	6.3	7.5	7.8	7.8	7.8	7.8	7.8	8.3	12.0
	NH₃	1	0.1							0.1	0.5	2.3	5.1	6.7	7.1	7.1	8.1	12.0
		0.1	0.1								0.1	0.5	2.0	3.0	3.6	4.5	8.1	12.0
		0.01	0.1									0.1	0.6	1.4	2.0	4.5	8.1	12.0
	cit	0.1	0.5				0.1	0.8	2.0	2.7	3.0	3.1	3.5	4.3	5.3	6.3	8.2	12.0
	acac	0.1	0.1							0.1	0.9	2.3	3.6	4.0	4.0	4.6	8.1	12.0
	TEA	0.25	0.2									1.9	2.2	2.8	3.7	4.5	8.1	12.0
	I⁻	0.1	0.1	2.5	2.5	2.5	2.5	2.5	2.5	2.5	2.5	2.5	2.5	2.5	2.6	4.5	8.1	12.0
	C₂O₄²⁻	0.1	0.5			0.2	1.8	2.2	2.6	2.7	2.7	2.7	2.7	2.7	2.8	4.5	8.1	12.0
	tart	0.1	0.5				0.6	1.4	1.8	1.8	1.8	1.8	1.8	1.8	2.2	4.5	8.1	12.0
	ac	0.1	1					0.1	0.3	0.4	0.5	0.5	0.5	0.7	2.0	4.5	8.1	12.0
Ce⁴⁺	OH⁻		1~2	0.1	1.2	3.1	5.1	7.1	9.1	11.1	13.1							
	SO₄²⁻	0.1	2	2.5	4.8	6.8	7.4	7.6	9.1	11.1	13.1							
CO²⁺	OH⁻		0.1									0.1	0.4	1.1	2.2	4.2	7.2	10.2
	phen	0.01	0.1		0.4	2.1	4.8	7.8	10.8	12.9	13.8	13.8	13.8	13.8	13.8	13.8	13.8	13.8
	DTPA	0.01	0.1			1.0	3.8	6.0	7.8	9.7	11.7	13.6	15.2	16.3	16.9	17.0	17.0	17.0
	DCTA	0.01	0.1			1.8	4.4	6.8	8.9	10.7	12.0	13.1	14.1	15.1	16.0	16.7	16.9	16.9
	EDTA	0.1	0.5		0.2	2.6	4.7	6.6	8.6	10.3	11.7	12.7	13.7	14.5	14.7	14.8	14.8	14.8
	EDTA	0.01	0.1			1.7	3.5	5.7	7.7	9.5	10.9	12.0	13.0	13.8	14.2	14.3	14.3	14.3

金属	配体	浓度	I	0	1	2	3	4	5	6	7	8	9	10	11	12	13	14
Co^{2+}	tetren	0.1	0.1						1.3	4.6	7.6	10.4	12.7	13.7	14.1	14.1	14.1	14.1
	NTA	0.1	0.5			0.8	2.4	3.5	4.5	5.6	7.1	9.0	10.8	12.2	12.4	12.4	12.4	12.4
		0.01	0.1			0.3	1.7	2.8	3.8	4.8	5.9	7.2	8.8	10.2	10.6	10.6	10.6	10.8
	dien	0.1	0.1							0.2	2.1	5.7	9.3	11.5	12.1	12.1	12.1	12.1
	吡啶羧酸	0.1	0.1			0.6	2.0	4.3	7.2	9.6	10.8	11.1	11.1	11.1	11.1	11.1	11.1	11.1
	EGTA	0.01	0.1						0.3	1.9	3.9	5.9	7.9	9.5	10.2	10.3	10.3	10.6
	trien	0.1	0.1						0.3	2.1	4.5	6.7	8.5	9.7	10.0	10.0	10.0	10.4
	cit	0.1	0.5				0.5	1.5	2.5	3.1	3.4	3.8	4.5	5.5	6.7	7.5	8.5	10.3
	ssal	0.1	0.1							0.1	0.5	1.5	2.8	4.6	6.4	7.6	7.9	10.2
	acac	0.1	0.1						0.4	1.6	3.3	5.1	6.5	6.9	6.9	6.9	7.4	10.2
	NH_3	1	0.1							0.2	1.2	3.7	5.3	5.7	5.8	7.2		10.2
		0.1	0.1									0.2	1.0	1.8	2.9	4.9	7.2	10.2
	$C_2O_4^{2-}$	0.1	0.5	0.1	0.5	1.0	2.0	3.2	3.8	3.8	3.8	3.8	3.8	3.8	3.8	4.3	7.2	10.2
	tart	0.1	0.5				0.2	0.8	1.1	1.1	1.1	1.1	1.1	1.1	2.2	4.2	7.2	10.2
Cu	OH^-		0.1									0.2	0.8	1.7	2.7	3.7	4.7	5.7
	tetren	0.1	0.1			2.8	6.3	9.4	12.0	14.8	17.6	20.3	22.3	23.3	23.3	23.3	23.3	23.3
	EDTA	0.1	0.5		1.9	4.6	6.8	8.7	10.7	12.5	13.9	15.0	16.0	16.8	17.3	18.0	18.9	19.9
		0.01	0.1		1.5	4.2	6.3	8.2	10.2	12.0	13.4	14.5	15.5	16.3	16.8	17.5	18.4	19.4
	DCTA	0.01	0.1		1.5	4.4	6.9	9.2	11.3	13.1	14.4	15.5	16.7	17.5	18.4	19.1	19.3	19.3
	trien	0.1	0.1			0.1	2.6	5.4	8.4	11.3	13.9	16.1	17.9	19.1	19.4	19.4	19.4	19.4
	dien	0.1	0.1				0.5	3.2	5.7	7.8	9.8	12.9	16.5	18.7	19.3	19.3	19.3	19.3
	DTPA	0.01	0.1			2.8	5.7	7.8	9.5	11.2	13.2	15.1	16.7	17.8	18.4	18.5	18.5	18.5
	phen	0.01	0.1	2.1	3.5	5.9	8.8	11.8	13.9	14.8	14.8	14.8	14.8	14.8	14.8	14.8	14.8	14.8
	tren	0.1	0.1						1.1	4.1	7.1	10.1	13.0	15.6	17.1	17.7	17.8	17.8
	tea	0.1	0.1					0.1	0.7	1.9	3.7	6.0	8.1	10.1	12.3	15.0	17.9	20.9
	EGTA	0.01	0.1		0.1	1.8	3.7	5.1	6.5	8.5	10.5	12.5	14.1	14.9	15.0	15.0	15.0	15.0
	ssal	0.1	0.1				0.2	1.0	2.0	3.4	5.3	7.3	9.3	11.3	13.1	14.3	14.5	14.5
	cit	0.1	0.5			0.2	0.8	2.9	5.1	6.7	8.0	9.0	10.0	11.0	12.0	13.0	14.0	15.0
	NTA	0.1	0.5		0.3	2.6	4.3	5.5	6.5	7.5	8.8	10.5	12.3	13.9	14.1	14.3	15.1	16.1
		0.01	0.1		0.1	2.0	3.7	4.9	5.9	6.8	7.9	9.1	10.6	12.0	12.6	13.4	14.4	15.4
	吡啶羧酸	0.1	0.1	2.4	4.4	6.4	8.4	10.4	12.0	12.8	13.0	13.0	13.0	13.0	13.0	13.0	13.0	13.0
	NH_3	1	0.1							0.2	1.2	3.6	7.1	10.6	12.2	12.7	12.7	12.7
		0.1	0.1								0.2	1.2	3.6	6.7	8.2	8.6	8.6	8.6
		0.01	0.1									0.2	1.2	3.3	4.5	4.9	4.9	5.3
	acac	0.1	0.1				0.3	1.2	2.8	4.7	6.7	8.5	9.9	10.3	10.3	10.3	10.3	10.3
	$P_2O_7^{4-}$	0.1	1						0.1	1.1	2.8	4.3	5.9	6.8	7.0	7.0	7.0	7.0
	$C_2O_4^{2-}$	0.1	0.5	0.5	1.1	3.1	4.9	6.3	6.9	6.9	6.9	6.9	6.9	6.9	6.9	6.9	6.9	6.9
	tart	0.1	1			0.1	1.0	2.5	3.1	3.2	3.2	3.2	3.2	3.2	3.3	3.8	4.7	5.7
	ac	0.1	1				0.3	0.9	1.1	1.1	1.1	1.1	1.3	1.8	2.7	3.7	4.7	5.7
Fe^{2+}	OH^-		1										0.1	0.6	1.5	2.5	3.5	4.5
	DTPA	0.01	0.1			1.6	3.7	5.2	6.8	8.7	10.7	12.6	14.3	15.9	17.0	18.0	19.0	
	DCTA	0.01	0.1			0.5	3.4	6.1	8.2	10.0	11.3	12.4	13.4	14.4	15.3	16.0	16.2	16.2
	EDTA	0.1	0.5			0.6	2.6	4.6	6.6	8.3	9.7	10.7	11.7	12.5	12.7	12.8	12.8	12.8

续表

金属	配体	浓度	I	0	1	2	3	4	5	6	7	8	9	10	11	12	13	14
Fe^{2+}	cit	0.01	0.1			0.1	1.8	3.7	5.7	7.5	8.9	10.0	11.0	11.8	12.2	12.3	12.3	12.3
		0.1	0.5					0.5	2.6	4.2	5.5	6.5	7.5	8.5	9.5	10.5	11.5	12.5
	NTA	0.1	0.5				0.7	1.7	2.7	3.7	4.7	5.7	6.6	7.4	7.9	8.8	9.8	10.8
		0.01	0.1				0.3	1.0	2.0	3.0	4.0	5.0	5.9	6.7	7.3	8.1	9.1	10.1
	tetren	0.1	0.1							1.0	3.9	6.7	9.0	10.0	10.4	10.4	10.4	10.4
	吡啶羧酸	0.1	0.1			0.1	0.9	2.7	5.4	7.8	9.0	9.3	9.3	9.3	9.3	9.3	9.3	9.3
	dien	0.1	1								0.3	2.3	5.6	7.8	8.4	8.4	8.4	8.4
	tren	0.1	0.1								0.4	3.0	5.6	7.1	7.7	7.8	7.8	7.8
	trien	0.1	0.1									1.3	3.5	5.3	6.5	6.8	6.8	6.8
	acac	0.01	0.1							0.3	1.1	2.3	3.6	4.0	4.0	4.0	4.1	4.6
Fe^{3+}	OH^-		3				0.4	1.8	3.7	5.7	7.7	9.7	11.7	13.7	15.7	17.7	19.7	21.7
	tea	0.1	0.1											24.2	28.2	32.2	36.2	40.2
	EDTA	0.1	0.5	3.8	7.0	10.3	13.0	15.2	17.2	18.9	20.4	22.0	24.0	26.4	28.5	30.6	32.6	34.6
	EDTA	0.01	0.1	3.1	6.2	9.5	12.3	14.5	16.5	18.3	19.8	21.4	23.3	25.7	28.0	30.1	32.1	34.1
	sal	0.1	3		0.9	2.7	5.1	7.3	9.3	11.5	14.1	17.0	20.0	23.0	26.0	29.0	31.4	32.3
	DCTA	0.01	0.1	3.2	7.2	11.1	14.5	17.2	19.3	21.1	22.4	23.5	24.7	26.0	28.1	29.8	31.0	32.0
	DTPA	0.01	0.1	0.6	2.5	6.5	10.5	13.8	16.2	18.2	20.2	22.2	23.9	25.2	26.5	27.6	28.6	29.6
	ssal	0.1	3	0.1	1.2	3.2	5.8	8.0	10.1	12.5	15.4	18.4	21.4	24.4	27.1	28.9	29.2	29.2
	NTA	0.1	0.5	0.4	3.2	5.8	8.2	10.3	12.3	14.3	16.3	18.3	20.1	21.5	21.8	22.4	23.3	24.3
		0.01	0.1	0.1	2.5	5.2	7.1	8.9	10.8	12.8	14.8	16.8	18.6	20.1	20.9	21.8	22.8	23.8
	$P_2O_7^{4-}$	0.1	不定	0.4	6.0	10.6	13.8	16.0	18.0	19.4	20.0							
	cit	0.1	0.5		0.3	3.0	6.4	9.5	12.0	13.7	15.0	16.0	17.0	18.0	19.0	20.0	21.0	22.0
	$C_2O_4^{2-}$	0.1	0.5		2.5	6.0	9.8	12.5	14.6	15.5	15.5	15.5	15.5	15.5	15.9	17.7	19.7	21.7
	F^-	0.1	0.5	1.4	3.3	5.7	7.9	8.7	8.9	8.9	8.9	9.8	11.7	13.7	15.7	17.7	19.7	21.7
	ac	0.1	0.1			0.2	1.3	3.5	5.2	6.0	7.7	9.7	11.7	13.7	15.7	17.7	19.7	21.7
	SCN^-	0.1	0.1	2.9	2.9	2.9	2.9	2.9	3.8	5.7	7.7	9.7	11.7	13.7	15.7	17.7	19.7	21.7
Hg^{2+}	OH^-		0.1				0.5	1.9	3.9	5.9	7.9	9.9	11.9	13.9	15.9	17.9	19.9	21.9
	CN^-	0.1	0.1	14.3	16.3	18.3	20.3	22.3	24.3	26.4	29.2	32.8	35.9	37.1	37.5	37.5	37.5	37.5
	DCTA	0.01	0.1	1.5	4.5	7.4	9.9	12.3	14.3	16.1	17.4	18.5	19.5	20.7	21.9	23.6	24.8	25.8
	I^-	0.1	0.5	25.8	25.8	25.8	25.8	25.8	25.8	25.8	25.8	25.8	25.8	25.8	25.8	25.8	25.8	25.8
	EDTA	0.1	0.5	2.4	5.4	8.1	10.2	12.1	14.1	15.8	17.2	18.2	19.5	21.0	22.2	23.3	24.3	25.3
		0.01	0.1	1.5	4.5	7.2	9.4	11.2	13.2	15.0	16.4	17.5	18.8	20.3	21.6	22.7	23.7	24.7
	DTPA	0.01	0.1	0.4	4.2	7.9	10.9	13.4	15.6	17.7	19.7	21.6	23.2	24.3	24.9	25.0	25.0	25.0
	trien	0.1	0.1	0.6	3.5	6.5	9.4	11.8	14.0	16.3	18.8	21.0	22.8	24.0	24.3	24.3	24.3	24.3
	thio	0.1	1	22.4	22.4	22.4	22.4	22.4	22.4	22.4	22.4	22.4	22.4	22.4	22.4	22.4	22.4	22.4
	EGTA	0.01	0.1	1.0	3.9	6.6	8.8	10.8	12.8	14.8	16.8	18.8	20.4	21.1	21.2	21.2	21.2	22.0
	tren	0.1	0.1				2.1	5.1	8.1	11.1	14.1	17.0	19.6	21.2	21.7	21.8	21.8	22.2
	dien	0.1	0.1			0.4	3.1	6.1	9.0	11.7	13.6	15.6	17.6	19.4	20.5	20.8	20.8	21.9
	NH_3	1	0.1		0.9	2.7	4.7	6.7	8.7	10.7	12.7	14.9	17.6	19.1	19.4	19.4	20.0	21.9
		0.1	0.1			0.9	2.7	4.7	6.7	8.7	10.7	12.7	14.6	15.6	16.2	17.9	19.9	21.9
		0.01	0.1				0.9	2.7	4.7	6.7	8.7	10.7	12.5	14.0	15.9	17.9	19.9	21.9
	phen	0.01	0.1	5.0	7.0	9.0	11.0	13.0	14.4	15.0	15.0	15.0	15.0	15.0	15.9	17.9	19.9	21.9
	SCN^-	0.1	1	16.9	16.9	16.9	16.9	16.9	16.9	16.9	16.9	16.9	16.9	16.9	16.9	17.9	19.9	21.9
	吡啶羧酸	0.1	0.1		3.0	5.0	7.0	9.0	11.0	12.6	13.4	13.6	13.6	14.1	15.9	17.9	19.9	21.9

注：配体符号见附录Ⅱ。

附录Ⅳ 难溶化合物的溶度积

定义：在难溶电解质的饱和溶液中，当温度一定时，离子浓度的乘积是一常数。

难溶盐 $M_m X_n$ 的溶度积 K_{so} 为

$$K_{so} = [M^{n+}]^m [X^{m-}]^n$$

以 $Ca_3(PO_4)_2$ 为例，其溶度积 K_{so} 为

$$K_{so} = [Ca^{2+}]^3 [PO_4^{3-}]^2 = 2.0 \times 10^{-29}$$

下面表中列出了温度在 18～25℃时一些难溶化合物的溶度积，排列的次序是按化学式的顺序。

离子浓度乘积 $< K_{so}$，未饱和溶液，无沉淀析出；

离子浓度乘积 $> K_{so}$，过饱和溶液，有沉淀析出；

离子浓度乘积 $= K_{so}$，饱和溶液，处于平衡状态。

化合物的化学式	K_{so}	pK_{so}
Ag_3AsO_4	1.0×10^{-22}	22.0
$AgBr$	5.2×10^{-13}	12.28
$AgBr + Br^- \rightleftharpoons AgBr_2^-$	1.0×10^{-5}	5.0
$AgBr + 2Br^- \rightleftharpoons AgBr_3^{2-}$	4.5×10^{-5}	4.35
$AgBr + 3Br^- \rightleftharpoons AgBr_4^{3-}$	2.5×10^{-4}	3.60
$AgBrO_3$	5.3×10^{-5}	4.28
$AgCN$	1.2×10^{-16}	15.92
$2AgCN \rightleftharpoons Ag^+ + Ag(CN)_2^-$	5×10^{-12}	11.3
Ag_2CN_2(氰胺银)	7.2×10^{-11}	10.14
Ag_2CO_3	8.1×10^{-12}	11.09
$AgC_2H_3O_2$	4.4×10^{-3}	2.36
$Ag_2C_2O_4$	3.4×10^{-11}	10.46
$AgCl$	1.8×10^{-10}	9.75
$AgCl + Cl^- \rightleftharpoons AgCl_2^-$	2.0×10^{-5}	4.70
$AgCl + 2Cl^- \rightleftharpoons AgCl_3^{2-}$	2.0×10^{-5}	4.70
$AgCl + 3Cl^- \rightleftharpoons AgCl_4^{3-}$	3.5×10^{-5}	4.46
Ag_2CrO_4	1.1×10^{-12}	11.95
$Ag_2Cr_2O_7$	2.0×10^{-7}	6.70
AgI	8.3×10^{-17}	16.08
$AgI + I^- \rightleftharpoons AgI_2^-$	4.0×10^{-6}	5.40
$AgI + 2I^- \rightleftharpoons AgI_3^{2-}$	2.5×10^{-3}	2.60
$AgI + 3I^- \rightleftharpoons AgI_4^{3-}$	1.1×10^{-2}	1.96
$AgIO_3$	3.0×10^{-3}	2.52
Ag_2MoO_4	2.8×10^{-12}	11.55
AgN_3	2.8×10^{-9}	8.54
$AgNO_2$	6.0×10^{-4}	3.22
$\frac{1}{2}Ag_2O + \frac{1}{2}H_2O \rightleftharpoons Ag^+ + OH^-$	2.6×10^{-8}	7.59
$\frac{1}{2}Ag_2O + \frac{1}{2}H_2O + OH^- \rightleftharpoons Ag^+(OH)_2^-$	2.0×10^{-4}	3.71

化合物的化学式	K_{so}	pK_{so}
AgOCN	1.3×10^{-20}	19.89
Ag_3PO_4	1.4×10^{-16}	15.84
Ag_2S	6.3×10^{-50}	49.2
$\frac{1}{2}Ag_2S+H^+\Longrightarrow Ag^++\frac{1}{2}H_2S$	2×10^{-14}	13.8
AgSCN	1.0×10^{-12}	12.00
Ag_2SO_3	1.5×10^{-14}	13.82
Ag_2SO_4	1.4×10^{-5}	4.84
AgSeCN	4×10^{-16}	15.40
Ag_2SeO_3	1.0×10^{-15}	15.00
Ag_2SeO_4	5.7×10^{-3}	2.25
$AgVO_3$	5×10^{-7}	6.3
Ag_2HVO_4	2×10^{-14}	13.7
Ag_3HVO_4OH	1×10^{-24}	24.0
Ag_2WO_4	5.5×10^{-12}	11.26
$AlAsO_4$	1.6×10^{-16}	15.8
$Al(OH)_3$	1.3×10^{-33}	32.9
$Al(OH)_3+H_2O\Longrightarrow Al(OH)_4^-+H^+$	1×10^{-13}	13.0
$AlPO_4$	6.3×10^{-19}	18.24
Al_2S_3	2×10^{-7}	6.7
AlL_3 8-羟基喹啉铝	1.00×10^{-29}	29
$\frac{1}{2}As_2O_3+\frac{3}{2}H_2O\Longrightarrow As^{3+}+3OH^-$	2.0×10^{-1}	0.69
$As_2S_3+4H_2O\Longrightarrow 2HAsO_2+3H_2S$	2.1×10^{-22}	21.68
$Au(OH)_3$	5.5×10^{-46}	45.26
$K[Au(SCN)_4]$	6×10^{-5}	4.2
$Na[Au(SCN)_4]$	4×10^{-4}	3.4
$Ba_3(AsO_4)_2$	8.0×10^{-51}	50.11
$BaBrO_3$	3.2×10^{-6}	5.50
$BaCO_3$	5.1×10^{-9}	8.29
$BaCO_3+CO_2+H_2O\Longrightarrow Ba^{2+}+2HCO_3^-$	4.5×10^{-5}	4.35
BaC_2O_4	1.6×10^{-7}	6.79
$BaCrO_4$	1.2×10^{-10}	9.93
BaF_2	1.0×10^{-6}	5.98
$Ba(IO_3)_2\cdot 2H_2O$	1.5×10^{-9}	8.82
$BaMnO_4$	2.5×10^{-10}	9.61
$Ba(NbO_3)_2$	3.2×10^{-17}	16.50
BaL_2 8-羟基喹啉钡	5.0×10^{-9}	8.3
$BaSO_4$	1.1×10^{-10}	9.96
BaS_2O_3	1.6×10^{-5}	4.79
$Be(NbO_3)_2$	1.2×10^{-16}	15.92
$Be(OH)_2$	1.6×10^{-22}	21.8
$Be(OH)_2+OH^-\Longrightarrow HBeO_2^-+H_2O$	3.2×10^{-3}	2.50
$BiAsO_4$	4.4×10^{-10}	9.36
$BiOBr+2H^+\Longrightarrow Bi^{3+}+Br^-+H_2O$	3.0×10^{-7}	6.52
$BiOCl\Longrightarrow BiO^++Cl^-$	7×10^{-9}	8.2

化合物的化学式	K_{so}	pK_{so}
$BiOCl + 2H^+ \rightleftharpoons Bi^{3+} + Cl^- + H_2O$	2.1×10^{-7}	6.68
$BiOCl + H_2O \rightleftharpoons Bi^{3+} + Cl^- + 2OH^-$	1.8×10^{-31}	30.75
BiI_3	8.1×10^{-19}	18.09
$BiOOH$	4×10^{-10}	9.4
$\frac{1}{2}Bi_2O_3(\alpha) + \frac{3}{2}H_2O + OH^- \rightleftharpoons Bi(OH)_4^-$	5.0×10^{-6}	5.30
$BiPO_4$	1.3×10^{-23}	22.89
Bi_2S_3	1×10^{-97}	97.0
$Ca_3(AsO_4)_2$	6.8×10^{-19}	18.17
$CaCO_3$	2.8×10^{-9}	8.54
$CaCO_3 + CO_2 + H_2O \rightleftharpoons Ca^{2+} + 2HCO_3^-$	5.2×10^{-5}	4.28
$CaC_2O_4 \cdot H_2O$	4×10^{-9}	8.4
$CaC_4H_4O_6 \cdot 2H_2O$(酒石酸钙)	7.7×10^{-7}	6.11
CaF_2	2.7×10^{-11}	10.57
CaL_2　8-羟基喹啉钙	2.0×10^{-29}	28.70
$Ca(IO_3)_2 \cdot 6H_2O$	7.1×10^{-7}	6.15
$Ca(NbO_3)_2$	8.7×10^{-13}	12.06
$Ca(OH)_2$	5.5×10^{-6}	5.26
$CaHPO_4$	1×10^{-7}	7.0
$Ca_3(PO_4)_2$	2.0×10^{-29}	28.70
$CaSO_4$	9.1×10^{-6}	5.04
$CaSeO_3$	8.0×10^{-6}	5.53
$CaWO_4$	8.7×10^{-9}	8.06
$Cd_3(AsO_4)_2$	2.2×10^{-33}	32.66
$CdC_2O_4 \cdot 3H_2O$	9.1×10^{-8}	7.04
$CdCO_3$	5.2×10^{-12}	11.28
CdL_2　邻氨基苯甲酸镉	5.4×10^{-9}	8.27
$Cd_2[Fe(CN)_6]$	3.2×10^{-17}	16.49
$Cd(OH)_2$	2.5×10^{-14}	13.6
$Cd(OH)_2 + OH^- \rightleftharpoons Cd(OH)_3^-$	2×10^{-5}	4.7
CdS	8.0×10^{-27}	26.1
$CdS + 2H^+ \rightleftharpoons Cd^{2+} + H_2S$	6×10^{-6}	5.2
$CdSeO_3$	1.3×10^{-6}	5.89
$Ce_2(C_2O_4)_3 \cdot 9H_2O$	3.2×10^{-26}	25.5
$Ce_2(C_4H_4O_4)_3 \cdot 9H_2O$	9.7×10^{-20}	19.01
$Ce(IO_3)_3$	3.2×10^{-10}	9.50
$Ce(OH)_3$	1.6×10^{-20}	19.8
Ce_2S_3	6.0×10^{-11}	10.22
$Ce_2(SeO_3)_3$	3.7×10^{-25}	24.43
$Co_3(AsO_4)_2$	7.6×10^{-29}	28.12
$CoCO_3$	1.4×10^{-13}	12.84
CoC_2O_4	6.3×10^{-8}	7.2
CoL_2　邻氨基苯甲酸钴	2.1×10^{-10}	9.68
$Co_2[Fe(CN)_6]$	1.8×10^{-15}	14.74
CoL_2　8-羟基喹啉钴	1.6×10^{-25}	24.8

化合物的化学式	K_{so}	pK_{so}
$Co[Hg(SCN)_4] \rightleftharpoons Co^{2+} + [Hg(SCN)_4]^{2-}$	1.5×10^{-6}	5.82
$Co(OH)_2$	1.6×10^{-15}	14.8
$Co(OH)_2 + OH^- \rightleftharpoons Co(OH)_3^-$	8×10^{-6}	5.1
$Co(OH)_3$	1.6×10^{-44}	43.8
α-CoS	4×10^{-21}	20.4
β-CoS	2×10^{-25}	24.7
$CoSeO_3$	1.6×10^{-7}	6.8
$CrAsO_4$	7.7×10^{-21}	20.11
$Cr(OH)_2$	1.0×10^{-17}	17.0
$Cr(OH)_3$	6.3×10^{-31}	30.2
$CrPO_4 \cdot 4H_2O$	2.4×10^{-23}	22.62
$CsClO_4$	4×10^{-3}	2.4
$Cu_3(AsO_4)_2$	7.6×10^{-36}	35.12
$CuB(C_6H_5)_4$	1.0×10^{-8}	8
$CuBr$	5.3×10^{-9}	8.28
$CuCN$	3.2×10^{-20}	19.49
$CuCN + CN^- \rightleftharpoons Cu(CN)_2^-$	1.2×10^{-5}	4.91
$K_2Cu(HCO_3)_4$	3×10^{-12}	11.5
CuC_2O_4	2.3×10^{-8}	7.64
$CuCl$	1.2×10^{-6}	5.92
$CuCl + Cl^- \rightleftharpoons CuCl_2^-$	7.6×10^{-2}	1.12
$CuCl + 2Cl^- \rightleftharpoons CuCl_3^{2-}$	3.4×10^{-2}	1.47
$CuCrO_4$	3.6×10^{-6}	5.44
$Cu_2[Fe(CN)_6]$	1.3×10^{-16}	15.89
CuI	1.1×10^{-12}	11.96
$CuI + I^- \rightleftharpoons CuI_2^-$	7.8×10^{-4}	3.11
$Cu(IO_3)_2$	7.4×10^{-3}	2.13
$\frac{1}{2}Cu_2O + \frac{1}{2}H_2O \rightleftharpoons Cu^+ + OH^-$	1×10^{-14}	14.0
$CuO + H_2O \rightleftharpoons Cu^{2+} + 2OH^-$	2.2×10^{-20}	19.66
$CuO + H_2O + 2OH^- \rightleftharpoons Cu(OH)_4^{2-}$	1.9×10^{-3}	2.72
CuL_2　邻氨基苯甲酸铜	6.0×10^{-14}	13.22
CuL_2　8-羟基喹啉铜	2.0×10^{-30}	29.7
$Cu_2P_2O_7$	8.3×10^{-16}	15.08
Cu_2S	2.5×10^{-48}	47.6
$Cu_2S + 2H^+ \rightleftharpoons 2Cu^+ + H_2S$	1×10^{-27}	27.0
CuS	6.3×10^{-36}	35.2
$CuS + 2H^+ \rightleftharpoons Cu^{2+} + H_2S$	6×10^{-15}	14.2
$CuSCN$	4.8×10^{-15}	14.32
$CuSCN + 2HCN \rightleftharpoons [Cu(CN)_2]^- + 2H^+ + SCN^-$	1.3×10^{-9}	8.88
$CuSCN + 3SCN^- \rightleftharpoons [Cu(SCN)_4]^{3-}$	2.2×10^{-3}	2.65
$CuSeO_3$	2.1×10^{-3}	2.68
$Er(OH)_3$	4.1×10^{-24}	23.39
$Eu(OH)_3$	8.9×10^{-24}	23.05
$FeAsO_4$	5.7×10^{-21}	20.24
$FeCO_3$	3.2×10^{-11}	10.50

化合物的化学式	K_{so}	pK_{so}
$FeC_2O_4 \cdot 2H_2O$	3.2×10^{-7}	6.5
$Fe_4[Fe(CN)_6]_3$	3.3×10^{-41}	40.52
$Fe(OH)_2$	8×10^{-16}	15.1
$Fe(OH)_2 + OH^- \Longrightarrow Fe(OH)_3^-$	8×10^{-6}	5.1
$Fe(OH)_3$	4×10^{-38}	37.4
$FePO_4$	1.3×10^{-22}	21.89
FeS	6.3×10^{-18}	17.2
$Fe_2(SeO_3)_3$	2.0×10^{-31}	30.7
$Ga_4[Fe(CN)_6]_3$	1.5×10^{-34}	33.82
$Ga(OH)_3$	7.0×10^{-36}	35.15
GaL_3 8-羟基喹啉镓	8.7×10^{-38}	32.06
$Gd(HCO_3)_3$	2×10^{-2}	1.7
$Gd(OH)_3$	1.8×10^{-23}	22.74
$Hf(OH)_4$	4.0×10^{-26}	25.4
Hg_2Br_2	5.6×10^{-23}	22.24
$Hg_2(CN)_2$	5×10^{-40}	39.3
Hg_2CO_3	8.9×10^{-17}	16.05
$Hg_2(C_2H_3O_2)_2$	3×10^{-11}	10.5
$Hg_2C_2O_4$	2.0×10^{-13}	12.7
HgC_2O_4	1.0×10^{-7}	7
$Hg_2C_4H_4O_6$ 酒石酸亚汞	1.0×10^{-10}	10.0
Hg_2Cl_2	1.3×10^{-18}	17.88
Hg_2CrO_4	2×10^{-9}	8.70
Hg_2I_2	4.5×10^{-29}	28.35
$Hg_2(IO_3)_2$	2.0×10^{-14}	13.71
$Hg_2(N_3)_2$	7.1×10^{-10}	9.15
$Hg_2O + H_2O \Longrightarrow Hg_2^{2+} + 2OH^-$	1.0×10^{-46}	46.0
$Hg(OH)_2$	3.0×10^{-26}	25.52
Hg_2HPO_4	4.0×10^{-13}	12.40
$HgS(红)$	4×10^{-53}	52.4
$HgS(黑)$	1.6×10^{-52}	51.8
$Hg_2(SCN)_2$	2.0×10^{-20}	19.7
Hg_2SO_4	7.4×10^{-7}	6.13
$HgSe$	1.0×10^{-59}	59.0
$HgSeO_3$	1.5×10^{-14}	13.82
Hg_2WO_4	1.1×10^{-17}	16.96
$In_4[Fe(CN)_6]_3$	1.9×10^{-44}	43.72
$In(OH)_3$	6.3×10^{-34}	33.2
In_2S_3	5.7×10^{-74}	73.24
$K[Au(SCN)_4]$	6×10^{-5}	4.2
$KB(C_6H_5)_4$	2.2×10^{-8}	7.65
$KBrO_3$	5.7×10^{-2}	1.24
$K_2[Cu(HCO_3)_4]$	3×10^{-12}	11.5
$KClO_4$	1.1×10^{-2}	1.97
$K_2Na[Co(NO_2)_6]$	2.2×10^{-11}	10.66

化合物的化学式	K_{so}	pK_{so}
KIO_4	8.3×10^{-4}	3.08
K_2PdCl_6	6.0×10^{-4}	3.22
K_2PtCl_6	1.1×10^{-5}	4.96
K_2SiF_6	8.7×10^{-7}	6.06
KUO_2AsO_4	2.5×10^{-23}	22.60
$La_2(C_4H_4O_6)_3$	2.0×10^{-19}	18.7
$La_2(C_2O_4)_3$	2.5×10^{-27}	26.60
$La(IO_3)_3$	6.1×10^{-12}	11.21
$La(OH)_3$	2.0×10^{-19}	18.7
La_2S_3	2.0×10^{-13}	12.7
$LiUO_2AsO_4$	1.5×10^{-19}	18.82
$Lu(OH)_3$	1.9×10^{-24}	23.72
$Mg_3(AsO_4)_2$	2.1×10^{-20}	19.68
$MgCO_3$	3.5×10^{-8}	7.46
$MgCO_3 \cdot 3H_2O$	2.14×10^{-5}	4.67
$MgCO_3 + CO_2 + H_2O \rightleftharpoons Mg^{2+} + 2HCO_3^-$	4.5×10^{-1}	0.35
$MgC_2O_4 \cdot 2H_2O$	1.0×10^{-8}	8.0
MgL_2 8-羟基喹啉镁	4×10^{-16}	15.4
MgF_2	6.5×10^{-9}	8.19
$Mg(NbO_3)_2$	2.3×10^{-17}	16.64
$Mg(OH)_2$	1.8×10^{-11}	10.74
$MgNH_4PO_4$	2.5×10^{-13}	12.60
$MgSeO_3$	1.3×10^{-5}	4.89
MnL_2 邻氨基苯甲酸锰	1.8×10^{-7}	6.75
$Mn_3(AsO_4)_2$	1.9×10^{-29}	28.72
$MnCO_3$	1.8×10^{-11}	10.74
$MnC_2O_4 \cdot 2H_2O$	1.1×10^{-15}	14.96
$Mn_2[Fe(CN)_6]$	8.0×10^{-13}	12.10
$Mn(OH)_2$	1.9×10^{-13}	12.72
MnL_2 8-羟基喹啉锰	2.0×10^{-22}	21.7
$Mn(OH)_2 + OH^- \rightleftharpoons Mn(OH)_3^-$	1×10^{-5}	5.0
MnS(无定形的)、淡红	2.5×10^{-10}	9.6
MnS(结晶型)、绿	2.5×10^{-18}	17.6
$MnSeO_3$	1.3×10^{-7}	6.9
$(NH_4)_2Na[Co(NO_2)_6]$	4×10^{-12}	11.4
$NH_4UO_2AsO_4$	1.7×10^{-24}	23.77
$Na[Au(SCN)_4]$	4×10^{-4}	3.4
$NaK_2[Co(NO_2)_6]$	2.2×10^{-11}	10.66
$Na(NH_4)_2[Co(NO_2)_6]$	4×10^{-12}	11.4
$NaPbOH(CO_3)_2$	1×10^{-31}	31.0
$NaUO_2AsO_4$	1.3×10^{-22}	21.87
$Nd(OH)_3$	3.2×10^{-22}	21.49
$Ni_3(AsO_4)_2$	3.1×10^{-24}	23.51
$NiCO_3$	6.6×10^{-9}	8.18
NiL_2 8-羟基喹啉镍	8×10^{-27}	26.1

化合物的化学式	K_{so}	pK_{so}
$Ni_2[Fe(CN)_6]$	1.3×10^{-15}	14.89
$[Ni(N_2H_4)]SO_4$	7.1×10^{-14}	13.15
$Ni(OH)_2$	2.0×10^{-15}	14.7
$Ni(OH)_2 + OH^- \Longrightarrow Ni(OH)_3^-$	6×10^{-5}	4.2
$Ni_2P_2O_7$	1.7×10^{-13}	12.77
$\alpha\text{-}NiS$	3.2×10^{-19}	18.5
$\beta\text{-}NiS$	1.0×10^{-24}	24.0
$\gamma\text{-}NiS$	2.0×10^{-26}	25.7
$NiSeO_3$	1.0×10^{-5}	5.0
$Pb_3(AsO_4)_2$	4.0×10^{-36}	35.39
PbL_2 邻氨基苯甲酸铅	1.6×10^{-10}	9.81
$PbOHBr$	2.0×10^{-15}	14.70
$PbBr_2$	4.0×10^{-5}	4.41
$PbBr_2 \Longrightarrow PbBr^+ + Br^-$	3.9×10^{-4}	3.41
$Pb(BrO_3)_2$	2.0×10^{-2}	1.70
$PbCO_3$	7.4×10^{-14}	13.13
PbC_2O_4	4.8×10^{-10}	9.32
$PbOHCl$	2×10^{-14}	13.7
$PbCl_2$	1.6×10^{-5}	4.79
$PbCrO_4$	2.8×10^{-13}	12.55
PbF_2	2.7×10^{-8}	7.57
$Pb_2[Fe(CN)_6]$	3.5×10^{-15}	14.46
PbI_2	7.1×10^{-9}	8.15
$PbI_2 + I^- \Longrightarrow PbI_3^-$	2.2×10^{-5}	4.65
$PbI_2 + 2I^- \Longrightarrow PbI_4^{2-}$	1.4×10^{-4}	3.85
$PbI_2 + 3I^- \Longrightarrow PbI_5^{3-}$	6.8×10^{-5}	4.17
$PbI_2 + 4I^- \Longrightarrow PbI_6^{4-}$	5.9×10^{-3}	2.23
$Pb(IO_3)_2$	3.2×10^{-13}	12.49
$Pb(N_3)_2$	2.5×10^{-9}	8.59
$Pb(NbO_3)_2$	2.4×10^{-17}	16.62
$Pb(OH)_2$	1.2×10^{-15}	14.93
$Pb(OH)_4$	3.2×10^{-66}	65.49
$PbHPO_4$	1.3×10^{-10}	9.90
$Pb_3(PO_4)_2$	8.0×10^{-43}	42.10
PbS	1.0×10^{-28}	28.00
$PbS + 2H^+ \Longrightarrow Pb^{2+} + H_2S$	1×10^{-6}	6
$Pb(SCN)_2$	2.0×10^{-5}	4.70
$PbSO_4$	1.6×10^{-8}	7.79
PbS_2O_3	4.0×10^{-7}	6.40
$PbSeO_3$	3.2×10^{-12}	11.5
$PbSeO_4$	1.4×10^{-7}	6.84
$Pb(OH)_2$	1.0×10^{-31}	31.0
PoS	5.5×10^{-29}	28.26
$Pr(OH)_3$	6.8×10^{-22}	21.17
$Pt(OH)_2$	1×10^{-35}	35

续表

化合物的化学式	K_{so}	pK_{so}
$Pu(OH)_3$	2.0×10^{-20}	19.7
$RaSO_4$	4.2×10^{-11}	10.37
$RbClO_4$	2.5×10^{-3}	2.60
$Rh(OH)_3$	1×10^{-23}	23
$Ru(OH)_3$	1×10^{-36}	36
$Ru(OH)_4 = Ru(OH)^{3+} + 3OH^-$	1×10^{-34}	34
Sb_2S_3	1.5×10^{-93}	92.8
$\frac{1}{2}Sb_2O_3 + \frac{3}{2}H_2O = Sb^{3+} + 3OH^-$	2.0×10^{-5}	4.70
$\frac{1}{2}Sb_2O_3 + H_2O + H^+ = SbO^+ + \frac{3}{2}H_2S$	8×10^{-31}	30.1
$Sc(OH)_3$	8×10^{-31}	30.1
$SiO_2(无定形) + 2H_2O = Si(OH)_4$	2×10^{-3}	2.7
$Sm(OH)_3$	8.2×10^{-23}	22.08
$Sn(OH)_4$	1×10^{-56}	56
$Sn(OH)_2$	1.4×10^{-28}	27.85
SnS	1.0×10^{-25}	25.0
SnS_2	2.5×10^{-27}	26.6
$Sr_3(AsO_4)_2$	8.1×10^{-19}	18.09
$SrCO_3$	1.1×10^{-10}	9.96
$SrC_2O_4 \cdot H_2O$	1.6×10^{-7}	6.80
SrL_2 8-羟基喹啉锶	5×10^{-10}	9.3
$SrCrO_4$	2.2×10^{-5}	4.65
SrF_2	2.5×10^{-9}	8.61
$Sr(IO_3)_2$	3.3×10^{-7}	6.48
$Sr(NbO_3)_2$	4.2×10^{-18}	17.38
$SrSO_4$	3.2×10^{-7}	6.49
$SrSeO_3$	1.8×10^{-6}	5.74
$TeO_2 + 4H^+ = Te^{4+} + 2H_2O$	2.1×10^{-2}	1.68
$Te(OH)_4$	3.0×10^{-54}	53.52
$ThF_4 \cdot 4H_2O + 2H^+ = ThF_2^{2+} + 2HF + 4H_2O$	5.9×10^{-8}	7.23
$Th(OH)_4$	4.0×10^{-45}	44.4
ZnL_2 邻氨基苯甲酸锌	5.9×10^{-10}	9.23
$Zn_3(PO_4)_2$	9.0×10^{-33}	32.04
$\alpha-ZnS$	1.6×10^{-24}	23.8
$\beta-ZnS$	2.5×10^{-22}	21.6
$Th(HPO_4)_2$	1×10^{-20}	20
$Ti(OH)_3$	1×10^{-40}	40
$TiO(OH)_2$	1×10^{-29}	29
$TlBr$	3.4×10^{-6}	5.47
$TlBr + Br^- = TlBr_2^-$	2.4×10^{-5}	4.62

化合物的化学式	K_{so}	pK_{so}
$TlBr + 2Br^- \Longrightarrow TlBr_3^{2-}$	8.0×10^{-6}	5.10
$TlBr + 3Br^- \Longrightarrow TlBr_4^{3-}$	1.6×10^{-6}	5.80
$TlBrO_3$	8.5×10^{-5}	4.07
$Tl_2C_2O_4$	2×10^{-4}	3.7
$TlCl$	1.7×10^{-4}	3.76
$TlCl + Cl^- \Longrightarrow TlCl_2^-$	1.8×10^{-4}	3.74
$TlCl + 2Cl^- \Longrightarrow TlCl_3^{2-}$	2.0×10^{-5}	4.70
Tl_2CrO_4	1.0×10^{-12}	12
TlI	6.5×10^{-8}	7.19
$TlI + I^- \Longrightarrow TlI_2^-$	1.5×10^{-6}	5.82
$TlI + 2I^- \Longrightarrow TlI_3^{2-}$	2.3×10^{-6}	5.64
$TlI + 3I^- \Longrightarrow TlI_4^{3-}$	1.0×10^{-6}	6.0
$TlIO_3$	3.1×10^{-6}	5.51
TlN_3	2.2×10^{-4}	3.66
$\frac{1}{2}Tl_2O_3 + \frac{3}{2}H_2O \Longrightarrow Tl^{3+} + 3OH^-$	6.3×10^{-46}	45.20
TlL_3 8-羟基喹啉铊	4.0×10^{-33}	32.4
Tl_2S	5.0×10^{-21}	20.3
$TlSCN$	1.7×10^{-4}	3.77
UO_2HAsO_4	3.2×10^{-11}	10.50
UO_2KAsO_4	2.5×10^{-23}	22.60
UO_2LiAsO_4	1.5×10^{-19}	18.82
$UO_2NH_4AsO_4$	1.7×10^{-24}	23.77
UO_2NaAsO_4	1.3×10^{-22}	21.87
$UO_2C_2O_4 \cdot 3H_2O$	2×10^{-4}	3.7
$(UO_2)_2[Fe(CN)_6]$	7.1×10^{-14}	13.15
$UO_2(OH)_2$	1.1×10^{-22}	21.95
$UO_2(OH)_2 + OH^- \Longrightarrow HUO_4^- + H_2O$	2.5×10^{-4}	3.60
UO_2HPO_4	2.1×10^{-11}	10.67
$VO(OH)_2$	5.9×10^{-23}	22.13
$\frac{1}{2}V_2O_5 + H^+ \Longrightarrow VO_2^+ + \frac{1}{2}H_2O$	2×10^{-1}	0.7
$(VO)_3(PO_4)_2$	8×10^{-25}	24.1
$Y(OH)_3$	8.0×10^{-23}	22.1
$Yb(OH)_3$	3×10^{-24}	23.6
$Zn_3(AsO_4)_2$	1.3×10^{-28}	27.89
$ZnCO_3$	1.4×10^{-11}	10.84
$ZnC_2O_4 \cdot 2H_2O$	2.8×10^{-8}	7.56
$Zn_2[Fe(CN)_6]$	4.0×10^{-16}	15.39
$Zn[Hg(SCN)_4] \Longrightarrow Zn^{2+} + [Hg(SCN)_4]^{2-}$	2.2×10^{-7}	6.66
$Zn(OH)_2$	1.2×10^{-17}	16.92
$Zn(OH)_2 + OH^- \Longrightarrow Zn(OH)_3^-$	3×10^{-3}	2.5
ZnL_2 8-羟基喹啉锌	5×10^{-25}	24.3
$ZnSeO_3$	2.6×10^{-7}	6.59
$Zr_3(PO_4)_4$	1×10^{-132}	132
$ZrO(OH)_2$	6.3×10^{-49}	48.2

附录 V 电镀常用化学品的性质与用途

材料名称	分子式	分子量	性质	用途
焦磷酸钠	$Na_2P_2O_7 \cdot 10H_2O$	445.91	相对密度1.82,无水物白色固体,溶于水,呈碱性	镀铜配位体
氯化钾	KCl	74.55	无色晶体,相对密度1.984,溶于水	酸性镀锌导电盐
硝酸钾	KNO_3	101.1069	无色晶体或粉末,相对密度2.109,400℃分解放出氧气	镀铜、铜合金导电盐
硫酸钾	K_2SO_4	174.265	无色或白色晶体,味苦而咸,相对密度2.662,易溶于水	导电盐
碳酸钾	$K_2CO_3 \cdot 10H_2O$	318.03	白色晶体,相对密度2.428,易潮解,溶于水呈碱性	导电盐
硫酸铝钾（又称明矾）	$KAl(SO_4)_2 \cdot 12H_2O$	474.39	复盐,有酸涩味,相对密度1.75	缓冲剂,絮凝剂
硫氰酸钾	$KCNS$	97.183	无色晶体,相对密度1.886,溶于水	镀银、金、铜、合金
高锰酸钾	$KMnO_4$	158.036	深紫色晶体,有金属光泽,相对密度2.524,溶于水,强氧化剂	钝化、氧化剂、蚀铜剂
重铬酸钾（又名红矾钾）	$K_2Cr_2O_7$	294.192	橙红色晶体,相对密度2.676,溶于水,强氧化剂	铜的化学清洗,钝化
重铬酸钠（又名红矾钠）	$Na_2Cr_2O_7 \cdot 2H_2O$	298.00	红色晶体,相对密度2.52,100℃失水,400℃分解出氧气,易溶于水,呈酸性	氧化剂、钝化剂
焦磷酸钾	$K_4P_2O_7 \cdot 3H_2O$	384.397	无色固体,空气中吸潮,相对密度2.33,溶于水	镀铜、镉合金配位体
氢氧化钾	KOH	56.11	白色半透明固体,相对密度2.044,熔点360℃,溶于水有强烈的放热作用,对皮肤有极强腐蚀力,能吸收二氧化碳生成碳酸钾	黑色金氧化,镀金银,调节pH
氨水	可表示为NH_4OH或$NH_3 \cdot H_2O$		气体氨的水溶液,氨极易挥发,有强烈氨刺激性气味,是一种弱酸,最浓的氨水含氨35.28%	镀铜合金调节pH
碳酸钠	Na_2CO_3	106.0	有无水及$Na_2CO_3 \cdot H_2O$、$Na_2CO_3 \cdot 7H_2O$及$Na_2CO_3 \cdot 10H_2O$,无水碳酸钠是白色粉末,易溶于水,水溶液呈强碱性	去油,镀铜调节pH
氯化钠	$NaCl$	58.5	白色立方晶体,相对密度为2.165,熔点为801℃味咸,显中性	酸洗,镀镍、镀锌

材料名称	分子式	分子量	性质	用途
硫酸钠	$Na_2SO_4 \cdot 10H_2O$	322.0	无色单斜晶体,有苦咸味,相对密度1.464,100℃失水,在空气中易风化成无水物	导电盐
硝酸钠	$NaNO_3$	85.01	无色六角晶体,相对密度2.257,溶于水,熔点308℃,是一种氧化剂	镀铜及其合金导电盐
钼酸铵	组成不固定		主要是仲钼酸盐,$(NH_4)_2Mo_7O_{24} \cdot 4H_2O$溶于水,强酸、强碱溶液	光亮剂、钝化剂
氟化铵	NH_4F	37.969	白色晶体,相对密度1.315,易潮解,溶于水	化学抛光,镍、不锈钢的活化
乙醇(又称酒精)	C_2H_5OH	46.069	无色透明,易挥发液体,可燃,普通酒精含乙醇98%	检验,溶剂,光亮剂
乙二胺	$C_2H_8N_2$	60.098	结构式 无色黏稠液体,有氨味、有毒、易挥发	镀铜、锌用配位体,环氧树脂的固化剂
二甲胺	$(CH_3)_2NH$	45.08	室温下气体,有似氨味,易溶于水、乙醇和乙醚中	光亮剂原料
三乙醇胺	$C_6H_{15}O_3N$	149.08	结构式 无色黏稠液体,空气中易变黄,相对密度1.242,溶于水	镀锌、镀锡合金、镀铜和化学镀铜用配位体
六次甲基四胺(又名乌洛托品)	$C_6H_{12}N_4$	140.188	结构式 白色晶体,溶于水	酸洗缓蚀剂、pH缓冲剂
磷酸氢二钠	$Na_2HPO_4 \cdot 12H_2O$	359.969	无色晶体,相对密度1.52,空气中易风化	处理槽液
磷酸二氢钠	$NaH_2PO_4 \cdot H_2O$	139.983	无色晶体,相对密度2.040,易溶于水	镀铜合金
锡酸钠	$Na_2SnO_3 \cdot 3H_2O$	266.684	白色或浅褐色晶体,溶于水,空气中吸收水分和二氧化碳生成氢氧化锡和碳酸钠。商品一般含锡42%左右	镀锡、锡合金

材料名称	分子式	分子量	性　质	用　途
硫化钠	$Na_2S \cdot 9H_2O$	240.16	无色或微紫色晶体,相对密度2.427,溶于水,呈强碱性	沉淀重金属杂质、钝化、光亮剂
氰化钠	$NaCN$	49.01	无色晶体,在空气中潮解,有氰化氢的微弱臭味,剧毒,溶于水,其水溶液呈碱性	氰化镀液配位体、化学退镀剂,铜阳极腐蚀剂
亚硝酸钠	$NaNO_2$	69.0	苍黄色晶体,相对密度2.168,熔点271℃、320℃分解,极易溶于水、水溶液呈碱性	防锈、钝化
亚硫酸钠	$Na_2SO_3 \cdot 7H_2O$	252.18	无色晶体,相对密度1.561,易溶于水,水溶液呈碱性	作还原剂处理槽液,镀金银
氟化钠	NaF	42	无色发亮晶体,水溶液呈碱性,相对密度2.79	镀镍
氟硅酸钠	Na_2SiF_6	188.07	白色结晶粉末,相对密度3.08,难溶于水	镀铬
氟硼酸钾	KBF_4	125.932	斜方或立方晶体,相对密度2.50,溶于水	镀镍铜合金,镀锡
磷酸三钠	$Na_3PO_4 \cdot 12H_2O$	380.23	无色晶体,相对密度1.62,在干燥空气中风化水溶液几乎全部分解为磷酸氢二钠和氢氧化钠,溶液呈强碱性	除油,发蓝
铬酐又名铬酸酐	CrO_3	99.994	红棕色晶体,相对密度2.70,有强烈氧化性,溶于水成铬酸	铬酸钝化,塑料粗化
三氯化铬	$CrCl_3$	158.355	玫瑰色晶体,易吸水,相对密度2.757,溶于水	三价铬镀铬
硫酸亚铁(又名绿矾)	$FeSO_4 \cdot 7H_2O$	277.9	蓝色晶体,相对密度1.899,空气中氧化呈黄色,溶于水,有还原作用	镀铁,污水处理
氯化钙	$CaCl_2 \cdot 6H_2O$	218.98	白色固体,易潮解	镀铁
硫酸铵	$(NH_4)_2SO_4$	124.07	白色晶体,相对密度1.769,溶于水,溶液显酸性	导电盐,增高镀层硬度
硝酸铵	NH_4NO_3	80.043	白色晶体,易吸潮,受热、受击过猛易爆炸	镀铜导电盐
草酸铵	$(NH_4)_2C_2O_4 \cdot H_2O$	124.0737	无色晶体,相对密度1.50溶于水,有毒	镀铁
硫酸镍铵	$(NH_4)_2SO_4 \cdot NiSO_4 \cdot 6H_2O$	394.737	复盐,浅绿色晶体,相对密度1.923,溶于水	镀镍
氯化钴	$CoCl_2 \cdot 6H_2O$	237.93	红色晶体,相对密度1.924,空气中易潮解,溶于水	光亮剂

续表

材 料 名 称	分子式	分子量	性　　质	用　　途
硫酸钴	$CoSO_4 \cdot 6H_2O$	263.02	玫瑰色晶体,相对密度 1.948,溶于水	合金电镀
过氧化氢(又称双氧水)	H_2O_2	34.0147	无色液体,市售一般含 30%、5% 及 90% 的 H_2O_2 作氧化剂和还原剂	镀镍、铜、锡的氧化剂处理杂质,化学抛光
碳酸钡	$BaCO_3$	197.35	白色晶体,有毒,相对密度 4.43,极难溶于水	污水处理清除 SO_4^{2-}
盐酸	HCl	36.461	为氯化氢的水溶液,纯的无色,工业品为黄色。商品浓盐酸含 37%～39% 氯化氢,相对密度 1.19,为强酸,能与许多金属反应	钢铁酸洗、调节 pH、敏化、钯活化
硫酸	H_2SO_4	98.08	无色浓稠液,98.3% 硫酸的相对密度为 1.834,沸点为 338℃,340℃ 分解,是一种强酸,能与许多金属及其氧化物作用,浓硫酸有强烈的吸水性和氧化性	调节 pH、酸洗、酸除去、铝氧化、铝化学抛光
硝酸	HNO_3	36.47	五价氮的含氧酸,纯硝酸是无色液体,相对密度为 1.5027,沸点为 86℃,一般略带黄色,发烟硝酸是红褐色液体,硝酸是强氧化剂。一体积浓硝酸与三体积浓盐酸混合而成王水,腐蚀性极强,能溶解金与铂	用于铜、铜合金及铝的光饰或化学抛光
硼酸	H_3BO_3	61.8	无色微带珍珠光泽晶体或白色粉末,相对密度为 1.435,185℃ 熔解,并分解,有滑腻感,无臭,溶于水、乙醇、甘油和乙醚,水溶液呈微酸性	镀镍,铜的缓冲剂
氢氟酸	HF	20.0059	为氟化氢的水溶液,是无色易流动的液体,在空气中发烟,有强烈的腐蚀性,并能浸蚀玻璃、剧毒	腐蚀与清洁铸铁、铝件、不锈钢表面,镀铅、铜
磷酸	H_3PO_4	98.4	商品磷酸是含 83%～98% H_3PO_4 的浓稠液,溶于水和乙醇,对皮肤有腐蚀作用,能吸收空气中水,中强度酸	铜、铝、不锈钢的电化学抛光、退镍、铝、铝件阳极化
氟硅酸(又称硅氟酸)	H_2SiF_6	144.09	水溶液无色,强酸,有腐蚀性,能浸蚀玻璃	镀铬催化剂
硒酸	H_2SeO_4	87.828	无色结晶,易溶于水,强氧化剂	光亮剂
氢氧化钠(又名烧碱、苛性钠)	NaOH	40.01	无色透明或白色固体,相对密度 2.130,熔点为 318.4℃。商品碱是块状、片状、粒状、棒状。固碱有极强的吸湿性,易溶于水并放热,有极强腐蚀作用,吸收空气中二氧化碳变成碳酸钠	去油、镀锌、锡铜、镉、发蓝

续表

材料名称	分子式	分子量	性质	用途
三氧化二铁	Fe_2O_3	159.69	深红色粉末,不溶于水,但溶于酸	抛光剂
二氧化硒	SeO_2	110.96	白色晶体,有毒,相对密度3.954,溶于水	光亮剂
氯化钡	$BaCl_2 \cdot 2H_2O$	244.27	无色晶体,有毒,相对密度3.097,溶于水几乎不溶于盐酸	污水处理清除SO_4^{2-}
甘油(又名丙三醇)	$C_3H_5(OH)_3$	91.987	无色无臭油状液体,相对密度为1.2613,溶于水	电抛光,光亮剂
甲醛	HCHO	20.0263	无色气体,有特殊刺激味,易溶于水,水溶液最高浓度达55%通常为40%,冷藏时易聚合	镀锡光亮剂,化学镀铜还原剂,缓蚀剂
乙醛	CH_3CHO	44.05	无色流动液体,有辛辣味,相对密度0.783,沸点20℃,能与水、乙醇等混合	镀锡光亮剂
硫脲	$\underset{\overset{\|}{S}}{H_2NC—NH_2}$	76.12	白色晶体,味苦,相对密度1.405,溶于水	光亮剂,缓蚀剂
乙酰胺	CH_3CONH_2	59.068	无色晶体,纯品无臭,工业品有鼠臭,相对密度1.159,熔点82℃,溶于水,能与强酸作用	印制板除胶渣
乙酸(又名醋酸)	CH_3COOH	58.0527	无色清液,溶于水,无水醋酸,又名冰醋酸	镀层检验,调节pH
洋茉莉醛(又名氧化胡椒醛)	$C_8H_6O_3$	150.135	结构式 白色晶体,见光变红棕色,溶于热水和乙醇	镀锌光亮剂
香草醛(又名香茅醛香兰素)	$C_8H_8O_3$	154.151	结构式 学名为3-甲氧基-4-羟基苯甲醛,白色针状晶体,相对密度1.056,微溶于冷水,溶于热水、乙醇和乙醚	镀锌光亮剂
香豆素(又名氧染萘邻酮)	$C_9H_6O_2$	146.147	结构式 白色晶体,相对密度0.935,溶于热水、乙醇、乙醚和氯仿	镀镍、镍合金光亮剂、整平剂

材料名称	分子式	分子量	性质	用途
葡萄糖	$C_6H_{12}O_6$	179.15	结构式 无色或白色晶体粉末,溶于水,稍溶于乙醇	光亮剂,还原剂
蔗糖(又名食糖)	$C_{12}H_{24}O_{12}$	343.30	白色晶体,有甜味、易溶于水	新四铬酸镀铬还原剂
苯甲醛(又名苦杏仁油)	C_7H_6O	106.00	结构式 纯品无色液体,相对密度1.046,微溶于水,能溶于乙醚、乙醇、氯仿中,在空气中氧化为苯甲酸	镀锡、锌光亮剂
1,4-丁炔二醇	$C_4H_6O_2$	86.09	结构式 无色晶体,溶于水	镀镍光亮剂
聚乙烯醇	以$+CH_2-CH+_n$ $\quad\quad\quad\ \ OH$ 表示		白色固体,产物可溶于水或溶胀	酸铜载体光亮剂
聚乙二醇	$+CH_2OCH_2+_n$		结构式为 $HOCH_2+CH_2OCH_2+_n$ CH_2OH相对分子质量从几千到几百万,易溶于水、乙醇,表面活性剂	酸铜载体光亮剂
酒石酸(学名2,3-二羟基丁二酸)	$H_2C_4H_4O_6$	150.088	结构式 白色晶体,微酸性,溶于水	合金电镀,浸锌配位体
酒石酸氢钾	$KHC_4H_4O_6$	188.182	无色斜方晶体,溶于水、酸和碱液中	配位体
酒石酸钾钠	$KNaC_4H_4O_6\cdot$ $4H_2O$	282.8	无色晶体,相对密度1.79,溶于水	配位体

材料名称	分子式	分子量	性质	用途
柠檬酸（又名枸橼酸）	$C_6H_8O_7$	192.126	结构式 $$\begin{array}{c} H \\ H-C-COOH \\ HO-C-COOH \\ H-C-COOH \\ H \end{array}$$ 无色晶体,相对密度1.542,有强酸味,溶于水、乙醇、乙醚中	镀金、镀铜、浸铜配位体
柠檬酸铵	$(NH_4)_2 \cdot C_6H_6O_7$	226.19	无色晶体,易潮解,溶于水,水溶液呈酸性	镀金、铜、合金配位体
柠檬酸钠	$Na_3C_6H_5O_7 \cdot \frac{11}{2}H_2O$	357	无色晶体,溶于水	化学镀镍,退镍配位体
氨三乙酸	$C_6H_9O_6N$	191.14	结构式 $$\begin{array}{c} CH_2COOH \\ N-CH_2COOH \\ CH_2COOH \end{array}$$ 简称 NTA,白色晶体,溶于碱溶液	镀铜、镀锌配位体
柠檬酸钾	$K_3C_6H_5O_7$	296.4		镀金配位体
乙二胺四乙酸二钠 EDTA-2Na	$C_{10}H_{14}O_8N_2Na_2$	306.489	白色金体,重要有机配位体	镀金配位体,配位滴定
明胶			动物皮骨熬制而得蛋白质,无臭无味,溶于热水	光亮剂
铁氰化钾（赤血盐）	$K_3[Fe(CN)_6]$	329.25	深红色晶体,相对密度1.85,溶于水	镀层检验
亚铁氰化钾（黄白盐）	$K_4[Fe(CN)_6]$	422.3	浅黄色晶体,相对密度1.458,溶于水	镀银、金,化学镀铜稳定剂
氧化锌（又名锌白）	ZnO	81.4	白色粉末,相对密度5.60,两性氧化物,溶于酸、氢氧化钠和氯化铵溶液中	镀锌,锌合金
硫酸锌	$ZnSO_4 \cdot 7H_2O$	287.528	无色晶体,相对密度1.957,溶于水	镀锌,彩色电镀
氯化锌	$ZnCl_2$	135.38	白色潮解性晶体,相对密度2.91,易溶于水	镀锌,彩色电镀
硫酸铜（胆矾）	$CuSO_4 \cdot 5H_2O$	254.64	蓝色晶体,相对密度2.286,溶于水	镀铜,镀层检验
氯化铜	$CuCl_2 \cdot 2H_2O$	168.54	绿色晶体,有潮解性,相对密度2.38,易溶于水	腐蚀剂

材料名称	分子式	分子量	性　质	用　途
氰化亚铜	$CuCN$	89.58	白色粉末,相对密度 2.92,剧毒,溶于热硫酸、氰化钾和铵溶液中	镀铜,铜合金配位体
焦磷酸铜	$Cu_2P_2O_7$	309.03		镀铜,铜合金
硫酸镍	$NiSO_4 \cdot 7H_2O$	280.86	绿色晶体,相对密度 1.948,溶于水	镀镍,镍合金,化学镀镍
氯化镍	$NiCl_2 \cdot 6H_2O$	237.70	绿色片状晶体,有潮解性,溶于水、氨水中。水溶液呈酸性	镀镍,化学镀镍
氯化亚锡(二氯化锡)	$SnCl_2 \cdot 5H_2O$	124.7	白色晶体,相对密度 3.95,溶于水	镀锡,非金属电镀
氯化锡(四氯化锡)	$SnCl_4 \cdot 5H_2O$	350.5	白色透明晶体,易潮解,溶于水	镀锡及合金
硫酸亚锡	$SnSO_4$	214.7	白色微黄晶体,溶于水和硫酸	镀锡,锡合金
硝酸银	$AgNO_3$	169.89	无色晶体,相对密度 4.352,444℃分解,见光易分解,易溶于水和氨水中	镀银,活化
糖精(学名邻磺酰苯酰亚胺)	$C_7H_5O_3NS$	184.183	结构式 白色晶体,溶于水	镀镍,镍合金光亮剂
阿拉伯树胶				光亮剂
牛皮胶			牛皮、牛骨熬制而得透明块状物,溶于水	镀铅锡,合金光亮剂
骨胶			暗褐色块状物	附加剂,胶黏剂
十二烷基苯磺酸钠			结构式 白色粉末,溶于水	乳化剂,除油剂
十二烷基硫酸钠			$CH_3(CH_2)_{10}CH_2SO_3Na$ 白色粉末,溶于水	润湿剂,乳化剂,除油剂
海鸥洗涤剂			由三种非离子型表面活性剂配制而成:聚氧乙烯脂肪醇醚硫酸钠 85%,聚氧乙烯辛烷基苯酚醚—10 为 5%,椰子油烷基醇酰胺 10%	润湿剂,乳化剂,洗涤剂

续表

材料名称	分子式	分子量	性　质	用　途
OP 乳化剂			结构式 $R=C_{12}\sim C_{18}$ $n=12\sim16$ $O-(CH_2CH_2O)_n-H$ 非离子型表面活性剂	润湿剂,乳化剂,洗涤剂,载体光亮剂
平平加			是一种聚氧乙烯脂肪醇醚 $R \cdot O-(CH_2CH_2O)_n-H$,上海红卫合成洗涤剂厂出品平平加——匀染剂102,$R=12\sim18$,$n=25\sim30$;上海助剂厂合成平平加——匀染剂 0,$R=12$,$n=20\sim25$	润湿剂,乳化剂,洗涤剂,光亮剂
汽油			$C_4\sim C_{12}$ 的烃类,易挥发,易燃烧	去油剂
煤油			$C_{12}\sim C_{17}$ 的烃类挥发,易燃	去油剂
丙酮	CH_3COCH_3	58.08	无色易挥发,易燃液体	去油剂,溶剂,黏结剂
乙醚	$C_2H_5OC_2H_5$	74.124	易流动无色液体,蒸气能使人失去知觉至死,易挥发着火,蒸气与空气混合着火爆炸	去油剂
氯化钯	$PdCl_2$	177.4	可用 CP 级	活化剂
2-巯基苯并噻唑	$C_2H_5NS_2$		CP 级	抑制剂,光亮剂
次亚磷酸钠	$NaH_2PO_2 \cdot H_2O$		CP 级	化学镀还原剂
F-53			特定	镀铬抑雾剂
活性炭		12.01	强度 $>70\%$,平均粒径 $0.43\sim0.50mm$ 充填,密度 $0.37\sim0.43g/cm^3$	有机杂质吸附剂

参考文献①

[1] 方景礼."电镀中的配位化学"∥戴安邦等著.无机化学丛书:第十二卷,配位化学,第十八章.北京:科学出版社,1987:665～696.

[2] 方景礼.多元络合物电镀.北京:国防工业出版社,1983.

[3] 上野景平编集.キレート化学(3),平衡と反応篇(Ⅰ).東京:南江堂,1977.

[4] Stanley chaberek, Arthur E Martell. Sequestering Agents. New York: John Wiley & Sons, Inc. London: Chapman & Hall, Ltd., 1958.

[5] A E 马特尔,M 卡尔文.金属螯合物化学.北京:科学出版社,1964.

[6] 申泮文编著.配位化学简明教程.天津:天津科技出版社,1990.

[7] 罗勤慧,沈孟长编著.配位化学.南京:江苏科技出版社,1987.

[8] 宋廷耀编.配位化学.成都:成都科技大学出版社,1990.

[9] J Inczedy, D Sc Analytical Applications of Complex Equilibria. Chichester: Ellis Horwood Limited, Publisher, 1976.

[10] B B OpexoBa, φ K Андргошенко. Полилиганднъе ЭэктролиТы В ГальваностегГии. Изппри. Харbковском госу. унив. цзд. оБъед. 《ВищАшколА》1979.

[11] H T КудрявЧев. электролитиееске Локрытця Метамамц ИЗД. 《Хцмця》, МОСКВА, 1979.

[12] A A Vlcek. Polarographic behavior of Coordination Compounds. F. A. Cotton ed. Progress in Inorganic Chemistry, Interscience Publ. Inc. 1973.

[13] 田福助编著.电化学理论与应用.台北:新科技书局,1987.

[14] K J Vetter. "Electrochemical Kinetics". New York: Theoretical and experimental aspects, Academic Press, 1977.

[15] AКадеМия Hayk YkpauHcкой CCP. эЛектроднЫе Лрочессъl Лрц электроосаЖденцц ц Растворенцц Метамов, Кцев 《Наукова Думка》, 1978.

[16] 查全性.电极过程动力学导论.北京:科学出版社,1976.

[17] 长哲郎等.電極反応の基礎.東京:共立出版株式会社,1973.

[18] 邝鲁生等.应用电化学.武汉:华中理工大学出版社,1994.

[19] 苏癸阳.实用电镀理论与实践.台南:复汉文书局,1999.

[20] 赖耿阳译著.实用电镀技术全集.台南:复汉出版社,2001.

[21] 姜晓霞,沈伟.化学镀理论与实践.北京:国防工业出版社,2000.

[22] 张胜涛等.电镀工程.北京:化学工业出版社,2002.

[23] 屠振密等.防护装饰性镀层.北京:化学工业出版社,2004.

[24] 庄高发.无电解镀金.台南:复汉出版社,2001.

[25] 李宁主编.化学镀实用技术.北京:化学工业出版社,2004.

[26] 胡如南,陈松祺.实用镀铬技术.北京:国防工业出版社,2005.

[27] 方景礼.电镀添加剂总论.台北:传胜出版社,1998.

[28] 方景礼.金属材料抛光技术.北京:国防工业出版社,2005.

[29] 方景礼.电镀添加剂——理论与应用.北京:国防工业出版社,2006.

[30] 方景礼,惠文华.刷镀技术.北京:国防工业出版社,1987.

[31] 严钦元,方景礼.塑料电镀.重庆:重庆出版社,1987.

[32] 方景礼."电镀合金"∥表面处理工艺手册编审委员会.表面处理工艺手册:第五章.上海:上海科学技

---

① 本参考文献表不包括第十九章第十节、第二十章第八节、第二十一章第十一节、第二十四章第三节、第二十六章第一节第四小节和第二节第五小节、第三十章的参考文献,这些章节的参考文献表附于各章节末尾。

术出版社，1991.

[33] 方景礼．混合配体配合物及其在电镀中的应用．化学通报，1978，(4)：226.

[34] 方景礼．混合配体配合物的协同极化效应及其在电镀中的应用．南京大学学报，1978，(4)：75.

[35] 方景礼．有机膦酸的合成、性质和应用．石油化工，1980，(7)：422.

[36] 方景礼，唐汉方等．通用电镀络合剂的研究，Ⅷ．HEDP 化学镀镍．兵工学报，1981，(2)：6.

[37] 方景礼．表面活性络合物及其在电镀中的应用（Ⅰ）．防腐与包装，1982，(3)：44.

[38] 方景礼．表面活性络合物及其在电镀中的应用（Ⅱ）．防腐与包装，1982，(4)：40.

[39] 方景礼．可焊性电镀．//江苏省电子工业综合研究所编辑．电子元器件引线可焊性技术交流会文集. 1982：170～218.

[40] 林木东，方景礼．八十年代电镀技术的发展．上海电镀，1984，(4)：3.

[41] 林木东，方景礼．现代镀金．电镀与环保，1985，(2)：12.

[42] 方景礼．九十年代表面处理技术的发展趋势．电镀与环保，1990，(4)：169.

[43] 方景礼．21 世纪表面处理新技术（Ⅰ）．表面技术，2005，34，(5)：1～5.

[44] 方景礼．21 世纪表面处理新技术（Ⅱ）．表面技术，2005，34，(6)：1～3.

[45] 方景礼，蔡孜．银层的变色机理与防护．中国科学，1988，(4)：355.

[46] 方景礼，叶向荣，李莹．缓蚀剂的缓蚀机理．化学通报.1992，(6)：5.

[47] 方景礼．新型电抛光络合剂的研究．兵器工业（防腐与包装分册），1983，(1)：6.

[48] 方景礼．水合金属络离子的电沉积速率．电镀与涂饰，1984，(1)：70.

[49] 方景礼．有机添加剂的阴极还原．重庆电镀，1985，(21)：18.

[50] 方景礼．多元氨羧络合物的性质与应用．表面技术，1988，(1)：1.

[51] 方景礼．氨羧络合物的组成与电沉积机理．表面技术，1988，(3)：14.

[52] 方景礼，丁建平，吴乃钧．有机膦酸的电抛光性能．应用化学，1989，7，(1)：53.

[53] Jing Li Fang, Nai Jun Wu. A Study of Antitarnish Film on copper. plating and Surface Finishing（USA）, 1990，77 (2)：54.

[54] Jing Li Fang, Nai Jun Wu, Zhan Wen Wang, Ying Li. XPS, AES and Raman studies of an Antitarnish Film on Tin. Corrosion（USA），1991，47，(3)：169.

[55] Jing Li Fang, Xiang Rong Ye, Jing Fang. Factors Influencing Solderability of Electroless Ni-P Deposit. Plating and Surface Finishing（USA），1992，79，(7)：44.

[56] Jing Li Fang, Ying Li, Xiang Rong Ye, Zhan Wen Wan, Qing Liu. Passive Film and Corrosion Protection Due to Phosphonic Acid Inhibitors. Corrosion（USA），1993 (4)：226.

[57] Jing Li Fang, Nai Jun Wu, Zhan Wen Wang. Activation Effect of Halides on Chromiun Electrodeposition from Chromic Acid Baths. J. Appl. Electro Chem.（UK），1993. (23)：495.

[58] Jing Li Fang, Ke Ping Han. Chemical Polishing of Copper. Trans. Inst. Met. Finish（UK）1995，73 (4)：139.

[59] Jing Li Fang, Yong Wu, Ke Ping Han. Acceleration Mechanism of Thiourea for Electroless Nickel Deposition. Hong Kong：Surface Finishing Newsletter，1995，(18)：13.

[60] Ke Ping Han, Jing Li Fang. Immersion Deposition of Gold, Trans. Inst. Met. Finish.（UK）.1996，74 (3)：95.

[61] Ke Ping Han, Jing Li Fang. Studies on Chemical Polishing of Brass. Metal Finishing（USA），1996, (3)：14.

[62] Ke Ping Han, Jing Li Fang. Stabilization Effect of Electroless Nickel Plating by Thiourea. Metal Finishing （USA）.1997，(2)：73.

[63] Jing Li Fang, Yong Wu, Ke Ping Han. Acceleration Mechanism of Thioglycolic acid for Electroless Nickel Deposit. Plating and Surface Finishing.（USA），1997.84 (9)：91.

[64] Jing Li Fang. Bondability and solderability of Neutral Electroless Gold. Plating and Surface Finishing（USA）, 2001，88，(7)：44.

[65] Jing Li Fang, Jiang Rong Ye. High speed Bright Electroless Nickel Plating at Low Temperature. Trans. Metal Finish. Assoc. India，1992，1. (4)：45.

[66] Jing Li Fang, Jing Fang, Xian Rong Ye. High Anticorrosive Zn/Ca Phosphating Process at middle Temperature. Trans. Metal Finish. Assoc. India，1993，2. (4)：31.

[67] Ke Ping Han, Jing Li Fang. Effects of the Iodide Ion on Acidic Electroless Nickel Deposition. Trans Inst. Metal Finish.（UK），1996，74，(3)：88.

[68] Ke Ping Han, Jing Li Fang. Colour Conversion Coating on Zinc. Trans Inst. Met. Finish（UK），1996，74, (1)：36.

[69] 方景礼，马辛卯，陆渭珍．Zn^{2+}-HEDP-CO_3^{2-} 体系镀锌机理的研究，Ⅰ．放电混合配体配离子的组成和

第二配体 CO_3^{2-} 的作用．高等学校化学学报，1981，2，（3）：285～292.

[70] 南京大学化学系络合物研究所电镀组，邮电部无氰电镀攻关组．通用电镀络合物的研究，I，HEDP 无氰镀锌．材料保护，1978，（4）：29.

[71] 袁诗璞．谈谈第四代镀镍光亮剂．电镀与涂饰，2001，20（4）：44～50.

[72] 李新梅，冯拉俊．镍铬电镀光亮剂的发展．电镀与涂饰，2001，20（4）：40～43.

[73] 罗秋珍．电池与表面处理技术．电镀与涂饰，1998，17（3）：43～48.

[74] 杨暖辉，邝少林，梁国柱等．BH-952 滚镀亮镍添加剂及工艺研究．电镀与涂饰，1998，17（1）：1.

[75] M Seita，M Kusaka．Direct metallization on Surface-modified polyimide resin．Plating and Surface Finishing，1996，83：57.

[76] Otsuka，Kuniaki．Method for direct-electroplating an electrically noncon-ductive substrate．U. S. Patent 5，1997，616：230.

[77] C R Shipley．Method of Electroless Deposition on a Substrate and Catalyst Solution Therefore．U. S. Patent 1961，3，011：920.

[78] 蔡晓兰，张元奇，贺子凯．化学镀镍磷络合剂对磷含量的影响．表面技术，2003，32（2）：28～30.

[79] 高加强，沈彬，朱建华，刘磊，胡文彬．化学镀镍-磷合金镀液的络合及其周期性变化．保料保护，2003，36（1）：48～50.

[80] 韩克平，方景礼．丁二酸对化学镀镍的加速和稳定作用．电镀与涂饰，1996，15，（1）：37～39

[81] 韩克平，方景礼．胱氨酸加速化学沉积镍的机理．中国腐蚀与防护学报，1996，16（2）：81～86.

[82] 韩克平，方景礼．氟离子对化学镀镍的加速机理．电镀与环保，1996，16（3）：21～23.

[83] 韩克平，方景礼．硫脲稳定化学镀镍的机理．电镀与精饰，1996，18（3）：11～14

[84] 韩克平，方景礼．醋酸钠的加速作用．表面技术，1997，26（2）：8.

[85] 郭贤烙，杨辉琼，孟飞．酸性化学镀镍络合剂的研究．电镀与涂饰，2000，19（4）：22～24.

[86] 马永平，王国荣．高磷高速化学镀 Ni-P 合金工艺的研究．表面技术，1999，28（3）：12～14.

[87] 胡信国，王凤丽，马荷琴，戴长松，王殿龙．高磷 Ni-P 合金耐蚀性镀层的研究．

[88] 方景礼，武勇，张敏，方晶．SHE-1 超速化学镀镍．材料保护，1994，27（7）：1～5.

[89] 方景礼，叶向荣，方晶．低磷化学镀镍层的组成和结构．应用化学，1992，9（5）：34～38.

[90] Fang Jing Li，Xian Jian Shu，Ye Xiang Rong．BLE-1 High Speed Bright Electroless Nickel Plating at Low Temperature．The 1990 Interfinish World Congress on Surface Finishing Technology，Singapore，19～22 November 1990，P25-1 to P25-11.

[91] 罗建东．中温低磷化学镀镍工艺研究．电镀与环保，2002，22（2）：11～12.

[92] 陈彦彬，刘庆国，陈诗勇，尹春贵．中温化学镀镍工艺及添加剂的研究．电镀与涂饰，2000，17（1）：39～42.

[93] 魏福群，张明祥，李声泽．镍与柠檬酸盐焦磷酸盐和氨络合体系的研究．重庆电镀，1988（24）：12～20.

[94] 李志勇，李新梅．镀铬添加剂．电镀与涂饰，2002，21（1）：51.

[95] Dash，John，Kasaian，et al Chromium-iron alloy plating from a solution Containing both hexavalent and trivalent chromium．US Pat. 4615773（1986）.

[96] Ibrahim K，Watson A．The role of formic acid and methanol on speciation rate and quality in the electrode-positing of chromium from trivalent electrolytes．Trans. IMF，1997，75（5）：181～189.

[97] 洪燕，季孟波，刘勇，魏子栋．代铬（VI）镀层的研究现状．电镀与涂饰，2005，24（5）：19～22.

[98] 崔春兰，张小伍，赵旭红．稀土镀铬添加剂性能研究．电镀与涂饰，2005，24（1）：13～14.

[99] 杨哲龙，屠振密，张景双．三价铬电镀的新进展．电镀与环保，2001，21（2）：1～4.

[100] 屠振密，杨哲龙．甲酸盐-乙酸盐体系三价铬镀铬工艺．材料保护，1985，42（6）：8～11.

[101] 姚守拙，李克平．氨基羧酸体系三价铬镀铬工艺．电镀与精饰，1986，1：8～11.

[102] 胡耀仁，陈力格，刘建平．三价铬镀铬工艺及其新型阳极的初步研究．电镀与涂饰，2004，23（2）：19～21.

[103] 矢吹彰広，菰田进一郎，松村昌信．ギ酸添加浴を用ヒナエ高効率高速クロムめっき
I．静止試験片と回転試験片．表面技術（日），2004，55（1）：65～70.
II．光沢クロムめっき形成に及ほまず電極表面のらゆクロムィォニ濃度の影響．
表面技術（日），2004，55（2）：139～144.

[104] 方景礼．镀锡与锡合金添加剂述评．电镀与精饰，1984（3）：18.

[105] 土肥信康．小幡惠吾．金属表面技術協會第 57 回講演大會講演要旨集，1978：78.

[106] 松田好晴．金属表面技術（日）1981，32（5）：353.

[107] 川崎元雄等．实用电气めっき．日刊工业新聞社，1980：124.

[108] 村田制作所．中性镀锡，U. S. Pat. 5118394（1992）.

[109] Akihiro Motoki．Method for Plating Electrodes of Ceramic Chip Electronic Components．U. S. Pat. 2003/

0052014 Al.

[110] Maruta Masatosi. Neutral tin electroplating baths. U. S. Pat. 4329207 (1982).

[111] 徐瑞东, 王军丽, 薛方勤, 韩夏云, 郭忠诚. 锡合金镀层工艺的研究现状及展望. 电镀与涂饰, 2003, 22 (3): 44～50.

[112] 伊藤和生, 大楠哲司. 酸性 Sn-Cu 合金镀液. JP2000-328285, 2000-11-28.

[113] 林忠夫. 日本电镀技术的发展. 电镀与精饰, 2002, 24 (1): 39～44.

[114] 嵇永康, 周延伶, 冲猛雄. 日本表面处理技术近期动向, 第二部分: 无铅镀锡技术. 电镀与涂饰, 2006, 25 (3): 40～42.

[115] 上村工業株式會社. 製品紹介, JPCA Show 2006, 2006-6.

[116] A J Bard. Encyclopedia of Electrochemistry of the Elements. vol. 12, New York: Dekker, Chap. Ⅻ. 1976.

[117] L Meites, P Zuman. CRC Handbook in Organic Inc. Boca Raton, Florida, 1980.

[118] 大響茂, 古川上道. 物理有機化學. 東京: 三共出版株式会社, 1980.

[119] 北原文雄, 玉井康腾, 早野茂夫, 原一郎编. 界面活性剂—物性、应用、化学生態學. 1979.

[120] 刘程主编, 表面活性剂应用手册. 北京: 化学工业出版社, 1992.

[121] W H Safranek. The Properties of Electrodeposited Metals and Alloys. Second Edition. AESF Society, Orlando, Florida, 1986.

[122] 日本電氣鍍金研究會编. 機能めっき皮膜の物性. 東京: 日刊工業新聞社, 1986.

[123] 安德列波夫等. 金属的缓蚀剂. 北京: 中国铁道出版社, 1987.

[124] 丰志文. 硫酸盐镀镍体系的研究. 电镀与涂饰, 2002, 21 (1): 46～50.

[125] 杨暖辉等. BH-952 滚镀亮镍添加剂及工艺研究. 电镀与涂饰, 1998, 17 (1) 1～6.

[126] 胡承刚等. 中间体 DEP 对镀镍层性能的影响. 电镀与涂饰, 2004, 23 (4): 11～14.

[127] M Antler. Gold Plating Technology. Scotland, Electrochemical Publications, 1979.

[128] J Li, P A Kohl. Complex Chemistry and the Electroless Copper Plating Process. Plating and Surface Finishing (USA), 2004, (2): 40～46.

[129] 沈品华. 第四代镀镍光亮剂的研制. 腐蚀与防护, 1999, 20 (12): 539～542.

[130] 陈泳森, 沈品华. 多层镀镍的作用机理和工艺管理. 表面技术, 1996, 25 (6): 40～45.

[131] 关山, 张琦, 胡如南. 电镀铬的最新发展. 材料保护, 2000, 33 (3): 1.

[132] 赵黎云, 钟雨萍, 黄逢春. 电镀铬发展与展望. 电镀与精饰, 2001, 23 (5): 9.

[133] 钱达人. 稀土添加剂在电沉积铬时的应用. 材料保护, 1991, 24 (3): 24.

[134] 颜先积. 铜 (Ⅱ) 与柠檬酸盐酒石酸盐及铜 (Ⅱ) 与柠檬酸盐、磺基水杨酸盐络合状态的研究. 重庆电镀, 1988 (24): 28～34.

[135] 张临垣. 镀层退除的一种方法. 电镀与涂饰, 1999, 18 (3): 63.

[136] 孙立杰, 钟振声. 一种化学退镍剂的研制. 电镀与涂饰, 2006, 15 (8): 18～20.

[137] Daniel Humphreys, Robert Farrell. Composition for Stripping Nickel from Substrates and Process. U. S. Pat. 6642199B2 (2005).

[138] Barry W Coffey. Nickel Strip formulation. U. S. Pat. 4720332.

[139] 中国电子学会印制电路专业委员会. 印制电路工艺 (下册). 2000, 深圳: 303～324.

[140] Frederick A Lowenheim. Modern Electroplating. Fifth Edition. New York: John wiley & SONS Inc. 2004.

[141] G G Gawrilov. Chemical Nickel Plating. Redhill: Portcullis Press, 1974.

[142] J W Price. Tin and Tin-Alloy Plating. London: Electrochemical Publications Ltd, 1983.

[143] J C Bailar Jr. The chemistry of the coordination Compounds. New York: Reinhold Publishing Corp. 1956.

[144] L I Antropov. Theoretical Electrochemistry. Moscow: Mir Publishers, 1977.

[145] A C Tan. Tin and Solder plating in the Semiconductor Industry. New York: Chapman & Hall, 1993.

[146] Herb Geduld. Zinc plating, Teddington, Middlesex. England, Finishing Publications Ltd. 1986.

[147] Jack W Din. Electrodeposition. Park Ridge, New Jersey, USA, Noyes Publications, 1993.

[148] 加瀬敬年. 最新めっき技術 (日). 東京: 産業図書株式會社, 1982.

[149] 方景礼, 韩克平. 低硝酸化学抛光铜的定量研究. 电镀与精饰, 1995, 17 (5): 8.

[150] 方景礼. 金属的化学抛光技术系列讲座, 第一讲, 钢铁制件的化学抛光. 电镀与涂饰, 2005, 24 (8): 33～38.

[151] 方景礼. 金属的化学抛光技术系列讲座, 第二讲, 铝及铝合金制件的化学抛光. 电镀与涂饰, 2005, 24 (9): 42～45.

[152] 方景礼. 金属的化学抛光技术系列讲座, 第三讲, 铜及铜合金制件的化学抛光. 电镀与涂饰, 2005, 24 (10): 36～41.

[153] 郑仕远, 卿立述, 胡春平. 黄铜制品钝化处理新工艺. 电镀与涂饰, 2000, 19 (2): 24～26.

[154] 文斯雄．浅谈铜和铜合金的抗蚀处理．电镀与涂饰，1997，16（2）：29～30．

[155] 张来祥，谢洪波等．超厚氧化皮铜及铜合金零件的表面处理．电镀与涂饰，2004，23（3）：9．

[156] 吴永炘．唑类铜缓蚀剂在 OSP 应用研究．2003 年全国电子电镀学术研讨会论文集：P208～211．

[157] 林克文．新世代高耐热型有机保焊剂 OSP 之无铅焊接处理技术．电路板会刊，2004（26）：28．

[158] 白蓉生．无铅焊接之表面处理．电路板会刊，2003（22）：28～49．

[159] Koji Saeki, Shinji Narita. Next Generation Organic Solderability Preservatives（OSP）for Lead Free Soldering and Mixed Finish PWB's and BGA Substrates. TPCA 2003 Proceedings, 2003. Oct. 30 ～ Nov. 1. Taipei：P138～143．

[160] 方景礼．印制板的表面终饰工艺系列讲座，第一讲，印制板的表面终饰工艺简介．电镀与涂饰，2003，22（6）：32～34．

[161] 方景礼．印制板的表面终饰工艺系列讲座，第二讲，超薄型超高密度挠性印制板的置换镀锡工艺．电镀与涂饰，2004，23（1）：36～39．

[162] 方景礼．印制板的表面终饰工艺系列讲座，第三讲，TI-1 新型印制板用置换镀锡工艺．电镀与涂饰，2004，23（2）：36～42．

[163] 方景礼．印制板的表面终饰工艺系列讲座，第四讲，NCIC 新型印制板用置换镀银工艺．电镀与涂饰，2004，23（3）：22～25．

[164] 方景礼．印制板的表面终饰工艺系列讲座，第五讲，印制板化学镀镍/置换镀金新工艺．电镀与涂饰，2004，23（4）：34～39．

[165] 方景礼．印制板的表面终饰工艺系列讲座，第六讲，FDZ-5B 有机保焊剂涂覆工艺．电镀与涂饰，2004，23（5）：34～39．

[166] Fang Jing Li, Cai Zi. Tarnish Protection for Silver Electrodeposits. Plating and Surface Finishing（USA），1988（2）：58～61．

[167] 方景礼．T 系列复合三维膜防金属变色技术．电镀与环保，1989，9（1）：35～38．

[168] N Azzerri, L Splendorin, et al. Surf. Technol. 1982, 15（3）：255．

[169] 方景礼，刘琴，王济奎，叶向荣，宋文宝．NT-1 镀镍防变色工艺研究．材料保护，1992，25（9）：13．

[170] T D Smith, J Inorg. Nucl. Chem. 1959（9）：150．

[171] K Moedritzer, Syn. Inorg. Metal-Org. Chem.，1972，2（4）：137．

[172] 方景礼，李莹，叶向荣，王占文．用 XPS、FT-IR 及 Raman 光谱研究 ATMP-Fe 配合物膜．中国腐蚀与防护学报，1992，12（4）：308．

[173] J L Fang, Y Li, X R Ye, Z W Wang, Q Liu. Passive films and Corrosion Protection due to phosphonic acid inhibitors. Corrosion（USA），1993（4）：266．

[174] 李国华，赖突汶，黄清安．三价铬镀铬配体的作用．电子电镀通讯，2006（2）：13～17．

[175] 屠振密，郑剑，李宁．三价铬电镀铬现状及发展趋势．电子电镀通讯，2006（2）：4～12．

[176] G Hong, K S Siow, G Zhigiang. Hard chromium plating from trivalent chromia Plating & Surface Finishing. 2001（3）：69～75．

[177] 周全法．贵金属深加工及其应用．北京：化学工业出版社，2002．

[178] 李华为．全光亮镀铑添加剂的研究．表面技术，2006，35（3）：48～50．

[179] 程佩珞．光亮镀铑新工艺．电镀与精饰，1994，16（6）：8～11．

[180] 古藤田哲哉．贵金属めっき．東京：槇書店，1996．

[181] 青谷薫．合金めっき（Ⅳ）．東京：槇書店，2003．

[182] Romar Technologies Incorporated, Removing heavy metals from plating wastes, U. S. Pat.，5 122.279（1992）．

[183] Romar Technologies Incorporated, The Romar Process is your answer, 1995．

[184] 冯绍彬等编著．电镀清洁生产工艺．北京：化学工业出版社，2005．

[185] 张仲仪．电镀集中区电镀废水处理．电镀与涂饰，2007，26（3）：57～60．

[186] Dr Ing Martin Sörensen, Jürgen Weckenmann. Modern Treatment Methods of Strong Chelates in Surface Technology. Trans. Inst. Met. Fin.，2003，81（4）：B79～82．

[187] Eugen G Leuze Vertag, Zerstörrung von Komplexem Cu-EDTA. Galvanotechnik, 2002（8）：2127～2133．

[188] Von Dirk Schröder, Wolfgang Gossmann. UV-Oxidation of Zinc-Nickel waste water at Hella Hueck & Co. Galvanotechnik, 2003（9）：2292～2295．

[189] Von Dirk Schröder, Jürgen Wecken mann und Martin Sörensen. Costs of Effluent Treatment from a Zinc-Nickel plating Line operating at Hella KGaA Hueck & Co. Galvanotechnik, 2004（8）：2004～2007．

[190] 周中平，赵毅红，朱慎林．清洁生产工艺及应用实例∥环境工程实例丛书．北京：化学工业出版社，2002．

从教授到首席工程师到
终身成就奖获得者
——我的科学研究与创新之路
（代后记）

题记：本后记部分内容曾在《南大校友通讯》2017 年冬、2018 年春、2018 年冬上登载，并于 2018 年 3 月 8 日、2018 年 7 月 4 日和 2019 年 4 月 12 日发布于南京大学校友网。现略作修改，对第四部分做了补充，代为后记。

（一）

建瓯古城的梦幻少年

1940 年 2 月 13 日我出生在福建省西北部的建瓯县。我父亲小时候曾到一家西医诊所当学徒，后来自己开了西药店，也能看一点小病。正因为如此，我的大哥后来到广州中山医学院学医去了，我的三哥到南京药学院学药了。我从小就跟父亲学如何配碘酒、咳嗽药水、治"香港脚"的癣药水以及制雪花膏、消毒水等等，从而对化学有了浓厚的兴趣。小学时建瓯县城还没有乐器店，我三哥很喜欢乐器，于是我们几兄弟就学着自制二胡。你可知道樟树的大毛虫的肠子可以做琴弦，亦可以用来钓鱼吗？我们把捉来的大毛虫开膛破肚，取出肠子，立即浸入醋中，同时不断拉伸，于是一根 4~5 米长的天然"醋酸纤维"就做好了，其粗细也可由拉伸程度来确定。胡身的制作也很简单，找来两根竹子，一粗一细，锯下一段粗的竹子做音箱，再去打一条粗一点的蛇来，剥下蛇的皮，立即套到粗的竹管上，再插上一根细竹竿及两个拉紧弦的插销，安上马尾弓，一把二胡就制成了。每天傍晚兄弟数人，你拉我唱，不亦乐乎。

1957 年我高中毕业，当时中国经济发展正处于马鞍形的低谷，各行业都在大规模紧缩。1956 年全国高校招生 18 万人，到 1957 年突然下降至 10.7 万人，招生人数下降了 40.6％，一时间各种各样的问题困扰着每一位高中毕业生：如何填志愿，敢不敢填重点大学？我喜爱化学与化工，全国最好的化学系应该是北京大学化学系了，其次是南京大学、复旦大学。当时我的三哥和表哥都在南京药学院学习，所以我的第一志愿就填了南京大学化学系。在全国化工学院中上海华东化工学院很出名，我就选它做第二志愿。第三志愿为保险起见就选南京林学院林产化工专业。1957 年 8 月的某日上午，邮递员终于送来了盼望已久的大学录取通知书，打开信封一看，啊！我真被南京大学化学系录取了，全家人的心这才松了下来。要知道，当年大多数学生接到的都是落选的通知书，全校 160 多位毕业生中只有 13 人录取外省高校，省内高校与专科院校也只录取 30 多人。

1954～1957 年的高中同学

激情岁月， 永生难忘——在南大八年的学习生涯

刚上南大，看到北大楼那一片，实在是太美了，能在这样的环境里学习，实在是太幸福了。当然，1957 年的南大，生活还是很艰苦的，我们上课的教室，大部分还是草棚教室；吃饭的还是草棚食堂，地上还是黄土，高低不平，吃饭只能站着。当时的党委书记郭影秋号召大家要艰苦奋斗，学习要"坐下来、钻进去"，大家的学习热情还是非常高的。

开学后我被选为班上的文体委员，当时学校有好多社团在招生，有合唱团、舞蹈团、民乐团等，我就参加了合唱团。半年后学校体委组织了"摩托车运动队"，结果我被录取了。全队有 20 多人，每人有一辆摩托车，学了几天理论课后就开始练习各种运动项目，如过独木桥、过断桥、过凹坑、过小山以及急转弯、高速行驶等。每个项目均有时间要求，经过努力我们都可达到各项目的要求。此时我们只有两个迫切希望，一是要取得正式的驾驶执照，二是要争取得到三级运动员证书。于是我们常到中山陵去练习，那里路上几乎没人，可以任你驰骋。到了秋天，化学系开全系运动会，我设法弄到两部摩托车，作为开路先锋，让两位同学站在车上高举大旗，迎风招展，好不威风！可惜不久，学校接到通知，所有的摩托车一律上交，我们的"摩托车运动队"也就此解散。

南京大学当时的学制是五年，前三年半学生不分专门化，化学系大家都学四大基础课程（无机化学、分析化学、物理化学和有机化学），从三年级下学期开始，学生分别进入六个专门化，那就是无机化学、分析化学、物理化学、有机化学、高分子化学和放射化学。我被分到无机化学专门化，主要学习络合物化学（现称配位化学）、高等无机化学和无机物研究法。化学系当时最著名的学者是戴安邦教授。1962 年他招收两名研究生，在众多竞争者中，我以学习成绩优异而被录取，因此，大学毕业后我就转入研究生班学习。

研究生的学习与大学生不同，主要是培养学生独立分析问题与解决问题的能力。戴教授的教学方法是独特的，刚入学时他要我自己去看他指定的三本都是 1000 多页的大书。开始我看得晕头转向，不得要领。后来他指导我一章一小总结，把该章的主要论点、论据和推论找出来，看过数章之后，再把数章内容中的论点加以综合比较。最后看完全书后，再把全书的观点找出来，再弄清楚如何用这一观点把全书贯通起来。按此方法对全书进行仔细的总结归纳，连贯对比，果然可以达到"去粗取精"、"去伪存真"和"柳暗花明又一村"的境界。借看书、查书的机会，我仔细查阅了戴教授所写的《无机化学教程》的主要参考文献，终于发现写书的秘密就在于用某一观点去收集和组织有关的素材，再用自己的语言写出来，这也就成了我以后写书的依据。

我最尊敬的导师戴安邦院士（1901 年 4 月 30 日—1999 年 4 月 17 日），享年 98 岁

我在做研究生毕业论文时，发现有一类化合物能够可逆地吸收与放出氧气，这与人类的呼吸息息相关，非常奇妙。于是我就写了我的处女作《奇妙的载氧分子》，其文刊登在《科学大众》期刊上。由于当时尚不准学生自由发表文章，我就用笔名"方虹"来发表。

回母校参加 115 周年校庆时在我长期工作的西大楼前

1965 年 7 月我正式研究生毕业，它相当于现在硕士学位，只是当时还没实行学位制，研究生毕业就算取得学位了。毕业后留校工作，分配在化学系无机化学教研组工作，以后又到配位化学和应用化学研究所工作。

从络合物化学介入无氰电镀到"多元络合物电镀理论"的诞生

1966 年，"文化大革命"爆发，全校陷入一片混乱。停止招生五年后，1971 年学校开始招收三年制的工农兵学员。当时强调教育必须与工农业生产相结合，大学生毕业前要到工矿企业进行结合生产问题的毕业实践。我作为年轻教师，正好投入这一工作。

1970 年初，中国工业界掀起了轰轰烈烈的"无氰电镀"热潮，各路人马都陆续参加。我们是专学络合物化学的，无氰电镀说到底就是要找到一个无毒的络合剂来取代剧毒的氰化物，搞无氰电镀我们有义不容辞的责任。我第一个下去的工厂是南京汽车制造厂，他们希望我校协助发展无氰电镀的研究。当时从络合物化学介入无氰电镀的人极少，而我校化学系在国内最出名的就是络合物（现叫配合物）化学。电镀界的朋友非常希望我来讲一讲无氰电镀中应如何来选择络合剂，于是我走南闯北查遍了国内各大图书馆所能找到的资料，经过一年多的总结与归纳，终于写成了我在电镀方面的第一本小册子，定名为《电镀中的络合物原理》，大约有 3 万多字。这本小册子一问世，立刻受到全国同行的热烈欢迎。我首先在南京市举办专题讲座，得到很高的评

价，各地的刊物和会议也陆续来约稿。1975 年我在《材料保护》杂志上以《电镀络合物》为题发表了两篇文章。1975 年后，我重点探讨了两种络合剂在电镀过程中的协同作用。因为实际电镀体系采用单一络合剂往往达不到全面的技术要求，于是我写出了《络合物中配体的协同极化效应及其在电镀中的应用》并刊登在南大学报上，同时在《化学通报》上刊出了《混合配体络合物及其在电镀中的应用》。

1976 年我带着对络合物电镀的新理解参加了电子工业部在贵州凯里举行的"无氰电镀技术交流会"。我在会上正式提出了"多元络合物电镀理论"，指出电镀溶液中金属离子和各种组分形成的是多元络合物，电镀络合剂和添加剂的作用就是调节金属离子的电沉积速度。沉积速度过快，镀层粗糙疏松；沉积速度过慢，镀层太薄，电流效率太低。电镀溶液的配方设计就是选择合适的络合剂和添加剂，调节金属离子的沉积速度到最佳的范围。"多元络合物电镀理论"自提出至今，得到我国电镀界的广泛认同，并作为中国的发明创造载入史册。

从 1979 年开始，我就着手撰写我的第一本专著《多元络合物电镀》，用多元络合物的观点来阐明电镀溶液中各成分的作用机理及其对电镀溶液和镀层性能的影响。书中介绍了以调节金属离子电沉积速度为核心的电镀溶液配方设计的要点。全书共 354 页 53 万字，1983 年 6 月由国防工业出版社出版。这是世界上第一本从络合物角度阐述电镀原理的理论读物，已成为电镀研究人员必备的参考书目之一。

（二）

为解放军研制成功野外维修汽车的新设备——刷镀机

1980 年中国兴起一股刷镀或涂镀（brush plating）的热潮。1982 年中国人民解放军总后勤部下达研制刷镀新技术任务给南京 7425 厂，该厂特地来找我负责研发各种刷镀溶液，其中包括前处理用溶液、电镀溶液和后处理溶液共 10 余种。经过两年多的努力，我们按时完成了刷镀设备和刷镀溶液的研究工作。1983 年 8 月 3 日，在

南京召开金属刷镀鉴定会，项目通过成果鉴定并立即投入批量生产。经过三年的努力，我们制造的刷镀成套设备已全面装备在中国人民解放军所有的汽车修理站，每站配备 2 台刷镀设备。1984 年 9 月 23 日，中国人民解放军总后勤部正式授予南京 7425 厂"金属涂镀技术"军内一等奖，奖励人民币 2000 元，我获得最高额数的奖金 400 元。

在完成刷镀的各项研究工作后，我开始把有关刷镀的资料整理成文，1987 年国防工业出版社出版了 35 万字的《刷镀技术》一书，受到刷镀界很高的评价，收到许许多多读者的来信。

"银层变色机理与防护技术" 获亚洲金属精饰大会大奖

1970 年代末，我国开始引进国外大型表面分析设备，如扫描电子显微镜（SEM）、X 射线光电子能谱（XPS）、Auger 电子能谱（AES）和二次离子质谱（SIMS）等，使过去极难测定的金属表面膜的组成元素、价态及其随深度分布变得易如反掌。1980 年南京化学工业公司首先引进这些设备，于是我就赴长江北岸的浦口去利用这些设备来研究银层变色原因，获得了可喜的结果。随后又用它来研究防变色膜的组成和结构。

1985 年，我带论文《XPS 和 AES 研究银层变色机理》赴日本东京出席第二届亚洲金属精饰大会，没想到一开会我就被推选为分会主席。在各国代表论文宣读后，大会组委会宣布，根据代表们的投票及组委会的评选，我的论文获得大会最佳奖。第一个走上领奖台领取奖金、奖品和奖状，成为中国表面精饰界第一个获国际会议奖的人，受到两岸代表的热烈祝贺，并结识了许多中、日、韩的朋友，他们之中的不少人之后都到南京大学来访问我，彼此建立了深厚的友谊。回国后学校科研处发文报道我在国际会议上获奖情况，《科学报》、《新华日报》、《南京日报》也报道了这一消息。

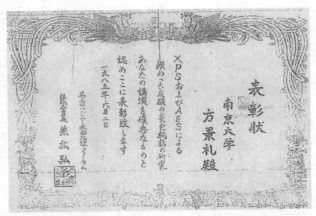

1988 年学术期刊《中国科学》用中、英文发表了我的研究论文《银层的变色机理与防护》，在国内外产生较大的影响。完成了银层变色与防护技术的研究后，紧接着我就开始研究铜、铁、镍、锡、金以及黄铜、仿金、铅锡等的防变色处理办法，也

得到了一系列可喜的成果，并应用于生产实际，也在国内外学术期刊上发表了相应的论文或在国际学术会议宣读，同时也获得了江苏省和扬州市科技进步二等奖和一等奖。

协助组建中外合资生产电镀添加剂的华美公司

1980 年代初，在改革开放的热潮中，中外合资企业如雨后春笋般出现。1982 年电子工业部与香港乐思（OXY）公司同意在深圳组建合资生产电镀添加剂的合资公司——深圳华美电镀技术有限公司，我方由电子部第二研究所与电子部第三十八研究所联合投资。1983 年 4 月我应电子部第二研究所蒋宇侨高工的邀请，由南京大学化学系借调去华美公司协助筹建合资公司一年。我的主要工作是鉴定乐思公司添加剂的水准，并参与一些试用、试销和合资合同谈判的事。1983 年 11 月起，我在深圳华美公司连续举办了多期"美国乐思公司电镀新技术培训班"，每次都有全国各地 100 多位代表前来参加，使国内第一次比较全面地了解美国乐思公司的电镀新技术，为华美公司以后的业务铺平道路。1984 年 3 月，华美电镀技术有限公司正式成立，结束了历时三年多的谈判。乐思公司的美国、日本、英国、澳大利亚等地的领导人也前来参加隆重的开业典礼，我也因此认识了这些国际朋友，在以后的国际学术活动中，他们给予了我很多的帮助。

1984 年 5 月，我谢绝了华美公司的盛情挽留，回到了南京大学化学系。1986 年我获国家教委的批准，赴澳大利亚霍巴特市出席"亚太国际表面精饰会议"，我在会上报告了六篇论文，三篇是我的研究成果，另外三篇是我国三位高工的研究成果。他们到了会场却不上台报告，结果我成了会议的"大红人"，联合国环保署表面精饰工作组主席 R. Reeve 盛情邀请我作为该组的中国代表参加他们的活动，我也愉快接受了他们的邀请，后来也带 Reeve 先生到中国考察我的表面精饰行业。在那次会上我也应邀参加了澳大利亚金属表面精饰学会（AIMF）、美国电镀与表面精饰学会（AESF）和英国金属精饰学会（IMF），成为这些学会的会员。后来美国还专门发给我"AESF 十年会员"证书，从此我跟国际同行建立了密切的关系，美、英、日、澳等地的同行先后都到南京大学进行了访问。

在澳大利亚国际会议上受到州长接见

从澳大利亚回国途中路经香港，应香港金属表面精饰学会会长王辉泰博士的邀请，我在香港学会做了"银层变色机理与防护技术"的专题报告，报告全文由《香港表面处理通讯》刊出。

从抛光技术的研究到《金属材料抛光技术》的出版

1985年以后，我已熟练掌握电子能谱等各种先进的表面分析技术，这些技术成了我不可缺少的研究工具，也让我获得了多方面的研究成果。先进技术的应用，也使我的研究论文获得国外同行的赞赏并可在国内外核心期刊上顺利发表。1985年后我开始研究铜与黄铜的电解抛光机理和实用技术，采用巧妙的方法获得了完整的电解抛光过程中形成的黏液膜，用X射线光电子能谱和Auger电子能谱测定了它的组成、价态和结构，证明它是一种均相膜，它是由配位剂和金属离子形成的聚合多核配合物。实验还发现损坏黏液膜的因素就是损害电解抛光的因素。因此，电抛光的关键，就是要创造条件让金属表面形成一层均匀的黏液膜，易形成聚合型多核配位物的配位剂就是首选的电解抛光的药剂，促使形成黏液膜的条件（浓度、溶液pH值、温度等），就是电解抛光的最佳条件。根据上述理论研究的成果，我们找到了羟基亚乙基二磷酸（HEDP），它是比磷酸更好的电抛光铜和黄铜的药剂。

1988年我获得了中国发明专利"锌铜合金（黄铜）的电抛光法"，它是一种长寿型高光泽的电抛光方法。同年在巴黎举行的第12届世界表面精饰会议上，我宣读了《XPS、AES研究电抛光铜黏液膜的组成》的论文，并应邀在法国居里大学、英国Canning公司中央研究所做了专题报告。

赴巴黎参加第12届
世界表面精饰会议

1990年以后我们对铜、黄铜、碳钢、不锈钢和铝的化学抛光进行了一系列的研究，除了开发实用的抛光工艺外，还对化学抛光的机理进行了系统的研究。研究论文在国内外学术期刊发表后，我就着手撰写《金属材料的抛光技术》一书，最后由国防工业出版社出版发行。

《金属催化活性的鉴别和反应机理》为化学镀基材的选择指明方向

化学镀是一种不用电而用化学还原剂代替电的镀法，它没有电流分布不匀的问题，所得镀层厚度分布均匀，镀层的许多性能也比电镀层好，尤其是耐蚀性比电镀层强很多，因而在许多领域得到广泛的应用。

我在研究化学镀时发现，有的金属可以直接化学镀镍（有自催化活性），有的则不行，还有一些则要在适当条件下才可以。这是为什么呢？是什么因素决定其催化活性？金属的催化活性可否用金属的电化学活性顺序（电动序）那样排列顺序呢？经过两年的研究，我们终于搞清楚了这些问题。1982年我们发表了对化学镀镍诱发过程研究的第一篇论文《金属催化活性的鉴别和反应机理》，指出金属的催化活性可以用原电池的电动势来解释。电动势超过一定数值后，电池可以启动，化学镀反应就产生了，改变适当的条件，也可以改变电动势来达到引发的目的。若电动势太低，则反应无法发生。根据这一研究结果，就可以依据各种金属的稳定电位排列出金属自催化活性的顺序。1983年我在《化学学报》上发表了第二篇论文《用电子能谱研究诱发过程》，指出化学镀镍诱发过程是个"瞬时反应"，电位在瞬间（<1秒）已发生突变，当其负移值超过某个特定值后反应就发生了，新形成的 Ni-P 合金的电位已超过此特定值，因而反应可以继续下去。

1986年以后我先后开发了"高硬度、高耐磨的化学镀镍-硼合金""高导电性、高可焊性、碱性低磷化学镀镍""超高速化学镀镍"等新工艺。在应用研究的过程中，发现一些物质对化学镀镍层有光亮作用，有些对化学镀镍有加速作用，有些对化学镀镍液有稳定作用，它们为何有这些作用？其作用机理是怎样的？这些问题都很值得在理论上进行深入研究。经过几年的研究，获得了满意的结论。

父女同校同系同专业， 为共同的目标而奋斗

与方晶合影

化学转化膜也是表面精饰领域常用的一项技术，有的用来提高金属基材或镀层的防腐蚀效果，也有的使用它作为中间层来提高涂料层的附着力和耐蚀性。1986年我女儿方晶以优异的成绩考入南京大学化学系。1990年她到我所在的应用化学研究所做毕业论文，我让她做"高耐蚀性中温锌钙磷化液的研究"，除了配方的研究外，还对磷酸盐转化膜的组织结构进行了表面分析，阐明了钙离子改善磷酸盐转化膜耐蚀性的作用机理。她的这篇毕业论文以后分别在《材料保护》和印度金属表面处理学会杂志 *Trans. Metal Finish. Assoc. India* 上发表，在毕业前她获得了化学系颁发的"戴安邦实验化学奖"。

她的这一研究工作也受到加拿大温哥华的 British Columbia 大学（UBC）化学系的 M. Michael 教授的赏识，决定以全额奖学金让她到该校攻读硕士学位，并让她的硕士论文做铝合金的磷化新工艺的研究。这一工作后来获得美国电镀与表面精饰学会（AESF）颁发的"青年研究奖"，得到1000美元的奖金。

师兄师弟精心合作， 共同培养高质量的研究生

南京化工学院应用化学系的王占文教授与我同是戴安邦院士的研究生，他一直从事杂多酸化学的研究。从1988年开始，我们联手培养研究生，主要进行杂多酸转化膜的研究。杂多酸是一类由不同酸根（如钼酸根和磷酸根）通过氧桥而形成的多核络合物钼磷酸，它在许多性质上已不同于原来的酸根。

在化学转化膜领域，以往应用最广的是铬酸盐转化膜。然而铬酸盐是一种严重污染环境的物质，它还会诱发癌症，所以全世界都在努力寻找非铬的转化剂。其中最受瞩目的是钼酸盐。我们选择杂多酸作非铬转化剂，这在世界上还是首创。我们先后研究了钼磷杂多酸、钼磷钒杂多酸和硅钼杂多酸在镀锌层表面形成的钝化膜，发现其耐蚀性接近于铬酸盐钝化而超过单独钼酸盐钝化。同时，我们也研究硅钼杂多酸、钼钒磷杂多酸和有机钼磷杂多酸在钢铁表面形成的保护性转化膜，这些膜具有明显的抑制腐蚀作用，其抑制率在 65％ 左右。这些研究成果分别在《中国腐蚀与防护学报》、《高等学校化学学报》、《应用化学》和《化学学报》等刊物上发表。除了杂多酸外，我们也研究了稀土元素作为成膜剂在钢铁和镀锌层表面形成的稀土转化膜，它适于在镀锌层和铝上形成金黄色的耐蚀性转化膜。

在金属表面除了用化学方法可以形成转化膜外，也可用电化学方法形成转化膜，在这方面我们比较仔细研究了钼磷酸溶液中阴极成膜的过程，发现可以在各种基材金属（钢铁、不锈钢、铝、铜、黄铜、镍、锌及其合金）上形成各种色彩的转化膜，它具有优良的装饰性和良好的耐蚀性。从单槽溶液中只要控制不同的时间就可以得到蓝、绿、紫、金黄、咖啡、古铜及黑色的膜层，尤其适于制造彩色不锈钢和彩色锌合金产品。

在巴西圣保罗出席第 13 届
世界表面精饰会议

1992 年 10 月，我远渡重洋来到了南美洲巴西的圣保罗市出席第 13 届世界表面精饰会议。这次会议由国际表面精饰联盟与巴西金属精饰协会共同举办，会议有 20 多个国家的 200多名代表参加。我在会上报告了三篇论文，均受到好评。有两篇后来发表在美国《腐蚀》（Corrosion）和《中国腐蚀与防护学报》上。

（三）

南大的镀锡产品享誉中外

镀锡层的好坏决定了电子元器件焊接效果。高稳定酸性光亮镀锡是我从深圳华美公司带回学校的研究课题，经过数年的研究终于解决了美国乐思公司酸性光亮镀锡存在的适用范围小、耐温低、稳定性差、锡层易变色和镀液沉淀物多、杂质多且无法处理等问题，发展出线材、带材、印刷电路板和复杂电子零件使用的高、中、低三种浓度的镀锡工艺，并把与工艺配套的光亮剂、稳定剂、絮凝剂、重金属杂质去除剂以及防锡变色剂等添加剂全部商品化，转让给南京某化工厂向全国供应。《高稳定系列酸性光亮镀锡工艺》论文于 1987 年在《电镀与精饰》上刊出后，被广大读者推选为该刊创刊十年来最优秀的论文。

后来我们又把镀锡扩大到镀锡合金上，如光亮镀锡铈铋合金、光亮镀锡铋合金等，可以取代当时国内外应用最广、但污染严重的酸性光亮镀锡铅合金工艺。

1993 年，南大酸性光亮镀锡和锡合金新技术获得中国国家教育委员会的科技进步三等奖。

十年的苦心收集和总结，迎来首版《电镀添加剂总论》的出版

人们在偶然的实验中发现，在电镀配方中加入很少量的某种物质会产生奇特的细化晶粒和光亮镀层的效果，这就是人们说的"电镀添加剂"。电镀添加剂的出现，立即引起人们极大的关注，因为它用极少的费用就可以达到惊人的效果，具有很大的应用价值和商业利益，所以电镀添加剂的成分都属于商业秘密，在市场上只以商业代号出现，只告诉你如何应用，而不告诉你是什么东西，这就使得电镀添加剂蒙上一层神秘的面纱。要发展新型的电镀添加剂首先必须了解前人的工作，弄清哪些物质可当添加剂，它们有哪些优缺点。这话说起来容易，做起来就难了。对于每一个镀种，你要把几十年来分散在各种专利、期刊、会议文集和商业资料上的添加剂信息找出来，然后加以总结分析，找出其结构特点，再去寻找合适的化合物，这可不是几天几月可以完成的事。因为早期的资料都未进入计算机数据库，找起来十分费力。

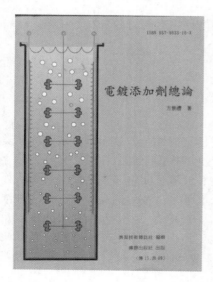

我在开发酸性光亮镀锡和锡合金工艺时，花了大量的时间去收集前人使用过的镀锡添加剂，然后把它们一点一滴汇集起来，按年代进行编排，从中可以看出其演变过程。另一方面则从有机结构化学与电化学行为上对它们进行理论分析，找出真正起作用的结构单元，这就为寻找更多新型添加剂提供了条件。1984 年我在台湾地区

《表面技术杂志》上发表了有关电镀添加剂的第一篇综述《酸性光亮镀锡添加剂述评》，受到热烈欢迎，应杂志总编叶明仁先生的请求，我为各种金属的电镀添加剂都写一篇述评，什么时候写好，什么时候刊出，要多长时间就等多长时间。从 1984 年到 1994 年，经过十年的艰苦努力，我终于把各镀种添加剂都整理出来，并陆续在台湾地区《表面技术杂志》和《表面工业杂志》上发表。最后应叶明仁总编的要求，再补充一些电镀添加剂的基础理论知识后，由台湾传胜出版社汇总成书，定名为《电镀添加剂总论》，1998 年 4 月在台北出版发行，受到读者的热烈欢迎和高度评价，形成了一书难求的局面。

为了满足读者的需求，国防工业出版社请我将该书修订后，于 2006 年 4 月以《电镀添加剂——理论与应用》的书名在北京正式出版发行，受到读者高度的评价。化学工业出版社后来又要求我再次修订，准备再次出版。

从教授到首席工程师是理论到实际的脱胎换骨的转变

我对理论研究与实际应用都十分重视，理论上有创见后就立即去付诸实际应用，而在实际应用过程中一定要找出其内在规律（即理论），这种规律又可以指导下一步的实际应用。经过几十年的努力，我才真正认识理论与实践的关系。这也要归功于学习毛泽东主席的"矛盾论"与"实践论"。我在念大学和研究生期间，"矛盾论"与"实践论"是必修的政治课程，因此毛主席的几篇主要论著我们都记得滚瓜烂熟。而对科学工作者来说，"矛盾论"可以教你在错综复杂的问题中找到主要矛盾和矛盾的主要方面，这实际上就是教你如何抓住核心问题。而"实践论"则教你如何正确对待理论与实践的相互促进的关系，两者不可偏废一方。这对搞科技的人来说都是十分有价值的思维方式和解决问题的方法论，如果能真正掌握，将无往而不胜。

1995 年我应邀到新加坡高科技公司（Gul Tech）担任首席工程师。新加坡是一个国际化大都市，是中西文化的交汇处。在这里各国先进的东西你都见得到，你可以从中学到许多新的概念、方法和原理。新加坡政府对本国企业的扶持力度也很大，各大公司只要你组建研究发展部，政府将资助员工一半的工资，研发部要购买大型仪器设备，政府补贴 30％。所以我去研发部工作，一点也不觉得有很大的压力，公司对我的研究课题不加限制，研究的成果除公司需要的外，可以由我自由处置。公司有许多大型生产设备，可以进行各种生产性试验。这比在学校做研究的条件好多了。所以在公司工作七年多，我掌握了制造印刷电路板的大部分技术，尤其是各种

在德国出席第 15 届
世界表面精饰大会

化学处理工艺。

从教授到首席工程师，由理论到实践，这使我的人生发生了翻天覆地的变化，使我不仅有了理论知识，更重要的是有了生产实践的经验，考虑问题更加全面了，做事效率也更高了，成功的机会也更大了。过去在学校开发新技术，因缺乏生产实践的经验，往往脱离实际，应用时会出现很多问题，其实这就是缺乏实践经验的结果。在新加坡高科技公司工作期间，我完成了十多项印刷电路板制造与废水处理工艺的研究，其中"高可焊性高键合功能的化学镀金工艺"获得了新加坡和美国的发明专利。

我也成了新加坡表面精饰学会的常务理事，代表新加坡出席了 2000 年 9 月 13～15 日在德国著名风景区嘉米许-巴登客钦市会展中心举办的第 15 届世界表面精饰大会。我在会上报告了《中性化学镀金的键合功能与可焊性》，实验证明该工艺可用于需键合或焊接的印刷电路板且不会产生普通化学镀镍金易产生的"黑垫"现象。

（四）

为印制板和电镀添加剂企业创新发展出谋献策

2002 年我已 62 岁，我按新加坡的退休标准办理了退休手续。可我不是个要享清福的人，身体好好的总想找点事做做，没想到这一做就是二十多年。

2002 年，我的台湾朋友台湾上村公司总经理王正顺先生得知我退休后，就热情邀请我到他公司担任高级技术顾问，帮助他们组建研究开发部，培养一批刚从学校

招来的大学生，使他们成为研发的骨干；带领他们对 10 个项目进行研究。经过三年多的努力奋斗，我们完成五项新产品的开发，并在许多工厂应用，同时有一项目"印刷电路板抗氧化（OSP）新工艺"获得了台湾地区发明专利。台湾上村公司所创造的业绩也远远超过日本总公司的业绩。

2004～2007 年，我在香港集华国际担任技术总监，开发成功印制板的电镀铜和电镀锡的工艺以及印制板的化学镀锡、化学镀银和化学镀镍/金等表面终饰工艺，均应用于生产。其中化学镀银的水平已超过数个国外著名企业的水平，克服了它们至今都无法解决的焊接时在焊垫上存在小气泡使焊接失效的问题。该项目获香港地区发明专利和中国发明专利，并通过英国代理商在英国十多家印刷电路板厂应用，其研究报告已在国内外重要学术期刊上发表并在国际学术论坛

上宣读。

2008 年开始，我被福建省表面工程学会聘为该会的首席专家，为相关研究机构和企业提供服务。后来，我获得该学会突出贡献老专家和专家特别奖。

2008～2010 年，我组建了福州诺贝尔表面技术有限公司，重点开发电镀和印刷电路板用废水处理药剂，研究成功印刷电路板厂各种含铜废水一起转化为铜粉的新技术，开发了螯合沉淀剂回收铜矿酸性含铜废水中铜和铁的新技术并获得了中国专利。

2009 年我发表了钢铁件 HEDP 直接镀铜开发 30 年回顾的系列综述，系统阐述了 HEDP 直接镀铜的开发历程和近 30 年来的改进，HEDP 碱性直接镀铜工艺的性能与维护要点，以及 HEDP 及其它碱性无氰镀铜液的废水处理。解决了认为螯合物镀液无法处理的难题。

2009 年，我国举行了全国电子电镀及表面处理学术交流会。我在会上报告了硫酸型高速亚光镀锡新工艺以及高低浓度 COD 废水处理新技术。会上，中国电子学会电子制造与封装分会电镀专家委员会为表彰我为中国电子电镀事业三十年来所做出的突出贡献，给我颁发了突出贡献奖。

2011～2012 年，我受聘为新加坡 Epson 公司高级技术顾问，主要工作是指导研发人员解决研发过程中出现的问题。

2012 年后，我被中国哈福集团聘任为研究院副院长兼高级技术顾问。2014 年起任中国恩森集团高级技术顾问。2017 年任上海新阳半导体材料公司高级技术顾问，协助他们完成国家重大工程的攻关任务。

2016 年、 2019 年两次荣获终身成就奖

2008 年 6 月，时任中国表面工程协会秘书长马捷带队赴韩国釜山，参加第 17 届世界表面精饰大会。在会议期间召开的国际表面精饰联盟理事会上，中国正式加入联盟并申办 2016 年北京第 19 届世界表面精饰大会。在此之前，我已参加了 1986 年在澳大利亚霍巴特市举行的第 11 届、1988 年在法国巴黎举行的第 12 届、1992 年在巴西圣保罗市举行的第 13 届、2000 年在德国嘉米许-巴登客钦市举行的第 15 届世界表面精饰大会。

2016 年，我带着论文《面向未来的表面精饰新技术 I. 超临界流体技术》到北京参加第 19 届世界表面精饰大会，结果大会授予我终身成就奖。这是同行对我大半辈子工作的肯定。参会论文在《电镀与涂饰》杂志发表后，被广大读者评为该杂志的优秀论文。

第 19 届世界表面精饰大会终身成就奖证书和奖杯

中国电子学会终身成就奖奖杯

2018 年我带着论文《取代化学镍/金用于线宽线距小于 $30\mu m$ 高密度印制板的新技术》，到台湾中兴大学参加第四届海峡两岸绿色电子制造学术交流会，同时参加了台湾印制板协会举办的印制电板展览会及新技术研讨会。在开会期间，我还赴我以前工作过的台湾上村公司，见到了许多一起工作的同事和由我一手培养起来的研发骨干，同时也参观了台湾大学化学化工学院。

2019 年，第二十一届中国电子学会电子电镀学术年会在深圳隆重举行，来自美国、新加坡、印度等国内外代表一百多人出席。会议由德高望重的老前辈、电子电镀年会的创始人、原电子工业部主管电镀几十年的蒋宇桥高工主持。会上国内外代表都带优秀论文前来交流，可以说是最成功、最隆重的会议。会议除学术报告外，还选出数位德高望重、对电子电镀贡献较大的老同志授予终身成就奖，我也有幸再次获得终身成就奖。

应邀担任国际展览会技术论坛的特邀嘉宾

2021 年我受邀参加国际表面处理、电镀、涂装展览会和技术论坛。该展会是我国本专业最大的展会，分别在上海和广州轮流举办。全国各地和国外的厂商、研究院所和高校的代表都汇集在此，共同洽谈各类新产品采购、合作生产；展会的技术论坛上，由各国的专家学者介绍最新的产品和技术的发展。2021 年的展会 8 月 31 日在广州举行。我作为本专业的老专家，被展会的组委会邀请担任 2021 和 2023 两届展会的特邀嘉宾，除主持技术研讨会外，还带领展会贵宾拜访最新产品的制造企业，为他们的业务发展牵线搭桥。

2024 年香港生产力促进局发函，邀请我参加于 2024 年 11 月隆重举办的国际表面精饰联盟（IUSF）主题活动——第 21 届国际表面精饰联盟会议（香港站）。大会将汇聚全球表面处理行业的专家参与，推动表面处理技术的发展。大会特邀请我作为本次技术会议的讲师嘉宾，就擅长的专业技术议题进行分享。

两次到华为公司技术交流， 感受至深

2021 年 12 月 13 日和 2022 年 11 月 5 日，我应华为公司中央研究院韩院长和 PCB 板材组孙博士的邀请，两次到华为公司进行技术交流。华为公司给我极其深刻的印象。华为的企业文化核心就是艰苦奋斗、实事求是。华为之所以有今天的成就，最大的优势就是能保持一个目标、一个方向、一个步调，以一个高度稳定集中的团队和统一的战斗士气进行冲锋。这主要得益于任正非的大公无私的领导素质、军事化管理思维和西方现代管理模式的高效结合及运用。

与华为的研发人员在一起探讨下一步科技的发展

华为公司内到处是可工作、可聚会、可交流的房间和咖啡厅，不同领域的专家学者可以在此相互交流、相互碰撞以至撞出火花，碰撞出新的点子和新的想法。到了晚上各大楼还灯火辉煌，看得出大家都在自觉挑灯夜战，不达目标誓不罢休。这就是华为精神，这就是华为压不倒打不垮的原因，也是我中华民族必然复兴的精神根源。

华为的拼搏精神和艰苦奋斗作风令人敬佩！

应聘为研究机构顾问和客座教授

2022年6月，应厦门大学化学化工学院孙世刚院士的邀请，我到厦门大学化学化工学院做了一个报告，题目是"电子电镀的现状与趋势"，受到大家的热烈欢迎。厦门大学主办的《电化学》杂志后来还全文转载了我的报告。

报告后，孙世刚院士代表厦门大学高端电子化学品国家工程研究中心，正式聘我为中心顾问，向我颁发了证书。我同时与厦大化学化工学院的长江学者特聘教授、原美国亚特兰大大学终身教授方宁共同接受国家科研项目——高密度印制线路板的无黑垫化学镀镍/金。该项目现已启动。它是新一代化学镀镍/金工艺，将取代目前使用的常带黑垫、焊接效果不佳的一般化学镀镍/金工艺。

2023年9月，我应深圳先进材料国际创新研究院孙蓉院长的邀请，到该院进行技术交流。主要介绍我以前做的部分工作，并参观了他们的实验室与研究设备，知道他们已建成了可进行开创性研究的条件。最后还与他们院的香港籍院士探讨电子电镀未来的发展方向，得益良多。孙院长聘请我担任该院客座教授，我愉快地接受了她的邀请，并感谢该院各位同事对我的尊重和爱护。

科学养生， 延年益寿， 希望能再为国家奉献几年

从1968年开始，我在表面精饰领域辛勤耕耘了五十六年。五十多年来我共发表了论文约300篇，其中有数十篇被SCI引用。我在《化学通报》上发表的《缓蚀剂的作用机理》如今是吉林大学物理化学专业学生指定的参考读物，我在《中国科学》上发表的《银层的变色机理与防护》成了国内外经常被引用的经典之作。

五十多年来我为中国电镀工作者撰写了十余部著作，如《电镀配合物——理论与应用》、《电镀添加剂——理论与应用》、《金属材料抛光技术》、《实用电镀添加剂》、《多元络合物电镀》、《电镀添加剂总论》（台湾出版）、《配位化学》、《刷镀技术》、《塑料电镀》、《表面处理工艺手册》、《电镀黄金的技术》（台湾出版）等。

最近《电镀配合物——理论与应用》一书将出第三版，定名为《电镀配合物总论》，《电镀添加剂——理论与应用》也将出版第三版，定名为《电镀添加剂总论》，都由化学工业出版社出版发行。大家知道，电镀溶液的关键成分是络合剂

（现称配位剂）和添加剂，我花了十多年的时间完成的这两部著作，是我国独有的专著，在国内外都有很大的影响，成为许多电镀工作者随身必备的参考资料，也是年轻一辈成长的良师益友，更是研发人员不可缺少的灵感源泉，受到广大读者的热烈欢迎。

　　五十多年来，我走遍了世界各地，无论在国内还是国外，我始终没忘记祖国，没忘记表面精饰技术，没忘记落叶归根。经过几十年的奋斗，也取得了一些成绩。祖国和人民也给了我不少的荣誉，如国务院颁发的政府特殊津贴，江苏省重大科技成果奖，江苏省和国家教委的科技进步奖，中国电子电镀学会的特殊贡献奖，福建表面工程协会的"首席专家"、"突出贡献

奖"、"突出贡献老专家"。在 2016 年 9 月北京举行的第 19 届世界表面精饰大会上我获得了"终身成就奖"，在 2019 年深圳举行的中国电子学会第二十一届学术年会上又给我颁发了第二个"终身成就奖"。化学工业出版社给我颁发了"优秀图书一等奖"。2022 年厦门大学还聘请当时 82 岁的我担任顾问，2023 年深圳先进技术研究院聘请我当客座教授，今年 11 月香港生产力中心邀请我担任"尖端技术的推广

项目——表面处理技术新纪元"及"第21届国际表面精饰联盟会议"讲师嘉宾等。这些都是对我过去工作的肯定和鼓励。

我从1983年去深圳协助组建合资公司时就开始养生，因当时我的头发在快速脱落，我请教了广州中医药大学的表哥李锐教授，他建议我每天服200国际单位的抗氧化剂维生素E。从那时开始，我连续服用了四十多年，长期效果不错，现在大家都说我比实际年龄小十多岁。2017年端午节我还给南大厦门校友会专门讲了一次"科学养生"。

2023年11月与夫人在葡萄牙留影
（背景为大西洋出洋口岸灯塔）

我今年84岁，但身体还不错，还可单独外出开会作报告。希望能再多为国家奉献几年，为本行业的发展做出更大的贡献。

方景礼
2024年9月于苏州阳澄湖国寿嘉园